新文京開發出版股份有限公司

新世紀．新視野．新文京－精選教科書．考試用書．專業參考書

NEW
WCDP

依考選部護理師考試命題大綱編寫

第 3 版

解剖生理學

THIRD EDITION

Anatomy & Physiology

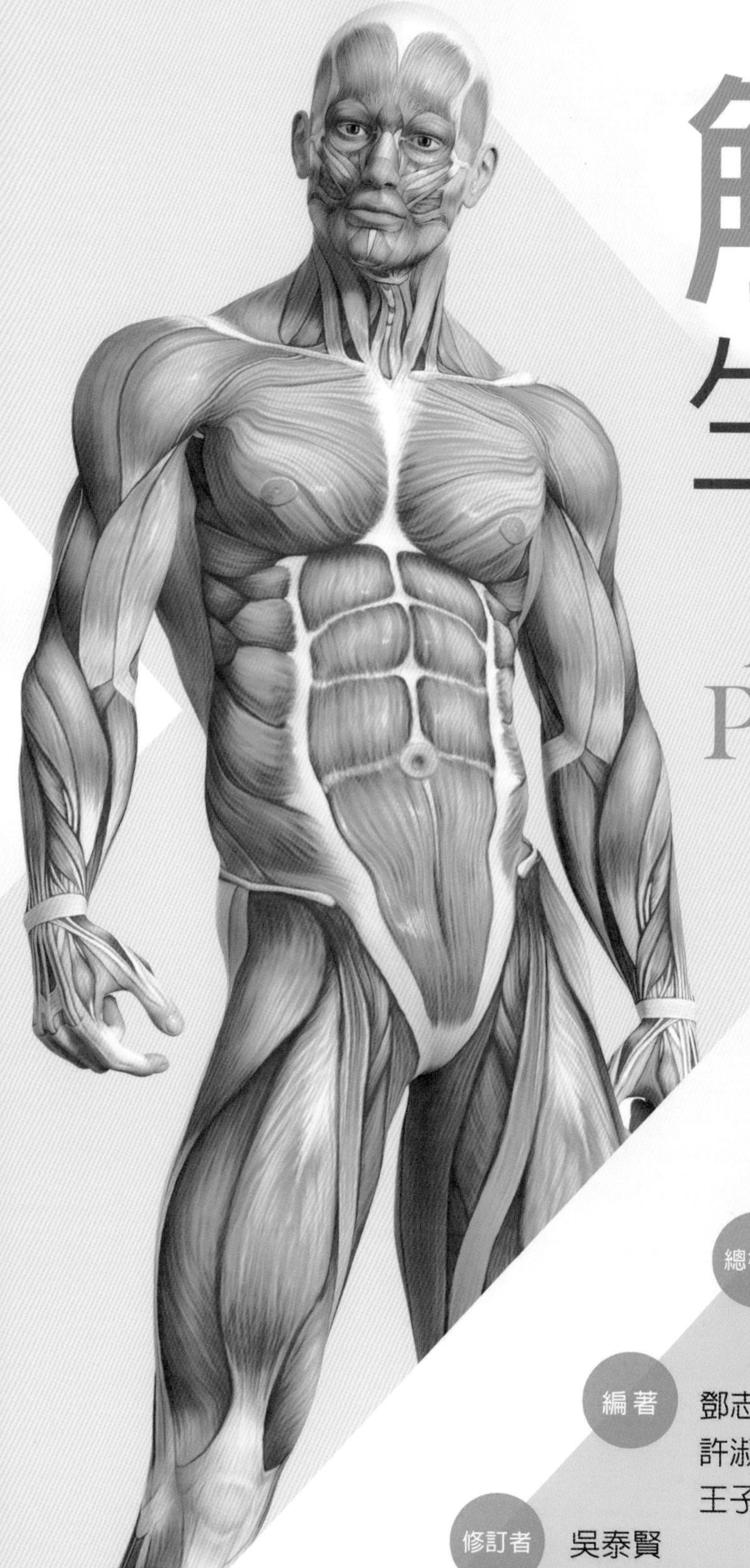

QR code 收錄大體解剖影片

總校閱 臺北醫學大學教授 馮琮涵

編著 鄧志娟 馮琮涵 劉棋銘 吳惠敏 唐善美 許淑芬 江若華 黃嘉惠 汪蕙蘭 李建興 王子綾 李維真 莊禮聰

修訂者 吳泰賢

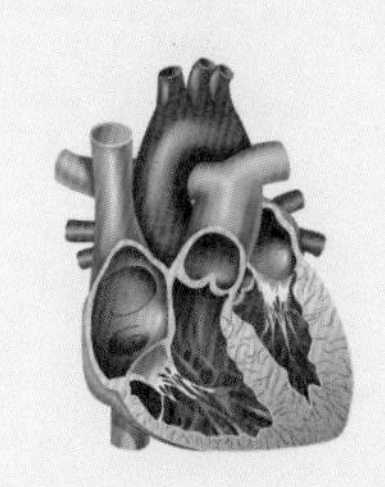

PREFACE

本書介紹

初學者學習解剖生理學，常因專有名詞繁多冗長、部位機轉複雜而望之卻步，導致學習成效不佳。本書的編寫係從解剖、生理學的概念與學理，以化繁為簡、深入淺出的方式，輔以精美圖表說明，讓讀者能一目了然，藉由更輕鬆的方式學習解剖生理學。

本書共20章，內容含括緒論、細胞、組織、皮膚系統、骨骼系統、關節、肌肉系統、神經系統、感覺、血液、循環系統、淋巴系統與免疫、呼吸系統、消化系統、營養與代謝、泌尿系統、體液電解質與酸鹼平衡、內分泌系統、生殖系統、發育解剖學。每章皆從各個人體系統的特性、解剖構造開始，循序漸進地說明其功能與機轉。另外，本書特增發育解剖學一章，以簡單生動的方式深入介紹胚胎發育過程，提供有興趣的讀者參考。

全書不僅專業編排，圖片更是要求完美無誤，內文穿插「臨床焦點」專欄，讓讀者於學習解剖生理學的同時，能與臨床實務連結，強化學習效果。除此之外，更兼顧讀者準備國家考試的需求，國考重點彩色字標示，章末附有「學習評量」可作為自我測驗及複習之用。此次改版主要為修訂錯誤、全書圖片調整更精美、補充考題重點，並收錄「大體解剖操作影片」，讀者可掃描內文圖片中的QR code觀看。適合醫護、休閒、運動、妝管等相關科系學生使用。

新文京編輯部 謹識

你也可以掃描右方QR code或至https://reurl.cc/dVbQAk，於YouTube直接點選影片觀看。

影片目錄

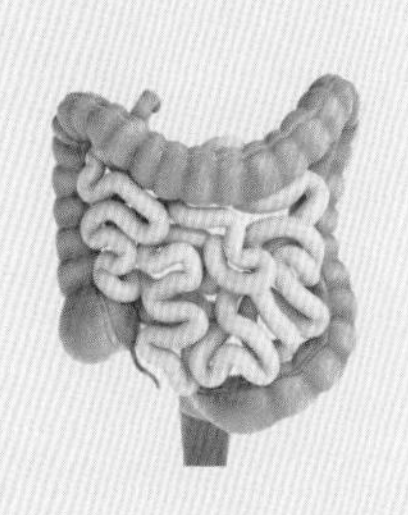

PREFACE

總校閱序

《解剖生理學》一書是由從事解剖學與生理學教學多年的教師，依據個人專長與豐富的教學經驗共同編著而成。

解剖學的內容主要介紹正常人體的形態結構，生理學的內容主要說明正常的器官功能，屬於最基本的基礎醫學知識，是進入醫學相關領域必修的基礎科目。本書按照人體的組成架構，從概論、細胞、組織、各系統（皮膚系統、骨骼系統、肌肉系統、神經系統、心血管系統、淋巴免疫系統、消化系統、呼吸系統、泌尿系統、生殖系統、內分泌系統等）。先介紹人體各個系統的組成構造，接著介紹其功能運作，讓學習能夠連貫。最後章節的胚胎發育則是介紹人體如何從單一細胞的受精卵轉變成複雜立體的人體構造，使讀者對人體能有更加深入的了解。

本書的各章節中也介紹許多重要常見的臨床相關疾病，使讀者在了解正常的結構與功能之後，進一步學習當器官系統發生異常時的變化與疾病產生的原因。每個章節的最後附有「學習評量」，其目的是讓讀者進行自我測驗，期望能啓發讀者思考，加深理解與吸收章節的重點。

全書的編撰過程中，多位教師的用心撰寫，新文京開發出版股份有限公司的編輯與同仁給予多方面的協助與支持，藉此機會表達衷心的感謝。由於本書涵蓋解剖學與生理學以及臨床相關疾病等，內容繁多，加上個人所學有限，校閱過程難免會有疏漏錯誤或是不足之處，期望廣大讀者與各位教學先進不吝批評與指正。謹以為序。

馮琮涵 謹識

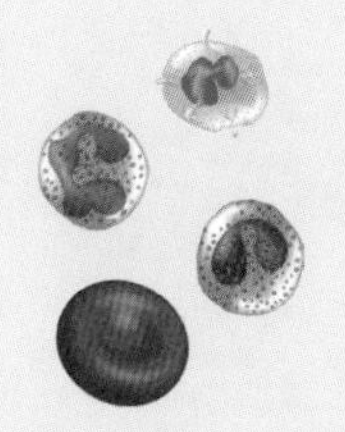

作者簡介

總校閱兼作者

馮琮涵

臺灣大學醫學院解剖學研究所博士

曾任臺北醫學大學醫學系副系主任

曾任臺北醫學大學醫學系解剖學科主任

現任臺北醫學大學醫學系解剖學暨細胞生物學科教授

作者介紹

鄧志娟

成功大學基礎醫學研究所博士

現任長庚科技大學副教授

劉棋銘

高雄醫學大學醫學研究所博士

曾任輔英科技大學（兼任）助理教授

曾任慈惠醫護管理專科學校助理教授

吳惠敏

陽明大學藥理研究所碩士

曾任輔英科技大學健康美容系主任

曾任輔英科技大學學士後牙科助理學位學程主任

現任輔英科技大學健康美容系助理教授

唐善美

高雄醫學大學護理博士

成功大學護理碩士

臺灣大學解剖細胞生物研究所碩士

曾任林口／高雄 NICU 護理師

曾任樹人醫專講師

現任輔英科技大學護理系副教授兼原資中心主任

許淑芬

陽明大學生理學研究所博士

曾任臺南護理專科學校兼任講師

曾任義守大學兼任助理教授

曾任義大醫院博士後研究員

現任樹人醫護管理專科學校助理教授

江若華

中興大學生命科學系博士

中國醫藥大學醫學研究所碩士

曾任中國醫藥大學博士後研究員

曾任成功大學博士後研究員

現任崇仁醫護管理專科學校助理教授

黃嘉惠

慈濟大學生理暨解剖醫學研究所碩士

現任耕莘健康管理專科學校講師

汪蕙蘭

美國羅格斯大學微生物免疫學博士

曾任輔英科技大學醫技系副教授

曾任輔英科技大學護理系副教授

李建興

臺灣大學藥理學博士

曾任敏惠醫專護理科助理教授

曾任臺灣汎生製藥廠學術藥師

曾任高雄醫學大學醫學系藥理學科助理教授

現任高雄醫學大學後醫學系藥理學科副教授

王子綾

臺灣海洋大學食品科學所碩士

曾任國軍北投醫院營養師

曾任臺南女子高級中學營養師

現任臺北市文山區景美國民小學營養師

李維真

臺灣大學解剖學碩士

現任輔英科技大學護理系副教授

莊禮聰

國防醫學院生命科學研究所博士

陽明大學生理學研究所碩士

曾任臺灣大學流行病學與預防醫學研究所博士後研究員

現任耕莘健康管理專科學校護理科副教授

修訂者

吳泰賢

陽明交通大學生物醫學影像暨放射科學博士

現任中臺科技大學基礎醫學中心兼任助理教授

CONTENTS 目錄

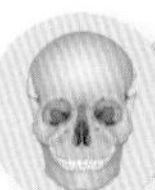

05 骨骼系統 / 鄧志娟

06 關 節 / 吳惠敏

07 肌肉系統 / 鄧志娟

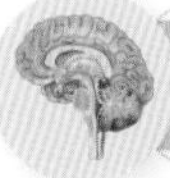

08 神經系統 / 唐善美

09 感覺 / 許淑芬

20 發育解剖學 / 馮琮涵

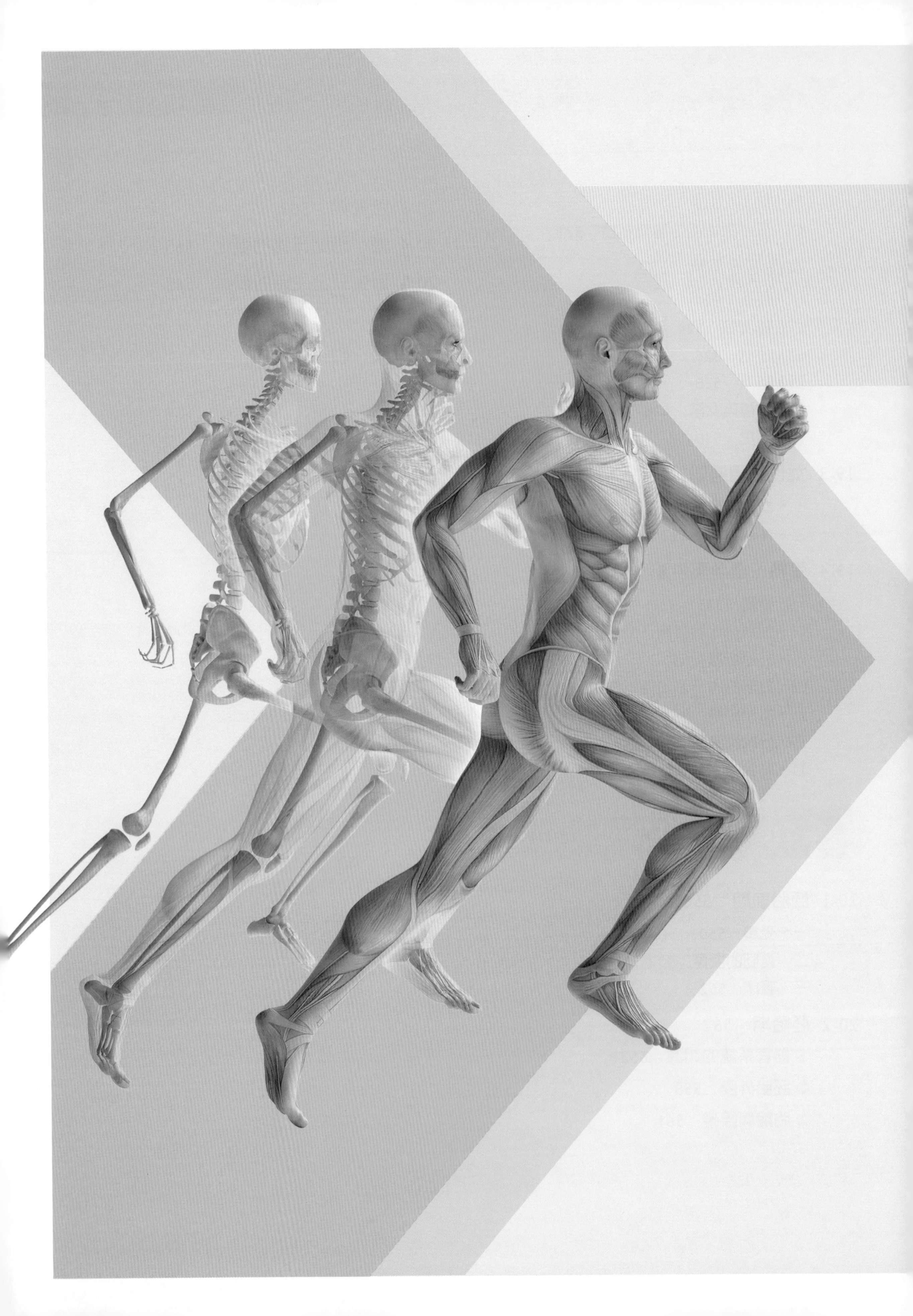

緒論
Introduction

CHAPTER
01

作者／鄧志娟

本章大綱 Chapter Outline

ANATOMY & PHYSLOLOGY

前言 INTRODUCTION

解剖學 (anatomy) 和生理學 (physiology) 屬於基礎醫學，主要透過了解人體構造、位置和每個構造生理功能的認識和兩者相關性，進一步了解人體受到傷害或疾病發生時的可能機轉。本章將針對解剖學和生理學的定義、人體的組成、解剖學姿勢及方位術語和人體生理功能最終極目的——恆定來做說明。

1-1 解剖學與生理學的定義

解剖學 (anatomy) 一詞來自於希臘，有許多相關之用詞。所謂解剖意指「切開」的意思，主要用來研究物體結構的內部和外部構造，或研究身體相關構造之間的生理相關性。生理學 (physiology) 一詞同樣來自於希臘，主要研究生命個體如何執行功能維持生命。兩者之間有相當關係，從解剖構造中能提供生命個體執行生理功能的線索，而生理學則利用已知的解剖構造相關性來解釋生理的作用機轉。

解剖學可根據研究結構的精細度分類出**大體解剖學** (macroscopic anatomy) 和**顯微解剖學** (microscopic anatomy)，也可以根據解剖細目來分類，如循環系統解剖學。

生理學主要研究生命體中各種解剖構造的功能。其中人體生理學 (human physiology) 主要研究人體構造的功能，因為每種構造可能具有的複雜功能，因此生理學的分類更加多元化，包括**細胞生理學** (cell physiology) 主要研究細胞層次；**器官生理學** (special physiology) 主要研究身體指定器官功能；**系統生理學** (systemic physiology) 主要研究系統層次器官功能，如肌肉系統生理學；**病理生理學** (pathological physiology) 或稱為病理學 (pathology) 主要研究正常器官生理功能失常後的影響。

1-2 生命的特徵

生命的特徵現象也就是指生命現象，因此探討生命的特徵同時也在確立無生命沒有的特徵。生命的最小單位是細胞，生物是由一個或多個細胞組成，能夠因應環境變化產生新陳代謝、維持恆定性、成長、回應刺激、繁殖甚至演化，以適應外界環境，繼續繁殖並產生後代。因此生命的特徵是指一個個體具有「代謝、生長與發育、感應與運動、繁殖」這些功能。

1. **有複雜的構造**：生物構造、功能單位為細胞，細胞依據功能分類成四大類組織，各種不同功能的組織相互合作構成器官，執行相關功能的器官組成器官系統，器官系統互相合作構成生命個體。
2. **進行新陳代謝**：細胞在個體內執行新陳代謝，包括能將小分子合成大分子的同化作用，及將大分子分解成小分子的異化作用。
3. **生長與發育**：當體內細胞進行化學作用使合成速率大於分解速率，細胞體積增大及數目增多，稱為生長或發育。
4. **感應與運動**：生命個體能夠經由構造與形態的改變以適應環境；或者能對外界刺激產生適當反應和運動，來避開危險或趨向有益的刺激。

5. **繁殖後代**：生命個體能藉由形成生殖配子來進行繁衍下一代的功能。
6. **恆定性**：生命個體面對外界環境或內在環境改變時能調適其構造或機能，以維持內在環境恆定。

1-3 人體的構造階層 

為了讓大家了解人體，我們可以從微觀到宏觀等不同層次上來認識。在此利用心血管系統來解釋人體組成之每個階層之間的關係（圖 1-1）。

1. **化學階層** (chemical level)：原子 (atoms) 為物質的最小組成，利用原子的組成可形成較為複雜的分子 (molecules) 階層。即使屬於最小的組成，但化學階層中每個原子特殊的鍵結型態會影響後續功能。
2. **細胞階層** (cellular level)：細胞 (cell) 為生命體的最小單位，構成生命體中的細胞階層。不同分子階層之間彼此作用形成較大的細胞階層，每個不同的化學分子在細胞內都具有特殊的功能，舉例來說，不同型態的蛋白質絲在肌肉細胞內彼此相互作用引起肌肉的收縮。

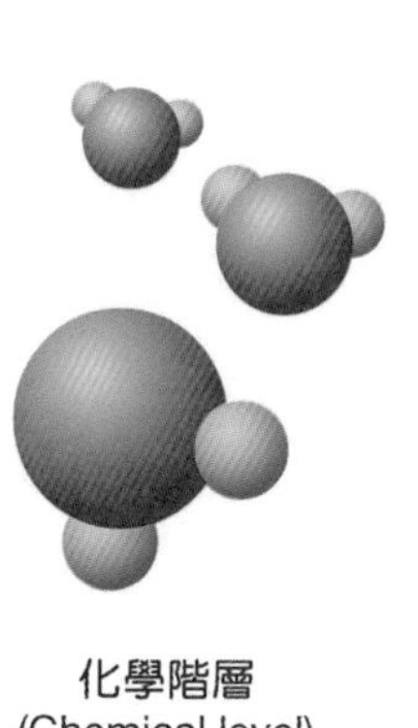

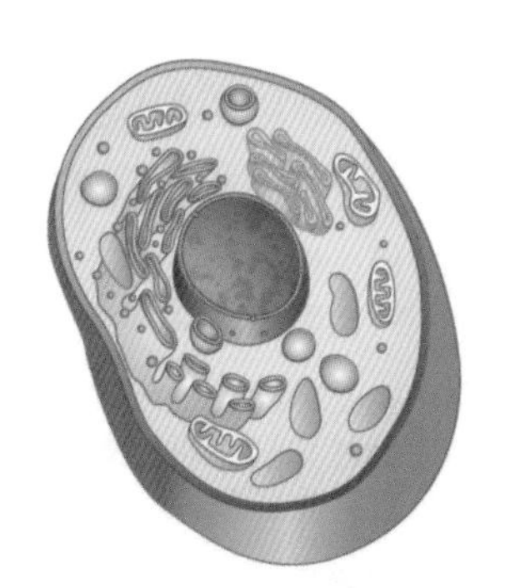

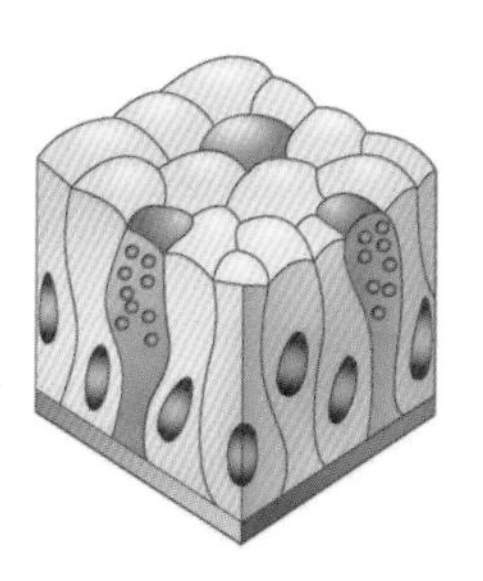

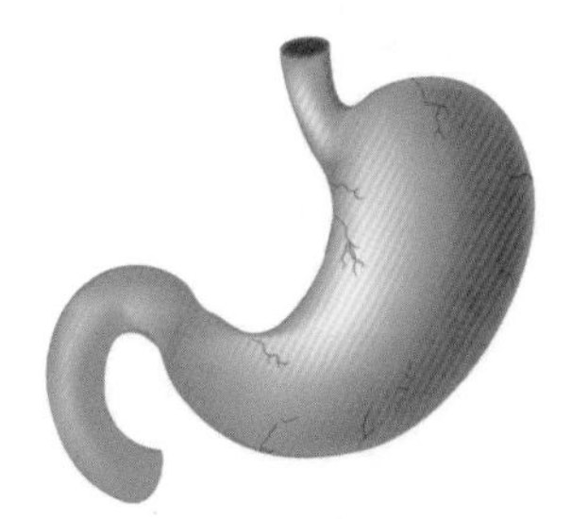

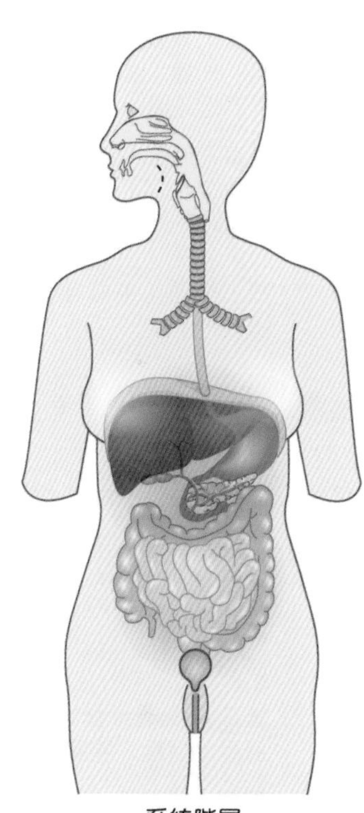

■ 圖 1-1　人體組成階層

3. **組織階層** (tissue level)：組織由功能相似的細胞聚集而成，例如心肌細胞構成心肌組織。人體依據細胞功能分類，可形成四大類基本組織：上皮組織、結締組織、肌肉組織和神經組織。

4. **器官階層** (organ level)：器官由兩種或更多不同組織功能聚合構成，如心臟由中空、立體的心臟肌肉壁和其他組織（如瓣膜）所構成。

5. **系統階層** (system level)：具有相同功能的器官組成系統，如心臟、血管、血液共同組成心血管系統。人體由 11 個系統所組成，包括（圖 1-2，表 1-1）：

(1) 皮膚系統 (integumentary system)：由皮膚及指甲、毛髮、皮脂腺、汗腺等衍生物質組成，能保護身體，阻擋外物入侵、幫助維持體溫。

表 1-1 人體主要系統

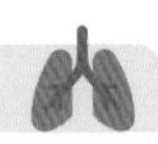

器官組成		主要功能
皮膚系統	表皮、真皮、毛囊、毛髮、皮脂腺、汗腺、指甲、感覺接受器、皮下組織層	能保護身體，阻擋外物入侵、幫助維持體溫、生長毛髮、分泌汗水、提供一般感覺（觸、壓、冷熱和痛）感受、儲存脂肪和連接皮膚及更深層組織
骨骼系統	骨頭、軟骨、關節、骨髓	支持、保護其中軟組織和儲存其中礦物質，負責血球生成
肌肉系統	骨骼肌、平滑肌、心肌、肌腱	提供協助和支持骨骼動作、產生熱量和保護其內軟組織、維持姿勢，提供特殊活動時強化收縮力
神經系統	腦、脊髓（中樞神經系統）、周邊神經系統	接受外界刺激，產生神經衝動完成複雜的協調工作、協助意識性和自主性活動操控，負責將中樞神經系統和其他感覺器官產生連繫
內分泌系統	松果腺、腦下腺、甲狀腺、胸腺、腎臟、胰臟、性腺	調節身體其他器官的生理功能
心血管系統	心臟、血管、血液	心臟推進血液和維持血壓，將血液輸送至全身，幫助細胞運輸營養、廢物或氣體
淋巴系統	淋巴管、淋巴結、脾臟、胸腺	保衛細胞幫助抵抗感染或疾病、幫助將組織液送回血管中
呼吸系統	鼻腔、咽、喉、氣管、支氣管、肺	運送氣體至血管細胞間進行氣體交換
消化系統	唾液腺、咽、食道、胃、小腸、肝臟、膽囊、胰臟、大腸	製造酵素消化食物，吸收養分後形成廢物排出體外
泌尿系統	腎臟、輸尿管、膀胱、尿道	濃縮尿液、調節血液酸鹼值和離子濃度，亦具有內分泌系統功能，排泄過多水分、鹽類和廢物代謝
生殖系統	睪丸、卵巢、子宮等	生成生殖細胞、產生荷爾蒙、繁殖後代

資料來源：游祥明、宋晏仁、古宏海、傅毓秀、林光華 (2017)．*解剖學*（三版）．華杏。

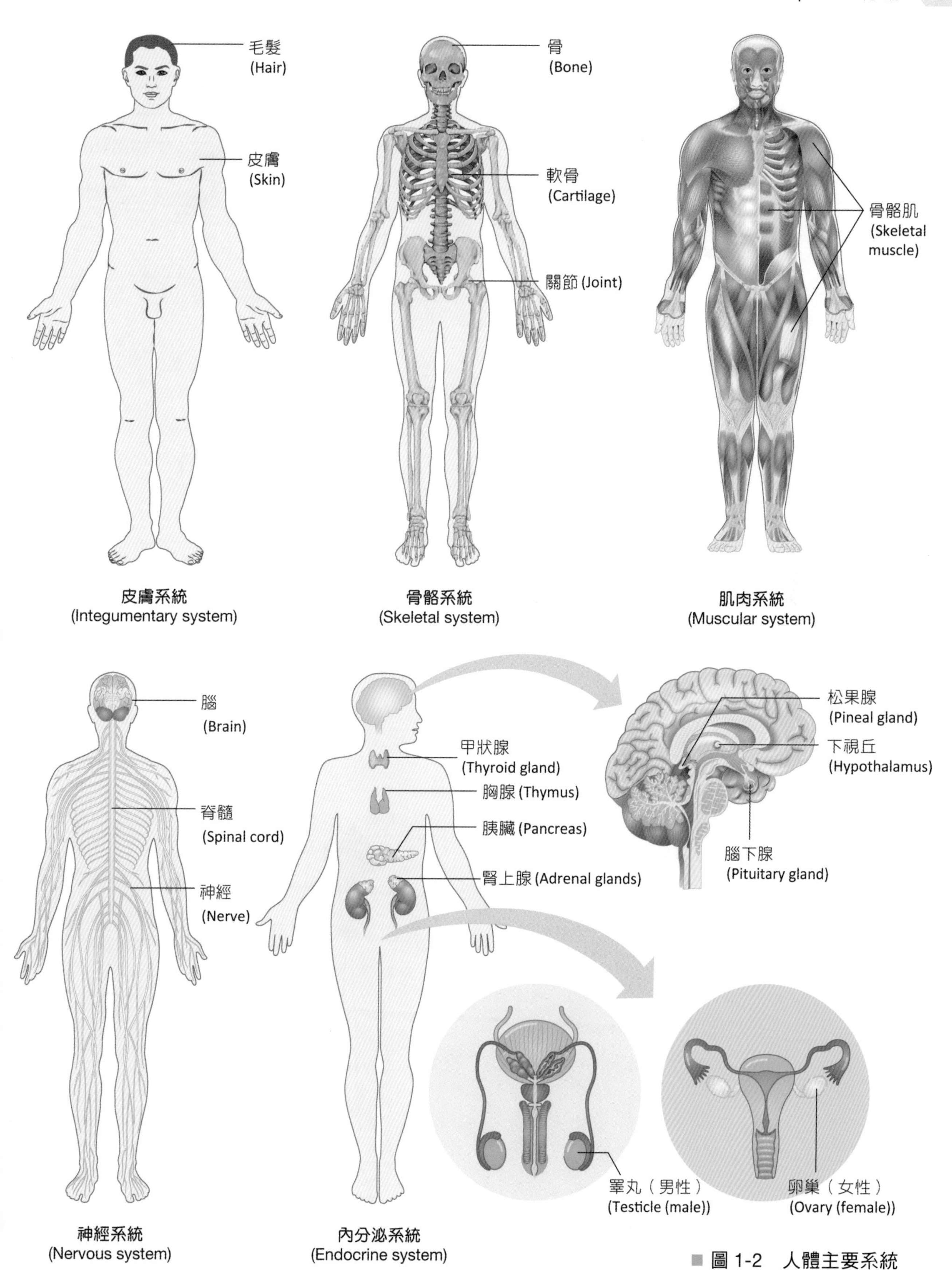

毛髮
(Hair)
皮膚
(Skin)
皮膚系統
(Integumentary system)
骨
(Bone)
軟骨
(Cartilage)
關節 (Joint)
骨骼系統
(Skeletal system)
骨骼肌
(Skeletal muscle)
肌肉系統
(Muscular system)
腦
(Brain)
脊髓
(Spinal cord)
神經
(Nerve)
神經系統
(Nervous system)
甲狀腺
(Thyroid gland)
胸腺 (Thymus)
胰臟 (Pancreas)
腎上腺 (Adrenal glands)
松果腺
(Pineal gland)
下視丘
(Hypothalamus)
腦下腺
(Pituitary gland)
睪丸（男性）
(Testicle (male))
卵巢（女性）
(Ovary (female))
內分泌系統
(Endocrine system)

■ 圖 1-2 人體主要系統

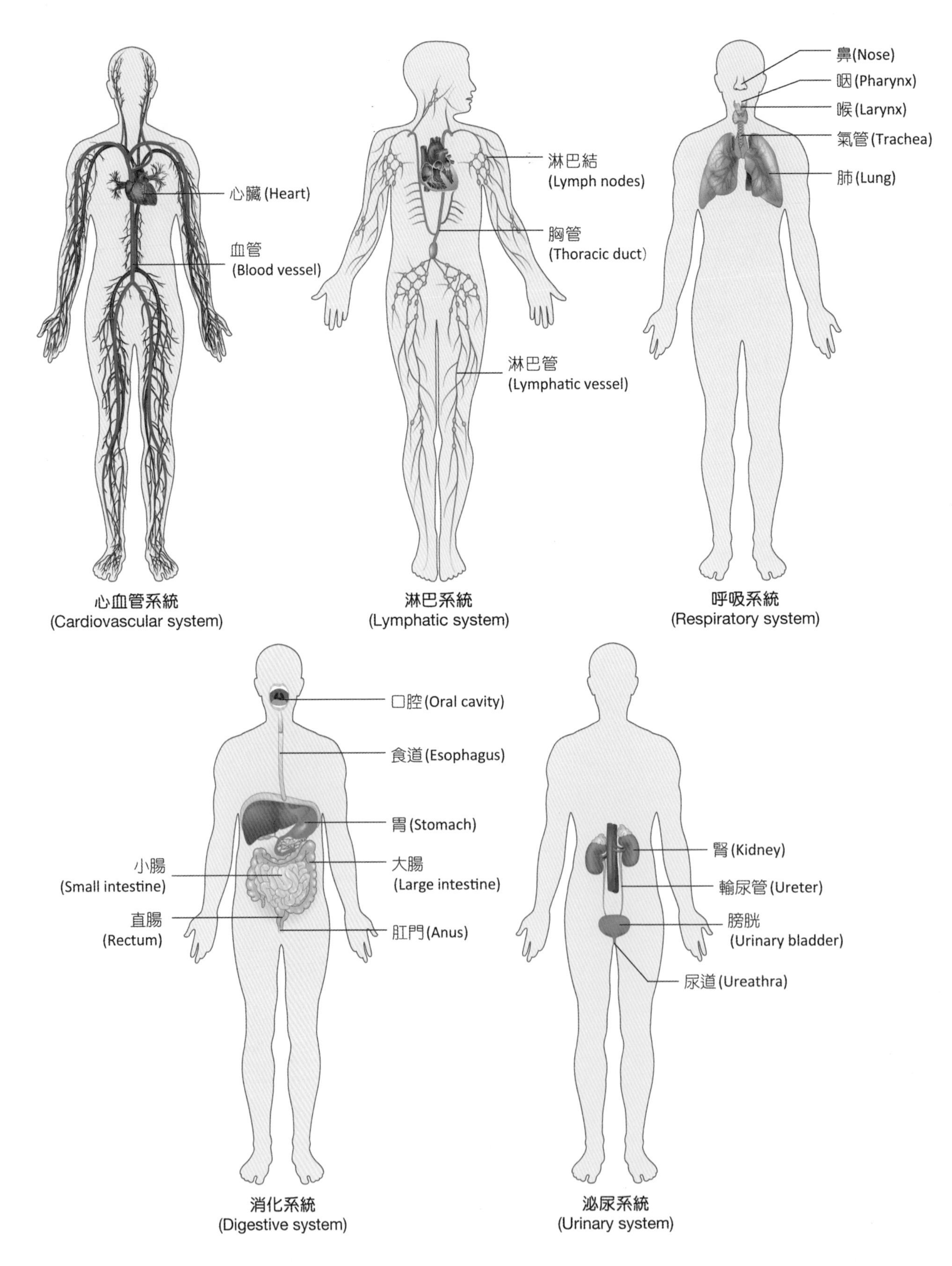
心臟 (Heart)
血管
(Blood vessel)
心血管系統
(Cardiovascular system)
淋巴結
(Lymph nodes)
胸管
(Thoracic duct)
淋巴管
(Lymphatic vessel)
淋巴系統
(Lymphatic system)
鼻(Nose)
咽(Pharynx)
喉(Larynx)
氣管(Trachea)
肺(Lung)
呼吸系統
(Respiratory system)
口腔(Oral cavity)
食道(Esophagus)
胃(Stomach)
小腸
(Small intestine)
大腸
(Large intestine)
直腸
(Rectum)
肛門(Anus)
消化系統
(Digestive system)
腎(Kidney)
輸尿管(Ureter)
膀胱
(Urinary bladder)
尿道(Ureathra)
泌尿系統
(Urinary system)

■ 圖 1-2 人體主要系統(續)

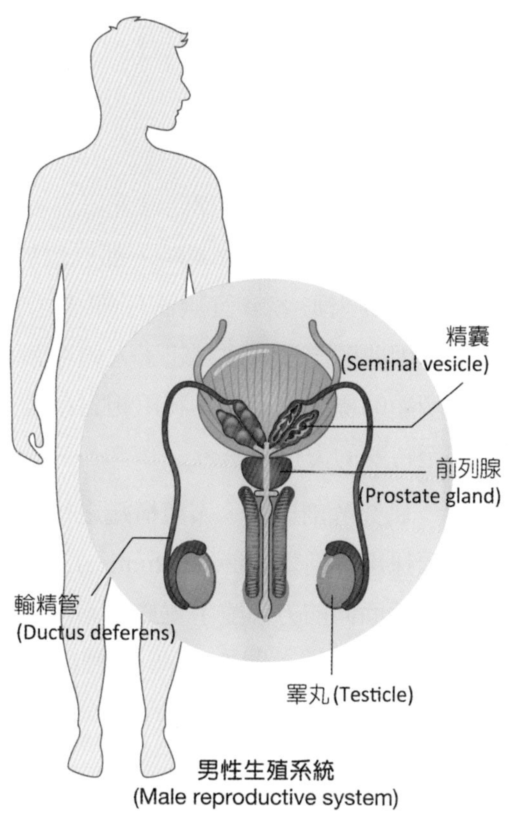

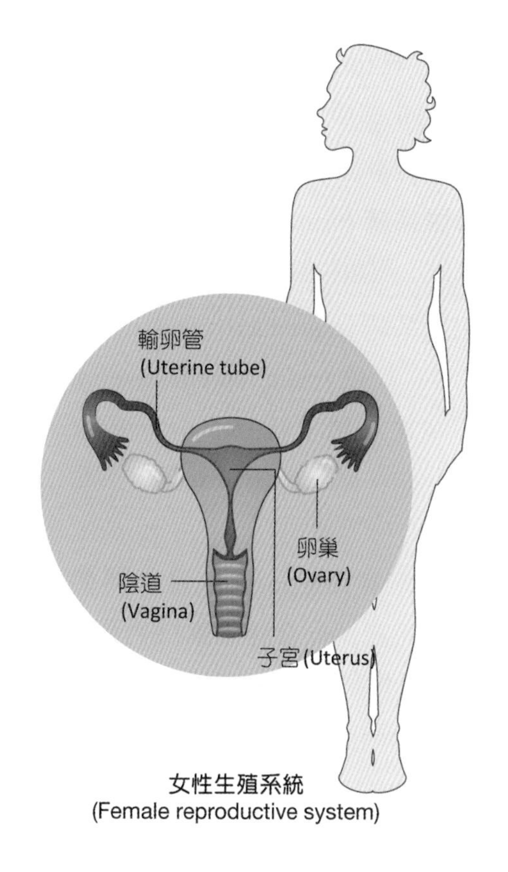

■ 圖 1-2 人體主要系統（續）

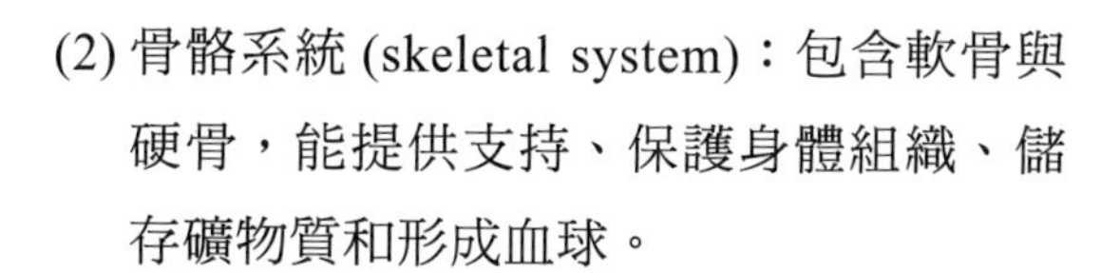

(2) 骨骼系統 (skeletal system)：包含軟骨與硬骨，能提供支持、保護身體組織、儲存礦物質和形成血球。

(3) 肌肉系統 (muscular system)：包括骨骼肌、平滑肌、心肌，具有運動、姿勢維持和產熱等功能。

(4) 神經系統 (nervous system)：由腦、脊髓（中樞神經）及腦神經、脊神經（周邊神經）所組成，提供身體面對外界的刺激快速產生反應、扮演協調身體其他器官系統的角色。

(5) 內分泌系統 (endocrine system)：由腦下腺、下視丘、甲狀腺、腎上腺、胰島等內分泌器官及散布在器官內的內分泌組織所組成，可長效性的調節身體其他器官系統功能。

(6) 心血管系統 (cardiovascular system)：由心臟、血管、血液構成，幫助細胞運輸營養、廢物或氣體。

(7) 淋巴系統 (lymphatic system)：由淋巴結、淋巴液、淋巴器官所組成，負責保衛細胞幫助抵抗感染或疾病、幫助將組織液送回血管中。

(8) 呼吸系統 (respiratory system)：包括咽喉、氣管、支氣管、肺臟等，主要是運送氣體至血管細胞間進行氣體交換。

(9) 消化系統 (digestive system)：包括消化道、消化腺體，主要能將食物消化，並吸收養分和排泄廢物。

(10) 泌尿系統 (urinary system)：排泄過多水分、鹽類和廢物代謝。

(11) 生殖系統 (reproductive system)：包括男性生殖 (male reproductive system) 和女性生殖系統 (female reproductive system)，能生成生殖細胞，並產生荷爾蒙。

6. **生命個體階層** (organism level)：身體內所有的器官系統共同合作以維持生命個體的存活，屬於生命體的最高階層。

生命個體內的每個階層都各自決定其結構特色和決定由其組成較高階層的功能。舉例來說，化學階層中的原子或分子的排列會決定蛋白質絲的種類，進而決定心肌細胞收縮時能產生更有力的收縮。在組織階層上，這些細胞的銜接構成心肌組織的訊息快速傳送，同時確保收縮的協調性，產生規律的心跳。在心跳產生的同時，心臟內部的組織結構能確保心臟幫浦的正常運作。藉由心臟的幫浦作用和心臟內含的血液，結合血管，讓血液能在身體內建構出完美循環的心血管系統。最後與呼吸系統、消化系統、泌尿系統及其他系統共同合作，建構出一個完整的生命個體。

1-4 解剖學術語

一、解剖學姿勢

以往在研究解剖學時常面臨許多問題，舉例來說，每當探討臀部時，都以位於背後 (on the back) 來形容，但無法仔細描述其確實位置，因此解剖學者建立起了人體地圖，運用身體明顯的標記來定位，利用相對距離來描述，甚至特殊的方位用語。

研究解剖學時，人體構造之每個特定部位必須採用解剖學姿勢 (anatomical position)，包括個體面向前方，雙手置放身體兩側，掌心朝前，雙腿併攏（圖 1-3）。個體如果以此姿勢躺下時，稱為仰躺 (supine)。

二、解剖學方位

表 1-2 表示一些常用的解剖方向術語。配合圖 1-3 將能使讀者更明白人體內各相關方位術語。

三、身體平面與切面

為了解體內構造的立體結構和相關性，必須切開人體以了解內部構造。接下來我們將介紹解剖學常使用的三種切面（圖 1-4）。

1. **橫切面** (transverse plane)：與身體最長軸（頭部到足部）垂直，能將身體分割成上下兩個部分。

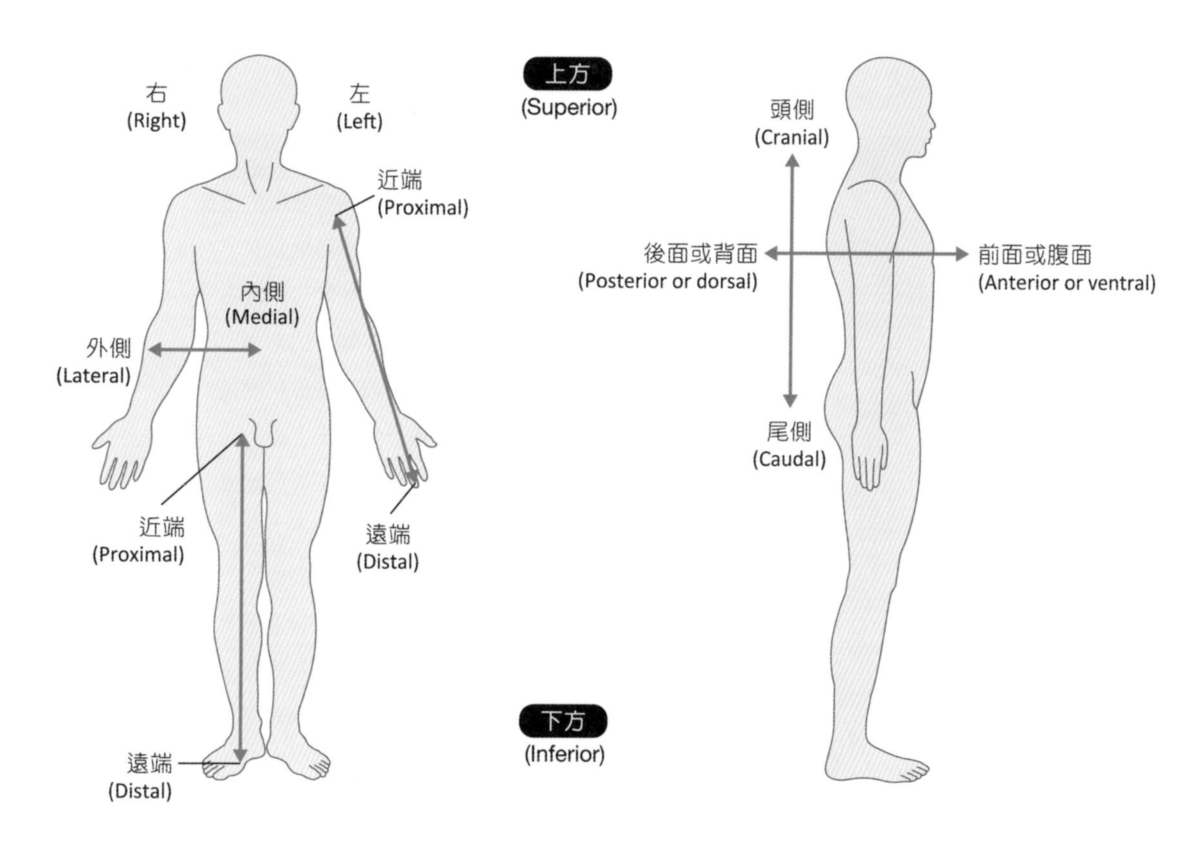

■ 圖 1-3　解剖學姿勢及身體相對方位

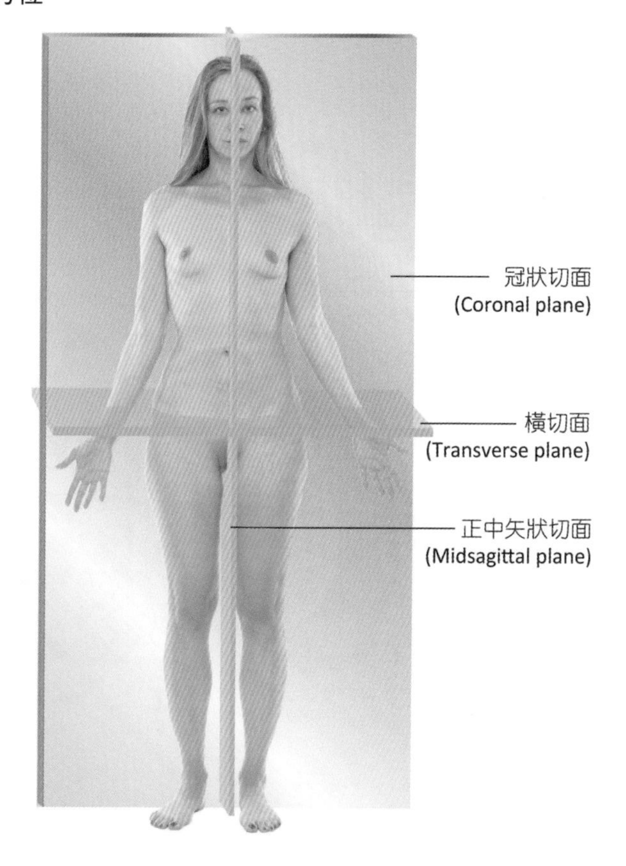

■ 圖 1-4　解剖切面

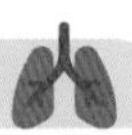

表 1-2 方向術語

稱謂	身體區域或定義	舉例
前面 (anterior)	前面 (front)	鼻子在身體軀幹的前面
腹面 (ventral)	與前面用法相同	人體腹部區域
後面 (posterior)	背面 (back)	肩膀位於肋骨的後方
背面 (dorsal)	背部	食道在氣管的背面
頭端 (cranial or cephalic)	指人體頭部	臀部較大腿靠近頭端
上方 (superior)	上方 (above)，較高（如身體頭部）	鼻子在下巴上方
尾端 (caudal)	尾端（如身體尾骨處）	臀部較腰部靠近尾端
下方 (inferior)	下方，較低	膝蓋在大腿下方
內側 (medial)	靠近身體中軸	脛骨在小腿內側
外側 (laterial)	遠離身體中軸	髖關節是在骨盆帶外側
近端 (proximal)	靠近接觸面處	大腿較足部為近端
遠端 (distal)	遠離接觸面	手指較手腕為遠端
表面 (superficial)	較靠近身體表面	頭皮在頭顱表面
深層 (deep)	遠離身體表面	大腿骨位於大腿肌肉群深層

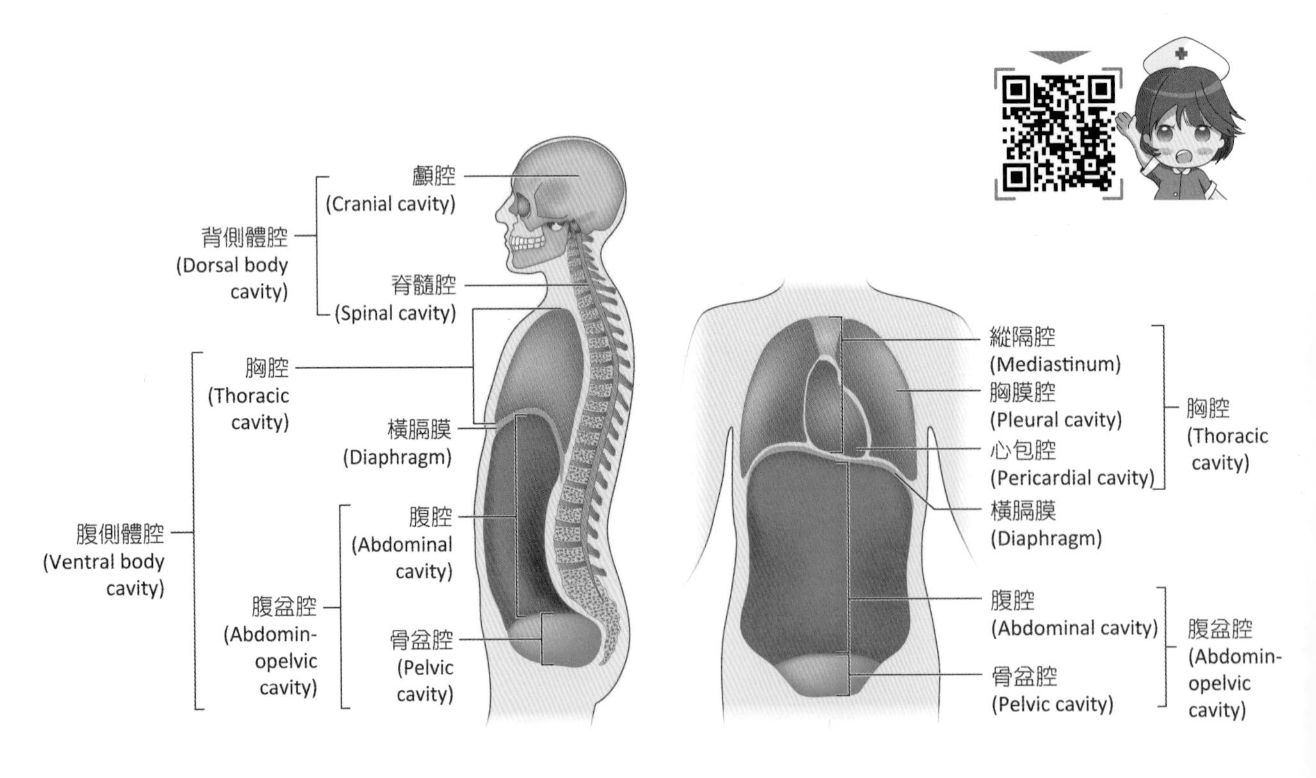

■ 圖 1-5 人體的體腔

2. **冠狀切面** (coronal plane)：延著身體最長軸切面，切線往外側延伸（由身體左側延伸至右側），此切面將身體分割成前後兩個部分。
3. **矢狀切面** (sagittal plane)：延著身體的最長軸由前方向後方延伸，將身體分割成左右兩個部分。通過身體中線的矢狀切面，可以將身體均分成左右對稱的兩個部分，稱為正中矢狀切面 (midsagittal plane)。

四、體 腔

不同於堅固實心的石頭，體內所有的組織器官都能相互產生連接，由解剖切面觀察人體時可以發現身體內有空腔存在，這些空腔被稱為**體腔** (body cavities)，其重要的功能有：
在進行各種活動（跑、跳、蹦）時，提供身體內部較為脆弱的器官保護和避震力；(　允許體腔內器官產生大小和形狀上的改變，如膀胱在裝滿尿液時能提供變大的空間。

人體內含兩個封閉性體腔，分別為背側體腔和腹側體腔（圖 1-5）。

(一) 背側體腔 (Dorsal Body Cavity)

背側體腔位在身體背面，由兩個連接的腔室組成，包括顱腔、脊髓腔。

1. **顱腔** (cranial cavity)：由頭顱骨所形成的空腔，內含有腦，可藉由枕骨的枕骨大孔和脊髓腔連通
2. **脊髓腔** (spinal cavity)：由脊椎骨的椎孔連接而成的管腔，內含有脊髓及脊神經根。

(二) 腹側體腔 (Ventral Body Cavity)

腹側體腔為胚胎時期最早出現的體腔，內含呼吸系統、血液循環系統、消化系統、泌尿系統和生殖系統等器官。因這些器官在胚胎發育過程變換位置的緣故，造成腹側體腔分成幾個區塊，以橫膈 (diapragm) 為界線，腹側體腔分成上方的胸腔 (thoracic cavity) 和下方的腹盆腔 (abdominopelvic cavity)。位於體腔內的器官稱為內臟器官，同時都被黏膜所包覆保護。

1. **胸腔** (thoracic cavity)：由胸骨、肋骨和胸椎所構成胸廓包覆，其中包含左右各一的胸膜腔和中間的縱膈腔，內含肺臟、心臟、食道、氣管、胸腺等。
   (1) 胸膜腔 (pleural cavity)：有兩個，左右各一，胸膜的臟層覆蓋在肺臟的表面，胸膜的壁層緊貼胸廓。胸膜腔內含有胸膜液（由胸膜所分泌的漿液），具有潤滑及減少摩擦的作用。
   (2) 縱膈腔 (mediastinum)：位於左右肺之間，內有心臟、胸腺、氣管、食道、血管、淋巴管、左右支氣管，但不含肺臟。
   (3) 心包腔 (pericardial cavity)：位於胸腔中央、縱膈腔之內，有心包膜可以包覆心臟。
2. **腹盆腔** (abdominopelvic cavity)：位於橫膈以下，可再以恥骨聯合 (symphysis pubis) 上緣至薦骨上緣（薦岬）畫出一條的假想線，將腹盆腔再區分為腹腔與骨盆腔。

(1) 腹腔 (abdominal cavity)：人體最大的體腔，所含之器官有肝、脾、膽囊、胃、胰臟、腎臟、小腸、大腸及神經血管等構造。

(2) 骨盆腔 (pelvic cavity)：所含臟器有膀胱、男性生殖器官（如前列腺、精囊、輸精管）、女性生殖器官（如子宮、卵巢、輸卵管）、乙狀結腸及直腸。

五、腹盆腔的分區

解剖學家或臨床上常需使用區域上的術語來說明特定的區域或疾病位置所在，針對面積較大的腹骨盆腔區域，目前常用區域或象限兩種方法定位（圖 1-6）。

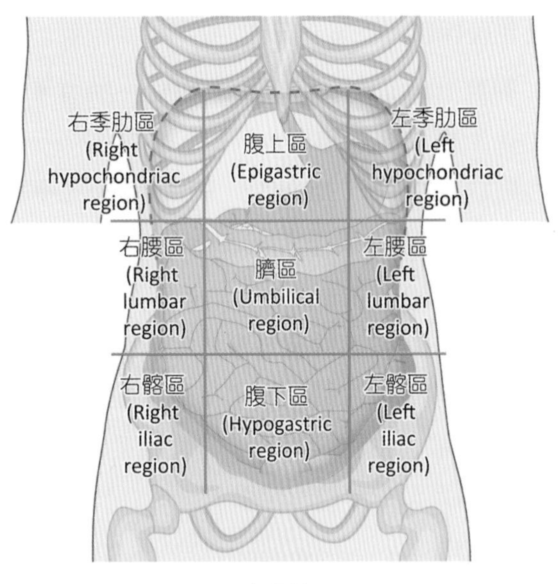

(a) 九分法

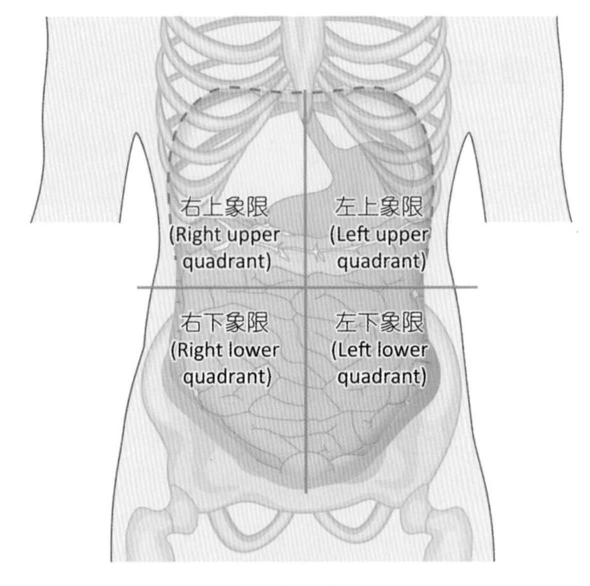

(b) 四象限法

■ 圖 1-6 九分法與四象限法

表 1-3 **腹盆腔區域** 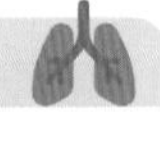

右季肋區	腹上區	左季肋區
肝臟、膽囊、右腎	胃、肝、胰臟和左右腎臟	胃、肝尖、左腎和脾臟
右腰區	**臍區**	**左腰區**
肝尖、小腸、升結腸、右腎	胃、胰臟、小腸和橫結腸	小腸、降結腸和左腎
右髂區	**腹下區**	**左髂區**
小腸、闌尾、盲腸和升結腸	小腸、乙狀結腸和膀胱	小腸、降結腸和乙狀結腸

腹盆腔區域 (abdominopevic regions) 主要以兩條水平線（上面一條水平線通過左、右肋骨下緣，下面一條水平線通過左、右髂骨結節）和兩條垂直線（分別通過髂前上棘與恥骨聯合連線的中點），將腹盆腔區分成九個區域（表 1-3）。

腹盆腔象限 (abdominopevic quadrants) 利用兩條垂直通過肚臍的十字線，分隔出四個象限，左上象限 (LUQ)、左下象限 (LLQ)、右上象限 (RUQ) 和右下象限 (RLQ)。如常見的盲腸炎位於右下象限，臨床上右上象限出現壓痛則可能是膽囊或肝臟的問題。

1-5 恆定作用

身體內所有系統間相互依賴、合作無間，同時面臨著相同的外界環境變化，任何一個器官的改變都會間接影響其他器官的運作，甚至影響生命體的維繫。舉例來說，因為飲用水中離子的改變，可能會引起體內礦物質的變化，間接造成心臟肌肉收縮程度或心跳的變化，甚至影響生命。身體有許多生理機轉運作就是要避免因為環境的改變間接造成身體內部的變化而產生危險。**恆定作用** (homeostatic regulation) 是指生理系統為避免環境變化危害生命而產生的反應作用。

恆定作用常牽涉：(1) 接受器 (receptor) 負責接受或感應周遭環境的變化；(2) 控制中心 (control center) 接受和處理由接受器所送來的訊息；(3) 動作器 (effector) 接受由控制中心送來的指令產生動作，一般能加強刺激強度或減緩刺激強度。在恆定作用下，會對體內的每一個細胞產生作用，一般而言，這樣的作用可分為**負迴饋作用** (negative feedback) 和**正迴饋作用** (positive feedback)。

一、負迴饋作用 (Negative Feedback)

當外界刺激而使某種活動功能遠離體內原本所設定之標準範圍（包括太高或太低）時，負迴饋作用會利用接受器所接收的訊息刺激來糾正，使活動功能回到標準範圍。人體內的負迴饋作用較多，包括血壓、血糖、血鈣、體溫的調節。以體溫為例，當皮膚的溫度接受器感受到溫度改變時（體溫調節中樞所設定的標準溫度範圍為 37~37.2℃），會將訊息傳送至位於腦內的體溫調節中樞，如果體溫高於設定值 37.2℃，會引起體溫調節中樞下達命令至動作器（位於皮膚系統中的血管擴張或汗腺分泌），進行散熱，使溫度慢慢趨近於標準設定值。當溫度回歸到正常值，接受器將訊息傳回到調節中樞，調節中樞回復為不活化，動作器不再產生反應，即完成恆定作用。

二、正迴饋作用 (Positive Feedback)

不同於負迴饋作用，正迴饋作用最終結果會強化原始的刺激。正迴饋作用主要是強化危險或壓力反應，使身體更快產生反應來避開危險。正迴饋作用不常發生，只發生在排卵、分娩、排尿、排便、凝血、射精等作用。舉例來說，在危險時急速切斷血流供應，使血壓急速下降，心臟能產生更有效的幫浦作用；或哺餵母乳時，隨著嬰兒的吸吮動作越大，母親體內激素的分泌越多量，乳汁分泌越多。

身體會利用許多不同的反應來達成恆定作用，但感染、受傷或基因異常經常導致恆定作用的失常，使得恆定作用無法代償這些傷害，因此而生病。

學習評量 REVIEW AND CONPREHENSION

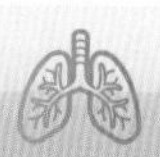

1. 下列有關縱膈腔之敘述，何者正確？(A) 是背側體腔的一部分 (B) 覆蓋整個肺臟表面 (C) 腔內含氣管與食道 (D) 為體內最大的體腔
2. 腹骨盆腔九分區的假想線中，最下方水平線通過下列何者？(A) 髂嵴 (B) 恥骨聯合上緣 (C) 恥骨聯合下緣 (D) 第 1、2 腰椎之交界處
3. 有關脂質 (lipid) 與脂肪 (fat) 的敘述，下列何者正確？(A) 大部分的脂肪都可以溶於水 (B) 飽和性脂肪主要由雙鍵的碳氫鏈所組成 (C) 動物性脂肪比植物性脂肪含更多的飽和性脂肪 (D) 磷脂質 (phospholipid) 分子不含脂肪酸
4. 就人體組成的階層而言，去氧核糖核酸屬於何種階層？(A) 化學 (B) 細胞 (C) 組織 (D) 器官
5. 左季肋區器官因肋骨刺入而大出血，下列何者最可能受損？(A) 左肺 (B) 心臟 (C) 胰臟 (D) 脾臟
6. 脾臟位於腹腔的哪個區域？(A) 左季肋區 (B) 右季肋區 (C) 腹上區 (D) 腹下區
7. 下列何者跨越頸部、胸部及腹部？(A) 氣管 (B) 上腔靜脈 (C) 下腔靜脈 (D) 食道
8. 下列有關體腔與體膜的敘述，何者錯誤？(A) 顱腔內壁皆貼附著硬腦膜 (B) 胸腔內壁皆貼附著胸膜 (C) 腹腔內壁皆貼附著腹膜 (D) 骨盆腔內壁皆貼附著腹膜
9. 在腹部的九分區中，下列何者劃分臍區與腹下區？(A) 通過髂前上棘的水平線 (B) 通過肚臍的垂直線 (C) 通過左右肋骨下緣的水平線 (D) 通過左右髂骨結節的水平線
10. 下列有關胸縱膈的敘述，何者正確？(A) 內含心臟及肺臟 (B) 是胸腔內的密閉體腔 (C) 主動脈不經過胸縱膈 (D) 底部由橫膈與腹腔分隔

解答

1.C 2.A 3.C 4.A 5.D 6.A 7.D 8.B 9.D 10.D

細胞 Cell

CHAPTER 02

作者 / 馮琮涵

本章大綱 Chapter Outline

ANATOMY & PHYSLOLOGY

前言 INTRODUCTION

科學家羅伯虎克 (Robert Hooke) 在 17 世紀末期，藉由顯微鏡觀察植物標本，發現植物是由許多格子狀的構造所構成，因此將這些格子狀的構造命名為細胞 (cell)。後來陸續發現與證明，從單細胞生物（如阿米巴原蟲）到複雜的多細胞生物（動植物），所有生物都是由細胞所組成，對於細胞學的知識與研究，也快速成長。

現今已知細胞是「生物體最基本的構造與功能單位」，在人體構造的階層中，不同的化學分子會聚合形成細胞，分子層級屬於無生命的物質，這些化學物質合成化合物再組成具有生命現象的「細胞」。有生命與無生命的區別，就在於有生命的細胞能夠進行新陳代謝以及複製、繁殖等作用。

人體內的細胞，都是從單一顆的細胞（受精卵）衍生形成。經過細胞分裂與分化轉變成許多不同型態與功能的細胞，以執行特定的功能。不同器官內的細胞特性，將於後面各系統的章節中陸續介紹。本章節主要針對組成細胞的化學成分、細胞的構造與胞器種類、物質通過細胞膜的方式以及細胞的生命週期進行介紹。

2-1 人體的化學組成

構成人體的原子主要有碳 (C)、氫 (H)、氧 (O)、氮 (N) 等。不同原子依照特定比例進行化學反應合成分子，例如：水 (H_2O)、二氧化碳 (CO_2)、葡萄糖 ($C_6H_{12}O_6$) 等。人體內的化學分子主要分成兩大類：無機化合物與有機化合物。無機化合物多為基本元素所構成的小分子與鹽類，例如水、氯化鈉、碳酸鈣等；有機化合物則多為碳、氫、氧、氮等原子共同組成較複雜的大分子。

一、無機化合物 (Inorganic Compound)

無機化合物是構成人體組織與維持正常生理功能活動所必需的物質。無機化合物分子間大多以離子鍵相結合，如水分、鹽類、酸與鹼等，其餘重要的微量元素多以無機鹽的方式存在於人體內。

(一) 水 (Water)

水對於生物而言是非常重要的物質。人體中的水（又稱為體液）大約占體重的 70%，其餘固體物質大約占體重的 30%，但體內水分的多寡會依年齡、性別以及身體狀況而有差異。正常情形下，嬰兒含水量占體重的比例較高，隨年齡增長逐漸遞減，老年人含水量占體重的比例較低。

人體內體液的分布一般分為細胞內液 (intracellular fluid) 與細胞外液 (extracellular fluid) 兩種。細胞外液約占體液的三分之一（約為體重的 20%），包括血漿、組織液、關節液、心包液、胸膜腔液、腹膜腔液與腦脊液等。細胞內液主要構成胞液 (cytosol)，約占體液的三分之二（約為體重的 40%）。

水在人體的含量高，是因為水有下列的重要性與特點：

1. **水是良好的溶劑**：水分子具有極性，是溶解物質的極佳溶劑。所謂極性，是指不同原子組合成一個分子時，整個分子的電子分布狀態不均勻，例如水分子由一個氧原子與兩個氫原子化合而成，多數物質之電子分布也是不均勻，因此也具有極性。具有極性的分子容易與同樣具有極性的水分子相互吸引，最後物質分子溶解於水分子中。水是極佳的溶劑，很多物質都可以溶於水中，藉由血液中的水分進行運送。例如葡萄糖分子具有極性，可溶於水中，因此葡萄糖稱為親水性 (hydrophilic) 物質；脂肪類分子電子分布均勻，不具極性，不容易溶於水中，因此脂肪類稱為疏水性 (hydrophobic) 物質。

2. **水能參與化學反應**：人體內許多物質都溶於水中反應，因此許多化學反應都在水溶液中進行。水分子本身所含的氧與氫原子，可以參與多種化學反應，物質與水分子結合，分解成小分子的過程，稱為水解作用 (hydrolysis)。反之，兩個小分子互相結合形成大分子物質，釋放出水分子的過程，稱為脫水合成作用 (dehydration synthesis)。
3. **水能維持溫度穩定**：水的比熱高，吸熱與放熱的速度較慢，不容易忽冷忽熱，有助於維持體溫的恆定。金屬類的比熱就很低，所以稍微加熱或冰凍，溫度就會飆升或下降。
4. **水的蒸散速度快**：液態的水變成氣態的水蒸氣時，會吸收大量的熱，因此當體內產生過多的熱量需要快速降溫時，身體會藉由水分的蒸發排出過多的熱量，避免體溫過高，維持體溫的恆定。
5. **水具有潤滑與保護作用**：體內許多的漿液、黏液、滑膜液與腦脊髓液等的主要成分都是水。漿液、滑膜液具有潤滑作用；黏液與腦脊髓液則具有保護的功能。

(二) 鹽類與酸、鹼

體內的無機鹽類溶於水中時，會分解成帶電的離子，這些無機鹽溶液可以導電，所以又稱為電解質。例如氯化鈉 (NaCl) 鹽類溶於水時，會分解形成帶正電的鈉離子 (Na^+) 與帶負電的氯離子 (Cl^-)。有的鹽類溶於水時，會分解釋放出帶正電的 H^+，使水溶液偏酸性，此種溶液就歸類為酸性溶液，例如鹽酸 (HCl)。相反地，有的鹽類溶於水時，會分解釋放出帶負電的 OH^-，使水溶液偏鹼性，此種溶液就歸類為鹼性溶液，例如氫氧化鈉 (NaOH)。當酸與鹼混合時，會互相化合形成鹽類與水，例如 HCl 與 NaOH 會化合形成 NaCl 與 H_2O。

人體內有許多種鹽類分子，有些在細胞內，有些在細胞外，是許多新陳代謝反應重要的物質，其中鈉離子與氯離子在細胞外液占有很高的濃度。細胞內液則有較高濃度的鉀離子。鈣離子是很重要的訊息傳遞物質以及參與肌肉收縮的作用。鐵離子則是構成血紅素攜帶氧氣的重要成分。

(三) 酸鹼平衡與酸鹼值

當溶液中的**氫離子 (H^+) 越多，溶液的酸性越強；氫氧離子 (OH^-) 越多，則溶液的鹼性越強**。當溶液中的氫離子與氫氧離子濃度一樣多，則稱為中性溶液。溶液的酸鹼度常以 pH 值表示，**pH 值小於 7 表示溶液為酸性，pH 值大於 7 表示溶液為鹼性**，pH 值等於 7 表示溶液為中性。體內的化學反應會產生許多 H^+ 與 OH^-，造成酸鹼值產生變化。體內會藉由許多機制與緩衝系統維持酸鹼值的平衡，人體血液的 pH 值須維持在 7.35~7.45 之間。

二、有機化合物 (Organic Compound)

有機化合物是構成人體組織與維持正常生理功能活動所必需的物質，主要是由含多個碳、氫與氧原子共同組成的分子，大多以共價鍵相結合，當共價鍵被破壞，就會釋放出大量能量，因此有機化合物除了形成組織架構之外，也是體內能量的主要來源。構成人體的有機化合物主要有四大類：醣類、蛋白質、脂質、核酸。

(一) 碳水化合物 (Carbohydrate)

人類攝食的米、麥等食物大多屬於碳水化合物，由碳與水化合而成的醣類分子。人體以碳水化合物作為主要能量，攝入後經消化系統分解、吸收、儲存，當身體需要能量時便會釋出。體內的碳水化合物也可以轉化成蛋白質或脂質，建造或是修補組織細胞。碳水化合物依照分子大小分為三類（圖 2-1）：

1. **單醣類**：由六個碳原子組成的環狀分子，如葡萄糖、果糖、半乳糖。**葡萄糖是體內最主要的能量原料**，一分子的葡萄糖分解可以產生 38 個 ATP。由五個碳原子組成的環狀分子，如去氧核糖與核糖，分別是組成遺傳物質 DNA 與 RNA 的重要成分。
2. **雙醣類**：由兩個單醣分子化合脫水形成一個雙醣分子，如麥芽糖、蔗糖、乳糖等皆屬於雙醣。麥芽糖是由葡萄糖與葡萄糖化合形成；蔗糖是由是由葡萄糖與果糖化合形成；乳糖是由葡萄糖與半乳糖化合形成。
3. **多醣類**：由多個單醣化合脫水形成，不溶於水，適合儲存。食物中的澱粉屬於多醣類，經消化可分解成單醣類，供細胞利用。肝醣也是多醣類，儲存於許多細胞，特別是肌肉與肝臟細胞含量很多。當細胞需要能量時，多醣類會水解釋出許多單醣類，供應能量的需求。

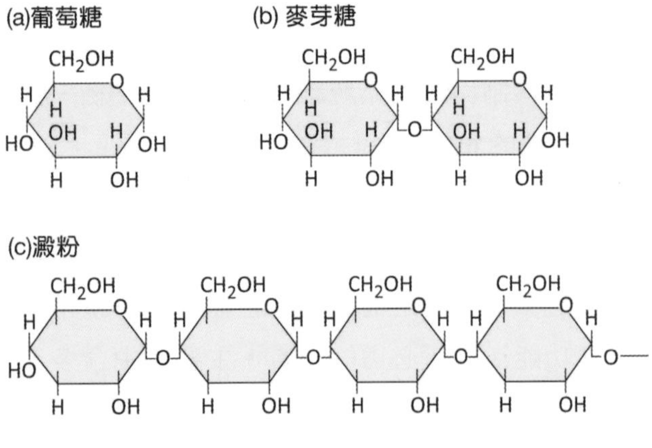

(a)葡萄糖 (b) 麥芽糖 (c)澱粉

■ 圖 2-1 碳水化合物

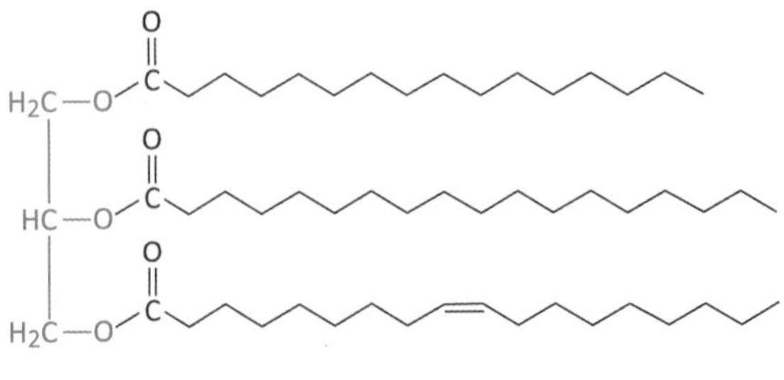

(二) 脂質 (Lipid)

體內多數的脂質不溶於水、不具導電性，有絕緣、隔熱與保護墊的功用。當碳水化合物不足時，脂質會分解產生能量，供身體利用。脂質依組成成分不同，可以分為下列幾類：

1. **中性脂肪** (neutral lipid)：主要由**甘油**與**脂肪酸**化合形成。脂肪細胞內就儲存許多中性脂肪。主要位於皮下與器官周邊，形成保護墊與隔熱功能。需要時會分解釋放出脂肪酸，產生能量（圖 2-2）。
2. **磷脂類** (phospholipid)：由磷酸鹽類與脂肪酸化合形成。常作為區隔的界線，將不同的水溶液分隔開來，以進行不同的反應。是構成細胞膜以及膜狀胞器的主要成分。

■ 圖 2-2 三酸甘油酯（中性脂肪）的結構

3. **固醇類** (steroid)：由膽固醇與脂肪酸化合形成。構成細胞膜的一部分，或是形成脂溶性荷爾蒙，調控生理作用。
4. **其他類**：如脂溶性維生素 A、D、E、K 等，以及脂質與蛋白質相結合形成的脂蛋白類 (lipoprotein) 等。例如高密度脂蛋白 (HDL)、低密度脂蛋白 (LDL)，對於正常生理功能都扮演重要角色。

脂質類中的脂肪酸依據其碳原子的鍵結方式不同，又可再區分為（圖 2-3）：

1. **飽和脂肪酸** (saturated fats)：碳原子以單鍵方式連結，多存在於動物性食品，如牛肉、豬肉、奶油等（圖 2-3a）。
2. **不飽和脂肪酸** (unsaturated fats)：碳原子以雙鍵方式連結，多存在於植物性食品，如橄欖油、花生油、芝麻油等（圖 2-3b）。

(三) 蛋白質 (Protein)

人體的蛋白質是由胺基酸 (amino acid) 分子所組成的複雜化合物。胺基酸分子本身含有氨基 (NH_3^+) 與羧酸基 ($COOH^-$)，所以稱為胺基酸。蛋白質分子多為極性分子，可以溶於水，在血液直接運送。細胞的許多構造都由蛋白質所構成，具有調控細胞生理活動的功能。依據蛋白質的功能加以分類：

1. 結構性蛋白質：構成身體的許多結構，如角質蛋白（位於表皮與毛髮）與膠原蛋白（位於真皮與結締組織）等。
2. 調節性蛋白質：具有調節生理功能，如荷爾蒙（胰島素、生長激素）等。
3. 收縮性蛋白質：肌肉或細胞中的收縮成分，如肌凝蛋白與肌動蛋白等。
4. 免疫性蛋白質：作為抗體，協助抵抗入侵的病菌，如免疫球蛋白。
5. 運輸性蛋白質：協助運送重要物質，如血紅素、肌紅素等。
6. 分解性蛋白質：將大分子分解成小分子，如澱粉酶、脂肪酶等。

(四) 核酸 (Nucleic Acid)

早期在細胞核中發現含有氮與磷的大分子有機化合物，因此命名為核酸 (nucleic acid)。核酸的基本構成單位是**核苷酸** (nucleotide)。核苷酸由**五碳糖**、**含氮鹼基**、**磷酸根**共同化合形成（圖 2-4）。目前核酸分成兩大類：去氧

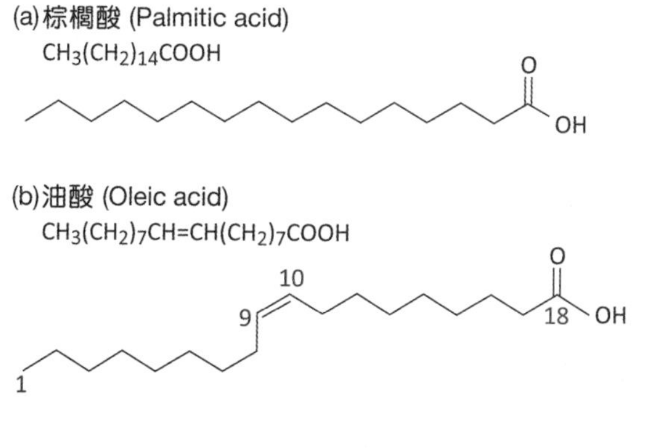

(a) 棕櫚酸 (Palmitic acid)
$CH_3(CH_2)_{14}COOH$
O
OH
(b) 油酸 (Oleic acid)
$CH_3(CH_2)_7CH{=}CH(CH_2)_7COOH$
O
10
9
18
OH
1

■ 圖 2-3 飽和脂肪酸 (a) 與不飽和脂肪酸 (b) 的構造

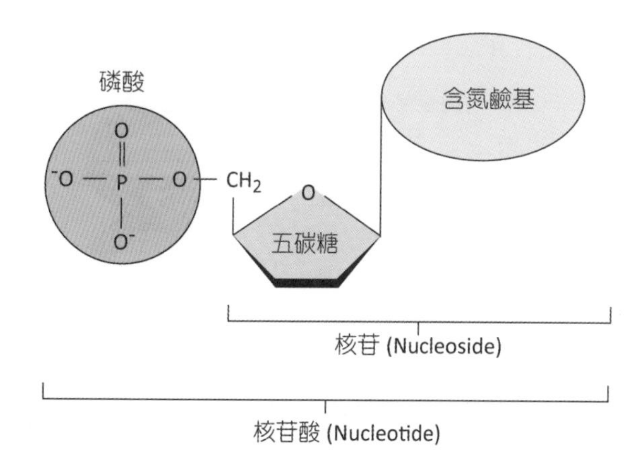

■ 圖 2-4 核苷酸

表 2-1 DNA 與 RNA 的差異

差異	DNA	RNA
五碳糖	去氧核糖	核糖
形狀	雙股螺旋	單股螺旋
鹼基	A, T, C, G	A, U, C, G
鹼基鍵結	A-T, C-G	A-U, C-G

核糖核酸 (DNA) 與核糖核酸 (RNA)（圖 2-5、表 2-1）。

◎ 去氧核糖核酸 (Deoxyribonucleic Acid, DNA)

DNA 為細胞重要的遺傳物質。核苷酸中的五碳糖為去氧核糖，含氮鹼基有四種，分別

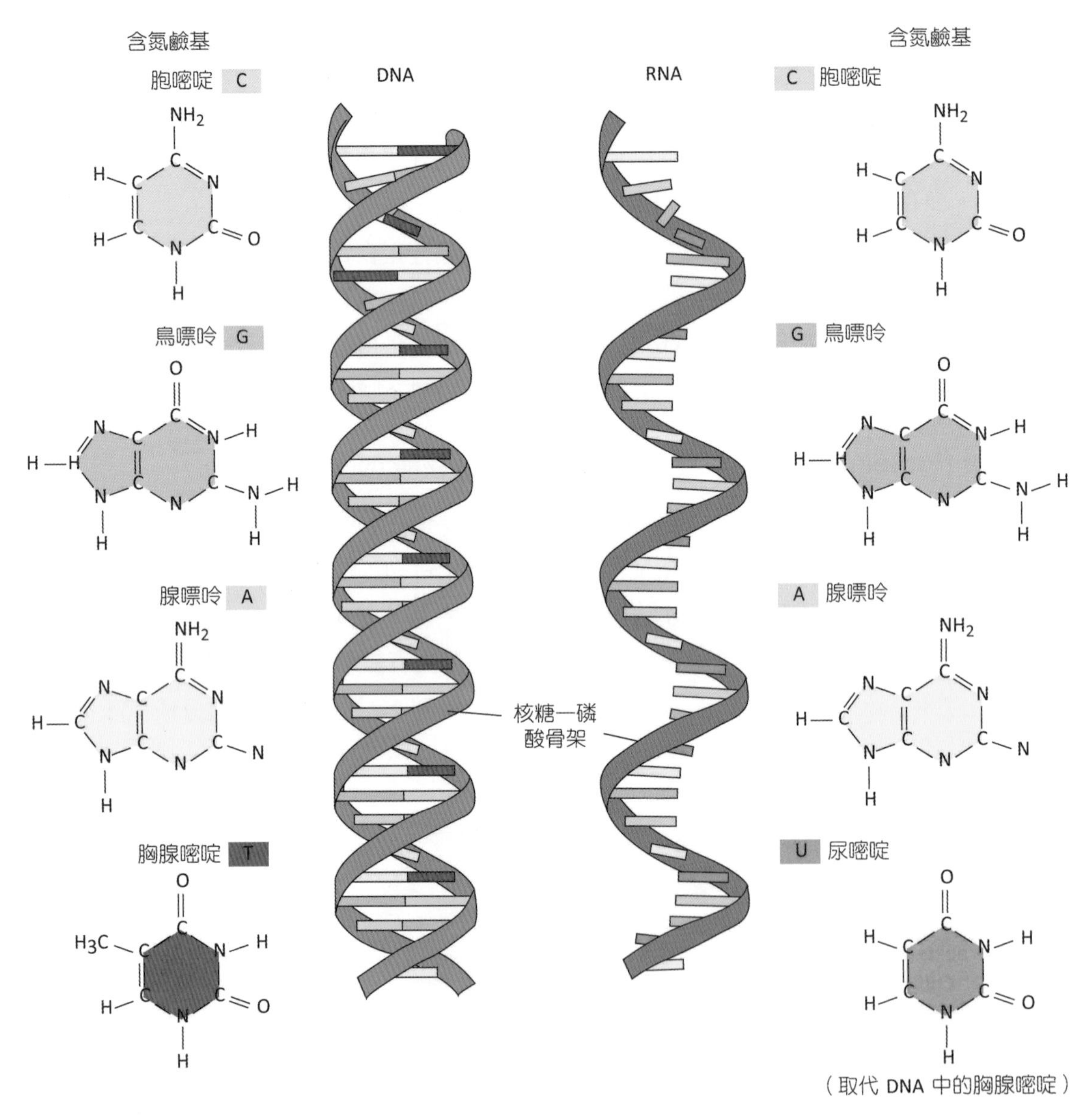

■ 圖 2-5 DNA 與 RNA 的構造

是腺嘌呤 (adenine, A)、鳥糞嘌呤 (guanine, G)、胞嘧啶 (cytosine, C)、胸腺嘧啶 (thymine, T)。整個 DNA 的分子架構由去氧核糖以及磷酸根串聯形成雙股螺旋狀的垂直主幹，**含氮鹼基則以 A 與 T、C 與 G 方式相互連結**，形成主幹之間連結的橫棒構造，因此兩股 DNA 的鹼基是互補的。舉例而言，其中一股 DNA 的鹼基順序 ATCCGAATG，則另一股順序將會是 TAGGCTTAC。

不同的 DNA 或是 RNA 上面排列的鹼基順序也不相同，這些鹼基排列的順序，我們稱之為遺傳密碼。遺傳物質中的基因 (gene) 就是某一節段的 DNA，並且以此節段的含氮鹼基代號 (ATCG) 作為基因序列。

◎ 核糖核酸 (Ribonucleic Acid, RNA)

RNA 為第二種主要的核酸，由核苷酸組成單股構造，核苷酸中的五碳糖為核糖。含氮鹼基有四種，分別是腺嘌呤 (A)、鳥糞嘌呤 (G)、胞嘧啶 (C)、尿嘧啶 (U)。目前已知 RNA 的產生是將雙股的 DNA 解開成單股當作模板，再按照其基因序列轉錄形成。RNA 的四種含氮鹼基中有三種與 DNA 一樣，但 **RNA 以尿嘧啶 (U) 取代胸腺嘧啶 (T)**。由鹼基順序為 ATCCGAATG 的 DNA 轉錄形成的 RNA 上含有的鹼基順序將會是 UAGGCUUAC。

細胞內至少有三種不同的 RNA：攜帶 DNA 基因序列訊息的**訊息 RNA**(messenger RNA, mRNA)、構成核糖體的**核糖體 RNA** (ribosome RNA, rRNA)、協助運送胺基酸的**運送 RNA**(transfer RNA, tRNA)。每一種 RNA 都在合成蛋白質時，扮演特定的角色。

◎ 轉錄、轉譯及蛋白質合成

細胞所攜帶的遺傳密碼儲存在 DNA 的基因序列中，但形成細胞結構以及執行生理功能都需藉由蛋白質來運作，所以必須將 DNA 遺傳密碼轉變成真正具有執行功能的蛋白質。然而 DNA 是去氧核糖分子，蛋白質是胺基酸組成，如何轉變是一項重要的工程。

首先，將細胞核內的雙股 DNA 解開，依據其遺傳密碼（含氮鹼基的順序）連接上互補的核苷酸，再將核糖串聯形成單股的 mRNA，這種過程就像是錄音、錄影一樣，因此稱為**轉錄** (transcription)（圖 2-6）。DNA 會轉錄出負責連結與運送胺基酸的 tRNA，以及構成核糖體的 rRNA。

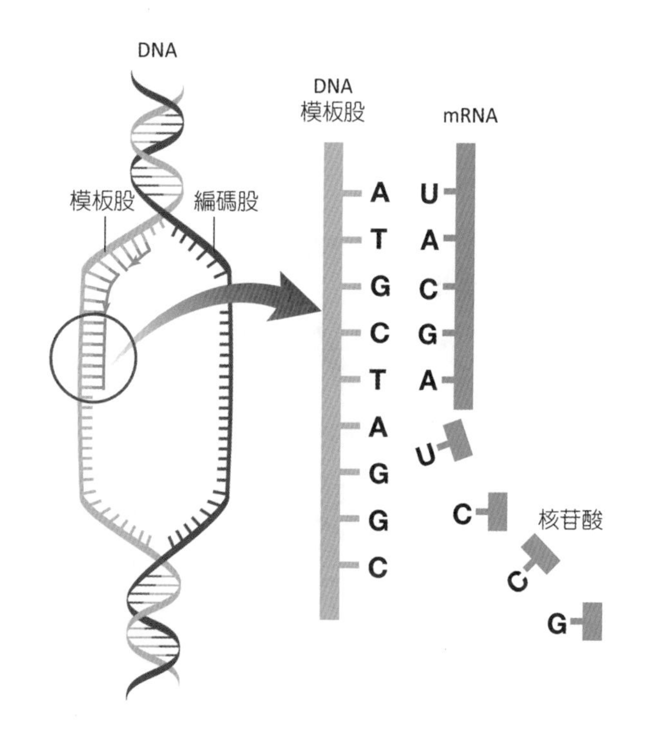

■ 圖 2-6　轉錄作用

接著，這三種 RNA 從細胞核被傳送到細胞質內，含有 rRNA 的核糖體會與 mRNA 相連結，以 mRNA 當作模板，特定的 tRNA 攜帶特定的胺基酸依照密碼送到核糖體內，核糖體依序將送過來的胺基酸連結合成蛋白質。這種從 RNA 製作出蛋白質的過程，就像是將不同的語言進行翻譯，意思相近但是性質不同，所以稱為**轉譯** (translation)（圖 2-7）。簡而言之，DNA 轉錄成 mRNA，mRNA 轉譯成蛋白質。

若 DNA 所攜帶的基因發生突變，或轉錄及轉譯的過程發生變化，產生的蛋白質結構就會不同，可能就無法正常執行功能，因而造成疾病或是異常。此外，DNA 主要位於細胞核中，RNA 在細胞核從 DNA 轉錄形成後，會經過核孔進入細胞質中。雙股的 DNA 相對穩定，當細胞進行分裂時才會進行 DNA 的複製；而單股的 RNA 較不穩定，經由核糖體轉譯出蛋白質後，大多會被分解，蛋白質的合成就會終止。

(五) 腺嘌呤核苷三磷酸 (Adenosine Triphosphate, ATP)

腺嘌呤核苷三磷酸是細胞最常當作能量來源的分子。其分子結構是由一個五碳糖（核糖）、腺嘌呤以及三個磷酸根 (PO_4^{3-}) 所化合形成。由於其磷酸根化合時，可以將能量儲存；磷酸根水解時，則會釋放大量能量，因此 ATP 是很好的能量儲存與釋放的分子。當釋放一個磷酸根，ATP 就會轉變成腺嘌呤核苷二磷酸 (adenosine diphosphate, ADP)。

$$\text{ATP} \Longleftrightarrow \text{ADP}+\text{磷酸根}+\text{能量}$$

另外一種由 ATP 經酵素將兩個磷酸根去除，並且將分子轉化形成環狀的化合物，稱為環腺嘌呤核苷單磷酸 (cyclic adenosine monophosphate, cAMP)。cAMP 在細胞訊息傳

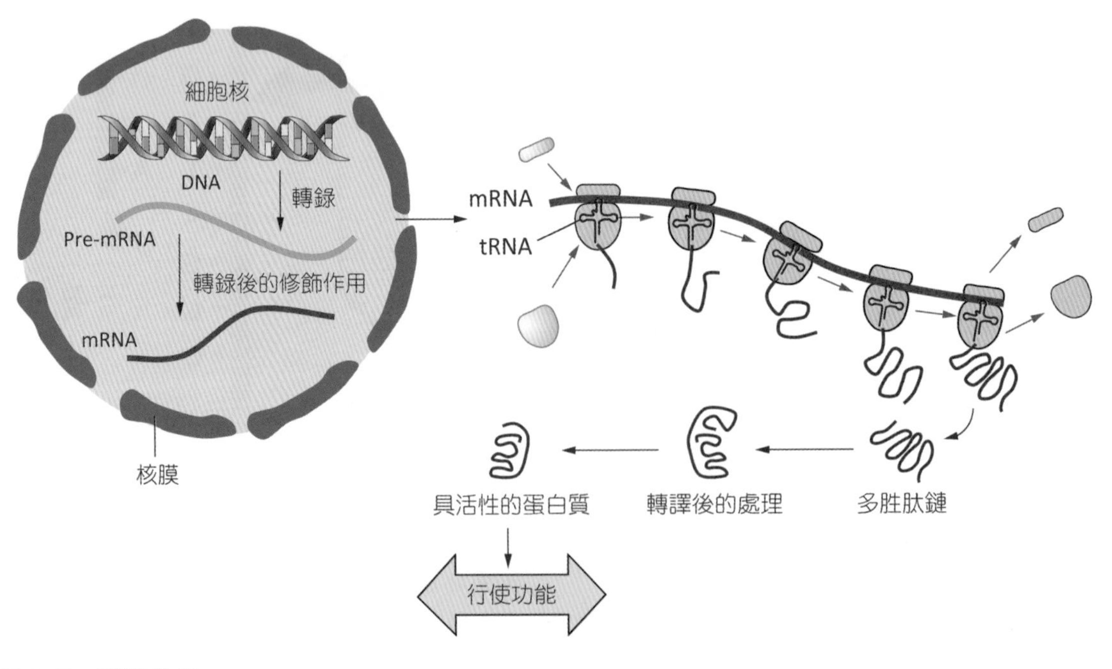

■ 圖 2-7　轉譯作用

遞的功能方面扮演重要角色。當細胞外面的訊息分子（第一傳訊物質，如激素）與細胞膜上的接合器結合，會引發細胞膜上的蛋白質酵素，將 ATP 轉化成 cAMP，cAMP 再進一步引發細胞內的反應，所以 cAMP 又稱為第二傳訊者 (second messenger)。

2-2 細胞的構造

人類的細胞有三個主要部分：細胞膜、細胞質、細胞核。細胞膜是細胞的外圍屏障，具有選擇性通透的作用，有保護細胞以及調控物質進出細胞的功能。細胞膜內的物質稱為細胞質，充滿許多不同種類與形狀的胞器，可以執行細胞內的特定功能，胞器與胞器之間是流動的液態胞液，內含許多代謝的原料與產物以及養分與廢物等。細胞核大多位於細胞質的中心處，有核膜保護，核內的遺傳物質可以影響與調控細胞的活動。接下來我們將針對細胞的構造與功能，進行更詳細的說明。

一、細胞膜 (Cell Membrane)

位於細胞外層的膜稱為細胞膜或質膜 (plasma membrane)。細胞膜圍出了細胞的邊界與範圍，膜內有細胞質與胞液，膜外則為胞外基質 (extracellular matrix) 與細胞外液 (extracellular fluid)。細胞膜的構造與功能，介紹如下：

(一) 細胞膜的構造

細胞膜富含脂肪類與蛋白質，脂肪類以磷脂質 (phospholipids) 為主要，一個磷脂質分子是由一個帶電而且具親水性的磷酸根組成「頭部」，以及不帶電且具疏水性的兩條脂肪酸鏈

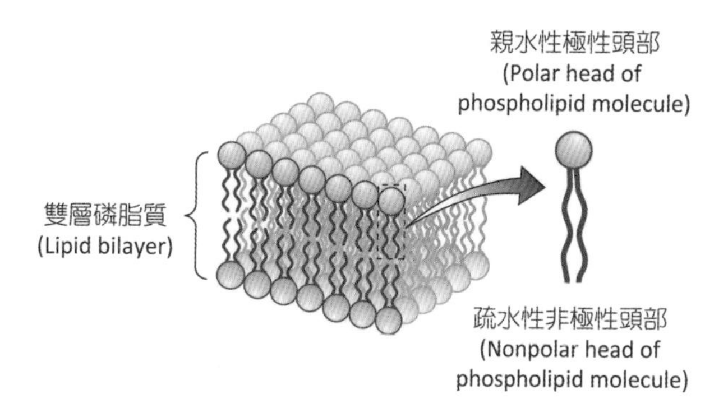

■ 圖 2-8　雙層磷脂質

組成的「尾部」共同組成。磷脂質分子的形狀，就如同具有兩根觸鬚的水母，在細胞膜上漂移。由於細胞內與細胞外都是充滿許多水分子的環境，因此組成細胞膜的磷脂質分子，便以親水性的磷酸根分別朝向細胞內與細胞外，而疏水性的脂肪酸鏈則彼此相對位於細胞膜的中央，形成了**雙層磷脂質** (lipid bilayer) 的結構（圖 2-8）。細胞膜還含有另外一種脂質類，稱為膽固醇 (cholesterol)。膽固醇具有加強細胞膜的堅固性，可以降低細胞膜對水分子的通透性。

細胞膜的另一種組成成分是蛋白質，位於細胞膜上的蛋白質分為兩種類型：鑲嵌型 (integral) 與附著型 (attached)。鑲嵌型蛋白或稱跨膜蛋白主要是大型蛋白質，貫穿細胞膜的雙層磷脂質，蛋白質的兩端有時候會突出細胞膜或是僅一端突出，多數的接受器 (receptors) 或離子通道 (ion channel) 屬於此類，可以讓物質藉由此蛋白質快速通過細胞膜。附著型蛋白則不會貫穿細胞膜，附著於細胞膜外側表面或是內側表面，又稱為周圍蛋白，多數的結構蛋白質屬於此類，例如與細胞骨架的結合蛋白質，可以將細胞骨架連結至細胞膜以穩定細胞結構。此外，細胞內傳遞訊息的蛋白，也大多位於細胞內，屬於附著型蛋白質。

目前生理學家認為細胞膜的構造以**流體鑲嵌模型** (fluid mosaic model) 為主。流體是指雙層磷脂質是具有流動性的，如同肥皂泡的表面會流動一般。鑲嵌模型就是指鑲嵌在雙層磷脂質上的蛋白質，也會跟著磷脂質的流動而移動位置，如同漂浮在水面上的冰塊，會跟著水流而移動。

有些細胞膜外側面還會有一些醣類分子，多數連結在鑲嵌蛋白的外側面上，形成一層霧狀的結構，稱為胞外衣 (cell coat) 或是糖覆膜 (glycocalyx)，每一種細胞的糖覆膜大多由不同的醣類分子所組成，可以當作細胞辨識彼此身分的生物標記。

(二) 細胞膜的功能

細胞膜的功能主要與其組成成分有關。雙層磷脂質的中央是屬於疏水性的脂肪酸鏈，因此可以有效地區隔出細胞內與細胞外水溶性的環境，提供保護屏障避免細胞外的物質入侵細胞內。物質要進出細胞，就需要經過細胞膜的篩選或過濾，因此我們稱細胞膜具有**選擇性通透** (selective permeable) 的功能。分子小、不帶電荷、或是脂溶性物質比較容易通過細胞膜；然而分子大、帶電荷、或是水溶性分子物質則比較不容易通過雙層磷脂質組成的細胞膜，這些物質若要進入細胞，必須藉由細胞膜表面的蛋白質協助才能通過。

細胞膜上蛋白質有許多種類，有些蛋白質擔任受體 (receptors) 的功能，負責與細胞外的特定分子結合，**產生訊息傳入細胞內**，引發一連串變化，以因應細胞外的改變訊息。**有些蛋白質形成特定的通透管道** (channels)，在特定情況下蛋白質形成的通道會打開，讓特定帶電荷的分子經由此蛋白質通道快速進入細胞內，以因應細胞外在的刺激。

二、細胞質 (Cytoplasm)

細胞質是指細胞內的物質，主要位於細胞膜與細胞核之間。大部分的化學反應與細胞活動都是在細胞質中發生。細胞質含有三種主要成分：胞液、胞器以及包涵體。分述如下：

◎ 胞液 (Cytosol)

胞液是細胞質內一種膠狀富含液體的物質，又稱為胞質基質 (cytoplasmic matrix)。由水分、電解質及許多酵素共同組成，細胞所需的養分或代謝產物都含在胞液中。胞液大約占細胞質的一半體積。

◎ 包涵體 (Inclusions)

包涵體是細胞質中暫時存在的構造，不是每一種細胞都有，不同細胞的包涵體也會有所不同，例如細胞內的色素、肝醣顆粒 (glycogen)、脂肪小滴 (lipid droplets) 等。細胞的狀態不同，包涵體的數量與種類也會跟著改變。

三、胞器 (Organelles)

胞器可以說是細胞的器官，具有特定的構造而且執行特定的功能，將細胞中不同的化學反應區隔開，避免反應之間相互干擾。主要的胞器包括細胞骨架、內質網、核糖體、高基氏體、溶酶體、過氧化酶體、粒線體、中心體等。大多數的細胞都具備相同種類的胞器，特定細胞為了執行特殊功能，相對應的胞器含量會特別豐富。針對各種胞器的構造與功能，分述如下：

(一) 粒線體 (Mitochondria)

粒線體外形呈圓顆粒狀或線條狀，不同種類細胞內粒線體的形狀與數量也會不同。粒線體由兩層膜所組成，外膜平滑，內膜則有許多彎曲褶皺且附著許多酵素顆粒，內膜內部的膠狀物質為基質 (matrix)，細胞作為能量來源的 **ATP，就是在基質與內膜上產生**，因此粒線體可以說是「**細胞的能量工廠**」。粒線體與其他胞器不同，它有自己的 DNA 遺傳物質，可以自行分裂形成新的粒線體。目前發現粒線體與紫菌門的細菌相似，推測是由侵入細胞內的細菌演變形成粒線體（圖 2-9）。

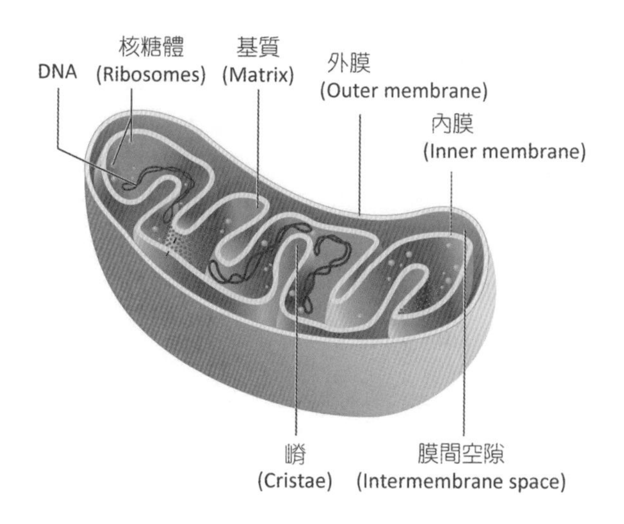

■ 圖 2-9 粒線體

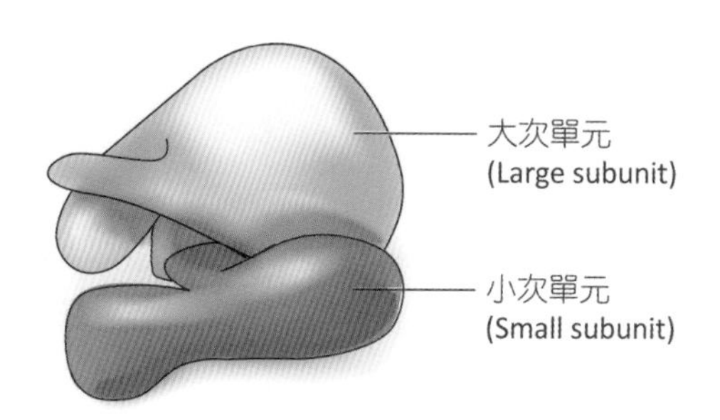

■ 圖 2-10 核糖體

(二) 核糖體 (Ribosomes)

核糖體是小型顆粒狀的粒子，由兩個次單元（大次單元與小次單元）組合形成，不論大或小次單元都是由蛋白質與 rRNA 所構成。核糖體主要功能是轉譯 mRNA 密碼以合成蛋白質。粗糙內質網上的核糖體所製造的蛋白質會運送至細胞膜，釋放到細胞外；游離在胞液中的核糖體，其所製造的蛋白質則主要保留在細胞內，提供細胞本身利用，以執行功能（圖 2-10）。

(三) 內質網 (Endoplasmic Reticulum, ER)

內質網是「細胞質內的網狀構造」，**由與細胞膜相同的膜狀物彼此相連所形成**。內質網有兩種不同型式，其功能不同。分述如下（圖 2-11）：

◎ 粗糙內質網 (Rough ER)

外觀看起來有許多顆粒而顯得粗糙，主要是因**粗糙內質網表面有核糖體附著，核糖體合**

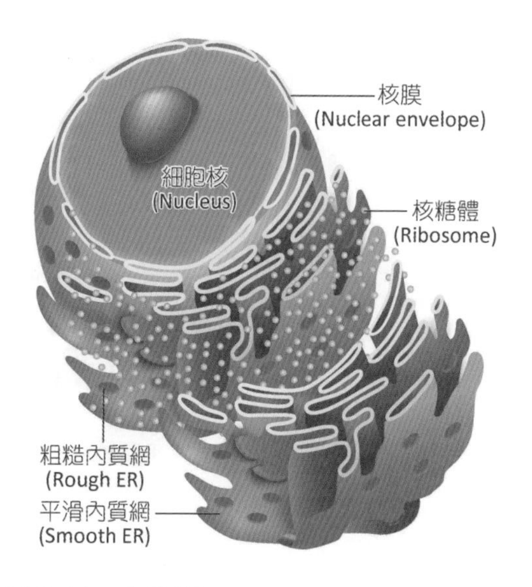

■ 圖 2-11 內質網

成的蛋白質會送入內質網中儲存。若細胞內粗糙內質網含量很多，表示此細胞正在進行蛋白質的合成作用，例如：負責產生胰液的胰臟細胞或是產生膠原蛋白的纖維母細胞等。此外，由於內質網的膜狀構造與細胞膜相同，因此內質網也製造細胞膜上的磷脂質與蛋白質，修補或更新細胞膜。粗糙內質網可以視為「細胞膜的製造工廠」。

◎ 平滑內質網 (Smooth ER)

平滑內質網表面沒有核糖體附著，因此外觀看起來就是平滑的膜狀構造，平滑內質網不負責蛋白質的合成，而是與脂質的新陳代謝有關，負責產生脂溶性荷爾蒙的細胞內，會有含量豐富的平滑內質網，如腎上腺皮質細胞、產生睪固酮的睪丸間質細胞以及產生雌激素的卵巢內鞘細胞等。

(四) 高基氏體 (Golgi Apparatus)

高基氏體是由 3~10 個盤子形狀的膜狀物堆疊形成。高基氏體的凸面（即順面，如同盤子的底面）主要負責接收來自粗糙內質網的運輸小泡，**將粗糙內質網製造出來的蛋白質進行修飾、分類、濃縮與包裝**成小泡，再從高基氏體的凹面（即反面，如同盤子的凹面）釋出，送到細胞膜上，釋放出去。溶酶體與過氧化酶體這兩種胞器，也是從高基氏體產生形成。外分泌作用旺盛的細胞與神經細胞，都有發達的高基氏體（圖 2-12）。

(五) 溶酶體 (Lysosomes)

溶酶體是「含有許多溶解酵素的小泡」，為圓形有膜包覆的囊狀物。內含的酵素可以分解許多物質，包括細胞本身。從高基氏體釋放出來的溶酶體稱為初級溶酶體。當細胞吞噬外

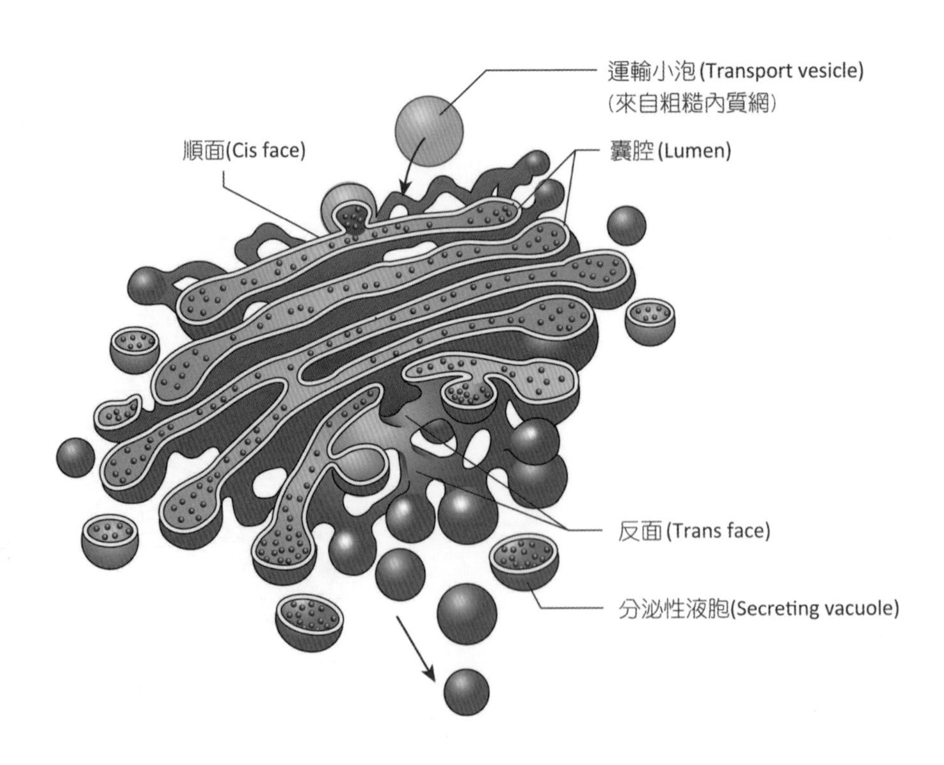

■ 圖 2-12　高基氏體

在物質形成吞噬小泡進入細胞內，初級溶酶體就會靠近與其融合，形成次級溶酶體，並且將酵素注入小泡內，使外來物質分解成小分子供細胞利用（圖 2-13）。因此溶酶體就像是細胞的消化器官。此外，細胞內老舊或是破損的胞器，內質網會形成膜狀物將其包裹，溶酶體再與其融合，加以分解，將可用的物質回收再利用。細胞如果受到傷害破裂，溶酶體也會大量破裂，溶解細胞。

(六) 過氧化酶體 (Peroxisome)

過氧化酶體的結構與溶酶體相似，都是呈圓形有膜包覆的囊狀物。不過其內含物主要是氧化酶 (oxidase) 與過氧化氫酶 (peroxidase)。兩種酶可以將新陳代謝中產生的自由基 (free radicals) 加以轉化形成無害的水與氧氣。自由基目前被認為會造成胞器的損傷與細胞的病變，因此過氧化酶體可以清除自由基就顯得非常重要。

(七) 細胞骨架 (Cytoskeleton)

細胞內的網狀結構物，具有支撐細胞的結構，維持細胞形狀的功能，如同人體的骨架一般，所以稱為細胞骨架。此外，不同的骨架也有不同的功能。細胞骨架主要有三種型式（圖 2-14）：

◎ 微小管 (Microtubules)

由微小管蛋白 (tubulins) 蛋白質聚合而成的中空管狀物，直徑大約 20 奈米，是細胞骨架中最粗的。細胞內的微小管都是以中心體為中心呈放射狀延伸至細胞膜。除了具有支持細胞的功能之外，微管上的運動蛋白 (motor proteins) 可以連結胞器，使胞器以微小管作為軌道進行運送。微小管在細胞內是呈動態的，會生長、分解、重組，不斷改變。細胞分裂時出現的紡錘體、細胞膜表面特化會擺動的纖毛 (cilia) 內部，或是精子尾部的鞭毛 (flagella) 內部，都是由微小管所構成。

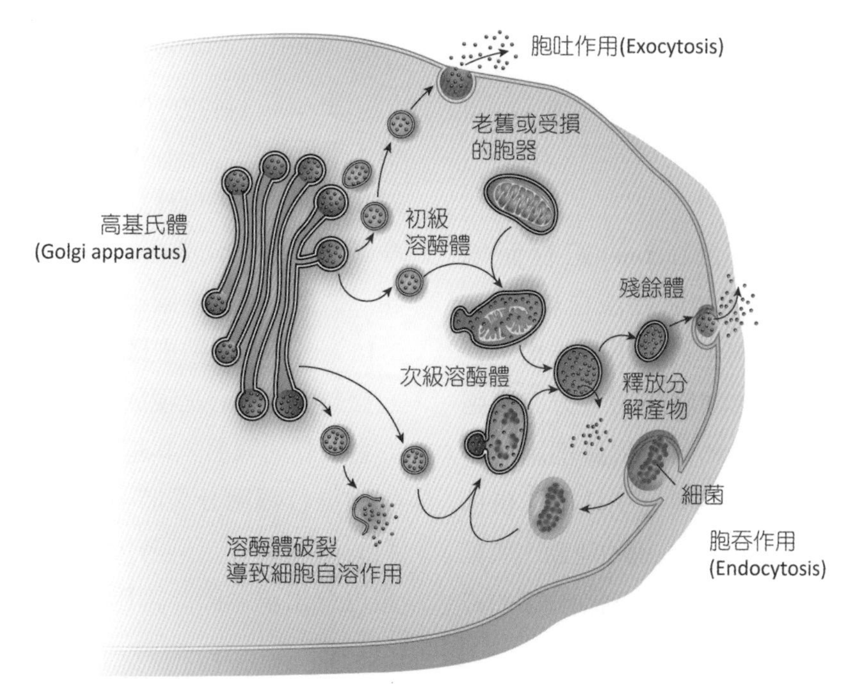

■ 圖 2-13　溶酶體的形成

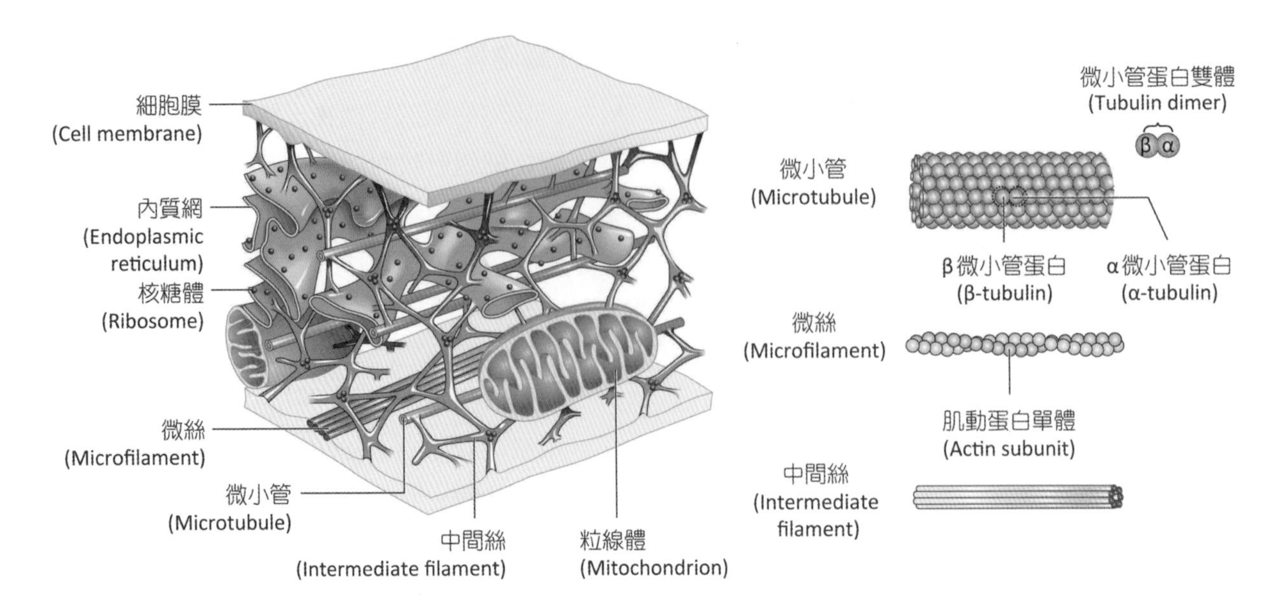

■ 圖 2-14　細胞骨架

◎ 中間絲 (Intermediate Filaments)

中間絲是細胞骨架中最為穩定與堅固的蛋白質結構，不容易被分解或破壞。由中間絲蛋白直接串接形成，直徑大約 10 奈米的絲狀構造，直徑大小介於微小管與微絲之間，因此稱為中間絲。由於最為穩定，因此具有高張力強度，可以維持細胞的基本形狀，抵抗外力的拉扯與破壞。

◎ 微絲 (Microfilaments)

微絲是由肌動蛋白 (actins) 組合而成的絲狀構造，因此又稱為肌動蛋白絲 (actin filaments)，是細胞骨架中最細小的結構，直徑約 5 奈米。主要位於細胞膜的下方與細胞膜連結。微絲也是動態的，會依據細胞的需求而生長或分解，並且會與另一種肌凝蛋白 (myosin) 產生互動，造成細胞膜的運動，使細胞能像變形蟲一般移動。此外，細胞分裂的終期，微絲會與肌凝蛋白作用，將接近分裂完成的細胞擠壓成兩個獨立的細胞。細胞表面特化的微絨毛 (microvilli) 內部，有聚集成束的微絲支持微絨毛的構造。

(八) 中心體與中心粒 (Centrosome and Centrioles)

中心體 (centrosome) 因為位置靠近細胞核，接近細胞的中心，因而得名。中心體由一對相互垂直的中心粒 (centrioles) 與外圍的許多蛋白質共同構成，每個中心粒是由九組、每組三個微小管，共同組合而成的棒狀結構（圖 2-15）。細胞骨架中微小管的分布，就是以中心體為發射中心呈現放射狀。細胞膜表面特化的會擺動的纖毛，其基部也有中心粒的構造。細胞**進行細胞分裂**時，中心體會複製並向細胞的兩極移動，同時，由微小管構成的紡錘體也會出現。因此細胞分裂作用旺盛的細胞

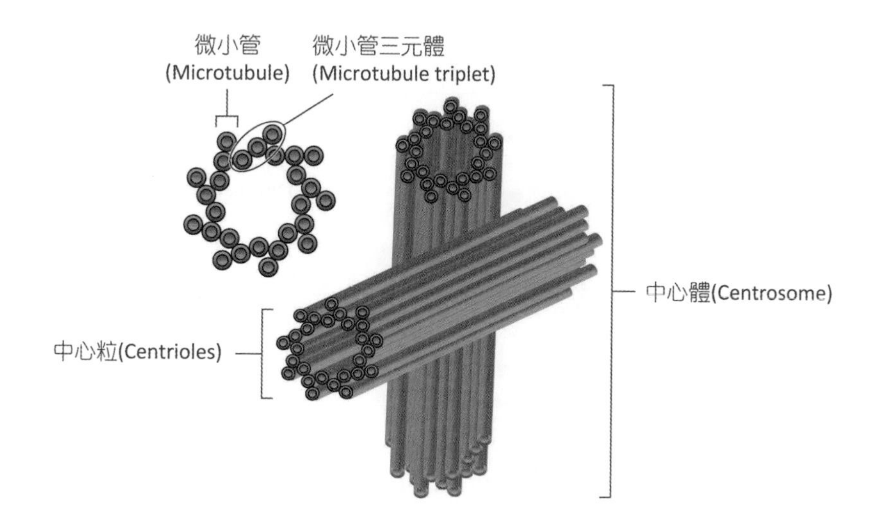

■ 圖 2-15 中心體與中心粒

會有明顯的中心體；成熟的神經細胞由於已經不再進行細胞分裂，目前並沒有觀察到有中心體的構造。

(九) 纖毛與鞭毛 (Cilia and Flagella)

纖毛是上皮細胞的特化構造，從細胞膜頂端延伸到管腔中，由纖毛基部的九組（每組三根）微小管共同組合成與中心粒相似的基體 (basal body)，延伸出的纖毛有兩個中央微小管、外圍九組（每組二根）微小管的構造，最外層則是細胞膜。由於纖毛是由微小管所組成，因此微小管的滑動會造成纖毛擺動，因而推動管腔內物質移動。例如：氣管上皮細胞的纖毛擺動，可以使黏液朝向喉部推動；輸卵管上皮細胞的纖毛擺動，則有助於將排出的卵子朝向子宮方向推動。

鞭毛在人體的細胞中僅見於精子，精細胞經過精子形成過程 (spermiogenesis) 從中心粒的微小管延長伸出鞭毛，結構與纖毛相近。

四、細胞核 (Nucleus)

細胞核是「細胞的核心」，內含調控細胞活動的遺傳物質，可說是控制細胞活動的中心，其所含的遺傳物質主要是 DNA，經轉錄、轉譯形成特定蛋白質，執行特定的功能，如果沒有細胞核，這些過程就不會發生。人類成熟的紅血球沒有細胞核，因為紅血球中負責氧氣運送的血紅素已經製造完成，因此將細胞核排出以減輕負擔，方便在血液中快速流動。骨骼肌細胞具有多個細胞核，主要是因為發育過程由多個細胞融合而成。構成細胞核的主要部分有核膜、核仁、染色質與染色體等（圖 2-16）。分述如下：

(一) 核膜 (Nuclear Envelope)

核膜是兩層膜的構造，包圍住細胞核內的核質 (nucleoplasma)。核膜與粗糙內質網為相同且連續的構造，外膜也有核糖體附著。核膜上有核孔 (nuclear pores)，具有選擇性通透功

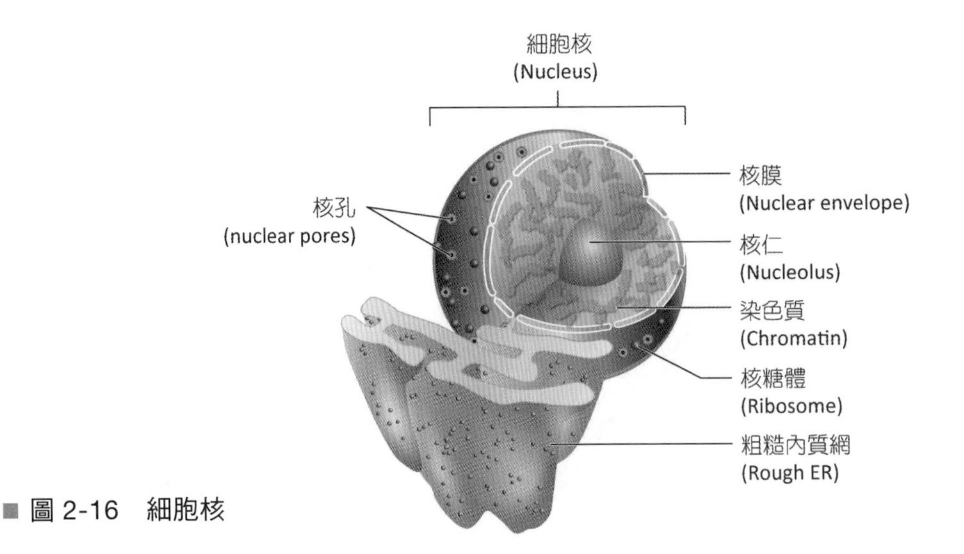

■ 圖 2-16 細胞核

能，進出細胞核的物質都需經過核孔的篩選。訊息傳遞有關的蛋白質會經過核孔將訊息傳入細胞核內，進而影響基因的表現；而 DNA 轉錄形成的訊息 RNA，則會經過核孔進入細胞質中，進一步形成蛋白質影響細胞的功能。

(二) 核仁 (Nucleous)

核仁位於細胞核中，數量為一個或多個，呈現實心緻密的結構。由 rRNA 與蛋白質共同組合而成。核仁的主要功能是負責製造核糖體的次級單位，經過核孔進入細胞質後，這些次單位便組合形成核糖體，負責執行製造蛋白質的功能。因此核仁可以說是「核糖體的製造機」。

(三) 染色質 (Chromatin)

染色質是**散布在核質內的遺傳物質，由 DNA 與球狀的組織蛋白** (histones) **共同組合**。細胞核內的染色質分為兩種：緻密染色質 (condensed chromatin) 與疏鬆染色質 (loose chromatins)。緻密染色質因 DNA 非常緊密地互相纏繞，大多不會轉錄 RNA，呈現較不活躍的狀態；而疏鬆染色質 DNA 呈現鬆散狀態，可以快速進行 RNA 的轉錄，促進蛋白質的製造。每個細胞都是由一個受精卵發育形成，因此細胞內的染色質完全一樣，但隨著細胞的分化轉型，部分的染色質因不需使用而休止聚集成緻密染色質，另一部分則持續合成 RNA 與蛋白質，因此細胞開始執行不同功能，進而轉變形成不同型態的細胞。

細胞分裂時，染色質會全部解開，進行 DNA 的複製，再聚集成棍棒狀的**染色體** (chromosomes)，染色體經染色後，很容易用顯微鏡觀察到。人類正常細胞含有 23 對（46 個）染色體，只在細胞分裂時可以觀察到，分裂完成後又會解開形成染色質，再依照細胞的特性，形成緻密染色質或是疏鬆染色質，執行特定功能。

2-3 物質通過細胞膜的方式

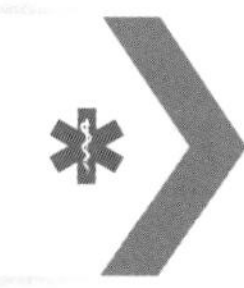

細胞膜是區隔細胞外與細胞內的分界，物質的進出都需要經過細胞膜的篩選，因此細胞膜具有選擇性的通透能力，能維持細胞正常的生理功能。物質通過細胞膜的方式，主要有被動運輸與主動運輸兩種方式：

一、被動運輸 (Passive Transport)

物質由高濃度往低濃度運送，且不需要消耗 ATP 能量，此種方式稱為被動運輸。常見的被動運輸形式有簡單擴散、促進性擴散、滲透、過濾等形式（圖 2-17）。分述如下：

(一) 簡單擴散 (Diffusion)

物質由高濃度往低濃度方向移動。分子小且不帶電荷的物質，如 O_2、CO_2、CO、H_2O、酒精、尿素等，可以自由穿透細胞膜沒有阻礙。小分子的脂類由於細胞膜的親脂性，因此可以藉由擴散作用通過細胞膜。帶電的離子如 Na^+、K^+、Cl^-、Ca^{2+} 等，正常狀況時無法通過細胞膜，但是當細胞受到訊號刺激，導致細胞膜上的特定離子通道打開時，特定的帶電離子就會經由離子通道從高濃度往低濃度擴散。

(二) 促進性擴散 (Facilitated Diffusion)

與擴散作用相似，物質由高濃度往低濃度方向移動，但是需要細胞膜上的載體蛋白 (carrier protein) 協助，才能順利通過細胞膜。例如葡萄糖分子 ($C_6H_{12}O_6$)，由於分子大且不是脂溶性，因此不容易通過細胞膜，需要有細胞膜上的載體蛋白，協助葡萄糖分子從高濃度往低濃度運送。

(三) 滲透 (Osmosis)

當溶於水中的物質無法通過細胞膜，僅有水分子可以自由通過細胞膜時，水分子的擴散作用就特別稱為滲透作用。滲透作用如同擴散，也是**從高濃度的水（溶質濃度低）往的低**

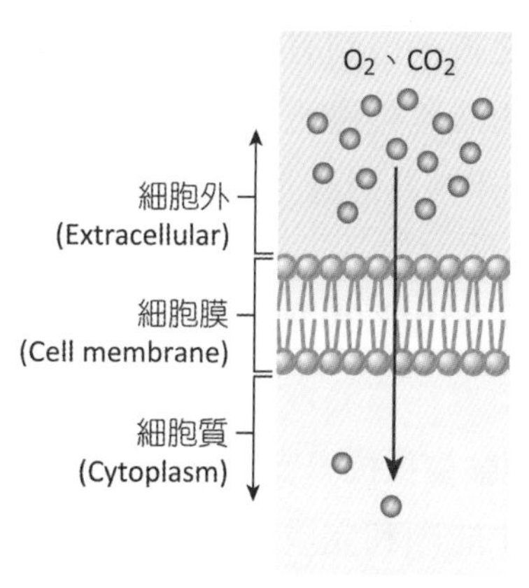

(a) 簡單擴散

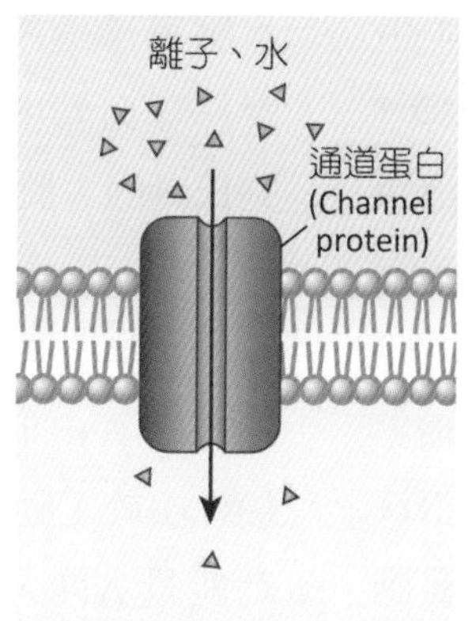

(b) 經通道蛋白的促進性擴散

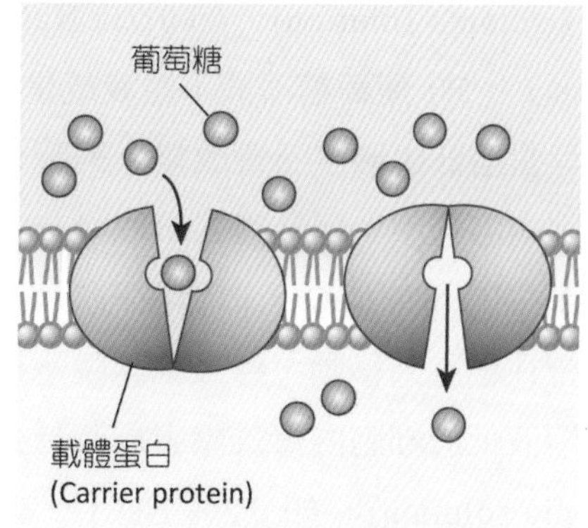

(c) 經載體蛋白的促進性擴散

■ 圖 2-17 擴散作用

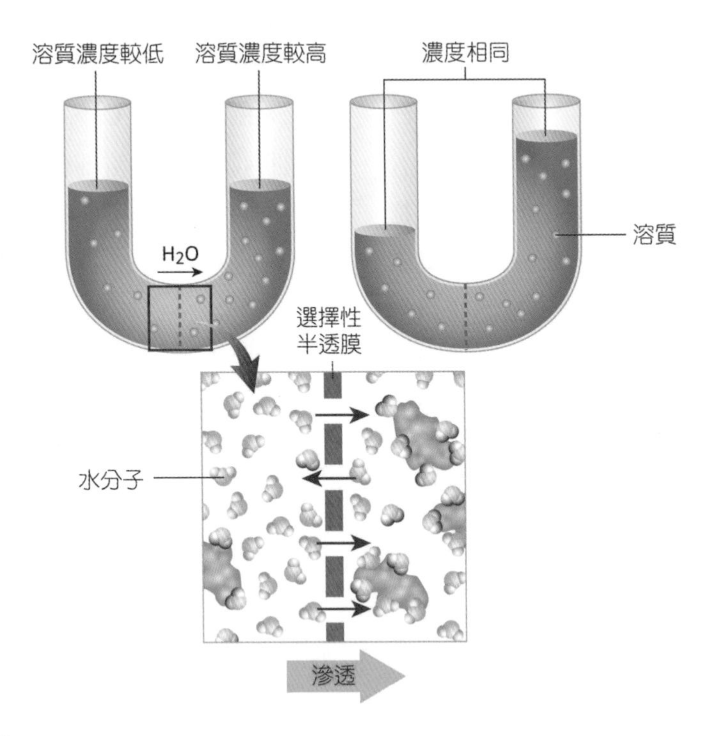

■ 圖 2-18 滲透現象

濃度的水（溶質濃度高）的方向移動。吸引水流動的壓力則稱為滲透壓，因此當溶液中的溶質濃度較高，則吸引水流動的壓力（滲透壓）就會較大（圖 2-18）。

細胞外溶液與細胞內滲透壓相等者稱為**等張溶液** (isotonic solution)，如 0.9% NaCl（生理食鹽水）、5% 葡萄糖溶液、體液或是血漿，細胞在等張溶液中形狀不會改變。細胞外溶液高於細胞內滲透壓者稱為**高張溶液** (hypertonic solution)，如 2.0% NaCl，細胞在高張溶液中，水分子會往細胞外移動，導致細胞脫水萎縮。細胞外溶液低於細胞內滲透壓者稱為**低張溶液** (hypotonic solution)，如 0.3% NaCl，當細胞在低張溶液中，水分子會往細胞內移動，導致細胞漲大。

(四) 過濾 (Filtration)

擴散與滲透方向是由物質或是水的濃度決定，過濾作用則是取決於細胞膜（或是過濾膜）內外的壓力差。舉例而言，腎絲球的微血管與鮑氏囊之間，綜合過濾膜內外的靜水壓與滲透壓之後，得到有效過濾壓，促使腎絲球血管內的液體經過鮑氏囊的過濾流入鮑氏囊內，此作用稱為過濾。

二、主動運輸 (Active Transport)

物質由低濃度往高濃度運送稱為主動運輸，由於主動運輸要抵抗濃度壓力，因此需消耗能量 ATP，才能順利完成。細胞膜上的**鈉鉀幫浦** (Na^+-K^+ pump) 是最常見的例子。鈉鉀幫浦是一種具有 ATP 水解酶的穿膜蛋白質，分解一個 ATP 所釋放的能量，就可以將 3 個

Na^+從細胞內打出細胞外，同時將 2 個 K^+由細胞外打入細胞內。鈉鉀幫浦持續運作的結果會造成細胞外鈉離子濃度高，細胞內鉀離子濃度高的情形。

除了促進性擴散，葡萄糖也可以經由主動方式進入細胞，藉由細胞膜上特定載體蛋白與 Na^+共同運送，因此稱為葡萄糖－鈉的**協同運輸** (coupled transport)。例如：位於小腸絨毛以及腎小管的上皮細胞，可以此種協同運輸，將消化道以及腎小管內的葡萄糖從消化道與腎小管中的低濃度，往血管中的高濃度持續吸收。

三、胞吞及胞吐作用 (Endocytosis and Exocytosis)

如果有更大型或大量的物質要進入細胞內，僅靠擴散或運輸都無法達成時，細胞膜就會凹陷形成囊狀，直接將物質攝入囊中，送入細胞內，此作用稱為**胞吞作用** (endocytosis)。已知的胞吞作用有三種形式，分述如下（圖 2-19）：

1. **吞噬作用** (phagocytosis)：又稱為細胞攝食 (cell eating)，細胞膜往外突出形成偽足，圍住欲吞噬的大型物質（如細菌或細胞碎片），形成吞噬小泡送入細胞內，富含消化酶的溶酶體會與小泡融合，將吞入的物質分解。白血球細胞 (white blood cell) 或巨噬細胞 (macrophage) 都具有明顯的吞噬作用。
2. **胞飲作用** (pinocytosis)：又稱細胞飲食 (cell drinking)，細胞膜向內凹陷，將溶於細胞外液的液態物質攝入，形成胞飲小泡進入細胞中。細胞經常會以此種不具選擇性的胞飲作

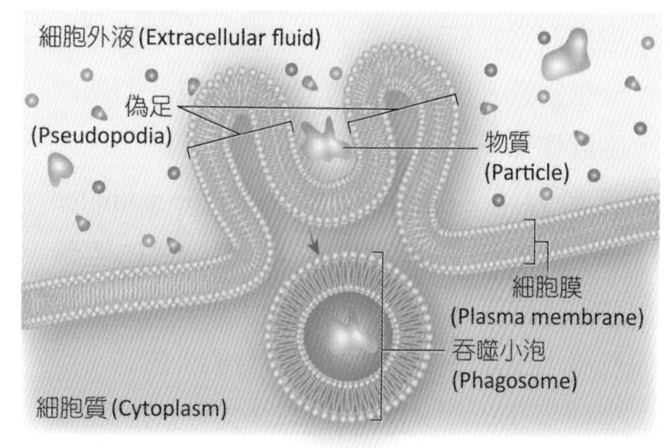

(a) 吞噬作用(Phagocytosis)

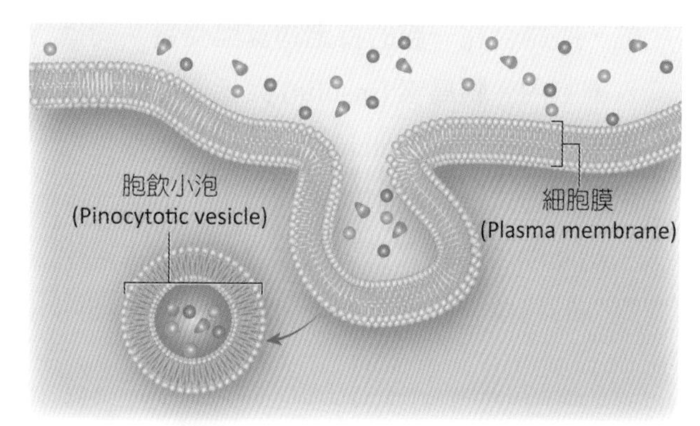

(b) 胞飲作用(Pinocytosis)

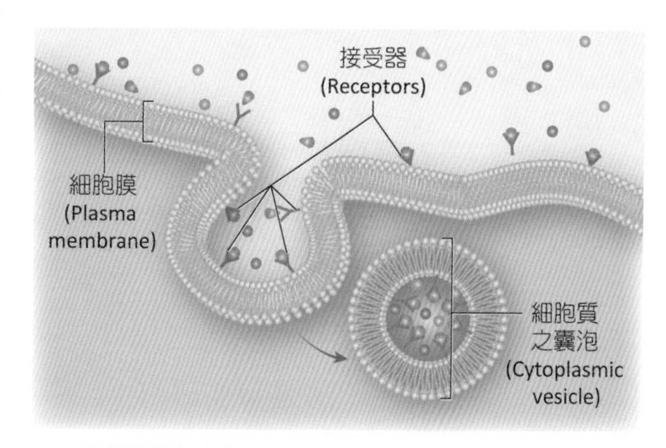

(c) 受體媒介胞吞作用(Receptor-mediated endocytosis)

■ 圖 2-19 胞吞作用

用攝取溶於細胞外液的蛋白質與多醣類等大分子物質。小腸內壁的上皮細胞具有明顯的胞飲作用。

3. **受體媒介的胞吞作用** (receptor-mediated endocytosis)：一種具有特定選擇性的運輸作用。當細胞外出現特定的物質分子，而細胞膜上又剛好具有此特定物質的受體時，兩者便相互結合，誘發位於細胞膜內的網格蛋白 (clathrin) 將細胞膜向內拉，使細胞膜凹陷，將結合在一起的特定物質與受體共同攝入細胞內。胰島素 (insulin) 與低密度脂蛋白 (low density lipoproteins, LDLs) 等，都是藉由此種方式進入細胞內。

細胞除了將物質攝入，也會有將物質排出細胞外的現象。此種將物質由細胞內移至細胞外的方式，稱為胞泌或**胞吐作用** (exocytosis)。內質網製造出欲分泌的物質，再經由高基氏體將此物質包裹在膜狀的小泡中，送到細胞膜時，小泡與細胞膜融合，便將小泡內的物質釋放到細胞外。例如黏液細胞會分泌黏液、內分泌細胞會釋放激素 (hormone)、神經末梢釋放的神經傳遞物質 (neurotransmitter) 等，都是藉由胞吐作用完成分泌。

2-4 細胞週期

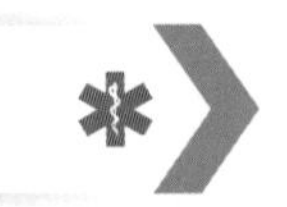

細胞週期是指細胞從形成之初期直到自我複製之間經過的變化，可被畫分成兩個時期（圖 2-20）：

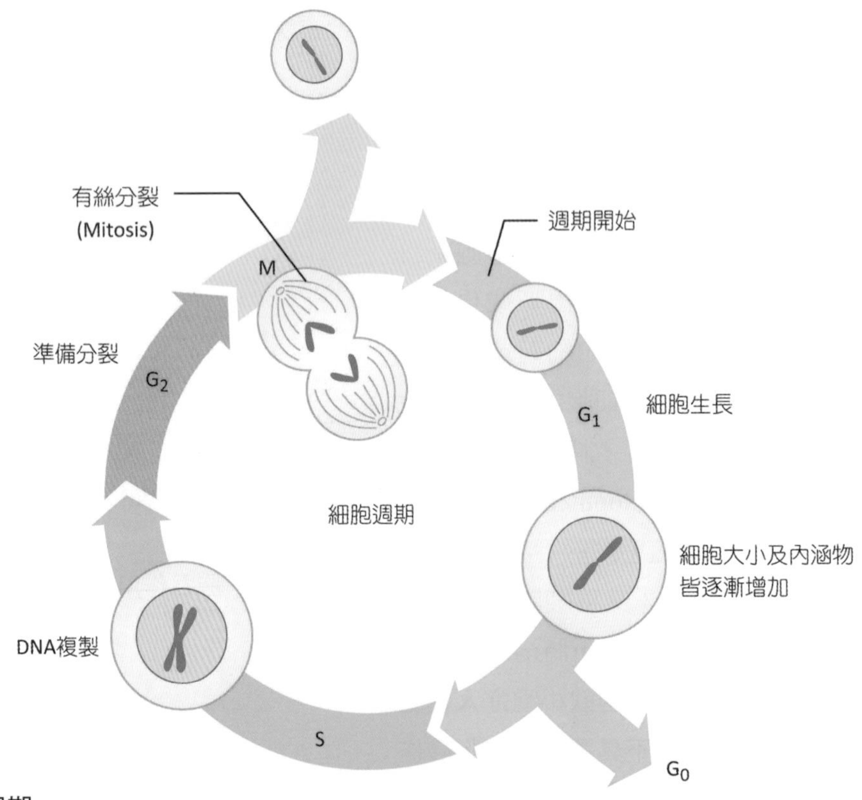

■ 圖 2-20　細胞週期

臨床應用 ANATOMY & PHYSIOLOGY 

囊狀纖維化症 (Cystic Fibrosis)

屬於體染色體隱性遺傳疾病，因第七對染色體上，兩條染色體上的囊性纖維化跨膜調節器 (cystic fibrosis transmembrane conductance regulator, CFRT) 基因突變造成。CFTR 與汗液、消化液、體液和黏液分泌有關，患者外分泌腺上皮細胞無法正常分泌 Cl^-，因而產生異常的黏液（分泌物變黏且乾）阻塞在身體多個器官的分泌管道。此病症最常影響肺臟，但也常發生於胰臟、肝臟、腎臟，以及腸。隨著年齡的增長，受感染風險增加，其他症狀亦會開始陸續出現；在肺部方面，異常的黏液會阻塞呼吸道而妨礙呼吸，且可能會有哮喘，容易感染肺部疾病，例如：支氣管炎、肺炎，即此症病患死亡的主因。再者，約有 65% 的病患會因胰管阻塞而妨礙消化酵素分泌至腸道，無法正常消化與吸收養分，或併發慢性腹瀉，以致發育不良，胰臟功能的異常也可能誘發糖尿病。如果輸精管或是輸卵管分泌的黏液堵塞住管道，則可能造成不孕症。

1. **間期** (interphase)：細胞剛形成，正在進行生長與正常活動的時期。可依細胞所處的狀況再分為三期：
   (1) 生長期 1（growth phase 1, G_1 期）：間期的最初時期，也就是細胞剛完成分裂，新陳代謝旺盛的時候，此時細胞快速製造蛋白質，迅速生長。
   (2) 合成期（synthetic phase, S 期）：當細胞新陳代謝進行到 G_1 尾聲時，便會開始為細胞分裂做準備，合成分裂所需的物質與酵素，複製 DNA、中心粒等。
   (3) 生長期 2（growth phase 2, G_2 期）：複製完成後，細胞會進入 G_2 期，再次確認分裂所需的物質都已準備妥當。完成後就會結束間期，進入分裂期。
2. **分裂期**（mitotic phase, M 期）：細胞開始分裂直到分裂完成的時期。依細胞變化分為五個時期，簡述如下：
   (1) 前期 (prophase)：中心體複製並往細胞兩極移動，細胞核內出現棒狀染色體，以兩個染色分體的型式呈現，中間以著絲點 (kinetochores) 連結，中心體延伸出的微小管與染色體的著絲點相連，核仁與核膜消失（染色質在細胞的合成期已經複製完成，分裂前期會緊密纏繞形成兩個棒狀的染色分體）。
   (2) 中期 (metaphase)：紡綞體出現，中心體已經位於細胞的兩端，染色體排列在紡錘體的赤道板中央。
   (3) 後期 (anaphase)：染色體的著絲點分裂，紡錘體的微小管變短，將分開的染色分體往細胞兩極移動，細胞形狀因此而呈現橢圓形。
   (4) 末期 (telophase)：紡錘體消失，染色分體停止移動。緻密棒狀的染色分體開始鬆散回復到染色質的狀態，內質網形成新的核膜，將染色質包覆。核仁重新形成。

(5) 細胞分離 (cytokinesis)：位於細胞中央的收縮環（由微絲所構成）擠壓，將分裂完成的細胞從中央溝完全分離。分裂作用至此全部完成。

細胞分裂完成後，又會再回復到 G_1 期、S 期、G_2 期的週期性變化，但有些細胞分裂完成後會進入生長期零（G_0 期），代表不再進行細胞分裂，如神經細胞等。

一、DNA 的複製 (DNA Replication)

當細胞在 G_1 期決定要進行細胞分裂時，就會在 S 期進行 DNA 的複製與合成。DNA 的複製方式稱為「半保留方式」，就是原本是雙股的 DNA，會先解開成單股，以每一個單股作為模板，再依照鹼基的順序（也就是遺傳的密碼），接上與其相對應的鹼基，依此方式原本一條雙股的 DNA，解開成單股後，又重新組合成兩條雙股的 DNA，便完成 DNA 的複製。

二、細胞分裂 (Cell Division)

細胞分裂的主要目的是產生新的細胞以取代老舊的細胞，對身體的成長與組織修復都是很重要的。細胞分裂有兩種型式：

(一) 有絲分裂 (Mitosis)

人體的所有細胞都會進行有絲分裂（已經進入 G_0 期的神經細胞除外）。有絲分裂是前述細胞週期的分裂方式，經過一次 DNA 的複製、一次的分裂，原本的一個母細胞，變成兩個新的細胞（子細胞），其所含的遺傳物質 (DNA) 與母細胞完全相同（圖 2-21）。

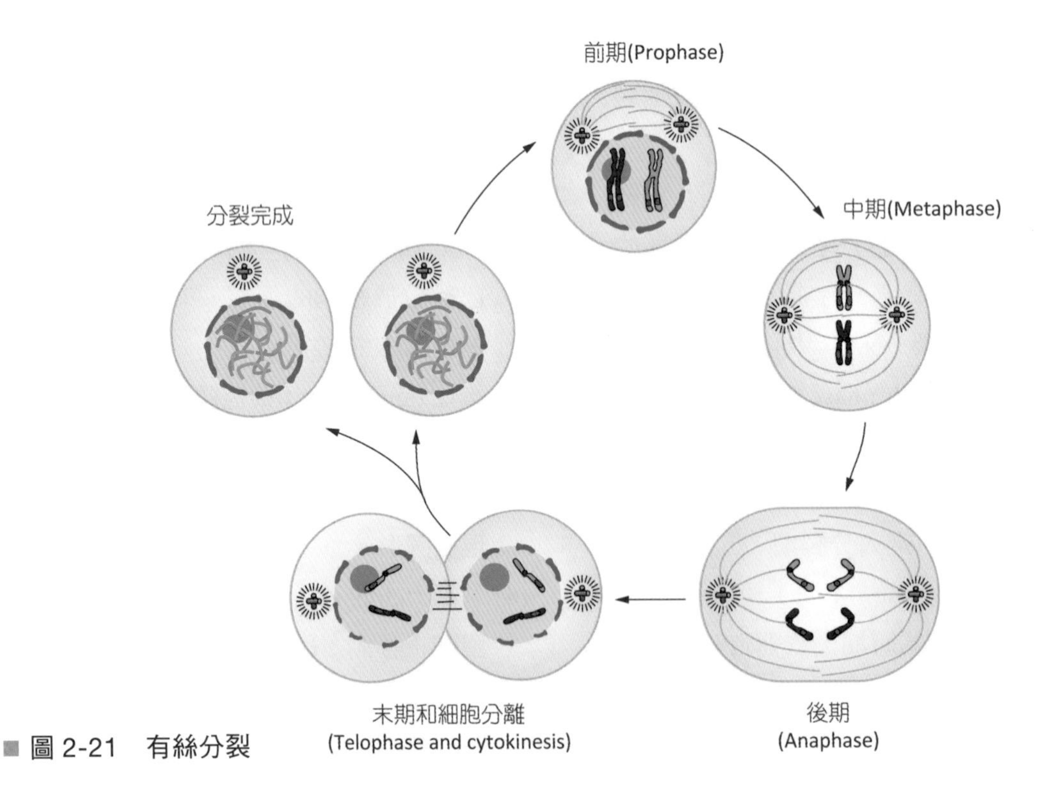

■ 圖 2-21　有絲分裂

(二) 減數分裂 (Meiosis)

減數分裂只在生殖細胞發生，其過程是經過一次 DNA 的複製、連續兩次分裂，原本一個母細胞變成四個子細胞，每個子細胞的 DNA 數量比母細胞少一半。經過減數分裂的精細胞與卵細胞，彼此結合形成受精卵，則 DNA 的數量回復到與母細胞相同。此外，減數分裂較為特殊的是，在第一次分裂時同源染色體會彼此靠近，產生「聯會現象」，使得遺傳物質有機會產生互換，增加下一代的變異性。第一次分裂主要是經過聯會之後的同源染色體分離，第二次分裂主要是染色分體分離，形成單套的染色體（圖 2-22）。

三、細胞分化 (Cell Differentiation)

細胞分化是指從單一細胞轉變成體內具有各種不同形態與功能的細胞之變化過程。在個體發育的過程中，每個體細胞都是由受精卵發育而來，雖然形態與功能不同，但是如果將其細胞核內所儲存的染色質全部解開來，可以發現所有的體細胞其細胞核內所含有的染色質都是完全相同的。

既然體細胞都是從受精卵經有絲分裂而成，為何有的變成具有收縮能力的肌肉細胞，有的變成具有傳導訊息的神經細胞呢？原因在於細胞中僅有部分染色質內的 DNA 會解開來轉錄、轉譯成特定的蛋白質，執行特定的細胞功能，導致細胞的形態與功能出現差異。經常使用的染色質成鬆散狀態的疏鬆染色質，不需要使用的染色質也不會丟棄，而是聚集堆積形成細胞核內的緻密染色質。細胞分化就是因為調控染色質的打開或是關閉，而形成不同的細胞種類。如果能調控細胞內染色質的開與關，就能影響細胞的分化。

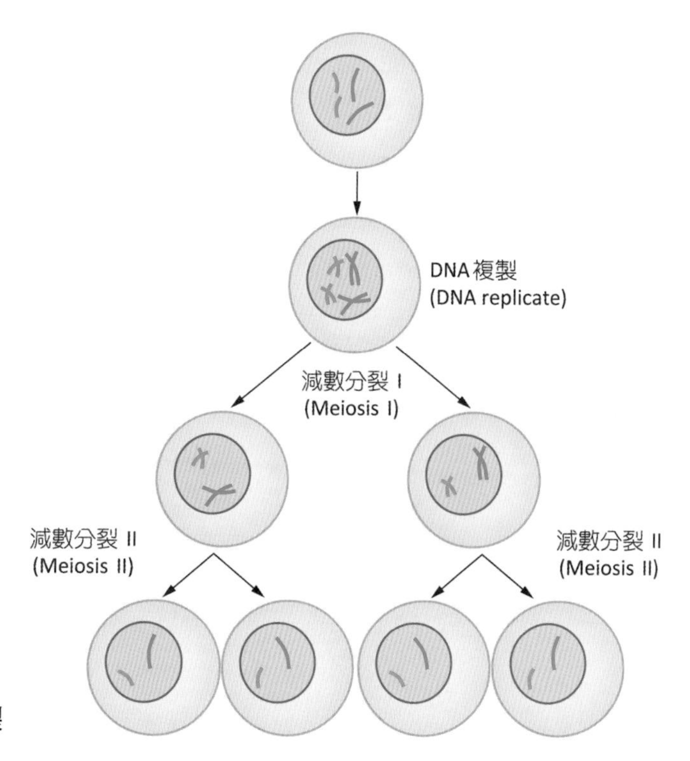

■ 圖 2-22　減數分裂

至於如何才能調控細胞的分化，目前尚在研究階段。目前已知，在胚胎早期，細胞質並非均勻分布，細胞分裂時被細胞質不均等地分配到子細胞中，這種不均等的細胞質可能造成不同的基因表現。其次，細胞在組織器官中所處的位置，也能影響基因表現。所處的位置不同，接受到的物質濃度也會不同，因而造成不同的分化、遷移或增殖。此外，環境因素（如溫度、濕度、物理或化學因子等）也可以影響細胞的分化。

隨著生物科技的發達，發現身體內有許多細胞如果仍保持在胚胎時期未分化的狀態，這些未分化幹細胞 (stem cell) 可以經由藥物或是荷爾蒙的刺激轉變成不同的細胞。幹細胞的研究正積極展開，未來的組織工程技術，可以利用胚胎的幹細胞或是身體內的幹細胞，製造出特定的細胞、組織或器官，藉以修補或是替換受損的臟器等。

一般認為，如果細胞分化發生異常，可能會導致細胞的癌化，因為已經分化的細胞轉變成未分化的狀態，如果沒有控制好，這種未分化的細胞與胚胎細胞一樣，能夠大量增殖，並具有轉移能力，最後形成腫瘤甚至癌化。

四、細胞死亡 (Cell Death)

細胞除了會複製繁殖，也會發生死亡的情形。目前已知細胞死亡方式有兩種：壞死 (necrosis) 與凋亡 (apoptosis)。細胞壞死大多是因為受到外力破壞或是毒素侵害而導致，細胞內物質散出，引起發炎反應，多數的外傷、癌症等疾病的細胞死亡多屬此類。細胞凋亡又稱為「計畫性的細胞死亡 (programmed cell death)」，是按照細胞既定的方式逐漸退化，慢慢脫水、體積變小，細胞核內的染色質變得濃縮聚集，DNA 斷裂成不同大小的片段，最終變成許多顆粒狀小泡，內含的 DNA 片段與胞質被鄰近細胞吸收，不會引起發炎反應。腸胃道黏膜細胞與胚胎細胞可以發現細胞凋亡的進行。

學習評量 REVIEW AND CONPREHENSION

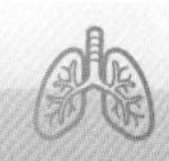

1. 有關細胞膜的主要生理功能，下列何者錯誤？(A) 媒介細胞物質運輸 (B) 進行訊息傳遞 (C) 產生細胞骨架 (D) 細胞辨識與細胞黏附
2. 下列何者主要是由膜 (membrane) 構成的胞器？(A) 核仁 (B) 內質網 (C) 核糖體 (D) 中心粒
3. 碳水化合物 (carbohydrate) 的碳、氫、氧原子數目的比率是：(A) 1：1：1 (B) 1：2：1 (C) 1：3：1 (D) 1：4：1
4. 下列碳水化合物中，何者在分類上屬於雙醣類？(A) 果糖 (B) 蔗糖 (C) 肝醣 (D) 澱粉
5. 由鹼基順序為 ATTCGCATG 的 DNA，所轉錄形成的 RNA 上所含有的鹼基順序將會是？ (A) ATTCGCATG (B) AUUCGCAUC (C) TAAGCGTAC (D)UAAGCGUAC
6. 遺傳訊息的轉錄 (transcription) 是指：(A) 按照 DNA 上的密碼次序合成 mRNA 的過程 (B) 按照 DNA 上的密碼次序合成 rRNA 的過程 (C) 按照 mRNA 上的密碼次序合成蛋白質的過程 (D) 按照 mRNA 上的密碼次序合成 DNA 的過程
7. 遺傳訊息的轉譯 (translation) 是指：(A) 按照 DNA 上的密碼次序合成 mRNA 的過程 (B) 按照 DNA 上的密碼次序合成 rRNA 的過程 (C) 按照 mRNA 上的密碼次序合成蛋白質的過程 (D) 按照 mRNA 上的密碼次序合成 DNA 的過程
8. 核仁 (nucleolus) 的主要功能為何？(A) 製造 DNA (B) 製造核膜 (C) 維持 DNA 穩定性 (D) 製造 rRNA
9. 關於「粒線體特性」的敘述，下列何者正確？(A) 內腔結構充滿基質 (matrix) (B) 粒線體 DNA 與組蛋白 (histone) 結合 (C) 粒線體的形成可靠粒線體本身 DNA 轉錄、轉譯完成 (D) 提供身體約 20% 的核苷三磷酸 (ATP) 能量來源
10. 如果細胞之中心體 (centrosome) 受到破壞，下列何項細胞活動將無法完成？(A) 染色體複製 (replication) (B) 轉錄 (transcription) (C) 轉譯 (translation) (D) 有絲分裂 (mitosis)
11. 細胞凋亡 (apoptosis) 過程中會釋出酵素將細胞水解的胞器是：(A) 過氧化氫酶體 (peroxisome) (B) 中心體 (centrosome) (C) 溶小體 (lysosome) (D) 核醣體 (ribosome)
12. 有絲分裂時，哪一時期染色體會排列在赤道板上？(A) 前期 (B) 中期 (C) 後期 (D) 末期
13. 人體最常使用下列哪一種有機化合物作為主要能量來源？(A) 醣類 (B) 蛋白質 (C) 脂質 (D) 核酸
14. 水是人體內重要的無機化合物，請問下列何者不是水的重要特性？(A) 良好的溶劑 (B) 參與水解反應 (C) 維持溫度穩定 (D) 蒸散速率慢
15. 物質通過細胞膜，需要消耗能量(ATP)的方式為：(A)主動運輸 (B)促進性擴散 (C)滲透作用 (D)簡單擴散

解答

1.C 2.B 3.B 4.B 5.D 6.A 7.C 8.D 9.A 10.D 11.C 12.B 13.A 14.D 15.A

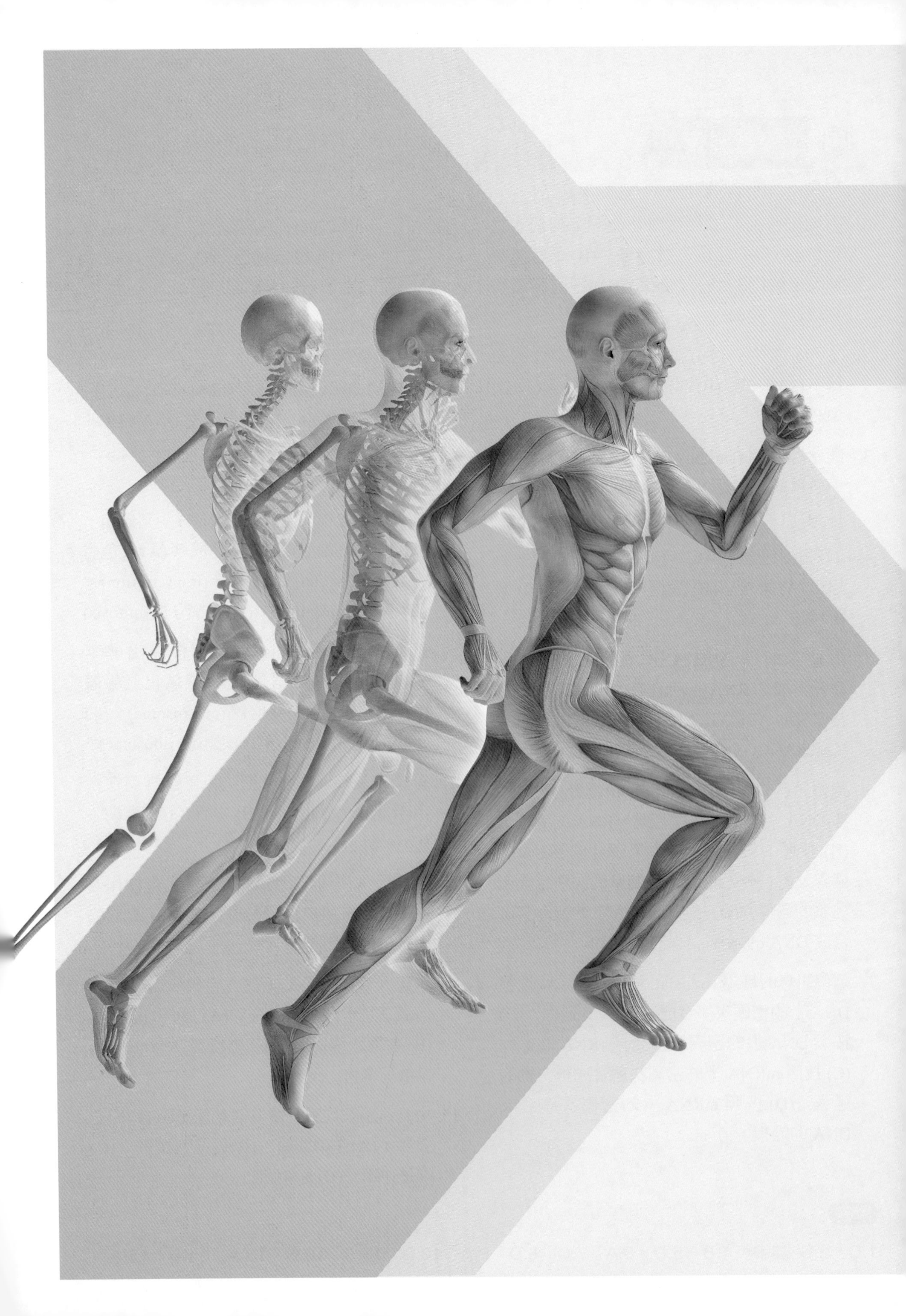

組織
Tissues

CHAPTER
03

作者／劉棋銘

本章大綱 Chapter Outline

ANATOMY & PHYSLOLOGY

前言 INTRODUCTION

構成人體構造的基本單位為細胞，功能、型態相同的一群細胞會聚集形成組織，不同的組織再構成複雜的生命體。人體的組織依據構造及執行功能的不同，可以分為上皮組織、結締組織、肌肉組織、神經組織四種。

3-1 上皮組織

上皮組織特徵與功能

上皮組織 (epithelial tissue) 是特化的細胞集合而成，彼此排列緊密，覆蓋於體表或內襯體腔，具吸收、保護、分泌等生理功能。譬如皮膚上皮細胞可提供物理性的保護，使其底下的組織避免受到破壞，而胃腸道的上皮細胞具有吸收功能；神經上皮則是特化的上皮細胞提供聽覺、平衡、味覺等功能。由於體表與體腔皆有上皮存在，因此許多物質的傳遞必需通過上皮。

上皮組織依功能可分成兩大類：覆蓋與內襯上皮、腺體上皮。覆蓋上皮存在於皮膚，其功能為形成外表的覆蓋；內襯上皮廣泛存在於體內的臟器如呼吸道、消化道、血管等腔面；上皮細胞若能產生分泌作用則稱之為腺體上皮。

一、細胞接合

上皮組織細胞與細胞間會彼此緊密黏聚在一起，形成特化構造，方便彼此物質交換或阻隔環境，此構造稱為細胞接合 (cell junctions)，依功能可分為緊密接合、胞橋小體、黏著接合、間隙接合（圖 3-1）。

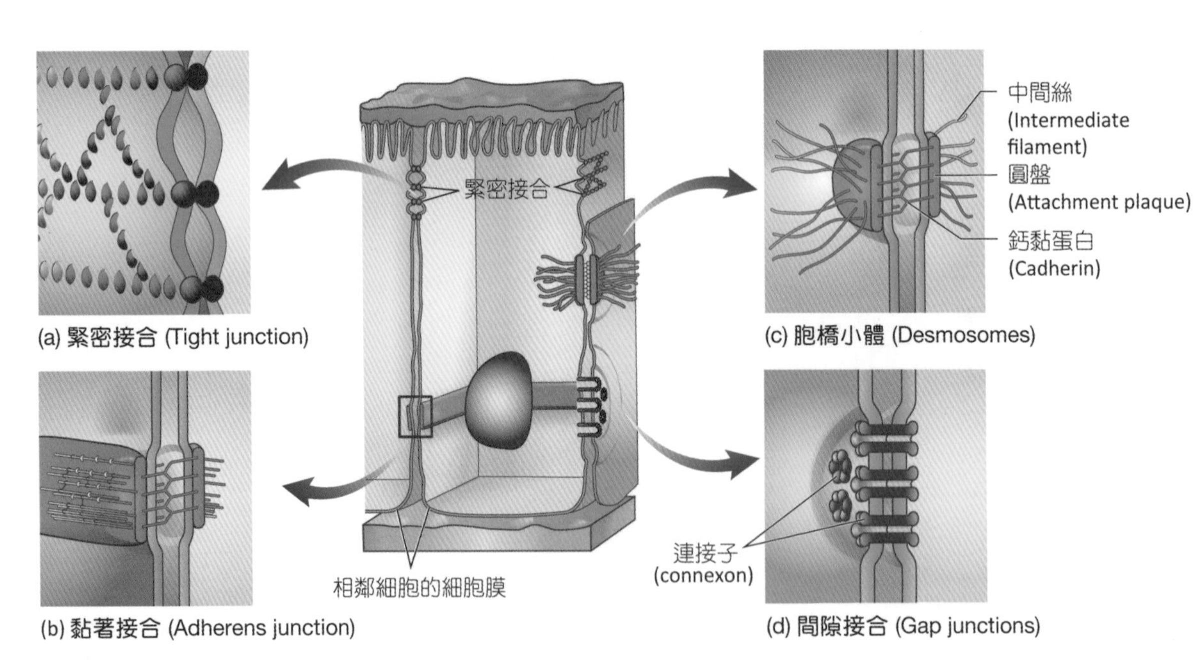

■ 圖 3-1　細胞接合

(一) 緊密接合 (Tight Junction)

緊密結合屬於非滲透性的結合，亦稱為**閉鎖小帶** (zonulae occludens)。位於相鄰細胞的側面靠近頂端，可以防止大分子物質由底部或相鄰細胞空隙通過，而達到阻隔效果，形成具有選擇性的障壁，例如消化道的黏膜上皮、血腦障壁、膀胱上皮等。

(二) 胞橋小體 (Desmosome)

胞橋小體能將兩個相鄰的細胞固定在一起，為一個盤狀構造。胞橋小體由兩個部分所組成：(1) 相鄰細胞內表面增厚形成的**圓盤** (attachment plaque)；(2) 兩側結合斑之間具有強韌的**中間絲** (intermediate filament)，延伸於兩個細胞之間將細胞膜連接在一起，不被拉開。胞橋小體常見於延展度大的組織，如子宮、皮膚。胞橋小體若存在於上皮細胞底部與基底層連結，稱為**半胞橋小體** (hemidesmosome)，其功能在防止上皮細胞脫落。

(三) 間隙接合 (Gap Junction)

除了骨骼肌外，心肌、平滑肌、神經組織的上皮細胞，其側邊細胞膜皆有間隙接合。間隙接合具有貫穿細胞膜的蛋白質與孔洞，這些蛋白質稱為**連接子** (connexon)，六個連接子組成具有親水性的孔洞。間隙接合容許小分子、離子、荷爾蒙、可溶性物質通過，使細胞可以彼此協調交換物質，細胞內大分子蛋白則無法通過。在間隙接合的存在下，可降低電流的傳導阻力，因此間隙接合又稱為低抗力結合 (low-resistance junctions)。間隙接合在心肌與平滑肌最為常見，離子經由間隙接合在細胞間移動將訊息傳遞於整個肌肉，使整條肌肉或心臟收縮。間隙接合也具有訊息傳遞作用，能將小分子從一細胞傳遞至另一細胞，使細胞間能溝通。

(四) 黏著接合 (Adherens Junction)

黏著接合又稱為**黏著小帶** (zonula adherens)，是位於上皮細胞間連續的帶狀構造，相鄰的細胞以微絲 (microfilament) 連結。

二、基底膜

基底層 (basal lamina) 位於上皮組織下方，由膠原蛋白 (collagen) 與上皮細胞分泌的醣蛋白所組成，除了能防止結締組織內過大的分子或蛋白質穿透外，亦能調節細胞分化與增生等功能。基底層結締組織細胞會分泌物質構成網狀纖維緊密附著於基底層，此層稱為**網狀層** (reticular lamina)，某些上皮缺乏網狀層，但一定具有基底層。基底層與網狀層組成**基底膜** (basement membrane)（圖 3-2）。此外，基底膜經由過碘酸－雪夫氏染色 (periodic acid-Schiff stain) 呈現陽性反應。

基底膜下方的結締組織細胞可分泌膠原纖維與網狀纖維，並在身體不同的環境下分泌不同的物質或產生特化，例如骨骼就是結締組織特別鈣化而形成。

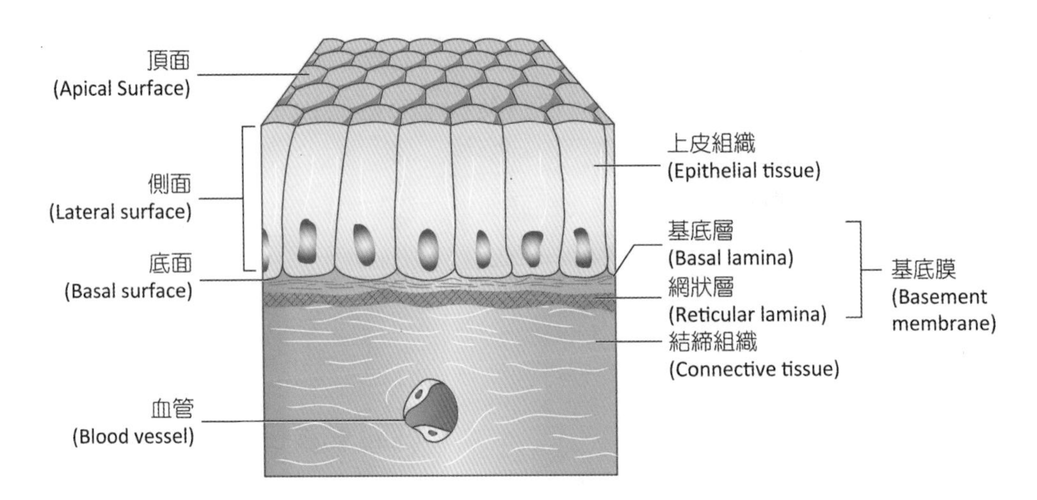

■ 圖 3-2　上皮組織

三、缺乏血管

上皮組織無血管分布，上皮組織的養分藉由結締組織將血管滲出液供應，透過擴散作用使養分與所需物質通過基底膜，進入上皮組織。

四、表面特化

上皮組織的頂端（游離面）會產生具有極性 (polarity) 的特殊構造，具有增加表面積或移除異物等功能，包含微絨毛 (microvilli)、靜纖毛 (stereocilia)、纖毛 (cilia) 與鞭毛 (flagella)。譬如小腸與腎臟近曲小管的上皮具有微絨毛負責吸收功能；副睪與輸精管上皮細胞具有靜纖毛可增加細胞表面積。纖毛是上皮細胞表面的長突起，長度大約 5~10 μm，由微小管 (microtubule) 組成，連接於基體 (basal bodies) 上。人類的精子具有鞭毛，構造類似纖毛但比纖毛長。

五、再 生

上皮組織具有幹細胞 (stem cell)，因此具有高度再生能力。幹細胞為最原始、未特化的細胞，具有分化的功能，可以發展成各種組織器官的功能。幹細胞可分成胚胎幹細胞與成體幹細胞，其中成體幹細胞與組織修復與再生有關。

覆蓋與內襯上皮

覆蓋性上皮細胞排列成層狀構造覆蓋於身體表面或體內的腔室。上皮組織可依細胞形狀或細胞排列層數分類。上皮細胞依形狀可分為柱狀 (columnar)、立方 (cuboidal)、鱗狀 (squamous)、移形 (transitional)；若依排列的層數可區分為單層上皮、複層上皮、偽複層上皮。命名方式依層數加上形狀給予命名（表 3-1）。

表 3-1 上皮組織的分類

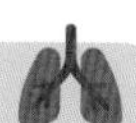

類型		特性	分布	功能	形態
單層上皮	單層鱗狀上皮	由一層扁平細胞構成	肺泡、腎絲球、微血管壁	物質通透、過濾、擴散	細胞核(Nucleus) 結締組織(Connective tissue)
	單層立方上皮	由立方形細胞排列而成，構成腺體	卵巢、甲狀腺濾泡細胞、腎臟近曲小管	分泌與吸收	細胞核(Nucleus) 結締組織(Connective tissue)
	單層柱狀上皮	由柱狀細胞構成，允許可溶性大分子通過，承受物理性拉扯	消化道、**膽囊**或子宮、輸卵管	分泌黏液、保護，具纖毛可進行規律性的運動	微絨毛(Microvilli) 細胞核(Nucleus) 結締組織(Connective tissue)
複層上皮	**複層鱗狀上皮**	表面細胞為鱗狀，底部細胞為柱狀或立方	皮膚、口腔、食道、陰道、**肛門**	保護	細胞核(Nucleus) 結締組織(Connective tissue)
	複層立方上皮	人體少見	結膜與唾腺導管	保護	細胞核(Nucleus) 結締組織 (Connective tissue)

表 3-1 上皮組織的分類（續）

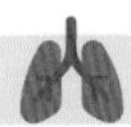

類型		特性	分布	功能	形態
複層上皮（續）	複層柱狀上皮	人體少見，最上層細胞為柱狀	唾腺、乳腺之主輸出導管	保護	細胞核(Nucleus) 結締組織(Connective tissue)
	移行上皮	多層細胞組成，層數會隨器官狀態而改變	膀胱、輸尿管、尿道內襯	隨張力大小改變形狀、延展或放鬆器官	細胞核(Nucleus) 結締組織 (Connective tissue)
偽複層柱狀上皮		看起來是複層，實際上為單層	上呼吸道、副睪	保護、分泌黏液、將痰液從呼吸道送至喉嚨	纖毛(Cilia) 細胞核 結締組織 (Nucleus) (Connective tissue)

一、單層上皮 (Simple Epithelium)

單層上皮其細胞形狀一致，細胞層數僅為一層。此類的構造簡單，方便小分子通透、物質交換。單層上皮可依細胞形狀區分為單層鱗狀上皮、單層立方上皮、單層柱狀上皮。

1. **單層鱗狀上皮** (simple squamous epithelium)：又稱為單層扁平上皮，由一層扁平細胞所構成，位於血管與淋巴管的內襯稱為內皮 (endothelium)；位於腔室的內襯（如腹膜、胸膜、心包膜）之上皮稱之為間皮 (mesothelium)。細胞核位於中央，存在部位如肺泡、腎絲球、微血管壁。其功能負責物質通透、過濾、擴散。
2. **單層立方上皮** (simple cuboidal epithelium)：由立方形細胞排列而成，其細胞構成腺體。主要負責分泌與吸收。例如卵巢、甲狀腺濾泡細胞、腎臟近曲小管。

3. **單層柱狀上皮** (simple columnar epithelium)：由柱狀形細胞組合而成，允許較大可溶性分子通過，並讓細胞承受較大的物理性拉扯。**消化道**的杯狀細胞 (goblet cells) 為單層柱狀上皮，可分泌黏液並有保護作用。某些單層柱狀上皮具有纖毛構造，例如呼吸道或子宮、輸卵管，纖毛可進行規律性的運動，幫助物質於表面移動。

二、複層上皮 (Stratified Epithelium)

複層上皮具有兩層以上的細胞，依細胞形狀可區分為柱狀、立方、鱗狀。位於最底部的細胞透過增生後取代頂部的細胞，主要功能為保護作用。

1. **複層鱗狀上皮**(stratified squamous epithelium)：複層鱗狀上皮表面之細胞為鱗狀，位於最底部的細胞形狀為柱狀或立方。最底部的細胞可經由不斷分裂與增生，此時表面細胞會被底部的細胞不斷推擠，最後被底部的細胞所取代。此類細胞主要功能為保護作用。複層鱗狀上皮細胞可進一步區分為**角質化複層鱗狀上皮**(keratinized stratified squamous epithelium)與**非角質化複層鱗狀上皮**(non-keratinized stratified squamous epithelium)。角質化複層鱗狀上皮主要於皮膚，表皮具有角質層(keratin)，皮膚角質層具保護作用。非角質化複層鱗狀上皮主要內襯於濕的腔室，例如口腔、**食道**、陰道。
2. **複層立方上皮** (stratified cuboidal epithelium)、**複層柱狀上皮** (stratified columnar epithelium)：這兩類的上皮很少見，人體只有少部分的組織具有此型態，例如眼睛的結膜與唾腺的導管為複層立方上皮；唾腺、乳腺之主輸出導管為複層柱狀上皮。
3. **移行上皮** (transitional epithelium)：多層細胞組成，層數會隨器官狀態而改變，分布於膀胱、輸尿管、尿道內襯等部位。

三、偽複層柱狀上皮 (Pseudostratified Columnar Epithelium)

此類的細胞從外觀看像是複層，實際上所有細胞皆與基底膜接觸，所以為單層，細胞大部分位於底部，少部分位於表層。此外，細胞核的位置不同，因此看起來像是複層，分布於上呼吸道、副睪。

腺體上皮

腺體源自於覆蓋上皮，增生並侵入結締組織，特化成腺體上皮。腺體上皮是具備特化及分泌功能細胞所構成，分泌物主要為水溶性蛋白質物質，可儲存、分泌、合成蛋白質、脂質、碳水化合物等。腺體上皮可區分為內分泌腺與外分泌腺。

一、內分泌腺 (Endocrine Glands)

內分泌腺腺體不具有導管運送分泌物質，因此可稱為無導管腺體，主要分泌物為荷爾蒙，可藉由血液經循環系統運送至器官，以其獨特的方式將訊息傳達至器官，使器官進行後續的功能與運作。

二、外分泌腺 (Exocrine Glands)

外分泌腺體可藉由導管將分泌物質傳遞至目的地，例如汗腺會分泌汗液調節體溫，唾腺分泌黏液與消化酶。外分泌腺依照其分泌形式可分為以下幾種（圖 3-3）：

1. **局泌腺** (merocrine glands)：分泌物經由胞吐 (exocytosis) 方式分泌，不損失細胞其他物質，亦為最常見的方式。
2. **全泌腺** (holocrine glands)：分泌物伴隨細胞一起分泌。細胞最終會死亡。需注意的是，局泌腺與頂泌腺細胞仍保有正常功能，全泌腺細胞則否，皮脂腺屬於此類。
3. **頂泌腺** (apocrine glands)：分泌物跟著細胞頂端的部分一起釋出，乳腺屬於此類。

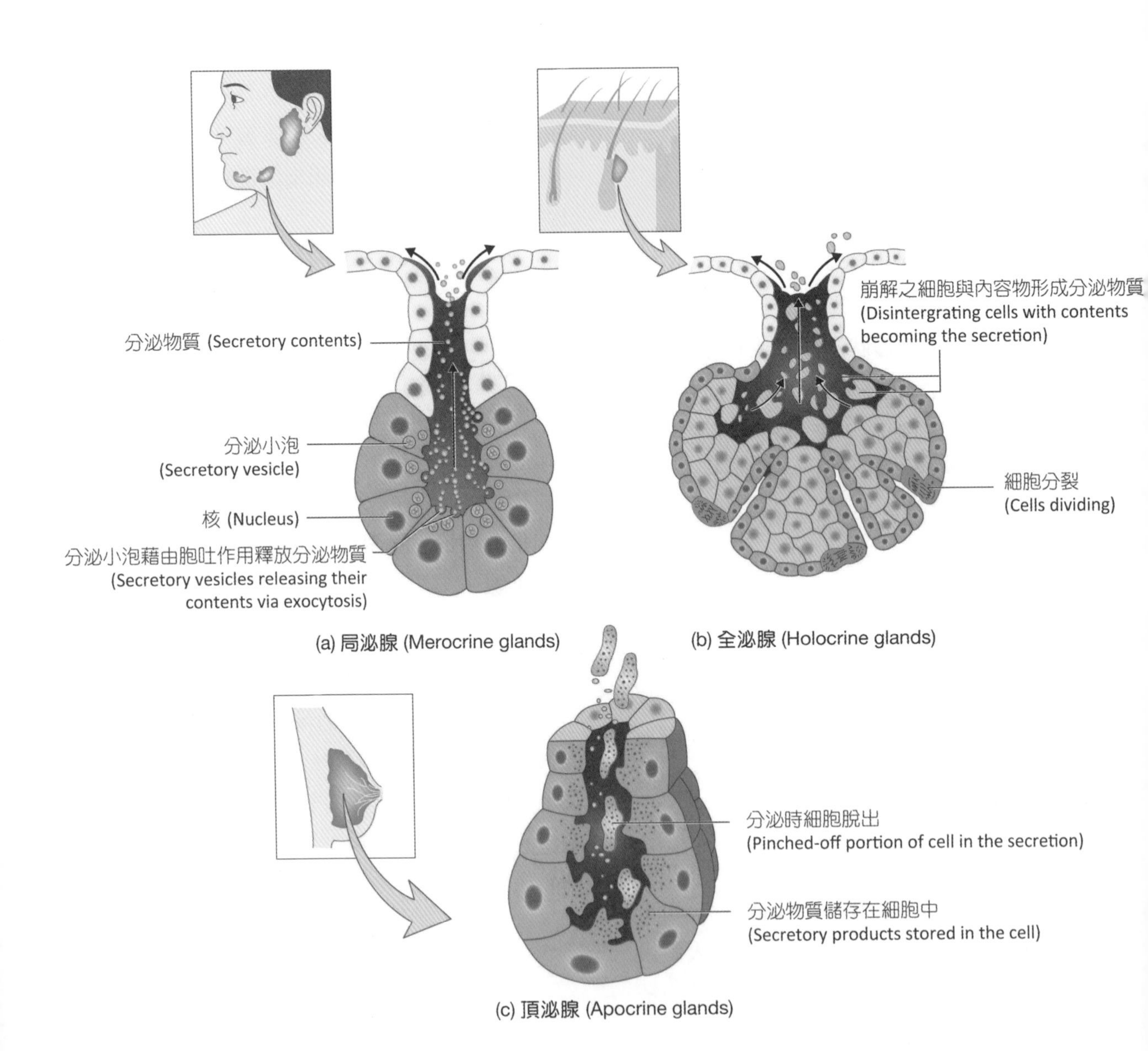

■ 圖 3-3 外分泌腺分泌形態

3-2 結締組織

結締組織的組成

結締組織 (connective tissue) 是體內分布最廣與豐富組織之一，主要由三種物質所構成：細胞、纖維、基底質。結締組織有一共同特點，即由間葉組織 (mesenchyme) 發育而來。結締組織具有以下幾種功能：(1) 支持保護功能，如骨頭之結締組織含有礦物質與纖維，產生骨性架構，具有保護功能；(2) 運輸功能，如血液為一種液體的結締組織，負責運送物質；(3) 儲存能量，如脂肪組織可存放能量，須利用時才釋放出來；(4) 防禦功能，如結締組織某些細胞特化後會產生抗體。結締組織的組成如下說明（圖 3-4）：

一、細胞 (Cells)

不同的結締組織含有不同類型的細胞，所含細胞具有：

1. **纖維母細胞** (fibroblasts)：結締組織中最為常見的細胞，具有分支狀突起扁平細胞，負責合成纖維、基底質，例如膠原蛋白、彈

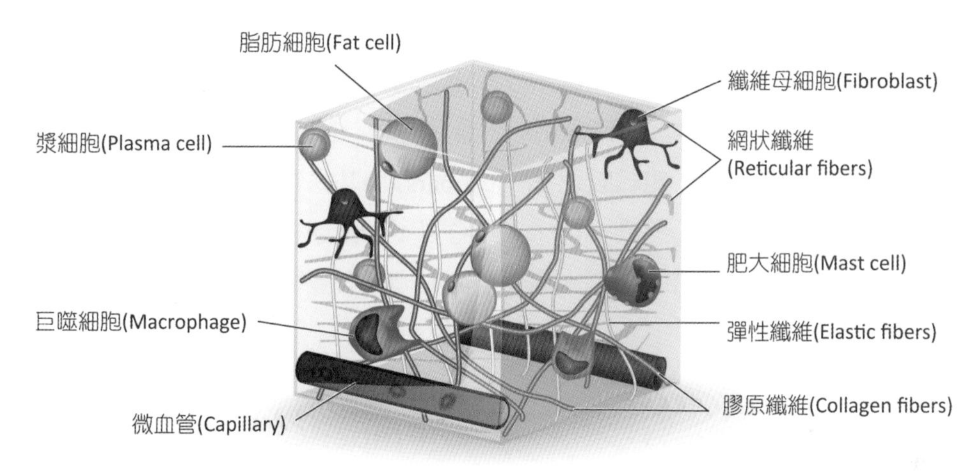

■ 圖 3-4 結締組織的組成

臨床應用 ANATOMY & PHYSIOLOGY

子宮頸抹片

台灣是全球子宮頸癌罹患率很高的國家。子宮頸癌若及早發現及早治療，其治癒率相當高，因此早期診斷為一個重要關鍵。人類乳突病毒 (Human Papillomavirus, HPV) 與子宮頸癌發生率呈現正相關，HPV 感染會使子宮頸上皮細胞產生病變，其他會促使細胞癌化的危險因子包括性行為發生年齡、性伴侶人數、性病以及免疫功能缺乏等。目前建議 30 歲以上女性每年至少做一次子宮頸抹片檢查。

子宮頸抹片為 Papanicolaou 醫師於 1928 年所創，藉由觀察子宮頸細胞之形態來判定有無罹患子宮頸癌。子宮頸外頸部為鱗狀與柱狀上皮細胞，內頸部為柱狀上皮細胞，兩處的交接為移行性細胞區，95% 的不正常細胞是從移行性細胞區延伸出來的，此為子宮頸抹片採樣的地方。第 16 型人類乳突病毒慢性感染會造成鱗狀細胞癌；第 18 型人類乳突病毒感染易造成腺癌，其中第 16 型流行率大於第 18 型，因此以鱗狀細胞癌居多。

性蛋白等。當纖維母細胞停止合成纖維、基底質時，會轉換成纖維細胞 (fibrocyte)，此時細胞呈現不活化狀態。血球細胞為一個例外，這些細胞不會製造細胞基質，但有攜帶養分、廢物或抵抗感染等作用。

2. **巨噬細胞** (macrophages)：骨髓前驅細胞會形成單核球 (monocyte)，當單核球進入結締組織會轉換成巨噬細胞，可透過吞噬作用吞入細胞碎片或細菌。
3. **脂肪細胞** (fat cells)：儲存三酸甘油酯的結締組織細胞，可儲存能量產生熱能。
4. **漿細胞** (plasma cell)：由 B 淋巴球發育而來，主要負責製造抗體。
5. **肥大細胞、嗜鹼性球** (mast cells and baso phils)：可釋放肝素、組織胺等具有藥理活性之物質，肝素防止血液凝固，組織胺則參與過敏反應。
6. **嗜酸性球** (eosinophils)：參與過敏反應，調節肥大細胞活性及發炎反應。

二、纖維 (Fibers)

結締組織的纖維主要為蛋白聚合而成，分為三類型：膠原纖維、彈性纖維、網狀纖維。膠原纖維與網狀纖維主要以膠原蛋白所構成，彈性纖維主要由彈性蛋白 (elastin) 所構成。

1. **膠原纖維** (collagen fibers)：為結締組織中最常見的纖維，彼此並排成束，外觀呈現白灰色。此類的纖維可對抗強大的拉力，存在於骨頭、軟骨、肌腱與韌帶。
2. **網狀纖維** (reticular fibers)：由膠原蛋白所構成，此類纖維比膠原纖維細，並形成網狀構造，亦能提供支持，可協助形成肝臟、脾臟及淋巴結之基質。
3. **彈性纖維** (elastic fibers)：由彈性蛋白所構成，具有伸縮性，接受強力的拉扯後可回復到原來形狀。

三、基底質 (Ground Substance)

基底質是位於纖維與細胞間的結締組織，無色、透明、呈膠質狀，具高度水合，在組織發育、移動、代謝等方面扮演重要的角色。主要由三類物質所構成：葡萄糖胺聚合體 (glycosaminoglycan)、蛋白多醣 (proteoglycan)、多黏性醣蛋白 (multiadhesive glycoprotein)。上皮組織由細胞緊密結合而成，然而結締組織之細胞數量相對較少，主要由豐富的胞外基質 (extracellular matrix) 構成，胞外基質由不同比例的蛋白質纖維 (protein fibers) 與基底質組合而成。結締組織之基底質會以不同型態存在，一般如透明、膠狀形式，而骨頭具有豐富的鈣質，因此相當堅硬。

固有結締組織 (Proper Connective Tissue)

固有結締組織可區分為疏鬆結締組織、脂肪組織、網狀結締組織、緻密結締組織、彈性結締組織等（表 3-2）。

一、疏鬆結締組織 (Loose Connective Tissue)

此類組織在體內分布最廣，存在於上皮組織之內襯、神經或血管以及腺體部位。疏鬆結締組織與脂肪組織形成皮下層，含有膠原纖維、彈性纖維、網狀纖維三種纖維，組織空隙散布著纖維母細胞、巨噬細胞等，因結構疏鬆

表 3-2 固有結締組織的分類

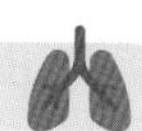

類型	特性	分布	功能	形態
疏鬆結締組織	結構疏鬆呈蜂窩狀，具血管分布，對壓力承受度不高	上皮內襯、神經、血管及腺體	連接上皮及下方組織	巨噬細胞 (Macrophages) 纖維母細胞 (Fibroblast) 膠原纖維 (Collagen fibers) 彈性纖維 (Elastic fibers)
脂肪組織	細胞質中央有一顆大型脂肪滴	皮下、腎臟周圍、腸繫膜	保護、支持、提供能量	細胞核 (Nucleus)
網狀結締組織	網狀纖維呈三度空間排列，含網狀細胞	骨髓、淋巴結、脾臟的骨架	支持	網狀細胞 (Reticular cell) 網狀纖維 (Reticular fiber)
緻密結締組織	含大量膠原纖維	肌腱、韌帶、真皮層、骨外膜及心臟瓣膜	對抗外力	纖維母細胞 (Fibroblast) 膠原纖維 (Collagen fibers)
彈性結締組織	以彈性纖維所構成	黃韌帶、陰莖懸韌帶	提供器官彈力，使其牽張回彈	彈性纖維 (Elastic fibers)

呈蜂窩狀，疏鬆結締組織又稱為**蜂窩性組織** (areolar tissue)。疏鬆結締組織為身體第一線抵抗微生物入侵的關卡，組織含有不同種類的免疫細胞可對抗微生物攻擊，然而某些細菌能分泌酵素分解基底質或纖維，造成的發炎現象稱為蜂窩性組織炎。整體而言，疏鬆結締組織較為柔弱且具豐富血管分布，對於壓力的承受度相對不高。

二、脂肪組織 (Adipose Tissue)

脂肪組織屬於疏鬆結締組織，脂肪組織內的細胞稱為脂肪細胞 (adipocytes)，存在於皮下、腎臟周圍、腸繫膜等部位，提供保護與支持，可儲存三酸甘油酯提供能量來源。脂肪組織可分為兩大類：白色脂肪組織 (white adipose tissue) 與棕色脂肪組織 (brown adipose tissue)。白色脂肪組織完全發育後，細胞質中央有一顆大型的脂肪滴，成人的脂肪組織大部分屬於此型。棕色脂肪組織由粒線體及許多油滴所組合而成，主要功能為產生熱能，在新生兒體內較多。棕色脂肪組織含有豐富血流供應。

三、網狀結締組織 (Reticular Connective Tissue)

網狀結締組織與疏鬆結締組織類似，然而其纖維僅有網狀纖維，形成三度空間排列。網狀結締組織內的纖維母細胞稱為網狀細胞，骨髓、淋巴結、脾臟與肝臟屬於此類型。

四、緻密結締組織 (Dense Connective Tissue)

緻密結締組織成分與疏鬆結締組織相同，但緻密結締組織有數量更多的膠原纖維存在，相對的細胞量較少，彈性與柔軟度較疏鬆結締組織差，但能對抗較大的外力。緻密結締組織可分為緻密規則結締組織與緻密不規則結締組織。

◎ 緻密規則結締組織 (Dense Regular Tissue)

膠原纖維規則平行排列，可承受更大的拉力，基底質與纖維母細胞排列於纖維之間。肌腱以及大部分的韌帶屬於緻密規則結締組織。

◎ 緻密不規則結締組織 (Dense Irregular Tissue)

此類型的膠原纖維呈現不規則的排列，因此可承受不同面向所產生的拉力，如皮下的真皮層、骨外膜及心臟瓣膜。

五、彈性結締組織 (Elastic Connective Tissue)

彈性結締組織之纖維主要以彈性纖維所構成，纖維母細胞存在於間隙。彈性纖維可接受強大的拉力後並恢復原狀。脊柱的黃韌帶 (ligamentum flavum) 及陰莖懸韌帶 (suspensory ligament) 與大型動脈管壁皆屬於此型態。

◗ 軟骨 (Cartilage)

軟骨之胞外基質含有豐富的葡萄糖胺聚合體與蛋白多醣，軟骨基質之纖維主要以膠原纖維與彈性纖維構成，埋在硫酸軟骨素內。軟骨為特化的組織，具有彈性，可吸收外來強大力量並恢復原狀。軟骨沒有血管、淋巴管及神經分布，因此軟骨代謝能力非常低，受損時復原能力不佳，必須極長的時間修復。大部分的軟骨會被骨外膜 (perichondrium) 所包圍。軟骨由軟骨細胞 (chondrocyte)、纖維及基底質所構成。軟骨細胞會分泌胞外基質，將自己包埋於**骨隙** (lacunae) 之中。軟骨組織依基質不同可分成三種不同類型（表 3-3）：

1. **透明軟骨** (hyaline cartilage)：最常見的軟骨，主要以膠原纖維及軟骨細胞所構成，可提供彈性與支持，並在關節處吸收衝擊力與減少摩擦力。透明軟骨具有骨外膜，主要分布於關節軟骨、肋骨腹側端與鼻子、喉、氣管、支氣管壁上以及骨骺板上。

表 3-3 軟骨的分類

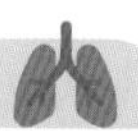

類型	特性	分布	形態
透明軟骨	提供彈性與支持	關節軟骨、肋骨腹側端、鼻子、喉、氣管、支氣管壁上、骨骺板	骨隙 (Lacuna) 軟骨細胞 (Chondrocyte)
纖維軟骨	支持	椎間盤及恥骨聯合	膠原纖維 (Collagen fibers) 骨隙(Lacuna) 軟骨細胞 (Chondrocyte)
彈性軟骨	支持與維持器官形狀	耳咽管、會厭及耳殼	軟骨細胞 (Chondrocyte) 彈性纖維 (Elastic fibers)

2. **纖維軟骨** (fibrocartilage)：具有較粗的膠原纖維與軟骨細胞，不具有骨外膜，分布於椎間盤及恥骨聯合。
3. **彈性軟骨** (elastic cartilage)：由彈性纖維與軟骨細胞組成，具有骨外膜，分布於耳咽管、會厭及耳殼，主要提供支持與維持器官之形狀。

骨骼 (Bone)

骨骼是組成人體骨架的主要成分，亦是人體鈣離子、磷離子的儲藏室，可透過生理機制調控離子釋放或儲存，骨髓 (bone marrow) 則為製造血液的場所。骨骼由硬骨基質 (bone matrix)、鈣化細胞間質、造骨細胞 (osteoblasts)、骨細胞 (osteocytes)、蝕骨細胞 (osteoclasts) 所組成。未成熟的骨細胞稱之為骨母細胞，它會分泌與合成硬骨基質，形成骨隙 (lacuna)，有些骨母細胞會埋於骨隙內進一步成為骨細胞。蝕骨細胞負責吸收骨組織、移除礦物質並進行重塑 (remodeling) 作用。

血液 (Blood)

血液屬於液態結締組織，血液由血漿 (plasma) 與血球組合而成。血球懸浮於血漿中，可分為白血球 (white blood cell)、紅血球 (red blood cell) 和血小板 (platelet)。白血球負責對抗感染，為身體防禦系統之一。紅血球負責輸送氧氣，並移除二氧化碳。血小板則負責血液凝結作用。血漿大部分組成為水分，並包含其他離子、養分、廢物、激素等物質。

3-3 肌肉組織

肌肉組織於個體中具有興奮性、收縮性、伸展性與彈性等特徵。肌肉組織可產生動作與力量，依其特徵與構造可分成三種：骨骼肌、心肌、平滑肌。若依其神經系統控制方式可區分為隨意肌與非隨意肌（詳見第 7 章）。

1. **骨骼肌** (skeletal muscle)：在電子顯微鏡下可看到粗肌絲、細肌絲呈現明、暗帶交替，因此又稱為橫紋肌。骨骼肌可由體神經與意識控制行動，屬於隨意肌。
2. **心肌** (cardiac muscle)：為橫紋肌，心肌由自主神經系統控制，屬於非隨意肌。心肌纖維分叉狀的網狀連結，細胞具有一位於中央的核，透過間盤 (intercalated disc) 於收縮期間將纖維拉聚一起，並降低電阻加強傳導。
3. **平滑肌** (smooth muscle)：為非橫紋肌，由自主神經控制，屬於非隨意肌。細胞呈現中間厚、兩端薄，有一個位於中央的細胞核。分布於血管、胃、腸、膀胱等的管壁。

3-4 神經組織

神經組織主要由兩大類細胞所組合而成：神經膠細胞 (neuroglia) 與神經元 (neuron)。神經膠細胞不會產生或傳遞神經衝動，但提供支持與保護作用，在中樞神經系統中有星狀膠細胞 (astrocyte)、寡突膠細胞 (oligodendrocyte)、微膠細胞 (microglia) 與室管膜細胞 (ependymal cell)，周圍神經系統則有許旺氏細胞 (Schwann cell) 及衛星細胞 (satellite cell)。

神經元細胞能傳遞神經衝動，由**細胞本體** (soma)、**樹突** (dendrite)、**軸突** (axon) 三個部分所構成，細胞本體上具有細胞核及胞器，樹突與軸突負責神經衝動之接收與傳導。樹突呈現尖、細長、高度分支，主要功能為接受感覺受器與其他神經元產生的訊息；軸突為一條細長的突起，負責將神經衝動傳導至另一個神經元。

3-5 膜

膜為覆蓋 (covering) 或內襯 (lining membrane) 身體部位的組織，包含上皮層與結締組織構成的上皮膜、內襯於關節的滑液膜。

一、上皮膜 (Epithelial Membrane)

身體的上皮膜又可區分為黏膜、漿膜及皮膜。

1. **黏膜** (mucous membranes)：內襯在管腔，於消化、呼吸、生殖、泌尿系統皆有黏膜存在。雖然不同部位的黏膜於型態上會有些許不同，但共通點是他們會分泌黏液並保持潮濕，防止管腔乾燥。黏膜由上皮組織與疏鬆結締組織之固有層 (lamina propria) 構成，例如於消化道內之黏膜層，上皮組織會形成腺體分泌酵素，而固有層具有淋巴球、巨噬細胞、平滑肌細胞等物質構成疏鬆結締組織。固有層則位於黏膜肌層 (muscularis mucosae) 上。

2. **漿膜** (serous membranes)：覆蓋於體腔內的器官，內襯與覆蓋於胸腔及肺臟的漿膜稱為胸膜 (pleura)。內襯與覆蓋於心臟腔室與心臟的漿膜稱為心包膜 (pericardium)。內襯與覆蓋於腹部的漿膜稱為腹膜 (peritoneum)。漿膜層由稱為間皮之單層鱗狀上皮及結締組織所構成。間皮可分泌漿液 (serous fluid) 提供潤滑，使器官於腔室間可以彼此滑動而不造成摩擦與傷害。
3. **皮膜** (cutaneous membrane)：亦稱皮膚，由兩個構造組合而成，表皮 (epidermis) 由表層較薄的上皮組織所構成，真皮 (dermis) 由深層較厚的結締組織所構成，關於皮膚會於後面的章節詳細介紹。

二、滑液膜 (Synovial Membrane)

滑液膜內襯於關節腔室上，由疏鬆結締組織和彈性纖維組合而成，會分泌滑液 (synovial fluid) 潤滑關節運動時所造成的摩擦，並提供軟骨細胞養分移除代謝物。當滑液膜發炎或癌症發生時會造成關節病變，導致運動障礙。

3-6 組織修復：回復恆定

將死亡或老舊的細胞由基質 (stroma) 或實質 (parenchyma) 的細胞分裂後取代，此過程稱為組織修復或再生，其過程主要有兩個步驟：組織再生 (tissue regeneration) 與纖維化 (fibrosis)。組織的修復會歷經凝血期、發炎期、增生期、成熟期、重塑期等階段。

組織受到傷害、傷口產生後，血小板立即聚集到傷口，產生血塊堵住傷口，以免血液流失，隨後會產生紅、熱、腫、痛等發炎反應，此乃血液或組織聚集許多化學性媒介物質而引起。發炎期，嗜中性球聚集，白血球吸引巨噬細胞到傷口處，吞噬外來物質、細菌、死亡的嗜中性球，接著組織修復開始。

實質細胞完成修復可使受傷組織完美的重建。在增生期，受傷後的傷口表面為了讓傷口癒合，會長出新生的微血管、纖維母細胞、膠原纖維及許多發炎細胞，某些纖維母細胞具有把傷口兩側邊緣聚合的能力，可以促進傷口癒合，此時組織具有大量的微血管網絡，外觀呈現鮮紅色，稱為**肉芽組織** (granulation tissue)。過程中，若基質的纖維母細胞增生並活躍於重建修復，則纖維母細胞會與其他基底質形成**瘢痕組織** (scar tissue)，這個過程稱為**纖維化** (fibrosis)（圖 3-5）。

進入成熟期、重塑期後，在傷口癒合的過程中，上皮組織會開始進行再生，傷口表面的痂皮開始脫落。一般而言，年輕人組織修復能力比老年人快，也較不易產生瘢痕。每個組織更新與重建的能力均不相同，如上皮細胞、骨組織、緻密不規則組織、血液組織更新能力皆很強；軟骨組織因較缺乏局部血液供應，更新能力差；心肌纖維可由幹細胞經由分化後產生；骨骼肌無法快速細胞增生與分裂取代受傷組織；平滑肌細胞增生的能力相對於其他組織亦較慢；神經組織中例如腦或脊髓神經無更新能力。在無法組織再生的組織中，纖維化會取代整個過程，最後會形成瘢痕，主要以膠原纖維所組合而成，僅含少數的微血管與細胞。儘管這類組織非常堅硬，但缺乏彈性並且無法執行原本的工作。

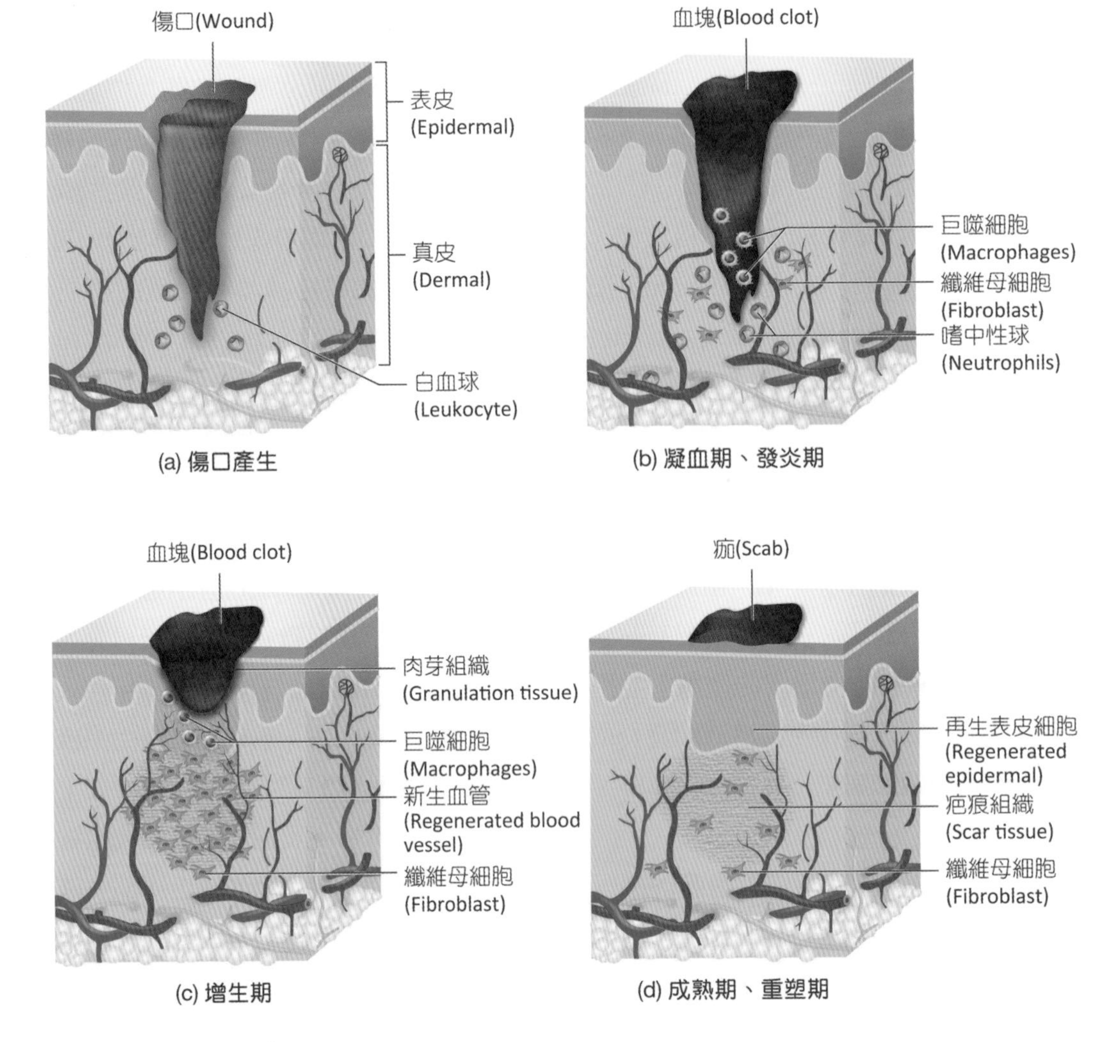
傷口(Wound)
表皮
(Epidermal)
真皮
(Dermal)
白血球
(Leukocyte)
(a) 傷口產生
血塊(Blood clot)
巨噬細胞
(Macrophages)
纖維母細胞
(Fibroblast)
嗜中性球
(Neutrophils)
(b) 凝血期、發炎期
血塊(Blood clot)
肉芽組織
(Granulation tissue)
巨噬細胞
(Macrophages)
新生血管
(Regenerated blood
vessel)
纖維母細胞
(Fibroblast)
(c) 增生期
痂(Scab)
再生表皮細胞
(Regenerated
epidermal)
疤痕組織
(Scar tissue)
纖維母細胞
(Fibroblast)
(d) 成熟期、重塑期

■ 圖 3-5 組織修復

學習評量 REVIEW AND CONPREHENSION

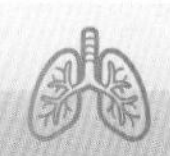

1. 缺血性心肌梗塞後，死亡的心肌細胞是由何種組織取代？(A) 結締組織 (B) 心肌細胞 (C) 微血管 (D) 巨噬細胞
2. 有關各器官之上皮結構何者錯誤？(A) 食道，複層鱗狀上皮 (B) 胃，單層柱狀上皮 (C) 膽囊，複層鱗狀上皮 (D) 升結腸，單層柱狀上皮
3. 下列何者的內襯上皮具有纖毛？(A) 尿道 (B) 輸精管 (C) 十二指腸 (D) 主支氣管
4. 有關胸膜與腹膜的敘述，下列何者錯誤？(A) 皆屬於漿膜 (serosa) (B) 皆有壁層與臟層之分 (C) 皆具有單層上皮 (D) 前者包覆所有胸腔的臟器，後者包覆所有腹腔的臟器
5. 在皮膚修復過程中，進行機化 (organization) 時，可見下列何者大量增生？(A) 軟骨 (B) 微血管 (C) 骨小樑 (D) 橫紋肌肉束
6. 下列何者的內襯上皮不是單層柱狀？(A) 胃 (B) 十二指腸 (C) 食道 (D) 降結腸
7. 下列何者不是上皮組織衍生的構造？(A) 甲狀腺 (B) 胰臟的腺泡 (C) 腦下腺後葉 (D) 腎上腺皮質
8. 下列有關上皮組織的敘述，何者錯誤？(A) 心包腔內襯著上皮組織 (B) 身體表面皆覆蓋著上皮組織 (C) 骨骼表面皆包覆著上皮組織 (D) 整條消化道皆內襯著上皮組織
9. 下列何者不屬於結締組織？(A) 硬骨 (B) 軟骨 (C) 指甲 (D) 血液
10. 髕韌帶主要由下列何者構成？(A) 弓狀纖維 (B) 網狀纖維 (C) 膠原纖維 (D) 彈性纖維
11. 下列何者內襯單層鱗狀上皮？(A) 肺泡 (B) 膀胱 (C) 輸卵管 (D) 十二指腸
12. 下列何者之上皮組織屬於移形上皮？(A) 膀胱 (B) 子宮 (C) 陰道 (D) 直腸

解答

1.A 2.C 3.D 4.D 5.B 6.C 7.C 8.C 9.C 10.C 11.A 12.A

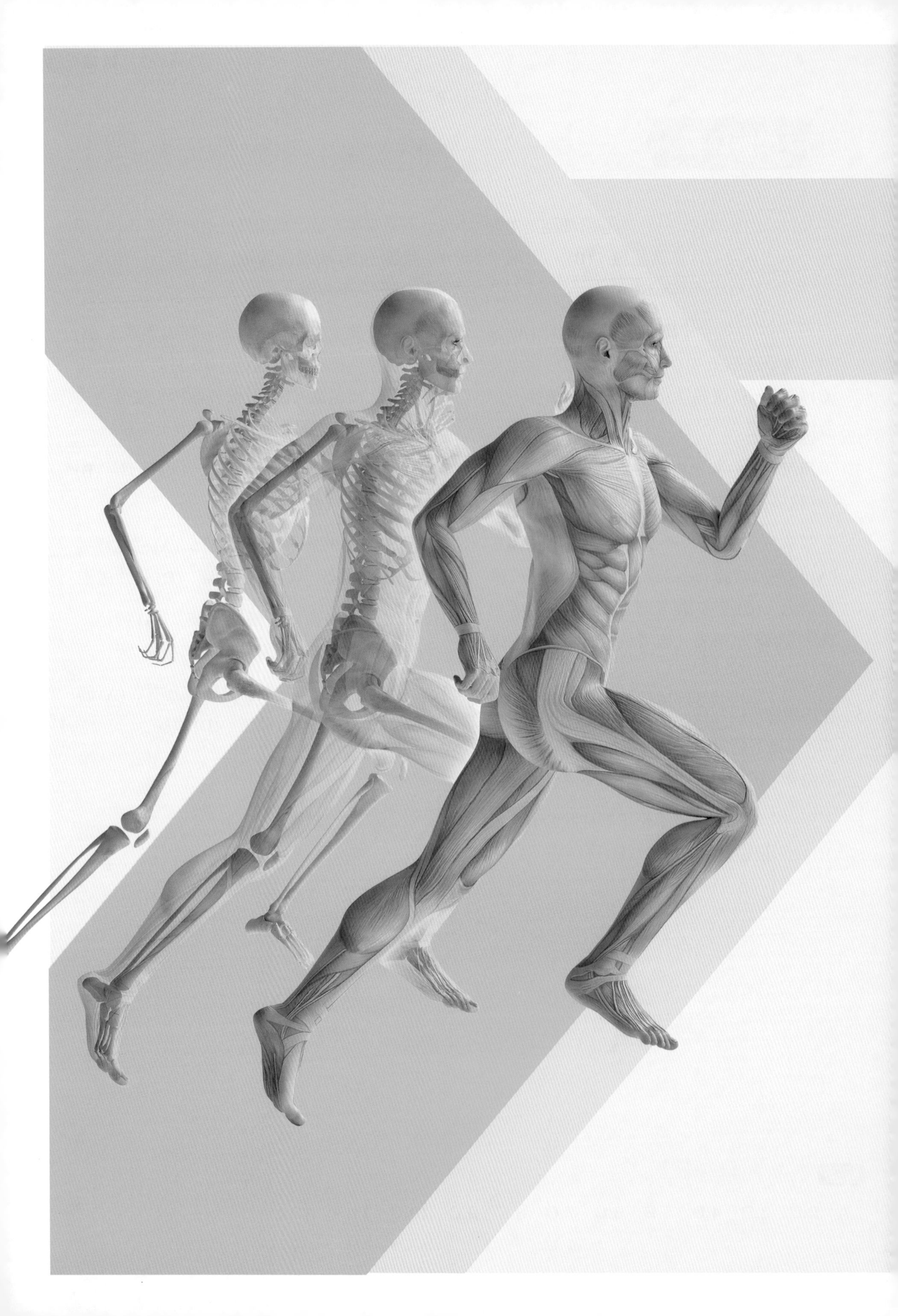

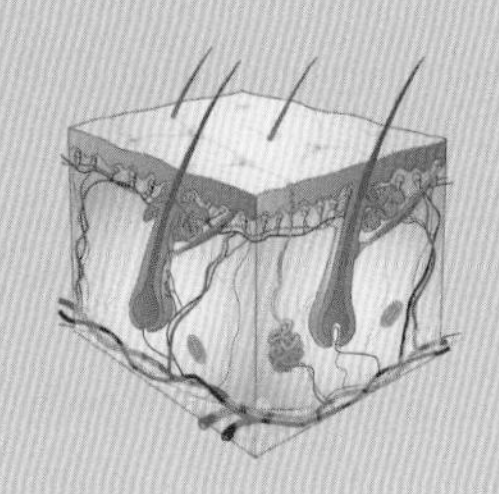

皮膚系統
Integumentary System

CHAPTER 04

作者／馮琮涵

本章大綱 Chapter Outline

ANATOMY & PHYSLOLOGY

前言 INTRODUCTION

皮膚系統又可以稱為表皮系統或是外皮系統，主要是由覆蓋在人體表面的皮膚以及皮膚的衍生物（毛髮、指甲、汗腺與皮脂腺等）共同構成。也就是說，當我們觀察一個人時，從外觀就只能觀察到其皮膚系統。針對皮膚再仔細觀察，進入組織層級可以知道皮膚是由表皮層與真皮層所構成，表皮層是角質化複層鱗狀上皮組織，真皮層則是緻密不規則結締組織。真皮層下方則是富含脂肪細胞的皮下脂肪組織。

4-1 皮膚

皮膚可以說是人體最大型的器官。大約占總體重的 7%。不同的部位其厚度也有不同，最薄的皮膚是臉部的嘴唇，最厚的皮膚為腳掌與手掌。以顯微鏡觀察人體的皮膚主要由兩層構造所構成：表皮與真皮。皮下組織雖然不屬於皮膚系統，但是與皮膚共同擁有某些功能，因此一併介紹（圖 4-1）。

一、皮膚的功能

皮膚具有保護的功能，可以防止外物及細菌入侵體內、防止體液與水分散失，表皮層的黑色素可以避免紫外線對細胞的傷害，皮膚內的神經末梢可以感知外在環境變化（觸、壓、冷、熱、痛等感覺），皮下血管的舒張或收縮以及汗腺排汗則能調節體溫，汗腺可以排出尿素、鹽分與水分等。皮膚的角質細胞經紫外線照射後，可以合成維生素 D，進入血液循環中，在腸胃道促進鈣質的吸收以幫助骨骼強化。除此之外，皮膚還具有強的再生能力，只要傷口不大，都可以自我修復。皮膚的衍生物也有其特定功能，將於後面的段落進行介紹。

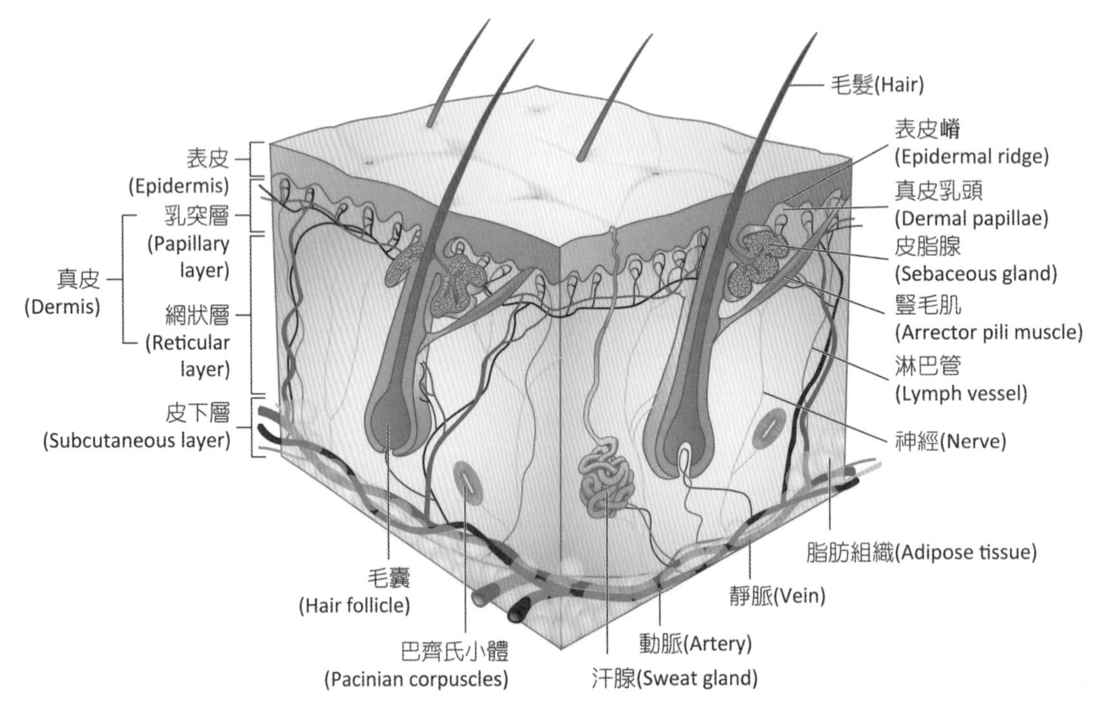

■ 圖 4-1　皮膚

二、皮膚的構造

(一) 表皮 (Epidermis)

位於皮膚的最表層，**由角質化的複層鱗狀上皮組織所構成**，因此呈現半透明狀。上皮組織**不具有血管**，因此僅有表皮層受損時，並不會造成出血。但是表皮底層會與神經末梢相接觸，因此仍然可以傳遞感覺訊息。分析表皮的細胞種類，發現表皮主要由角質細胞組成，另外還含有黑色素細胞、梅克爾氏細胞與蘭氏細胞等。

角質細胞 (keratinocytes) 是表皮中最主要也是數量最多的細胞，角質細胞會產生一種堅韌的纖維性蛋白質，稱為角質蛋白 (keratin)，堆積在細胞質與細胞膜內。角質細胞主要是從表皮的底層具有旺盛分裂能力的細胞經細胞分裂產生，細胞形成後開始不斷地在細胞內製造與堆積角質蛋白，之後再被底層新生的角質細胞將其向上推擠。由於上皮組織沒有血管運送養分，僅能藉由擴散方式運送，被向上推擠距離基底層越來越遠，能得到的養分就會越來越少。角質細胞內堆積的許多不具通透性的角質蛋白，更加阻礙了養分的擴散，最後細胞死亡，留下充滿角質蛋白的細胞膜，覆蓋在表皮的最上層，發揮其最後的保護作用，最後因磨損而脫落。

角質細胞從基底層產生到死亡脫落，約需 35~45 天左右，也就是說大約一個半月左右，人體就會更新一次表皮層。如果我們的眼睛可以看見細胞的層級，我們將會看到每個人身上都有死亡的角質細胞不斷地脫落。

◎ 表皮的分層

由於角質細胞隨著生長的情形不同，形成不同的細胞形態，因此用顯微鏡觀察可以看到表皮有明顯的分層現象。從基底膜往上的表皮分層依序分述如下（圖 4-2）：

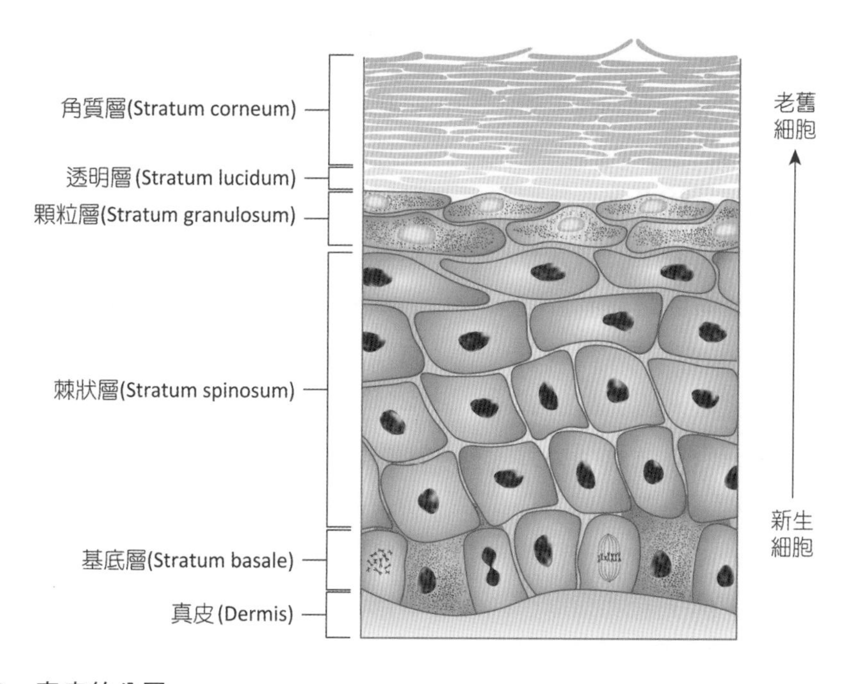

■ 圖 4-2　表皮的分層

1. **基底層** (stratum basale)：位於最底層的單一層細胞，與基底膜 (basement membrane) 相接觸，下方真皮內具有豐富的血管網，因此基底層細胞可以就近獲得許多氧氣與養分的擴散供給。細胞分裂作用非常旺盛，多為角質細胞的幹細胞，基底層也含有**黑色素細胞** (melanocytes)，可以產生黑色素顆粒，釋放到角質細胞之間，角質細胞便會將黑色素顆粒經過胞吞作用，進入角質細胞內，形成皮膚的顏色之一。黑色素可以有效阻隔紫外線對細胞的傷害，當照射到表皮的紫外線越強，就會刺激黑色素細胞產生更多的黑色素顆粒，也會刺激角質細胞吞進更多的黑色素顆粒，因此導致皮膚變黑。身處於地球赤道附近的人種，因為紫外線強，因此多為黑色人種，其黑色素細胞的數量與白色人種相近，但是產生的黑色素顆粒相對多很多。除了角質細胞、黑色素細胞，**梅克爾氏細胞** (Merkel's cell) 也位於表皮的基底層中，每一個梅克爾氏細胞的底部都與一條感覺神經末梢相接觸，目前認為梅克爾氏細胞可能扮演觸覺感受器的功能。
2. **棘狀層** (stratum spinosum)：基底層的角質細胞向上推擠形成，有數層細胞的厚度，細胞形態較大，由於細胞與細胞之間有許多胞橋小體，加強細胞之間的連結，導致細胞外觀呈現許多棘狀的突起，因此稱為棘狀層。棘狀層的表皮細胞仍會進行細胞分裂，只是沒有基底層細胞旺盛。細胞內有許多稱為張力絲 (tonofilaments) 的中間絲細胞骨架，可以抵抗張力與壓力維持細胞形狀。在棘狀層的角質細胞中，散布著一種免疫細胞稱為**蘭氏細胞** (Langerhans cells)，蘭氏細胞有許多細長的細胞突起，具有吞噬能力，可以吞噬侵入表皮棘狀層的外來物質，以啟動免疫反應。
3. **顆粒層** (stratum granulosum)：此層角質細胞的細胞質內充滿張力絲與許多角質顆粒，因此稱為顆粒層。此層由棘狀層的細胞向上推擠，再加上表皮上方的外力擠壓，因此細胞呈扁平狀，大約由 3~5 層扁平含有豐富顆粒的角質細胞組成。細胞內已知含有角質透明小顆粒 (keratohyaline granules) 與板狀小顆粒 (lamellated granules) 兩種顆粒。角質透明小顆粒會留在細胞內與張力絲共同形成角質。而板狀小顆粒則會分泌至細胞間，形成防水性的醣脂質，可以防止水分由表皮散失。顆粒層的細胞膜也會增厚，有效抵抗外部的傷害。此層細胞仍為活細胞，具有部分代謝作用，繼續產生與堆積顆粒。
4. **透明層** (stratum lucidum)：在光學顯微鏡下，可以看見在顆粒層上方有一片透明的帶狀構造，因此稱為透明層，由剛死去的角質細胞堆積形成。角質細胞發展到顆粒層時，細胞仍具有代謝功能，由於上皮組織沒有血管，只靠基底膜下方結締組織藉由擴散方式供應養分，養分都先被基底層與棘狀層的角質細胞吸收，到顆粒層時已經不多。加上顆粒層的細胞內外都充滿許多不透水的分泌顆粒，讓顆粒層最上方的角質細胞更難獲得養分，終於導致最上方的角質細胞死亡。剛死去的細胞，再加上外界的壓力使得細胞擠壓呈透明帶狀的透明層。**透明層在磨擦劇烈的手掌與腳掌的厚皮膚中，最為清晰可見**。然而在臉部的薄皮膚中，則因為摩擦擠壓相對比較少，透明層比較不容易形成，因此較難辨認此層的存在。

5. **角質層** (stratum corneum)：是表皮最外部的一層，由死去的角質細胞組合構成角質層。細胞內充滿了由張力絲與角質透明質顆粒組成的角質，細胞外充滿了板狀小顆粒與增厚的細胞膜，都可以抵抗磨擦與穿刺，具有保護功能。因此死掉的細胞在尚未脫落時，依然可以執行保護作用。位於最表層的角質層會脫落，構成皮垢或是皮屑。角質層的厚度在不同部位有不同的厚薄，手掌與腳掌的部位，屬於厚皮膚，角質層最厚；臉部與嘴唇的部位，屬於薄皮膚，角質層很薄。

(二) 真皮 (Dermis)

所謂的真皮即真正的皮，動物的皮取下後製成皮革，就是利用真皮曬乾脫水所製成。真皮是由緻密不規則結締組織所構成，**內含豐富的膠原、彈性與網狀纖維**，因此具有相當的韌性，可以伸縮延展擠壓與摩擦。真皮位於表皮的下方，上方與複層鱗狀上皮組織以基底膜為分界，下方則與疏鬆的皮下脂肪組織相連接。真皮的厚度也會隨著身體部位的不同而有差異。真皮內含有豐富的血管與神經，血管負責供應真皮與表皮的細胞養分與氧氣。神經末梢則是連結許多感覺接收器，交感神經纖維負責支配血管的管壁平滑肌與豎毛肌的平滑肌等，藉由調控血管內的平滑肌可以調節血管的管徑，使真皮內血液的流量增加或減少，可以調節血壓與體溫。

真皮可以分為兩層：

1. **乳突層** (papillary layer)：位於真皮最上層，有許多真皮乳頭 (dermal papilla) 的指狀突起構造延伸入表皮層中，使表皮與真皮接觸的表面積增加，更穩固地彼此連結以抵抗摩擦。乳突層由疏鬆結締組織所組成，真皮乳頭內有細小豐富的微血管網以及觸覺接收器（**梅斯納氏小體**，Meissner's corpuscles）與痛覺神經末梢，因此是相當敏感的部位。在手掌與腳掌的掌面，真皮層上方有帶狀突起的真皮嵴 (dermal ridges) 將表皮上推形成表皮嵴 (epidermal ridges)，形成手掌與腳掌的指紋與掌紋。真皮嵴的表面會有許多汗腺的開口，因此只要手指或是手掌接觸過物品，就會在物品表面留下汗腺的分泌物，可以用特殊染劑，染出這些分泌物，指紋就會呈現。
2. **網狀層** (reticular layer)：乳突層下方的緻密不規則結締組織，由膠原纖維、彈性纖維與網狀纖維構成，其中以成束狀的膠原纖

臨床應用 ANATOMY & PHYSIOLOGY 

刺青 (Tattoos)

刺青的原理是先在皮膚表面繪製圖案，接著利用針頭將圖案上面的色素顏料直接打入真皮層中，形成皮膚永久的圖案。由於將顏料刺入真皮層，真皮層內有血管與神經，因此刺青如果針頭不乾淨或是技術不佳，很容易造成出血及感染，並且是有一定疼痛程度的。許多人因為一時衝動在皮膚上刺青，等到將來後悔想除去時，是相當困難的。目前使用雷射去除刺青，需要多次處理，每次處理也是相當疼痛。所以如果沒有考慮清楚，還是不建議刺青，若真的要刺青，也要注意針頭的安全衛生。

維為最主要。這些纖維使得真皮能保持強度、韌性與彈性，纖維的排列雖然屬於緻密不規則方式，但是在緻密束狀膠原纖維之間會有部分區域較不密集，形成皮膚的分裂線 (lines of cleavage) 或稱張力線 (tension lines)。其走向在四肢與頭部呈垂直，在頸部與軀幹則大多呈環形走向。分裂線的走向與特性對於外科醫師來說很重要，因為手術時皮膚切口如果平行分裂線，對於真皮內的膠原纖維破壞就會較小，皮膚癒合較快，比較不會留下疤痕。反之，皮膚切口如果與分裂線垂直，真皮內大多數的膠原纖維會被大量橫斷，皮膚癒合所需的時間長，也比較容易留下較嚴重的疤痕。

此外，壓覺接受器（**巴齊氏小體**，Pacinian corpuscles）主要位於真皮的底層，靠近皮下脂肪組織的位置，當皮膚受到觸壓時，壓力必須夠大才會刺激到真皮下方的壓覺接受器，並產生壓覺。另外手掌與腳掌或是關節處的深掌紋，是皮膚表面明顯的摺線，由真皮與皮下脂肪組織緊密相連所形成，讓皮膚容易折疊，多位在關節處。

(三) 皮下組織 (Subcutaneous Tissue)

皮下組織位於真皮下方，又稱為真皮下層 (hypodermis)。以肉眼觀察時，切除真皮可以看見一層富含脂肪組織的筋膜構造，因此真皮下層在大體解剖學上又稱為**淺筋膜** (superficial fascia)；以顯微鏡觀察可發現主要由疏鬆結締組織構成，且含豐富的脂肪細胞，因此又稱為皮下脂肪組織。由於儲存大量的脂肪，因此皮下組織有保暖、保溫、防止水分與體熱散失的

臨床應用 ANATOMY & PHYSIOLOGY

灼傷 (Burns)

灼傷又稱為燒燙傷，是指皮膚受到熱、電、輻射或化學物質傷害，失去其保護的功能，體外的細菌病毒容易入侵，引發嚴重發炎，更嚴重的是體液的流失與體溫的散失。根據皮膚傷害的嚴重程度，灼傷被分類為三度。

1. 第一度灼傷：僅有表皮組織受到傷害。例如曬傷，症狀包括皮膚的紅腫痛，由於表皮沒有血管，所以不會出血或是組織液滲出，但因表皮含有神經末梢，所以會感到疼痛。通常幾天之後便會修復，有透明的表皮脫落。
2. 第二度灼傷：傷到表皮與真皮的表淺部。症狀也是皮膚紅腫痛，但因傷到真皮層，如果表皮破裂會有組織液滲出；如果表皮沒有破裂，則會形成內含組織液的水泡。真皮層有許多感覺的神經末梢，因此會感到疼痛。需要小心照顧避免發生感染。
3. 第三度灼傷：傷到表皮、真皮與皮下脂肪組織。受傷部位可能呈現紅色（出血）、白色（組織纖維）或是黑色（焦黑）。由於整層皮膚都受損，體液的流失非常嚴重，需要補充水分；此外，也有嚴重的感染風險，必須住進隔離病房，盡速進行皮膚移植加以修補。

一般而言，當下列三種灼傷的情形發生時，必須視為緊急狀況：(1) 體表總面積的 10% 以上第三度灼傷；(2) 體表總面積的 25% 以上第二度灼傷；(3) 臉部、手部或腳部第三度灼傷。為了快速評估體表總面積的百分比，常引用九法則。將身體體表劃分為 11 個區域，每個區域占體表總面積的 9%。如此可以快速粗略估算受傷的面積比例。

功能，並提供撞擊的緩衝力、連結真皮與深筋膜或肌肉，以及由於組織寬鬆，讓上方的真皮具有可滑動性。

皮下脂肪組織的厚度，會隨著性別、年齡與部位而有不同的改變。體重增加變肥胖時，皮下脂肪組織會明顯變厚。女性青春期，皮下脂肪會比男性厚，而且主要堆積在乳房與大腿部位。男性中年時，皮下脂肪容易堆積在前腹部。

三、皮膚的顏色

皮膚的顏色主要取決於人體內的三種色素：黑色素、胡蘿蔔素和血紅素。黑色素 (melanin) 是由表皮基底層的黑色素細胞分泌產生，釋放到表皮組織由角質細胞攝入細胞內，黑色素除了黑色，還有黃色、紅色等。一般常見的雀斑、老人斑以及痣，都是黑色素沉積在真皮層所形成，由於位在真皮層，所以這些斑點不會隨著表皮細胞的更新而脫落，要除去這些斑點就必須切除，或是利用雷射打入真皮層將堆積的色素打散。胡蘿蔔素 (carotene) 是黃色至橘色的色素，主要從食物中獲取，並存在於皮下脂肪層的脂肪中，因此皮下脂肪多呈黃色。血紅素 (hemoglobin) 是紅血球內的色素蛋白，具有與氧或二氧化碳結合的能力，負責體內氣體的運送。因此如果皮膚的黑色素

臨床應用 ANATOMY & PHYSIOLOGY

黃疸 (Jaundice)

黃疸的症狀有皮膚、黏膜及眼白（鞏膜）呈現明顯偏黃的情形，有時會伴隨皮膚發癢、糞便蒼白及尿液顏色偏深等症狀。成因主要是身體血液內的膽紅素 (bilirubin) 濃度過高，堆積在真皮與皮下組織，造成皮膚呈現黃色。膽紅素是體內老化的紅血球在新陳代謝中自然分解過程的副產品，通常肝臟會將血液內的膽紅素進行代謝，並且分泌出膽汁從消化管道排出，若這正常的膽紅素代謝過程出現問題便會導致皮膚出現黃疸。依據膽紅素代謝過程的不同，引發的黃疸，可以分為下列幾種：

1. 肝前性黃疸 (pre-hepatic jaundice)：病因是紅血球分解，即溶血 (hemolysis) 突然增多，超過肝臟清除血液內膽紅素的能力而導致，又稱溶血性黃疸，如海洋性貧血、不同血型輸血、蛇毒等。
2. 肝源性黃疸 (hepatic jaundice)：因肝臟本身功能不佳，無法有效代謝膽紅素，如肝炎、肝硬化、藥物、毒素、肝癌等。
3. 肝後性黃疸 (post-hepatic jaundice)：因膽管阻塞導致膽汁不能流入十二指腸，又稱阻塞性黃疸 (obstructive jaundice)，如膽管狹窄、膽管炎、膽管結石、膽管寄生蟲、胰臟炎、胰臟／膽管／膽囊癌、懷孕等。
4. 新生兒黃疸 (neonatal jaundice)：出生後前三天內出現，主要是因為肝臟尚未發育成熟，代謝與排出膽紅素的作用較弱，又稱為生理性黃疸。大部分在出生後 1~2 星期自然痊癒，若膽紅素濃度超高或是持續超過兩週，則可能是病理性黃疸，需進一步檢查與治療。

黃疸治療的方法取決於導致黃疸的病因，包括：(1) 觀察；(2) 停止導致黃疸的藥物或毒素；(3) 施以靜脈輸液、藥物、抗生素、輸血等；(4) 手術治療：適用於先天性畸形、癌症、膽管閉塞、膽管結石等，嚴重的患者甚至需要接受肝臟移植手術。

較少，真皮血管內的血紅素就容易顯現。如果皮膚受到撞擊傷害，導致真皮層內的血管破裂出血，但是表皮沒有破裂，血液會在真皮層凝固，皮膚就會出現藍綠色的瘀青。

4-2 皮膚的附屬構造

除了皮膚外，表皮系統還包括一些由表皮組織衍生形成的構造，如毛髮、汗腺、皮脂腺與指甲等，延伸到真皮層中，下面將會分別詳述。

一、毛髮 (Hair)

皮膚的表皮組織衍生形成的毛髮，依照不同的部位，有頭髮、體毛、腋毛、陰毛、眉毛、睫毛、鼻毛等。不同部位的毛髮其粗細、長短、生長期與狀態都不相同，因此有不同的功能，隨著年齡與代謝狀況，也會有不同變化。關於毛髮的構造與功能，詳述如下（圖 4-3）：

(一) 毛髮的構造與功能

毛髮是由死去的角質化細胞構成，具有彈性的長條狀物體。主要成分是硬角質 (hard keratin)，硬角質與一般表皮產生的軟角質 (soft keratin) 不同，硬角質較為堅固，更加耐磨，而且不容易出現脫屑的現象。整根完整的毛髮構造可以分為三個主要部分：**毛囊**

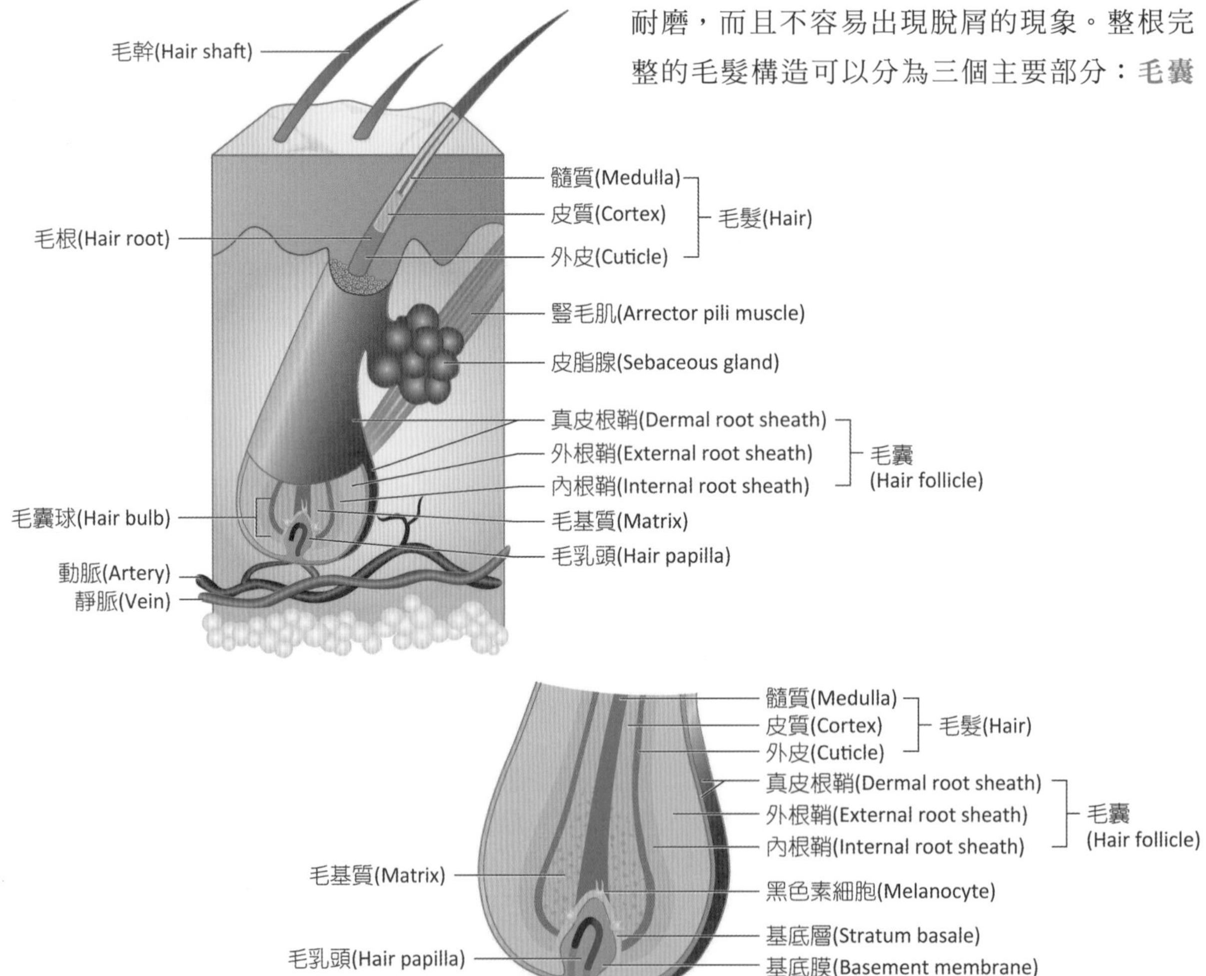

■ 圖 4-3 毛髮的構造

(hair follicles)、**毛根** (hair root) 與**毛幹** (hair shaft)。毛囊是毛髮生長的起源處，富含分裂作用旺盛的基底層角質細胞，會不斷產生新的角質細胞向上推擠，使毛髮變長。毛根（或稱髮根）是埋在皮膚中的部分。毛幹（或稱髮幹）是從皮膚表面延伸出來的部分。

將毛幹做橫切，可以看到毛髮由內而外，分為三層構造：**髓質** (medulla)、**皮質** (cortex) 與**外皮** (cuticle)。毛髮的髓質是軟角質構成的核心，由大型硬角質細胞與含有空氣的空隙所組成，較細的毛髮中央有時沒有髓質構造。毛髮的皮質由許多排列緊密長條形的硬角質細胞所構成，硬角質細胞內含有許多黑色素顆粒。毛髮的外皮是毛幹最外層死去的硬角質細胞，細胞邊緣會向上突出，並且細胞會像魚的鱗片般互相堆疊。外皮是毛髮中角質化程度最高的部分，提供毛髮堅韌度，並可以保護毛髮內部的構造。

隨著毛髮的長度增加，位於毛髮最前端的外皮因為最為老舊，最容易受到磨損，導致毛髮的皮質與髓質受損，容易發生毛髮斷裂或是分叉的情形。熱油護髮或是潤髮乳都是利用油性物質可以使毛髮外皮的硬角質軟化的作用，達到保護外皮的功用，使毛髮柔順。此外，目前已經知道毛幹的橫切面如果呈圓形，毛髮將會是直順的。毛幹的橫切面如果是橢圓形的，毛髮將會是波浪狀。毛幹的橫切面如果是扁平狀，毛髮將會是蜷曲的。

毛髮覆蓋於全身皮膚，主要功能為提供保護與保暖的作用。人類身上皮膚的毛髮量較少，有些區域沒有毛髮，例如手掌、腳掌、乳頭與外生殖器的一部分，與其他動物相比雖然較為稀疏，沒有保暖功用，但是對於感覺卻是敏銳的。另外，頭髮可以抵擋陽光的照射，降低頭部熱量的散失。眉毛與眼睫毛可以導引汗水或雨水往眼睛兩側流下，不會直接滴入眼睛。鼻毛可以過濾空氣中的大粒子等，都是毛髮的功能。

此外，每根毛髮的根部都有一束**豎毛肌** (arrector pili muscle)，**將毛髮根部連結到真皮淺層**，由於豎毛肌呈傾斜方向，毛囊開口也與皮膚表面呈斜角，因此當豎毛肌放鬆時，多數的毛髮都會平躺在皮膚上。當遇到寒冷或是緊張引起交感神經興奮時，就會引發**豎毛肌收縮，將毛髮向上提拉直立起來，皮膚表面也會突出許多小顆粒狀，狀似雞皮，俗稱「雞皮疙瘩」**。豎毛反應的功能，主要是緊張時將毛豎起，以嚇退敵人，此作用在動物較為明顯，人類較不明顯。另外，皮膚表面的毛髮越濃密，毛髮間空氣的流動越緩慢，越能隔絕外面的冷空氣；毛髮豎起可以增加了皮膚表層的空氣厚度，更有效地保留體溫。

(二) 毛髮的生長

毛髮的生長發生於真皮層的毛囊 (hair follicle)。毛囊的深部會膨大形成毛球 (hair bulb)，周圍會有感覺神經末梢纏繞，形成毛根神經叢 (hair root nerve plexus)。毛髮如果受到觸碰，就會刺激這些神經末梢，引發感覺。

毛囊的發育是由皮膚表面的上皮組織向下延伸，上皮組織最底層的基底膜也一併向下延展，最後包圍住一團含有豐富神經與血管的結締組織，此團結締組織由於外型像乳頭狀的小突起，所以稱為結締組織乳頭 (connective tissue papilla)。每一個毛囊中央皆有一個結締組織乳頭，負責提供毛囊的角質細胞養分，角質細胞便可以進行細胞分裂與形成硬角質，向上推擠毛髮就會持續生長。如果毛囊的乳頭被破壞，毛髮就會停止生長。

如果將毛髮在毛囊的位置切開，可以觀察到毛囊的構造，從最外層向內層介紹，依序是：**結締組織外鞘** (external connective tissue sheath)、**透明膜** (hyaline membrane)、**上皮根鞘** (epithelial root sheath)。透明膜是延伸下來的上皮組織基底膜，位於結締組織外鞘與上皮根鞘之間。上皮根鞘又可以依據細胞的特性分成：**外根鞘** (outer root sheath) 與**內根鞘** (inner root sheath)。外根鞘的細胞是表皮直接延續的構造，因此與上皮細胞相同。內根鞘的細胞開始有些特化與分層，由外而內分別為：亨利氏層 (Henle's layer)、赫胥里層 (Huxley's layer)、外皮層。內根鞘外皮層的內面就是毛髮的外皮、皮質與髓質構造。內根鞘的細胞特化後開始產生並堆積硬角質，形成毛髮。

另一方面，毛髮的類型與粗細長短隨著身體的發育時期與部位的不同，而有差異。短而細緻的毛，稱為絨毛，女性或是孩童的體毛多屬於絨毛。長而粗的毛，稱為終毛，例如頭髮或是青春期出現的腋毛、陰毛、男性的鬍鬚等都屬於終毛。

毛髮的平均生長速度約為每週 2 mm，不同部位以及性別與年齡也會影響毛髮的生長速度。雖然生長速度不同，但是每個毛囊都有三個生長階段：生長期、休止期與退行期。生長期是毛囊最活躍的階段，不斷產生硬角質形成毛髮向上生長；生長期過後，毛囊萎縮進入休止期，此時毛髮依然挺立，不過由於毛囊已萎縮，長度已經不會再改變;最後新的毛囊生成，將休止期的舊毛推離開皮膚，毛髮脫落就是退行期。毛髮的壽命長短各有不同，頭皮上的毛囊大約有四年的生長期，所以要維持特定長度就需要修剪；如果沒有修剪就會長到休止期的長度（長度因人的體質而異）。相對地，眉毛、腋毛、陰毛、睫毛與鼻毛的生長期就比較短，因此這些部位的毛髮一般都不會長太長，所以也不需要去修剪。舊的毛髮進入休止期之後，新的毛髮就會開始生長，達到平衡的狀態。

頭髮生長最旺盛的年齡在 10~40 歲左右。而後生長速度比脫落速度慢，頭髮便會慢慢變得稀疏。生長期較長、且長而粗的終毛，漸漸就被生長期較短、且細而短的絨毛所取代。成年的男性由於基因的影響，加上雄性激素（男性荷爾蒙）的大量上升，導致頭髮的毛囊生長

臨床應用　ANATOMY & PHYSIOLOGY 

傷口癒合 (Wound Heal)

當皮膚剛受傷時，流出的血液在血小板的凝血作用下變成血塊，堵住傷口防止繼續出血。接著發炎物質從許多細胞釋放出來，使局部血管擴張，血球進入組織間，開始清除有害物質，新生的血管從舊有的血管中長出，往受傷的區域聯結重新供應養分，巨噬細胞吞噬死去的細胞與殘渣，真皮結締組織內的纖維母細胞開始製造纖維與基質，修補受傷的區域，並且開始收縮傷口，向上擠壓凝固的血塊。表皮組織增生將表皮修補並且將血塊擠出。傷口癒合的時間隨著傷害的程度而有不同，嚴重時會留下疤痕。

期快速縮短，很快進入休止期與退行期，只剩下短而細的絨毛，就是所謂的雄性禿 (male pattern baldness)。治療雄性禿的藥物多為抑制雄性激素的作用，或是增加毛囊的血流量，效果有限。

(三) 毛髮的顏色

毛囊底部的黑色素細胞製造黑色素顆粒，被毛根的角質細胞吞噬進入細胞中，因而形成毛髮的顏色。正常情形黑色素顆粒有兩種顏色（黑棕色與黃棕色），依不同比例混合在一起就會形成不同的髮色，如黑髮、棕髮、紅髮或是金髮。灰髮或白髮則是因黑色素細胞製造黑色素的數量下降，毛幹中出現許多空隙（可能是細胞凋亡造成），造成黑色素變少的灰髮，或是完全沒有黑色素，只剩下硬角質的白色，就形成白髮。

染髮的原理是利用化學藥劑（大多是使用雙氧水）去除毛髮表面的油脂或是部分硬角質，以利於顏料的附著。顏料比較容易固定在受損的毛髮表面，以蓋住毛髮的原來顏色。因此，經常染髮對於毛髮的傷害是非常嚴重的。

二、皮膚腺體 (Skin Glands)

皮膚腺體主要包含汗腺與皮脂腺。兩者都是由上皮組織衍生形成。

(一) 汗腺 (Sweat Glands)

除嘴唇、乳頭與外生殖器的一部分皮膚外，**人體的皮膚表面布滿了汗腺**，尤其手掌、腳掌、前額密度最高。汗腺**由交感神經支配**，屬於單一彎曲的管狀腺體，分泌部位於皮膚真皮層的底部，呈彎曲纏繞狀，細胞形狀較大。分泌部的細胞以胞泌作用的方式將汗水排出。汗腺導管是複層立方的上皮組織，多為兩層細胞組成，可以將分泌部產生的汗水經由表皮排出體外。汗腺導管位於真皮層時以直線方式向上，**在進入表皮層時會呈螺旋狀然後開口**，可以有效減少細菌入侵與水分蒸發。

人體每天製造的汗水大約 500 毫升，炎熱天氣下運動，可能會增加到 12 公升。汗水的主要成分有 99% 的水、鹽分 (NaCl) 以及微量代謝廢物（尿素、氨與尿酸等）。汗水內的代謝廢物雖然微量，但是當汗水總量夠多時，排出的代謝廢物也會增加，因此皮膚是人體很重要的排泄器官。另外，由於汗水是弱酸性的液體，可以減緩皮膚上細菌的生長。

臨床應用 ANATOMY & PHYSIOLOGY

痤瘡 (Acne)

皮脂的分泌主要是受到雄性激素的影響，特別是青春期開始，雄性激素大量上升，刺激皮脂腺大量分泌。如果皮脂分泌過快，來不及從腺管排出，過多的皮脂塞在腺管表面，就會形成白頭粉刺。塞住的皮脂乾燥且被氧化，白色的粉刺前端就會氧化變黑，形成黑頭粉刺。此外，由於皮脂的油性特質容易黏附汙垢，如果皮膚清潔不佳，皮脂腺又被皮脂塞住排出口，內部便容易滋生細菌，導致皮脂腺發炎，形成青春痘或是痤瘡。發炎若嚴重到影響毛囊與皮脂腺周圍的真皮層結締組織，就容易留下疤痕。

在人體的**腋下、肛門還有生殖部位的汗腺**，屬於大型汗腺或稱為**頂泌型汗腺** (apocrine sweat gland)。構造比普通汗腺大，開口位於毛囊。大型汗腺除了會分泌汗水的成分之外，還會分泌一種脂肪與蛋白質的混合物，因此較一般的汗水更具黏性，有時呈現乳白色或是黃色。這些有機分子剛產生時是無味的，但是當被皮膚表面的細菌分解後，便會產生特殊氣味，就是體味的由來。青春期時，雄性激素會刺激大型汗腺大量分泌，產生特殊氣味以吸引異性。只是人類較不明顯。

乳腺是高度特化的汗腺，分泌細胞分泌的不是汗水而是乳汁。排管也出現許多分支。詳細內容將於女性生殖系統中說明。

(二) 皮脂腺 (Sebaceous Gland)

主要分泌油性的物質，稱為皮脂。皮脂腺也是遍布全身，只有手掌與腳掌沒有。皮脂腺是從上皮組織特化形成，屬於分支的泡狀腺體。分泌細胞是以全漿分泌的方式分泌皮脂，分泌物質產生後會先堆積在細胞內，待受到刺激時，細胞便會破裂，將細胞內的分泌物質全部釋出。皮脂腺的開口位於毛囊的上方三分之一處，分泌的皮脂會順著毛髮，流出至皮膚表面，覆蓋毛髮與皮膚。由於是油性物質具有潤滑與軟化毛髮與皮膚角質的功能，也可以形成防水層，減緩皮膚水分的散失，防止皮膚龜裂。如果太常使用清潔劑清洗皮膚，會導致油性的皮脂減少，皮膚的水分容易蒸散，皮膚就容易龜裂。皮膚表面由於汗水與皮脂共同混合，會形成一層油水混合層，可以有效保護皮膚。

(三) 耵聹腺 (Ceruminous Gland)

耵聹腺又稱為耳垢腺，是一種位於外聽道皮膚的特化頂泌型汗腺。分泌的物質不是汗液或是皮脂，而是一種蠟狀的物質稱為耳蠟 (wax)。耳蠟是比皮脂更具黏性的物質，因此可以吸附灰塵，將進入外聽道的顆粒吸附，待耳蠟乾燥後可將其挖出或是自行掉出體外。

三、指（趾）甲 (Nails)

手指的指甲與腳趾的趾甲也是皮膚的衍生物，成分與毛髮一樣都是屬於硬角質（圖 4-4）。指（趾）甲的外觀，最前端可以用剪刀修剪的部分稱為游離緣 (free edge)；附著於手指頭，底下呈粉紅色的部分稱為指甲體 (nail

臨床應用

ANATOMY & PHYSIOLOGY

壓傷 (Pressure Injury)

舊稱壓瘡 (pressure ulcer)，又稱為褥瘡，是指皮膚及皮下組織長時間受壓，阻礙了該處的血液供應，造成組織缺血，進而損壞、潰爛或壞死。磨擦、潮濕與不潔、老年、貧血或是活動障礙與感覺遲鈍等，也容易發生壓傷，且大多發生在身體的下半部。壓傷嚴重時會導致皮膚破損，容易因感染導致許多併發症。

body)；埋入皮膚內的部分稱為指甲根 (nail root)。以顯微鏡觀察，指甲本身就是表皮特化的角質層，所以指甲體下方的指甲床 (nail bed) 是由表皮組織所構成。指甲床呈粉紅色是因為底下的真皮有豐富的微血管網。指甲根埋入的部分稱為指甲基質 (nail matrix)，是指甲生長最活躍的部位，指甲基質的表皮細胞不斷進行細胞分裂，產生指甲向前推進。剛形成的指甲，由於含有水分尚未完全乾燥，因此會在靠近指甲根的區域出現新月狀的白色區域，稱為指甲弧 (nail lunula)。

指甲的功能主要是保護敏感的指尖，因為指尖富含豐富的微血管網以及多種感覺的神經末梢，是感覺相當敏銳的部位。此外，突出的游離緣可以夾取細小的物品，或是用於攻擊敵人。

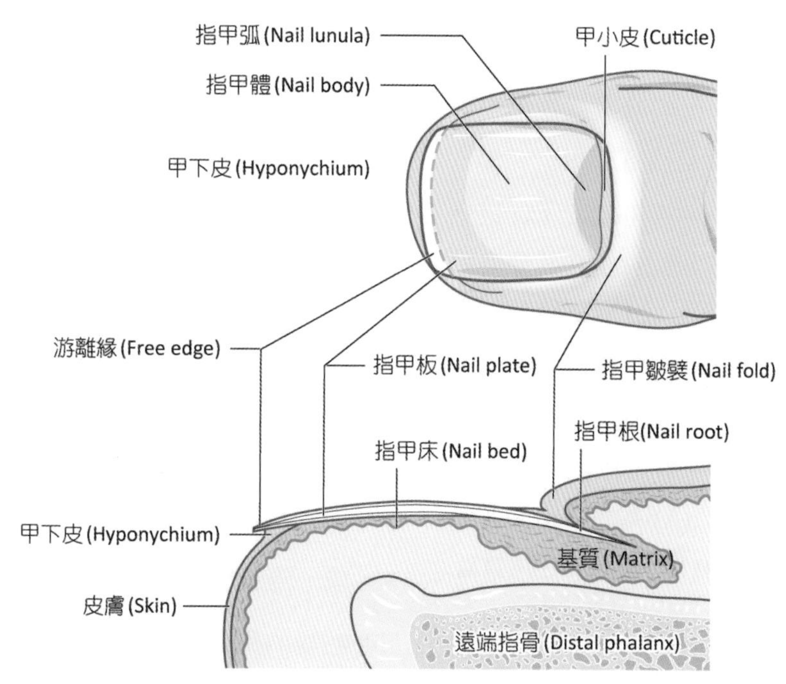

■ 圖 4-4　指甲

學習評量 REVIEW AND CONPREHENSION

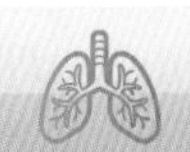

1. 下列何者不是皮膚表皮的細胞層？(A) 基底層 (B) 棘狀層 (C) 顆粒層 (D) 網狀層
2. 下列有關皮膚表皮的敘述，何者正確？(A) 最淺層的表皮細胞完全角質化 (B) 最底層的表皮細胞部分已完全角質化 (C) 黑色素細胞位於表皮淺層，可分泌黑色素以抗紫外線 (D) 厚的皮膚表皮具有五層構造，薄的皮膚表皮則僅有兩層
3. 有關表皮的敘述，下列何者錯誤？(A) 由角質化複層鱗狀上皮組成 (B) 黑色素細胞主要位於基底層 (C) 可見到許多成纖維母細胞 (fibroblasts) (D) 沒有血管分布
4. 下列有關汗腺的敘述，何者正確？(A) 只分布於腋窩、乳暈及肛門周圍 (B) 其分泌受交感和副交感神經調控 (C) 分泌時，細胞會解體而與汗液一起排出 (D) 導管穿越表皮層，直接開口於皮膚表面
5. 皮膚表皮層次中，哪一層可以找到蘭氏細胞 (Langerhan cells)？(A) 基底層 (B) 棘狀層 (C) 顆粒層 (D) 透明層 (E) 角質層
6. 皮膚表皮層次中，哪一層的表皮細胞已經死亡？(A) 基底層 (B) 棘狀層 (C) 顆粒層 (D) 透明層 (E) 角質層
7. 下列哪一種位於表皮的細胞具有吞噬功能，作用如同表皮的巨噬細胞？(A) 黑色素細胞 (B) 梅克爾氏盤 (C) 蘭氏細胞 (D) 角質細胞
8. 下列哪一種位於表皮的細胞，其底部會與一條感覺神經末梢相接觸，可能扮演觸覺感覺受器的功能？(A) 黑色素細胞 (B) 梅克爾氏盤 (C) 蘭氏細胞 (D) 角質細胞
9. 皮膚負責感受觸覺的觸覺接受器（梅斯納氏小體），請問位於皮膚的哪一層？(A) 表皮層 (B) 真皮乳突層 (C) 真皮網狀層 (D) 皮下脂肪層
10. 皮膚負責感受壓覺的壓覺接受器（巴齊氏小體），請問位於皮膚的哪一層？(A) 表皮層 (B) 真皮乳突層 (C) 真皮網狀層 (D) 皮下脂肪層
11. 下列何者不是影響膚色的直接且重要因素？(A) 黑色素 (B) 胡蘿蔔素 (C) 血紅素 (D) 維生素 D
12. 刺青的原理是將染料打入皮膚的哪一個部位？(A) 表皮顆粒層 (B) 表皮基底層 (C) 真皮層 (D) 皮下脂肪層
13. 下列有關表皮的敘述，何者正確？(A) 富含微血管 (B) 屬於複層柱狀上皮 (C) 底層的細胞具增生功能 (D) 底層由角質細胞組成，淺層無此類細胞
14. 毛髮的生長以及皮脂的分泌，主要受到哪一種激素的影響？(A) 雄性激素 (B) 雌激素 (C) 生長激素 (D) 甲狀腺素
15. 附著於毛髮與真皮的豎毛肌，受到交感神經調控，是屬於何種肌肉？(A) 骨骼肌 (B) 心肌 (C) 平滑肌
16. 下列何種表皮細胞具分裂能力？(A) 角質層 (B) 顆粒層 (C) 基底層 (D) 透明層

17. 下列有關皮脂腺的敘述，何者正確？(A) 分泌物經由毛囊排至體表 (B) 細胞分泌時本身並不損失，又稱為全泌腺 (C) 分泌細胞分布於表皮和真皮 (D) 耵聹腺和瞼板腺均屬特化的皮脂腺

18. 下列有關真皮的敘述，何者錯誤？(A) 屬於疏鬆結締組織 (B) 指紋與真皮乳頭的分布有關 (C) 含觸覺、壓覺及痛覺等受器 (D) 皮膚燒燙傷出現水疱表示已損害真皮層

19. 有關皮膚的敘述，下列何者正確？(A) 真皮網狀層是由疏鬆結締組織所構成 (B) 皮脂腺主要位於皮下層 (C) 曝曬紫外線會大量增加黑色素細胞數量，導致膚色變深 (D) 頂漿汗腺 (apocrine sweat gland) 的排泄管開口於毛囊

20. 下列何者不屬於皮膚的衍生物？(A) 毛髮 (B) 指甲 (C) 豎毛肌 (D) 汗腺

解答

1.D 2.A 3.C 4.D 5.B 6.D 7.C 8.B 9.B 10.C 11.D 12.C 13.C 14.A 15.C
16.C 17.A 18.A 19.D 20.C

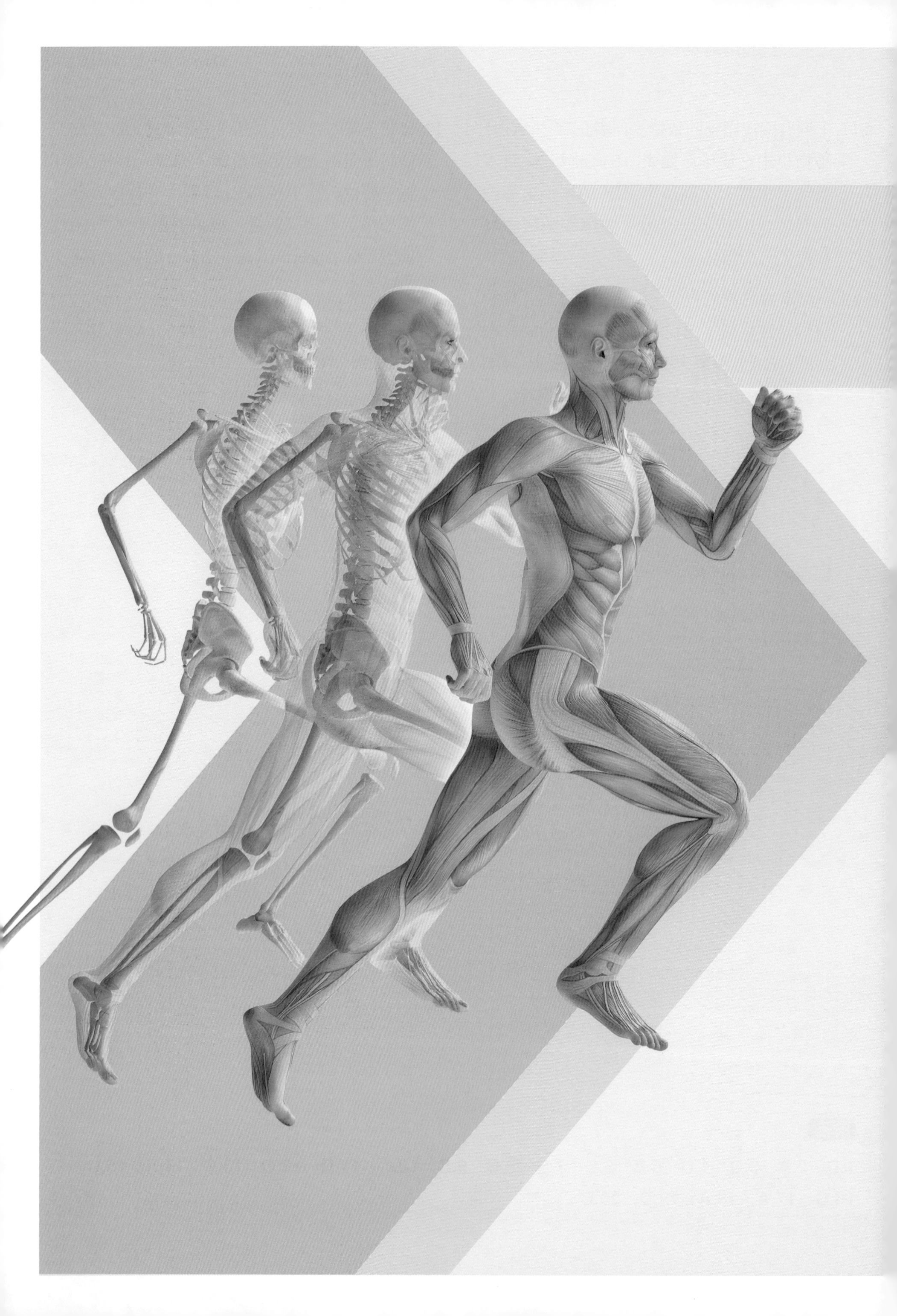

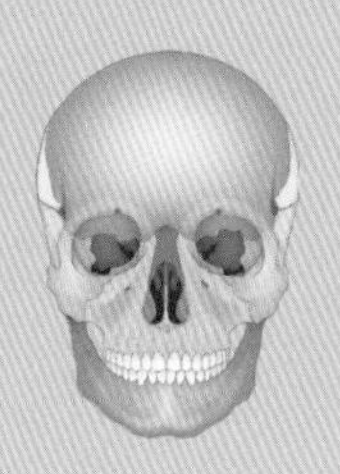

骨骼系統
Skeletal System

CHAPTER
05

作者／鄧志娟

本章大綱 Chapter Outline

ANATOMY & PHYSLOLOGY

前言 INTRODUCTION

骨骼有許多功能，但最重要的功能是支撐體重，提供相當堅硬的支持但又出乎意料的輕。骨組織會隨著代謝的需求和身體活動的需求，進行重塑作用，所以骨骼組織的狀態是非靜態的、是動態發展的。骨頭會和肌肉合作，一起維持身體的姿勢和提供可受控制的活動。

5-1 骨骼系統的功能

骨骼系統內包含硬骨和軟骨，彼此間和其他結締組織進行聯繫，共同執行功能。骨骼系統共有五個功能：

1. **支持**：針對附著於其上的組織或周圍的器官，不論個別的骨頭或骨頭群都可以提供一個穩固的架構。
2. **儲存**：提供體液中鈣和磷酸鹽類儲存。此外，黃骨髓還為身體儲存了許多脂肪。
3. **造血作用** (hemopoiesis)：部分骨頭的骨髓腔內有紅骨髓，負責製造紅血球、白血球或其他血球。
4. **保護**：提供軟組織或器官是保護。例如，肋骨保護著胸腔內的心肺器官、頭顱骨保護著腦、脊椎骨保護著脊髓、骨盆帶保護著生殖器官。
5. **槓桿作用**：骨頭利用槓桿原理改變肌肉作用力的大小和方向。

5-2 骨骼的結構

一、骨骼的類型

人類的骨骼依據其功能有不同的外型和大小，可分為四種：

1. **長骨** (long bone)：長度較寬度為大，具有長、圓柱形的骨幹和兩個尾端。大部分的上肢和下肢的骨骼屬於此類。長骨大小變化很大，小從手指和腳趾，大到下肢的腓骨和脛骨，是骨骼外型最多的類型。
2. **短骨** (short bone)：長度和寬度差不多，外表面由緻密骨包覆，內面存在海綿骨，手的腕骨和腳的跗骨就屬於此類。有一些位於肌肉肌腱下方，小塊、種子外型的小骨頭，稱為**種子骨** (sesamoid)，也被分類為短骨。身體最大的種子骨為髕骨 (patella)。
3. **扁平骨** (plat bone)：因外型扁平而被命名。外表面是緻密骨和平行於內側的海綿骨，提供肌肉或軟組織廣大的附著面，如頭顱骨、肩胛骨、胸骨或肋骨。
4. **不規則骨** (irregular bone)：有非常不規則的外型，脊椎骨和一些頭顱骨中的篩骨或蝶骨，就是屬於此類。

二、骨骼的組成

長骨是身體最常見骨骼，其外觀特色如下（圖 5-1）：

1. **骨幹** (diaphysis)：外觀筆直的縱軸為骨幹，提供長骨的槓桿部分。
2. **骨髓腔** (marrow cavity)：中間骨髓腔內儲存著骨髓和一些疏鬆結締組織。
3. **骨骺** (epiphysis)：延伸到兩端膨大的部分稱為骨骺，被關節軟骨 (articular cartilage) 包覆著，提供加大的表面積供肌腱和韌帶附著。
4. **關節** (joint)：每根骨頭藉著骨骺端彼此之間相互接合，形成關節。

5. **骨骺板** (epiphysis plate)：在許多未成熟的骨骼中內有骨骺板，又稱為生長板 (growth plate)，是透明軟骨聚集的地方，可提供骨骼的縱向生長。骨骺板內的軟骨會因為骨化作用而漸漸被硬骨結締組織取代。
6. **骨骺線** (epiphyseal line)：成年後軟骨會鈣化，生長板完全消失，形成骨骺線。
7. **幹骺端** (metaphysis)：介於骨幹和骨骺之間。
8. **骨外膜** (periosteum)：長骨的最外面，除了關節面外，都包附著一層厚實的細胞層。骨外膜由一層不規則緻密結締細胞組成，包括外層纖維層和內層的細胞層。主要功能是分隔和保護骨骼和周邊結構，富含血管和神經，同時具有造骨細胞，提供骨骼的橫向生長和骨折的修復。
9. **骨內膜** (endosteum)：內襯於骨髓腔表面，由造骨細胞和少量結締組織組成，散布少許蝕骨細胞。

三、骨骼細胞

骨骼組織主要由骨細胞組成，但也包括一些其他細胞。

1. **骨原細胞** (osteoprogenitor cell)：由間質細胞分化而來的幹細胞，成熟後變成造骨細胞。主要分布在骨外膜和骨內膜處。
2. **骨細胞** (osteocyte)：成熟的骨細胞，存在於骨隙 (lacuna)，是由造骨細胞被自己分泌的骨基質包覆後形成。骨細胞可以利用回收鈣離子來維持骨基質 (bone matrix) 的穩定，同時可以偵測施加在骨組織上的機械壓力，並且支援骨骼組織的修復。
3. **蝕骨細胞** (osteoclast)：一種巨大細胞，有 50 個甚至更多的細胞核。藉由分泌酸性物質或酵素溶解骨基質，使骨骼內的礦物質釋放進入血液中，進行**蝕骨作用** (osteolysis)，可幫助鈣和磷酸鹽離子的調節。

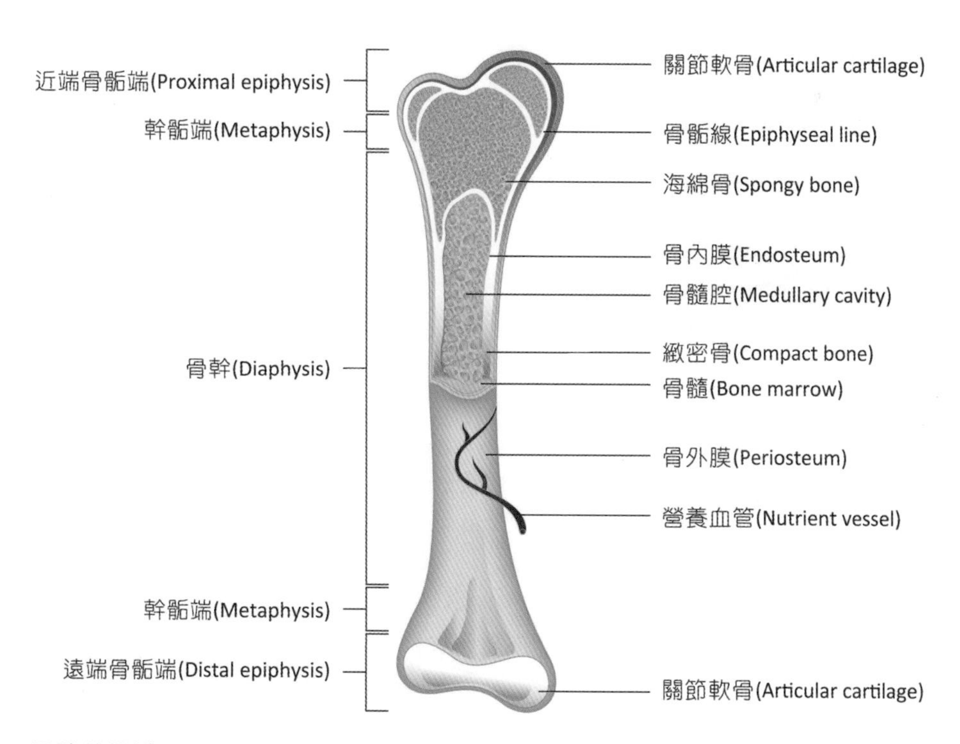

■ 圖 5-1 骨骼的構造

4. **造骨細胞** (osteoblast)：分泌類骨質 (osteoid)，負責**成骨作用** (osteogenesis)，合成新的骨基質和促進鈣離子的堆積。在正常的人體生理功能下，任何時間，蝕骨細胞會持續性移除骨基質、造骨細胞合成新的骨基質，此過程會是一種動態的平衡。一旦造骨細胞周圍被鈣化的骨基質包圍後，造骨細胞就會轉變成骨細胞。

四、骨骼的組織構造

(一) 緻密骨 (Compact Bone)

緻密骨的基本功能單位是**骨元** (osteon) 或稱**哈氏系統** (Haversian systm)（圖 5-2），骨細胞以同心圓方式規律排列在中央管 (central canal) 或稱為**哈氏管** (Haversian canal) 周圍，形成圓柱形結締組織，與中央管的縱軸平行，每層中有膠原纖維呈相反方向排列，提供骨組織部分的強度和耐受性。哈氏管內存有一條或更多的血管和神經。骨板 (lamella) 間隙內有成熟的骨細胞，維持著骨基質。在骨骼組織間隙延伸出一細小的骨小管 (canaliculi)，提供骨細胞之間互相聯繫。兩個相鄰的哈氏系統間有與骨縱軸垂直的**佛氏管** (Volkmann's canals)，含血管和神經，提供中央管和骨膜、骨髓腔內血管的互相聯繫。

(二) 海綿骨 (Spongy Bone)

海綿骨與緻密骨不同，沒有層狀的排列，也沒有骨元，取而代之的是**骨小樑** (trabeculae) 構造。海綿骨較常出現在長骨的骨骺端，骨小樑構成一個網狀交錯的空間，提供海綿骨承受

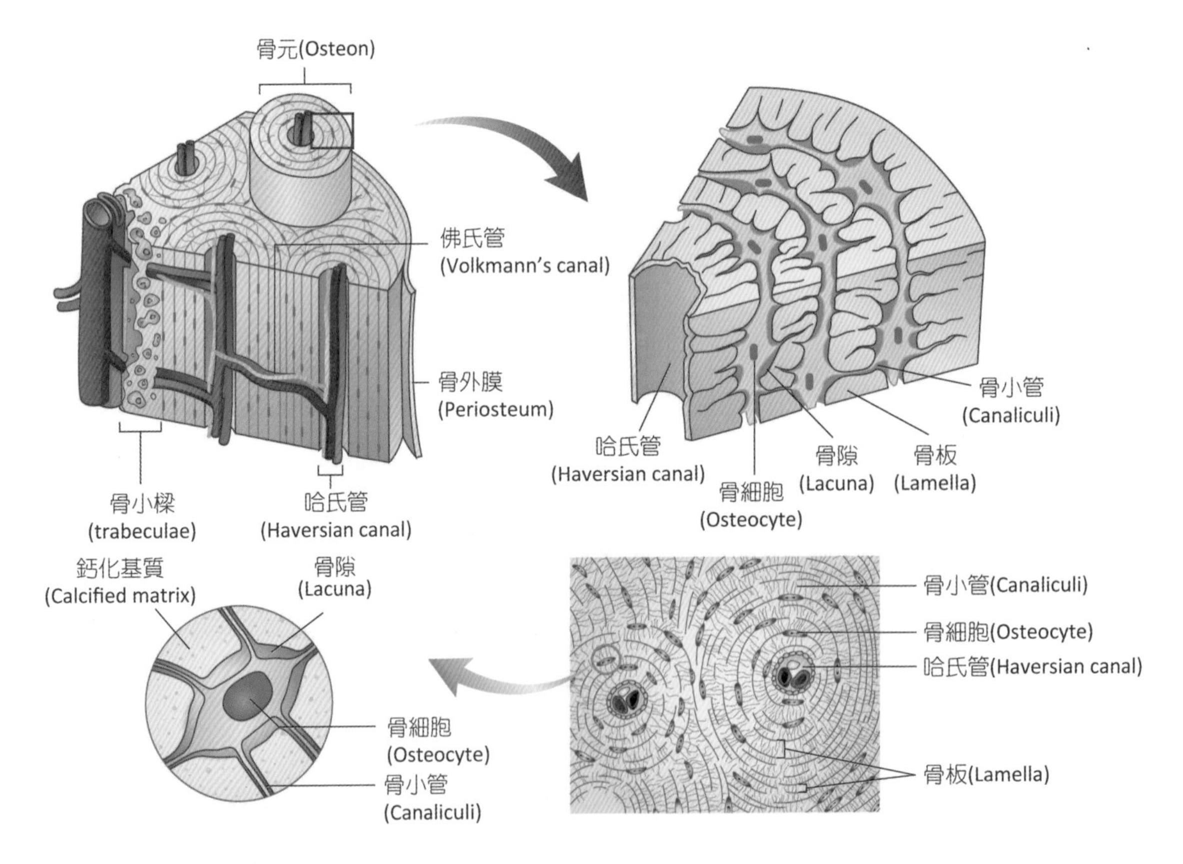

■ 圖 5-2　骨骼的組織結構

來自於關節處壓力不同方向的非強大外力，營養物質和廢物則由骨小管擴散至骨小樑，在骨髓和骨細胞之間進行擴散交換。海綿骨較緻密骨輕，能夠減輕骨頭的重量，方便肌肉系統更有效率的移動骨頭、動作身體。骨小樑的間隙內充滿著紅骨髓，可進行造血作用。

5-3 骨骼的發育

骨骼的生長決定我們身體的大小和比例。從受精後的第六週，骨骼就開始進行生長了，並會持續到大約 25 歲左右，這段過程常被稱為成骨作用或骨的生長。

一、骨化：骨骼的形成

在骨骼的發育過程中，軟骨細胞或結締組織最後常被硬骨組織所取代，此過程被稱為骨化作用 (ossification)。重要的骨化作用分別為：從片狀或膜狀的結締組織骨化而成的膜內骨化、由已存在的軟骨所骨化的軟骨內骨化兩種方式。

(一) 膜內骨化

膜內骨化 (intramembranous ossification) 大多發生在較深層的真皮組織處。由結締組織幹細胞分化成骨原細胞，再分化成為造骨細胞分泌類骨質，鈣鹽快速累積，使有些造骨細胞被鈣化的基質包覆，形成骨小樑，造骨細胞則變成骨細胞（圖 5-3）。第一個發生鈣化的地方被稱為**骨化中心** (ossification center)。接著，間葉組織 (mesenchyme) 開始變厚，最後形成骨外膜 (periosteum)，骨骼繼續生長，新生成的造骨細胞會被持續增生的骨基質包覆，新生的血管也分支進入此空間。

骨頭的生長是一個動態的過程，造骨細胞需要足夠的氧氣和相當的營養，才能進行此過程。血管會沿伸進入這個骨化的區域提供所需要的物質，但在一段時間後，這些血管也會被

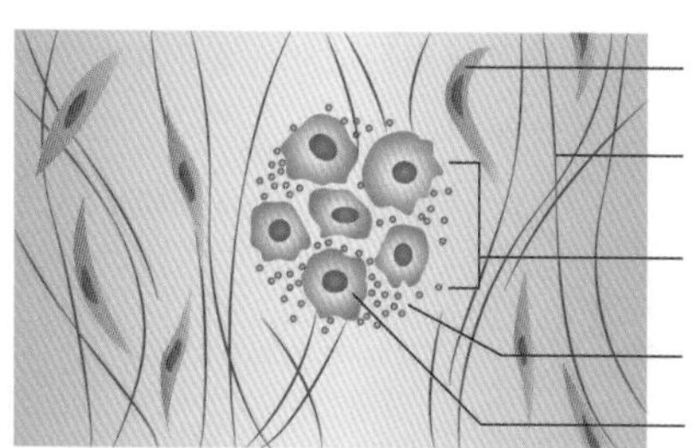

(a) 間葉細胞內形成骨化中心

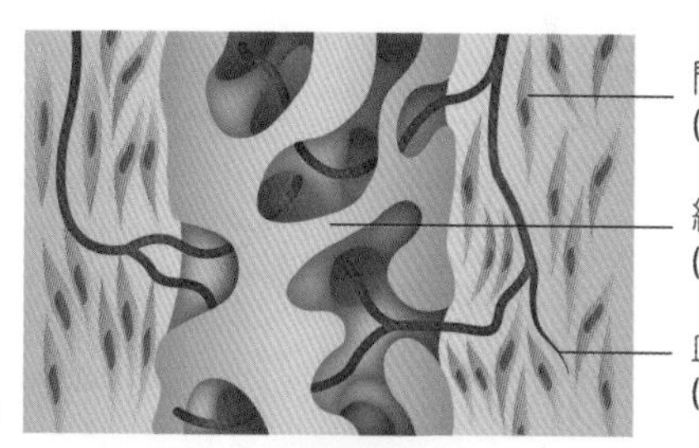

(c) 圍繞骨外膜的網狀骨生成

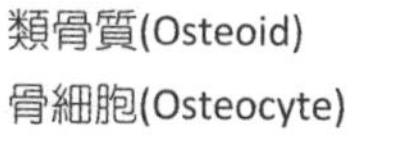

(b) 進行鈣化類骨質

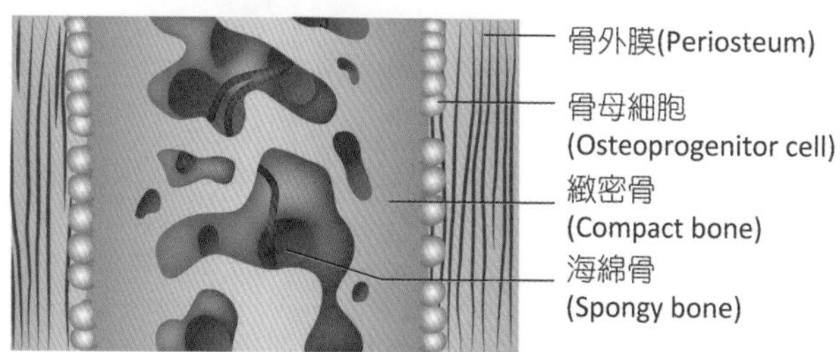

(d) 板狀骨取代原始骨骼，緻密骨和海綿骨生成

■ 圖 5-3 膜內骨化

形成的骨組織所包覆住。經由膜內骨化所新形成的骨組織類似於海綿骨，接著骨小樑的空間會被填滿，形成緻密骨。扁平骨中的**腦顱骨**、**下頜骨和鎖骨**就是屬於這種模式所形成。

(二) 軟骨內骨化

大部分的骨頭都是利用原本存在的透明軟骨進行軟骨內骨化 (endochondral ossification) 方式生成，其步驟如下（圖 5-4）。

1. **透明軟骨生成**：胚胎在第 8~12 週時，軟骨原細胞分泌軟骨基質生成透明軟骨，包圍在間隙內的軟骨原細胞變成軟骨細胞。
2. **骨領生成**：胎兒六個月時，軟骨細胞變大被周圍的軟骨基質吸收，基質間出現大孔洞。因軟骨細胞變大，營養無法擴散通過此區塊，使軟骨基質鈣化，最後導致軟骨細胞死亡，血管開始穿過骨幹周圍軟骨膜，軟骨膜內的幹細胞分化出造骨細胞，更加支持結締

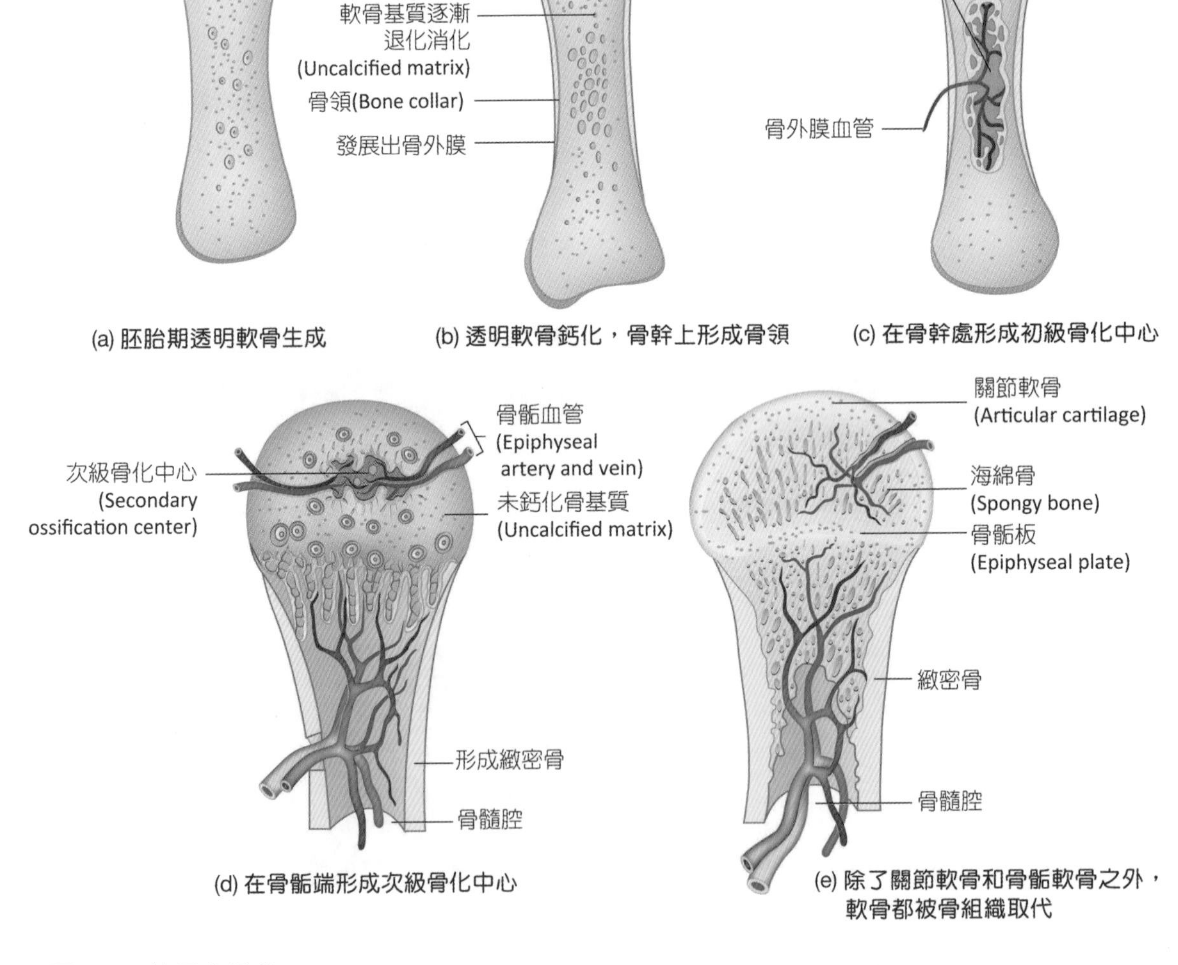

■ 圖 5-4　軟骨內骨化

組織的血管化，軟骨膜變成骨外膜。骨外膜上的造骨細胞持續在鈣化骨幹上分泌骨質，最後在鈣化軟骨幹上建立一層堅硬的**骨領** (bone collar)。

3. **初級骨化中心形成**：血管延伸進入軟骨區域，分化形成新的造骨細胞，骨幹處形成的海綿骨處被稱為**初級骨化中心** (primary ossification center)。
4. **次級骨化中心形成**：硬骨組織向兩端生成，由初級骨化中心開始向骨骺方向移動。從出生時，位於骨骺處內的透明軟骨即開始退化，血管和骨原細胞進入骨骺內，接著骨組織取代鈣化的軟骨，稱為**次級骨化中心** (secondary ossification center)。蝕骨細胞破壞部分的海綿骨而形成了**骨髓腔** (medullary cavity)。
5. **軟骨被硬骨組織取代**：在骨組織發育的後期，幾乎所有的透明軟骨都被硬骨組織取代，但仍會在兩端存留下關節軟骨和骺軟骨（骨骺板），夾在骨骺和骨幹中間，直到成年後骨骺板被鈣化，剩下骨骺線。

(三) 骨骺板的型態

位於骨骺和骨幹中間的骨骺板，主要由透明軟骨組成，依其型態可分為五層（圖 5-5）。

1. **保留區** (zone of resting cartilage)：靠近骨骺端，由位於軟骨基質內的小型軟骨細胞組成，主要在維護骨骺到骨骺板之間的安全。處於休眠期，未參加骨骼的縱向生長過程。
2. **增殖區** (zone of proliferating cartilage)：此區內的軟骨細胞有絲分裂能力強，外型較大，呈柱狀排列在扁平的空隙內。產生新的軟骨細胞來取代鈣化區所引起的死亡細胞，也因此增加了骨骺版的厚度和骨骼的縱向生長。

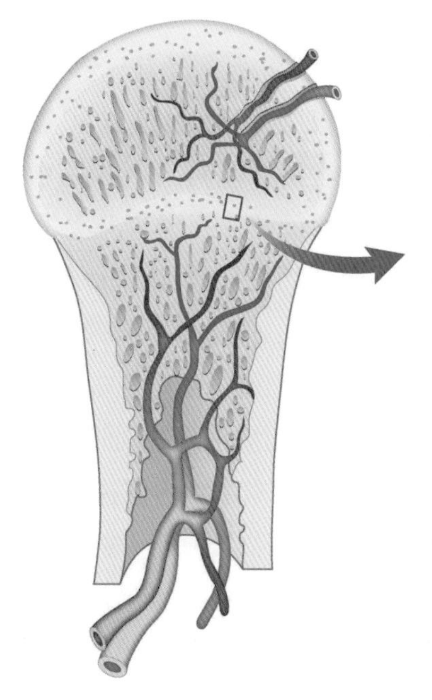

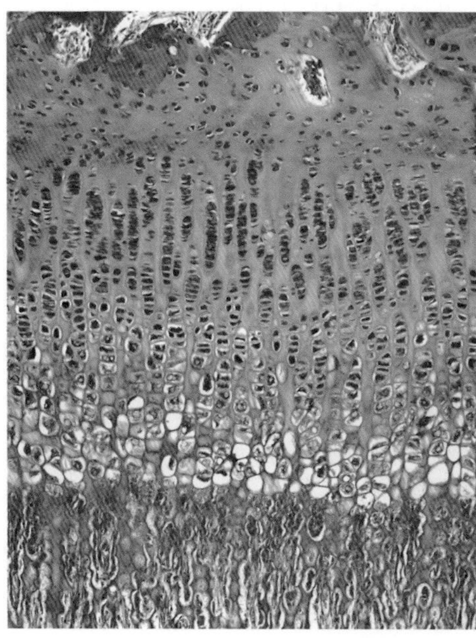

■ 圖 5-5　骨骺板的型態

3. **肥大區** (zone of hypertrophic cartilage)：此區軟骨細胞停止分裂，為增殖區的軟骨增大體積而形成，呈柱狀排列。越往鈣化區的軟骨細胞越加成熟，也同時增加了骨骺板厚度。軟骨細胞會因為過度肥大而侵蝕周圍的基質。
4. **鈣化區** (zone of calcified cartilage)：礦物質堆積在空隙間的基質內而引起鈣化，最後造成軟骨細胞死亡。此時基質變的不透明，真正的軟骨細胞只剩下很窄的一部分。
5. **骨化區** (zone of ossification)：最靠近骨骺板的一區。空隙間的障壁破損，形成縱向的管道，血管和骨原細胞侵入骨髓腔，最後在鈣化的軟骨基質內形成新的骨組織基質。

二、骨骼的生長

骨骼的縱向生長稱為間質性生長，而橫向的生長則稱為添加性生長。間質性生長主要發生增殖區和肥大區，此現象會將休息區的軟骨細胞推向骨骺處，促使新生的骨組織在骨化區中生成。添加性生長主要發生在骨外膜處。

(一) 間質性生長

間質性生長 (interstitial growth) 是骨骼的**縱向生長**，青春期開始後性荷爾蒙的分泌增加，骨骺板內軟骨的生成變慢，但硬骨會驚人的生長，生長的速度大於骺軟骨的生長，結果造成硬骨兩端的骺軟骨的厚度越來越小，最後消失。成年後骨骺板消失，變成骨骺線，此現象在 X-rays 下非常明顯，稱為**骨骺板閉合**，大部分骨骺板癒合發生在 10~25 歲間。

骨骺板的閉合會隨著不同的骨頭而有不同的時間性。例如，腳趾頭的骨化會在 11 歲的時候完成，但骨盆或手腕的骨頭則會持續到 25 歲。正常骨骼的生長需要有足夠的礦物質，特別是鈣。胎兒體內的鈣是取自母體血液，這導致許多母親在懷孕過程大量流失礦物質。從嬰兒期一直到成人，飲食中都必須提供足夠的鈣和磷，身體必須能夠吸收並將這些礦物質送至骨頭形成的地方。

(二) 添加性生長

骨頭在縱向生長的同時，骨的外表面也持續性的變大，這種生長的過程稱為添加性生長 (appositional growth)。骨外膜中最內側造骨細胞以平行表面的方式分泌骨基質，稱為圓周骨板 (circumferential lamellae)，類似於樹輪。當數量越來越多時，結構就會變寬，因此新形成的骨骼會出現在周圍。隨著硬骨外表面基質的堆積生長，內側面的蝕骨細胞也會不斷得進行蝕骨作用，造成骨髓腔的不斷擴大（圖 5-6）。

三、骨骼的塑造與重塑

骨的持續生長和翻新，終其一生都在進行。在成人，骨細胞不斷的移動和置換鈣鹽，動態性的來維持骨基質。新骨骼會持續生成，分解舊有的骨骼，這過程稱為重塑 (remodeling)。即使骨骺板已經閉合，骨的重塑作用仍在進行。此時，骨骼內的造骨和蝕骨細胞仍具有活性。正常來說，這兩種細胞的活性是均衡的，當一個骨元被生成的同時，蝕骨細胞也會破壞一個骨元。骨骼的置換非常快速，骨骼中的蛋白質或礦物質每年大約有 18% 會被移除和更新，但也不是每個骨骼都有相同速率的重塑作用。舉例而言，股骨頭中海綿骨的置換速度就是其他骨頭的 2~3 倍。

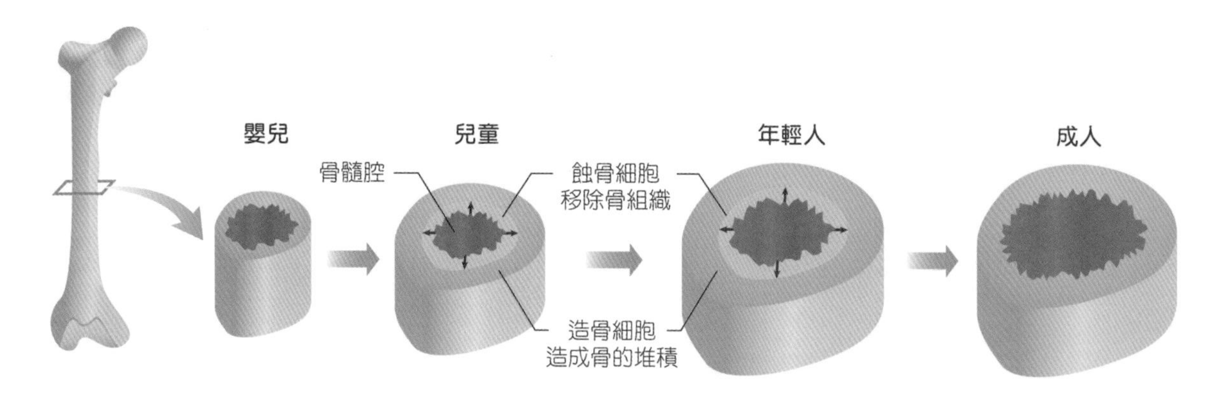

■ 圖 5-6　添加性生長

骨骼組織藉由重塑作用對體內的鈣鹽和磷酸鹽進行調節。骨骼的重塑作用主要受到以下幾個因素影響：

1. **鈣和磷**：骨骼中主要的礦物質成分，在重塑的過程中必須有充分的供應。
2. **維生素 A、C、D**：維生素 A 與造骨細胞的活性有關；維生素 C 能幫助維持骨細胞間質穩定；維生素 D 能刺激腸道吸收鈣質。
3. **荷爾蒙**：生長激素、副甲狀腺素、降鈣素和性腺激素對骨骼細胞的活性都會有影響。如生長激素會刺激造骨細胞活性，增加骨骼的生長。副甲狀腺素會增加蝕骨細胞活性，導致骨骼分解、骨量流失。降鈣素會抑制蝕骨細胞活性，同時降低血鈣，增加鈣質在骨骼內的累積。性腺激素會增加造骨細胞活性，進而促進骨骺骨的癒合，提早結束骨骼的縱向生長。

規律性礦物質的置換，也提供每一塊骨骼適應新壓力的能力。較大的壓力會造成骨骼變得比較厚和強壯，且外觀會變得比較顯著。因此，規律運動有益於維持正常骨骼結構。換言之，當持續一段時間沒有活動骨骼，骨量很快的會流失，但如果再重新負重，骨量也會很快的回復。青春期骨骼的生成會大於分解，到了成人，分解和生成的速度相當，步入老年後骨的分解速度會大於生成。

5-4 骨骼的表面標記

人類每一塊骨骼都有其獨特的外型，包含內在或外表面特殊的標記。舉例來說，骨骼會因為韌帶、肌腱的附著造成表面的隆起，或因為血管或神經的通過形成壓痕，這些標記被稱為骨骼的表面標記 (bone markings)。了解骨骼上的特殊標記可幫助我們了解這塊骨骼，於對犯罪學家、病理學家或人類學家來說，每個標記都是一段解剖學故事，每個標記都指出每一個軟組織和骨骼的關係，甚至於與每個人的身高、年齡、性別或輪廓有關。解剖學上，有特殊的用詞來描述這些標記（表 5-1）。

表 5-1 骨骼的表面標記

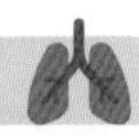

一般結構	解剖名詞	描述
有助於關節的構造	髁 (condyle)	大、平滑，大約是個卵圓形構造
	面 (facet)	小、扁平、淺的表面
	頭 (head)	突起、圓的骨骺
	轉子 (trochlea)	平滑、溝槽的、滑輪狀的突起
凹面	窩 (fossa)	平或淺的凹面
	溝 (sulcus)	窄的溝
因為肌腱或韌帶附著所造成凸起	嵴 (crest)	窄的、脊狀的突起
	上髁 (epicondyle)	靠近髁的突起
	線 (line)	小的
	突起 (process)	任何一個骨狀的明顯突起
	枝 (ramus)	相較於其他結構，骨組織呈現角狀的突起
	棘 (spine)	點狀或細的突起
	轉子 (trochanter)	大的、粗糙性的突起，僅在股骨出現 小的、圓形的突起
	結節 (tubercle)、粗隆 (tuberosity)	大的、粗糙性的突起
開口或空間	管 (canal)	通過骨組織的通道
	裂 (fissure)	通過骨組織窄的、狹縫性的開口
	孔 (foramen)	通過骨組織圓形的開口
	竇 (sinus)	骨組織上，類似穴或洞的空間

5-5 骨骼系統的區分

人類的骨骼構成一個內在支持軟組織的系統，提供保護器官、支撐體重和幫助移動的作用，若沒有這些骨骼系統，我們可能會變成沒有形狀的塊狀物。基本上來說，正常的成人個體共有 206 塊骨骼，大部分的骨骼在一出生就已經具備了，但總數目會因為年紀增長和成熟，使得部分骨骼融合而有增減。

骨骼系統主要分為兩個部分，中軸骨和附肢骨。中軸骨骼因為包含骨骼多位於身體的中線而被命名，一般分為頭顱骨、脊椎骨和胸廓三個部分。附肢骨骼除了四肢外，還包含連接四肢與中軸部分的肩帶和骨盆帶（表 5-2）。

5-6 中軸骨骼

中軸骨骼 (axial skeleton) 的主要功用，主要是建立一個骨架來保護內在的器官。甚至於提供特殊感覺器官所在和提供骨骼肌的附著處。除此之外，大部分中軸骨骼的海綿骨內，都含有造血細胞，提供血球的生成（圖 5-7）。

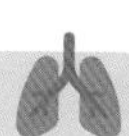

表 5-2 骨骼系統的區分

中軸骨（80 塊）		附肢骨（126 塊）	
頭顱骨（22 塊）	顱骨（8 塊）、顏面骨（14 塊）	肩帶（4 塊）	鎖骨（2 塊）、肩胛骨（2 塊）
聽小骨（6 塊）	鎚骨（2 塊）、砧骨（2 塊）、鐙骨（2 塊）	上肢（60 塊）	肱骨（2 塊）、橈骨（2 塊）、尺骨（2 塊）、腕骨（16 塊）、掌骨（10 塊）、指骨（28 塊）
舌骨（1 塊）		骨盆帶（2 塊）	髖骨（2 塊）
脊柱（26 塊）	頸椎（7 塊）、胸椎（12 塊）、腰椎（5 塊）、薦骨（1 塊）、尾骨（1 塊）	下肢（60 塊）	股骨（2 塊）、髕骨（2 塊）、脛骨（2 塊）、腓骨（2 塊）、跗骨（14 塊）、蹠骨（10 塊）、趾骨（28 塊）
胸廓（25 塊）	胸骨（1 塊）、肋骨（24 塊）		

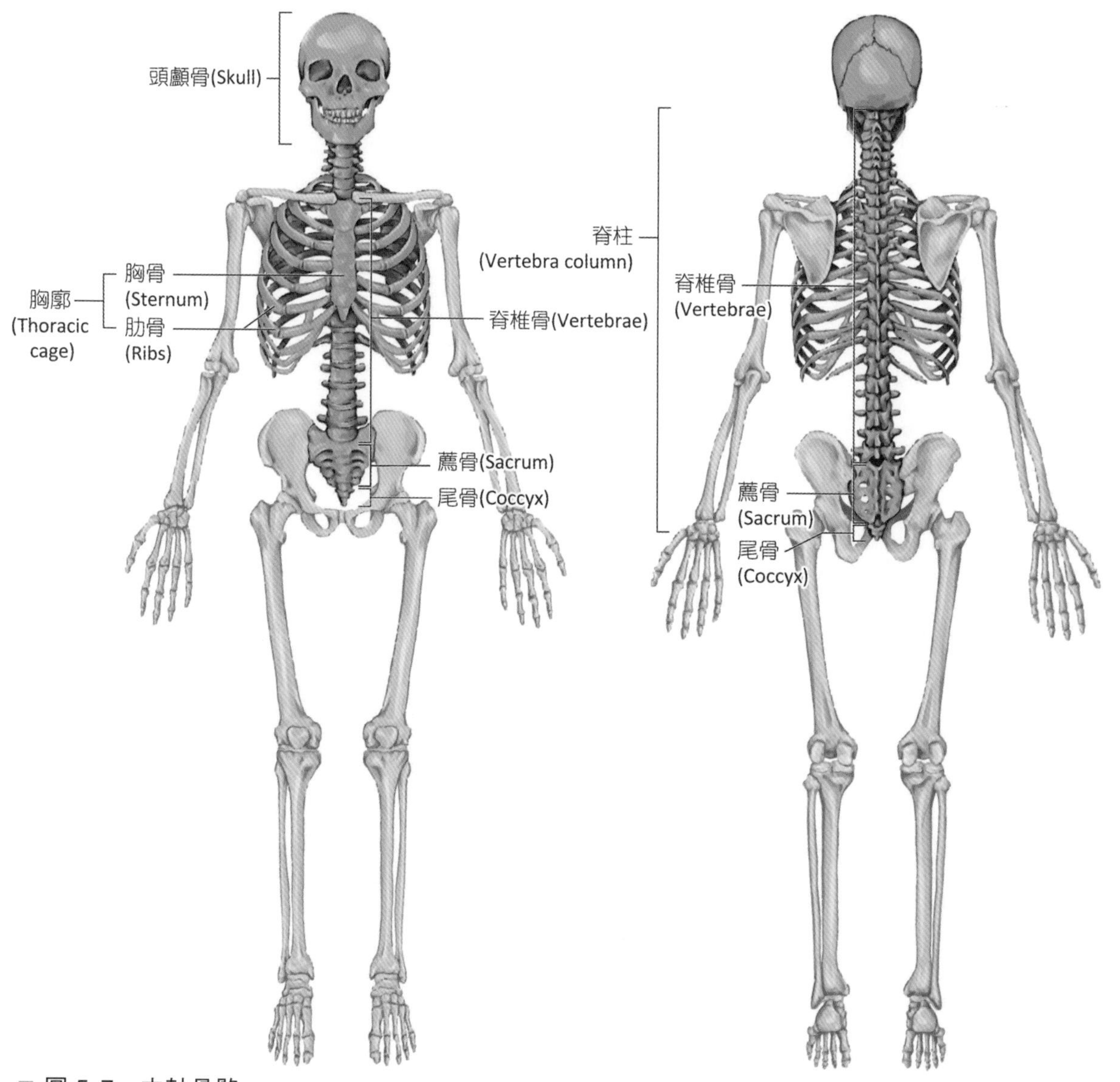

■ 圖 5-7 中軸骨骼

頭顱骨 (Skull)

頭顱骨主要由腦顱骨 (cranial bone) 和顏面骨 (facial bone) 組成。頭顱骨內包含幾個主要的腔室，最大的顱腔 (cranial cavity) 提供腦組織一個封閉、支持和緩衝的空間，大約 1,300~1,500 cm^3。其他小腔室包括眼眶 (orbits)、鼻腔 (nasal cavity)、口腔 (oral cavity) 或副鼻竇 (paranasal sinuses)。

一、腦顱的特徵

(一) 骨縫 (Sutures)

位於顱骨間的不可動纖維關節，由緻密規則結締組織將顱骨間緊密的接合在一起。頭顱上有許多骨縫，分別依照相連骨骼特色命名（圖 5-8）。

1. **冠狀縫** (coronal suture)：沿著頭顱骨上表面的冠狀平面（額面）分部，主要位於前方額骨和後方頂骨之間。
2. **人字縫** (lambdoid suture)：在頭顱骨後方，位於頂骨和枕骨的關節面處。
3. **矢狀縫** (sagittal suture)：位於顱骨的中線處，兩塊頂骨之間。
4. **鱗狀縫** (squamosal)：位於兩側顳骨和頂骨關節處。

骨縫中部分會出現**縫間骨** (sutural bone)，屬於小型的骨頭，所有的骨縫中都有可能出現，但最常出現在人字縫的地方。縫間骨有獨立的骨化中心，每個人的發生率不一，大部分認為跟遺傳還有環境影響有關。

(二) 囟門 (Fontanelles)

嬰兒期和成人頭顱的形狀和結構不同，比例和大小上也有差異。腦的生長 90~95% 完成在 5 歲，此時頭顱骨的結構也大致成形。嬰兒期的頭顱骨之間常利用緻密規律結締組織有彈性的相連接，因為骨頭並不足以大到包圍

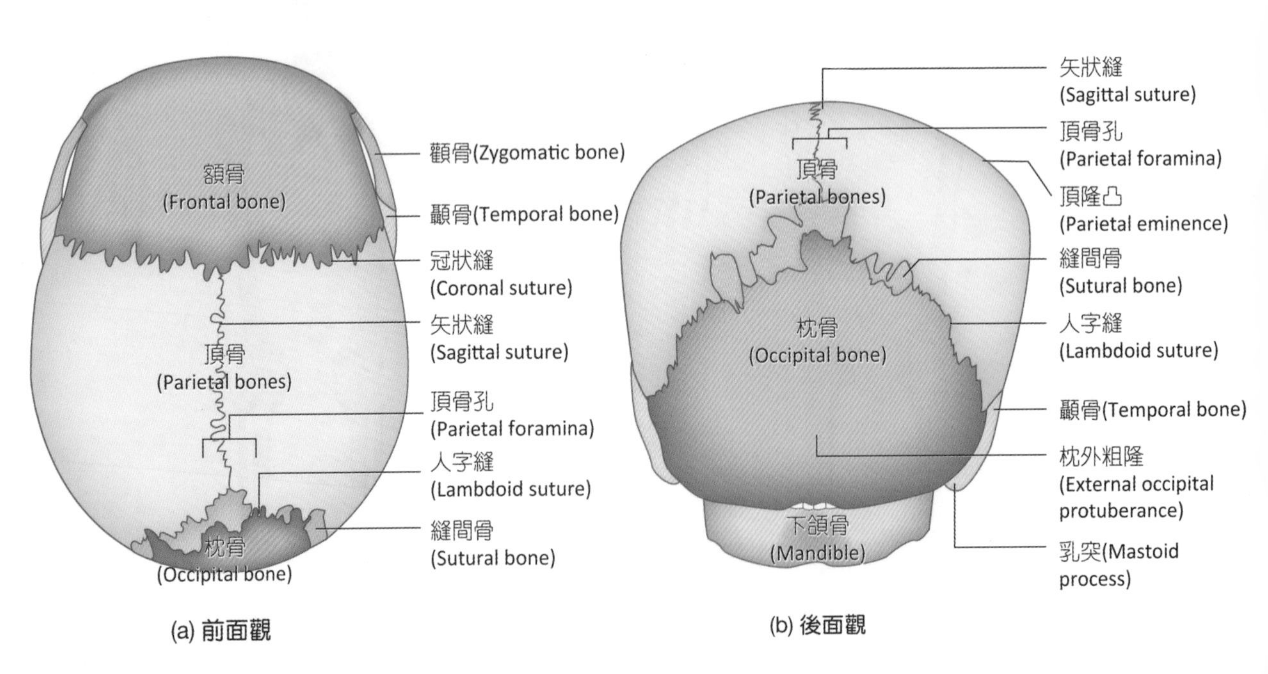

■ 圖 5-8　頭顱骨上面觀、後面觀

整個腦組織，有些腦組織甚至僅被一層結締組織所覆蓋，稱為囟門。

胎兒出生時，為方便通過產道，囟門提供顱骨一個壓縮的空間。主要囟門包括**額囟** (frontal fontanelle)、**枕囟** (occipital fontanelle)、**乳突囟** (mastoid fontanelle) 和**蝶囟** (sphenoid fontanelle)，共 6 個。這些囟門會持續出現，直到出生後的數個月後才會消失。枕囟一般在出生後第 2 個月閉合，最大的額囟則會持續到 15 個月才閉合（圖 5-9）。

(三) 頭顱骨的孔洞或裂縫

頭顱骨上有許多的孔洞及裂縫，可供神經、血管通過，詳見表 5-3。

(四) 副鼻竇

篩骨、額骨、上頜骨和蝶骨中，都有一個稱為竇 (sinues) 的空間，這個空間充滿了空氣，開口於鼻腔中，被稱為副鼻竇 (paranasal sinuses)，竇上有黏膜細胞存在，幫助溫暖吸入的空氣。除此之外，副鼻竇還有減輕頭顱骨重量，並提供聲音共鳴的作用（圖 5-10）。

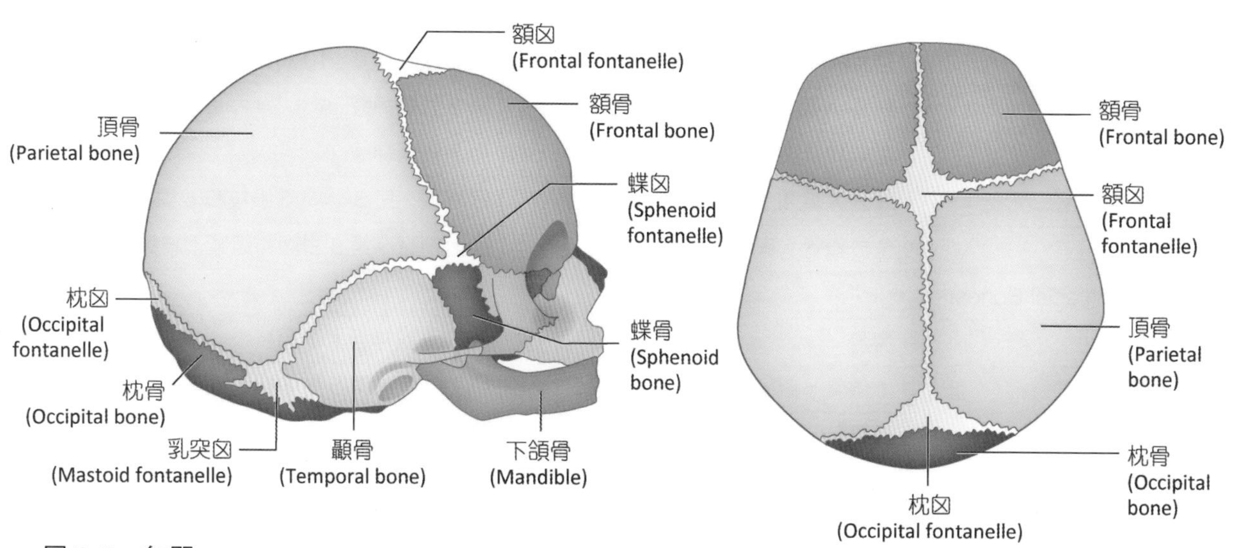

■ 圖 5-9 囟門

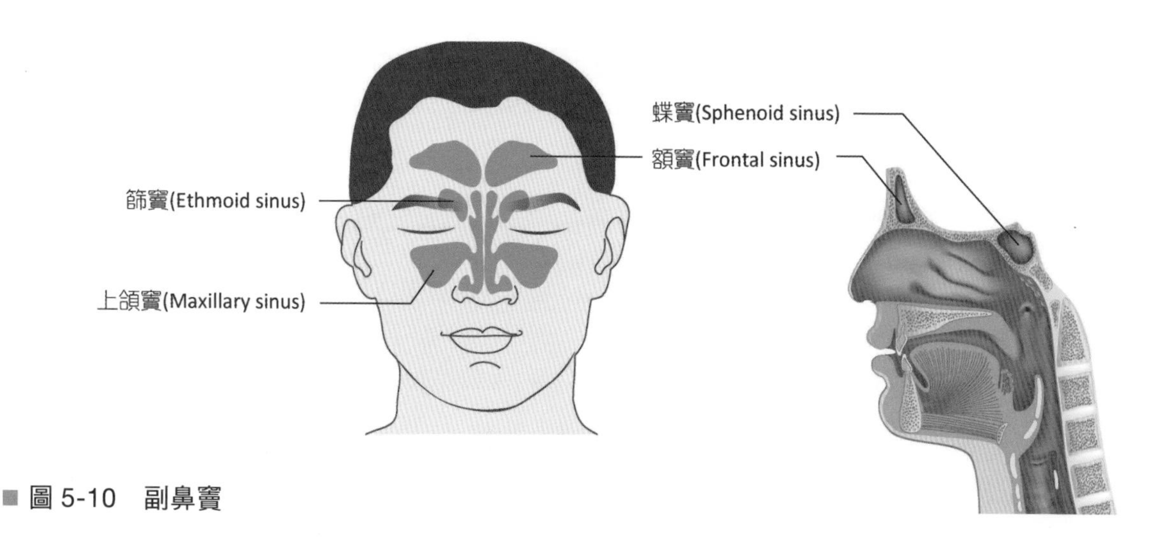

■ 圖 5-10 副鼻竇

表 5-3 腦顱骨上的孔洞或裂縫

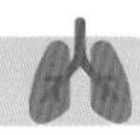

孔洞	位置	血管、神經或通過組織
顱骨 (Cranial Bones)		
頸動脈管	顳骨岩部	頸內動脈
篩孔	篩板	第 1 對腦神經
破裂孔	顳骨岩部、蝶骨和篩骨間	無特殊構造通過
枕骨大孔	枕骨	椎動脈、脊髓和副神經通過
圓孔	蝶骨大翼	第 5 對腦神經上頜枝通過
卵圓孔	蝶骨大翼	第 5 對腦神經下頜枝通過
棘孔	蝶骨大翼	中硬腦膜動脈
舌下神經管	枕髁的前內側面	第 12 對腦神經
眶下裂	上頜骨、蝶骨和顴骨交接處	第 5 對腦神經分支眶下神經通過
頸靜脈孔	顳骨和枕骨間（頸動脈孔後方）	頸靜脈、第 9、10 和 11 對腦神經通過
視神經孔	蝶骨小翼上，眼眶的後內側	第 2 對腦神經
莖乳突孔	莖突和乳突中間	第 7 對腦神經
眶上裂	**蝶骨大翼和小翼中間**，眼眶的後方	眼靜脈、第 3、4、5 眼枝和 6 對腦神經通過
眶上孔	位於額骨，眼眶上緣處	眶上動脈、第 5 對腦神經眶上枝通過
顏面骨 (Facial Bones)		
大小腭孔	腭骨	第 5 對腦神經上下顎枝
眶下孔	上頜骨，眼眶下方	眶下動脈、第 5 對腦神經眶下枝
淚溝	淚骨	鼻淚管
下頜孔	下頜骨枝內側面	下頜血管、第 5 對腦神經下頜枝
頦孔	下頜骨前外側面、第二臼齒下方	頦血管、第 5 對腦神經頦枝

臨床應用

ANATOMY & PHYSIOLOGY

鼻竇炎 (Sinusitis)

鼻竇炎主要是因為副鼻竇發炎引起，可能是病毒、細菌或黴菌所引發。當連接副鼻竇與鼻腔之間的管道，被發炎而腫脹的鼻黏膜所阻塞時，空氣會被吸入鼻黏膜周遭的血管內，引起發炎組織附近真空和疼痛。接著如果發炎持續進行，液體會從鼻黏膜處滲出充滿整個密閉的空間內，最後引起區域正壓，造成疼痛。大部分鼻竇炎多由中鼻甲下方和外側開始，此處為額竇和上頜竇開口處，且非常靠近篩竇，會引起鼻竇開口關閉。目前針對鼻竇炎大多利用吸入抗生素 (antibiotics) 治療。

二、腦顱骨 (Cranial Bones)

腦顱骨主要由 8 塊骨骼組成：篩骨、額骨、枕骨、蝶骨和一對頂骨和顳骨，構成圓形的頭顱，完全包覆著腦，保護內在的軟組織，還分別提供顎、頭部或頸部的肌肉附著。在發育的過程中，顱骨融合許多分開的骨化中心而形成，這種過程可能會持續到出生。

(一) 額骨 (Frontal Bone)

額骨構成部分顱蓋，形成前額和眼眶的正上方。額鱗為額骨上一塊垂直的平面，尾端是眶上緣，其上方是眉弓。額骨上的眼眶面相當平坦，在眶上緣中間有**眶上孔** (supraorbital foramen) 或稱眶上切迹 (notch)。額骨內有一對充滿空氣的**額竇** (frontal sinuses)，大約出現在 6 歲時。額骨內側面有一個中線突起，稱為額嵴 (frontal crest)，提供大腦鐮附著，保護支持腦組織（圖 5-11）。

(二) 頂骨 (Parietal Bones)

左右兩塊頂骨共同圍成頭顱頂部，並以四個縫和其他骨頭相連接。頂骨後 1/3 處，靠近矢狀縫處有頂骨孔 (parietal foramen)，提供連接頭皮內靜脈竇的小型連接靜脈通過。在冠狀平面上利用冠狀縫與額骨相交接；外側面利用鱗狀縫與顳骨相連接；兩塊**頂骨在顱頂中線以**

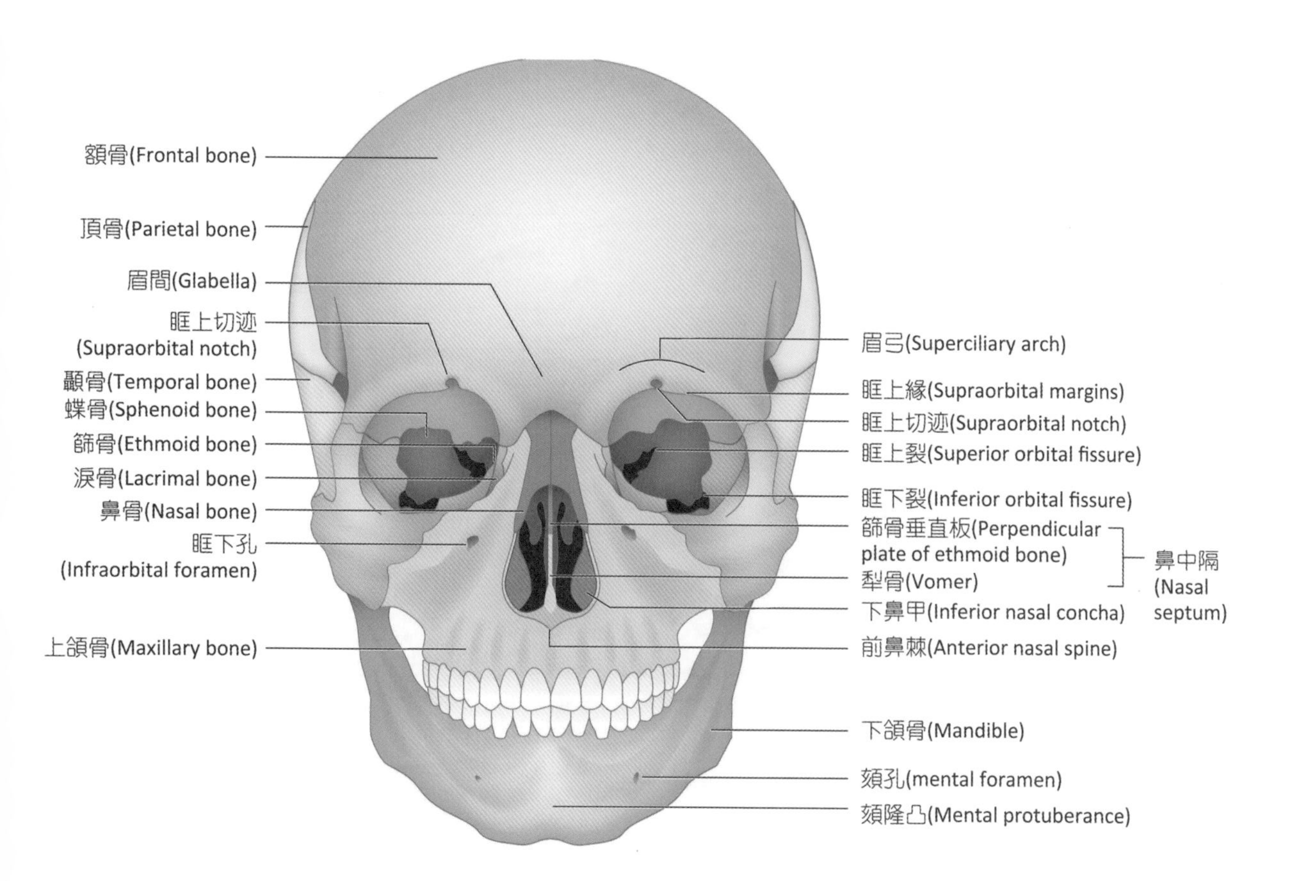

■ 圖 5-11 頭顱骨正面觀

矢狀縫相互連接，在人字縫後方與枕骨相連接（圖 5-8）。在頂骨的內側面可以看見許多血管經過的壓溝痕。

(三) 顳骨 (Temporal Bones)

顳骨圍繞在頭顱下外側面，構成部分頭顱頂部。顳骨包含有三個複雜的結構分別為岩部、鱗部和鼓室部（圖 5-12~ 圖 5-14）。

1. **岩部** (petrous region)：**內耳道** (internal auditory canal) 提供內耳動脈和第 7、8 對腦神經傳送到內耳。枕骨交接處的**頸靜脈孔** (jugular foramen) 提供頸內靜脈和第 9、10 和 11 對腦神經通過。頸內動脈由**頸動脈管** (carotid canal) 進入顱腔（圖 5-14）。顳骨外表面下方的**乳突** (mastoid process) 提供彎曲或轉動頸部肌肉附著。**莖突** (styloid process) 提供舌骨和舌部肌肉附著。顏面神經經由莖突和乳突間的**莖乳突孔** (stylomastoid foramen) 分枝支配顏面肌肉（圖 5-12）。
2. **鱗部** (squamous region)：**顴突** (zygomatic process) 與**顳突** (temporal process) 形成**顴弓** (zygomatic arch)。顴突下方的顳骨下頜窩 (mandibular fossa) 與下頜骨形成可動的**顳下頜關節** (temporomandibular joint)，**是顳骨中唯一的可動關節**（圖 5-12）。
3. **鼓室部** (tympanic region)：顳骨後外側方，內有一些小骨骼（三塊聽小骨），靠近外耳道，聲音由此進入內耳道（圖 5-13）。

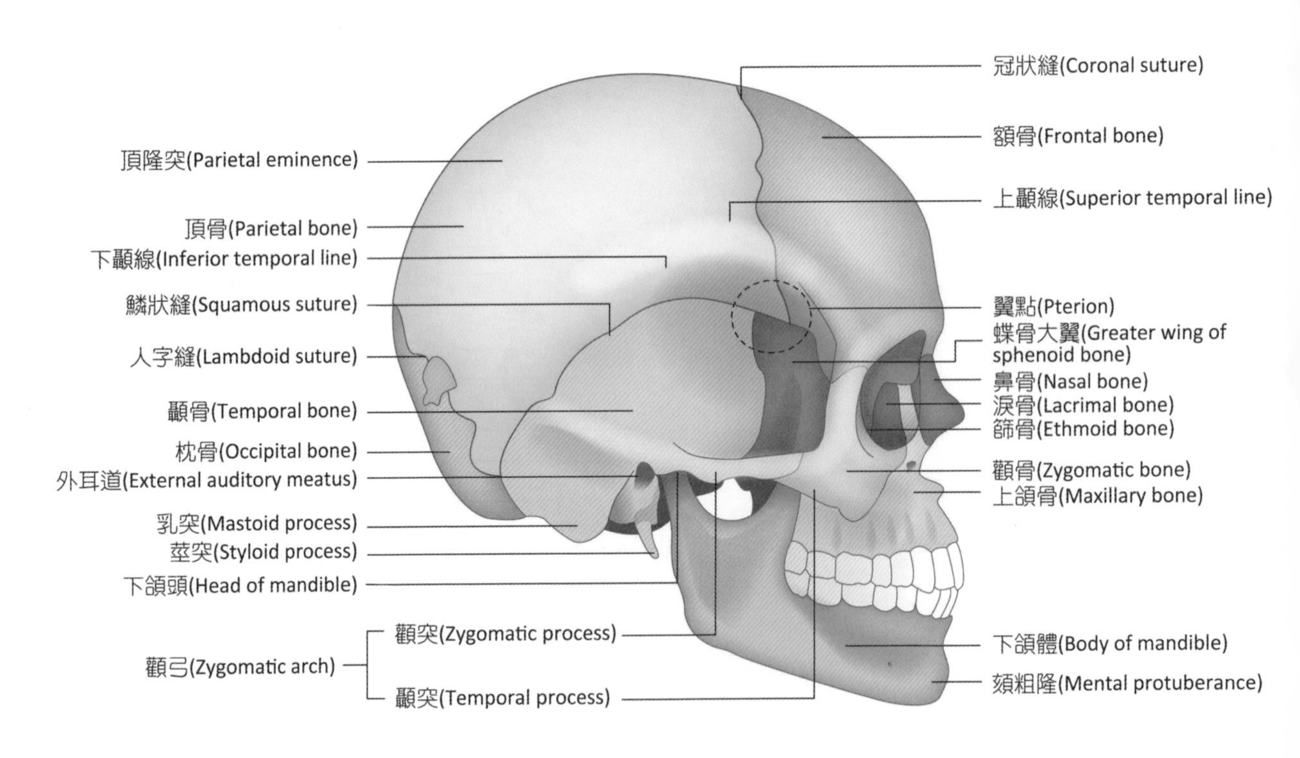

■ 圖 5-12 頭顱骨側面觀

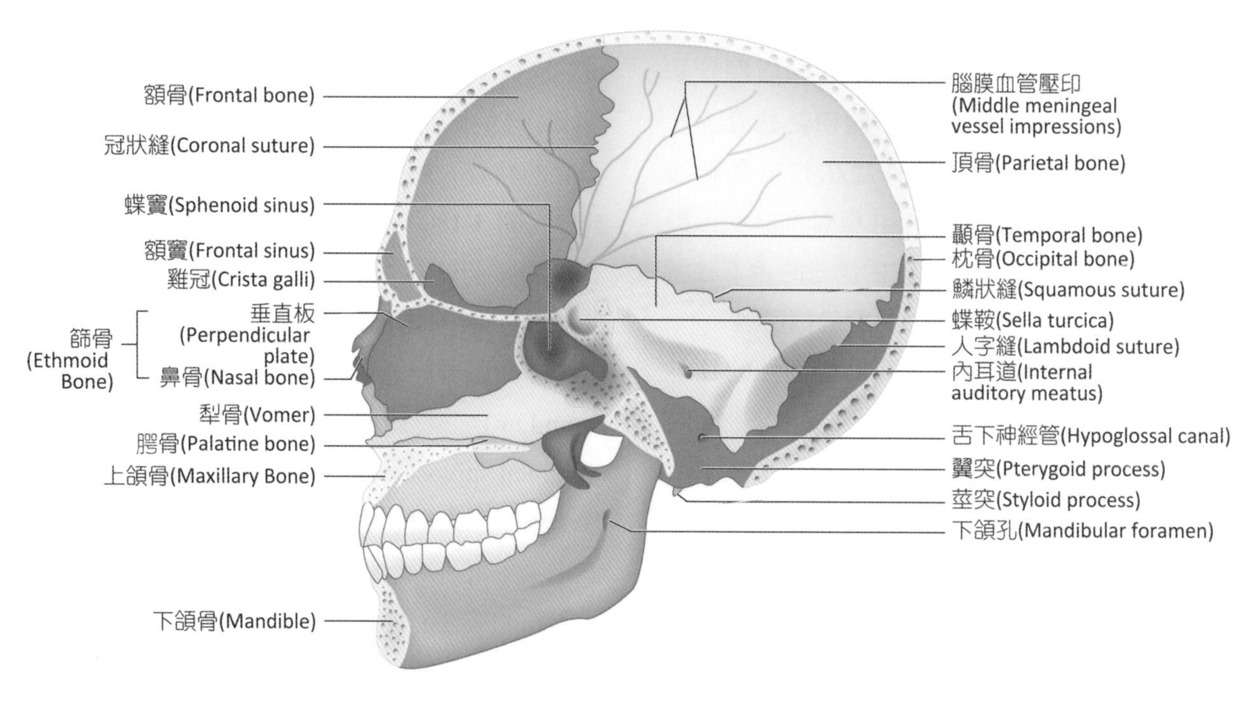

■ 圖 5-13　頭顱骨矢狀切面觀

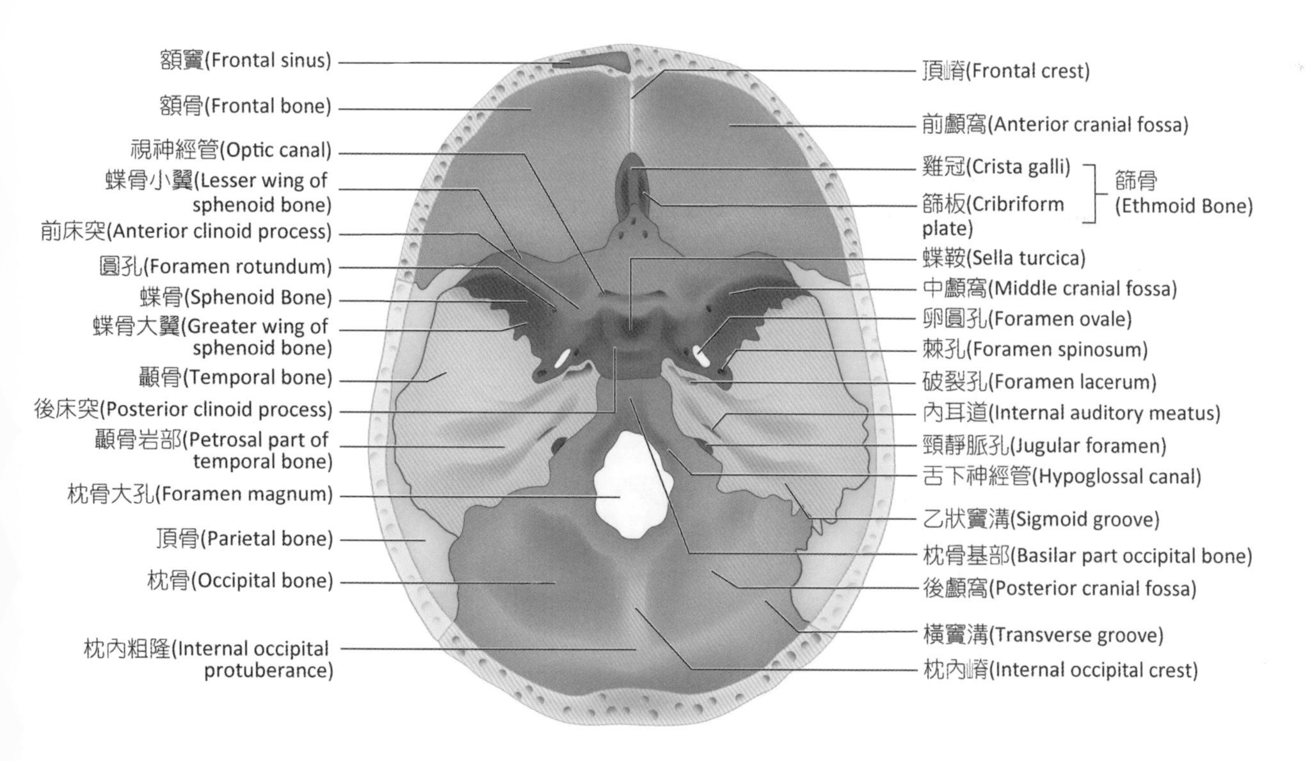

■ 圖 5-14　頭顱腔內面觀

(四) 枕骨 (Occipital Bone)

構成頭顱的基底，利用鱗狀縫與顳骨鱗部關節。枕骨基底部的圓形開口為**枕骨大孔** (foramen magnum)，提供脊髓和脊椎動脈通過。**枕髁** (occipital condyles) 與寰椎關節，提供人體點頭的動作。枕髁前內側緣的**舌下神經管** (hypoglossal) **提供第 12 對腦神經通過**。

枕骨外側面從枕骨大孔向後延伸的枕外嵴 (external occipital crest) 結束在**枕外粗隆** (external occipital protuberance) 處，形成上項線和下項線兩條線（圖 5-15）。枕骨內面的枕內嵴 (internal occipital crest) 提供小腦鐮附著，幫助支持小腦結構（圖 5-14）。

(五) 蝶骨 (Sphenoid Bones)

蝶骨因形似蝴蝶而得名。蝶骨有厚實的體部 (body)，內含**蝶竇** (sphenoid sinuses)，向外延伸出**大翼** (greater wing)、**小翼** (lesser wing)。大小翼中間的鞍狀突起為蝶鞍 (sella turcica)，上面的腦下垂體窩 (hypophyseal fossa) 容納腦下垂體。蝶骨與所有的顱骨、顏面骨的腭骨、顴骨、上頜骨、犁骨相關節（圖 5-17、圖 5-18）。

蝶鞍前側有一橫向凹陷的視神經溝 (optic groove)，**視神經管** (optic canal) 位於此處，提供第 2 對腦神經通過。**大翼上有圓孔** (foramen rotundum)、**卵圓孔** (foramen ovale) 和**棘孔** (foramen spinosum) 縱向排列，分別提供眼眶、臉部和下巴血管、神經通過。孔的最前方還有**眶上裂** (superior orbital fissure)，提供控制眼球運動的第 3、4、5-1 和 6 對腦神經通過。大小翼交接處有縱向突起的翼突，形成內側和外側翼板 (medial and lateral pterygoid plates)，提供咀嚼動作時下顎的翼肌附著、移動下巴或軟腭。

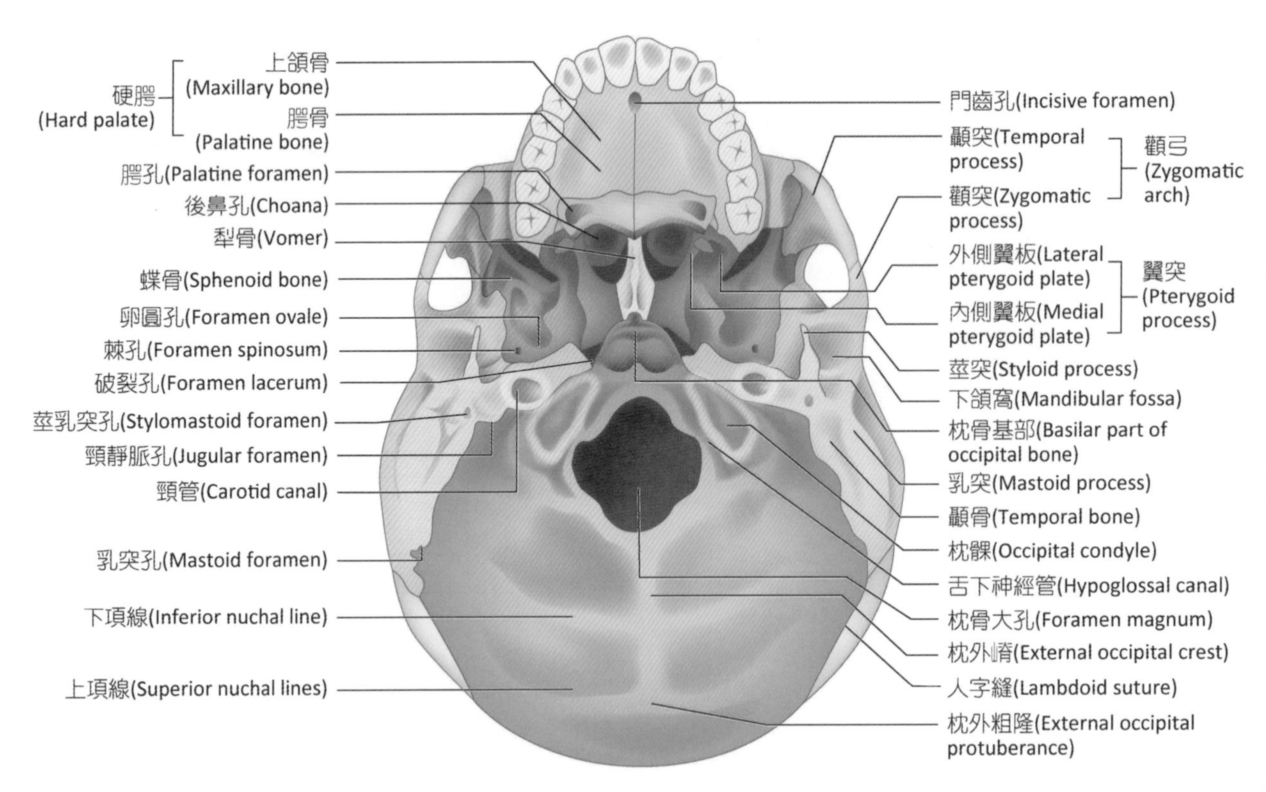

■ 圖 5-15　頭顱骨底面觀

(六) 篩骨 (Ethmoid Bone)

篩骨位於眼眶中間、顱腔前內側面，構成部分眼眶側壁與鼻腔部分隔膜。篩骨上方正中矢狀突起的**雞冠**(crista galli)提供大腦鐮附著。兩側橫向篩板 (cribriform plate) 上有許多篩孔 (cribriform foramina)，提供第 1 對腦神經通過。篩骨內含**篩竇** (ethmoidal sinuses)，開口於兩側鼻腔，還有突出入鼻腔內的**上、中鼻甲** (superior and middle nasal conchae)。眶板 (perpendicular plate) 形成眼眶的內側壁。垂直板 (perpendicular plate) **形成鼻中隔的上半部**（圖 5-11、圖 5-14）。

三、顏面骨 (Facial Bones)

顏面骨構成人的臉、部分眼眶和鼻腔、支持牙齒、提供臉部表情和咀嚼肌肉附著。共 14 塊，包括一對顴骨、淚骨、鼻骨、下鼻甲、腭骨、上頜骨及一個犁骨和下頜骨（圖 5-11）。

(一) 顴骨 (Zygomatic Bones)

顴骨構成眼眶外側面和臉頰部分。顴骨顳突藉由與顳骨顴突相關節形成明顯的顴弓，上頜突 (maxillary process) 和額突 (frontal process) 分別與上頜骨和額骨相關節（圖 5-12）。

(二) 淚骨 (Lacrimal Bones)

頭顱骨內最小的一對骨骼，主要構成眼眶的內側壁。淚骨上有一個向下延伸管道的開口，稱淚溝 (lacrimal broove)，導流眼淚進入淚囊，最後經由鼻淚管流入下鼻道（圖 5-11、圖 5-12）。

(三) 鼻骨 (Nasal Bones)

成對的鼻骨構成鼻橋，外側面和上頜骨的內側面相關節。鼻子受到重擊時常在此處形成骨折（圖 5-11、圖 5-12）。

(四) 犁骨 (Vomer)

從外側面看來，外型為類似三角形犁狀的骨骼。沿著正中線分別與上頜骨和腭骨相關節。從前側看，犁骨和篩骨的垂直部分，共同構成骨性的鼻中隔（圖 5-11）。

(五) 下鼻甲 (Inferior Nasal Concha)

位於鼻腔的外側壁，與篩骨的上、中鼻甲共同構成鼻腔的迷路構造。提供吸入的空氣在鼻腔內形成擾流現象，具有加溫、加濕空氣的功效（圖 5-11）。

(六) 腭骨 (Palatine Bones)

L 形的小骨骼，形成部分硬腭、鼻腔和眼眶。水平板 (horizontal plate) 與上頜骨相關節，構成硬腭的後部。水平板上的大、小腭孔 (palatine foramina) 提供支配腭和上排牙齒的神經通過。垂直板 (perpendicular plate) 則構成鼻腔的外側壁，最上部分的眼眶突 (orbital process) 則構成眼眶部分的地板。

(七) 上頜骨 (Maxillary bone)

成對的上頜骨構成顏面骨的中間部分。眶下緣 (infraorbital rim) 構成眼眶下表面，眶下孔 (infraorbital foramen) 提供眶下動脈和神經通過。口腔邊緣的部分構成齒槽突 (alveolar processes) 容納上排牙齒。大部分的硬腭 (hard palate) 是由成對上頜骨的水平面腭突和腭骨構成。上頷骨內有**上頷竇** (maxillary sinus)，**是最大的副鼻竇**，具有減輕重量和提供聲音共鳴腔的功能。在外側面，上頷骨利用顴突和顴骨關節，上方利用額突和額骨相關節（圖 5-16）。

(八) 下頷骨 (Mandible)

下頷骨構成整個下巴部分，提供下排牙齒和咀嚼肌肉的附著。下頷骨由水平的體 (body) 和兩個垂直向後的枝 (rami) 所構成。下排牙齒利用水平體的齒槽突 (alveolar process) 固定，兩側的枝與體部形成一個角度，稱下頷角 (angle of the mandible)。在體部的前外側面，頦孔 (mental foramen) 提供支配下嘴唇及下巴的神經、血管通過（圖 5-17）。

齒槽突包覆整個下巴內側中齒槽和牙根的部分。枝的內側壁上有一線，稱下頷舌骨肌線 (mylohyoid line)，提供下頷舌骨肌附著，支配舌頭和構成口腔地板。下頷舌骨肌

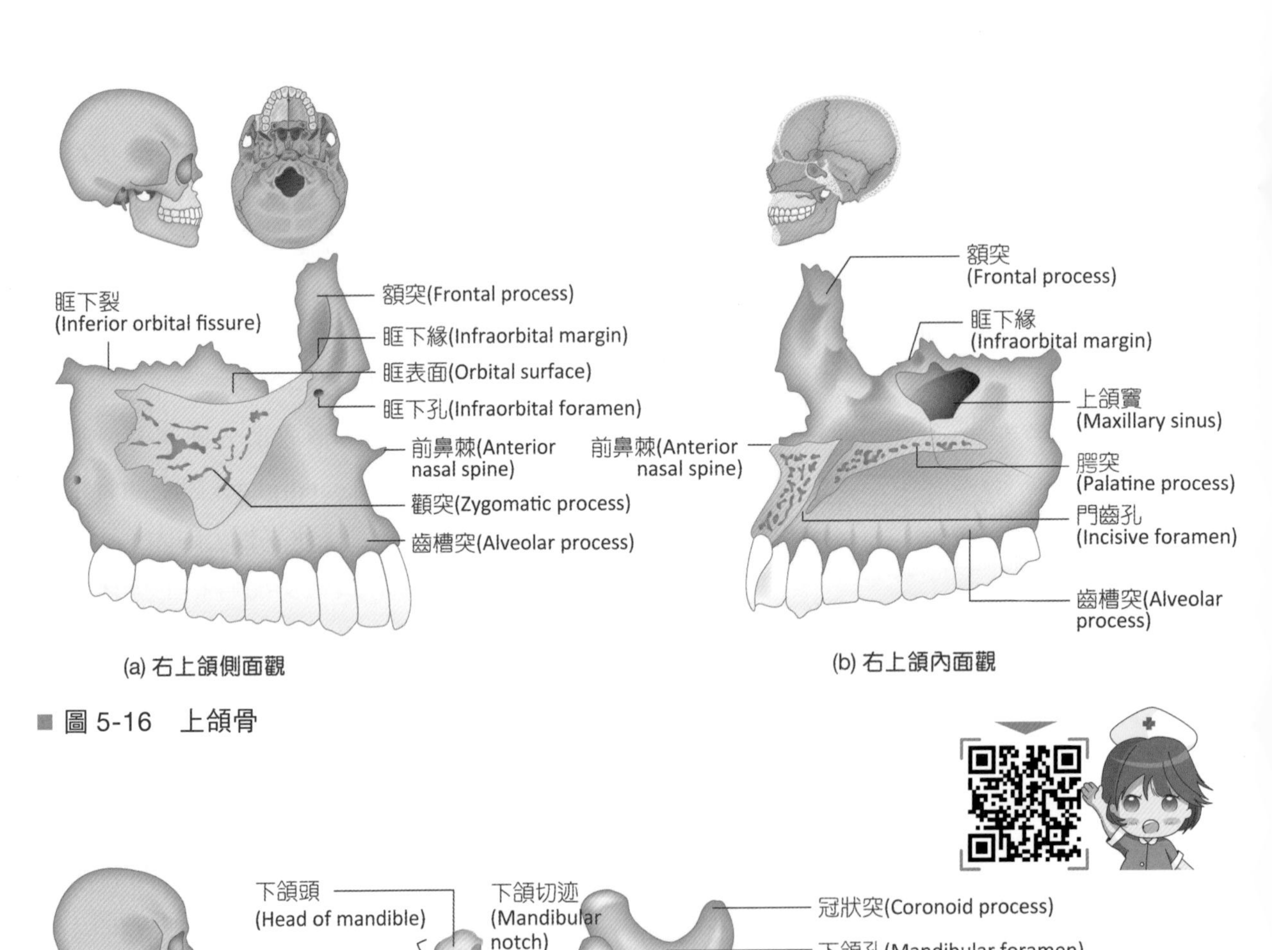

■ 圖 5-16　上頷骨

■ 圖 5-17　下頷骨

線的後上方，有一明顯的下頜孔 (mandibular foramen)，提供下齒槽神經通過，支配下排牙齒。牙醫師在治療下排牙齒時，就將麻藥打入此孔附近。

每個下頜枝的向後突起，稱為髁突 (condylar process)，向上方增大為下頜頭(head of mandibule)，與顳骨的下頜窩相關節，稱為顳下頜關節 (temporomandibular joint, TMJ)，一個可以提供講話或咀嚼時移動下巴的可動關節。枝的前方突起為冠狀突 (coronoid proccss)，提供顳肌附著，提供緊閉嘴巴的動作。下頜切迹 (mandibular notch) 則分隔兩個突起。

四、聽小骨 (Ossicles)

三塊聽小骨位於兩側顳骨的岩部內，從外到內側分別是**鎚骨** (malleus or hammer)、**砧骨** (incus or anvil) 和**鐙骨** (stapes)。鎚骨附著在鼓膜內側，利用韌帶黏附在鼓室壁上。鐙骨盤狀般的黏附在卵圓窗上。聽小骨主要功能再放大聲波，並將聲波傳送到內耳。

五、舌骨 (Hyoid Bone)

舌骨外型苗條、具有曲線，位於下頜骨和喉之間，未與任何骨骼相關節。舌骨體部向兩側延伸形成兩個角狀凸起，外型酷似下頜骨。體和角部分別提供舌和喉部的肌肉和韌帶附著（圖 5-18）。

脊柱 (Vertebral Column)

成人的脊柱共有 26 塊，由獨立脊椎骨 (vertebrae) 和融合的薦骨、尾骨構成。脊椎主要功能有：(1) 提供身體的垂直性支持；(2) 支持頭部重量；(3) 維持上半身直立的姿勢；(4) 協助將中軸骨頭的重量傳送、分攤到下半身附肢骨上；(5) 保護其中脆弱的脊髓，並提供脊神經和脊髓的相連接通道。

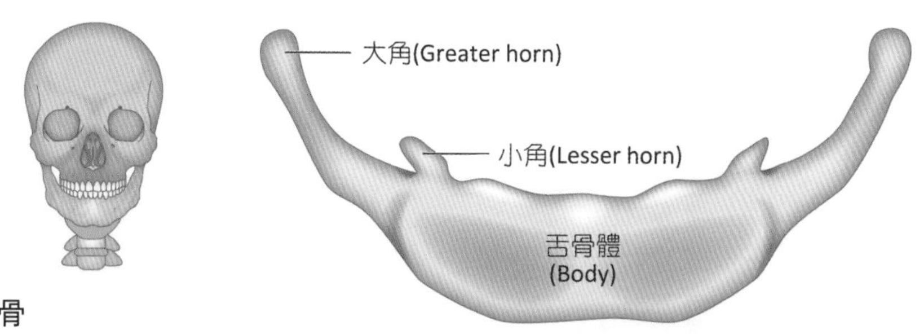

■ 圖 5-18　舌骨

臨床應用　ANATOMY & PHYSIOLOGY 

腭裂與唇裂

頭顱先天性缺陷最常見的就是腭裂 (cleft palate)，主要是因為骨性硬腭在產前沒有癒合完全，於鼻腔和口腔之間形成裂縫或開口，造成嬰兒在餵食過程中，失去正常的吸吮 (suction) 能力，或者在進食過程中，食物由口腔被吸入鼻腔中而進入肺部，引起肺炎 (pneumonia)。腭裂常伴隨唇裂 (cleft lip) 的發生，一般而言，大多可以利用外科手術進行矯正。目前已知，孕婦可以在懷孕初期藉由服用富含葉酸的食物來降低腭裂的發生機會。

一、脊柱彎曲

脊柱是有彈性的，並非垂直和死板僵硬的。**成人的脊柱形成 4 個彎曲**，分別是頸彎曲 (cervical curvature)、胸彎曲 (thoracic curvature)、腰彎曲 (lumbar curvature) 和薦彎曲 (sacral curvature)。這些彎曲的弧度提供人類站立時更好支撐體重的能力。

脊柱的部分彎曲早在胎兒就出現，稱**初級彎曲** (primary curves)，包括胸和薦彎曲，外觀呈 C 形。頸和腰彎曲稱**次級彎曲** (secondary curves)，主要幫助身體將重心移往下肢後方，外觀呈現反 C 形。頸彎曲大約出現在 3~4 個月時，孩童第一次能在沒有外界支持下將頭抬起。腰彎曲出現在一歲，孩童學習站立或行走時。這些彎曲會在孩童行走或跑步時變得更加明顯（圖 5-19）。

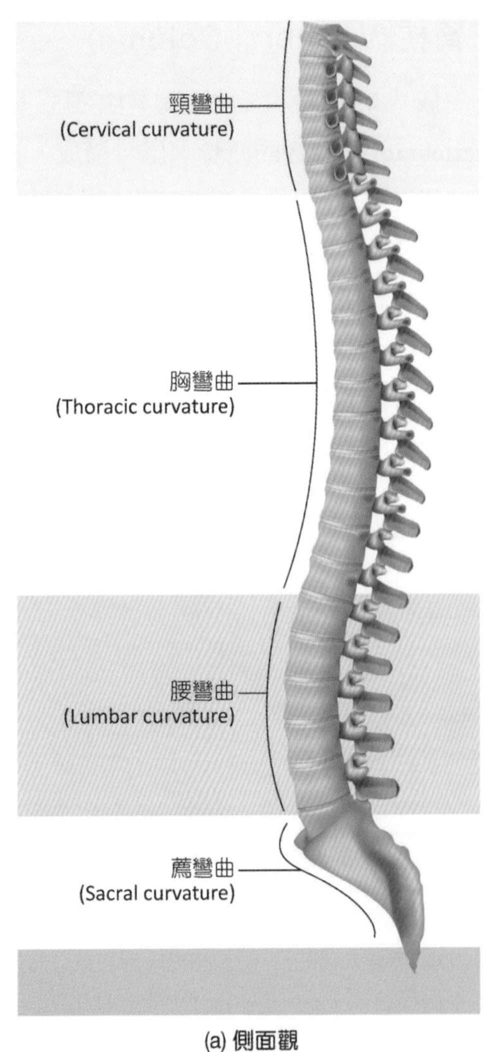

(a) 側面觀

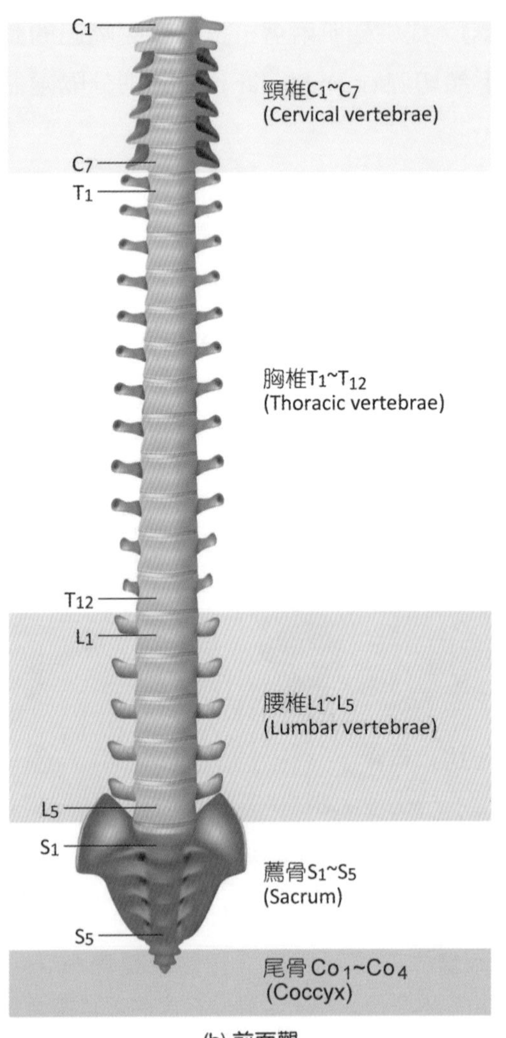

(b) 前面觀

■ 圖 5-19 脊柱

二、典型脊椎骨

脊椎骨幾乎都具相似的外觀（圖 5-20）：

1. **椎體** (body)：厚實、圓柱形的椎體提供體重的承受。
2. **椎弓** (vertebral arch)：椎體後方延伸部分為椎弓，各包含兩個**椎弓根** (pedicles) 和**椎弓板** (lamina)。左右椎弓板向後延伸會合形成**棘突** (spinous process)，大部分的棘突可自後背皮膚摸到。椎弓外側的突起為**橫突** (transverse processes)。
3. **椎孔** (vertebral foramen)：椎體和椎弓圍繞成的三角形開口。所有脊椎骨互相關節，椎孔最後相連成一個長長的**椎管** (vertebral canal)，保護著脊髓。
4. **椎間孔** (intervertebral foramen)：每塊脊椎外側關節面形成的開口，提供脊神經在水平面的通道，延伸支配身體各個部分。
5. **上、下關節突** (inferior and superior articular processes)：成對的上、下關節突由椎足和椎弓交界分別往上和下突出。關節突上有平滑的**關節面** (articular facet)。
6. **椎間盤** (intervertebral discs)：提供椎體間活動的潤滑和避震功用。每塊椎體間利用韌帶相連，並由椎間盤分隔開。椎間盤由纖維軟

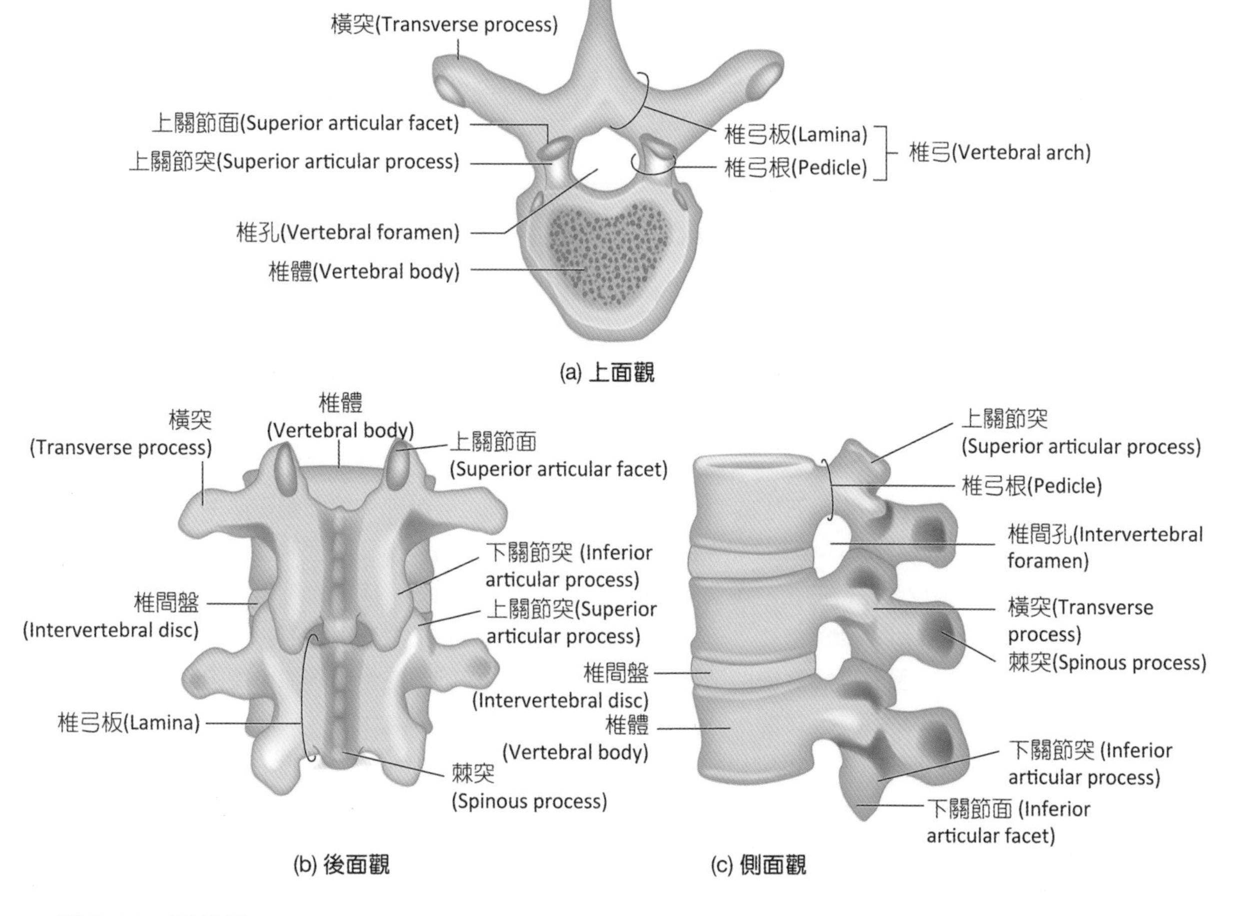

■ 圖 5-20 脊椎骨

骨環 (annulus fibrosus) 構成，中間的環狀構造稱為髓核 (nucleus pulposus)，其水分含量高，提供凝膠狀特性。

一、頸椎 (Cervical Vertebrae)

頸椎共有 7 塊，主要功能是支撐頭部的重量。第 3~6 頸椎為典型的頸椎，椎體較小，上關節面左右兩側較凹，由後方斜下前方，下關節面突向下前方。棘突較短，除了第 7 頸椎外，棘突都出現分叉。前 6 塊頸椎在**橫突上有橫突孔** (transverse foramina)，提供椎動靜脈延伸到腦部的通道（圖 5-21）。

1. **寰椎** (atlas, C_1)：因沒有椎體和棘突所以非常容易分辨。由前、後弓圍成，在前後處突起形成前、後結節。上關節與枕髁構成枕寰關節，提供點頭的動作。下關節面和軸椎的齒狀突構成關節。
2. **軸椎** (axis, C_2)：在發育的過程，寰椎與軸椎的椎體融合，形成**齒狀突** (dens or odontoid process)，與寰椎的下關節面形成**寰軸關節** (atlanto-axial joint)，提供頭部旋轉動的動作。因為此關節位於椎孔內，因此任何引起齒狀突移位的外力，都會造成嚴重的影響。
3. **隆椎** (vertebra prominens, C_7)：與第 1 胸椎相關節，擁有部分胸脊椎的特色。**隆椎的棘突沒有分叉**，較大也較長，很容易就從皮膚上看見、觸碰到。

臨床應用 ANATOMY & PHYSIOLOGY 

脊柱彎曲問題

脊柱彎曲的問題很多種類，有些是天生，但大多是因為疾病、不良姿勢或因為肌肉肌力不協調引起。脊柱彎曲的部分會在兒童或老年時出現問題。

1. 脊柱前突 (lordosis)：主要是不正常的腰椎彎曲形成，常會出現傾背姿勢 (swayback)。搬重物、肥胖或懷孕會出現暫時性的脊柱前突，長期會引起軟骨症 (osteomalacia)。
2. 脊柱後突 (kyphosis)：因胸椎過度彎曲造成駝背 (humpback)，常出現在中年女性。多因女性停經後骨質疏鬆症造成脊柱骨折所引起，會造成女性軟骨症。
3. 脊柱側彎 (scolosis)：脊柱不正常外側彎曲，多發生在胸椎區域，一般多超過 10 度，常見於青少年，特別是女孩，原因未明。

脊柱結構異常常導致上、下肢不正常高度或肌肉癱瘓，目前已知是因兩側肌力不平均，肌力較強的一側將較虛弱的對側拉近而引起。為了避免永久性彎曲，臨床上常利用背架或外科手術進行矯治，特別針對幼童，最好在停止生長前進行矯正。嚴重的脊柱側彎可能會壓迫到肺部，引起呼吸困難。

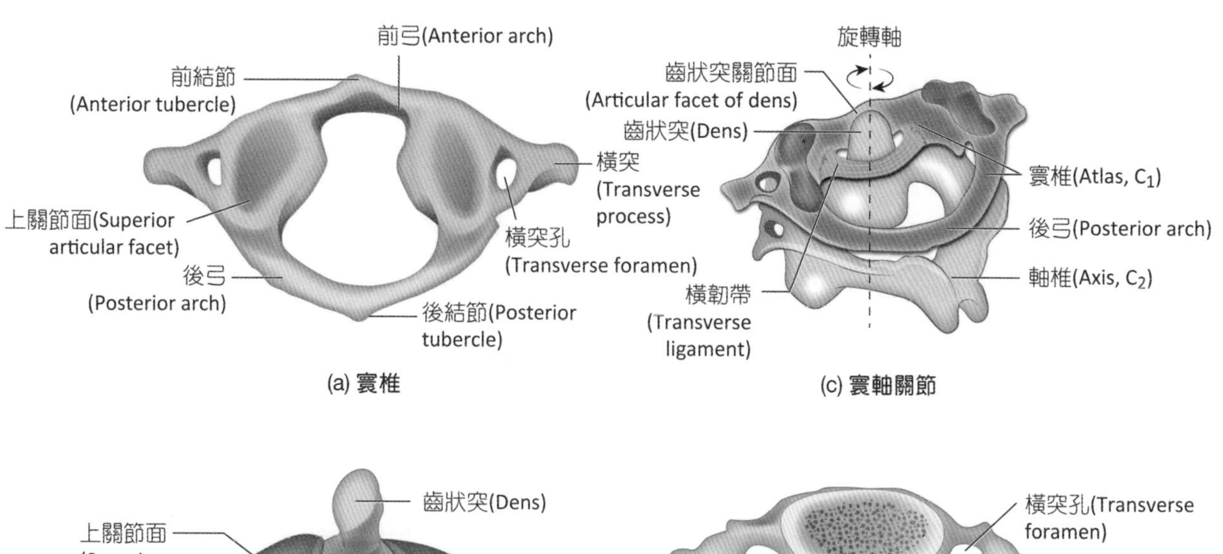

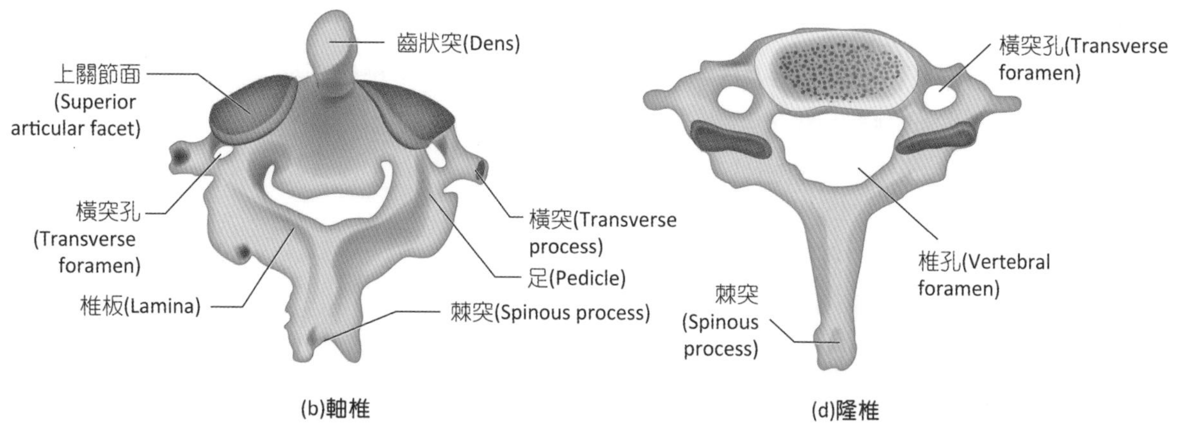

■ 圖 5-21　頸椎

ANATOMY & PHYSIOLOGY 

椎間盤突出 (HIVD)

椎間盤突出常因脊柱劇烈或突然的物理性創傷，使一塊或多塊脊椎骨突出，形成脊椎骨脫垂(prolapsed discs)；或隨年齡增長纖維軟骨環內的水分漸漸流失，造成對外在壓力承受力下降。這些機械性的疲乏，常會引起髓核從纖維軟骨環除突出破裂。一般而言，纖維軟骨環後側結構較薄弱，但後側縱向韌帶可避免椎間盤向後突出，因此突出常朝向後外側處，即脊神經從脊髓延伸出來處，造成脊神經根的壓迫。

椎間盤突出的治療多採保守性治療，如中度運動、物理治療、按摩、熱療和止痛劑，若這些治療都無效，臨床上可利用外科手術切除突出的部分，再將突觸區塊周圍的脊椎融合。許多椎間盤突出所引起的疼痛不是來自突出的脊椎，而是延伸入受傷區域血管上的神經。最新、最簡單、較無痛的治療方式是椎間盤內電熱療法(intradiscal electrothermal annuloplasty, IDET)，利用細小導管尖端加熱，燒死延伸進入的神經，同時封閉裂傷的纖維軟骨環。

二、胸椎 (Thoracic Vertebrae)

共 12 塊，與其他脊椎骨相比，胸椎活動量、移動性較少，所以沒有頸椎所特有的橫突孔。胸椎具有心臟外型的椎體，**棘突非常長**，且以銳角角度朝向下方。椎體的肋關節面 (costal facets) 和半肋關節面 (costal demifacets) 分別與肋骨頭形成關節。**肋骨結節與第 1~10 胸椎的橫突相關節，第 11、12 肋骨未與第 11~12 胸椎形成關節面**（圖 5-22）。

三、腰椎 (Lumbar Vertebrae)

共 5 塊，**為最大、強壯的脊椎骨**，椎體較大，上關節面朝內，下關節面朝外，橫突較薄，**棘突則厚、寬、垂直向後方**。腰椎承受身體大部分的重量，棘突提供下背肌肉的附著和調整腰椎弧度的功能（圖 5-23）。

四、薦骨 (Sacrum)

三角形的薦椎構成骨盆腔後側壁，男性薦骨外側曲度較女性明顯。在青春期一結束，原本 5 塊的薦骨開始融合，到 20~30 歲時融合成一塊，薦骨前方可見 4 條融合後留下的線。上關節面與第 5 腰椎相關節，下關節面與尾骨相關節。椎管延伸到薦骨時變窄，形成**薦管** (sacral canal)，脊髓最後終止在**薦裂** (sacral hiatus)。

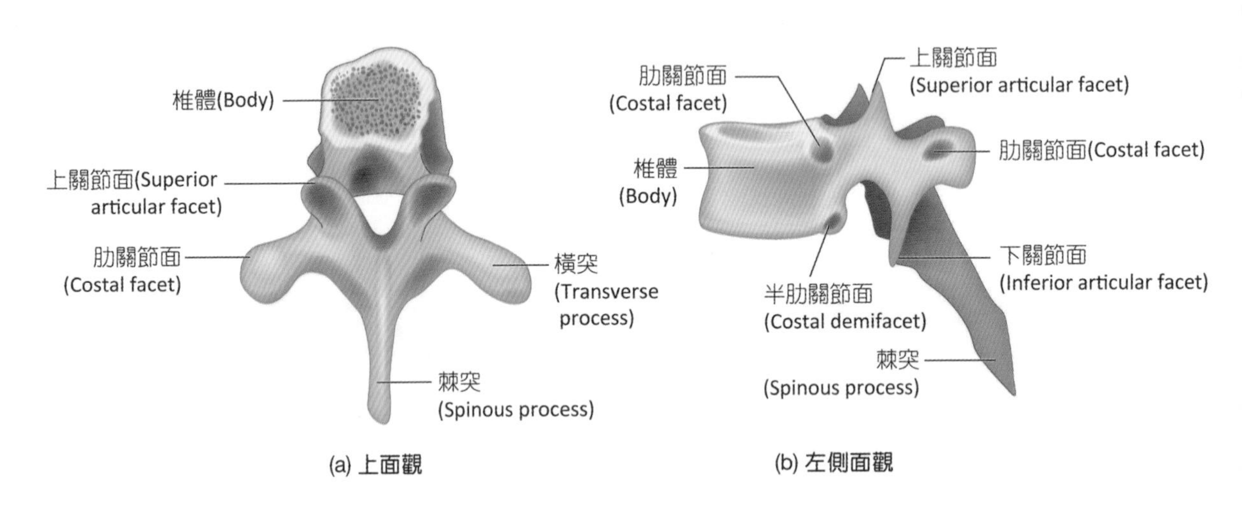

■ 圖 5-22 胸椎

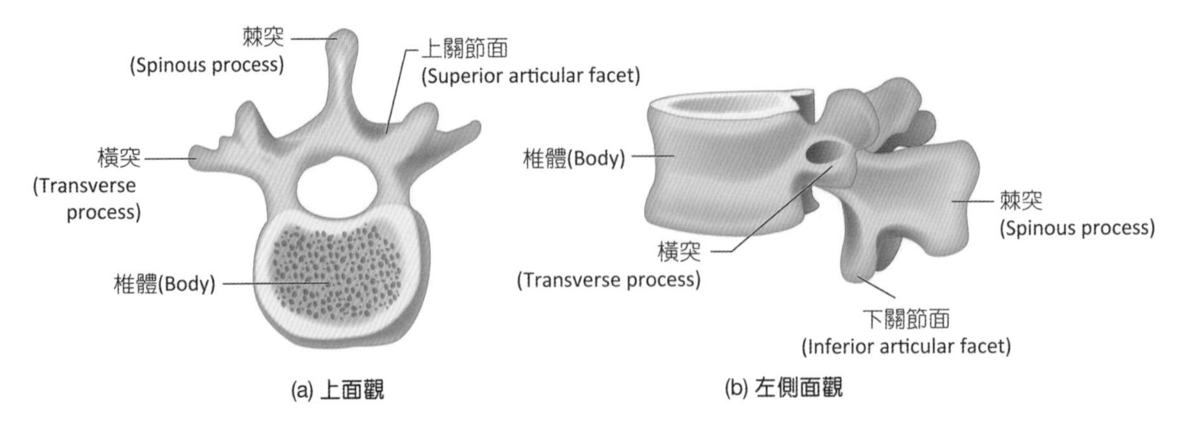

■ 圖 5-23 腰椎

第 1 薦骨上有一突起入骨盆腔內的**薦岬** (sacral promontory)。成對的前薦孔 (anterior sacral foramen) 提供支配骨盆器官的脊神經通過。從背面看，棘突融合構成**薦正中嵴** (median sacral crest)，4 對嵴神經通過的孔稱**後薦孔** (posterior sacral foramen)。薦骨外側面的翼 (ala) 與骨盆帶形成**薦髂關節** (sacroiliac joint)（圖 5-24）。

五、尾骨 (Coccyx)

共 4 塊，在大約 25 歲時融合成一塊，提供許多的肌肉和韌帶附著，**無脊髓通過**。男性尾骨較女性向前突起（圖 5-24）。

胸廓

胸廓主要由後方的胸椎、外側的肋骨和前方的胸骨組成。主要提供重要器官（如心臟和肺臟）保護（圖 5-25）。

一、胸骨 (Sternum)

一塊扁平、位於胸腔正中前方的骨骼，主要由三個部分組成（圖 5-25）：

1. **胸骨柄** (manubrium)：在外型最寬，位於胸骨的最上方。左右兩側的**鎖骨切迹** (sterna notch) 與鎖骨相關節，**肋骨切迹** (costal notches) 與肋骨相關節。
2. **胸骨體** (body)：胸骨最長的部分，提供第 2~7 肋骨相關節。胸骨柄和體相關節處的胸骨角 (sterna angle)，由皮膚可觸摸到一條水平的突起，與第 2 肋骨與胸骨關節，是一個重要的標記。
3. **劍突** (xiphoid process)：一個小、向下的突起，保持著軟骨的型態，直到 40 歲才完全骨化。若因撞擊或壓力而斷裂，可能引起肝臟或心臟等內在器官的傷害。

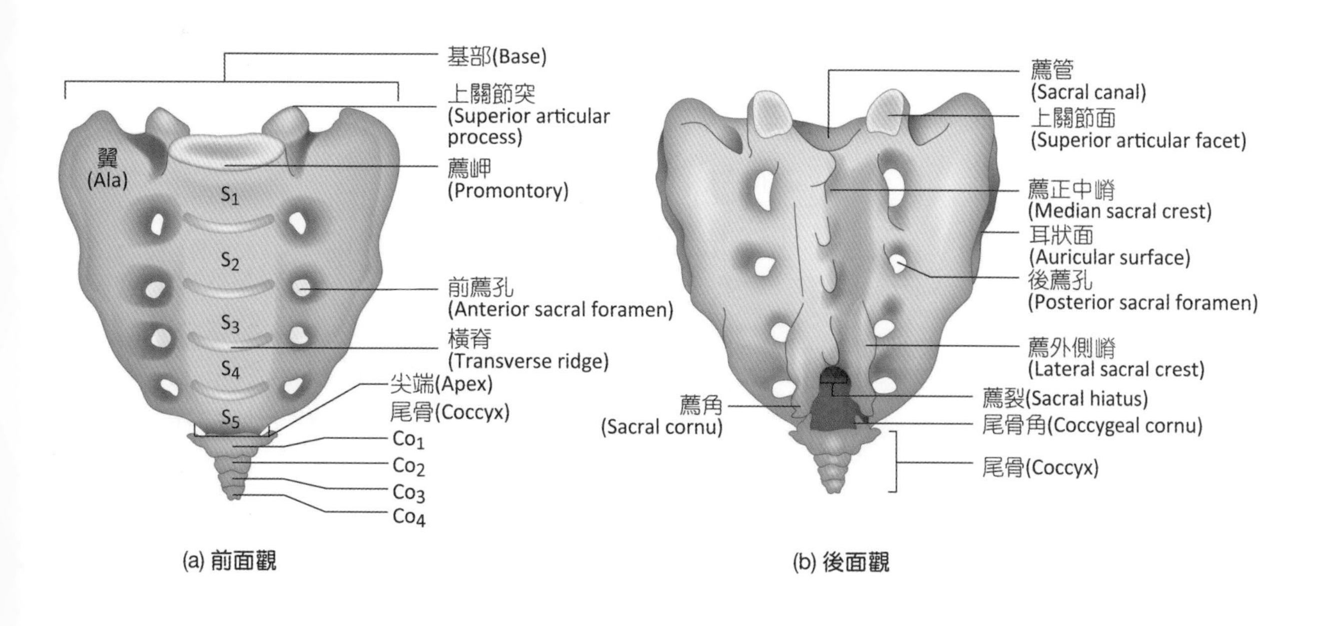

■ 圖 5-24　薦骨與尾骨

二、肋骨 (Ribs)

共 12 對，第 1~7 肋骨為**真肋** (true ribs)，利用肋軟骨 (costal cartilage) 附著到胸骨上，第 1 肋骨外型最小。第 8~12 肋骨沒有直接附著到肋軟骨，而是接到第 7 肋骨的肋軟骨，因此稱為**假肋** (false ribs)。**第 11、12 肋骨未與胸骨相關節**，稱為**浮肋** (floating ribs)（圖 5-25）。

肋骨頭 (head) 與胸椎椎體上下關節面相關節，頭和結節 (tubercle) 之間稱頸 (neck)。結節與胸椎肋關節面相關節。第 1 肋骨和第 1 胸椎關節，第 2 肋骨上關節面與第 2 胸椎體下肋關節面相關節，下關節面則與第 2 胸椎上肋關節面關節，以此類推。肋骨角 (angle) 是肋骨骨幹 (shaft) 開始轉向前方胸骨處，肋骨下內側面有明顯肋骨溝 (costal groove)，提供神經和血管延伸支配胸腔（圖 5-26）。

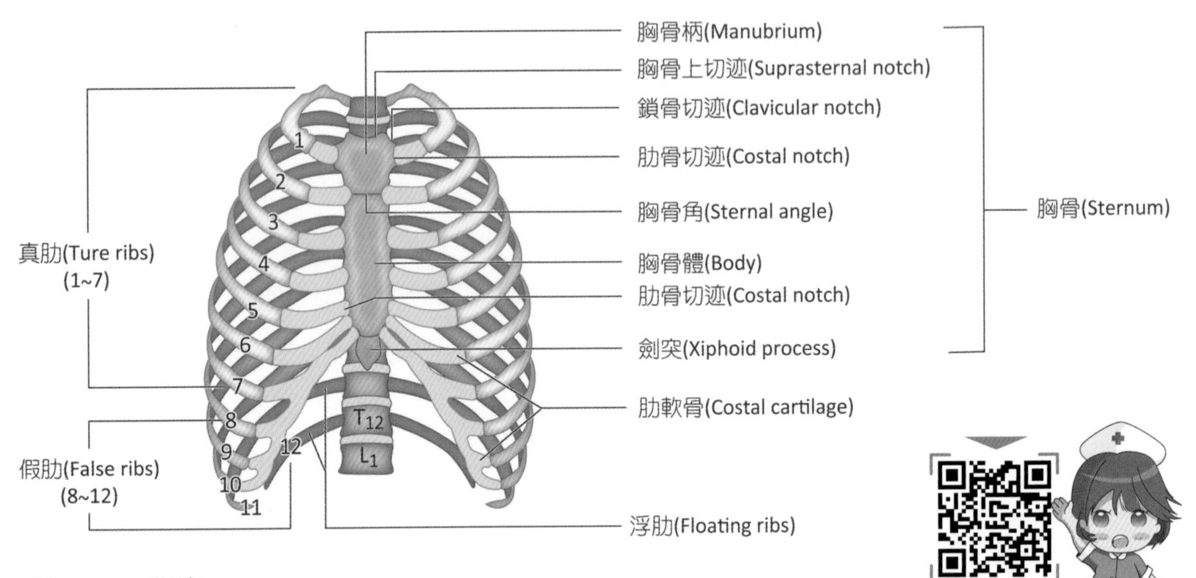

■ 圖 5-25 胸廓

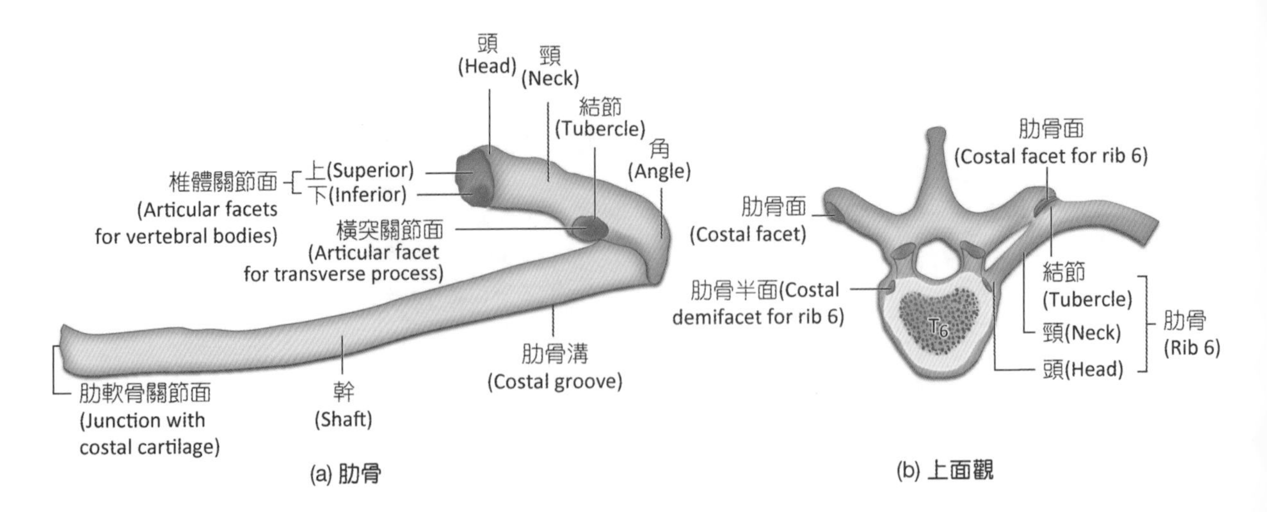

■ 圖 5-26 肋骨

5-7 附肢骨骼

活動的肌肉會施加壓力在骨骼上，維持骨骼適當的強度，避免骨骼變薄、變脆。運動時，主要是移動附肢骨骼，包含上下肢、連接中軸骨骼與上下肢的肩帶和骨盆帶（圖5-27）。

一、肩帶 (Pectoral Girdle)

左右一對的肩帶分別與上肢和軀幹相關節，**由鎖骨和肩胛骨組成**。提供移動上肢肌肉的附著點，並透過肩胛骨和鎖骨相關節，聯繫中軸和附肢骨骼，提供上肢相當程度的活動性。

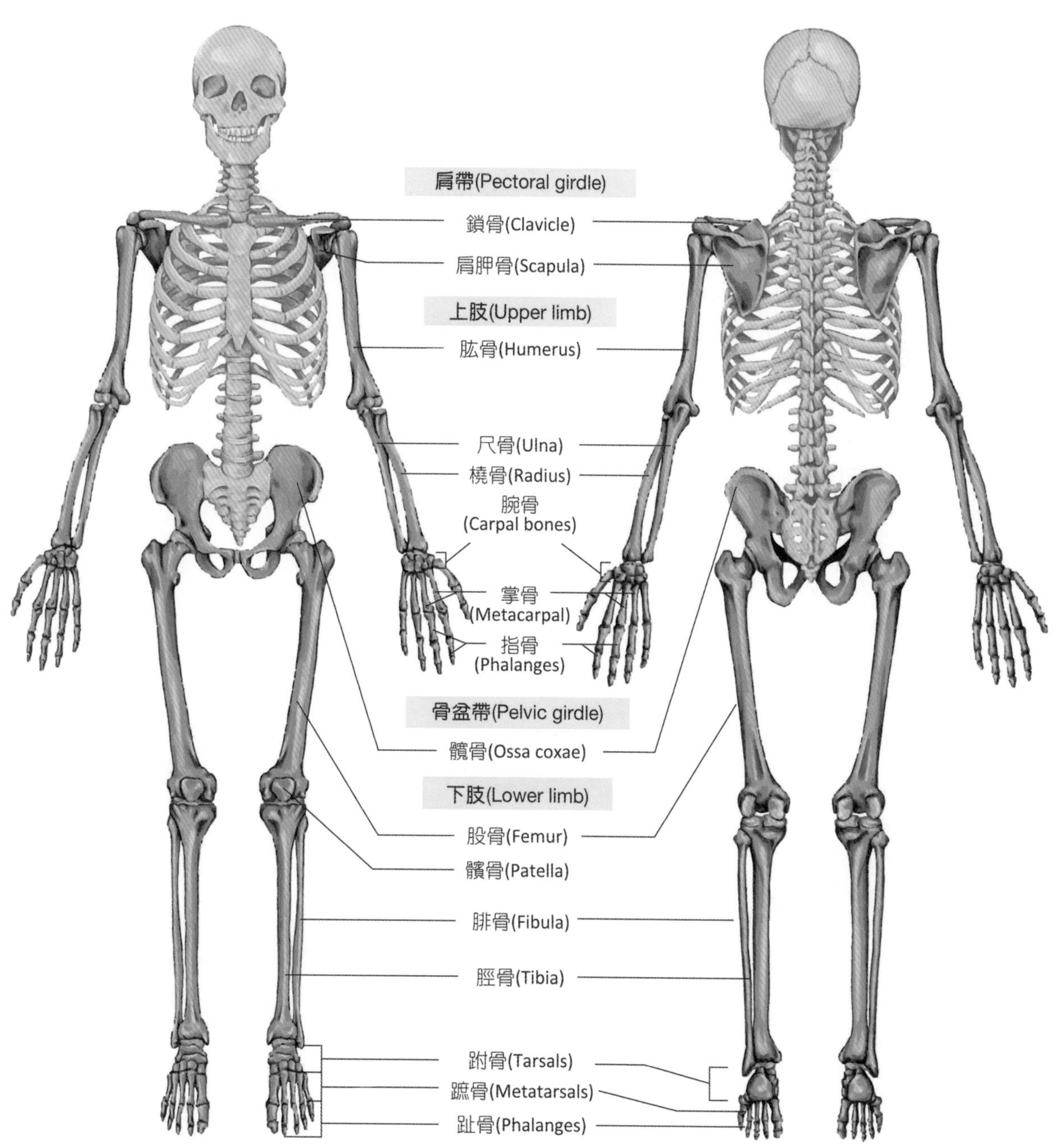

■ 圖 5-27　附肢骨骼

(一) 鎖骨 (Clavicle)

S 形的鎖骨自胸骨柄延伸到肩胛骨處。錐形的內側尾端與胸骨柄相關節，構成**胸鎖骨關節** (sternoclavicular joint)，外側端寬廣平面的肩峰端 (acromial end) 與肩胛骨相關節，構成**肩鎖關節** (acromioclavicular joint)（圖 5-28）。

在胸骨上方，可以很容易的觸摸到鎖骨。鎖骨的上方相對平滑，下方有許多肌肉或韌帶附著所形成的溝或嵴。

臨床應用 ANATOMY & PHYSIOLOGY

鎖骨骨折

鎖骨較小、較脆弱，常因跌倒撞傷肩膀或手臂過度伸展而骨折。除此之外，車禍時，繫上安全帶的乘客也常造成鎖骨骨折。因鎖骨外觀之故，骨折常發生在中間 1/3 向前突出處，幸運的是，鎖骨骨折癒合相當快，甚至於不需輔具的幫忙。但若骨折使鎖骨向內突入，可能會造成鎖骨下動脈破裂。

(二) 肩胛骨 (Scapula)

肩胛骨為一對寬廣、扁平的三角形骨骼，上面有許多大型突起，提供肌肉或韌帶附著。從背後可以很容易觸摸到肩胛骨後側的**棘** (spine)，末段突出的部分則為**肩峰** (acromion)。肩胛骨主要分成上、下和外側緣三個部分，每個邊緣中間有上、下和外側角。上緣有**肩胛上切迹** (suprascapular notch)，提供肩胛上神經和血管通過；上緣外側有突出的**喙突** (coracoid process)。外側角有**關節盂** (glenoid cavity)，提供肱骨頭相關節（圖 5-29）。

肩胛骨提供旋轉肌套 (rotator cuff) 附著，幫助穩定和移動肩關節。前方寬廣面的平面為**肩胛下窩** (subscapular fossa)，肩胛上肌附著於此處。後方的肩胛棘將肩胛骨面分為**棘上窩** (supraspinous fossa) 和**棘下窩** (infraspinous)，提供棘上肌和棘下肌附著。

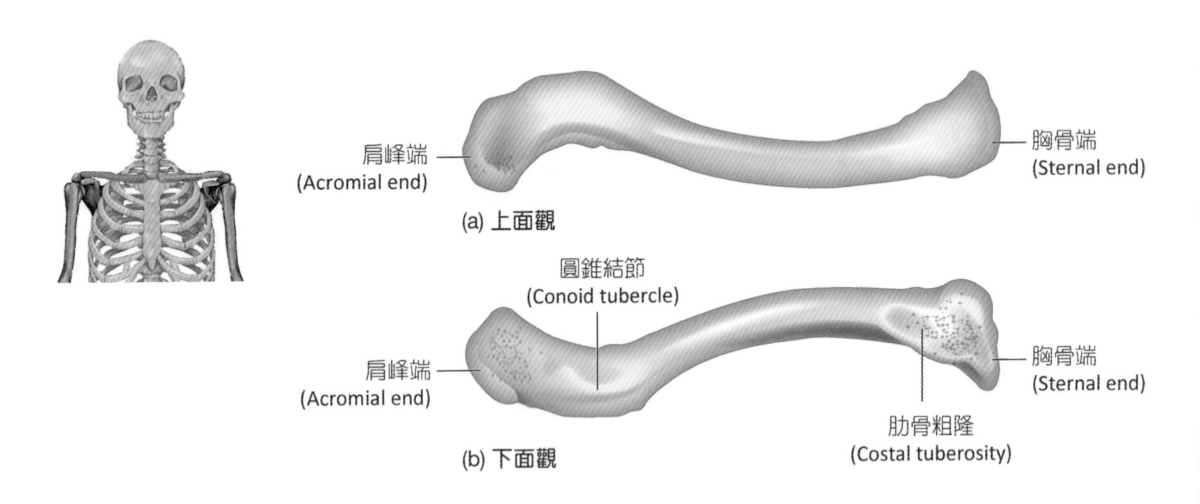

■ 圖 5-28　鎖骨

二、上肢 (Upper Limb)

上肢骨共有 30 塊，包括肱區的肱骨、前臂的橈骨和尺骨、8 塊腕骨、5 塊掌骨和 14 塊指骨。

(一) 肱骨 (Humerus)

肱骨為上肢最長、最大的骨骼。頭 (head) 和肩胛骨關節盂相關節，靠近頭部有大小結節，兩個結節間有結節間溝 (intertubercular groove)，提供肱二頭肌肌腱附著。結節和頭部之間的解剖頸 (anatomical neck) 是成年人肱骨較易發生骨折處。結節遠端的外科頸 (surgical neck) 連接肱骨頭和骨幹（圖 5-30）。

肱骨骨幹 (shaft) 中間的**三角肌粗隆** (deltoid tuberosity) 提供三角肌附著。遠端的內、外髁 (medial and lateral epicondyles) 亦提供許多肌肉附著。內髁後方是尺神經通過之尺神經溝 (ulnar groove)，支配手部許多內在肌肉。

肱骨遠端關節面與橈骨和尺骨構成肘關節。外側的**小頭** (capitulum) 和內側的**滑車** (trochlea) 分別**和橈骨頭、尺骨滑車切迹相關**

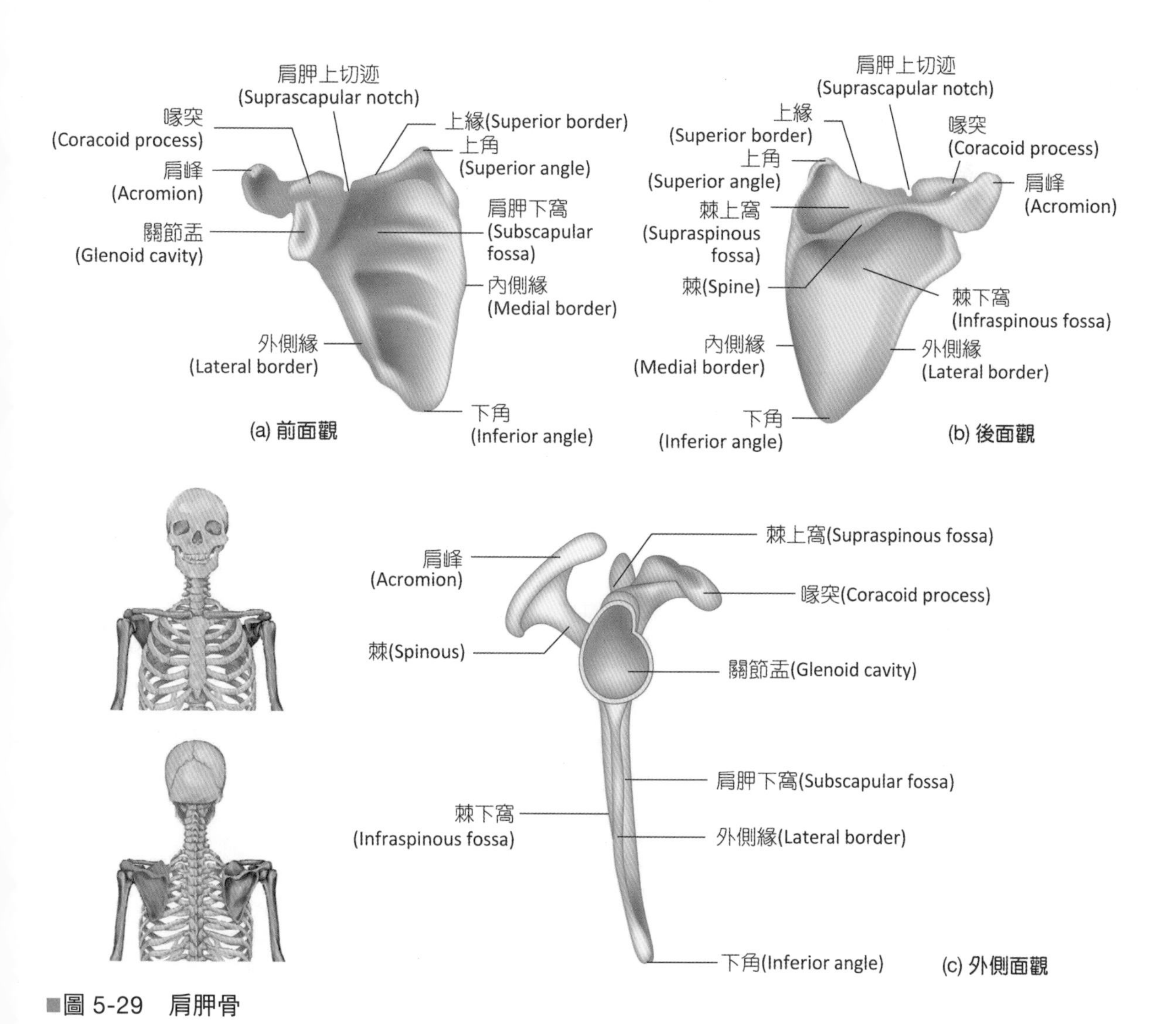

■圖 5-29　肩胛骨

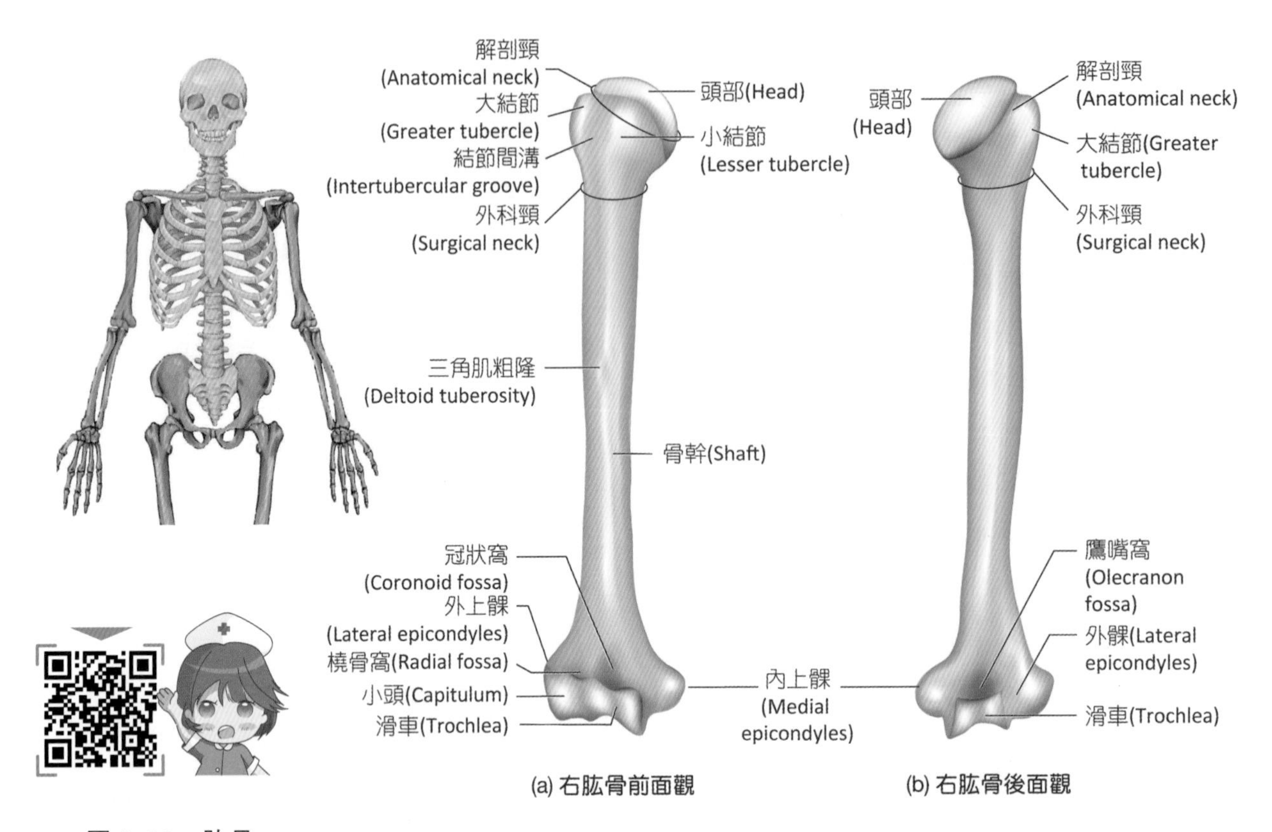

■ 圖 5-30 肱骨

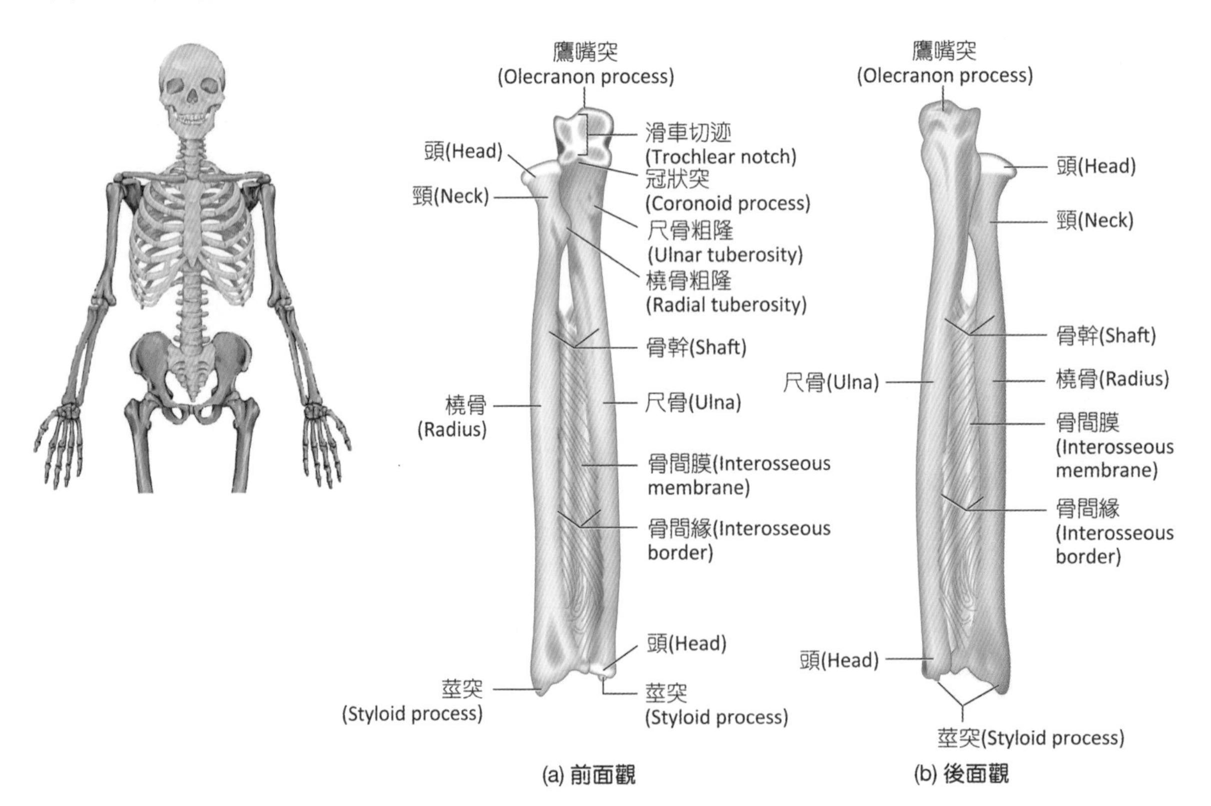

■ 圖 5-31 橈骨、尺骨

節。此外，在肱骨的遠端處可見三個凹陷，分別為前外側的橈骨窩 (radial fossa)、前內側的**冠狀窩** (coronoid fossa) 及後方的**鷹嘴窩** (olecranon fossa)。

(二) 橈骨 (Radius)

橈骨和尺骨共同構成前臂，兩根骨頭互相平行。橈骨位於外側，兩塊骨頭間靠著**骨間膜** (interosseous membrane) 維持一定的距離，並且提供旋轉前臂時的樞紐。近端**橈骨頭與肱骨小頭相關節**。延伸自橈骨頭處，狹窄的橈骨結節 (radial tuberosity)，提供肱二頭肌附著（圖 5-31）。

橈骨骨幹 (shaft) 向遠側處延伸漸大，外側**莖突** (styloid process) 可以在手腕摸到，靠近大拇指處則可摸到內側的**尺骨切迹** (ulnar notch)，提供與尺骨遠端處相關節。

(三) 尺骨 (Ulna)

尺骨較橈骨長，位於前臂內側。尺骨近端 C 形的**滑車切迹** (trochlear notch) 包覆肱骨滑車，後上方突起的**鷹嘴突** (olecranon process)，與肱骨鷹嘴突關節，提供肘關節伸直時後方的卡榫。冠狀突 (coronoid process) 與肱骨冠狀窩相關節。橈骨切迹 (radial notch) 與橈骨頭構成近端橈尺關節 (proximal radioulnar joint)。尺骨遠端內側的莖突可以在手腕內側觸摸到（圖 5-31）。

就解剖學姿勢來說，前臂呈現旋前 (supination) 姿勢，又因橈骨和尺骨平行排列，我們可以看見橈骨在外，尺骨在內。

(四) 腕骨 (Carpals)

手腕和手部主要是由腕骨、掌骨和指骨共同構成。腕骨是一種外型短小的骨頭，從遠端到近堆整齊的排列成兩列，提供手腕做出許多動作。近端列由外到內分別是舟狀骨 (scaphoid)、月狀骨 (lunate)、三角骨 (triquetrum) 和豆狀骨 (pisiform)。遠端列由外到內是大多角骨 (trapezium)、小多角骨 (trapezoid)、頭狀骨 (capitate) 和鉤狀骨 (hamate)（圖 5-32）。

臨床應用 ANATOMY & PHYSIOLOGY

腕隧道症候群 (Carpal Tunnel Syndrome)

腕隧道症候群是由於重複性使用腕部引發手腕前側組織發炎，會影響肌腱、肌肉或關節活動，造成周邊韌帶或神經受到壓迫，使手腕活動度下降。腕骨的排列方式造成手腕向前凹的外觀，包圍此處的韌帶（屈肌支持帶）構成腕隧道 (carpal tunnel)，許多從前臂延伸入指頭的肌肉、肌腱會通過此隧道，正中神經 (median nerve) 也在隧道內。

正中神經主要支配手的外側，包含移動大拇指的相關肌肉，當過分移動隧道內的肌肉時，可能會引起肌腱發炎，進而壓迫正中神經，使正中神經功能受損，導致手部外側皮膚麻木、大拇指無力，無法彎曲手腕或手指，且晚上時疼痛會加劇。腕隧道症候群常發生在重複性使用手部的工作者，例如食物處理師或包裝者。臨床上常藉由輔具、消炎藥或手術處理。

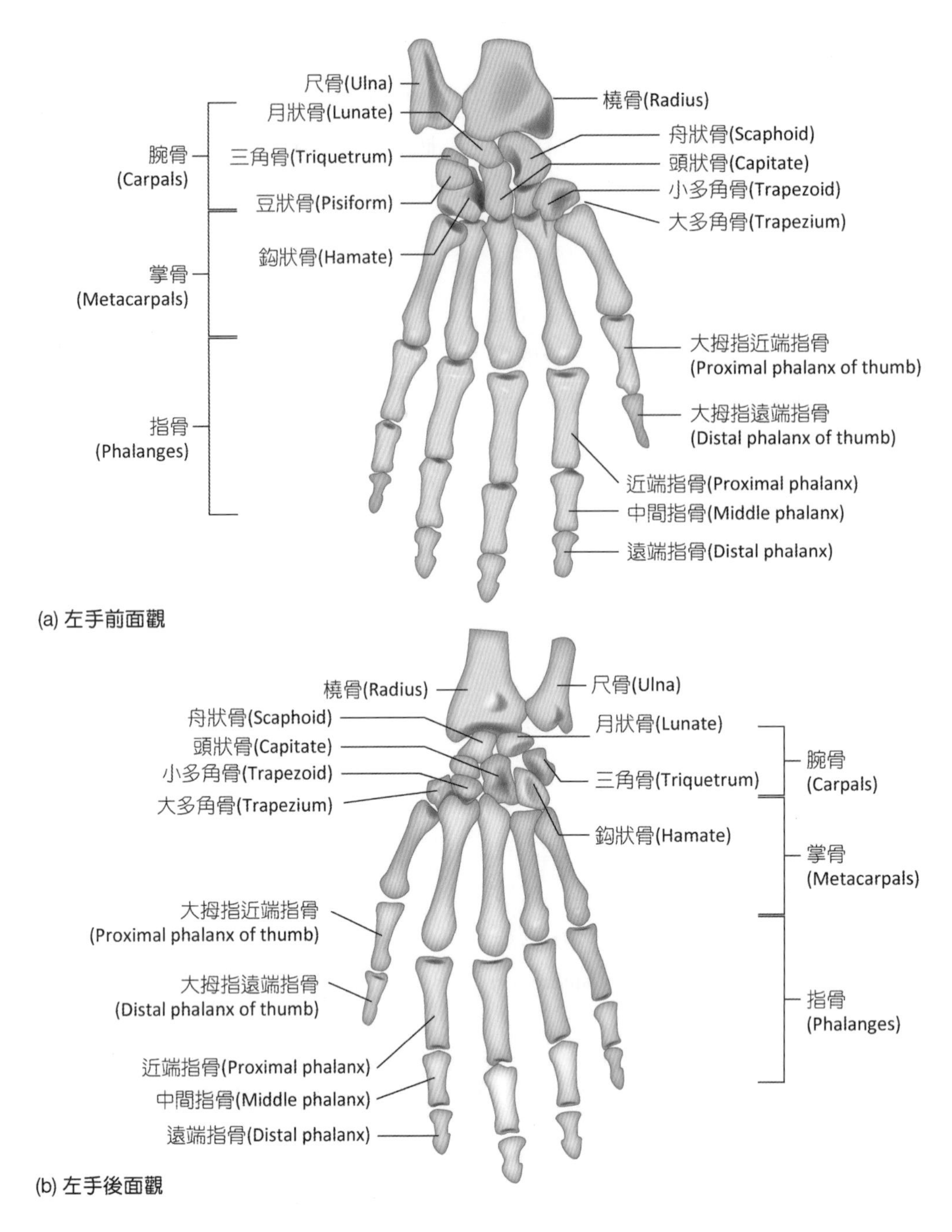

■ 圖 5-32　腕骨、掌骨、指骨

(五) 掌骨 (Metacarpals)

掌骨構成手掌部，5 根掌骨遠端和腕骨相關節，支撐著手掌的構造。第 1 掌骨位於靠近大拇指的基部，第 5 掌骨位於小指的基部（圖 5-32）。

(六) 指骨 (Phalanges)

手指由指骨構成，共 14 塊，第 2~5 指分別有三根指骨，但大拇指沒有中間指骨，因此只有兩根。指骨近端和掌骨遠端關節，指骨遠端構成指尖（圖 5-32）。

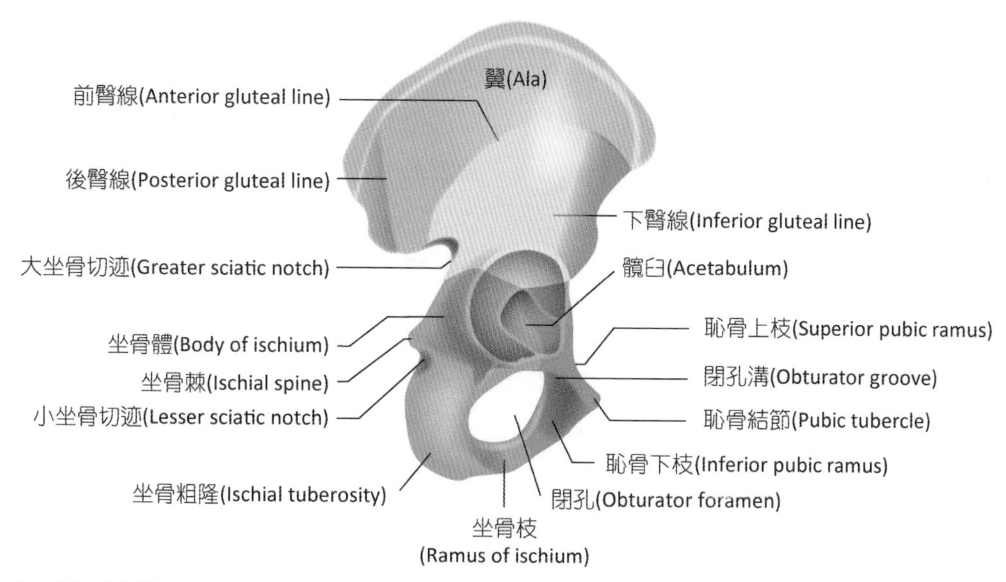

(a) 右髖骨外側觀

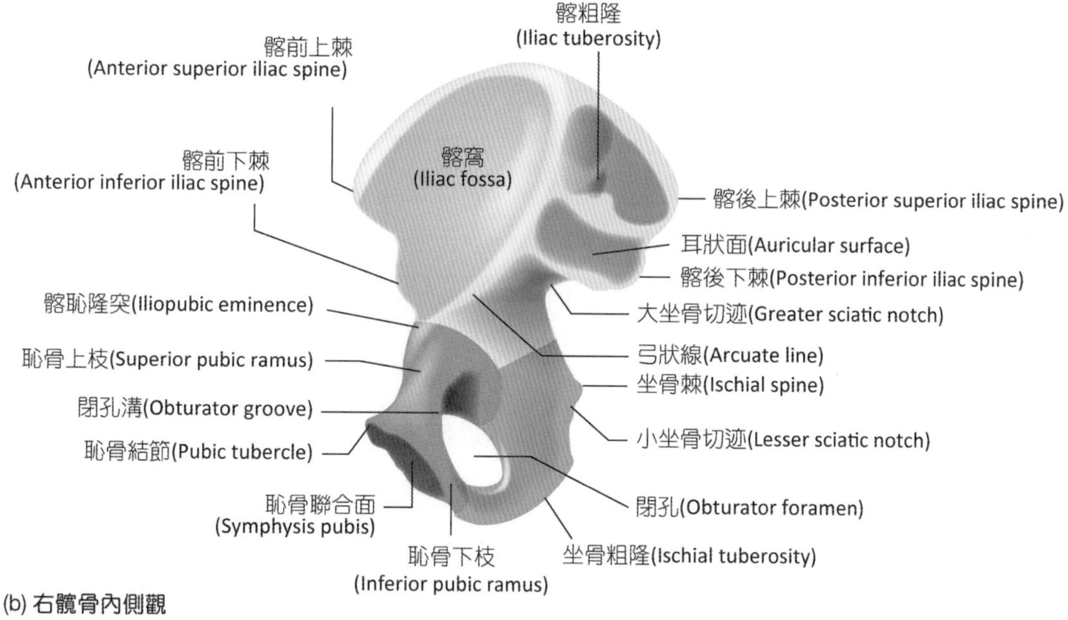

(b) 右髖骨內側觀

■ 圖 5-33 髖骨

三、骨盆帶 (Pelvic Girdle)

成人的骨盆帶由四塊骨頭構成：薦骨、尾骨和左右兩塊髖骨。骨盆帶支持、保護著身體腹側體腔內下部的臟器。兩側骨盆帶由左右髖骨組成，與下肢大腿相關節。當人體直立時，骨盆會稍微的向前傾。

髖骨 (os coxae) 又稱骨盆骨 (hip bone)，**由髂骨、恥骨和坐骨組成**，這三塊骨頭會在 13~15 歲時融合成一塊，於髖臼 (acetabulum) 處癒合。每塊髖骨後方與薦骨關節，髖臼內平滑、彎曲的月狀面 (lunate surface) 直接與股骨頭相接（圖 5-33）。

(一) 髂骨 (Ilium)

髂骨是髖骨中最大的一塊，髖骨上方扇形的翼 (ala)，延伸至下方突起的弓狀線 (arcuate line)，提供界定真假骨盆的上界。翼的內面有髂窩 (iliac fossa)，後內側有耳狀面 (auricular surface) 與薦骨構成薦髂關節 (sacroiliac joint)。

翼上方的增厚處為髂嵴 (iliac crest)，從髂前上棘 (anterior superior iliac spine) 一直延伸到髂後上棘 (posterior superior iliac spine)。靠近髂後下棘有大坐骨切迹 (greater sciatic notch)，全身最大的坐骨神經經此到達大腿。

(二) 坐骨 (Ischium)

坐骨棘 (ischial spine) 上方為坐骨體 (ischial body)，下方是小坐骨切迹 (lesser sciatic notch)。坐骨後外側粗糙的突起為**坐骨粗隆** (ischial tuberosity)，**是提供人體坐下時支撐體重的重要構造**，坐下時可以在臀部觸摸到。坐骨粗隆向前延伸形成坐骨枝 (ramus of ischium)，最後與恥骨融合。

(三) 恥骨 (Pubis)

恥骨枝和坐骨枝圍繞形成閉孔 (obturator foramen)。恥骨下枝 (inferior pubic ramus) 前上方是恥骨嵴 (pubic crest)，恥骨結節 (pubic tubercle) 提供腹股溝韌帶附著處。恥骨前內側的粗糙結合面稱恥骨聯合 (symphysis pubis)，為兩塊恥骨關節處。梳狀線 (pectineal line) 從恥骨內側面斜過，最後與弓狀線合併。

(四) 骨盆 (Pelvis)

骨盆緣沿著**弓狀線**、**梳狀線**、**薦骨翼和薦岬**構成骨盆入口 (pelvic inlet)，將骨盆腔分隔為真骨盆和假骨盆。真骨盆 (true pelvis) 位於骨盆緣下方的深碗形空間，容納骨盆內器官。假骨盆 (false pelvis) 位於骨盆緣上方，構成腹腔下部區域，容納下腹部器官。骨盆出口 (pelvic outlet) 以尾骨、坐骨粗隆和恥骨聯合下緣為界線，因坐骨棘突入，使出口寬徑狹窄。骨盆出口的寬徑對胎兒出生時頭部能否順利通過相當重要。

男女性骨盆結構有明顯差異，女性骨盆為了懷孕、生產因此較男性淺、寬，且髂骨較寬廣，男性則較狹窄。女性恥骨弓角度一般超過 100 度，男性則不會超過 90 度（表 5-4）。

四、下肢 (Lower Limb)

下肢的排列和骨骼數量大致和上肢相同，但因下肢須負重和移動軀幹，形狀上與上肢不同。下肢共有 60 塊骨骼。

(一) 股骨 (Femur)

股骨是全身最粗壯的骨骼，股骨頭上的小凹 (fovea) 利用細長的韌帶連接髖臼。頭部遠端為股骨頸，是老年人最常骨折的地方。股骨近端廣大、粗糙的大轉子 (greater trochanter)、小轉子 (lesser trochanter) 提供骨盆許多強壯肌肉附著（圖 5-34）。

骨幹後方中線突起的**粗線** (linea aspera) **提供大腿內收肌群附著**。股骨遠端有兩個平坦、卵圓形的關節面，分別為內髁 (medial condyle)、外髁 (lateral condyle)。內外髁上方突起為內上髁 (medial epicondyle)、外上髁 (lateral epicondyle)。內外髁在前方關節面融合形成髕骨面 (patellar surface)，提供股骨與髕骨在此相關節。

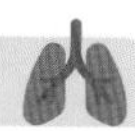

表 5-4 男女性骨盆主要差異性

特點	女性	男性
外觀	質量輕而薄	質量重而厚
骨盆入口	寬、呈卵圓形	呈心形
寬度	骨盆較寬、扁平	骨盆較窄、面向更加垂直
骨盆腔	淺而寬	深而窄
恥骨弓	大於 100 度	小於 90 度
恥骨體	較長、呈矩形	短、呈三角形
閉孔	小、呈三角形	大、卵圓形
薦骨	短、寬，薦骨曲度平坦	窄但較長、彎曲角度大
尾骨	後傾斜	垂直
骨盆傾斜	向骨盆上端前傾	骨盆上表面相對較為垂直

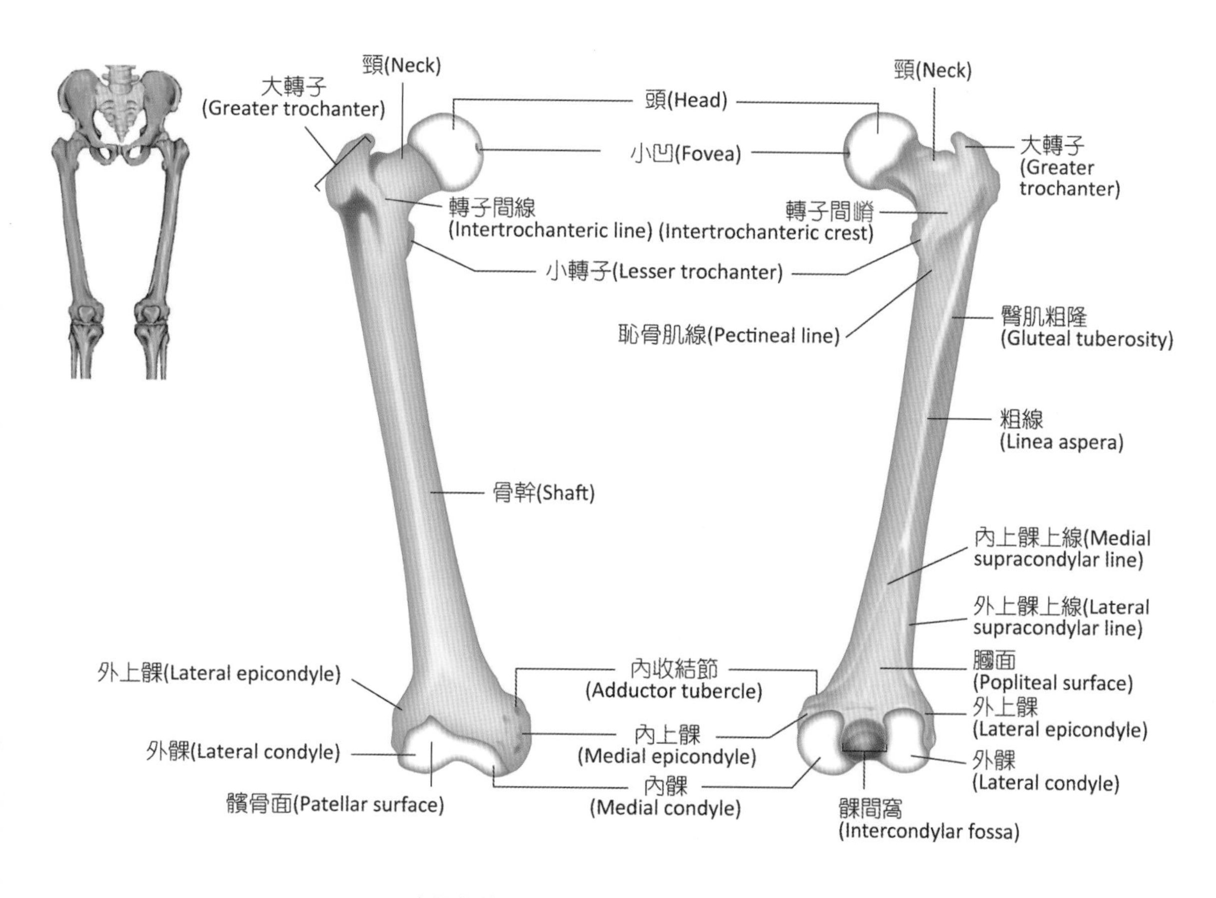

■ 圖 5-34 股骨

(二) 髕骨 (Patella)

髕骨為隱藏在股四頭肌肌腱內人體最大的種子骨（圖 5-35），能保護膝關節。髕骨底部寬廣，下方是尖端，沿著膝關節前側面即能輕易觸即。髕骨後側關節面與股骨相關節。

(三) 脛骨 (Tibia)

脛骨是小腿內側較粗、強壯的骨頭，是小腿處唯一的體重支撐。脛骨與腓骨間利用骨內膜穩定，並提供兩骨互相旋轉動作時的支柱。近端的內髁、外髁與股骨相關節，腓骨關節面與腓骨頭構成上脛腓關節 (superior tibiofibular joint)。前方粗糙的平面稱**脛骨粗隆** (tibial tuberosity)，提供膝韌帶附著。脛骨遠端的**內踝** (medial malleolus) 可以從踝關節內側面觸及，外側面的腓骨切迹 (fibular notch) 與腓骨構成下脛腓關節 (inferior tibiofibular joint)，下方關節面則與距骨相關節（圖 5-36）。

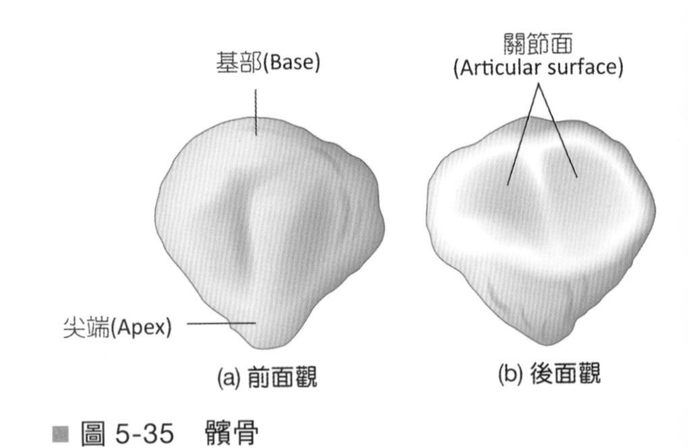

■ 圖 5-35 髕骨

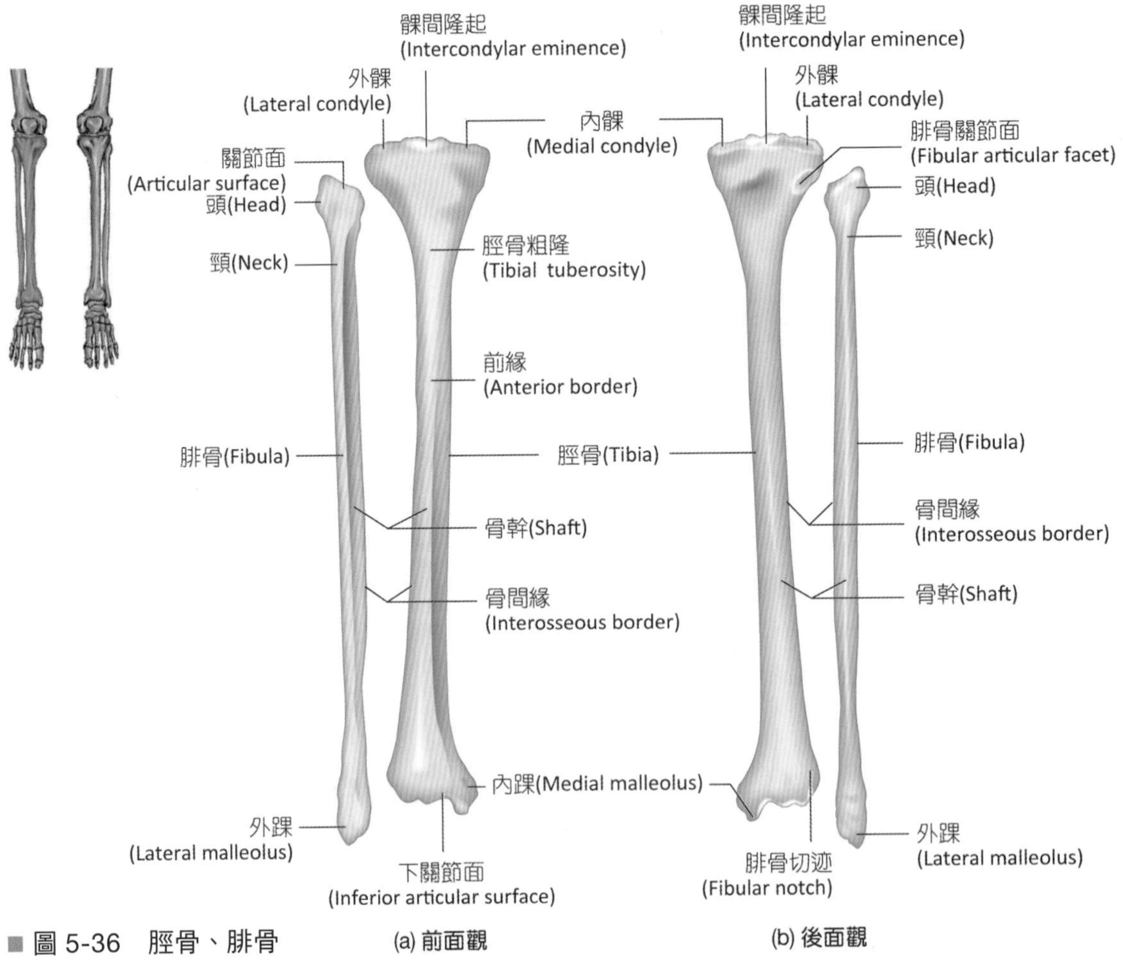

■ 圖 5-36 脛骨、腓骨

(四) 腓骨 (Fibula)

位於小腿外側細長的骨骼。腓骨沒有承擔體重，但提供許多肌肉附著。頭部平滑的關節面與脛骨相關節。腓骨最遠端的**外踝** (lateral malleolus) 構成踝關節，並提供踝關節外側的穩定性，可以從踝關節的外側觸及（圖 5-36）。

(五) 跗骨 (Tarsals)

踝關節到足部主要由跗骨、蹠骨和趾骨構成。跗骨共 7 塊，位於近端的足部，可幫助踝關節承受體重。最大的跗骨是**跟骨** (calcaneus)，構成足跟部分。跟骨的後側是阿基里斯腱的附著點。第二大的**距骨** (talus) 位

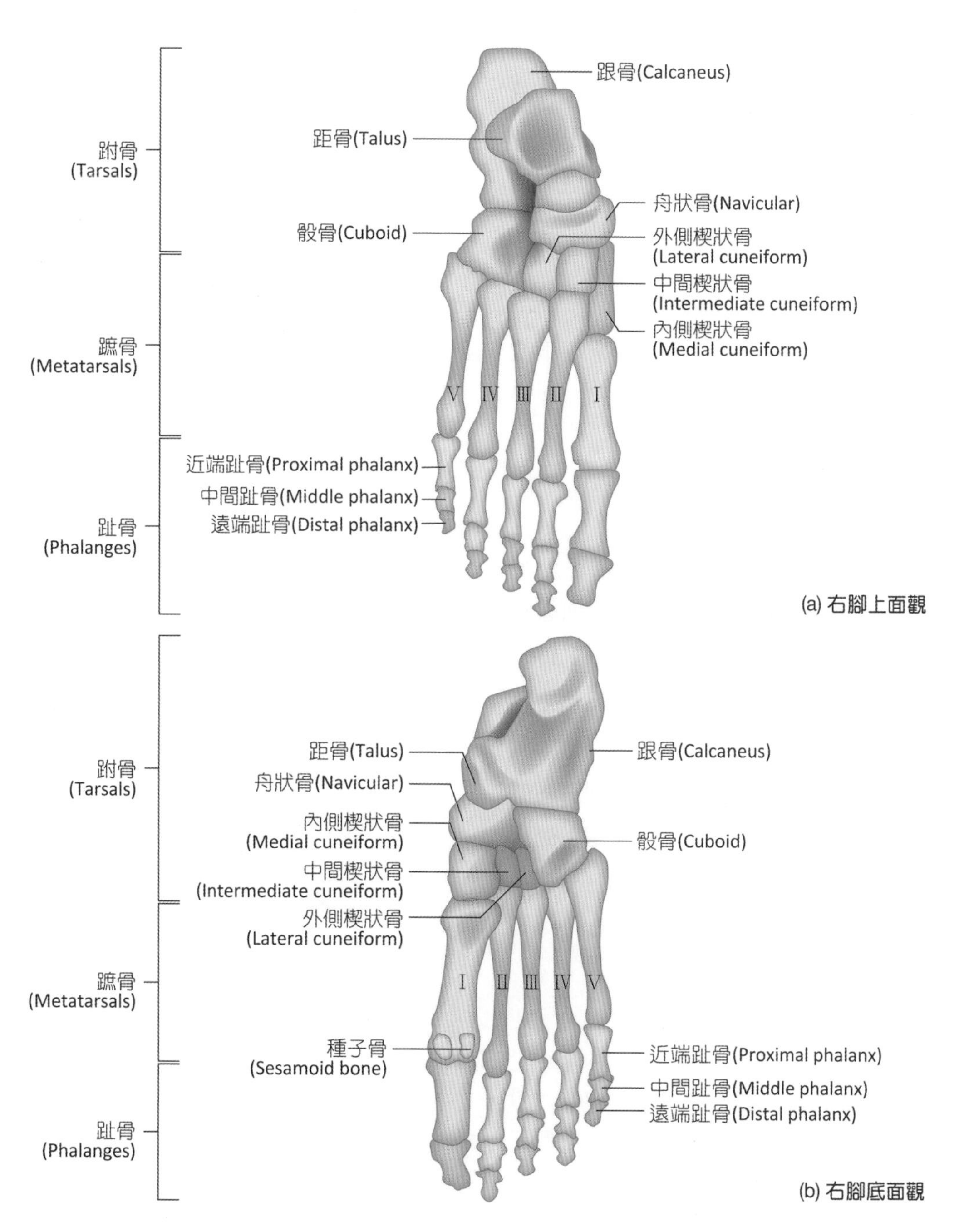

■ 圖 5-37　跗骨、蹠骨與趾骨

於最上方，**與脛骨、腓骨相關節**。遠端側跗骨由內而外分別為 3 塊楔狀骨 (cuneiform)、骰骨 (cuboid)、舟狀骨 (navicular)。遠端側的跗骨與蹠骨相關節（圖 5-37）。

(六) 蹠骨 (Metatarsals)

蹠骨共 5 塊，構成腳掌部分，從內側到外側分別為第 1~5 蹠骨。第 1~3 蹠骨與楔狀骨關節，第 4~5 蹠骨與骰骨關節，遠端則與趾骨關節。第一蹠骨的頭部常會出現 2 塊小種子骨，穿插在屈拇指短肌內，幫助肌腱的滑動更順利（圖 5-37）。

(七) 趾骨 (Phalanges)

共有 14 塊，大拇趾僅有近端、遠端兩塊趾骨，其餘四趾則各有近端、中間、遠端 3 塊趾骨（圖 5-37）。

(八) 足弓

一般而言，站立時足掌不會整個平貼地面，而是呈弓形，以幫助支持體重，使血管和神經不會受到擠壓。足弓 (arches of the foot) 的角度是利用足部骨骼彼此相互連鎖而建立，就好像楔形磚塊不需要機械性的外力支持，就能維持拱橋的穩固。此外，足弓還可利用韌帶或肌腱來加強其穩固性。足弓共有 3 個，分別是內側縱弓 (medial longitudinal arch)、外側縱弓 (lateral longitudinal arch) 和橫弓 (transverse arch)（圖 5-38）。

◎ 內側縱弓

從大拇趾延伸到腳跟，由根骨、距骨、舟狀骨、楔狀骨和內側三塊蹠骨構成，是三個足弓中縱向角度最大的，為足內側面的神經和血管提供一個不受擠壓的空間。內側縱弓使腳掌內側在站立時不與地面接觸，因此做足印時，掌面內側並不會出現。

臨床應用 ANATOMY & PHYSIOLOGY

拇趾外翻 (Hallux Valgus)

一種永久性大拇趾傾向其他腳趾的症狀，常因為穿著太緊的鞋子引起，鞋子的壓力造成第一蹠骨下的種子骨被推向外側，遠離大拇趾，外展拇趾肌附著在其中一塊種子骨的肌腱，無法將移位的大拇趾拉回到適當的位置上。

◎ 外側縱弓

主要由跟骨、骰骨和外側兩塊蹠骨構成，提供足部外側面角度，可以分擔部分體重。外側縱弓縱向角度沒有內側縱弓大，因此在做腳印時外側掌面會出現。

◎ 橫弓

橫弓與縱弓垂直，由遠端跗骨和 5 塊蹠骨構成。因內側縱弓角度大於外側縱弓，造成橫弓內側的角度大於外側。

ANATOMY & PHYSIOLOGY

扁平足 (Flatfoot)

扁平足是指內側縱弓塌陷，導致足底幾乎或完全接觸地面。一般而言，嬰幼兒因足弓尚未發展完全，會呈現扁平足的腳型，隨著肌肉、韌帶、肌腱和骨頭的生長，在 4~6 歲時足弓慢慢出現，並於成年後定型。成人可能因受傷、長時間壓力導致肌力退化或骨頭移位，最後衍生出扁平足，成年後所形成的扁平足會變成終生的問題，臨床上多在患者站立時進行目視評估。然而扁平足不會引起疼痛，因此常被忽略。

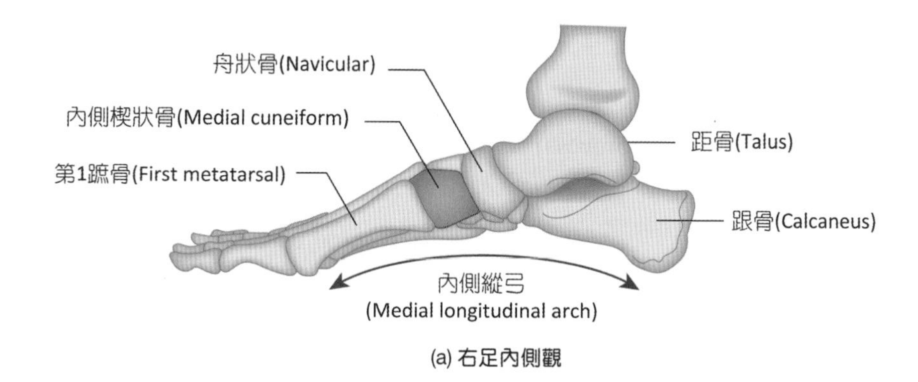

(a) 右足內側觀

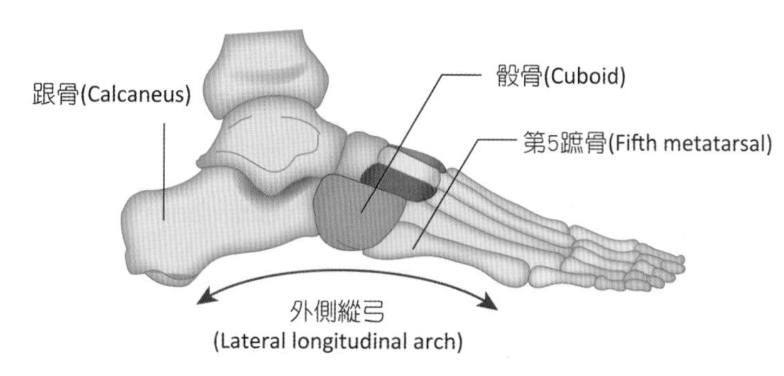

(b) 右足外側觀

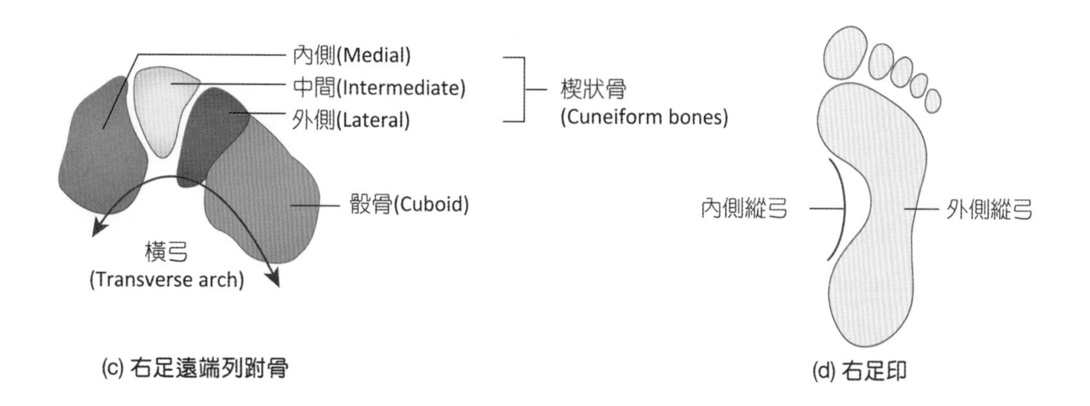

(c) 右足遠端列跗骨

(d) 右足印

■ 圖 5-38　足弓

學習評量 REVIEW AND CONPREHENSION

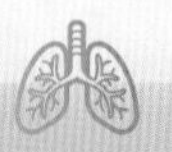

1. 在青春期，下列何者對長骨的「縱向生長」最為重要？(A) 骨外膜 (periosteum) (B) 骨內膜 (endosteum) (C) 骨骺板 (epiphyseal plate) (D) 骨骺線 (epiphyseal line)
2. 下列椎骨中，何者的棘突 (spinous process) 最長？(A) 第 5 頸椎 (B) 第 5 胸椎 (C) 第 5 腰椎 (D) 第 5 薦椎
3. 小腿脛骨 (tibia) 的外形，屬於下列何種骨骼？(A) 長骨 (B) 短骨 (C) 扁平骨 (D) 種子骨
4. 下列有關椎骨的敘述，何者錯誤？(A) 頸椎及胸椎皆有橫突 (B) 椎間盤位於椎體之間 (C) 每個椎孔皆有脊髓通過 (D) 每個椎間孔皆有脊神經通過
5. 下列何者是尺骨的表面標記？(A) 鷹嘴 (olecranon) (B) 滑車 (trochlea) (C) 小頭 (capitulum) (D) 結節 (tubercle)
6. 下列何者連接顱腔與椎管？(A) 卵圓孔 (B) 頸動脈管 (C) 枕骨大孔 (D) 頸靜脈孔
7. 下列何者含副鼻竇？(A) 鼻骨 (B) 顴骨 (C) 腭骨 (D) 額骨
8. 下列何者介於蝶骨的小翼與大翼之間？(A) 棘孔 (foramen spinosum) (B) 圓孔 (foramen rotundum) (C) 卵圓孔 (foramen ovale) (D) 眶上裂 (superior orbital fissure)
9. 下列哪一塊骨頭中不具有副鼻竇的構造？(A) 上頷骨 (B) 下頷骨 (C) 篩骨 (D) 蝶骨
10. 有關兩性骨盆的比較，下列何者男性大於女性？(A) 骨盆入口的寬度 (B) 恥骨弓的夾角 (C) 骨盆出口的寬度 (D) 真骨盆的深度
11. 下列何者是海綿骨的結構成分？(A) 骨小樑 (trabecula) (B) 骨元 (osteon) (C) 中央管 (central canal) (D) 穿通管 (perforating canal)
12. 上頷骨不參與形成下列哪個腔室？(A) 顱腔 (B) 眼眶 (C) 鼻腔 (D) 口腔
13. 下列何者同時參與足部內側縱弓及外側縱弓的形成？(A) 跟骨 (calcaneus) (B) 距骨 (talus) (C) 骰骨 (cuboid) (D) 楔骨 (cuneiform)
14. 下列何者同時參與形成前顱窩、中顱窩？(A) 篩骨 (B) 蝶骨 (C) 額骨 (D) 顳骨
15. 下列有關蝶骨的敘述，何者錯誤？(A) 含副鼻竇 (B) 形成腦下垂體窩 (C) 內有管道與眼眶相通 (D) 與第一頸椎形成關節
16. 抽取骨髓檢體時，常採髖骨明顯靠近體表之位置，較適合的抽取處為何？(A) 恥骨肌線 (B) 恥骨弓 (C) 坐骨棘 (D) 髂嵴
17. 顴弓 (zygomatic arch) 是由顴骨與下列何者共同組成？(A) 額骨 (B) 顳骨 (C) 蝶骨 (D) 上頷骨
18. 下列何者參與形成踝關節？(A) 蹠骨 (B) 趾骨 (C) 距骨 (D) 跟骨

19. 下列頭顱骨骼，何者負責與頸椎形成關節？
(A) 枕骨 (B) 顳骨 (C) 蝶骨 (D) 篩骨

20. 第 2 肋軟骨在下列何處與胸骨形成關節？
(A) 胸骨柄 (B) 胸骨角 (C) 胸骨體 (D) 胸骨上切迹

1.C 2.B 3.A 4.C 5.A 6.C 7.D 8.D 9.B 10.D 11.A 12.A 13.A 14.B 15.D 16.D 17.B 18.C 19.A 20.B

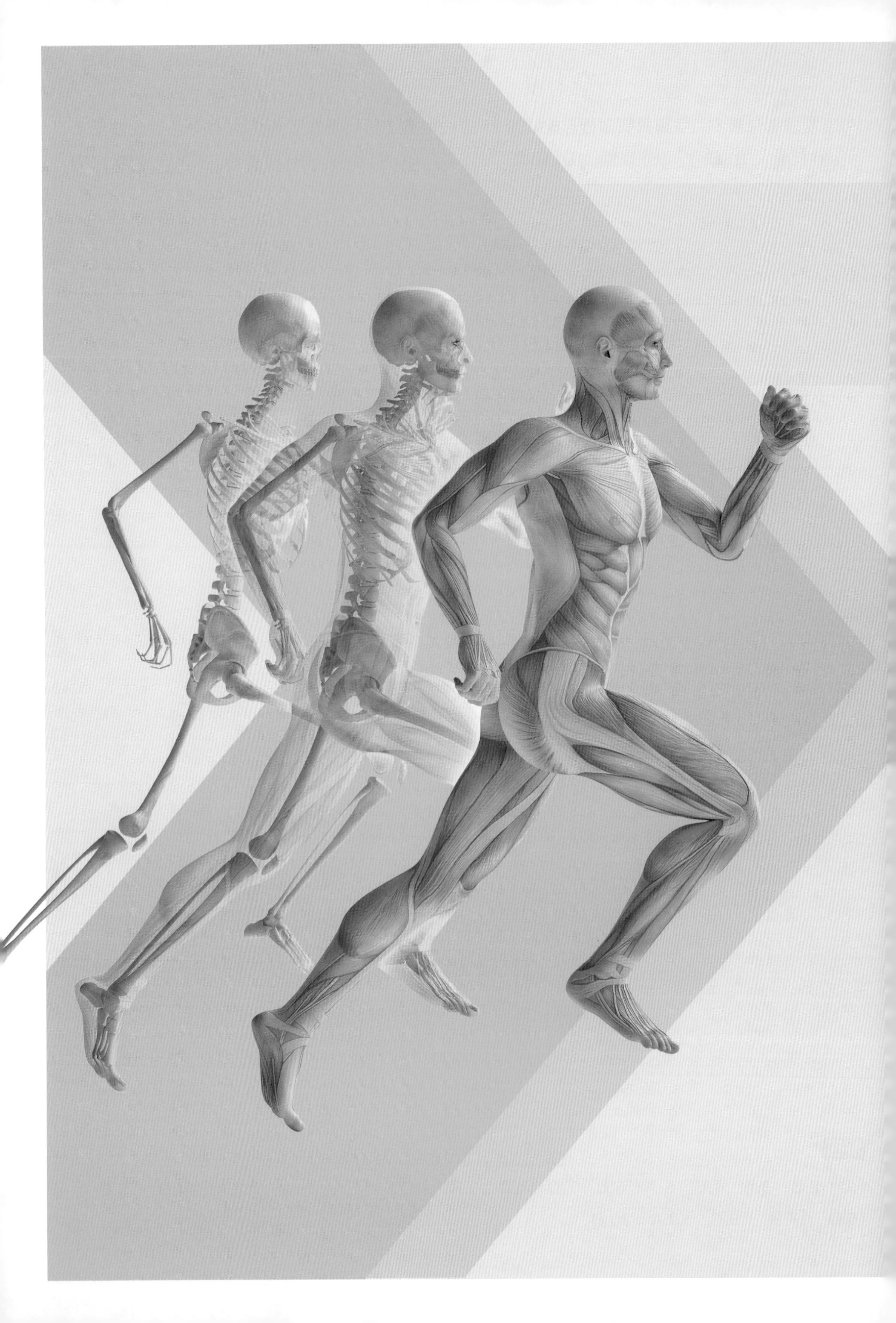

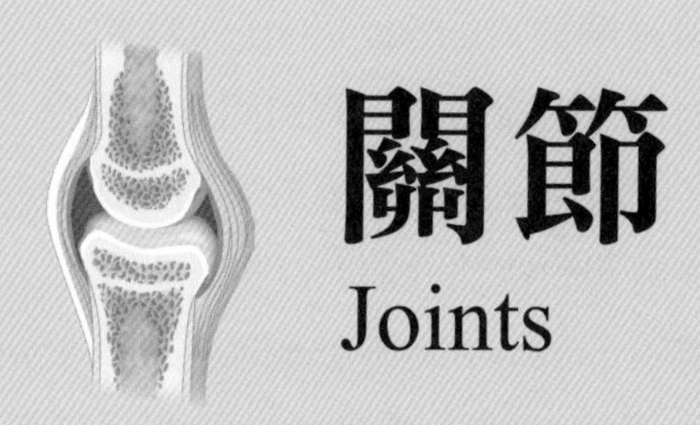

關節
Joints

CHAPTER
06

作者／吳惠敏

本章大綱 Chapter Outline

ANATOMY & PHYSLOLOGY

前言 INTRODUCTION

骨骼有許多功能，但最重要的功能是支撐體重，提供相當堅硬的支持但又出乎意料的輕。骨組織會隨著代謝的需求和身體活動的需求，進行重塑作用，所以骨骼組織的狀態是非靜態的、是動態發展的。骨頭會和肌肉合作，一起維持身體的姿勢和提供可受控制的活動。

6-1 關節的分類

關節的分類是依據關節本身的構造或功能來給予分類。

1. **構造性分類**：基於關節本身的構造性質，如有無關節腔、關節結締組織的總類，分類為纖維關節、軟骨關節以及滑液關節。
2. **功能性分類**：基於關節的動作程度的不同，分類為不動關節、微動關節以及可動關節。不能活動的關節稱為不動關節 (synarthroses)，稍微能活動的關節稱為微動關節 (amphiarthrosis)，可自由活動的關節稱為可動關節 (diarthroses)。

6-2 纖維關節

纖維關節 (fibrous joint) 的骨頭之間以緻密規則結締組織結合，關節間無關節腔，大部分纖維關節無法運動，屬於不動關節或僅能微動，依構造的特性分類為（圖 6-1）：

1. **骨縫** (sutures)：為不動關節，由一層薄薄的緻密纖維結締組織構成，骨頭之間緊密相接，並能緊緊鎖住。可見於頭顱骨之間，如冠狀縫、矢狀縫、人字縫、鱗狀縫。
2. **韌帶聯合** (syndesmosis)：關節間由帶狀緻密規則結締組織結合，纖維較骨縫多、骨間距較骨縫大，可輕微動作，屬於微動關節，可見於脛骨與腓骨之間以及橈骨與尺骨之間的**骨間膜**。
3. **嵌合關節** (gomphosis)：又稱釘狀聯合，利用韌帶將牙齒鑲嵌在齒槽內，嵌合關節是位於牙齒牙根與上、下頜骨齒槽窩的關節，牙齒被纖維牙周膜固定，此關節在功能上的分類為不動關節。

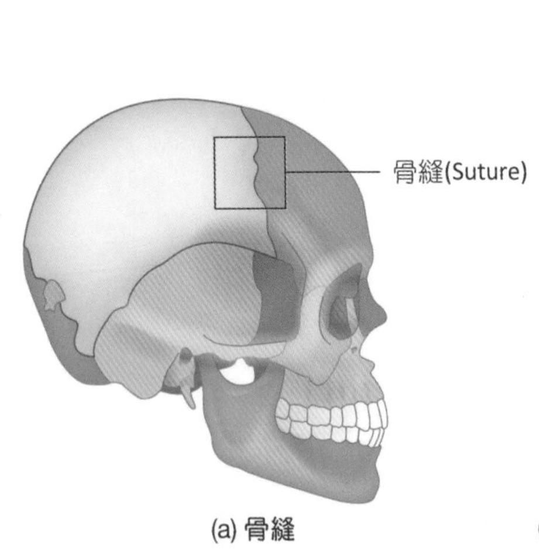

(a) 骨縫

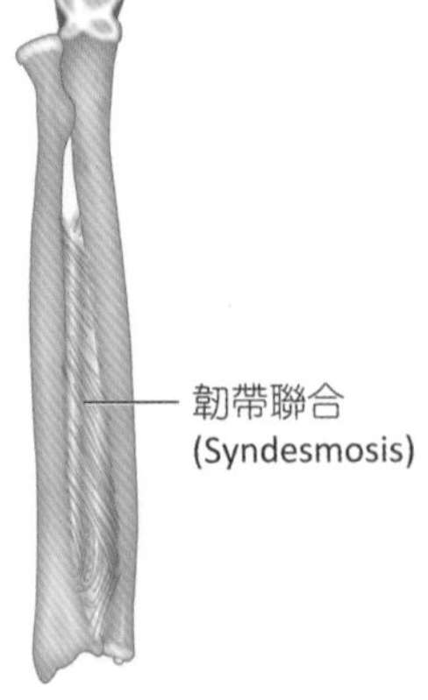

(b) 韌帶聯合

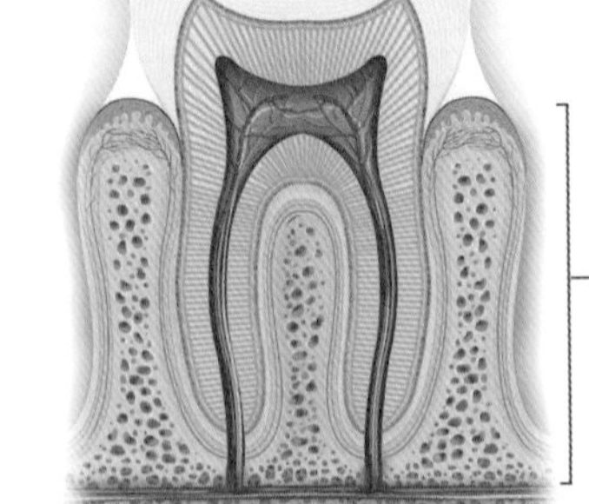

(c) 嵌合關節

■ 圖 6-1 纖維關節

6-3 軟骨關節 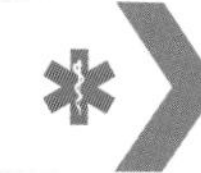

軟骨關節 (cartilaginous joints) 以軟骨連接兩個骨頭，沒有關節腔，因此無法運動或只能做輕微的運動，包括以下兩種類型（圖 6-2）：

1. **軟骨結合** (synchondrosis)：屬於不動關節，常見如骨骺板，骨骼間利用透明軟骨連接長骨的骨骺和骨幹。當透明軟骨停止生長後，硬骨取代軟骨，軟骨結合也就不再存在。軟骨結合通常在女性年齡約 18、男性約 20 歲癒合為骨骺線，此特徵可作為鑑別頭骨年齡非常有用的工具。
2. **軟骨聯合** (symphysis)：屬於微動關節，可做輕微的動作。關節骨之間存有纖維軟骨，能對抗壓擠並吸收振動，如恥骨聯合、椎間關節。恥骨聯合在女性生產時，變得較能活動，胎兒通過產道時能使骨盆稍為改變形狀以幫助生產。椎間關節相鄰的椎體間由椎間盤連接，僅容許作輕微活動，但串連成脊柱後有較靈活的活動。

6-4 滑液關節 

滑液關節 (synovial joints) 與先前所討論的關節不同，其骨與骨之間具有關節腔，可自由活動，功能上被分類為可動關節（圖 6-3）。

一、滑液關節的構造

滑液關節所具有的構造包括：

1. **關節腔** (joint cavity)：位於兩個骨頭之間，內含少量滑液之空腔。

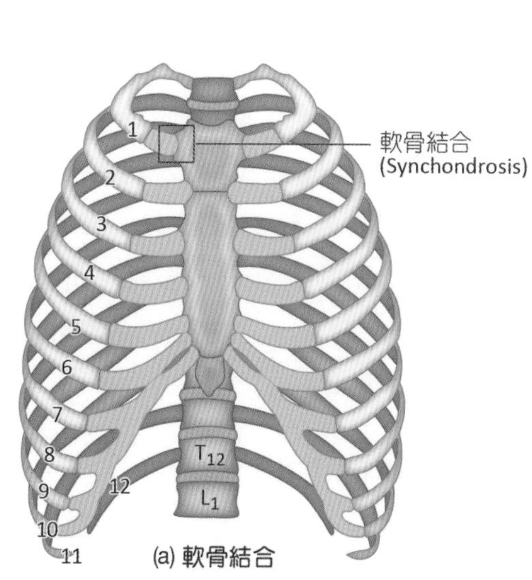

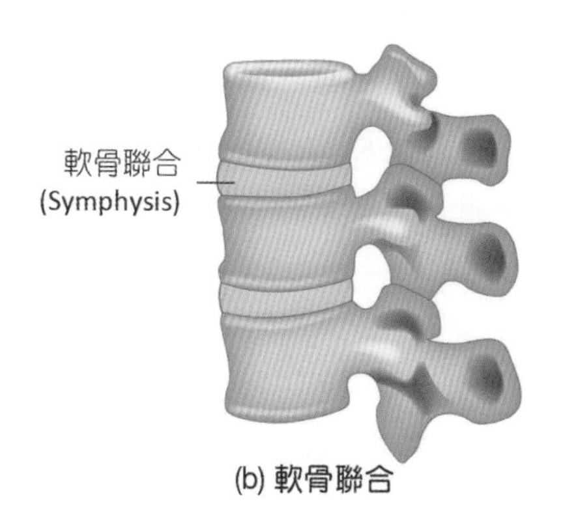

■ 圖 6-2　軟骨關節

■ 圖 6-3　滑液關節

2. **關節囊** (articular capsule)：包被著滑液關節的雙層構造，**外層為纖維層** (fibrous layer)，**內層為滑液膜**。纖維層是由緻密規則結締組織所形成，可強化關節以防止骨頭撕開。
3. **滑液膜** (synovial membrane)：或稱滑膜 (synovium)，由疏鬆結締組織所組成，作為關節腔的內襯，但不覆蓋關節軟骨上，會分泌黏稠狀滑液到關節腔。
4. **滑液** (synovial fluid)：由滑液膜分泌，能潤滑關節、滋養軟骨細胞，並不斷循環以提供細胞養分和運送廢物。滑液作用如同緩衝器，當關節受到突然增加的壓力，能將壓力均勻分布於關節面，減少對關節所造成的衝擊，並能減輕滑液關節骨頭間活動的摩擦力。
5. **關節軟骨** (articular cartilage)：在滑液關節關節面覆蓋的一層薄層透明軟骨，關節軟骨作用猶如海綿墊，可以吸收加諸關節的壓力，保護骨頭免於受到損傷。由於軟骨沒有血管，無法運送養分或移除由組織產生的廢物，然而關節活動時可加強關節軟骨吸收養分及排除廢物，對於關節軟骨本身的健康是非常重要的。
6. **滑液囊** (bursae)：纖維性囊狀構造，含有滑液，內襯滑液膜，可以減輕關節進行各式不同活動而產生的摩擦力，例如肌腱或韌帶和骨頭的互相摩擦。滑液囊可能與關節腔連接或分開，在大多數的滑液關節中，骨頭與韌帶、肌肉、皮膚或肌腱之間，容易彼此摩擦處則可見到滑液囊，其作用是為減少彼此之間的摩擦。
7. **腱鞘** (tendon sheaths)：為一長形囊包裹肌腱，普遍存在於手腕和腳踝。
8. **韌帶** (ligaments)：由緻密規則結締組織所組成，連接骨頭與骨頭，並強化多數的滑液關節。外在韌帶 (extrinsic ligaments) 位於關節囊外面並與其完全分開，內在韌帶 (intrinsic ligaments) 包括關節囊外的囊外韌帶和關節內的囊內韌帶。
9. **肌腱** (tendon)：由緻密規則結締組織所組成，是肌肉附著到骨頭的部分，通過或圍繞著關節而給予機械性支持，協助穩定關節。
10. **脂肪墊** (fat pads)：通常位於滑液關節腔的周圍，作為填充物提供關節的保護作用。

二、滑液關節的類型

滑液關節的分類是依據其關節面的形狀和其活動的形式。**單軸關節** (uniaxial joint) 是指骨頭活動方向是單面或單軸，**雙軸關節** (biaxial joint) 為雙面或雙軸，**多軸關節** (multiaxial joint) 則是多面或多軸。所有滑液關節皆可以自由活動，在功能分類上屬於可動關節，包括（圖 6-4）：

(一) 屈戌關節 (Hinge Joints)

屈戌關節又稱樞紐關節，為單軸關節，其中一個關節骨的凸面嵌入另一骨的凹面，活動侷限於單軸，如同門的絞鏈只能作開門與關門的動作。常見如肘關節、膝關節和手指的指骨間關節。肘關節的肱骨滑車直接嵌入尺骨的滑車切迹，因此前臂僅能向前彎曲或向後伸直。

(二) 車軸關節 (Pivot Joints)

車軸關節又稱滑輪關節，為單軸關節，其中一個關節骨具圓形關節面，嵌入由韌帶形成的環或另一個骨頭中，例如近端橈尺關節、

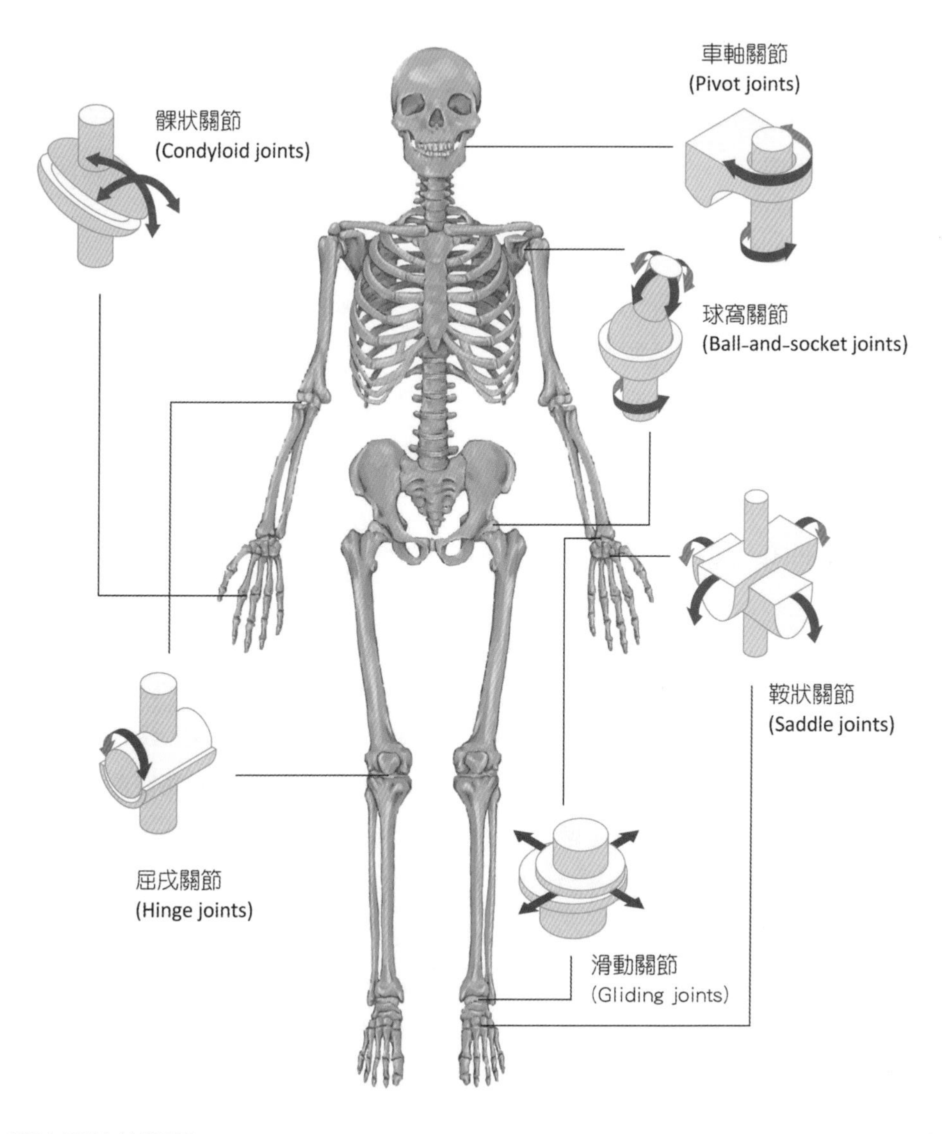

■ 圖 6-4 滑液關節的類型

ANATOMY & PHYSIOLOGY

類風濕性關節炎 (Rheumatoid Arthritis, RA)

常見於年輕人和中年人，女性比男性更容易得到。其臨床表現為關節腫脹疼痛、肌肉虛弱、骨質疏鬆、心臟及血管等問題。類風濕性關節炎是一種自體免疫疾病，原因不明，可能因隨著某些細菌或病毒感染，外來的抗原分子類似存在於正常關節表面的分子，當身體的免疫系統被活化而攻擊外來抗原時，也會將正常關節組織誤認為抗原而摧毀。

類風濕性關節炎開始是滑液膜發炎，液體和白血球從小血管滲出後進入關節腔，造成滑液體積的增加。最終，關節軟骨和骨頭磨損變形使骨頭活動越來越困難。臨床上利用類固醇藥物抑制免疫系統，以緩解類風濕性關節炎的症狀。

位於第一和第二頸椎間的寰樞關節，樞椎圓形齒突位於寰椎前弓與後面橫向韌帶之間，使我們可以搖動頭部表達不要。

(三) 髁狀關節 (Condyloid Joints)

髁狀關節又稱橢圓關節 (ellipsoidal joints)，為雙軸關節，其中一個骨頭卵圓形的凸面與另一個骨頭的凹狀面相關節，可做向前、向後等雙面活動。例如掌指關節，除了可以做掌指間的彎曲和伸展動作，也可以使手指遠離其他手指或又靠回在一起，這即是雙軸的活動。

(四) 滑動關節 (Gliding Joints)

滑動關節的關節面為平面，故又稱為平面關節 (plane joints)，大多為單軸關節，只能進行關節面上前後左右移動之運動，無法做大範圍的扭動，例如腕骨間、跗骨間、椎骨間、胸骨間、鎖骨間的關節。

(五) 鞍狀關節 (Saddle Joints)

鞍狀關節比髁狀關節或屈戌關節更可以做大範圍的活動。鞍狀關節因關節面同時具有凹凸面，類似馬鞍形狀而得名。常見如大拇指腕掌關節，大拇指的凹凸面與大多角骨的凸凹面相關節，能讓大拇指移向其他手指因而可以抓住物品。

(六) 球窩關節 (Ball-and-Socket Joints)

球窩關節又稱杵臼關節，為多軸關節，可做多面的活動，活動範圍很大，關節骨的球狀頭嵌入圓形、杯狀的臼內，如肱骨頭與肩胛骨關節盂形成的肩關節，股骨頭與髖臼形成的髖關節。觀察這些關節所產生的活動，就可以了解球窩關節是活動範圍最大的關節。

三、滑液關節的運動類型

滑液關節有四種形式的運動：滑動、角動、旋轉和特殊運動（特殊關節上的運動）。

(一) 滑動 (Gliding)

滑動是簡單的運動，兩個相對的表面互相輕微前後移動。在進行滑動時，骨頭之間的角度不變，典型代表是平面關節，常發生在手腕或腳踝處或是鎖骨和胸骨之間。

(二) 角動 (Angular Movements)

發生在滑液關節的運動，可以增加或減少兩骨之間角度。這些運動包括（圖 6-5）：

1. **屈曲** (flexion)：減少關節間角度的運動，使關節骨骼距離拉近，例如彎曲手指使手指靠近手掌，彎曲肘關節使前臂靠近上臂。將軀幹往右或左彎則稱為側彎 (lateral flexion)，這種形式的運動主要出現於脊柱的頸椎與腰椎。
2. **伸展** (extension)：與屈曲相反，是增加關節間角度的運動，使關節骨骼距離拉大。對同一關節而言，伸展與彎曲是一體兩面的動作，伸展即是將屈曲的動作回復，例如伸直肘關節。若伸展的角度超過解剖學姿勢，則稱為過度伸展 (hyperextension)，如頭向後仰的姿勢。
3. **外展** (abduction)：指遠離身體中線的運動，如往外移動雙臂與雙腿、五指張開。
4. **內收** (adduction)；與外展相反，將肢體往中線移動，例如收回舉起的上臂或移動大腿至身體中線、手指併攏。
5. **迴旋** (circumduction)：為一複雜的運動，由屈曲、伸展、外展和內收等動作組合的結果，使近側端固定而遠側端做 360° 圓形運

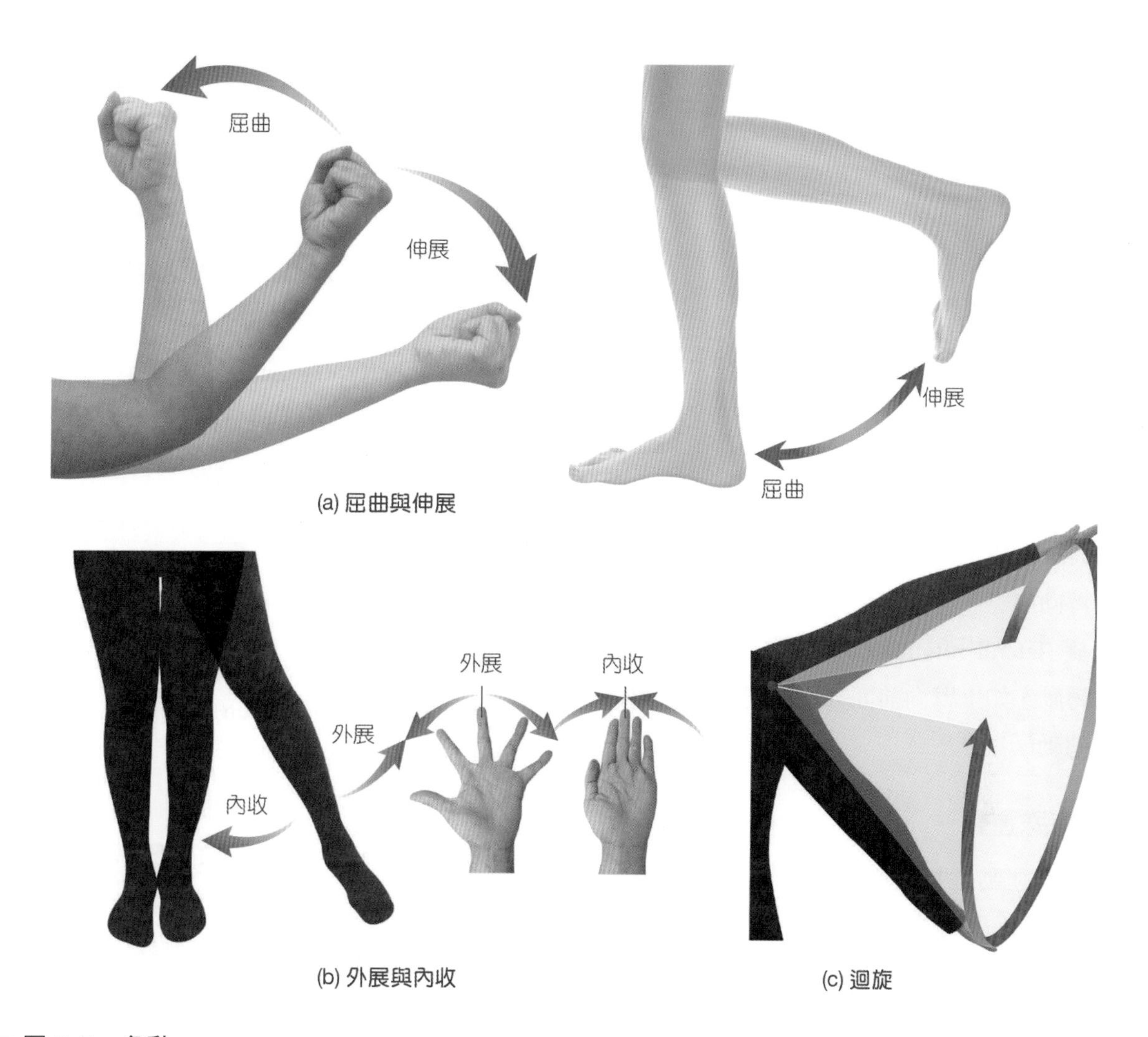

■ 圖 6-5　角動

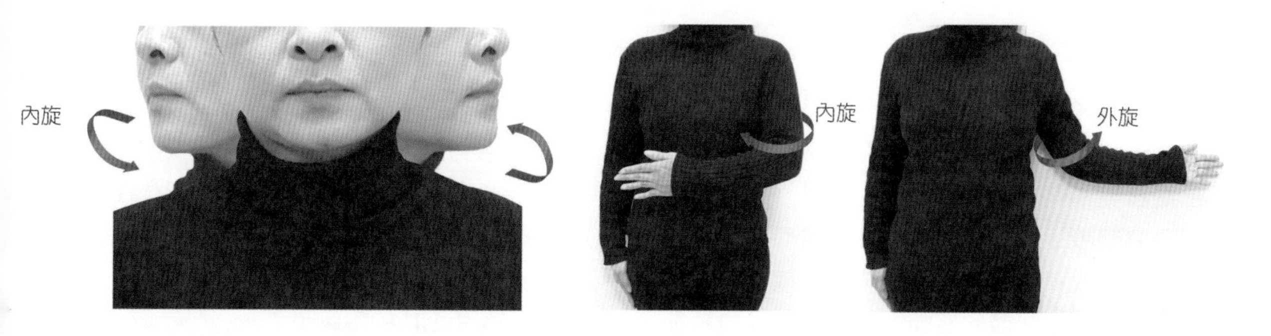

■ 圖 6-6　旋轉

動，形成一個假想的圓錐形。例如當伸直手畫圓圈時，肩部維持相對的穩定，而手移動畫圓圈，假想圓錐形的頂部為肩部，圓錐形底部則是手畫出的圈。

(三) 旋轉 (Rotation)

旋轉為骨骼沿著身體縱軸做轉動，寰軸關節、肩關節及髖關節皆可進行，包括內旋與外旋（圖 6-6）。

1. **內旋** (medial rotation)：將肢體向身體中線的轉動，如上臂向前面內側旋轉、頭部由外側轉向中線。
2. **外旋** (lateral rotation)：將肢體向身體外側的轉動，如上臂向前面外側旋轉、頭部向外側轉動。

(四) 特殊運動

特殊運動是指僅發生在身體特定部位的特定關節動作（圖 6-7）。

1. **前引** (protraction)：將身體部分沿水平方向往前移動，如下頜骨往前突出。
2. **縮回** (retraction)：將身體部分沿水平方向往後移動，如下頜骨回縮。
3. **上舉** (elevation)：將身體向上提起，如下頜骨向上做出閉口動作、肩部向上聳肩。
4. **下壓** (depression)：將身體向下壓，如下頜骨向下張口、肩部下壓。
5. **旋前** (pronation)：前臂的內側旋轉，使掌心向下或向後的動作。
6. **旋後** (supination)：前臂做外側旋轉，使手掌面向前或向上。
7. **對掌** (opposition)：為大拇指與其他手指相接觸，如拿筷子的動作。
8. **足背屈曲** (dorsiflexion) 踝關節往足背彎曲，出現走路時上提腳趾頭，以避免腳趾頭碰觸地面。
9. **足底屈曲** (plantar flexion)：踝關節向足底彎曲，使腳趾朝下，出現在芭蕾舞者以腳趾尖站立時，引起足底向下彎曲。
10. **內翻** (inversion)：足底向內側轉，為足部的特殊運動。
11. **外翻** (eversion)：足底向外側轉，為足部的特殊運動。

臨床應用 ANATOMY & PHYSIOLOGY

退化性關節炎 (Degenerative Joint Arthritis, DJA)

退化性關節炎又稱為骨關節炎，是最常見的關節炎，多發生於女性、中老年人、運動員。負重關節或遠端指關節因過度使用而磨損關節軟骨，造成軟組織在關節內增殖形成骨贅或骨疣，嚴重影響關節的活動。沒有保護性的關節軟骨，骨頭彼此摩擦，造成骨表面磨損，關節的活動會變得僵硬和疼痛，最容易受影響的關節有手指、髖部、膝部和脊柱等。雖然退化性關節炎常發生在中老年人，但運動員常因對關節過度施壓而罹患。非類固醇抗發炎藥物常被用於減輕退化關節炎所造成的疼痛。

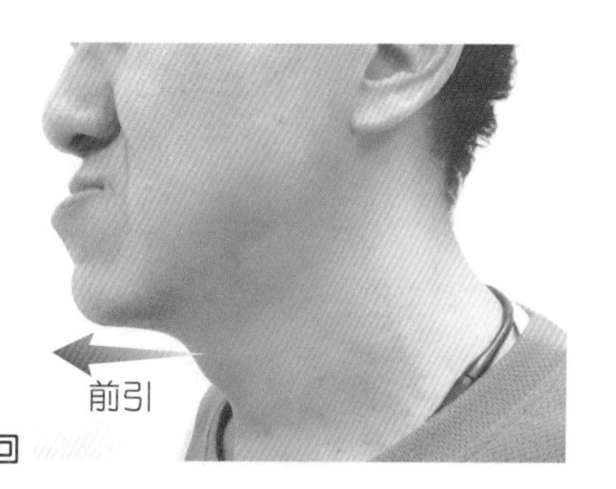

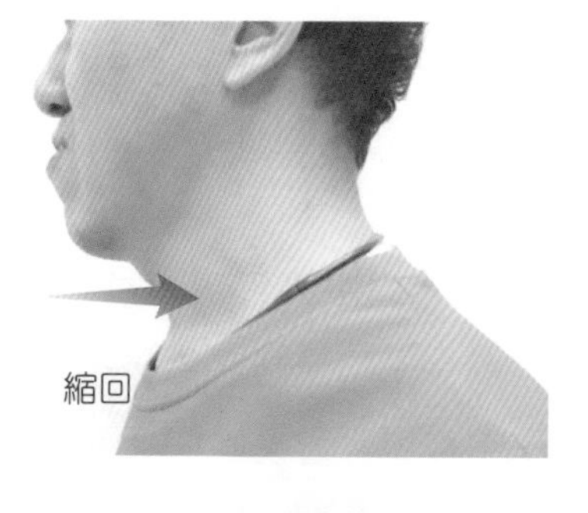

(a) 前引、縮回

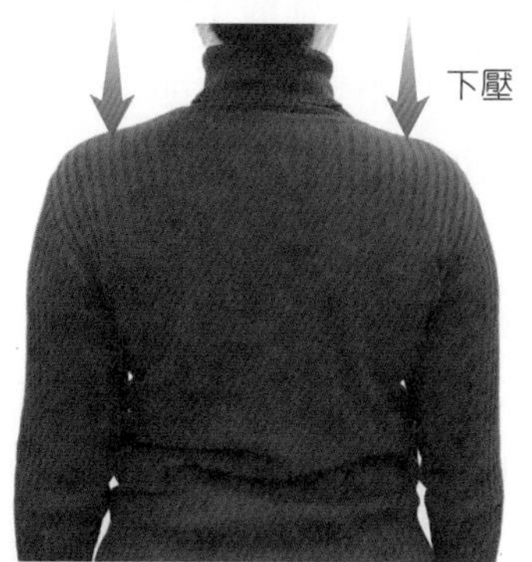

(b) 上舉、下壓

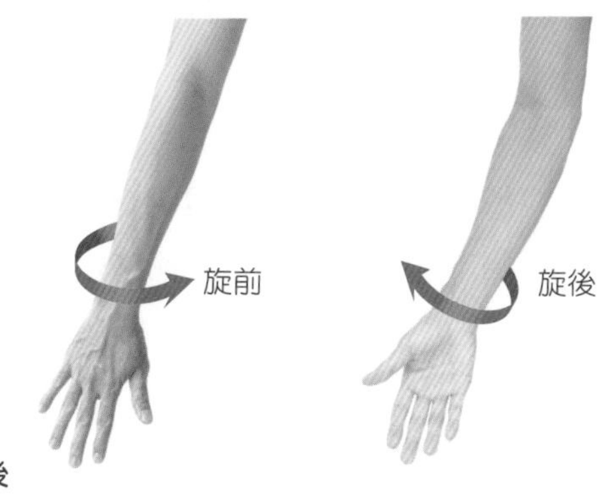

(c) 旋前、旋後

(d) 對掌

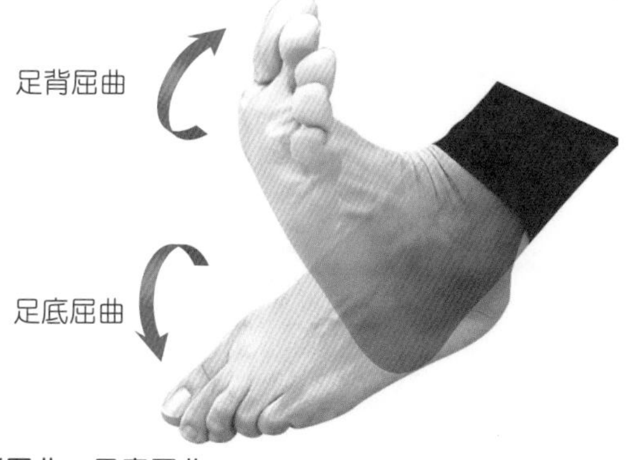

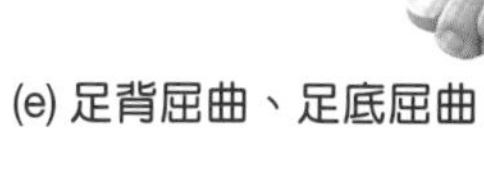

(e) 足背屈曲、足底屈曲

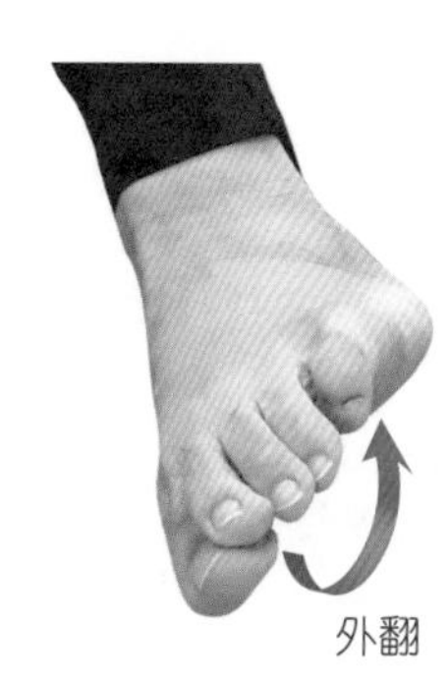

(f) 內翻、外翻

■ 圖 6-7 特殊運動

四、影響滑液關節運動的因素

影響滑液關節的靈活性和運動幅度主要有下列因素：

1. **關節面積大小的差別**：關節骨之兩個關節面的面積相差越大，關節越靈活，運動幅度也越大，但穩定性差，容易脫臼（錯位）。
2. **關節韌帶的多少與強弱**：關節韌帶多而強則關節越穩固，但運動幅度卻小，關節亦欠靈活；關節韌帶少而弱則運動幅度大，關節也越靈活，但穩定性則差。
3. **關節囊的厚薄與鬆緊程度**：關節囊厚而緊則關節靈活性差，運動幅度小，穩定性高；反之則運動幅度越大，穩定性差。

6-5 重要的人體關節

一、顳下頷關節

顳下頷關節位於耳朵前方，由下頷髁與顳骨下頷窩形成，是頭顱骨唯一可動的關節。顳下頷關節由疏鬆的關節囊包圍，使其有較大範圍的活動，關節囊的外側增厚形成外側韌帶，關節囊內包含纖維軟骨構成的關節盤，墊在關節腔內，將關節腔分為上、下關節腔，因此顳下頷關節有兩個滑液關節，一個位於顳骨和關節盤之間，另一個位於關節盤和下頷骨之間（圖 6-8）。由於顳骨下頷窩為一淺層的凹窩，使得顳下頷關節的穩定度很差，下頷髁容易因外力而往前移位，造成脫臼。

二、肩關節

肩關節是由肩胛骨的關節盂與肱骨頭形成的關節，故又稱為盂肱關節，是身體運動範圍最大的關節，屬於球窩關節（圖 6-9）。由於關節盂本身為淺層的凹窩，使得肩關節的穩定性不佳，很容易移位；關節囊則明顯地薄及鬆，造就肩關節活動性佳、活動度大，因此需要滑液囊來減少骨骼與肌肉肌腱的摩擦，例如肩峰下囊減少肩峰和關節囊之間的摩擦，喙下

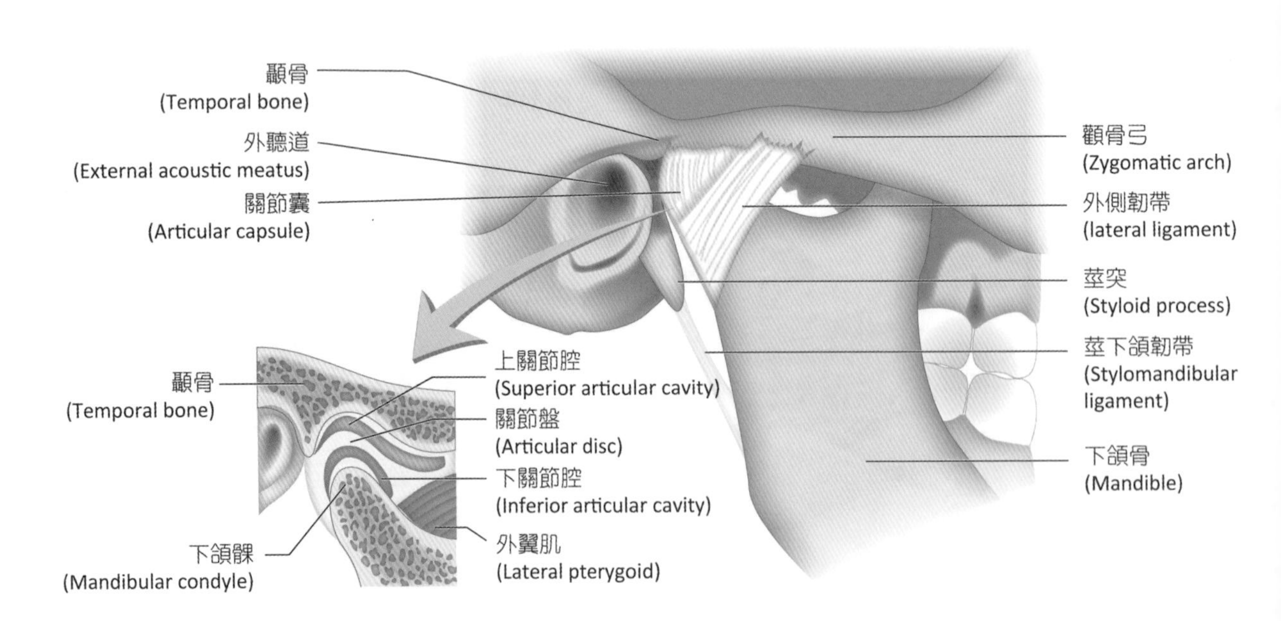

■ 圖 6-8 顳下頷關節

囊預防喙突和關節囊之間的接觸，以及三角肌下囊和肩胛下囊。

盂肱關節有數條主要韌帶，關節囊上部增厚形成大的**喙肱韌帶**，從喙突到肱骨頭，用以支撐上肢的重量。關節囊前部增厚形成**盂肱韌帶**。**肱橫韌帶**是一狹窄片狀，延伸在肱骨大小結節之間。肱二頭肌的長頭肌以及旋轉袖肌群，包含肩胛下肌、棘下肌、小圓肌和棘上肌等肌肉及肌腱，對穩定肩關節非常重要。

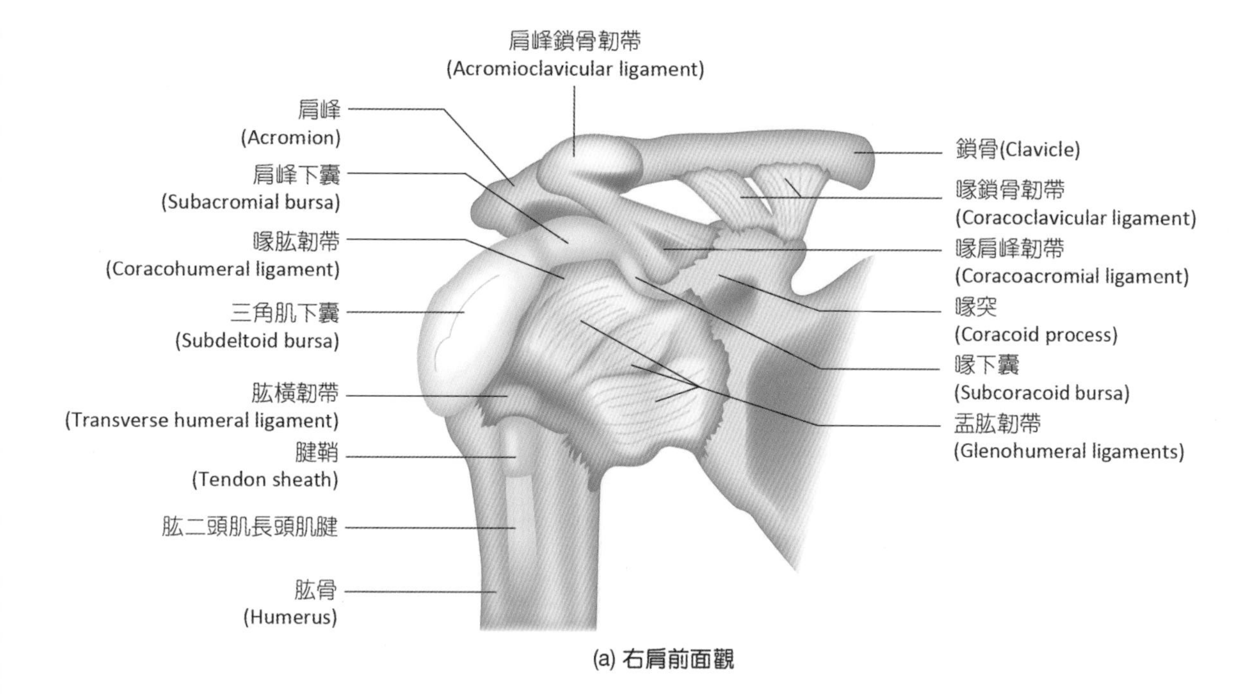

(a) 右肩前面觀

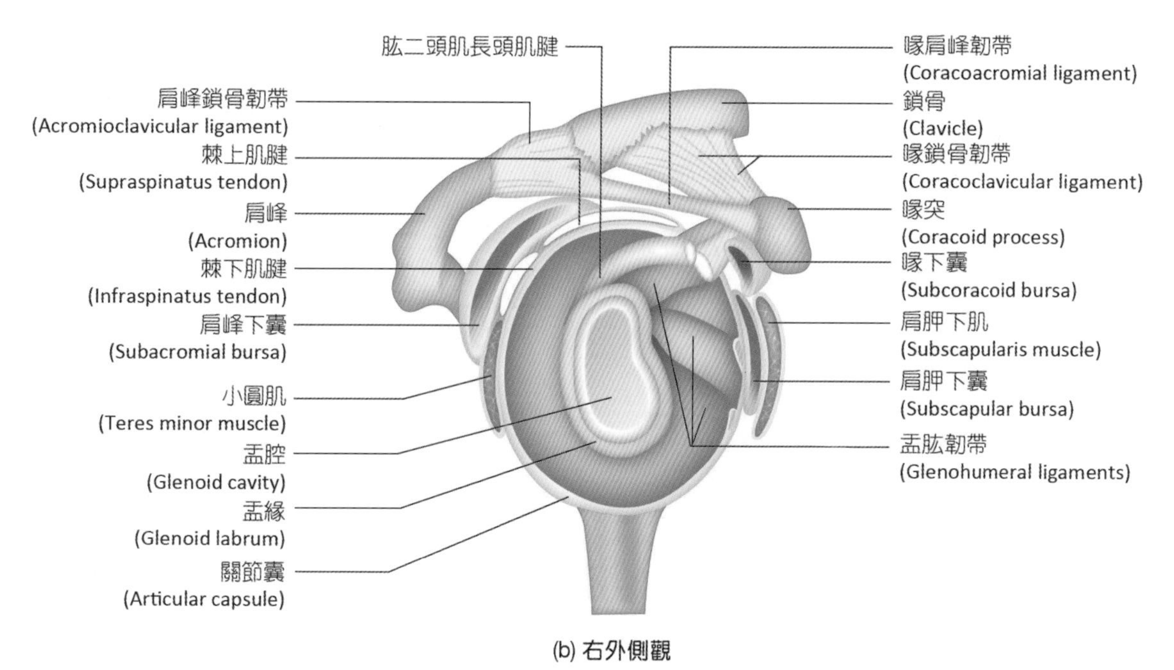

(b) 右外側觀

■ 圖 6-9　肩關節

三、肘關節

肘關節是屬於屈戌關節，主要由兩個部分組成，被相同關節囊所包覆：

1. **肱尺關節** (humeroulnar)：肱骨滑車與尺骨滑車切迹相關節。
2. **肱橈關節** (humeroradial joint)：肱骨小頭與橈骨頭相關節。

由於肱骨滑車與尺骨滑車切迹的緊密接合，加上關節囊較厚可以有效保護肘關節，支撐韌帶強壯，能協助強化關節囊，因此肘關節是非常穩定的關節（圖 6-10）。肘關節有三條

臨床應用 ANATOMY & PHYSIOLOGY 

人工關節置換術

人工關節置換術是將有病變之關節取出，以人工關節替代原關節的功能。多數關節置換物是由金屬及高密度的聚乙烯成分所組成，其性質與骨頭類似。患有嚴重關節疼痛而不良於行，執行關節置換術後，大都可解除疼痛改善行走的問題，常被置換的關節有髖部、膝部、肩部及手指等關節。人工關節在正常使用下，90% 的人可以維持 10~15 年，但可能因活動過度、感染、體重增加及疾病而縮短使用年限。

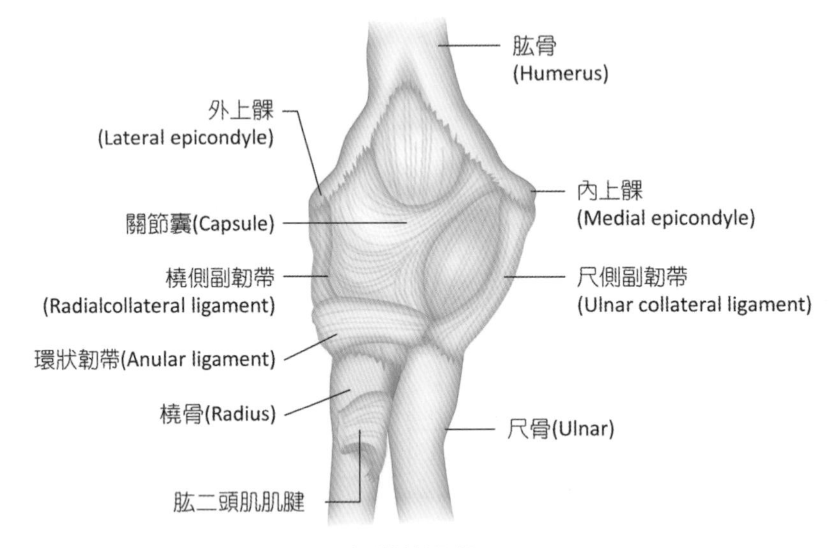

(a) 右手肘前面觀

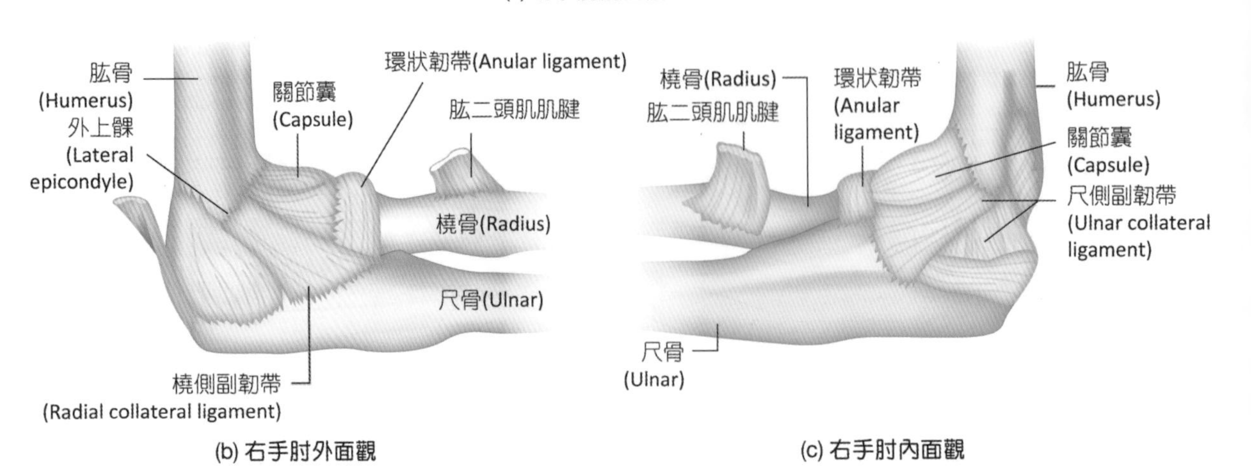

(b) 右手肘外面觀

(c) 右手肘內面觀

■ 圖 6-10 肘關節

主要的支持韌帶：**橈側副韌帶**連接橈骨頭和肱骨外上髁之間，用以穩定關節的外側面；**尺側副韌帶**從肱骨內上髁至尺骨冠狀突和鷹嘴，用以穩定關節的內側面；**環狀韌帶**圍繞橈骨頭及近端尺骨，協助維持穩定橈骨頭。

四、髖關節

髖關節屬於球窩關節，能執行屈曲、伸展、外展、內收、旋轉和迴旋等運動，是由股骨頭和深且凹陷的髖臼形成的關節，纖維軟骨所形成環狀髖臼唇可加深髖臼。髖關節比肩關節更強壯且更穩定，可支持身體重量，穩定性非常高，但活動性較肩關節小。

髖關節受到強壯的關節囊、數條韌帶和許多有力的肌肉所鞏固，關節囊由髖臼延伸至股骨轉子，同時包裹住股骨頭和股骨頸，防止股骨頭移位離開髖臼。**髂股韌帶** (iliofemoral ligament) 是 Y 形韌帶，強化關節囊前面。**坐股韌帶** (ischiofemoral ligament) 是位於關節囊後面螺旋形的韌帶。**恥股韌帶** (pubofemoral ligament) 是位於關節囊下方的三角形韌帶。另一個極小的**股骨頭韌帶** (ligament of head of

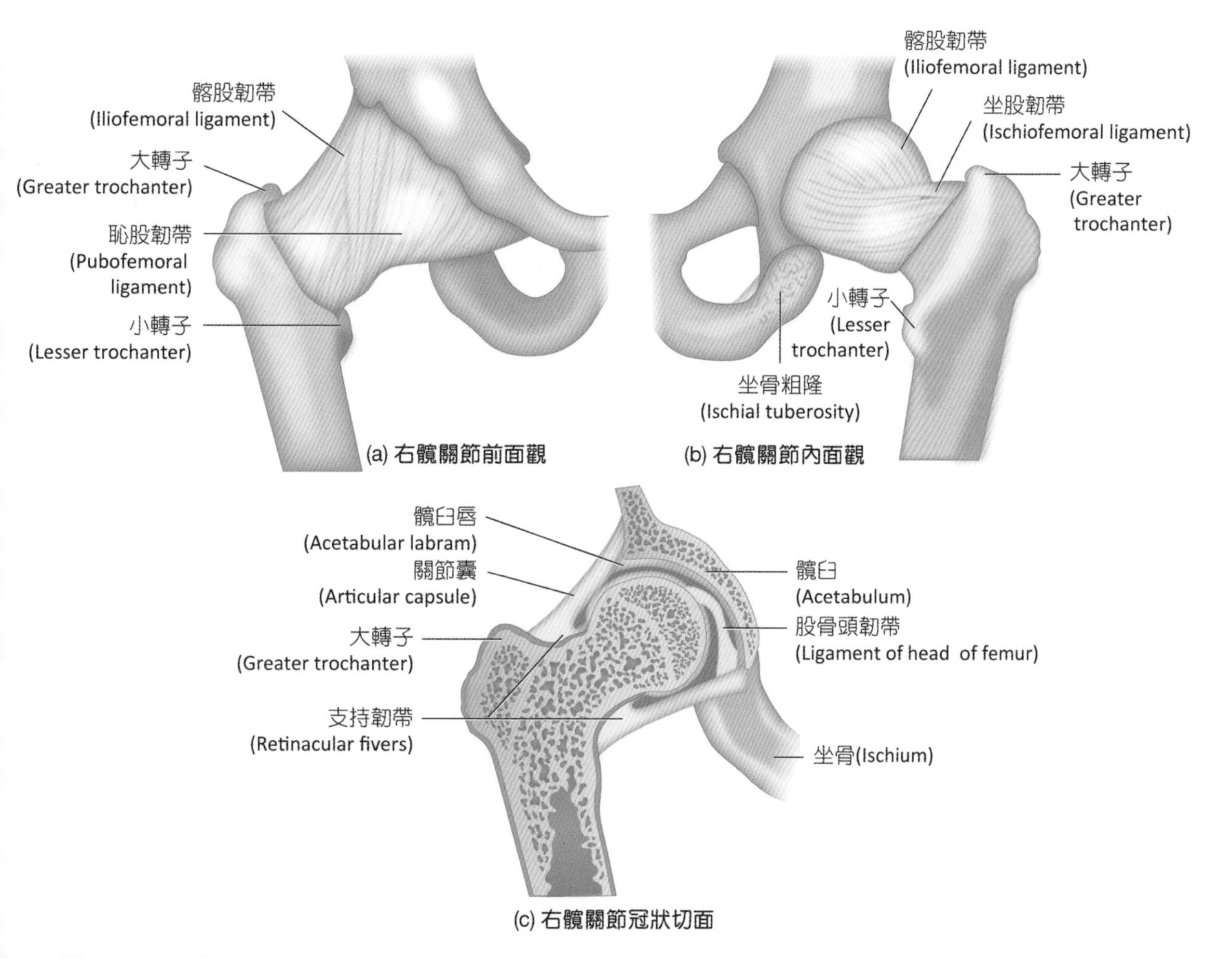

■ 圖 6-11 髖關節

臨床應用 ANATOMY & PHYSIOLOGY

黏連性肩關節囊炎

又稱為冰凍肩 (frozen shoulder)，肩關節周圍有許多軟組織包圍，當關節囊發炎或沾黏時，肩關節的活動範圍就會受到限制，而且會產生疼痛，因好發在 40~50 歲的女性之間，故俗稱五十肩。造成黏連性肩關節囊炎的危險因子包括：年齡和性別、內分泌失調、肩部外傷或手術、關節組織的發炎、其他不明原因。

黏連性肩關節囊炎在臨床上大致分成三個時期，每個時期持續數個月之久：(1) 初期：持續 2~9 個月，肩膀逐漸產生疼痛、活動受限；(2) 中期：持續 4~12 個月，為僵硬期，受傷組織及關節囊纖維沾黏，肩膀活動受限，肩部肌肉萎縮；(3) 後期：持續 2~3 個月，為恢復期，沾黏舒緩，肩膀恢復活動。若未接受治療，活動度很少能回到正常角度。

femur)，也稱為圓韌帶 (ligamentum teres)，從髖臼到股骨頭，雖然對關節並無提供有力的支持，不過它含有一小的動脈可供應血液給股骨頭（圖 6-11）。

五、膝關節

膝關節是身體中最大和最複雜的可動關節。構造上，膝關節主要由兩個部分組成（圖 6-12）：

1. **脛股骨關節** (tibiofemoral joint)：介於股骨髁與脛骨髁之間。
2. **髕股骨關節** (patellofemoral joint)：介於髕骨和股骨的髕骨面之間。

膝關節的關節囊包覆膝關節的內側、外側和後側等區域，但並不覆蓋住膝關節的前面。髕骨被埋在股四頭肌肌腱內，**髕韌帶** (patellar ligament) 延伸越過髕骨附著在脛骨的粗隆上。

在關節的兩側有**腓側副韌帶** (fibular collateral ligament)，從股骨延伸到腓骨，可防止膝關節過度內收，並強化關節的外側面。**脛側副韌帶** (tibial collateral ligament) 股骨延伸到脛骨，可強化膝關節的內側面，防止膝關節過度外展。

關節囊內有一對 C 形纖維軟骨墊，稱為**內側半月板** (medial meniscus) 和**外側半月板** (lateral meniscus)，位在脛骨髁上，可部分穩定關節的內外側，作為關節面之間的緩衝，股骨移動時，此構造會持續改變形狀以符合關節面。

關節囊有兩組**十字韌帶** (cruciate ligaments) 連接股骨與脛骨，互相交叉呈 X 形，因此命名為十字韌帶，可限制股骨在脛骨處向前和向後的移動。

六、踝關節

踝關節是由脛骨和腓骨遠端與距骨形成的關節，脛骨的內踝和腓骨的和外踝形成廣闊的內側緣和外側緣，以防止距骨滑出。關節囊覆蓋住脛骨遠端面、內踝、外踝和距骨。**內側三角韌帶** (medial deltoid ligament) 在內側連接脛骨到足部，防止足部過度外翻。**外側韌帶** (lateral ligament) 在外側連接腓骨到足部，**脛腓韌帶** (tibiofibular ligaments) 連接脛骨到腓骨（圖 6-13）。

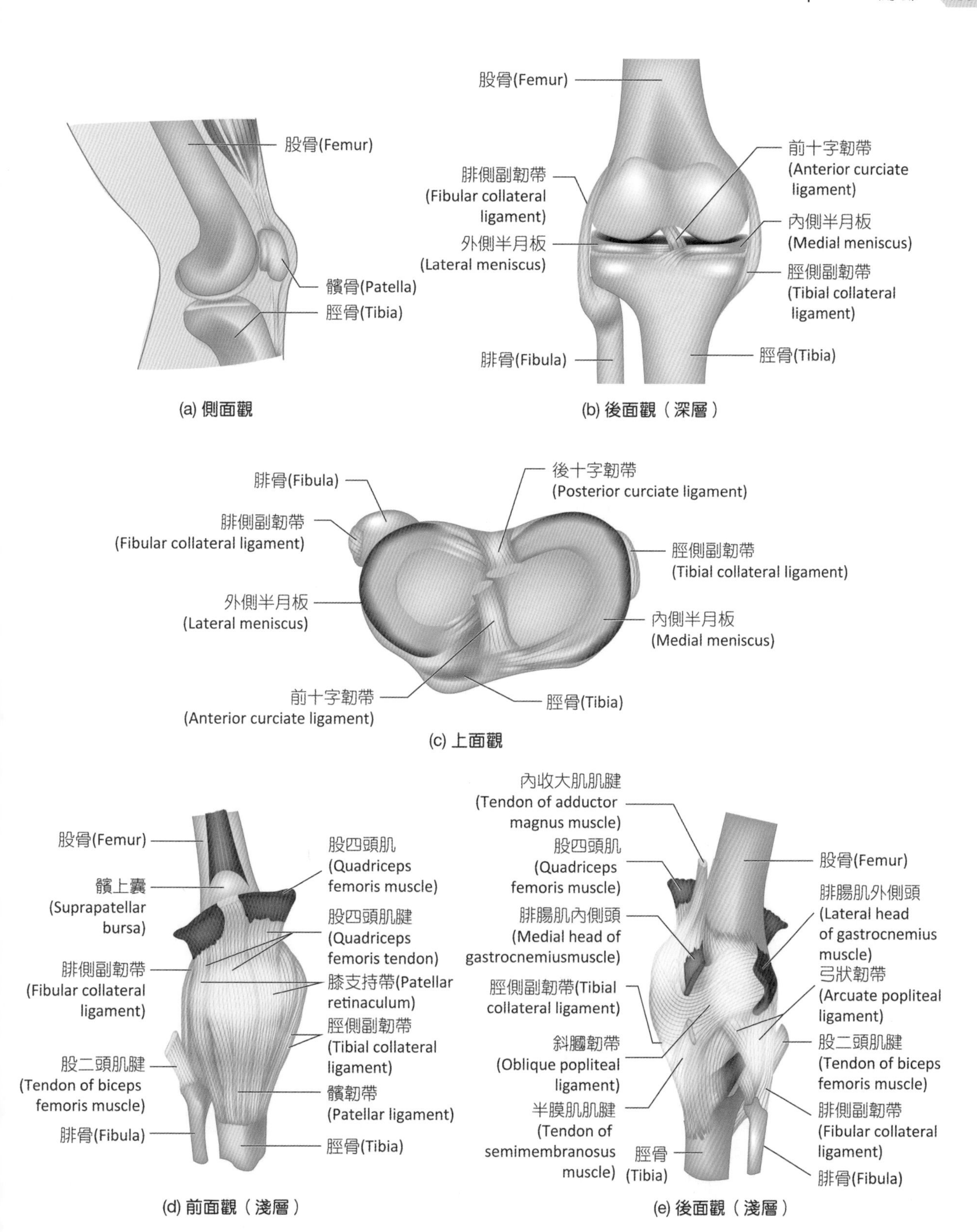
股骨(Femur)
髕骨(Patella)
脛骨(Tibia)
(a) 側面觀
股骨(Femur)
腓側副韌帶
(Fibular collateral ligament)
外側半月板
(Lateral meniscus)
腓骨(Fibula)
前十字韌帶
(Anterior curciate ligament)
內側半月板
(Medial meniscus)
脛側副韌帶
(Tibial collateral ligament)
脛骨(Tibia)
(b) 後面觀（深層）
腓骨(Fibula)
腓側副韌帶
(Fibular collateral ligament)
外側半月板
(Lateral meniscus)
前十字韌帶
(Anterior curciate ligament)
後十字韌帶
(Posterior curciate ligament)
脛側副韌帶
(Tibial collateral ligament)
內側半月板
(Medial meniscus)
脛骨(Tibia)
(c) 上面觀
股骨(Femur)
髕上囊
(Suprapatellar bursa)
腓側副韌帶
(Fibular collateral ligament)
股二頭肌腱
(Tendon of biceps femoris muscle)
腓骨(Fibula)
股四頭肌
(Quadriceps femoris muscle)
股四頭肌腱
(Quadriceps femoris tendon)
膝支持帶(Patellar retinaculum)
脛側副韌帶
(Tibial collateral ligament)
髕韌帶
(Patellar ligament)
脛骨(Tibia)
(d) 前面觀（淺層）
內收大肌肌腱
(Tendon of adductor magnus muscle)
股四頭肌
(Quadriceps femoris muscle)
腓腸肌內側頭
(Medial head of gastrocnemiusmuscle)
脛側副韌帶(Tibial collateral ligament)
斜膕韌帶
(Oblique popliteal ligament)
半膜肌肌腱
(Tendon of semimembranosus muscle)
脛骨
(Tibia)
股骨(Femur)
腓腸肌外側頭
(Lateral head of gastrocnemius muscle)
弓狀韌帶
(Arcuate popliteal ligament)
股二頭肌腱
(Tendon of biceps femoris muscle)
腓側副韌帶
(Fibular collateral ligament)
腓骨(Fibula)
(e) 後面觀（淺層）

■ 圖 6-12　膝關節

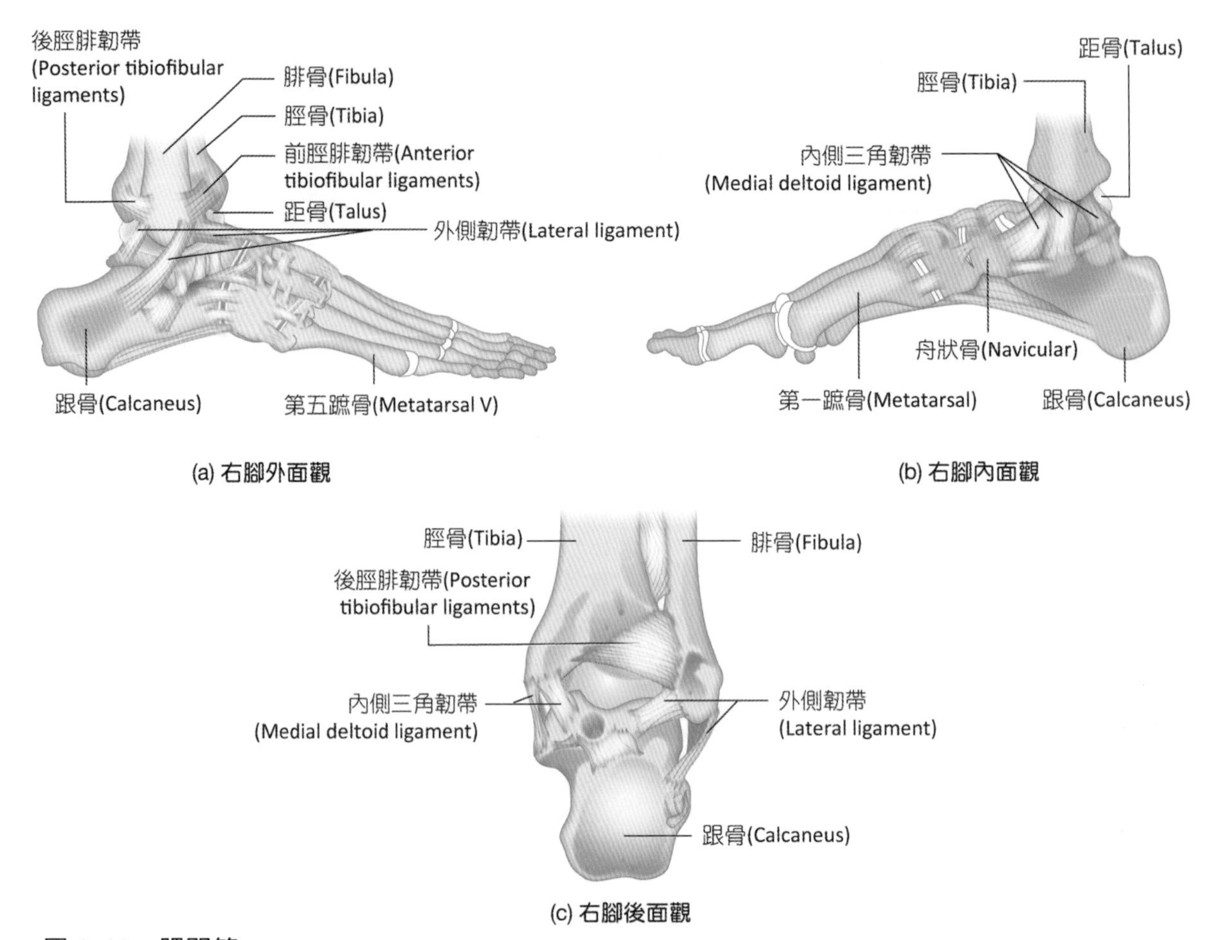

(a) 右腳外面觀

(b) 右腳內面觀

(c) 右腳後面觀

■圖 6-13 踝關節

ANATOMY & PHYSIOLOGY

扭傷與拉傷 (Sprain and Strain)

扭傷是指關節附近韌帶被損傷或撕裂，嚴重時可能會引起脫臼。踝關節是最常發生扭傷的部位，大多因過度內翻造成。不嚴重的扭傷導致外側韌帶纖維損傷，嚴重的扭傷甚至會造成韌帶纖維撕裂，在外踝前下方產生局部腫大和疼痛，但因內側三角韌帶強化內側關節，所以極少出現過度外翻所造成的扭傷。韌帶是由緻密規則結締組織所組成，很少有的血液供應，因此韌帶扭傷後需要花很長時間療癒。

拉傷是因過度運動、伸展而引起肌肉與肌腱撕裂、出血與發炎。最常發生急性拉傷的部位是膝關節，造成關節內的半月板、十字韌帶以及內側與外側韌帶被撕裂。運動員常因過度運動發生肌肉或肌腱拉傷，因此運動前作好訓練及暖身運動對預防拉傷是非常重要的。

學習評量 REVIEW AND CONPREHENSION

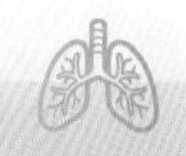

1. 哪一塊腕骨與第一掌骨構成鞍狀關節？(A) 舟狀骨 (scaphoid) (B) 月狀骨 (lunate) (C) 大多角骨 (trapezium) (D) 小多角骨 (trapezoid)
2. 下列何者可與第一頸椎形成枕寰關節並可產生點頭的動作？(A) 枕骨大孔 (B) 枕骨髁 (C) 枕外粗隆 (D) 枕內粗隆
3. 與腓骨形成關節的骨骼為何？(A) 股骨與距骨 (B) 股骨與髕骨 (C) 脛骨與距骨 (D) 脛骨與跟骨
4. 下頜骨的哪一部分參與形成顳頜關節？(A) 髁狀突 (B) 冠狀突 (C) 齒槽突 (D) 顴突
5. 與鎖骨形成關節的骨骼為何？(A) 肱骨與胸骨 (B) 肱骨與肩胛骨 (C) 胸骨與肋骨 (D) 胸骨與肩胛骨
6. 肩胛骨的哪一部位與肱骨形成肩關節？(A) 肩峰 (B) 關節盂 (C) 喙突 (D) 肩胛棘
7. 腕骨和第一掌骨形成何種關節？(A) 屈戌關節 (B) 鞍狀關節 (C) 滑動關節 (D) 球窩關節
8. 有關成人關節之型態與功能的配對，下列何者正確？(A) 骨縫－不動關節 (B) 嵌合關節－微動關節 (C) 軟骨聯合－不動關節 (D) 韌帶聯合－可動關節
9. 下列關於膝關節的敘述，何者正確？(A) 膝關節屬於球窩關節 (B) 有十字韌帶連結股骨與腓骨 (C) 髕韌帶是由股四頭肌的肌腱形成 (D) 半月板的關節盤屬於彈性軟骨
10. 膝蓋骨後面的關節小面分與股骨的何種部位形成關節？(A) 髁間窩 (B) 轉子窩 (C) 外髁及內髁 (D) 外踝及內踝
11. 下列何者屬於車軸關節？(A) 寰枕關節 (B) 胸鎖關節 (C) 寰軸關節 (D) 顳下頜關節
12. 通常只能在一個平面上做屈曲與伸展運動的關節為何？(A) 滑動關節 (B) 球窩關節 (C) 橢圓關節 (D) 屈戌關節
13. 下列何者屬於屈戌關節？(A) 掌指關節 (B) 腕骨間關節 (C) 脛股關節 (D) 髕股關節
14. 下列哪種關節不具關節腔及滑液？(A) 髖關節 (B) 肩關節 (C) 膝關節 (D) 脊椎間關節
15. 指間關節屬於下列何種關節？(A) 屈戌關節 (B) 樞軸關節 (C) 滑動關節 (D) 髁狀關節
16. 下列何者位於膝關節腔內？(A) 脛側副韌帶 (B) 半月板 (C) 十字韌帶 (D) 髕韌帶
17. 下列有關滑液（膜）關節的敘述，何者錯誤？(A) 都有滑液囊 (B) 都有關節腔 (C) 都有關節盤 (D) 都有關節軟骨
18. 下列何者參與形成踝關節？(A) 跟骨 (B) 距骨 (C) 骰骨 (D) 舟狀骨
19. 足踝因過度外翻而造成韌帶撕裂傷，下列何者最可能受損？(A) 前十字韌帶 (B) 脛骨側韌帶 (C) 腓骨側韌帶 (D) 足踝內韌帶

20. 髕韌帶主要由下列何者構成？ (A) 弓狀纖維 (B) 網狀纖維 (C) 膠原纖維 (D) 彈性纖維

21. 膝關節屬於下列何種關節？ (A) 屈戌關節 (hinge joint) (B) 車軸關節 (pivot joint) (C) 鞍狀關節 (saddle joint) (D) 杵臼關節 (ball-and-socket joint)

22. 當膝關節過度伸張 (hyperextension) 時，最容易造成下列何種情況？ (A) 脛骨往前脫臼 (B) 脛骨往後脫臼 (C) 腓骨往前脫臼 (D) 腓骨往後脫臼

23. 下列何者屬於球窩關節 (ball-and-socket joint)？ (A) 膝關節 (knee joint) (B) 肩關節 (shoulder joint) (C) 肘關節 (elbow joint) (D) 顳下頜關節 (temporal mandibular joint)

24. 拇指 (thumb) 無法行下列那一種運動？ (A) 外展 (abduction) (B) 對掌 (opposition) (C) 迴旋 (circumduction) (D) 屈曲 (flexion)

25. 打呵欠時用力過度，會造成下列何關節的脫位現象 (dislocation)？ (A) 胸鎖關節 (sternoclavicular joint) (B) 顳頜關節 (temporomandibular joint) (C) 寰枕關節 (atlanto-occipital joint) (D) 肩鎖關節 (scapuloclavicular joint)

解答

1.C 2.B 3.C 4.A 5.D 6.B 7.B 8.A 9.C 10.C 11.C 12.D 13.C 14.D 15.A
16.B 17.C 18.B 19.D 20.C 21.A 22.A 23.B 24.C 25.B

參考文獻 REFERENCE

馬青、王欽文、楊淑娟、徐淑君、鐘久昌、龔朝暉、胡蔭、郭俊明、李菊芬、林育興、邱亦涵、施承典、高婷育、張琪、溫小娟、廖美華、滿庭芳、蔡昀萍、顧雅真(2022)·於王錫崗總校閱，*人體生理學*（6版）·新文京。

許世昌(2019)·*新編解剖學*（4版）·永大。

許家豪、張媛綺、唐善美、巴奈比比、蕭如玲、陳昀佑(2021)·*生理學*（4版）·新文京。

麥麗敏、陳智傑、廖美華、鍾麗琴、陳建瑋、祁業榮、黃玉琪、戴瑄、呂國昀(2015)·於王錫崗總校閱，*解剖生理學*（2版）·華杏。

馮琮涵、黃雍協、柯翠玲、廖智凱、胡明一、林自勇、鍾敦輝、周綉珠、陳瀅(2021)·於馮琮涵總校閱，*人體解剖學*·新文京。

廖美華、溫小娟、高婷玉、顏惠芷、林育興(2020)·於劉中和總校閱，*解剖學*（2版）·華杏。

賴明德、王耀賢、鄧志娟、吳惠敏、李建興、許淑芬、陳晴彤、李宜倖(2022)·*解剖學*（2版）·新文京。

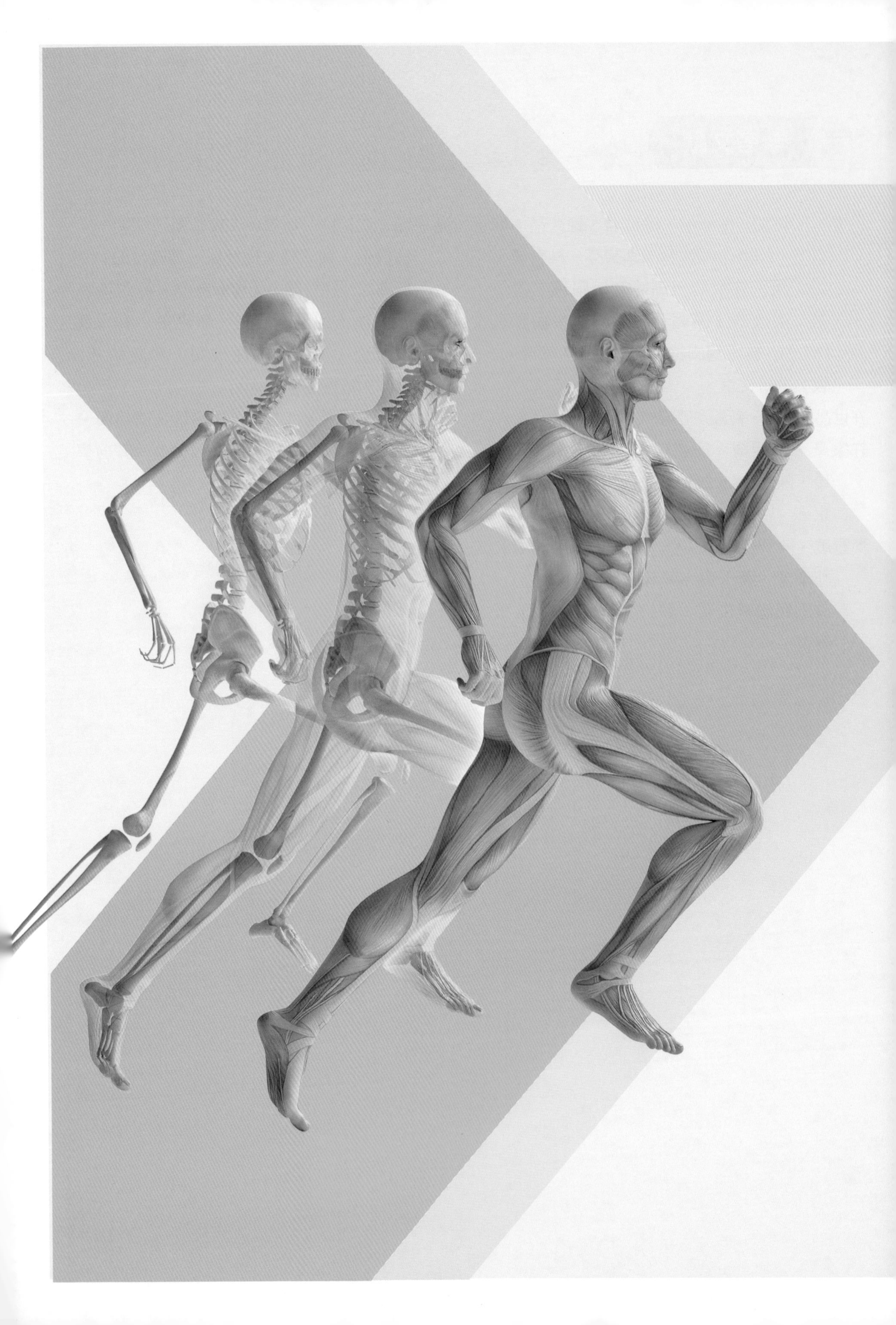

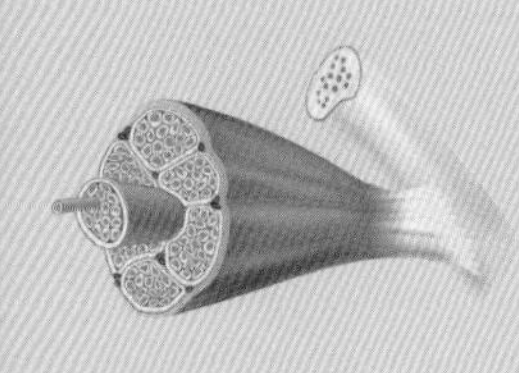

肌肉系統
Muscular System

CHAPTER 07

作者 / 鄧志娟

本章大綱 Chapter Outline

ANATOMY & PHYSLOLOGY

前言 INTRODUCTION

大家能否想像沒有肌肉系統的生活，我們將變得無法坐臥、站立、走路或者說話，甚至心臟無法產生搏動以推動血流，導致血液無法在身體內循環流動。肌肉組織隸屬身體四大基本組織之一，由高度特化、具有收縮能力的肌肉細胞所構成。人體內具有三種型態肌肉組織，分別為骨骼肌、心肌和平滑肌，其中骨骼肌占最大部分。

7-1 肌肉組織概論

一、肌肉的特性

肌肉組織由特化具有收縮能力的細胞組成，根據其功能肌肉組織具有四大主要特性：

1. **興奮性**：肌肉組織具有接收或對刺激產生反應的能力，如肌肉組織能接收神經系統的命令而產生適當反應。
2. **收縮性**：肌肉細胞有能力產生收縮造成肌纖維變短。
3. **延展性**：肌肉細胞能夠被伸展，當一側骨骼肌在收縮時，對面肌肉則相對產生延展。也就是說當主要肌收縮變短的同時，另一側拮抗肌則相對被延展。
4. **彈性**：肌肉細胞在產生收縮或被延展後，有能力回復到原來的長度和型態。

二、肌肉的功能

體內肌肉細胞的收縮常具有以下幾種重要功能：(1) 移動、(2) 維持姿勢、(3) 穩定關節和 (4) 產熱的功能。個體所有的移動都是源自於肌肉的收縮，藉由關節、骨骼和骨骼肌的相互合作，才能完成走路或跑步等動作。例如，當個體坐著或站著時必須依賴背部肌肉的收縮，才能維持挺立的姿勢；關節的穩定必須藉由骨骼肌的收縮來維持，因此骨骼肌萎縮無力常會引起關節穩定度下降，而產生移位。個體幾近 85% 的熱量產生源自於肌肉的收縮產生。

7-2 肌肉組織分類

體內有三種不同型態肌肉組織，分別為骨骼肌、心肌和平滑肌（圖 7-1、表 7-1）。

骨骼肌

骨骼肌由大型且多核細胞組成，大型骨骼肌長達 10~25 公分長，也因此常以肌纖維 (muscle fiber) 稱之。骨骼肌內肌動蛋白絲和肌凝蛋白絲規律性的排列，使其出現規律性明暗紋路，因而被稱為橫紋肌 (striated muscle)。骨骼肌必須透過神經系統的刺激才能產生收縮，因此骨骼肌又被稱為隨意肌 (voluntary muscle)。

一、肌肉的結構

骨骼肌系統由結締組織、血管、神經和骨骼肌組織共同構成，每一個骨骼肌組織為一個單一的肌肉纖維。

(一) 筋膜 (Fasciae)

骨骼肌上覆蓋著網狀結締組織所構成的筋膜，可分為淺筋膜與深筋膜：

1. **淺筋膜** (superficial fascia)：位於真皮層下，由疏鬆結締組織與脂肪組織所構成，在身體

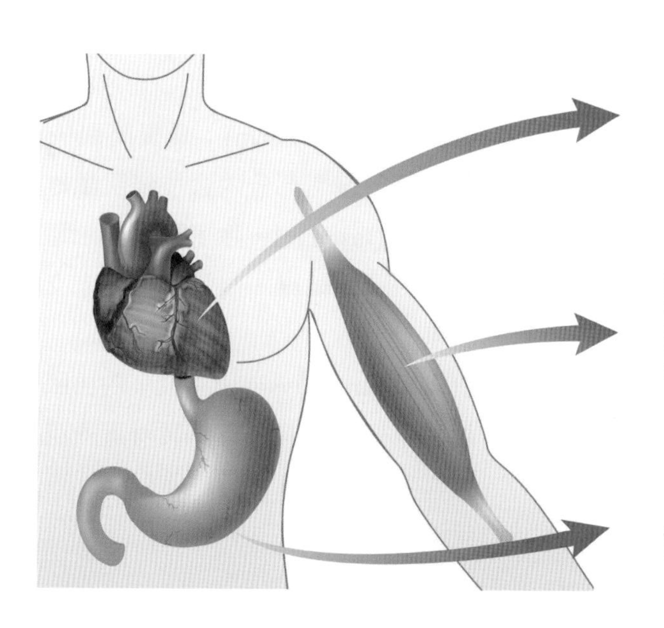

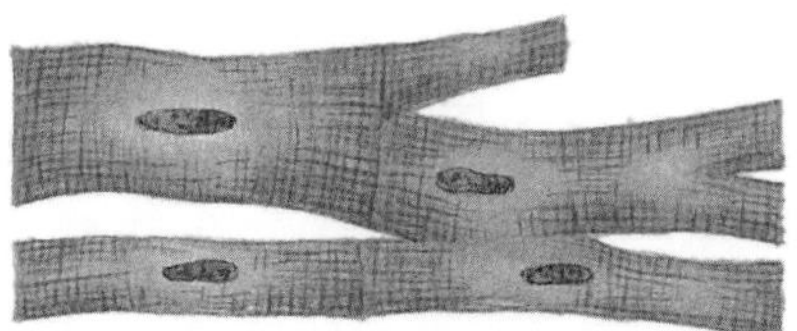
心肌(Cardiac muscle)

骨骼肌(Skeletal muscle)

平滑肌(Smooth muscle)

■ 圖 7-1 肌肉組織的分類

表 7-1 肌肉組織的種類

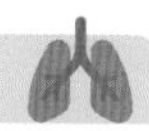

項目	骨骼肌	心肌	平滑肌
外型	長圓柱形	長條形，有分枝，細胞間藉間盤互相聯繫	紡錘狀
纖維面積	100 μm× 大於 60 cm	10~20×50~100 μm	5~10×30~200 μm
橫紋	有	有	無
細胞核	多核，靠近細胞膜	單核，位於細胞中央	單核，位於細胞中央
纖維排列	沿著肌纖維分布在肌節內	沿著肌纖維分布在肌節內	散布在肌漿質內
調控機制	隨意肌，神經調控，具有神經肌肉結合	不隨意肌，自主性收縮（節律點刺激）	不隨意肌，自主性收縮，可接收神經或荷爾蒙刺激
鈣離子來源	自肌漿網釋放	細胞外液和肌漿網提供	細胞外液和肌漿網內釋放
收縮	收縮快速，很快疲乏	收縮較緩慢，較不易疲乏	緩慢收縮，不易疲乏
能量供應	中度運動時可依靠有氧代謝提供能量，高度運動時依靠糖解反應	有氧代謝，常利用脂肪酸和醣類代謝產生能量	常利用有氧代謝
功能	移動或穩定骨骼；提供消化道、呼吸道和泌尿道進出口的管控；保護內在器官	維繫血流和血壓	移動食物、尿液；調控呼吸道通道和血管管徑大小

不同的部位其厚度不一，可儲藏脂肪與水分、形成絕緣層防止水分與熱量的散失、對重擊提供機械性保護，並作為血管與神經的通路。

2. **深筋膜** (deep fascia)：位於淺層筋膜下，包覆於骨骼肌表層，將不同功能的肌肉群分開，同時提供神經與血管通路，並可作為肌肉起始端的附著。

(二) 結締組織部分

筋膜之下，每一條肌肉外圍又由三層結締組織包覆，分別為（圖 7-2）：

1. **肌外膜** (epimysium)：由膠原纖維構成，包覆整條肌肉，將此條肌肉和周邊組織和器官分開。
2. **肌束膜** (perimysium)：負責將肌肉分為幾個部分，每個部分內含一條肌纖維束，稱為肌束 (fascicle)。除了肌束外，還有膠原纖維、彈性纖維、血管和神經來支配此條肌束。
3. **肌內膜** (endomysium)：肌束內由肌內膜包覆每一條肌細胞，負責與附近的肌肉產生連繫，其內有許多幹細胞散布，幫助修復受傷的肌肉組織。

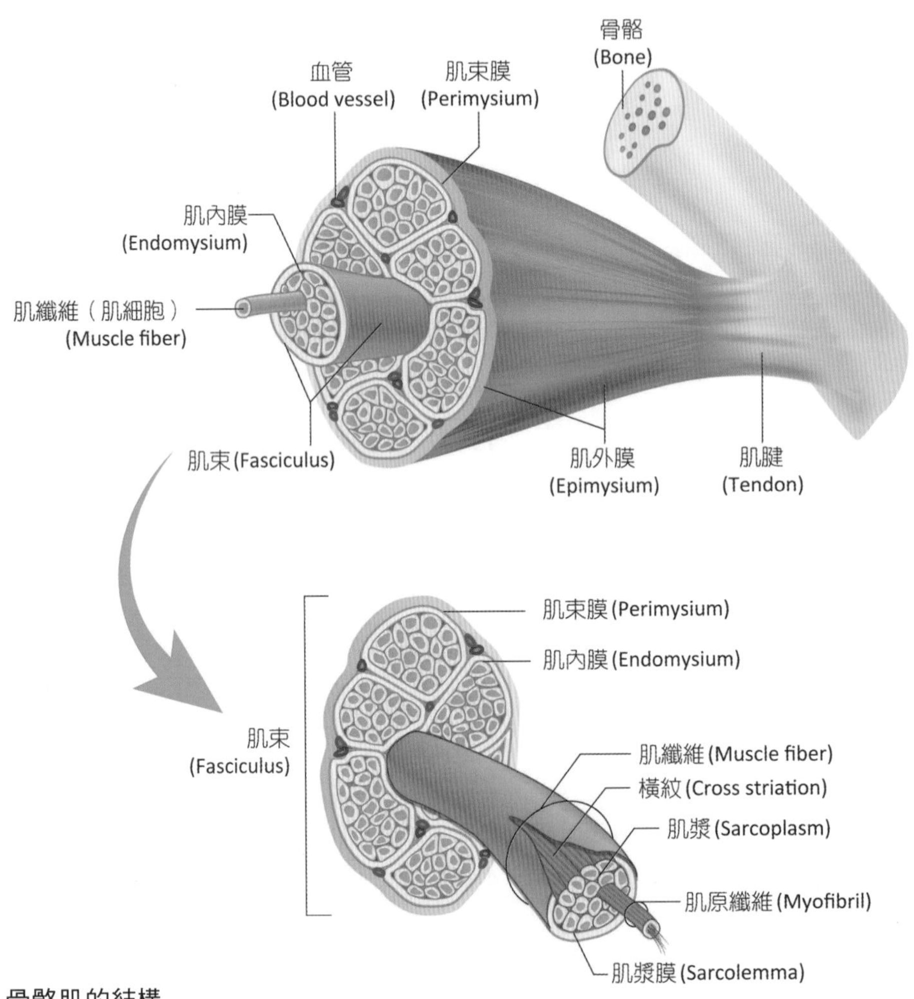

■ 圖 7-2 骨骼肌的結構

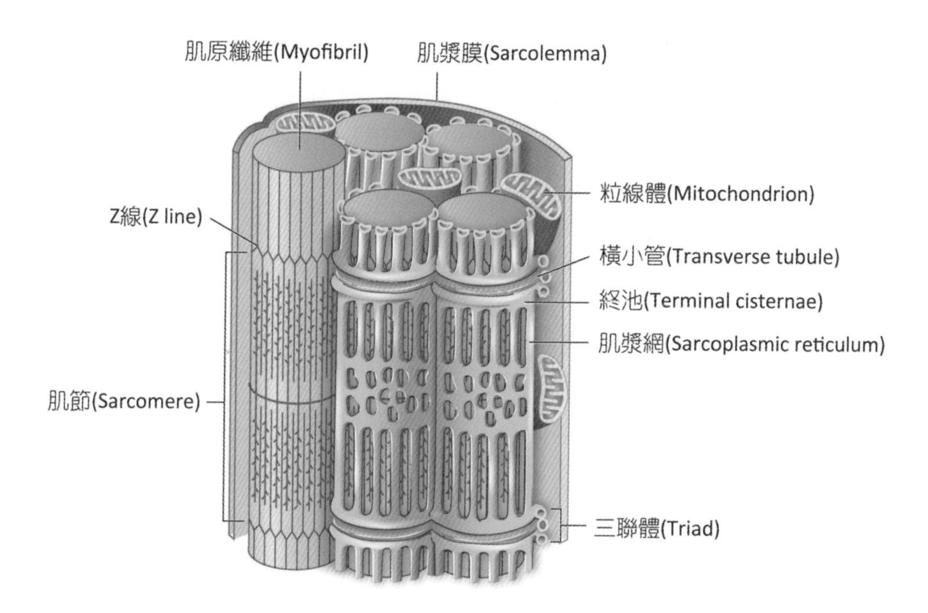

■ 圖 7-3　肌纖維的組織構造

每一條肌肉兩端的**三層結締組織最後匯合在一起形成肌腱** (tendon)，或一大片的**腱膜** (aponeurosis) 構造。利用一束膠原纖維構成的肌腱將骨骼肌附著到骨骼上，或利用腱膜連接到不同的肌肉上，如此與肌束膜交織的肌腱，提供與骨頭間強而有力的鍵結，並將肌肉收縮力延伸到連接的骨頭上。

(三) 肌纖維的組織學

肌纖維的細胞膜又稱為肌漿膜 (sarcolemma)，內含的細胞質又稱為肌漿質 (sarcoplasm)。肌纖維內束狀的小管圍繞著圓柱形肌細胞散布，稱為肌原纖維 (myofibrils)，其直徑約 1~2 微米，與肌細胞一樣長。

肌漿膜上散布著窄小管狀構造稱為**橫小管** (transverse tubules) 或稱 T 小管 (T tubules) 的開口，管內充滿細胞外液，橫小管主要提供肌纖維上向內的通道。肌肉的收縮主要是利用電性衝動和化學物質間轉換來誘發收縮發生，橫小管主要功能為協調肌肉細胞的收縮。電性衝動到達肌漿膜後，誘發肌纖維內化學物質改變引起收縮發生，而電性的衝動就是沿著橫小管深入肌纖維肌漿質內。

圍繞肌原纖維的橫小管上有膜狀構造的肌漿網 (sarcoplasmic reticulum, SR)，屬於平滑內質網，與橫小管緊密接合。肌漿網會以管狀般緻密網圍繞在肌原纖維旁，橫小管旁展開膨大的肌漿網稱為**終池** (terminal cisternae)。橫小管與兩側終池組合出三明治般構造，稱為三聯體 (triad)（圖 7-3）。終池內含有高濃度的鈣離子，反之肌漿質內的鈣離子濃度相對非常低。骨骼肌細胞會利用主動運輸將鈣離子由肌漿網送回終池，在每次收縮時再將終池內的鈣離子以擴散方式送入肌漿質內。

肌原纖維主要功能為收縮，又因為肌原纖維的終末兩端與肌漿膜銜接，因此肌原纖維的收縮會引起整個肌纖維的變短。肌纖維內散布許多粒線體和肝醣顆粒，肝醣顆粒的分解和粒線體的活動可以提供肌纖維強而有力的收縮。每個肌纖維內大約含有數百到數千個肌原纖維，**肌原纖維是由肌絲 (myofilament) 構成**，依其蛋白質組成構造又可分為粗肌絲、細肌絲。

粗、細肌絲呈現規律性排列，共同負責肌肉收縮，進而形成重複性的功能單位，稱為肌節 (sarcomeres)，肌節是肌纖維收縮的最小單位，長度大約 2 毫米。兩邊 **Z 線** (Z line) **是每個肌節的邊界**，由接合蛋白構成，肌原纖維內大約有 10,000 個左右一個接著一個排列的肌節，一般處於休息狀態。

粗肌絲位於肌節中央，細肌絲位於兩旁，且與 Z 線緊密接合，中央區域則與粗肌粗重疊。粗肌絲中央有一條蛋白質構成的 M 線 (M line)，將粗肌絲彼此間互相連接在一起；H 區是中央區域僅含粗肌絲的部分，中間有 M 線。A 帶 (A band) 又稱為暗帶，含括整個粗肌絲長度；I 帶 (I band) 又稱為亮帶，則位於兩個暗帶中間，包含 Z 線（圖 7-4）。

(四) 骨骼肌的神經支配與血管供應

由結締組織所構成肌外膜和肌束膜內，提供供應肌肉細胞的血管和訊息的神經通道。每一次肌肉的收縮都需要大量的能量，大範圍緻密的微血管網能提供所需要的氧氣和營養，同時也負責將肌肉代謝所產生的廢物移除。

骨骼肌具有收縮的功能因此必須有豐富的血管供應和神經支配。首先骨骼肌經由神經系統收到衝動，接著血管送來足夠的營養和氧氣，同時負責將代謝產生的廢物移除。一般而言，一條動脈和至少一條靜脈會伴隨一條神經深入骨骼肌肌外膜內，並逐漸分支，最後每一條肌纖維都可接受神經的分支和微血管的支配和供應。

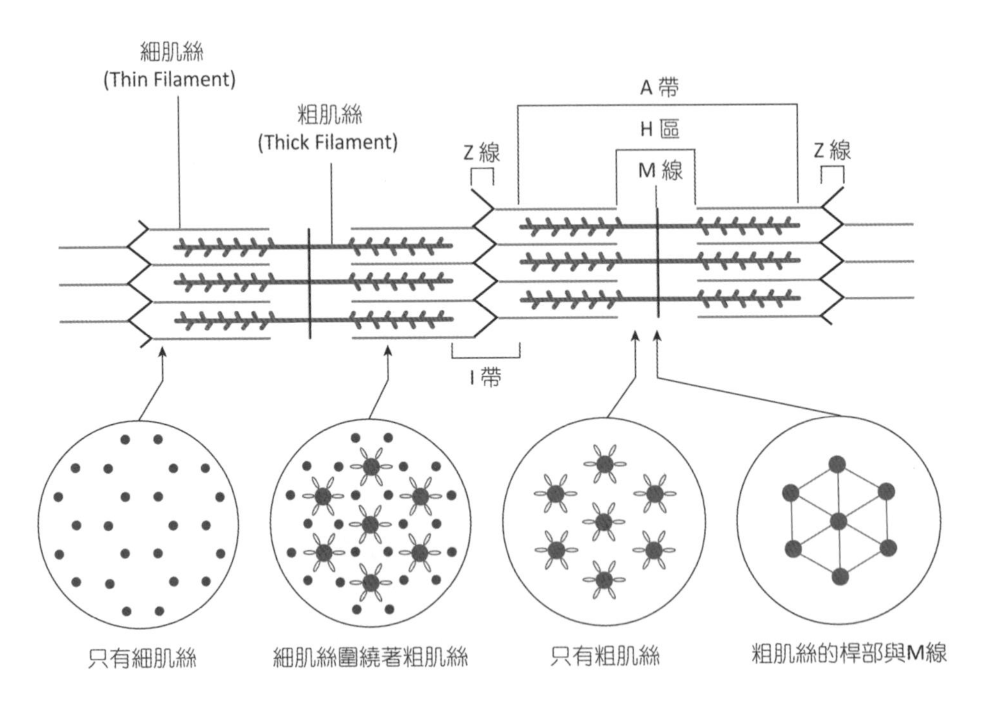

■ 圖 7-4 肌節

臨床應用 ANATOMY & PHYSIOLOGY

肌肉營養不良症 (Muscular Dystrophies)

即骨骼肌發生病變，使肌肉退化、萎縮，此症乃因基因缺陷所引起，導致肌肉內與結構或功能有關蛋白纖維缺陷，屬於遺傳性疾病。如此基因缺陷常會造成漸進性的肌肉虛弱和持續惡化，最後引起肌節或內部結構蛋白異常。症狀包括肌肉無力、步伐不穩、跌倒等，嚴重時甚至導致呼吸、心臟衰竭，而需仰賴呼吸器維生，影響病人生活品質。

二、骨骼肌纖維的種類

骨骼肌纖維依據其收縮速度可分為兩類（表 7-2）：

1. **快肌** (fast fibers)：體內部分骨骼肌為快肌，能夠在受到刺激後 0.01 秒內產生收縮。此類骨骼肌直徑較大、含有較多的肌纖維，並有較多的肝醣儲存量，但粒線體較少，肌紅蛋白 (myoglobin) 含量也較少，因此又稱為白肌 (white fibers)。肌力的產生正比於肌纖維的個數，因此快肌能產生較大的收縮力，但消耗 ATP 的速度也較快，主要能量的生成利用糖解反應，容易形成乳酸堆積而產生疲勞。
2. **慢肌** (slow fibers)：直徑僅快肌的一半，收縮速度較快肌慢三倍。此類骨骼肌內含肌紅蛋白較多，又被稱為紅肌 (red fibers)。肌紅蛋白內含有鐵離子，與氧氣結合力強，當肌細胞收縮過程氧氣不足時，能提供能量代謝所需要氧氣，因此產生較長時間的收縮而不易疲勞。

心肌

心肌僅在心臟中被發現，如同骨骼肌，心肌亦具有**橫紋**構造，但心肌細胞外型上較骨骼肌為小，而且其內僅含有一個細胞核。心臟內心肌細胞彼此間**透過間隙接合** (gap junction) **互相銜接**，稱為**間盤** (intercalated discs)，方便心肌細胞間訊息的傳遞。

心肌細胞外型上呈現分枝狀，方便產生強而有力的收縮和訊息有效的傳送。如同骨骼肌細胞，心肌細胞自我修復的能力有限，但不同的是，心肌細胞的收縮不依賴神經系統的刺激，而由特殊細胞，即節律點 (pacemaker)，

表 7-2 快肌與慢肌

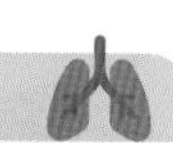

特性	快肌	慢肌
肌纖維直徑	大	小
肌紅蛋白含量	低	高
粒線體	少	多
肝醣含量	高	低
收縮速度	快	慢
肌肉疲乏	易疲乏	不易疲乏
細胞呼吸形式	無氧	有氧

進行規律性的放電產生規律性的收縮。雖然部分神經系統，如自主神經，能改變此節律點的活動，但神經系統對個別的心肌細胞還是無法自主性的控制，因此心肌被稱為**不隨意肌** (involuntary muscle)。

平滑肌

平滑肌細胞的外型較小、細長、兩尖端尖細，呈現紡錘狀，僅含有一個細胞核。不同於骨骼肌和心肌細胞，平滑肌細胞粗肌絲和細肌絲凌亂散布在肌漿質中，因此沒有呈現規律橫紋的外觀，但平滑肌細胞具有分裂的能力，可以在受傷後進行細胞的修補。

平滑肌細胞可以自主性收縮，也可以接受神經活動的調控，但神經系統的調控並非有意識的調控，而是利用自主神經系統，因此被稱為不隨意肌 (involuntary muscle)。平滑肌有可分為兩種（圖 7-5）：

1. **單一單位平滑肌** (single-unit smooth muscle)：數量較多，主要位於血管壁或中空器官外壁，如胃、腸、膀胱、子宮或小型血管內壁，能藉由收縮或舒張將管內物質推動。其細胞間可**藉由間隙接合溝通聯繫**，提供離子通透及物質在肌細胞之間傳遞，而進行同步性活動，只要一部分的肌肉神經興奮，就可以透過間隙接合使整塊平滑肌一起收縮。因出現於內臟組成，因此又被稱為內臟肌 (visceral muscle)。
2. **多單位平滑肌** (multi-unit smooth muscle)：數量較少，細胞間不含間隙接合，肌細胞活動時各自獨立，由個別神經纖維所控制，單一肌細胞的神經衝動不會傳給其他肌細胞。類似骨骼肌細胞，例如豎毛肌、虹膜肌及大血管平滑肌等。此類細胞的活動主要受自主神經支配或激素的影響。

7-3 肌肉的收縮理論 

一、骨骼肌的收縮機制

(一) 肌絲滑動理論

細肌絲 (thin filaments) 亦稱為肌動蛋白絲 (actin filament)，由雙股纏繞在一起的**肌動蛋白** (actin)、**旋轉肌球素** (tropomyosin)、**旋轉素** (troponin) 三種蛋白質構成。每個肌動蛋白上

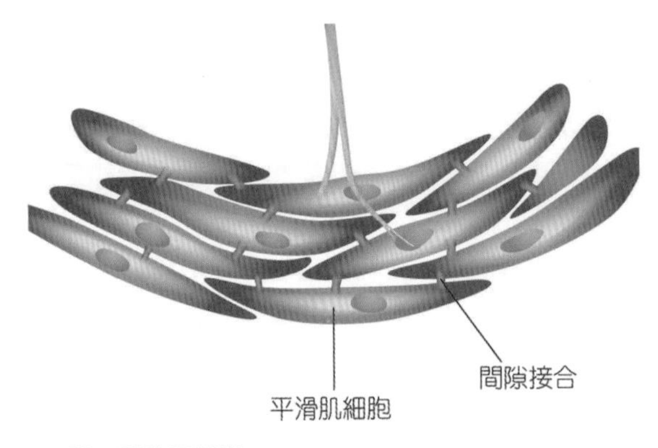

(a) 單一單位平滑肌

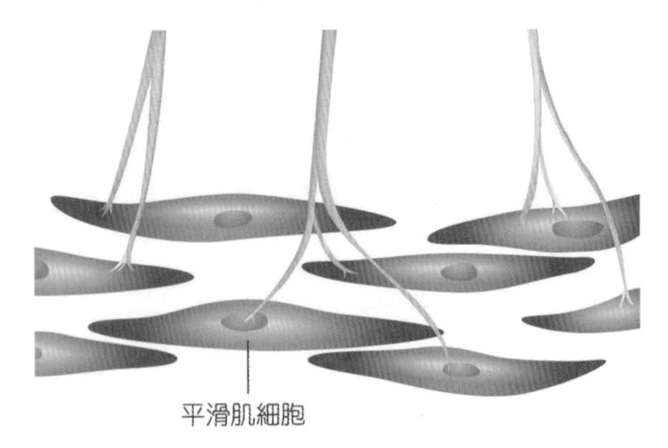

(b) 多單位平滑肌

■ 圖 7-5 平滑肌的種類

都有一個活動位置 (active site) 提供肌凝蛋白接合。不活動時的肌肉，肌動蛋白上的活動位置會被旋轉肌球素所覆蓋，旋轉肌球素的位置又受旋轉素調控。旋轉素是由三種蛋白質組成的複合體，包括旋轉素 I (troponin I, TnI)、旋轉素 T (troponin T, TnT) 及旋轉素 C (troponin C, TnC)，分別可與肌動蛋白、旋轉肌球素、鈣離子結合。

粗肌絲 (thick filaments) 亦稱為肌凝蛋白絲 (myosin filament)，由**肌凝蛋白** (myosin) 所組成，每個肌凝蛋白有一個圓形頭部 (head) 和尾部 (tail)，頭部的**橫橋** (cross bridge) 上有肌動蛋白結合位置、ATP 結合位置（圖 7-6）。

肌漿網終池內的鈣離子是活動位置開或關的重要影響因子，當神經衝動沿著軸突到達肌漿膜，並通過 T 小管傳達到肌肉內部時，鈣離子自肌漿網中釋放並與旋轉素接合，引起旋轉素蛋白改變形狀，拉動旋轉肌球素離開肌動蛋白活動位置，導致肌動蛋白活動位置裸露，橫橋便能和肌動蛋白活動位置相互作用，活化肌凝蛋白頭部 ATP 水解酶，水解 ATP 釋放出能量，促發橫橋擺動或稱為力擊 (power

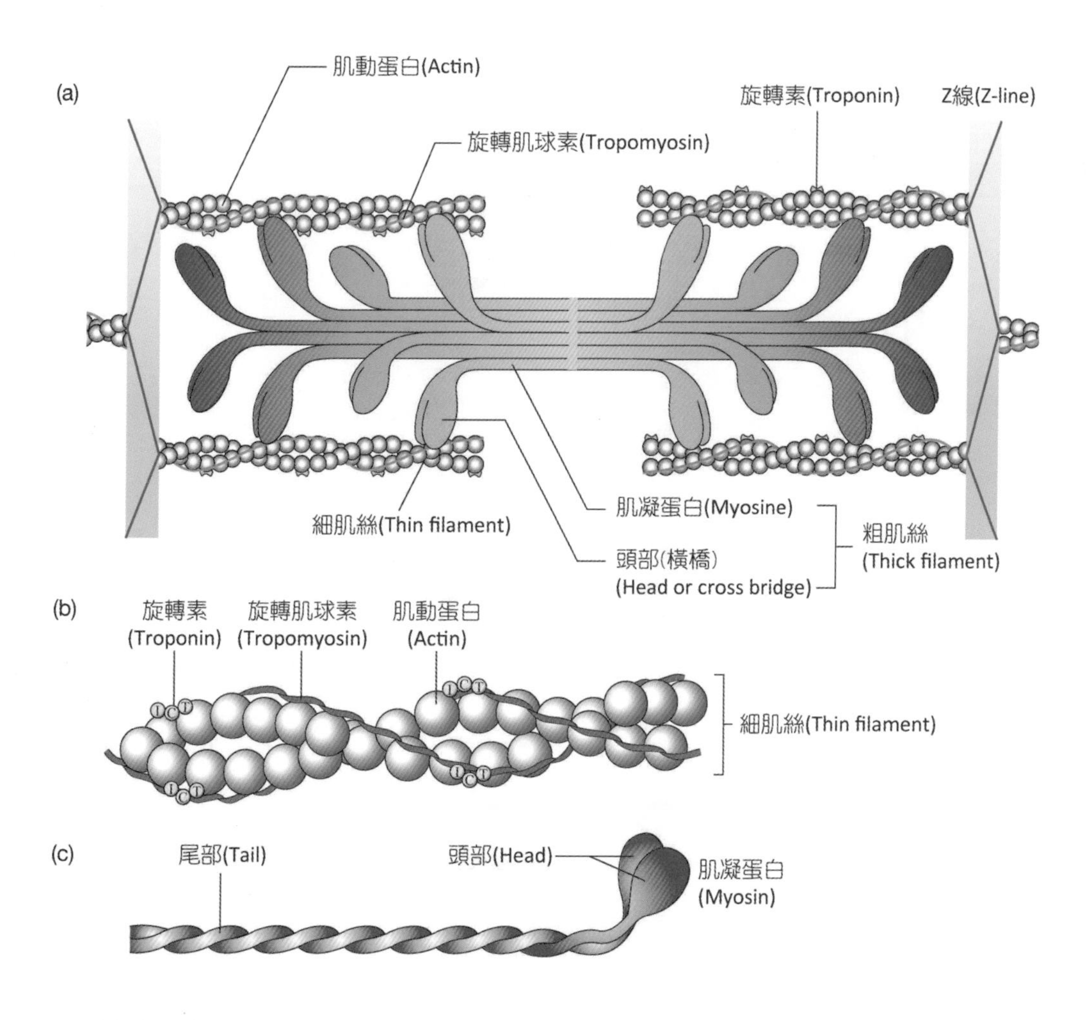

■ 圖 7-6　粗肌絲與細肌絲

stroke)，將細肌絲朝向粗肌絲拉動，引發肌肉收縮（圖 7-7）。當新的 ATP 附上粗肌絲頭部後，肌凝蛋白與肌動蛋白分離，在鈣離子的作用下，重新開始一個新的循環（圖 7-8）。

骨骼肌的收縮方式稱為**肌絲滑動理論** (sliding filament theory)，即**肌節開始收縮時**，Z 線相互靠近，**導致 I 帶變短、H 區縮小**，粗、細肌絲重複區域漸變多，粗、細肌絲的長度並沒有改變，細肌絲只是沿著粗肌絲向中央滑動，導致肌節變短而已。

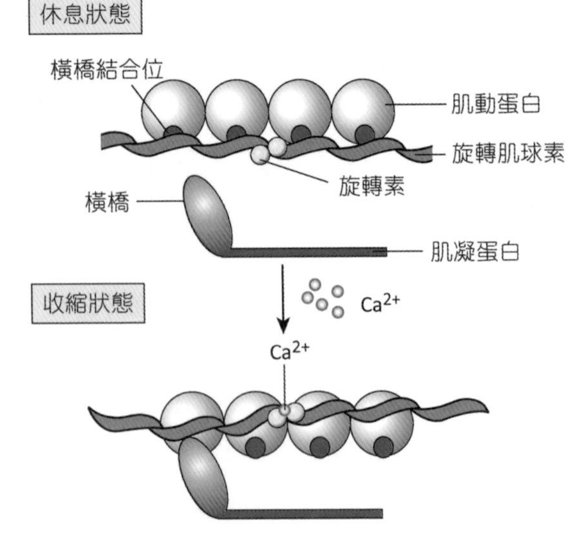

■ 圖 7-7　鈣離子與旋轉素結合

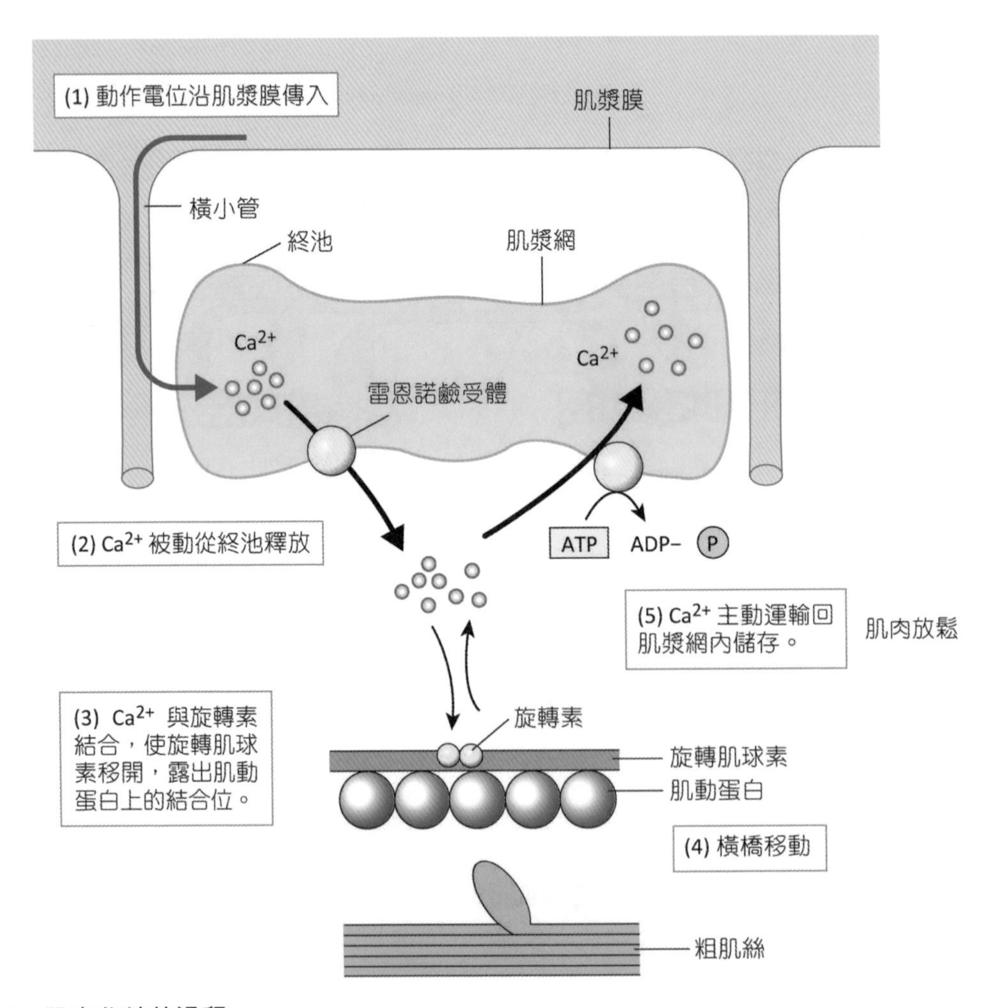

■ 圖 7-8　肌肉收縮的過程

(二) 神經肌肉接合

骨骼肌主要受運動神經元 (motor neuron) 的支配，運動神經軸突深入肌肉後會在肌外膜處分支，最後每一條肌纖維都接受一條運動神經元軸突末梢刺激。然而神經末梢沒有直接與肌漿膜接觸，而是透過突觸間隙 (synaptic cleft) 分隔，肌漿膜上有乙醯膽鹼 (acetylcholine, ACh) 的接受器，被稱為**運動終板** (motor end plate)（圖 7-9）。運動神經元軸突末梢與肌肉運動終板所形成的突觸就稱為**神經肌肉接合** (neuromuscular junction)。

(三) 收縮生理學

當神經衝動到達突觸末梢 (synaptic terminal) 時，突觸小泡會釋放 ACh 至突觸間隙，並與肌漿膜上接受器結合，改變肌細胞膜上鈉離子 (sodium ion) 的通透性，鈉離子流入肌細胞內引起動作電位發生，動作電位擴及整個肌漿膜，沿著 T 小管傳入終池，使終池釋放鈣離子引起肌肉收縮。很快的，ACh 因乙醯膽鹼酯酶 (acetylcholinesterase, AChE) 而分解，失去活性，如此可以確保一次的神經衝動僅會產生一次的收縮。神經末梢和運動終板上都含有乙醯膽鹼酯酶，對 ACh 分解極為迅速。任何引起 ACh 合成、釋放，或降低活性、改變與肌漿膜上接受器接合等，都會影響肌肉的收縮。

肌肉的收縮、舒張過程可摘要如下：

1. 神經衝動到達神經突觸末梢，突觸小泡將 ACh 釋放至突觸間隙。
2. ACh 與肌漿膜接受器結合，引起鈉離子通道開啟，引起動作電位。
3. 動作電位沿著 T 小管傳入終池，釋放鈣離子至粗、細肌絲。
4. 肌動蛋白上的活動位置因鈣離子與旋轉素 C 結合而裸露。

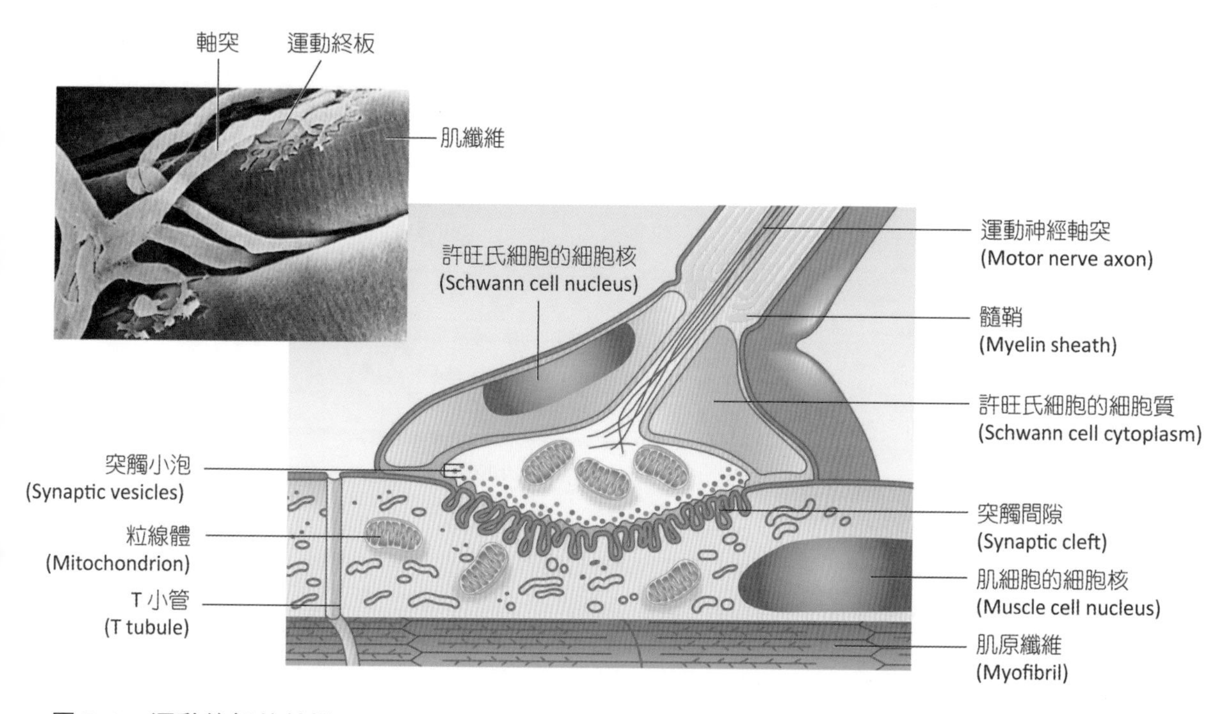

■ 圖 7-9 運動終板的結構

5. 橫橋與肌動蛋白活動位置結合，ATP 水解酶活化。
6. ATP 釋放出能量，促發力擊，造成肌絲滑動，同時釋放 ADP 和磷酸根 (Pi)。
7. 當肌凝蛋白重新接上 ATP 後，肌凝蛋白與肌動蛋白分離。隨著 ACh 對肌節的持續刺激和足夠 ATP 作用下，橫橋再次因 ATP 的解離和重獲能量，重複步驟 2.~8.。
8. ACh 被乙醯膽鹼脂酶分解後，事件終止或神經衝動停止，肌細胞將鈣離子回收入肌漿網內，肌細胞放鬆，等待新的動作電位到達。

(四) 全有全無定律 (All or None Law)

單一的運動神經元和接受刺激的所有肌纖維合稱**運動單位** (motor unit)，有些運動單位內含有數百條肌纖維，有些不超過 10 條，這些肌纖維會同時接收到刺激，因此會同時間產生收縮（圖 7-10）。

單一條肌纖維的收縮遵守全有全無定律，也就是說，當一運動單位受到的刺激小於閾值時，肌肉不發生收縮；一旦刺激超過閾值，則整個肌肉一起收縮，不會發生部分收縮、部分不收縮的現象。然而，一塊肌肉中通常含有許多興奮性不同的運動單位，因此並不完全遵守全有或全無定律。

(五) 肌肉收縮的種類

肌肉會根據刺激強度產生階梯性的收縮強度，舉例來說，當我們舉起 25 磅重的物品，絕對比舉起一根羽毛有更多肌纖維收縮，收縮力的大小受運動單位的累積和運動波的累

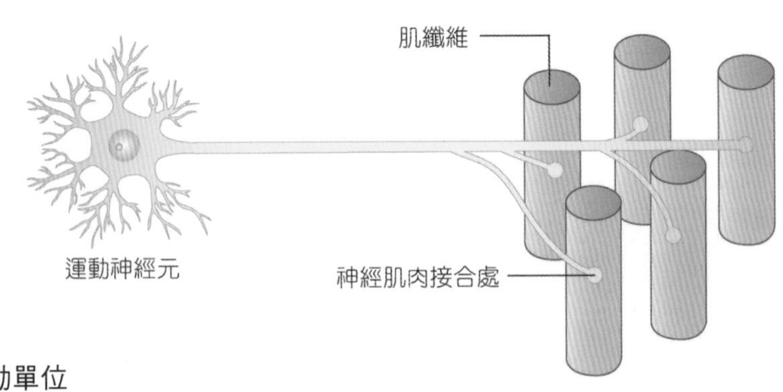

■ 圖 7-10　運動單位

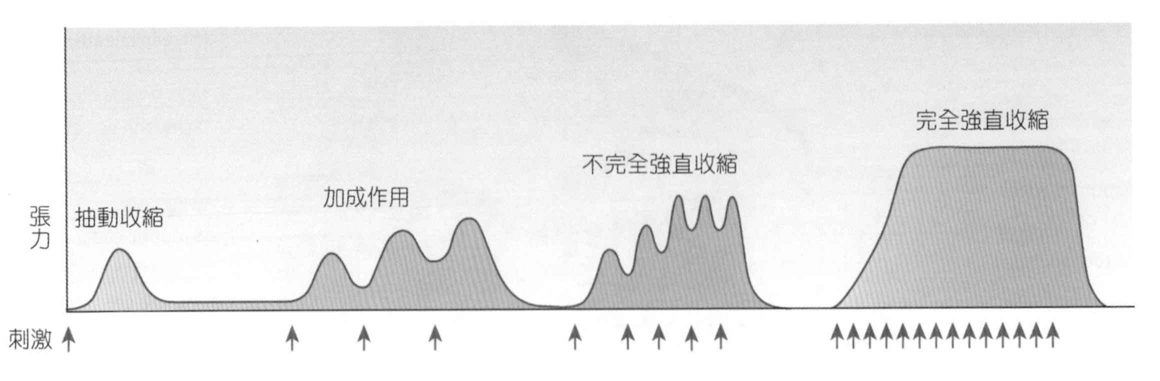

■ 圖 7-11　肌肉收縮的加成作用

積影響。運動單元下的所有肌纖維在同一時間都會接受相同刺激強度的衝動，強烈的刺激則能引起更多的運動單位數。

◎ 肌肉收縮的加成

1. **抽動收縮** (twitch)：單一神經刺激所引起的肌肉收縮整個過程稱為抽動，包含延遲期、收縮期和放鬆期三個過程。如果第二個刺激在放鬆期出現，第二次的收縮強度會較第一次強度大。
2. **強直收縮** (tetany)：如果刺激的出現更加密集快速，會使得放鬆期更加縮短，最後所有的放鬆期幾乎消失，而收縮期呈現平滑、持續性的收縮，稱為強直。強直就是多收縮波的加成作用 (summation)，是肌肉常常出現的收縮模式，神經衝動的快速刺激能引起強直性收縮（圖 7-11）。

◎ 階梯性收縮 (Treppe)

指肌肉在相同有效閾值刺激下收縮力呈現階梯性增加。如果肌肉接受快速有效閾值的神經刺激但又不足以引起強直性收縮，就會引發階梯性收縮。雖然刺激強度相同，但可發現後一次收縮強度會較前一次強度大，主要的原因是因為肌漿質內的鈣離子濃度後一次較前一次足夠，另外細胞內酸鹼值、溫度、黏滯度也會影響細胞活性。階梯性收縮常是運動員比賽前熱身的主要原因。

◎ 等張收縮與等長收縮

肌肉張力 (muscle tone) 是指肌肉持續性收縮過程中，肌肉內存在的張力。運動單位在每次刺激下出現收縮和放鬆期，但同時其他的運動單位亦不同步的出現收縮或放鬆，如此肌肉可以保持一定的肌肉張力，提供下一次刺激更迅速快速的反應。

不過並非所有的肌肉收縮都會呈現變短的外觀，橫橋與細肌絲結合能幫助肌細胞維持一定的張力，如果張力超過重量，則肌細胞會出現變短和動作發生，此時肌肉張力不變或相同，但肌肉長度改變，稱為**等張收縮** (isotonic contraction)，例如手提起放在地面的重物，肱二頭肌即作等張收縮。相反的，如果肌肉內部張力沒有超過重量，肌肉不會出現變短或移

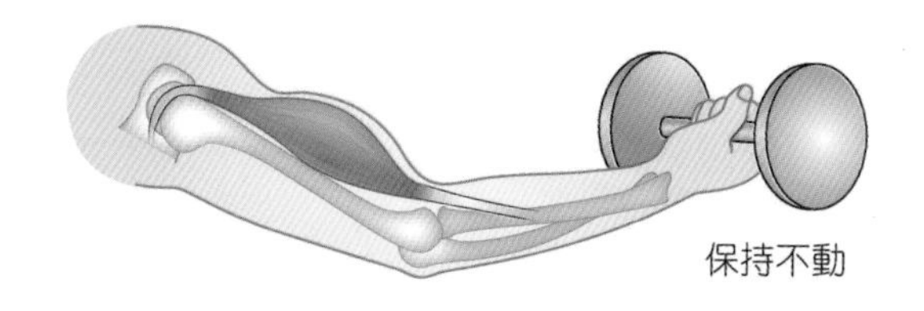

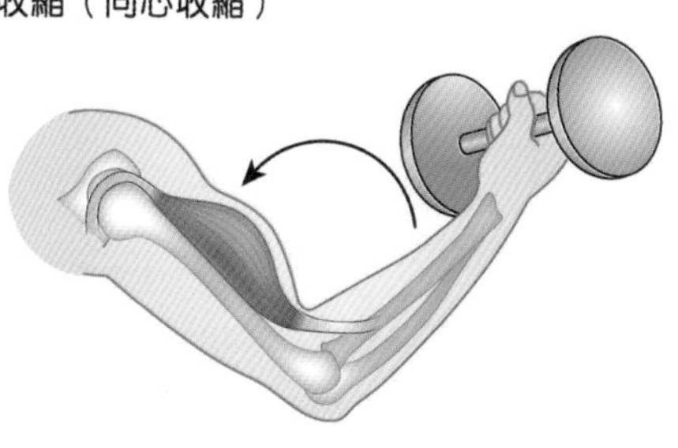

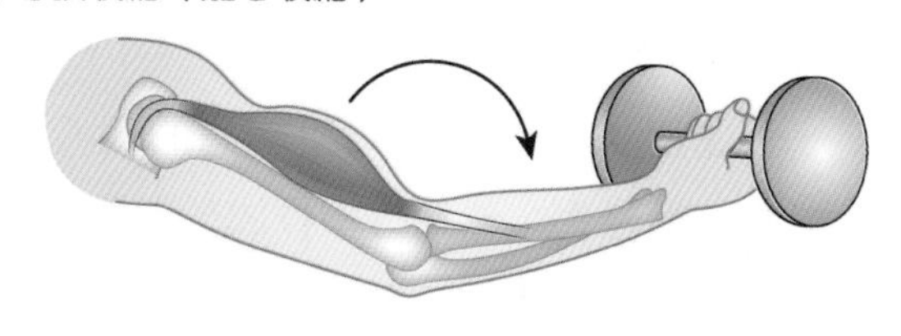

■ 圖 7-12　等張收縮與等長收縮

動，稱為**等長收縮** (isometric contraction)，舉例來說，當我們想要舉起一顆大石，肌肉張力持續增加但始終都沒有超過巨石的重量，因此肌肉不會產生動作，即為等長收縮（圖 7-12）。

(六) 收縮的能量來源

所需的**能量可來自於磷酸肌酸、肝醣分解與脂肪分解**。肌肉收縮最直接的能量來源是 ATP。ATP 負責細肌絲與粗肌絲的結合或主動將鈣離子送回肌漿網內。肌肉的收縮需要大量的能量供應，這些大量的能量在肌肉一開始收縮時並未到齊，也就是說休息狀態的肌肉僅含有一些能量的儲存，收縮初期肌細胞內儲存的 ATP 約在 6 秒後耗盡，直到額外的 ATP 形成。

肌肉在休息狀態時，合成許多的 ATP，再將 ATP 轉換成肌酸 (creatine) 儲存，接著再轉以更高能分子**磷酸肌酸** (creatine phosphate, CP)。當肌肉收縮，ATP 解離後會先利用磷酸肌酸的能量將 ADP 重回 ATP，但每個肌細胞內儲存的磷酸肌酸在肌肉收縮後僅能維持 ATP 的量約 10 秒。

$$\text{ADP}+\text{磷酸肌酸} \rightarrow \text{ATP}+\text{肌酸}$$

若肌肉細胞持續性收縮，葡萄糖和脂肪酸會變成主要能量來源，當細胞內 ATP 和磷酸肌酸開始消耗，細胞會開始代謝葡萄糖和脂肪酸產生能量。之前我們曾提及，身體靠粒線體內進行的有氧代謝 (aerobic metabolism) 和細胞質內進行的無氧代謝 (anaerobic metabolism) 合成 ATP。肌肉收縮時如果供應的氧氣不足，在無氧代謝的狀態下，肌漿質內每個葡萄糖分子代謝生成 2 個 ATP；如果氧氣供應足夠，代謝過程所產生的丙酮酸，經過粒線體接著進行有氧代謝，再可生成 34 個 ATP、水和二氧化碳。人體死後因 **ATP 耗盡**，全身肌肉漸緊縮而產生**屍僵**。

二、平滑肌的收縮機制

骨骼肌的收縮過程如前所述，首先必須鈣離子與細肌絲旋轉素 C 結合，露出細肌絲肌動蛋白上與粗肌絲肌凝蛋白的結合位置，使橫橋得以建立，進而產生力擊。反之，平滑肌鈣離子主要與調鈣蛋白 (calmodulin) 結合，形成鈣－調鈣蛋白複合物，與肌凝蛋白頭部的肌凝蛋白輕鏈激酶 (myosin light-chain kinase) 結合，活化肌凝蛋白輕鏈激酶，接著磷酸化的肌凝蛋白與肌動蛋白結合建立橫橋，最後磷酸化橫橋進行週期性動作產生收縮。當磷酸化肌凝蛋白去磷酸化後，肌凝蛋白與肌動蛋白分開造成平滑肌放鬆。

三、心肌的收縮機制

心肌的節律點（竇房結）自發性的釋放出規律性的電衝動來引起心肌細胞的收縮。心肌細胞的收縮過程與骨骼肌雷同，**動作電位經橫小管傳遞**，沿著竇房節傳至心房、房室結、房室束，最後至浦金氏纖維。與骨骼肌不同的是，心肌細胞在收縮過程中，動作電位的產生會因為鈣通道打開造成鈣離子流入細胞內，而產生高原期，使收縮期持續時間較長。**收縮主要能量來自脂肪酸**。

7-4 恆定現象

一、氧債 (Oxygen Debt)

當肌肉收縮時，肌漿網內的環境改變，能量持續產生、熱量持續釋放、丙酮酸持續生成。**大量的乳酸** (lactic acid) **堆積會引起肌肉**

痠痛和抽筋，直到復原期 (recovery period)，肌肉回到運動前狀態，肌肉細胞才移除乳酸和回復細胞內原本能量儲存。此時，細胞內的需氧量高於平時，為了回到運動前的狀態而額外增加的氧需求量，稱為氧債 (oxygen debt)。大量的氧氣需求能讓肝臟合成大量的 ATP 將乳酸轉換回葡萄糖，以及肌肉細胞重新合成 ATP、磷酸肌酸和肝醣。

二、肌肉疲勞

若肌肉細胞即使面對持續的神經衝動也無法持續收縮，則稱為疲勞 (fatigue)，肌肉疲勞常因為過多的能量耗損或過多乳酸堆積引起。當肌肉收縮時，ATP 的消耗速度小於粒線體的合成速度，肌細胞進行有氧代謝，疲勞不會發生，直到肝醣或其他儲存物如脂肪或胺基酸耗盡。瞬間、猛烈的肌肉細胞收縮，ATP 供應主要依賴糖解作用，一段時間過後，大量的乳酸堆積會造成肌細胞內酸鹼值下降，導致肌細胞無法再繼續正常收縮。

三、產熱作用

肌細胞的收縮會產生大量的熱量，引起肌漿質、細胞間液和循環血流的溫度升高，又因為肌肉占身體比例大，肌肉收縮所產生的熱量對身體體溫的維持更加重要。舉例來說，肌肉的顫抖可以幫助個體抵抗外界的低溫環境，個體幾近 85% 的熱量產生源自於肌肉的收縮產生。

7-5 骨骼肌與運動

肌肉系統橫跨關節來活動骨骼以提供姿勢維持和動作。

一、起端與止端

每一條肌肉都起源自肌肉**起端** (origin) 並終止於肌肉**止端** (insertion)，收縮時執行特殊的功能。一般而言，肌肉的起端固定不動，而止端移動。如位於小腿後方腓腸肌起端位於股骨遠端，終止於跟骨上，收縮時會將止端肌肉拉向起端移動，最後引起足底彎曲。至於肌肉的起端或止端大多依賴解剖學位置決定，幾乎所有的骨骼肌的起端或止端都位於骨骼上，收縮時會產生各種動作。

二、肌束的排列

骨骼肌中成束的肌纖維稱為肌束 (fasciculi)，肌束之間相互平行，但肌束與肌腱的排列方式則有不同，其中包括（圖 7-13）：

1. **平行肌** (parallel)：肌束與肌腱呈現平行排列，兩端起端和止端位於扁平肌腱或兩端變細，如腹直肌、肱二頭肌。可進一步分類為長形肌、梭狀肌。
2. **會聚肌** (convergent)：一大片肌肉終止於一狹窄止端，外形呈現三角形，如斜方肌、胸大肌。
3. **羽狀肌** (pennate)：針對整條肌束而言，肌腱延伸整條肌肉長度，肌束內纖維走向斜向肌腱。如果肌纖維僅分布在肌腱一邊，稱為單羽狀肌 (unipennate)，如伸趾長肌；反之肌腱兩邊都有肌纖維，稱為雙羽狀肌 (bipennate)，如股直肌；如果肌束內肌腱出現分支，則稱為多羽狀肌 (multipennate)，如三角肌。
4. **環狀肌** (circular)：肌纖維環繞一開口呈環狀排列，如口輪匝肌。

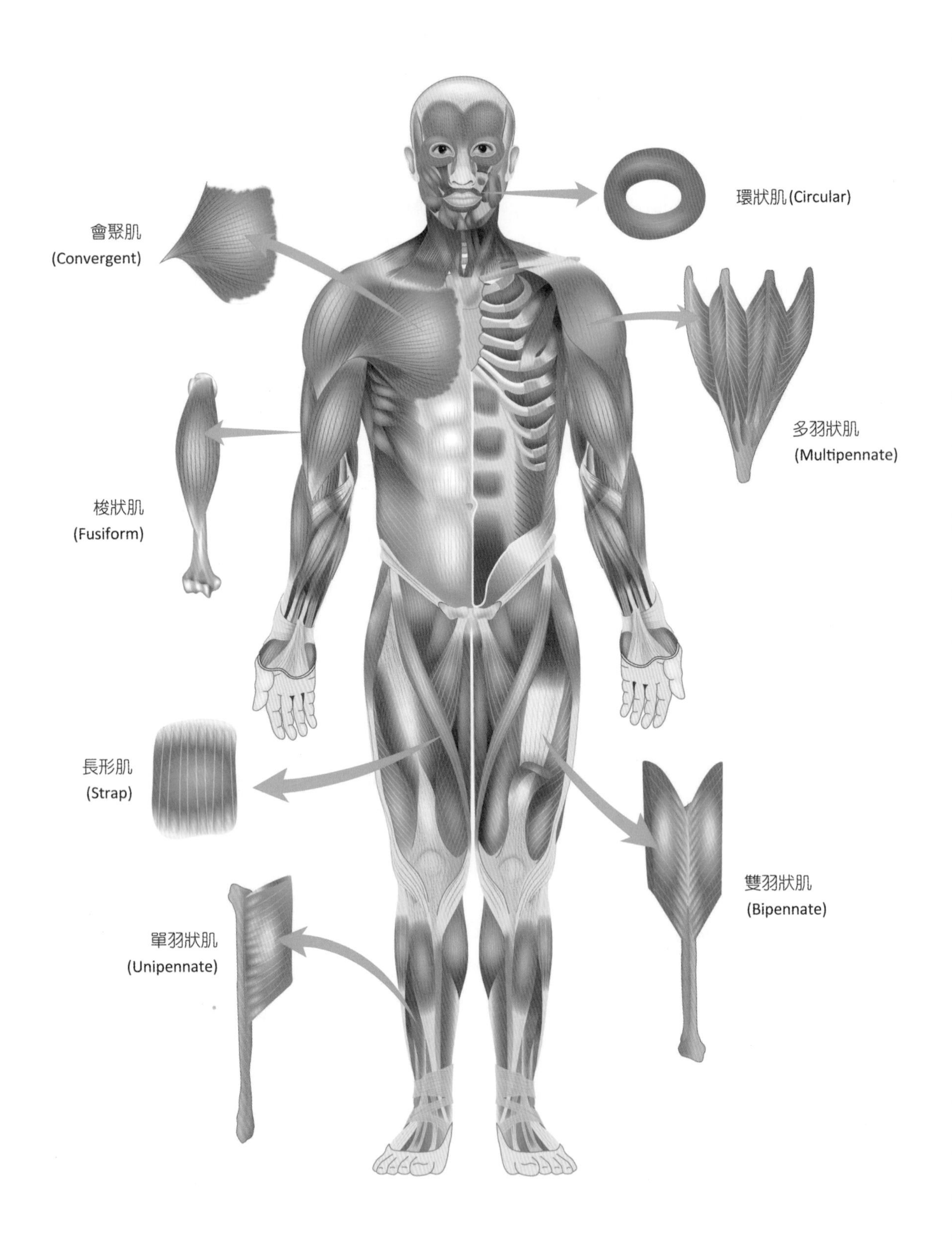
環狀肌(Circular)
會聚肌
(Convergent)
多羽狀肌
(Multipennate)
梭狀肌
(Fusiform)
長形肌
(Strap)
雙羽狀肌
(Bipennate)
單羽狀肌
(Unipennate)

■ 圖 7-13 肌束的排列

三、肌群的作用

肌肉收縮的作用可以利用以下方式來描述：(1) 與收縮後所影響的骨骼相關，如肱二頭肌的收縮會彎曲前臂；(2) 與獨特的動作或影響的關節有關，如肱二頭的收縮能彎曲肘關節。以下簡介肌肉收縮的主要作用：

1. **作用肌** (agonist)：又稱原動肌 (prime mover)，動作的完成主要依賴肌肉的收縮，如肘關節彎曲的作用肌為肱二頭肌。
2. **拮抗肌** (antagonist)：與完成主要動作相抗衡的肌肉，如肱三頭肌是肘關節彎曲時的拮抗肌。作用肌和拮抗肌收縮作用在功能上相反，如果一個產生彎曲作用，另一個則產生伸直的作用。
3. **協同肌** (synergist)：協助作用肌作用，使功能有效，協同肌靠近肌肉止端或提供肌肉起端的穩定性。如肩關節外展動作中三角肌為作用肌，而一些較小的肌肉（如棘上肌）可以幫助三角肌起始外展動作的進行。固定肌 (fixators) 也屬於協同肌，能幫助固定主要基的起端，避免產生其他關節的移動。

7-6 肌肉的命名 

身體內有超過 600 條骨骼肌，大部分的肌肉都有名字，我們不需要對每一條肌肉的命名了解，但幾個重要的原則必須清楚。許多肌肉的名字會與希臘或拉丁文字根有關，以下是幾個肌肉命名的重要原則：

1. **大小**：利用股 (vastus) 字根命名代表大；長 (longus) 字根代表肌肉長度很長；小 (minimus) 字根代表小；短 (brevis) 字根代表肌肉較短。
2. **形狀**：如外形呈現三角形的三角肌，呈長菱形狀的大、小菱形肌，呈一大片的闊背肌，或圓形的大、小圓形肌。
3. **肌肉走向**：如肌肉走向垂直的腹直肌、橫向的腹橫肌，或斜走向的腹內、外斜肌。
4. **位置**：如位於胸部的胸大、小肌，位於臀部的臀肌群，相對位置偏上方的上斜肌或偏下的下斜肌。
5. **起始點個數**：如有兩個起始點的股二頭肌或肱二頭肌。
6. **起始點或終點有關**：如起端位於乳突、止端位於胸骨的胸鎖乳突肌。
7. **動作**：如有大腿內收作用的大腿內收肌群。

7-7 人體主要的骨骼肌

骨骼肌常根據位置分類成中軸肌群 (axial musculature) 和附肢肌群 (appendicular musculature)。中軸肌群位於頭部、脊柱處，協助移動胸廓、協助呼吸，大約占個體內約 60% 骨骼肌數量。附肢肌群主要負責穩定和移動附肢骨骼。以下根據肌肉所在位置，分成六個部分來跟大家介紹身體重要的肌肉。

一、頭頸部肌肉

頭頸部肌肉主要負責表情動作、咀嚼和吞嚥。

(一) 表情肌 (Facial Expression)

位於臉部之肌肉，起於頭骨或筋膜，止於皮膚，負責臉部的表情動作，除提上眼瞼肌由動眼神經支配外，其餘皆由顏面神經所控制（圖 7-14、表 7-3）。

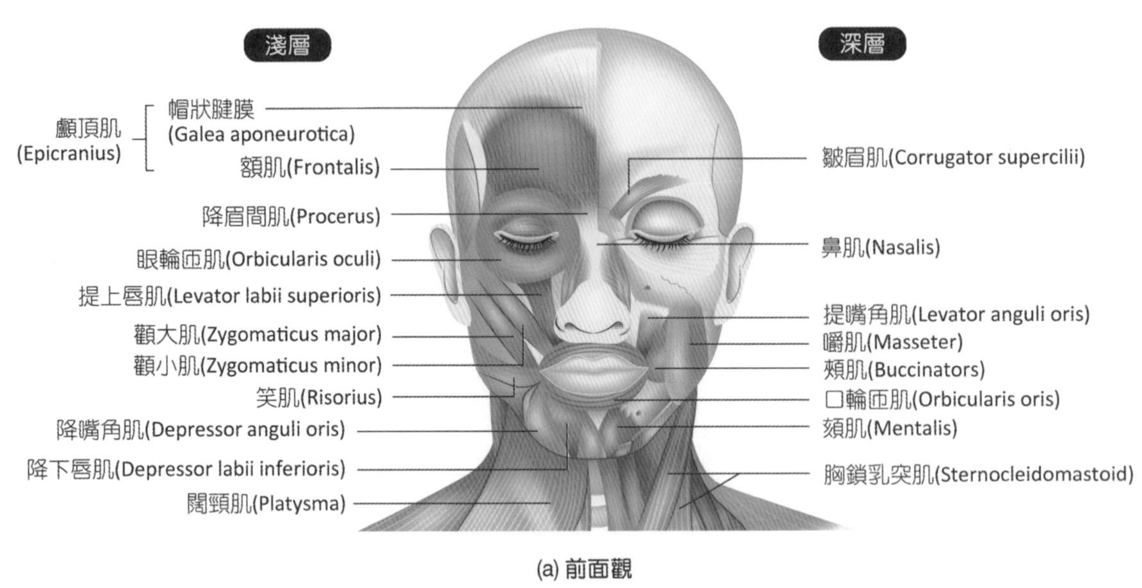

(a) 前面觀

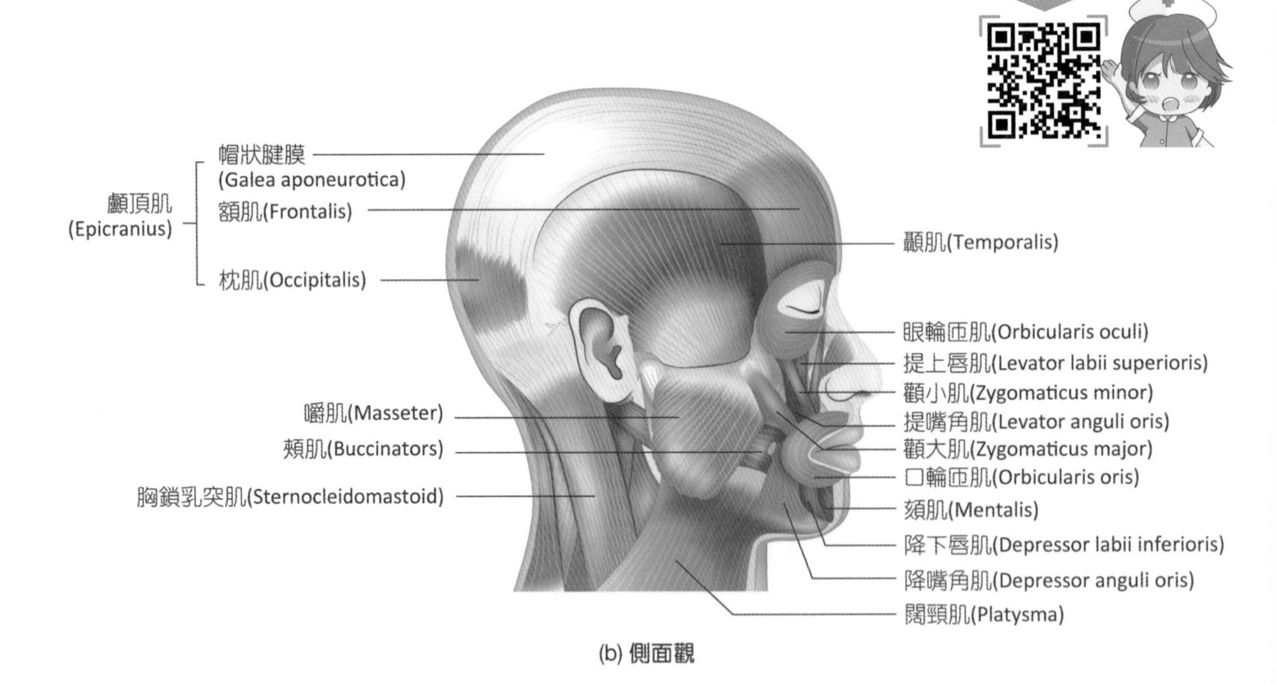

(b) 側面觀

■ 圖 7-14　表情肌

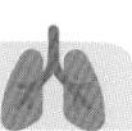

表 7-3 表情肌

肌肉		起端	止端	作用	神經支配
顱頂肌 (epicranius)	額肌 (frontalis)	帽狀腱膜	眉毛和鼻子皮膚	提眉	顏面神經
	枕肌 (occipitalis)	枕骨及顳骨乳突	帽狀腱膜	將頭皮後拉	顏面神經
皺眉肌 (corrugator supercilii)		額骨眉弓內側端	眉毛處皮膚	將眉毛往內拉、皺眉	顏面神經
提上眼瞼肌 (levator palpebrae superioris)		眼眶頂部蝶骨小翼	上眼瞼皮膚	提上眼瞼、睜眼	動眼神經
眼輪匝肌 (orbicularis oculi)		上頜骨和額骨	眼皮組織	閉眼、眨眼、瞇眼	顏面神經
口輪匝肌 (orbicularis oris)		上頜骨和下頜骨	嘴唇旁皮膚	閉唇或噘唇	顏面神經
提上唇肌 (levator labii superioris)		上頜骨眶下孔上方	上唇皮膚	上提上唇	顏面神經
降下唇肌 (depressor labii inferioris)		下頜骨	下唇皮膚	下壓下唇	顏面神經
頰肌 (buccinator)		上頜骨和下頜骨	嘴角	下壓臉頰，又稱小號手肌	顏面神經
頦肌 (mentalis)		下頜骨	頦部皮膚	上提上唇、突出，噘嘴時上拉頦部皮膚	顏面神經
笑肌 (risorius)		嚼肌上的筋膜	嘴角皮膚	嘴角外拉	顏面神經
顴大肌 (zygomaticus major)		顴骨	嘴角旁皮膚和肌肉	微笑時上提嘴角	顏面神經
闊頸肌 (platysma)		三角肌與胸大肌筋膜	下頜骨、嘴角肌肉、臉下方皮膚	下唇外後側下拉、下頜骨下壓	顏面神經

(二) 咀嚼肌 (Mastication)

拉動下頜骨做出咬合、咀嚼的動作，其中主要之閉合、咬合動作由強而有力的顳肌與嚼肌負責（圖 7-15、表 7-4）。

(三) 眼外肌 (Extrinsic Eye Muscles)

六條眼外肌起始自眼球周圍並控制著眼球的位置，分別為上直肌、下直肌、內直肌、外直肌、上斜肌和下斜肌（圖 7-16、圖 7-17、表 7-5）。

(四) 移動舌頭的肌肉

舌頭的肌肉可分為內在肌與外在肌，內在肌能改變舌頭的形狀，如捲舌，外在肌則可移動舌頭，使舌頭產生各種動作，如上移、側移等（圖 7-18、表 7-6）。

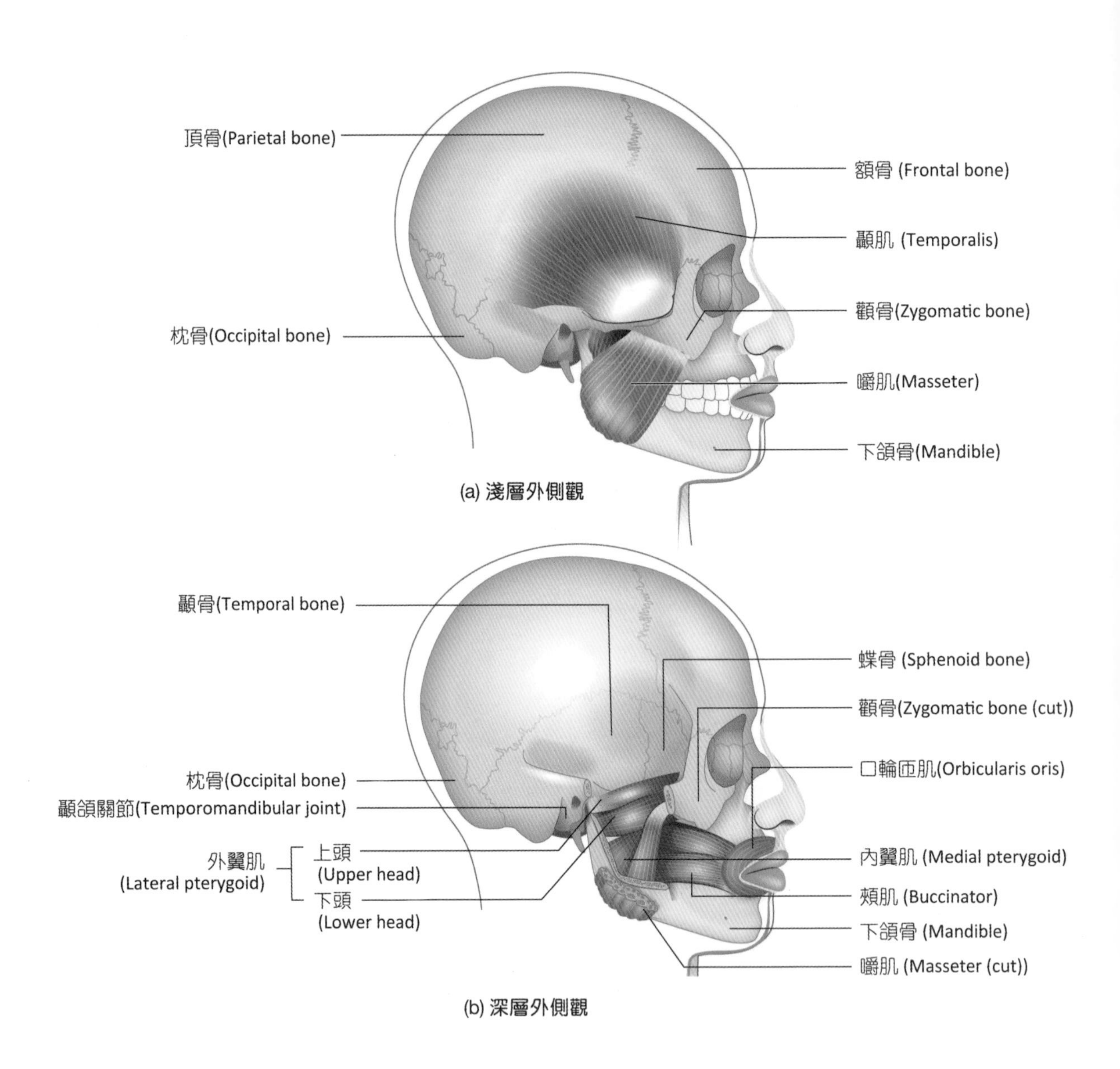

(a) 淺層外側觀

(b) 深層外側觀

■ 圖 7-15　咀嚼肌

表 7-4　**咀嚼肌**

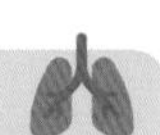

肌肉	起端	止端	作用	神經支配
顳肌 (temporalis)	顳骨	下頜骨	下頜骨上提、縮回	三叉神經下頜枝
嚼肌 (masseter)	顴弓	下頜骨	下頜骨上提使閉口	三叉神經下頜枝
內翼肌 (medial pterygoid)	蝶骨內翼板及上頜骨	下頜枝	下頜骨上提、前突、移向對側，閉口	三叉神經下頜枝
外翼肌 (lateral pterygoid)	蝶骨外翼板及大翼	下頜骨髁突、下頜關節	下頜骨前突、移向對側，開口	三叉神經下頜枝

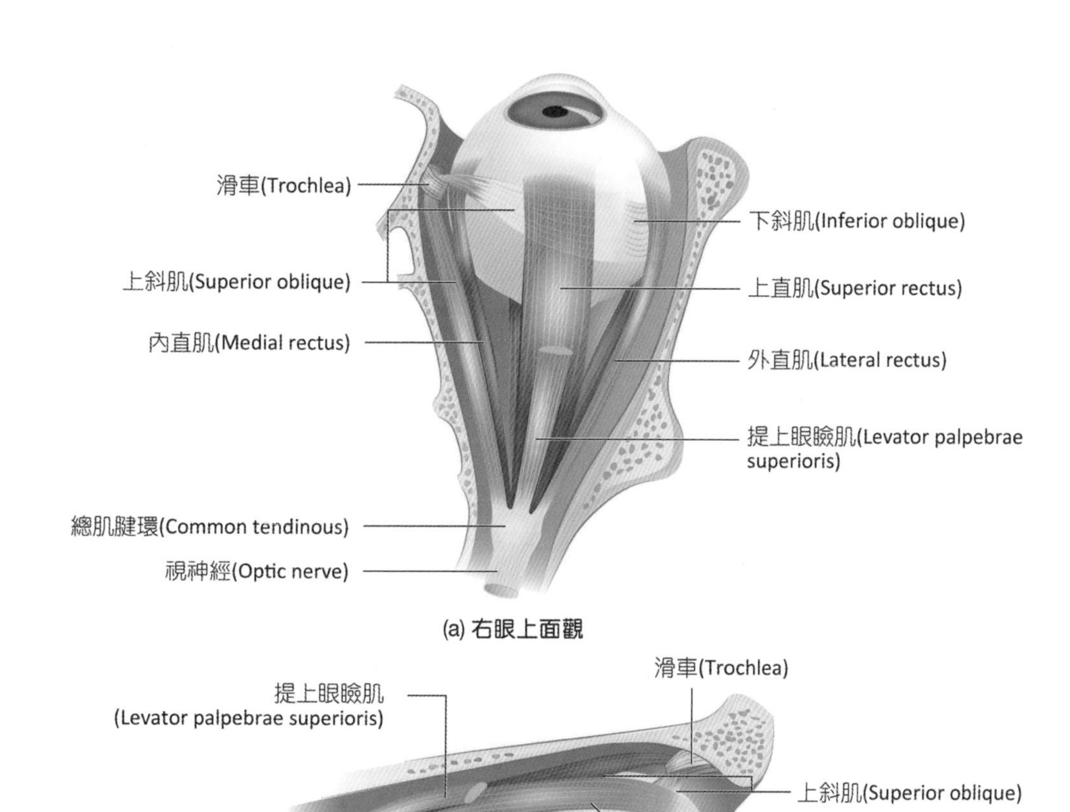

■ 圖 7-16 眼外肌

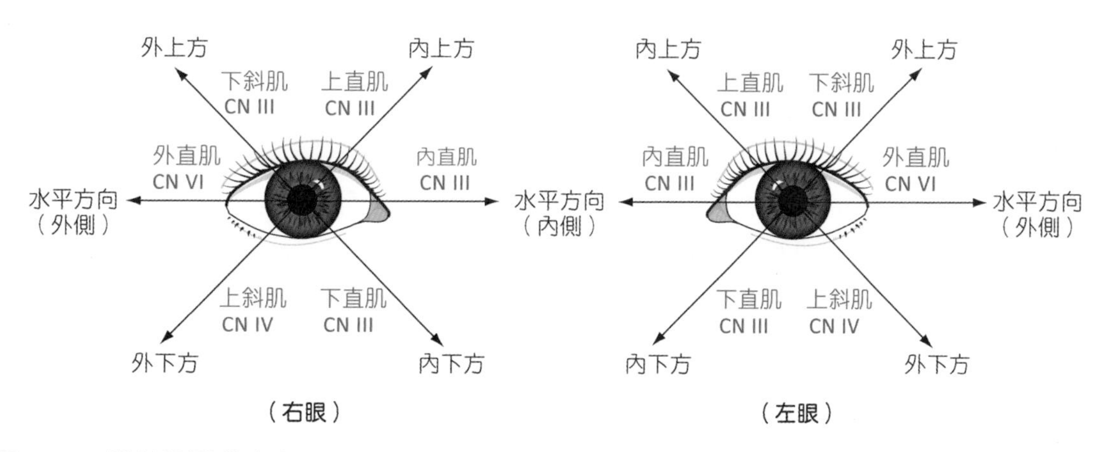

■ 圖 7-17 眼外肌運動方向

表 7-5 眼外肌

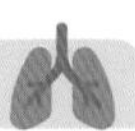

肌肉	起端	止端	作用	神經支配
上直肌 (superior rectus)	視神經管周圍蝶骨	眼球上表面	眼球上看	動眼神經
下直肌 (inferior rectus)	視神經管周圍蝶骨	眼球下、外側表面	眼球下看	動眼神經
內直肌 (medial rectus)	視神經管周圍蝶骨	眼球內側面	眼球看向內側	動眼神經
外直肌 (lateral rectus)	視神經管周圍蝶骨	眼球外表面	眼球看向外側	外旋神經
上斜肌 (superior oblique)	總腱環上方	眼球上、外側面	眼球向下外側看及向內旋轉	滑車神經
下斜肌 (inferior oblique)	眼眶的部的上頜骨	眼球下、外側面	眼球向上外側看及向外旋轉	動眼神經

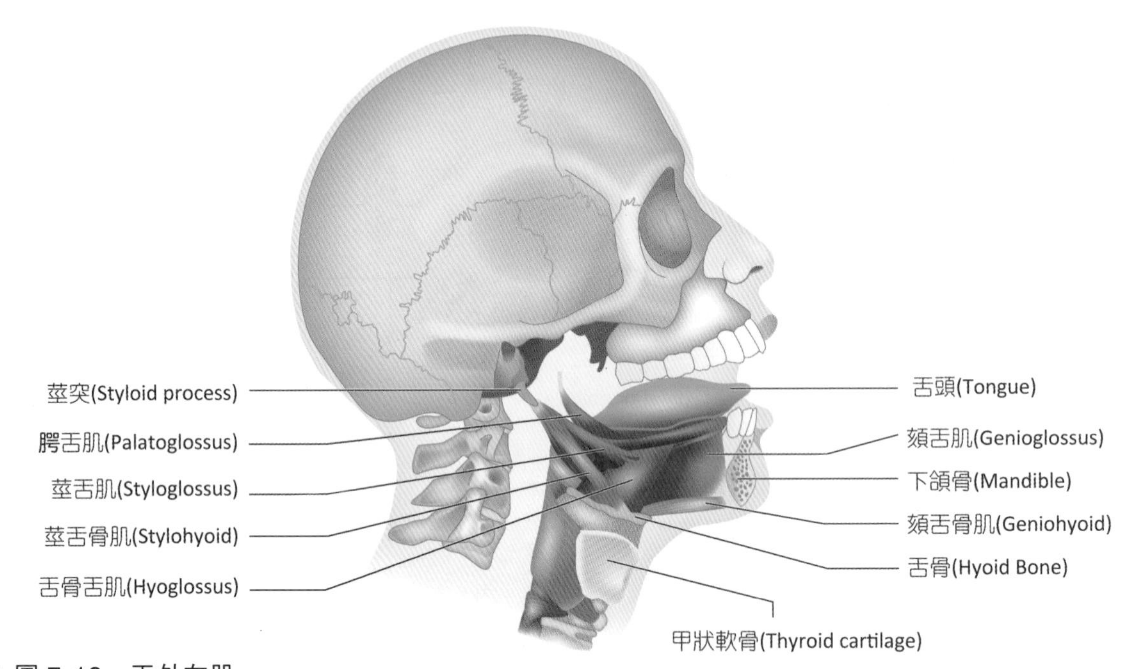

■ 圖 7-18 舌外在肌

表 7-6 移動舌頭的肌肉

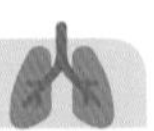

肌肉	起端	止端	作用	神經支配
頦舌肌 (genioglossus)	下頜骨	舌下表面、舌骨	舌頭下壓、前伸	舌下神經
莖舌肌 (styloglossus)	顳骨莖突	舌下表面及側面	舌頭上提、內縮	舌下神經
腭舌肌 (palatoglossus)	軟腭前方	舌頭兩側	舌頭上提、軟腭下壓	迷走神經咽分枝
舌骨舌肌 (hyoglossus)	舌骨體	舌頭兩側	舌頭下壓、往兩側下壓	舌下神經

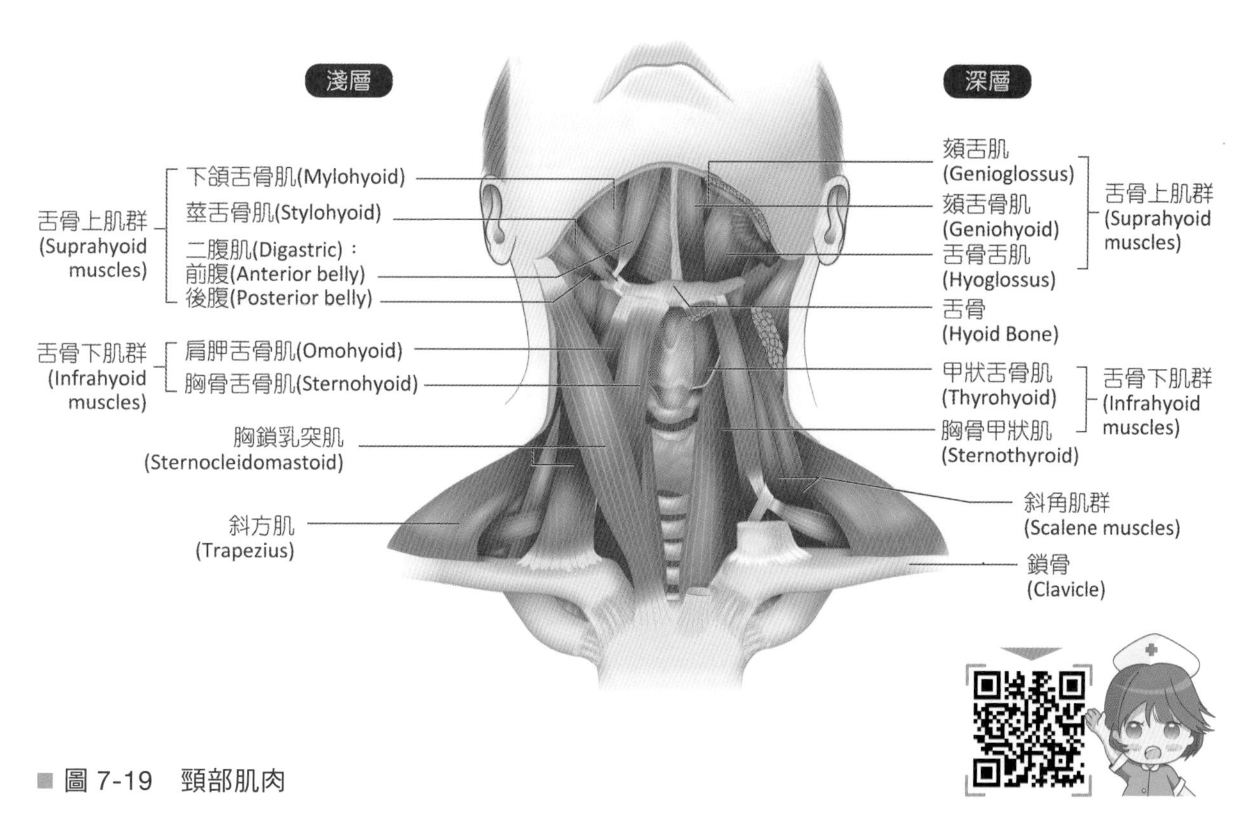

■ 圖 7-19　頸部肌肉

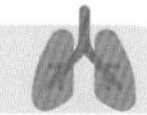

表 7-7　前頸三角肌

肌肉		起端	止端	作用	神經支配
胸鎖乳突肌 (sternocleidomastoid)		胸骨和鎖骨	顳骨乳突	彎曲頸部，臉轉向收縮側	副神經
舌骨上肌群 (suprahyoid muscles)	二腹肌 (digastric)	顳骨乳突和下頜骨下表面	舌骨體	下壓下頜骨、上提喉部	前腹：三叉神經下頜枝 後腹：顏面神經
	莖舌骨肌 (stylohyoid)	顳骨莖突	舌骨體	上提喉部	顏面神經
	下頜舌骨肌 (mylohyoid)	下頜骨內側面	舌骨體	上提舌骨、口腔底，下壓下頜骨	三叉神經下頜枝
	頦舌骨肌 (geniohyoid)	下頜骨內側面	舌骨體	上提舌骨、下壓下頜骨	舌下神經
舌骨下肌群 (infrahyoid muscles)	胸骨舌骨肌 (sternohyoid)	胸骨和鎖骨	舌骨體	下壓舌骨和喉部	頸神經叢
	胸骨甲狀肌 (sternothyroid)	胸骨背面和第一根肋骨	甲狀軟骨	下壓舌骨和喉部	頸神經叢
	甲狀舌骨肌 (thyrohyoid)	甲狀軟骨	舌骨體、舌骨大角	下壓舌骨、上提喉部	頸神經叢
	肩胛舌骨肌 (omohyoid)	肩胛骨上緣	舌骨體	下壓舌骨和喉部	頸神經叢

(五) 頸部肌肉

頸部肌肉能移動頭部，可以胸鎖乳突肌為界，分成前頸三角與後頸三角。前頸三角是喉部肌肉，後頸三角與運動頭部、脊椎有關（圖7-19、表7-7）。

(六) 喉部肌肉

喉外在肌 (extrinsic muscles of the larynx) 即前頸三角肌，終止於舌骨，可以控制舌骨、喉的位置，以舌骨為界，可分為舌骨上肌群、舌骨下肌群（圖7-19、表7-7）。

二、脊柱肌群

脊柱旁有一大群肌肉聚集，從薦骨延伸到頭顱處，主要功能為伸展脊柱和維持上身挺立的姿勢，若僅脊柱旁一側肌肉收縮則將脊柱朝向一側彎曲。另外尚有一群背部深層肌肉，位於相鄰椎骨棘突和橫突之間，單獨一條肌肉雖然短小，但聚集在一起則可延伸到整個脊柱的長度，負責脊柱運動（圖7-20、表7-8）。

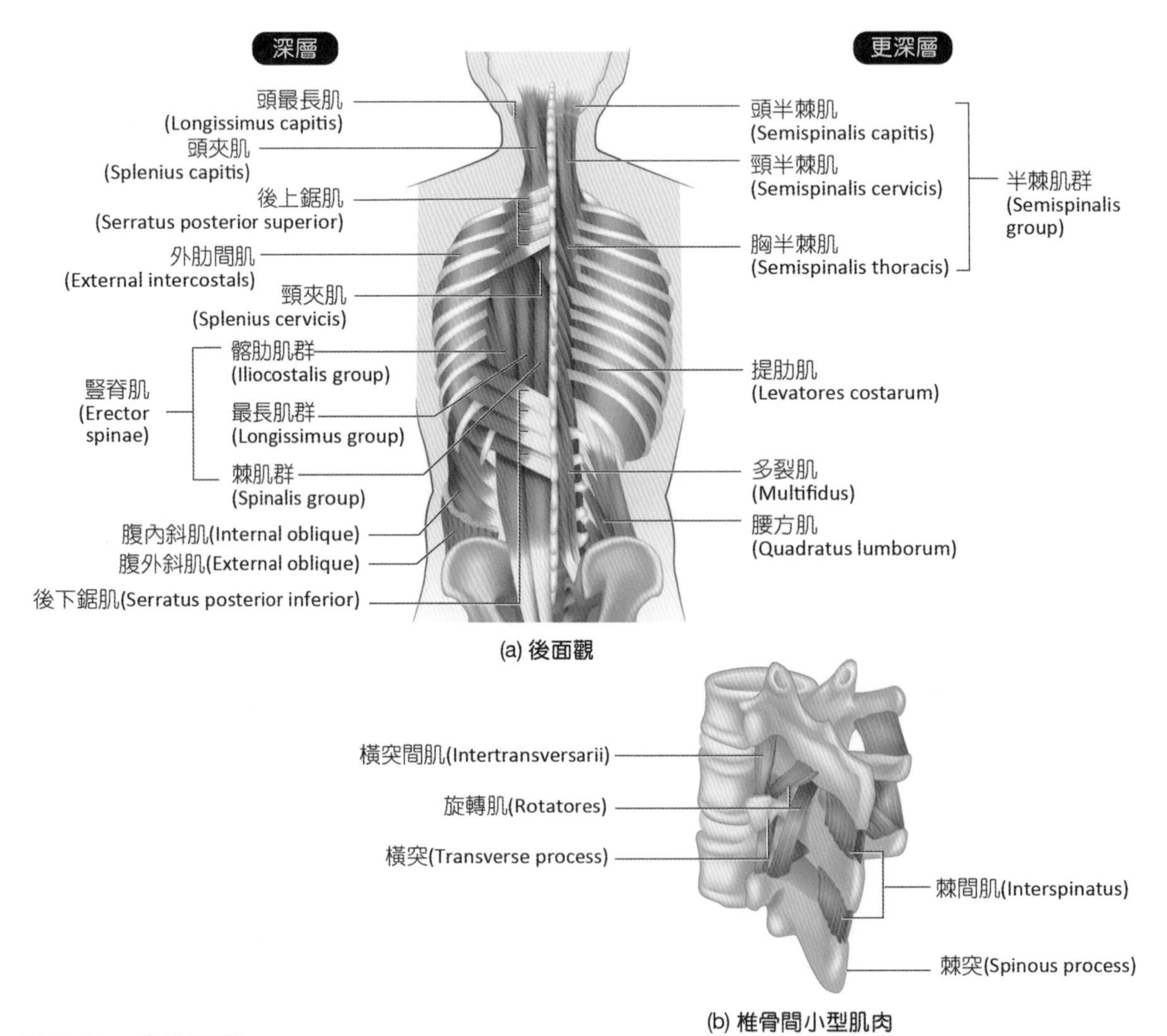

■ 圖 7-20 脊柱肌群

表 7-8 脊柱肌群

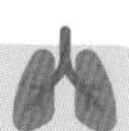

肌肉		起端	止端	作用	神經支配
伸肌群					
頭夾肌 (splenius)		下半部頸椎和上半部胸椎棘突	乳突、頭顱骨基底和上半部頸椎	伸展頸部、臉朝向收縮側旋轉	頸神經
頭半棘肌 (semispinalis capitis)		下半部頸椎和上半部胸椎棘突	頭顱骨基底和上半部頸椎	伸展頸部、臉朝向不收縮側旋轉	頸神經
豎脊肌 (erector spinae)	棘肌群 (spinalis group)	頸椎、胸椎和上半部腰椎棘突與橫突	頭顱骨基底、頸椎和上半部胸椎棘突	伸展脊柱、頸部，側彎曲頸部、旋轉脊柱	頸、胸神經
	最長肌群 (longissimus group)	下半部頸椎、胸椎和上半部腰椎	顳骨乳突、頸椎橫突和上半部胸椎	伸展脊柱、頸部，脊柱、頸部轉向收縮側	頸、胸、腰神經
	髂肋肌群 (iliocostalis group)	肋骨上方邊緣和髂骨嵴	頸椎橫突和肋骨下表面	伸展、側彎脊柱	頸、胸、腰神經
屈肌群					
腰方肌 (quadratus lumborum)		髂骨嵴	第 12 肋骨、腰椎橫突	下壓肋骨、彎曲脊柱	胸、腰神經

三、胸部肌肉

胸部肌肉主要與呼吸動作有關。肋間肌位於肋骨間，其中外肋間肌向前向下延伸；內肋間肌則向後向下延伸，兩者走向互相垂直。外肋間肌收縮可在吸氣時幫助提升肋骨，內肋間肌則負責用力吐氣。

橫膈分隔胸腔和腹腔，其上有三個開口分別為主動脈裂孔 (aortic hiatus)、腔靜脈孔 (vena caval foramen)、食道裂孔 (esophageal hiatus)，提供主動脈、下腔靜脈和食道在胸腔和腹腔間通過。橫膈主要負責平靜放鬆下胸腔內呼吸動作，當橫膈收縮時圓頂變平，導致胸腔體積變大引起吸氣動作發生。反之，當橫膈放鬆，圓頂回復其原來形狀，造成胸腔體積變小，強迫肺內氣體吐出（圖 7-21、表 7-9）

四、腹部肌肉

(一) 腹壁的肌肉

腹部有骨骼提供強化和保護的作用，腹壁由四層成對肌肉包覆，最外層為腹外斜肌，向下、內延伸，與腹內斜肌走向垂直，腹橫肌則呈水平走向；這幾條肌肉的肌膜向前內側延伸，形成一大片腱膜包覆著腹直肌，對側肌肉上腱膜從另一側向前方中間匯合構成白線 (linea alba)，為結締組織構成帶狀結構，由胸骨延伸到恥骨聯合處。

腹壁肌肉的層數安排和纖維的特定走向，可提供腹壁更有力的保護，並壓迫腹部增加腹腔內壓力，腹直肌更具有彎曲脊柱功能（圖 7-22、表 7-10）。

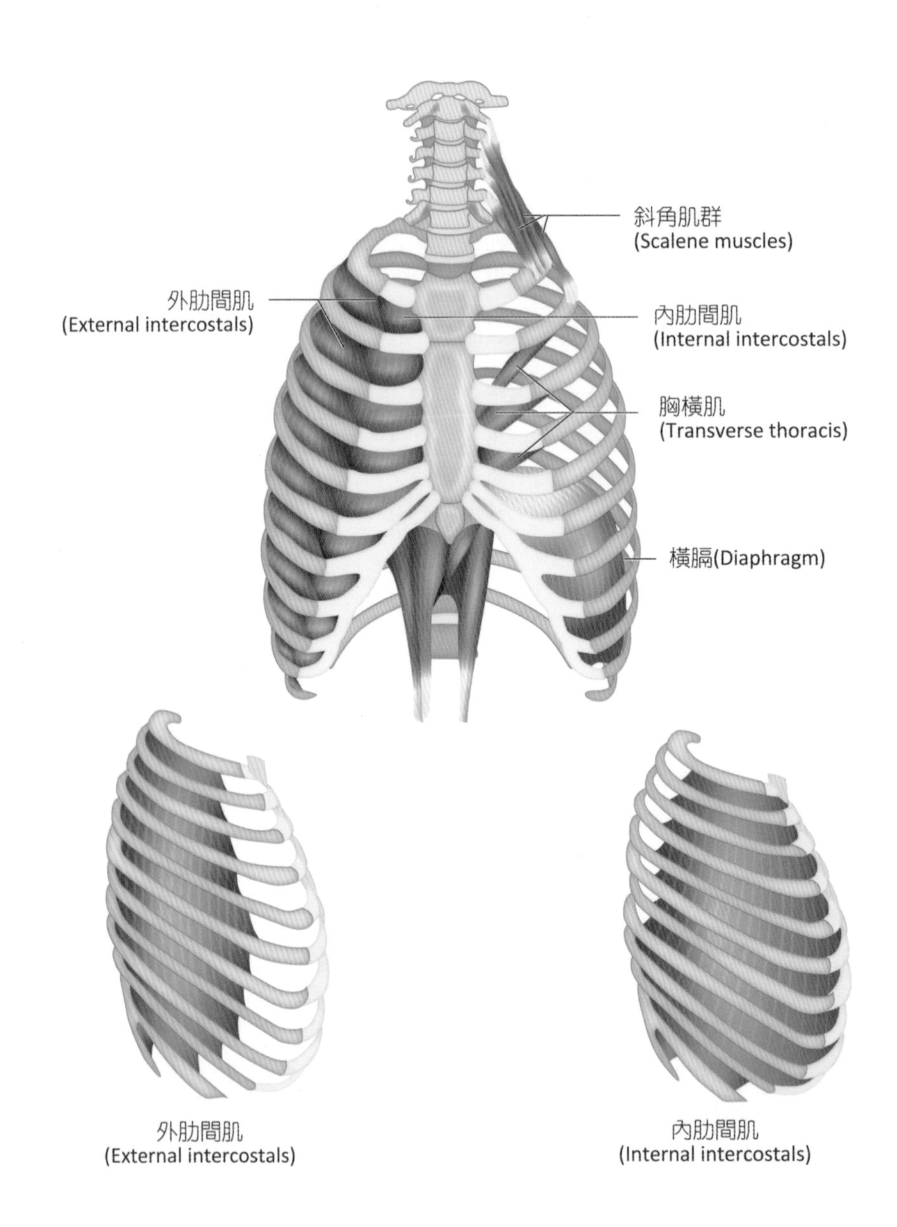

■ 圖 7-21　胸部肌肉

表 7-9　**胸部肌肉**

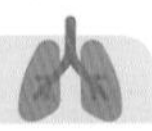

肌肉	起端	止端	作用	神經支配
外肋間肌 (external intercostals)	肋骨	下一個肋骨上緣	吸氣時上提肋骨	肋間神經
內肋間肌 (internal intercostals)	肋骨	上一個肋骨下緣	用力吐氣時下壓肋骨	肋間神經
橫膈 (diaphragm)	體壁內側	橫膈中央韌帶	吸氣時擴大胸腔體積、壓迫腹盆腔	肋間神經、膈神經

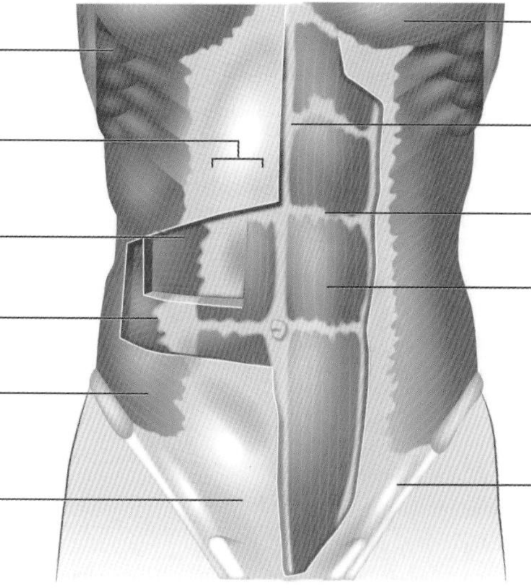

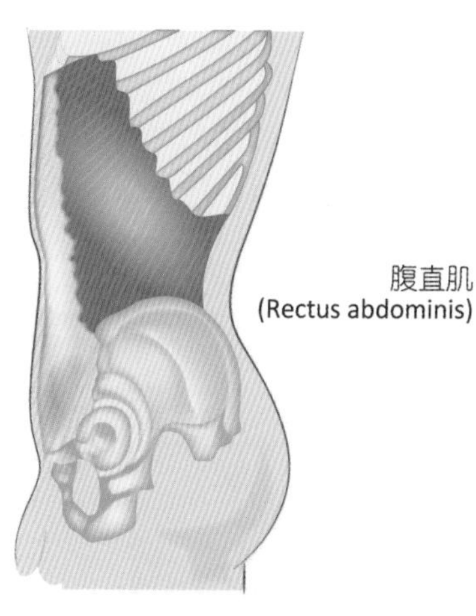

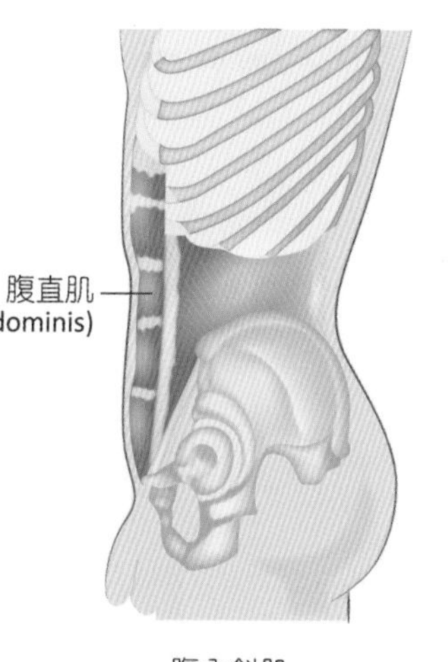

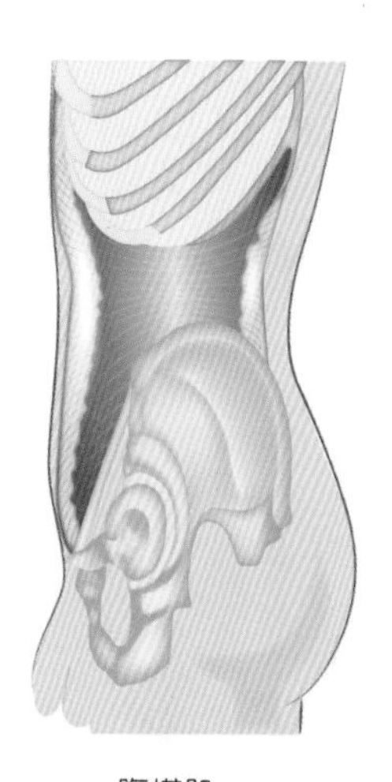

■ 圖 7-22 腹部肌肉

表 7-10 腹部肌肉

肌肉	起端	止端	作用	神經支配
腹外斜肌 (external oblique)	肋骨	髂骨嵴和白線	壓迫腹腔、下壓肋骨、彎曲脊柱	第 8~12 胸神經、第 1 腰神經
腹內斜肌 (internal oblique)	髂骨嵴和肌膜	第 9~12 肋軟骨、白線	壓迫腹腔、彎曲脊柱	第 8~12 胸神經、第 1 腰神經
腹橫肌 (transversus abdominis)	肌膜和下方肋骨	白線和恥骨	壓迫腹腔彎曲脊柱	第 8~12 胸神經、第 1 腰神經
腹直肌 (rectus abdominis)	恥骨嵴、恥骨聯合	第 5~7 肋軟骨和胸骨劍突	壓迫腹腔彎曲脊柱	第 7~12 胸神經

(二) 骨盆壁肌肉

骨盆出口由兩層肌肉構成，位於較深、較上方的是骨盆膈 (pelvic diaphragm)，主要構成骨盆底。**骨盆膈由兩塊提肛肌構成**，負責支持骨盆內臟。當腹盆腔內壓力增加時，骨盆膈內肌肉可藉由抗衡其壓力來調控膀胱和直腸活動。較為淺層的泌尿生殖膈 (urogenital diaphragm) 構成會陰部肌肉，填充恥骨弓內空間，並與生殖器官產生連繫（圖 7-23、圖 7-24、表 7-11）。

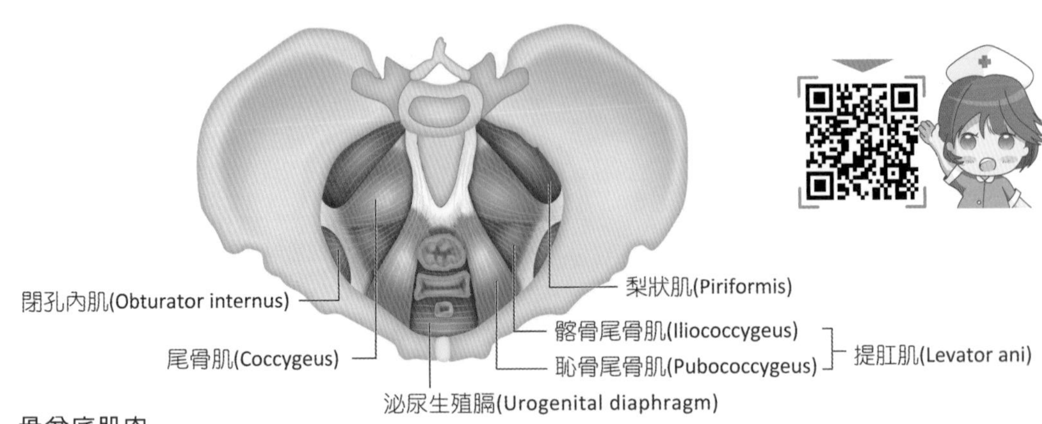

■ 圖 7-23 骨盆底肌肉

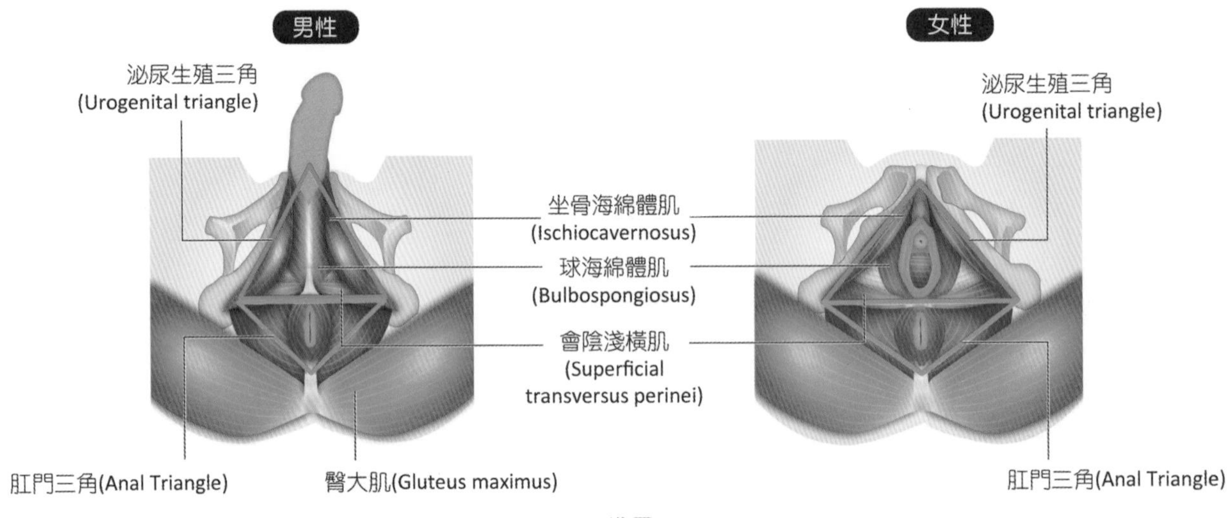

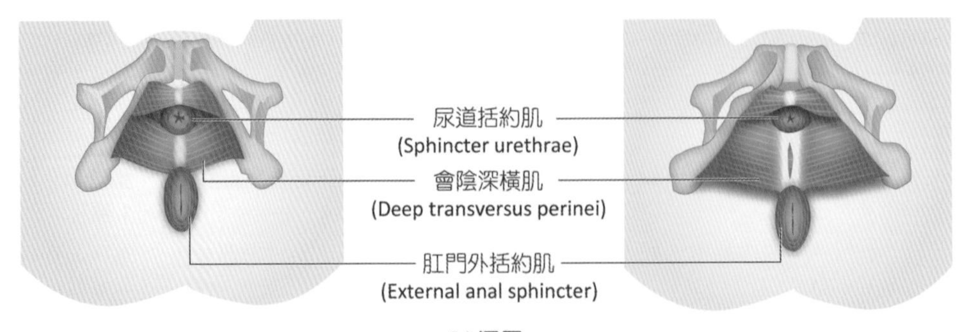

■ 圖 7-24 會陰部肌肉

表 7-11 骨盆壁肌肉

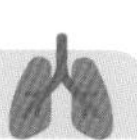

肌肉		起端	止端	作用	神經支配
骨盆膈	提肛肌 (levator ani)	坐骨棘、恥骨	尾骨	支持骨盆腔內臟器、協助排便	陰部神經
	尾骨肌 (coccygeus)	坐骨棘	薦骨下半部、尾骨	支持骨盆腔內臟器、協助排便	陰部神經
泌尿生殖膈	會陰淺橫肌 (superficial transversus perinei)	坐骨粗隆	會陰中央肌腱	穩定中央肌腱	陰部神經會陰枝
	球海綿體肌 (bulbocavernosus)	會陰中央肌腱	男性陰莖或女性陰蒂之基部	收縮尿道、陰道，射精	陰部神經會陰枝
	坐骨海綿體肌 (ischiocavernosus)	坐骨、恥骨	海綿體	維持海綿體之勃起	陰部神經會陰枝
	會陰深橫肌 (deep transversus perinei)	坐骨枝	會陰中央肌腱	穩定中央肌腱	陰部神經會陰枝
	尿道括約肌 (sphincter urethrae)	坐骨枝、恥骨枝	男性中間縫、女性陰道	關閉尿道，壓迫男性前列腺或女性大前庭腺	陰部神經會陰枝
肛門外括約肌 (external anal sphincter)		肛門縫	會陰中央肌腱	緊縮肛門、肛管，控制排便	第 4 薦神經、陰部神經下直腸枝

五、上肢肌群

上肢肌肉負責將肩胛骨和胸部產生連接以移動肩胛骨，將肱骨和肩胛骨連接以移動手臂，同時位於前壁肌肉負責移動前壁、手腕和手部。

(一) 移動肩膀、上臂的肌肉

包括前面的胸大肌、胸小肌、鎖骨下肌，外側面的前鋸肌，背部淺層的斜方肌、深層的提肩胛肌與大小菱形肌。另外有四塊肌肉分別為**棘下肌**、**棘上肌**、**肩胛下肌和小圓肌**，在近端肩關節處形成一個保護蓋，又被稱為**旋轉肌袖** (rotator cuff muscles)，銜接肱骨和肩胛骨（圖 7-25、表 7-12）。

(二) 移動前臂的肌肉

移動前臂肌肉主要沿著肱骨分布，包括伸肌的肱三頭肌、肘肌，屈肌的肱二頭肌、肱肌、肱橈肌，以及使前臂旋轉的旋前圓肌、旋前方肌、旋後肌（圖 7-26、圖 7-27、表 7-13）。

(三) 移動腕部、手指的肌肉

前臂分部有 20 多條移動手腕、手指的肌肉，可分為伸肌群、屈肌群。伸肌群位於後面，協助手腕、手指伸展；屈肌群位於前面，主要協助彎曲手腕和手指（圖 7-26、圖 7-27、表 7-14）。

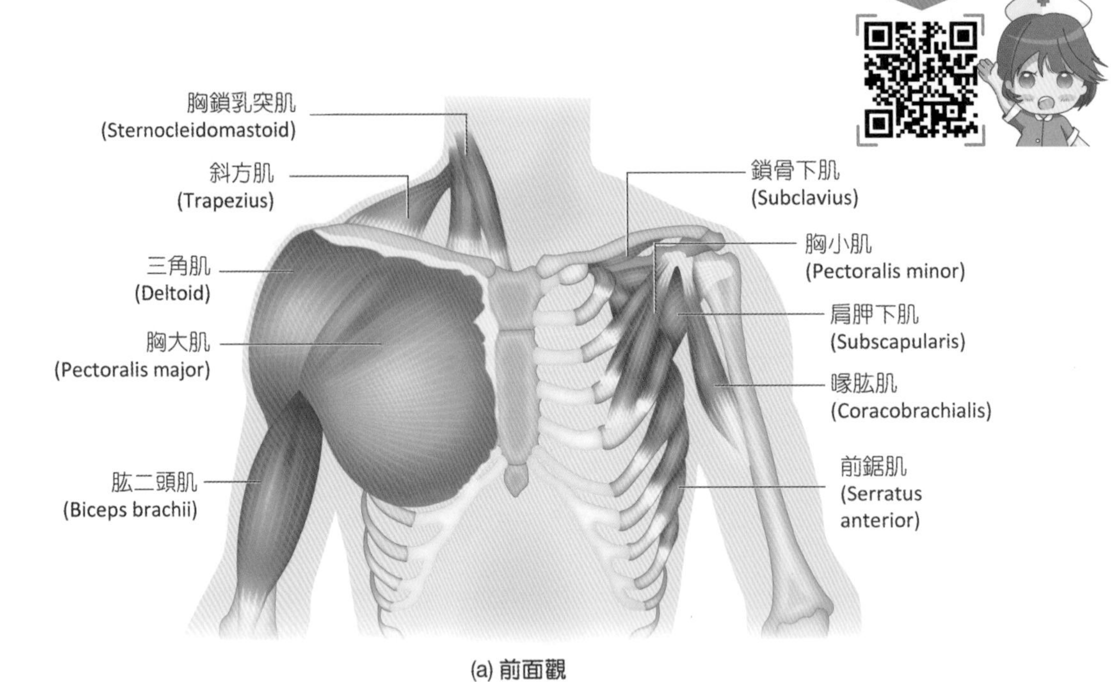

(a) 前面觀

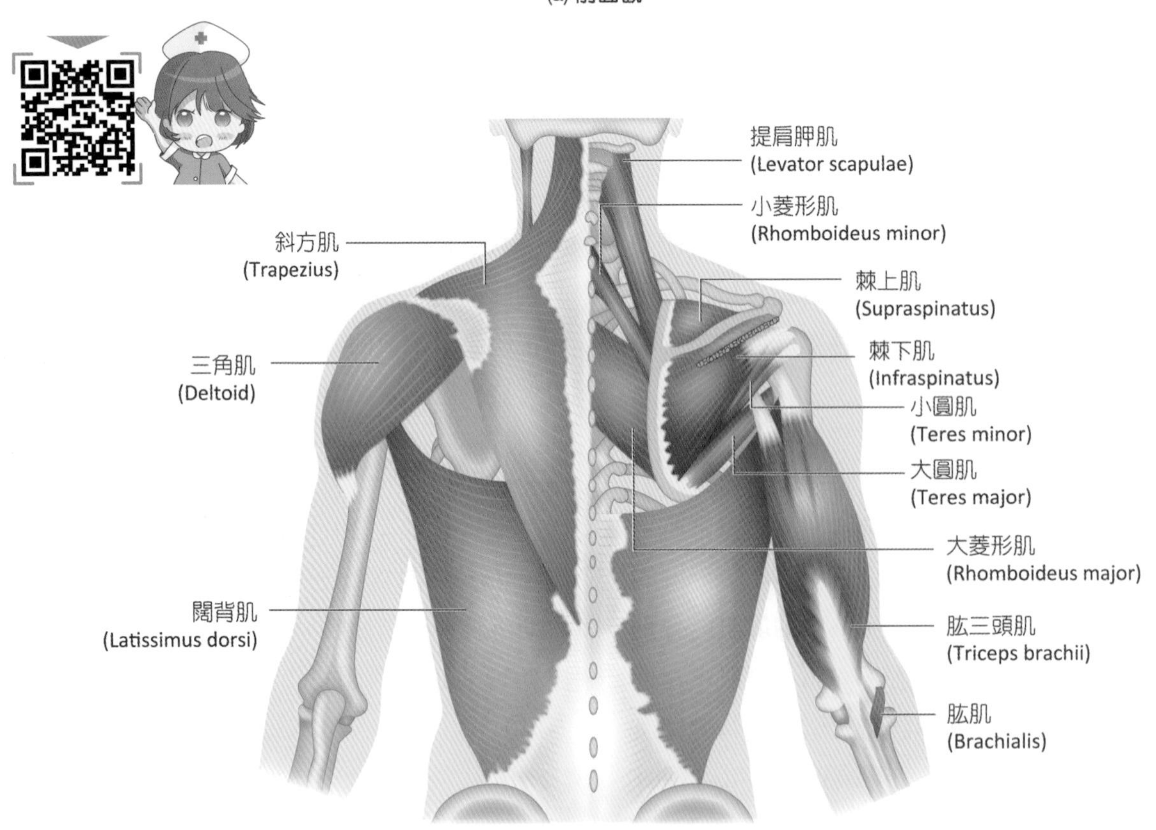

(b) 後面觀

■ 圖 7-25 肩膀、上臂的肌肉

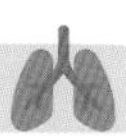

表 7-12 移動肩膀的肌肉

肌肉		起端	止端	作用	神經支配
斜方肌 (trapezius)		枕骨和脊柱	肩胛骨	內收、提升和旋轉肩胛骨；伸展頭部	副神經、第 3~5 頸神經
前鋸肌 (serratus anterior)		肋骨	肩胛骨內側緣	將肩胛骨朝前和向下拉動	胸長神經
提肩胛肌 (levator scapulae)		第 1~4 頸椎橫突	肩胛骨內側緣上部	上提肩胛	肩胛背神經
胸大肌 (pectoralis major)		胸骨、鎖骨和肋骨	肱骨	沿著胸部內收和彎曲手臂	外胸神經、內胸神經
三角肌 (deltoid)		鎖骨和肩胛骨	肱骨	手臂內收	腋神經
闊背肌 (latissimus dorsi)		脊柱	肱骨	內收和內旋手臂	胸背神經
旋轉肌袖	棘上肌 (supraspinatus)	肩胛骨棘上窩	肱骨大結節	外展肩膀	肩胛上神經
	棘下肌 (infraspinatus)	肩胛骨棘下窩	肱骨大結節	外旋肩膀	肩胛上神經
	肩胛下肌 (subscapularis)	肩胛骨肩胛下窩	肱骨小結節	內旋肩膀	肩胛上神經
	小圓肌 (teres minor)	肩胛骨外側緣	肱骨大結節	外旋肩膀	腋神經

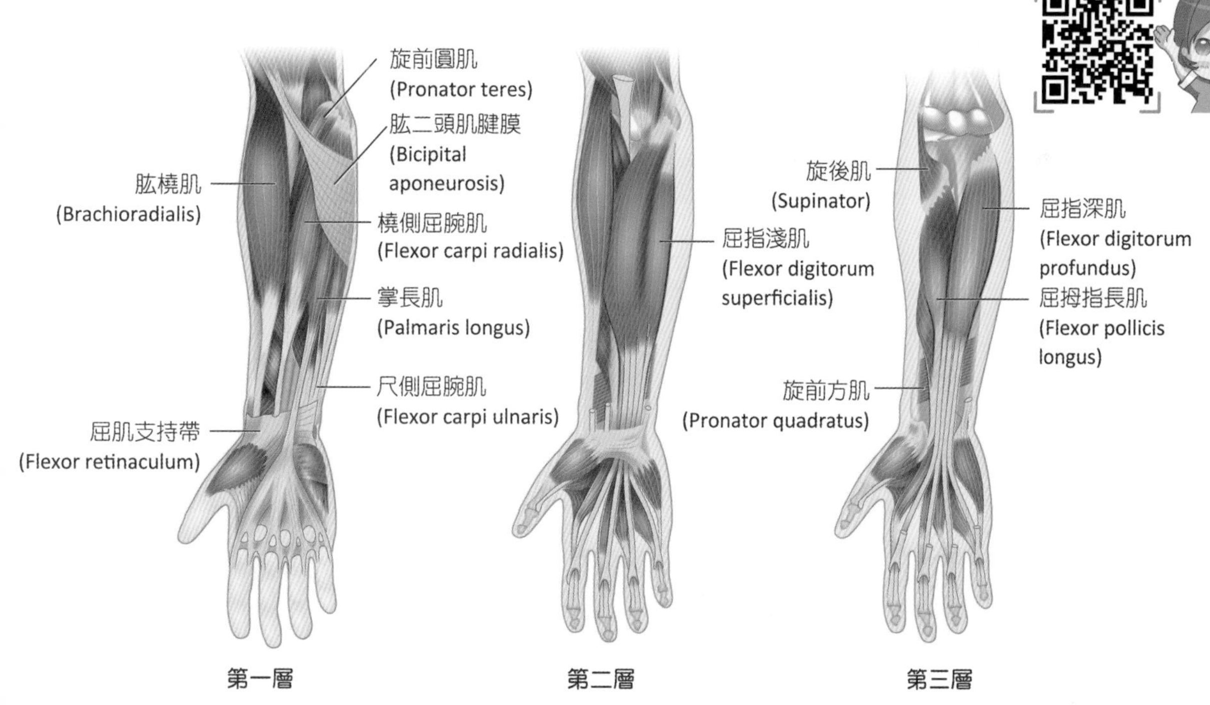

■ 圖 7-26 前臂前方屈肌

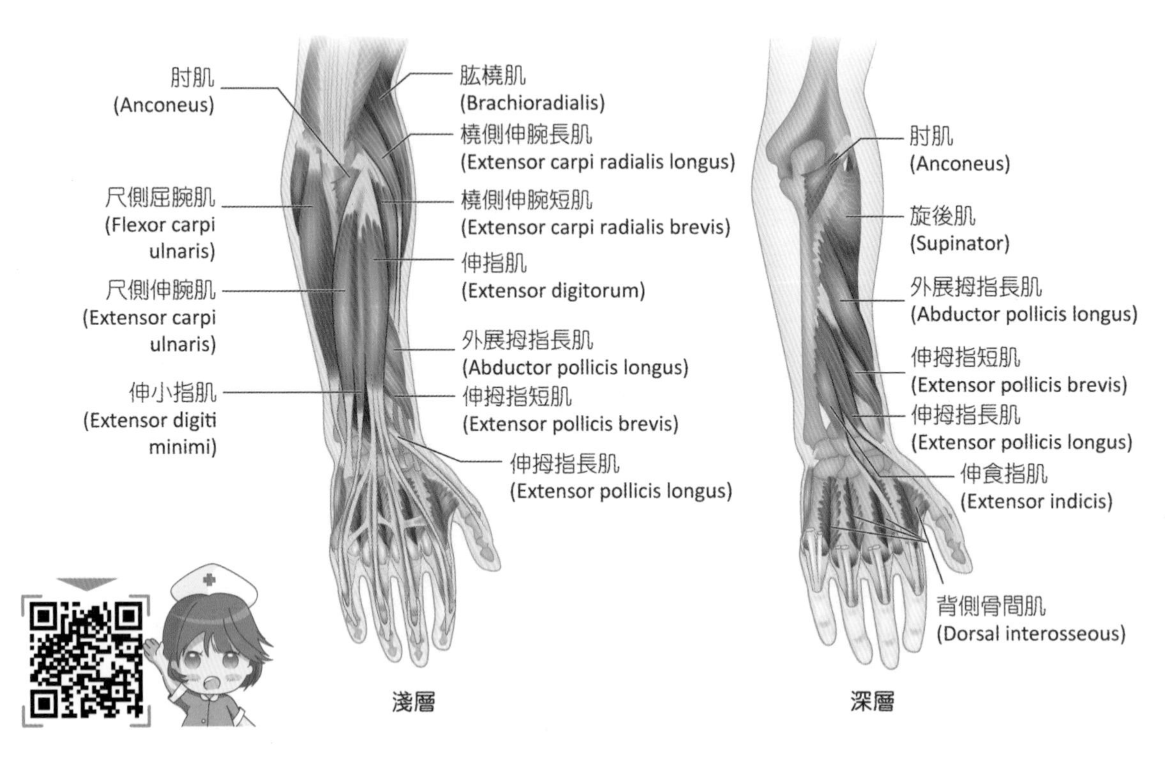

■ 圖 7-27 前臂後方伸肌

表 7-13 移動前臂的肌肉

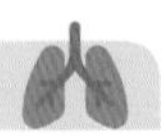

肌肉	起端	止端	作用	神經支配
肱三頭肌 (triceps brachii)	長頭：肩胛骨盂下結節 外側頭：橈神經溝以上部分 內側頭：橈神經溝以下部分	尺骨鷹嘴突	伸直前臂	橈神經
肘肌 (anconeus)	肱骨外上髁	尺骨鷹嘴突	伸直前臂	橈神經
肱二頭肌 (biceps brachii)	長頭：肩胛骨盂下結節 短頭：肩胛骨喙突	橈骨粗隆、肱二頭肌腱膜	彎曲上臂、前臂	肌皮神經
肱肌 (brachialis)	肱骨外上髁	尺骨粗隆、冠狀突	彎曲前臂	橈神經、肌皮神經
肱橈肌 (brachioradialis)	肱骨髁上嵴	橈骨莖突	彎曲前臂	橈神經
旋前圓肌 (pronator teres)	肱骨內上髁、尺骨冠狀突	橈骨幹中段外側	旋前前臂	正中神經
旋前方肌 (pronator quadratus)	尺骨幹遠端	橈骨幹遠端	旋前前臂	正中神經
旋後肌 (supinator)	肱骨外上髁、尺骨遠端	橈骨近端斜線	旋後前臂	橈神經

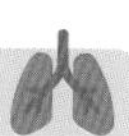

表 7-14 移動腕部、手指的肌肉

肌肉	起端	止端	作用	神經支配
伸肌群				
橈側伸腕長肌 (extensor carpi radialis longus)	**肱骨外上髁**	第 2 掌骨基部	伸展和外展手腕	橈神經
橈側伸腕短肌 (extensor carpi radialis brevis)	肱骨外上髁	第 3 掌骨基部	伸展和外展手腕	橈神經
尺側伸腕肌 (extensor carpi ulnaris)	肱骨外上髁、尺骨後緣	第 5 掌骨基部	伸展和內收手腕	橈神經
伸指肌 (extensor digitorum)	肱骨外上髁	第 2~5 指骨中間、遠端	伸直指關節和手腕	橈神經
伸食指肌 (extensor indicis)	尺骨後緣	食指伸指肌肌腱	伸展食指	橈神經
屈肌群				
橈側屈腕肌 (flexor carpi radialis)	**肱骨內上髁**	第 2、3 掌骨基部	彎曲和外展手腕	正中神經
尺側屈腕肌 (flexor carpi ulnaris)	肱骨內上髁、尺骨後緣	豆狀骨、鉤狀骨和第 5 掌骨基部	彎曲和內收手腕	尺神經
掌長肌 (palmaris longus)	肱骨內上髁	掌筋膜、腕骨韌帶	彎曲手腕、拉緊長筋膜	正中神經
屈指淺肌 (flexor digitorum superficialis)	肱骨內上髁、尺骨冠狀突、橈骨斜線	第 2~5 中間指骨	彎曲近、中端指節	正中神經
屈指深肌 (flexor digitorum profundus)	尺骨幹前內側	第 2~5 遠端指骨	彎曲遠端指節	外側：正中神經 內側：尺神經

(四) 手掌肌肉

起端與止端都在手掌，可使手掌靈活運動，可分為三個部分：(1) 拇指球肌，又稱魚際肌、(2) 小指球肌，又稱小魚際肌、(3) 掌中間肌（圖 7-28、表 7-15）。

六、下肢肌群

移動下肢肌群主要包括分部於臀部區域負責移動大腿肌群，和位於大腿處移動小腿肌群，和位於小腿負責移動腳踝和足部肌群。

(一) 移動大腿的肌肉

移動大腿的肌肉起端多位於骨盆壁而終止於股骨，髂腰肌 (iliopsoas) 由髂肌、腰大肌組成，後側最大塊的臀肌群 (gluteals)、擴筋膜張肌主要負責在水平方向下大腿外展。大腿內收肌群 (adductors) 共同作用在大腿上，包括內收長肌、內收短肌、內收大肌和股薄肌，其中內收短肌為最深層（圖 7-29、圖 7-30、表 7-16）。**鼠蹊韌帶**、**內收長肌**及**縫匠肌**三者圍成一個三角形區域，稱為**股三角** (femoral triangle)。

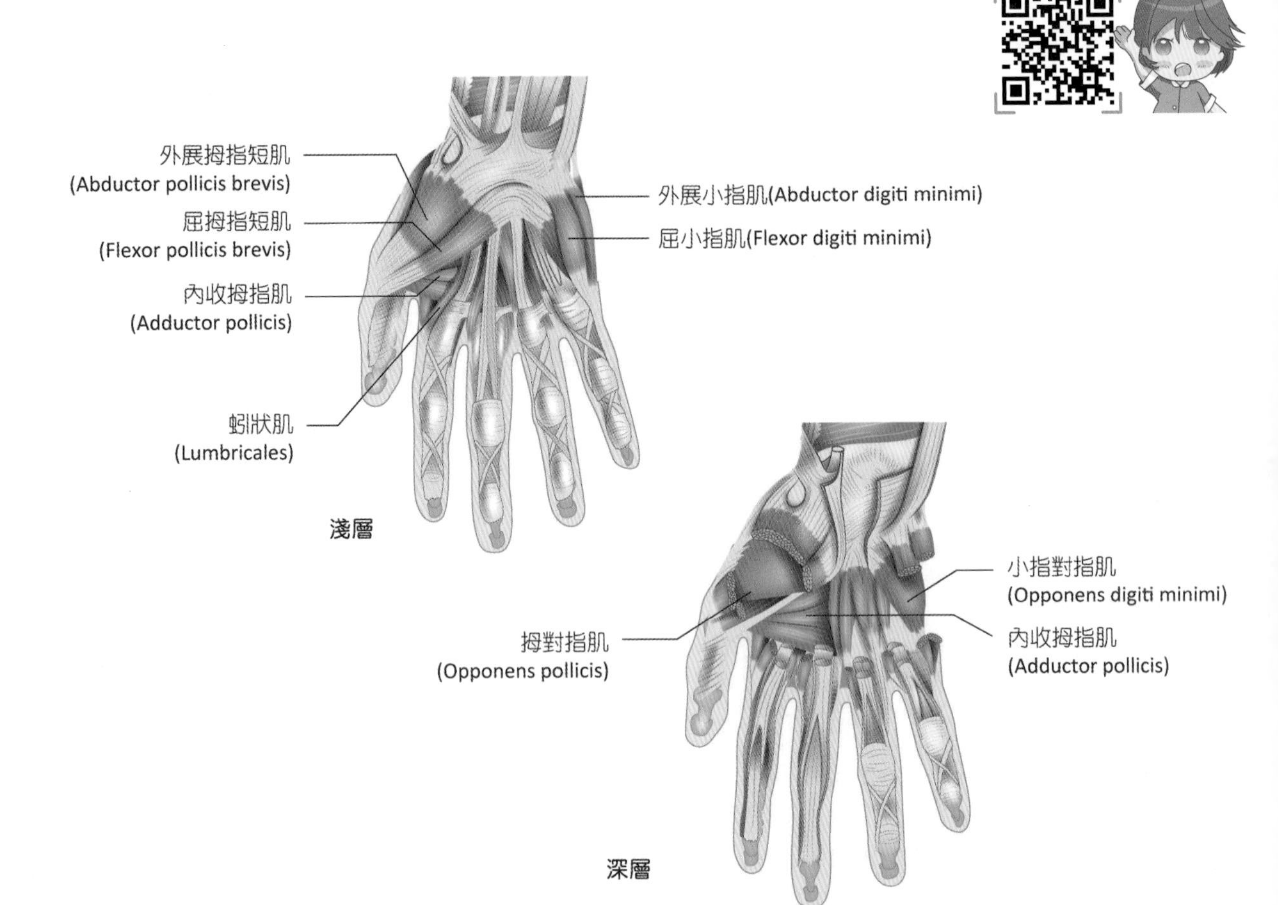
外展拇指短肌
(Abductor pollicis brevis)
屈拇指短肌
(Flexor pollicis brevis)
內收拇指肌
(Adductor pollicis)
蚓狀肌
(Lumbricales)
外展小指肌(Abductor digiti minimi)
屈小指肌(Flexor digiti minimi)
淺層
小指對指肌
(Opponens digiti minimi)
拇對指肌
(Opponens pollicis)
內收拇指肌
(Adductor pollicis)
深層

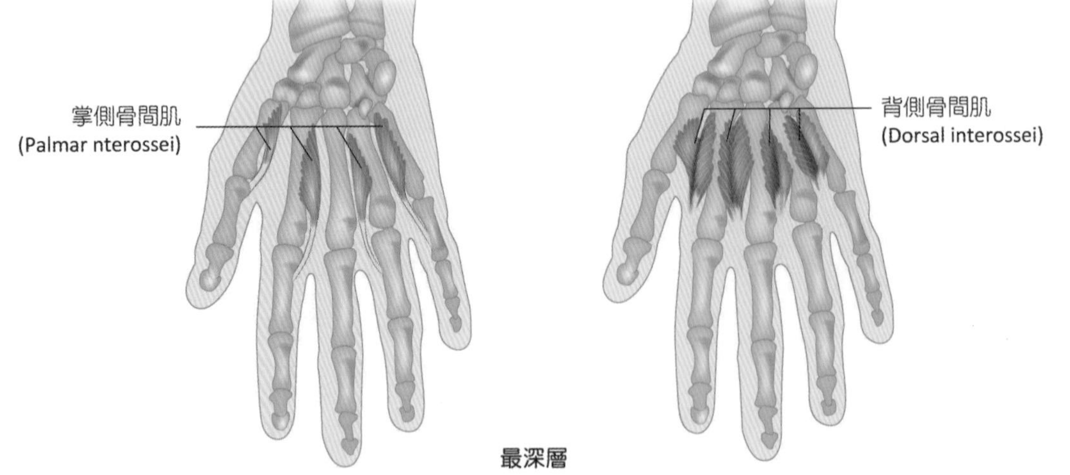
掌側骨間肌
(Palmar nterossei)
背側骨間肌
(Dorsal interossei)
最深層

■ 圖 7-28　手掌肌肉（右手）

表 7-15 手掌肌肉

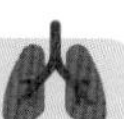

肌肉	起端	止端	作用	神經支配
拇指球肌 (thenar)				
外展拇指肌 (abductor pollicis)	屈肌支持帶、舟狀骨、大多角骨	拇指近端指骨	外展拇指	正中神經
屈拇指短肌 (flexor pollicis brevis)	屈肌支持帶、大多角骨、第 1 掌骨	拇指近端指骨肌部	彎曲、內收拇指	正中神經
拇對指肌 (opponens pollicis)	屈肌支持帶、大多角骨	第 1 掌骨外側	將拇指靠近手掌與其他手指相觸	正中神經
小指球肌 (hypothenar)				
掌短肌 (palmaris brevis)	屈肌支持帶	手掌內側皮膚	將皮膚拉向內下方	尺神經
外展小指肌 (abductor digiti minimi)	豆狀骨、尺側屈腕肌肌腱	小指近端指節基部	外展小指	尺神經
屈小指肌 (flexor digiti minimi)	屈肌支持帶、鉤狀骨	小指近端指節基部	彎曲小指	尺神經
小指對指肌 (opponens digiti minimi)	屈肌支持帶、鉤狀骨	第 5 掌骨	將小指靠近手掌與拇指相觸	尺神經
掌中間肌 (midpalmar)				
蚓狀肌 (lumbricales)	屈指深肌肌腱	伸指肌肌腱	彎曲掌指關節、伸展指間關節	正中神經、尺神經
內收拇指肌 (adductor pollicis)	頭狀骨、第 2、3 掌骨	拇指近端指節	內收拇指	尺神經
掌側骨間肌 (palmar interossei)	第 2、4、5 掌骨內側	第 2、4、5 近端指節	第 2、4、5 近端指節往掌正中線併攏	尺神經
背側骨間肌 (dorsal interossei)	第 2~5 掌骨外側	第 2~5 近端指節	第 2~5 近端指節偏離掌正中線	尺神經

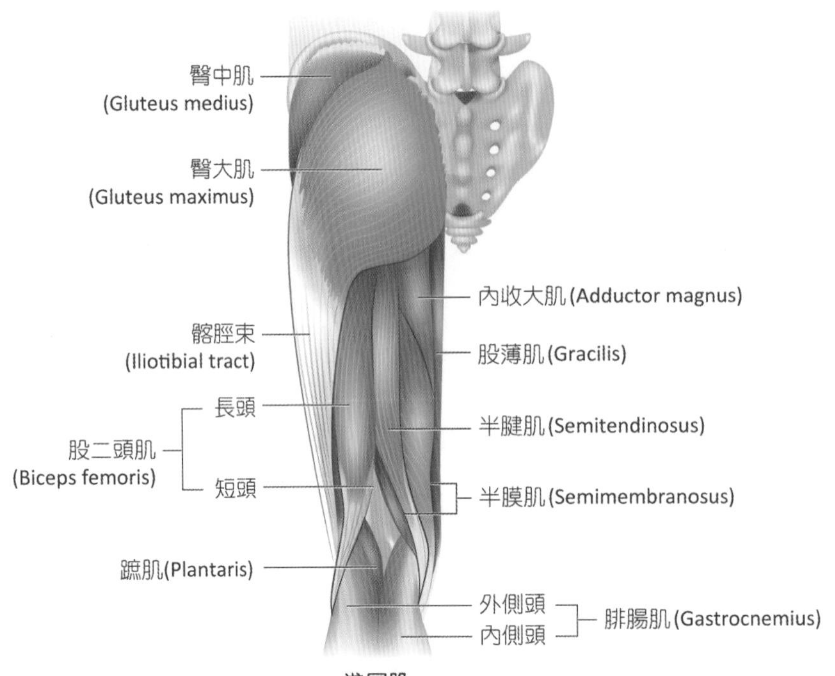

■ 圖 7-29　大腿後側及臀部的肌肉

臨床應用

肌肉注射 (Intramuscular Injections)

臨床上藥物注射入組織可使高濃度的藥物間接進入血液循環中。肌肉注射意指將藥物送入大塊肌肉內，如此會較送入較小組織中、皮內 (intradermal) 或皮下 (subcutaneous) 注射快速吸收。肌肉注射最多能一次接受大於 5 毫升的劑量，然而血液藥物濃度突然過高常會令人感到不舒服，加上注射可能引起神經傷害，導致癱瘓或感覺喪失，因此必須謹慎選取注射的部位。

一般肌肉注射會挑選面積較大、較厚的肌肉，同時血管分布豐富，以利藥物吸收，但大型血管和神經不能太多，才能避免傷害主要血管與神經。其中臀部臀中肌（每半邊臀部的外四分之一象限）、上臂三角肌（肩峰下方大約 2.5 公分）和大腿股外側肌，為較理想的肌肉注射部位。

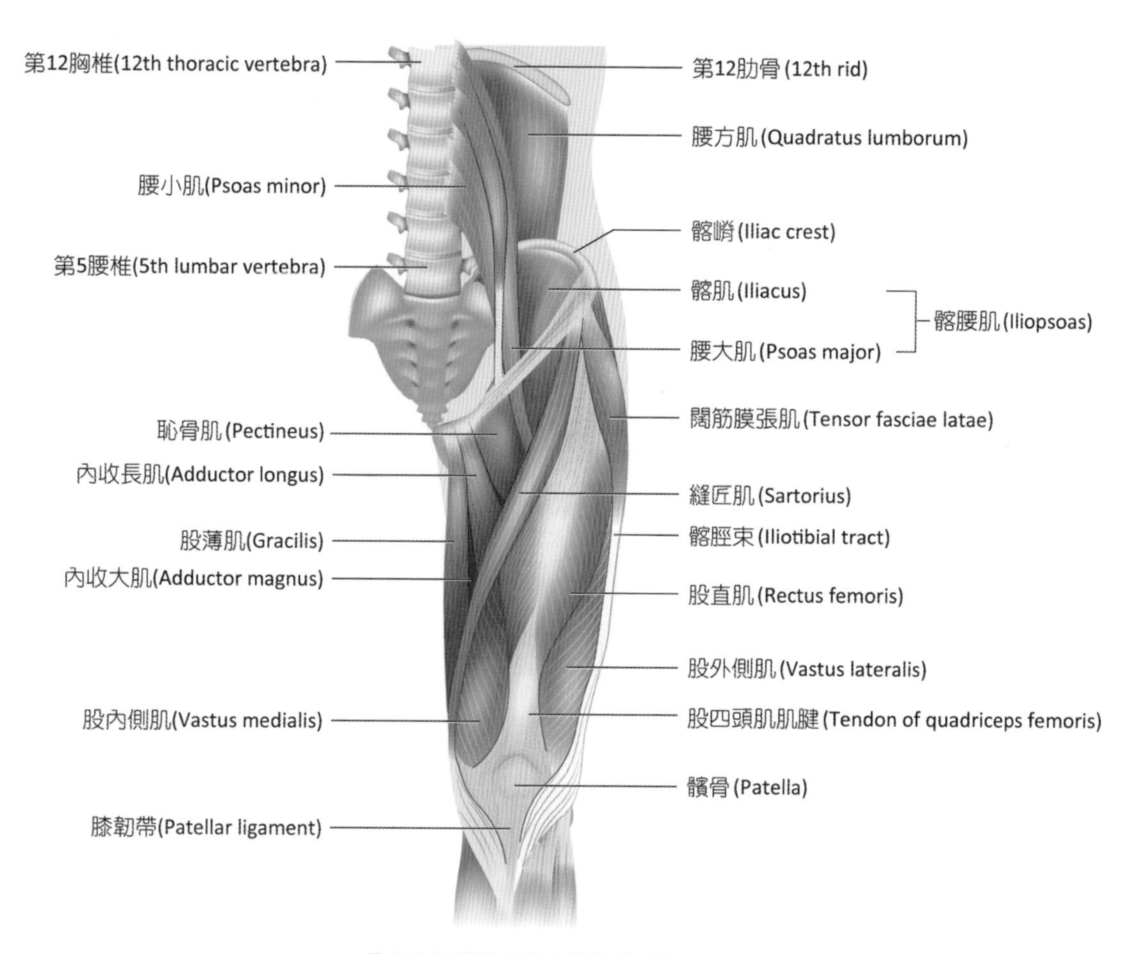

骨盆的深部肌肉及大腿的淺層肌

■ 圖 7-30 大腿前側肌肉

表 7-16 移動大腿的肌肉

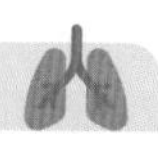

肌肉		起端	止端	作用	神經支配
髂腰肌	髂肌 (iliacus)	髂窩	股骨小轉子	彎曲大腿	股神經
	腰大肌 (psoas major)	腰椎體、橫突	股骨小轉子	彎曲大腿	第 2、3 腰神經
臀肌群	臀大肌 (gluteus maximus)	髂嵴、薦骨、尾骨	髂脛束、股骨臀粗隆	外展和外旋大腿	臀下神經
	臀中肌 (gluteus medius)	髂骨	股骨大轉子	外展和內旋大腿	臀上神經
	臀小肌 (gluteus minimus)	髂骨	股骨大轉子	外展和內旋大腿	臀上神經

表 7-16 移動大腿的肌肉（續）

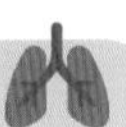

肌肉		起端	止端	作用	神經支配
內收肌群	內收長肌 (adductor longus)	恥骨前方	股骨粗線	內收、彎曲、旋轉大腿	閉孔神經
	內收短肌 (adductor brevis)	恥骨下方	股骨粗線	內收、彎曲、旋轉大腿	閉孔神經
	內收大肌 (adductor magnus)	恥骨下方、坐骨枝、坐骨粗隆	股骨粗線	內收、彎曲前面、伸展後面大腿	閉孔神經、坐骨神經
	股薄肌 (gracilis)	恥骨	脛骨	內收大腿和彎曲大腿、小腿	閉孔神經
闊筋膜張肌 (tensor fasciae latae)		髂嵴	脛骨	彎曲、外展大腿，為髂腰肌拮抗肌	臀上神經
恥骨肌 (pectineus)		恥骨上枝	股骨恥骨肌線	內收、彎曲大腿	股神經、閉孔神經
梨狀肌 (piriformis)		薦骨前外側	股骨大轉子	外旋、外展大腿	梨狀肌神經
孖肌 (gemellus)		坐骨	股骨大轉子	外旋、外展大腿	閉孔神經
閉孔內肌 (obturator internus)		閉孔緣、閉孔膜內表面	股骨大轉子	外旋、外展大腿	閉孔內肌神經
閉孔外肌 (obturator externus)		閉孔緣、閉孔膜外表面	股骨大轉子間窩	外旋大腿	閉孔神經
股方肌 (quadratus femoris)		坐骨粗隆	股骨大轉子後下方	外旋大腿	股方肌神經

(二) 移動小腿的肌肉

移動小腿的肌肉主要位於大腿處。其中股四頭肌由股外側肌、股中間肌、股內側肌和股直肌組成，為小腿主要伸展肌。大腿前方狹長似皮帶狀的縫匠肌，以斜角度橫越股四頭肌，為身體最長的一條肌肉，提供翹二郎腿時彎曲和內轉小腿作用。大腿後側肌肉統稱為大腿腱後肌群 (hamstrings)，主要功能為彎曲小腿，因橫跨髖關節，也具備有伸展大腿的功能（圖 7-31~ 圖 7-32、表 7-17）。

(三) 移動踝部和足部的肌肉

移動踝部和足部的肌肉主要位於小腿，分成前側、後側和外側三個部分。前側主要是脛前肌，收縮能引起足背彎曲動作。外側為腓肌群 (peroneus)，收縮主要引起足部外翻和足底彎曲動作。

腓腸肌和比目魚肌主要位於小腿後側，兩塊肌肉構成小腿後側一大片多肉的小腿肌，終結於共同肌腱，稱為跟腱 (calcaneal tendon) 或稱阿基里斯腱 (Achilles tendon)，這兩塊肌肉是強而有力的足底彎曲肌。另外一些位於小腿深層肌肉負責彎曲或伸直趾頭（圖 7-31~ 圖 7-32、表 7-18）。

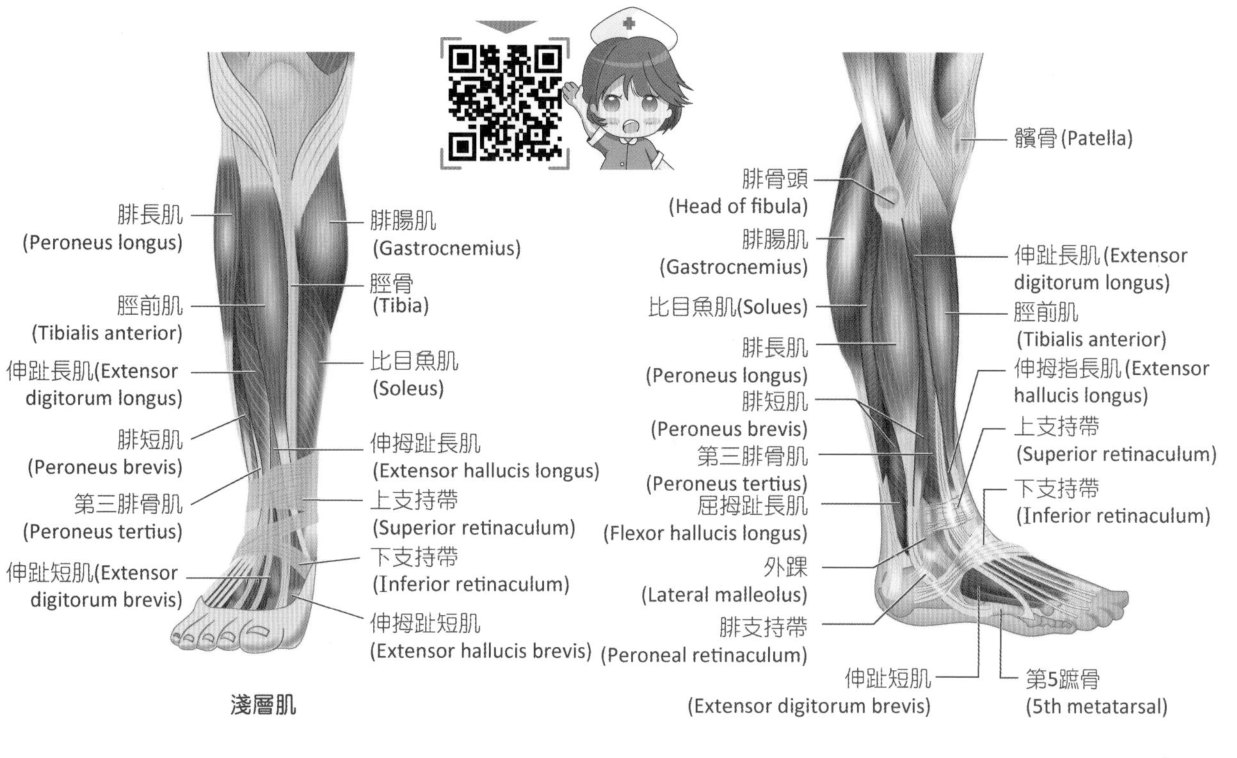

■ 圖 7-31 小腿前、外側肌群

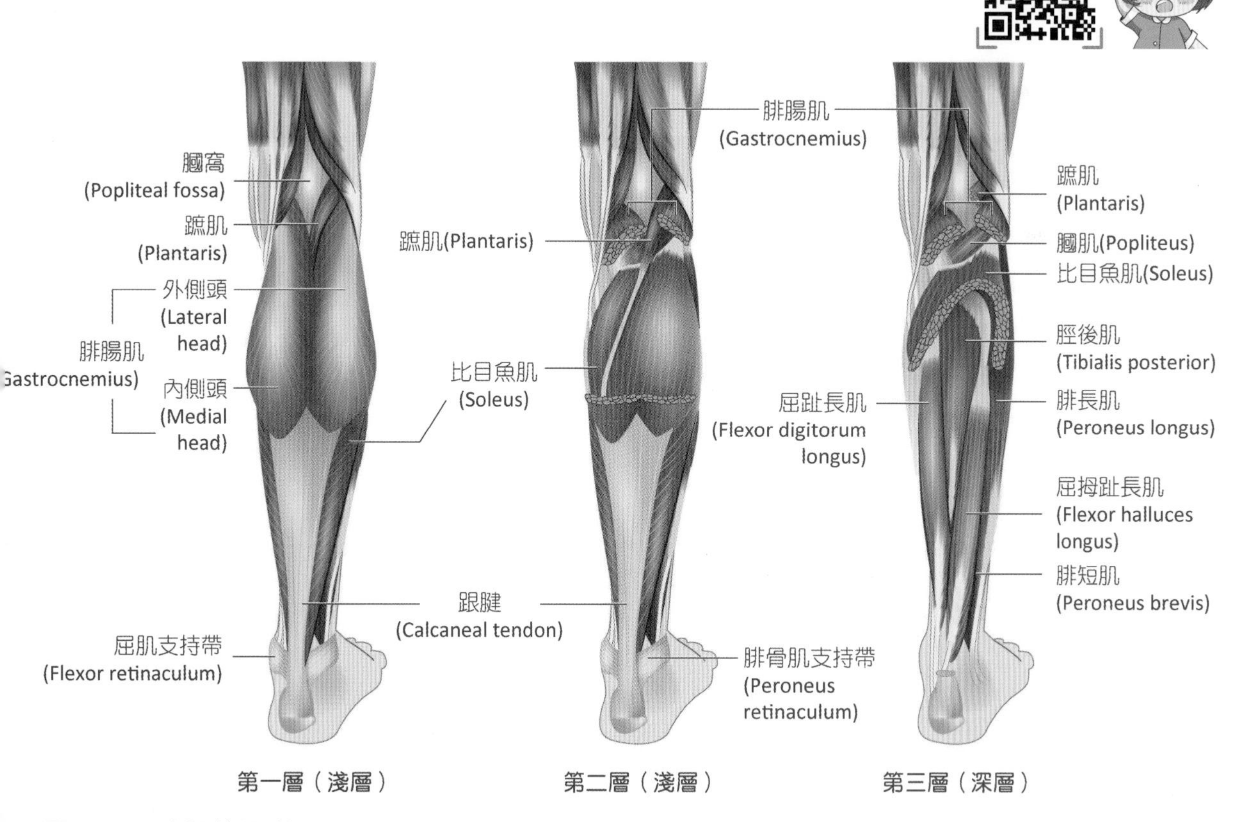

■ 圖 7-32 小腿後肌群

表 7-17 移動小腿的肌肉

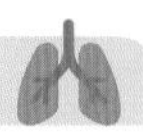

<table>
<tr><th colspan="2">肌肉</th><th>起端</th><th>止端</th><th>作用</th><th>神經支配</th></tr>
<tr><td colspan="6">前肌群（伸肌群）</td></tr>
<tr><td colspan="2">縫匠肌 (sartorius)</td><td>髂骨前上棘</td><td>脛骨體內側上方</td><td>彎曲大腿、小腿</td><td>股神經</td></tr>
<tr><td rowspan="4">股四頭肌 (quadriceps femoris)</td><td>股直肌 (rectus femoris)</td><td>髂骨前下棘</td><td>脛骨粗隆</td><td>伸展小腿、彎曲大腿</td><td>股神經</td></tr>
<tr><td>股外側肌 (vastus lateralis)</td><td>股骨大轉子、粗線</td><td>脛骨粗隆</td><td>伸展小腿</td><td>股神經</td></tr>
<tr><td>股中間肌 (vastus intermedius)</td><td>股骨粗線</td><td>脛骨粗隆</td><td>伸展小腿</td><td>股神經</td></tr>
<tr><td>股內側肌 (vastus medialis)</td><td>股骨幹前面</td><td>脛骨粗隆</td><td>伸展小腿</td><td>股神經</td></tr>
<tr><td colspan="6">後肌群（屈肌群）</td></tr>
<tr><td rowspan="2">股二頭肌 (biceps femoris)</td><td>長頭 (long head)</td><td>坐骨粗隆</td><td>腓骨頭</td><td>伸展大腿、彎曲小腿</td><td>脛神經</td></tr>
<tr><td>短頭 (short head)</td><td>股骨粗線</td><td>腓骨頭</td><td>彎曲小腿</td><td>腓總神經</td></tr>
<tr><td colspan="2">半膜肌 (semimembranosus)</td><td>坐骨粗隆</td><td>脛骨內側近端</td><td>伸展大腿、彎曲小腿</td><td>脛神經</td></tr>
<tr><td colspan="2">半腱肌 (semitendinosus)</td><td>坐骨粗隆</td><td>脛骨內髁</td><td>伸展大腿、彎曲小腿</td><td>脛神經</td></tr>
</table>

表 7-18 移動踝部、足部的肌肉

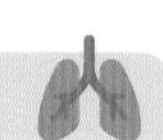

<table>
<tr><th colspan="2">肌肉</th><th>起端</th><th>止端</th><th>作用</th><th>神經支配</th></tr>
<tr><td colspan="2">脛前肌 (tibialis anterior)</td><td>脛骨外髁、脛骨幹</td><td>第 1 楔狀骨、第 1 蹠骨</td><td>足背彎曲、足內翻</td><td>深腓神經</td></tr>
<tr><td colspan="2">第三腓骨肌 (peroneus tertius)</td><td>脛骨下 1/3</td><td>第 5 蹠骨</td><td>足背彎曲、足外翻</td><td>深腓神經</td></tr>
<tr><td colspan="2">伸趾長肌 (extensor digitorum longus)</td><td>脛骨外髁、脛骨前緣</td><td>第 2~5 中間與遠端趾節</td><td>伸展第 2~5 趾、足背屈曲</td><td>深腓神經</td></tr>
<tr><td colspan="2">脛後肌 (tibialis posterior)</td><td>脛骨後面與內緣</td><td>舟狀骨、骰狀骨、楔狀骨、第 2~4 蹠骨</td><td>足背彎曲、足內翻</td><td>脛神經</td></tr>
<tr><td colspan="2">腓腸肌 (gastrocnemius)</td><td>股骨內上髁、外上髁</td><td>經跟腱附於跟骨</td><td>足底彎曲</td><td>脛神經</td></tr>
<tr><td colspan="2">比目魚肌 (soleus)</td><td>脛骨幹和腓骨頭</td><td>經跟腱附於跟骨</td><td>足底彎曲</td><td>脛神經</td></tr>
<tr><td colspan="2">屈趾長肌 (flexor digitorum longus)</td><td>脛骨</td><td>第 2~5 遠端趾節</td><td>腳趾及足底屈曲、足底內翻</td><td>脛神經</td></tr>
<tr><td rowspan="2">腓肌群</td><td>腓長肌 (peroneus longus)</td><td>脛骨外髁、腓骨頭、腓骨體</td><td>第 1 楔狀骨、第 1 蹠骨</td><td>足底彎曲、外翻</td><td>淺腓神經</td></tr>
<tr><td>腓短肌 (peroneus brevis)</td><td>腓骨體</td><td>第 5 蹠骨</td><td>足底外翻</td><td>淺腓神經</td></tr>
</table>

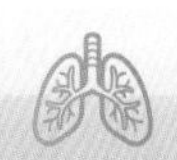

學習評量 REVIEW AND CONPREHENSION

1. 下列何者參與圍成股三角 (femoral triangle)？(A) 股內側肌 (vastus medialis) (B) 股外側肌 (vastus lateralis) (C) 縫匠肌 (sartorius) (D) 恥骨肌 (pectineus)

2. 間盤 (intercalated disc) 為下列何者之特殊結構？(A) 骨骼肌 (B) 心肌 (C) 平滑肌 (D) 橫紋肌

3. 以間隙接合 (gap junction) 形成的電性突觸 (electrical synapse) 並不存在於：(A) 心肌細胞 (B) 平滑肌細胞 (C) 骨骼肌細胞 (D) 神經細胞

4. 心肌細胞興奮時會增加細胞質中鈣離子的濃度，下列敘述何者正確？(A) 從細胞外流入的鈣離子量等於從肌漿網釋放的量 (B) 從細胞外流入的鈣離子量大於從肌漿網釋放的量 (C) 從細胞外流入的鈣離子量小於從肌漿網釋放的量 (D) 從細胞外流入的鈣離子量等於從粒線體釋放的量

5. 死亡後開始出現肌肉僵硬的現象，主要是由下列哪一個原因造成？(A) 乳酸的堆積 (B) 缺少鈣離子 (C) 肝醣耗盡 (D) 缺乏 ATP

6. 下列何者藉由跟腱 (Achilles tendon) 附著於跟骨？(A) 脛前肌 (B) 脛後肌 (C) 腓長肌 (D) 腓腸肌

7. 有關骨骼肌與心肌收縮的比較，下列敘述何者正確？(A) 兩者都是透過橫小管來傳導動作電位 (B) 兩者的收縮速度都很慢 (C) 骨骼肌與心肌一樣，肌纖維長度越長，收縮時產生的張力就越大 (D) 單一骨骼肌纖維與心肌纖維一樣，都是刺激頻率越高，產生的張力就越大

8. 下列有關肌節 (sarcomere) 的明暗帶在肌肉收縮時的敘述，何者正確？(A) I band 縮短、H zone 不變 (B) H zone 縮短、I band 不變 (C) I band 及 H zone 皆縮短 (D) H zone 及 I band 皆不變

9. 下列何者附著於肱骨的內上髁 (medial epicondyle)？(A) 旋後肌 (B) 旋前方肌 (C) 橈側腕屈肌 (D) 橈側腕長伸肌

10. 下列有關肌原纖維 (myofibril) 的敘述，何者正確？(A) 由單一骨骼肌細胞 (skeletal muscle cell) 組成 (B) 圓柱形的肌原纖維由肌絲 (muscle fiber) 組成 (C) 為肌肉組織中儲存鈣離子的膜狀結構 (D) 直接連接肌肉細胞和肌腱 (tendon)

11. 下列何者參與形成肩部的旋轉肌袖口 (rotator cuff)？(A) 棘下肌 (infraspinatus) (B) 三角肌 (deltoid) (C) 大圓肌 (teres major) (D) 喙肱肌 (coracobrachialis)

12. 出生後骨骼肌 (skeletal muscle) 受損傷或死亡，下列哪一種細胞可進行修補？(A) 肌母細胞 (myoblast) (B) 纖維芽母細胞 (fibroblast) (C) 衛星細胞 (satellite cell) (D) 賽氏細胞 (Sertoli cell)

13. 下列何者參與形成骨盆膈 (pelvic diaphragm)，是支撐子宮的重要肌肉？(A) 球海綿體肌 (bulbospongiosus) (B) 會陰深橫肌 (deep transverse perineal muscle) (C) 恥骨肌 (pectineus) (D) 提肛肌 (levator ani)

14. 下列何者為心臟收縮最主要的能量來源？(A) 葡萄糖 (B) 蛋白質 (C) 脂肪酸 (D) 核酸

15. 下列何者不附著於肩胛骨上？(A) 斜方肌 (B) 前鋸肌 (C) 胸大肌 (D) 肱二頭肌

16. 骨骼肌收縮時的鈣離子是從哪種鈣通道釋放出來？(A) 肌醇三磷酸受體 (IP_3 receptor) (B) 雷恩諾鹼受體 (ryanodine receptor) (C) 乙醯膽鹼受體 (ACh receptor) (D) 磷酸脂肌醇二磷酸受體 (PIP_2 receptor)

17. 下列何者不屬於咀嚼肌？(A) 咬肌 (B) 口輪匝肌 (C) 顳肌 (D) 翼外肌

18. 下列何者具有產生大量熱的功能？(A) 骨骼 (B) 肌肉 (C) 循環 (D) 神經

19. 下列何者是肌細胞在初期收縮時的主要能量來源？(A) 葡萄糖 (B) 胺基酸 (C) 磷酸肌酸 (D) 脂肪酸

20. 下列哪一個蛋白質不參與骨骼肌 (skeletal muscle) 的收縮？(A) 肌凝蛋白 (myosin) (B) 旋轉素 (troponin) (C) 旋轉肌凝素 (tropomyosin) (D) 攜鈣素 (calmodulin)

解答

1.C 2.B 3.C 4.C 5.D 6.D 7.A 8.C 9.C 10.B 11.A 12.C 13.D 14.C 15.C 16.B 17.A 18.B 19.C 20.D

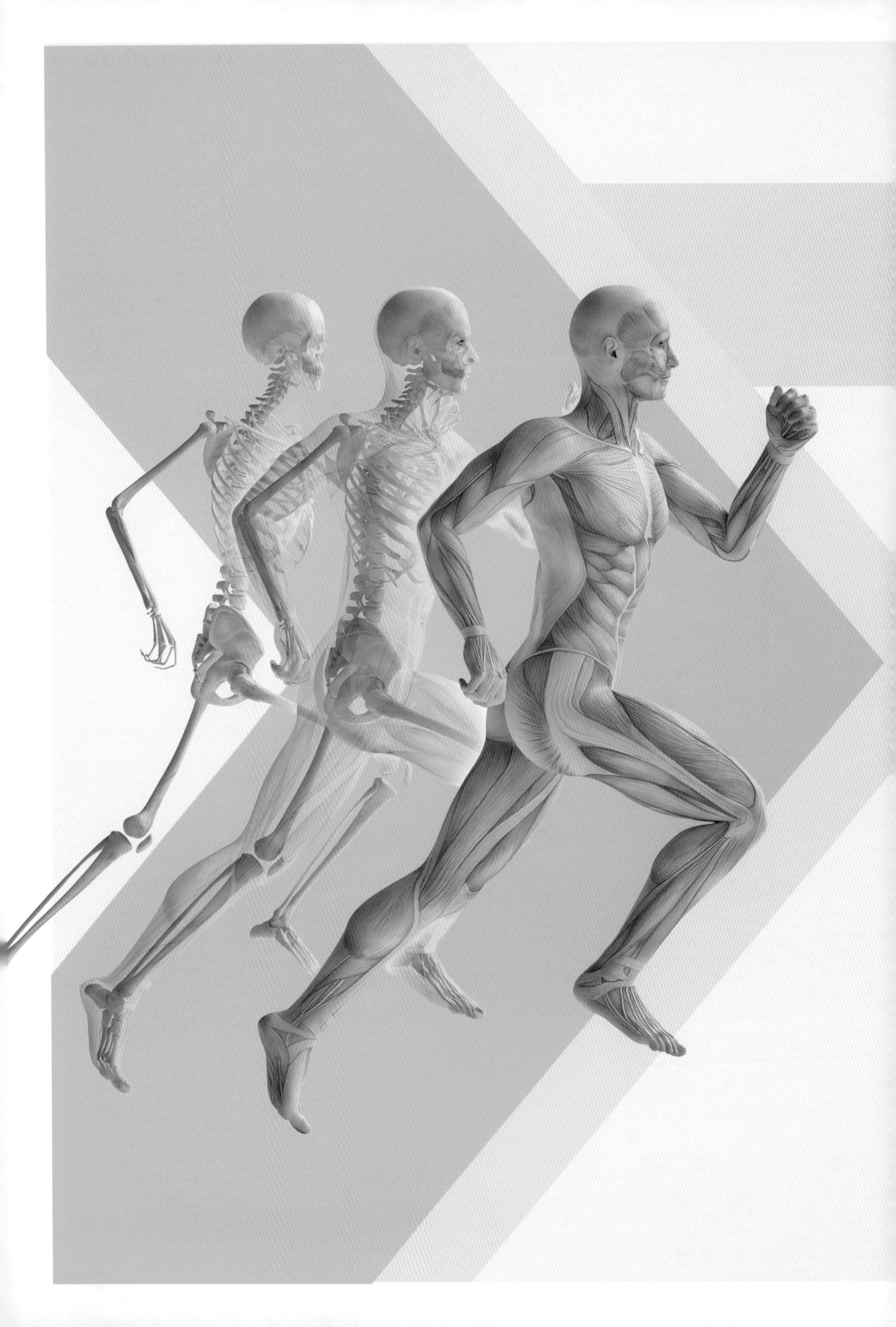

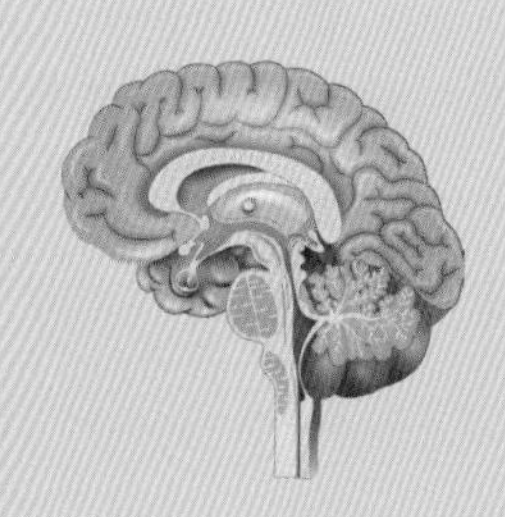

神經系統
Nervous System

CHAPTER
08

作者 / 唐善美

本章大綱 Chapter Outline

ANATOMY & PHYSLOLOGY

前言 INTRODUCTION

神經系統是由一系列的神經迴路所組成，能間接或直接地協調人體各器官、系統的功能，使體內做出完善調適，以因應環境的變化。神經系統可分成中樞神經系統 (CNS) 與周邊神經系統 (PNS)。中樞神經系統由腦 (brain) 與脊髓 (spinal cord) 所組成；周邊神經系統由 12 對腦神經 (cranial nerves) 與 31 對脊神經 (spinal nerves) 所組成。

8-1 神經系統概論

神經系統的最基本單元是神經元，以複雜的神經纖維聯繫中樞神經系統及周邊神經系統，以便統合及因應身體隨時所面臨的外界變化，除執行運動、感覺、反射外，並可做複雜且精密的思考、記憶、情緒等變化（圖 8-1）。

神經系統的構造與功能

神經系統的構造主要由神經元及支持細胞所構成。

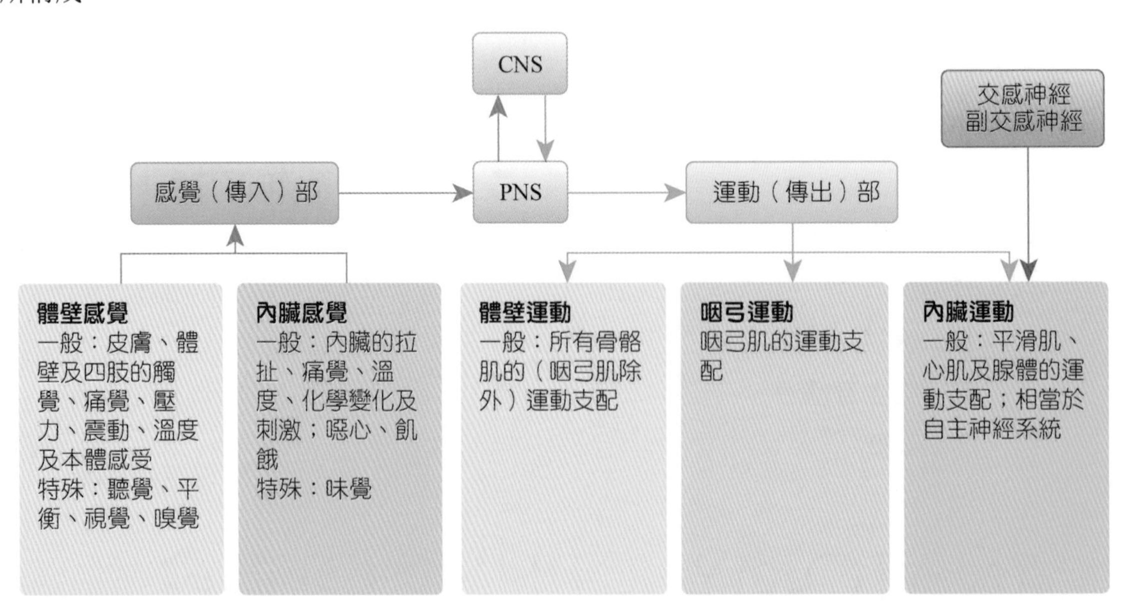

■ 圖 8-1 神經系統的組成

一、神經元 (Neuron)

神經元為神經系統的基本構造和功能單位，可對物理及化學刺激產生反應，並傳導電化學衝動和釋放化學調節物。神經元具有感覺刺激的知覺能力，能學習、記憶、控制肌肉和腺體。神經元的組成、功能及構造如下（圖 8-2）：

(一) 神經元的組成

1. **細胞本體** (cell body)：神經元膨大的部分，具有圓形的細胞核位於細胞中央，偶爾會偏到一旁。細胞本體有一深染區域，內含粗糙內質網的部分，稱為**尼氏小體** (Nissl bodies)，**具有合成蛋白質的功能**。另外，脂褐質 (lipofuscin) 是一黃棕色的色素沉著，為溶酶體活動後的無害產物，此會隨著年齡增長而堆積。

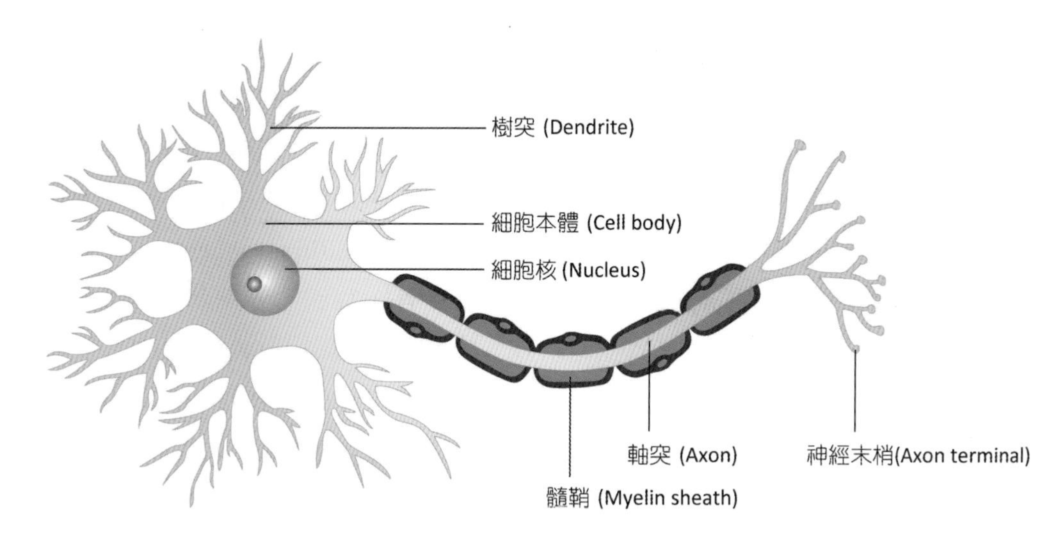

■ 圖 8-2 神經元的構造

2. **樹突** (dendrites)：由細胞本體細胞質衍伸而出，位於細胞本體外圍的短小突起，為一傳入神經纖維，將接受的電性衝動之訊息傳入細胞本體內。
3. **軸突** (axon)：為較長的單一突起，長度可由幾毫米至一公尺以上，能將衝動由細胞本體傳出。從細胞本體延伸出來的膨起稱為軸丘 (axon hillock)，是產生神經衝動的地方。

(二) 神經元依功能性分類

依據神經元神經衝動傳遞方向可分為：

1. **傳入神經元** (afferent neurons)：將來自周邊的感覺接受器電性衝動傳入中樞神經系統，又稱為**感覺神經元** (sensory neurons)。
2. **傳出神經元** (efferent neurons)：將衝動從中樞神經系統傳出到動作器官（肌肉、腺體），又稱為**運動神經元** (motor neurons)，共分為兩種：

臨床應用 ANATOMY & PHYSIOLOGY 

帶狀疱疹 (Shingles)

帶狀疱疹俗稱「皮蛇」，為水痘帶狀疱疹病毒 (varicella-zoster virus, VZV) 所引起之高傳染性疾病。小時候初次感染水痘痊癒後，VZV 並不會完全消失，而是潛伏於身體的感覺神經節中，直到某天身體免疫力下降時，病毒就有機可乘。

老人或免疫力降低者是最容易罹患帶狀疱疹的族群，因其身體免疫力衰退，加上常患有其他慢性病之故；年輕人則多半是因壓力或缺乏休息使免疫降低而引起。帶狀疱疹常見症狀為密集帶狀排列的小水泡，病毒侵犯單邊特定感覺神經支配區域，且病毒從神經出來時會傷害到神經，因此病人會感覺到神經痠痛、抽痛及劇烈的疼痛。

(1) 體運動神經元 (somatic motor neurons)：負責骨骼肌的反射和隨意運動。

(2) 自主運動神經元 (autonomic motor neurons)：支配隨意的動器（詳見 8-4 節）。

3. **中間神經元** (interneurons)：僅位於中樞神經系統內，負責聯絡或整合神經系統的功能，又稱為聯絡神經元。

(三) 神經元依形態分類

神經元依照細胞本體延伸的突起數目可分為（圖 8-3）：

1. **單極神經元** (unipolar neurons)：神經元只有一個突起，樹突與軸突在同一方向，較少見。

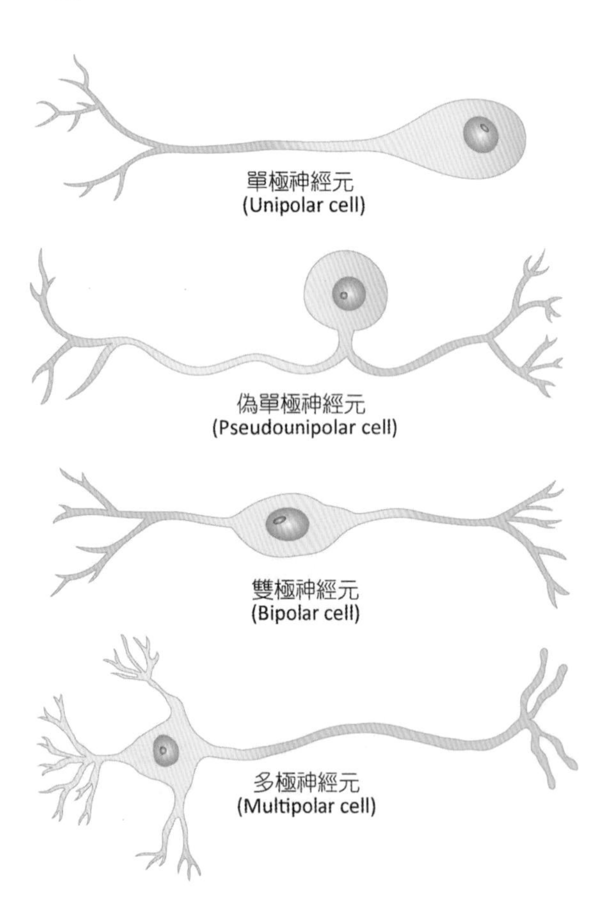

■ 圖 8-3　神經元的形態分類

2. **偽單極神經元** (pseudounipolar neurons)：細胞本體只有單一的突起，但在距離細胞本體不遠處呈 T 字形分為兩分支，一支分布到周邊，一支則進入中樞，屬於感覺神經元。

3. **雙極神經元** (bipolar neurons)：細胞本體兩端各有一突起，分別為軸突及樹突，存在於**眼睛視網膜**中的神經元。

4. **多極神經元** (multipolar neurons)：具有許多樹突及單一個軸突，大部分的神經元屬之，例如運動神經元。

二、神經膠細胞 (Neural Glial Cells)

神經膠細胞又稱支持細胞 (supporting cells)，來自**外胚層**，數量約為神經元的 5~10 倍之多，不同形態的神經膠細胞具有提供神經元支持、供給營養、維持環境恆定等功能（圖 8-4），依在中樞神經系統及周邊神經系統分類如表 8-1。

周邊神經系統中軸突由許旺氏細胞構成的髓鞘 (myelin sheath) **所包圍**（圖 8-5），稱為神經膜，形成一層絕緣物質，當周邊神經的一條軸突被切斷或受損，軸突會再生；**中樞神經系統的髓鞘則是由寡突膠細胞所形成**，因缺乏許旺氏細胞，所以無再生能力。

神經元可分為有髓鞘、無髓鞘兩種，有髓鞘的神經纖維因髓鞘呈節段性分布，每一段數毫米就會出現一段沒有髓鞘的部分，此部分稱為蘭氏結 (node of Ranvier)；而無髓鞘軸突亦由許旺氏細胞的神經膜所圍繞，只是沒有層層包裹（圖 8-6）。

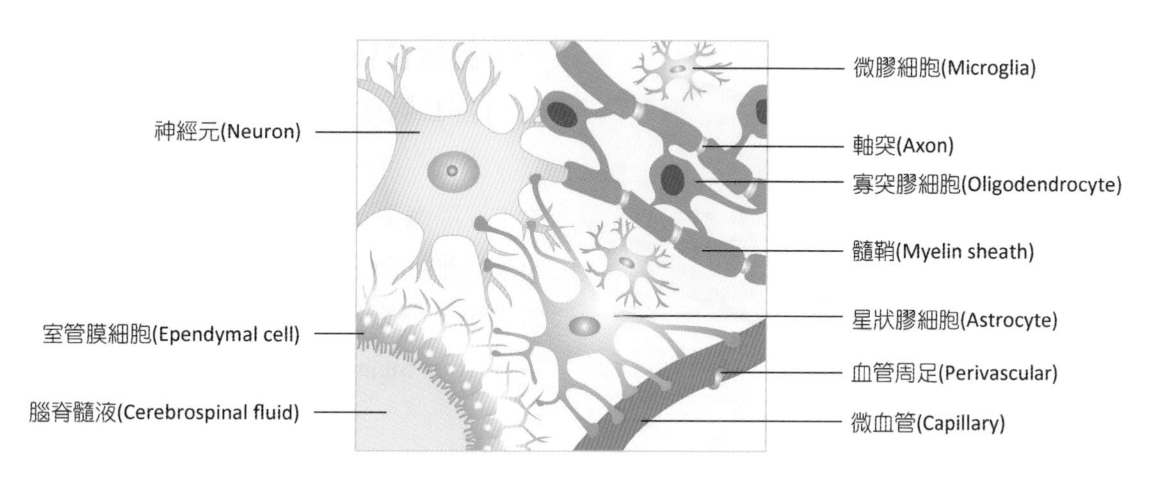

■ 圖 8-4　神經膠細胞

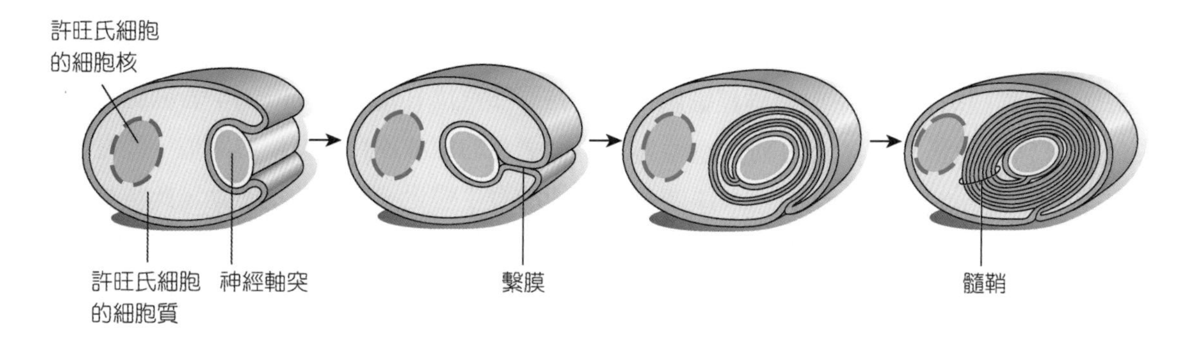

■ 圖 8-5　周邊神經系統髓鞘形成的過程

表 8-1　神經膠細胞的種類

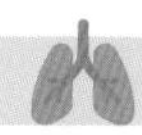

神經膠細胞		功能
中樞神經系統	寡突膠細胞 (oligodendrocytes)	圍繞在中樞神經軸突的髓鞘，形成高密度有髓鞘軸突的白質，受損後無法再生
	微膠細胞 (microcytes)	具吞噬外來物質的功能，可清除中樞神經系統內的細胞碎片
	星狀膠細胞 (astrocytes)	含量最多，為具多個突起的大型衛星細胞，存在於中樞神經系統的微血管上，構成血腦屏障保護腦組織及調節神經元細胞的環境
	室管膜細胞 (ependymal cell)	構成中樞神經系統腦室及脊髓中央管的上皮，形成脈絡叢，可分泌腦脊隨液
周邊神經系統	許旺氏細胞 (Schwann cell)	構成周邊神經系統軸突的髓鞘，受損後可再生
	衛星細胞 (satellite cell)	具有支持及保護感覺及自主神經神經元的功能，又稱為神經節膠細胞

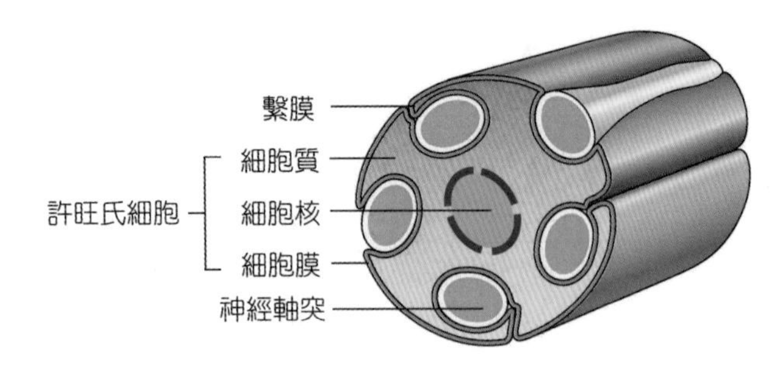

■ 圖 8-6 無髓鞘軸突

神經生理學

神經系統的電性傳導透過離子的通透及電位的變化產生動作電位 (action potential)，將刺激從某個神經細胞傳給下一個神經細胞，完成傳遞訊息的任務。神經元的動作電位遵行**全有全無定律** (all or none law)，未達閾值 (threshold potential) 的刺激不管刺激多少次，都不會產生神經衝動；**當刺激超過閾值時，不論刺激有多強，也只能產生一個神經衝動**。

一、膜電位變化

(一) 靜止膜電位

膜電位是指細胞膜兩側的電位差，細胞內的主要陽離子為 K^+，細胞外的主要陽離子為 Na^+，神經細胞在靜止的狀態下，**細胞膜內為負電位，細胞膜外為正電位**，細胞的**靜止膜電位** (rest membrane potential, RMP) **為 − 70 mV**。

(二) 動作電位

在靜止膜電位的狀態下，當細胞膜受到的刺激未達閾值，細胞膜的鈉通道 (sodium channel) 少量開啟，產生微弱的電位變化，此為局部電位 (local potential)；若細胞膜受到一個適當的**刺激達到膜電位的閾值**，膜電位會快速的發生變化，產生神經衝動，此電位變化就稱為動作電位 (action potential, AP)（圖 8-7）。

動作電位主要可分為以下幾個時期（圖 8-8）：

臨床應用 ANATOMY & PHYSIOLOGY 

多發性硬化症 (Multiple Sclerosis, MS)

是一種**中樞神經系統**（大腦和脊髓）產生大小不一塊狀**脫髓鞘**的慢性疾病。因中樞神經系統的髓鞘無法再生，髓鞘被破壞後會因組織修復過程產生的疤痕組織而變硬，導致神經訊號的電性衝動傳導變慢，甚至停止。

多發性硬化症好發在 20~40 歲，特別是 30 歲最為常見，女性多於男性，但兒童及老年人極為少見。一般而言，多發性硬化症的嚴重程度或症狀與髓鞘受傷部位、髓鞘損傷所影響的神經組織有關，而有視力受損、平衡失調、四肢無力或癱瘓、肌肉痙攣或僵硬、感覺異常、口齒不清、大小便失禁、短期記憶、專注力、判斷力有問題等症狀。

此症無法開刀治療，且無特效藥，故對於疾病所帶來的症狀只能透過藥物及復健的治療來改善，例如注射高劑量的皮質類固醇以緩解急性期症狀。

1. **靜止期** (resting stage)：細胞位於靜止膜電位。
2. **去極化** (depolarization)：細胞膜的大量**鈉通道開啟**，細胞外的 Na^+ 透過擴散作用通透**進入細胞內**，膜電位漸漸由負轉正，使膜電位從－70mV 上升至＋30mV。
3. **再極化** (repolarization)：鉀通道 (potassium channel) 打開，細胞內的 **K^+ 往細胞外擴散**，膜電位漸漸回歸負電位之靜止膜電位狀態。
4. **過極化** (hyperpolarization)：或稱超極化，細胞回復到靜止膜電位後，**K^+** 的流動尚未停止，**繼續往細胞外移動**，使得膜電位低於靜止膜電位的電壓，更帶負電位。

當動作電位完成後要回到靜止膜電位，需靠**鈉鉀幫浦** (Na^+/K^+-ATPase) 之作用，快速的將細胞內 3 個 Na^+ 打出細胞外，細胞外 2 個 K^+ 打回細胞內，以便回到細胞內 K^+ 多、細胞外 Na^+ 多之靜止膜電位狀態，靜候下一個刺激來產生動作電位。

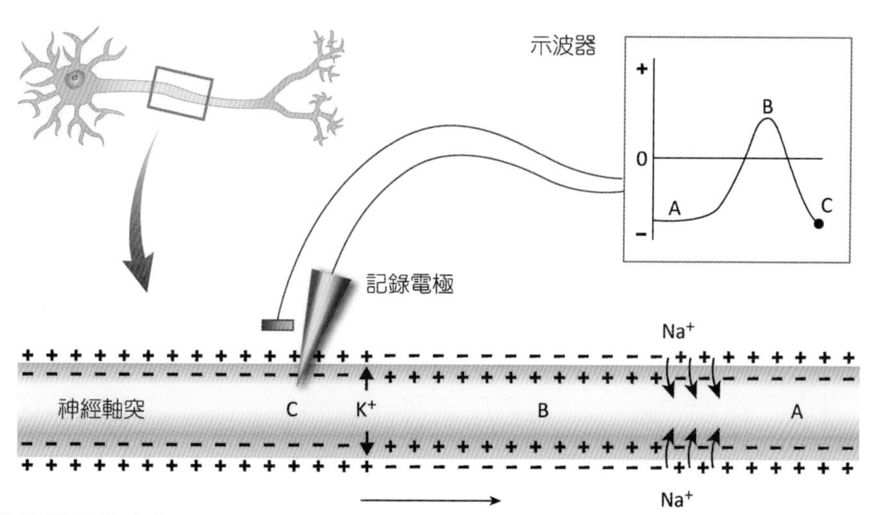

■ 圖 8-7　動作電位的產生

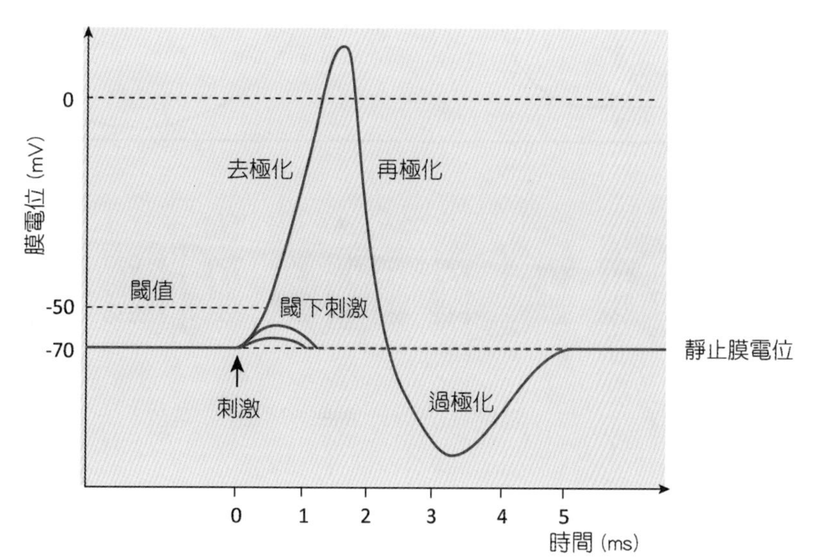

■ 圖 8-8　動作電位的過程

參與神經細胞動作電位變化的鈉及鉀通道皆具有專一性，通道開啟時間的長短並不受去極化刺激的強度影響，乃遵守全有全無律進行電位的改變（圖 8-9）。

(三) 不反應期

在產生動作電位過程中，神經細胞膜正產生動作電位時，無法對下一個刺激產生反應，此稱為不反應期 (refractory periods)。依不同的電位變化區段，又可分為下列兩種（圖 8-10）：

1. **絕對不反應期** (absolute refractory period, ARP)：位於去極化和再極化期之間，此時細胞膜鈉通道全開，但胺基酸 (NH_2) 會塞住通道，不管刺激強度多大，膜電位的興奮性為零，不會對第二個刺激產生任何反應。

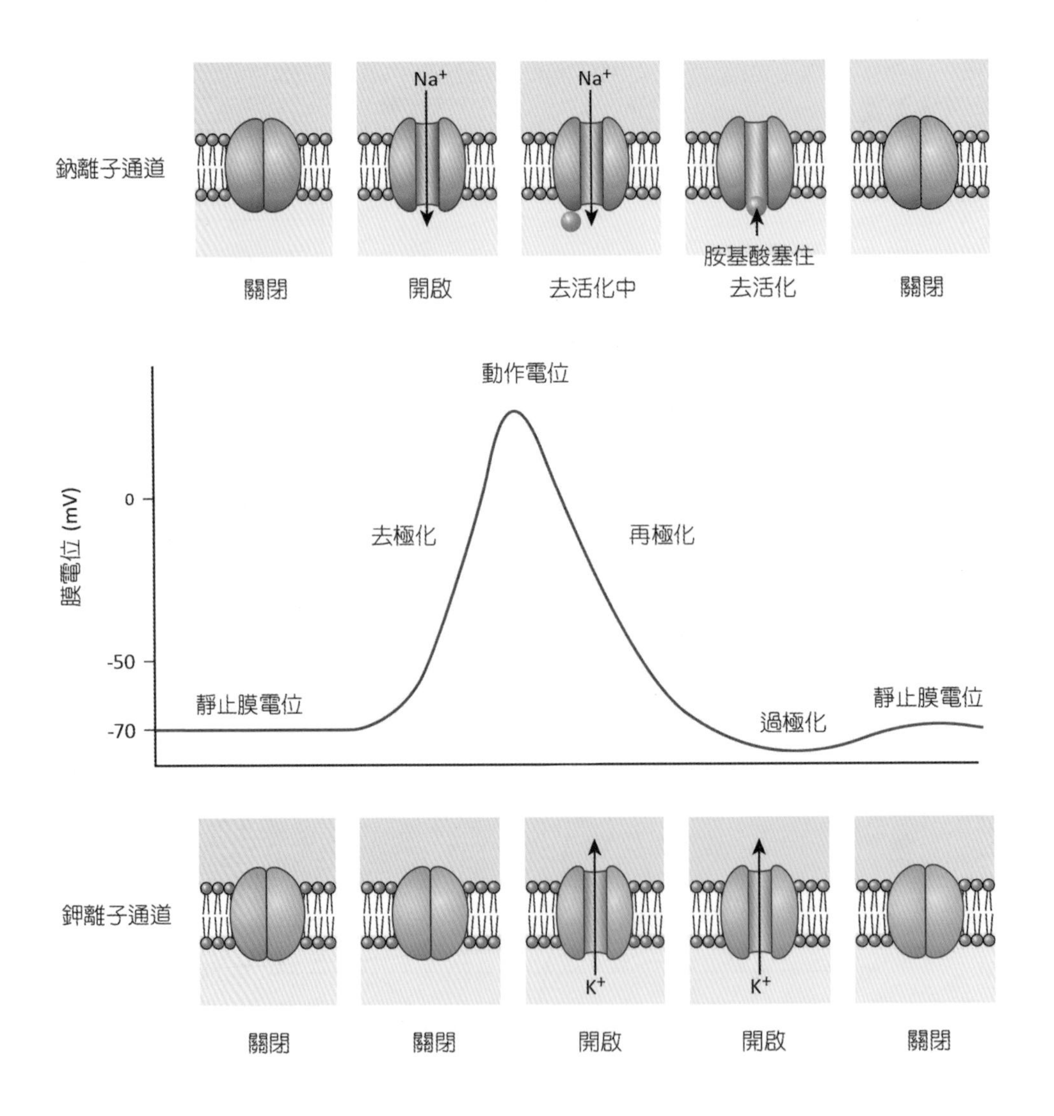

■ 圖 8-9 動作電位中離子通道的變化

2. **相對不反應期** (relative refractory period, RRP)：位於過極化和回復成靜止膜電位之間，此時細胞膜鉀通道全開，僅細胞外一部分的鈉離子進入細胞內，所以細胞外的鈉離子濃度下降，在此期若要產生第二個動作電位，刺激強度必須比靜止期產生動作電位的刺激強度更大，且越接近再極化期，強度要越大。

二、神經衝動的傳導

影響動作電位傳導速度的主要兩大因素是軸突**有無髓鞘**及**直徑的大小**。有髓鞘神經纖維 (myelinated fiber) 因髓鞘有絕緣的效果，可降低電阻，使神經衝動的傳遞只能在蘭氏結處以**跳躍式傳導** (salutatory conduction)，從一

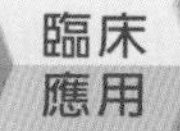
臨床應用 ANATOMY & PHYSIOLOGY

局部麻醉藥

可使人體限定範圍內的神經傳導暫時完全、可逆地阻斷。局部麻醉藥能夠和神經細胞上的鈉離子通道結合，阻斷鈉離子的湧入，而改變神經細胞的膜電位，導致神經衝動的傳導被阻斷。局部麻醉藥的脂溶性越高，越容易穿過細胞膜，效果越強，且常會和腎上腺素合併使用，目的是讓血管收縮，減少出血、延長藥物的作用。

最常見的副作用為過敏反應，其他還有頭暈、耳鳴、嘴唇發麻、肌肉小抽動 (muscle twich) 後全身抽搐 (seizure) 等，嚴重者甚至導致意識喪失、昏迷、呼吸抑制，最後引起心血管毒性，使心肌收縮力下降及周邊血管擴張等。

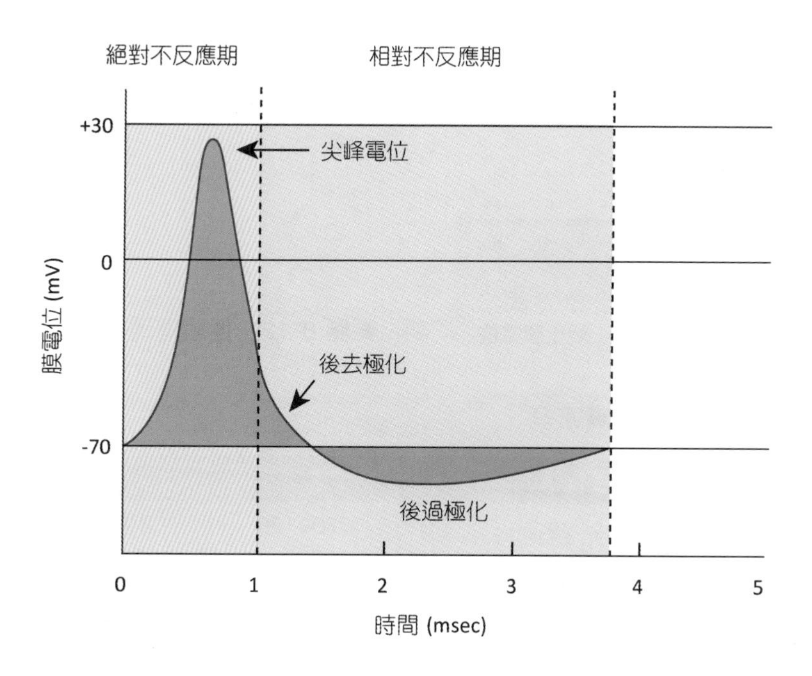

■ 圖 8-10 不反應期

個蘭氏結跳躍到鄰近的一個蘭氏結上，傳導速度較快，約 100~120 m/s。而無髓鞘神經纖維 (unmyelinated fiber) 的神經衝動則以**連續傳導** (continue conduction) 方式，由興奮點向旁邊未興奮區一步一步的傳遞，傳導速度較慢，約 0.5~2 m/s（圖 8-11、圖 8-12）。

另依神經軸突的直徑大小來看，**直徑越大**的軸突，其神經纖維內的**電阻較小**，因此**傳導速度大**於直徑小的軸突，依照神經纖維傳導速度的快慢，可分為 A、B、C 三類（表 8-2）。

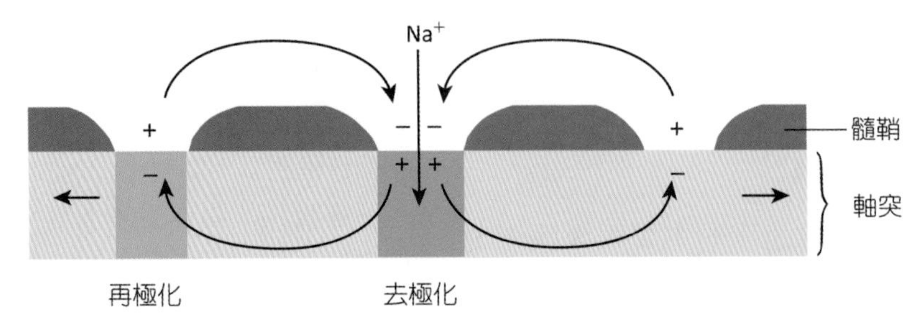

■ 圖 8-11　跳躍式傳導

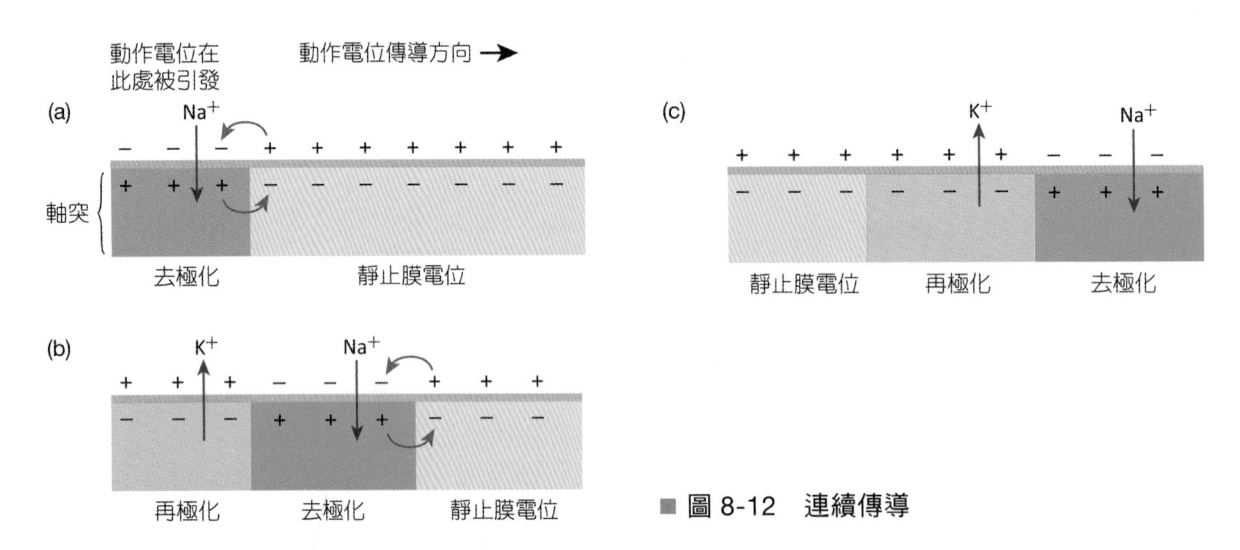

■ 圖 8-12　連續傳導

表 8-2　不同類型神經纖維之傳導速率 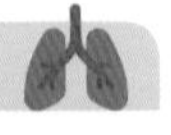

神經纖維類型		直徑 (μm)	傳導速率 (m/s)	例子
A 類	α	12~22	70~120	肌肉本體感覺
	β	5~13	30~70	觸覺、壓覺
	γ	3~8	15~30	增加肌梭敏感度
	σ	1~5	12~30	疼痛、溫度覺
B 類		1~3	3~15	交感神經節前纖維
C 類（無髓鞘）		0.3~1.3	0.7~22	交感神經節後纖維

三、突觸 (Synapse)

(一) 突觸結構

突觸是神經細胞與另一個細胞（神經元、肌肉終板或腺體）之間的連結，能間接的傳遞神經衝動，幾乎所有突觸傳導方向為單向，即從突觸前傳至突觸後。依突觸的傳遞訊息的方法可分為電性突觸及化學性突觸兩大類。

◎ 電性突觸 (Electrical Synapse)

電性突觸的基礎為間隙接合 (gap junction)，兩細胞間僅間隔 2 nm，由連接子 (connexon) 跨膜對接，藉由膜電位變化直接將訊息傳遞給另一個神經元，可進行雙向傳導，傳導速度較快，連細胞質都可互為流動，存在於心肌細胞、視網膜、嗅球、大腦皮質等部位。例如就心肌細胞而言，透過間隙接合能讓心肌細胞快速的接受刺激，而達到一致性的收縮（圖 8-13）。

◎ 化學性突觸 (Chemical Synapse)

化學性突觸是最典型的突觸，為單向傳遞，兩個突觸細胞間約 10 nm 的狹窄空間，稱為突觸裂或突觸間隙 (synaptic cleft)，細胞質之間無法互為連通，例如神經肌肉接合 (neuromuscular junction) 所產生的終板電位 (end-plate potential) 直接或間接將神經傳遞物質從軸突末梢之突觸小泡 (synaptic vesicle) 釋出，刺激突觸後細胞上的接受器（圖 8-14）。

依據突觸連接細胞的不同可分為軸突－樹突突觸 (axodendritic synapse)、軸突－細胞體突觸 (axosomatic synapse) 及軸突－軸突突觸 (axoaxonic synapse)。軸突和肌肉細胞之間的突觸為神經肌肉接合，軸突與腺體相連接則可控制腺體的分泌（圖 8-15）。

(二) 突觸後電位

釋放入突觸間隙的神經傳遞物質與突觸後細胞的接受器結合後，會引起突觸後細胞

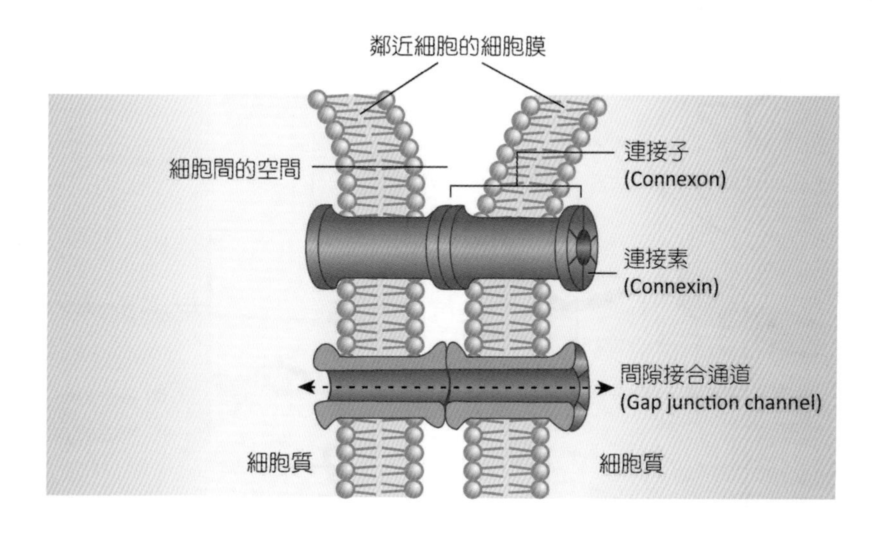

■ 圖 8-13　電性突觸（間隙接合）

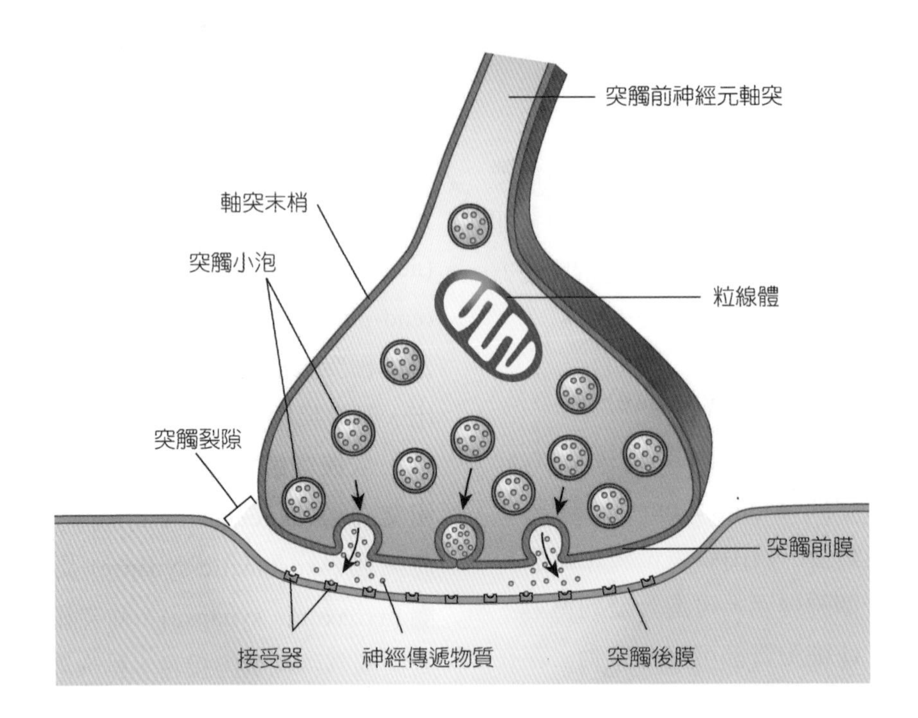

■ 圖 8-14　化學性突觸的結構

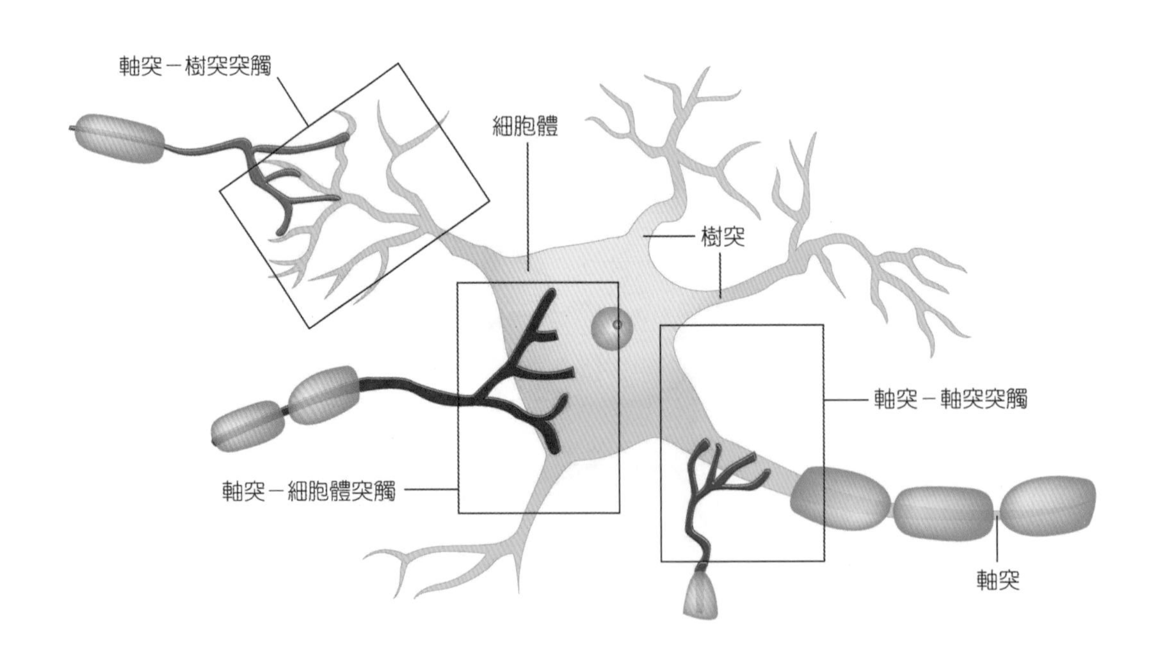

■ 圖 8-15　突觸的類型

的電位改變，產生突觸後電位 (postsynaptic potential)。不同的神經傳遞物質能引起不同的電位變化，可分為兩種：

1. **興奮性突觸後電位** (excitatory postsynaptic potential, EPSP)：神經傳遞物質和突觸後膜結合，開啟鈉通道或鈣通道，使 Na^+或 Ca^{2+}流入細胞內，**造成去極化使膜電位漸往正電位**（介於 − 70 ~ − 60 mV），在達到閾值後產生動作電位，引起興奮性突觸後電位。
2. **抑制性突觸後電位** (inhibitory postsynaptic potential, IPSP)：使氯通道（流入細胞）及 K^+通道（流出細胞）開啟，**造成過極化使膜電位變更負**（小於 − 70 mV），引起抑制性突觸後電位。

而同樣有去極化之電位的動作電位及 EPSP，兩者比較如表 8-3。

(三) 突觸後電位的加成

突觸後電位不像動作電位，突觸後電位有大小、強弱之分，且電位可加成。電位的加成作用方式有兩種（圖 8-16）：

1. **時間加成** (temporal summation)：突觸前軸突末端持續性的活化，導致持續性的神經傳遞物質釋放波，會產生一個新的動作電位。
2. **空間加成** (spatial summation)：突觸後神經元接受數個突觸前神經纖維的作用，突觸電位可分級且缺乏不反應期。

四、神經傳遞物質與接受器

(一) 神經傳遞物質的釋放

神經傳遞物質 (neurotransmitter) 通常儲存在突觸前末梢。當動作電位傳遞至軸突末稍，受電壓控制的鈣通道 (calcium channel) 打開，Ca^{2+}從細胞外液進入突觸前末梢，Ca^{2+}濃度上升引起突觸小泡與細胞膜融合，突觸小泡以胞吐方式釋放神經傳遞物質進入突觸間隙，和突觸後膜上的接受器結合，以執行其功能，釋出後多餘的量可被快速移除。

神經傳遞物質有其特定的接受器，結合後會開啟離子通道，這些調控的離子通道包括化學性調控閘門 (chemically regulated gates) 及配體調控閘門 (voltage-regulated gates)。

表 8-3 電位的比較

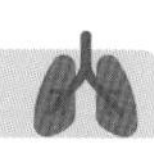

特性	動作電位	興奮性突觸後電位
刺激離子閘門開啟	去極化	乙醯膽鹼
刺激後的初期效果	開啟 Na^+通道	同時開啟 Na^+及 K^+通道
再極化的原因	K^+閘門開啟	細胞內正電荷隨時間及距離流失
傳導距離	沿著神經軸突再生成	是局部電位，傳遞距離約 1~2 mm
去極化和 Na^+閘門開啟間的正回饋	有	無
最大去極化之電位	＋ 40 mV	接近 0
有無加成作用	無，遵循全有全無律	有，產生分級的去極化
有無不反應期	有	無
藥物的作用	受河豚毒素抑制：阻斷電位閘控 Na^+通道	受箭毒抑制：阻斷乙醯膽鹼與菸鹼類接受器

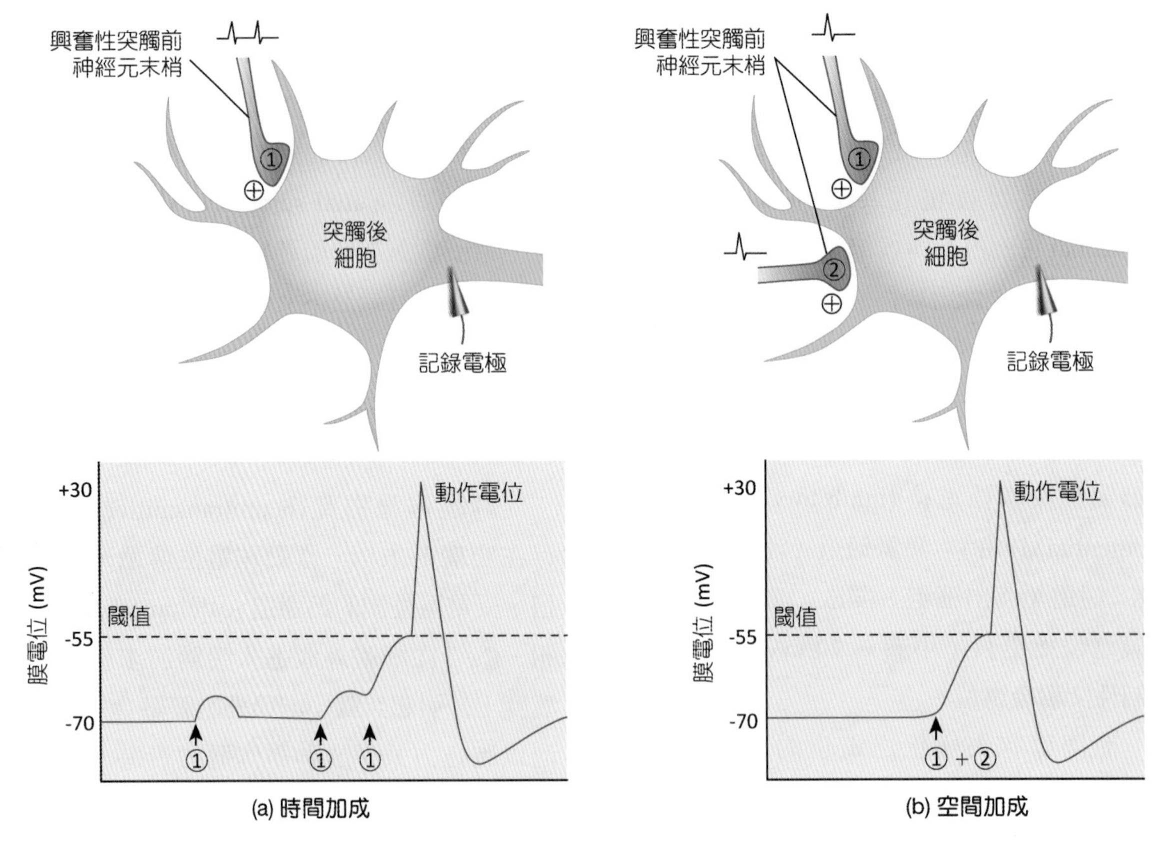

■ 圖 8-16　突觸後電位的加成

表 8-4　神經傳遞物質

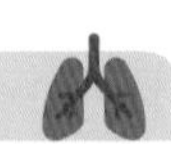

種類		功能
膽鹼類	乙醯膽鹼	自主神經節前傳遞物質、副交感神經節後傳遞物質、骨骼肌收縮
單胺類	多巴胺	參與中樞活動，與行為、情感酬償及情緒有關
	正腎上腺素	交感神經節後傳遞物質，與心臟、血管收縮、骨骼肌收縮及行為警覺等有關
	腎上腺素	
	血清素	與情緒、睡眠、行為有關
胺基酸	γ-胺基丁酸	抑制性神經傳遞物質，對腦部具有安定作用，進而促進放鬆和消除神經緊張
	麩胺酸	興奮性神經傳導物質
	甘胺酸	抑制性神經傳遞物質
多胜肽類	神經胜肽	參與壓力反應、晝夜節律及調控心血管系統，也是一種食慾刺激劑
	β-腦內啡	與止痛有關
	腦啡肽	與止痛有關
其他類	內生性大麻	抑制突觸前軸突釋放的 GABA 或麩胺酸
	組織胺	參與過敏反應和發炎反應
	一氧化氮	血管擴張
	一氧化碳	血管擴張

(二) 神經傳遞物質的種類

◎ 乙醯膽鹼 (Acetylcholine, ACh)

乙醯膽鹼為興奮性傳遞物質（表 8-4），可產生 EPSP，但在某些情況下，其也可以產生 IPSP。釋放入突觸間隙內的 ACh 主要靠乙醯膽鹼脂酶 (acetylcholinesterase, AChE) 分解成不具活性的乙醯輔酶 A (acetyl-CoA) 和膽鹼 (choline)，以去活化。若 ACh 減少會導致重症肌無力。ACh 接受器包括：

1. **菸鹼類接受器** (nicotinic receptor)：主要位於腦內之特定區域、自主神經節和骨骼肌纖維，體運動神經元釋放 ACh 可刺激肌肉收縮，除 ACh 外也可以被尼古丁 (nicotine) 啟動，而被箭毒阻斷。

臨床應用 ANATOMY & PHYSIOLOGY

重症肌無力 (Myasthenia Gravis)

一種自體免疫疾病，好發於 40 歲以下女性（男女比為 1：3~4），40 歲以後無性別差異，因神經及肌肉交界處 ACh 分泌減少、乙醯膽鹼接受器降低或 AChE 增加等，而導致傳導障礙，主要症狀是眼瞼下垂及複視。重症肌無力的治療方法有胸腺切除術、抗乙醯膽鹼酶藥物治療、免疫治劑及血漿置換術等。

2. **蕈毒鹼類接受器** (muscarinic receptor)：主要發現於平滑肌細胞的細胞膜、心肌細胞及特定腺體，ACh 與其結合會間接影響鉀通道的通透性，這在某些蛋白會引起過極化。

◎ 單胺類 (Monoamines)

單胺類為興奮性神經傳遞物質，包含有腎上腺素 (epinephrine, Epi)、正腎上腺素 (norepinephrine, NE)、多巴胺 (dopamine, DA) 及血清素 (serotonin, 5-HT) 四種，其中腎上腺素、正腎上腺素、多巴胺因由**酪胺酸** (tyrosine) 所形成，稱為**兒茶酚胺** (catecholamine) 類。

酪胺酸透過經酵素作用轉化為多巴胺，並運輸入突觸小泡，若多巴胺分泌不足，會引起帕金森氏症。正腎上腺素是由多巴胺轉化而來，接著再轉變為腎上腺素（圖 8-17）。腎上腺素及正腎上腺素皆為中樞及周邊神經系統的興奮性神經傳遞物質，**當人體在壓力或危險情況時，兒茶酚胺會大量分泌**，產生心跳加速、心臟收縮力增強、血壓上升等作用，而多餘的量會被神經末梢回收，或透過**單胺氧化酶** (monoamine oxidase, MAO) 分解。

血清素的前身是色胺酸 (tryptophan)，人體無法自行製造，需透過飲食中攝取必需胺基酸轉化而來，與心情、進食、睡眠、清醒及疼痛等息息相關，一旦缺乏可能與憂鬱症有關。

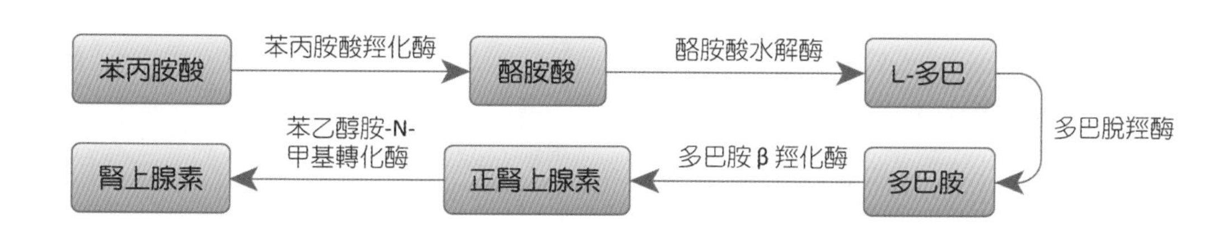

■ 圖 8-17　兒茶酚胺的生成

◎ 胺基酸 (Amino Acids)

1. **γ- 胺基丁酸** (γ-aminobutyric acid, GABA)：中樞神經系統中的**抑制性**神經傳遞物質，可抑制中樞神經系統過度興奮，對腦部具有安定作用，進而促進放鬆和消除神經緊張。GABA 會與突觸前後特定的膜受體結合，產生過極化現象。當體內 GABA 缺乏時，會產生焦慮、不安、疲倦、憂慮等情緒，若缺乏釋放 GABA 的神經元會造成亨丁頓氏症 (Huntington's disease)。
2. **麩胺酸** (glutamate)：為**興奮性**神經傳遞物質，與學習的功能有關。
3. **甘胺酸** (glycine)：為**抑制性**神經傳遞物質。甘胺酸的抑制作用對脊髓控制骨骼肌動作是非常重要的，能抑制脊隨前角運動神經元的活動，若缺乏會導致肌肉攣縮，甚至窒息而死。馬錢子鹼 (strychnine) 是甘胺酸接受器的拮抗劑。

◎ 神經胜肽 (Neuropeptide)

是具有類似神經傳遞物質作用的多胜肽，目前已發現的神經胜肽至少有 50 種以上。

1. **神經胜肽 Y** (neuropeptide Y)：為腦內最豐富的一種神經胜肽，參與壓力反應、**調節晝夜節律** (circadian rhythms) 及控制心血管系統等，腦中的神經肽 Y 抑制腦下腺分泌生長激素、抑制海馬回內麩胺酸之釋放，也是強力的食慾刺激劑。
2. **類鴉片胜肽** (opioid peptide)：為腦部產生具有類似嗎啡活性的胜肽類物質，例如 β- 腦內啡 (β-endorphin)、腦啡肽 (enkephalin)，參與心血管活動、呼吸、體溫、攝食等調節。一般狀態下不具活性，但受到壓力因子的活化，可透過運動提升痛覺的閾值。

◎ 其他神經傳遞物質

1. **內生性大麻** (endocannabinoids)：是一種逆行性神經傳遞物質 (retrograde neurotransmitter)，由突觸後神經元釋出，再以擴散的方式回到突觸前神經元軸突，可抑制突觸前軸突釋放的 GABA 或麩胺酸，故內生性大麻會改變腦中神經的傳遞物質。
2. **組織胺** (histamine)：分布廣泛，參與過敏反應和發炎反應，並在刺激胃酸分泌及中樞神經傳遞等調節上扮演著很重要的角色。
3. **一氧化氮** (nitric oxide, NO)：第一種被發現氣體類神經傳遞物質，NO 可**促進第二傳訊者 cGMP 發揮作用**，並促進血管平滑肌鬆弛使血管擴張。
4. **一氧化碳** (carbon monoxide, CO)：作用方式與 NO 相似，可促進 cGMP 產生。

臨床應用 ANATOMY & PHYSIOLOGY

阿茲海默症 (Alzheimer's Disease)

病因未明，多有家族病史，為病程緩慢且不可逆之神經功能障礙。主要病理變化為大腦的退化，例如皮質瀰漫性萎縮、腦回增寬、腦室擴大、神經元大量減少，並可見 β- 澱粉樣神經斑及神經元纖維結 (neurofibrillary tangles) 等病變。患者海馬回的乙醯膽鹼、乙醯膽鹼轉化酶含量極低，乙醯膽鹼的減少造成記憶和學習能力的缺損，顳葉及頂葉病變較顯著，常有失語和失用。

8-2 中樞神經系統 

中樞神經系統 (central nervous system, CNS) 由腦和脊隨構成，腦又分為大腦、間腦、小腦、腦幹（圖 8-18）。中樞神經系統源自於神經管，由**外胚層**在受孕第 20 天融合發育而成，於受孕第 4 週分化形成前腦、中腦、後腦；到第 5 週前腦分為終腦與間腦，中腦維持不變，後腦則分為後腦與末腦。終腦形成兩個巨大的大腦半球，大腦的空腔轉變成為腦室，裡面充滿了腦脊髓液，脊髓內的空腔則成為中央管（圖 8-19）。

大腦 (Cerebrum)

成年人的腦約 1,200~1,500 公克重，腦部中約含有一千億個神經元，而大腦就占了約整體的 80%，是腦部最大的部分。大腦分為左

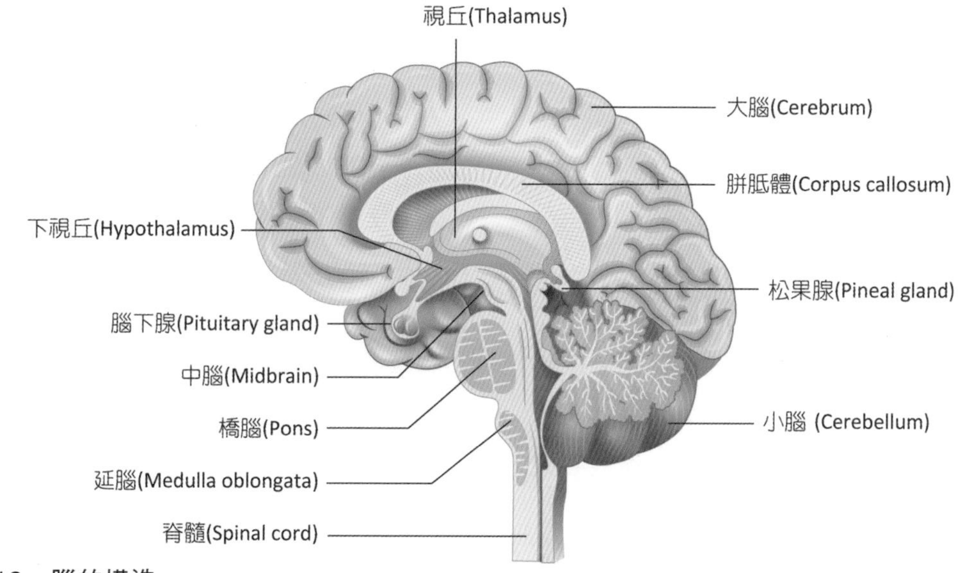

■ 圖 8-18　腦的構造

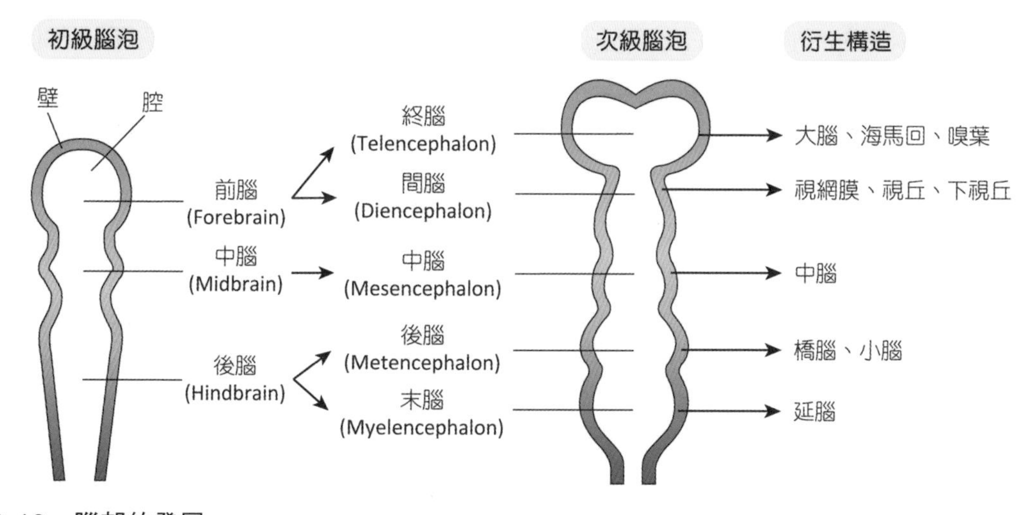

■ 圖 8-19　腦部的發展

大腦半球和右大腦半球，透過胼胝體 (corpus callosum) 連接左右兩側大腦半球 (cerebral hemispheres)。

大腦是由灰質與白質所構成，大腦白質圍繞著神經核，位於皮質下方，由許多的軸突所組成。

一、大腦皮質 (Cerebral Cortex)

又稱大腦灰質，在腦中占的面積最大，由神經元的細胞本體、樹突與非常短的無髓鞘軸突組成，但無纖維徑，含有數十億個神經元，於大腦深部形成神經核 (nuclei)，以眾多迴旋的皺褶和溝為特徵（圖 8-20）。其功能如同神經系統的司令部，是使人體具有意識及理性的地方。

(一) 腦回 (Gyri)

迴旋中的突起皺褶稱為回或腦回，下陷的凹陷則稱為溝 (sulcus)，大腦半球中最深的溝稱為裂 (fissure)，每個大腦半球由溝或裂來分隔腦葉 (lobes)。

1. **中央溝** (central sulcus)：一個深裂的構造，分隔**頂葉**與**額葉**。
2. **頂枕溝** (parieto-occipital sulcus)：分隔頂葉及枕葉。
3. **外側溝** (lateral sulcus)：下方是顳葉，上方是額葉和頂葉。
4. **中央縱裂** (medial longitudinal fissure)：又稱腦裂或腦縱裂，是大腦中線的明顯溝槽，**將大腦分為左右半球**，縱裂中有胼胝體將兩半球連接起來，中間有大腦鐮分隔。
5. **大腦橫裂** (transverse cerebral fissure)：分開**枕葉與小腦**。
6. **水平裂** (horizontal fissure)：分隔小腦後葉的上半月小葉 (superior semilunar lobule) 及下半月小葉 (inferior semilunar lobule)。

(二) 腦葉 (Lobes)

大腦的腦葉分為額葉、頂葉、顳葉、枕葉及腦島共五個，除了腦島位置較深，被額葉、頂葉及顳葉所覆蓋，其餘四個皆在表面可見。

1. **額葉** (frontal lobe)：位於大腦半球的最前面部分，位於額葉的中央前回與**運動**控制有關。額葉具有人類重要的高級心智活動功能，如學習、決策、抽象思維、情緒等，判斷思考分析（計畫、設定目標、評估後果）、自主運動的控制及運動言語區（優勢大腦），故額葉受損會呈現人格異常。
2. **頂葉** (parietal lobe)：位於中央溝的後方，在中央溝後方的腦回稱為中央後回，主要負責**體感覺**（皮膚、肌肉、肌腱及關節受器所產生的感覺）、平衡、處理輸入的感覺訊息、體感覺區、辨識與思想統合、身體部位的認識等。
3. **顳葉** (temporal lobe)：位於大腦的兩側，包含**聽覺**中心、聽覺辨識、記憶、嗅覺、物體認知、分辨左右及感覺言語區（優勢大腦）。
4. **枕葉** (occipital lobe)：位於大腦的後側，小腦半球的上面，主要負責**視覺**與眼球運動之間的協調。
5. **腦島** (insula)：又稱為島葉，與額葉、顳葉和頂葉的皮層相連通，具有**記憶**編碼和內臟反應的感覺訊息整合之功能有關。

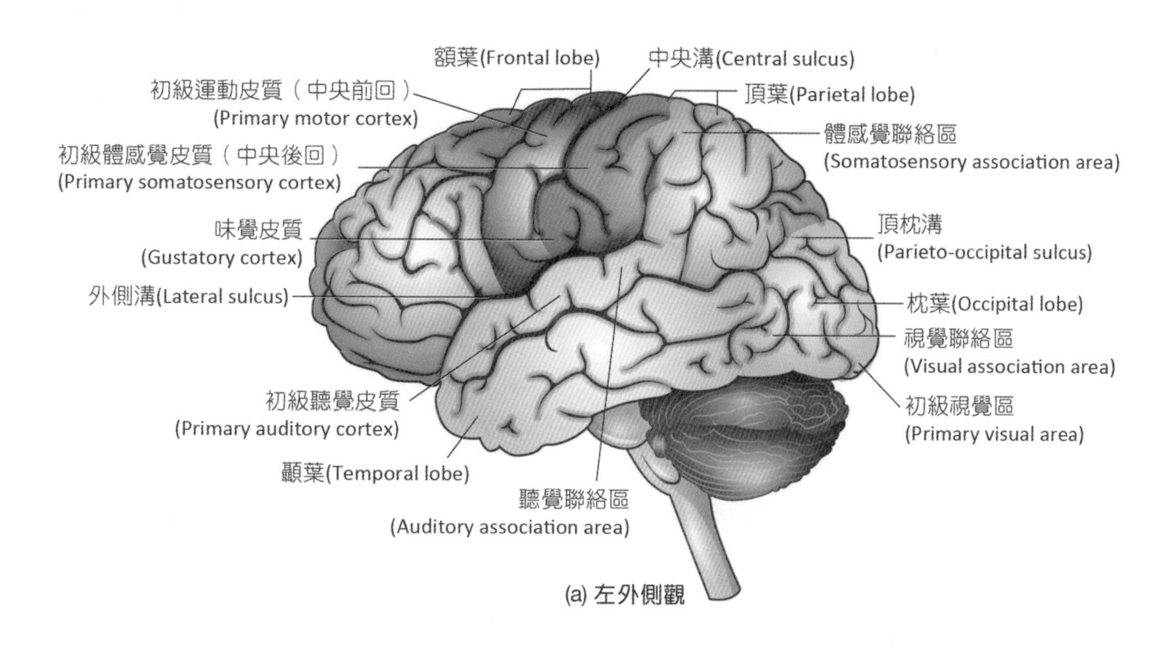

(a) 左外側觀

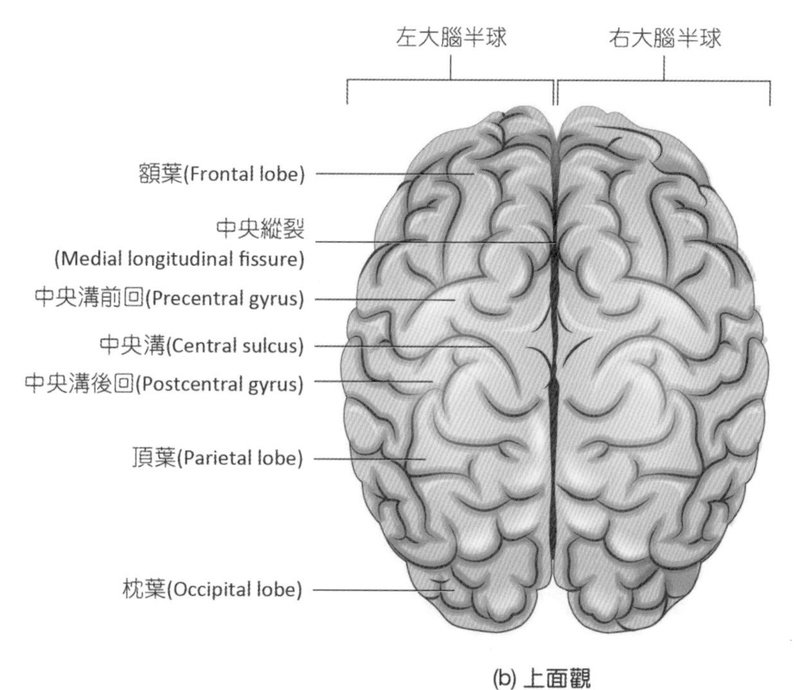

(b) 上面觀

■ 圖 8-20　大腦的外觀

(三) 大腦皮質功能區

大腦皮質區分為三種功能區，提供意識性認知感的感覺區、控制隨意運動功能的運動區、整合各類訊息以進行有目的動作的聯絡區。

◎ 感覺區 (Sensory Areas)

參與意識性感受認知的皮質區是頂、顳及枕葉，分別負責一般感覺、視覺、聽覺、平衡及味覺，所在位置、功能及布羅德曼 (Brodmann) 分區分述如下（圖 8-21）：

1. **初級體感覺皮質** (primary somatosensory cortex) － 1、2、3 區：負責空間辨識及參與一般體感覺的認知，包含皮膚感覺及本體感覺。一旦受損會損及皮膚上的感覺及定位觸覺、壓力及震動感之意識能力。
2. **體感覺聯絡區** (somatosensory association area) － 5、7 區：將傳入的觸覺、壓力或其他不同的感覺，整合成簡單易懂的資訊。
3. **視覺聯絡區** (visual association area) － 18、19 區：可分析及辨識物體顏色、形狀、景深及複雜的視覺訊息。
4. **初級聽覺皮質** (primary auditory cortex) － 41、42 區：意識性辨別語言及音質的偵測，包含聲音大小及音質。當單側受損導致輕微的聽力損失，若為雙側皆破壞則耳聾。
5. **聽覺聯絡區** (auditory association area) － 22 區：位於魏尼凱氏區 (Wernicke's area) 的中心位置，主要處理複雜的聽覺訊號，將過去的聲音儲存在這裡，辨識聲音是說話、尖叫、雷聲或音樂等，若受損會干擾領悟語言的能力，產生接受性失語症或稱為感覺性失語症 (sensory aphasia)，病人會出現接受上有困難（亦即聽不懂），但可以說話。
6. **初級嗅覺皮質** (primary olfactory cortex cortex) － 28 區：不通過視丘轉運，直接由嗅覺黏膜傳送到嗅球後，到達大腦嗅覺皮質

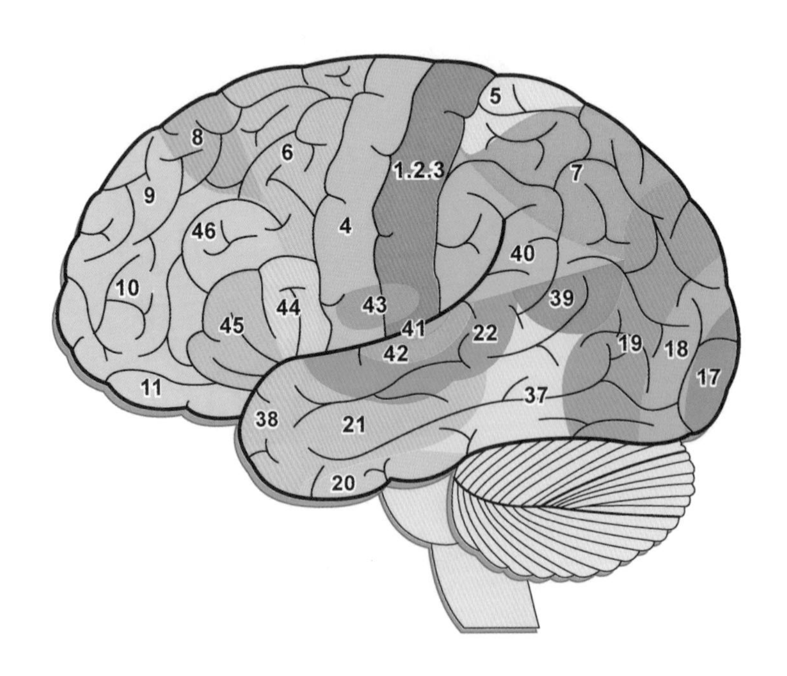

■ 圖 8-21　布羅德曼分區

區。連接到和情緒有關的邊緣系統，如辨識或回憶氣味感受而引發正面或負面之情緒表現。

7. **味覺皮質** (gustatory cortex) － 43 區：又稱為主要味覺區，參與辨識味覺之功能。

◎ 運動區 (Motor Areas)

控制運動功能的皮質區位在額葉的後部，主要有下列四區：

1. **初級運動皮質** (primary motor cortex) － 4 區：或稱主要運動區，負責身體精確及熟練的運動。透過錐體徑路從大腦皮質傳送到脊髓，**80% 是掌管對側的運動**，在大腦皮質的功能呈現上下顛倒，如中央前回下外側是負責頭部活動，上內側是腳趾活動，而越精細及熟練的動作出現大腦皮質的分布區域就越大，如手及臉部的區域相對大於其他部位（圖 8-22）。
2. **前運動皮質** (premotor cortex) － 6 區：控制更複雜的運動，會整合來自感覺（視覺、聽覺或體感覺等）所接受訊息，來進行有計畫性的運動的規劃。
3. **額視野區** (frontal eye field) － 8 區：負責視覺主動搜尋空間之功能，控制眼球快速且隨意的運動。
4. **語言運動區** (motor speech area) － 44、45 區：位於額葉，即**布洛卡氏區** (Broca's area)，負責任務執行的區域，控制說話動作及語言的形成，一半受損會導致**表達性失語症或稱運動性失語症** (motor aphasia)，病人是聽得懂他人的說話，但表達上出現問題。

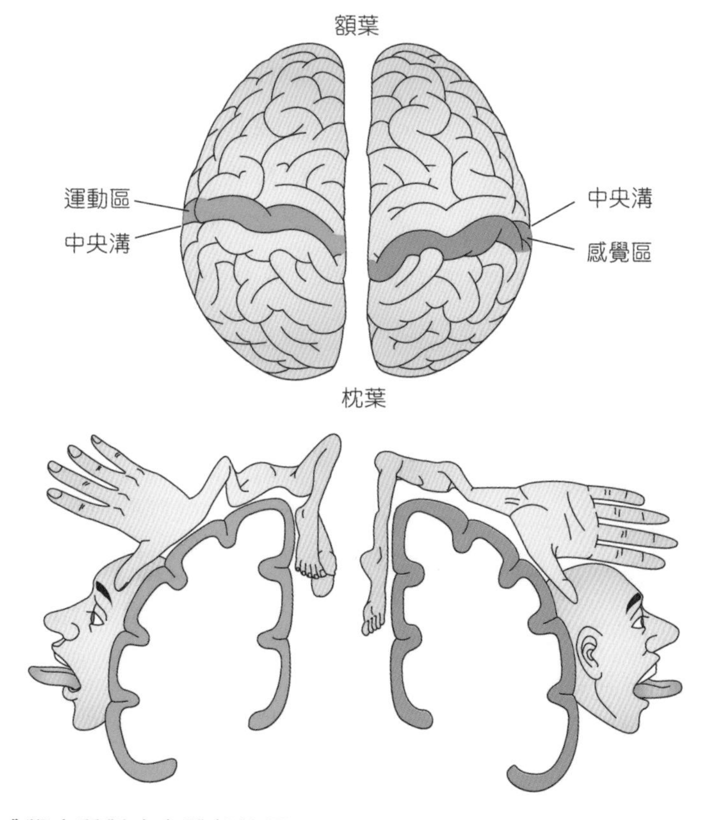

■ 圖 8-22　運動及感覺皮質對應身體部位圖

◎ 聯合皮質區 (Association Areas)

聯絡皮質區是包含感覺區及運動區以外的區域，主要功能是聯絡感覺及運動兩者之間的訊息。

1. **額前皮質區** (prefrontal area) － 10、11、12、47 區：與決策的認知過程有關，可經由各類思考、理解及判斷後記憶訊息，並可回憶訊息，此區是人類有別於動物的重要區域之一。
2. **一般闡釋區** (general interpretational area) － 5、7、18、19、22 區：此區域受損會導致無法辨識及了解許多種感覺的解釋，而出現缺失症 (agnosia)，甚至不知自己身處何處或無法認知。
3. **語言區** (language area) － 8、19、22、41、42、44、45 區：主要是左大腦半球之優勢大腦（右大腦半球不參與），**第 44、45 區的布洛卡氏區負責語言產生，第 22 區的魏尼凱氏區負責語言的理解**。

(四) 腦波圖

腦波圖 (electroencephalogram, EEG) 主要是記錄腦部的電性活動，亦即是大腦皮質的細胞本體與樹突上所產生的突觸電位會產生電流。臨床上最常用於病人是否有癲癇、抽搐或痙攣等診斷，其他尚有腦部感染（腦炎或腦膜炎等）、意識障礙、腦退化疾病或外傷等問題，常見腦波有四種模式（圖 8-23）：

1. **α 波** (alpha waves)：頻率為 8~12 Hz，又稱為**鬆弛波**或創意波，可在枕葉和頂葉處測得，此波處於意識及潛意識狀態，當清醒、身心放鬆或閉目養神時出現。

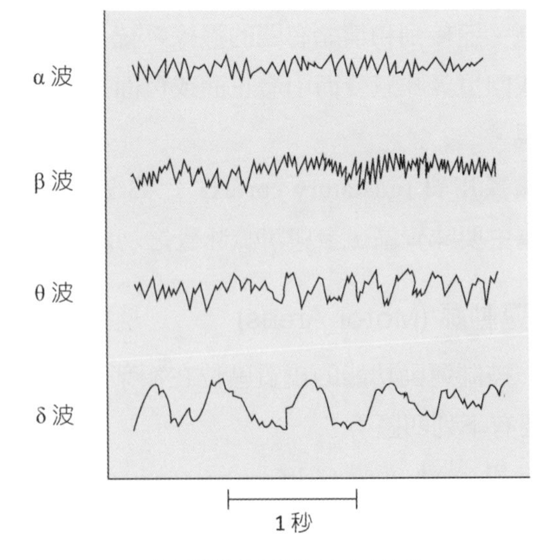

■ 圖 8-23 正常腦波圖的基本波形

2. **β 波** (beta waves)：頻率為 13~30 Hz，又稱為工作波或忙碌波，是處於**意識清醒**、放鬆但精神集中，或計算、推理、邏輯思考時也會出現。
3. **θ 波** (theta waves)：頻率為 4~7 Hz，又稱為睡眠波或慾睡波，此波處於潛意識狀態，當睡眠及靜思冥想時會出現，與記憶和情緒有關，當成人情緒受到壓力，尤其是失望或挫折時出現，可作為精神崩潰的預警。
4. **δ 波** (delta waves)：頻率為 0.5~3 Hz，又稱為嬰兒波或沉睡波，此波處於無意識狀態，一般出現在成人**深度睡眠**且沒有做夢時、無意識或嬰兒清醒時，**若清醒的成人有 δ 波出現，代表可能有不等程度的腦損傷存在**。

二、大腦白質 (Cerebral White Matter)

位於由灰質下方，不含神經核，含有大量神經纖維，構成訊息傳遞的路徑，主要功用在於聯繫和傳遞神經衝動，分為三類如下（圖 8-24）：

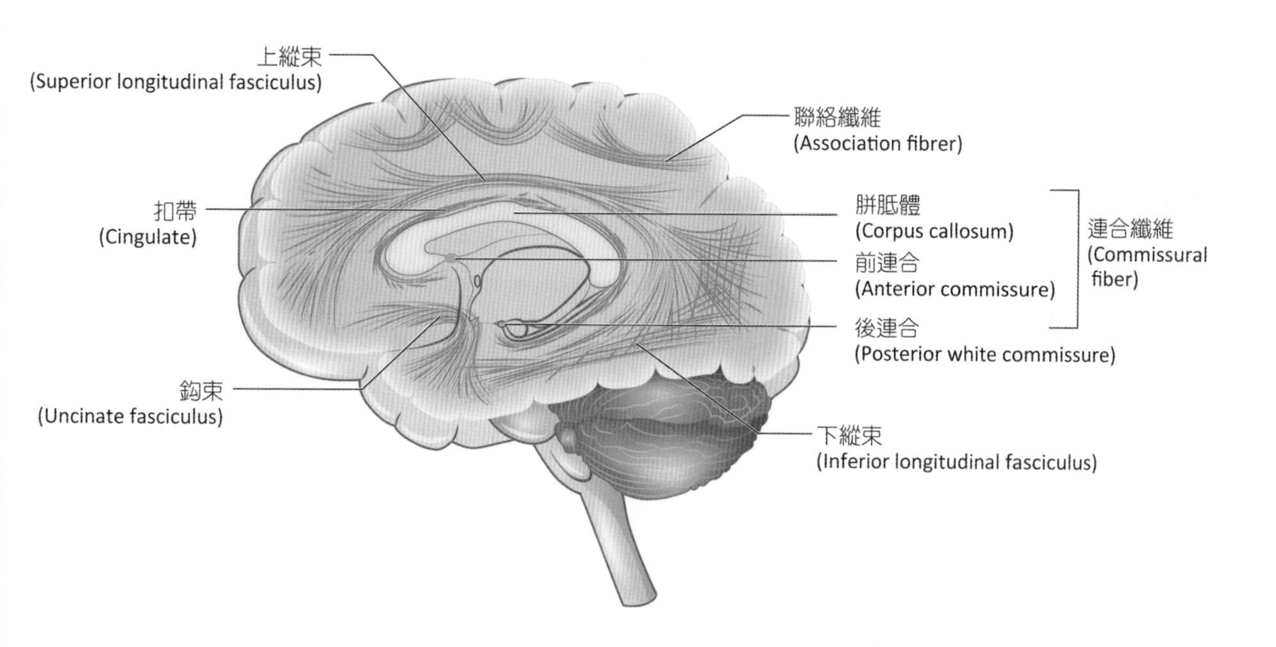
上縱束
(Superior longitudinal fasciculus)
聯絡纖維
(Association fibrer)
扣帶
(Cingulate)
胼胝體
(Corpus callosum)
前連合
(Anterior commissure)
後連合
(Posterior white commissure)
連合纖維
(Commissural fiber)
鈎束
(Uncinate fasciculus)
下縱束
(Inferior longitudinal fasciculus)

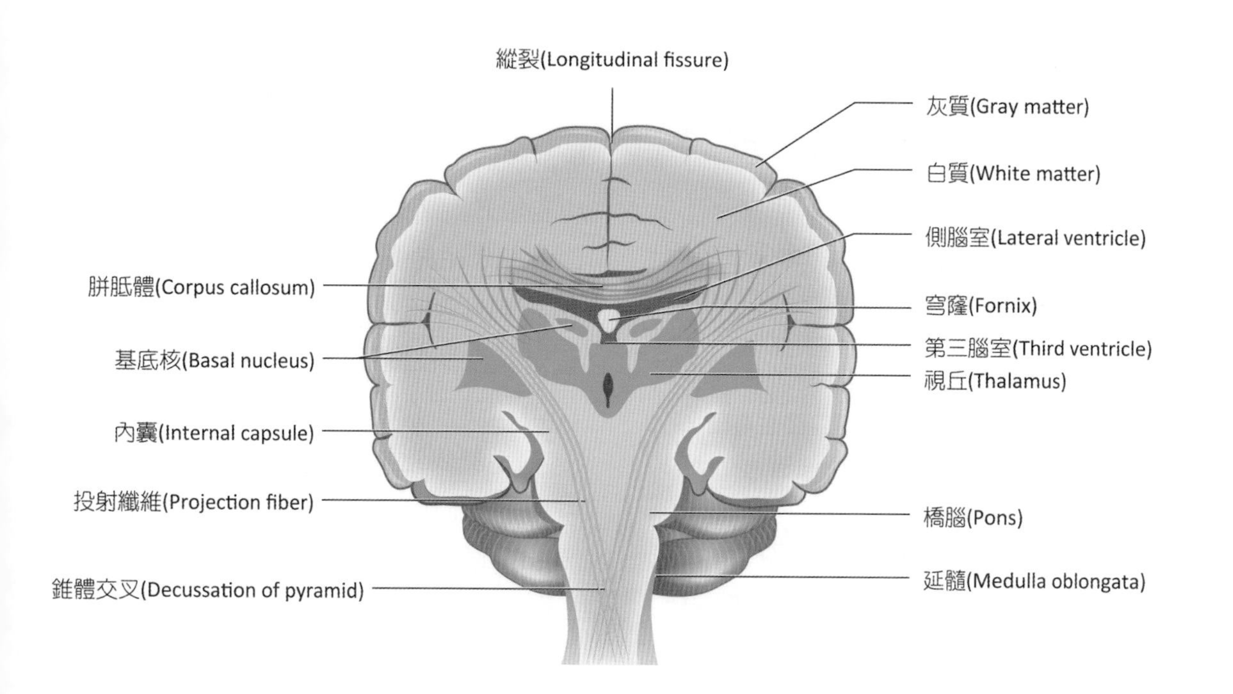
縱裂(Longitudinal fissure)
灰質(Gray matter)
白質(White matter)
側腦室(Lateral ventricle)
胼胝體(Corpus callosum)
穹窿(Fornix)
基底核(Basal nucleus)
第三腦室(Third ventricle)
視丘(Thalamus)
內囊(Internal capsule)
投射纖維(Projection fiber)
橋腦(Pons)
錐體交叉(Decussation of pyramid)
延髓(Medulla oblongata)

■ 圖 8-24 白質神經路徑

1. **聯絡纖維** (association fibers)：聯繫同一個大腦半球內各區域，主要有上縱束、下縱束、鈎束、弓狀束、下枕額束和扣帶等。
2. **連合纖維** (commissural fibers)：溝通兩個大腦半球之間的聯繫，包括胼胝體、前連合和海馬連合，胼胝體是最主要的連合纖維。
3. **投射纖維** (projection fibers)：將神經衝動由皮質由上往下傳送至皮質下深部結構（包括視丘、下視丘、腦幹、小腦和脊髓等），同時亦將衝動由深部結構向上傳送至皮質。

三、基底核 (Basal Nucleus)

又稱為基底神經節 (basal ganglia)，位於大腦白質深層、視丘與下視丘之間的一群運動神經核所組成，並與大腦皮層、視丘和腦幹相連。基底核的構造分為兩大部分：

ANATOMY & PHYSIOLOGY

癲癇 (Epilepsy)

癲癇係因腦部突發性異常放電所致，其原因可能為腦部組織受損、藥物或有毒物質、腦部血流受阻、疾病導致腦神經受損等；若找不到原因，也有可能是壓力、低血糖、缺少睡眠、發燒、停吃抗痙攣藥物所引起的自發性癲癇。

診斷方法包括血液檢查、腦波圖。症狀如雙眼上吊、牙關緊閉、口吐白沫、手腳僵硬、抽筋、暫時性的意識不清或無目的之自動化行為等。癲癇無法根治，但可藉由藥物控制，部分抗痙攣藥物是設法降低興奮性神經傳導物質的作用，而部分則是抑制 GABA 的活性。另外，避免已知的誘發因子亦為預防及治療癲癇很重要的一部分。

1. 紋狀體 (striatum) 位於前側，包括尾核 (caudate nucleus)、殼核 (putamen)、蒼白球 (globus pallidus)，其中殼核和蒼白球合稱為豆狀核。
2. 視丘下核 (subthalamic nucleus) 及黑質 (substantia nigra) 位於後側。

基底核負責自主運動或控制隨意動作，亦參與記憶、情感和獎勵學習等高級認知功能。一旦基底核受損會出現的一些病變，如黑質細胞的多巴胺合成受阻，**導致帕金森氏症**。紋狀體及蒼白球的 GABA 降低時，分別導致亨丁頓氏症及妥瑞氏症候群 (Tourette's syndrome)。

四、邊緣系統 (Limbic System)

邊緣系統又稱為情緒腦、內臟腦和嗅腦（參與嗅覺訊息中心處理的過程），為一個區域，屬於功能上的系統，而非單一組織具體的解剖構造，位在第三腦室周圍，涵蓋的構造及功能如下（圖 8-25）：

1. **邊緣葉** (limbic lobe)：
   (1) 海馬旁回 (parahippocampal gyrus)：與形成空間記憶有關，屬於海馬的結構之一。
   (2) 扣帶回 (cingulate gyrus)：改變想法、經手勢表達情緒、將疼痛解釋為不愉快及失敗時處理情緒的衝突。
   (3) 中隔區 (septal area)：與憤怒情緒相關。
2. **海馬** (hippocampus)：有轉譯、強化事件的記憶，與**短期記憶**、**長期記憶**及空間定位有關，對個體記憶力的好壞是個重要構造，一旦海馬受損，新記憶就無法形成。

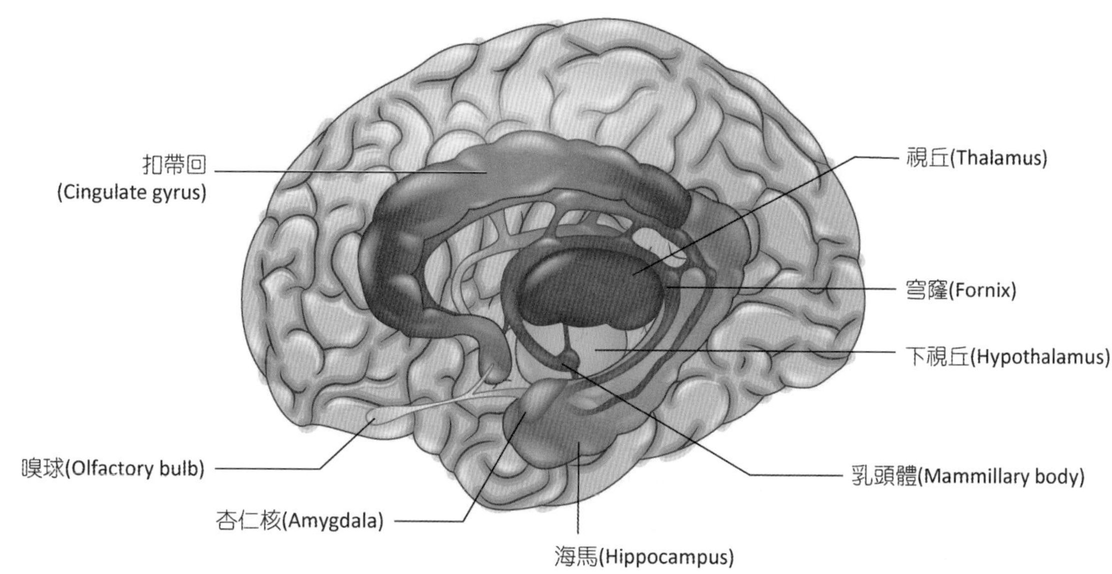

■ 圖 8-25 邊緣系統

3. **杏仁核** (amygdala)：與處理恐懼有關，可辨識他人威脅性的表情、處理恐懼的適當自主反應、偵測他人對自己凝視的正確方向等。

其他還包括：小腦的齒回 (dentate gyrus)；視丘的內側核 (mediodorsal nucleus)、背側核 (lateral dorsal nucleus)、前核 (anterior nucleus)；下視丘的乳頭體 (mammillary body)；上視丘的繫帶核 (habenular nucleus) 等。

臨床應用 ANATOMY & PHYSIOLOGY 

帕金森氏症 (Parkinson's disease)

慢性中樞神經系統退化疾病，因基底核黑質的多巴胺分泌降低而導致，早期症狀為靜止性震顫 (resting tremor)、肢體僵硬 (rigidity)、運動功能減退和步態異常（如小碎步、俯衝步伐）等，後期可能有認知行為障礙，甚至導致失智，並伴隨知覺、睡眠、情緒問題，如憂鬱和焦慮。治療的主要藥物為補充多巴胺的前驅物質 L- 多巴。

間腦 (Diencephalon)

間腦除包含視丘、下視丘和部分的腦下腺等重要構造外，還含有第三腦室（圖 8-18）。

一、視丘 (Thalamus)

視丘由成對的灰質塊所構成占間腦的 4/5，位於第三腦室的兩側。**除嗅覺外，視丘是所有感覺訊息送至大腦的轉運中樞**，亦即所有上行感覺到達大腦皮質後再發送運動訊息，都須先經過視丘。視丘中有二個膝狀體及多個轉運核，內側膝狀核 (medial geniculate nucleus, MGN) 傳送聽覺訊息至顳葉，外側膝狀核 (lateral geniculate nucleus, LGN) 傳送視覺訊息至枕葉。

二、上視丘 (Epithalamus)

上視丘位於間腦的背側，包含三個重要功能，含有**松果腺** (pineal gland)、韁核 (habenular nuclei)，韁核與視丘的前核相連接，和記憶、情感有關。

三、下視丘 (Hypothalamus)

下視丘位於視丘下方，還有多個灰質核，為間腦最下方的部分，構成第三腦室的底部及側壁一部分。其功能如下：

1. **調節自主神經功能**：可整合交感、副交感神經的活動，影響血壓、心跳、呼吸、腸蠕動及分泌等多項功能。
2. **調控內分泌功能**：下視丘神經核可分泌各種釋放因子、抑制因子調節腦下腺前葉的分泌。下視丘旁室核 (paraventricular nuclei, PVN)、視上核 (supraoptic nuclei) 可合成催產素、抗利尿激素，送至腦下腺後葉儲存。
3. **影響情緒反應及行為**：包括憤怒、快樂、恐懼或性趣向等。
4. **體溫調節中樞**：枕前核為散熱中樞，後核則為產熱中樞，兩者可透過自主神經系統調控體溫的變化。
5. **調節攝食行為**：飢餓感會刺激**進食中樞** (feeding center)，因而引發食慾；當吃飽時，便會刺激腹內側核的**飽食中樞** (satiety center) 產生神經衝動抑制進食中樞。
6. **口渴中樞**：血液滲透壓增加時，會刺激口渴中樞產生口渴的感覺。
7. **生物節律中樞**：**視交叉上核** (suprachiasmatic nucleus, SCN) 位於下視丘視交叉上區前方，參與調節人體**晝夜節律週期**。

小腦 (Cerebellum)

小腦位於後腦部位，前有橋腦及延腦，並有三對小腦腳，分別與腦幹連接。上小腦腳 (superior cerebellar peduncle) 與中腦相接；中小腦腳 (middle cerebellar peduncle) 與橋腦相接，將大腦皮質的訊息經橋腦傳入小腦；下小腦腳 (inferior cerebellar peduncle) 與延腦相接，是延腦、脊髓傳入小腦的途徑。可見小腦與腦幹緊密相接（圖 8-26、圖 8-27）。

小腦可分為左右半球及中間的蚓狀部 (vermis)，每個小腦半球在構造上又可分為三區，前葉 (anterior lobe) 及後葉 (posterior lobe) 負責協調身體運動，小葉結狀葉 (flocculonodular lobe) 則調整姿勢及維持平衡。小腦半球裂隙 (cerebellum fissures) 分隔小腦及其鄰近組織，如原裂 (primary fissure)、水平裂 (horizontal fissure) 等，其中原裂是小腦中最深的裂隙，分隔小腦前葉與後葉。

小腦接收由本體接受器輸入的訊息，並與基底核及皮質運動區合作**協調肢體動作、維持身體平衡，並參與運動學習功能**。目前研究顯示小腦除了具有動作協調的功能之外，可能還與感覺資料的取得、記憶、情感及其他高等功能有關。

腦幹 (Brain Stem)

腦幹是人體的生命中樞，負責調節呼吸作用、心跳、血壓等，對維持機體生命有重要意義。依序為中腦、橋腦、延腦的三個部分所構成，上接間腦、下接脊髓。位於大腦下方，小腦前方，第 3~12 對腦神經源自腦幹，是腦神經核所在地（圖 8-27）。

一、中腦 (Midbrain)

中腦位於間腦及橋腦之間，含上行的運動與下行的感覺神經路徑、第 3~4 對腦神經

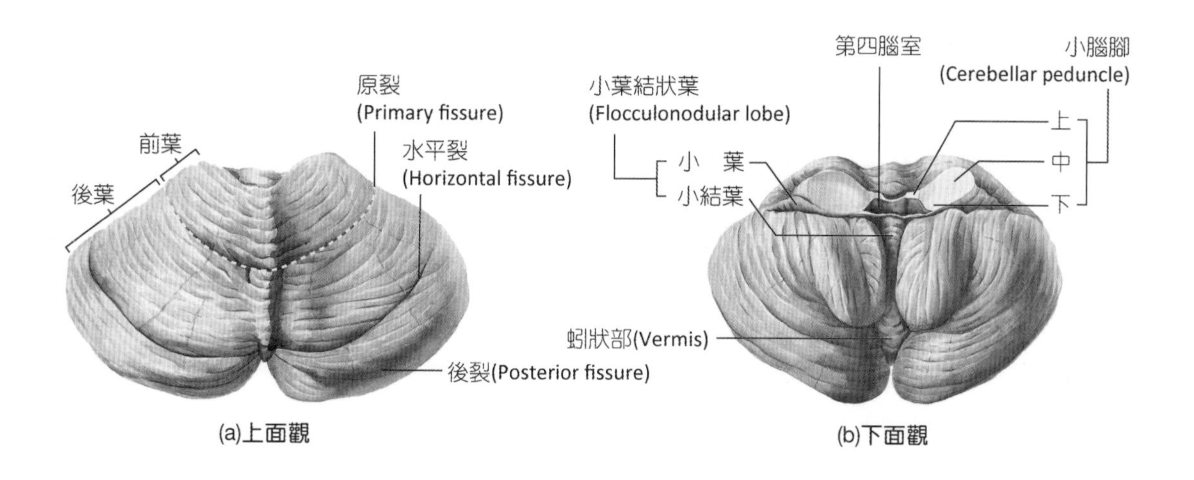

■ 圖 8-26　小腦上面觀及下面觀

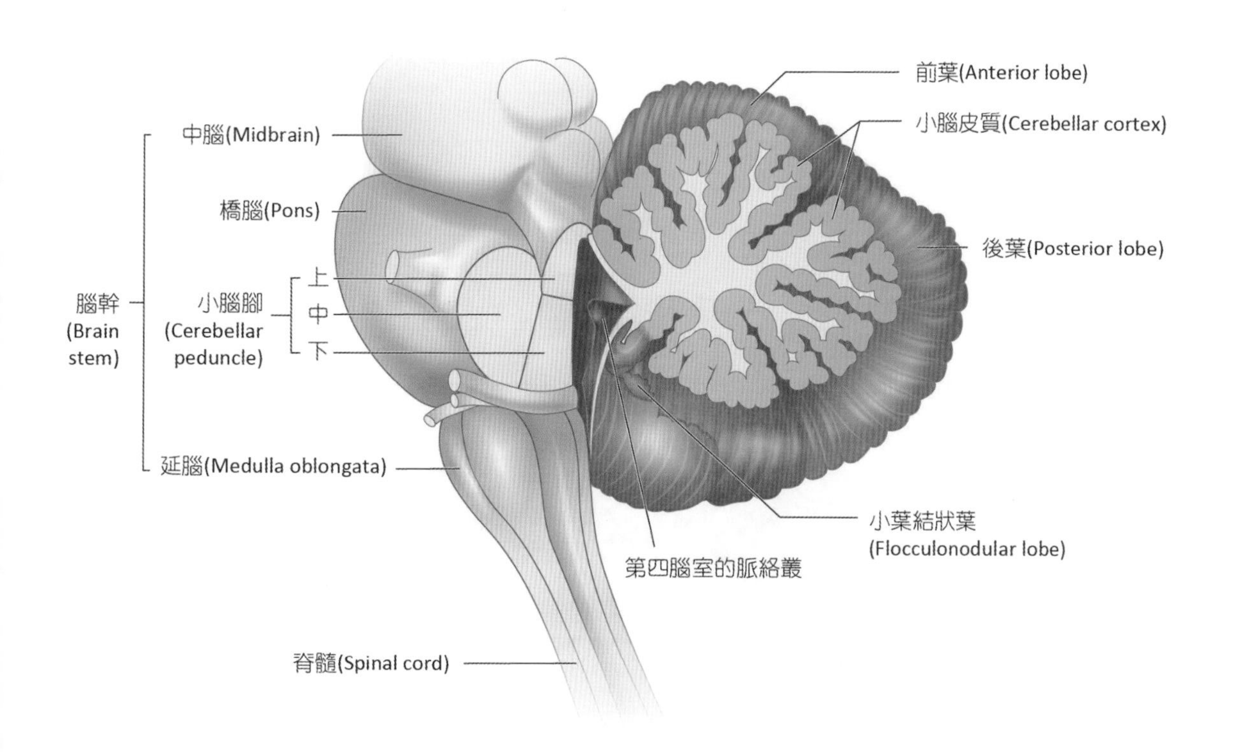

■ 圖 8-27　小腦矢狀面

之神經核以及大腦導水管貫穿通過。背側表面有**四疊體** (corpora quadrigemina) 構造，上方兩個圓形隆起為**上丘** (superior colliculi)，與視覺反射有關；下方兩側為**下丘** (inferior colliculi)，**為聽覺訊息的轉運中樞**。腹面的大腦腳 (cerebral peduncle) 呈 V 字形，為大腦與脊髓之間的主要連結，含上行與下行神經纖維；紅核 (red nucleus) 位於中腦的灰質區域，與大、小腦維持連結，並參與肢體屈曲運動協調；黑質 (substantia nigra) 主要負責動作協調（圖 8-28）。

二、橋腦 (Pons)

橋腦位於中腦與延腦之間，表面纖維與小腦連接，較深層的纖維則為運動徑及感覺徑的一部分。橋腦灰質內含第 5~8 對腦神經的神經核，以及呼吸調節中樞及長吸中樞，**與延腦共同調節呼吸**。橋腦核 (pontine nucleus) 與中小腦腳相接，將來自大腦皮質訊息經橋腦核傳入小腦（圖 8-29）。

三、延腦 (Medulla Oblongata)

延腦上接橋腦，下從枕骨大孔後連接脊髓，腹側兩邊有一對縱走脊稱為**錐體** (pyramid)，外側皮質徑在此處交叉至對側，將訊息傳遞到對側大腦。延腦內有**第 9~12 對腦神經**神經核；延腦的背側與下小腦腳相連接，傳遞來自前庭核及脊髓的訊息（圖 8-30）。

延腦中的三個與人體生命維持有關的反射中樞，包括**心跳中樞**、**血管運動中樞**、**呼吸節律中樞**等，呼吸節律中樞與橋腦的呼吸調節中樞共同控制呼吸，其他也有調控打嗝、吞嚥、嘔吐、打噴嚏及咳嗽等功能的反射中樞。

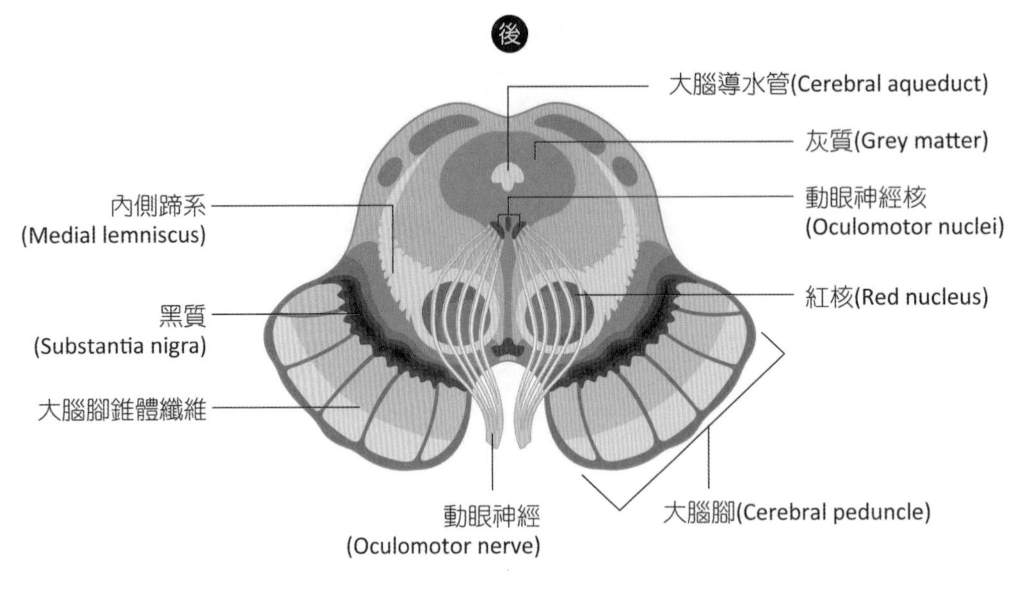

■ 圖 8-28　中腦

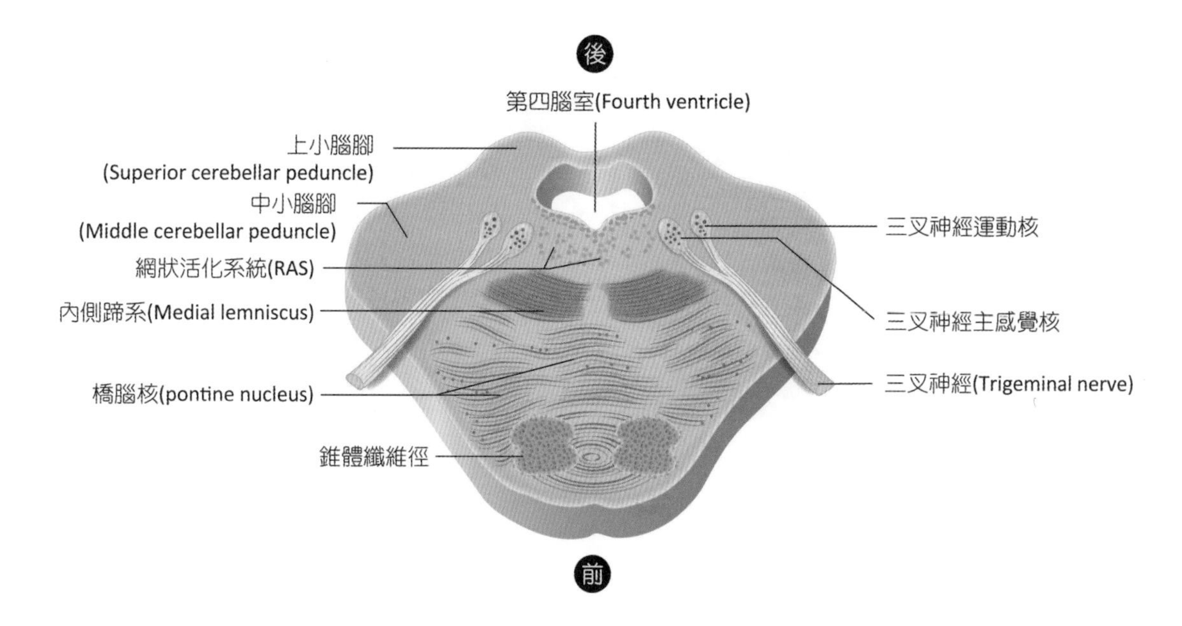

■ 圖 8-29 橋腦

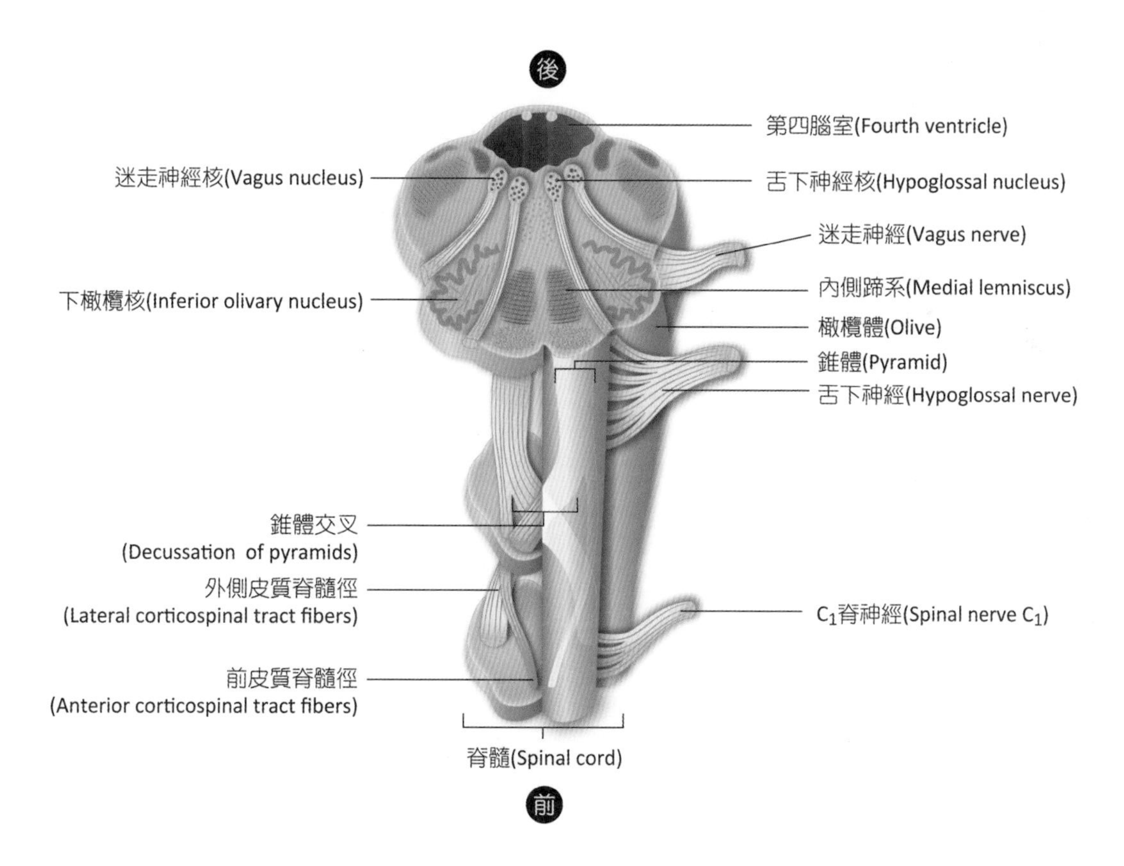

■ 圖 8-30 延腦

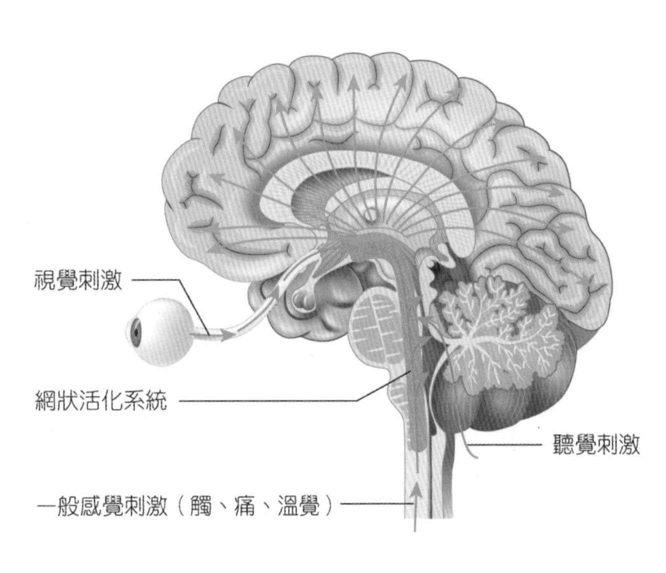

■ 圖 8-31　網狀活化系統

網狀活化系統

網狀活化系統 (reticular activating system, RAS) 是腦部的一個區域，而非單一個部位或構造，位於腦幹的神經元網絡，主要功能是**保持意識的清醒、警戒及控制睡眠**，當 RAS 高度活化時使人清醒，反之則促進睡眠。

RAS 涵蓋的範圍從腦幹向上到視丘、基底核等，能將訊息傳到大腦皮質（圖 8-31），當大腦清醒的時候，RAS 的興奮性神經傳遞物質會較活躍；另一群抑制性神經元，位於下視丘的腹外側視前核 (ventrolateral preoptic nucleus, VLPO)，會分泌抑制性神經傳遞物質，可舒緩或抑制過度興奮的神經傳遞物質作用。

脊髓 (Spinal Cord)

脊髓走在脊柱的脊椎管內，受骨骼、腦脊髓膜及腦脊髓液的保護。臨床上無痛分娩又稱為硬腦膜外阻斷術，注射處為 L_3~L_5 之間，而腰椎穿刺則穿過 L_3~L_4 之間的蜘蛛膜下腔。

臨床應用 ANATOMY & PHYSIOLOGY

腰椎穿刺 (Lumbar Puncture, LP)

腰椎穿刺是透過細針穿過 L_3~L_4 之蜘蛛膜下腔的空隙，內有腦脊髓液。其目的為：

1. 鑑別診斷：如意識昏迷、腦部感染、蜘蛛膜下腔出血或癌細胞轉移腦部，及大腦、脊髓或神經根病變等。
2. 檢查：將顯影劑打入蜘蛛膜下腔進行脊髓攝影。
3. 治療：將治療性的藥物（如化學治療藥物）打入蜘蛛膜下腔達到治療效果。
4. 降低腦壓：腦壓過高時可藉由引流腦脊髓液來降低腦壓。
5. 脊髓麻醉。

腰椎穿刺後應臥床休息 6~8 小時，以防腦脊髓液流失而導致頭痛。

一、脊髓的構造

脊髓在頸部和腰部這兩區域有兩個明顯的膨大，稱為**頸膨大** (cervical enlargement) 和**腰膨大** (lumbar enlargement)，頸膨大為 C_5~T_1 之間，腰膨大為 T_9~T_{12} 之間（圖 8-32）。

剛出生時脊髓終止於 L_3，**成人的脊髓則從枕骨大孔延伸到 L_1 或 L_2**，並未到達脊柱的下端，腰、薦神經根下端的神經則聚集成馬尾 (cauda equina)。脊髓下端形成脊髓圓錐 (conus medullaris)，**圓錐尾端再形成終絲** (filum terminale)，終絲是一種結締組織絲，而非神經組織，一直往下連到尾骨，**將脊髓固定在原位**，整條脊髓透過軟脊膜衍生形成的**齒狀韌帶** (denticulate ligament) 將脊髓固定到椎管上。

脊髓的構造與大腦相反，外為白質，內為灰質，相關結構及功能如下：

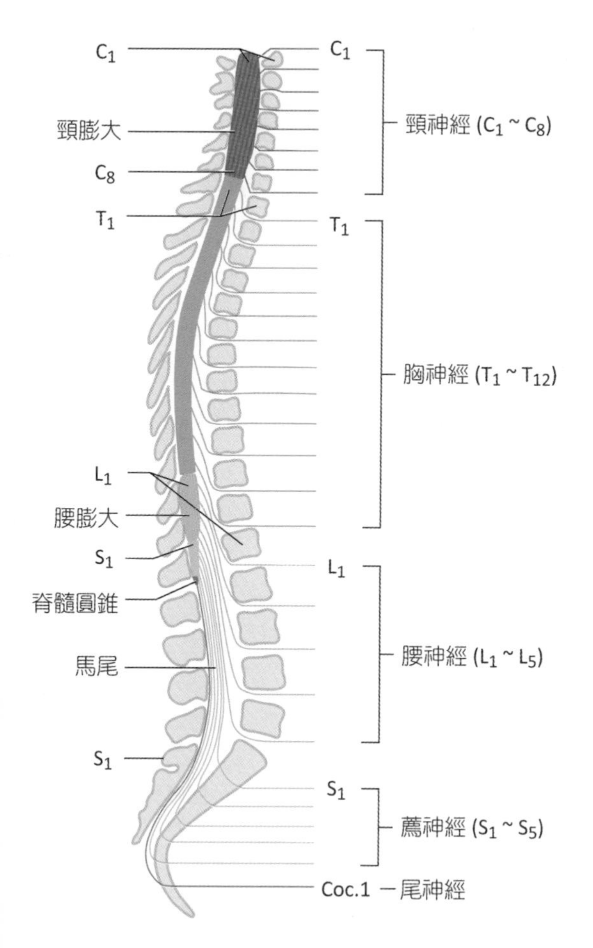

■ 圖 8-32 脊髓節段

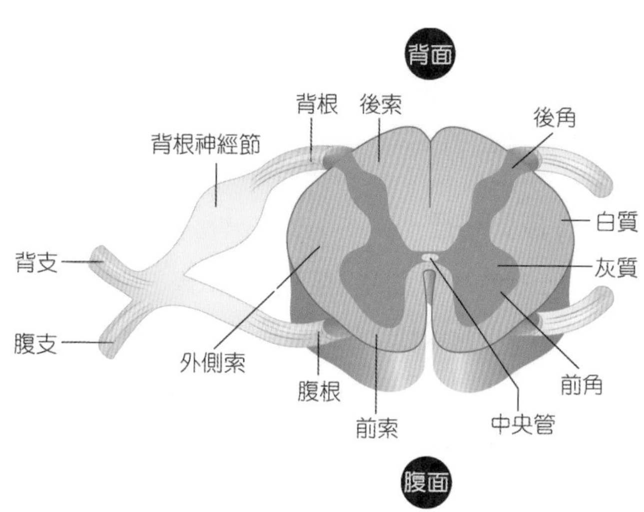

■ 圖 8-33 脊髓灰質的構造

(一) 灰質 (Gray Matter)

位於脊髓內部的灰質橫切呈"H"形構造，由神經元細胞本體構成，背側兩條後臂稱為後角 (posterior horns)，腹側稱為前角 (anterior horns)，前後角之間還有側角 (lateral horns)。灰質中間含有狹窄的脊髓中央管 (central canal)，其單層立方至柱狀管壁是室管膜細胞 (ependymal cells) 所構成，具有纖毛，可協助腦脊髓液在中央管之運送。

後角由中間神經元構成，**感覺神經元訊息經背根神經節** (dorsal root ganglion) **傳入後角**。前角為運動神經元細胞本體的所在，屬於多極神經元，接受來自中樞的指令。軀體左右兩側的神經衝動要傳到對側，都必須經過中央管周圍之中央灰質連合 (central gray commissure)（圖 8-33）。

脊髓灰質可分為來自背根的體壁感覺區及內臟感覺區，以及來自腹根的內臟運動區及體壁運動區等四區，以支配身體的體壁及內臟之感覺及運動。

(二) 白質 (White Matter)

脊髓白質位於脊髓的外層，由三種神經纖維所構成，負責聯繫腦和脊髓，包括：(1) 上行徑 (ascending tract) 由下而上的傳遞來自感覺神經元的訊息，將體壁不同感覺向上傳到腦的不同區域；(2) 下行徑 (descending tract) 由有髓鞘的神經纖維所組成，將來自腦部的指令向下傳遞到脊髓，刺激身體肌肉的收縮和腺體分泌；(3) 聯合徑 (commissural tract) 的交叉路徑將脊髓的一側傳遞訊息到另一側。上行徑和下行徑纖維構成白質大部分。

二、脊髓的功能

白質上行徑及下行徑形成的脊髓徑，具聯繫腦及脊髓之間的周邊感覺及將運動的訊息下達運動器等作用。

(一) 感覺路徑

上行徑是感覺的路徑，共有三條主要上傳徑路，分別為後柱徑路、脊髓視丘徑路、脊髓小腦徑路（圖 8-34、表 8-5）。

(二) 運動系統

下行路徑是運動的路徑，主要分為錐體徑路、錐體外徑路（圖 8-35、表 8-6）。

腦脊髓膜 (Meninges)

腦脊髓膜是腦部的保護構造，是位在腦和脊髓外的三層結締組織膜，覆蓋並保護中樞神經系統，從枕骨大孔延伸到第二薦骨 (S_2)，由外到內為（圖 8-36）：

1. **硬腦膜** (dura mater)：延伸出的三個隔膜支持及固定腦組織。
   (1) **大腦鐮** (falx cerebri)：分隔左、右大腦半球。
   (2) 小腦天幕 (tentorium cerebelli)：分隔大腦的枕葉與小腦。
   (3) 小腦鐮 (falx cerebelli)：分隔左、右小腦。

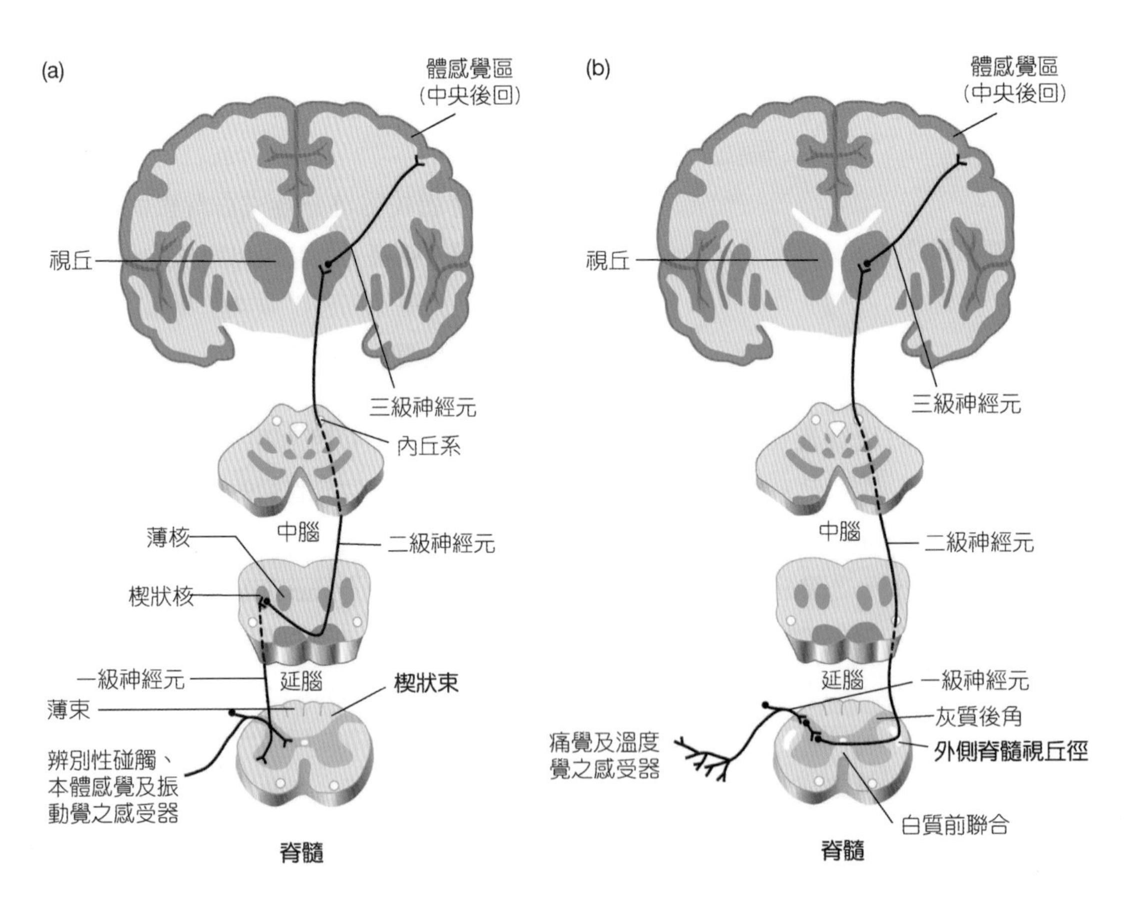

■ 圖 8-34　上行徑傳遞感覺訊息

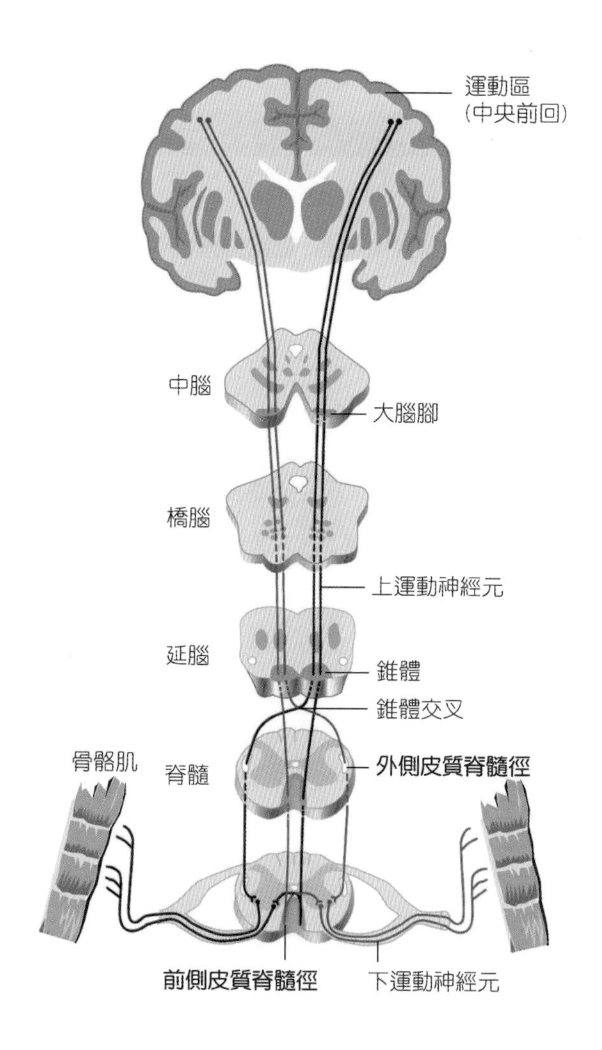

■ 圖 8-35　下行徑傳遞中樞指令

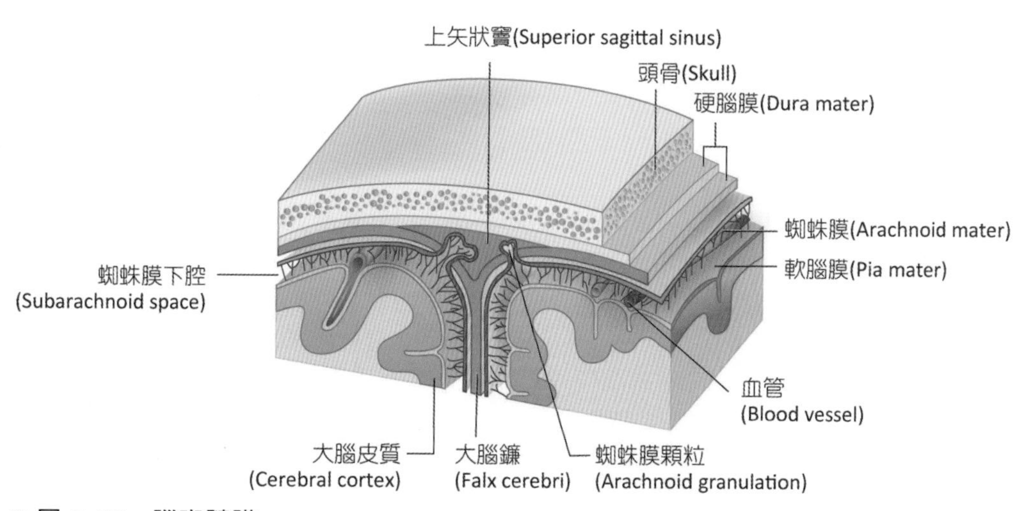

■ 圖 8-36　腦脊髓膜

表 8-5 脊髓主要上行徑

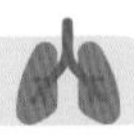

徑路	起源	終點	功能
後柱－內側蹄系徑路 (dorsal column-medial lemniscus tract)			
薄束和楔狀束 (fasciculus gracilis and fasciculus cuneatus)	周邊的傳入神經原，上行於同側脊髓中，在延腦交叉	**延腦的薄核**及楔狀核，最後到視丘、大腦皮質	傳送肢體輕觸覺、觸覺區辨、壓觸覺、意識性**本體感覺**，在延腦交叉後向上傳到視丘及大腦皮質的中央後回
脊髓視丘徑路 (spinothalamic tract)			
外側脊髓視丘徑 (lateral spinothalamic tract)	脊髓灰質後角，交叉至對側	視丘，最後傳到大腦皮質	將對側痛覺及溫覺傳回視丘，再由大腦皮質加以詮釋
前脊髓視丘徑 (anterior spinothalamic tract)	脊髓灰質後角，交叉至對側	視丘，最後傳到大腦皮質	將對側輕觸覺及壓覺傳回視丘，由體感覺皮質區予以解釋
脊髓小腦徑路 (spinocerebellar tract)			
後脊髓小腦徑 (posterior spinocerebellar tract)	脊髓灰質後角，不交叉	小腦	將身體一側軀幹和下肢的本體感受傳到同側小腦
前脊髓小腦徑 (anterior spinocerebellar tract)	脊髓灰質後角，有些交叉、有些不交叉	小腦	將身體一側軀幹和下肢本體感受器傳到對側小腦

表 8-6 脊髓主要下行徑

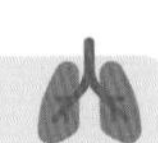

徑路	起源	終點	功能
錐體徑路 (pyramidal tract)			
外側皮質脊髓徑 (lateral corticospinal tract)	大腦皮質，在延腦交叉	灰質前角	大腦運動衝動在延腦交叉，往下傳到脊髓灰質前角，驅動對側骨骼肌之精細動作
前側皮質脊髓 (anterior corticospinal tract)	大腦皮質，在脊髓交叉	灰質前角	大腦運動衝動在脊髓交叉，往下傳到灰質前角，驅動對側骨骼肌之精細動作
錐體外徑路 (extrapyramidal tract)			
四疊體脊髓徑 (tectospinal tract)	中腦上丘	灰質前角	中腦交叉後下傳到脊髓對側，控制轉頭動作及頸部隨眼睛追蹤移動物體而移動的姿勢
前庭脊髓徑 (vestibulospinal tract)	延腦前庭核	灰質前角	不交叉，和四疊體脊髓徑一起維持四肢、肩膀和軀幹移動時頭部的平衡
紅核脊髓徑 (reticulospinal tract)	中腦紅核	灰質前角	在紅核正下方交叉後下傳到脊髓對側，控制對側四肢運動（多為屈肌）及肌肉張力
網狀脊髓徑 (pontine reticulospinal tract)	延腦及橋腦網狀活化系統	灰質前角	控制骨骼肌的活動（軀幹姿勢、抗重力肌肉）

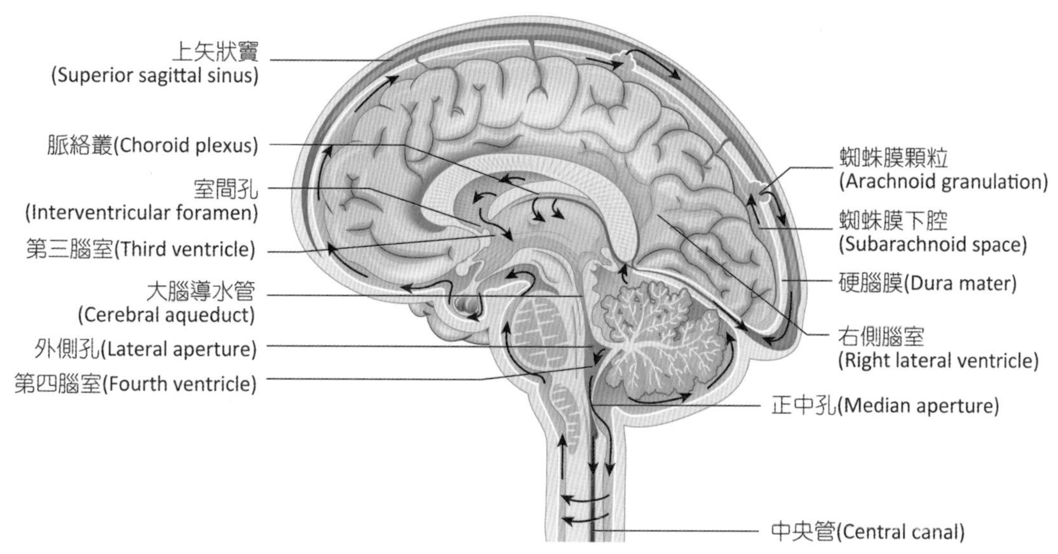

■ 圖 8-37　腦室及 CSF 循環

(4) 腦硬膜竇 (dural sinuous)：硬腦膜與內骨膜之間分離形成的腔隙，充滿腦脊髓液及腦表面回流而來的靜脈血液，包括上矢狀竇、上矢狀竇、橫竇、直竇等。

2. **蜘蛛膜** (arachnoid mater)：位於硬腦膜正下方，硬腦膜及蜘蛛膜的空間為硬腦膜下腔 (subdural space)，不具空隙；蜘蛛膜及軟腦膜之間則為**蜘蛛膜下腔** (subarachnoid space)，內有腦脊髓液循環整個腔室內，若因動脈瘤或動靜脈畸形破裂內有血液，稱為蜘蛛膜下腔出血 (subarachnoid hemorrhage, SAH)。

臨床應用 ANATOMY & PHYSIOLOGY

脊髓損傷 (Spinal Cord Injury)

通常是急性外傷後傷害脊髓與脊神經，造成運動、感覺及大小便功能失常，以 20~30 歲居多，常見原因多為車禍 (50%)，其次為高處跌落、重物壓傷、滑跌、運動傷害、刀槍傷等。症狀依脊椎創傷後脊髓損傷部位而異，完全脊髓損傷呈現四肢癱瘓、麻痺，不完全脊髓損傷則保留部分運動或感覺功能。

3. **軟腦膜** (pia mater)：緊貼於腦和脊髓的表面，隨著腦溝深入溝內。

腦室與腦脊髓液

腦室 (cerebral ventricles) 是腦部中央的空腔，充滿著腦脊髓液 (cerebral spinal fluid, CSF)，位於大腦兩側的左、右側腦室 (lateral ventricles) 又稱為**第一腦室及第二腦室**，兩

臨床應用 ANATOMY & PHYSIOLOGY

水腦症 (Hydrocephalus)

大腦內 CSF 過度產生，導致腦內壓增加而損壞大腦，嚴重者甚至可能致命。水腦症的原因之一是 CSF 在腦室內的流動路徑受阻，最常見大腦導水管狹窄；第二種則是起因於 CSF 產生太多或者回收不良。蜘蛛膜下腔出血或腦室內出血也是常見原因之一。

治療目標是重建 CSF 生成與再吸收間的平衡，常以手術埋入一條管路引流 CSF 至身體其他空間，例如引流進腹膜內的「腦室腹腔引流術」。

者藉由室間孔 (interventricular foramen) 與位於間腦的**第三腦室** (third ventricle) 相通，再下方則是中腦內的**大腦導水管** (cerebral aqueduct)，負責第三腦室及**第四腦室** (fourth ventricle) 的交通，第四腦室向下是接脊髓的中央管。另外，透過第四腦室中的三個開口，包括一個正中孔及兩個外側孔，能將腦脊髓液流往蜘蛛膜下腔中循環。

腦脊髓液是一種位於腦和脊髓內的蜘蛛膜下腔內之澄清的水狀液，源自於側腦室、第三腦室及第四腦室的**脈絡叢** (choroid plexus)，脈絡叢是一種微血管網，由特化的室管膜細胞 (ependymal cells) 所構成。

CSF 成分源自血漿，具保護及緩衝腦及脊髓之作用，並能提供腦部養分、傳遞中樞神經系統中的化學訊息，以及調節腦、脊隨間的水壓、水量及腦部的灌流量。每天所製造的 CSF 量約 500 ml，多餘的會不斷循環透過進入靜脈竇回到血液內，保持正常 CSF 在整個循環內有 100~150 ml 的量，以穩定腦內壓力 (80~180 mmH_2O)。

CSF 由側腦室脈絡叢生成後其循環方向如下：

側腦室→第三腦室→大腦導水管→第四腦室→正中孔與外側孔→蜘蛛膜下腔→透過蜘蛛膜顆粒或稱為蜘蛛膜絨毛 (arachnoid villi) 進入上矢狀竇→橫竇→內頸靜脈→上腔靜脈→右心房。

血腦障壁

腦部微血管之相鄰內皮細胞以緊密接合方式相連，無空隙存在，構成血腦障壁 (blood-brain barrier, BBB)，具有高度選擇性通透，嚴格控管細胞外液物質進入腦組織細胞，以防止毒素及有害物質進入。鈉離子、氯離子、鎂離子及乙醇是最易通過 BBB 的物質，白蛋白、葡萄糖、乳酸、鈣離子、胺基酸、尿素和肌酸酐則次之，而大分子如纖維蛋白原、補體、抗體、毒物和某些藥物以及膽素紅素、膽固醇等，則極難或不能通過 BBB。

BBB 的微血管表面有星狀膠細胞覆蓋，其可分泌神經營養素影響血管內皮細胞，內皮細胞也亦能分泌調節因子促進星狀膠細胞生長與分化。BBB 的選擇性通透也造成大腦疾病治療的困難，有些藥物能進入身體其他器官，但卻因 BBB 的存在而不易進入腦部，例如部分抗生素，因此治療腦膜炎等感染時，僅能使用可通過 BBB 的抗生素。

8-3 周邊神經系統

周邊神經系統 (peripheral nervous system, PNS) 分為腦神經及脊神經兩類。

一、腦神經 (Cranial Nerves)

人體有 12 對腦神經，有些腦神經為只含感覺纖維，神經元細胞本體位於中樞之外的神經節，如 CN I、II、VIII；有些腦神經只含運動纖維，神經元細胞本體位於中樞之內，如 CN III、IV、VI、XI、XII。大多數腦神經含有感覺纖維及運動纖維的神經，稱為混合神經，如 CN V、VII、IX 及 X。腦神經中的內臟運動神經則含副交感神經，僅 CN III、VII、IX 及 X 屬之。

除了CN I及II之外，其他腦神經皆從腦幹發出，CN III、IV來自中腦，CN V~VIII來自橋腦，CN IX~XII來自延腦（圖8-38、表8-7）。若功能性區分，**控制六條眼外肌活動的是CN III、IV、VI；控制瞳孔大小的是CN II、III；控制角膜反射的是CN V、VII；控制吞嚥反射的是CN IX、X。**

表8-7 **12對腦神經**

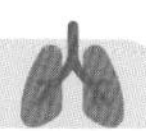

腦神經		起源	路徑	功能
I 嗅神經		鼻黏膜嗅覺上皮	篩板嗅孔	・感覺：傳遞嗅覺
II 視神經		視網膜	視神經孔	・感覺：傳遞視覺
III 動眼神經		中腦	眶上裂	・運動：提上眼瞼肌、眼球外在肌（除外直肌、上斜肌） ・本體感覺：運動纖維所支配的肌肉 ・副交感：瞳孔括約肌、睫狀肌
IV 滑車神經		中腦	眶上裂	・運動：上斜肌 ・本體感覺：上斜肌
V 三叉神經	眼枝	橋腦	眶上裂	・感覺：角膜、皮膚、前額、頭皮
	上頜枝		圓孔	・感覺：鼻黏膜、臉頰皮膚、上唇、上排齒、腭
	下頜枝		卵圓孔	・運動：咀嚼肌 ・感覺：舌前2/3、下排齒、牙齦、下巴、下頜皮膚的感覺 ・本體感覺：咀嚼肌
VI 外旋神經		橋腦	眶上裂	・運動：外直肌 ・本體感覺：外直肌
VII 顏面神經		橋腦	莖乳突孔	・運動：表情肌 ・感覺：舌前2/3味覺 ・副交感：淚腺、舌下腺及頜下腺唾液分泌
VIII 前庭耳蝸神經		橋腦	內耳道	・感覺：平衡覺、聽覺
IX 舌咽神經		延腦	頸靜脈孔	・運動：吞嚥所使用的咽部肌肉 ・感覺：舌後1/3味覺、咽、中耳腔、頸動脈竇 ・本體感覺：咽部肌肉 ・副交感：耳下腺唾液分泌
X 迷走神經		延腦	頸靜脈孔	・運動：咽、喉部肌肉 ・感覺：舌後味蕾、內臟感覺、主動脈竇 ・本體感覺：內臟肌肉 ・副交感：內臟功能的調節
XI 副神經		延腦	頸靜脈孔	・運動：咽及喉部肌肉、胸鎖乳突肌、斜方肌 ・本體感覺：移動頭、頸、肩膀的肌肉
XII 舌下神經		延腦	舌下神經管	・運動：舌部肌肉 ・本體感覺：舌部肌肉

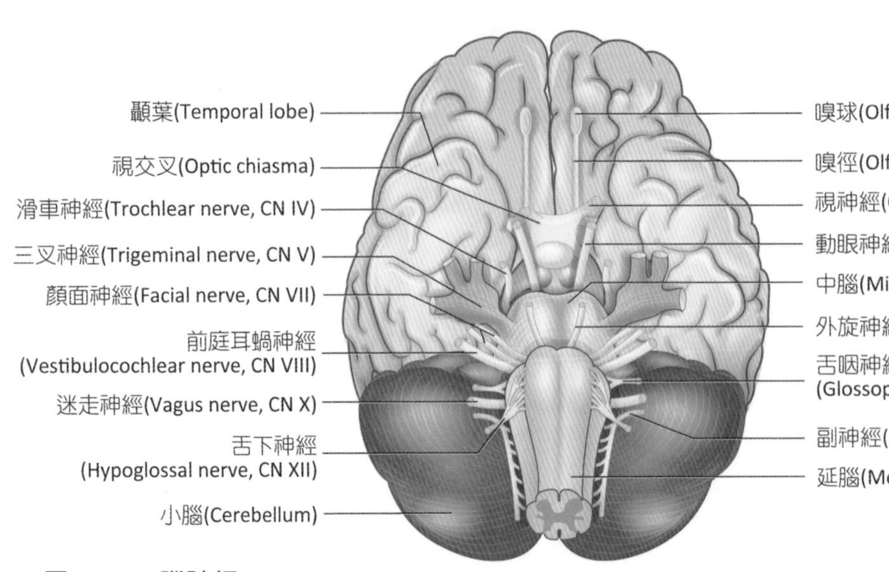

■ 圖 8-38 腦神經

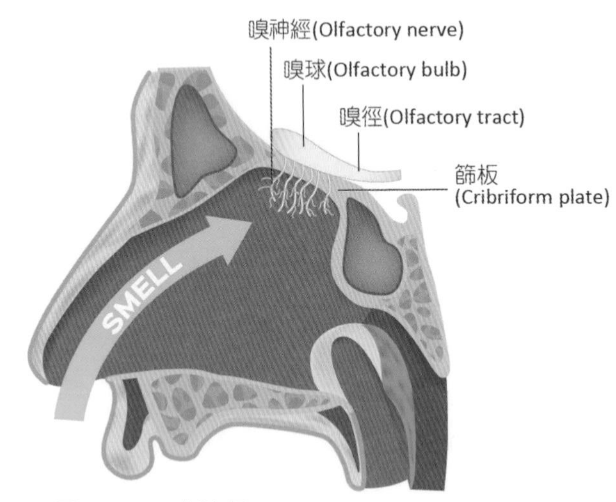

■ 圖 8-39 嗅神經

◎ 嗅神經 (Olfactory Nerve, CN I)

為純感覺神經，起源於鼻腔黏膜嗅覺上皮區，其軸突聚集成嗅絲 (filaments of olfactory nerves)，軸突通過篩板後形成嗅球 (olfactory bulb)，並在此處將嗅覺神經衝動傳到嗅徑 (olfactory tract)，最後進入顳葉的主要嗅覺區。一旦篩骨或嗅神經受到機械性障礙、化學物質破壞、病毒感染、腫瘤的壓迫或先天等因素，皆有可能造成嗅覺低下，甚至嗅覺全喪失（圖 8-39）。

◎ 視神經 (Optic Nerve, CN II)

為純感覺神經，源自雙側的視網膜之神經纖維，向後通過眼眶的視神經孔後，形成視交叉 (optic chiasma)，再分出兩支視徑 (optic tracts) 進入視丘，以視放束 (optic radiation) 到達大腦皮質的枕葉之視覺皮質，主要負責視覺的傳導。一旦任一部位受損時，會導致視覺缺失（圖 8-40）。

◎ 動眼神經 (Oculomotor Nerve, CN III)

神經核位於中腦的上丘，是主要支配眼外肌的主要運動神經，包括運動纖維和副交感纖維兩種成分。動眼神經從中腦腹側通過眶上裂到達眼球，控制四條眼外肌（下斜肌、上直肌、下直肌及內直肌）、提上眼瞼肌，及負責調整水晶體厚度的睫狀肌。另外，亦參與瞳孔反射，副交感神經纖維使虹膜之環狀肌收縮，造成瞳孔縮小。故當動眼神經受損或麻痺後，眼球無法對焦、眼瞼下垂、雙重視覺、眼球無法往上或往內移動等異常（圖 8-41）。

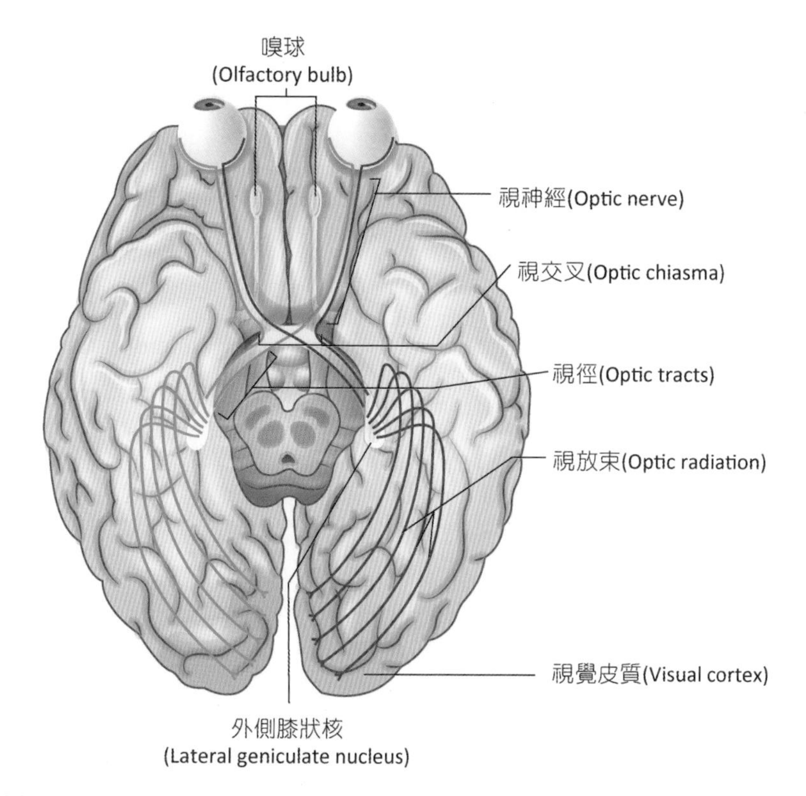

■ 圖 8-40　視神經

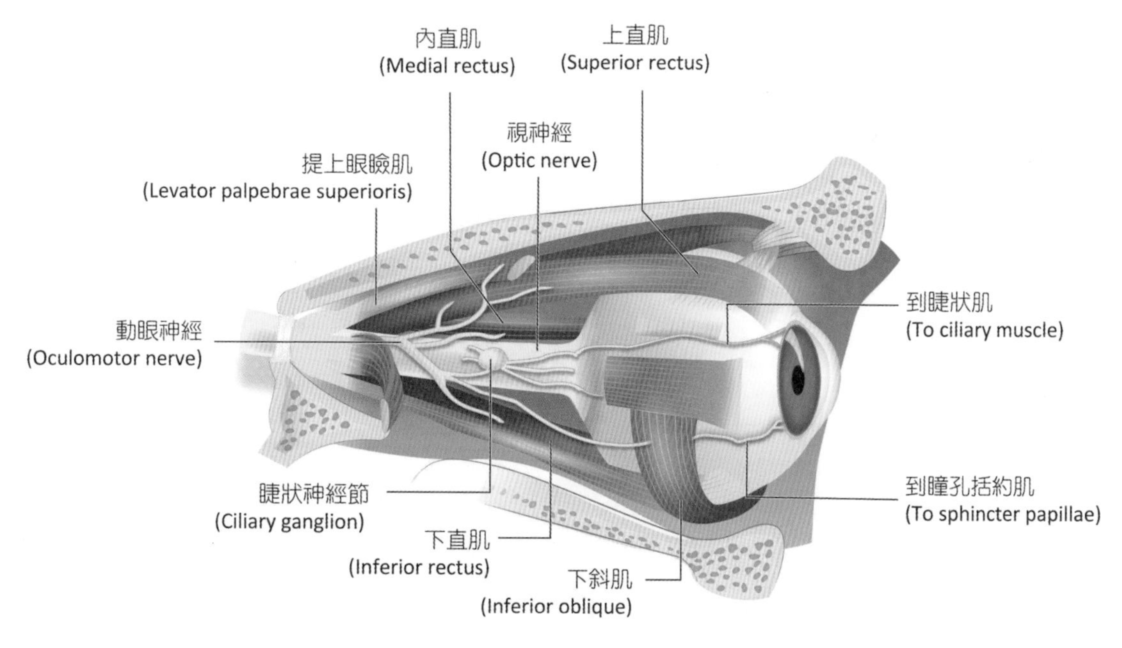

■ 圖 8-41　動眼神經

◎ 滑車神經 (Trochlear Nerve, CN IV)

為純運動神經，源自中腦背側，與動眼神經一起**通過眶上裂進入眼眶，支配眼球的上斜肌**。一旦滑車神經受損，會導致眼球無法向外下側轉動，並有**雙重視覺**之問題（圖 8-42）。

◎ 三叉神經 (Trigeminal Nerve, CN V)

為混合神經，三叉神經為最大的腦神經，源自橋腦，形成 3 個分支（圖 8-43）：

1. **眼枝** (ophthalmic branch)：感覺纖維，負責傳送來自前額頭、上眼瞼、鼻子皮膚、鼻腔黏膜、角膜及淚腺之感覺衝動，通過眶上裂後到達橋腦。
2. **上頜枝** (maxillary branch)：感覺纖維，傳送來自下眼瞼到上唇以上之臉頰、鼻腔黏膜、上排牙齒的感覺衝動，通過圓孔後到達橋腦。
3. **下頜枝** (mandibular branch)：感覺纖維傳送來自下排牙齒以下之臉頰、**舌前 2/3**（感覺則由 CN V、VII 支配）、下巴皮膚的感覺衝動，通過卵圓孔後到達橋腦。尚有運動纖維支配咀嚼肌。

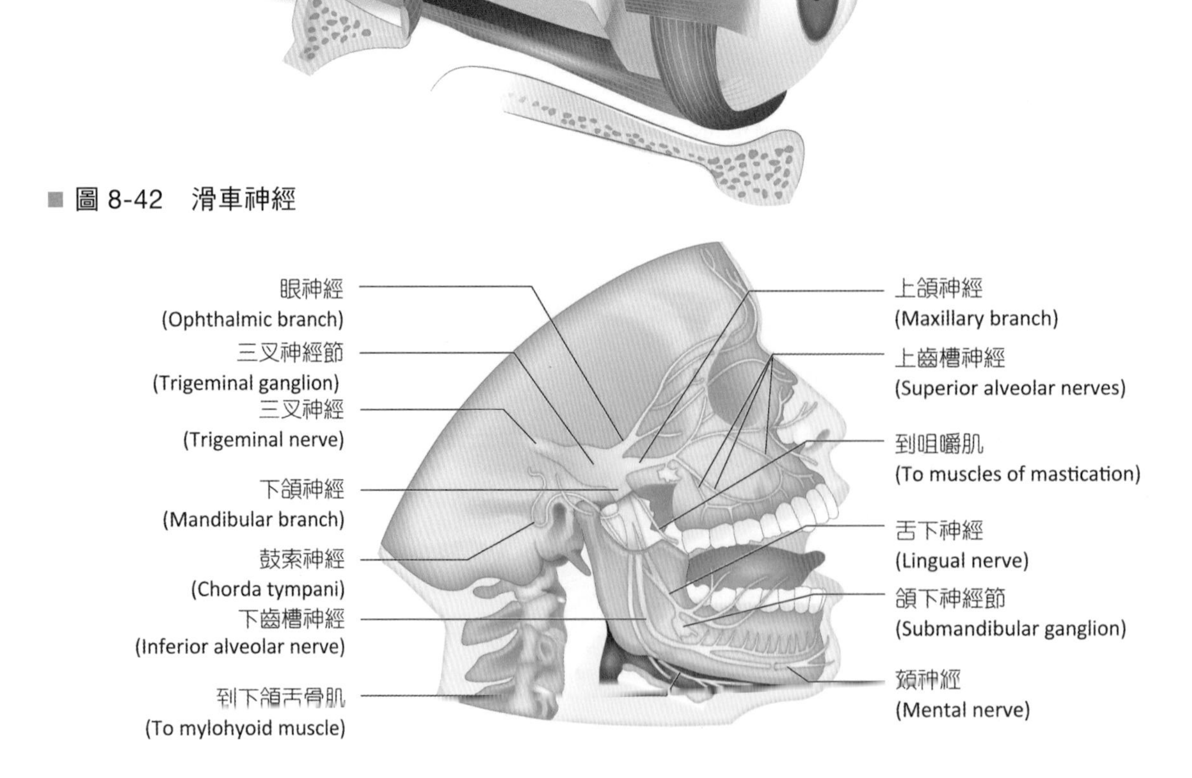

■ 圖 8-42 滑車神經

■ 圖 8-43 三叉神經

◎ 外旋神經 (Abducens Nerve, CN VI)

為純運動神經，神經纖維離開橋腦下方後，經由眶上裂進入眼眶，支配外直肌（圖 8-44），一旦外旋神經受損，會導致眼球無法往外移，或休息時眼球內轉成為內斜視 (internal strabismus)。

◎ 顏面神經 (Facial Nerve, CN VII)

為混合神經及副交感神經纖維，跟著外旋神經旁從橋腦離開，經內耳道進入顳骨，再從莖乳突孔 (stylomastoid foramen) 鑽出，支配臉部感覺、**舌前的 2/3 味覺**及舌下腺之唾液分泌等功能（圖 8-45）。

ANATOMY & PHYSIOLOGY

貝爾氏麻痺 (Bell's palsy)

為顏面神經受損，因單純疱疹病毒感染所致，導致受犯側的表情肌麻痺、味覺喪失、眼瞼下垂、嘴角下垂（吃東西及說話困難）、眼睛無法完全閉合等症狀。通常採類固醇或採支持療法，一般治療約 3~6 個月會恢復。

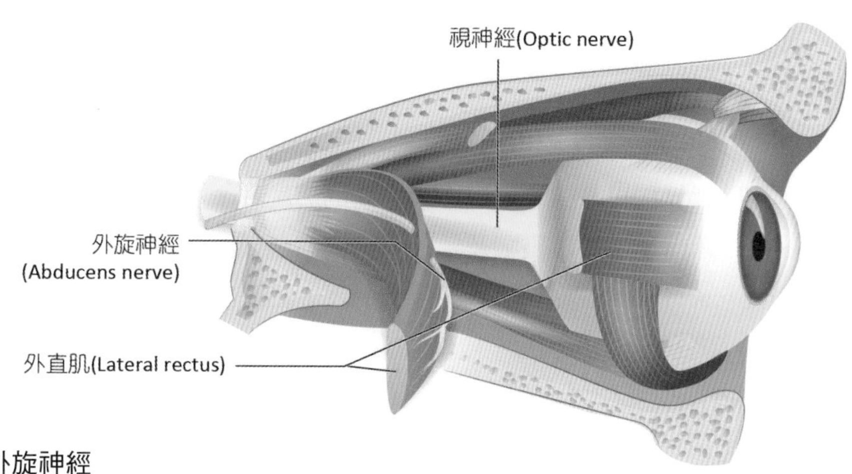

■ 圖 8-44　外旋神經

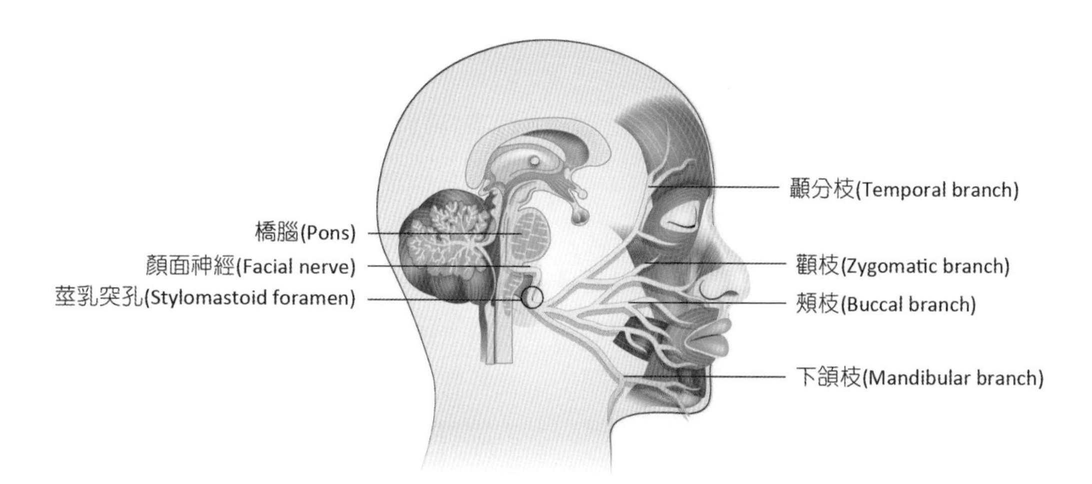

■ 圖 8-45　顏面神經

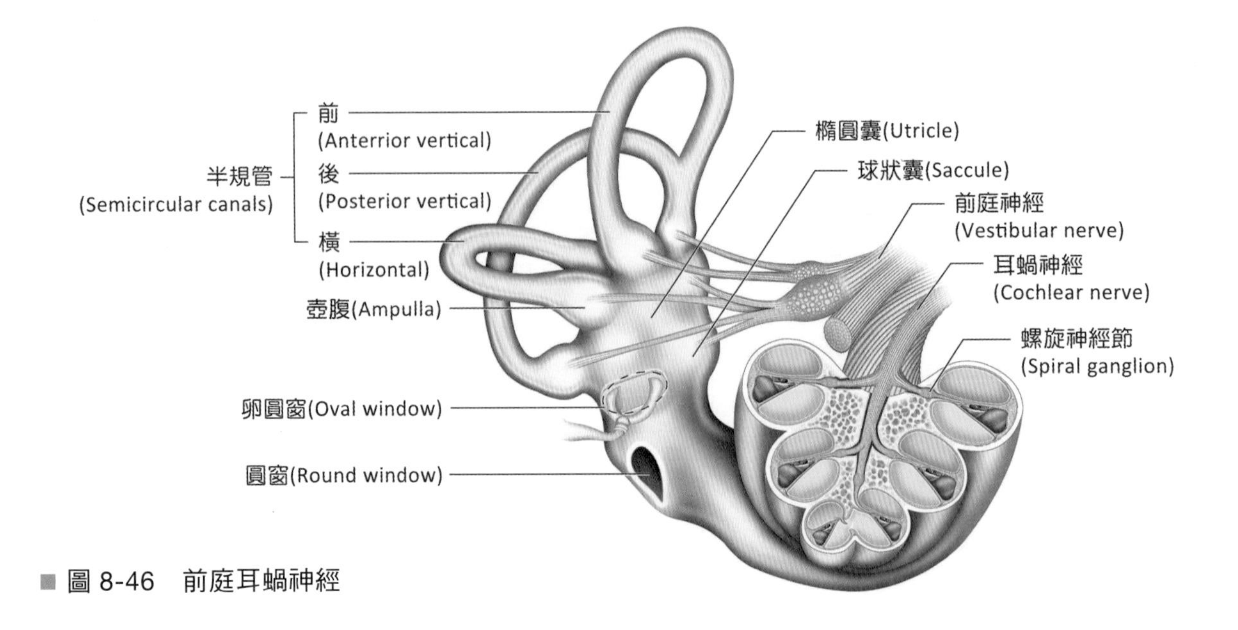

■ 圖 8-46 前庭耳蝸神經

◎ 前庭耳蝸神經 (Vestibulocochlear Nerve, CN VIII)

又稱為聽神經，為純感覺神經纖維，源自內耳的聽覺及平衡器，穿過內耳道進入橋腦及延腦之間，分成前庭枝 (cochlear branch) 和耳蝸枝 (vestibular branch) 二分枝，功能分別與平衡及聽覺有關（圖 8-46）。

一旦前庭耳蝸神經受損，會導致中樞性或感覺神經性的聽力喪失，伴隨有平衡感變差、眩暈、快速不隨意眼球活動、噁心及嘔吐等症狀。

◎ 舌咽神經 (Glossopharyngeal Nerve, CN IX)

為混合神經，含副交感神經纖維，源自延腦，從頸靜脈孔離開，支配喉部及部分舌頭之功能，與吞嚥及**舌後 1/3 的味覺**有關，並支配耳下腺的分泌及來自頸動脈竇的副交感神經纖維之感覺衝動（圖 8-47）。一旦舌咽神經受損，會影響吞嚥、舌後 1/3 的味覺及感覺，尤其是苦味及酸味。

◎ 迷走神經 (Vagus Nerve, CN X)

為混合神經，含副交感神經纖維，為分布最廣的腦神經，源自延腦，從頸靜脈孔離開顱骨，向下至喉部、胸部及腹部等區域。迷走神經的運動纖維控制咽喉之骨骼肌，負責吞嚥功能外，亦負責咽喉部的本體感覺，並支配來自心臟、胸部及腹部的副交感神經纖維，參與調控心跳、呼吸及腸胃蠕動等功能。一旦迷走神經受損會導致聲音嘶啞、吞嚥困難及消化道功能受損等問題（圖 8-48）。

◎ 副神經 (Accessory Nerve, CN XI)

為純運動神經纖維，源自延腦外側，再分成顱神經根 (cranial root) 和脊神經根 (spinal root) 兩條分枝，從頸靜脈孔離開顱骨，顱神經根之神經纖維會加入迷走神經，負責咽、喉及軟腭之運動；脊神經根之神經纖維則支配斜方肌和胸鎖乳突肌，負責轉頭、點頭及聳肩等動作（圖 8-48）。

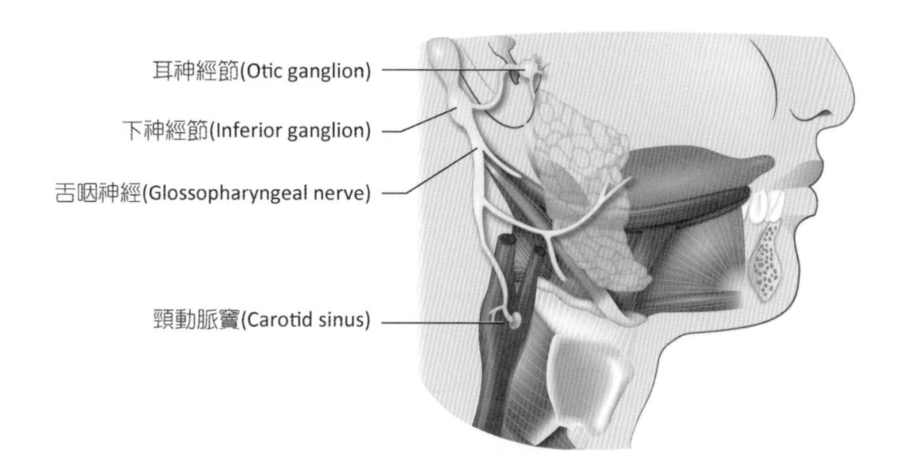

■ 圖 8-47　舌咽神經

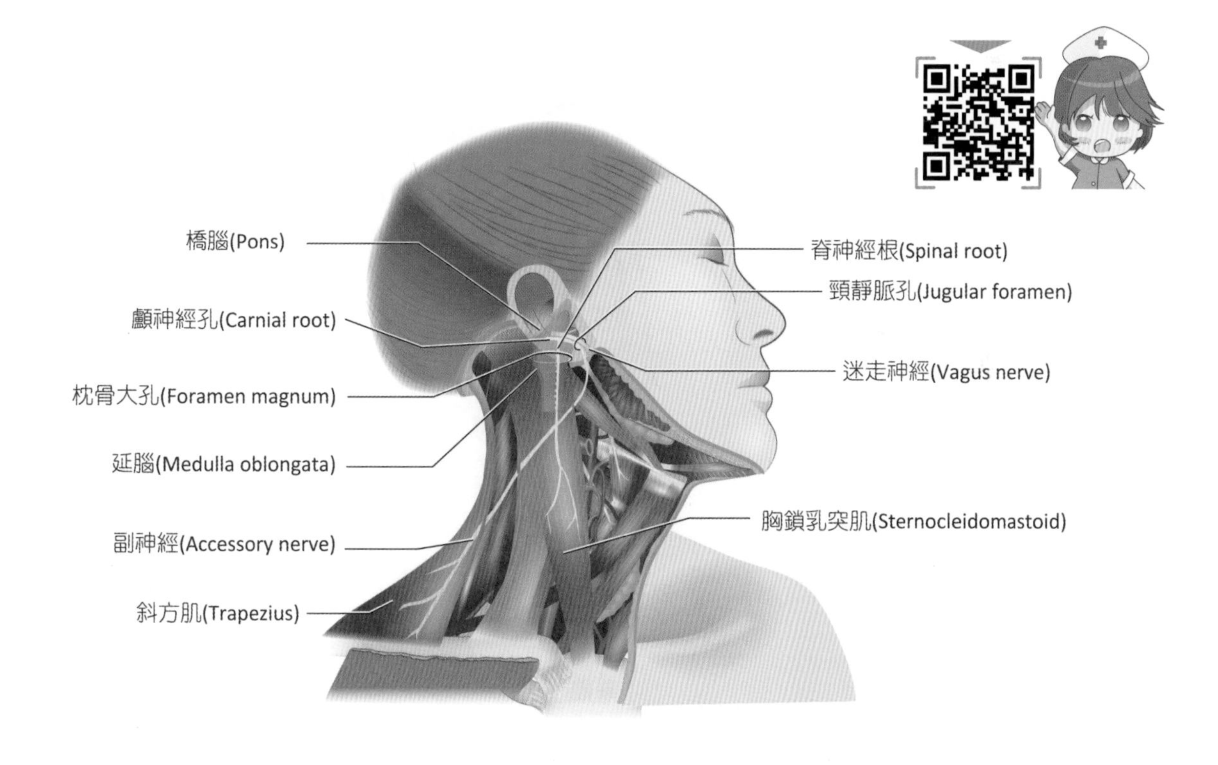

■ 圖 8-48　迷走神經、副神經

◎ 舌下神經 (Hypoglossal Nerve, CN XII)

為純運動神經，源自延腦，從舌下神經管 (hypoglossal canal) 離開顱骨到達舌頭，支配舌頭運動，可協調咀嚼、說話及吞嚥時的舌頭靈活度（圖 8-49）。

二、脊神經 (Spinal Nerves)

脊神經共有 31 對，包括 8 對頸神經、12 對胸神經、5 對腰神經、5 對薦神經及 1 對尾神經。脊神經腹根 (ventral root) 由運動纖維組成，背根 (dorsal root) 則由感覺纖維組成（圖 8-50）。31 對脊神經的分枝 (branches of the spinal nerves)，除了由 T_2~T_{11} 形成肋間神經 (intercostal nerves)，平行分布在胸腔的 12 對肋骨間的肋間肌，未構成神經叢外，其他 4 個神經叢 (spinal plexuses) 說明如下（表 8-8）：

◎ 頸神經叢 (Cervical Plexus)

源自於 C_1~C_4，最重要的分枝是支配橫膈的膈神經 (phrenic nerves)，源於 C_3~C_5，一旦受損會影響呼吸功能，嚴重甚至致死。

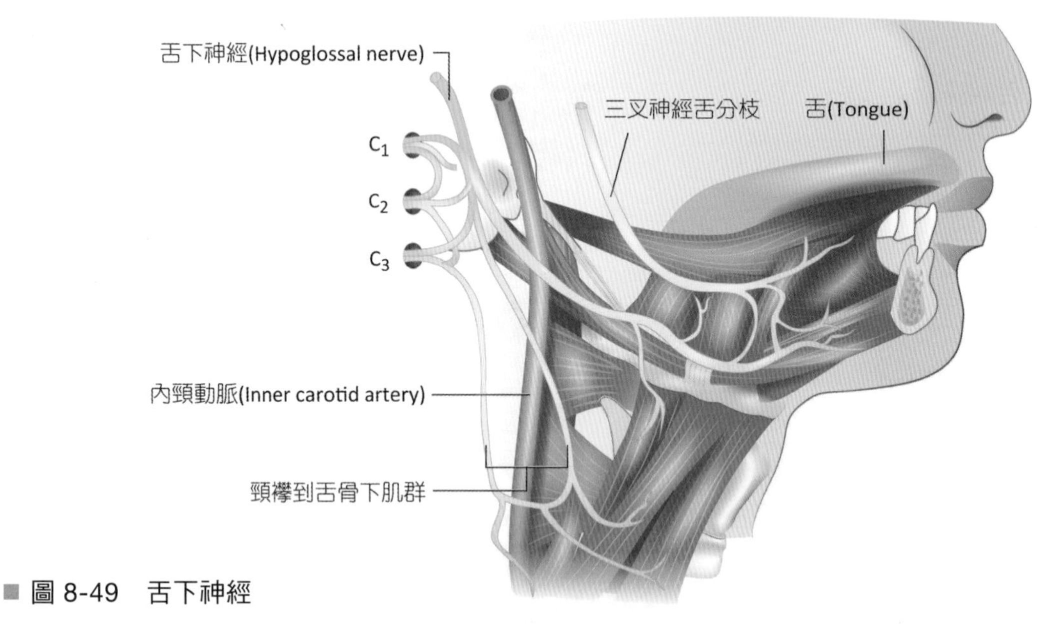

■ 圖 8-49 舌下神經

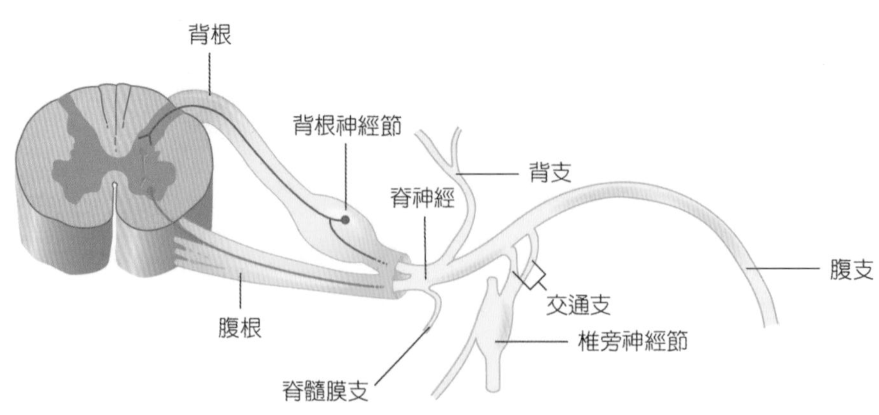

■ 圖 8-50 脊神經的組成

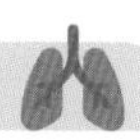

表 8-8 脊神經及其分枝

神經叢	脊神經	重要分枝神經	支配區域
頸神經叢	C_1~C_4	枕小神經、耳大神經、橫頸神經、前鎖骨上神經、中鎖骨上神經、後鎖骨上神經	頸部後外側、前外側、肩膀、鎖骨區
		膈神經 (C_3~C_5)	橫膈膜（唯一的運動神經支配）
臂神經叢	C_5~T_1	橈神經、尺神經、正中神經、肌皮神經、胸長神經、胸後神經、肩胛下神經、腋神經、內側皮下神經	肩胛部、手部肌肉
腰神經叢	T_{12}~L_4	股神經、閉孔神經、股外側皮神經、髂腹下神經、髂腹股溝神經、生殖股神經	腹壁、大腿、小腿、腳部肌肉
薦神經叢 尾神經叢	L_4~S_4	坐骨神經、上臀神經、下臀神經、股後皮神經、陰部神經	臀部、外生殖器、會陰肌肉

◎ 臂神經叢 (Brachial Plexus)

源自於 C_5~T_1，有三個重要分枝：

1. 橈神經 (radial nerves)：受損會導致垂手及麻痺。
2. 尺神經 (ulnar nerves)：受損會導致鷹爪手。
3. 正中神經 (median nerves)：受損會導致腕隧道症候群 (carpal tunnel syndrome, CTS)。

◎ 腰神經叢 (Lumbar Plexus)

源自於 T_{12}~L_4，主要的神經有二個：

1. 股神經 (femoral nerves)：支配大腿前面，如股四頭肌及縫匠肌。
2. 閉孔神經 (obturator nerves)：支配大腿的內收肌群。

◎ 薦神經叢及尾神經叢

薦神經叢 (sacral plexus) 及尾神經叢 (coccygeal plexus) 源自於 L_4~L_5 及 S_1~S_4，主要的分枝是坐骨神經 (sciatic nerve)，也是全身最粗最長的神經，支配除了大腿前面及內側以外的所有下肢。

三、反射

反射是反射弧 (reflex arc) 接受刺激後自動產生的反應，**由感受器 (receptor)、感覺神經元、反射中樞（中間神經元）、運動神經元、動作器 (effector) 等五個部分所組成**（圖 8-51）。脊髓單獨完成的反射稱為脊髓反射 (spinal reflex)；造成骨骼肌收縮的反射稱為軀體反射 (somatic reflex)；引起心肌、平滑肌收鎖的反射則稱為自主神經反射 (autonomic reflex)。

臨床應用 ANATOMY & PHYSIOLOGY

三叉神經痛 (Trigeminal Neuralgia)

80% 是三叉神經在腦幹根部被血管壓迫所致，其他如多發性硬化症、腦幹腫瘤、帶狀疱疹、牙痛等，也會引起類似三叉神經痛的症狀。典型的三叉神經痛大多是單側，在輕觸、冷風吹或冷熱敷於面頰或牙床部位時，會突然引發陣發性劇痛，甚至說話、嚼、吞嚥或臉部運動及刷牙都會引發不適。治療方法有藥物控制、三叉神經根微血管解壓顯微手術、注射療法、神經阻斷法及伽馬刀等。

脊髓反射由簡單的反射弧所構成，訊息未經過大腦，感受器接受訊息後，感覺神經元傳遞感覺衝動，進入脊髓內的中間神經元，衝動傳入運動神經元至動作器產生反應。

若依參與神經元的突觸數目分類，則可分為單突觸反射 (monosynaptic reflex)、雙突觸反射 (disynaptic reflex)、多突觸反射 (polysynaptic reflex)。**單突觸反射是身體最簡單的反射，不需要反射中樞的參與**，感覺神經元直接與運動神經元形成突觸，例如膝跳反射（圖 8-52）。

8-4 自主神經系統

一、自主神經系統的構造

自主神經系統 (autonomic nervous system) 主要是由內分泌系統及神經系統共同來控制，支配一般非意識控制其功能的器官，如腺體、心肌及平滑肌等運動神經元，進而控制其相對應的反應器，來調節消化、泌尿、心跳呼吸或血壓等內臟功能，以維持身體的恆定。自主神經運動控制有兩個運動神經元（圖 8-53）：

■ 圖 8-51　反射弧的組成

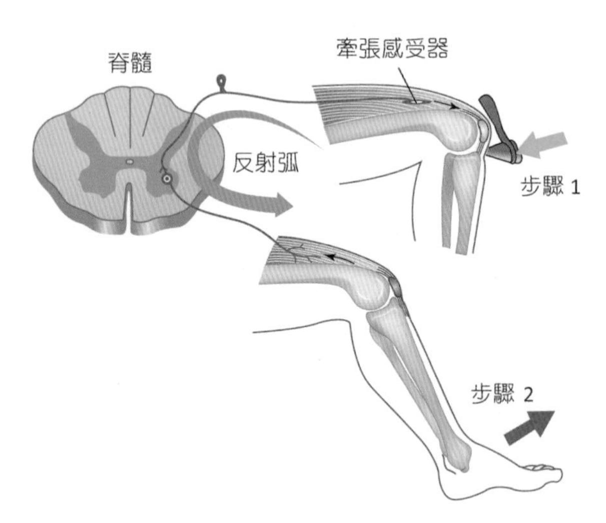

■ 圖 8-52　膝跳反射

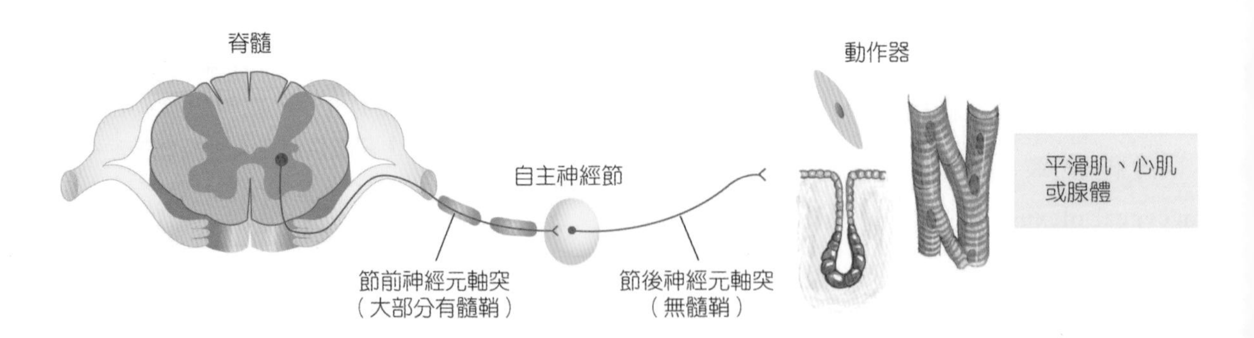

■ 圖 8-53　節前與節後神經元

(一) 節前神經元

節前神經元 (preganglionic neurons) 的細胞本體在腦部或脊髓的灰質內，節前軸突纖維細而具少量髓鞘，並未直接支配運動器官，而是與節後神經元在自主神經節內形成突觸，故節前神經元主要功能是觸發節後神經元。

節前神經纖維源自中腦、後腦及脊髓 (T_1~S_4)，其交感神經之神經節位置是節前神經元較靠近脊椎兩側，形成交感神經鏈，離臟器比較遠；而副交感神經節之節前神經元較長較靠近臟器，甚至分布在臟器內。

(二) 節後神經元

節後神經元 (postganglionic neurons) 軸突從自主神經節延伸到動作器官，是與標的組織產生突觸的地方。而自主運動系統的主要作用器官是在心肌、平滑肌及腺體，具有節前神經元及節後神經元兩個神經節（表 8-9）。

另一方面，體運動系統並**不具神經節**，主要支配人體的活動的動作器官是**骨骼肌**。

二、自主神經系統的分系

自主神經系統主要分為下列兩系統（圖 8-54）：

(一) 交感神經系統

交感神經系統 (sympathetic nervous system, SNS) 神經節**起源於胸腰部**，故又稱胸腰神經系 (thoracoiumbar division)，起源於 T_1~L_2 之間的外側灰質角，節前神經纖維短、有髓鞘，節後神經纖維長、無髓鞘。

表 8-9 體運動系統與自主運動系統的比較 

特徵	體運動系統	自主運動系統
動作器	骨骼肌	心肌、平滑肌、腺體
神經節	不具神經節	節後神經元細胞本體位於脊椎旁、脊椎前、終末神經節內
中樞到動作器的神經元數目	一個	二個
肌肉神經接類型	運動終板	無特化的突觸後細胞，平滑肌的所有部位皆含有神經傳遞物質的接受器
對動作器的控制	大腦皮質為最高控制中樞，受意識控制，對骨骼肌有促進性作用	下視丘為最高控制中樞，不受意識控制，對動作器有促進性及抑制性作用（視交感或副交感神經支配而定）
神經纖維的類型	傳導快，具髓鞘	傳導慢，節前纖維部分具髓鞘，節後纖維無髓鞘
神經傳遞物質	ACh	ACh、NE
去神經後反應	肌肉麻痺、萎縮	肌肉張力及功能仍在，標的細胞呈現去神經敏感性

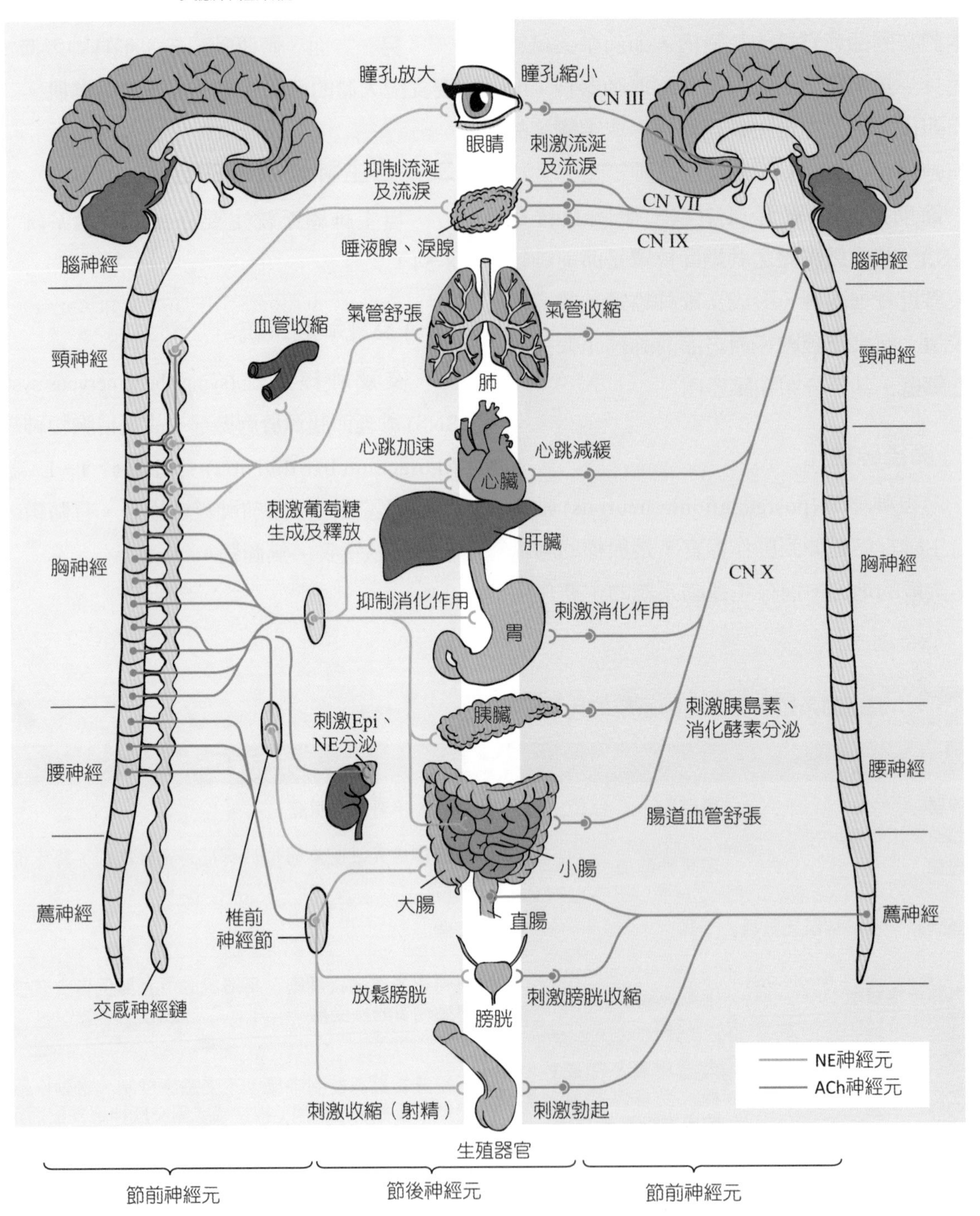

■ 圖 8-54　自主神經系統的分布

◎ 節前與節後纖維

1. **節前纖維**：位置接近中樞神經系統的脊柱兩旁沿線，發自脊髓的中間帶外側核，經腹根、脊神經和白交通支 (white rami) 進入交感神經鏈後有三種走向：
   (1) 終止於相對應的交感神經鏈。
   (2) 在交感神經鏈內先上升或下降了一段距離後，終止於上方或下方的交感神經鏈。
   (3) 穿過交感神經鏈，組成**內臟大神經**、內臟小神經，至椎前神經節轉換神經元。
2. **節後纖維**：分布分常廣泛，上至眼睛、唾液線及胸腹部的臟器，下至生殖器官及身體周邊等。節後纖維之三種走向：
   (1) 經灰交通支返回脊神經，隨脊神經分布到軀幹和四肢的血管、汗腺和豎毛肌。
   (2) 纏絡於動脈外膜形成神經叢，並隨動脈分布到所支配的器官。
   (3) 形成神經，直接到所支配的器官，如心神經。

◎ 交感神經節

依位置可分為交感神經鏈和椎前神經節：

1. **交感神經鏈** (sympathetic chain)：位於脊髓旁兩端，又稱交感神經幹神經節、椎旁神經節 (paravertebral ganglia)。節前神經和節後神經於交感神經鏈中形成突觸，支配橫膈膜以上的器官，如頭部、頸部、肩膀和心臟等。31 對脊神經有其相對應的神經節，在脊柱兩側呈現對稱性；較特別的是，8 對頸神經融合三個為上頸神經節 (superior cervical ganglia)、中頸神經節 (middle cervical ganglia) 和下頸神經節 (inferior cervical ganglia)，而下頸神經節與 T_1 形成星狀神經節 (stellate ganglion)。
2. **椎前神經節** (prevertebral ganglia)：又稱為副側神經節 (collateral ganglia)，此神經節呈不對稱、不成對、不規則節狀團塊於脊髓前，靠近腹主動脈，主要支配橫膈膜以下的腹部和骨盆之器官，包含腹腔神經節 (celiac ganglion)、上腸繫膜神經節 (superior mesenteric ganglion)、下腸繫膜神經節 (inferior mesenteric ganglion) 及下腹下神經節 (inferior hypogastric ganglion) 等。

◎ 交通支

每一個交感神經鏈與其相應的脊神經交通支 (communicating branches) 相連，交通支分白交通支和灰交通支兩種。

1. **白交通支** (white rami)：主要由有髓鞘的節前纖維所組成，因呈現為白色故稱之，只存在於 T_1~L_3 各脊神經的腹支與相應的交感神經鏈之間。

ANATOMY & PHYSIOLOGY

自主神經失調 (Autonomic Dysfunction)

自主神經系統靠著交感神經與副交感神經兩者互相調節生命的重要機能，一旦兩者無法相互調節，就會使身體出現多種不協調的問題，此即為自主神經失調。

自主神經失調的原因不明，可能與長期壓力有關。自律神經失調影響範圍廣泛，其症狀涵蓋心悸、胸悶、呼吸不順、姿位性低血壓、肌肉痠痛、頭暈、耳鳴、排汗異常、食慾不振、腹脹、腹瀉或便祕、頻尿、性功能障礙、失眠等，亦可能出現情緒低落、焦慮及憂鬱等精神問題。

2. **灰交通支** (gray rami)：由交感神經鏈所發出的節後纖維組成，無髓鞘，色灰暗故稱之，節後纖維自交感神經節內的節後神經元經灰交通支返回脊神經，支配軀幹和四肢的血管、汗腺和豎毛肌等部位。

(二) 副交感神經系統

副交感神經系統 (parasympathetic nervous system, PSNS) 又稱顱薦神經系 (craniosacral division)，節前神經起源於 CN III、VII、IX、X 及 S_2~S_4 神經的外側核，至器官旁或器官內的副交感神經節（或稱終末神經節）與節後神經元形成突觸，節後神纖維支配心肌、平滑肌和腺體，故副交感神經的節前纖維長，而節後纖維短，不具白或灰交通支，且節前神經纖維分支少，而交感神經系統分支多。

1. **動眼神經**：副交感神經纖維細胞本體位於睫狀神經節 (ciliary ganglion)，軸突源自中腦的動眼神經核，節後纖維支配眼球瞳孔括約肌和睫狀肌。
2. **顏面神經**：一部分節前纖維起自橋腦的淚腺核 (lacrimal nucleus)，於**翼腭神經節** (pterygopalatine ganglion) 形成突觸，節後神經纖維支配鼻腔黏液腺、軟腭之腭腺及淚腺；另一部分節前纖維起自橋腦的上涎核 (superior salivatory nucleus)，終止於下頷下神經節 (submandibular ganglion)，支配下頷下腺和舌下腺。
3. **舌咽神經**：源自延腦下涎核 (inferior salivatory nucleus)，節前纖維在耳神經節 (otic ganglion) 形成突觸，其節後纖維支配腮腺。
4. **迷走神經**：是人體最長、分布範圍最廣的神經，迷走神經占 90% 副交感神經的節前纖維，支配呼吸系統、消化系統的絕大部分和心臟等器官。節前纖維軸突長，細胞本體位於延腦的迷走神經背核 (dorsal nucleus of vagus nerve)，節後纖維的軸突較短，節後神經元侷限在所支配的臟器中。
5. **薦部副交感神經**：節前纖維起自 S_2~S_4 神經，節前神經元軸突經脊髓腹根傳出，形成骨盆內臟神經 (pelvic splanchnic nerves)，到達骨盆內之節後神經叢為骨盆神經叢 (pelvic plexus) 或稱下腹下神經叢 (inferior hypogastric plexus)，支配骨盆內器官，如大腸下半段、膀胱、生殖器官等。**S_2~S_4 是人體排尿、排便的中樞**，故薦部副交感神經一旦受損，對排尿、排便及勃起等功能有影響。

三、自主神經系統的調控與生理功能

(一) 自主神經系統的調控

自主神經系統主要是自主調控，但完整活動的執行，仍須有中樞神經系統來協助，除下視丘外，尚有下列中樞的調控機制協助：

1. **下視丘**：負責調控整體自主神經系統，是 ANS 主要的整合中樞。下視丘的外側及後部是負責交感神經功能，而內側及前部主要負責副交感神經功能。
2. **腦幹及脊髓**：網狀活化系統對 ANS 執行自主活動有直接的影響，在延腦的心跳中樞調節心跳速率、呼吸調節中樞調節呼吸節律與速率、血管運動中樞調節血管的收縮與舒張、嘔吐調節中樞等。
3. **大腦皮質**：自主神經系統的功能雖大腦皮質不直接的隨意調控，但研究發現在思考或情緒的波動中，亦會對交感神經或副交感神經造成影響，例如透過靜思、冥想會強化副交感神經功能，當恐怖或壓力大時，會強化交感神經的對人體的影響。

(二) 自主神經系統的生理功能

交感神經是在緊急狀況下應付「戰或逃 (fight or flight)」之生理激動狀態，負責壓力處理，使交感神經興奮及腎上腺素增加的反應變化；而副交感神經為「休息或睡眠」，使人放鬆休息、保存體力、促進消化、啟動睡眠等。

交感神經節前神經纖維、副交感神經的節前及節後神經纖維皆分泌乙醯膽鹼 (acetylcholine, ACh)，稱為膽鹼性之傳遞；而交感神經節後神經纖維 85% 是正腎上腺素 (norepinephrine, NE)，15% 為腎上腺素 (epinephrine, Epi)，故稱為腎上腺素性 (adrenergic) 傳遞（圖 8-55）。

◎ 膽鹼性接受器 (Cholinergic Receptor)

存在於交感神經的節前神經纖維、副交感神經的節前及節後神經纖維、體神經末梢，主要神經傳遞物質是 ACh，ACh 是具興奮性神經傳遞物質，但少部分在副交感經節後神經纖維是抑制性，如支配心臟之迷走神經會降低心跳速率。膽鹼性接受器分為兩大類：

1. **菸鹼類接受器** (nicotinic receptor)：又稱為尼古丁接受器，屬於陽離子通道，分為 Nm 及 Nn (Ng) 兩種接受器，ACh 結合上尼古丁接受器會產生興奮作用。Nm 存在於神經肌肉接合，可結合 ACh，造成骨骼肌收縮；Nn 存在於自主神經節，可結合 ACh、尼古丁，使節後神經興奮。
2. **蕈毒鹼類接受器** (muscarinic receptor)：為一種 G 蛋白偶聯受體 (G protein-coupled receptor, GPCR)，又稱為 M 接受器。存在心肌的蕈毒鹼類接受器，活化後 K^+通道產生過極化，以降低去極化速率；存在於平滑肌或腺體的蕈毒鹼類接受器，活化後開啟 Ca^{2+}通道產生極化，使平滑肌收縮及腺體分泌。

菸鹼類接受器及蕈毒鹼類接受器會分別被箭毒 (curare) 及阿托品 (atropine) 專一性阻斷。

◎ 腎上腺素性接受器 (Adrenergic Receptor)

交感神經的節後神經纖維的主要神經傳遞物質是 NE，其次是 Epi，為興奮性傳遞物質，兩者皆由腎上腺髓質所分泌，故腎上腺可說是交感神經系統中重要的腺體，構成人體中最具特化型態及最大型的交感神經節。

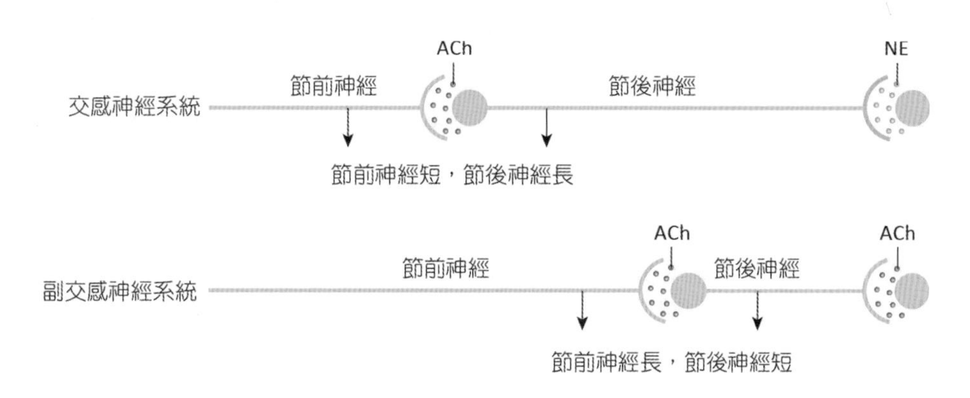

■ 圖 5-55 自主神經系統的神經傳遞物質

此類接受器可分成 α_1、α_2、β_1、β_2 四種類型，不同接受器之作用亦有不同，例如 α_1 接受器主要分布在突觸後，能使平滑肌收縮及消化腺體分泌減少；α_2 分布在突觸前，活化後會產生負迴饋，降低 c-AMP 濃度。另外，當交感神經被活化後，刺激 α_1 接受器會使血管收縮；刺激 β_1 會強化心肌收縮、加速心跳；刺激 β_2 會使肺支氣管平滑肌鬆弛，造成支氣管擴張（表 8-10）。

表 8-10 交感及副交感神經主要作用

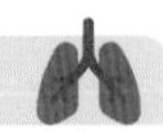

器官		交感神經系統	副交感神經系統
眼	輻射肌	收縮，使瞳孔放大 (α_1)	–
	環狀肌	–	收縮，使瞳孔縮小
	睫狀肌	收縮，使水晶體突出	–
心臟	心肌	增加心臟收縮力、心跳速率 (β_1)	降低心臟收縮力、心跳速率
	竇房結	增加傳導速率 (β_1)	降低傳導速率
肺	平滑肌	放鬆 (β_2)	收縮
	腺體	抑制腺體分泌	–
血管	冠狀動脈	收縮 (α)、擴張 (β_2)	放鬆、擴張 (M)
	皮膚血管平滑肌	收縮，為休克、低血壓時的防衛機制 (α_1、α_2)	–
	腹部內臟小動脈	舒張 (β_2)、收縮 (α)	–
	骨骼肌血管平滑肌	舒張 (α_1、M)	–
消化道	唾液腺	少量分泌 K^+、水 (β_2)	大量分泌 K^+、水 (M)
	胃壁	放鬆 (β_2)	收縮 (M)
	賁門、幽門括約肌	收縮 (α_1)	放鬆 (M)
	消化液	抑制 (α_1)	刺激分泌 (M)
	腸肌神經叢	抑制 (α_1)	–
泌尿生殖	逼尿肌	放鬆，抑制逼尿肌收縮 (β_2)	收縮 (M)
	尿道括約肌	收縮 (α_1)	放鬆 (M)
	未懷孕的子宮	抑制收縮 (β_2)	–
	懷孕的子宮	收縮 (α_1)	–
	陰莖	射精 (α_1)	勃起 (M)
皮膚	豎毛肌	收縮 (α_1)	–
	頂泌型汗腺	分泌增加 (α_1)	–
	普通汗腺	分泌增加 (M)	–
其他	脂肪細胞	脂肪分解 (β_1)	–
	肝臟	肝醣分解 (β_2)	–

學習評量 REVIEW AND CONPREHENSION

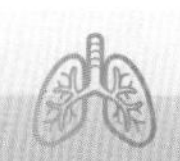

1. 內側蹄系 (medial lemniscus) 與下列何訊息傳遞有關？(A) 視覺 (B) 本體覺 (C) 痛覺 (D) 聽覺
2. 中腦內不具有下列何者？(A) 薄核 (gracile nucleus) (B) 紅核 (red nucleus) (C) 網狀結構 (reticular formation) (D) 內側蹄系 (medial lemniscus)
3. 下列關於摸到滾燙的熱水，手臂會迅速的收回的敘述，何者錯誤？(A) 此反應是由痛的刺激所引起 (B) 此時手臂屈肌收縮 (C) 此反應無需大腦下達命令 (D) 此反應的神經傳導途徑，無需中間神經元
4. 下列何種神經節主要負責傳遞一般體表感覺訊息？(A) 翼腭神經節 (pterygopalatine ganglion) (B) 睫狀神經節 (ciliary ganglion) (C) 螺旋神經節 (spiral ganglion) (D) 背根神經節 (dorsal root ganglion)
5. 有關靜止膜電位 (resting membrane potential) 之敘述，下列何者正確？(A) 細胞外鉀離子濃度增加，靜止膜電位減小 (B) 細胞外鉀離子濃度減少，靜止膜電位減小 (C) 細胞內鉀離子濃度增加，靜止膜電位減小 (D) 細胞內鉀離子濃度增加，靜止膜電位不變
6. 下列哪一種神經膠細胞 (neuroglia cells) 可幫助調節腦脊髓液 (cerebrospinal fluid) 的生成與流動？(A) 室管膜細胞 (ependymal cell) (B) 星狀細胞 (astrocyte) (C) 微膠細胞 (microglia) (D) 寡突細胞 (oligodendrocyte)
7. 下列何種細胞受損對血腦障壁 (blood-brain barrier) 的功能影響最大？(A) 微膠細胞 (microglia) (B) 寡突細胞 (oligodendrocytes) (C) 星狀細胞 (astrocytes) (D) 室管膜細胞 (ependymal cells)
8. 下列何者位於延髓 (medulla oblongata) ？(A) 乳頭體 (mammillary body) (B) 四疊體 (corpora quadrigemina) (C) 錐體 (pyramid) (D) 松果體 (pineal body)
9. 脊髓的齒狀韌帶由下列何者衍生構成？(A) 軟脊膜 (B) 蛛網膜 (C) 硬脊膜 (D) 絨毛膜
10. 股神經 (femoral nerve) 受損，最可能發生下列何種情形？(A) 大腿內收功能不全 (B) 膝反射消失 (C) 男性陰莖皮膚感覺消失 (D) 足無法外翻
11. 基底核 (basal nuclei) 功能受損或退化的症狀，下列何者最有關？(A) 阿茲海默症 (B) 帕金森氏症 (C) 失語症 (D) 嗅覺喪失
12. 下列何者不是星狀細胞 (astrocytes) 的功能？(A) 吞噬外來或壞死組織 (B) 形成腦血管障蔽 (C) 參與腦的發育 (D) 調節鉀離子濃度
13. 下列何者不是常見的神經傳導物質 (neurotransmitter) ？(A) 多巴胺 (Dopamine) (B) 甘胺酸 (glycine) (C) 血清素 (serotonin) (D) 胰島素 (insulin)
14. 治療憂鬱症主要針對下列何種神經傳導物質進行調節？(A) GABA (γ-aminobutyric acid) (B) 血清素 (serotonin) (C) 乙醯膽鹼 (acetylcholine) (D) 腎上腺素 (epinephrine)

15. 從脊髓圓錐 (conus medullaris) 向下延伸，下列何者連結尾骨，可用來幫忙固定脊髓？(A) 馬尾 (cauda equine) (B) 終絲 (filum terminale) (C) 脊髓根 (spinal root) (D) 神經束膜 (perineuriun)

16. 下列哪個腦區受損會造成表達性的失語症？(A) 阿爾柏特氏區 (Albert's area) (B) 布洛卡氏區 (Broca's area) (C) 史特爾氏區 (Stryer's area) (D) 沃爾尼克氏 (Wernicke's area)

17. 運動失調 (ataxia) 主要是因為腦部哪一區域受損？(A) 橋腦 (pons) (B) 下視丘 (hypothalamus) (C) 小腦 (cerebellum) (D) 前額葉皮質 (prefrontal cortex)

18. 下列何者為副交感神經節？(A) 上頸神經節 (superior cervical ganglion) (B) 翼腭神經節 (pterygopalatine ganglion) (C) 前庭神經節 (vestibular ganglion) (D) 背根神經節 (dorsal root ganglion)

19. 交感神經中的大內臟神經 (greater splanchnic nerve) 其節前神經纖維來自下列何者？(A) 頸段脊髓 (B) 胸段脊髓 (C) 腰段脊髓 (D) 薦段脊髓

20. 拔牙前，醫生進行局部麻醉以阻斷下列何者之傳導來減少疼痛？(A) 三叉神經 (B) 顏面神經 (C) 舌咽神經 (D) 舌下神經

解答

1.B 2.A 3.D 4.D 5.A 6.A 7.C 8.C 9.A 10.B 11.B 12.A 13.D 14.B 15.B 16.B 17.C 18.B 19.B 20.A

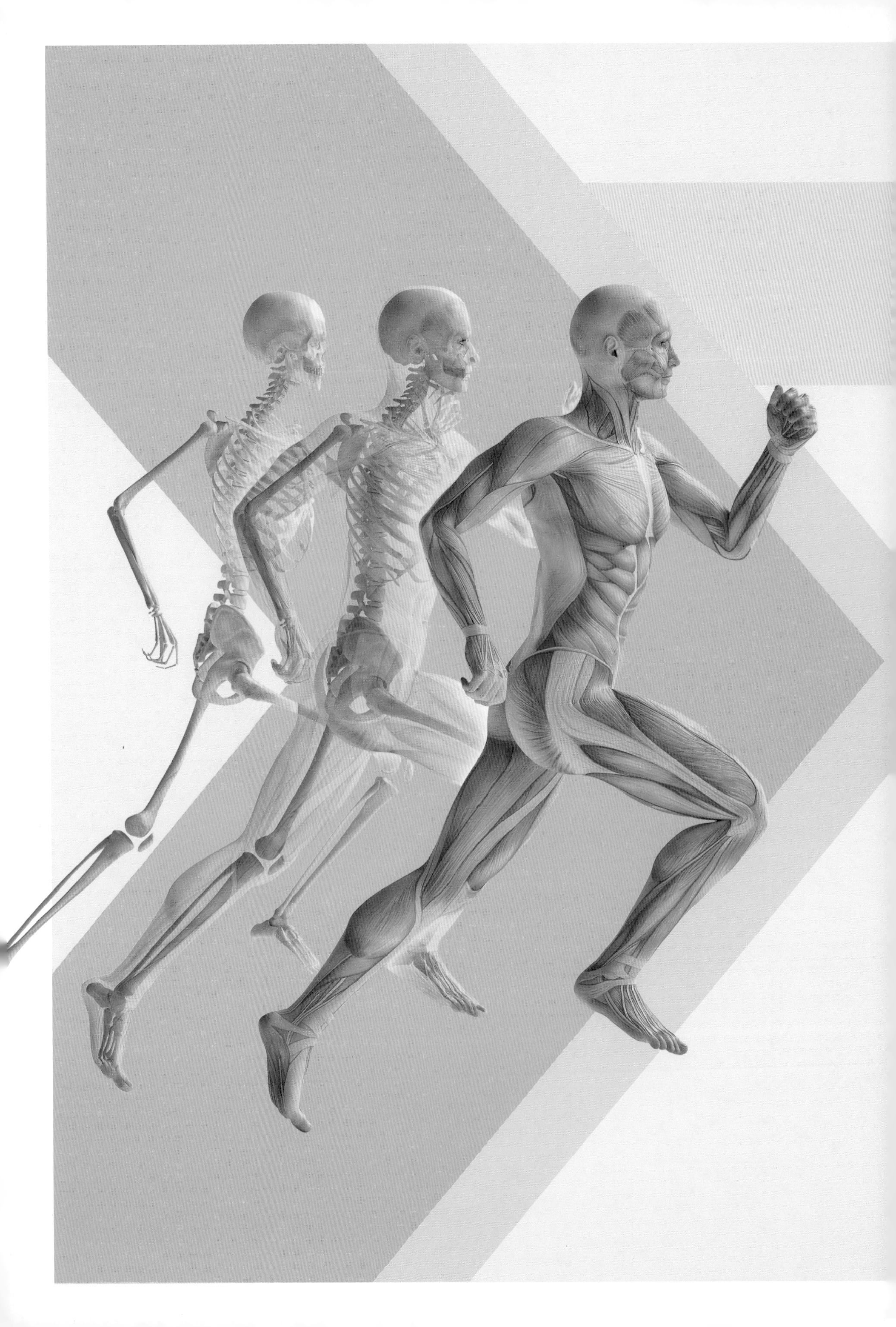

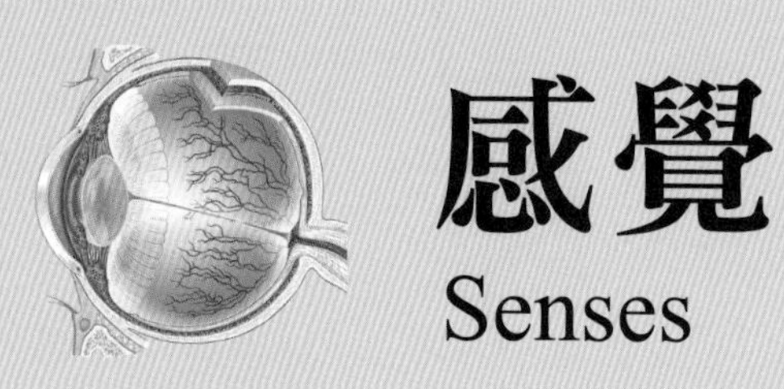

感覺
Senses

CHAPTER 09

作者 / 許淑芬

本章大綱 Chapter Outline

ANATOMY & PHYSLOLOGY

前言 INTRODUCTION

生活中身體隨時感應環境變化，刺激人體「感覺」生成，例如看見晨陽感覺朝氣十足、嚐到美味食物感覺滿足、上台報告感覺緊張等，這些都是一種感覺。感覺可由客觀實質性的「物質」刺激引起，亦可以是主觀意念想像的「心理」刺激引起，刺激可以來自於身體外在環境的光線、溫度、觸壓、氣味、聲音等，亦可以是身體內在環境的血壓、pH 值、氧氣濃度、二氧化碳濃度等，不論是哪一種或何處的「刺激」都需要感受器將之轉換成電位訊息，稱之為受器電位或發生電位。

發生電位經加成作用生成神經衝動，刺激感覺神經元活化，使得衝動由身體周邊傳送至中樞大腦皮質，各種感覺皮質區進行整合，並建構在腦中形成記憶，大腦皮質對感覺訊息進行解釋，產生專屬於個人的知覺 (perception)，生活上泛稱為感覺。

感覺是屬於主觀性的觀感，同一刺激會因為個人不同的學習經驗，有不同的解釋，因故產生個人專屬的知覺。

9-1 感覺概論

感覺生成的四項條件為刺激 (stimulus)、感受器 (receptor)、傳導 (conduction)、轉譯 (translation)，由身體內外在環境的刺激物，活化專屬的感受器，將刺激訊息轉換為感受器電位 (receptor potential) 或發生電位 (generator potential)（圖 9-1）。這類電位相當於興奮性突觸後電位 (EPSP)，經加成作用生成動作電位，動作電位經感覺神經元傳送入中樞神經系統處理，進一步生成感覺 (sensation)，並送至大腦皮質賦予意義形成知覺 (perception)。

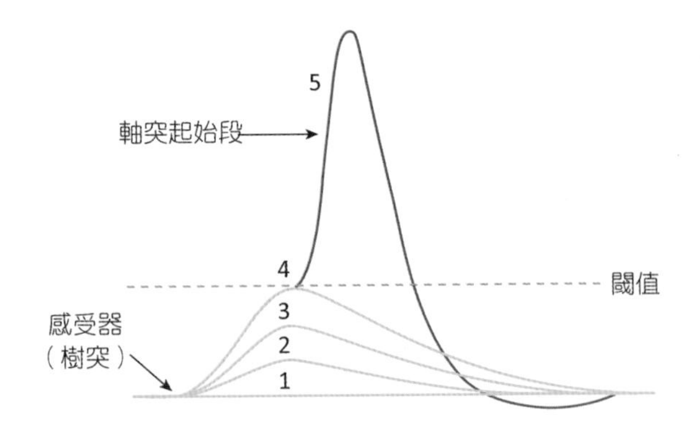

■ 圖 9-1 感受器電位

感受器接收身體周圍環境變化，藉由神經系統傳送衝動及協調各系統，讓身體感受當下的氣氛或危險，渾然生成個人的存在感或避免受傷害能力，同時身體與周圍環境產生回應或適應。

一、感覺的定義

刺激的種類繁多，每種刺激都有特定專屬的感受器及感覺神經元，並形成特定的神經路徑及活化特定腦部區域，腦部精確對應刺激產生特定感覺，並產生合適的回應，此過程即為感覺生成。身體的感覺分為：

1. 一般感覺：指觸覺、壓覺、溫度覺、痛覺、本體覺等，感受器位在身體表面或深部構造。
2. 特殊感覺：指視覺、聽覺、平衡覺、味覺、嗅覺，接受器集中在臉上感覺器官。

二、感覺的特徵

各類型刺激都透過感受器轉換成電位訊息，感受器依電位特性分為：

1. **快適應感受器** (rapidly adapting receptor)：指刺激最開始，感受器產生電位，隨著刺激持續存在，電位活性逐漸下降，身體產生適應性，這類型感受器在刺激「開始」與「結束」產生電位，稱之為**相位感受器** (phasic receptor)，觸覺、壓覺、嗅覺、溫度覺為此種類型。

2. **慢適應感受器** (slowly adapting receptor)：指刺激最開始感受器產生電位，隨著刺激持續存在，電位活性不斷發生，身體對刺激難以適應，這類型感受器隨刺激存在，持續產生電位，稱之為**張力感受器** (tonic receptor)，痛覺為此種類型（圖 9-2）。

三、感受器的分類

周圍環境存在著不同類型的刺激，相對應身體各部位分布著專屬的感受器，依據感受器的位置、刺激的種類、感受器的結構加以分類，以了解感受器的類型。

◎ 依感受器的位置

1. 外在感受器 (exteroceptor)：位於體表的感受器，對身體外在環境的刺激非常敏感，如體表上的觸覺、壓覺、溫度覺、痛覺和五官上的視覺、聽覺、平衡覺、嗅覺、味覺。
2. 內在感受器 (interoceptor)：又稱為內臟感受器 (visceroceptor)，位於身體內部，對身體內在環境的刺激非常敏感，主要負責監測內臟系統各種感覺及變化，如飢餓、口渴、噁心、血壓、氣體濃度、離子濃度等。
3. 本體感受器 (proprioceptor)：位於體表和四肢深層構造，主要提供身體空間、位置和運動等感覺，位於肌肉、肌腱、關節的感受器則屬之。

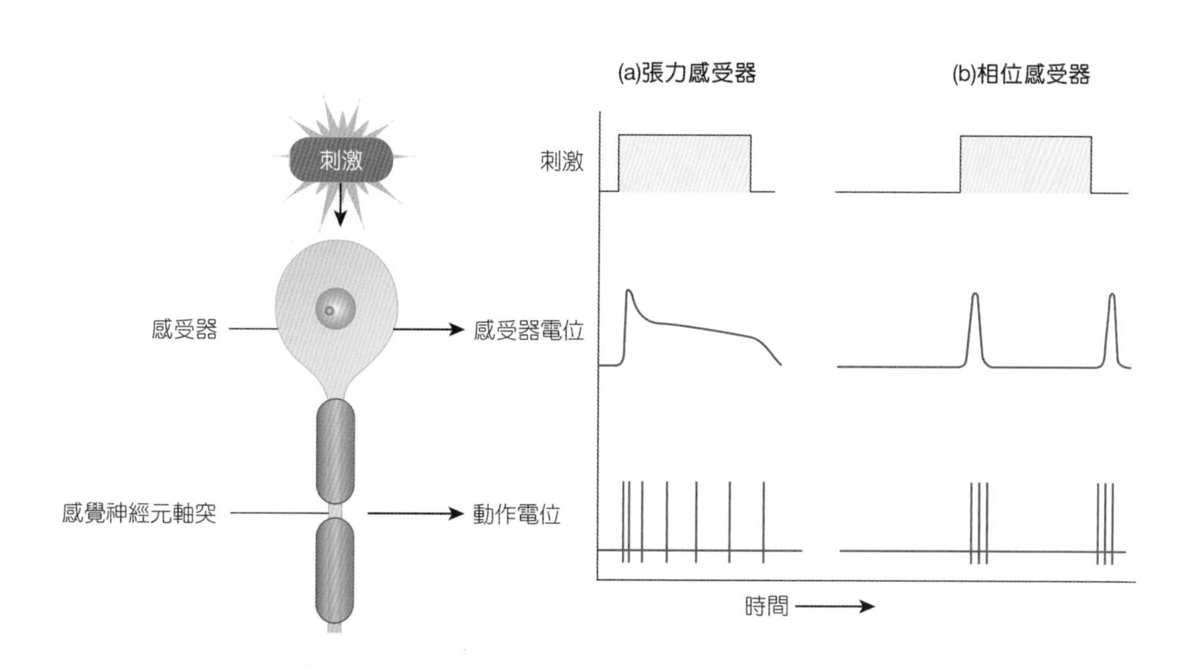

■ 圖 9-2 相位感受器與張力感受器

◎ 依刺激的種類

1. 機械性感受器 (mechanoreceptor)：接收機械性刺激，如碰觸、擠壓、牽拉、振動、平衡等。
2. 溫度感受器 (thermoreceptor)：接收溫度變化刺激，如冷、溫、熱。
3. 傷害感受器 (nociceptor)：接收組織的疼痛覺，疼痛可能是物理性或化學性刺激引起。
4. 感光受器 (photoreceptor)：接收光波刺激，如光線。
5. 化學感受器 (chemoreceptor)：接收化學性物質刺激，如味覺、嗅覺、血液中化學成分的改變等。

◎ 依感受器的結構

1. 一般感覺感受器 (general receptor)：大都為裸露的游離神經末梢 (free nerve ending) 或被囊包裹的游離神經末梢，如觸覺、壓覺、溫度覺、痛覺、本體感覺等。
2. 特殊感覺感受器 (special receptor)：由臉部五官器官內部構造特化而成，如視覺、聽覺、平衡覺、味覺、嗅覺。

9-2 體感覺

體感覺又稱為一般感覺，泛指身體表面及深部構造感受到的感覺，如觸、壓、溫、痛覺及本體感覺等，此類感受器大都為裸露的游離神經末梢或被囊包裹的游離神經末梢（圖 9-3、表 9-1）。

一、觸覺 (Tactile Sensation)

觸覺分為輕觸覺（泛指觸覺）和深觸覺（泛指觸壓覺）。

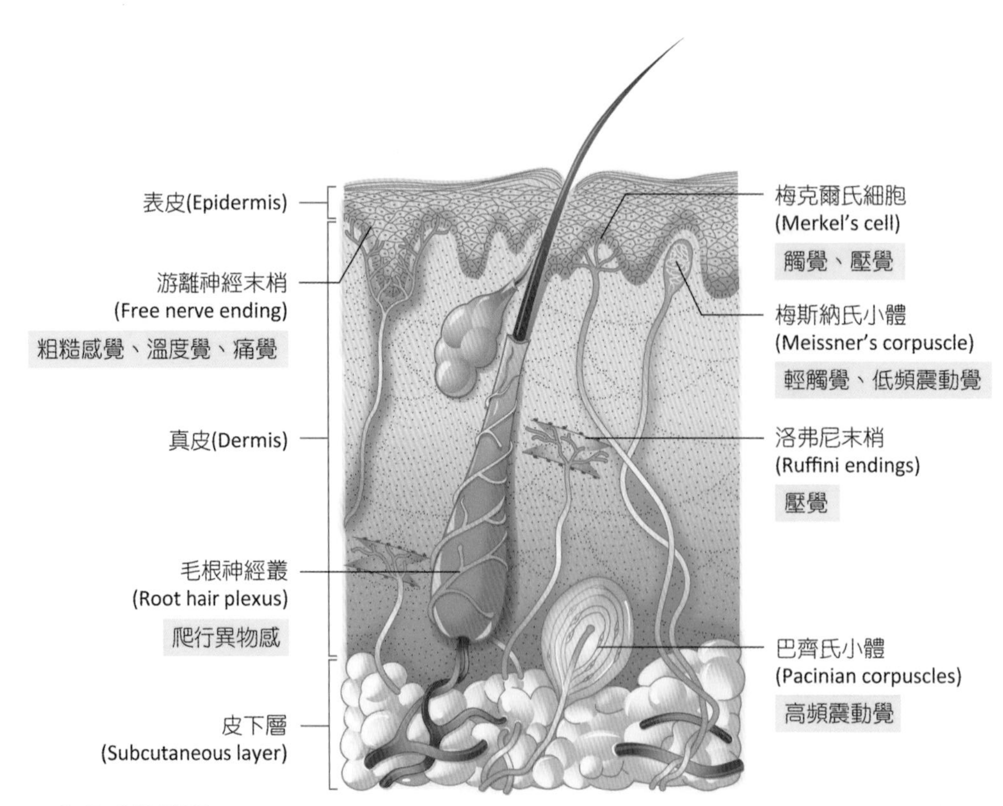

■ 圖 9-3 皮膚感覺受器

表 9-1 感覺受器

感覺		感覺接受器
觸覺	輕觸覺	· 裸露的游離神經末梢 · 梅克爾氏細胞 (Merkel's cell) · 梅斯納氏小體 (Meissner's corpuscle) · 毛根囊
	深觸覺	· 巴齊氏小體 (Pacinian corpuscle) · 洛弗尼末梢 (Ruffini endings)
溫度覺		· 裸露的游離神經末梢
痛覺		· 裸露的游離神經末梢
本體感覺		· 肌梭 (muscle spindle) · 高爾基腱器 (Golgi tendon organ) · 關節運動感受器 (joint kinesthetic receptor) · 聽斑 (macula) 與壺腹嵴 (crista)

◎ 輕觸覺 (Light Touch)

輕觸覺是指皮膚被碰觸到，但不引起皮膚外觀改變。輕觸覺感受器位於皮膚淺層，全身皮膚幾乎都有分布，其中手指、腳趾尖端、舌頭與嘴唇尖端、乳頭、陰蒂及陰莖等最密集，觸覺特別靈敏。觸覺感受器主要為：

1. **裸露的游離神經末梢** (free nerve ending)：位於皮膚表淺處，分布最廣，除了負責觸覺外，還負責痛覺、溫度覺。
2. **梅克爾氏細胞** (Merkel's cell)：為表皮細胞特化而成，其與游離神經末梢接觸，負責傳遞觸覺。
3. **梅斯納氏小體** (Meissner's corpuscle)：神經末梢同被結締組織圍繞在被囊內，形成外觀類似卵圓形狀，負責傳遞輕觸覺。
4. **毛根囊** (root hair plexuse)：毛囊周邊有許多神經末梢分布，稱為毛根囊，當毛髮被觸碰使毛髮彎曲，藉此刺激毛囊周邊的神經末梢，負責傳遞輕觸覺。

◎ 深觸覺 (Deep Pressure)

深觸覺指皮膚被碰觸到，引起皮膚外觀改變，碰觸皮膚的時間、面積相較於輕觸覺來得長且大。此類感受器幾乎遍布全身，且位在皮膚深層的真皮層與皮下組織中，其中手指、外生殖器、乳頭、肌肉、關節、中空腔室內臟器官壁等都有密集的分布，感受器主要有**巴齊氏小體** (Pacinian corpuscle) 和**洛弗尼末梢** (Ruffini endings)，二者都是游離神經末梢，由被囊圍繞形成似洋蔥狀的卵圓外觀，可以感應壓力的變化。

觸覺的靈敏度可由兩點辨識 (two-point discrimination) 方法測試之，其方法將測器的兩端同時碰觸皮膚，能夠感覺到是兩個點而不是一個點的兩點最短距離稱為兩點閾。兩點閾的距離大，代表傳遞的感覺神經元不同或感受區不同，產生二個點被刺激的感覺，此區域觸覺靈敏度較差；反之兩點閾的距離較小，代表此區域觸覺靈敏度較好。

振動覺是指單位時間內持續在位置上做替換的碰觸，亦就是頻率刺激，不同的感受器可以接收不同頻率的刺激，如巴齊氏小體偵測高頻率的振動覺、梅斯納氏小體和洛弗尼末梢偵測低頻率的振動覺。

二、溫度覺 (Thermal Sensatins)

溫度覺包含冷覺與熱覺，感受器為裸露游離神經末梢特化而成，冷覺感受器對低於皮膚的溫度較敏感，而熱覺感受器對高於皮膚的溫度較敏感。當溫度過低會產生痛覺；當溫度過高會造成組織受傷而產生痛覺，所以溫度過高或過低都可能延伸為痛覺。

三、痛覺 (Pain Sensations)

痛覺是一種主觀性感覺，它能夠警告身體正遭受有害或不愉快的刺激，可以由機械、溫度、電或化學性刺激而產生，痛覺感受器為裸露游離神經末梢特化而成，全身幾乎都有分布。痛覺的種類可分成：

1. **快痛**：特徵為快速產生及出現尖銳的刺痛感，負責的神經元為直徑較粗大、**有髓鞘的 Aδ 神經纖維**傳導。
2. **慢痛**：特徵為慢慢產生及出現燒灼感的悶痛感，負責的神經元為直徑較小、**無髓鞘的 C 神經纖維**傳導。

痛覺若來自於體表刺激，稱為**軀體痛覺** (superficial somatic pain)；若來自於體腔內部刺激稱為**內臟痛覺** (visceral pain)。內臟痛覺大部分不易被定位出來，大都藉由覆蓋在內臟器官的皮膚，或遠離內臟器官的體表皮膚來感應痛覺，此現象稱為**轉移性疼痛** (referred pain)。

大部分的感覺都具有適應性 (adaption)，唯痛覺完全不具有適應性。疼痛是一種警訊，提醒身體遠離有害或不愉快的刺激源，即使在睡眠中痛覺亦無法適應。

四、本體感覺 (Proprioceptive Sensation)

本體感覺指不需要眼睛看，即可知道身體的位置，例如在黑暗中走路、穿衣服等。本體感覺受器包括：

1. **肌梭** (muscle spindle)：位於肌肉被囊裡，負責肌纖維長度變化，用來防止肌纖維過度牽張，避免肌纖維受傷。
2. **高爾基腱器** (Golgi tendon organ)：位於肌腱中，主要負責肌纖維張力變化，神經纖維附著於肌腱，外層由高爾基腱被囊包覆，用來防止肌纖維張力過度增強，避免肌纖維受傷。
3. **關節運動感受器** (joint kinesthetic receptor)：位於關節囊內或周圍，提供關節位置改變的訊息，讓身體產生本體感覺。
4. **聽斑與壺腹嵴** (macula and crista ampullaris)：位於耳朵，負責平衡覺。

9-3 視覺

視覺是接受光波刺激的感覺器官，光波經光感受器轉換為神經衝動後，視神經將衝動傳入大腦皮質枕葉區，產生視覺影像。在光譜波長中，刺激人類光感受器活化的波長僅為 400~700 nm 可見光波 (visible spectrum)。反之，波長較長的光線為紅外線光 (750~10^6 nm)，在醫療上被應用於加溫用的照護燈，生活上則被作為瓦斯爐或感應器等。波長較短的光線為紫

外線光 (10~400 nm)，由於散射出來的能量較強，會傷害到組織細胞，故紫外線常被作為滅菌燈。

一、眼睛的附屬構造

眼睛附屬構造包括眉毛、眼瞼、眼睫毛、淚器（圖 9-4）。

(一) 眉毛 (Eyebrows)

位於前額與上眼瞼之間，順著眉弓長出來的粗糙毛髮，功能為防止汗水或異物掉入眼睛，及表達臉部表情輔助溝通。

(二) 眼瞼 (Eyelids)

俗稱為眼皮，由淺層至深層構造，依序為皮膚、皮下組織、肌肉組織、瞼板、結膜，主要功能為保護眼睛及潤滑眼球。

眼瞼組織中的皮下脂肪堆積，在外觀上形成眼袋，肌肉組織中的眼輪匝肌負責閉眼動作，由顏面神經支配，提上眼瞼肌負責張眼動作，由動眼神經支配。瞼板內含有瞼板腺，為皮脂腺體，可以分泌油脂，用來維持眼球的潤滑作用。

結膜為一層薄薄的微血管膜組織，覆蓋於眼瞼與眼球表面，位於眼瞼表面部分稱為眼瞼結膜，位於眼球表面部分稱為眼球結膜。

(三) 眼睫毛 (Eyelashes)

長於上下眼瞼邊緣的一排毛髮，對於異物十分敏感，若有異物碰觸眼睛，立即產生眨眼反射，以保護眼睛。

(四) 淚器 (Lacrimal Gland)

淚器分為分泌系統和排泄系統：

1. 分泌系統 (secretory system)：指淚腺分泌淚液，淚腺位於眼眶外上方，由 6~10 條淚腺管分泌至眼球前表面。
2. 排泄系統 (eliminative system)：指淚液排泄過程，淚液分泌至眼球表面後，橫過鞏膜進入眼瞼邊緣的淚點，經淚小管進入淚囊、鼻淚管，到達鼻腔的下鼻道。淚液具有清潔、潤滑及濕潤眼球表面功能。

二、眼球的構造

眼球包裹於眼窩內，約有 1/6 曝露於臉上眼眶，成人眼球直徑約為 2.5 公分，眼球可分為眼球壁構造及眼球內部構造。

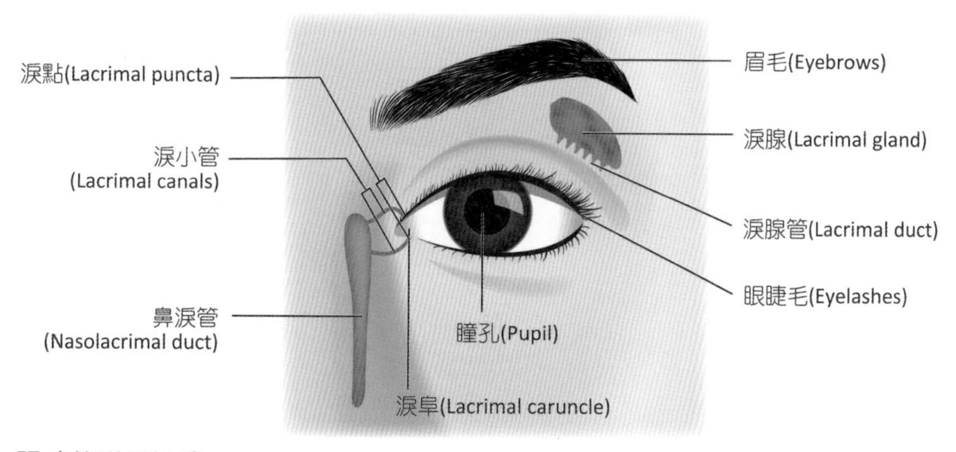

■ 圖 9-4　眼睛的附屬構造

(一) 眼球壁構造

眼球壁構造由外而內分別為纖維層、血管層及神經層（圖 9-5）。

◎ 纖維層 (Fibrous Layer)

由纖維性結締組織構成，不含色素細胞及血管。

1. **角膜** (cornea)：位於眼球最前方，是光線進入眼球的第一道關卡和唯一途徑。角膜占纖維層前 1/6，呈現光滑、透明的前凸後凹透鏡狀，使之對光線具有屈光能力，角膜後方為虹膜。
2. **鞏膜** (sclera)：由眼球後方視神經盤兩側往前延伸至角膜邊緣，占纖維層 5/6，**呈現不透明乳白色，俗稱為眼白**，由緻密性結締組織構成，質地堅硬、強韌，對眼睛具有保護作用，角膜與鞏膜相連處有鞏膜靜脈竇，又稱為**許萊姆氏管** (canal of Schlemm)，其為房水回流進入靜脈系統之導管。

◎ 血管層 (Vascular Layer)

含有豐富的色素細胞與血管，呈現黑棕色，故又稱為葡萄膜 (uvea)。

1. **脈絡膜** (choroid)：占血管層後 5/6，其分布與鞏膜相平行，**由血管及色素細胞組成**，其功能提供營養給視網膜外部光感受器細胞，及吸收眼球後方多餘的光線。
2. **睫狀體** (ciliary body)：位在眼球赤道部位，由睫狀肌和睫狀突組成，其中睫狀肌收縮或放鬆調控著水晶體調焦能力；睫狀突具有分泌水漾液（又稱房水）功能。
3. **虹膜** (iris)：為圓盤狀色素膜，表面有許多條紋，稱為虹膜紋理，每個人的虹膜紋理都不同，因此虹膜被作為身分鑑別方法。虹膜中央邊緣圍繞形成一個孔洞，稱為**瞳孔** (pupil)，光線經瞳孔進入眼球後段，**瞳孔的縮放猶如相機的光圈**，控制光線進入的數量。**瞳孔的大小受到環狀肌及輻射肌調控**，當強光照射眼睛時，副交感神經（動眼神經）刺

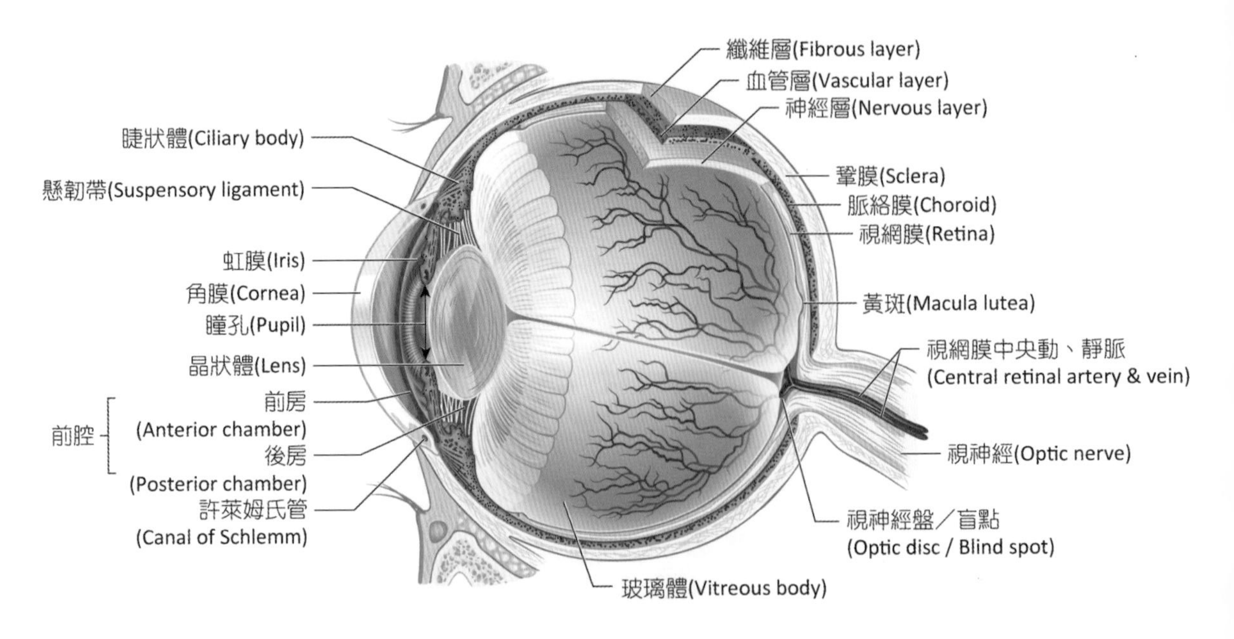

■ 圖 9-5 眼球的構造

激環狀肌收縮，引起瞳孔縮小；當眼睛處在微弱光線環境時，交感神經刺激放射狀肌收縮，引起瞳孔放大（圖 9-6）。

◎ 神經層 (Nervous Layer)

一群高度特化的神經細胞，分布於眼球後方視神經盤兩側往前至睫狀體後緣。可分為：

1. **色素上皮** (pigment epithelium)：由單層扁平或柱狀上皮細胞組成，具有吸收光線，防止光線散射作用。
2. **視網膜** (retina)：縱向神經細胞由外而內為感光受器細胞、雙極細胞、神經節細胞，用以傳遞神經衝動。橫向神經細胞為**水平細胞** (horizontal cell)、**無軸突細胞** (amacrine cell)，可修飾及整合電位（圖 9-7）。
   (1) **感光受器細胞** (photoreceptor cell)：分為兩種，**視錐細胞** (cones) 負責強光及彩色刺激，主要分布於黃斑，產生清晰解析度視覺細胞；**視桿細胞** (rods) 負責微弱

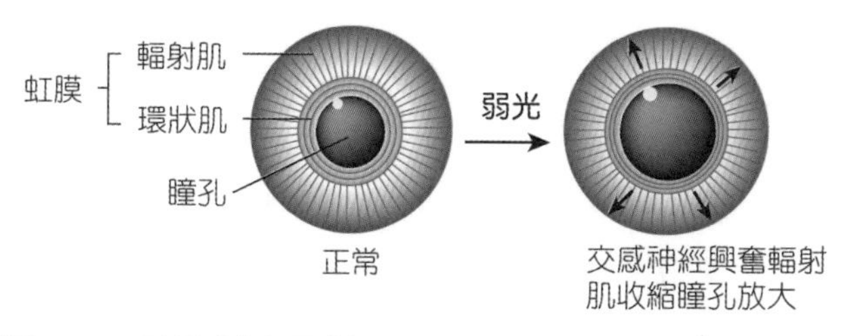

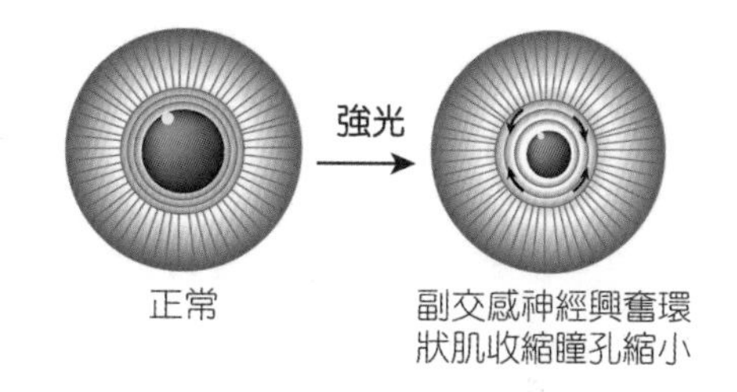

■ 圖 9-6 瞳孔對光反射

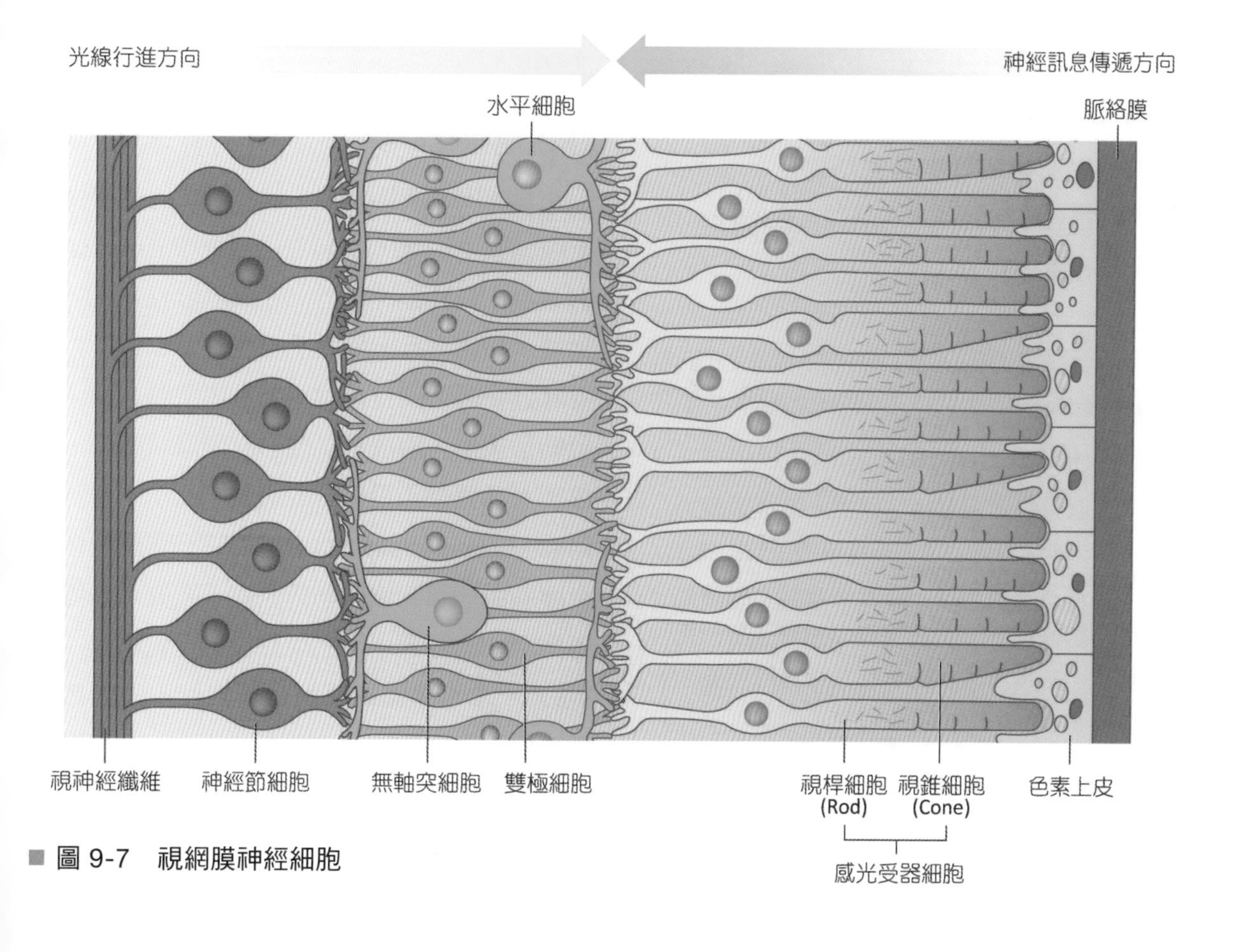

■ 圖 9-7 視網膜神經細胞

光、黑白色刺激，主要分布於黃斑以外區域，產生對光線非常敏感的作用。

(2) **雙極細胞** (bipolar cell)：屬於中間神經元，傳遞感光細胞與神經節細胞之間的衝動。

(3) **神經節細胞** (ganglion cell)：接收雙極細胞衝動，進入視神經纖維層內，並排列成束，呈波浪狀趨向視神經盤。神經節細胞軸突離開眼球後，即成為視神經，終止於視丘外側膝狀核。

視網膜中央區域稱為**黃斑** (macula lutea)，直徑約為 5 mm，黃斑中央有一小凹稱為**中央小凹** (central fovea)，寬約為 0.6 mm，此區域**僅分布視錐細胞，為視力最敏銳之處**；反之在**視神經盤** (optic disc) 處沒有任何光感受器細胞分布，所以此處在視覺上看不到任何影像，故視神經盤又稱為**盲點** (blind spot)。

(二) 眼球內部構造

眼球內部構造以水晶體為界，水晶體到角膜間的腔室稱為前腔，水晶體之後的腔室則稱為後腔（圖 9-5）。

ANATOMY & PHYSIOLOGY

青光眼 (Glaucoma)

青光眼指水漾液蓄積在眼內，造成眼壓過高的疾病。水漾液分泌量過多或排泄系統阻塞，都可能造成水漾液蓄積。青光眼症狀為視神經萎縮和視野缺損，故眼壓檢查、視野分析、視神經檢查、前房角鏡檢查等都為青光眼重要的檢查項目。

◎ 前腔 (Anterior Cavity)

前腔可分為位於角膜至虹膜的前房 (anterior chamber)、虹膜至水晶體的後房 (posterior chamber)。前、後房空間充滿**水漾液** (aqueous humor)，水漾液由睫狀突分泌至後房，再經瞳孔引流至前房，最後由**許萊姆氏管** (canal of Schlemm) 引流至靜脈系統，水漾液可提供眼球營養及排除新陳代謝產物。

◎ 後腔 (Posterior Cavity)

水晶體後方的**玻璃體** (vitreous body) 約占眼球容積的 4/5 (80%)，具有**維持眼球形狀**功能。玻璃體為無色透明具有光學功能的膠質體，玻璃體內沒有血管，且內部液體不具更新作用，營養物質大都來自鄰近的脈絡膜或視網膜血管，當玻璃體發生變性或內部成分液化或濃縮時，可能導致不同程度的視力障礙，稱為飛蚊症。

◎ 水晶體 (Lens)

具有調整焦距功能，能將遠或近物體投射至視網膜上成像。水晶體由**懸韌帶** (suspensory ligament) 繫於睫狀體上，**睫狀肌** (ciliary muscle) 調控水晶體形狀，協助水晶體調整焦距能力。當看近物時，副交感神經刺激睫狀肌收縮，使懸韌帶放鬆，造成水晶體形狀變厚、變圓，光線經水晶體調焦投射至視網膜，此作用稱為調節 (accommodation)；當看遠物時，交感神經刺激睫狀肌放鬆，使懸韌帶收縮，造成水晶體變薄變扁，光線經水晶體調焦投射至視網膜（圖 9-8）。當水晶體內部蛋白質變性，失去透明性，即稱為白內障 (cataracts)。

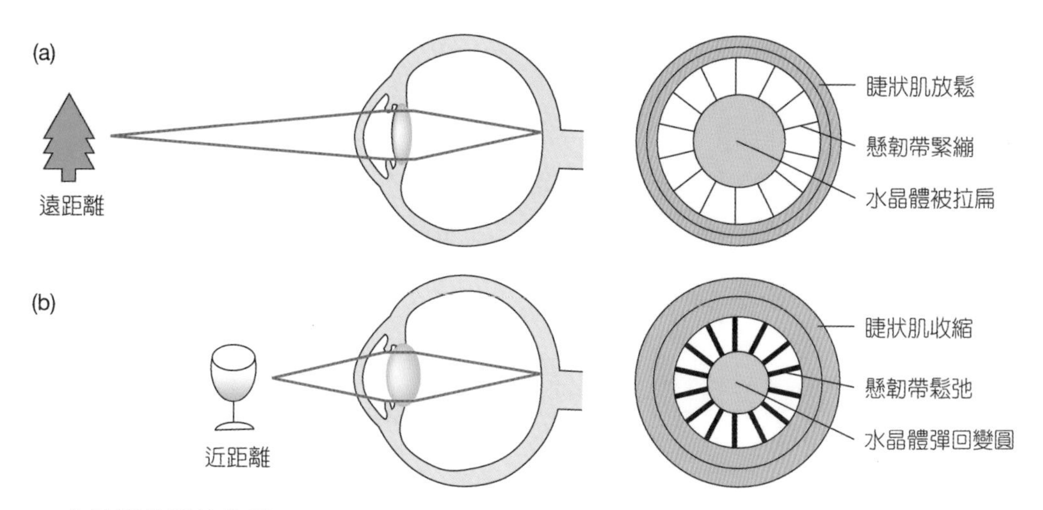

■ 圖 9-8 水晶體的調節作用

三、視覺生理

視覺生理意指光波刺激影像形成的過程，當光線經角膜進入眼球，穿越瞳孔經水晶體調整焦距，幫助焦點落至黃斑區，感光受器受光線刺激，造就一連串神經元傳遞衝動而產生影像。

(一) 視桿細胞對光線的反應

視桿細胞分布在黃斑邊緣，負責接受微弱光線及黑、白色刺激，用來辨別明、暗的影像及物體輪廓。

ANATOMY & PHYSIOLOGY

白內障 (Cataracts)

白內障是水晶體內部蛋白質變性，失去透明呈混濁狀態，導致視力障礙的一種疾病，隨著年齡增加，罹患白內障的機率隨之上升。白內障典型臨床症狀有無痛無癢的漸進性視力下降，若水晶體內部結構受到改變，可能伴有近視度數加深、單眼複視（單眼看東西時出現多個物像）、畏光、眩光、色彩失去鮮明度等症狀，目前尚無藥物讓白內障的病程逆轉，唯有透過手術治療幫助患者視力恢復。

◎ 暗適應 (Dark Adaptation)

在亮處進入暗室，有短暫看不見現象，其機制是**視紫質** (rhodopsin) 在亮光時完全裂解，在黑暗中等待**視黃醛** (retinal) 和**暗視質** (scotopsin) 進行同化作用，生成視紫質讓視桿細胞對光線敏感，使得黑暗中可以看見物品，此稱為暗適應，其所需時間較久，約好幾分鐘才可以完全適應，讓視桿細胞達到完全功能（圖 9-9）。

(二) 視錐細胞與色彩視覺

視錐細胞分布在黃斑，黃斑以外區域幾乎沒有分布，視錐細胞負責接受亮光及彩色刺激，用來辨別明亮的影像並對色彩敏銳，但對光線的靈敏性則不如視桿細胞，視錐細胞感光物質為碘視紫 (iodopsin)。

視錐細胞可分為藍、綠、紅三種視錐細胞，分別對藍光、綠光、紅光敏感。影像中的**色彩影像是由吸收光波的種類及視錐細胞興奮的比例而決定**，藍色、綠色、紅色為視覺的原色，例如視錐細胞吸收紅光和綠光，則產生橙黃色系列的影像；吸收藍光和紅光，則產生紫

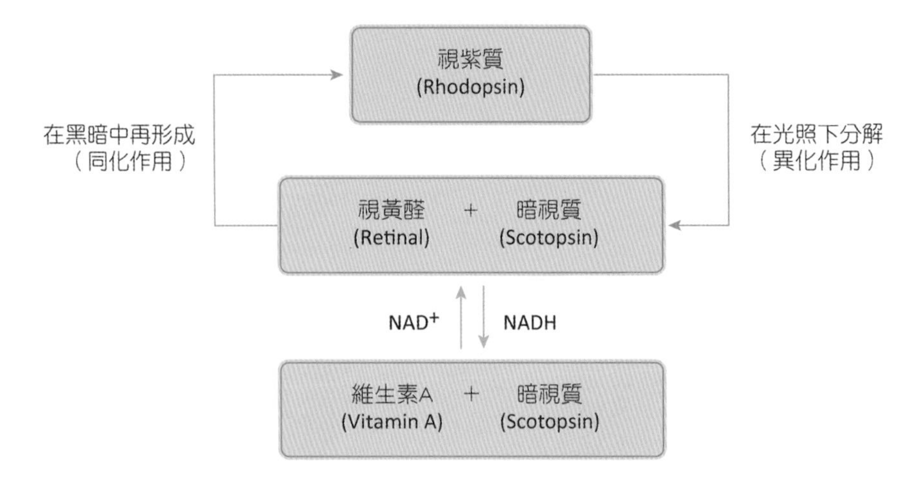

■ 圖 9-9　視紫質循環

色系列的影像；吸收藍光、綠光、紅光比例相同，則產生白色影像。若其中某一視錐細胞減少或壞死，則造成色弱 (color weakness) 或色盲 (color blindness)。

◎ 光適應 (Light Adaptation)

在暗室進入光亮環境，有耀眼到刺眼的現象，其機制是視桿細胞在暗處蓄積大量的色素蛋白視紫質，第一時間進入亮處，視紫質遇到強光迅速分解，因而產生耀眼的光感，等待視紫質含量減少，眼睛對光線的敏感度下降，視錐細胞則可以投入工作，恢復在亮光處的視覺，此稱為光適應，其所需時間較快，約幾秒到幾分鐘內完全適應，使視錐細胞達到完全功能。

(三) 光線與電位關係

眼睛不管有無受到光線刺激，都有其專屬電位產生。**感光受器沒有光線刺激時**，視桿外段 cGMP 配基的陽離子通道 (cGMP-gated cationic channel) 開啟，讓 Na^+ 持續流入外段胞內，Na^+ 經由纖毛通道快速流向內段。在內段側面活化態的 Na^+/K^+ 幫浦讓 Na^+ 持續流出胞外，位在胞外的 Na^+ 由內段流動至外段，產生一個循環式的電子流，此稱為暗電流 (dark current)，感光受器膜電位此時為 − 40 mV 電位（靜止膜電位 − 70 mV），引發去極化電位，使得神經傳遞物質麩胺酸 (glutamate) 持續釋放。

感光受器有光線刺激時，視桿外段的光色素蛋白視紫質發生裂解，立即分解 cGMP，使 cGMP 含量減少，造成 cGMP 配基的陽離子通

臨床應用 ANATOMY & PHYSIOLOGY 

色盲 (Color Blindness)

色盲是色彩辨別障礙疾病，為 X 染色體性聯遺傳疾病，男性遠多於女性，肇因於**視蛋白 (opsins) 種類過少**，以紅綠色盲較為常見，藍色盲及全色盲較少見，患者從小沒有正常辨色能力。檢查色盲最快速的方法是採用點狀圖法，將排成數字的圖點混雜在不同顏色圖點中，予以辨認，患者由於辨色困難，無法看清楚圖點中的數字，藉此檢驗色盲。

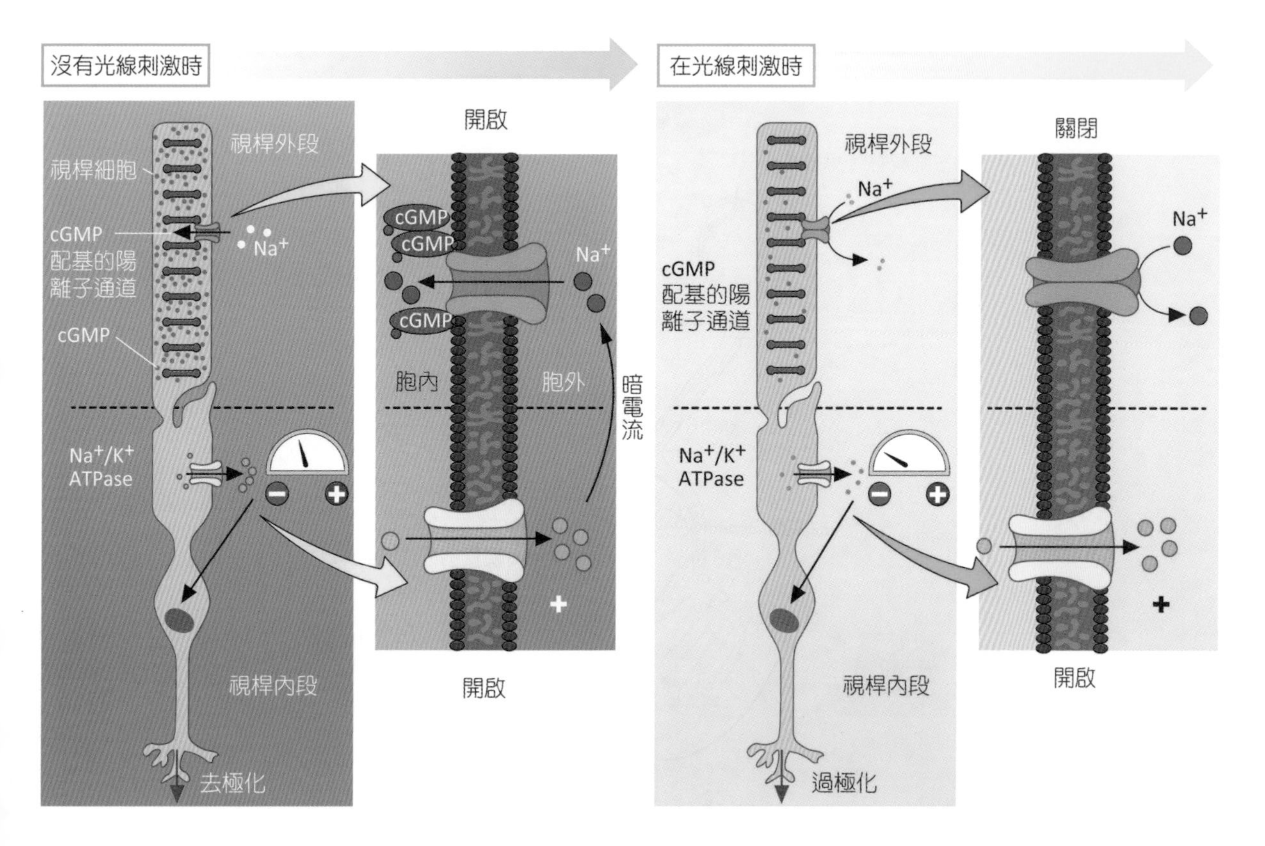

■圖 9-10 視桿細胞光感機制

道關閉，Na$^+$不再流入外段胞內，而內段側面活化態的 Na$^+$/K$^+$幫浦仍持續 Na$^+$流出胞外，感光受器膜電位改變此時為－ 75 mV 電位，**引發過極化電位**，過極化電位依據光線刺激和視紫質活化程度，決定麩胺酸釋放量是減慢或停止（圖 9-10）。

(四) 視覺傳導途徑

光線刺激光感受器產生神經衝動，衝動依序沿著雙極細胞、神經節細胞傳入視神經，通過**視交叉**時，位於鼻側的視神經交叉至對側，另顳側的視神經則無交叉，有交叉與無交叉的視神經沿著視徑投射至視丘**外側膝狀核**，與視放射形成突觸，經視放射最後投射至枕葉**視覺皮質區**（圖 9-11）。

視野可分成鼻側上下半部及顳側上下半部，由於水晶體是透鏡構造，照射進入眼球的光線，**在視網膜成像為上下、左右顛倒的影像**，經雙眼視覺作用，枕葉可以獲得上下、左右側完整影像，所以當不同段落的神經受損，將引起不同程度的視野偏盲，例如視交叉受損，引起雙眼顳側偏盲。

9-4 聽覺與平衡覺

耳朵負責聲波及身體平衡二種感覺。聲波以頻率及強度為特徵，頻率與音調有關，頻率越高，音調則越高；強度以分貝 (decibels, dB) 為單位，意指聲波產生的振幅，聲音振幅主要

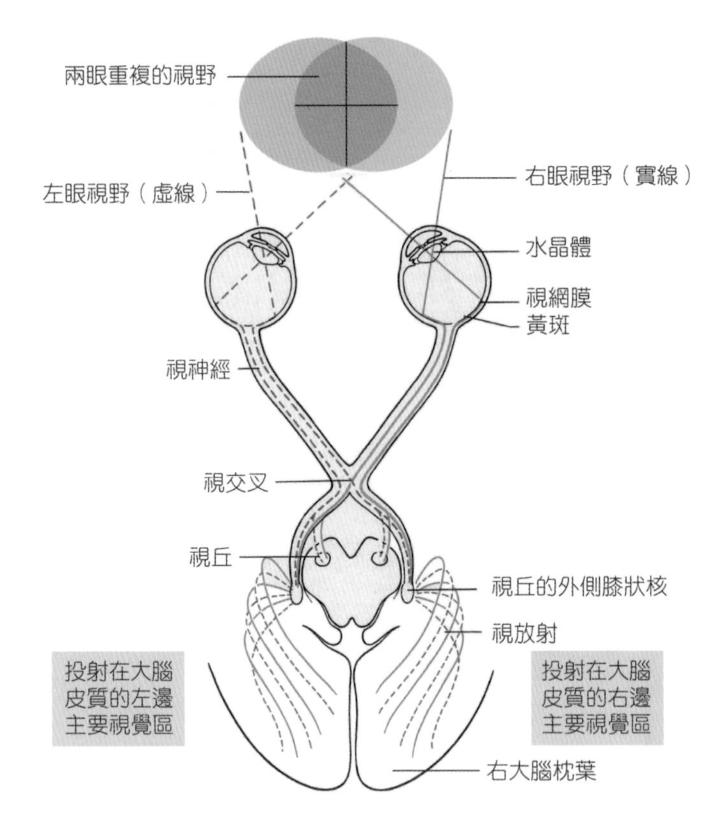

■ 圖 9-11　視覺傳導路徑

與聲響有關，振幅越高，聲響越大。身體平衡與重力方向有關，當乘坐火車、飛機、駕車產生的水平移動，及乘坐電梯、跳繩產生的垂直移動皆為直線加速度 (linear acceleration) 平衡，另外轉頭、旋轉、翻滾產生的移動稱為旋轉加速度 (rotational acceleration) 平衡。當身體移動都會興奮平衡覺感受器，以穩定身體平衡避免受傷。

一、耳朵的構造

耳朵解剖構造分為外耳、中耳、內耳三部分（圖 9-12）。

(一) 外耳 (Outer Ear)

外耳負責接收聲波，以空氣作為傳遞聲波介質，由耳翼、外耳道及鼓膜組成，聲波引起鼓膜振動，並傳遞至中耳。

1. **耳翼** (auricle)：由彈性組織構成，游離緣稱為耳輪 (helix)，最下方一團肉塊稱為耳垂 (lobule)，主司收集聲波。
2. **外耳道** (external auditory meatus)：位於顳骨內一條長約 2.5 公分的管道，從外耳開口延伸至鼓膜。靠近開口處內側緣具有毛及耵聹腺，耵聹腺為皮脂腺體，可分泌油脂形成耳垢，毛及耳垢可以防止外物進入耳內，主司傳遞聲波。
3. **鼓膜** (tympanum)：介於外耳道與中耳，為一層薄薄半透明的纖維結締組織，形似扁平圓錐，錐尖向中耳鼓室凸出。鎚骨柄附著於鼓膜上，聲波振動鼓膜傳入中耳。

(二) 中耳 (Middle Ear)

中耳又稱為鼓室 (tympanic cavity)，位於顳骨岩部，內襯覆蓋黏膜及充滿氣室腔，外

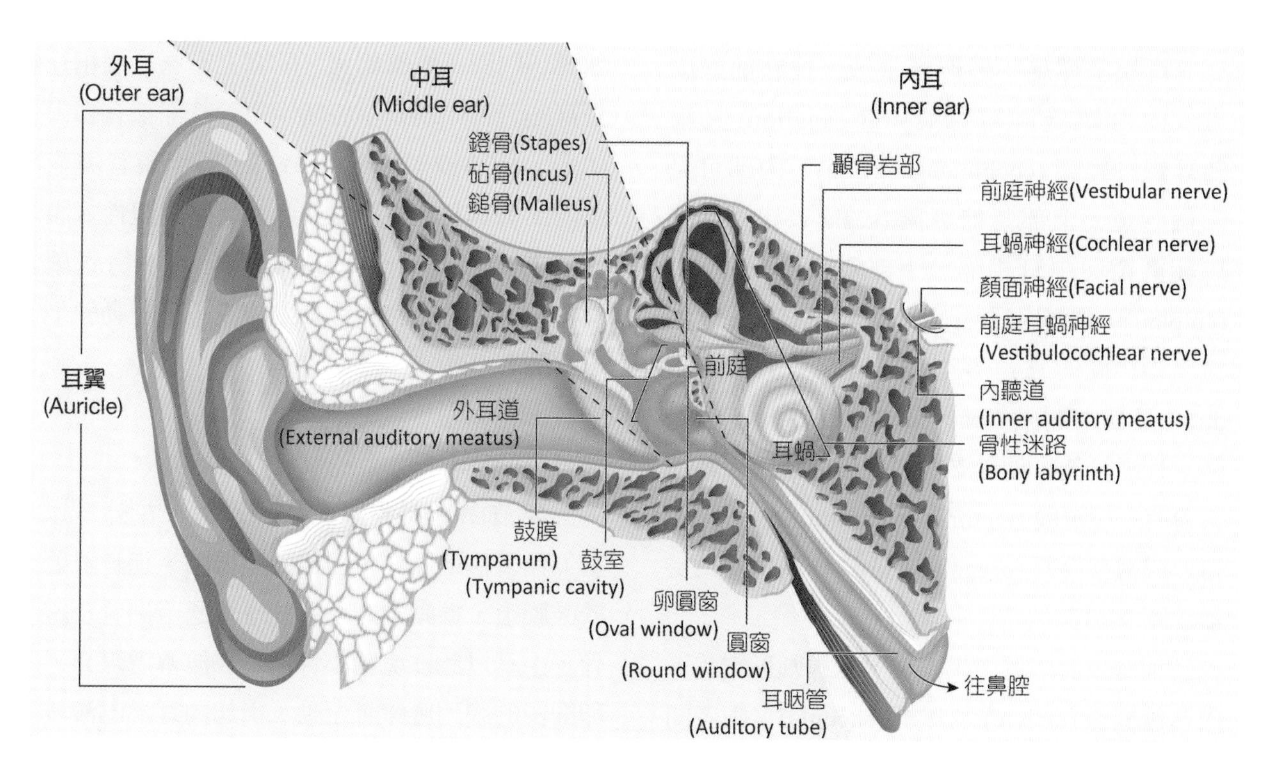

■ 圖 9-12 耳朵的構造

接外耳以鼓膜相隔，內接內耳以卵圓窗 (oval window) 及圓窗 (round window) 相隔，前壁有一條管道，開口通往鼻咽，稱為**耳咽管** (auditory tube) 或歐氏管，用來平衡中耳與外界壓力。當鼻腔感染時，病菌容易藉耳咽管傳至中耳，引起中耳炎。

中耳以三塊聽小骨 (auditory ossicles) 作為傳遞聲波的介質，三塊聽小骨橫跨中耳，由**外而內依序為鎚骨** (malleus)、**砧骨** (incus)、**鐙骨** (stapes)，聽小骨之間以滑液關節相連接，鎚骨柄附著於鼓膜上，頭部與砧骨體部形成關節，砧骨中間部與鐙骨頭部形成關節，鐙骨基部則嵌入卵圓窗內，中耳產生的振動藉此傳入內耳，圓窗位於卵圓窗正下方。

中耳有二條肌肉附著於聽小骨，一為鼓膜張肌 (tensor tympani muscle)，負責將鎚骨往內拉增加鼓膜張力，以降低鼓膜震動幅度，能防止內耳受到過大聲音的傷害；另一為鐙骨肌 (stapedius muscle)，是最小的骨骼肌，負責將鐙骨往後拉，減小震動的幅度，功能與鼓膜張肌相似。

(三) 內耳 (Inner Ear)

內耳構造相當複雜，又稱為迷路 (labyrinth)，由**骨性迷路**和**膜性迷路**組成，內有淋巴液作為傳遞聲波的介質。骨性迷路內襯有骨膜，內含有**外淋巴液**；外淋巴液圍繞著膜性迷路，膜性迷路內襯為上皮，含有**內淋巴液**。骨性迷路與膜性迷路形成一連串囊狀及管狀雙套管構造，依其形狀分為**耳蝸** (cochlea)、**前庭** (vestibule)、**半規管** (semicircular canals) 三部分。

耳蝸呈螺旋狀形似蝸牛殼，位在前庭前方，內含螺旋神經節 (spiral ganglion) 又稱為耳蝸神經節 (cochlear ganglion)，內部可見三個管道，上部為**前庭階** (scala vestibule)，以卵圓窗與中耳相隔，下部為**鼓室階** (scala tympani)，以圓窗與中耳相隔，**二者為骨性迷路**；中間的三角形空腔為**耳蝸管** (cochlear duct) 又稱中間階 (scala media)，**屬於膜性迷路**。耳蝸管基底膜有**支持細胞和毛細胞**，其上方蓋有一層覆膜 (tectorial membrane)，共同組合形成**柯蒂氏器** (organ of Corti) 作為聽覺感受器（圖 9-13）。

前庭位於內耳中央部位，呈橢圓形空腔，內含**橢圓囊** (utricle) 及**球囊** (saccule)，兩者間以小管相連。橢圓囊後壁相連於膜性半規管，球囊下端與耳蝸管相通。前庭上方為三個相互垂直的骨性半規管，每個半規管基部都有膨大構造，稱為**壺腹** (ampulla)。三個半規管與壺腹內部都具有骨性迷路與膜性迷路，膜性壺腹內部的**壺腹嵴** (crista ampullaris) 為平衡覺感受器，由支持細胞和毛細胞構成，主司動態平衡（圖 8-46）。

二、聽覺生理

聲波由耳翼收集進到外耳道，在外耳以空氣作為傳遞媒介，引起鼓膜振動，鎚骨附著於鼓膜上，振動則隨鎚骨依序傳遞至砧骨及鐙骨，中耳以此三塊聽小骨作為聲波傳遞媒介，卵圓窗的膜因應鐙骨振動，引起內耳淋巴液波動，作為聲波傳遞媒介。

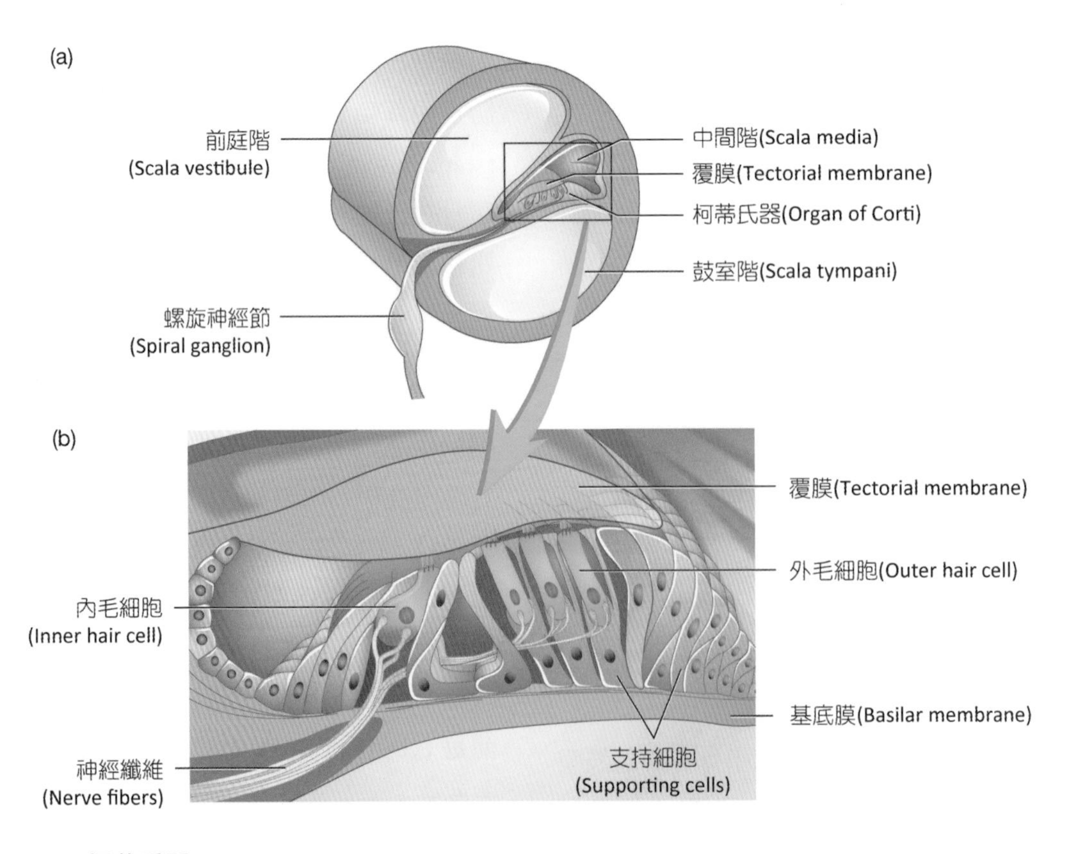

■ 圖 9-13 柯蒂氏器

臨床應用 ANATOMY & PHYSIOLOGY

中耳炎 (Otitis Media)

中耳炎指中耳黏膜發生急性或慢性發炎疾病，常因上呼吸道感染或過敏性鼻炎造成耳咽管阻塞所致，中耳炎發生於任何年齡，但由於幼兒耳咽管短且直，以兒童及幼兒最為常見，症狀有發燒、耳痛、聽力障礙，有時合併有鼻塞、流鼻水與感冒症狀，臨床檢查以耳鏡檢查耳膜有無發炎，一般投予抗生素藥物治療。

前庭階與鼓室階受聲波振動引起外淋巴液波動，波動由卵圓窗傳入前庭階，再傳至鼓室階，使得圓窗的膜往中耳腔內移動，引起基底膜與覆膜共振，牽動柯蒂氏器的毛細胞彎曲，**引起大量鉀離子流入毛細胞內，產生去極化電位**使耳蝸神經興奮，並將衝動傳入延腦、中腦下丘、視丘內側膝狀核，最後投射至大腦顳葉聽覺皮質（圖 9-14）。

三、平衡生理

(一) 直線加速度平衡

直線加速度平衡又稱為**靜態平衡**，感受器位於**橢圓囊、球囊上的聽斑** (macula)，聽斑含有極小的**碳酸鈣結晶**，稱為**耳石** (otoliths)，當身體直線移動時，耳石產生慣性，當水平加速或垂直加速時，耳石有一股反方向的作用力在毛細胞上，壓迫毛細胞彎曲產生感受器電位，刺激前庭神經興奮（圖 9-15）。

(二) 旋轉加速度平衡

旋轉加速度平衡又稱為**動態平衡**，感受器位於壺腹嵴。半規管內淋巴液與耳石有異曲同工之用，壺腹嵴的毛細胞伸入帽狀的壺腹頂，當身體旋轉移動時，內淋巴液產生慣性，三根相互垂直的半規管負責三個不同方向的運動訊息，依據身體旋轉方向，產生反方向作用

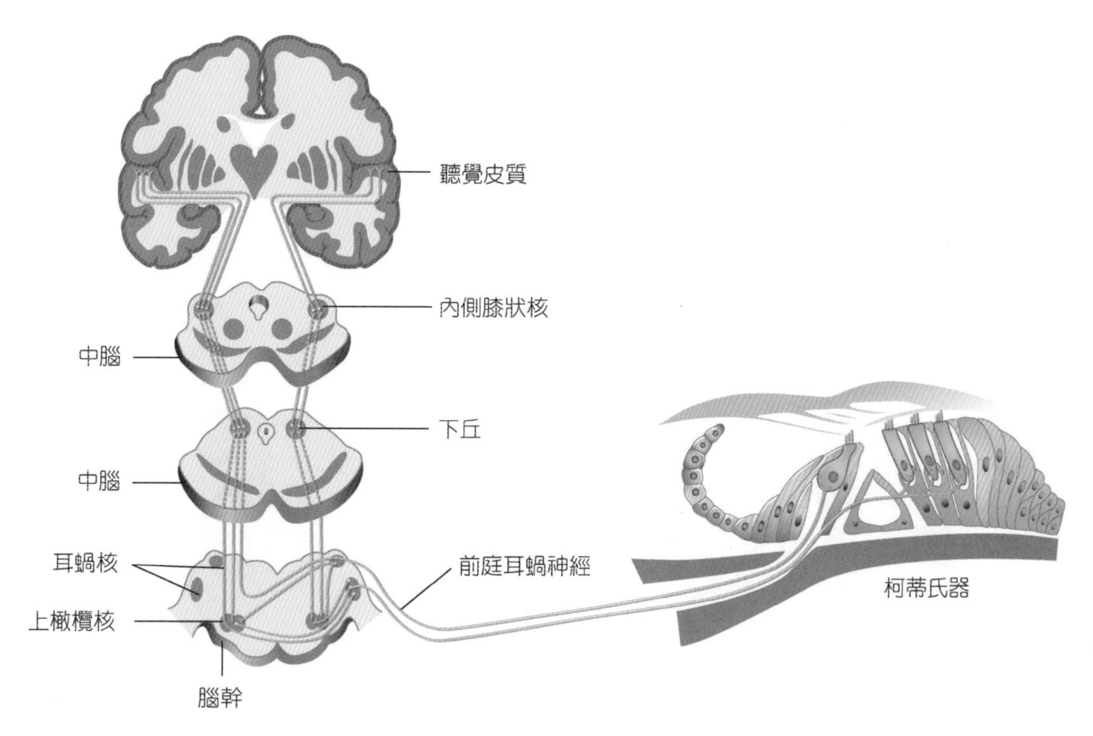

■ 圖 9-14　聽覺的神經傳導路徑

力，引起壺腹頂位移，毛細胞彎曲產生神經衝動，活化前庭神經並將衝動傳入中樞神經（圖 9-16）。

9-5 嗅覺

嗅覺與味覺在生理功能上密切相關，多數食物的滋味是由嗅覺與味覺組合而成。食物的美味，嗅覺占有決定性地位，例如當感冒鼻塞，往往由於嗅覺被壓制，造成食物嚐起來沒有滋味。嗅覺與味覺感受器同樣都是屬於化學性感受器，唯嗅覺屬於遠距離的感覺，味覺為近距離的感覺。

一、嗅覺感受器的構造與功能

嗅覺上皮為嗅覺感受器，位於鼻腔頂部靠近中隔黏膜處，由**嗅覺細胞** (olfactory cell)、**支持細胞** (supporting cell) 和**基底細胞** (basal

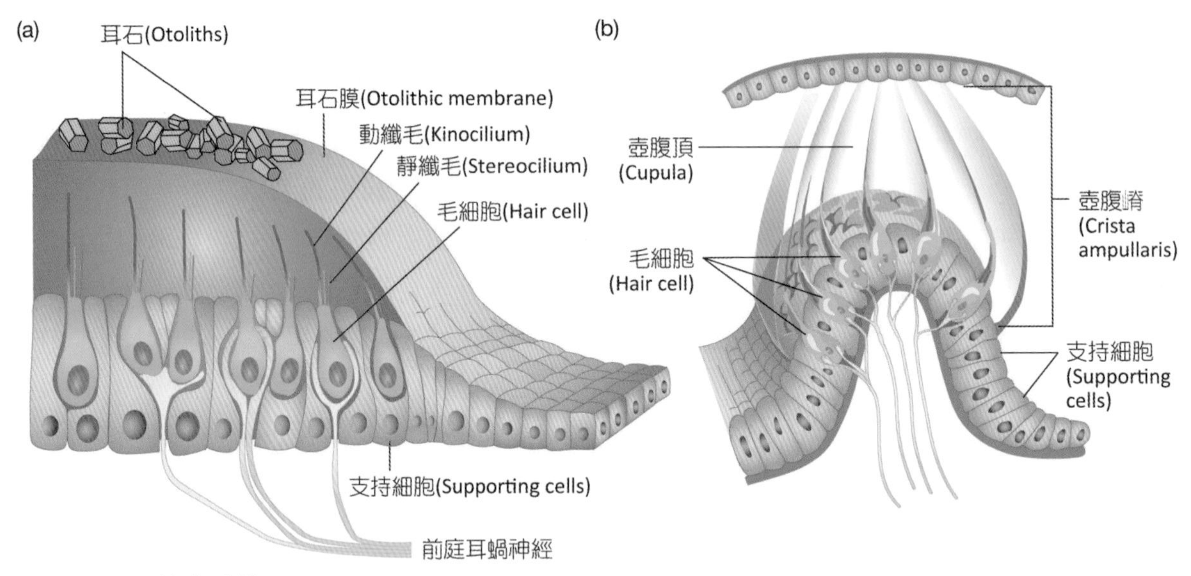

■ 圖 9-15 前庭系統

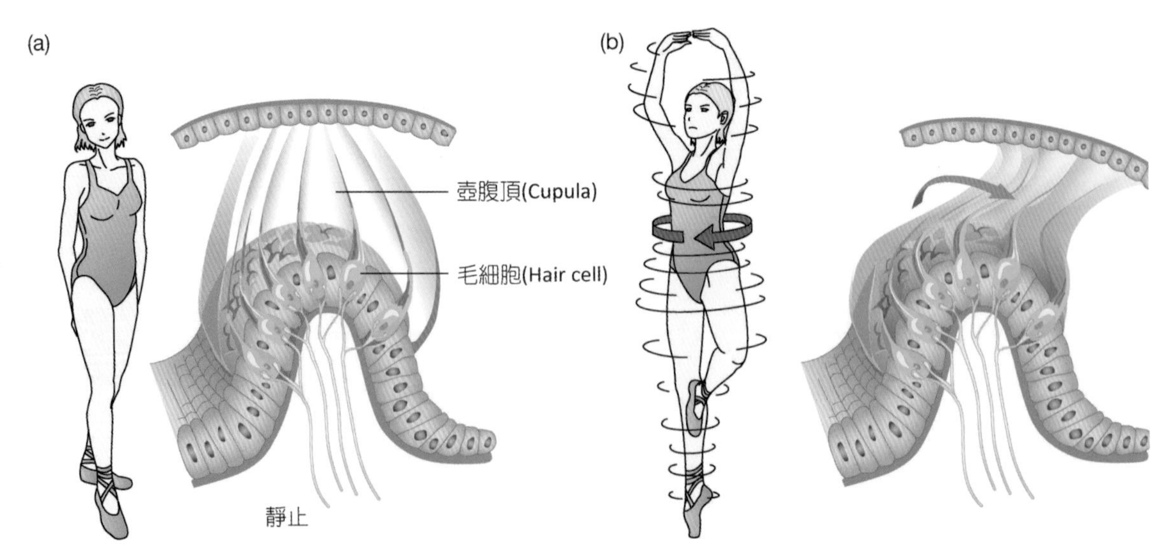

■ 圖 9-16 動態平衡

cell) 共同組成，嗅覺感受器為第一個接受氣味分子活化的細胞，大約可存活兩個月，藉由基底細胞不斷分化生成新生嗅覺感受器以取代之。嗅覺感受器具有單一增長的樹突延伸至嗅覺上皮，樹突前端延伸出些許纖毛，纖毛位於黏膜表面且被黏膜所覆蓋，氣味分子可與纖毛上氣味分子感受器結合，引起神經衝動（圖 9-17）。

二、嗅覺生理

嗅覺感受器適應性非常快速，即使暴露在令人不悅的氣味下，由於神經元放電頻率逐漸下降，依然產生適應。氣味分子經空氣吸入鼻腔，並溶解於嗅覺上皮黏膜中，與纖毛上的氣味分子感受器結合，**活化細胞膜上 G 蛋白**，細胞內第二傳訊者 cAMP 間接被刺激活化，開啟離子通道，誘導嗅覺感受器活化產生**嗅覺感受器電位**（圖 9-18），**衝動沿著嗅覺感受器軸突穿越篩板進入嗅球**，嗅球內的神經元形成嗅徑 (olfactory tract)，將衝動傳至顳葉嗅覺皮質，讓嗅覺記憶儲存在大腦皮質。

9-6 味覺

人體味覺感受器稱為味蕾，食物進入口腔，須先被唾液或其他液體溶解成化學分子，並進一步刺激味蕾活化，產生味覺。

臨床應用 ANATOMY & PHYSIOLOGY

梅尼爾氏症 (Ménière's Disease)

梅尼爾氏症發生原因不明，可能是內淋巴液循環受阻或吸收障礙，導致內耳迷路壓力增高所致，好發於 30~50 歲成年人，是一種綜合症狀，足以影響聽力及平衡的一種內耳疾病，以陣發性、旋轉性眩暈、單耳或雙耳耳鳴為主要病徵，伴隨有進行性聽力喪失。

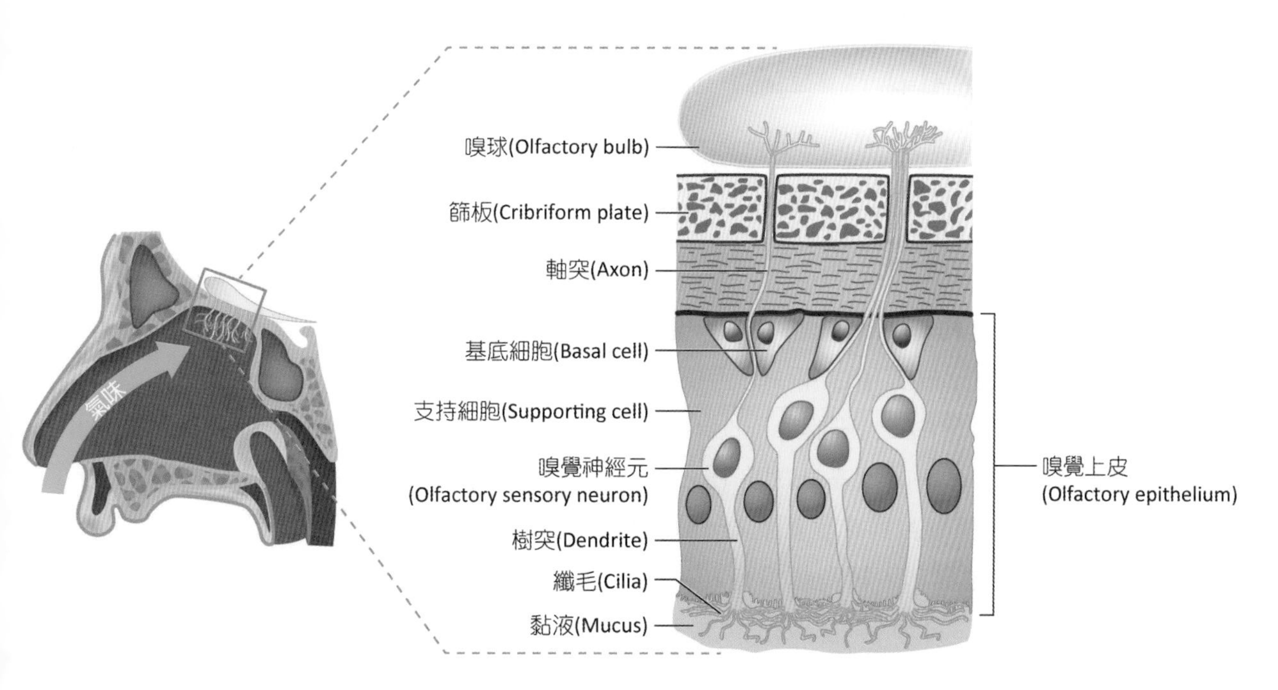

■ 圖 9-17 嗅覺感受器

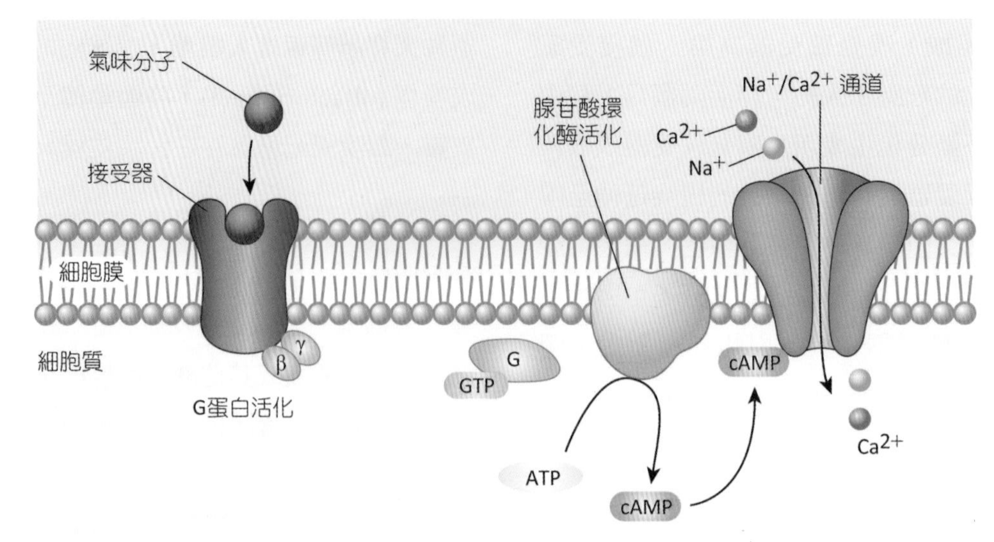

■ 圖 9-18　嗅覺感受器電位

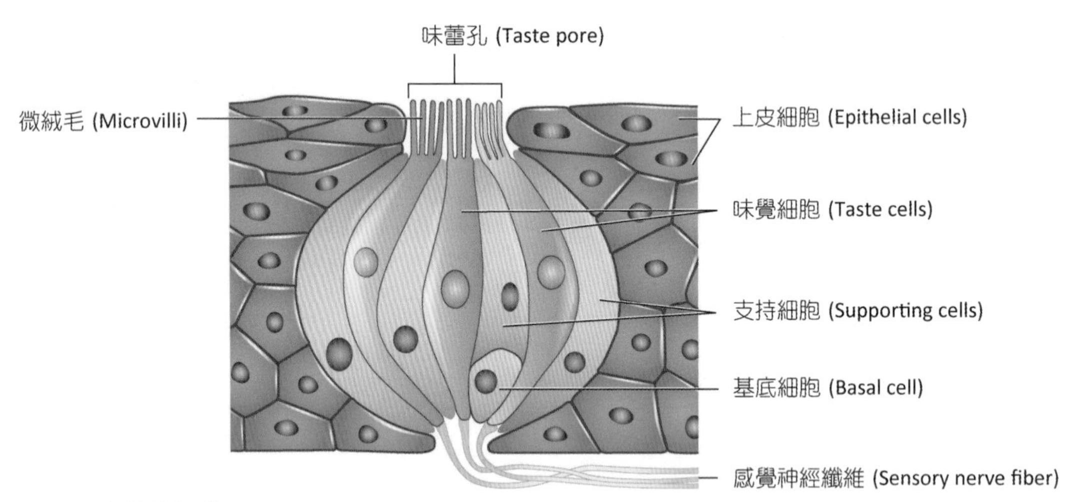

■ 圖 9-19　味蕾的構造

一、味覺感受器的構造與功能

味蕾 (taste bud) 約有一萬多個，隨著年齡增加逐漸遞減，主要分布在舌尖、舌緣、舌根、軟腭及會厭等處。味蕾由支持細胞 (supporting cell)、味覺細胞 (taste cell) 及基底細胞 (basal cell) 組成，味蕾支持細胞與味覺細胞排列呈橘瓣狀，中央為空心開口，稱為味蕾孔 (taste pore)，味覺細胞前端有細小的微絨毛，稱為味毛 (gustatory hair)，味毛伸向味孔增加與化學分子結合的表面積（圖 9-19）。味蕾位在於舌頭表面粗糙狀的乳頭裡（圖 9-20），舌乳頭的種類有：

1. **輪廓乳頭** (circumvallate papillae)：在舌後方排列呈倒 V 字形的 8~12 個乳頭，為乳頭中體積最大且味蕾密度最大者，為苦味味蕾。
2. **蕈狀乳頭** (fungiform papillae)：排列在舌尖及舌兩側的乳頭，含有甜、酸、鹹味味蕾。

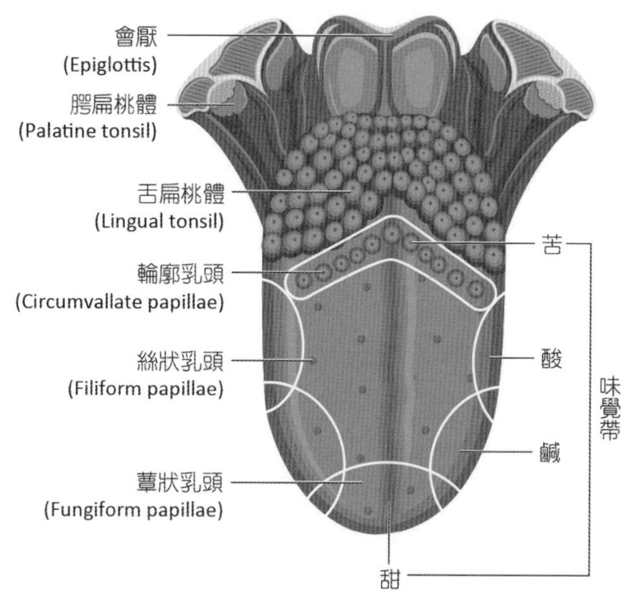

■ 圖 9-20　舌乳頭及味覺

3. **絲狀乳頭** (filiform papillae)：散布在舌前 2/3，體積最小、數量最多，因**角質化形成舌苔，不具味蕾**。

二、味覺生理

舌表面的四種基本味覺分別為甜、鹹、酸、苦，舌尖對甜味敏感，舌前兩側對鹹味敏感，舌緣兩側對酸敏感，舌後方舌根對苦敏感。化學分子刺激味蕾產生不同味道，這是由於味蕾產生不同的訊息傳遞機制所造成。

1. **甜味**：細胞膜上化學感受器與葡萄糖或人工甜味劑結合，活化 G 蛋白刺激第二傳訊者 cAMP 關閉鉀離子通道，阻斷鉀離子外流產生去極化電位（圖 9-21）。
2. **鹹味**：藉由鈉離子通過細胞膜進入細胞內，造成去極化電位產生。
3. **酸味**：藉由氫離子阻斷細胞上的鉀離子通道，促使去極化電位產生。

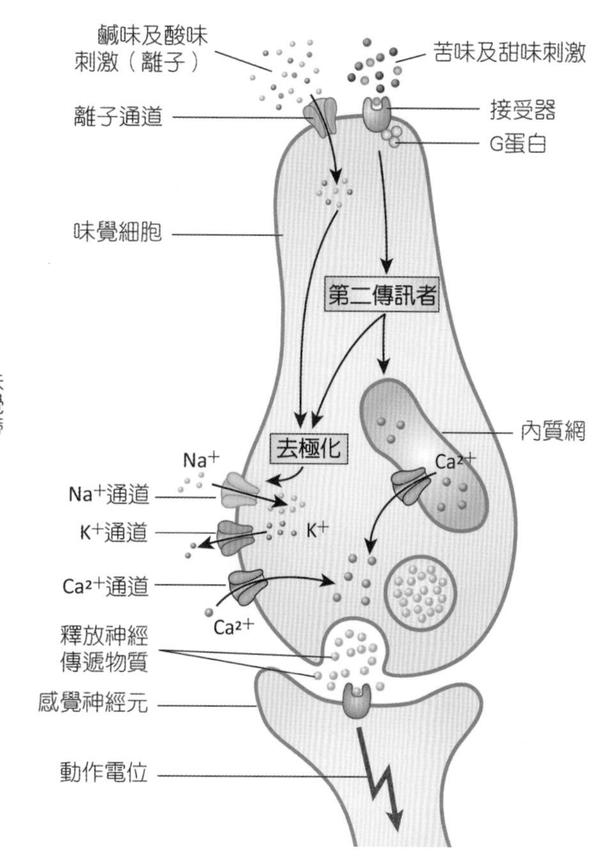

■ 圖 9-21　味覺感受器電位

4. **苦味**：在演化過程扮演保護性作用，一般有毒性食物大都具有苦味，產生不悅的味道，味蕾產生不同的訊息傳遞機制所造成。

最近發現第五種味覺，稱為**甘味** (umami)，**是一種與麩胺酸類食物產生的味道**，亦就是俗稱「味精」的味道，普遍用來增加食物的風味，作用機制如同甜、苦味相似，都是活化 G 蛋白產生的味道。

化學物質活化味蕾產生神經衝動，再經神經元傳入大腦皮質，其中**顏面神經** (CN VII) 負責傳送舌前 2/3 部位味蕾的神經衝動，**舌咽**

神經 (CN IX) 負責傳送舌後 1/3 部位味蕾的神經衝動，**迷走神經** (CN X) 負責傳送軟腭及會厭部位味蕾的神經衝動，這些神經元首先傳入延腦孤立束核，再經內側蹄系上行至**視丘**，最後投射至大腦頂葉味覺皮質區（圖 9-22）。

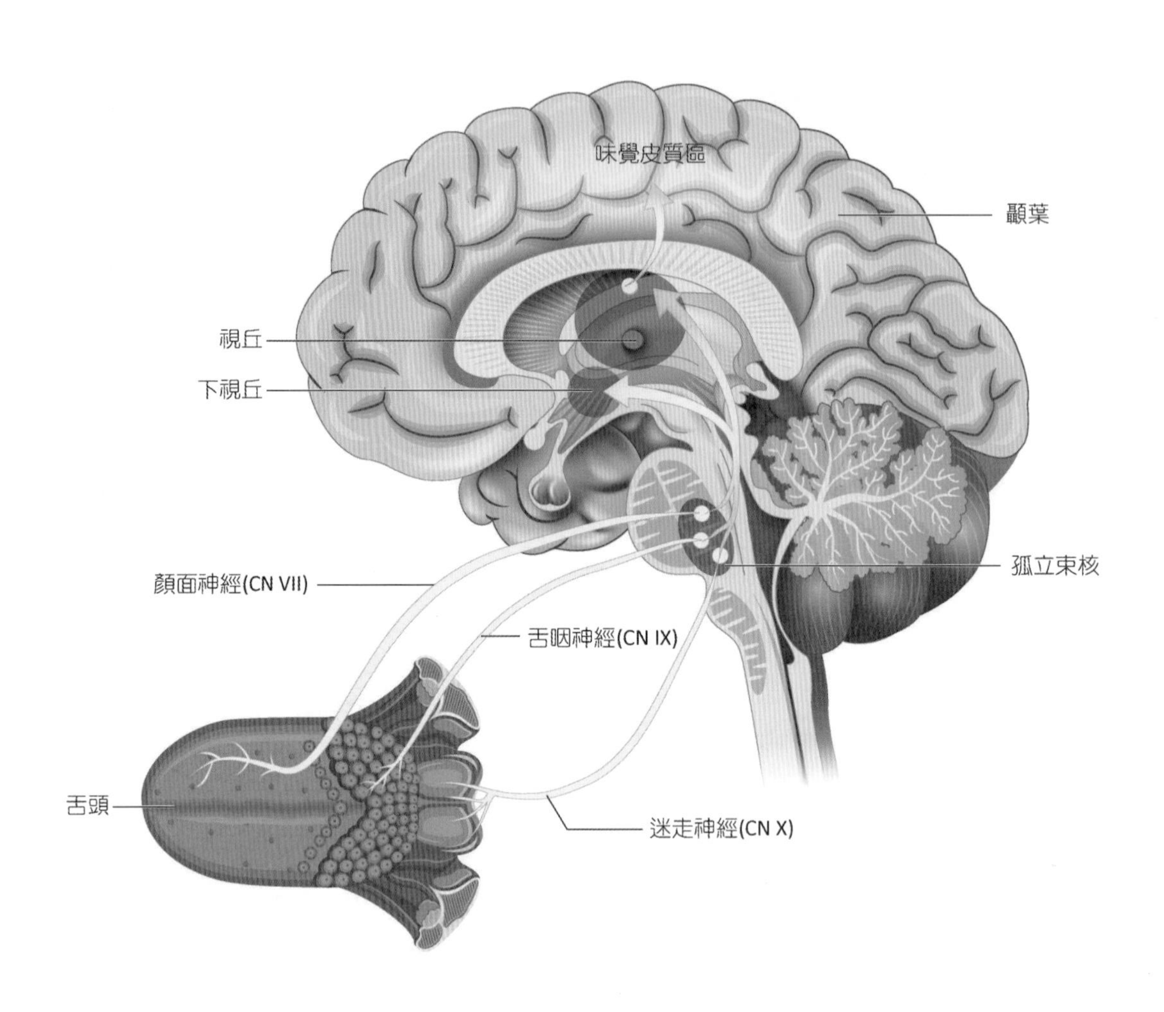

■ 圖 9-22　味覺的傳導途徑

學習評量 REVIEW AND CONPREHENSION

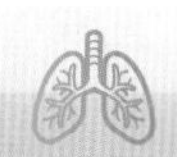

1. 關於視覺路徑，物體影像經水晶體投射至視網膜時，其影像與原物體方位相比較，下列敘述何者正確？ (A) 影像方位與原物體相同　(B) 影像呈現上下顛倒且左右相反　(C) 影像呈現上下顛倒，但左右與原物體相同　(D) 影像呈現左右相反，但上下與原物體相同
2. 下列何種胺基酸與甘味 (umami) 的味覺產生有關？ (A) 甘胺酸 (glycine)　(B) 麩胺酸 (glutamate)　(C) 酪胺酸 (tyrosine)　(D) 色胺酸 (tryptophan)
3. 下列有關色盲 (color blindness) 的敘述，何者正確？ (A) 發生於女性的機率遠高於男性　(B) 是與 Y 染色體相關的顯性性狀　(C) 主要肇因於產生太多種錐狀細胞 (cone cells)　(D) 主要肇因於視蛋白 (opsins) 的種類過少
4. 有關舌頭的敘述，下列何者錯誤？ (A) 味蕾也存在於舌頭以外的區域　(B) 舌上的每個舌乳頭未必皆有味蕾　(C) 舌下神經並不支配所有舌外在肌　(D) 舌下神經並不支配所有舌內在肌
5. 舌頭表面哪種乳頭分布廣泛，且具有味蕾？ (A) 絲狀乳頭　(B) 蕈狀乳頭　(C) 輪廓狀乳頭　(D) 葉狀乳頭
6. 舌頭表面何種乳頭會角質化，嚴重時會出現舌苔？ (A) 絲狀乳頭　(B) 蕈狀乳頭　(C) 輪廓狀乳頭　(D) 葉狀乳頭
7. 眼睛水樣液 (aquemous humor) 是由何構造分泌？ (A) 角膜 (cornea)　(B) 睫狀突 (ciliary processes)　(C) 晶狀體 (lens)　(D) 視網膜 (retina)
8. 下列何者是黃斑中央小凹為視覺最敏銳之處的原因？ (A) 含有最多的網膜素　(B) 含有最多的視桿細胞　(C) 含有最多的視紫素　(D) 含有最多的視錐細胞
9. 下列神經，何者不參與味覺的傳導？ (A) 迷走神經　(B) 顏面神經　(C) 舌下神經　(D) 舌咽神經
10. 下列何者是眺望遠處時眼睛產生調節焦距的作用機轉？ (A) 交感神經興奮，睫狀肌鬆弛　(B) 懸韌帶鬆弛，水晶體變薄　(C) 懸韌帶拉緊，水晶體變厚　(D) 副交感神經興奮，睫狀肌收縮
11. 人體聽覺系統中的內耳毛細胞受到刺激時會去極化而興奮起來，這主要是由於下列何種離子流入所引起？ (A) Na^+　(B) K^+　(C) Ca^{2+}　(D) Mg^{2+}
12. 有關絲狀乳頭的敘述，下列何者錯誤？ (A) 分布在舌前 2/3　(B) 大多數都含有味蕾　(C) 舌乳頭中數目最多　(D) 舌乳頭中體積最小
13. 下列何種特殊感覺產生的接受器電位主要為過極化作用？ (A) 視覺　(B) 聽覺　(C) 嗅覺　(D) 味覺
14. 一般所謂的「眼睛顏色」是由何處黑色素的量所決定？ (A) 脈絡膜　(B) 視網膜　(C) 虹膜　(D) 結膜

15. 耳咽管連通下列哪兩個部位，以平衡鼓膜內外氣壓？(A) 鼻咽、內耳　(B) 鼻咽、中耳　(C) 口咽、內耳　(D) 口咽、中耳

16. 動態平衡感受器「嵴」(crista) 位於內耳的：(A) 球囊　(B) 橢圓囊　(C) 耳蝸管　(D) 半規管

17. 眼睛之何種構造類似相機底片，具有感光功能？(A) 視網膜　(B) 玻璃體　(C) 水晶體　(D) 脈絡膜

18. 下列何者不屬於維持平衡的前庭系統？(A) 半規管　(B) 耳蝸　(C) 橢圓囊　(D) 球狀囊

19. 下列有關蕈狀乳頭 (fungiform papilla) 的敘述，何者正確？(A) 舌乳頭中體積最小　(B) 舌乳頭中數目最多　(C) 含有味蕾　(D) 分布在舌根

20. 下列何者支配會厭部位的味覺？(A) 三叉神經　(B) 顏面神經　(C) 舌咽神經　(D) 迷走神經

解答

1.B　2.B　3.D　4.D　5.B　6.A　7.B　8.D　9.C　10.A　11.B　12.B　13.A　14.C　15.B　16.D　17.A　18.B　19.C　20.D

參考文獻

馮琮涵、黃雍協、柯翠玲、廖智凱、胡明一、林自勇、鍾敦輝、周綉珠、陳瀅(2021)．於馮琮涵總校閱，*人體解剖學*．新文京。

賴明德、王耀賢、鄧志娟、吳惠敏、李建興、許淑芬、陳晴彤、李宜倖(2022)．*解剖學*（2版）．新文京。

Fox, S. R. (2011)．*人體生理學*（11版，朱勉生等譯）．偉明。（原著出版於2009）

Widmaier, E. P., Raff, H., & Strang, K. T. (2012)．*人體生理學：身體功能之機轉*（王錫崗總校閱、王凱立等譯）．藝軒。（原著出版於2012）

Berne, R. M., Levy, M. N., Koeppen, B. M., & Stanton, B. A. (1998). *Physiology* (4th ed.). Mosby.

Kandel, E. R., Schwartz, J. H., & Jessell, T. M. (2000). *Principles of neural science* (4th ed.). Mc Graw Hill.

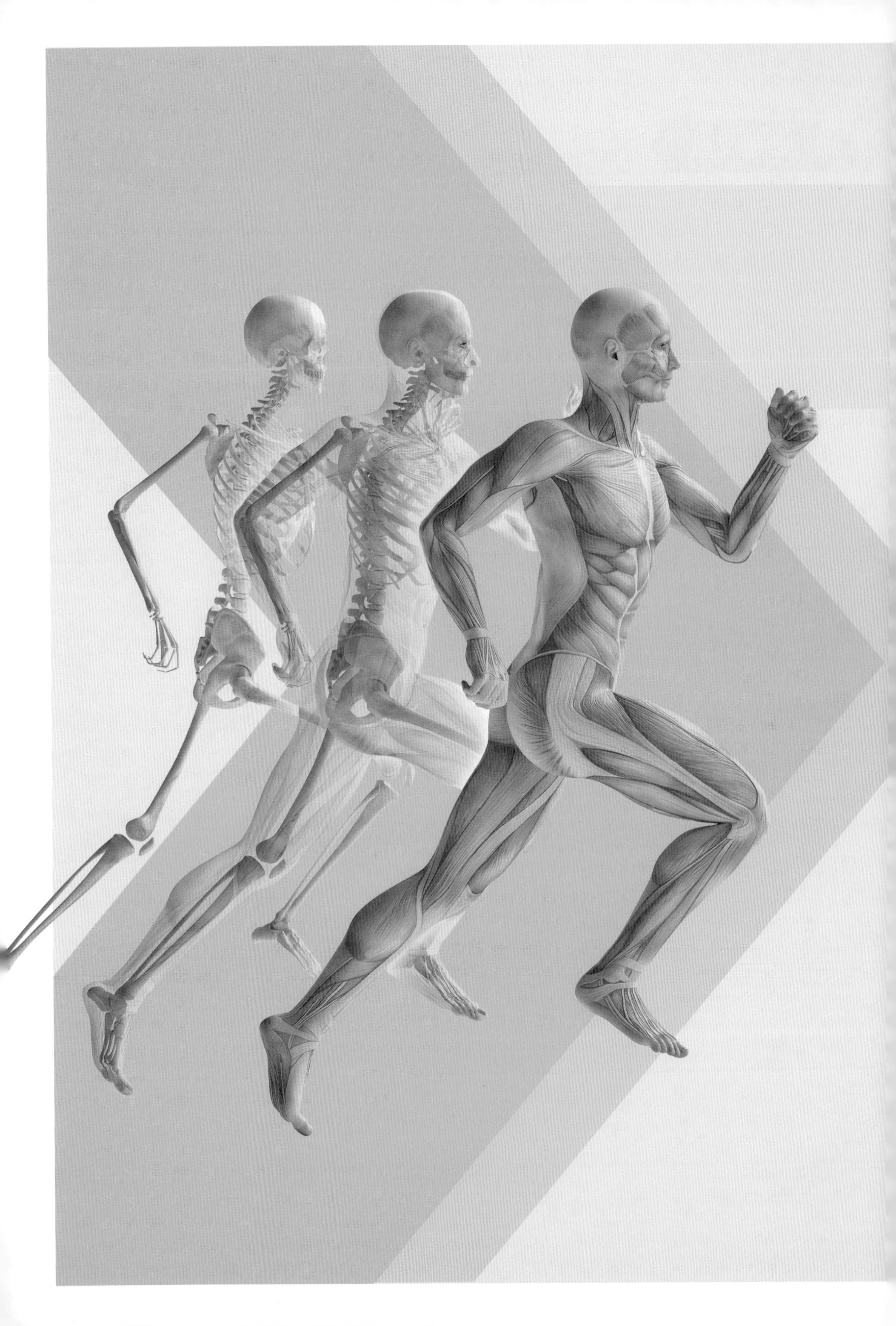

CHAPTER 10

血液
Cardiovascular System: Blood

作者／江若華

本章大綱 Chapter Outline

ANATOMY & PHYSLOLOGY

前言 INTRODUCTION

血液是循環系統管腔內循環流動的一種組織，藉由血液的作用可將肺泡氧氣帶到全身，供給細胞使用，並將組織細胞內的二氧化碳及代謝廢物帶離細胞；消化系統中營養物質藉由肝膽循環進入血液中送到各器官；內分泌系統所分泌之激素亦可經血液分布全身。

10-1 血液的特性及功能

一、血液的特性

成人的血液約占體重的 8% 或 1/13，男性血量約為 5~6 公升，女性約為 4~5 公升，其滲透壓 290~300 mOsm/L，比重比水大，為 1.050~1.060，pH 值為 7.35~7.45（表 10-1）。

二、血液的功能

1. **運輸** (transportation)：血液可將肺的氧氣送至身體各細胞，將二氧化碳運送至肺，以進行氣體交換；消化器官吸收的營養物質送至各細胞，將產生代謝物送至肺、汗腺及腎臟，進行代謝；內分泌產生的激素（荷爾蒙）運送到各細胞利用。
2. **保護** (protection)：血液中所含之白血球及抗體可抵抗外來入侵之微生物侵襲，防止疾病感染；血小板具凝血功能，可保護身體，防止血液流失。
3. **調節** (regulation)：血液可調解體溫，並可藉血液膠體產生滲透壓，控制水分進出微血管，調節體液及滲透壓的平衡；體液緩衝系統能調節 pH 值，血漿中的礦物質、水分、蛋白質可調節酸鹼度，維持身體酸鹼平衡。

10-2 血液的組成

血液為結締組織的一種，是液態的結締組織，由血漿和血球組成，血漿約占全部血量的 55%，血球約占 45%。血液依據有無加入抗凝劑，靜置後所形成分層會有所不同（圖 10-1）。若加入抗凝劑，可見**上層淡黃色液體，稱為血漿** (plasma)，中間灰白色的薄層為淡黃層 (buffy coat)，包含白血球與血小板，**下層則為深紅色的定形成分** (formed element)，包含紅血球；將未加入抗凝劑的血液靜置後，則會有凝塊、凝固發生，上層為淡黃色透明的**血清** (serum)，下層為**血凝塊** (clot)（表 10-2）。

表 10-1 血液的特性

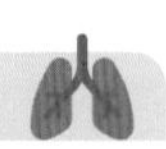

項目	特性
顏色	動脈：鮮紅色（肺靜脈） 靜脈：暗紅色（肺動脈）
含量（占整體重）	8%(1/13)
滲透壓及含鹽度	290~300 mOsm/L（相當於 0.9% NaCl 等張溶液）
黏滯性	4.5~5.5
比重	1.050~1.060
pH 值	7.35~7.45
溫度	38℃

一、血漿 (Plasma)

血漿為結締組織的細胞間質，是血液的重要組成之一，呈淡黃色透明液體。血漿成分中約 90% 是水，7~8% 為血漿蛋白，其餘 2~3% 為養分及少許無機鹽、氧、酶、激素、抗體和細胞代謝產物等，具有協助氣體運輸、防禦疾病和血液凝固等功能。

血漿的主要功能是運載血球細胞，同時也是運輸代謝廢物的主要媒介。血漿蛋白是多種蛋白質的總稱，具有維持血漿膠體滲透壓的功能，亦組成血液緩衝系統，參與維持血液酸鹼平衡，並運輸營養和代謝物質。另外，血漿蛋白也具營養功能，能分解胺基酸供給能量、合成組織蛋白質，並參與凝血及免疫作用。經由鹽析法可分為三大類：

1. **白蛋白** (albumin)：占血漿的 3.8~4.8%，血漿蛋白的 55%，為**血漿中最多的蛋白質**，由肝臟合成，為構成血液膠體滲透壓的重要物質。
2. **球蛋白** (globulin)：占血漿的 2~3%，血漿蛋白的 38%，分為 α、β、γ 三種，α、β 球蛋白在肝臟製造，可運送脂溶性維生素；γ 球蛋白含量最多，又可稱為免疫球蛋白或抗體，由漿細胞所製造。
3. **纖維蛋白原** (fibrinogen)：在血漿中含量較少，占血漿的 0.2~0.4%，血漿蛋白的 7%，由肝臟製造，為重要的凝血因子，參與血液的凝固作用。

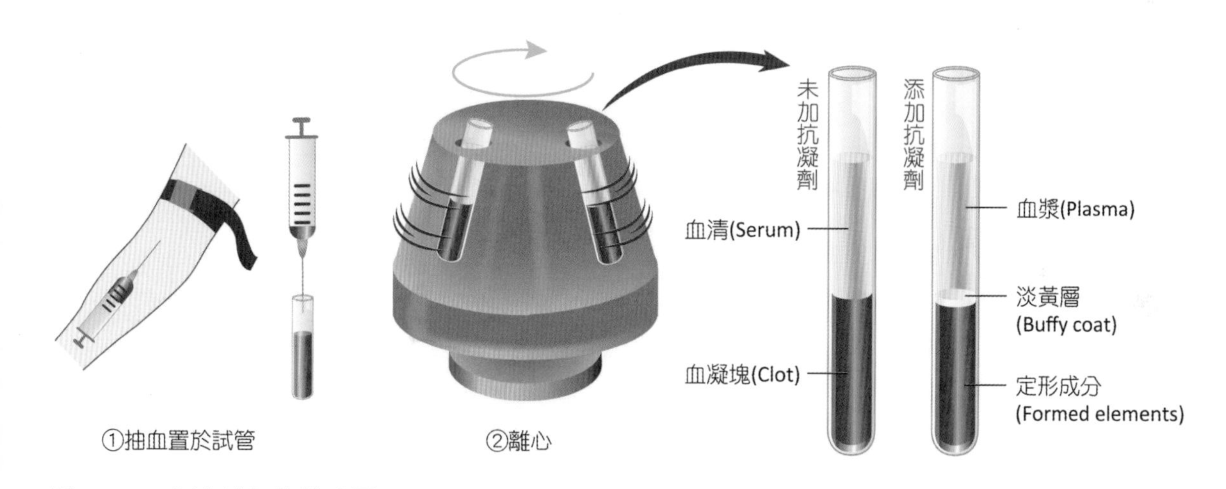

■ 圖 10-1 血液離心後的分層

表 10-2 血漿與血清的區別

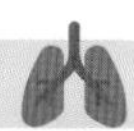

比較項目	血漿	血清
抗凝劑	加入抗凝劑後分離	未加抗凝劑而分離
纖維蛋白原	有	無
凝血因子	有	無
血小板因子	無	有

血漿中含有許多離子存在，這些離子主要作用包括維持血漿滲透壓、血液的酸鹼平衡，另外，也可能引發神經－肌肉的正常興奮性，產生電作電位。

二、定形成分 (Formed Element)

紅血球、白血球、血小板所組成（圖 10-2、表 10-3）。

(一) 造血 (Hematopoiesis)

造血是血球形成的過程，所有血球都來自共通生發細胞 (common progenitor cells)，亦稱為血胚細胞，造血功能最早出現於胚胎第二週的卵黃囊 (yolk sac)，其造血能力終止於第八週；到了第 7~8 週，肝臟為造血場所，並持續至出生；第七個月起脾臟及骨髓開始有造血功能，但脾臟造血功能很快即會消失，為胚胎時期維持造血功能最短器官，而骨髓造血功能終身存在。

成人骨髓分為紅骨髓及黃骨髓，紅骨髓具造血功能，黃骨髓位於長骨骨幹緻密骨骨髓腔內，主要成分為脂肪，無造血功能。骨髓中未分化的血胚細胞 (hemocytoblasts) 或稱造血幹細胞 (stem cells) 可分化成各類血球細胞（圖 10-3）。

(二) 紅血球 (Erythrocyte, RBC)

◎ 紅血球的構造與功能

紅血球於骨髓中製造發育，從未成熟慢慢發育成熟，**在進入循環系統前會失去細胞**

■ 圖 10-2 血液中的定形成分

表 10-3 血液中的定形成分

定形成分	紅血球	白血球	血小板
直徑 (μm)	7.5~8	7~20	2~4
生命週期	120 天	數小時至數天	5~9 天（平均 7 天）
數量	480,000~540,000/mm^3	5,000~9,000/mm^3	250,000~450,000/mm^3
功能	輸送 O_2、CO_2	參與免疫反應	凝血作用

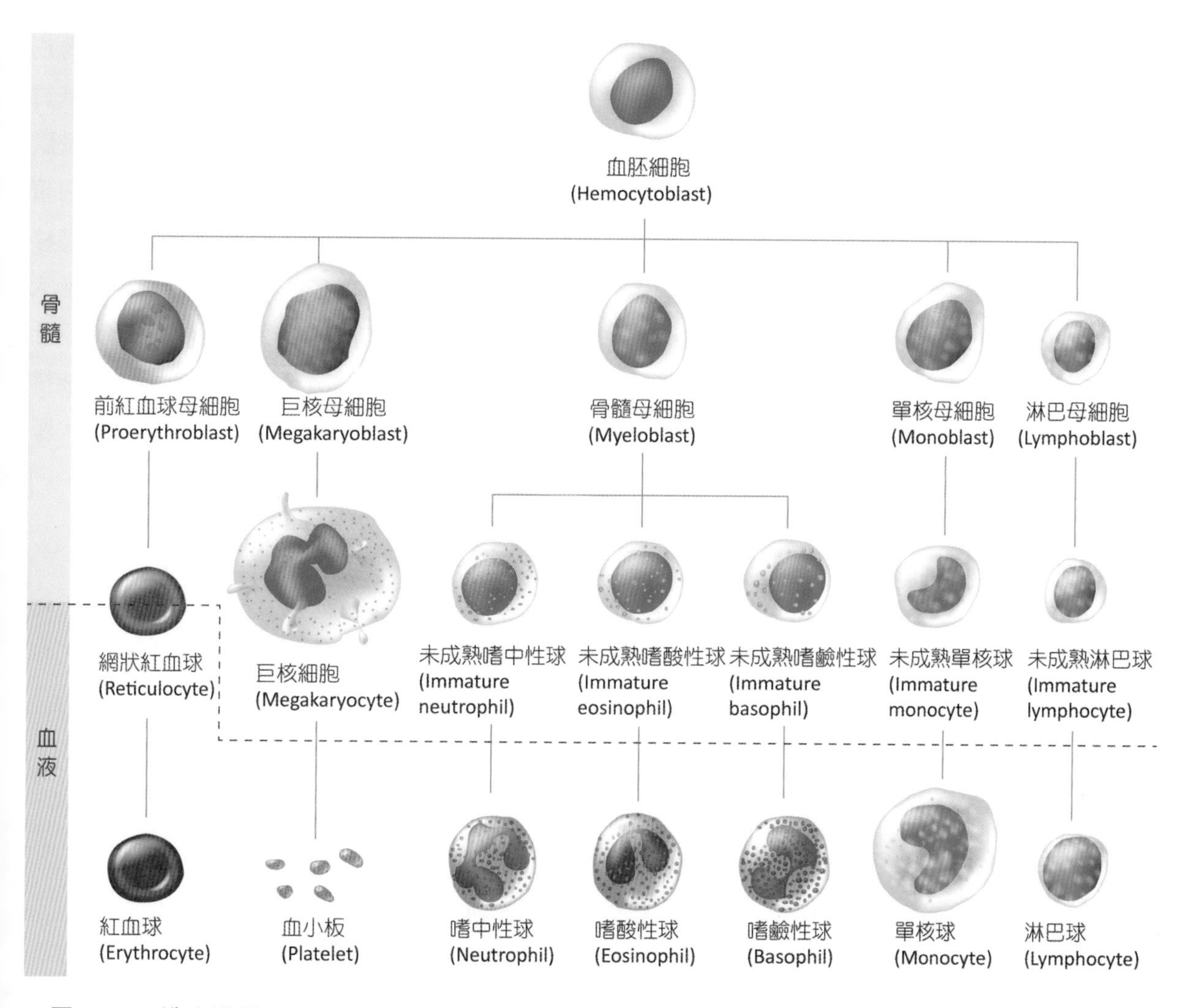

■ 圖 10-3　造血過程

核，外觀呈**雙凹圓盤狀**，**不具 DNA 及 RNA、粒線體、膜狀胞器**，**直徑約 7.5~8 μm**，因接近微血管的寬度，故微血管中只容許一顆紅血球通過。紅血球正常值為 480,000~540,000/mm^3，即一般健康男性約 540,000/mm^3，女性約 480,000/mm^3，長期住在空氣稀薄的高山居民，紅血球數目相對會較多。

紅血球內含血紅素 (hemoglobin, Hb)，由 4 個次單位構成 (α_1、α_2、β_1、β_2)，97.5% 以血紅素 A 形式存在 ($\alpha_2\beta_2$)，2.5% 為血紅素 A$_2$ ($\alpha_2\delta_2$)，血紅素由**血基質** (heme) 和多胜肽鏈 (polypeptide chain) 所構成，形成**血球蛋白** (globin) 或稱血球素。血基質是一種含四個鐵原子的色素，當紅血球通過肺時，血紅素**每一個鐵原子可與一個氧分子結合，即每一個血紅素可攜帶四個氧分子**，形成氧合血紅素 (oxyhemeglobin)，將氧氣運送至組織細胞，血紅素攜帶二氧化碳時則稱碳醯胺基血紅素 (carbaminohemoglobin, $HbCO_2$)，將二氧化碳運送至肺臟並釋出體外。

$$Hb + CO_2 \rightarrow HbCO_2$$

◎ 紅血球生成與恆定

紅血球於骨髓中製造、發育為成熟紅血球，平均每個**紅血球生命週期約為 120 天（即半衰期）**。高山空氣較稀薄，身體需更多紅血球以攜帶更多的氧氣，若紅血球生成速度不及衰老速度，或失血過多、組織缺氧，就會刺激腎臟釋放腎紅血球生成因子 (renal erythropoietic factor, REF) 或稱促紅血球生成素 (erythrogenin)，使血漿中紅血球生成素原 (erythropoietinogen) 轉變成紅血球生成素 (erythropoietin, EPO)，經循環系統到達紅骨髓，刺激骨髓中幹細胞發育形成紅血球，加速紅血球生成 (erythropoiesis)，以維持紅血球恆定（圖 10-4）。

老化紅血球在肝臟或脾臟中被網狀內皮細胞吞噬分解，其血紅素的血球蛋白及血基質會被吸收再利用，血基質會被分解為鐵質及膽紅素，游離膽紅素為脂溶性膽紅素與血漿白蛋白形成結合，大部分**進入肝臟**後經尿苷酸轉移酶催化下形成親水性結合膽紅素，**隨膽汁進入十二指腸**，經腸道細菌作用下形成尿膽素原，最後從腸道血流運送至腎臟過濾，並由尿液排出。另一部分則未受腸道吸收，直接進入大腸形成糞膽素，由糞便排出（圖 10-5）。

(三) 白血球 (Leukocyte, WBC)

白血球有許多種類，有的可以吞噬入侵的病菌，有的可強化發炎反應，加快消滅入侵

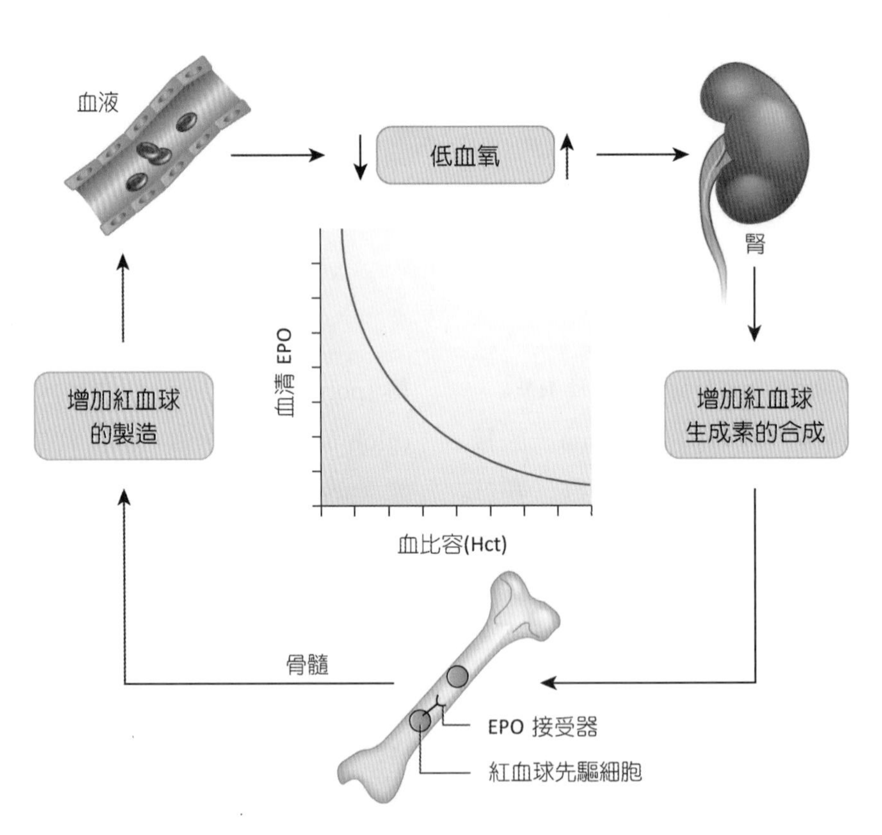

■ 圖 10-4　紅血球的恆定

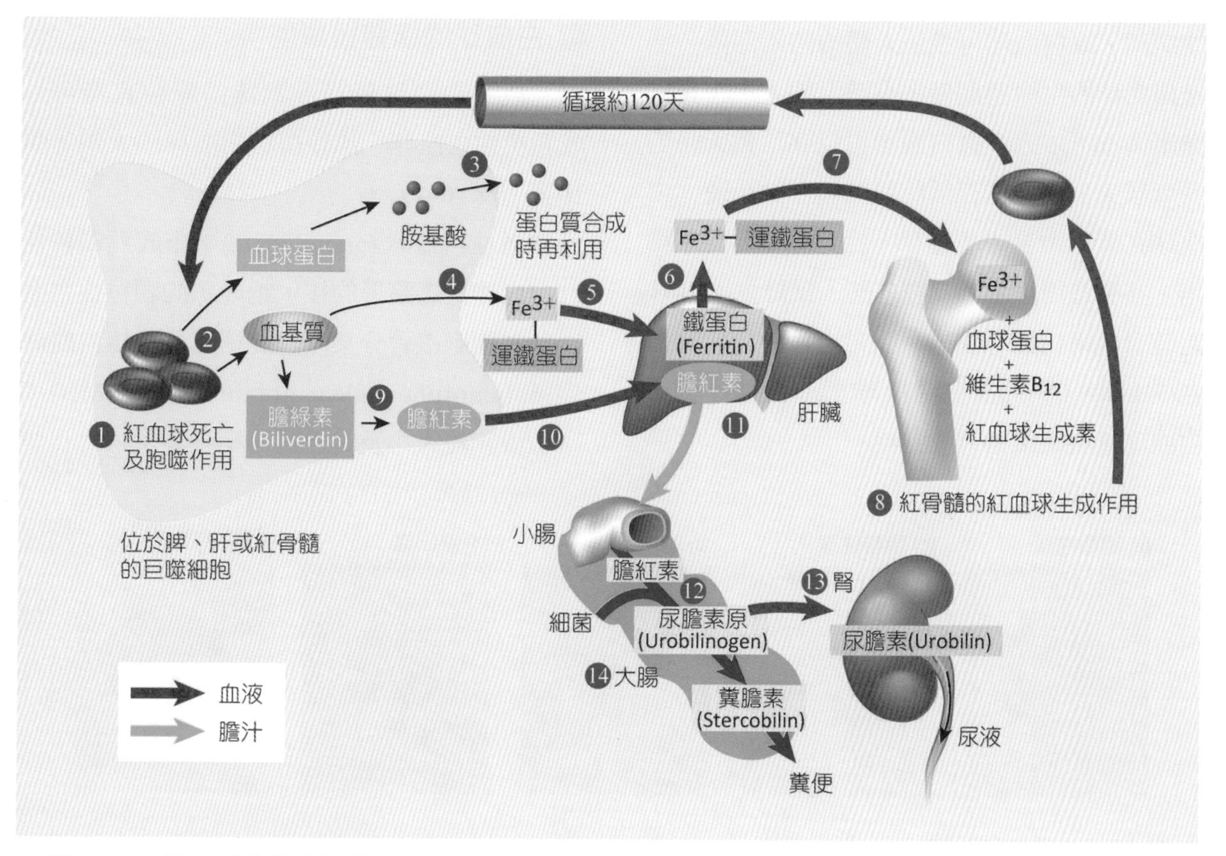

■ 圖 10-5 紅血球的生命週期

臨床應用 ANATOMY & PHYSIOLOGY

貧血 (Anemia)

紅血球數目變少、低於正常值時，皆會造成貧血。血紅素由鐵離子及胺基酸構成，而葉酸及維生素 B_{12} 可幫助紅骨髓製造紅血球，缺乏其中之一皆會造成貧血現象。貧血的種類及原因如下：

1. 惡性貧血：維生素 B_{12} 是骨髓製造紅血球不可或缺的物質，若因胃黏膜萎縮而無法分泌足夠的內在因子，會因為內在因子的缺乏而使維生素 B_{12} 吸收不良，造成惡性貧血。
2. 缺鐵性貧血：因缺乏鐵質或身體鐵質吸收不良，是最常見的貧血類型。
3. 鐮刀形貧血：基因突變使血紅素胺基酸 β 鏈結構異常，呈 HbS 易脆裂，導致紅血球呈現鐮刀狀，無法正常攜帶氧氣，且容易遭脾臟破壞，使血管阻塞。
4. 溶血性貧血：紅血球遭破壞而引起，常見如缺乏葡萄糖-6-磷酸去氫酶 (glucose-6-phosphate dehydrogenase, G-6-PD) 所造成的 G-6-PD 缺乏症，俗稱蠶豆症。
5. 海洋性貧血 (thalassemia)：為溶血性貧血的一種，其主要原因為基因產生突變導致血紅素缺乏某段胜肽鏈，又可分成 α 及 β 兩型，α 型為血紅素 α 鏈缺失，症狀較輕微，β 型為血紅素 β 鏈缺失，症狀較嚴重，甚至可能致死。

的病菌，故白血球可說是人體的防衛部隊，通常白血球的生命週期僅數小時至數天，在正常健康情況下，大多數白血球可以存活數天，若受到感染，白血球存活時間縮短至數小時。白血球在骨髓中生成並儲存，於身體需要時才釋出，其製造需維生素及胺基酸，當維生素 B 缺乏時會阻斷白血球生成。正常血液中白血球值為 5,000~9,000/mm^3。白血球與紅血球不同，白血球無血紅素但有細胞核。

◎ 白血球的構造與類型

成熟白血球依其細胞質內顆粒有無可分成顆粒性白血球、無顆粒性白血球兩大類（圖 10-6、表 10-4）。

1. **顆粒性白血球** (granulocyte)：未成熟顆粒性白血球具馬蹄形的核，越成熟的顆粒性白血球其細胞核會分葉，因此稱為多形核白血球 (polymorphonuclear granulocytes, PMN)。依據顆粒大小及其性質再細分為：

(a) 嗜酸性球

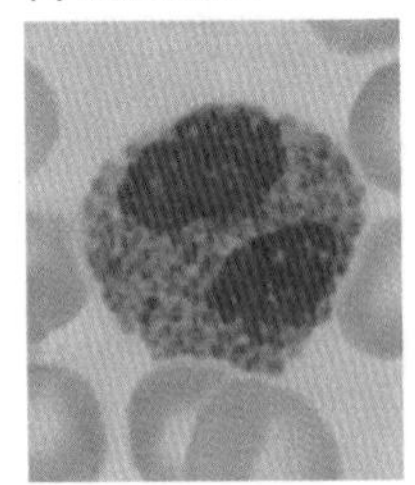

(b) 嗜鹼性球

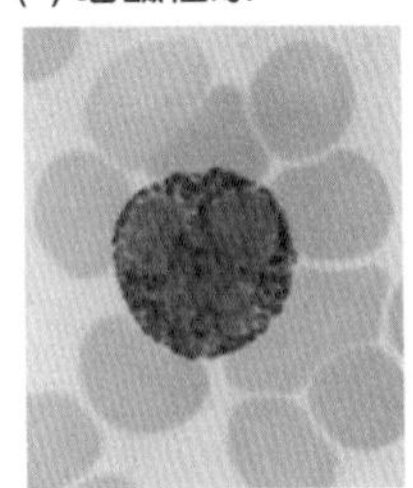

(c) 嗜中性球

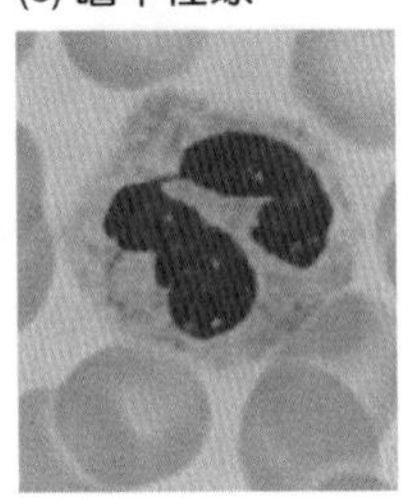

(d) 淋巴球

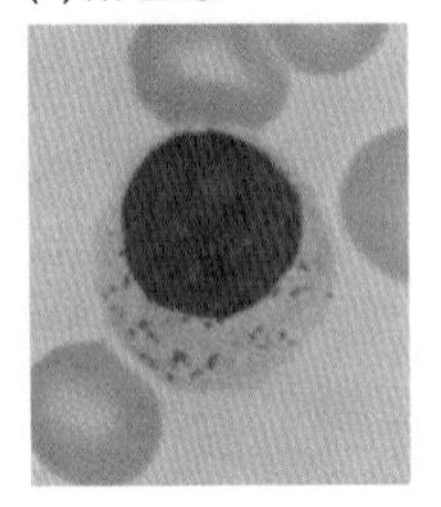

(e) 單核球

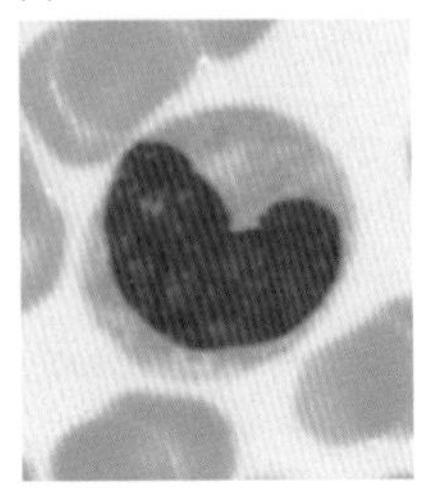

■ 圖 10-6 白血球分類

表 10-4 **白血球的種類與功能**

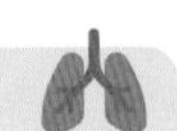

類型	直徑	生命週期	數量	功能
顆粒性白血球				
嗜酸性球	10~12 μm	8~12 天	占總量 2~4%	在寄生蟲感染、過敏反應時增加
嗜鹼性球	8~10 μm	8~12 天	占總量 0.5~1%	釋出組織胺引起局部血管擴張及組織反應，造成過敏反應 (allergic reaction)。分泌肝素防止血液凝固
嗜中性球	10~12 μm	8~12 天	占總量 60~70%	為發炎時最早出現的細胞，於**急性發炎**時增加，具吞噬作用，且具趨化性（又稱趨化作用）可穿過血管壁接進外來入侵物並吞噬
無顆粒性白血球				
淋巴球	7~15 μm	數天～數年	占總量 20~25%	當外來病原體入侵時，會刺激 B 淋巴球轉變成漿細胞製造相對的抗體，形成**抗原－抗體複合物**來摧毀外來的病原菌。T 淋巴球可直接殺死外來病原體，達到保護的作用
單核球	15~20 μm	10 天以上	占總量 3~7%	於**慢性發炎**時增加，能釋出內生性致熱原，刺激下視丘使體溫上升。細菌分泌毒素、補體複合物或發炎組織產生變質會引起單核球產生吞噬反應

(1) **嗜酸性球** (eosinophil)：又稱嗜伊紅性球，占白血球總比例 2~4%，細胞質內顆粒可被酸性染劑（如伊紅）染成紅色，細胞核具兩個卵圓形分葉。

(2) **嗜鹼性球** (basophil)：占白血球總比例 0.5~1%，細胞質內顆粒可被鹼性染劑（如甲基藍）染成深紫色，細胞核常呈現圓形或卵圓形不分葉。

(3) **嗜中性球** (neutrophil)：占白血球數量最多，約 60~70%，細胞質內顆粒可被中性染劑染成淡紫色，細胞核具有 2~3 個卵圓形分葉。

2. **無顆粒性白血球** (agranulocyte)：細胞質不含顆粒，可分為兩種：

(1) **淋巴球** (lymphocyte)：在骨髓中製造，亦可由胸腺、淋巴結及脾臟形成。淋巴球又可分為 B 淋巴球（與體液性免疫有關）及 T 淋巴球（與細胞性免疫有關）。

(2) **單核球** (monocyte)：白血球中體積最大，吞噬能力相對最強。脾臟和骨髓中組織巨噬細胞、淋巴結或肝臟肺泡的吞噬細胞及庫佛氏細胞 (Kupffer's cells) 皆來自單核球。

◎ 白血球的功能

1. **吞噬作用**：白血球於急性發炎時朝發炎區域移動，藉由爬行方式穿過血管壁，前往遭侵入的組織，並吞噬入侵的病原菌（如微生物），此稱為趨化作用。白血球中以嗜中性球、單核球具有吞噬能力，巨噬細胞由單核球衍生而來，吞噬能力相對最強。
2. **免疫作用**：當外來物質入侵，B 淋巴球可轉化形成漿細胞以製造抗體，與抗原形成抗原－抗體複合物，使抗原失去作用。而 T 淋巴球則可直接殺死外來病原體，以達到保護的作用。

臨床應用 ANATOMY & PHYSIOLOGY

白血病 (Leukemia)

白血病俗稱血癌，當骨髓或淋巴細胞產生病變時，白血球製造失去控制，血液出現大量異常白血球，即會形成白血病。白血病形成的因素為多重，包括：暴露於有放射線汙染的環境，基因突變、病毒或細菌感染、接觸化學物品的刺激及體質的因素（癌症基因的表現型）等。白血病又可分為急性及慢性兩種，其成因及臨床表現皆不相同。

急性白血病其主要的症狀常以貧血、發燒及出血；慢性白血病通常沒有症狀，只覺得易倦怠，因此常常被忽視。白血病除了分為急性或慢性之外，也區分為骨髓性及淋巴性白血病。淋巴球性白血病會出現頸部淋巴腺腫大或脾臟腫大等現象，若發生在孩童則易有骨痛、腿骨或胸骨的疼痛。幾乎 50% 的病人是在常規的血液檢查後才發現身體有產生不正常且不成熟的白血球，經確認診斷為白血病。臨床上脾臟腫大是主要的特點，常規檢查中常發現白血球異常增多。

3. **製造肝素**：嗜鹼性球的細胞質顆粒可分泌肝素 (heparin)，防止血液凝固。
4. **釋放化學物質**：嗜酸性球可對抗寄生蟲，過敏反應時會釋放抗組織胺 (antihistamine)，以緩解過敏症狀；嗜鹼性球則會釋出組織胺參與發炎反應及過敏反應。

(四) 血小板 (Platelet or Thrombocyte)

血小板由紅骨髓中**巨核細胞** (megakaryocyte) **的細胞質碎裂所形成**，又稱凝血細胞，不具細胞核，呈圓形或卵圓形，為無色細胞碎片，直徑約 2~4 μm，當血小板遇到受傷的組織所釋出的化學物質時就會變大，而且形狀變得不規則，引起一連串的反應，使血液凝固，防止體液散失。

血小板生命期極短，約 5~9 天。正常血液中血小板含量為 250,000~400,000/mm^3（表 10-5）。

10-3 止血

一、止血的機轉

止血 (hemostasis) 即血液凝固以防止體液流失的過程。當血管受損或外因導致破裂時，身體將會進行三步驟來防止血液流失，達到止血目的，這三步驟分別為：血管收縮期、血小板栓塞期及凝固期（圖 10-7）。

(一) 血管收縮期 (Vasoconstrictive Phase)

又稱血管痙攣 (vascular spasm)，正常的血管內皮細胞因分泌前列腺環素 (prostacyclin) 可防止血小板附著血管產生凝血；若血管受損，血管壁上平滑肌會因自主神經控制引起血管收縮，或者受損血管中的血小板釋放出**血清素** (serotonin) 和**血栓素** (thromboxane A_2, TXA_2) 二種血管收縮物質，以降低血管受損的血量，

表 10-5 血液定形成分比較

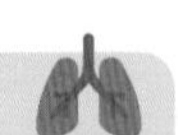

定形成分		直徑 (μm)	生命週期	數量 (ml)	執行功能
紅血球		7.5~8	120 天	480~540 萬	輸送 O_2 、CO_2、營養物質及代謝廢物
白血球				5,000~9,000 顆	
顆粒性	嗜中性球	10~12	幾小時甚至幾天	占總量 60~70%	吞噬作用
	嗜酸性球	10~12		占總量 2~4%	對抗寄生蟲感染、調節過敏反應
	嗜鹼性球	8~10		占總量 0.5~1%	釋放組織胺及分泌肝素
無顆粒性	淋巴球	7~15		占總量 20~25%	參與免疫反應（抗原－抗體）
	單核球	15~20		占總量 3~7%	吞噬作用
血小板		2~4	5~9 天（平均 7 天）	25 萬 ~45 萬	參與凝血作用

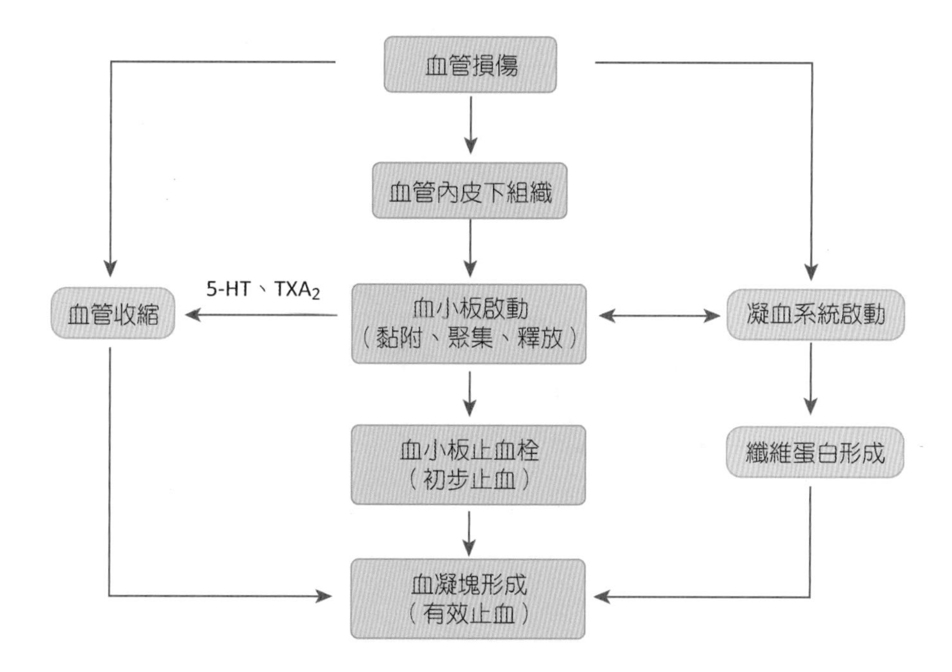

■ 圖 10-7　止血機轉

此過程約 30 分鐘，稱為血管痙攣；血管受損越大，其收縮程度也越大，相對時間也需越長。

(二) 血小板栓塞期 (Platelet Phase)

當血管受損或破裂時，血管壁上的膠原纖維 (collagen) 便會裸露活化血小板，使血管壁中血小板黏附到膠原纖維上，並分泌大量 ADP 和血栓素，以吸引鄰近血小板附著於原先血小板上，產生血小板大量堆積與附著，形成血小板栓塞，可有效防止血液流失。

(三) 凝固期 (Hemostasis)

凝固期又稱凝血 (coagulation)，血液凝固為複雜的過程，屬於正迴饋的生理機制，可因血管受傷引發內源性凝血路徑 (intrinsic pathway) 或組織受傷引起外源性凝血路徑 (extrinsic pathway)，兩種路徑同時皆需許多凝血因子幫忙，才可達到凝血的功能。參與凝血的過程物質稱為凝血因子 (coagulation factor)，大多數由肝臟製造，包括血小板凝血因子、血漿凝血因子、受傷部位所釋出凝血因子等（表 10-6）。

血液凝固可分為三個階段（圖 10-8）：

1. **第一階段—凝血酶原活化物形成**：受傷組織細胞和血小板會游離出**凝血酶原致活素** (prothrombin activator)。
2. **第二階段—凝血酶形成**：凝血酶原致活素與 Ca^{2+}（凝血因子 IV）催化凝血酶原 (prothrombin)（凝血因子 II）形成凝血酶 (thrombin)。
3. **第三階段—纖維蛋白形成**：凝血酶 (thrombin) 與 Ca^{2+} 催化纖維蛋白原 (fibrinogen)（凝血因子 I）產生纖維蛋白 (fibrin)，這些纖維蛋白會使受傷組織形成凝塊在血管壁上，以達止血作用。

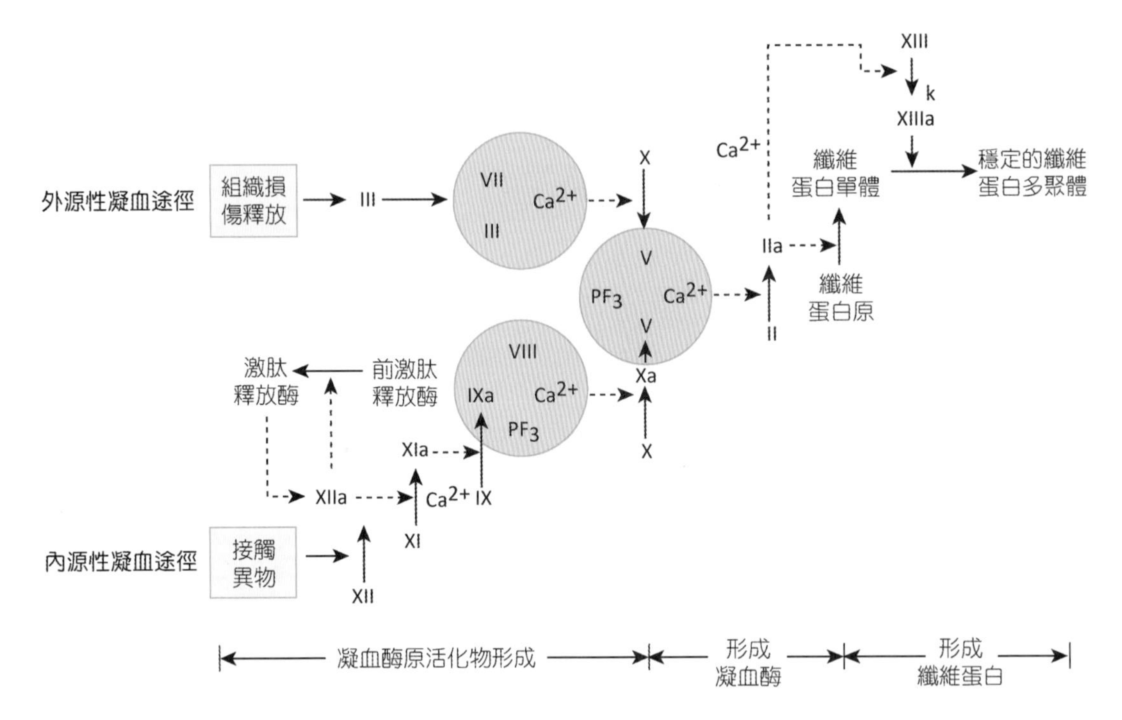

■ 圖 10-8 血液凝固的過程

表 10-6 凝血因子

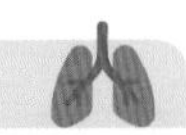

編號	凝血因子	合成部位	主要功能
I	纖維蛋白原 (fibrinogen)	肝臟	產生纖維蛋白
II	凝血酶原 (prothrombin)	肝臟（需維生素 K）	產生凝血酶
III	組織因子 (tissue factor)；組織凝血質 (tissue thromboplastin)	內皮細胞	外源性凝血的啟動因子
IV	鈣離子 (Ca^{2+})	–	輔因子
V	前加速素 (proaccelerin)	內皮細胞、血小板	加速活化的凝血因子 X (Xa)
VII	前轉化素 (proconvertin)	肝臟（需維生素 K）	與凝血因子 III 啟動凝血因子 X、XI
VIII	抗血友病因子 (antihemophilic factor, AHF)	肝臟	加速活化的凝血因子 IX (IXa)
IX	血漿凝血質成分 (plasma thromboplastin component, PTC)	肝臟（需維生素 K）	啟動活化的凝血因子 X (Xa)
X	史圖爾特因子 (Stuart-Prower factor)	肝臟（需維生素 K）	形成凝血酶原活化物
XI	血漿凝血質前質 (plasma thromboplastin antecedent, PTA)	肝臟	啟動活化的凝血因子 IX (IXa)
XII	哈格曼因子 (Hageman factor)	肝臟	啟動活化的凝血因子 XI (XIa)
XIII	纖維蛋白穩定因子 (fibrin stabilizing factor)	肝臟、血小板	形成纖維蛋白單體

血塊形成需 Ca^{2+} 與維生素 K 存在才可進行，維生素 K 為脂溶性維生素，在人體內一般由腸道細菌所製造，而凝血因子 II、VII、IX、X 的合成需仰賴維生素 K 幫助，然而維生素 K 並未實際參與血塊形成的過程。

二、血塊溶解

血塊在形程過程中其實還持續進行血塊縮回與纖維蛋白溶解。

1. **血塊縮回** (clot retraction)：為纖維蛋白凝塊縮回，同時需伴隨足夠的血小板凝血功能參與，可使受傷部位邊緣縮小。
2. **纖維蛋白溶解** (fibrinolysis)：血塊溶解，血液及組織會分泌酶會將血塊中胞漿素原（plasminogen，或稱纖維蛋白溶酶原）活化為胞漿素（plasmin，或稱纖維蛋白溶解酶），使纖維蛋白分解，而溶解血塊。

臨床應用 ANATOMY & PHYSIOLOGY

血友病 (Hemophilia)

血友病是一種凝血因子缺乏的遺傳疾病，導致凝血功能發生障礙而不易止血。常見為凝血因子 VIII、IX、XI 缺乏，分為 A 型、B 型、C 型三類，A、B 型為 X 染色體遺傳疾病，男性患者多於女性，C 型為體染色體疾病。常見症狀為血管受損破裂後，血液凝集不易，以及皮下、關節、肌肉、內臟出血，關節反覆出血會造成關節炎和滑膜炎，長期下來將導致關節畸形，因此血友病患者皆會有不同程度的殘疾。

10-4 血型及輸血

一、ABO 血型

紅血球細胞膜表面含有遺傳決定的抗原，稱為凝集原 (agglutinogen)，血漿中含有遺傳決定的抗體稱為凝集素 (agglutinin)。目前陸續找出許多常見抗原，除了 ABO 血型外，還有 Rh 血型系統、MNS 血型系統、P 血型系統等血型系統，這些都可能引起抗原抗體反應。

ABO 血型是人類的主要血型分類，以 A 與 B 兩種凝集原為基礎，可分為 A 型、B 型、AB 型及 O 型。**紅血球只製造 A 凝集原的為 A 型，只製造 B 凝集原為 B 型，同時具 A、B 凝集原則為 AB 型，不含 A、B 凝集原的是 O 型。**

另外，抗體可與紅血球表面抗原結合，與紅血球產生凝集反應，抗 A 凝集素（抗 A 抗體）能攻擊 A 凝集原，抗 B 凝集素（抗 B 抗體）能攻擊 B 凝集原。**A 型血含有抗 B 凝集素；B 型血含有抗 A 凝集素；O 型血含有抗 A 及抗 B 凝集素；AB 型血不含抗 A 及抗 B 凝集素**（圖 10-9）。

若 A 型的人（受血者，含 A 凝集原與抗 B 凝集素）接受 B 型血液（供血者，含 B 凝集原與抗 A 凝集素），則會造成受血者抗 B 凝集素攻擊供血者紅血球 B 凝集原，或供血者血漿抗 A 凝集素攻擊受血者紅血球 A 凝集原，造成溶血現象。因此 A 型人不可接受 B 型或 AB 型血液，但可接受 O 型及 A 型血液；**O 型因紅血球不含任何凝集原，適合輸血給任何血型的人，因此稱為全適供血者** (universal

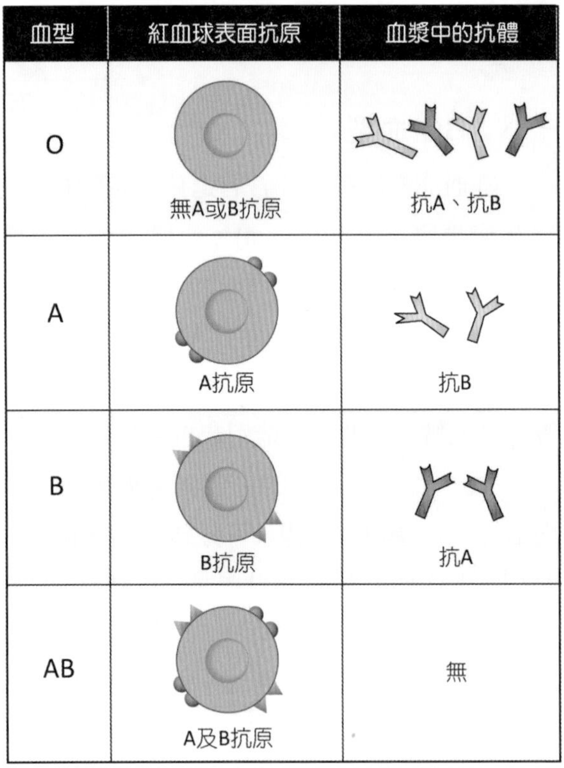

血型	紅血球表面抗原	血漿中的抗體
O	無A或B抗原	抗A、抗B
A	A抗原	抗B
B	B抗原	抗A
AB	A及B抗原	無

■ 圖 10-9　ABO 血型的抗原及抗體

donors) 或稱萬能供血者。相反的，**AB 型不含任何凝集素，因此可以接受四種血液，故被稱為全適受血者** (universal recipient) 或稱萬能受血者（表 10-7）。

輸血過程中，除了 ABO 血型系統外，尚有其他凝集原及凝集素反應（抗原與抗體）或是過敏反應等問題，所以在進行輸血前需詳細經過血型交叉配對試驗 (cross-matching)。

二、Rh 血型

除了 ABO 血型系統外，Rh 血型系統也參與輸血反應中重要因素。Rh 凝集原源自於恆河猴 (Rhesus monkey) 血液中發現的抗原，因此命名為 Rh。Rh 血型系統中含有多種凝集原，其中以 D 型凝集原最具抗原性。當輸血輸入含有 Rh 凝集原的紅血球，會產生抗 D 凝集素，因此科學家運用此特性，將**紅血球表面具有 Rh 凝集原（Rh-D 型抗原）稱作 Rh 陽性** (Rh^+)，**紅血球表面不含有 Rh 凝集原稱作 Rh 陰性** (Rh^-)，Rh 陽性在國人占約 99.7%，陰性占 0.3%，而白種人 Rh 陽性占 85% ，Rh 陰性占 15%。由上述可知，Rh 陽性占大多數，Rh 陰性極少數。

正常情況下，人類血漿不含抗 Rh 抗原，若 Rh 陰性者接受 Rh 陽性者血液，其體內會開始製造抗 Rh 凝集素，但此時並不會在體內引發立即反應；當 Rh 陰性者再次接受 Rh 陽性者血液，先前產生的抗 Rh 凝集素即會對 Rh 陽性血球產生凝集作用，使紅血球發生溶血現象，屬遲發型輸血反應。

Rh 血型不相容最常見是懷孕所引起的新生兒溶血症。Rh 陰性母親與 Rh 陽性父親所懷之 Rh 陽性胎兒，於分娩時胎兒 Rh 凝集原隨著血液經由胎盤進入母體血液中，刺激母體產生抗 Rh 凝集素，但由於胎兒已分娩，因此對

表 10-7　血型的凝集原與凝集素

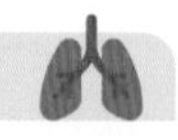

血型	凝集原（抗原）	凝集素（抗體）	相容血型	不相容血型
A	A	B	A、O	B、AB
B	B	A	B、O	A、AB
O	無	A、B	O	A、B、AB
AB	A、B	無	A、B、O、AB	無

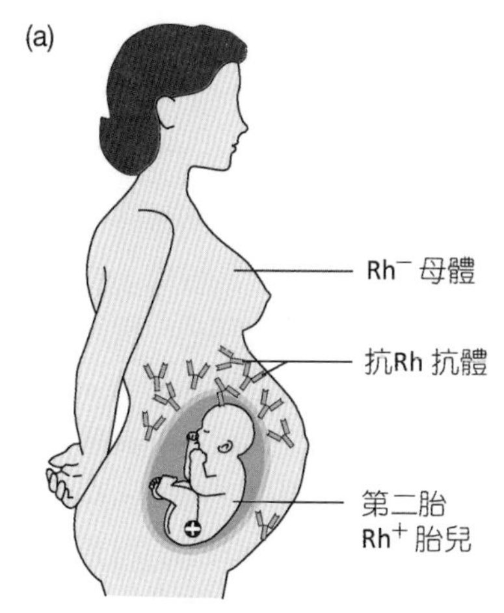

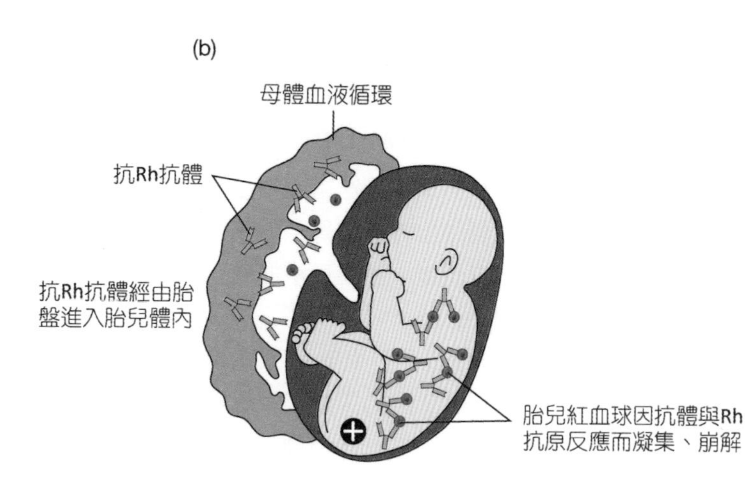

■ 圖 10-10　Rh 血型不相容

第一胎並不會造成影響。若母親第二胎懷上的是 Rh 陰性胎兒，因胎兒紅血球不含任何 Rh 抗原，不會造成溶血問題；但若懷的是 Rh 陽性胎兒，因母親體內已含大量抗 Rh 抗體，這時抗體會透過胎盤進入胎兒血液，使胎兒紅血球產生漸進式紅血球凝集或溶血反應，周邊血液可見大量未成熟有核的紅血球，此現象稱**新生兒溶血症** (hemolytic disease of newborn)，或新生兒紅血球母細胞增多症(erythroblastosis fetalis)。隨著懷孕次數增多，新生兒溶血症發生比率也增加，病童大多會有貧血及黃疸症狀，治療方式是在胎兒一出生立即以 Rh 陰性血液更換血液，或在 Rh 陰性母親生產後立即注射抗 Rh 凝集素，防止母親主動免疫產生抗 Rh 抗體。無論是 Rh 陽性或 Rh 陰性皆有可能引起輸血凝集反應或是溶血反應（圖 10-10）。

臨床應用　ANATOMY & PHYSIOLOGY 

輸血 (Transfusions)

輸血反應在分類上可分為立即型以及遲發型兩大類：

1. 立即型輸血反應：在輸血時或輸血後會立即產生症狀，如：發燒、噁心、嘔吐、疼痛、呼吸不順、低血壓等臨床症狀，通常在輸血 15 鐘內會發生，此時必須要立即停止輸血。依溶血發生位置又可區分為血管內溶血及血管外溶血，血管內溶血主要以 ABO 血型不合輸血所導致；血管外溶血為紅血球上某些次要血型系統的抗原與對應異體抗體作用所導致溶血。
2. 遲發型溶血輸血反應：通常發生於輸血 24 小時後，為血管外溶血。

因此，在輸血之前必須再三確認捐血者與受血者血漿及血球混合後是否會發生凝集現象，以減少不適血型血液因輸血而造成紅血球溶血反應。紅血球溶血反應 (hemolysis) 因抗體活化體內相對應之補體系統，使補體系統中產生溶解性複合物 (lytic complex) 而破壞紅血球細胞膜，造成紅血球溶解，其溶血反應不像凝集反應常見，因溶血需較高的凝集素，因此在輸血前須謹慎進行血漿血球交叉配對試驗。

臨床應用

ANATOMY & PHYSIOLOGY 

骨髓移植 (Bone Marrow Transplant)

將正常人的骨髓移植到病人不正常或失去造血功能的骨髓裡，讓新骨髓自行移到骨頭的海綿樣組織中，使其恢復造血機能，產生正常血球，此稱為骨髓移植。

為先進的醫學治療方法，可用於治療先前認為無法治癒的疾病。從 19 世紀開始，骨髓移植常被用來治療急性及慢性白血病、多發性骨髓瘤、嚴重再生不良性貧血、淋巴癌等，現在更進一步嘗試治療轉移性乳癌和卵巢癌等。

骨髓移植依據來源不同分為自體骨髓移植與異體骨髓移植，自體骨髓移植供髓者是病人本身，當病人以化學治療達到緩解狀態時，抽取病人骨髓處理並清除可能的殘存癌細胞，再將其冷凍儲存，於適當時機進行骨髓移植。異體骨髓移植又細分為親屬性與非親屬性骨髓移植，親屬性骨髓移植供髓者是病人的兄弟姐妹或其他近親家屬；非親屬性骨髓移植供髓者一般為志願捐髓的社會大眾，此時須做基因配對，配對符合才能進行治療，否則會產生排斥現象，使移植體對抗宿主反應。

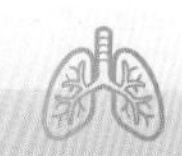

學習評量 REVIEW AND CONPREHENSION

1. 下列關於紅血球 (erythrocyte, RBC) 的敘述，何者正確？(A) 呈雙凹圓盤狀，直徑大約 7~8 奈米 (nm) (B) 人類的紅血球發育成熟後具有多葉狀的細胞核 (C) 血紅素含有鐵原子，可與氧氣或二氧化碳結合 (D) O+ 型血液，係指紅血球表面同時有 O 型與 Rh 型的抗原
2. 血球的生命週期，下列何者最長？(A) 紅血球 (B) 血小板 (C) 嗜中性球 (D) 嗜鹼性球
3. 關於紅血球的敘述，下列何者錯誤？(A) 雙凹扁平圓盤狀 (B) 具有細胞核與粒線體 (C) 功能為運輸氧與二氧化碳 (D) 老舊的紅血球會被肝臟、脾臟及骨髓的巨噬細胞破壞
4. 正常情形下，白血球中數量最多與直徑最大的分別是：(A) 嗜中性球與嗜酸性球 (B) 嗜中性球與單核球 (C) 淋巴球與嗜酸性球 (D) 淋巴球與單核球
5. 有關血球功能的敘述，下列何者錯誤？(A) 紅血球能運送氧氣 (B) 嗜中性球及單核球能吞噬入侵的微生物 (C) 嗜酸性球會釋放組織胺引發過敏反應 (D) 淋巴球能製造抗體
6. 血漿中哪一種蛋白質最多，且具有維持血液正常滲透壓的功能？(A) 白蛋白 (B) 球蛋白 (C) 凝血酶 (D) 纖維蛋白原
7. 有關 γ- 球蛋白 (γ-globulins) 的敘述，下列何者正確？(A) 存在血清中 (B) 是血漿中最多的蛋白質 (C) 能參與凝血反應 (D) 構成血液膠體滲透壓的主要成分
8. 有關紅血球的敘述，下列何者錯誤？(A) 成熟的紅血球無法增生 (B) 老化的紅血球可被脾臟中的庫佛氏細胞 (Kupffer's cells) 破壞 (C) 生命期約 120 天 (D) 能與二氧化碳結合
9. 根據 ABO 系統，血型 AB 型的病人是全能受血者，是因為其血漿中：(A) 只有抗 A 抗體 (B) 只有抗 B 抗體 (C) 同時有抗 A 與抗 B 抗體 (D) 缺乏抗 A 與抗 B 抗體
10. 下列關於血清與血漿的敘述何者正確？(A) 血清不含纖維蛋白原 (fibrinogen) (B) 血漿不含纖維蛋白原 (C) 兩者皆不含纖維蛋白原 (D) 兩者皆含纖維蛋白原
11. 下列何者不是造血生長因子 (hematopoietic growth factor)？(A) 紅血球生成素 (erythropoietin) (B) 血管升壓素 (angiotensin) (C) 介白素 -3 (interleukin-3) (D) 聚落刺激因子 (colony-stimulating factor)
12. 血紅素之何種成分能與氧分子結合，將氧運送到組織？(A) 鈣 (B) 鎂 (C) 鐵 (D) 鋅
13. 有關血小板 (platelet) 形成的敘述，何者正確？(A) 由骨髓母細胞 (myeloblast) 發育成熟而成 (B) 由巨核細胞 (megakaryocyte) 發育成熟而成 (C) 由巨核細胞的細胞質碎裂而成 (D) 由骨髓組織碎裂而成
14. 有關紅血球的敘述，下列何者正確？(A) 成熟時為雙凹圓盤狀的有核細胞 (B) 生命周

期有 7~9 天 (C) 正常人類的紅血球數量約為 100 萬個／毫升 (D) 老化的紅血球可在肝臟及脾臟中被攔截、分解

15. 在正常生理情形下，白血球分類計數中數量最少的是：(A) 嗜中性球 (B) 嗜酸性球 (C) 嗜鹼性球 (D) 淋巴球

16. 有關鐵代謝之敘述，下列何者正確？(A) 鐵是生成血紅素與許多酵素所需，故食物中超過半數的鐵會被吸收 (B) 鐵經由輔助擴散 (facilitated diffusion) 的方式，進入小腸上皮細胞 (C) 鐵進入體內，會與鐵蛋白 (ferritin) 結合被儲存起來 (D) 控制腸道吸收與增加尿液排除在調控人體鐵恆定時同等重要

17. 下列何種固有結締組織 (connective tissue proper) 的細胞可以產生抗體？(A) 巨噬細胞 (macrophage) (B) 漿細胞 (plasma cell) (C) 纖維母細胞 (fibroblast) (D) 肥胖細胞 (mast cell)

18. 一位飲食均衡的女性卻發生缺鐵性貧血，下列何者是最可能的原因？(A) 紅血球生成素 (erythropoietin) 分泌不足 (B) 經血 (menstrual bleeding) 量過多 (C) 內在因子 (intrinsic factor) 分泌不足 (D) 紅血球被瘧原蟲 (Plasmodium) 破壞過多

19. 有關紅血球生成素 (erythropoietin) 的分泌與作用，下列哪些敘述正確？(1) 缺氧時會分泌減少 (2) 主要在腎臟合成分泌 (3) 可促進紅血球之生成 (4) 主要標的器官為紅骨髓。(A) (1)(2)(3) (B) (1)(3)(4) (C) (2)(3)(4) (D) (1)(2)(4)

20. 組織被感染時釋出趨化因子 (chemokines)，最先被影響的是下列哪種血球？(A) 紅血球 (erythrocyte) (B) 嗜中性球 (neutrophil) (C)T 淋巴球 (T-lymphocyte) (D) B 淋巴球 (B-lymphocyte)

21. 下列哪些因子會促進血小板栓(platelet plug)的形成？(1)腺苷雙磷酸(ADP) (2)前列腺素I_2 (PGI_2) (3)血栓素A_2 (TXA_2) (4)一氧化氮(NO) (5)膠原蛋白(collagen)。(A) (1)(3)(5) (B) (1)(2)(3) (C) (2)(3)(4) (D) (2)(3)(5)

22. 鑑定 ABO 血型時，準備了兩種試藥，藍色試藥含抗 A 凝集素 (agglutinin)，黃色試藥含抗 B 凝集素，將某人的血液分別與此兩種試藥混合，檢測結果顯示：血液與藍色試藥產生紅血球凝集反應，而與黃色試藥並無凝集反應產生，則此人血型為何？(A) A 型 (B) B 型 (C) AB 型 (D) O 型

23. 下列有關人體紅血球的敘述，何者不正確？(A) 鈷胺 (cobalamin) 參與紅血球的生成 (B) 血液中氧分子主要與血紅素的鐵結合 (C) 膽紅素是紅血球中血紅素的代謝產物 (D) 150 mM 的 NaCl 溶液會使紅血球破裂

24. 下列哪一種免疫球蛋白 (immunoglobulin, Ig) 為初級免疫反應最先出現的抗體？(A) IgG (B) IgM (C) IgE (D) IgA

解答

1.C 2.A 3.B 4.B 5.C 6.A 7.A 8.B 9.D 10.A 11.B 12.C 13.C 14.D 15.C 16.C 17.B 18.B 19.C 20.B 21.A 22.A 23.D 24.B

參考文獻 REFERENCE

何敏夫(2008)・*血液學*（4版）・合記。

許世昌(2020)・*解剖生理學*（4版）・永大。

莊禮聰(2021)・*解剖生理學總複習：心智圖解析*（3版）・新文京。

馮琮涵、黃雍協、柯翠玲、廖智凱、胡明一、林自勇、鍾敦輝、周綉珠、陳瀅(2021)・於馮琮涵總校閱，*人體解剖學*・新文京。

賴明德、王耀賢、鄧志娟、吳惠敏、李建興、許淑芬、陳晴彤、李宜倖(2022)・*解剖學*（2版）・新文京。

Hoffbrand, A. V., & Moss, P. A. H. (2017)・*血液學精要*（林正修等譯）・藝軒。

Mehta, A., & Hoffbrand, V. (2002)・*血液學精義*（陳登來、陳碧珍譯）・藝軒。

Seley, R. R., Stephens, T. D., & Tate, P. (2006). *Anatomy and physiology*. McGraw-Hill.

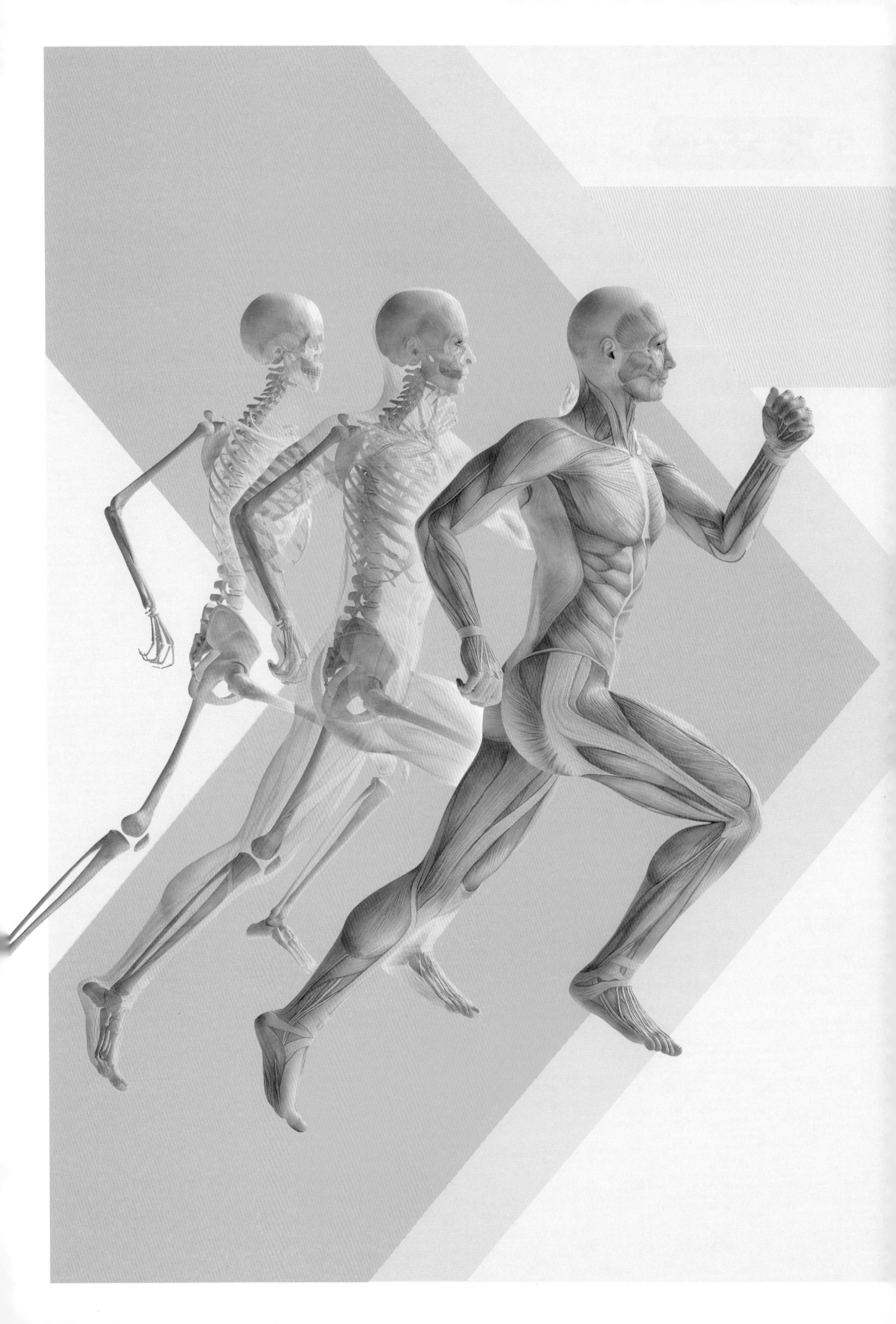

循環系統
Circulatory System

CHAPTER 11

作者 / 黃嘉惠

本章大綱 Chapter Outline

ANATOMY & PHYSLOLOGY

前言 INTRODUCTION

人體最基本的構造是細胞，細胞的存活需仰賴氧氣及養分，同時也會產生代謝廢物，因此人體需有一套運輸系統，來運送全身各個細胞所需的物質及廢物，這套系統稱為循環系統 (circulatory system)。物質透過血液來運送，而血液在血管中流動，流經肺臟及消化道獲得氧氣和養分，運送到細胞後，再收集細胞的代謝廢物送至肺臟及腎臟排出。為使血液能持續的在封閉的血管中流動，需要一個強而有力的幫浦，而心臟就有如幫浦，用力的將血液唧出，透過全身血管網絡，輸送血液到各個組織或器官。循環系統由心臟、血管及血液三個部分所組成，亦稱為心血管系統 (cardiovascular system)。

心臟是一個具有兩個功能性幫浦的結構，右心收集全身的缺氧血並將其輸送至肺臟，從心臟離開到肺臟的血液在肺泡進行氣體交換後回到左心，稱之為**肺循環** (pulmonary circulation)；左心則將從肺臟收回的含氧血送至全身，全身的缺氧血再回到右心，稱之為**體循環** (systemic circulation)。

每個人每天的心跳約 10 萬次，心臟每天唧出的血液量約 7,200 升，平均每分鐘約 5 升。若心臟失去幫浦的能力，血管中的血液則不會流動，人的生命將會受到威脅，故心臟是維持生命的重要構造。

11-1 心臟

一、心臟的構造

心臟是一個中空的鈍錐狀肉質器官，位於左、右兩肺之間，胸腔的縱膈 (mediastinum) 內，大小約為緊握的拳頭，如圖 11-1 所示。

心臟基部最寬的部位稱為心底 (base)，**左心室形成心尖** (apex) 貼在橫膈上部，位於左鎖骨中線與第五肋間交會處。心臟的胸肋面由右心房及右心室形成，橫膈面主要是由左心室所形成。

(一) 心包膜 (Pericardium)

圍繞在心臟周圍的雙層囊稱為心包膜，由外層的纖維性心包膜及內層的漿膜性心包膜所組成（圖 11-2）。

1. **纖維性心包膜** (fibrous pericardium)：位於外層，為堅韌的緻密結締組織，在心臟基部與大血管的結締組織相連，並將心臟固定於橫膈。纖維性心包膜可保護心臟，將其侷限並固定於胸腔的縱膈，防止心臟過度擴張。
2. **漿膜性心包膜** (serous pericardium)：位於內層，由單層扁平上皮所構成，漿膜性心包膜又可分成臟層心包膜 (visceral pericardium) 及壁層心包膜 (parietal pericardium) 兩個部分。臟層心包膜包覆著心臟，亦稱**心外膜** (epicradium)，並在心臟基部反摺內襯於纖維性心包膜內面，形成壁層心包膜。壁層與臟層之間的空間稱為**心包腔** (pericardial cavity)，其內充滿心包液（漿液），具潤滑的作用以降低心臟跳動時的摩擦力。

(二) 心臟壁 (Wall of the heart)

心臟壁由三層組織所組成，由外而內分依序是心外膜、心肌及心內膜（圖 11-2）。

1. **心外膜** (epicardium)：即臟層心包膜，位最外層，覆蓋在心臟的外表面。
2. **心肌** (myocardium)：中間最厚的一層，由心肌細胞所構成，主要負責心臟收縮的功能。

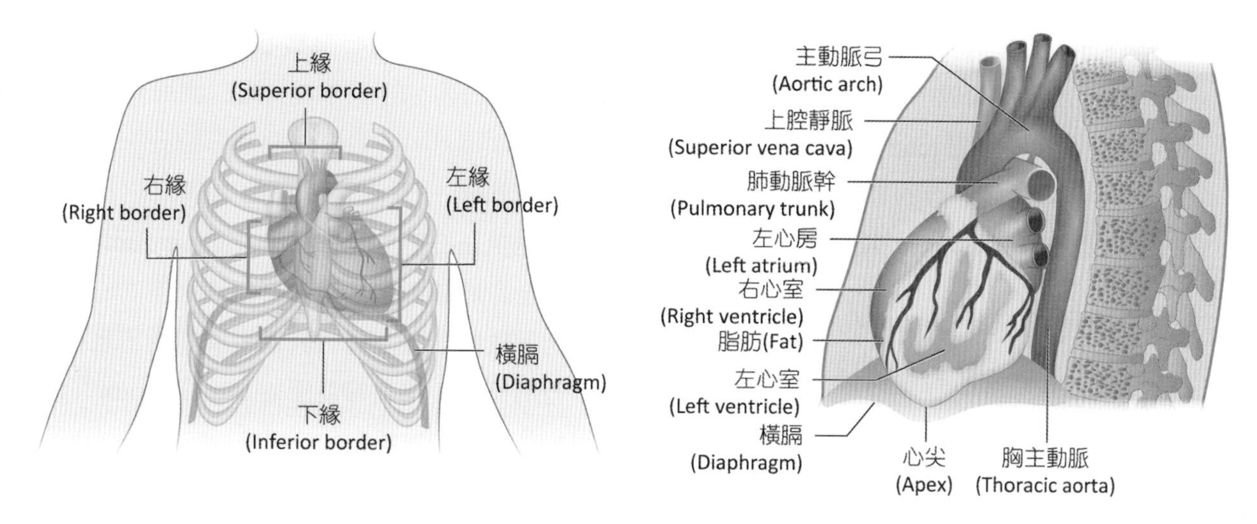

■ 圖 11-1　心臟的位置

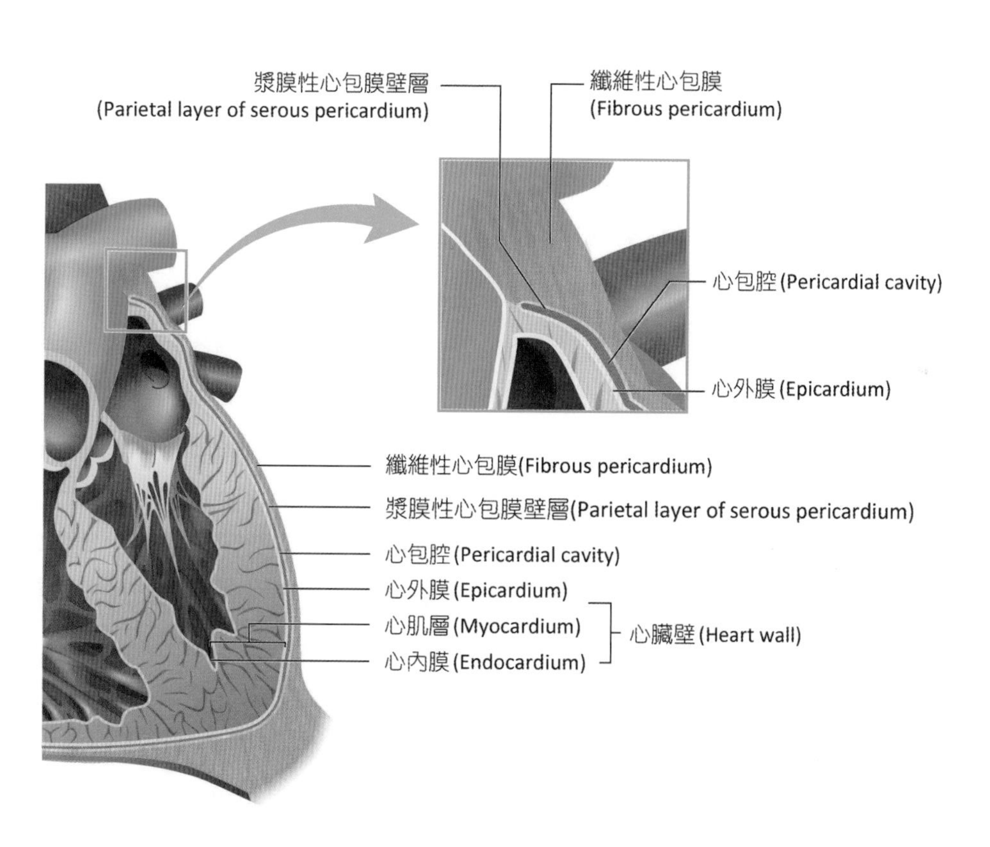

■ 圖 11-2　心包膜與心臟壁

3. **心內膜** (endocardium)：為最內層沿著心臟腔室內分布的平滑表面，由疏鬆結締組織及單層扁平上皮所組成。內襯著心臟的單層扁平上皮又稱為內皮 (endothelium)，延續且內襯著血管，其平滑的表面易於血液的流動，可避免血液不必要的凝固。

(三) 心臟骨骼 (Cardiac Skeleton)

心臟中由緻密結締組織構成的纖維環稱為心臟骨骼，位於心房與心室之間，環繞於房室瓣及半月瓣，除了提供瓣膜附著外，亦為心肌附著處。心房和心室的心肌分別附著於心臟骨骼，兩部分的心肌不相連，故具有阻隔心房與心室之間電訊傳導的功能（圖 11-3）。

(四) 心臟的腔室

心臟是個肉質構造的幫浦，外表有一條區隔心房與心室並環繞心臟的冠狀溝 (coronary sulcus)，及分隔左、右心室的室間溝，分別是位於前表面的前室間溝 (anterior interventricular sulcus)，與位於後表面的後室間溝 (posterior interventricular sulcus)。內部以瓣膜作為分隔分成四個腔室，分別是左心房、左心室、右心房及右心室（圖 11-4）。心房位在上方，較心室小，四個腔室壁的厚度因其內的壓力而異，心房血液流入心室主要靠的是心室舒張的作用，不需太強的收縮力，故心房壁比心室壁薄。

◎ 心房 (Atria)

心房為接受靜脈血回流的腔室。心房前表面有一個附屬構造，因貌似垂下的狗耳朵，故稱為**心耳** (auricle)，在心室收縮期具有減壓的功能。左右兩心房被心房中隔 (interatrial septum) 分隔，在心房間隔的右側面可見**卵圓窩** (fossa ovalis)，胎兒時期為卵圓孔。左心房 (left atrium) 接受來自肺臟的含氧血之後，將血液送至左心室；而右心房 (right atrium) 接受來自全身的缺氧血之後，將血液送至右心室。右心房內壁沿著心耳的表面有明顯突出且相互平行的肌肉，稱為**梳狀肌** (pectinate muscle)，可增加心房的收縮力。

◎ 心室 (Ventricles)

心室是負責幫浦工作的腔室，將來自心房的血液打入動脈，使血液能在全身各處的血管中流動。心房及心室間具有房室瓣 (atrioventricular valve)，左右心室被心室中隔 (interventricular septum) 分隔。左心室 (left ventricle) 接受左心房的含氧血，並將其輸送至全身；右心室 (right ventricle) 接受右心房的缺氧血，並將其輸送至肺臟進行氣體交換。因左心室負責體循環須對抗較大的阻力，用力的打出血液送至全身，故左心室的心肌層最厚。心室內還具有以下構造（圖 11-4）：

1. **腱索** (chordae tendineae)：為細長而堅韌的結締組織，連接房室瓣的尖端與乳突肌。
2. **乳突肌** (papillary muscles)：指心室內壁上錐狀突起的肉柱，當心室收縮時，乳突肌會收縮並透過腱索緊拉著房室瓣，以防房室瓣向上翻往心房。
3. **心肉柱** (trabeculae carneae)：心室內壁上許多縱橫交錯排列的肌肉嵴。

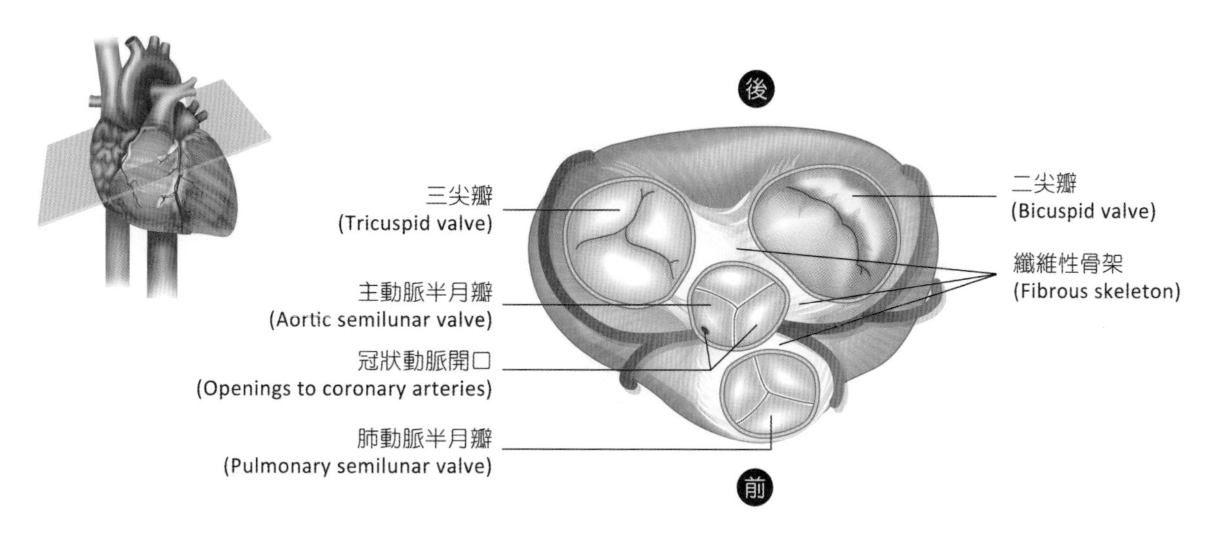

■ 圖 11-3 心臟骨骼

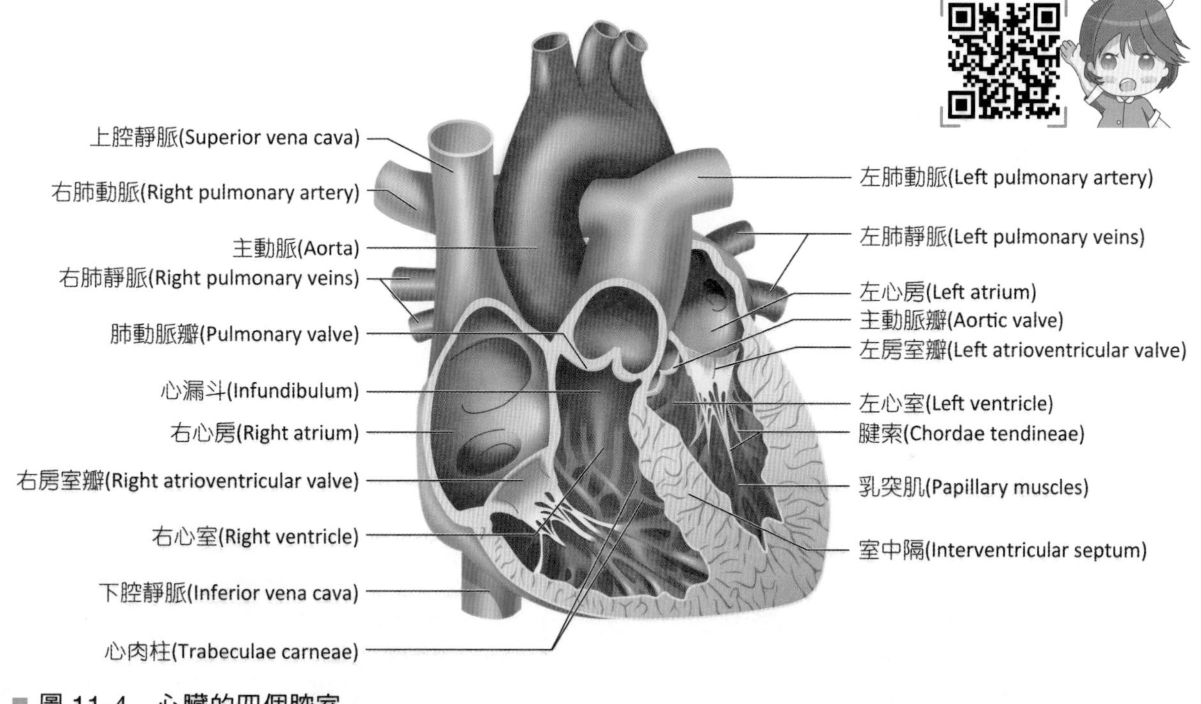

■ 圖 11-4 心臟的四個腔室

(五) 心臟的瓣膜

瓣膜 (valves) 是人體中維持血液單向流動的構造，功能為引導血液的流向並防止血液逆流。心臟的瓣膜是心內膜向腔室內摺而成的片狀結構，共有四個（圖 11-5、表 11-1）：

1. 房室瓣 (atrioventricular valves, AV valve)：心房及心室之間具有房室瓣，能允許血液從心房流至心室，其瓣膜的尖端藉由腱索連接乳突肌，可於心室收縮時防止血液逆流回心房。位於左心房與左心室之間的瓣膜有

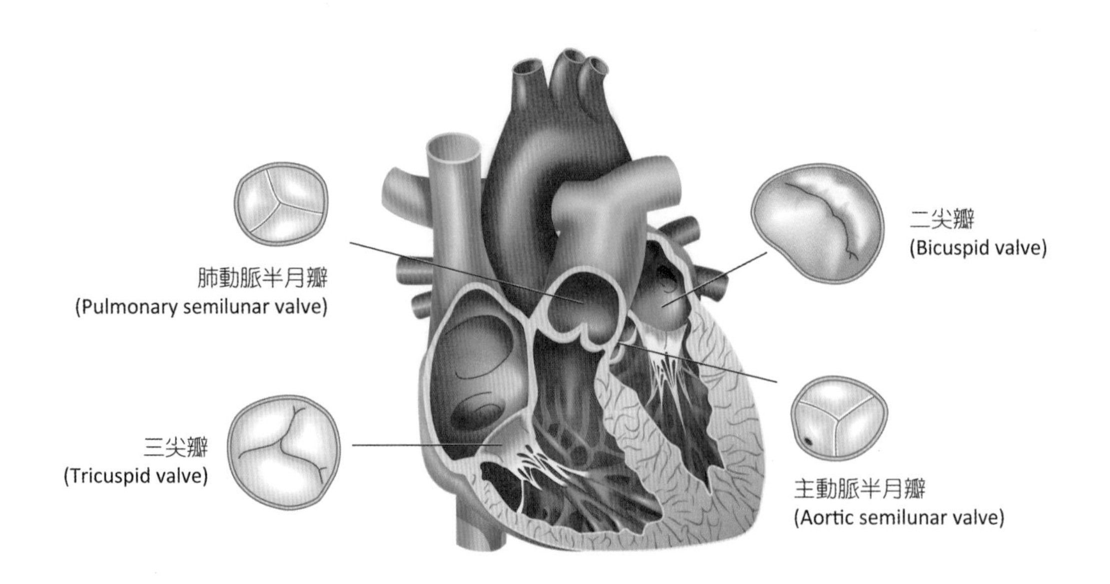

■ 圖 11-5　心臟的瓣膜

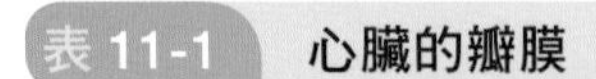

表 11-1　心臟的瓣膜

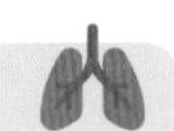

瓣膜	心室舒張	心室收縮
房室瓣	開啟（瓣葉被血液推向心室） 乳突肌舒張，腱索放鬆	關閉（防止血液逆流至心房） 乳突肌收縮，腱索拉緊
半月瓣	關閉（防止血液逆流回心室）	開啟
血液流向	血液由心房流至心室	血液由心室射出
圖示	半月瓣關閉 房室瓣開啟	半月瓣開啟 房室瓣關閉 腱索 乳突肌

二個瓣葉稱為二尖瓣 (bicuspid valve) **或稱僧帽瓣** (mitral valve)；在右心房與右心室之間的瓣膜有三個瓣葉稱為三尖瓣 (tricuspid valve)。

2. **半月瓣** (semilunar valves)：心室與動脈之間具有半月瓣，由三個半月形袋狀瓣膜所組成。當心室收縮時，射出的血液推擠瓣膜，迫使其開啟，血液得以流入動脈；當心室舒張時，回流的血液充滿袋狀瓣膜，三個瓣膜游離緣聚於血管中央，此時半月瓣關閉，防止血液流回心室。位於肺動脈幹基部內的瓣膜稱為**肺動脈半月瓣** (pulmonary semilunar valve)；位於主動脈基部內的瓣膜稱為**主動脈半月瓣** (aortic semilunar valve)。

(六) 心臟的大血管與血液供應

◎ 連接心臟的大血管

連接心臟的血管共有九條，六條大靜脈及一條較小的靜脈竇負責將血液送回心臟，兩條大動脈則負責將血液帶離心臟（圖 11-4）。

右心房接受來自上腔靜脈、下腔靜脈及冠狀竇的血液，上腔靜脈 (superior vena cava) 及下腔靜脈 (inferior vena cava) 的靜脈血液分別來自上半身及下半身，而冠狀竇 (coronary sinus) 則是接受來自心臟壁大部分的靜脈血液。血液自右心房流入右心室後，右心室將血液打入肺動脈幹 (pulmonary trunk)，肺動脈幹分支成左、右肺動脈 (pulmonary artery)，將血液送至左、右肺。血液在肺臟進行氣體交換後，含氧血由**四條肺靜脈** (pulmonary vein) **流回左心房**。然後血液流入左心室，將血液打入主動脈 (aorta) 送至全身。

◎ 心臟的血液供應

為了維持個體的生命，心臟必須不斷地唧出血液至全身，因此負責收縮功能的心肌層亦需血流提供心肌細胞養分與氧氣。雖然心臟的腔室中充滿著血液，但供給心臟組織的血液則是由主動脈分枝的**冠狀動脈** (coronary artery) 負責，與從心臟組織將缺氧血送回右心房的血管共同組成冠狀循環 (coronary circulation)（圖 11-6）。

負責將血液送至心肌層的是左冠狀動脈 (left coronary artery) 與右冠狀動脈 (right coronary artery)，為升主動脈的第一對分支，開口於主動脈瓣上方，分別走在心臟表面的左、右冠狀溝中。當左心室舒張時，升主動脈內的血液因重力而回流充滿主動脈瓣，此時主動脈瓣關閉，血液得以流入冠狀動脈。

左冠狀動脈有兩條重要分支，分別為**前室間動脈** (anterior interventricular artery) 與**迴旋動脈** (circumflex artery)，前室間動脈沿前室間溝下行，供應兩心室前壁的血液，迴旋動脈的血液供應左心房及左心室壁；**右冠狀動脈的分支為後室間動脈** (posterior interventricular artery) **與邊緣動脈** (marginal artery)，後室間動脈沿後室間溝下行，供應兩心室後壁的血液，邊緣動脈則供應右心房及右心室壁。

心臟大部分的缺氧血先經由**冠狀竇** (coronary sinus) 收集，再送回右心房，少部分右心室前壁的血液會經由心前靜脈 (anterior cardiac vein) 直接注入右心房。冠狀竇位於心臟後面的冠狀溝內，注入冠狀竇的主要靜脈有心大靜脈 (great cardiac vein)、心中靜脈 (middle cardiac vein) 及心小靜脈 (small

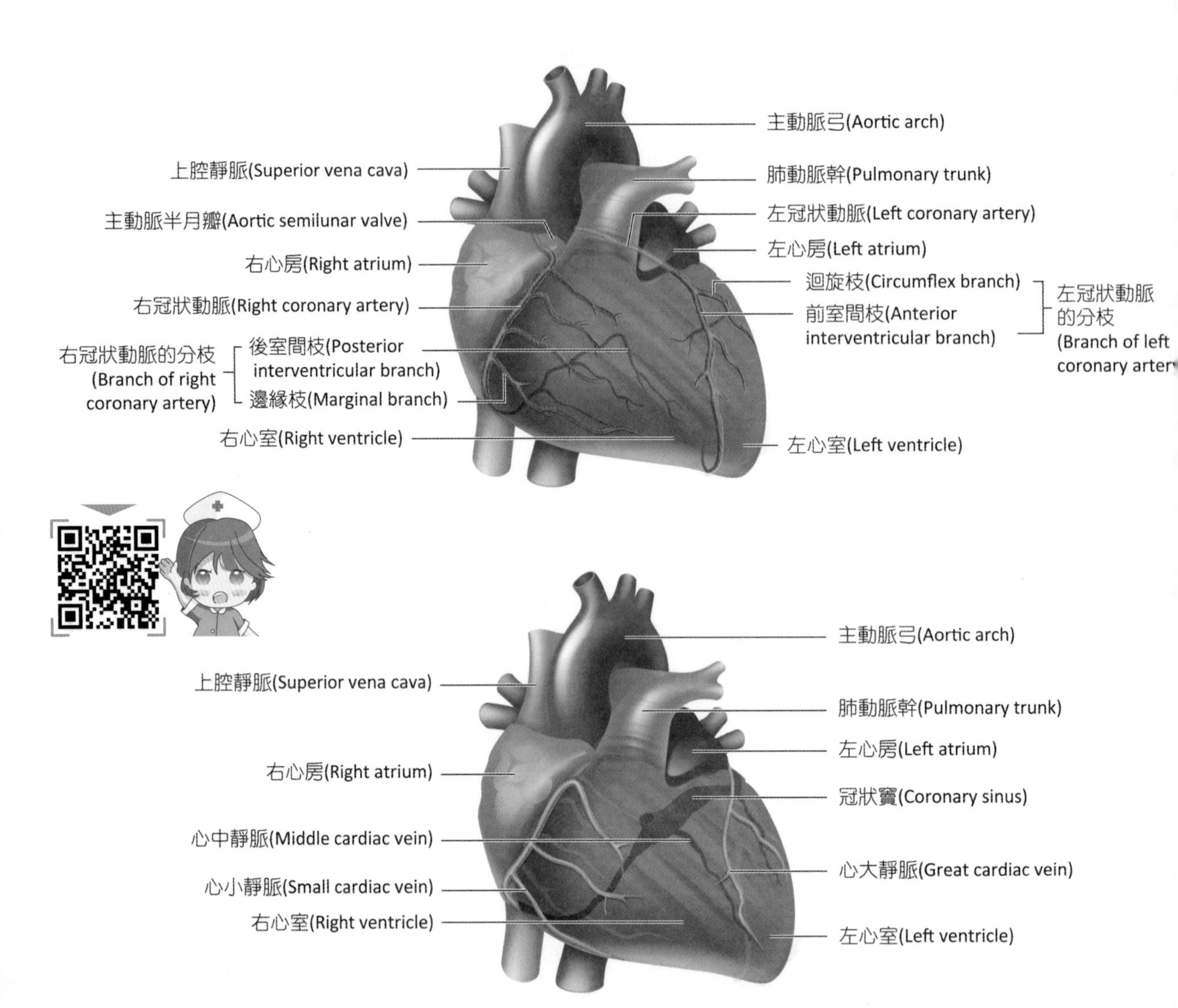

■ 圖 11-6 冠狀循環

cardiac vein)。心大靜脈與前室間動脈伴行於前室間溝，匯集心臟前壁的血液；心中靜脈與後室間動脈伴行於後室間溝，匯集心臟後壁的血液；心小靜脈與邊緣動脈伴行於冠狀溝中，匯集心臟下緣的血液。

冠狀動脈位於心臟的表面，當心肌收縮時血管會受到壓迫，心肌舒張時血流才得以通過，故心臟的血流供應並非持續的，主要發生在心室舒張期。而大部分的心肌層是由一條以上的動脈供應血液，冠狀動脈及其分支之間形成血管吻合 (anastomosis)，組成循環網絡，供給所有的心肌纖維。此循環網絡亦存在側支，若冠狀動脈主幹發生狹窄或阻塞時，血液可通過側支繞過阻塞部位將血液輸送到遠側的區域，吻合支逐漸變粗，血流量逐漸增大，便可取代阻塞的冠狀動脈以維持對心臟的供血。這些通過側支或吻合支重新建立起來的循環稱為側支循環。

臨床應用

ANATOMY & PHYSIOLOGY

冠狀動脈疾病 (Coronary Artery Disease, CAD)

當冠狀動脈發生狹窄、阻塞，心臟就無法得到足夠的氧氣及養分，稱之為冠狀動脈心臟病，或缺血性心臟病 (ischemic heart disease)、冠心病。當冠狀動脈狹窄的程度增加時，心臟就會有缺氧的情況發生，出現胸痛或胸悶的症狀，也就是心絞痛或狹心症。病人在運動、活動、身體用力或心裡緊張激動時，才會有胸痛或胸悶的現象，有些人會同時覺得有喉頭緊縮、下顎痠軟或左上肢痠麻，而休息一會後又恢復正常，這個時期稱為穩定型的心絞痛。當動脈狹窄程度更嚴重時，會演變成非穩定型心絞痛，亦即在稍有活動或甚至休息時即可引發胸痛發作，此為相當危險之警訊，極有可能變成急性心肌梗塞。

臨床研究發現，當血中總膽固醇值每升高 20 mg/dl，冠狀動脈心臟病的罹患率就增加 17%，因此膽固醇及三酸甘油酯值高的人，即是心血管疾病的高危險群。治療可分為藥物的使用及介入性治療，藥物可用來增加氧氣之供應或減少氧氣之需求，例如硝酸鹽類等；若藥物治療效果不顯著，則可考慮接受冠狀動脈攝影（圖 11-7），評估病灶是否適合進行氣球擴張術以及血管支架置放術等介入性治療，或者需要外科之冠狀動脈繞道手術。

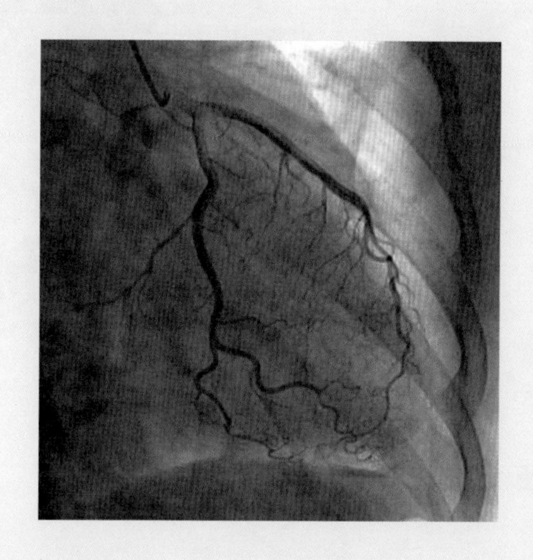

■ 圖 11-7　冠狀動脈攝影

二、心臟的傳導系統

心臟的生理學和其幫浦作用有關，即心肌收縮將血液搏出送至全身。心肌收縮不需神經的刺激，便能自發性的興奮而收縮，是因為心臟本身具有傳導系統 (conducting system)。傳導系統是由心臟壁上特化的心肌細胞及傳導纖維所組成的，包括竇房結、房室結、房室束、房室束分枝與浦金氏纖維（圖 11-8）。主要的功能是產生並快速傳導動作電位遍及整個心臟，以刺激並協調心房及心室的心肌收縮。

竇房結 (sinoatrial node, SA node) 位於右心房後壁與上腔靜脈交界處的特化心肌細胞，能自發性且有節律的產生動作電位 (action potential)，頻率約為每分鐘 70~80 次，因其產生動作電位的速率較其他節律細胞快，故為整個心臟的**節律點** (pacemaker)。引發心臟收縮最初的動作電位即由此產生，並迅速地傳遍**左、右心房**而引起收縮，然後經由**房室結** (atrioventricular node, AV node) 傳至**房室束** (atrioventricular bundle)，又稱**希氏束** (bundle of His)，穿過心臟骨骼到達心室間隔，在心室間隔分成**左、右房室束分枝** (left and right bundle branch)，下行延伸至心尖處，最後分枝成**浦金氏纖維** (Purkinje fibers)，動作電位傳遍左、右心室，使心室收縮。

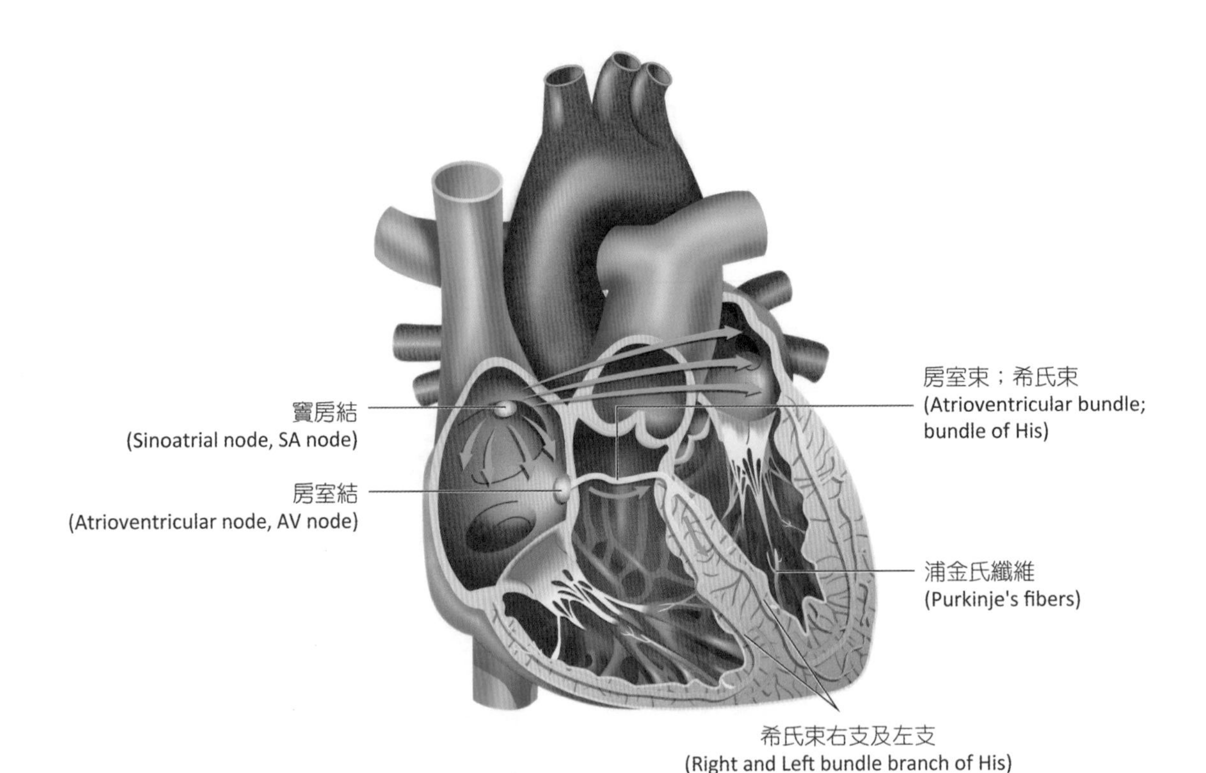

■ 圖 11-8 心臟的傳導系統

臨床應用 ANATOMY & PHYSIOLOGY 

心肌梗塞 (Myocardial Infarction, MI)

心臟疾病位居國人十大死因前五名，心血管病變引發的中風或心肌梗塞等，往往事發突然。心肌梗塞是冠狀動脈因白血球或脂質造成的斑塊幾近或完全阻塞，使得供給心肌的血流中斷；若持續阻塞，將導致心肌缺氧受損或壞死，**心肌細胞由結締組織取代**，使得心臟功能減低，並產生後續併發症（如心律不整及心臟衰竭等），造成死亡或不可逆的傷害。心肌梗塞的危險因子包括吸菸、高膽固醇血症（尤其是低密度脂蛋白過高和高密度脂蛋白過低）、糖尿病、高血壓及肥胖。

心肌梗塞的症狀可以從最輕微的毫無症狀，到較常見的胸悶、胸痛（心絞痛）、心跳加速、頭暈、冒冷汗，甚至猝死。心肌梗塞一般是以心電圖、特定心肌酵素 (CK-MB) 及低密度脂蛋白膽固醇 (LDL-C) 的檢驗來診斷。依病人病情可決定是否進行心導管介入治療或藥物治療，不論是否進行心導管介入治療，長期藥物治療都可改善病人症狀，降低病人死亡率。

動作電位傳導的過程中，竇房結發出的動作電位因連接心房纖維和房室結纖維的接合纖維很細，而使動作電位經過房室結時傳導速率變慢，稱之為房室結延遲 (AV nodal delay)。動作電位在房室結上延遲約 0.1 秒才傳到房室束，為使心房及心室能依序收縮。浦金氏纖維非常粗，故傳導速率最快，能快速地傳遍整個心室。

三、心臟的電性活動及心電圖

心肌組織具有興奮性、自發性、傳導性和收縮性四種生理學特性。其中，興奮性、自發性和傳導性是心肌以電性活動為基礎的電生理特性；而收縮性是心肌以肌絲滑動為基礎的機械特性。

(一) 心肌細胞分類

心臟的細胞根據組織學特徵、電生理特性及功能上的區別，分成電細胞及機械細胞兩種類型。電細胞產生及傳導動作電位，然後引起機械細胞的收縮。

1. **電細胞** (electrical cells)：特化的心肌細胞組成心臟的傳導系統，主要包括節律細胞 (pacemaker cells) 和傳導纖維，具有興奮性和傳導性，不具有收縮功能。
2. **機械細胞** (mechanical cells)：包括心房肌細胞和心室肌細胞，含豐富的肌原纖維，主要執行收縮功能，不能自動地產生去極化。

(二) 電性活動

◎ 心室肌細胞的膜電位

心室肌的膜電位包括靜止膜電位和動作電位。靜止膜電位約為－ 90 mV，動作電位持續時間較長，共分為下列五期（圖 11-9、表 11-2）。

1. **快速去極化期** (rapid depolarization, phase 0)：心肌細胞的靜止膜電位約－ 90 mV，當心肌細胞受到節律細胞傳來的電訊刺激而興奮時，膜電位上升，細胞膜上的電位控制鈉離子通道 (voltage-gated sodium channels) 開啟，大量 Na^+流入細胞內，造成快速去極化。

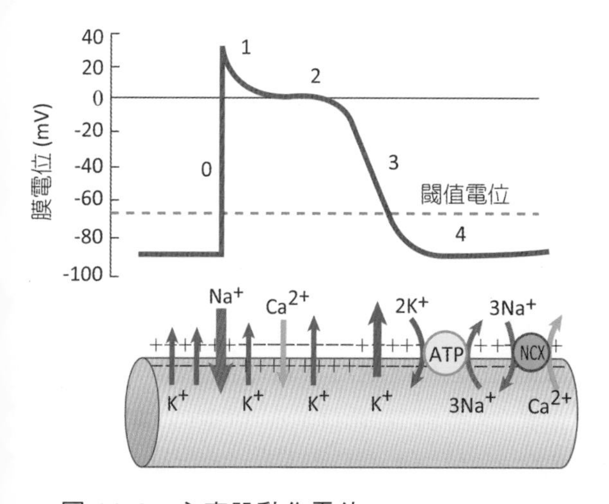

■ 圖 11-9　心室肌動作電位

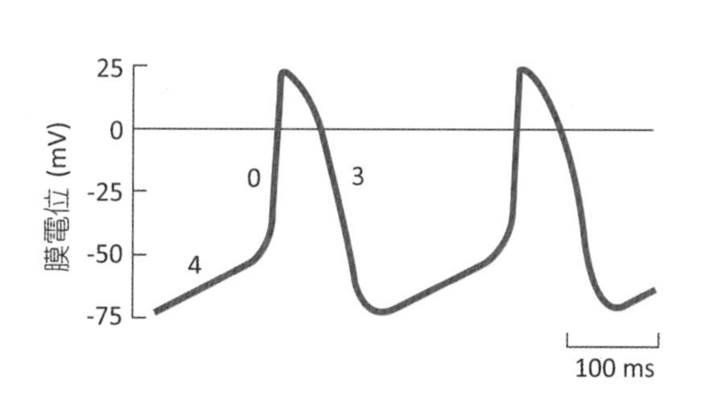

■ 圖 11-10　節律細胞動作電位

表 11-2 各種細胞電性活動比較

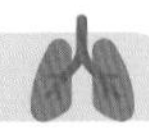

細胞類別	相期	比較項目
骨骼肌細胞	去極化期	鈉通道開啟，Na^+流入
	再極化期	鉀通道開啟，K^+流出
	過極化期	鉀通道開啟，K^+大量流出
	極化期	靜止膜電位 (－ 70 mV)
心室肌細胞	快速去極化期（0 期）	鈉通道開啟，Na^+流入
	早期再極化（1 期）	鈉通道關閉，Na^+不再流入；鉀通道開啟，K^+流出
	高原期（2 期）	鉀通道持續開啟，K^+流出；鈣通道開啟，Ca^{2+}流入
	再極化末期（3 期）	鉀通道開啟更多，大量 K^+流出；鈣通道關閉，Ca^{2+}不再流入
	極化期（4 期）	靜止膜電位時期 (－ 90 mV)
節律細胞	節律電位（4 期）	Na^+經由鈉漏流通道流入細胞內；鈣通道開啟，Ca^{2+}內流
	再極化（3 期）	鉀通道開啟，大量 K^+流出
	去極化期（0 期）	鈣通道開啟，大量 Ca^{2+}流入

2. **早期再極化** (early repolarization, phase 1)：因鈉離子通道關閉，Na^+的通透性降低，而電位控制鉀通道 (voltage-gated potassium channels) 開啟，Na^+流至細胞外，使膜電位下降。
3. **高原期** (plateau, phase 2)：**L 型電位控制鈣通道** (L-type voltage-gated calcium channels, VGCCs) 開啟，細胞外液的 Ca^{2+}流入細胞內抵消了 K^+的流出，並觸發細胞內**肌漿網釋出更多的 Ca^{2+}**，使膜電位暫時的穩定，波形平坦，故稱為高原期。**這是心室肌動作電位持續時間長的主要原因，也是心肌細胞區別於其他細胞動作電位的主要特徵**。
4. **再極化末期** (final repolarization, phase 3)：L 型電位控制鈣通道關閉，而鉀通道開啟更多，大量 K^+外流，使得膜電位逐漸趨向靜止膜電位。
5. **極化期** (resting potential, phase 4)：鉀通道關閉，而細胞膜上的鈉鉀幫浦和鈉鈣交換體 (Na^+/Ca^{2+} exchanger, NCX) 被啟動，負責排出鈉、鈣並攝入鉀，恢復細胞靜止時內外離子的濃度梯度，準備開始下一次的去極化。

◎ 節律細胞的膜電位

節律細胞主要聚集在竇房結及房室結，能自動且有節律地產生去極化而興奮，進而控制心跳，但也會受荷爾蒙、藥物、自主神經、心肌缺血或缺氧等因素影響。節律細胞的膜電位包括節律電位和動作電位，分為下列三個相期（圖 11-10、表 11-2）：

1. **節律電位** (pacemaker potential, phase 4)：竇房結電位約－ 60 mV，由於 Na^+經由鈉漏流通道進入細胞內，膜電位上升導致 T 型電位控制鈣通道 (T-type VGCCs) 開啟，故 Ca^{2+}內流，膜電位繼續上升直至閾值（約－ 40 mV），然後 T 型電位控制鈣通道關閉。

節律電位是一種局部電位，為竇房結能自動且有節律地產生動作電位的主要原因。

2. **去極化期** (depolarization, phase 0)：膜電位到達閾值時，細胞膜上的 L 型電位控制鈣通道 (L-type VGCCs) 開啟，大量 Ca^{2+}流入細胞內，產生動作電位。
3. **再極化** (final repolarization, phase 3)：因鈣離子通道關閉，Ca^{2+}的通透性降低，而鉀離子通道開啟，K^{+}流至細胞外，使膜電位下降。

◎ 心肌的生理特性

1. **興奮性** (excitability)：心肌細胞受到刺激時，細胞膜對離子通透度增加，造成細胞興奮而產生動作電位的能力。心肌細胞與骨骼肌細胞一樣，動作電位具有不反應期的特性，從第 0~3 期為絕對不反應期，第 4 期到恢復原始電位為相對不反應期。在絕對不反應期內，**心肌細胞不會產生第二次興奮**，使心臟收縮後隨即舒張，避免心肌發生強直收縮，以確保心肌在發生下一次動作電位之前，能完成收縮與舒張。
2. **自律性** (automaticity)：心肌細胞沒有外來刺激之下，能自發地產生節律性興奮的能力。正常的情況下，由竇房結主導整個心臟興奮，控制心率為約每分鐘 70~80 次，又稱竇性節律 (sinus rhythm)；若竇房結功能異常，由其他的部位取而代之，例如：房室結成為節律點主導心臟活動，則此時心率約為每分鐘 40~60 次，稱為異位節律 (ectopic rhythm)。
3. **傳導性** (conductivity)：傳導系統具有傳導動作電位的能力。
4. **收縮性** (contractility)：心肌細胞收縮的機轉與骨骼肌細胞不同的是，心肌細胞受到刺激後，在細胞膜上興奮產生並傳遞動作電位，動作電位透過 T 小管傳至細胞內部的同時，T 小管細胞膜上的 L 型鈣通道開啟，細胞外的 Ca^{2+}流入細胞內，使肌漿網釋放 Ca^{2+}，然後鈣離子與旋轉素結合，引起肌絲滑動，導致肌肉細胞的收縮。因心肌細胞的肌漿網不發達，Ca^{2+}儲存量少，沒有足夠的 Ca^{2+}供心肌細胞完整的收縮，故心肌細胞收縮時，部分的 Ca^{2+}亦來自細胞外。

(二) 心電圖 (Electrocardiogram)

心臟傳導系統發出電波，興奮整個心臟肌肉纖維產生收縮，所產生的微弱電流會分布全身，經由心臟周圍的導電組織與體液反應到體表。透過心電圖記錄器的電極連接到人體的四肢和胸壁，即可偵測並記錄到心臟整體的電性活動，所記錄到的波形變化即稱為心電圖 (electrocardiogram, ECG or EKG)。ECG 是測量和診斷異常心臟節律最好的方法，藉由偵測心臟電器傳導活動的異常，進而診斷許多不同的心臟疾病；例如：心律不整、心肌缺氧、心室肥大等疾病。

◎ 心電圖各波段及其生理意義

正常心電圖波形如圖 11-11 所示，各波段詳細說明如下：

1. **P 波** (P wave)：**代表心房去極化**，因竇房結位於右心房，故右心房的去極化在先，而後是左心房的去極化。為 QRS 複合波之前的一個小圓形波，P 波的維持小於 0.12 秒。

2. **PR 間隔** (PR interval)：由心房去極化開始到心室去極化開始，代表動作電位從心房纖維，通過房室結和傳導系統到心室所需要的時間，通常為 0.12~0.20 秒。
3. **QRS 複合波** (QRS complex)：**代表心室去極化**。典型的 QRS 複合波包括第一個負向波稱 Q 波，之後是高而尖的正向波稱 R 波，R 波後的負向波為 S 波。

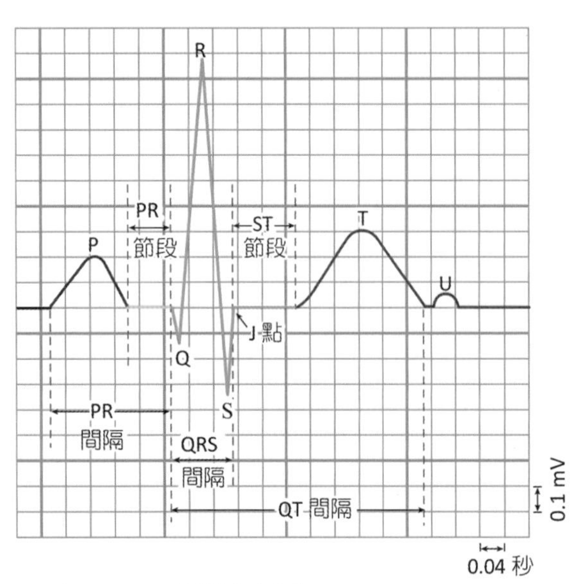

■ 圖 11-11　正常心電圖

4. **QRS 間隔** (QRS interval)：心室去極化所需的時間，約 0.06~0.1 秒
5. **ST 節段** (ST segment)：QRS 複合波的結束至 T 波起點的時間，代表心室去極化結束至心室再極化開始所需的時間。
6. **T 波** (T wave)：**代表心室再極化**。在 QRS 複合波之後，其振幅通常為 R 波的 1/3~2/3。
7. **QT 間隔** (QT interval)：QRS 複合波的起點至 T 波終點的時間，代表心室去極化開始至心室再極化結束的時間。QT 間隔的時間和心跳速率成正比，心跳速率越快，QT 間隔縮短。
8. **U 波** (U wave)：偶爾出現在 T 波之後的一個正向波，其振幅很小，存在與否不代表病理現象。
9. **RR 間隔** (RR interval)：可用來計算心跳速率。

臨床應用　ANATOMY & PHYSIOLOGY

心律不整 (Arrhythmias)

心律不整是心臟搏動的速率或節律異常，常由心臟傳導系統異常引起，包括早期收縮、心搏過緩、心搏過速、傳導阻滯及心房／心室纖維顫動等。正常的情況下，由竇房結有規則地傳送刺激，進而產生的心肌收縮和舒張，故一般人正常的心跳速率是心跳速率約每分鐘 60~100 次，稱為正常竇性節律 (normal sinus rhythm)。若竇房結功能異常，由異位節律點取而代之，則會發生不正常或不規律的心律，若心跳次數每分鐘低於 60 次稱心搏過緩 (bradycardia)；若高於 100 次稱為心搏過速 (tachycardia)。

心律不整的病灶可以發生在竇房結、房室結，或心房、心室的任何部位，常因冠狀動脈疾病、風濕性心臟病及心肌炎等所致。可透過 24 小時攜帶式心電圖或手腕式心電圖做較長時間的記錄，診斷各類心律不整，進而予以不同的治療，包括抗心律不整藥物、電氣燒灼術或置入節律器。

四、心動週期與心音

(一) 心動週期 (Cardiac Cycle)

心臟週期為每次心跳的機械與電性活動，包括心臟的收縮期 (systole phase) 與舒張期 (diastole phase)。若每分鐘心跳次數為 75 次，則心動週期＝ 60 秒 ÷75 次／分，約為 0.8 秒。心室的收縮與舒張造成腔室內的壓力的變化，導致心房與心室、心室與動脈間壓力差的存在，而血液順著壓力差流動，血流影響瓣膜的開啟與關閉，進而影響心室內容積的變化，可將心動週期分為（圖 11-12、圖 11-13）：

1. **心房收縮期** (atrial systole)：約 20% 的血液是心房收縮期時，由心房主動 (active ventricular filling) 打入心室。其餘約 80% 的血液則是在心室舒張期末期時，即心房收縮前被動 (passive ventricular filling) 吸入心室的。

2. **心室收縮期** (ventricular systole)：包括等容收縮期、快速射血期及慢速射血期。
   (1) **等容收縮期** (isovolumic contraction period)：心室開始收縮，當心室壓力大於心房時，會迫使房室瓣關閉；此時心室壓力仍小於動脈的壓力，故半月瓣未開啟。由於這段期間，心室收縮中，但無瓣膜開啟，心室中血液無法流動（即心室內容積沒有改變），故稱等容收縮期。
   (2) **快速射血期** (rapid ejection period)：心室收縮至壓力大於動脈時，導致半月瓣開啟，心室將血液射入動脈。由於此時，心室內壓力上升至最大，心室肌急劇縮短，射血速度很快，心室內容積迅速下降，故稱快速射血期，此期射血量約 80~85%。

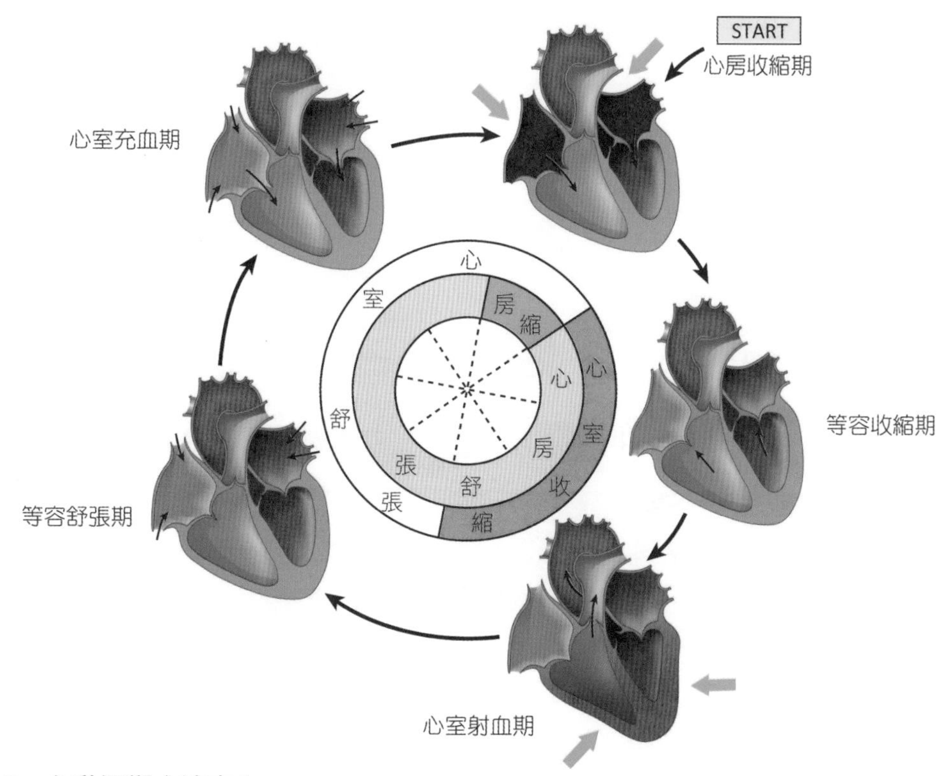

■ 圖 11-12　心動週期血流方向

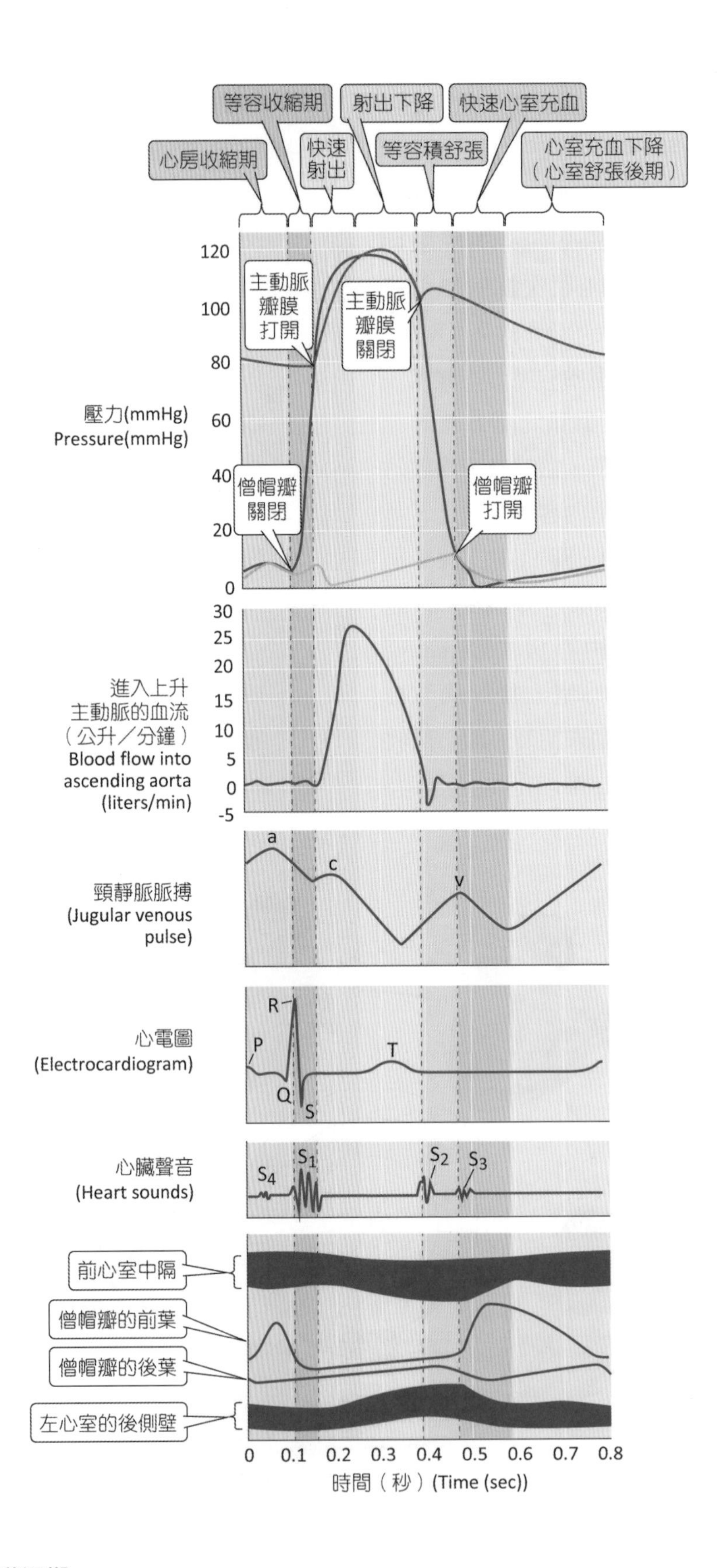
等容收縮期
射出下降
快速心室充血
心房收縮期
快速射出
等容積舒張
心室充血下降（心室舒張後期）
主動脈瓣膜打開
主動脈瓣膜關閉
僧帽瓣關閉
僧帽瓣打開
壓力(mmHg) Pressure(mmHg)
120
100
80
60
40
20
0
進入上升主動脈的血流（公升／分鐘）
Blood flow into ascending aorta (liters/min)
30
25
20
15
10
5
0
-5
頸靜脈脈搏 (Jugular venous pulse)
a
c
v
心電圖 (Electrocardiogram)
R
P
Q
S
T
心臟聲音 (Heart sounds)
S_4
S_1
S_2
S_3
前心室中隔
僧帽瓣的前葉
僧帽瓣的後葉
左心室的後側壁
0 0.1 0.2 0.3 0.4 0.5 0.6 0.7 0.8
時間（秒）(Time (sec))

■ 圖 11-13　心動週期

(3) **慢速射血期** (reduced ejection period)：快速射血期後，動脈內壓力上升，同時，心室收縮強度減弱，故射血速度變慢，心室內容積持續下降直至半月瓣關閉，稱慢速射血期。

3. **心室舒張期** (ventricular diastole)：包括等容舒張期、快速充血期及慢速充血期。

(1) **等容舒張期** (isovolumic relaxation period)：心室射血結束，心室開始舒張，壓力下降。動脈內的血液回流充滿半月瓣，迫使半月瓣關閉，防止血液逆流至心室。此時心室內壓力仍大於心房的壓力，故房室瓣未開啟。由於這段期間，心室舒張中，但無瓣膜開啟，心室中血液無法流動（即心室內容積沒有改變），故稱等容舒張期。

(2) **快速充血期** (rapid filling period)：心室舒張至壓力小於心房時，血液順著壓力差衝開房室瓣流入心室，心室內容積急速上升，故稱快速充血期。此時，心房處於舒張狀態，血液由心房流至心室，主要是因為心室舒張壓力下降形成「抽吸」的作用所致。

(3) **慢速充血期** (reduced filling period)：因心室內血量增加，房室間壓力差漸減，血液填充心室的速度減慢，故稱慢速充血期。接著心房收縮，週期不斷循環。

(二) 心音 (Heart Sounds)

心音主要是因瓣膜關閉時所產生的聲音，生理上的心音主要為第一及第二心音。若瓣膜關閉不全或心室中隔缺損、血液逆流則會產生心雜音 (murmur)。

1. **第一心音** (first sound, S_1)：由**房室瓣關閉**產生的聲音，其特徵為低沉且長，似「Lubb」。
2. **第二心音** (second sound, S_2)：由半月瓣關閉產生的聲音，其特徵為短而高亢，似「Dupp」。
3. **第三心音** (third sound, S_3)：可在小孩身上聽到，若心室收縮後心室內的血液還是很飽滿，當舒張期心室內又填充了血液，即可聽到擴大的彈回聲音。

五、心輸出量 (Cardiac Output, CO)

左心室每分鐘搏出的血液總量稱為心輸出量，其多寡受到心搏量及心跳速率的影響（圖 11-14）。心輸出量為心搏量 (SV) 與心跳

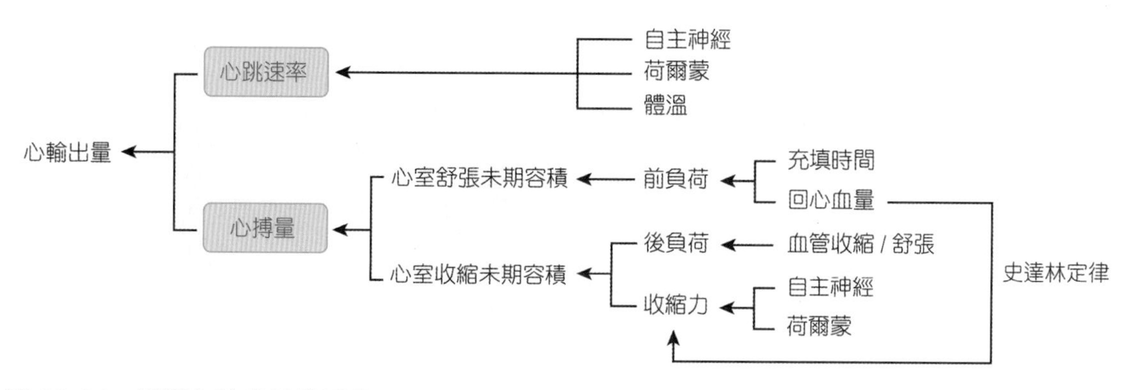

■ 圖 11-14　影響心輸出量的因素

速率 (HR) 的乘積，以一個正常成年人來說，在平靜的狀態下，若每分鐘心跳為 70 次，每次搏出血量為 70 ml，則心輸出量可如下計算：

心輸出量＝心搏量×心跳速率
＝70 ml／次×70 次／分鐘
＝4,900 ml／次或4.9 L／分鐘

(一) 心搏量 (Stroke Volume, SV)

心搏量是每次心跳時，心室射出的血量，為心室舒張末期容積 (EDV) 與心室收縮末期容積 (ESV) 的差，公式如下：

CO＝SV×HR＝(EDV－ESV)×HR

1. **心室舒張末期容積** (end-diastolic volume, EDV)：為心舒張末期，心室內的血液量，正常約 120~130 ml，其主要取決於靜脈回心血量。當周邊靜脈壓力增加時，回心血量增加，則 EDV 增加，故心搏量增加。回心血量增加，會增加心室肌肉纖維伸張的程度，則心室所承受的負荷上升，故在心室舒張末期（心室收縮之前），心室所承受的負荷稱為**前負荷** (preload)。
2. **心室收縮末期容積** (end-systolic volume, ESV)：為心室收縮後，心室內的殘餘血量，正常約 50~60 ml，其主要取決於動脈壓及心肌收縮力。
   (1) 動脈壓：動脈壓與心搏量成反比，即當動脈壓增加時，ESV 增加，故心搏量減少。因此，心室射血時，必須克服的動脈壓力，稱為**後負荷** (afterload)。
   (2) 心肌收縮力：心室肌收縮力的大小，取決於心室舒張末期容積。在生理限度內，心肌被拉得越長（心室舒張末期容積增加），心室的收縮力越強，稱為**心臟的史達林定律** (Starling's Law of the heart)。心室收縮力亦受到自主神經系統的影響，交感神經末梢釋放正腎上腺素，與心肌細胞膜上的 β_1 接受器結合，而增加收縮強度。

(二) 心跳速率 (Heart Rate, HR)

每分鐘心跳的次數稱為心跳速率，竇房結引發心臟收縮，控制心跳速率，亦會受到自主神經系統的調節，使心跳速率增快或減慢，正常約為 60~100 次／分。由於心輸出量＝心搏量 × 心跳速率，故當心跳速率增快時，心輸出量增加，反之，則心輸出量減少。影響心跳速率的因素：

1. 自主神經系統的作用：延腦的心跳加速中樞刺激交感神經釋放腎上腺素，與節律細胞膜上的 β_1 接受器結合，導致心跳加速。延腦的心跳抑制中樞刺激迷走神經釋放乙醯膽鹼，作用於節律細胞膜上的膽鹼性 M 接受器，導致心跳速率減慢。
2. 溫度：當體溫升高時，心跳速率加快，反之，則減慢。

11-2 血管

血液離開心臟後即進入血管系統 (vascular system)，透過封閉式的血管網絡，將血液輸送到各組織，最後匯集流回心臟。動脈是將血液由心臟送到各組織的血管，由首段管徑大的彈性動脈，分枝成中等直徑的肌肉型動脈，接著再細分成小動脈。小動脈進到組織後分枝成管徑更小的微血管。微血管匯集成小靜脈，然後匯合到較大的靜脈，最後將血液送回心臟。

一、血管的種類與功能

血管的管徑大小及管壁厚度會隨著其承受的壓力而有所不同。心臟將血液唧出至彈性血管，此動脈承受了最大的壓力，含較多的彈性組織，能隨著每次心跳而伸張，繼續推動血液前進，故動脈為壓力的儲存庫。各段血管間有很大的壓力變化，即血管直徑變小、管壁厚度減少，則管內壓力及血流速度遞減。但大量分枝的微血管，其管腔截面積的總和是漸增的。血液離開微血管後，其壓力遞減，上、下腔靜脈近右心房處為最低點（圖 11-15）。

(一) 管壁的基本結構

在整個血管網絡中，共包含三種型態的血管構造，分別為動脈、靜脈及微血管。除了微血管及小靜脈外，其餘的血管壁皆具三層基本結構，由內而外包括內膜、中膜和外膜（圖 11-16）：

1. **內膜** (tunica intima)：最內層，與血液接觸。由單層鱗狀上皮細胞形成的內皮、基底膜及少許結締組織組成。肌肉型動脈的內膜還具有一層薄的內彈性膜。

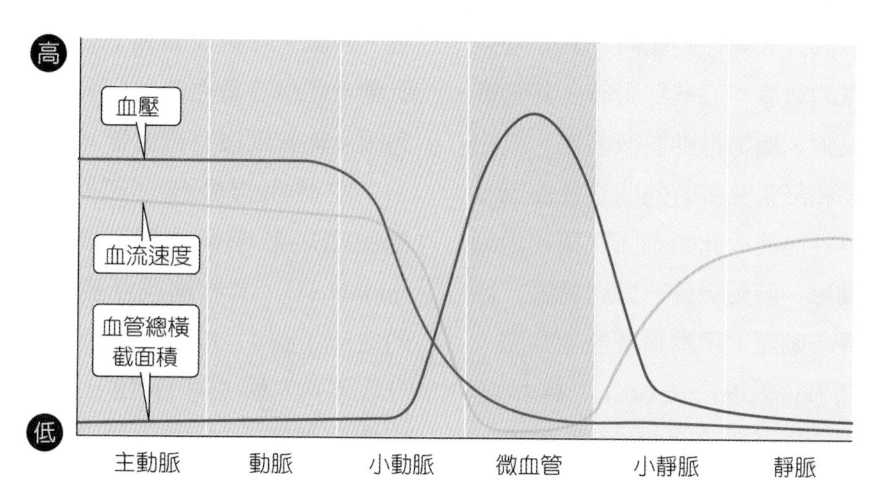

■ 圖 11-15　各段血管壓力、流速、截面積變化

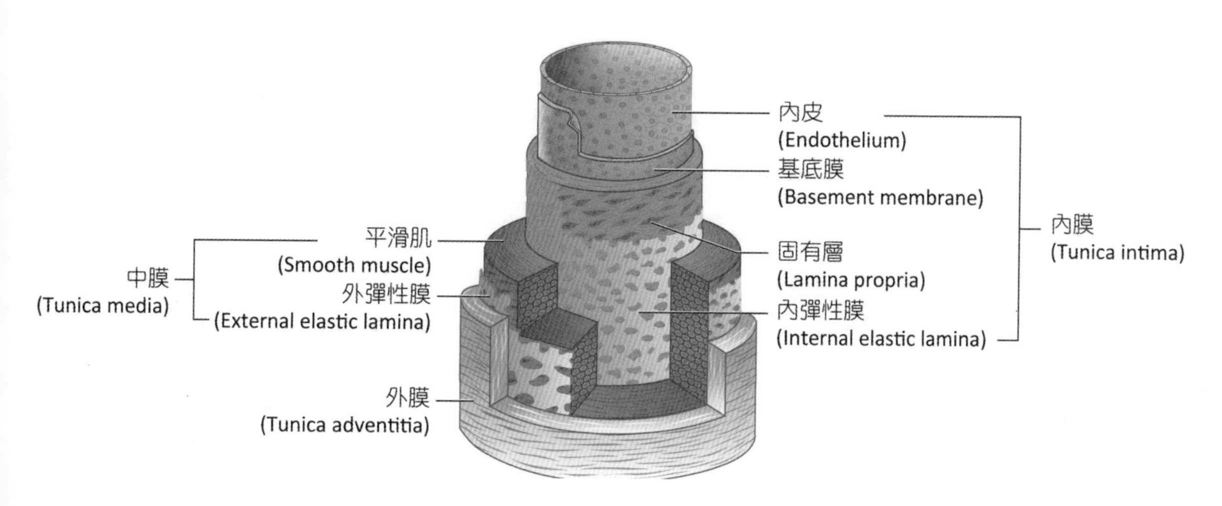

■ 圖 11-16　血管的基本結構

2. **中膜** (tunica media)：位中間，為**最厚的一層**，主要**由平滑肌細胞及彈性纖維構成**。
3. **外膜** (tunica adventitia)：最外層，由緻密結締組織所構成。

(二) 動脈 (Arteries)

動脈為攜帶血液離開心臟的血管，依其管徑大小與功能可分成彈性動脈、肌肉型動脈及小動脈。

1. **彈性動脈** (elastic arteries)：為管徑最大且管壁最厚的血管，相較於其他血管，其中膜含有較多的彈性組織，所含的平滑肌較少。當心室收縮將血液打入彈性動脈時，其管壁擴張以容納大量的血液；心室舒張時，其管壁因富彈性而反彈，繼續推動血液前進，故相較於心臟收縮和舒張交替時的間歇性血流，動脈則為連續性血流。此類動脈又稱輸送動脈，包括**主動脈**、**肺動脈幹**、頭臂動脈、頸總動脈、鎖骨下動脈、椎動脈及髂總動脈。
2. **肌肉型動脈** (muscular arteries)：為中等管徑的動脈，中膜所含的平滑肌較多，具有較強的收縮力，負責將血液分配到身體各部位，又稱分配動脈。當平滑肌收縮時，管徑變小且血流量減少，稱血管收縮 (vasoconstriction)；當平滑肌舒張時，管徑經大且血流量增加，稱血管舒張 (vasodilation)。此類動脈包括腋動脈、肱動脈、橈動脈、肋間動脈、脾動脈、腸繫膜動脈、股動脈、膕動脈及脛動脈等。
3. **小動脈** (arterioles)：為**最主要的阻力血管**，小動脈管徑的改變，對於周邊阻力的影響極大，故與血壓的調控有關。其管壁仍具少量平滑肌，主要為輸送血液到微血管，可適時舒張或收縮。

(三) 微血管 (Capillaries)

微血管連接小動脈和小靜脈，其分枝形成微血管網，為體內最多的血管，故**總截面積最大**，血流速度最慢。微血管的管壁極薄，**僅由單層內皮細胞及基底膜所組成**，利於血液與組織細胞間，進行氣體、營養物質及廢物的交換。

微血管之分布因組織的活動而異，微血管大量分布在活動性較高的組織如骨骼肌、心肌、肝臟、腎臟及肺臟；活動性較低的構造如肌腱及韌帶等微血管的分布較少；而表皮、眼角膜及軟骨則沒有微血管。

在微血管分枝之起始部位，有平滑肌細胞環繞形成**微血管前括約肌** (precapillary sphincters)，其收縮或舒張可調節通過微血管的血流（圖 11-17）。微血管依內皮的構造可分成下列三種（圖 11-18）：

1. **連續型微血管** (continuous capillary)：存在於肌肉、肺臟及中樞神經系統。其基底膜完整且內皮細胞緊密相連，嚴格管控物質進出。
2. **窗孔型微血管** (fenestrated capillary)：存在於腎臟、小腸絨毛及腦室之脈絡叢、眼球睫狀突等部位。其內皮細胞間具有小孔，可允許大分子物質（如胜肽）通過。
3. **不連續型微血管** (discontinuous capillary)：存在於肝臟、脾臟及骨髓。其內皮細胞間隙較大，基底膜不完整。

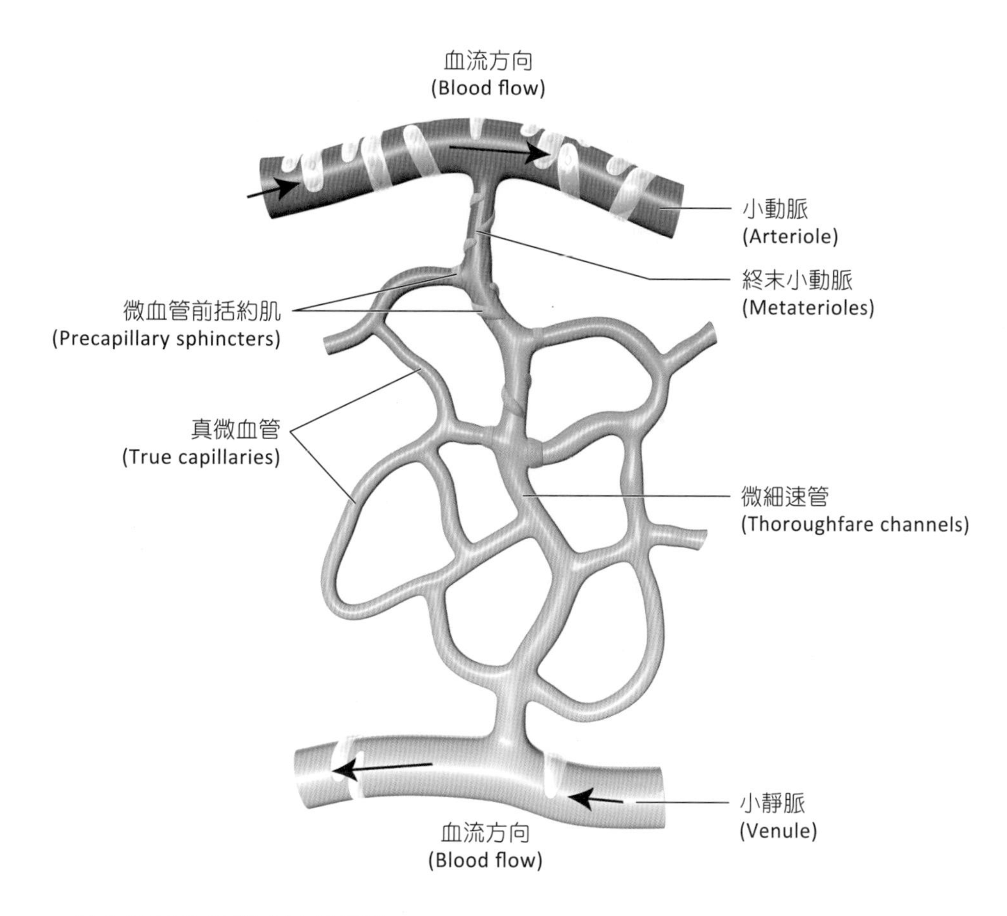

■ 圖 11-17 微血管括約肌對血流的調控

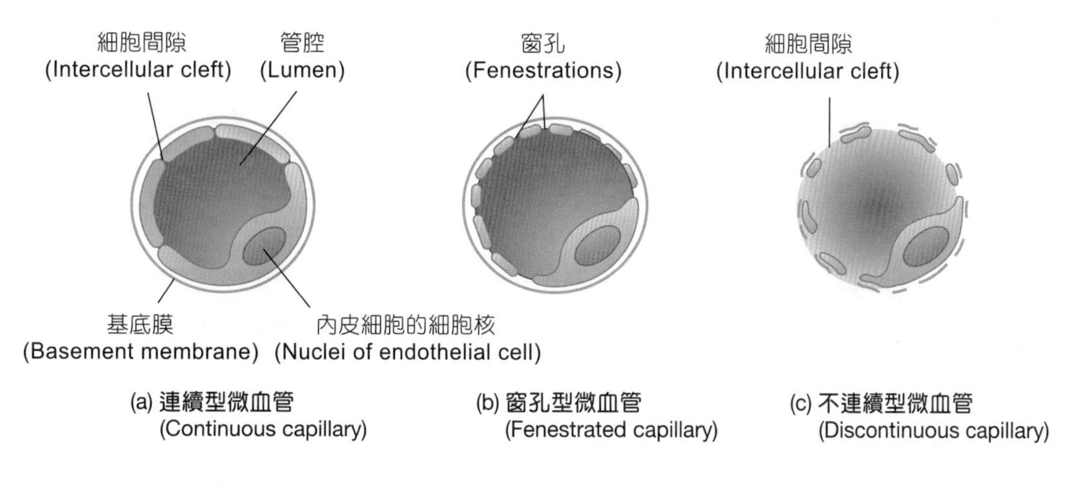

■ 圖 11-18 微血管的類型

(四) 靜脈 (Veins)

小靜脈 (venules) 匯集自微血管來的血液，再注入靜脈。血液離開微血管後，壓力遞減，故靜脈管壁較薄，所含的彈性纖維及平滑肌較動脈少，不如動脈來的有彈性，大部分的靜脈管徑較相對應的動脈管徑大。有些只含有薄層內皮管壁的靜脈，不含平滑肌無法改變其管徑，如硬腦膜之上矢狀竇及心臟之冠狀竇，稱為**靜脈竇** (venous sinus)。由於靜脈、小靜脈及靜脈竇內約含有 64% 的血液，全身血液大量存於靜脈中，故**靜脈有血液貯存庫之稱**。

靜脈為將身體各部分的缺氧血帶回心臟的血管，為對抗地心引力防止血液逆流，所以**靜脈內具有瓣膜**，只允許血液單向流回心臟，但頭頸靜脈則無瓣膜。有利於血液回流心臟的因素，除了靜脈瓣外，還有骨骼肌及吸氣時胸腔的負壓的作用：

1. **骨骼肌的作用**：骨骼肌收縮時，壓迫其間的靜脈，使得血液通過瓣膜。隨後肌肉舒張，血液回流便使瓣膜關閉，可助血液回到心臟（圖 11-19）。
2. **吸氣時胸腔的負壓**：吸氣時，胸腔的壓力下降，腹腔壓力上升，於是血液由壓力高的腹腔流向壓力較低的胸腔。

二、血液動力學 (Hemodynamics)

血液在循環系統中流動的力學稱為血液動力學，主要研究血流量 (Q)、阻力 (R) 及血壓 (P) 的關係。血流量是每分鐘流經血管某一個截面積的血液量，取決於血管兩端的壓力差 (ΔP) 及血管阻力。由於血液由大動脈流至微血管的過程會使血液流動受阻，血管兩端存在著壓力差，如此推動血液繼續前進。其三者間的關係可用歐姆定律 (Ohm's law) 來說明：

$$Q = \Delta P / R$$

由上可得血流量與壓力差成正比，與阻力成反比。另由帕哈定律 (Poiseuille-Hagen law) 可知：

$$R = 8\eta L / \pi r^4$$

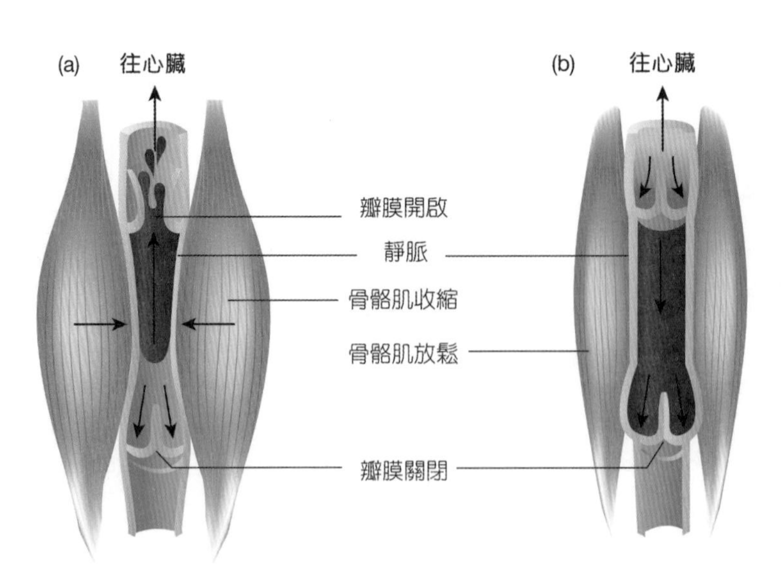

■ 圖 11-19 骨骼肌對血液回流的作用

即血流阻力 (R) 與血管長度 (L) 及血液黏滯度 (η) 成正比，與血管半徑的四次方 (r^4) 成反比。而影響血流阻力最主要的因素是血管半徑，各段血管中以小動脈的阻力最大。各器官血流量的分配，即是透過控制各器官小動脈的管徑來進行調節。

(一) 血流的調節 (Blood Flow Regulation)

體內各器官的血流量取決於器官組織的代謝活動，可透過神經、內分泌及局部組織內的調節等機制，來調控該器官阻力血管的管徑。

◎ 血流的外在調節

自主神經及內分泌的調控屬於外在調節。血管壁上的平滑肌受自主神經支配，調節血管阻力及血流量。而內分泌系統中的血管收縮素及抗利尿激素，對血流的影響較大。血管收縮素 II (angiotensin II) 為人體中強烈的血管收縮物質之一；抗利尿激素 (ADH) 在高濃度時有促進小動脈收縮的作用，造成動脈壓上升，又稱為血管加壓素 (vesopressin)。

◎ 血流的內在調節

1. **肌原性自我調節機制**：當血壓上升，使得供應某器官的血管灌注壓突然升高，血管外擴導致血管平滑肌受牽扯時，會使血管平滑肌收縮，使器官血流量保持穩定，在腦及腎臟等器官的血管表現較為明顯。
2. **代謝性自我調節機制**：當組織代謝活動增強時，局部組織因血流中氧含量下降，二氧化碳濃度上升、H^+或K^+增加，均可使小動脈舒張，增加血流來改變代謝物質的濃度，以維持組織的正常功能。

三、血壓 (Blood Pressure, BP)

心臟的收縮與舒張導致血管不斷地被流過的血液衝動擊，而血液作用動脈血管壁所造成的力量便稱為血壓，當血壓為 100 mmHg 時，代表血管壁所受的力，可使水銀柱升高 100 mm。

臨床上將動脈內的壓力稱為血壓。心室收縮時，最高的動脈壓稱為收縮壓 (systolic pressure)；心室舒張時，最低的動脈壓稱為舒張壓 (diastolic pressure)。通常以「收縮壓／舒張壓」的方式表示，在平靜的狀態下，成年人的血壓一般約為 120/80 mmHg。收縮壓與舒張壓的差則為脈搏壓，約為 40 mmHg。每一個心動週期中，平均的動脈血壓稱為平均動脈壓 (mean arterial pressure, MAP)。

平均動脈壓＝舒張壓＋1/3脈搏壓

(一) 血壓的測量

血壓通常是用血壓計在肱動脈處測量（圖 11-20）：

1. 將連接血壓計的壓脈帶包住肘關節上，並將聽診器置於肱動脈上，將壓脈帶快速充氣達相當壓力時，因動脈血流完全被阻斷，故此時聽診器聽不到任何聲音，手指置於橈動脈亦感覺不到脈搏。
2. 逐漸將壓脈帶的空氣釋出，降低壓力，使動脈可以讓少許血液通過，因動脈前後段的管徑差異很大，以致形成亂流，**經聽診器所聽到的第一聲為科氏音 (Korotkoff sounds) 第一期**，**此時壓力即為收縮壓**。

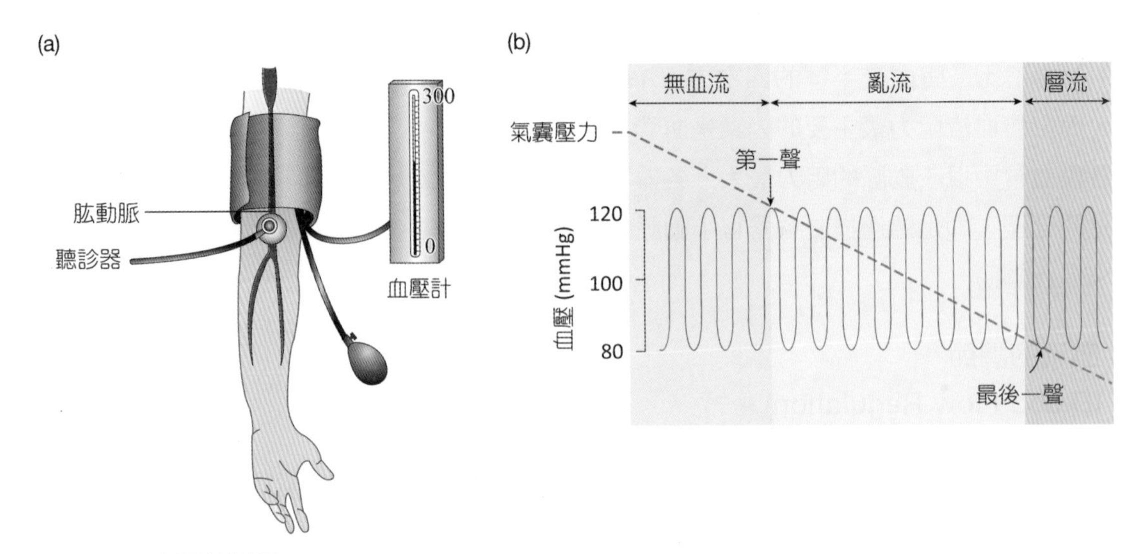

■ 圖 11-20　血壓的測量

3. 壓脈帶壓力持續下降，當壓脈帶的壓力不再壓迫肱動脈時，血流恢復為層流，而聽不到任何聲音，此時的壓力則為舒張壓。

(二) 血壓的調控

血壓的調控為因應不同狀況下，各組織、器官的血流供應。而平均動脈壓主要是受到心輸出量 (CO) 及總周邊血管阻力 (TPR) 的影響，如所示。即：

$$MAP = CO \times TPR$$

心輸出量及總周邊血管阻力的改變皆與平均動脈壓成正比，因此心輸出量增加則平均動脈壓增加，動脈血壓上升；總周邊血管阻力下降則平均動脈壓下降，動脈血壓下降。在生理狀態下，人的血壓須維持在一定的範圍內，以維持足夠的血流，體內有一整套的血壓調節機制，透過神經及內分泌系統來調節心輸出量和總周邊血管阻力，進而影響血壓。神經系統的調節反應較快且時效短暫屬於短期調控，而內分泌系統的調節反應較慢且效果較長久屬於長期調控。

◎ 神經系統的調控機制

當血壓突然變化時，透過神經性的調節作用，可在最短的時間內反應以穩定血壓。

1. **感壓反射** (baroreflex)：出現在短暫的血壓改變時，牽扯到感壓接受器（一種牽張感受器），經由反射以調節自主神經來維持血壓的穩定，即為感壓反射。當血壓因任何因素而上升時，即刺激位於**頸動脈竇** (carotid sinus) 及**主動脈弓** (aortic arch) 之感壓接受器（圖 11-21），分別經由舌咽及迷走神經傳入延腦背側區，透過血管運動中樞降低交感神經活性，使血管擴張等作用，達到調降血壓的目的。反之，則減少對感壓接受器之興奮，而使血壓回升。感壓反射為姿勢改變時，維持血壓穩定的主要調控機制。

臨床應用

ANATOMY & PHYSIOLOGY

靜脈曲張 (Varicosis)

當靜脈瓣膜功能不全時，血液因重力蓄積，長期處於高壓狀態導致靜脈管壁變得鬆弛、擴大且彎曲，因而造成靜脈曲張。外觀上便產生看似扭曲鼓起的血管，臨床症狀由輕微的下肢痠痛至嚴重的皮膚潰爛。引起的原因有遺傳、女性比男性好發，尤其是懷孕及生產後的婦女、體重過重而腹部肥胖者或長期站立（長時間保持一個姿勢），常發生於下肢的淺層靜脈，尤其是大隱靜脈及小隱靜脈。若因便祕引起肛管的靜脈曲張，則稱為痔瘡。

治療方式是使用細針，直接把藥物注射到患肢的血管內，破壞異常靜脈曲張血管的內膜，使血管內產生局部血栓。經過一段時日後便在治療的血管內形成纖維化的組織，此為硬化劑注射治療。約有 50~80% 病患可以獲得改善，若未見成效者，則需要接受其他治療方式（如雷射治療）。

2. **化學反射** (chemoreflex)：化學接受器包括位於頸總動脈分叉處的頸動脈體和主動脈弓附近的主動脈體。當血液中氧分壓 (PO_2) 下降、二氧化碳分壓 (PCO_2) 上升或血漿中氫離子 (H^+) 濃度上升時，頸動脈體及主動脈體受到刺激（圖 11-21），衝動經傳入神經傳入延腦，主要興奮呼吸中樞，使得呼吸加深加快，間接地增加心輸出量；同時也興奮血管運動中樞，增加總周邊血管阻力，引起血壓上升。化學反射在平時對心血管活動的調節作用不大，主要為調節呼吸作用，只有在嚴重缺氧、窒息、動脈血壓過低和酸中毒等情況下，才會透過興奮化學感受器升高血壓，重新分配器官血流，確保心及腦等重要器官的血液供應。

◎ 內分泌系統的調控機制

主要是透過腎素－血管收縮素－醛固酮系統、抗利尿激素和心房利鈉肽等體液調節機制來進行血壓的調節。

1. **腎素－血管收縮素－醛固酮系統** (renin-angiotensin-aldosterone system)：此系統主要是經由血管收縮直接對動脈血壓進行調節，及透過醛固酮的分泌來改變體液量，進行血壓的調節。當血量減少血壓下降時，入球下動脈壓力降低，管壁牽張減弱，位於入球小動脈壁上的近腎絲球細胞受到的張力減少，而分泌**腎素**，將肝臟合成的**血管收縮素原**催化形成**血管收縮素 I** (angiotensin I)，血管張力素 I 本身是沒有生物活性的，必須在肺臟經由血管收縮素轉化酶 (angiotensin-converting enzyme, ACE) 的作用，成為具有活性的**血管收縮素 II** (angiotensin II)（圖 11-22）。血管收縮素 II 是一個強力的血管收縮物質，主要透過以下二種作用，來達到升血壓的目的：
   (1) 快速且劇烈地引發血管收縮：主要發生在小動脈，以增加總周邊血管阻力，使血壓上升。

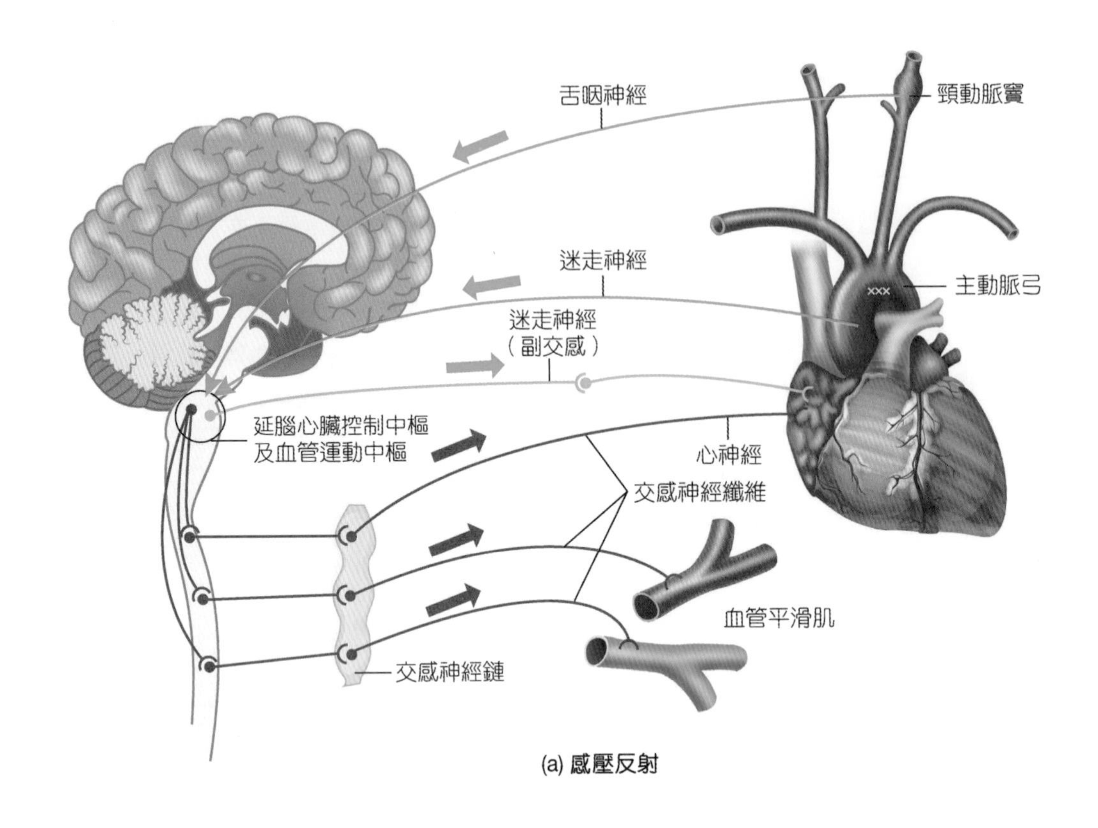

(a) 感壓反射

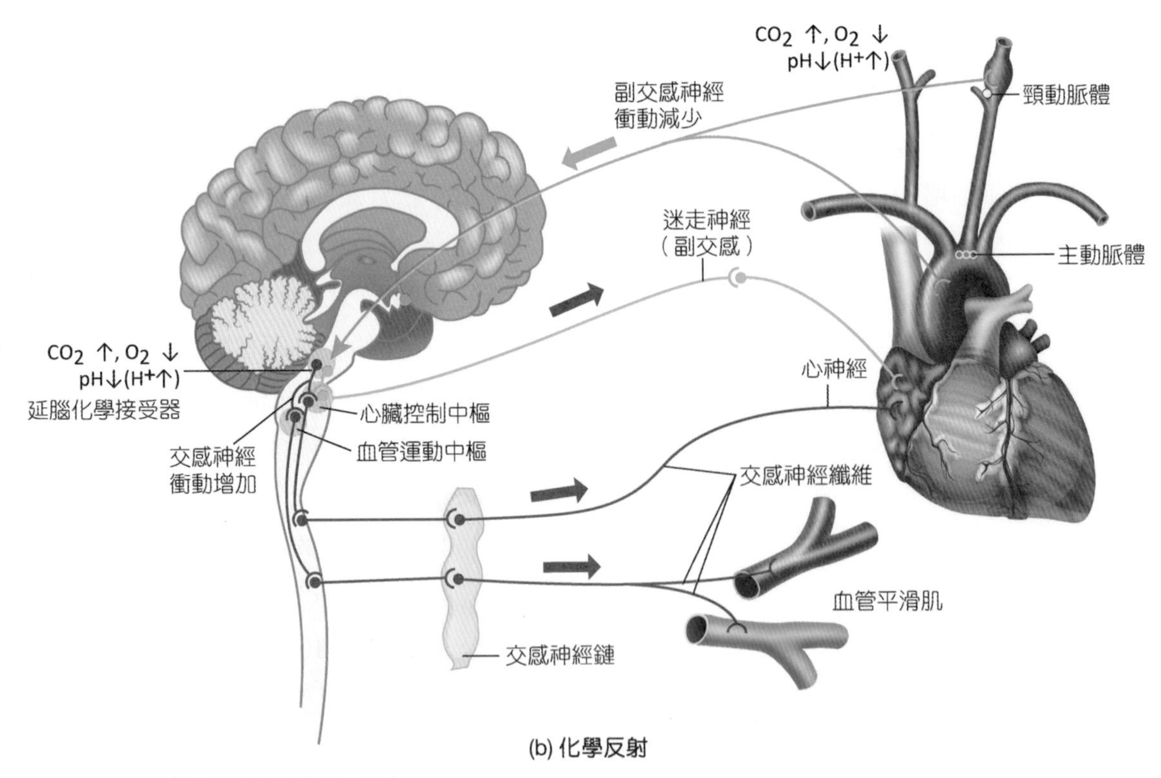

(b) 化學反射

■ 圖 11-21　感壓反射及化學反射

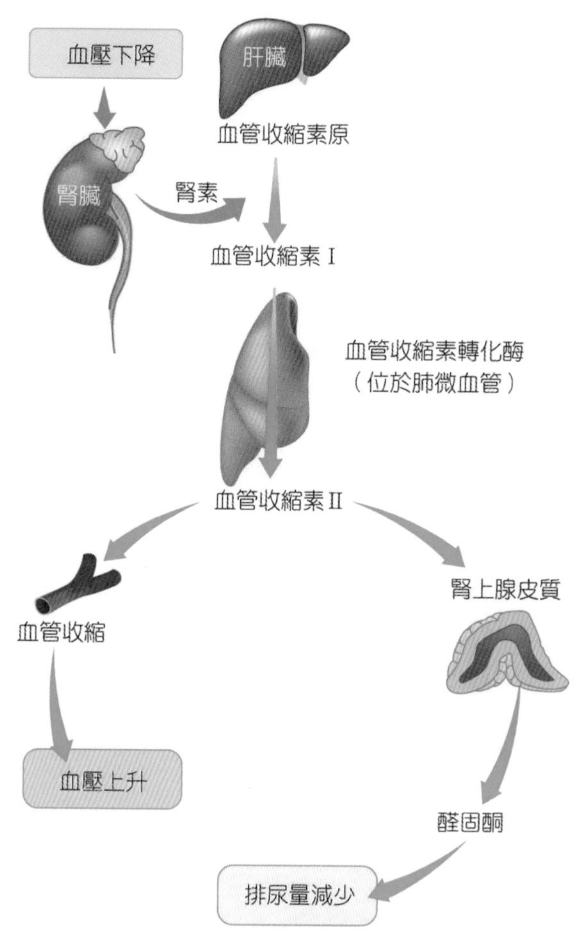

■ 圖 11-22　腎素－血管收縮素－醛固酮系統

(2) 增加鈉離子和水的再吸收：促進腎上腺皮質分泌**醛固酮** (aldosterone)，增加遠曲小管及集尿管再吸收鈉離子，透過鈉鉀幫浦，產生留鈉排鉀的作用，同時也增加氯離子及水的再吸收，使得血量增加，進而升高血壓。

2. **抗利尿激素** (antidiuretic hormone, ADH)：當體內血漿滲透壓升高，循環血量減少，血壓降低時，促使腦下腺後葉釋放抗利尿激素，以增加遠曲小管及集尿管對水的通透性，而促進水的再吸收，導致尿量減少，產生抗利尿的作用，使得血量增加。亦可使大部分血管收縮，引起血壓上升，達到升壓作用。

3. **正腎上腺素** (norepinephrine, NE)：使得心跳速率加快，增加心輸出量，進而升高血壓。

4. **心房利鈉肽** (atrial natriuretic peptide, ANP)：由心房肌細胞分泌的多肽類 (polypeptide) 荷爾蒙，當心房壁受牽扯時（如血量過多及頭低腳高等），可刺激心房利鈉肽的分泌，主要能透過以下的作用達到降血壓的作用：
   (1) 利鈉及利尿：增加腎絲球過濾率，並抑制腎素及抗利尿激素的分泌，增加鈉與水的排除，排尿量增加，導致循環血量減少。
   (2) 抑制腎上腺皮質分泌醛固酮，減少腎臟對於鈉離子和水分的再吸收。
   (3) 引起周邊血管擴張，降低總周邊血管阻力。

11-3 循環路徑 

隨著每一個心跳，心室藉由產生壓力驅動血液流經動脈、微血管及靜脈，透過血液將流經肺臟及消化道獲得的氧氣和養分，運送到各細胞後，再收集細胞的代謝廢物返回心臟，最後送至肺臟及腎臟排出。

身體包含兩個主要的血液循環路徑，即肺循環 (pulmonary circulation) 及體循環 (systemic circulation)（圖 11-23）。特殊的循環則包括消化器官的血液流至肝臟的肝門循環 (hepatic portal circulation)，及胎兒時期的胎兒循環 (fetal circulation)。

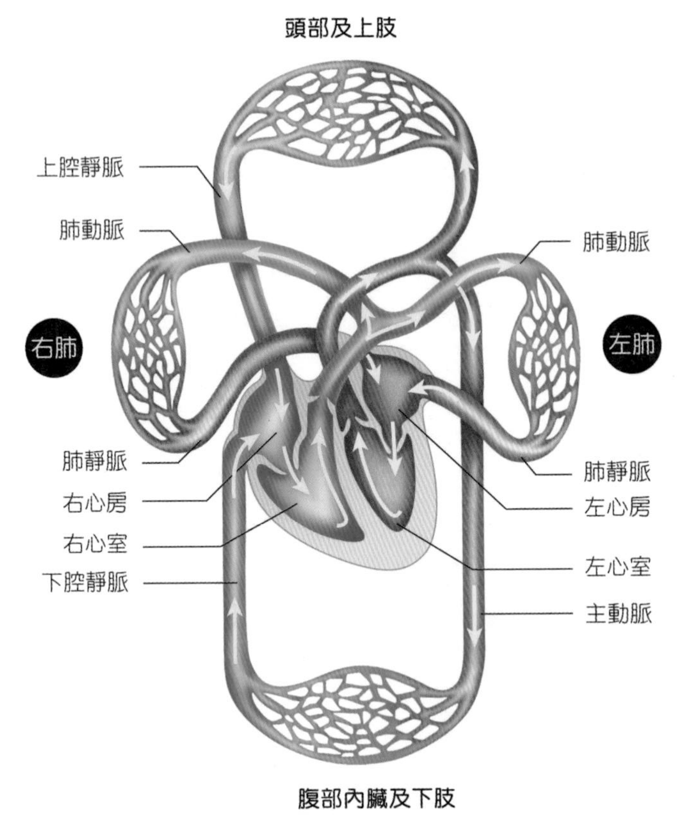

■ 圖 11-23 循環路徑

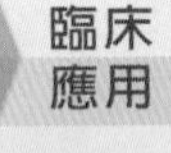

ANATOMY & PHYSIOLOGY

高血壓

世界衛生組織對高血壓的定義是：在休息狀態下，血壓持續高於 140/90 mmHg。長期血壓偏高就會發生嚴重的併發症，造成腦、眼、心及腎等器官的損害，輕者器官功能喪失，重者危害性命。當血液由心臟送出血流的壓力高於血管所能承受的壓力時，就會發生兩種結果：一種是高壓導致血管壁受損，表面脫落的碎屑阻塞血管，另一種則是高壓導致血管破裂，造成溢血的現象。治療通常以飲食控制（如限制鈉及膽固醇的攝取等）配合降血壓藥物的服用。高血壓可分為兩類：

1. 原發性高血壓：原因不明，可能與遺傳及肥胖有關係。
2. 繼發性高血壓：主要是由腎臟病所造成，但偶爾也出現因為主動脈狹窄、某些荷爾蒙分泌過多，以及與腦下腺、腎上腺、腎臟腫瘤、腦部或血流壓縮有關的病症所引起。

一、肺循環 (Pulmonary Circulation)

右心室將全身的缺氧血送至肺臟，進行氣體交換後，再將充氧血送回左心房的過程稱為肺循環。右心室透過一條肺動脈幹 (pulmonary trunk) 將缺氧血送出，肺動脈幹在進入左、右肺之前，會先分枝成左、右肺動脈。肺動脈 (pulmonary artery) 進入肺後一再分枝，最後透過微血管與肺泡進行氣體交換。微血管再匯合成小靜脈、靜脈，最後形成左、右各兩條肺靜脈 (pulmonary vein)，將充氧血帶回左心房。左心房血液流至左心室，經左心室收縮將血液送至體循環。

肺動脈的平均血壓只有 15 mmHg，相較於體循環的 120 mmHg，肺循環為低壓系統。當血液由肺臟流回左心房時，壓力約為 5 mmHg，故整個肺循環的壓力差只有 10 mmHg；由於肺循環與體循環的總血流量大致上相同，而平均動脈壓與阻力成正比得知肺循環亦為低阻力系統。

二、體循環 (Systemic Circulation)

由左心室將血液運送至全身各組織後，再回到右心房的過程，稱為體循環。主要的功能是輸送養分及氧氣至組織，並移除組織所產生的代謝廢物。

(一) 體循環主要的動脈

體循環的所有動脈皆直接或間接的起源於主動脈 (aorta)，分別由主動脈的三個部分：升主動脈 (ascending aorta)、主動脈弓 (aortic arch) 及降主動脈 (descending aorta) 分枝成數條主要的動脈，最後到達身體各部位（圖 11-24）。升主動脈起始於左心室基部，然後偏右側向第二肋軟骨方向上行，進入上縱膈後改稱為主動脈弓，主動脈弓彎曲至第四胸椎下緣往下成為降主動脈。降主動脈是主動脈最長的部分，由第四胸椎高度下行穿過縱膈主動脈裂孔至第四腰椎之高度。降主動脈位於胸腔的部分稱為胸主動脈 (thoracic aorta)；位於腹腔的部分稱為腹主動脈 (abdominal aorta)（圖 11-25）。

◎ 升主動脈 (Ascending Aorta)

升主動脈長約 5 公分，只有二條分枝，由其基部分出左、右**冠狀動脈**，以供應心肌之血流。冠狀動脈的分布詳見圖 11-6。

◎ 主動脈弓 (Aortic Arch)

主動脈弓有三條主要的分枝，由右而左分別是**頭臂動脈** (brachiocephalic artery)、**左頸總動脈** (left common carotid artery) 及**左鎖骨下動脈** (left subclavian artery)，以供應頭部及上肢的血流。主動脈弓的第一分枝為頭臂動脈，其往右側上行至胸鎖關節上緣高度，分枝成右頸總動脈 (right common carotid artery) 及右鎖骨下動脈(right subclavian artery)。主動脈弓的第二、三分枝為左頸總動脈與左鎖骨下動脈，左、右邊同名動脈相對稱。頸總動脈將血液運送到頭頸部；鎖骨下動脈則是供應上肢血流的主要血管。

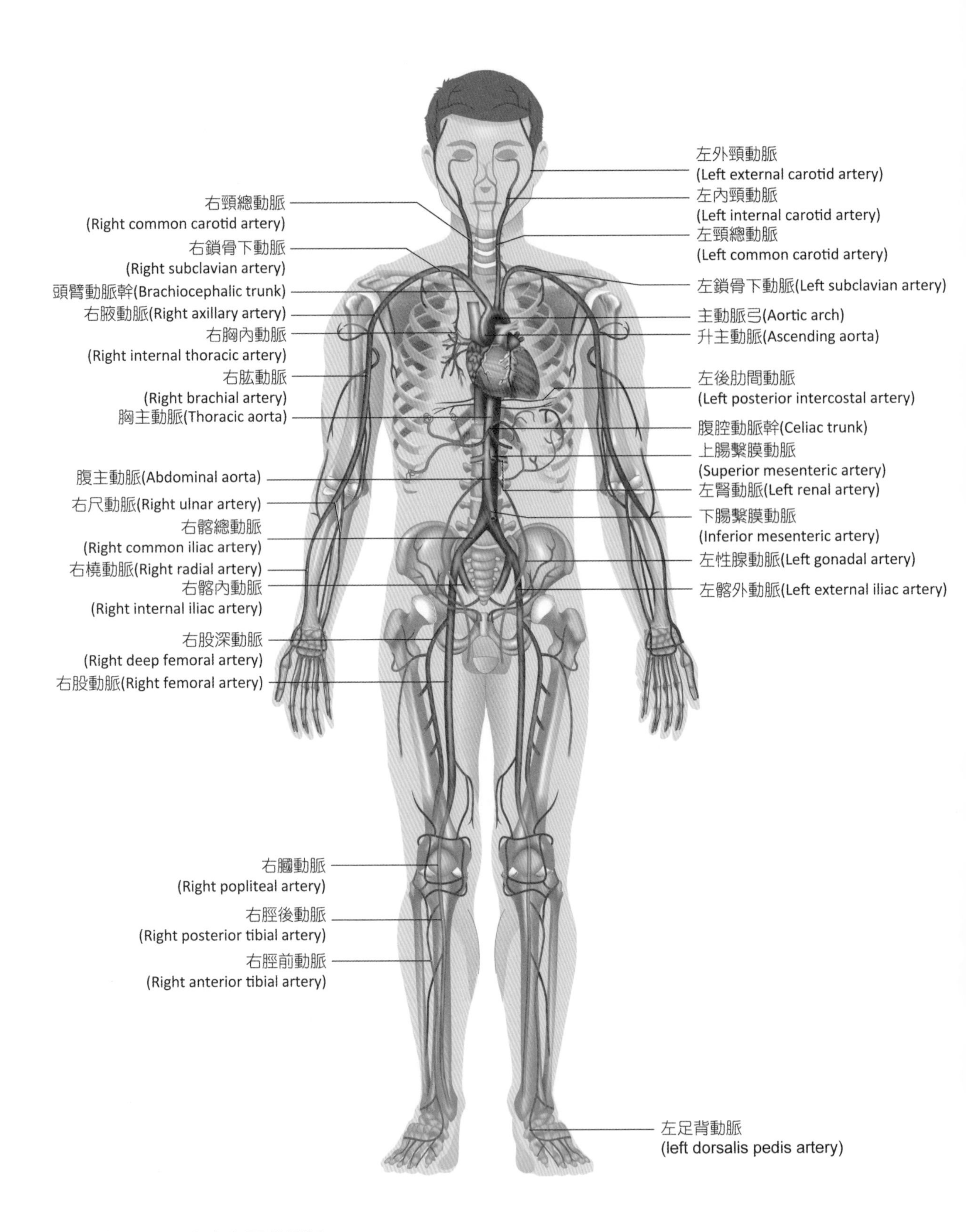

■ 圖 11-24 全身主要動靜脈

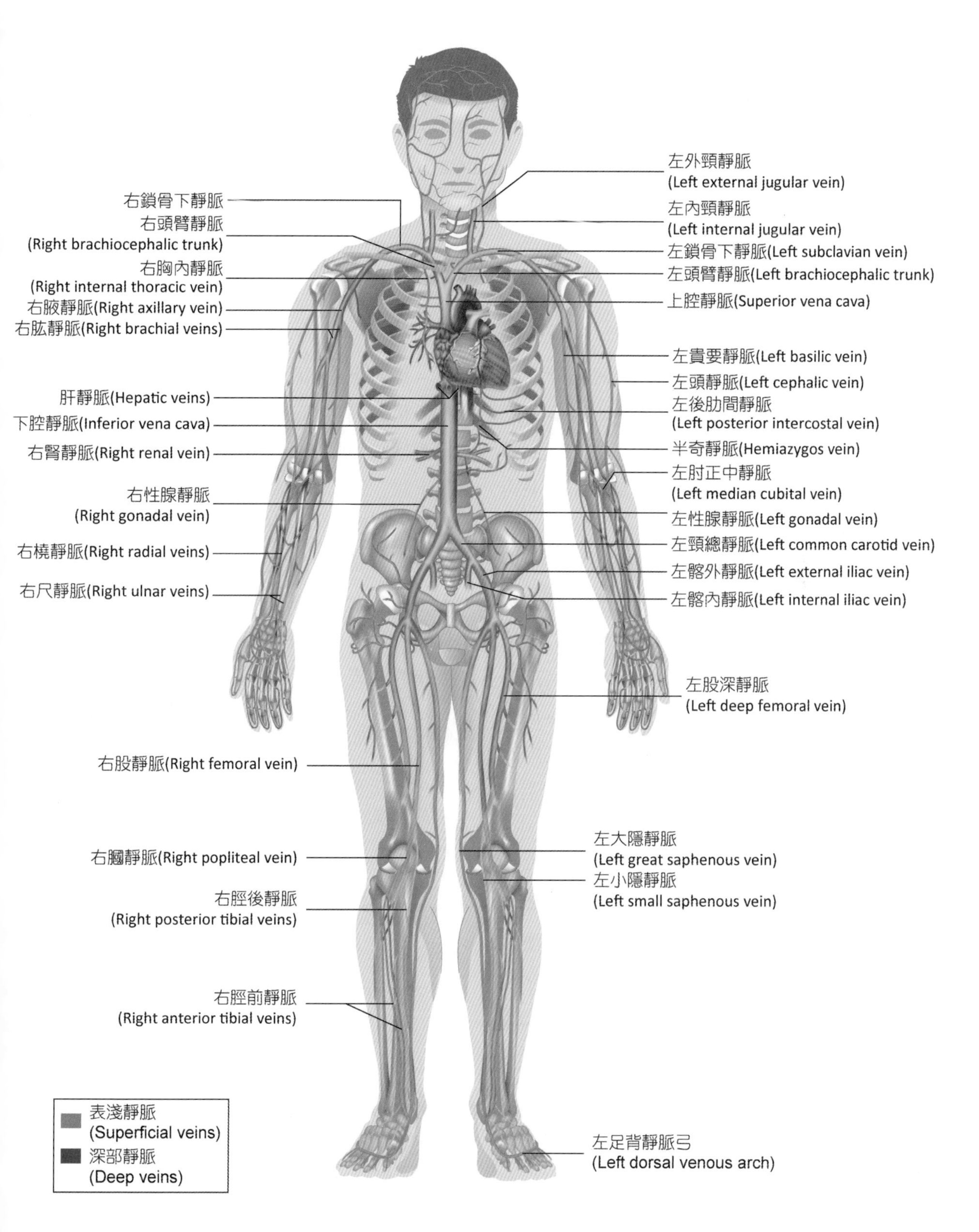

■ 圖 11-24 全身主要動靜脈(續)

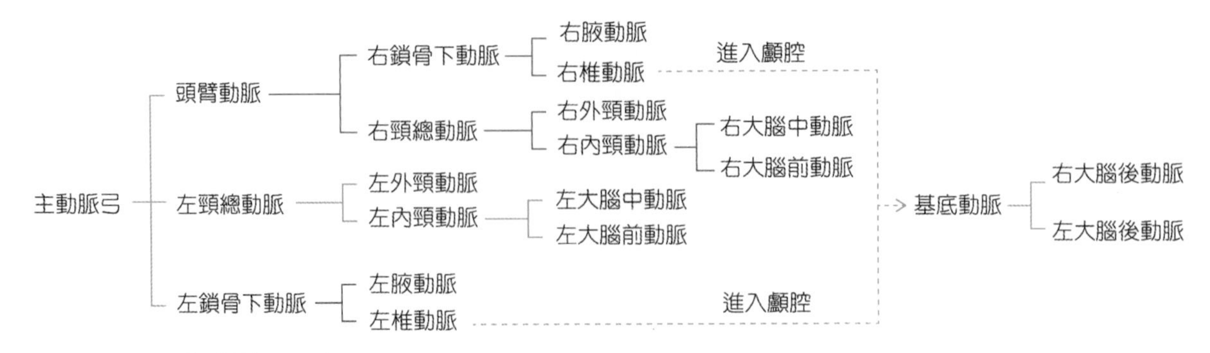

■ 圖 11-25 主動脈弓分支

頸總動脈於頸部上行至下頜角處分枝成外頸動脈 (external carotid artery) 與內頸動脈 (internal carotid artery)，外頸動脈將血液送到頸部及臉部；內頸動脈則將血液送到眼眶，並與椎動脈一起供應腦部的血流（圖 11-26）。

內頸動脈進入顱腔後，發出眼動脈、前大腦動脈、中大腦動脈及後交通動脈。前大腦動脈供應額葉的血流，由一條前交通動脈所連通；中大腦動脈供應兩側大腦皮質大部分的血流；後交通動脈則連通內頸動脈與後大腦動脈。兩側的椎動脈 (vertebral artery) 均為鎖骨下動脈的分枝，穿過頸椎的橫突孔向上經枕骨大孔進入顱腔。左、右椎動脈於顱腔內，會合形成一條基底動脈 (basilar artery)，其位於腦幹的前下表面，然後在終止處分枝成兩條大腦後動脈 (posterior cerebral artery)，供應大腦後部的血流。大腦前動脈、前交通動脈、後交通動脈及大腦後動脈於腦下腺及腦底部的周圍，彼此相吻合形成大腦動脈環，稱為**威利氏環** (circle of Willis)（圖 11-26）。腦部血流大約占身體休息時心輸出量的 15%，是體內重要的血液供應區域。而威利氏環可平衡腦部的血壓，亦可於腦血管受傷時提供替代的血液供給途徑。

鎖骨下動脈跨過第一肋的外側緣，進入腋窩後稱腋動脈 (axillary artery)，然後延伸到上臂改稱肱動脈 (brachial artery)，其起始於大圓肌下緣，終止於肘關節遠端並分枝為位於前臂內側的尺動脈 (ulnar artery) 及位於外側的橈動脈 (radial artery)，橈、尺動脈離開前臂後，進入手掌吻合形成掌動脈弓 (palmar arch)，最後從掌動脈弓分出指動脈 (digital arteries)，供應手指的血流（圖 11-27）。

◎ 胸主動脈 (Thoracic Aorta)

胸主動脈的分枝可分成兩群，分別是供應胸部內臟的內臟枝及分布到體壁的體壁枝（圖 11-28）。胸主動脈的分枝及分布如表 11-3。

◎ 腹主動脈 (Abdominal Aorta)

腹主動脈起始於橫膈的主動脈裂孔，終止於第四腰椎，並在此處分枝成終末枝左、右髂總動脈。腹主動脈的內臟枝供應腹腔的內臟器官及骨盆腔內的卵巢或睪丸。其中，腹腔動脈幹為腹主動脈的第一分枝；體壁枝則供應橫膈及體壁，包括膈下動脈、腰動脈及薦正中動脈（圖 11-28）。腹主動脈的分枝及分布如表 11-4。

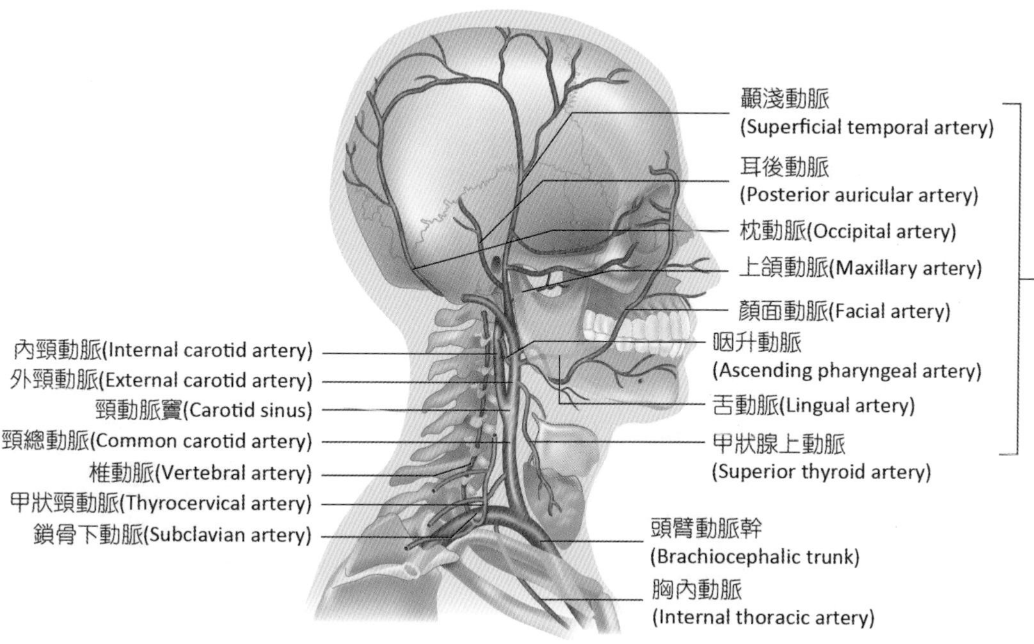
顳淺動脈
(Superficial temporal artery)
耳後動脈
(Posterior auricular artery)
枕動脈(Occipital artery)
上頜動脈(Maxillary artery)
顏面動脈(Facial artery)
咽升動脈
(Ascending pharyngeal artery)
舌動脈(Lingual artery)
甲狀腺上動脈
(Superior thyroid artery)
外頸動脈的分支
(Branches of external carotid artery)
內頸動脈(Internal carotid artery)
外頸動脈(External carotid artery)
頸動脈竇(Carotid sinus)
頸總動脈(Common carotid artery)
椎動脈(Vertebral artery)
甲狀頸動脈(Thyrocervical artery)
鎖骨下動脈(Subclavian artery)
頭臂動脈幹
(Brachiocephalic trunk)
胸內動脈
(Internal thoracic artery)

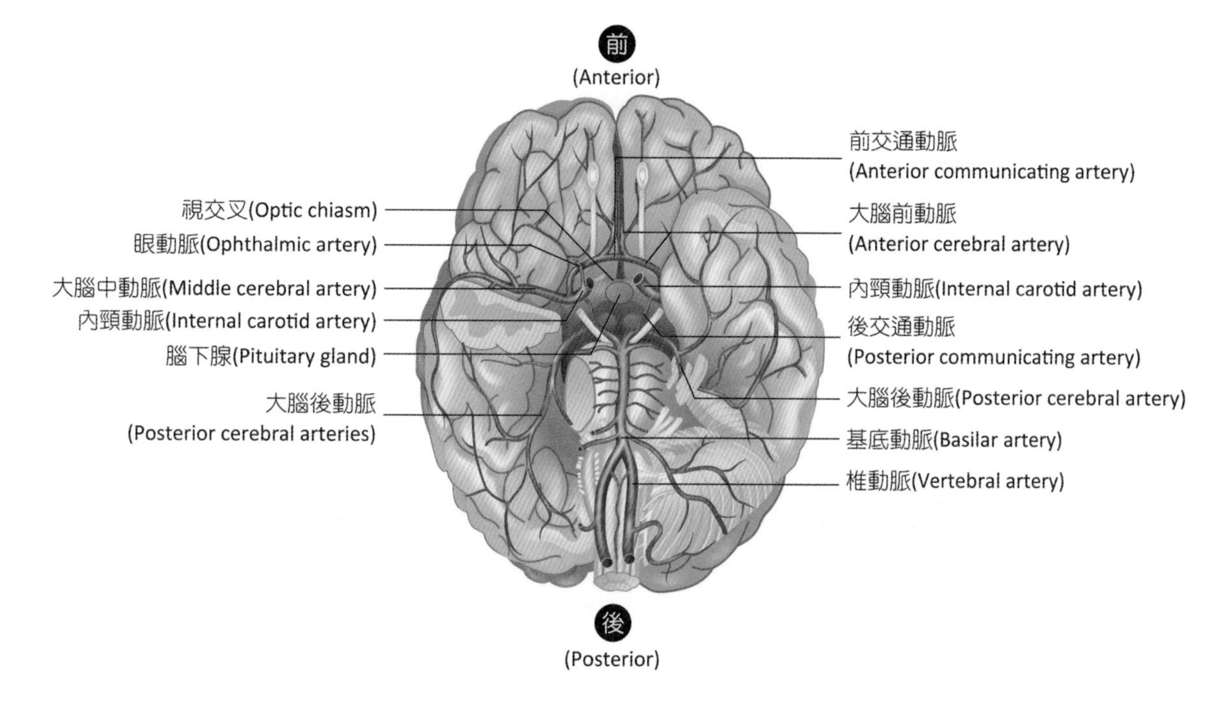
前
(Anterior)
前交通動脈
(Anterior communicating artery)
大腦前動脈
(Anterior cerebral artery)
內頸動脈(Internal carotid artery)
後交通動脈
(Posterior communicating artery)
大腦後動脈(Posterior cerebral artery)
基底動脈(Basilar artery)
椎動脈(Vertebral artery)
視交叉(Optic chiasm)
眼動脈(Ophthalmic artery)
大腦中動脈(Middle cerebral artery)
內頸動脈(Internal carotid artery)
腦下腺(Pituitary gland)
大腦後動脈
(Posterior cerebral arteries)
後
(Posterior)

■ 圖 11-26　頭頸部動脈

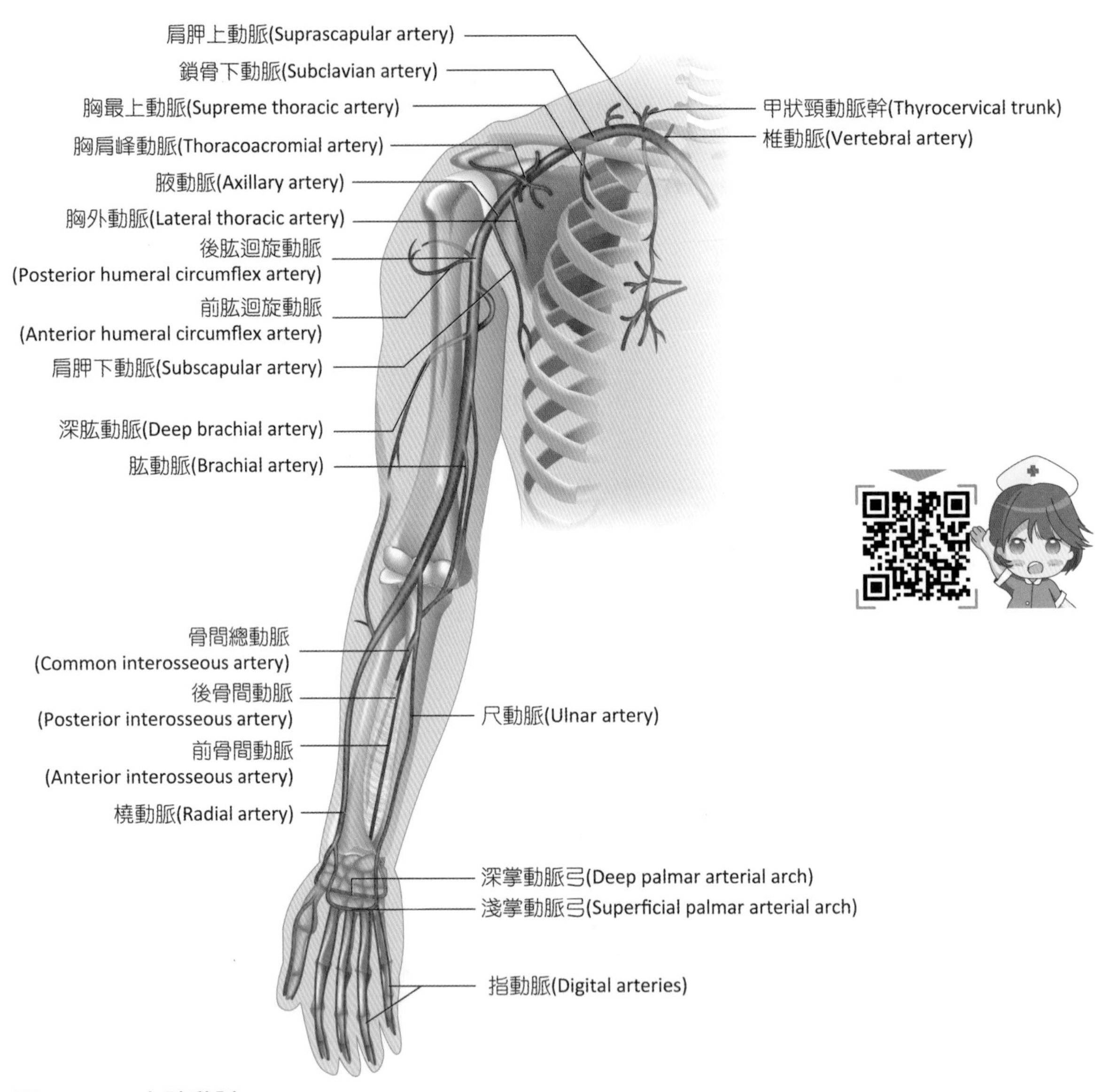

■ 圖 11-27　上肢動脈

表 11-3　胸主動脈的分枝

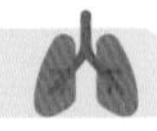

分枝		分布
內臟枝	心包動脈	心包膜背側面
	縱膈動脈	後縱膈
	食道動脈	食道
	支氣管動脈	兩條左支氣管動脈源自胸主動脈，一條右支氣管動脈源自第三肋間後動脈，供應支氣管及其淋巴結、肺內結締組織及食道
體壁枝	肋間後動脈	肋間肌、胸肌、腹肌、乳腺、椎管及其內容物
	肋下動脈	與肋間後動脈之分布相似
	膈上動脈	橫膈上表面的後部

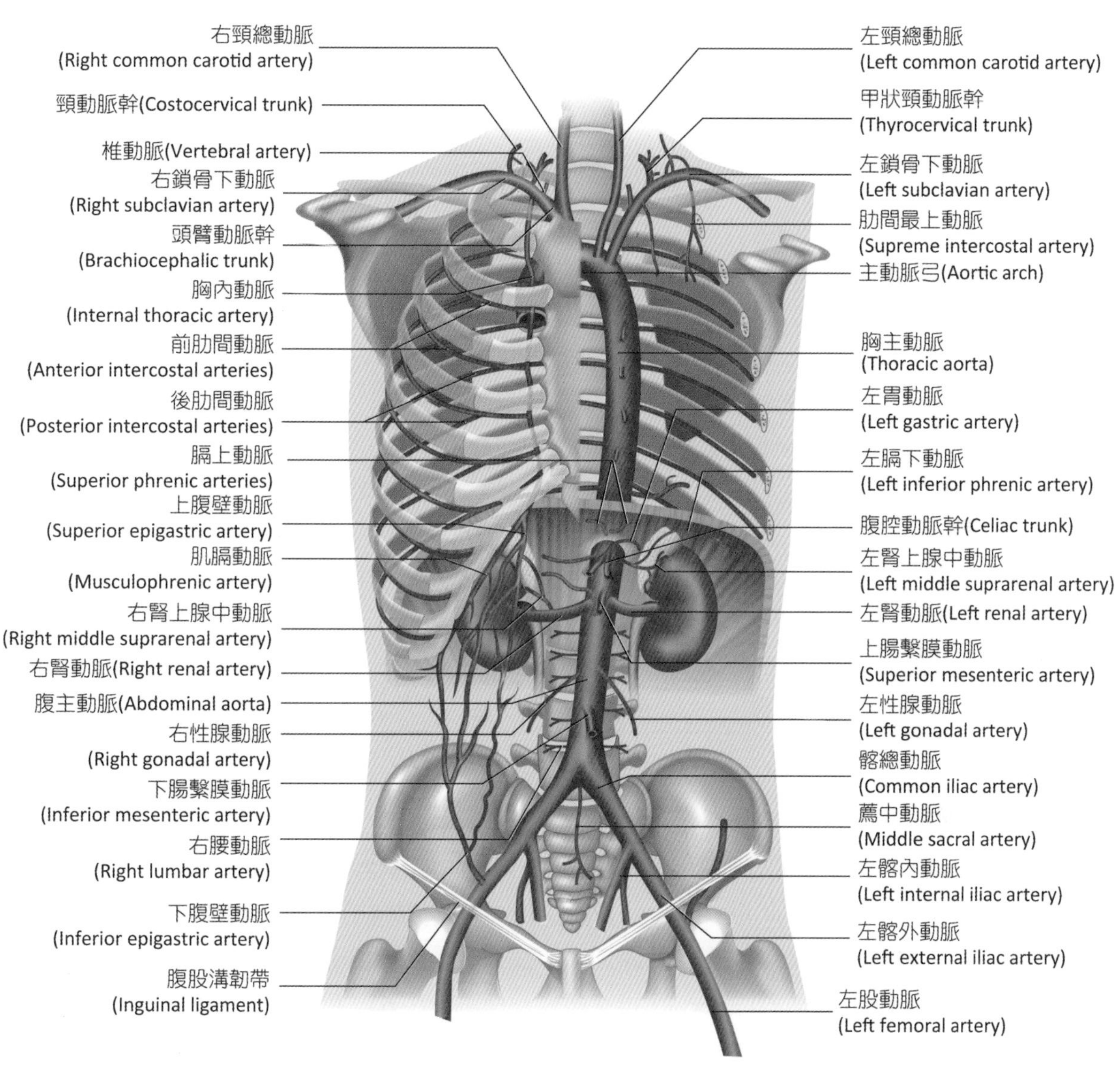

■ 圖 11-28　胸主動脈、腹主動脈主要分枝

表 11-4 腹主動脈的分枝

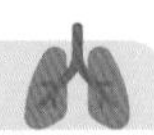

分枝			分布
內臟枝	腹腔動脈幹	肝總動脈	有三條分枝： 1. 肝固有動脈：肝臟及膽囊 2. 胃右動脈：胃及十二指腸 3. 胃十二指腸動脈：胃、十二指腸及胰臟
		胃左動脈	胃及食道
		脾動脈	有三條分枝： 1. 胰動脈：胰臟 2. 胃網膜左動脈：胃及大網膜 3. 胃短動脈：胃
	上腸繫膜動脈		小腸、盲腸、升結腸及橫結腸的前三分之二
	腎上腺中動脈		成對，分布到腎上腺
	腎動脈		成對，分布到腎臟
	生殖腺動脈	睪丸動脈	成對，分布到睪丸
		卵巢動脈	成對，分布到卵巢
	下腸繫膜動脈		橫結腸、降結腸、乙狀結腸及直腸
體壁枝	膈下動脈		成對，分布到橫膈下表面
	腰動脈		通常有四對，後腹壁和脊髓
	薦中動脈		薦骨、尾骨及直腸
終末枝	髂總動脈	髂內動脈	成對，分布到子宮、前列腺、會陰及膀胱
		髂外動脈	成對，分布到下肢

左、右髂總動脈供應骨盆及下肢的血流，各再分枝成髂內動脈 (internal iliac artery) 及髂外動脈 (external iliac artery)。髂外動脈進到大腿後更名為股動脈 (femoral artery)，再穿過內收大肌後進到膝窩改稱膕動脈 (popliteal artery)，然後進到小腿並分枝成脛前動脈及脛後動脈。脛前動脈 (anterior tibial artery) 繼續下行至足背則稱足背動脈。脛後動脈 (posterior tibial artery) 繼續下行至足底則稱足底動脈，並在小腿上端分出腓動脈 (fibular artery)（圖 11-29）。

(二) 體循環主要的靜脈

動脈都位於身體深部，而靜脈除了位於深部外，有些則位於皮下，大部分深部的靜脈都與動脈走在一起，且名稱相同。體循環中，所有的靜脈血液皆匯流到上腔靜脈、下腔靜脈及冠狀竇，最後回到右心房（圖 11-24）。上腔靜脈收集頭頸部、上肢及部分胸部的血流，下腔靜脈則收集腹部、骨盆、下肢及部分胸部的血液，而心臟的靜脈血液大部分由冠狀竇收集。

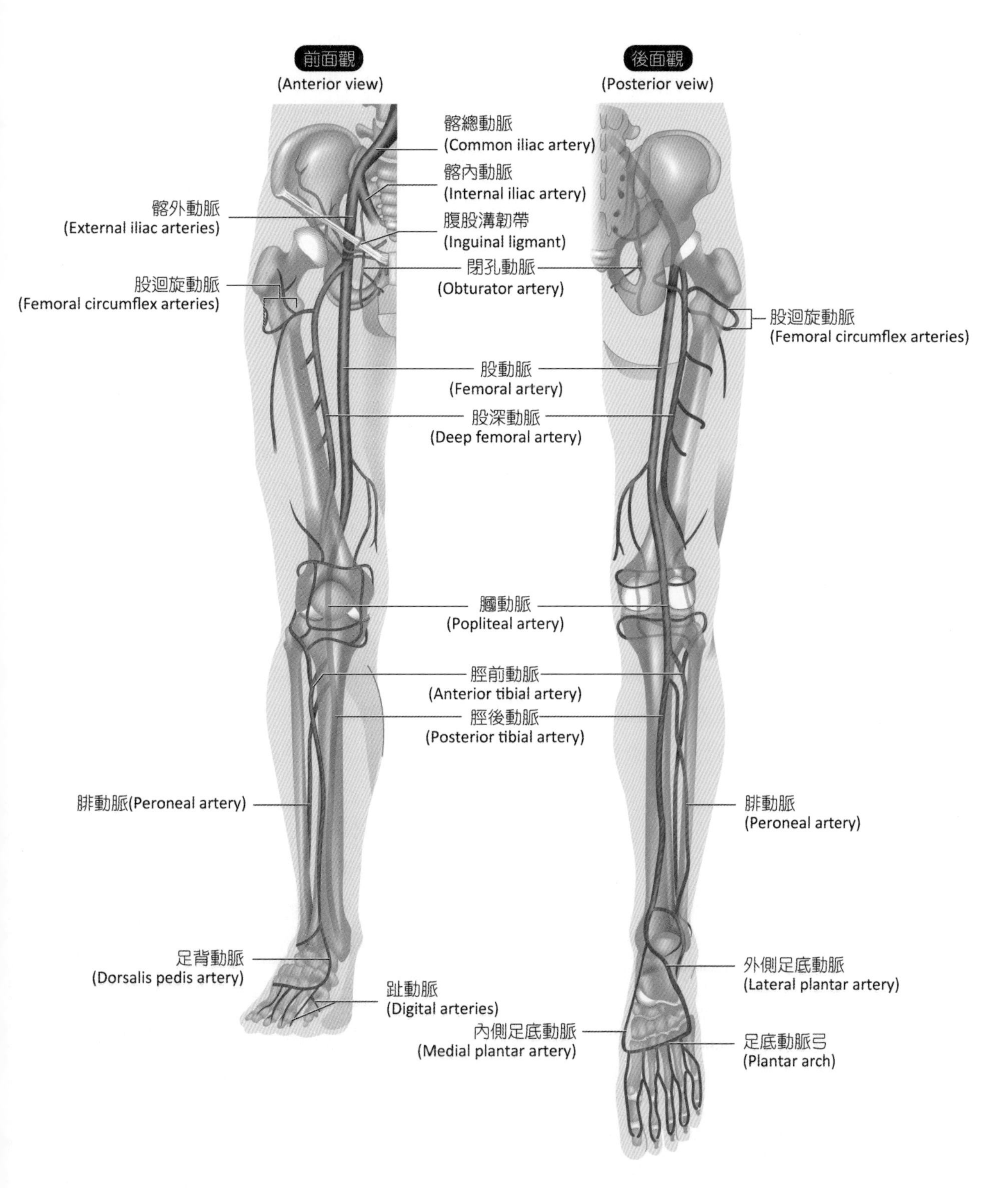
前面觀
(Anterior view)
後面觀
(Posterior veiw)
髂總動脈
(Common iliac artery)
髂內動脈
(Internal iliac artery)
髂外動脈
(External iliac arteries)
腹股溝韌帶
(Inguinal ligmant)
閉孔動脈
(Obturator artery)
股迴旋動脈
(Femoral circumflex arteries)
股迴旋動脈
(Femoral circumflex arteries)
股動脈
(Femoral artery)
股深動脈
(Deep femoral artery)
膕動脈
(Popliteal artery)
脛前動脈
(Anterior tibial artery)
脛後動脈
(Posterior tibial artery)
腓動脈(Peroneal artery)
腓動脈
(Peroneal artery)
足背動脈
(Dorsalis pedis artery)
趾動脈
(Digital arteries)
外側足底動脈
(Lateral plantar artery)
內側足底動脈
(Medial plantar artery)
足底動脈弓
(Plantar arch)

■ 圖 11-29　下肢動脈

◎ 上腔靜脈 (Superior Vena Cava)

內、外頸靜脈 (internal and external jugular vein) 收集來自腦部及頭頸部的血液（圖 11-30），然後外頸靜脈注入鎖骨下靜脈 (subclavian vein) 後，再和內頸靜脈會合形成頭臂靜脈 (brachiocephalic vein) 頭臂靜脈負責匯集椎靜脈、第一右肋間後靜脈與胸內靜脈來的血液，而左頭臂靜脈則匯集椎靜脈、第一左肋間後靜脈、左肋間上靜脈與胸內靜脈來的血液，左、右頭臂靜脈最後注入上腔靜脈。

◎ 下腔靜脈 (Inferior Vena Cava)

由左、右髂總靜脈 (common iliac vein) 會合而成，於腹主動脈的右側上行並穿過橫膈，最後將血液送回右心房。

◎ 上肢的靜脈

上肢的深層靜脈通常會伴隨動脈而行，淺層靜脈則位於皮下，由體表易於觀察。其中，肘正中靜脈常為臨床施行靜脈抽血及輸血的部位（圖 11-31、表 11-6）。

◎ 胸部的靜脈

胸部的靜脈血會回流到奇靜脈系統或胸內靜脈，大部分的靜脈血由奇靜脈系統收集，最後注入上腔靜脈；胸內靜脈則注入頭臂靜脈。第 2~4 左後肋間靜脈 (posterior intercostal veins) 會匯流形成左肋間上靜脈，最後注入左頭臂靜脈。而第 2~4 右肋間後靜脈會匯流形成右肋間上靜脈，最後注入奇靜脈 (azygos vein)。奇靜脈系統位於脊柱的兩側，匯集體壁來的血液，主要的血管有奇靜脈、半奇靜脈 (hemiazygos vein) 及副半奇靜脈 (accessory hemiazygos vein)。此系統也會與腹部的靜脈吻合，若下腔靜脈被阻塞，則可替代回收身體下部回流至心臟的血液（圖 11-32、表 11-7）。

◎ 腹部及骨盆部的靜脈

來自腹部腸胃道、脾、胰及膽囊的靜脈屬於肝門靜脈系統，會先進入肝臟，再由肝靜脈注入下腔靜脈，詳見肝門循環。而骨盆內各個器官的靜脈會進入髂內靜脈；來自下肢的血液則注入髂外靜脈，髂內、外靜脈匯聚成髂總靜脈，左、右髂總靜脈最後注入下腔靜脈（圖 11-32、表 11-8）。

◎ 下肢的靜脈

下肢的深層靜脈通常會伴隨動脈而行，並與該動脈同名；淺層靜脈則位於皮下，最後注入深層靜脈，不與動脈伴行（圖 11-33、表 11-9）。

三、肝門循環 (Hepatic Portal Circulation)

進入肝臟的血液有兩個來源，分別是由體循環而來的肝動脈 (hepatic artery) 送入的充氧血，及肝門靜脈 (hepatic portal vein) 送入來自消化器官之缺氧血。其中，肝動脈進入肝臟後，經肝臟血管竇 (hepatic sinus) 流入肝小葉中的中央靜脈 (central vein)，最後經由肝靜脈注入下腔靜脈，此部分的血流約占肝循環血量的 25%。

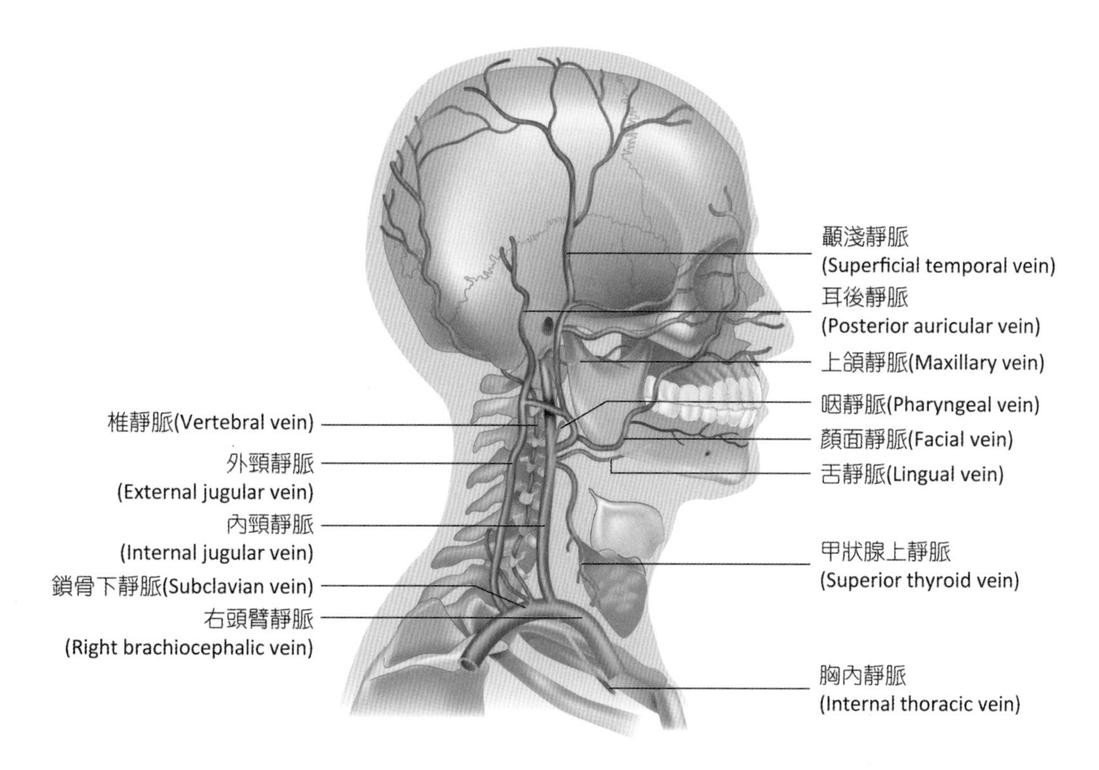

■ 圖 11-30　頭頸部靜脈

表 11-5　頭頸部的靜脈 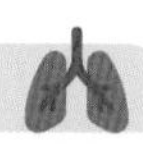

靜脈	匯流
內頸靜脈	匯集來自頭骨、硬膜靜脈竇、腦、顏面淺部及部分頸部的血液；於頸部深層下行，在鎖骨的胸骨端後方與鎖骨下靜脈會合形成頭臂靜脈
外頸靜脈	收集頭頸部淺層靜脈血液，於頸部外側淺筋膜中向下直行，最後注入鎖骨下靜脈
椎靜脈	注入頭臂靜脈

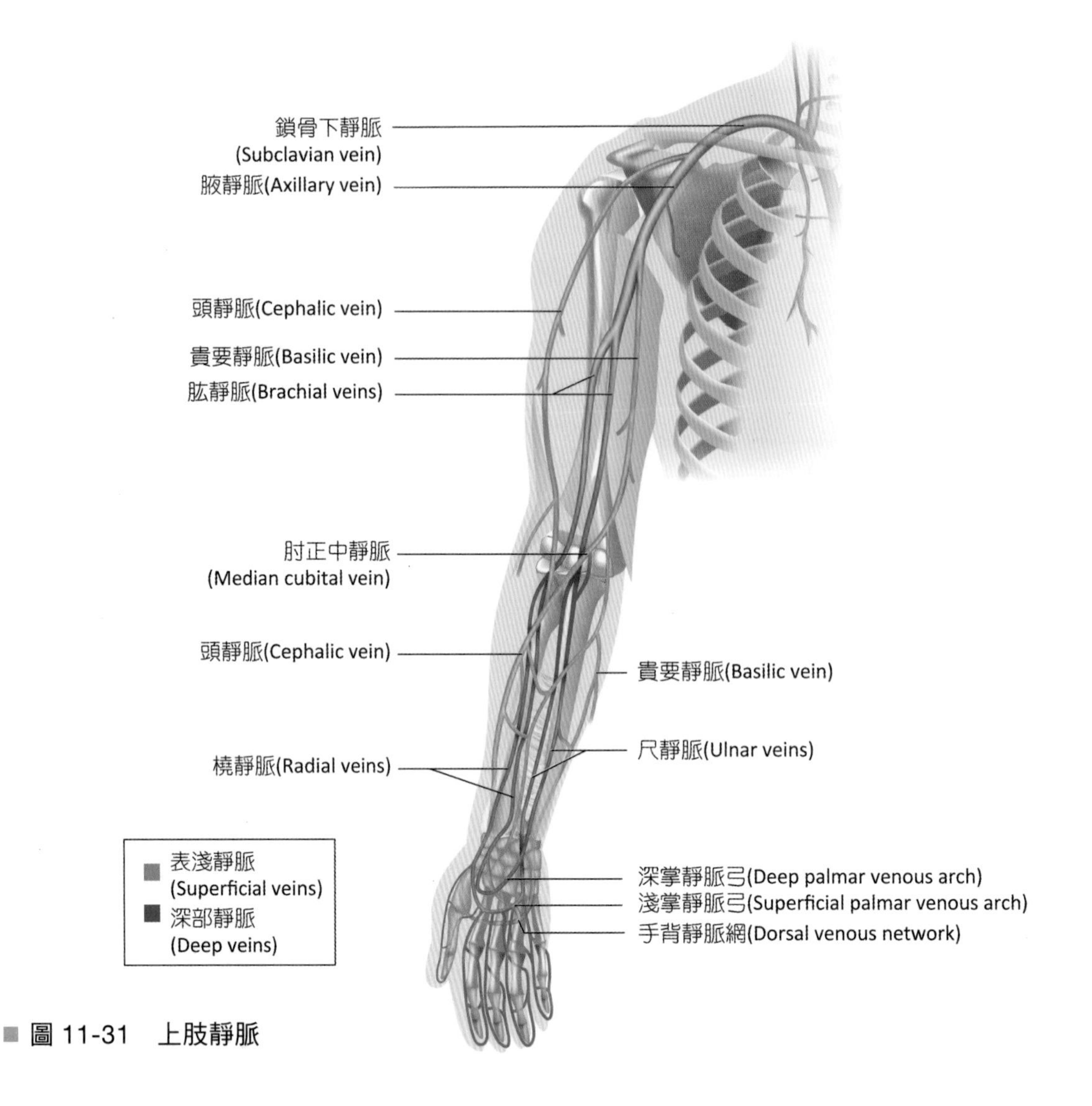

■ 圖 11-31　上肢靜脈

表 11-6　上肢的靜脈

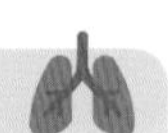

靜脈		匯流
淺層	頭靜脈	自背側靜脈弓的外側進入前臂；在肘前以肘正中靜脈與貴要靜脈相連，最後於鎖骨下方注入腋靜脈
	貴要靜脈	自背側靜脈弓的內側進入前臂的內側，在大圓肌下緣成為腋靜脈
	前臂正中靜脈	匯流掌靜脈弓於前臂上行，注入肘正中靜脈
	肘正中靜脈	連接頭靜脈與貴要靜脈
深層	橈靜脈	匯集前臂橈骨側的靜脈血
	尺靜脈	匯集前臂尺骨側的靜脈血
	肱靜脈	由橈、尺靜脈匯合而成，並匯入貴要靜脈
	腋靜脈	由肱靜脈及貴要靜脈匯合而成
	鎖骨下靜脈	腋靜脈跨越第一肋外側緣後改稱鎖骨下靜脈

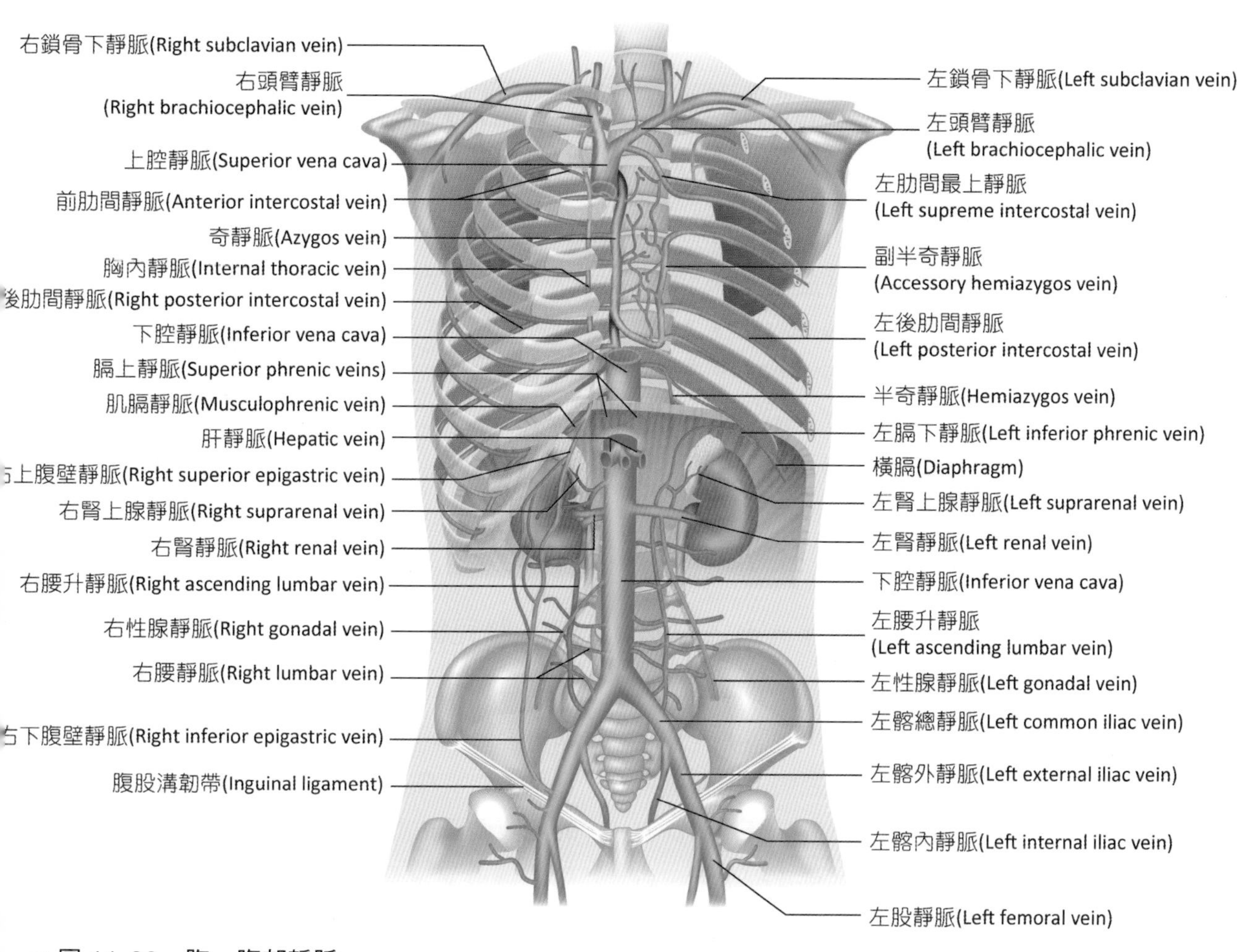

■ 圖 11-32　胸、腹部靜脈

表 11-7　奇靜脈系統 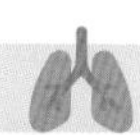

靜脈	說明
奇靜脈	位於胸腔後壁胸管的右側；右腰升靜脈及右肋下靜脈會先匯集成一條主幹注入奇靜脈，再注入上腔靜脈。屬支包括：右肋間上靜脈、右支氣管靜脈、第 5~11 右後肋間靜脈、副半奇、半奇靜脈、食道靜脈、縱膈靜脈及心包靜脈
副半奇靜脈	位於胸腔後壁左側；匯集第 5~8 左後肋間靜脈；注入奇靜脈
半奇靜脈	位於胸腔後壁左側，源自左腰升靜脈與左肋下靜脈，注入奇靜脈。屬支包括：第 9~11 左後肋間靜脈、食道靜脈及縱膈靜脈

表 11-8 腹盆腔的靜脈

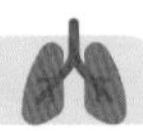

靜脈	匯流
膈下靜脈	收集來自橫膈的血液；注入下腔靜脈
肝靜脈	收集肝臟的血液；注入下腔靜脈
腎靜脈	收集來自腎臟的血液；注入下腔靜脈
腰靜脈	收集來自後腹壁的血液；第三和第四腰靜脈注入下腔靜脈
腎上腺靜脈	右腎上腺靜脈較短，直接注入下腔靜脈，左腎上腺靜脈則會下行注入左腎靜脈
生殖腺靜脈	右生殖腺靜脈注入下腔靜脈，左生殖腺靜脈則注入左腎靜脈
髂總靜脈	由髂內及髂外靜脈匯合而成；注入下腔靜脈
髂內靜脈	收集來自前列腺、輸精管、子宮及陰道的血液
髂外靜脈	為股靜脈之延續，收集來自下肢的血液

肝門循環的血液約占肝循環血量的75%，**將來自消化器官的血液透過肝門靜脈匯流到肝臟，再由肝靜脈 (hepatic vein) 將血液送回心臟**。此循環之主要作用是將由消化道吸收的物質，先經肝臟處理（如貯存營養物質，把葡萄糖合成肝醣）、透過庫佛氏細胞吞噬細菌、將有害物質進行解毒作用等，最後再進入體循環。

肝門靜脈由脾靜脈 (splenic vein) 和上腸繫膜靜脈 (superior mesenteric vein) 匯合而成，負責匯集腹部胃腸道、脾、胰及膽囊的靜脈血液。在接近肝臟時，門靜脈會分成右枝及左枝進入肝實質。脾靜脈接受胰靜脈 (pancreatic veins) 及下腸繫膜靜脈 (inferior mesenteric vein) 的血液，收集了來自脾臟、胃、胰及大部分大腸的血液；上腸繫膜靜脈收集來自小腸、盲腸、升結腸和橫結腸的血液；而下腸繫膜靜脈則收集來自直腸、降結腸、脾曲和乙狀結腸的血液（圖 11-34）。

四、胎兒循環 (Fetal Circulation)

母體子宮內的胎兒，經歷出生的過程成為新生兒，由於胎兒的肺臟、肝臟、腎臟及消化系統非常晚才發育成熟，因此胎兒在母體內的血液循環和出生後的血液循環有所不同。胎兒要獲得氧、營養物質及排除二氧化碳與廢物時，皆需透過胎盤與母體血液進行氣體和物質交換，再由臍靜脈送往胎兒體內（圖 11-35）。

臍帶內含有兩條臍動脈 (umbilical artery) **和一條臍靜脈** (umbilical vein)，**胎兒的血液經由臍動脈流至胎盤**。臍動脈含缺氧血，是髂內動脈的分枝，其所含的二氧化碳及廢物透過胎盤內的微血管，擴散至絨毛間隙中的母體血液，兩者血液不直接相通。而氧氣及營養物質則由絨毛間隙中的母體血液，進入胎盤微血管後，經由一條臍靜脈送至胎兒。臍靜脈含 100% 充氧血，大部分血液經靜脈導管 (ductus venosus) 直接注入下腔靜脈，少部分血液先進入肝臟後，再經肝靜脈注入下腔靜脈。

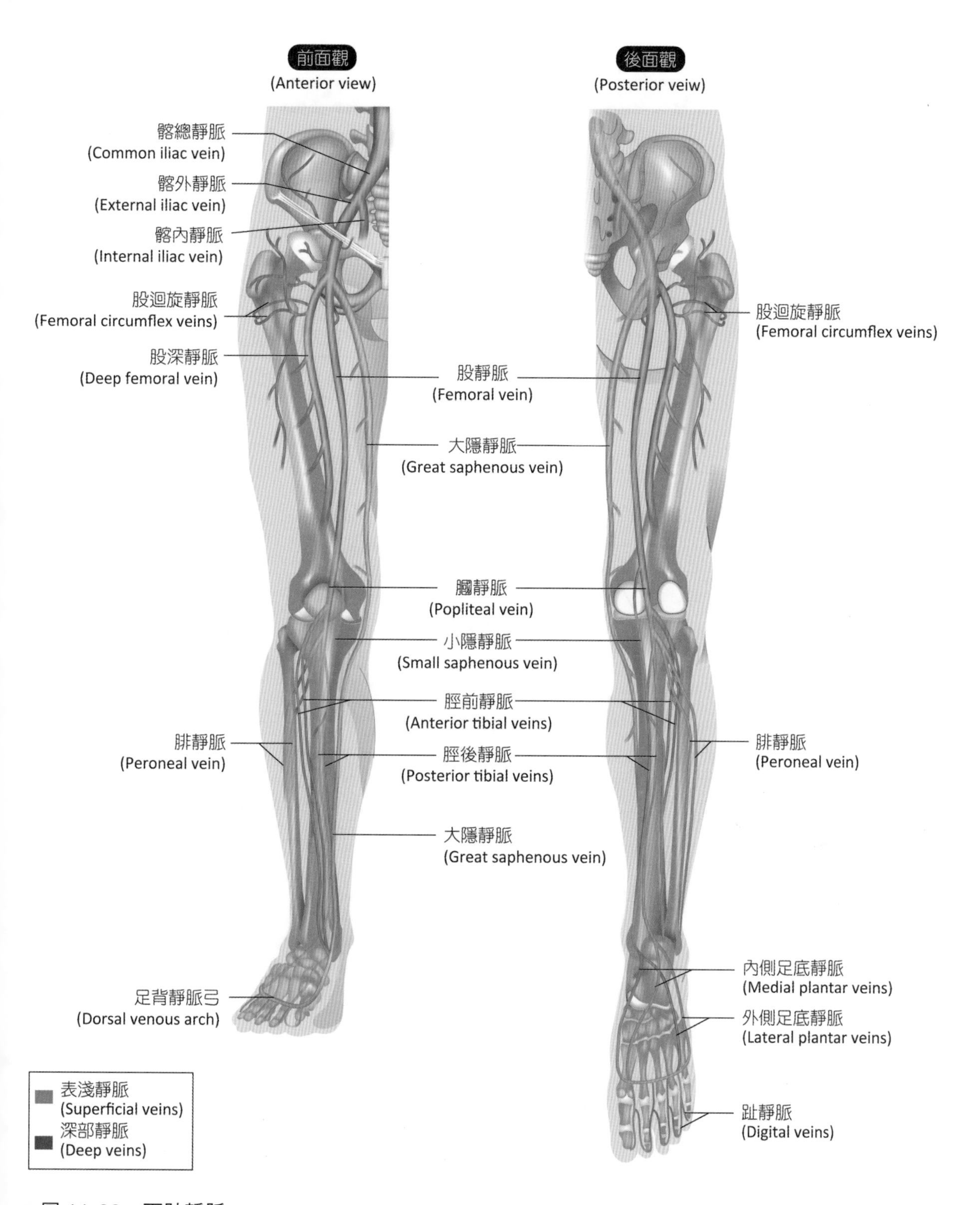

前面觀
(Anterior view)
後面觀
(Posterior veiw)
髂總靜脈
(Common iliac vein)
髂外靜脈
(External iliac vein)
髂內靜脈
(Internal iliac vein)
股迴旋靜脈
(Femoral circumflex veins)
股深靜脈
(Deep femoral vein)
股靜脈
(Femoral vein)
股迴旋靜脈
(Femoral circumflex veins)
大隱靜脈
(Great saphenous vein)
膕靜脈
(Popliteal vein)
小隱靜脈
(Small saphenous vein)
脛前靜脈
(Anterior tibial veins)
腓靜脈
(Peroneal vein)
脛後靜脈
(Posterior tibial veins)
腓靜脈
(Peroneal vein)
大隱靜脈
(Great saphenous vein)
內側足底靜脈
(Medial plantar veins)
足背靜脈弓
(Dorsal venous arch)
外側足底靜脈
(Lateral plantar veins)
趾靜脈
(Digital veins)
表淺靜脈
(Superficial veins)
深部靜脈
(Deep veins)

■ 圖 11-33　下肢靜脈

表 11-9 下肢的靜脈

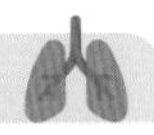

靜脈		匯流
淺層	大隱靜脈	為人體最長的靜脈，起自足背靜脈弓的內側；沿小腿及大腿內側上行至大腿近端；於腹股溝韌帶的下方注入股靜脈
	小隱靜脈	起自足背靜脈弓的外側；於小腿後面上行，注入膕靜脈
深層	脛後靜脈	於小腿上端和脛前靜脈匯合成膕靜脈
	脛前靜脈	為足背靜脈的延續
	膕靜脈	由脛前及脛後靜脈匯合而成，上行至膝部後更名為股靜脈
	股靜脈	為膕靜脈的延伸，穿過腹股溝韌帶下面，進入腹腔後更名為髂外靜脈

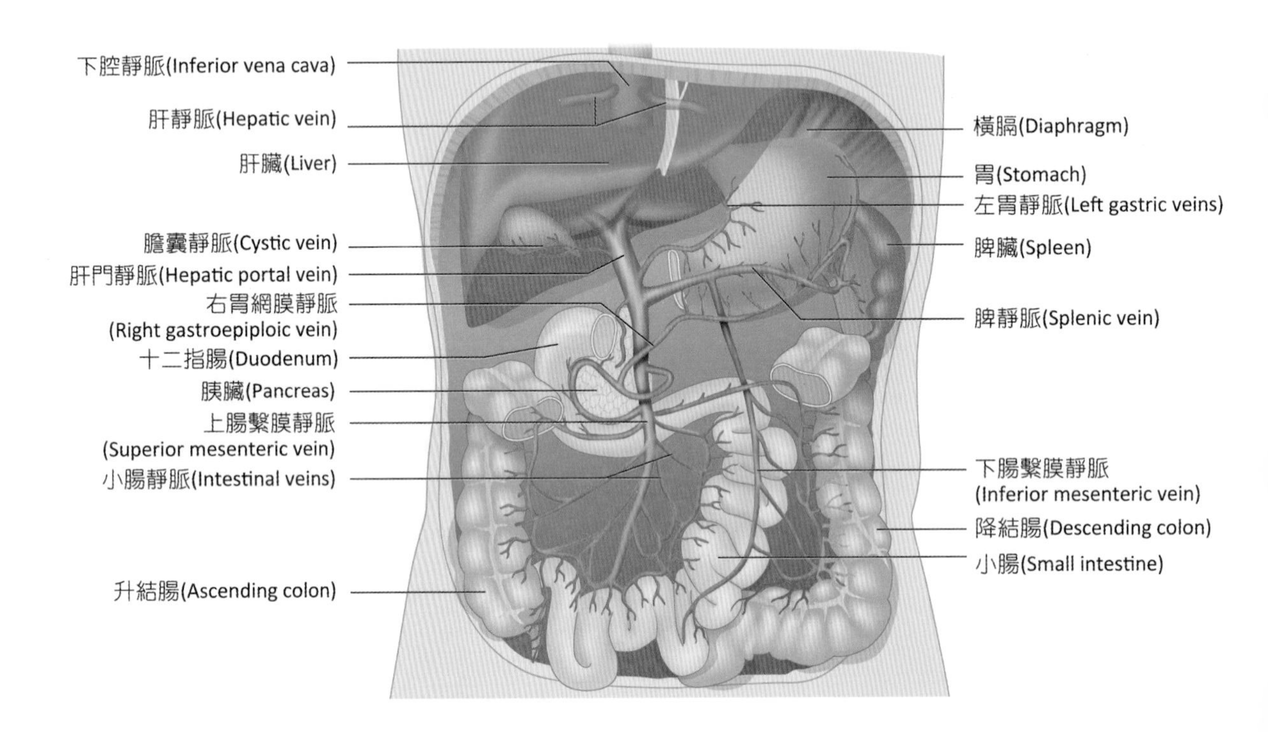

■ 圖 11-34 肝門循環

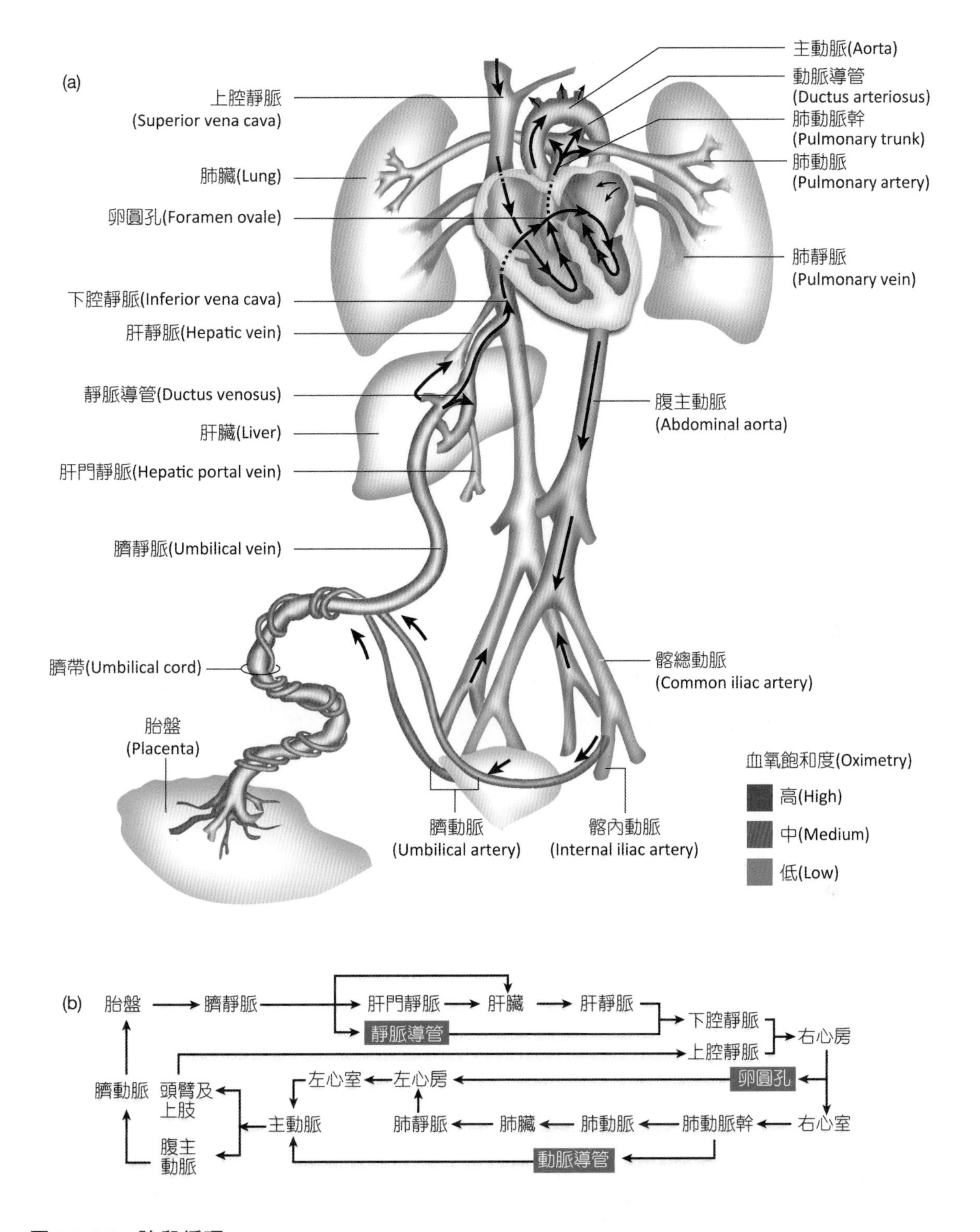
(a)
上腔靜脈
(Superior vena cava)
肺臟(Lung)
卵圓孔(Foramen ovale)
下腔靜脈(Inferior vena cava)
肝靜脈(Hepatic vein)
靜脈導管(Ductus venosus)
肝臟(Liver)
肝門靜脈(Hepatic portal vein)
臍靜脈(Umbilical vein)
臍帶(Umbilical cord)
胎盤
(Placenta)
主動脈(Aorta)
動脈導管
(Ductus arteriosus)
肺動脈幹
(Pulmonary trunk)
肺動脈
(Pulmonary artery)
肺靜脈
(Pulmonary vein)
腹主動脈
(Abdominal aorta)
髂總動脈
(Common iliac artery)
臍動脈
(Umbilical artery)
髂內動脈
(Internal iliac artery)
血氧飽和度(Oximetry)
高(High)
中(Medium)
低(Low)
(b)
胎盤
臍靜脈
肝門靜脈
肝臟
肝靜脈
靜脈導管
下腔靜脈
上腔靜脈
右心房
卵圓孔
左心房
左心室
主動脈
頭臂及上肢
腹主動脈
臍動脈
右心室
肺動脈幹
肺動脈
肺臟
肺靜脈
動脈導管

圖 11-35 胎兒循環

來自胎兒頭頸部及上肢的缺氧血流至上腔靜脈，然後回到右心房；而來自臍靜脈富含養分和氧氣的血液，則經靜脈導管到下腔靜脈，和來自下肢及腹部內臟的缺氧血一同形成混合血（主要是含氧高的血），再流入右心房。

由於胎兒時期肺臟無氣體進出呈現塌陷狀態，張力很高，導致從右心室輸出的血液因阻力大而不易流到肺臟，需經由特殊管道流到體循環，因此右心房有 1/3 的血液藉由心房間隔上的卵圓孔 (foramen ovale) 流入左心房，然後進到體循環；而 2/3 的血液則進入右心室，再流入肺動脈幹，只有 10% 的血液經肺動脈流至肺臟，90% 的血液則經動脈導管 (ductus arteriosus) 流入降主動脈進到體循環，以充分供應胎兒發育所需的營養和氧。

胎兒出生後，胎盤由母體排出，且肺臟立即產生功能，血液循環因而產生下列變化：

1. 臍動脈閉鎖變成內側臍韌帶 (medial umbilical ligament)。
2. 臍靜脈閉鎖變成**肝圓韌帶** (round ligaments of liver)。
3. 卵圓孔因左心房壓力增大，關閉成為卵圓窩 (fossa ovalis)。
4. 靜脈導管變成靜脈韌帶 (ligamentum venosum)。
5. 動脈導管變成動脈韌帶 (ligamentum arteriosum)。

臨床應用　ANATOMY & PHYSIOLOGY 

休克 (Shock)

因外傷、出血、燒燙傷或情緒過度刺激等引起循環血量不足的情形稱之為休克。由於休克過程中，全身有效血流量減少，使其循環功能急劇減退，組織灌流嚴重不足，身體器官因缺血缺氧會出現各種病理變化甚至衰竭。早期的症狀為：膚色蒼白且冰冷、寡尿、平均血壓降低、脈搏快而弱及呼吸淺而快，若未及時處理則會喪失意識及體溫下降，甚至死亡。休克根據引發的原因臨床分類為：

1. 低血溶性休克：主要源自於出血或血管外體液流失，當血液容積流失量大於 40% 以上時，休克的典型徵候會出現。
2. 心因性休克：常見的原因是急性心肌梗塞所導致的心臟衰竭。
3. 分布性休克：由於感染導致身體一連串發炎反應所致，如**敗血性休克**時，組織胺及緩動素的釋出使血管阻力、心臟填充壓力下降，出現**代償性心輸出量增加**、血壓上升或正常等現象。
4. 阻塞性休克：由於心包膜填塞及急性肺動脈栓塞等因素，造成循環血流受阻，導致心輸出量減少。

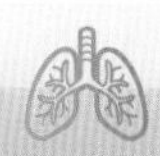

學習評量 REVIEW AND CONPREHENSION

1. 關於心臟腔室的敘述，下列何者錯誤？(A) 梳狀肌位於心房內壁 (B) 卵圓窩位於心房間隔上 (C) 房室瓣上面有腱索附著，並連接到心房 (D) 心臟表面的冠狀溝，位於心房與心室的界線上
2. 下列何者同時供應小腸與大腸？(A) 肝總動脈 (B) 左胃動脈 (C) 上腸繫膜動脈 (D) 下腸繫膜動脈
3. 心尖的位置約在左鎖骨中線與第幾肋間的交會處？(A) 第 3 肋間 (B) 第 5 肋間 (C) 第 7 肋間 (D) 第 9 肋間
4. 當血壓升高時，頸動脈竇內的壓力接受器因應壓力變化而引發之神經衝動，會傳至何處來調節血壓的平衡？(A) 大腦 (B) 中腦 (C) 橋腦 (D) 延腦
5. 下列管道何者不開口於右心房？(A) 肺靜脈 (B) 冠狀竇 (C) 上腔靜脈 (D) 下腔靜脈
6. 下列由內皮細胞分泌的因子中，何者不會使血管舒張？(A) 一氧化氮 (NO) (B) 緩激肽 (bradykinin) (C) 前列腺環素 (prostacyclin) (D) 內皮因子 -1 (endothelin-1)
7. 下列有關微血管及組織液交換的敘述，何者錯誤？(A) 組織液的膠體滲透壓比血漿大 (B) 組織液的靜水壓比血漿小 (C) 組織液中葡萄糖與鹽的濃度與血漿相同 (D) 組織液中蛋白質的濃度比血漿低
8. 在心肌動作電位中，高原期的維持是因心肌細胞有：(A) 快速鈉通道 (B) L 型鈣通道 (C) 鈉鉀 ATPase (D) T 型鈣通道
9. 下列何者的血液供應不源自腹腔動脈幹 (celiac trunk) 的分枝？(A) 胃 (B) 十二指腸 (C) 迴腸 (D) 胰臟
10. 房室結 (atrioventricular node) 位於心臟的何處？(A) 心室中隔 (interventricular septum) (B) 心房中隔 (interatrial septum) (C) 右房室瓣 (right atrioventricular valve) (D) 左房室瓣 (left atrioventricular valve)
11. 頸部左側的頸總動脈直接源自下列何者？(A) 頭臂動脈幹 (B) 甲狀頸動脈幹 (C) 升主動脈 (D) 主動脈弓
12. 心肌不會發生收縮力加成作用 (summation) 的原因，主要是下列何者？(A) 心肌沒有橫小管 (transverse tubule) (B) 心肌的不反應期時間幾乎與其收縮時間重疊 (C) 心肌的動作電位不會加成 (D) 心肌肌漿網 (sarcoplasmic reticulum) 不發達
13. 第一心音發生在下列何時？(A) 心房收縮時 (B) 早期心室舒張時 (C) 主動脈瓣關閉時 (D) 房室瓣關閉時
14. 脾臟的血液主要來自下列何者的分枝？(A) 橫膈下動脈 (B) 腸繫膜上動脈 (C) 腸繫膜下動脈 (D) 腹腔動脈幹
15. 二尖瓣的功能在於防止血液逆流至：(A) 左心房 (B) 左心室 (C) 右心房 (D) 右心室

解答

1.C 2.C 3.B 4.D 5.A 6.D 7.A 8.B 9.C 10.B 11.D 12.B 13.D 14.D 15.A

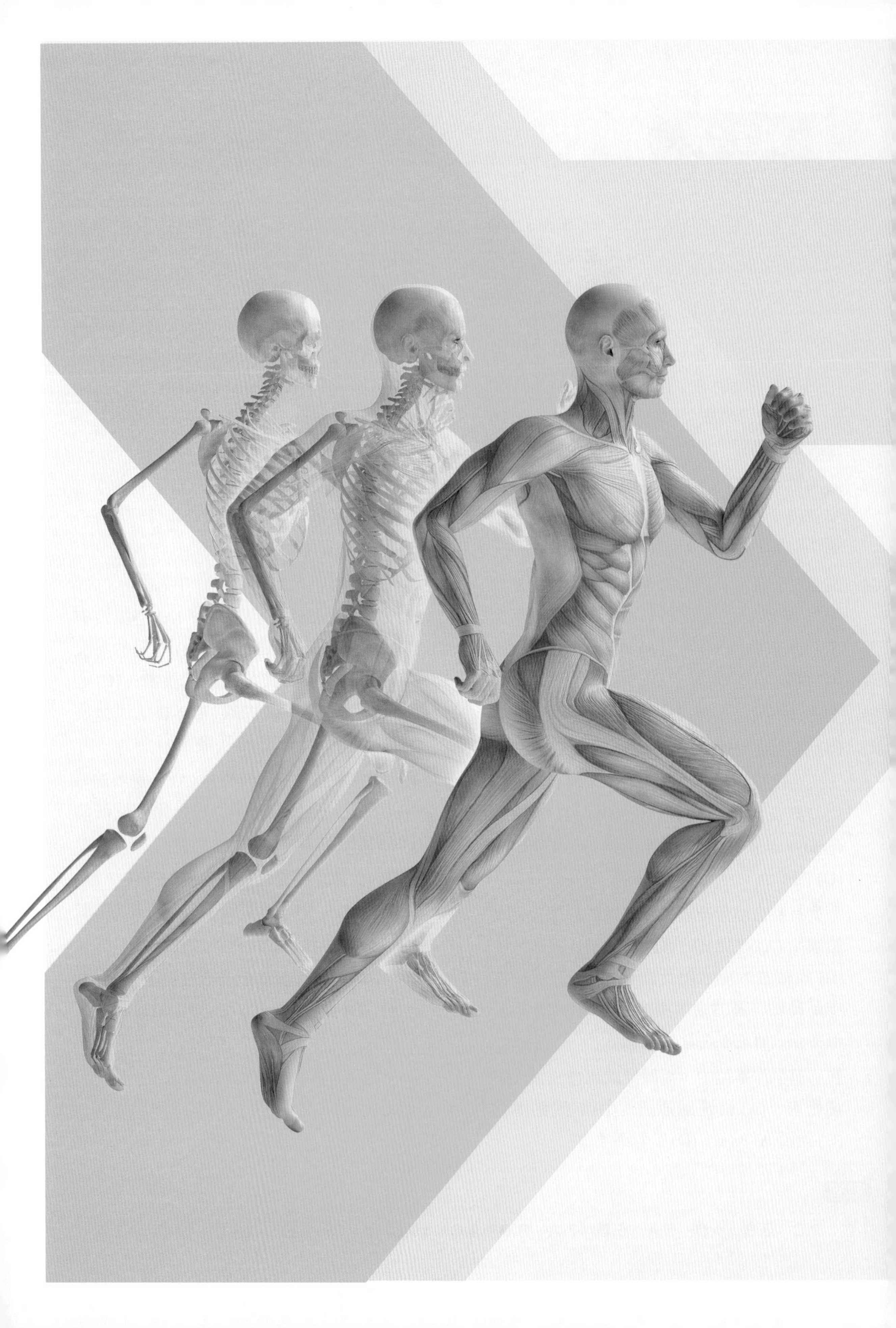

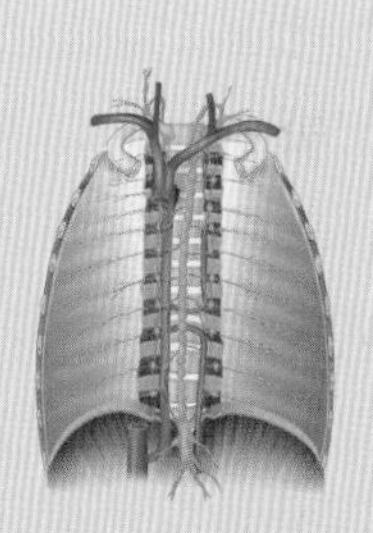

淋巴系統與免疫
Lymphatic System and Immunity

CHAPTER 12

作者 / 汪蕙蘭

本章大綱 Chapter Outline

ANATOMY & PHYSLOLOGY

前言 INTRODUCTION

專家慣以淋巴系統涵蓋免疫系統，或是將免疫系統由淋巴系統中獨立出來；無論如何，二者之間確實存在著密不可分的關係，因為免疫反應裡有淋巴細胞參與，淋巴器官更是擒獲入侵微生物並啟動免疫機轉的要角。

本章分為二部分，首先是淋巴系統，內容包括淋巴系統的功能與組成、淋巴器官與組織。淋巴系統利用微淋巴管以及淋巴管，進行回收、運輸與防禦的工作。扁桃腺、脾臟、淋巴結、培氏斑既能製造淋巴細胞，亦是免疫反應發生之處。

第二部分說明人體的防禦機制，內容包括非特異免疫與特異性免疫，前者有第一道防線（障蔽）與第二道防線（發炎與吞噬），後者由細胞性免疫與體液免疫組成。成熟 B 細胞利用表面的抗體辨識外來蛋白質，進而啟動體液性免疫反應。成熟 T 細胞必須在抗原呈現細胞、主要組織相容複合物的協助下辨識外來蛋白質，誘導細胞性免疫反應。

12-1 淋巴系統

淋巴系統中有微淋巴管、淋巴管、淋巴幹與大淋巴管，它們利用瓣膜、骨骼肌收縮、以及胸腹壓力差提供的動力，回收組織液，運送脂肪與維生素。除此之外，淋巴結及 B 細胞不僅能有效防禦入侵的微生物，淋巴器官更是免疫反應發生之處。

一、淋巴系統的功能

遍布全身之淋巴系統擁有以下功能：

1. **回收** (recycling)：負責載運血液之血管進入組織與器官時，有些成分會外漏至組織間隙中，儘管每日流失量僅 3~4 公升，約是心臟送出總血量的 1/2,000，但若未能將其回收將造成血量日益減少，恐有危及生命之虞，因此淋巴系統的首要功能便是利用微淋巴管**收集組織液**或組織間液 (interstitial fluid)，再將它送回心臟，**以維持正常血量以及血中蛋白濃度**。值得一提的是，組織液的回收亦能緩解下肢的腫脹。
2. **運輸** (transport)：食物中的脂肪經膽汁乳化後分解為脂肪酸，由腸道細胞吸收後，再利用擴散作用進入微淋巴管（乳糜管），經淋巴管、腸淋巴幹、胸管、鎖骨下靜脈，到達右心房，最後由微血管送至各組織中為其所用。於此同時，微淋巴管亦能把入侵的微生物以及代謝後產生的廢物運離血液循環，因此具有淨化血液的效果。
3. **防禦** (defense)：淋巴結能過濾淋巴中的微生物，再將它交與存在其中的淋巴細胞辨識，誘導細胞性免疫、體液性免疫之生成。T 細胞、B 細胞、抗體等對抗微生物感染的重要成員亦能在淋巴系統產生，這些細胞與蛋白質會進入血液負責防禦工作。

二、淋巴 (Lymph)

組織液進入微淋巴管後即成為淋巴或淋巴液，占體重的 1~3%，其中存有淋巴球、蛋白質、氣體、廢物等；因不含血小板與紅血球而呈現無色透明的外觀。淋巴和血漿的成分相當類似，只是血漿內所含的蛋白質種類較多且分子量較大。除此之外，淋巴與組織液亦不同，前者僅有少量白血球，後者則有大量淋巴球。

三、淋巴管 (Lymphatic Vessels)

(一) 微淋巴管 (Lymph Capillaries)

存在組織細胞間的微淋巴管（或稱毛細微血管）是整個淋巴管系的起點，其管腔極小，僅比血球直徑稍大；其管壁由單層內皮細胞組成，因此物質能在此進行交換。內皮細胞的交互堆疊形成似瓣膜之構造（圖 12-1），組織液進入後便不再流出，使淋巴只向單一方向流動。微淋巴管的一端無開口（盲管）；另一端則連至淋巴管。

(二) 淋巴管 (Lymphatic Vessels)

微淋巴管匯集後成為管徑較大的淋巴管，其管壁由外膜、肌肉層與內皮細胞組成，因此比微淋巴管厚。淋巴管的構造類似靜脈，但存在其中的的瓣膜數比靜脈來的多。人體的淋巴管多與血管呈現伴行關係，例如位於皮下組織及器官表面之淺層淋巴管和靜脈伴行，存在臟器與消化系統之深層淋巴管則與動脈並行。每隔一段淋巴管即有一個淋巴結，當淋巴流經此處時，存在其中的微生物即被過濾出。

(三) 淋巴幹 (Lymphatic Trunks)

淋巴管將各處收集所得之淋巴匯入淋巴幹，它們多分布在頸部、腹部、腸道，例如存在下腹主動脈兩側之腰淋巴幹、存在後側腹壁之腸淋巴幹。支氣管縱膈淋巴幹有二，分在氣管兩旁（圖 12-2）。成對分布的尚有頸淋巴幹與鎖骨下淋巴幹，它們分別收集來自頸部、心、肺、胸壁的淋巴。

(四) 大淋巴管 (Large Lymphatic Duct)

1. **胸管** (thoracic duct)：胸管即左淋巴總管，其基部在腹腔下方的乳糜池，由此上行至橫膈且穿過主動脈孔，最後進入胸腔。長度為 30~40 公分，管腔直徑為 3 公分，**是人體內最粗且最長的淋巴管**，負責收集來自腰淋巴幹（左、右）、腸淋巴幹、左頸淋巴幹、左鎖骨下淋巴幹、左支氣管縱膈淋巴幹的淋巴，其總量約占人體淋巴之四分之三。這些淋巴最後灌入左鎖骨下靜脈，由右心房重回血液循環。胸管末端有一對能抑制淋巴逆流之瓣膜。

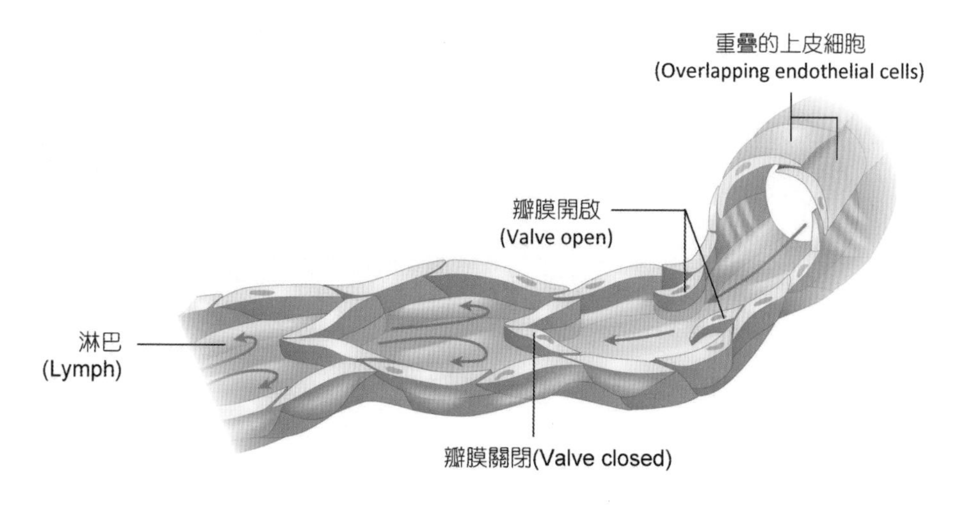

■ 圖 12-1　微淋巴管的構造

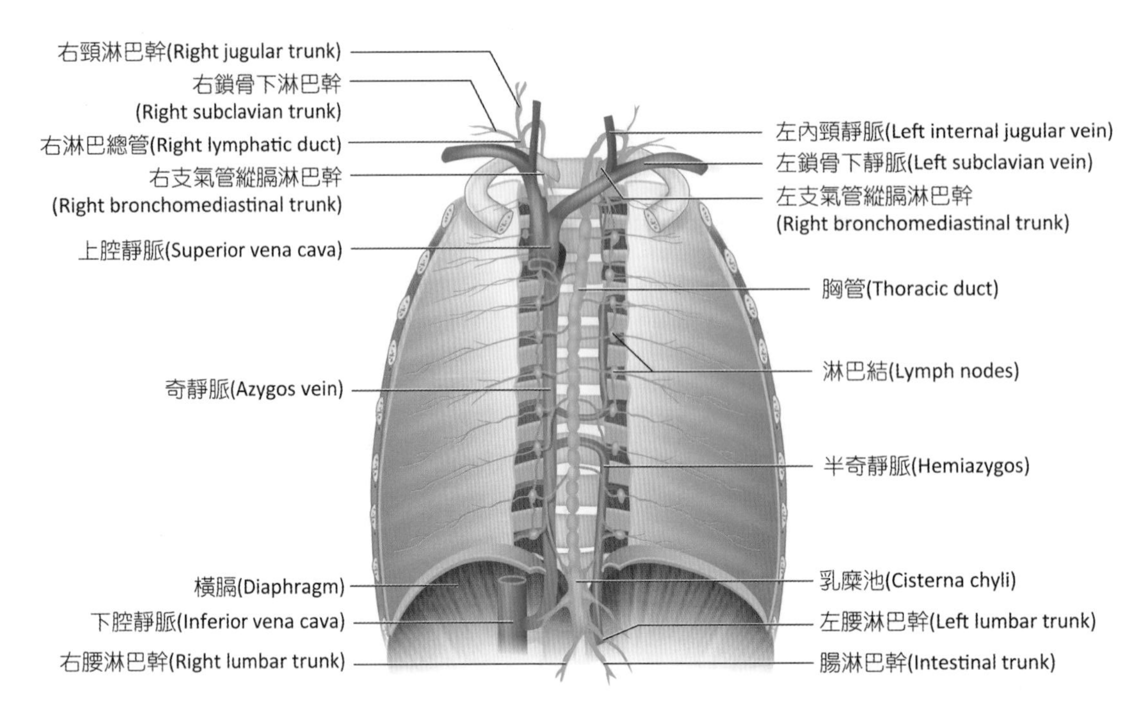

■ 圖 12-2　淋巴幹分布圖

2. **右淋巴總管** (right lymphatic duct)：右淋巴總管不僅較細、較短（長約 1~1.5 公分），收集的淋巴量亦較少，占總量的四分之一。來自右頸淋巴幹、右鎖骨下淋巴幹、右支氣管縱膈淋巴幹的淋巴匯集至右淋巴總管後，注入右鎖骨下靜脈，再由右心房重回血液循環。

四、淋巴結 (Lymph Nodes)

遍及全身的淋巴結是淋巴管上膨大突出的部分，其外形似蠶豆或腎，直徑為 1~30 毫米，大小不一，大型淋巴結主要分布在頸部、腋下、鼠蹊、腸繫膜等處。結締組織形成的被膜 (capsule) 包裹著淋巴結，被膜向內延伸後長成小樑。淋巴結的實體可分為內外二區，外區有皮質、副皮質，內區有髓質。除此之外，淋巴結與輸入淋巴管、輸出淋巴管相連，前者負責帶入淋巴，後者負責將過濾後的淋巴帶離，存在其中的瓣膜能抑制淋巴逆流（圖 12-3）。

◎ 皮質 (Cortex)

前段所述之小樑將皮質區隔成多個淋巴小結 (lymphatic nodule)，淋巴球、巨噬細胞與初級濾泡存在其中。初級濾泡由 B 細胞排列而成，當它受到自淋巴濾出的微生物或其他外來蛋白質刺激後，會轉變為較大的次級濾泡。每個次級濾泡內皆有一**生發中心** (germinal center)，它能製造大量 B 細胞以應付進入體內的抗原。

皮質下方的構造是**副皮質** (paracortex)，其中**存有 T 細胞**與樹突細胞，後者既是吞噬

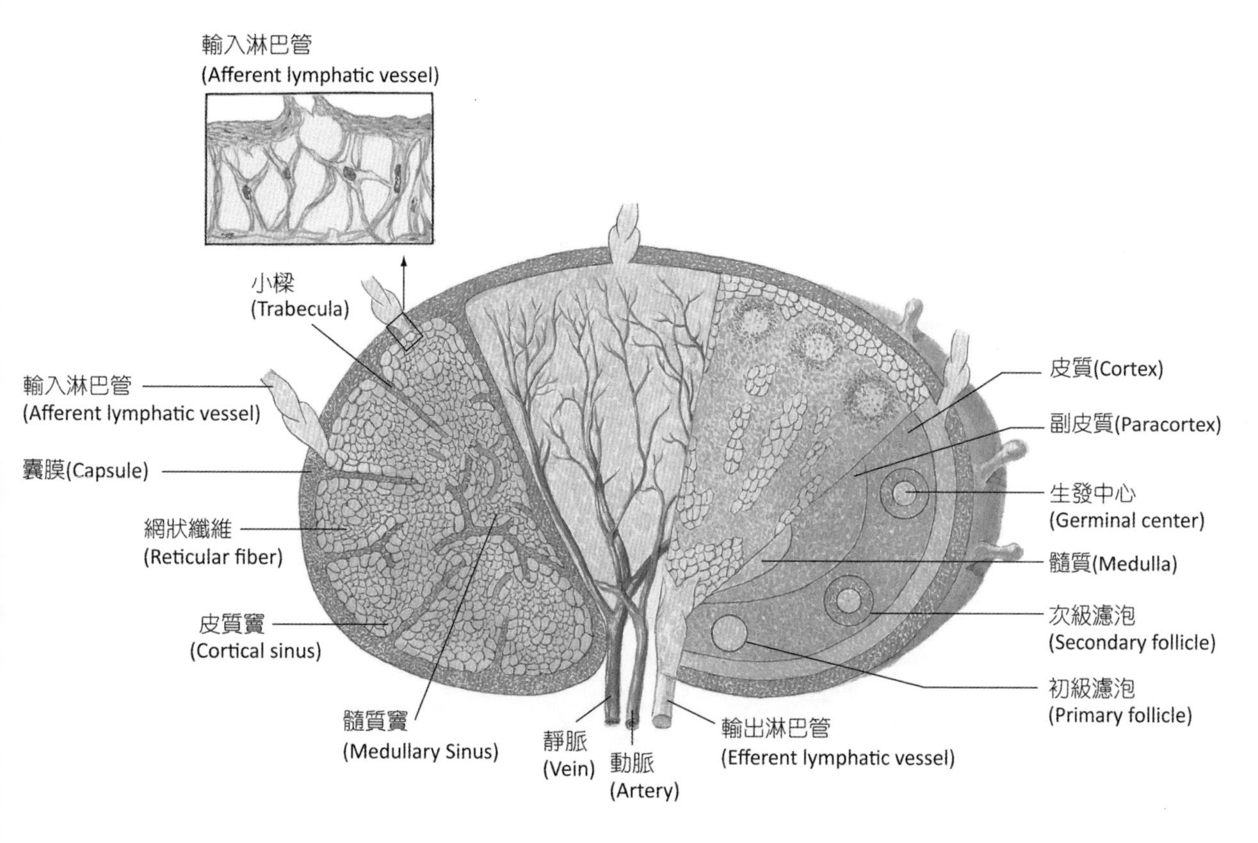

■ 圖 12-3 淋巴結的構造

細胞，亦是能力最強的抗原呈現細胞，因此能將處理後的抗原呈現給輔助性 T 細胞、毒殺性 T 細胞。

◎ 髓質 (Medulla)

髓質內有淋巴球排列而成之髓索，髓質間有髓質竇，巨噬細胞與漿細胞存在其中，前者能吞噬入侵物，後者是 B 細胞受抗原次刺激後分化而成的抗體製造廠，其產物包括 IgG、IgM。

五、淋巴器官與組織

學理上將淋巴器官分為初級與次級二大類，前者亦稱原發性淋巴器官 (primary lymphatic organs)，如骨髓、胸腺；後者又稱繼發性淋巴器官 (secondary lymphatic organs)，如脾臟、淋巴結、扁桃腺、培氏斑。必須注意的是這些淋巴器官或組織在功能上並無軒輊之分，因為它們對抗微生物時占有相同地位。

(一) 扁桃腺 (Tonsils)

淋巴小管聚集而成之扁桃腺存在舌根、鼻咽部與咽喉二側（圖 12-4），因此分別以舌扁桃腺、咽扁桃腺與腭扁桃腺命名。這些構造若再結合附近的淋巴組織，即成為過濾空氣及食物的另類次級淋巴器官。濾出之異物與微生物再交與存在其中的淋巴細胞處理，辨識之後，啟動免疫反應，產生對抗入侵者之特異性抗體。

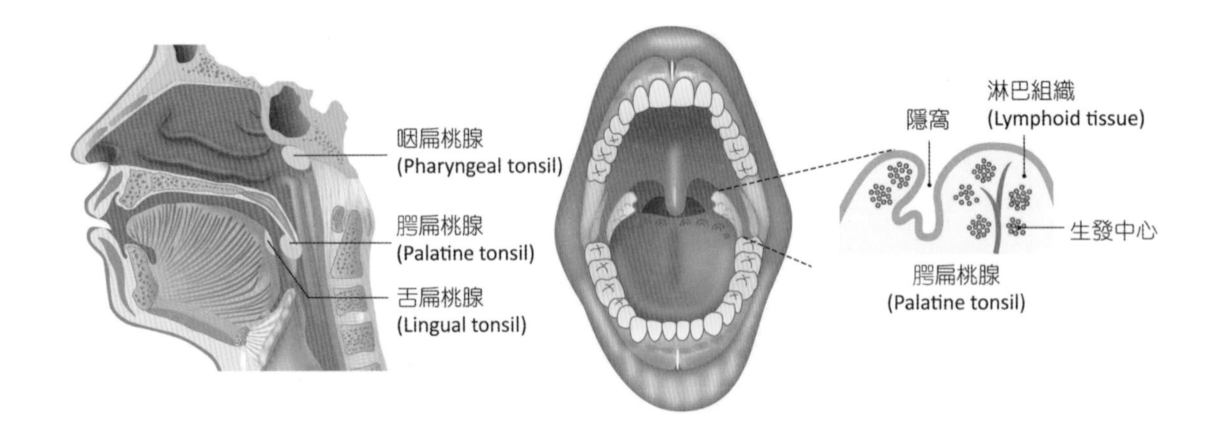

■ 圖 12-4 扁桃腺

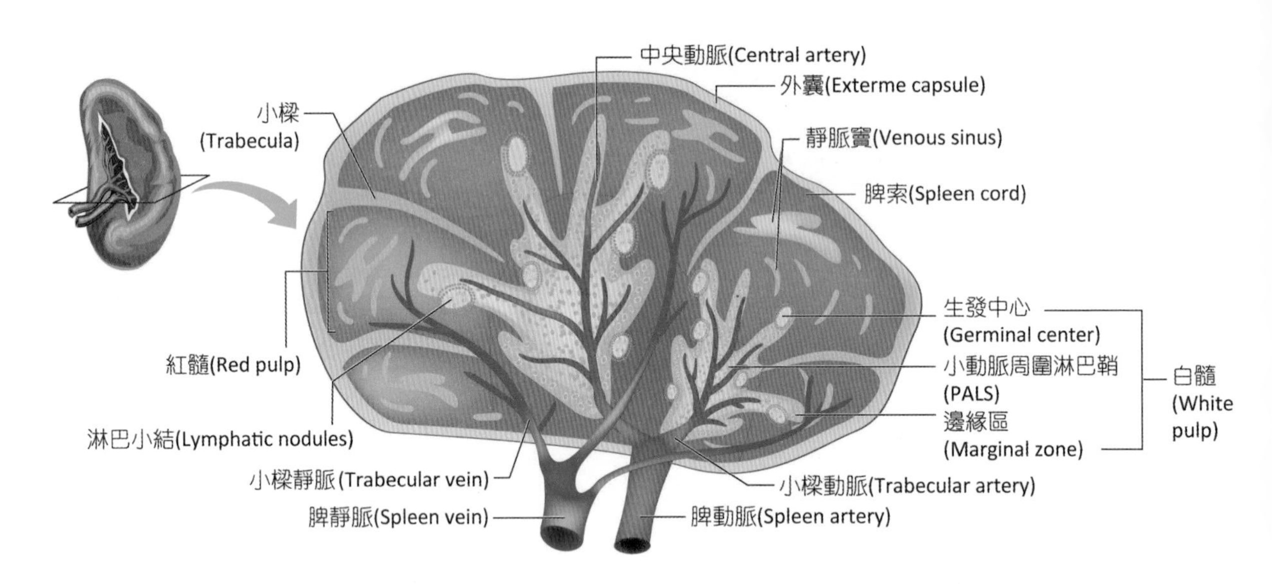

■ 圖 12-5 脾臟的構造

(二) 脾臟 (Spleen)

位於橫膈之下、左腹之上、胃底之後的脾臟是人體最大的免疫器官（圖 12-5）。外層是膠原纖維組成的包膜，纖維向內延伸形成小樑，紅髓與白髓分散其中。脾靜脈、**脾動脈**負責提供氧氣、養分，排除廢物。

1. **紅髓** (red pulp)：脾索與靜脈竇組成，屬於高度血管化組織。靜脈竇富含血液，脾索內有漿細胞、血小板、淋巴細胞、巨噬細胞與嗜中性球。衰老的紅血球及帶有缺陷之紅血球進入此區後，吞噬細胞即加以清除。
2. **白髓** (white pulp)：此處有生發中心與大量聚集之淋巴細胞，當血液流經脾臟時，存在其中的入侵者（微生物）會被過濾出，它們能活化生發中心的 B 細胞，刺激其產生抗體。

(三) 胸腺 (Thymus)

此種初級淋巴器官存在胸腔內、心臟上方，分為不對稱的左、右二葉（圖 12-6）。它

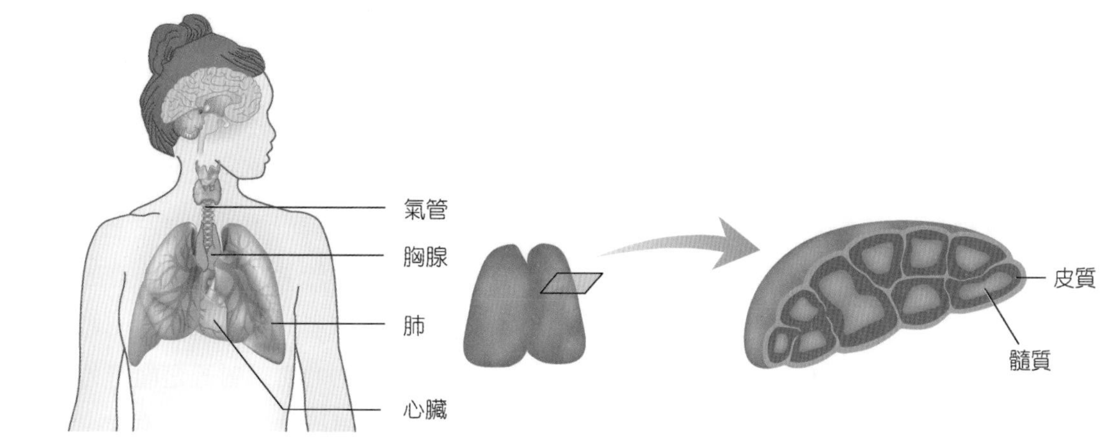

■ 圖 12-6 胸腺的構造

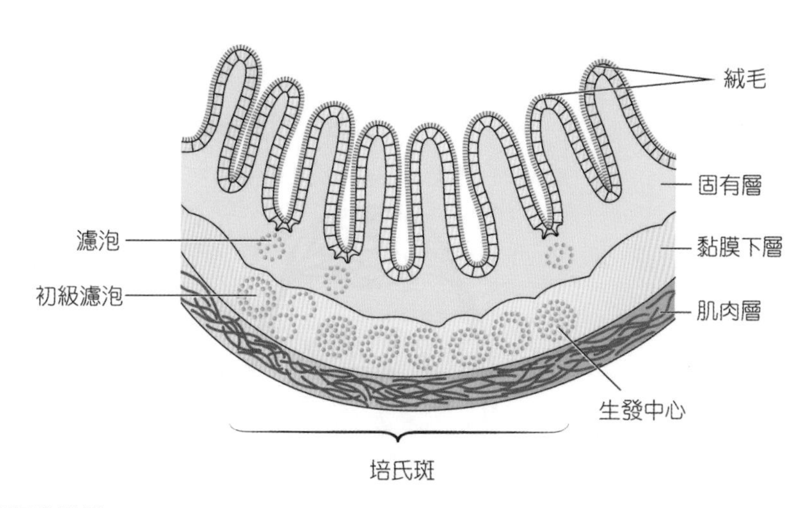

■ 圖 12-7 培氏斑的構造

隨著年齡而不同，20 週胚胎即發育成熟，青春期最大，此後逐漸萎縮且為脂肪組織取代。

胸腺的結構與脾臟相似，結締組織亦會向內延伸形成小樑，後者再將胸腺區隔成許多小葉，各小葉擁有皮質（在外）與髓質（在內）二部分（圖 12-6）。皮質內含有大量 T 細胞，髓質中則有巨噬細胞。來自骨髓的 T 細胞進入此處後會迅速分裂為胸腺細胞，後者再進入皮質與髓質交界處接受篩選。成功通過篩選者成為具有辨識外來物之成熟 T 細胞，它們會進入血液以及免疫器官中執行細胞性免疫。未通過篩選的 T 細胞會立即被清除，避免它們和自體蛋白發生反應，引起自體免疫疾病。

(四) 培氏斑 (Peyers' Patches)

黏膜相關免疫組織因存在黏膜下方且具有免疫功能而得名，它存在腸胃道與呼吸道，其中最著名的便是位於迴腸與闌尾的培氏斑（圖 12-7）。培氏斑是集合的淋巴小結 (aggregated lymphatic nodules)，表面有 M 細胞（含有濾泡之特化性上皮細胞）覆蓋，內部有淋巴球、巨噬細胞、肥大細胞、樹突細胞。更重要的是培氏斑中的 B 細胞能製造分泌型 IgA，此種抗體會移至黏膜表面，其特異性可以加強腸道對抗微生物的能力。值得一提的是，培氏斑的數目會隨著年齡而改變，15~25 歲時最多，之後逐漸減少，此種現象能解釋何以年齡越長、免疫力越差。

六、淋巴循環 (Lymph Circulation)

人體內有血液循環與淋巴循環，前者運送氧氣、營養素，後者回收組織液、輸運脂肪、製造對抗微生物的淋巴球。它們之間的連結是分布在細胞組織間的微血管以及微淋巴管（圖 12-8）。

(一) 淋巴循環路徑

各處的組織液進入微淋巴管內即開始淋巴循環，它匯集至管徑較粗的淋巴管後再進入淋巴幹，過程中會經過許多淋巴結，存在其中的異物及微生物會被清除。來自左上半身及下半身的淋巴進入胸管，來自右上半身的淋巴進入右淋巴總管，二者分別匯集至左、右鎖骨下靜脈，最後注入右心房。曾經是血管外溢的組織液成為淋巴，淋巴重回血液的原樣，正常血量與血中蛋白質濃度因此得以維持。

(二) 淋巴循環的動力

淋巴系統缺乏心臟般能提供強大推力的構造，因此淋巴的流動必須依賴以下機轉。

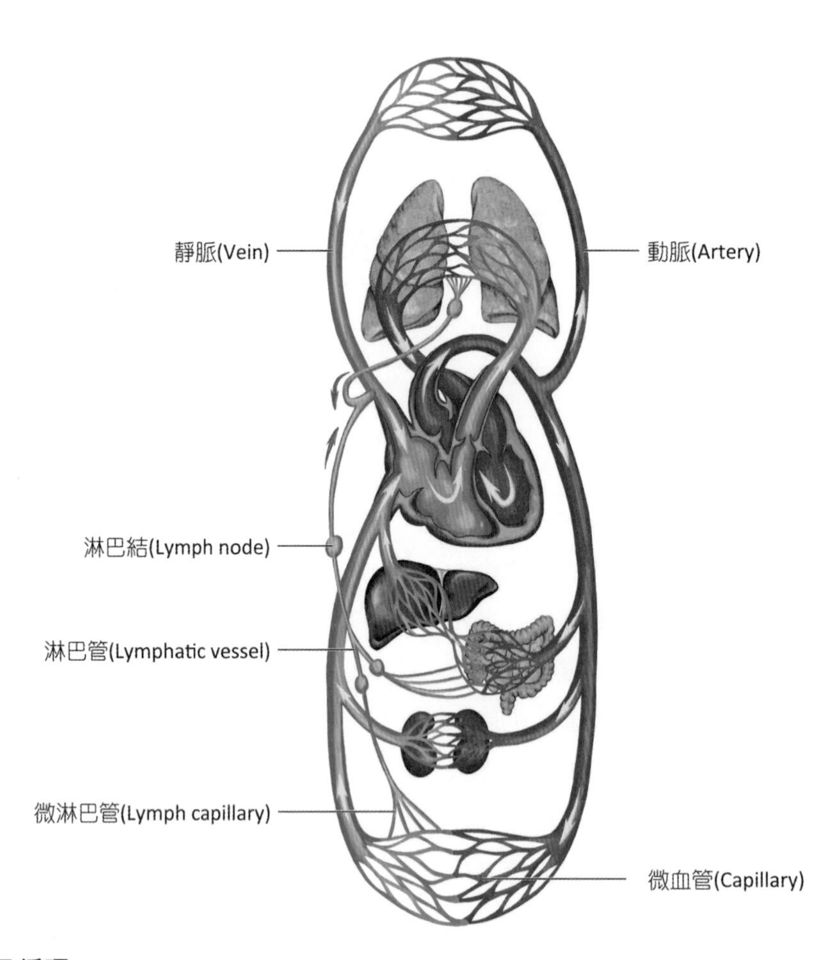

■ 圖 12-8 淋巴循環

1. **瓣膜**：淋巴管內的瓣膜不僅抑制淋巴回流，亦能驅使淋巴向固定方向移動。
2. **骨骼肌收縮**：肌肉收縮後產生的力量能擠壓淋巴管，使存在其中的淋巴向前流動，因此按摩、運動等加強骨骼肌收縮的動作皆能促進淋巴流動。
3. **呼吸**：每分鐘十餘次的呼吸能協助淋巴流動，因為吸氣時的橫膈下降使胸腔體積增大、內壓降低；呼氣時的橫膈上升使腹腔體積減少、內壓上升。二者產生的壓力差足以提供淋巴注入胸管的動力。

12-2 人體的防禦機制 

身為萬物之長的人類擁有較其他脊椎動物更完備、更複雜的防禦機制，為便於說明，通常會使用非特異性免疫與特異性免疫，但須謹記的是免疫系統中並無如此區分，二者相互協助的。換言之，非特異性免疫（黏膜）需要特異性免疫（淋巴細胞、抗體）的加持，特異性免疫中亦需非特異因子（吞噬、補體、細胞激素）的參與才更臻完整。

一、非特異性免疫 (Non-Specific Immunity)

先天性免疫 (innate immunity) 是非特異性免疫的別稱，由於它不需外來蛋白質（抗原）即存在，再加上它們能以一檔百（無特異性），因此適合放置在對抗微生物入侵的第一與第二道防線。需提醒的是，此種免疫缺乏記憶能力。

(一) 第一道防線：障蔽

人體的天然障蔽包括：

1. **皮膚**：皮膚覆蓋著體表，因此對人類而言，其完整性便是對抗微生物入侵的最大利器。存在皮膚表面的常在菌能和病原菌競爭養分、棲息所；汗液與皮脂則為體表營造致病微生物無法生長的高張及微酸性環境。皮膚若有任何裂隙或傷口，最大的物理性屏障即刻成為微生物的最佳入口處。
2. **黏膜**：胃腸道、呼吸道、生殖泌尿道表面皆有上皮細胞，它分泌的黏液使一般微生物無法附著。存於此處之 B 細胞能製造分泌型 IgA，使黏膜更能有效對付入侵的微生物。
3. **纖毛**：呼吸道的纖毛擺動加上咳嗽的動能，可以順利清除來自空氣的異物及微生物，阻斷它們繼續入侵肺臟之企圖。纖毛在菸與酒的摧殘下會逐漸變短甚至消失，微生物入侵的機率自然向上攀升。
4. **胃酸**：胃壁細胞分泌的鹽酸使胃液呈現強酸性 (pH=2)，它不僅將蛋白酶原活化為具有分解食糜能力之蛋白酶，亦能殺死隨著食物進入人體的大部分微生物。
5. **尿液**：血液流進腎臟時，存在其中的水分會進入腎小管，經再吸收、濃縮等作用後成為尿液，最後排出體外。過程中，尿液的沖刷效果能順道將輸尿管、膀胱、尿道內的微生物一齊帶出體外，避免它們在泌尿道中繁殖，引起疾病。
6. **常在菌**（正常菌叢）：人類的體表與胃腸道布滿著微生物，它們利用宿主的養分生長，各據一方，使得病原菌入侵後無落腳之處，亦無可使用之營養素，感染因此不會發生。

(二) 第二道防線：內在防禦

◎ 發炎反應 (Inflammation)

紅、腫、熱、痛是發炎反應的四大表徵，發炎是微生物感染宿主後產生的防禦機制或非特異性免疫，亦是血管與組織對傷害產生的保護性反應。發炎過程始於外物或微生物的入侵，造成的傷害誘導細胞釋出組織胺、前列腺素，導致血管擴張、通透性增加、血液流速減緩、局部溫度上升，引起紅 (redness) 與熱 (heat) 的症狀。接著，水分與吞噬細胞從擴張的血管滲漏出，前者造成組織腫脹 (swelling)，後者則移行至傷口或感染處，吞食微生物（通常是細菌）並驅使更多吞噬細胞加入戰場。於此同時，血小板與纖維蛋白原作用後形成的血塊或網狀物不僅控制發炎範圍，亦會壓迫末梢神經，造成痛 (pain) 的感覺。吞噬細胞消滅細菌後，即啟動組織修復工作（圖 12-9）。

◎ 吞噬作用 (Phagocytosis)

紅骨髓的幹細胞分化後產生單核母細胞、骨髓母細胞，兩者能進一步分化為具有吞噬能力之單核球、**嗜中性球**與嗜酸性球（圖 12-10），它們進入血液後即具有圍捕入侵微生物的能力。值得一提的是，部分單核球會從血液移行至組織器官中，成為體積更大、功能更強的巨噬細胞，其目的無非是保護腦、肝、脾、肺、腎等重要器官，使其免於感染的威脅。

吞噬細胞 (phagocyte) 利用細胞質流動時伸出之偽足包裹微生物，形成的吞噬體會與溶酶體融合為吞噬溶酶體。它會利用溶酶體中酵素被吞噬的微生物，產生的殘渣最後由細胞膜釋出（圖 12-11）。

二、特異性免疫 (Specific Immunity)

學理上所稱的第三道防線 (third line of defense) 即是特異性免疫，相對於第一與第二道防線，它必須在抗原刺激後才會產生，因此有後天性免疫 (acquired immunity) 與適應性免疫 (adapted immunity) 之稱號。特異性免疫尚能將自身與特定抗原反應的印象儲存在記憶細胞中，使個體於再度接觸同一抗原時可以快速將其清除。

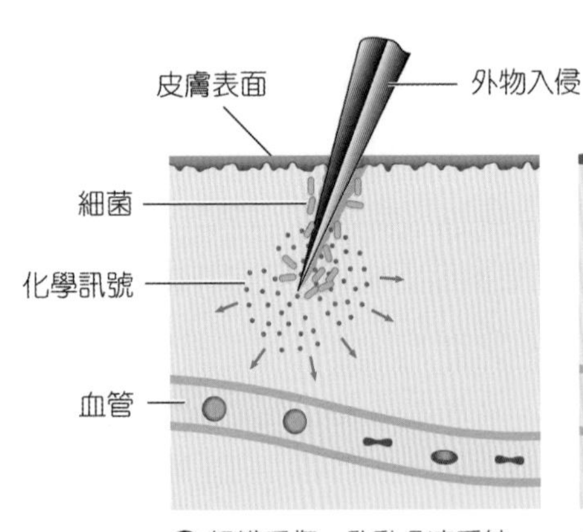

❶ 組織受傷，啟動免疫系統釋放化學訊號

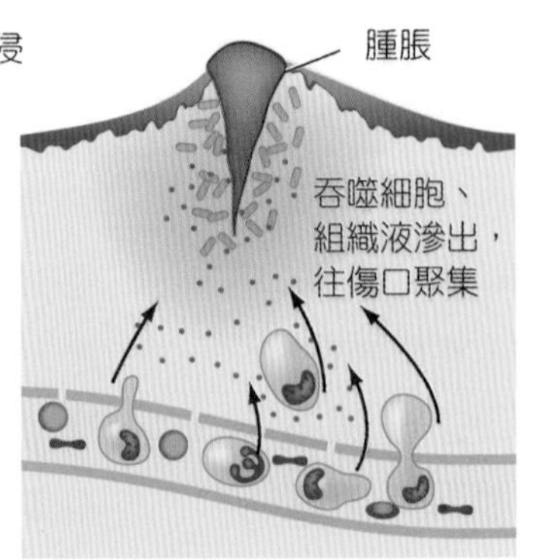

❷ 血管擴張，吞噬細胞球向傷口聚集造成傷口腫脹

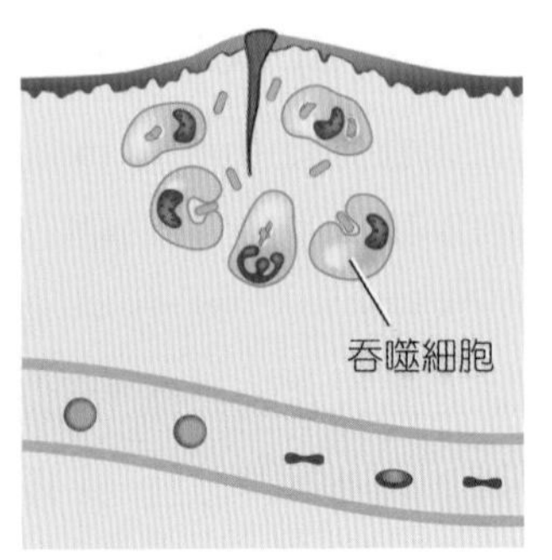

❸ 吞噬細胞吞噬細菌，開始組織修復

■ 圖 12-9 發炎反應

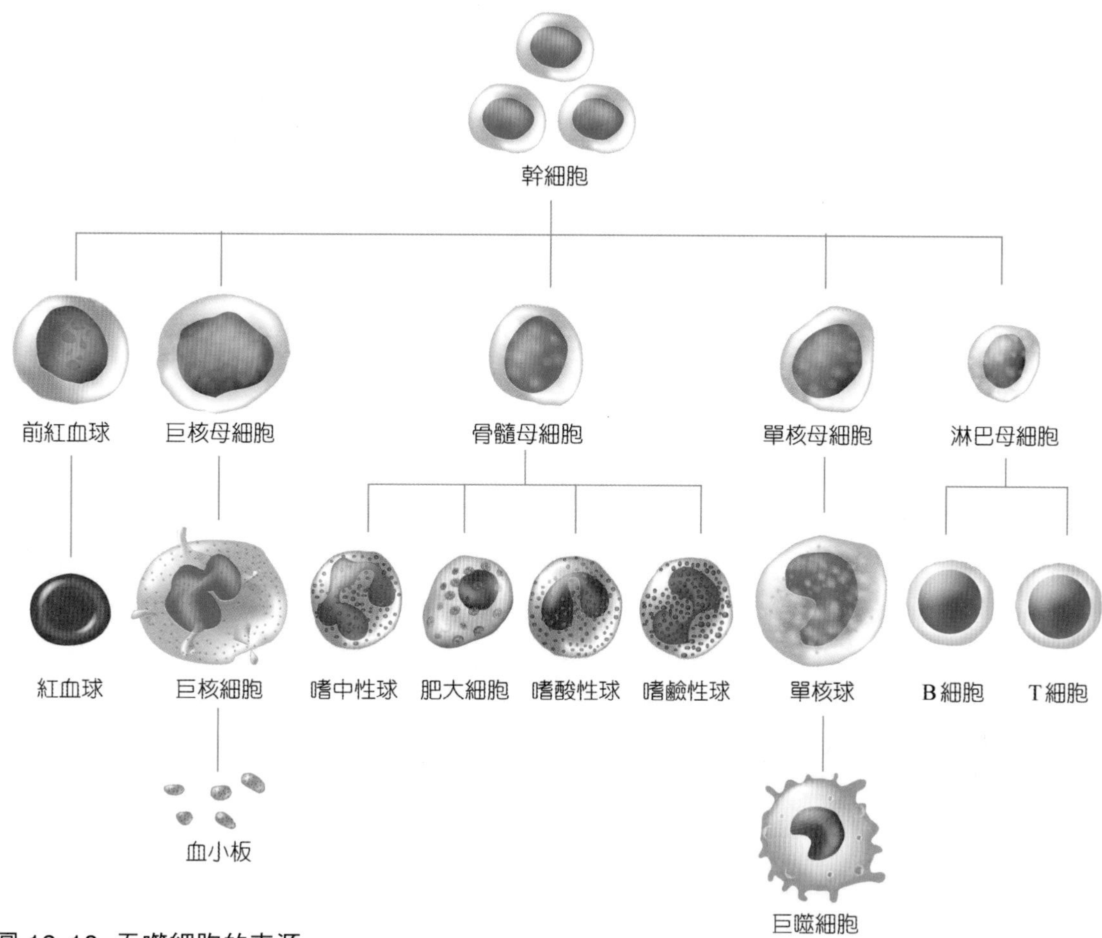

■ 圖 12-10 吞噬細胞的來源

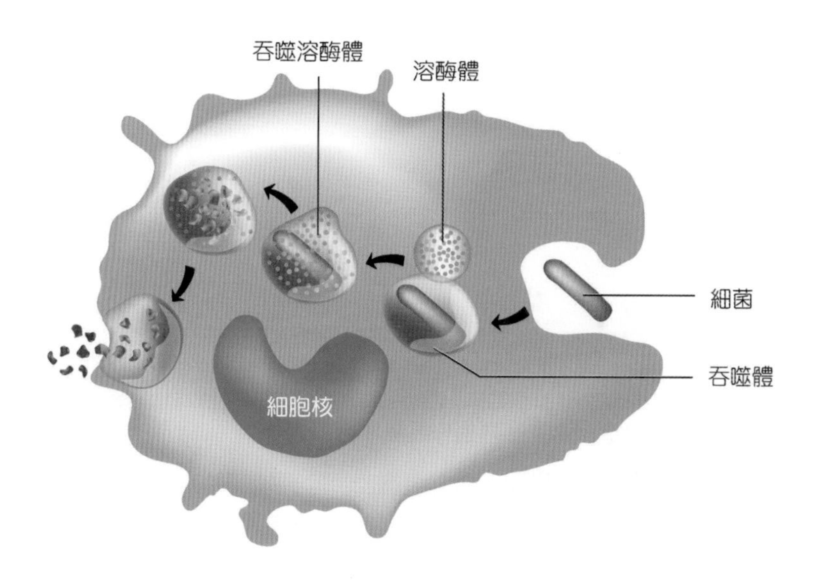

■ 圖 12-11 吞噬作用

(一) B 細胞與體液性免疫

◎ B 細胞 (B Cell)

來自幹細胞之淋巴母細胞會繼續分化為大淋巴球與小淋巴球，前者即是專職清除腫瘤之自然殺手細胞 (natural killer cell, NK cell)，後者則是未來擔負體液性免疫、細胞性免疫重責之 B 細胞與 T 細胞（圖 12-12）。

生成之初，B 細胞不具任何功能，必須在骨髓基質細胞的協助下才能分化為未成熟 B 細胞，留在骨髓中繼續成熟。過程中，舉凡能與自體抗原發生反應之 B 細胞會快速凋亡，避免引起自體免疫疾病；未反應的 B 細胞表面則出現抗體（圖 12-13、表 12-1）。

成熟 B 細胞離開骨髓，進入脾臟、淋巴結、扁桃腺等次級淋巴器官內繼續發育。其中能與外來抗原反應的成熟 B 細胞不僅大量增生，細胞膜上的抗體亦會因應抗原種類而轉換為不同抗體。

◎ 體液性免疫 (Humoral Immunity)

在輔助性 T 細胞的協助下，B 細胞利用抗體辨識抗原，數日內即產生初級反應 (primary response)。過程中，B 細胞分化為漿細胞 (plasma cell) 與記憶細胞 (memory cell)，前者負責製造抗體，後者則和再次進入人體之同型抗原發生次級反應 (secondary response)（圖 12-14）。

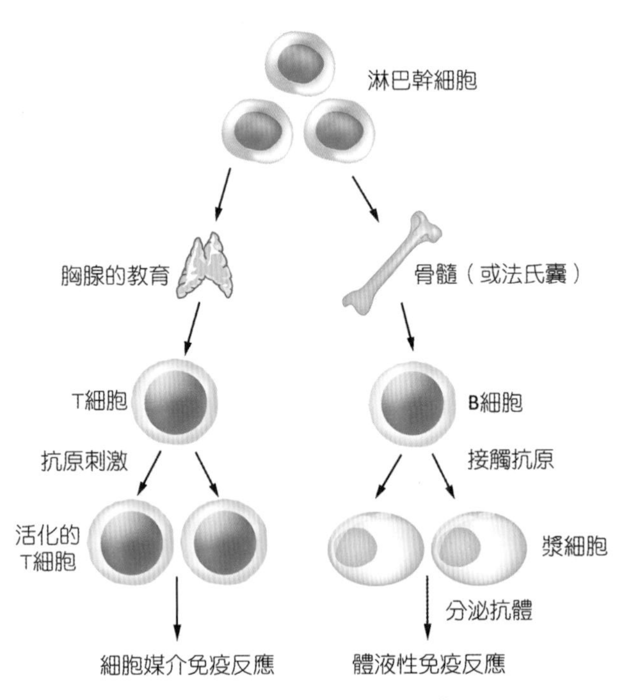

■ 圖 12-12 B 細胞與 T 細胞的活化

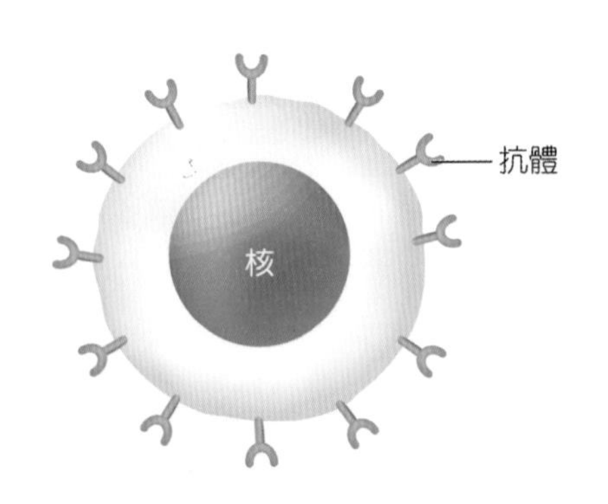

■ 圖 12-13 B 細胞與抗體

表 12-1 抗體的性質與功能

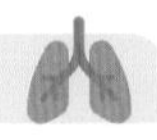

抗體	特質與功能
IgA	存在於消化道、呼吸道、泌尿生殖道等黏膜表面及乳汁中
IgD	功能未知，可能與 B 細胞的成熟與分化有關
IgE	含量最少，能與肥大細胞、嗜鹼性球結合，參與過敏反應，可對抗寄生蟲感染
IgG	濃度最高、分子量最小，通過胎盤保護胎兒，出現在感染晚期，中和細菌毒素，活化補體
IgM	分子量最大，出現於感染早期，參與 ABO 血型凝集反應，中和細菌毒素，活化補體

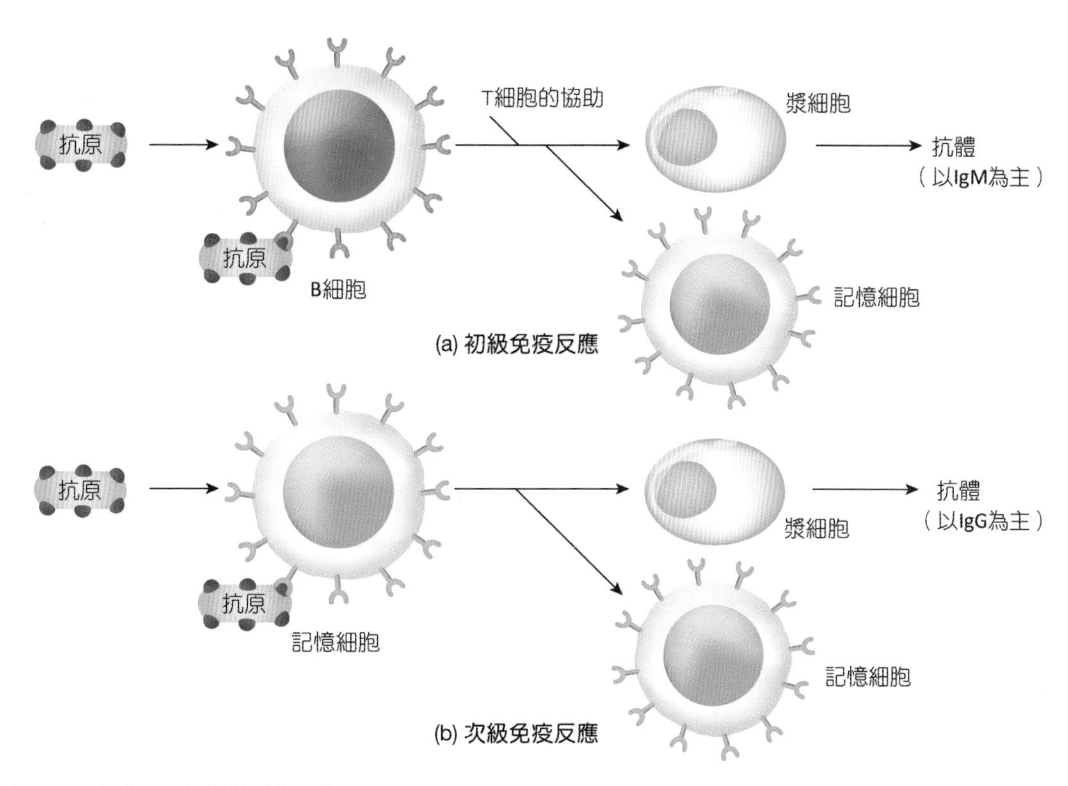

■ 圖 12-14 初級、次級免疫反應

初級與次級反應的發生機轉完全相同，但初級反應生成之抗體以 IgM 為主，次級反應生成的抗體則是以 IgG 為主。初級反應發生時間約需一週以上，次級反應發生的時間僅需 1~3 日；初級反應僅維持數月至數年，次級反應可持續數年甚至終生。除此之外，次級反應辨識抗原時不需要輔助性 T 細胞的參與，且產生之抗體量遠大於初級反應。

(二) T 細胞與細胞性免疫

◎ T 細胞 (T Cell)

T 種細胞在骨髓生成後會藉由血液移往**胸腺皮質區成熟**，能和自體抗原發生反應之 T 細胞立即凋亡，留下的即是與一般抗原作用的成熟 T 細胞。之後，血液將它們帶離胸腺，進入脾臟、淋巴結、扁桃腺等處，這些器官或組織便是成熟 T 細胞與抗原發生免疫反應的場所。T 細胞分為以下三類：

臨床應用 ANATOMY & PHYSIOLOGY 

全身性紅斑性狼瘡 (Systemic Lupus Erythematosus, SLE)

此種自體免疫疾病好發於 15~40 歲女性，存在患者血液中的自體抗體能和紅血球、血小板、核蛋白、DNA 發生反應，作用後形成之免疫複合物 (immune complex) 會各處堆積，導致組織與器官受損，亦能活化補體，引起發燒、肌肉疼痛、掉髮、關節炎、腸穿孔、口腔潰瘍，以及出現在雙頰皮膚之蝴蝶斑 (butterfly rash)。嚴重者可能發生高致死性心肌炎與血管炎；此症無法根治，僅能以抗發炎劑、免疫抑制劑緩解症狀。

臨床應用

ANATOMY & PHYSIOLOGY

過敏反應 (Allergic Reactions)

人類對過敏原 (allergen) 產生的反應型態有：

1. 第一型過敏：此型過敏能在 30 分鐘內發生，因此謂之即發型過敏。藥物、食物、昆蟲毒素是引起此症的主要過敏原，當它與嗜鹼性球或肥大細胞表面的 IgE 結合後，細胞即釋出組織胺、肝素等過敏發炎介質，造成血壓下降、呼吸困難、呼吸道分泌物增加。最常見的第一型過敏為氣喘、過敏性鼻炎、異位性皮膚炎。
2. 第二型過敏：ABO 與 Rh 血型不合的輸血能引起第二型過敏反應；參與此型過敏的免疫因子包括補體、抗體（IgM 或 IgG）、巨噬細胞、自然殺手細胞，因此又稱為抗體依賴性細胞毒殺。Rh 陰性孕婦在 Rh 陽性胎兒的刺激下會產生 IgG，進入子宮內破壞次胎（Rh 陽性）的紅血球，引起之新生兒溶血症。
3. 第三型過敏：臨床上以抗毒素治療白喉、破傷風或臘腸毒桿菌症，但抗毒素與毒素在患者體內形成之大量免疫複合物因無法被及時清除而四處堆積，最後引起血清病。除此之外，吸入含有放線菌之鴿糞或稻草亦能誘導局部性反應，如飼鴿症、農夫肺。參與此型過敏（或稱免疫複合物過敏）之免疫因子有抗體與補體。
4. 第四型過敏：接觸橡膠、金屬鎳、植物分泌物後 48~72 小時出現之皮膚炎，是第四型過敏反應中最常見的案例。由於發生時間較緩，再加上參與反應者多屬細胞，因此又稱為遲發型過敏或細胞媒介型過敏。臨床上檢驗結核與痲瘋感染時使用的皮膚試驗法，皆是依據第四型過敏之發生機轉設計而成。

1. **輔助性 T 細胞** (helper T cell)：細胞膜上有 CD4 標記分子，可以幫助 B 細胞分化為漿細胞。學理上依據功能將輔助性 T 細胞分為兩型，第一型 (T_H1) 專司細胞性免疫，處置胞內微生物，如病毒、結核桿菌；第二型 (T_H2) 能協助 B 細胞辨識抗原、活化體液性免疫、參與第四型過敏。
2. **毒殺性 T 細胞** (cytotoxic T cell)：細胞膜上有 CD8 標記分子，可分泌穿孔素或細胞激素殺死標的細胞。
3. **抑制性 T 細胞** (suppressor T cell)：抑制免疫反應的發生，抑制 B 細胞分化成為漿細胞、降低 T 細胞的活性。

除 CD4 或 CD8 外，T 細胞表面尚有 CD3 以及辨識抗原之接受器（圖 12-15）。

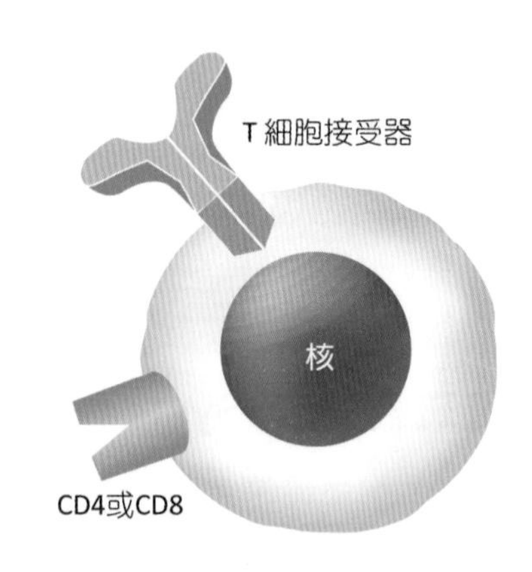

■ 圖 12-15 T 細胞與接受器

臨床應用

ANATOMY & PHYSIOLOGY

後天性免疫不全症候群 (Acquired Immunodeficiency Syndrome, AIDS)

引起此症之微生物名為「人類免疫不全病毒 (human immunodeficiency virus, HIV)」，或稱愛滋病毒。它屬於反轉錄病毒科 (Retroviridae)，擁有外套膜、二條線狀單股 RNA 以及反轉錄酶 (reverse transcriptase)（圖 12-16）。

HIV 感染時，外套膜的醣蛋白 (gp120, gp41) 會分別和 CD4 及其附屬接受器結合，因此能感染輔助性 T 細胞、單核球、巨噬細胞等。更嚴重的是，HIV 會以上述細胞為庇護所，長期躲避免疫系統的追緝，引起目前醫界仍束手無策之後天性免疫不全症候群，即眾人皆知的愛滋病。就病程而言，此症可分為以下三階段（圖 12-17）。

1. 急性感染期：病毒經輸血、懷孕、哺乳、性行為等途徑進入血液，引起病毒血症；之後便迅速感染輔助性 T 細胞、單核球等免疫細胞。患者會出現發燒、腹瀉、倦怠等類似流行性感冒之症狀，通常會持續 2~6 週。患者血中的輔助性 T 細胞數目雖略有下降，但免疫功能仍然正常。
2. 潛伏感染期：急性感染期後 HIV 會從血液遁入單核球、巨噬細胞、輔助性T細胞等庇護所內，出現長達 1~15 年之潛伏期。患者體內的抗體濃度逐漸增加，輔助性 T 細胞數目卻日益減少，最後降至每微升僅 200 個 (200/μl)。患者的症狀不一，潛伏感染期的長短亦因人而異，若患者再感染其他微生物，將大大縮短此期的時間。
3. 症狀發作期：當輔助性 T 細胞數目由 200/μl 減至 100/μl 時，即進入症狀發作期。除血液中再度湧現大量 HIV 外，亦會發生各種伺機性感染症，例如卡波西氏肉瘤。此期患者雖擁有高濃度之特異性抗體，卻無法抑制 HIV 繁殖以及伺機性感染症的發生，可見細胞性免疫是對抗 HIV 的唯一武器。

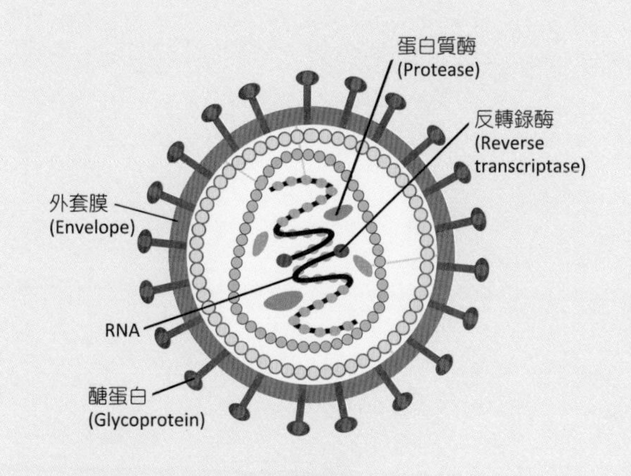

■ 圖 12-16 HIV 的構造

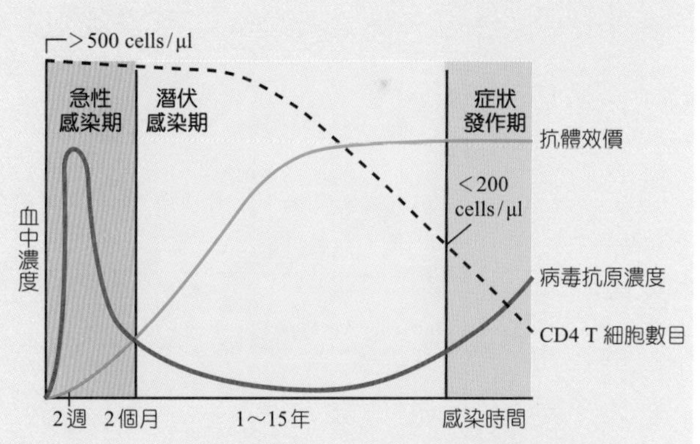

■ 圖 12-17 愛滋患者血液特異性抗體與輔助性 T 細胞數目的變化

◎ 細胞性免疫 (Cellular Immunity)

相較於體液性免疫，細胞性免疫複雜許多。抗原必須經過抗原呈現細胞 (antigen-presenting cell, APC) 處理，之後生成的產物再與主要組織相容複合物 (major histocompatibility complex, MHC) 結合，最後才能由 T 細胞表面的接受器進行辨識。主要組織相容複合物有二型，其一是 MHC-I，其二是 MHC-II，前者能將結合的抗原產物呈現給毒殺性 T 細胞，後者能將結合的抗原產物呈現給輔助性 T 細胞。

辨識完成後，細胞毒殺性 T 細胞會釋出穿孔素與細胞激素（干擾素、腫瘤壞死因子），直接或間接破壞攜帶抗原之腫瘤、受病毒感染細胞。輔助性 T 細胞會分泌介白素、干擾素等細胞激素，活化細胞性免疫及體液性免疫。

(三) 主動免疫與被動免疫

1. **主動免疫** (active immunity)：微生物與疫苗皆能刺激免疫系統，產生特異性反應，此便是主動免疫。其目的為預防感染，效果可持續數年至終生，但需一週以上才能生成。
2. **被動免疫** (passive immunity)：感染白喉、破傷風後注射抗血清，胎兒自孕婦獲得抗體 IgG，抑或是新生兒從母乳中獲得 IgA 皆屬於被動免疫。此種免疫能快速發生，但僅能維持數日至數週，因此用於治療及短期預防。

學習評量 REVIEW AND CONPREHENSION

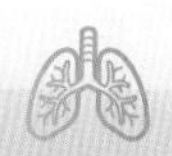

1. 有關淋巴循環的生理功能敘述，下列何者錯誤？(A) 主要回收組織液中的鉀離子 (B) 運輸脂肪 (C) 調節血漿和組織液之間的液體平衡 (D) 清除組織中紅血球跟細菌
2. 下列何者不是淋巴組織？(A) 扁桃體 (B) 腮腺 (C) 淋巴結 (D) 胸腺
3. 關於脾臟的敘述，何者正確？(A) 位於右側季肋區，腎臟的上方 (B) 可以分泌含多種消化酶的消化液幫助消化，屬於消化器官 (C) 內有紅髓與白髓，具有儲血與免疫功能 (D) 脾靜脈會先匯入腎靜脈，才匯入下腔靜脈
4. 有關淋巴結的敘述，下列何者錯誤？(A) 其內沒有巨噬細胞 (B) 輸出淋巴管數目較輸入淋巴管數目少 (C) 具有生發中心 (germinal center)，可製造淋巴球 (D) 構造上可區分為皮質及髓質
5. 蘭氏細胞 (Langerhans' cell) 主要功能為何？(A) 免疫及吞噬 (B) 吸收紫外線 (C) 接受感覺 (D) 儲存能量
6. 當細菌侵入體內，何種血球細胞會轉變成巨噬細胞以吞噬細菌？(A) 巨核細胞 (B) 肥胖細胞 (C) B 淋巴球 (D) 單核球
7. 有關扁桃體的敘述，下列何者正確？(A) 屬於中央淋巴器官 (B) 位於食道與氣管交會處 (C) 富含自然殺手細胞 (natural killer cells) (D) 主要參與免疫細胞的生成與分化
8. 下列血球何者最終成熟的位置不是在骨髓？(A) 紅血球 (B) T 淋巴球 (C) 嗜中性球 (D) 嗜鹼性球
9. 人類免疫不全病毒主要是藉由結合何種目標進入淋巴細胞？(A) CD4 (B) CD8 (C) CD20 (D) CD23
10. 下列何者屬於主動免疫？(A) 胎兒自母體獲得抗體 (B) 新生兒字母乳獲得抗體 (C) 疫苗接種 (D) 白喉患者注射免疫球蛋白
11. 第二次抗原刺激反應後，產生最多之抗體為：(A) IgG (B) IgM (C) IgE (D) IgD
12. 胸管的基部位於何處？(A) 胸腔下方的乳糜管 (B) 腹腔下方的淋巴池 (C) 腰部下方的淋巴池 (D) 背部的乳糜管
13. 含鎳成分的手錶帶能引起何種過敏反應？(A) 第一型 (B) 第二型 (C) 第三型 (D) 第四型
14. 下列何種管腔的一端無開口？(A) 微血管 (B) 微淋巴管 (C) 靜脈 (D) 淋巴管
15. 在正常生理狀況下，下列何者是血液中已分化成熟並可迅速吞噬細菌的白血球？(A) 淋巴球 (lymphocyte) (B) 嗜中性球 (neutrophil) (C) 巨噬細胞 (macrophage) (D) 單核球 (monocyte)
16. 位於口咽側壁的淋巴組織稱為：(A) 腭扁桃體 (B) 咽扁桃體 (C) 舌扁桃體 (D) 腮腺

17. 下列何者不是脾臟的功能？(A) 具有免疫的功能 (B) 靜脈竇能儲存血液 (C) 胚胎時期是造血器官 (D) 能幫助脂肪消化

18. 血清中的抗體屬於：(A) 白蛋白 (B) 球蛋白 (C) 纖維蛋白 (D) 醣蛋白

19. B 淋巴球 (B lymphocyte) 主要分布在何處？(A) 腎上腺 (B) 淋巴結 (C) 胸腺 (D) 甲狀腺

20. 過敏反應時，何種血球會釋出組織胺？(A) 嗜中性球 (neutrophils) (B) 嗜酸性球 (eosinophils) (C) 肥大細胞 (mast cells) (D) B 淋巴球 (B lymphocytes)

解答

1.A 2.B 3.C 4.A 5.A 6.D 7.B 8.B 9.A 10.C 11.A 12.B 13.D 14.B 15.B 16.A 17.D 18.B 19.B 20.C

參考文獻

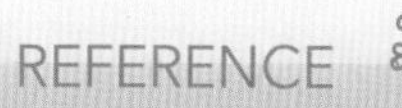
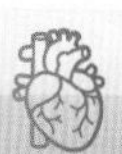

王政光、李英中、李慶孝、洪小芳、陳佳禧、張芸潔、楊舒如、蕭欣杰、賴志河、張章裕(2022)・於方世華總校閱・*免疫學*（6版）・新文京。

李富美、張建裕、吳建興(2017)・*醫學免疫學*・合記。

汪蕙蘭(2020)・*醫用微生物及免疫學*（3版）・新文京。

麥麗敏、陳智傑、廖美華、鍾麗琴、陳建瑋、祁業榮、黃玉琪、戴瑄、呂國昀(2015)・於王錫崗總校閱，*解剖生理學*（2版）・華杏。

馮琮涵、黃雍協、柯翠玲、廖智凱、胡明一、林自勇、鍾敦輝、周綉珠、陳瀅(2021)・於馮琮涵總校閱，*人體解剖學*・新文京。

賴明德、王耀賢、鄧志娟、吳惠敏、李建興、許淑芬、陳晴彤、李宜倖(2022)・*解剖學*（2版）・新文京。

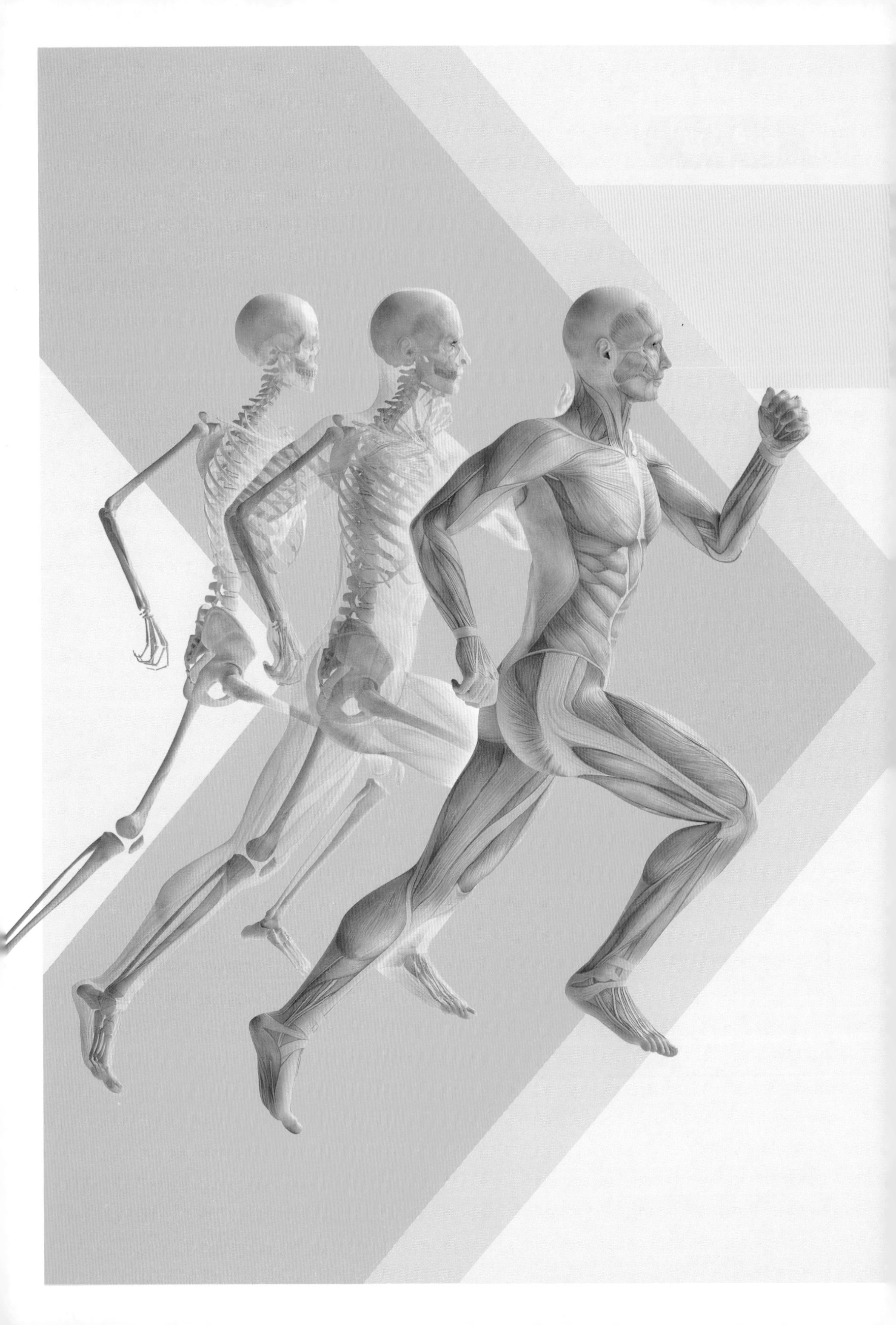

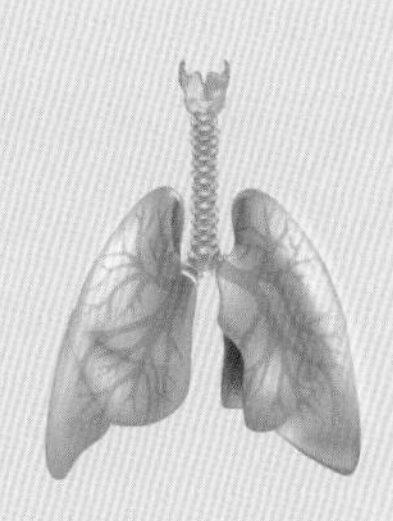

呼吸系統 Respiratory System

CHAPTER 13

作者 / 黃嘉惠

本章大綱 Chapter Outline

ANATOMY & PHYSLOLOGY

前言 INTRODUCTION

人體能維持生存與生長，除了營養物質的攝取外，尚需與外界環境進行氧氣的吸取及二氧化碳的排除，以維持體內的恆定狀態。心血管系統與呼吸系統共同合作，提供個體獲得氧氣和移除二氧化碳，而呼吸即是生物體與外界環境之間進行氣體交換 (gas exchange) 的過程。我們無時無刻都在呼吸，透過呼吸獲取身體所需要的氧氣，進而產生能量 (ATP)，並排除代謝過程中產生的二氧化碳。因此，呼吸是維持人體生命活動所必需的基本生理活動，故為生命徵象之一。此外，呼吸系統還具有其他的功能，包括防禦塵埃及微生物入侵、發聲、嗅覺及調節血液酸鹼值等。

13-1 呼吸系統的構造與功能

呼吸系統由上呼吸道（包括：鼻及咽）及下呼吸道（包括：喉、氣管、支氣管及肺）所組成（圖 13-1）。鼻、咽喉、氣管及支氣管是氣體出入的通道；肺泡是進行氣體交換的場所；而胸廓則是啟動呼吸過程的動力。

一、鼻 (Nose)

空氣經由鼻進入呼吸道，包括外鼻部及鼻腔。外鼻部為鼻腔向前突出顏面的部分，以鼻骨和軟骨為支架，下方有兩個外鼻孔與外界相通（圖 13-2）；兩側鼻腔為呼吸道最上方的部分，以內鼻孔或稱後鼻孔 (choanae) 與咽部相通。

每側鼻腔 (nasal cavity) 皆有底部、頂部、內側壁和外側壁。篩骨的篩板形成其頂部，並作為鼻腔與顱腔的分界，若因撞擊導致此處破裂時，腦脊髓液便可能由鼻孔流出；底部是由腭骨的水平板與上頜骨腭突構成的硬腭所形成的，並作為鼻腔與口腔的分界；內側壁為表面有黏膜覆蓋的鼻中隔 (nasal septum)，分隔左右鼻腔，其前面部分為軟骨，後面部分由篩骨的垂直板及犁骨所構成；外側壁具有三個弧形的上、中及下鼻甲 (conchae)，這些鼻甲將一側鼻腔分隔出上、中、及下鼻道，功能為增加鼻腔外側壁組織與空氣接觸的表面積（圖 13-3）。

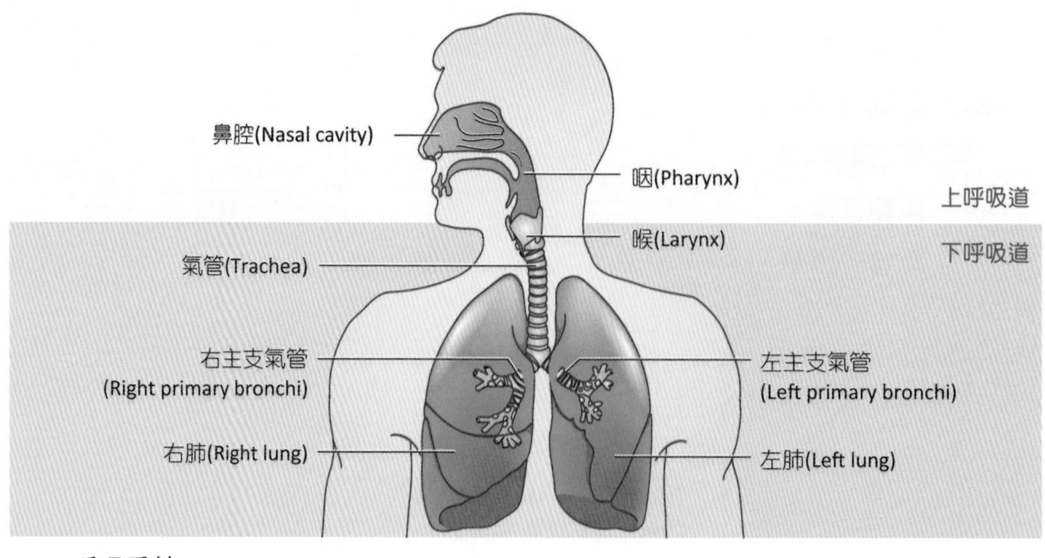

■ 圖 13-1 呼吸系統

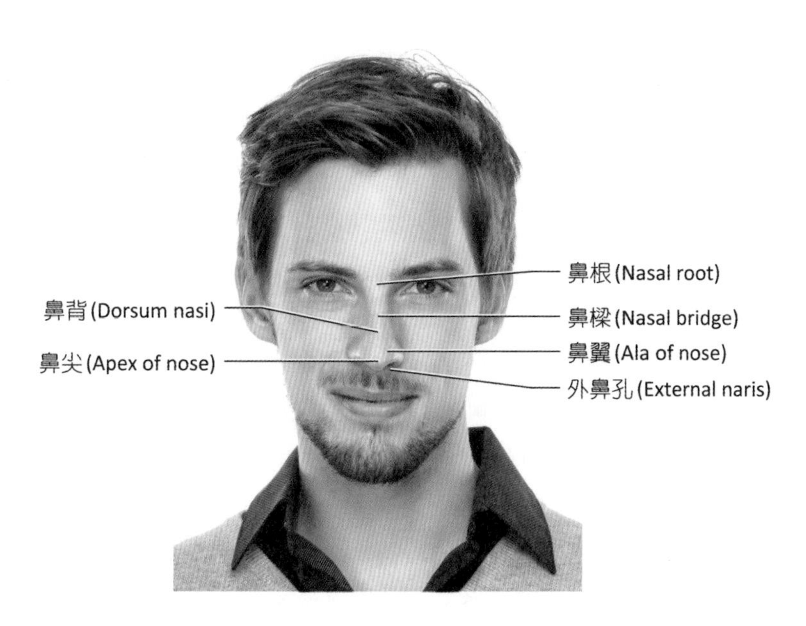

■ 圖 13-2　外鼻部

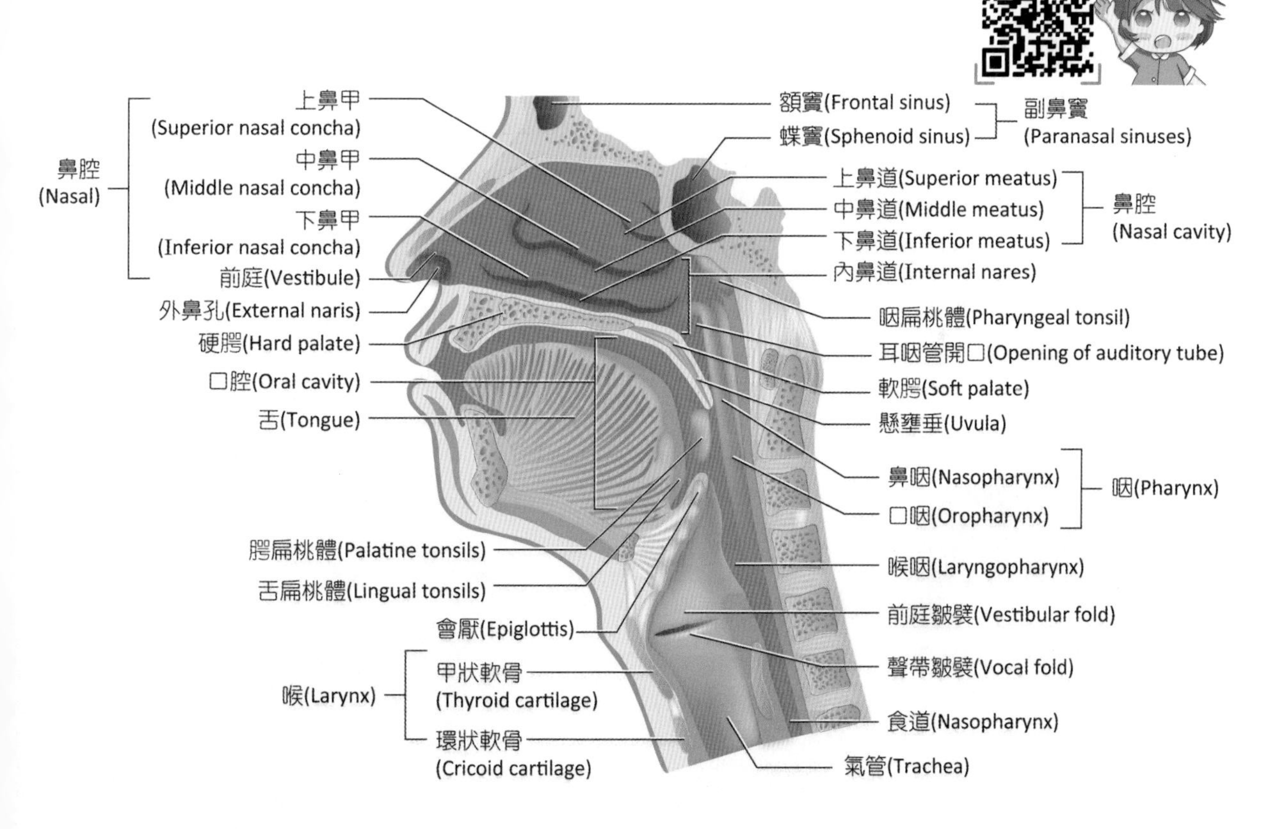

■ 圖 13-3　上呼吸道

◎ 副鼻竇 (Paranasal Sinuses)

為鼻腔的延伸構造，其會陷進周圍的骨頭中，依所在的骨骼命名，分別為**額竇、蝶竇、篩竇及上頜竇**，其中以額竇位置最高，而上頜竇則為最大的副鼻竇。功能為產生聲音的共鳴、分泌黏液及減輕頭顱骨的重量（圖 13-4）。每一副鼻竇都有開口與鼻腔相通，蝶竇、後篩竇通往上鼻道；額竇、前篩竇、中篩竇、上頜竇通往中鼻道。此外，下鼻道有鼻淚管開口，可將淚液從眼睛引流至鼻腔。由於副鼻竇的內襯黏膜與鼻腔之黏膜相連，因此當鼻腔感染時，可引起副鼻竇發炎，稱為鼻竇炎 (sinusitis)。

◎ 鼻腔分區

每側鼻腔都由三個區域所構成，分別為鼻前庭 (vestibule)、呼吸區 (respiratory region) 和嗅區 (olfactory region)。鼻前庭為鼻孔內外擴的空間，內有鼻毛；呼吸區為鼻腔中最大的部分，有豐富的血管及神經分布，其內襯上皮由纖毛和黏液細胞所構成。嗅區為鼻腔頂的一個小區域，內襯嗅覺上皮具有嗅覺接受器。鼻腔內的鼻毛及黏膜所分泌的黏液可攔截空氣中的灰塵顆粒或微生物，黏液亦具有濕潤空氣的作用，而鼻腔中豐富的微血管則可加溫吸入的空氣（圖 13-5）。

二、咽 (Pharynx)

咽位於鼻腔、口腔及喉的後方，是一個將鼻腔和口腔連接到喉與食道的漏斗狀通道。依照咽前方的構造，可將咽再分成三個區域（圖 13-5）：

1. **鼻咽** (nasopharynx)：位於鼻腔後開口（內鼻孔）的後方、軟腭的上方。以內鼻孔與鼻腔相通，以軟腭與口咽分隔。鼻咽兩側壁上有**耳咽管** (auditory tube) 的開口，可與中耳相通；而頂部則有一個**咽扁桃腺** (pharyngeal tonsil)，若咽扁桃體發生腫大，會阻塞鼻咽，只能透過嘴巴呼吸。
2. **口咽** (oropharynx)：位於口腔後方、軟腭下方及會厭上緣的上方，為空氣和食物的共同通道。口咽有位於腭舌弓與腭咽弓之間的**腭扁桃腺** (palatine tonsils) 及位於舌頭基部的**舌扁桃腺** (lingual tonsil)。

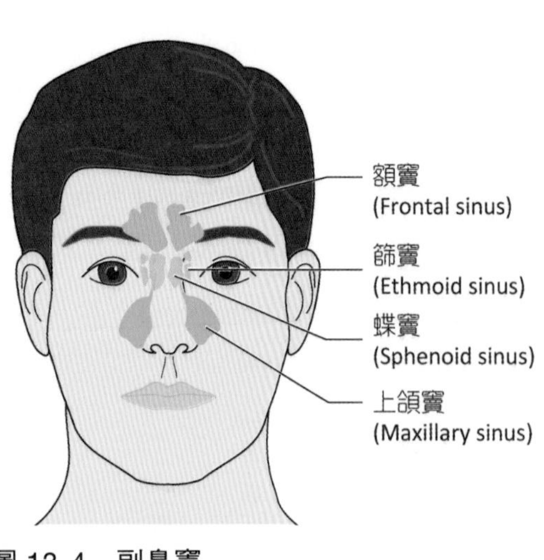

■ 圖 13-4 副鼻竇

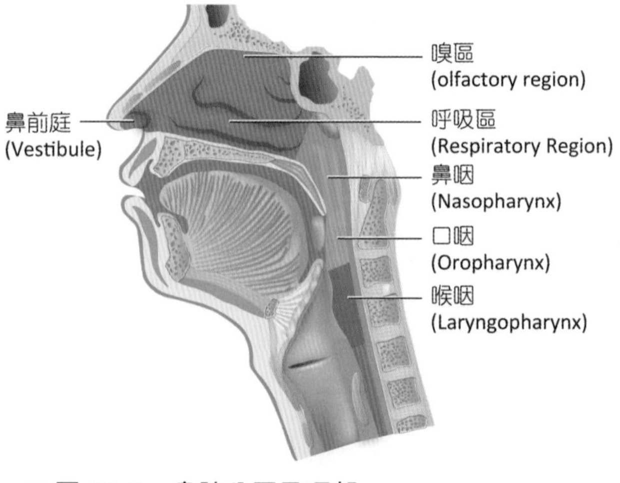

■ 圖 13-5 鼻腔分區及咽部

3. **喉咽** (laryngopharynx)：由會厭上緣延伸到食道上方。吞嚥食物時，喉會上提，使位於喉咽與口咽交接處的會厭軟骨蓋住喉頭，防止食物誤入氣管。

三、喉 (Larynx)

喉位於頸部、喉咽下方及氣管的上方，為連接咽與氣管的通道，亦是一個可發聲的構造，又稱音箱 (voice box)。喉由九塊軟骨所組成，包括三個大型單一的環狀軟骨、甲狀軟骨和會厭軟骨及三對較小的杓狀軟骨、小角軟骨和楔狀軟骨（圖 13-6）。藉由一些膜和韌帶將其懸掛在舌骨上並附著於氣管，為一個可動性高的結構，能透過附著在喉部或舌骨上的外在肌而上下前後地移動。吞嚥時，喉會向上向前移動，使會厭軟骨蓋住喉頭，關閉喉的入口並讓食道打開。

(一) 喉的九塊軟骨

1. **環狀軟骨** (cricoid cartilage)：為喉部軟骨中最下方的軟骨，完整圈住呼吸道。環狀軟骨的兩側各有兩個關節面，分別與杓狀軟骨與甲狀軟骨形成關節。
2. **甲狀軟骨** (thyroid cartilage)：喉部軟骨中最大的軟骨，由左右軟骨板融合而成的透明軟骨，為聲帶的起點。這兩塊軟骨板會合處最上端的前突點稱為喉結，男性此處軟骨板間的夾角較為尖銳，故男性的喉結較女性明顯。

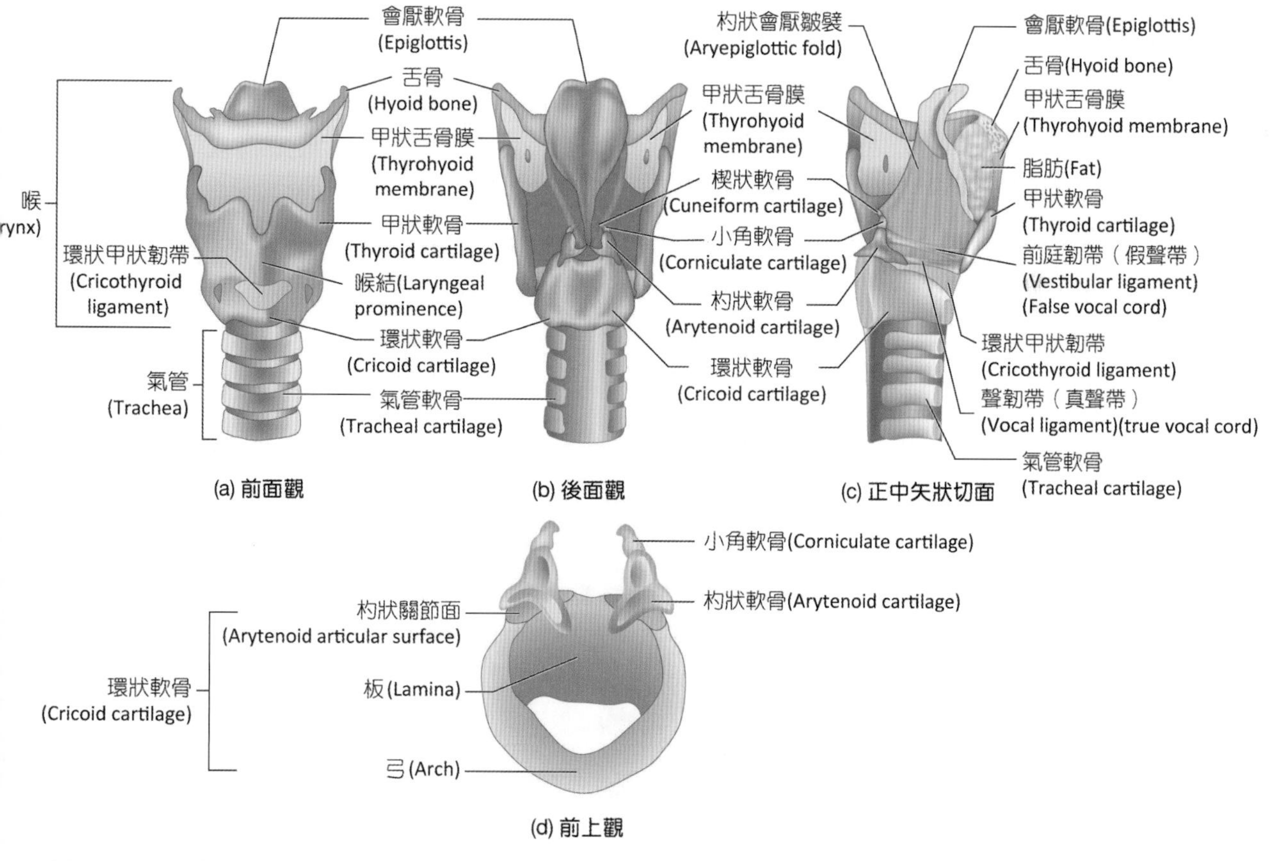

圖 13-6 喉部的構造

3. **會厭軟骨** (epiglottis)：為一塊葉狀的彈性軟骨，其柄部附著於甲狀軟骨的後部，並由附著處向上方突出，葉片部分則是游離的。吞嚥時，喉上提，使會厭蓋住喉的入口，引導食物進入食道。
4. **杓狀軟骨** (arytenoid cartilage)：呈錐狀，每塊杓狀軟骨各具有三個面，其中，前外側面提供聲帶肌和韌帶附著，是聲帶的止點。杓狀軟骨外側角延長成肌突，供環杓側肌和環杓後肌附著。
5. **小角軟骨** (corniculate cartilage)：為小型的角狀軟骨，位於杓狀軟骨之頂端。
6. **楔狀軟骨** (cuneiform cartilage)：位於小角軟骨的前方，被懸掛在喉部的纖維彈性膜中，此膜將杓狀軟骨附著到會厭軟骨的外側緣。

(二) 聲音的產生

喉為一個能產生聲音的構造，透過調整聲門裂及前庭裂的開闔而有發聲作用。**聲帶** (vocal cord)是由彈性韌帶所支撐的黏膜皺襞。兩對黏膜皺襞分別是前庭皺襞（假聲帶）和聲帶皺襞（真聲帶），相鄰的前庭皺襞間的三角形開口稱前庭裂；而位於前庭皺襞下方，兩相鄰的聲門皺襞間的三角形開口則稱聲門裂。前庭裂與聲門裂均可藉由杓狀軟骨的旋轉，被打開或關閉（圖 13-7）。

發音時，杓狀軟骨相互靠近，導致聲帶皺襞內收，空氣通過已關閉的聲門裂，造成聲帶皺襞振動，進而產生聲音。音調透過聲帶皺襞的張力來調節，當聲帶皺襞拉緊，張力增加，音調較高，反之，則音調低。而環甲狀肌可使聲帶變緊。

四、氣管 (Trachea)

氣管為一位於食道前方的空氣通道，從喉的下緣延伸至第 4、5 胸椎處，並於此處分枝成左、右主支氣管。

氣管壁由 C 形透明軟骨環與平滑肌所組成，軟骨提供支持作用，避免氣管向內塌陷，維持暢通。C 形軟骨的開口朝向食道，則可提供食道在吞嚥食物時的伸縮空間（圖 13-8）。

氣管內襯的黏膜是由偽複層柱狀纖毛上皮所構成，其中散布著杯狀細胞可分泌黏液，纖毛的擺動和黏液可淨化及濕潤空氣。吸菸會導致纖毛的活動受到抑制，因而無法透過纖毛擺動來清除黏液（圖 13-9）。

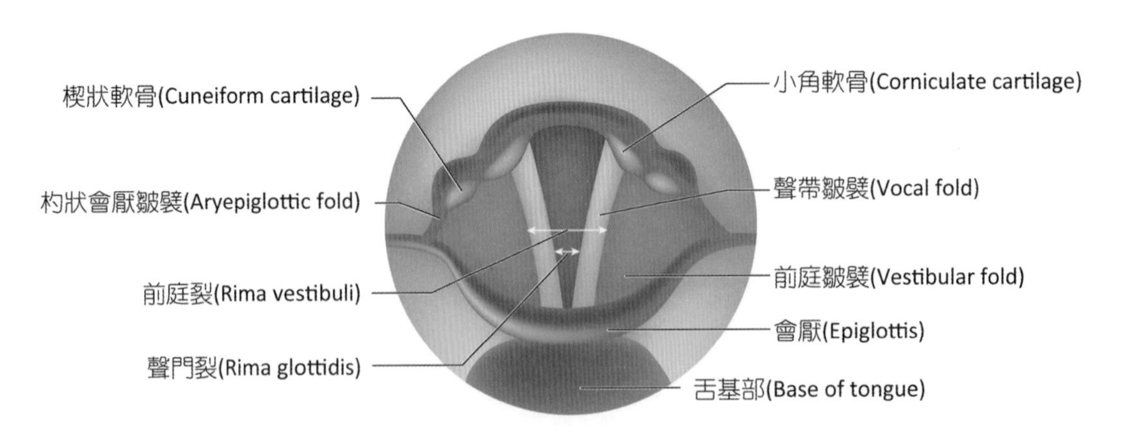

■ 圖 13-7　聲帶

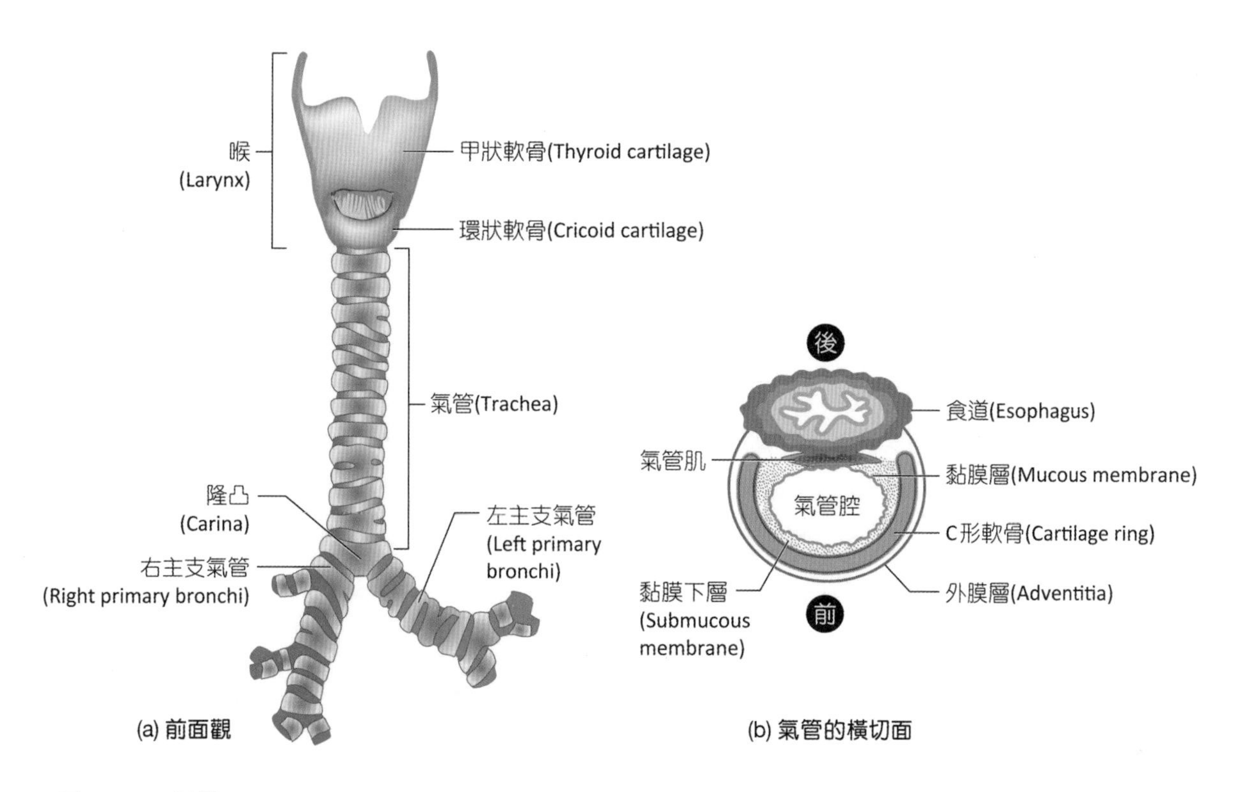

■ 圖 13-8　氣管

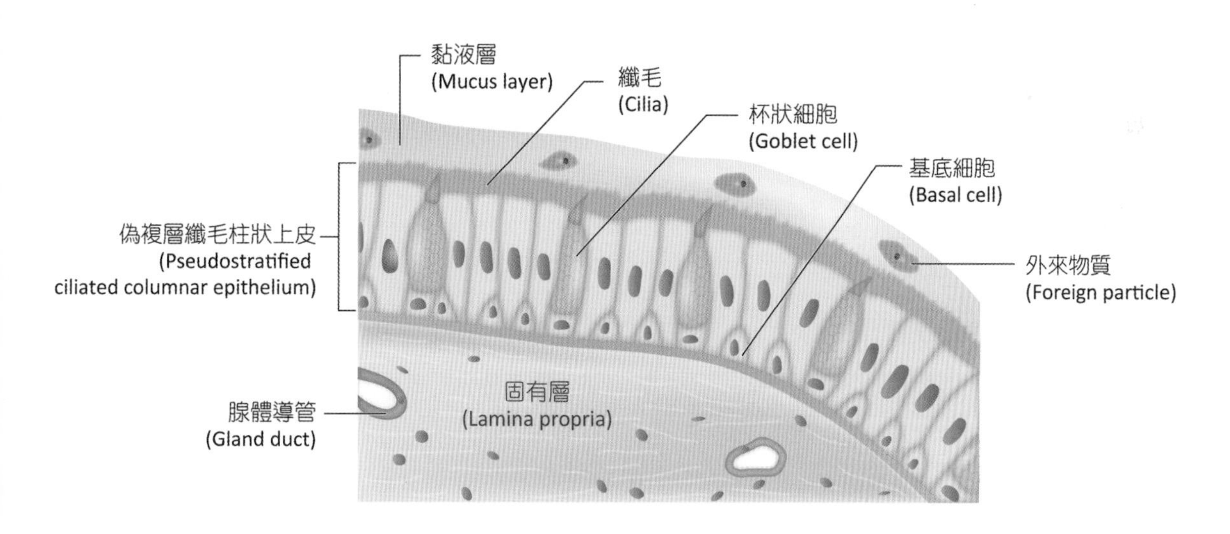

■ 圖 13-9　氣管黏膜上皮

五、支氣管 (Bronchi)

支氣管如樹枝狀不斷分枝，管徑越來越小，數量越來越多，因此稱為**支氣管樹**。氣管於胸骨角、第二肋骨或第五胸椎之高度分枝成左、右主支氣管 (primary bronchi)，然後分別進入左、右肺。**右主支氣管較左主支氣管寬且垂直**，因此異物較易從右主支氣管掉入而阻塞呼吸道。

主支氣管會在肺內分枝成**次級支氣管** (secondary bronchi) 或稱**肺葉支氣管** (lobar bronchi)，一個次級支氣管供應一個肺葉，次級支氣管再分枝形成**三級支氣管** (tertiary bronchi) 或稱**肺節支氣管** (segmental bronchi)，然後再繼續分枝成細支氣管 (bronchiole)，並形成終末細支氣管 (terminal bronchiole)（圖 13-10）。

由於支氣管一再分枝，其構造也有所變化，主支氣管具有軟骨環，隨著管道變細逐漸變成軟骨板，到**細支氣管幾乎沒有軟骨支撐，完全由平滑肌構成**，因此當細支氣管的平滑肌發生痙攣時，會使氣道變窄，導致氣喘發作。內襯上皮組織則由主支氣管的偽複層纖毛柱狀上皮，到終末細支氣管時變為單層立方上皮（表 13-1）。

終末細支氣管再分枝成呼吸性細支氣管 (respiratory bronchiole)，其內襯上皮組織變成鱗狀上皮，並分成肺泡管 (alveolar duct)，肺泡管最後以 2~3 個肺泡囊 (alveolar sac) 終結，從呼吸性細支氣管開始皆被肺泡 (alveoli) 所包圍（圖 13-11）。鼻子到終末細支氣管僅為氣體通行之用，不進行氣體交換，屬於傳導區 (conducting airways)，又稱解剖死腔 (anatomic dead space)；**呼吸性細支氣管後具有肺泡，可進行氣體交換的功能**，因此從呼吸性細支氣管至肺泡屬於呼吸區 (respiratory airways)。

六、肺臟 (Lung)

肺臟為胸腔內成對的圓錐狀器官，左、右兩肺中間以心臟及縱膈腔分隔開，且被左、右胸膜腔所圍繞。肺臟及胸腔表面皆覆有一層漿膜，稱為**胸膜** (pleura)，襯於肺臟表面的稱**臟層胸膜** (visceral pleura)，襯於胸腔壁的則稱為**壁層胸膜** (parietal pleura)，兩層之間的空間稱為**胸膜腔** (pleural cavity)，內含漿液，具有潤滑作用，防止呼吸時兩層之間的摩擦。

表 13-1 支氣管各段差異

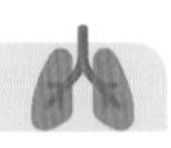

組織結構	上皮細胞	杯狀細胞	軟骨	肺泡
主支氣管	偽複層纖毛柱狀上皮	有	軟骨環	無
次／三級支氣管	偽複層纖毛柱狀上皮	有	逐漸減少	無
細支氣管	單層纖毛柱狀上皮	無	逐漸消失	無
終末細支氣管	單層立方上皮	無	無	無
呼吸性細支氣管	單層立方上皮	無	無	有
肺泡管	單層鱗狀上皮	無	無	有

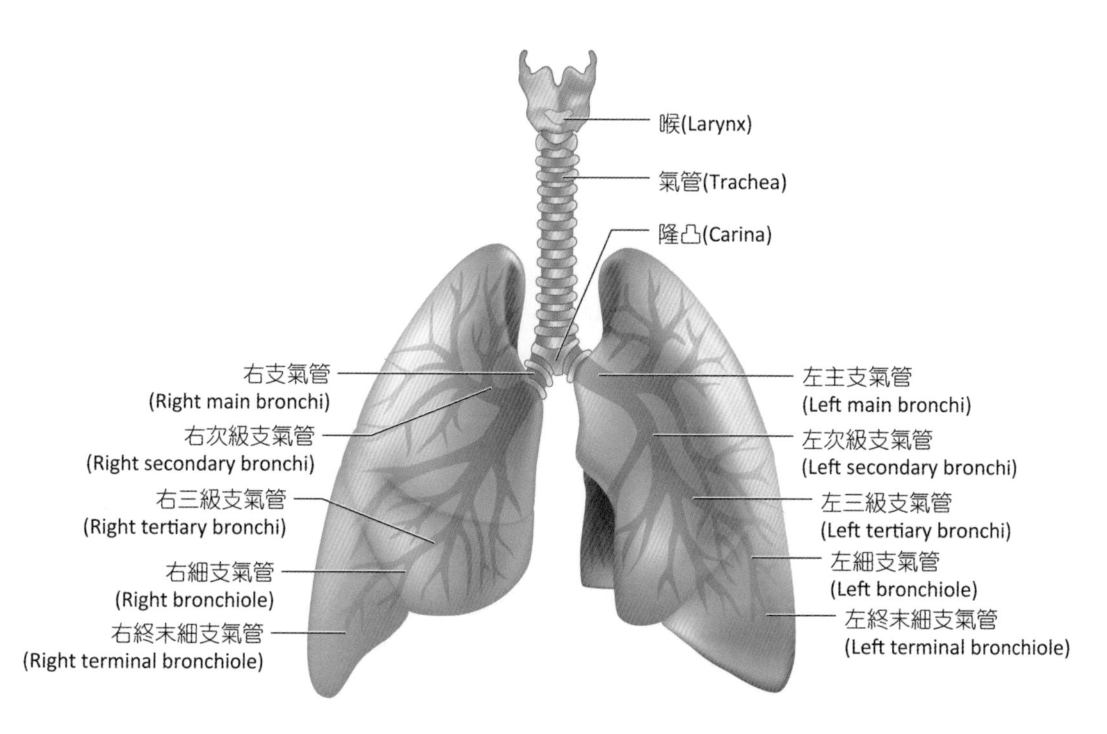

■ 圖 13-10　支氣管樹

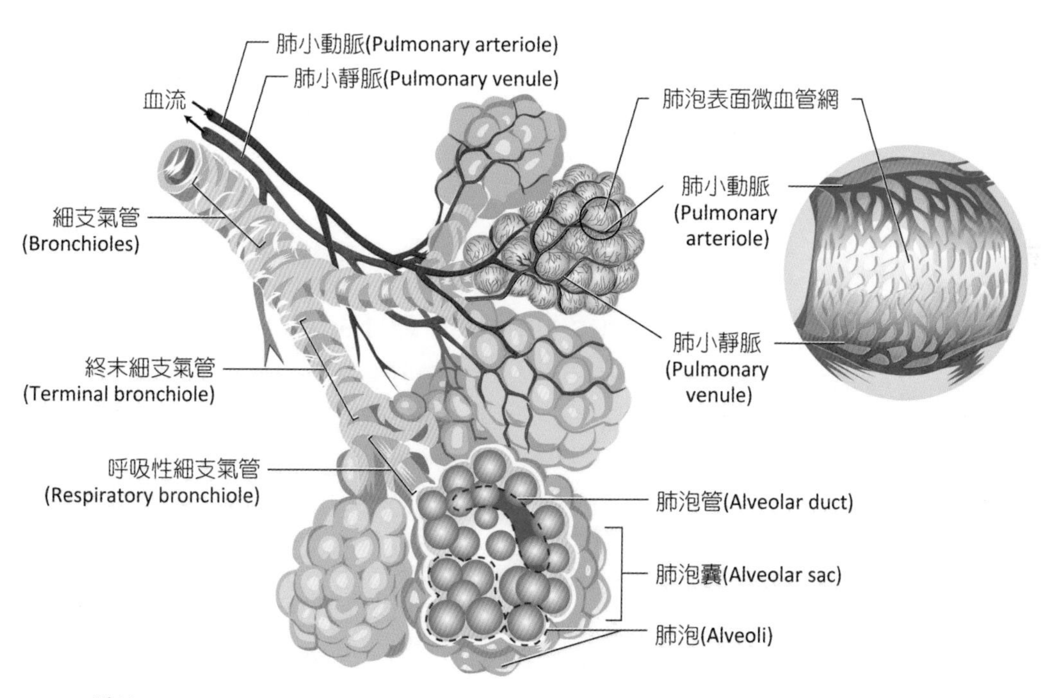

■ 圖 13-11　肺泡

肺由鎖骨上方約 2.5 公分延伸至橫膈膜，前有胸骨保護並緊鄰肋骨。在鎖骨的上緣、狹窄的頂部是**肺尖** (apex)；而寬廣的下部以橫膈與腹腔相隔的是**肺底** (base)；緊鄰肋骨的為肋面；在縱膈面的垂直裂縫是**肺門** (hilum)，**有支氣管、血管、淋巴管及神經進出**，空氣則經由支氣管進出肺。由於心臟較左方突出，故右肺略大於左肺，又因右肺下有肝臟，所以較左肺短（圖 13-12）。

右肺有三葉，左肺有二葉，肺葉幾乎從肺門處就彼此分開，臟層胸膜也會跟著陷進分葉間，形成斜裂 (oblique fissure) 與水平裂 (horizontal fissure)。左、右肺均有斜裂將其分成上葉及下葉。而右肺另有水平裂，將上葉再分隔出中葉，故左肺為上、下二葉，而右肺則有上、中、下三葉。左肺內側面下部因有心臟突向左胸膜腔，故有心臟切迹 (cardiac notch)。

肺泡是氣體交換的基本單位，肺泡壁是由第一型細胞占 90% 及第二型細胞占 10% 所組成。第一型肺泡細胞 (type I alveolar cell) 為鱗狀上皮細胞，構成肺泡壁的連續內襯（圖 13-13）。**第二型肺泡細胞** (type II alveolar cell) 為中隔細胞，其散布於第一型細胞間，可分泌**表面張力素** (surfactant) 以降低肺泡氣液介面的表面張力，防止肺泡塌陷。此外，還有肺泡巨噬細胞可吞噬進入肺中的微粒或微生物。

13-2 呼吸作用

呼吸系統的主要功能是進行氣體交換，目地是供給細胞氧氣，並且排除細胞活動所產生的二氧化碳。因此，氧 (O_2) 與二氧化碳 (CO_2) 在大氣、血液和細胞間交換的過程統稱為呼吸作用。呼吸作用主要可分成下列四個階段：

1. **肺通氣作用** (pulmonary ventilation)：空氣進出肺臟的過程。
2. **外呼吸** (external respiration)：肺泡與肺泡微血管血液間的氣體交換，又稱肺呼吸。

臨床應用 ANATOMY & PHYSIOLOGY

嚴重特殊傳染性肺炎 (Coronavirus Disease 2019, COVID-19)

又稱新型冠狀病毒肺炎（新冠肺炎），是一種由新型冠狀病毒 (SARS-CoV-2) 引發的傳染病，主要為飛沫傳播，感染者若咳嗽，病毒最遠能噴到 2 公尺，病毒不會透過無生命物體傳播，而是透過手部接觸後摸臉、鼻等間接傳染，所以勤洗手及保持距離或戴口罩為預防感染的重點。臨床表現以發燒、四肢無力及呼吸道症狀為主，重症者可能出現呼吸困難甚至嚴重肺炎、呼吸道窘迫症候群或多重器官衰竭、休克等。除此以外，也可能出腸胃道症狀（腹瀉為主）或嗅覺、味覺喪失（或異常）等。其診斷方式為檢體（如鼻咽或咽喉擦拭液、痰液、氣管插管抽取液或下呼吸道抽取液等）分離並鑑定出新型冠狀病毒；或進行核酸檢測、抗原免疫檢測與抗體免疫檢測，其中以「核酸檢測」為最主要，原理是分離患者呼吸道中的病毒核酸，利用 PCR 增加病毒核酸數量，再以可識別新冠病毒核酸的螢光探針偵測。患者胸部 X 光檢查出現肺部浸潤或毛玻璃狀陰影／病灶，嚴重的病毒性肺炎的病程進展比較快，即使痊癒後，部分患者會出現肺纖維化情形。

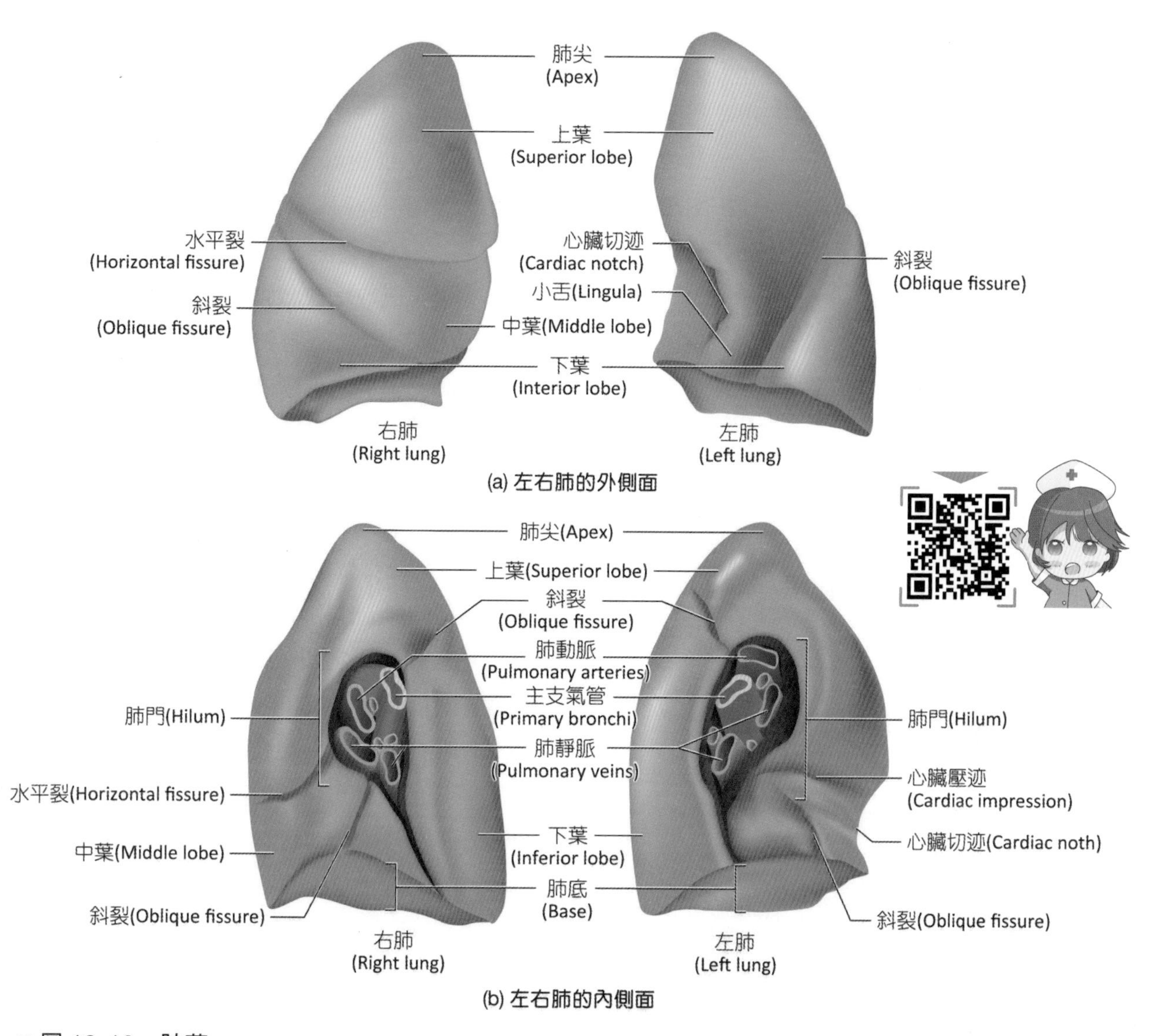

■ 圖 13-12 肺葉

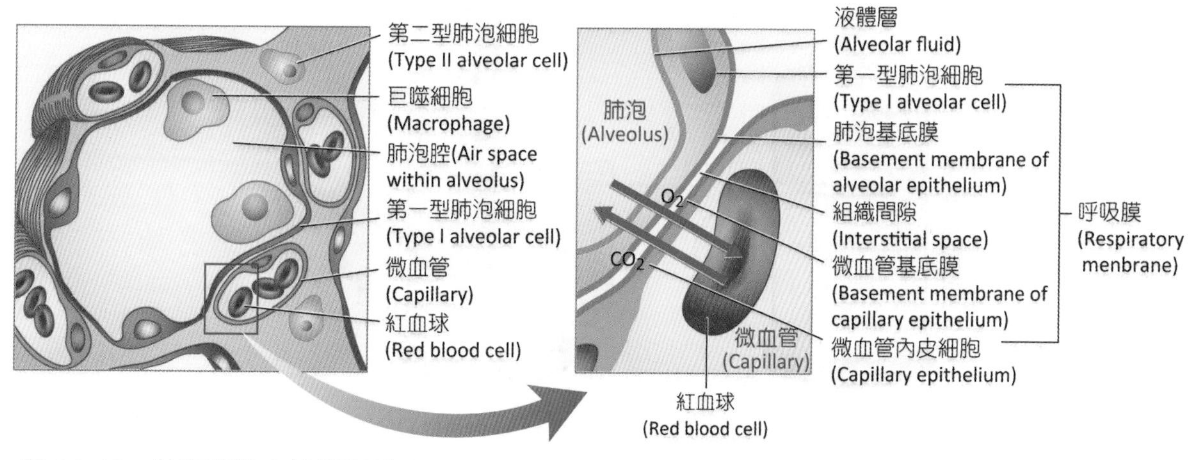

■ 圖 13-13 肺泡和微血管的關係

3. **氣體運輸作用** (gas transport in the blood)：氣體在血液中，於肺臟與各組織、細胞間的運輸。
4. **內呼吸** (internal respiration)：組織微血管血液與組織細胞間的氣體交換，又稱組織呼吸。

肺通氣作用

探討人體如何改變胸腔體積，進而使空氣進出肺部，即是氣道、肺部和胸壁的物理學，稱肺部機械學。肺通氣的發生是因胸腔體積改變所促成，而肺變形的能力則會受到其物理性質的影響。

一、肺通氣的物理原理

肺通氣分成吸氣及呼氣兩個階段，呼吸肌的收縮（吸氣）與放鬆（呼氣）引起肺容積的變化，導致肺內壓的改變，肺內壓（或肺泡壓）與大氣壓的壓力差決定了空氣的流向。肺容積改變引發的壓力變化可用**波以耳定律** (Boyle's law) 來解釋：「在密閉容器中的定量氣體，氣體的壓力與其體積成反比」，即 $PV = K$，$P_1V_1 = P_2V_2$，也就是當定量氣體之體積增加時壓力變小，體積縮小時壓力增加（圖 13-14）。

當吸氣肌收縮使胸腔擴大，肺容積的增加而使肺內壓變小，一旦肺內壓低於大氣壓時，空氣從高壓區流向低壓區，因而流入肺泡中，此時為吸氣。當呼吸肌放鬆，胸腔逐漸恢至原來的體積時，肺容積的縮小使肺內壓升高，一旦肺內壓高於大氣壓，空氣則被擠出肺，此時為呼氣。如此交替進行，空氣不斷地進出肺臟，此過程稱肺通氣作用（圖 13-15）。

胸壁與肺臟之間（即胸膜腔）的壓力稱為肋膜內壓 (intrapleural pressure)，正常的情況下，肋膜內壓永遠呈現負壓狀態（即低於大氣壓力），此負壓可將肺泡壁向外牽引，是維持肺膨脹的重要因素，因此呼氣終末時肺泡不會完全塌陷。

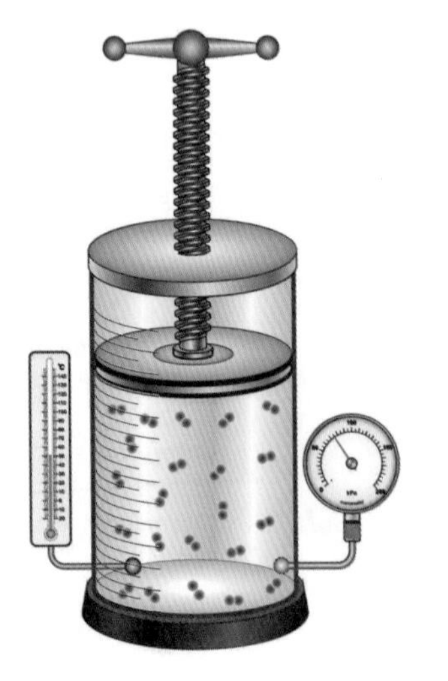

(a) P_1=75 mmHg，V_1=10L

(b) P_2=150 mmHg，V_2=5L

■ 圖 13-14　波以耳定律

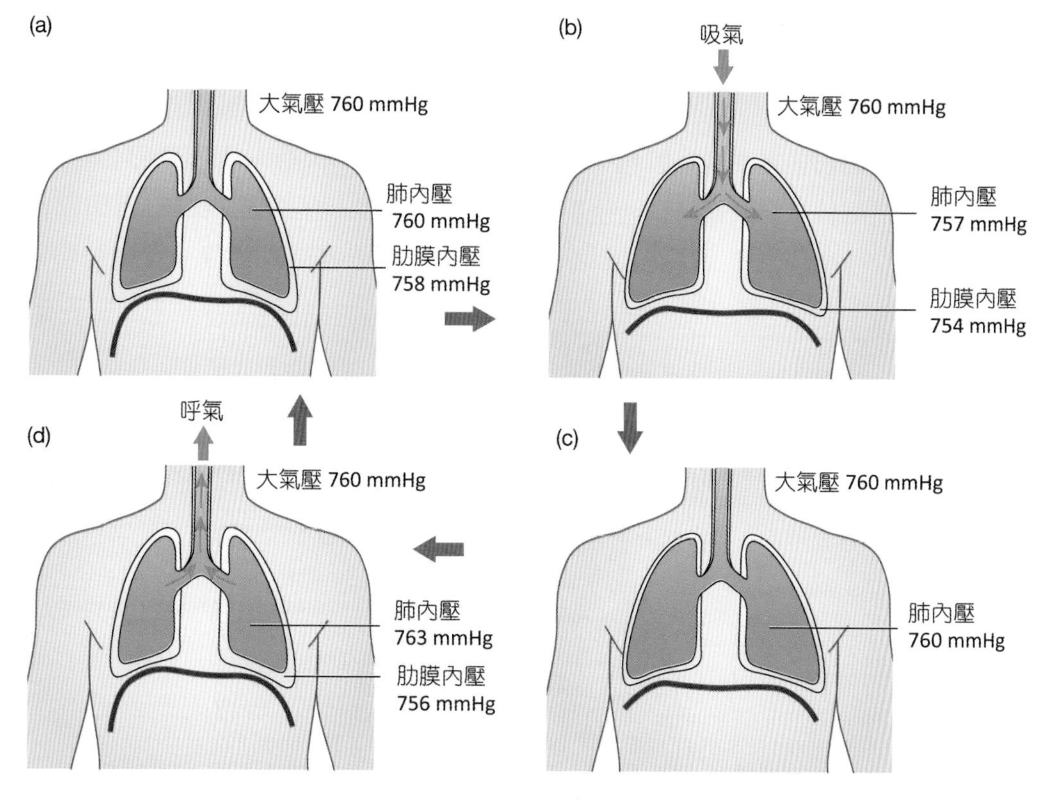

■ 圖 13-15 肺通氣作用

二、肺的物理性質

肺的物理性質包括順應性、彈性及表面張力。

(一) 順應性及彈性 (Compliance and Elasticity)

順應性是指肺組織變形膨脹的程度，即單位肺間壓（肋膜內壓與肺泡內壓的壓力差）改變所造成的肺容積改變，其公式如下：

肺的順應性＝肺容積變化／肺間壓變化

當肺間壓相同時，肺的順應性越大，肺容積改變越大，肺越容易被擴張。影響順應性的因素包括彈性及肺泡表面張力。彈性是指組織在擴張後恢復至原來大小的能力，有助於呼氣時將空氣推擠出去；而肺泡表面張力是一種向內的回縮力，若肺泡的彈性及表面張力越大，越不利於肺泡擴張，即順應性越小。另外，有一些肺部的病理變化會影響順應性，肺纖維化的病人順應性變小；肺氣腫的病人順應性上升。

(二) 表面張力 (Surface Tension)

表面張力是存在於肺泡中氣液表面的回縮力，會使肺泡內的壓力升高。中隔細胞分泌的表面張力素的主要成分是一種磷脂質，其分布於肺泡液體分子層的表面，即在肺泡氣－液介面間，可降低界面處水分子間的聚集力，因而降低表面張力，**防止小肺泡塌陷，深呼吸時增加分泌，使肺順應性上升**，更容易擴張。根據**拉普拉斯定律** (Laplace's law)，肺泡內的壓力 (P) 和表面張力 (T) 成正比，而與肺泡的半徑 (r) 成反比，其公式為 $P = 2T/r$。

三、吸氣與呼氣

(一) 吸氣 (Inspiration)

指空氣進入肺的過程。主要吸氣肌包括橫膈膜及外肋間肌，這兩種肌肉收縮時會產生平靜吸氣的運動。

造成胸腔體積增加最主要的作用肌是橫膈膜，其收縮並往腹部的方向下降，而增加了胸腔垂直徑的距離。外肋間肌收縮會造成肋骨上提，而增加了胸腔的左右徑與前後徑（圖 13-16）。依波以耳定律，當胸腔體積增加，

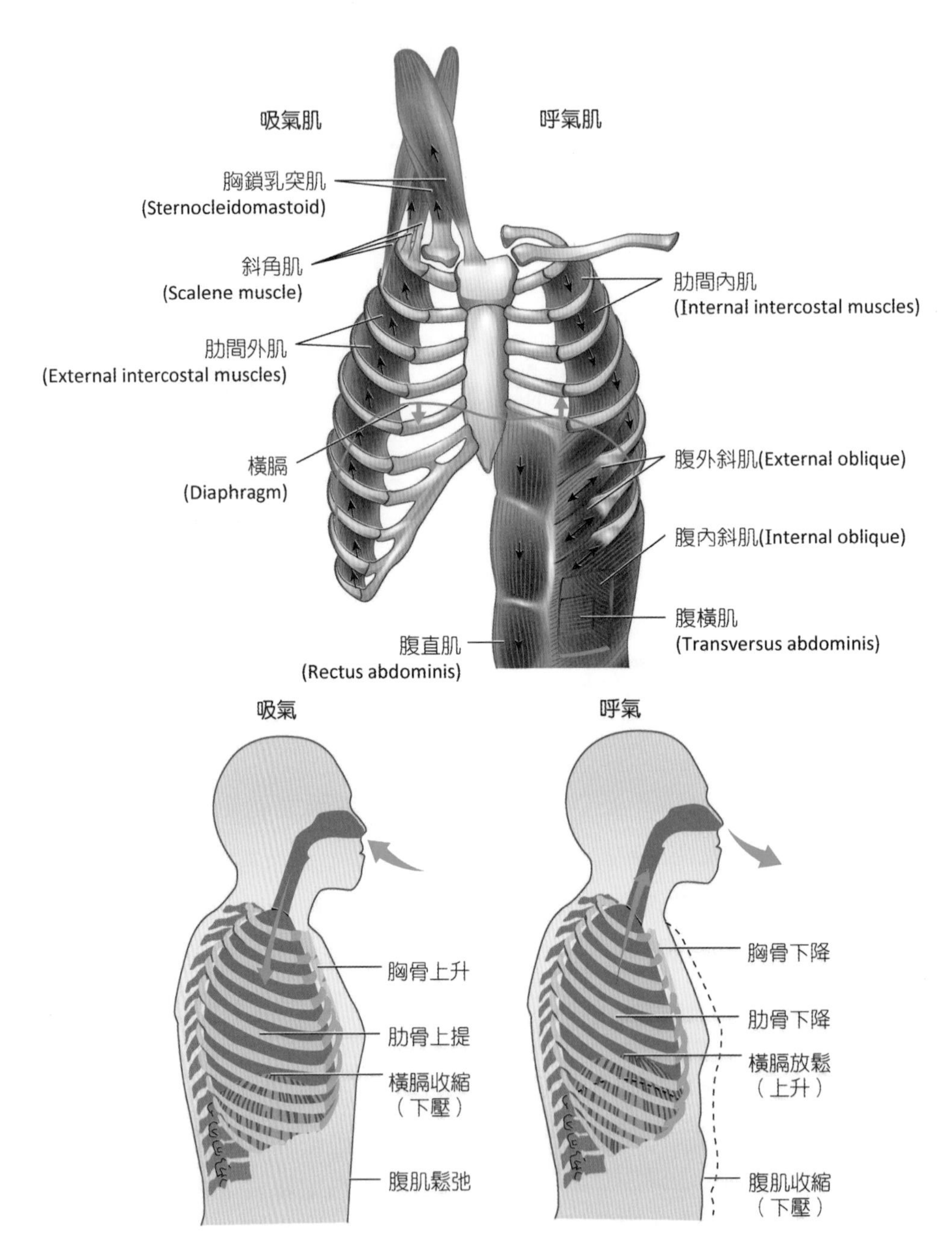

■ 圖 13-16 呼吸作用

則壓力變小的原理，此時肋膜內壓由吸氣前的 758 mmHg 變成 754 mmHg，肋膜內壓變得更負（相較於大氣壓由－2 變成－6），導致肺部被動地擴張，使得肺內壓變成 757 mmHg，空氣因而流入肺，完成吸氣的動作，故平靜吸氣是一個主動的過程。

用力吸氣時，除了橫膈膜與外肋間肌外，尚需其他輔助肌的參與，包括**斜角肌**、**胸鎖乳突肌**、提肩胛肌與前鋸肌，以使胸腔更加擴大，而吸入更多的空氣。

(二) 呼氣 (Expiration)

空氣被呼出肺臟的過程。由於肺泡壁具有彈性纖維，吸氣時肺泡充氣膨脹，彈性組織因而被拉長。在平靜呼氣期間，吸氣肌的放鬆使胸腔恢復至原來的位置，胸腔容積縮小則壓力上升，肋膜內壓由吸氣末的 754 mmHg 變成 756 mmHg，此時肋膜內壓對肺泡壁的牽引力變小，而使彈性組織回彈，造成肺內壓增加，迫使肺部空氣排出，產生平靜呼氣，因此呼氣是一個被動的過程。

在運動或**用力呼氣**時，呼氣輔助肌會收縮，包括**內肋間肌與腹部的肌肉**。內肋間肌收縮，會下拉肋骨，導致胸腔前後徑及左右徑減小；腹部肌肉收縮則使腹內壓增加，將橫膈往上推到胸腔，減少了胸腔的垂直徑，進而減少胸腔容積，將更多的氣體呼出（表 13-2）。

表 13-2 吸氣與呼氣作用之比較

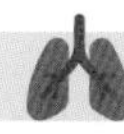

作用	吸氣	呼氣
過程變化	吸氣肌收縮、胸腔體積增加、肺內壓下降、空氣流入肺	吸氣肌放鬆、腔體積減少、肺內壓上升、空氣由肺內流出
垂直徑	橫膈膜收縮：胸腔的垂直徑增加	橫膈膜放鬆：胸腔的垂直徑減小
前後徑／左右徑	肋骨上提胸腔的寬度增加	肋骨下壓胸腔的寬度減小

四、肺容積與肺容量

肺功能量計 (spirometry) 可用來測得肺的通氣量，作為衡量肺通氣功能的指標，對於肺部疾病是一個臨床上常用的檢查工具。除了肺餘容積以外，其他氣體量都可透過肺功能量計直接記錄。

(一) 肺容積 (Lung Volumes)

肺在不同狀態下容納的氣體量稱為肺容積（圖 13-17）。

1. **潮氣容積** (tidal volume, TV)：指平靜呼吸時，進出肺部的氣體量，大約是 500 ml。
2. **吸氣儲備容積** (inspiratory reserve volume, IRV)：指平靜吸氣末，再繼續用力吸氣所能吸入的氣體量，大約是 3,000 ml。
3. **呼氣儲備容積** (expiratory reserve volume, ERV)：指平靜呼氣末，再繼續用力呼氣所能呼出的氣體量，大約是 1,100 ml。
4. **肺餘容積** (residual volume, RV)：為盡力呼氣後，仍滯留在肺臟內的氣體量，無法以肺量計測得，大約是 1,200 ml。新生兒出生後，開始呼吸即產生肺餘容積。肺餘容積亦是肺功能的重要指標，可減少肺泡塌陷的情形。某些病理變化（如肺氣腫）使得肺彈性變差時，用力呼氣後仍有大量氣體殘留，會使肺餘容積增加。

(二) 肺容量 (Lung Capacities)

兩項或兩項以上的肺容積相加，可計算出以下肺容量（圖 13-17）。

1. **吸氣容量** (inspiratory capacity, IC)：潮氣容積與吸氣儲備容積之和，約 3,500 ml。
2. **功能肺餘容量** (functional residual capacity, FRC)：呼氣儲備容積與肺餘容積之和，代表在平靜呼氣後，呼吸系統中所殘留的氣體量，約 2,300 ml。
3. **肺活量** (vital capacity, VC)：指進出肺的最大氣體量，為吸氣儲備容積、潮氣容積及呼氣儲備容積的總和，約 4,600 ml。肺活量反映了一次通氣的最大能力，亦可作為肺通氣功能的指標。

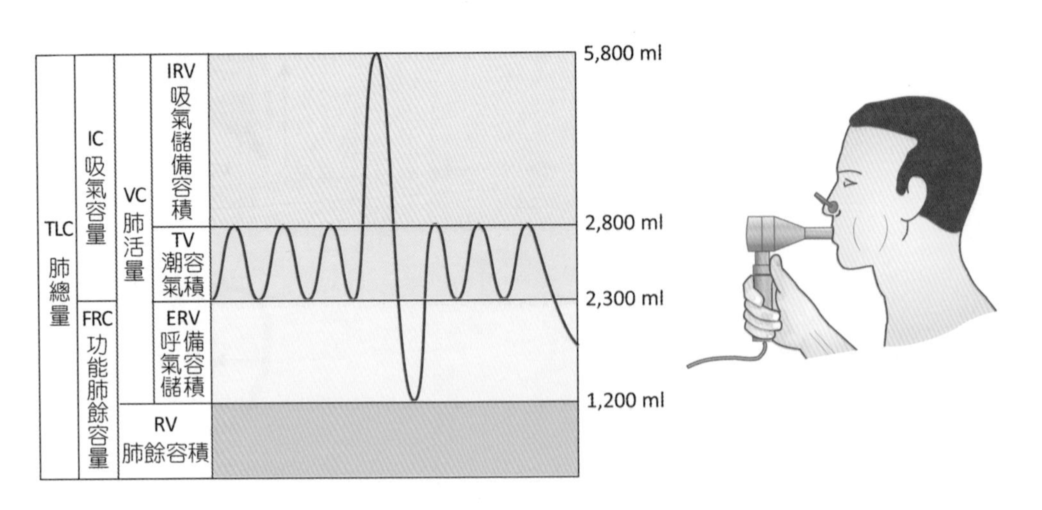

■ 圖 13-17　肺容積與肺容量

4. **肺總量** (total lung capacity, TLC)：指最大吸氣後，在肺內氣體的總量；為肺內所有容積的總和，是肺部可容納的最大氣體量，約 5,800 ml。
5. **用力呼氣肺活量** (forced expiratory vital capacity, FVC)：是在盡全力吸氣後，盡可能快速並完全地呼氣，所呼出的氣體總量，為臨床上最簡單且常見的肺功能檢查之一，在此過程中，第一秒鐘所呼出的氣體量稱為**第一秒用力呼氣容積** (forced-expiratory volume in 1 sec, FEV1)。正常的 FEV1 約是 FVC 的 80%，FEV1 會受到氣道阻力的影響，因此，FEV1/FVC 常用來評估限制性及阻塞性肺部疾病。
   (1) **限制性肺部疾病** (restrictive diseases)：由於肺臟組織受損，肺泡膨脹受到限制，順應性變差，**FEV1 及 FVC 雖有減少**，但 FEV1/FVC 比值呈現正常或接近 100% 的現象，包括肺纖維化 (pulmonary fibrosis)、脊椎側彎 (scoliosis) 及脊柱後凸 (kyphosis) 等。
   (2) 阻塞性肺部疾病 (obstructive diseases)：氣體通道阻塞或**支氣管段狹窄**，呼吸道阻力增加，導致氣體不易快速地從肺臟呼出，因此 **FEV1 明顯減少**，FEV1/FVC 比值下降 (＜80%)，包括氣喘 (asthma) 及肺氣腫 (emphysema) 等。

五、通氣量

(一) 總通氣量 (Total Ventilation)

指平靜呼吸時，每分鐘進出肺臟的氣體總量。總通氣量等於潮氣容積乘以每分鐘的呼吸次數，大約每分鐘 6,000 ml。運動時，潮氣容積及呼吸次數增加，進而使總通氣量增加。

(二) 肺泡通氣量 (Alveolar Ventilation)

指能進入肺泡與其相鄰的血管進行交換作用的氣體總量，稱為肺泡通氣量。不是所有吸入的氣體都能與肺泡進行氣體交換，因為有一部分氣體會存留於氣體通道區無法作交換，即**解剖死腔** (anatomic dead space)，氣體量約 150 ml；有一部分氣體會進入呼吸區，至肺泡進行氣體交換。當肺的組織發生病變而未能與血液進行氣體交換時，此處的氣體量稱為**肺泡死腔** (alveolar dead space)。解剖死腔與肺泡死腔合稱**生理死腔** (physiological dead space)。健康的人肺泡死腔為零，故生理死腔基乎等於解剖死腔。

由於生理死腔的存在，因此為了計算有效的氣體交換量，應扣除生理死腔的氣體量，公式如下：

肺泡通氣量＝（潮氣容積－生理死腔）×每分鐘的呼吸次數

當總通氣量相同時，深而慢的呼吸具有較大的肺泡通氣量，真正具氣體交換作用的氣體量較多；淺而快的呼吸肺泡通氣量則減少，易出現**低血氧**的現象。不同呼吸型式的肺泡通氣量比較如表 13-3。

氣體交換

在了解空氣如何透過通氣作用進出肺後，接下來則是氣體交換的過程，包括外呼吸和內呼吸。

表 13-3 肺泡通氣量比較

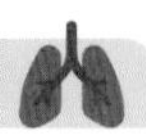

呼吸型式	A	B	C
潮氣容積 (ml)	500	1,000	250
呼吸次數（次／分）	12	6	24
總通氣量（ml／分）	6,000	6,000	6,000
解剖死腔 (ml)	150	150	150
肺泡通氣量（ml／分）	4,200	5,100	2,400

一、氣體分壓

在海平面大氣壓力為 760 mmHg，其為混合氣體壓力的總和。根據**道耳吞定律** (Dalton's law)，混合氣體的總壓力是各組成氣體的分壓之和。空氣中大約含有 79% 的氮氣 (N_2)、21% 的氧氣 (O_2) 及少量的二氧化碳 (CO_2)，混合氣體中個別氣體的壓力稱為氣體分壓，可以用 PN_2、PO_2 及 PCO_2 表示，氣體分壓等於混合氣體的總壓力乘以該氣體的濃度比例，如下：

$$PN_2：760\ mmHg \times 79\% = 600\ mmHg$$

$$PO_2：760\ mmHg \times 21\% = 160\ mmHg$$

$$PCO_2：760\ mmHg \times 0.04\% = 0.3\ mmHg$$

氣體分子會由壓力高的區域向壓力低的區域擴散，直到氣體壓力相等，達到動態平衡。因此，氣體分子移動的方向取決於兩區域之間的分壓差。

二、外呼吸 (External Respiration)

(一) 呼吸膜兩側的氣體交換

外呼吸是指肺泡和肺微血管血液間的氣體交換，而氣體分子擴散的方向主要是取決於肺泡和肺微血管血液中，各氣體分壓的壓力差。

在肺部，由於肺泡的氧分壓 (PO_2 104 mmHg) 比肺微血管內的靜脈血 (PO_2 40

臨床應用 ANATOMY & PHYSIOLOGY

呼吸窘迫症候群

呼吸窘迫症候群多發生在早產兒，與肺部發育未成熟及表面張力素的缺乏有關。第二型肺泡細胞分泌的表面張力素，可降低表面張力以避免肺膨脹不全，表面張力素缺乏則會造成肺部膨脹不全，導致肺泡塌陷，產生呼吸窘迫及血氧過低的現象。製造足量的表面張力素，主要視胎兒一種腎上腺皮質內分泌素的濃度而定，其血中濃度大約在妊娠 32~34 週時開始增加；34~36 週時，第二型肺泡細胞製造足量的表面張力素，並分泌到肺泡腔中。故妊娠 32 週以下的早產兒發生呼吸窘迫症候群的機率較高。

呼吸窘迫症候群其他的危險因素包括糖尿病母親所生的嬰兒及沒有產痛的剖腹產。症狀包括發紺、呼吸急促、鼻翼搧動及肋間或胸骨凹陷。胸部放射線檢查其表現為毛玻璃狀模糊的肺，嚴重的可能會在 X 光片顯示出整個胸腔全部泛白。可在出生後數小時內給予表面張力素，來降低呼吸窘迫症候群嚴重度。

mmHg) 高，因此氧從肺泡擴散進入肺微血管血液中。而肺微血管的二氧化碳分壓 (PCO_2 46 mmHg) 比肺泡 (PCO_2 40 mmHg) 高，二氧化碳因而從肺微血管血液擴散至肺泡（圖 13-18）。

肺泡壁外面被豐富的微血管所圍繞，肺泡與血管間的氣體交換需通過呼吸膜。依通過的結構依序為：第一型肺泡細胞、肺泡上皮細胞基底膜、組織間隙、微血管內皮細胞基底膜及微血管內皮細胞，此五層結構統稱為**呼吸膜** (respiratory membrane)（圖 13-13）。呼吸膜層數雖多，但厚度不超過 0.5 μm，故氣體分子能快速擴散。而呼吸膜很薄、表面積大、膜兩側壓力差大、肺血流量高且氣體擴散係數大等因素皆有利於氣體分子擴散。

(二) 通氣量與灌流量的比值

氣體在大氣與肺泡間的氣體傳導運動為通氣作用 (ventilation)；將氣體攜入及帶出肺部的血液傳導運動即為灌流 (perfusion)。每分鐘肺泡通氣量和肺微血管血流量的比值稱為通氣／灌流比 (ventilation/perfusion ratio, V/Q)，此比值與姿勢有關，正常人在直立的情況下，肺尖的 V/Q 值較肺底高。

有效的氣體交換，需要有足夠的通氣量及灌流量，V/Q 等於 0.84 時，氣體交換的效率最高。若 V/Q 值小於 0.84 時，代表換氣不足血流過剩，如支氣管痙攣時，靜脈血流經通氣不足的肺泡，血液中的氣體未能變成充氧血就流回心臟了。若 V/Q 值大於 0.84 時，代表換氣過剩血流不足，如肺血管栓塞時，靜脈血無法流至肺泡，故未能進行氣體交換（圖 13-19）。

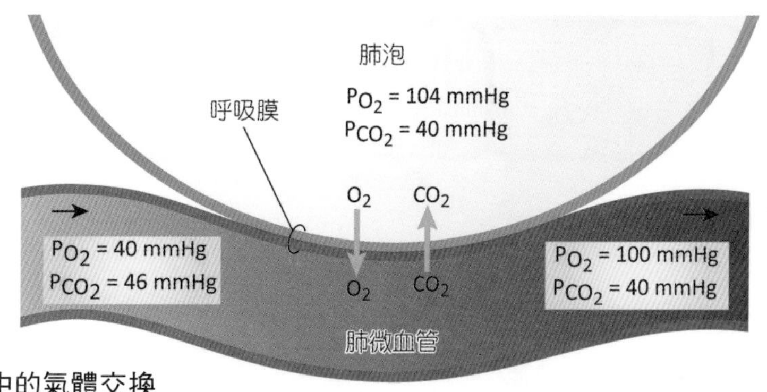

■ 圖 13-18 肺泡中的氣體交換

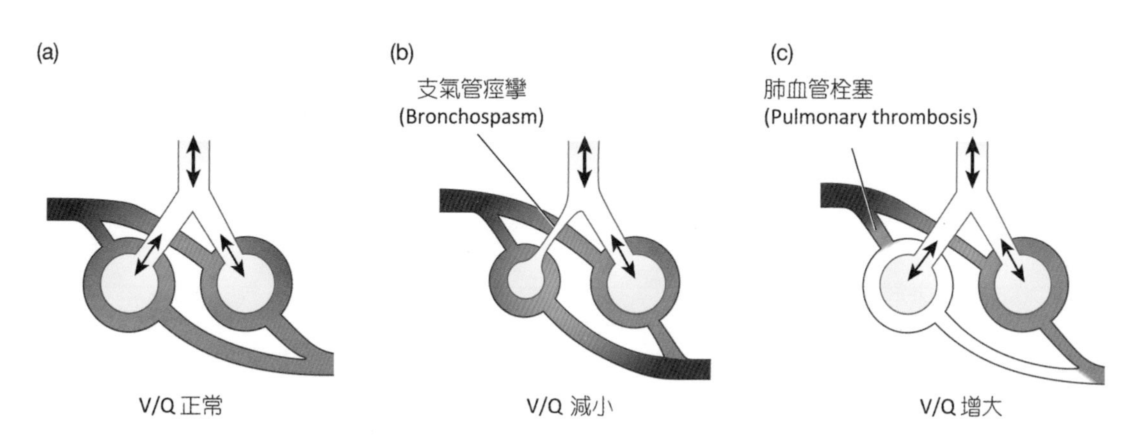

■ 圖 13-19 通氣／灌流比的變化

三、內呼吸 (Internal Respiration)

內呼吸是指組織微血管與組織細胞間的氣體交換，氣體分子擴散方向同樣取決於兩端氣體分壓的壓力差。

在組織，微血管動脈血的氧分壓 (PO_2 100 mmHg) 比組織細胞內 (PO_2 30 mmHg) 高，因此血液中的氧會擴散進入細胞內。而組織細胞內的二氧化碳分壓 (PCO_2 50 mmHg) 高於微血管的動脈血 (PCO_2 40 mmHg)，所以二氧化碳由細胞擴散進入血液中（圖 13-20、表 13-4）。

氣體的運輸

在外呼吸與內呼吸作用後，氣體進到血液中，透過血液的運輸送至肺臟與各組織。氧氣與二氧化碳透過血液運輸是以物理溶解及化學結合的方式。氣體進入血液中溶解於血漿，但因為液體僅能攜帶少量的氣體，故大部分的氣體主要是和其他分子結合，如血紅素。一旦氣體和其他分子結合，該氣體在血漿中的濃度就會下降，然後將會有更多的氣體擴散進入血漿中，如此便可運輸許多的氣體。

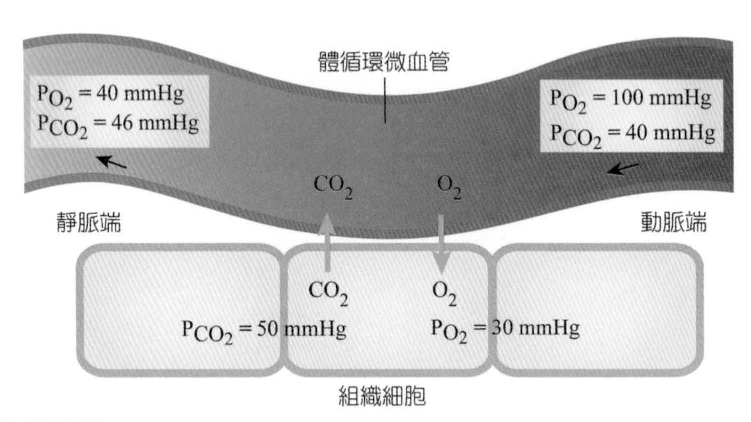

■ 圖 13-20 組織氣體交換

表 13-4 氧及二氧化碳在各部位的分壓

分壓 (mmHg)	PO_2	PCO_2
大氣空氣壓力	160	0.3
肺泡空氣	104	40
動脈血	95	40
靜脈血	45	40
組織細胞	20	46

臨床應用 ANATOMY & PHYSIOLOGY

肺氣腫 (Emphysema)

肺氣腫是一種慢性肺病，由於某些內在或外在因素使肺泡長期發炎，或支氣管病變所造成氣道阻塞不通，導致末端小支氣管或肺泡過度膨脹，肺泡構造受損而失去原有的彈性。肺泡過度充氣膨脹無法縮回原來的體積，會導致肺中的空氣滯留在腫大且無彈性的肺泡中，無法有效地進出肺臟，降低肺泡氣體交換效率，因此病人常處於氧氣不足與二氧化碳滯留的情況，嚴重影響活動能力與正常生活。常見的原因是慢性支氣管炎及吸菸，肺組織因肺氣腫受到的破壞通常是永久性的且無法完全復原，其症狀為呼吸困難、咳嗽及咳痰等，而戒菸、運動、服藥與氧氣治療，均能改善肺氣腫的症狀。

臨床應用 ANATOMY & PHYSIOLOGY

氣喘 (Asthma)

氣喘是最常見的呼吸道疾病，主要的特徵為呼吸道的慢性發炎，呼吸道變得腫脹而且敏感，會導致呼吸道對外界刺激產生強烈反應，而產生咳嗽、喘鳴音 (wheezing)（尤其是在用力呼氣時）、胸悶或呼吸困難等症狀，症狀會隨著呼氣氣流受阻的程度而變化。氣喘所誘發的症狀不但嚴重影響生活品質，所導致的惡化更可能致命。發生原因包含因呼吸道狹窄而導致肺空氣難以排出、呼吸道管壁增厚以及黏液增加。目前氣喘治療方面已經有療效良好的各種吸入型藥物，氣喘病人規律接受控制型藥物治療，尤其是含有吸入型類固醇 (inhaled corticosteroids, ICS) 的藥物處方，可以大幅降低氣喘症状的頻率及嚴重度，以及急性發作的風險。

一、氧的運輸

(一) 氧的運輸型式

透過外呼吸作用吸入的氧氣中，**97% 的氧與血紅素** (hemoglobin, Hb) **結合形成氧合血紅素** (oxyhemoglobin, HbO_2)，**其餘的 3% 則溶在血漿中**，再運送至各組織中（圖 13-21）。

◎ 溶解態的氧運輸

從肺泡進入到肺泡微血管的氧氣，首先溶解在血漿（水）內。氧在血漿的溶解量為 0.3%，即 **100 ml 的血液中可溶解 0.3 ml 的氧氣**。

◎ 結合態的氧運輸

溶解於血漿的氧，穿過紅血球細胞膜，擴散至紅血球內，與血紅素以化學形式結合，形成氧合血紅素 (HbO_2)。每個血紅素可攜帶 4 個氧分子，每公克的血紅素可攜帶約 1.34 個氧分子，相當於每 100 ml 的血液約可攜帶 20 ml 的氧。

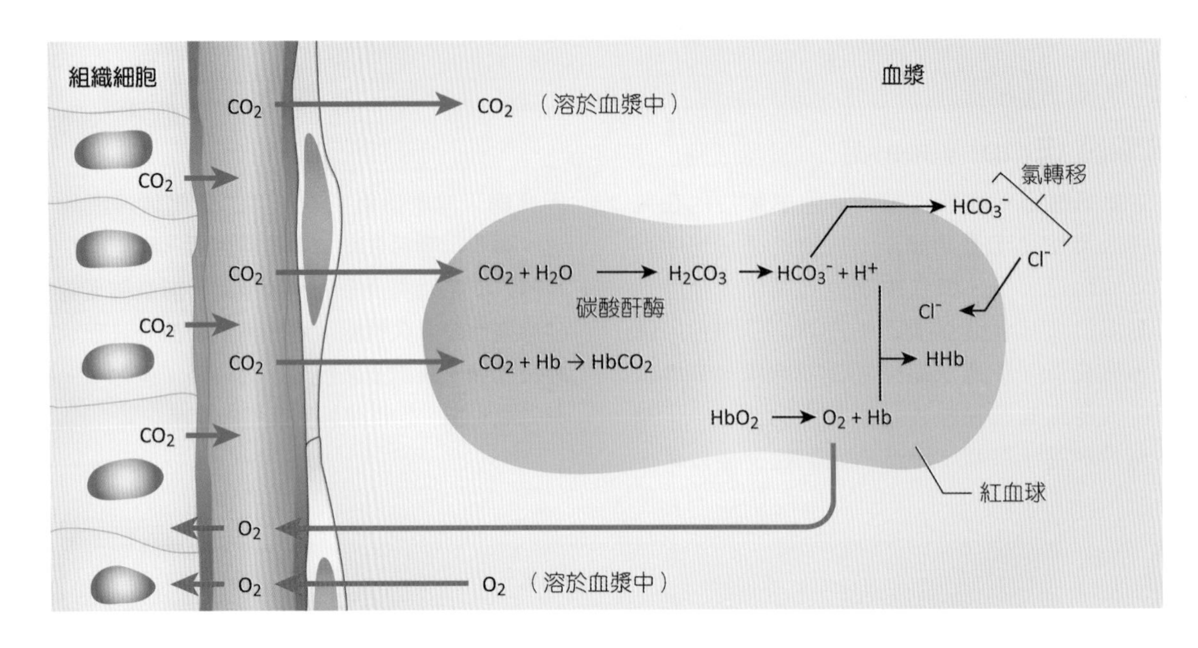

■ 圖 13-21　氧氣與二氧化碳的運送

氧分壓 (PO_2) 為影響氧氣與血紅素結合的重要因素，當 PO_2 增加時，血紅素易與氧結合成氧合血紅素；當 PO_2 降低時，氧合血紅素可解離。在肺微血管中，由於 PO_2 高，故能促進血紅素攜帶氧；而組織微血管的氧分壓低，故氧合血紅素會解離，提供氧氣給組織細胞利用。兩者為可逆反應，其反應式如下：

$$Hb + O_2 \rightleftharpoons HbO_2$$

(二) 氧合血紅素解離曲線

在不同的氧分壓下，血紅素與氧的飽和度不同，形成 S 形的關係曲線，此即為**氧合血紅素解離曲線** (Hb-O_2 dissociation curve)（圖 13-22）。血氧飽和度 (saturation oxygen, SO_2) 是指血紅素結合氧的量與全部血紅素與的氧結合量之間的百分比，可由下列公式算出：

$$SO_2 = 血氧含量／血氧容量 \times 100\%$$

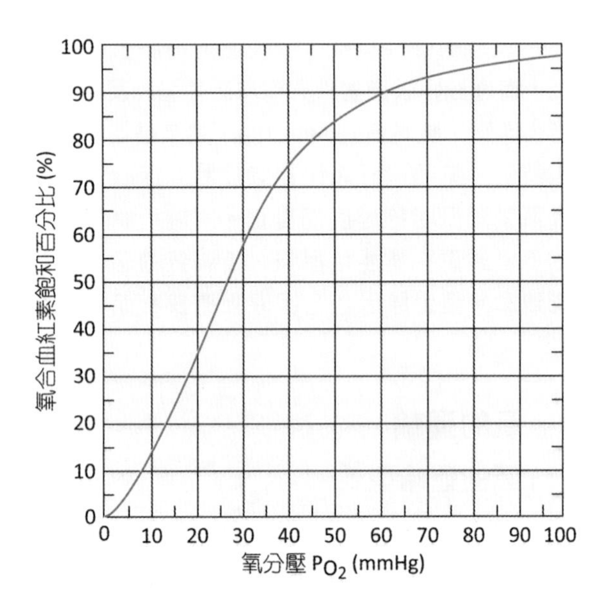

■ 圖 13-22　氧合血紅素解離曲線

當氧分壓從 100 mmHg 降至 80 mmHg，血氧飽和度僅下降 2% 左右，曲線變化較為平坦，表示氧分壓雖然有較大的變化，但氧合血紅素飽和度並不會隨之而有劇烈的改變，攝入氧的總量並不影響氧與血紅素的結合，仍可滿足組織的需要。當組織中的氧分壓從 40 mmHg 降至 20 mmHg，血氧飽和度即從 75% 降至 35%，在低氧的環境下，可確保血液流經組織時，即使氧分壓下降的程度不大，氧合血紅素也能釋放出較多的氧氣，有利於供應充分的氧給組織細胞使用。

(三) 氧合血紅素解離曲線的影響因素

當血紅素受到 PCO_2、血液 pH 值、體溫及 2,3- 二磷酸甘油酸 (2,3-diphosphoglycerate, 2,3-DPG) 等因素的影響時，氧合血紅素解離曲線會發生變化。曲線移向右下方稱右移，表示氧合血紅素在組織中釋氧量增加；曲線移向左上方稱左移，則氧合血紅素在組織中釋氧量減少（圖 13-23）。

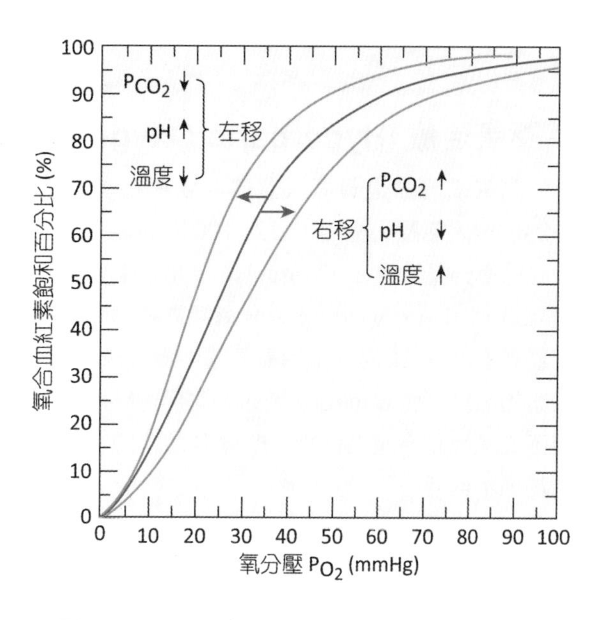

■ 圖 13-23　影響氧合血紅素解離曲線的因素

1. **PCO_2 與血液 pH 值**：二氧化碳與水結合形成碳酸，碳酸再解離產生 H^+ 及 HCO_3^-，二氧化碳與血紅素結合形成的碳醯胺基血紅素也可解離出 H^+。因此，二氧化碳增加則 H^+ 增多、pH 下降，降低血紅素與氧的親和力，氧合血紅素解離曲線右移，促使氧的釋放提升；反之，當 pH 上升則曲線左移。PCO_2 及 H^+ 上升會降低血紅素與氧的親合力，這種現象稱為**波爾效應** (Bohr effect)。
2. **溫度**：當溫度升高，血紅素與氧的親和力降低，氧合血紅素解離曲線右移，氧的釋放增加。反之，當溫度降低則曲線左移。
3. **2,3- 二磷酸甘油酸**：為紅血球中葡萄糖代謝的產物，會促使氧合血紅素解離，使氧合血紅素解離曲線右移，增加紅血球釋放出氧氣。

綜合上述結果，當 PCO_2 上升、血液 pH 值下降、體溫升高及 2,3- 二磷酸甘油酸增加，

臨床應用　ANATOMY & PHYSIOLOGY

肺纖維化 (Pulmonary Fibrosis)

肺纖維化是位於肺臟間質組織中之纖維母細胞，因受到各種化學性或物理性刺激而活化，分泌膠原蛋白進行組織修補，導致膠原蛋白沉積而造成的結果。引起肺纖維化之原因很多，如吸入有害化學氣體、石綿、矽、煤灰或溶劑、各種肺部感染（尤其是肺結核）及自體免疫疾病等。纖維化後的肺臟因為失去了應有的彈性，肺泡壁逐漸增厚、僵硬，無法有效交換氣體，出現喘、乾咳、呼吸困難等症狀。對於肺纖維化之處置，應著重於找出導因加以矯治，避免肺纖維化持續進行。此外，亦可施以氧氣治療及呼吸復健訓練以緩解症狀。

臨床應用 ANATOMY & PHYSIOLOGY 

高壓氧治療 (Hyperbaric Oxygen Therapy)

高壓氧治療是將病人置於完全密閉的高壓（2~3 個大氣壓）艙內，吸入 100% 的純氧，使動脈的氧分壓超過 2,000 mmHg 及組織氧分壓高達 400 mmHg，進而以高濃度氧氣置換出體內有毒氣體（如一氧化碳）以治療氣體中毒。純氧下，血漿的溶氧可達 6 ml/dl。如此，可足夠細胞使用而不需氧氣結合至血紅素，改善身體組織缺氧及增加細胞存活。

提高血中含氧濃度，可幫助膠原蛋白形成及促進新生血管生成作用，改善組織缺氧及促進傷口癒合、增加嗜中性球的殺菌能力、使血管收縮而減輕組織水腫及保護受傷組織避免進一步的損傷，以達到治療目的，亦可增加對感染的控制。

皆使得血紅素與氧的親和力降低，氧合血紅素解離曲線向右移；反之，則氧合血紅素解離曲線向左移。例如，在運動的過程中，肌肉代謝增加，氧分壓下降，產生大量的二氧化碳及 H^+，使 pH 值下降，同時釋放能量導致體溫上升，2,3- 二磷酸甘油酸濃度也增加，因細胞耗氧量增加，故血紅素與氧的親和力降低，血紅素得以釋出更多的氧，供身體利用。

二、二氧化碳的運輸

細胞所產生的二氧化碳，經擴散作用進入微血管後，在血液中的運輸方式有三種（圖 13-21）：

1. **溶解於血漿中**：約有 7% 的二氧化碳直接溶於血漿，每 100 ml 的血液中，約有 0.3 ml 的二氧化碳以溶解態的方式被運輸。
2. **進入紅血球**：與血紅素結合成為碳醯胺基血紅素 (carbaminohemoglobin, $HbCO_2$)，進入紅血球的二氧化碳，約有 23% 是與血紅素相結合的方式來運輸。
3. **形成碳酸氫根離子** (HCO_3^-)：**70%** 的二氧化碳在紅血球中藉由**碳酸酐酶** (carbonic anhydrase, CA) 的作用，可催化 CO_2 與 H_2O 形成碳酸 (H_2CO_3)，碳酸再解離成 H^+ 和 HCO_3^-。H^+ 與血紅素結合，而 HCO_3^- 則溶於血漿中運輸至肺部。含有 HCO_3^- 的血液運至肺部微血管時，HCO_3^- 和 H^+ 再結合為碳酸，藉由碳酸酐酶的催化，將碳酸分解成水和二氧化碳，二氧化碳擴散至肺泡並呼出體外。此為二氧化碳最主要的運送方式。HCO_3^- 轉移所產生的電位差，會吸引氯離子進入紅血球，此現象稱為**氯轉移** (chloride shift)。

$$CO_2 + H_2O \xrightleftharpoons{CA} H_2CO_3 \rightleftharpoons H^+ + HCO_3^-$$

13-3 呼吸調節

人體內有許多調節機制，可維持血液中氧分壓與二氧化碳分壓的恆定，其中最主要的機制則是調節呼吸的速率及深度。吸氣及呼氣作用透過呼吸肌的收縮和放鬆來完成，呼吸肌的活動則受到體運動神經元的支配，而體運動神經元主要受到大腦皮質及呼吸中

樞的控制。在正常情況下，除了呼吸中樞做自主性的調控外，大腦皮質亦能短暫性的改變呼吸的速率及深度（圖 13-24）。

成人正常的呼吸次數為每分鐘 12~20 次，孩童的呼吸次數較快，約每分鐘 20~40 次。然而呼吸速率是取於呼吸肌被刺激的次數，由位在延腦的神經所控制。

一、呼吸中樞 (Respiratory Center)

呼吸中樞位於腦幹並發出神經來控制呼吸肌，可分成三個區域（圖 13-25）：

(一) 呼吸節律中樞 (Rhythmicity Center)

位於**延腦**，透過膈神經及肋間神經調控呼吸肌，負責控制呼吸的基本節律，主要可分成兩個部分：

1. **背呼吸群** (dorsal respiratory group, DRG)：位於延腦背側，含吸氣神經元，主要為**控制吸氣作用**。神經元的軸突至脊髓中刺激膈神經的運動神經元，使橫膈收縮產生吸氣動作。
2. **腹呼吸群** (ventral respiratory group, VRG)：位於延腦腹側及外側，含活化吸氣及呼氣的神經元。**平靜呼吸時不活化**，劇烈運動時，可刺激肋間肌及腹肌，**與用力呼吸有關**。

(二) 呼吸調節中樞 (Pneumotaxic Center)

位於**橋腦**的上 1/3，主要的作用為調節呼氣的頻率，能抑制背呼吸群，以**限制吸氣區**的作用。

(三) 長吸中樞 (Apneustic Center)

位於**橋腦**的下 1/3，能送出衝動刺激背側呼吸神經元群，以延長吸氣，因而抑制呼氣。

二、呼吸的化學調節

為了維持血液中氧分壓與二氧化碳分壓的恆定，周邊和中樞化學感受器能接受化學物質的刺激，如二氧化碳分壓上升、氫離子濃度上升或氧分壓下降等，以提供神經訊息來調節肺通氣量。

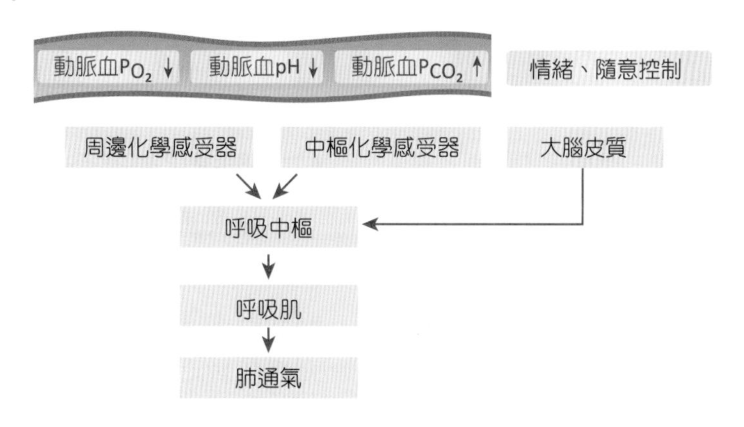

■ 圖 13-24　呼吸調節

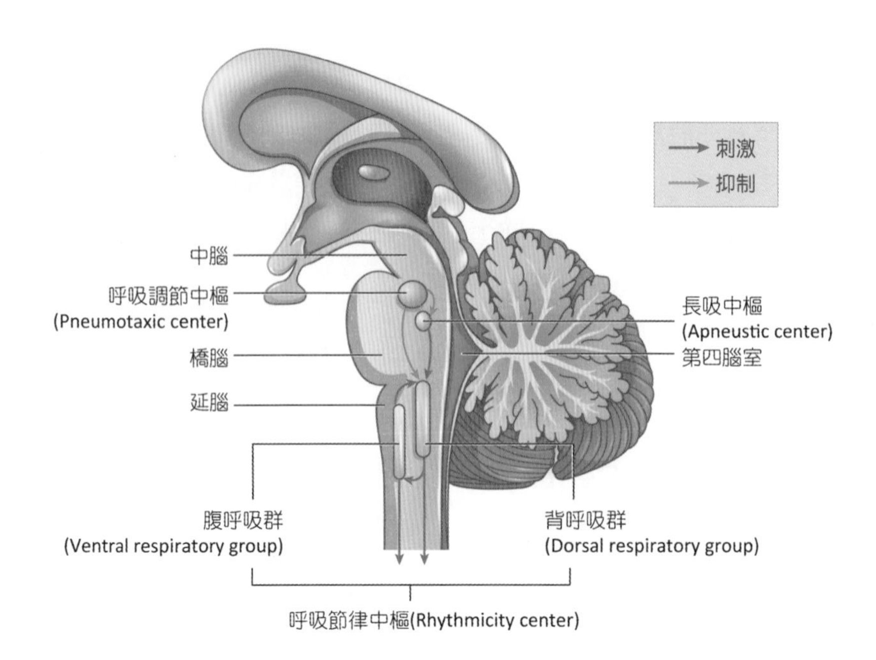

■ 圖 13-25 呼吸中樞

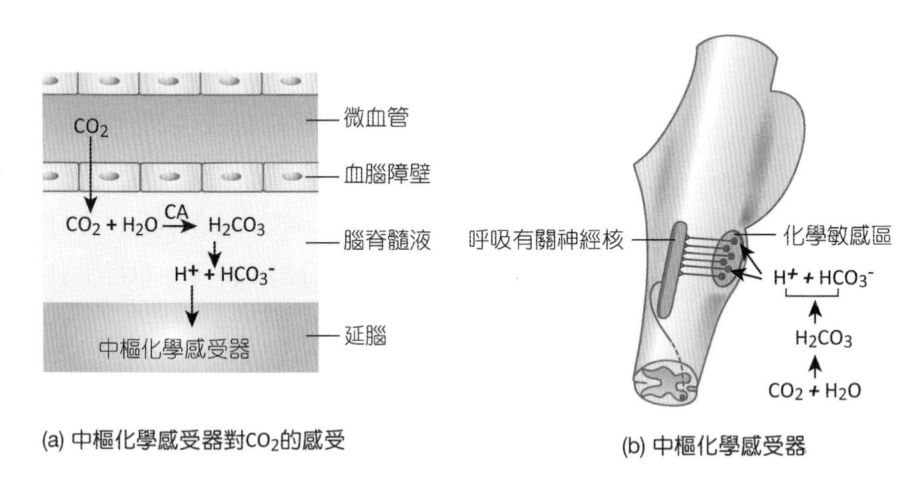

■ 圖 13-26 中樞化學感受器對呼吸的調節

(一) 中樞化學感受器

位於**延腦**腹面，能監測腦脊髓液中 H^+ 的濃度，以調節呼吸的頻率及深度。血液中的 PCO_2 上升會造成血液中 H^+濃度升高，但血液中 H^+無法通過血腦障壁，因此中樞化學感受器的**刺激主要是血液中的 CO_2 擴散通過血腦障壁**，使腦脊髓液的 pH 值降低所致（圖 13-26）。

(二) 周邊化學感受器

位於內、外頸動脈分叉處的**頸動脈體** (carotid body) 及主動脈弓附近**主動脈體** (aortic body)。當血液中 PCO_2 上升、血液中 H^+濃度升高及 PO_2 下降時，周邊化學感受器會受到刺激，將神經衝動傳至呼吸中樞，導致呼吸加深加快，以改善 PCO_2 上升、H^+濃度升高及 PO_2 下降的情形。

三、大腦皮質的調節

呼吸中樞與大腦皮質之間有神經連結，因此我們可以透過意識來改變呼吸模式。但短暫的停止呼吸或改變呼吸節律，仍會受到血液中 PCO_2 的影響。當血液中 PCO_2 上升到某種程度時，延腦的吸氣區會受到刺激，並將神經衝動傳至吸氣肌，進而產生吸氣動作。

四、膨脹反射 (Inflation Reflex)

有些反射（如打噴嚏及咳嗽等）亦可影響呼吸，而**赫－鮑二氏膨脹反射** (Hering-Breuer reflex) 則為吸氣抑制反射。在肺泡壁和細支氣管壁周圍有**牽張感受器** (stretch receptor)，當吸入空氣使肺臟充氣膨脹時會受到刺激，並將神經衝動經由迷走神經傳送到延腦及橋腦，以抑制延腦吸氣區和橋腦的長吸中樞的作用，達到抑制吸氣並產生呼氣的作用。此反射為保護機轉，主要是為了避免肺部過度膨脹。

五、其他因素

除了上述因素會影響呼吸外，還有以下其他原因：

1. **血壓**：血壓突然上升時，會刺激壓力感受器，促使血壓下降，同時亦會使呼吸速率減慢。
2. **體溫**：體溫上升時會使呼吸速率加快。
3. **疼痛**：劇痛會造成呼吸暫停。
4. **登高山**：海拔越高，空氣越稀薄，大氣壓力下降，為了將氧氣傳至組織，則呼吸功能會受到影響，促使呼吸加快加深，以調整通氣量。

臨床應用　ANATOMY & PHYSIOLOGY 

嬰兒猝死症候群 (Sudden Infant Death Syndrome, SIDS)

常見於未滿週歲的嬰兒，尤其 2~4 個月，但絕大部分是在六個月大前，故稱為嬰兒猝死症，可能是因腦幹發育不成熟或不正常所致。正常狀況下睡覺時，二氧化碳因呼吸次數減少而濃度上升，刺激化學感受器誘發呼吸中樞作深沉的呼吸，以減少二氧化碳的堆積，因此睡覺時不會忘記呼吸。但若因呼吸中樞不成熟或不正常，再加上感冒或細支氣管炎等，在高二氧化碳的狀況下，呼吸中樞無法啟動時，血液會變酸、氧氣濃度下降，影響心臟的收縮，甚至危及生命。

學習評量 REVIEW AND CONPREHENSION

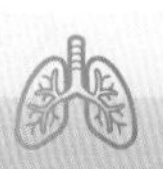

1. 肺臟內的哪一構造，只具有傳送氣體的導管功用，但是不具備氣體交換的功能？(A) 肺泡囊 (alveolar sac) (B) 肺泡管 (alveolar duct) (C) 終末細支氣管 (terminal bronchiole) (D) 呼吸性細支氣管 (respiratory bronchiole)
2. 二氧化碳在血液中運送的各種形式，其中比例最高的形式是下列何者？(A) 氣態二氧化碳 (B) 溶於血漿中之二氧化碳 (C) 碳醯胺基血紅素 (carbaminohemoglobin) (D) 碳酸氫根離子 (HCO_3^-)
3. 下列何者不通過肺門？(A) 胸管 (B) 肺動脈 (C) 肺靜脈 (D) 主支氣管
4. 有關表面作用劑 (surfactant) 敘述，下列何者錯誤？(A) 增加肺順應性 (lung compliance) (B) 穩定大肺泡，預防萎縮 (C) 減少小肺泡的表面張力 (surface tension) (D) 深呼吸可增加表面作用劑分泌
5. 造成氧合解離曲線 (oxygen-hemoglobin dissociation curve) 向左偏移，下列何者正確？(A) 增加 2, 3- 雙磷甘油 (2, 3-diphosphoglycerate) (B) 增加體溫 (C) 增加代謝 (D) 升高 pH 值
6. 肺臟內進行氣體交換的呼吸膜 (respiratorymembrane) 構造，主要是由哪兩種細胞與結締組織共同構成？(A) 第一型肺泡細胞 (type I alveolar cell) 與第二型肺泡細胞 (type II alveolar cell) (B) 第一型肺泡細胞 (type I alveolar cell) 與微血管內皮細胞 (endothelial cell) (C) 第二型肺泡細胞 (type II alveolar cell) 與微血管內皮細胞 (endothelial cell) (D) 第二型肺泡細胞 (type II alveolar cell) 與肺泡內巨噬細胞 (alveolar macrophage)
7. 下列支氣管樹的分支，何者具有氣體交換功能？(A) 葉支氣管 (B) 節支氣管 (C) 終末細支氣管 (D) 呼吸性細支氣管
8. 下列何者會發出滋養肺臟的支氣管動脈？(A) 肺動脈 (B) 肺靜脈 (C) 胸主動脈 (D) 胸內動脈
9. 下列有關人體在高海拔地區之生理調適反應，何者正確？(A) 2, 3- 雙磷甘油 (2, 3-diphosphoglycerate) 減少 (B) 肌肉中血管的密度降低 (C) 刺激周邊化學接受器 (peripheral chemoreceptor) 促進換氣 (D) 腎臟促紅細胞生成素 (erythropoietin) 分泌降低
10. 下列有關胸膜的敘述，何者錯誤？(A) 為二層結構，屬於漿膜 (B) 胸膜腔內有潤滑液 (C) 臟層胸膜襯在氣管壁上 (D) 壁層胸膜襯在胸腔內壁上
11. 與正常人相比較，部分呼吸道狹窄的患者，其第一秒內用力呼氣體積 (forced expiratory volume at the first second) 與用力呼氣肺活量 (forced vital capacity) 之改變，下列何者正確？(A) 二者變化均不顯著 (B) 前者減少，但後者變化不顯著 (C) 前者變化不顯著，但後者減少 (D) 二者均顯著減少
12. 若以潮氣容積 (tidal volume) 200 毫升，呼吸頻率 40 次／分的方式持續呼吸 30 秒，會發生下列何種現象？(A) 動脈二氧化碳分壓明

顯下降　(B) 容易產生呼吸性低氧現象　(C) 血液中的氧氣總量大幅增加　(D) 呈現呼吸性鹼中毒

13. 肺部的哪一種細胞，主要負責分泌表面張力劑 (surfactant)，可以降低肺泡內的表面張力，避免肺泡塌陷？(A) 微血管內皮細胞 (endothelial cell)　(B) 第一型肺泡細胞 (type I alveolar cell)　(C) 第二型肺泡細胞 (type II alveolar cell)　(D) 肺泡內巨噬細胞 (alveolar macrophage)

14. 負責氣體交換之呼吸道細胞為下列哪一種？(A) 嗜中性球 (neutrophil)　(B) 第二型肺泡細胞 (type II alveolar cell)　(C) 巨噬細胞 (macrophage)　(D) 第一型肺泡細胞 (type I alveolar cell)

15. 下列何者最不容易使氧合血紅素解離曲線 (oxygen-hemoglobin dissociation curve) 右移？(A) 血液中 pH 值增加　(B) 血液中氫離子濃度增加　(C) 核心體溫上升　(D) 血液中二氧化碳濃度增加

16. 下列有關肺部的敘述，何者正確？(A) 斜裂將右肺區分為上下二葉　(B) 水平裂將左肺區分為上下二葉　(C) 右主支氣管較左主支氣管短、寬且較垂直，因此異物較易掉入右主支氣管　(D) 肺門位於肺的肋面，有支氣管、血管、神經通過

17. 下列何者可產生表面活性劑 (surfactant)？(A) 第二型肺泡細胞　(B) 結締組織　(C) 氣管的上皮細胞　(D) 黏膜細胞

18. 下列何者是血液中運送二氧化碳的最主要方式？(A) 直接擴散　(B) 直接溶解於血液中　(C) 與血紅素結合　(D) 轉換成碳酸氫根離子

19. 若潮氣容積 (tidal volume) 為 450 毫升，解剖性死腔為 150 毫升，每分鐘的呼吸頻率為 12 次，則每分鐘的肺泡通氣量為多少毫升？(A) 1,800　(B) 3,600　(C) 5,400　(D) 7,200

20. 成年男性進行呼吸量測試發現肺活量 (vital capacity) 為兩公升，第一秒用力呼氣容積 (forced expiratory volume in 1s) 為 85%，此時可能為：(A) 阻塞型肺病 (obstructive lung disease)　(B) 限制型肺病 (restrictive lung disease)　(C) 正常呼吸功能　(D) 過敏性氣喘

解答

1.C　2.D　3.A　4.B　5.D　6.B　7.D　8.C　9.C　10.C　11.B　12.B　13.C　14.D　15.A　16.C　17.A　18.D　19.B　20.B

消化系統
Digestive System

CHAPTER 14

作者／李建興

本章大綱 Chapter Outline

ANATOMY & PHYSLOLOGY

前言 INTRODUCTION

消化系統的主要功能是消化與吸收，將食物中的大分子在消化道內利用水解反應 (hydrolysis reactions) 消化成小分子，再經由吸收 (absorption) 過程，使這些小分子運輸通過消化道管壁，進入血液及淋巴液中。

14-1 消化系統概論

消化系統分成二部分（圖 14-1）：

1. 消化道 (alimentary tract) 或稱胃腸道 (gastrointestinal tract)：由上至下分別為口腔、咽、食道、胃、小腸（十二指腸、空腸、迴腸）、大腸（分為盲腸、升結腸、橫結腸、降結腸、乙狀結腸、直腸、肛管及肛門），總長約 9 公尺。
2. 附屬消化器官：包括三對唾液腺（耳下腺、頷下腺及舌下腺）、舌、牙齒、肝臟、膽囊、胰臟及闌尾。

一、消化系統的功能

1. **運動性** (motility)：食物經由攝食（食物進入口內）、咀嚼（嚼碎食物並與唾液混合）、吞嚥（吞下食物）、蠕動（規律且波狀的收縮以讓食物通過腸胃道）方式通過消化道的運動。
2. **分泌** (secretion)：包括外分泌及內分泌。
3. **消化** (digestion)：將食物分子分解成可被吸收的小單元體。
4. **吸收** (absorption)：指輸送消化後的產物進入血液或淋巴液中。
5. **儲存及排泄** (storage and elimination)：暫時儲存並排泄不能被消化的食物分子。

二、消化道的組織構造

(一) 黏膜層 (Mucosa)

黏膜層是胃腸道管腔的內襯，主要功能為吸收及分泌。構成此黏膜的三層構造為黏膜上皮、固有層及黏膜肌層（圖 14-2）。

1. **黏膜上皮** (epithelium)：直接與胃腸道的內容物相接觸。在口腔與食道為複層鱗狀上皮，其功能為保護及分泌作用。在消化道的其他部分則為單層柱狀上皮，可行分泌及吸收作用。腺體性上皮組織可分泌消化酶，杯狀細胞可分泌黏液。
2. **固有層** (lamina propria)：位於黏膜上皮的下方，由疏鬆的結締組織所構成，含有血管、淋巴管、分散的淋巴小結、腺體以及淋巴組織，可以對抗由食物所帶入的細菌。小腸之迴腸部分的固有層內有淋巴小結分布，稱為培氏斑 (peyer's patches)。

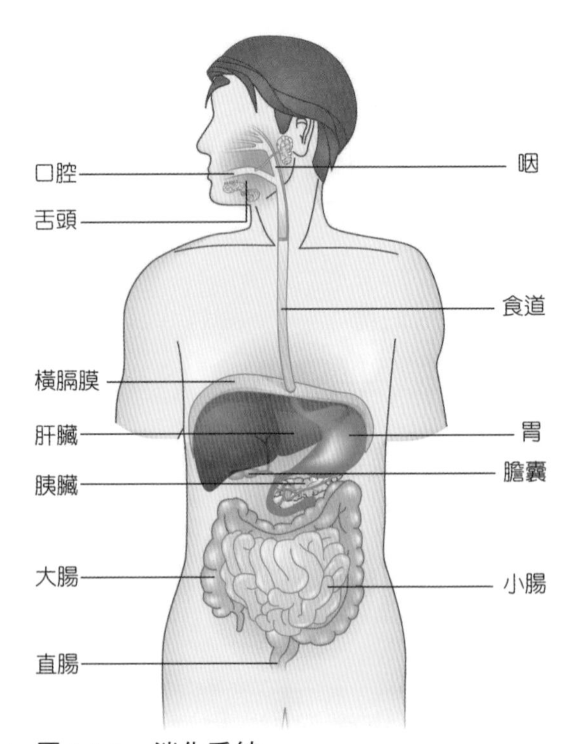

■ 圖 14-1 消化系統

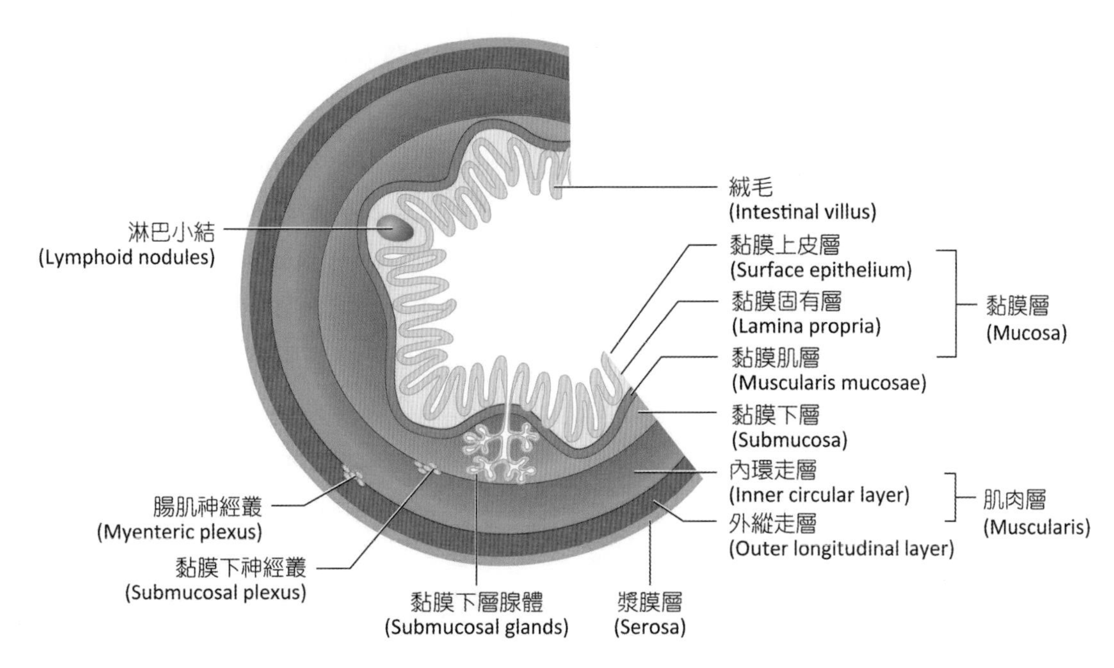

■ 圖 14-2 消化道的構造

3. **黏膜肌層** (muscularis mucosae)：含少量平滑肌纖維，可造成小腸黏膜的皺褶，增加消化吸收的表面積。

(二) 黏膜下層 (Submucosa)

此層由疏鬆結締組織所組成，**將黏膜層連結到肌肉層**。黏膜下層**富含血管、淋巴管、腺體及黏膜下神經叢**，黏膜下神經叢 (submucosal plexus) 或稱**麥氏神經叢** (Meissner's plexus)，為自主神經系統的一部分，可管制胃腸道的分泌作用。而在十二指腸區段有小腸腺腺（即十二指腸腺或布氏腺）分布。

(三) 肌肉層 (Muscularis)

口腔、咽及食道上 1/3 肌肉層含有骨骼肌可產生隨意動作，食道中 1/3 肌肉層則為骨骼肌與平滑肌共同組成，下 1/3 則為平滑肌。除上述外，整個消化道的肌肉層皆由平滑肌所組成。胃有三層肌肉（多了一層斜走肌），其他器官的平滑肌一般可分為兩層：**內層的環狀肌和外層的縱走肌**。平滑肌的收縮具有三種功能：幫助食物進行物理性分解、幫助食物與消化液的混合、使食物能在整個胃腸道內推進。**位於兩層肌肉層之間的腸肌神經叢** (myenteric plexus) 或稱**歐氏神經叢** (Auerbach's plexus)，亦為自主神經的一部分，**控制大部分的胃腸道運動**。

(四) 外膜層或漿膜層 (Adventitia and Serosa)

為**大部分胃腸道之最外層**，由結締組織及上皮組織所構成，具有保護及連結的功能。漿膜層即臟層腹膜，覆蓋腹膜內器官；腹膜後器官則被結締組織形成的外膜層包覆。

三、腹膜 (Peritoneum)

可分為兩層構造：(1) **壁層腹膜** (parietal peritoneum) 襯於腹腔的內壁；(2) **臟層腹膜**

(visceral peritoneum) 覆蓋並構成某些器官的漿膜。壁層與臟層腹膜間的空腔，稱為腹膜腔 (peritoneal cavity)，內含的漿液稱為腹膜液。某些疾病會使腹膜腔堆積大量漿液，稱為腹水 (ascites)。「腹膜內器官」由腸繫膜固定於後腹壁上，如：胃、肝、脾、乙狀結腸。腹部中的某些器官位於腹膜後方，稱為「腹膜後器官」，如：胰、腎、升結腸、十二指腸下 2/3、降結腸、腹主動脈、腎上腺等（圖 14-3）。

腹膜與心包膜及胸膜不同的是它有以下幾個延伸：

1. **腸繫膜** (mesentery)：呈扇形放射，是小腸漿膜層向外突出的褶層，包圍住小腸的部分長達 6 公尺。它具有將小腸黏結到後腹壁上的功能。
2. **結腸繫膜** (mesocolon)：將結腸連結到腹壁上。
3. **鐮狀韌帶** (falciform ligament)：將肝臟附著到前腹壁及橫膈上。
4. **小網膜** (lesser omentum)：貼附於肝臟到胃小彎及十二指腸第一段。分成二部分：肝胃韌帶、肝十二指腸韌帶（內含肝動脈、肝門靜脈及總膽管）。
5. **大網膜** (greater omentum)：由**胃大彎及十二指腸第一段到橫結腸**的四層褶層，如同圍裙般掛在腸子上。因為大網膜儲存大量的脂肪組織，故又叫「脂肪圍裙」。大網膜含有大量淋巴結，當小腸發生感染時，可對抗感染，防止感染的擴散。

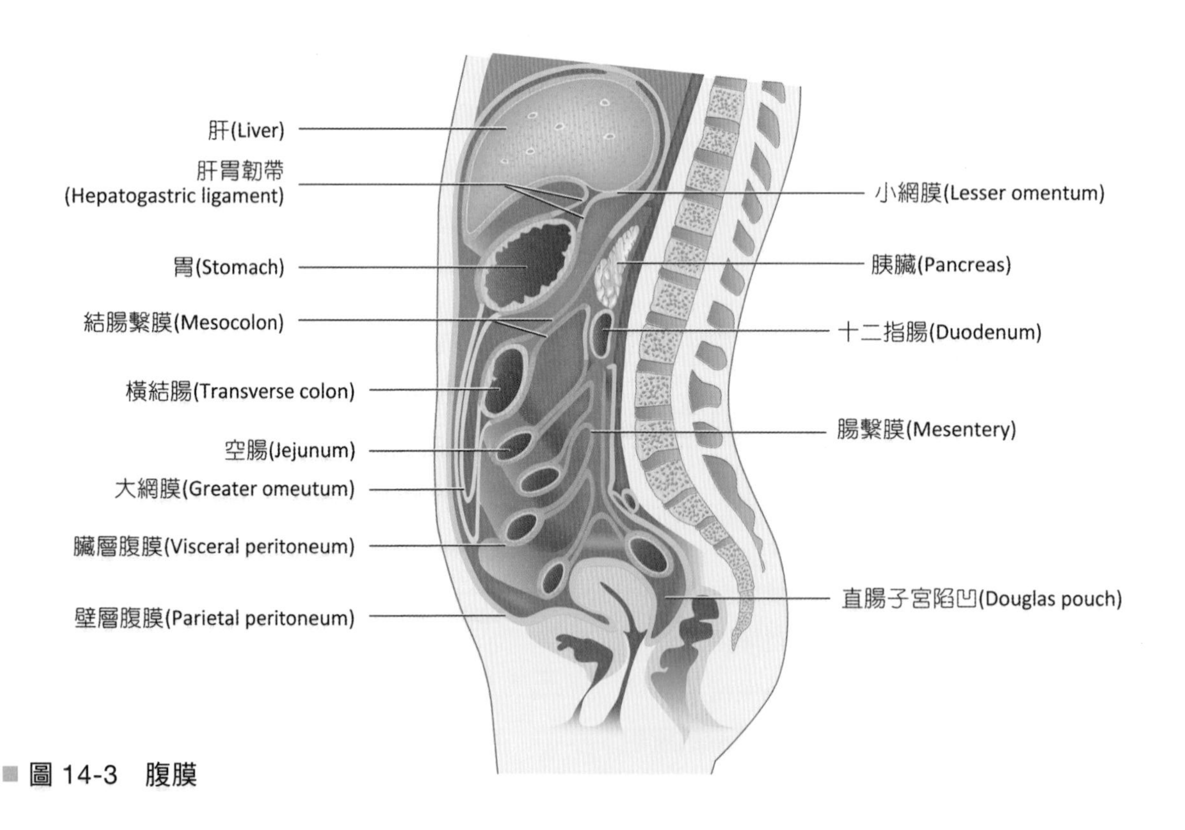

■ 圖 14-3　腹膜

14-2 消化器官的構造 

口腔 (Oral Cavity)

口腔是消化系統的一部分，包含唇、頰、齒、腭、舌等構造，口腔又可分為兩個部分，分別為位於嘴唇、臉頰與牙齒之間的前庭 (vestibule)，以及位於牙齒之後至咽門的口腔本體 (oral cavity proper)（圖 14-4）。

一、唇與頰 (Lips and Cheeks)

唇是兩個肌肉皺襞構成，含有口輪匝肌，外覆皮膚，內襯黏膜，皮膚與黏膜組織交接區稱為紅緣 (vermilion)。唇含少量皮脂腺，但無汗腺，其上皮為角質化的薄皮膚，下層含豐富微血管，因此唇的外觀呈現紅色。上、下唇的內表面連接至牙齦中線間的黏膜皺襞，稱為上唇繫帶 (superior labial frenulum) 與下唇繫帶 (inferior labial frenulum)。

頰形成口腔側壁，由頰肌組成，外覆皮膚，內襯黏膜為非角質化複層鱗狀上皮，頰的前部止於上下唇。

二、牙齒與牙齦 (Teeth and Gums)

(一) 牙齒的構造

牙齒 (tooth) 是咀嚼食物的工具，一顆典型的牙齒可分為牙冠、牙頸和牙根（圖 14-5）。

1. 牙冠 (crown)：被琺瑯質 (enamel) 覆蓋著，為牙齦向上生長的部分。**琺瑯質為全身最硬及化學性最安定的一種組織**，含有 97% 左右的鈣化物，適於咀嚼時的摩擦。

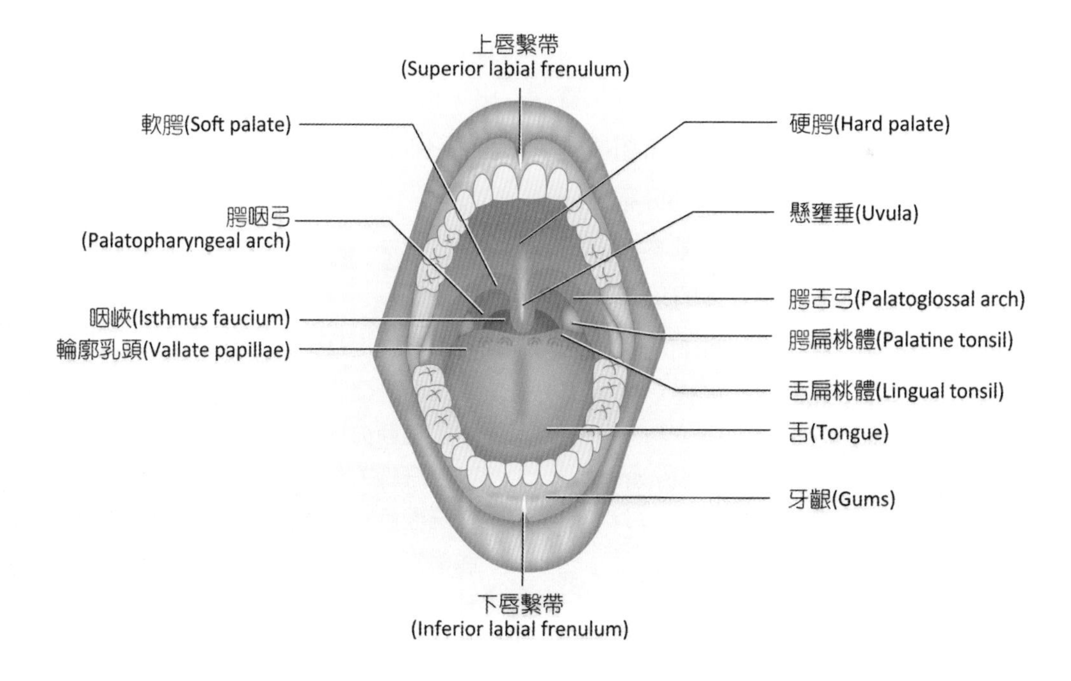

■ 圖 14-4 口腔的構造

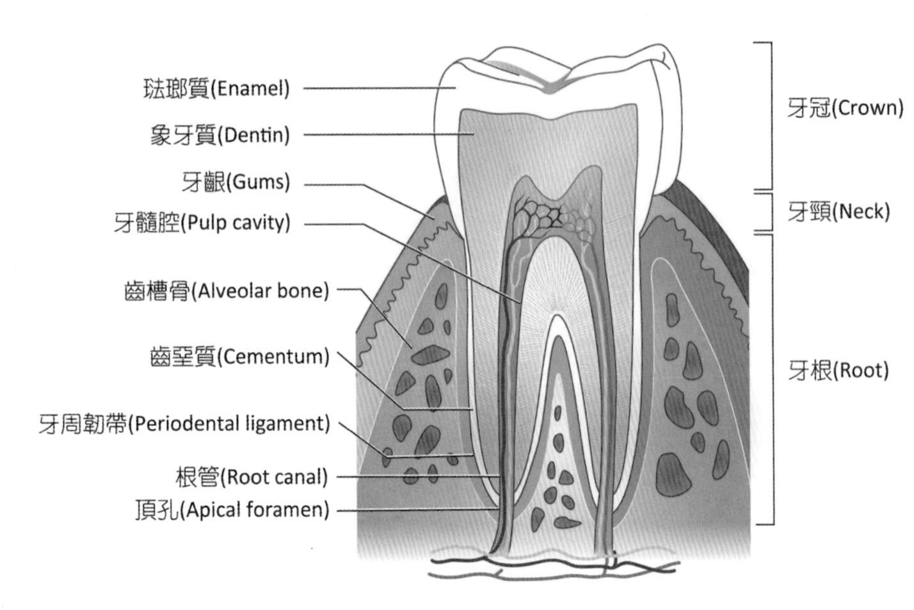

■ 圖 14-5　牙齒的構造

2. **牙頸** (neck)：牙冠與牙根接合處被牙齦圍繞的部分。
3. **牙根** (root)：由 1~3 個突起所組成，它以牙周膜種植於齒槽的凹陷內。

牙齦 (gingiva or gum) 是附著在牙頸和齒槽突部分的黏膜組織，呈粉紅色，有光澤，質堅韌。牙齒的主體由象牙質 (dentin) 所組成，象牙質內有一空腔，此空腔的擴大部分稱為牙髓腔 (pulp cavity)，其內有血管、神經及淋巴管等。牙髓腔在牙根部分變成狹長的根管 (root canal) 構造，每一個根管在其底部有一開口，稱為牙尖孔 (apical foramen)。血管、神經及淋巴管由牙尖孔進入牙髓。

(二) 牙齒的發育

胎兒在六週大時，上下腭內就會形成一些芽胚組織，待出生後萌發成為牙齒。人類有兩套齒列 (dentitions)，第一套為乳齒 (deciduous teeth)，第二套為恆齒 (permanent teeth)。出生後六個月大時會長出第一顆乳齒，接著大約間隔一定時間就會再長出一對乳齒，直到大約 1.5 歲左右 20 顆乳齒全數長齊。乳齒的萌發雖有個體差異，但一般而言由下頜門齒最先長出，再來是犬齒，最後形成門齒、犬齒、臼齒三種不同形式的牙齒。

臨床應用　ANATOMY & PHYSIOLOGY 

齲齒 (Dental Caries)

即俗稱的蛀牙，牙科常見的疾病，因口腔中的細菌分解殘留在牙齒上的醣類，產生出能腐蝕牙齒的酸性物質，將牙齒的鈣溶解出來，使牙齒脫鈣、逐漸崩解。蛀牙嚴重時，細菌可能擴散至周圍組織，造成牙周組織發炎、膿腫。藉由多刷牙、漱口將牙菌斑移除，可以有效將低蛀牙的發生率。

隨著發育的過程，位於乳齒深層的恆齒會慢慢長大，造成乳齒搖動、鬆脫，大約 6~12 歲乳齒就掉光，由恆齒取代。恆齒的萌發下排比上排早，最後形成 32 顆、包含門齒、犬齒、前臼齒、臼齒四種不同形式的牙齒（圖 14-6）。

三、舌 (Tongue)

舌是由骨骼肌外覆黏膜所形成，藉正中隔膜分成對稱的兩側葉。舌的肌肉可分成外在肌與內在肌，外在肌與舌頭的運動有關，以助食物攪拌、咀嚼而形成球狀的食團 (bolus)，並使食團移動以利吞嚥；內在肌可改變舌頭的形狀及大小，以利說話和吞嚥。舌繫帶 (lingual frenulum) 位於舌下方正中線處，為一黏膜皺褶，它限制舌向後的移動。如果太短會造成結舌 (tongue-tie)，俗稱大舌頭。

四、腭 (Palate)

分成兩部分，前部為硬腭 (hard palate)，後部為軟腭 (soft palate)。硬腭由上頜骨及腭骨所構成，可分隔口腔與鼻腔。軟腭為口腔與鼻咽之間一弓形的肉質分隔。懸壅垂 (uvula) 懸掛於軟腭的游離緣之圓錐形突起，兩邊沿著軟腭外側往下，有兩個肉質褶層，在前面的為腭舌弓 (palatoglossal arch)，又稱為前柱；在後面的為腭咽弓 (palatopharyngeal arch)，又稱為後柱。腭扁桃腺 (palatine tonsil) 則位於腭舌弓及腭咽弓之間；舌扁桃腺則位於舌的基部。咽門 (fauces) 為弓形分隔的開口，連通口與口咽部。

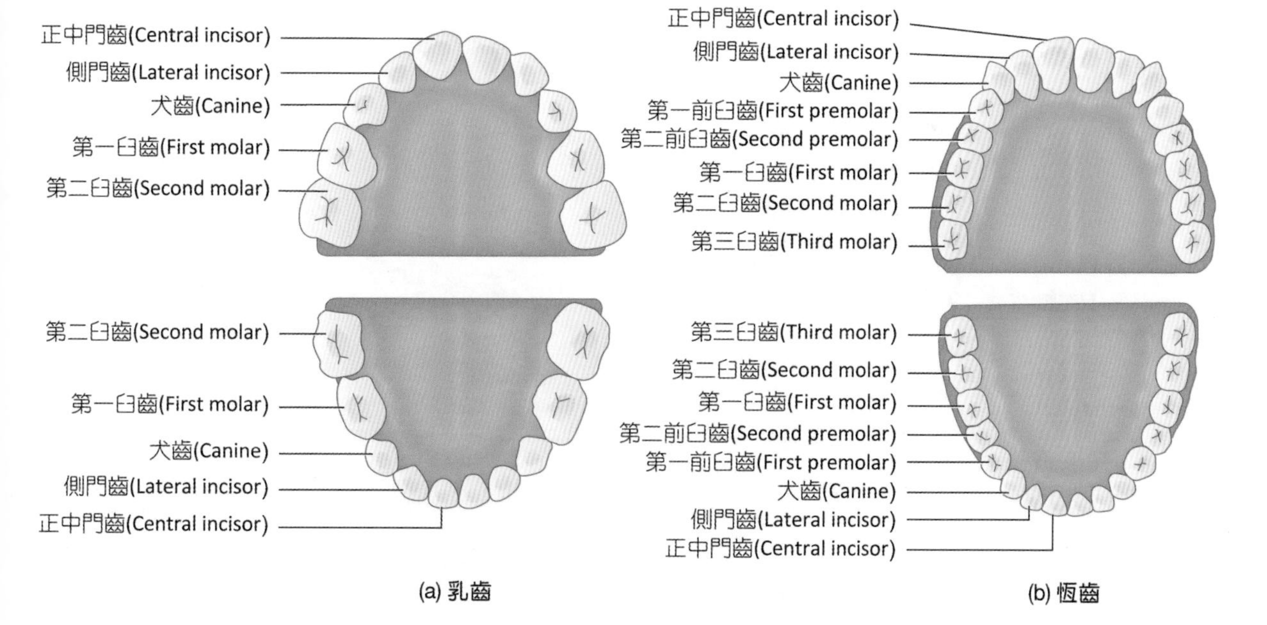

■ 圖 14-6　乳齒與恆齒

五、唾液腺 (Salivary Glands)

健康成人每天約分泌 1~1.5 公升的唾液，其中**水占 99.5%**，溶質則占 0.5%。溶質中含有鹽類、有機物質、溶酶體 (lysozyme)、黏液素 (mucin)、唾液澱粉酶 (amylase) 及少許溶解的氣體，**pH 保持在 6.35~6.85** 唾液澱粉酶作用的範圍內。唾液的功能為清潔並保護咀嚼器，溶酶體具殺菌功用；黏液可潤滑食物而形成食團，以助吞嚥；氯化物則能活化唾液澱粉酶，而使多醣類分解成雙醣類、潤滑食物、控制水分的攝取、排除排除部分的尿素與尿酸之廢物、當作介質等。

人體的唾液腺主要有三對，為唾液 (saliva) 的主要來源（圖 14-7）：

1. **耳下腺** (parotid gland)：又稱腮腺，**位於耳朵前下方**，為最大之唾液腺體，屬於複式管泡狀腺體，占唾液分泌之 25%，主要為漿液性，含唾液澱粉酶。而**耳下腺導管** (parotid duct) **往前穿過頰肌**，開口於上頜第二臼齒之前庭部。耳下腺腫大會造成顏面神經麻痺。
2. **頷下腺** (submandibular gland)：為第二大之唾液腺體，屬於複式泡狀腺體，占唾液分泌的 70%，包含漿液、黏液及些許酶，頷下腺管開口於口腔底板舌繫帶兩旁。
3. **舌下腺** (sublingual gland)：為三對主要唾液腺中最小的腺體，分泌量只占 5%，開口於口腔底部。

食道 (Esophagus)

食道位於脊椎之前與氣管之後，為上縱膈最後方**長約 25 公分**的肉質管子構造。食道不具消化或吸收的功能，僅能當作食物的通道，起始處相當於環狀軟骨下緣的高度，由橫膈的食道裂孔 (esophageal hiatus) 在約第十胸椎高度穿過胸腔並到達腹腔。食道有兩處生理性括約肌（並非真正的括約肌，而是由環走肌增厚所形成），分別為上食道括約肌及下食道括約肌，在食物進入胃後，下食道括約肌收縮以預防食物逆流到食道中。

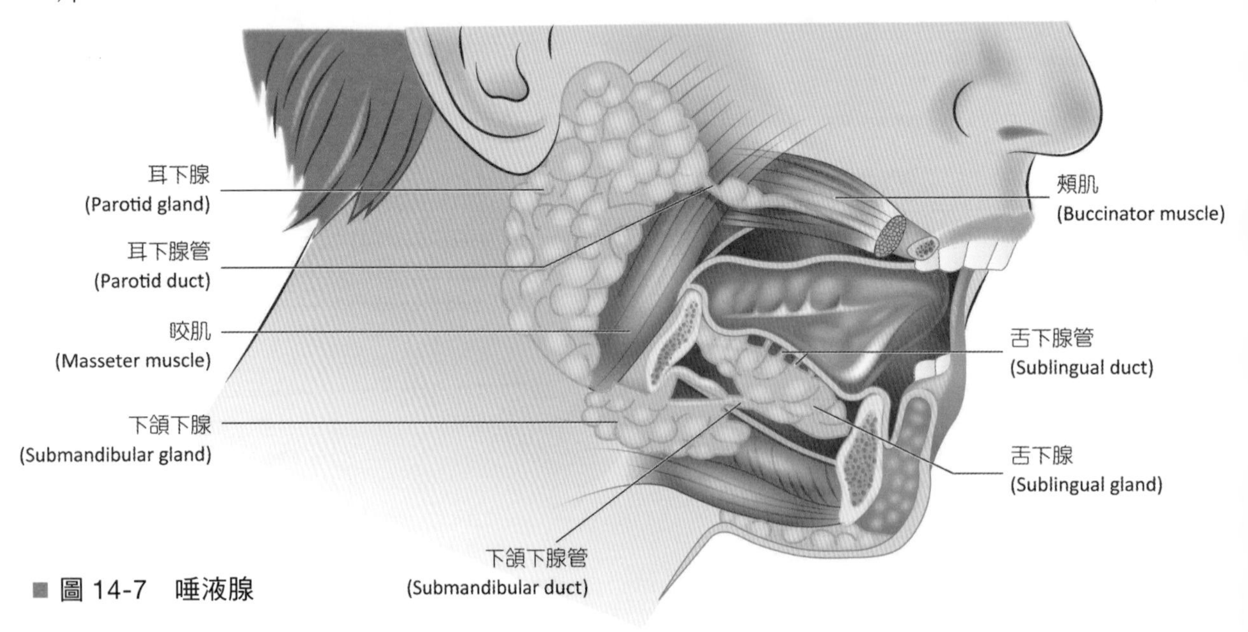

■ 圖 14-7　唾液腺

食道內襯為非角質化的複層鱗狀上皮，其肌肉組成複雜，上三分之一為骨骼肌，中間為骨骼肌、平滑肌混合，下三分之一為平滑肌。肌肉層包含內層環走肌、外層縱走肌，最外層有疏鬆結締組織將食道與鄰近構造相連，形成食道的外膜層 (adventitia)。

食道有三個狹窄處，不但會妨礙食物通過，也是最易發生病變之處，分別為（圖 14-8）：

1. **食道開端處**：喉頭環狀軟骨後方，約在 C_6 高度。
2. **食道中部**：氣管分叉處，約在 T_4 高度。
3. **食道末端**：穿過橫膈食道裂孔處，約在 T_{10} 高度。

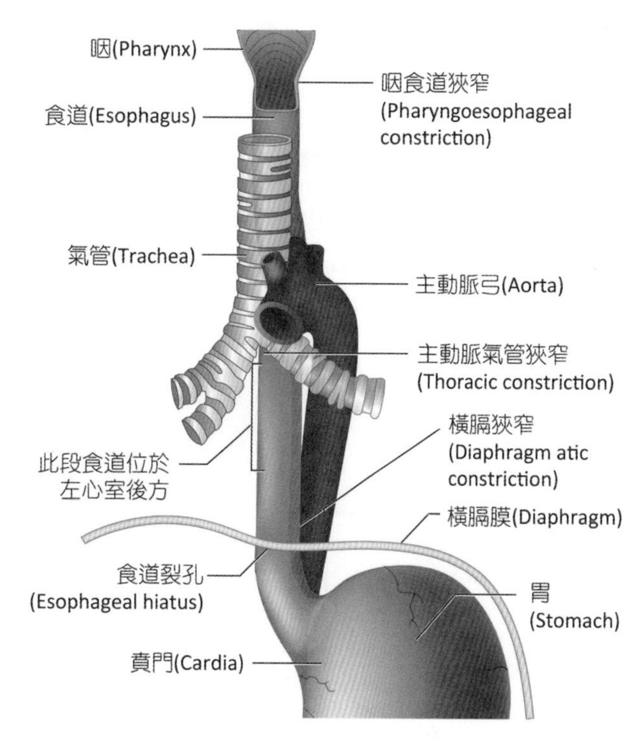

■ 圖 14-8　食道

胃 (Stomach)

一、胃的解剖學

"J"字形的胃是腸胃道中最具伸縮性的部分，位於橫膈之下，在腹部的腹上區、臍區及左季肋區等處，主要位於中線的左側。胃與食道交接處的高度相當於第十胸椎 (T_{10})。胃可區分為四個部分（圖 14-9）：

1. **賁門** (cardia)：環繞著下食道括約肌，位置相當於第十一胸椎的高度。
2. **胃底** (fundus)：胃的最高點，同時也是消化道平滑肌節律點所在位置。
3. **胃體** (body)：胃之中央部分。
4. **幽門** (pylorus)：或稱胃竇 (antrum)，在胃的末端開始較寬處為胃竇，末端狹窄的區域為幽門括約肌 (pyloric sphincter)。

胃有兩處彎曲，分別為右上凹緣（內側）的胃小彎 (lesser curvature of stomach)、左下凸緣（外側）的胃大彎 (greater curvature of stomach)。另外有二個重要的括約肌，賁門括約肌以控制食物由食道入胃，幽門括約肌可控制食物由胃入十二指腸。

二、胃的組織學

◎ 胃腺 (Gastric Gland)

胃的黏膜層由單層柱狀上皮所組成，表面具有許多胃小凹 (gastric pit) 及胃腺。胃腺大部分集中在胃體，其分泌的胃液由胃小凹流至黏膜表皮。胃腺由五種不同型態及功能細胞所組成（圖 14-10）：

1. **表面黏液細胞** (surface mucous cell)：構成胃黏膜層的單層柱狀上皮，分泌可見不溶性的黏液 (visible insoluble mucus)，以保護胃壁。
2. **黏液頸細胞** (mucus neck cell)：分泌醣蛋白黏液及富含 HCO_3^- 的鹼性液體，以中和胃酸 (H^+)，**防止胃酸侵蝕胃壁**。

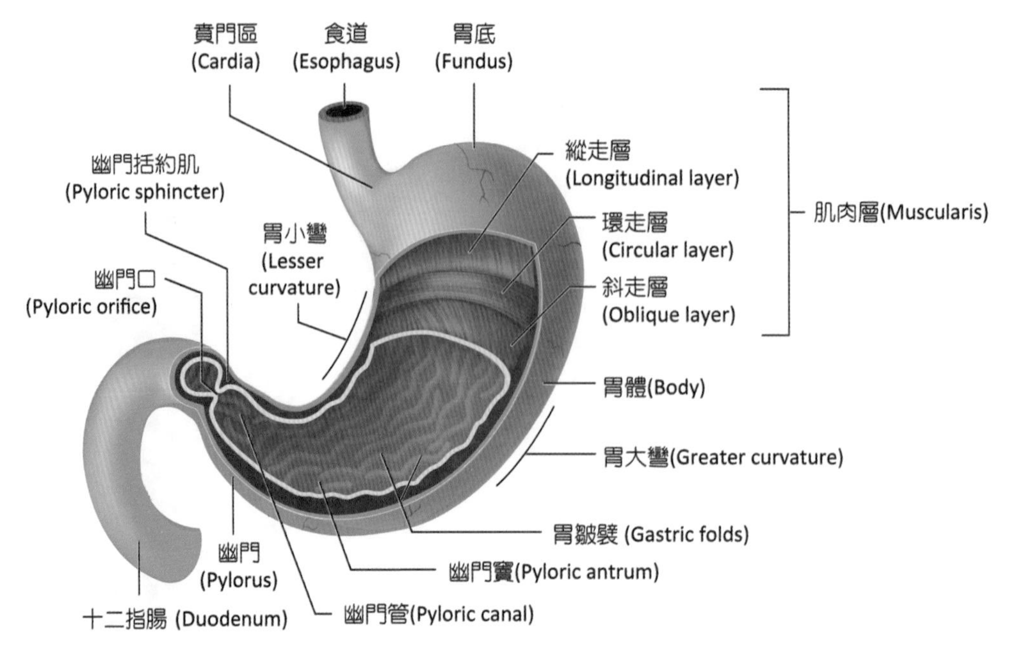

■ 圖 14-9 胃

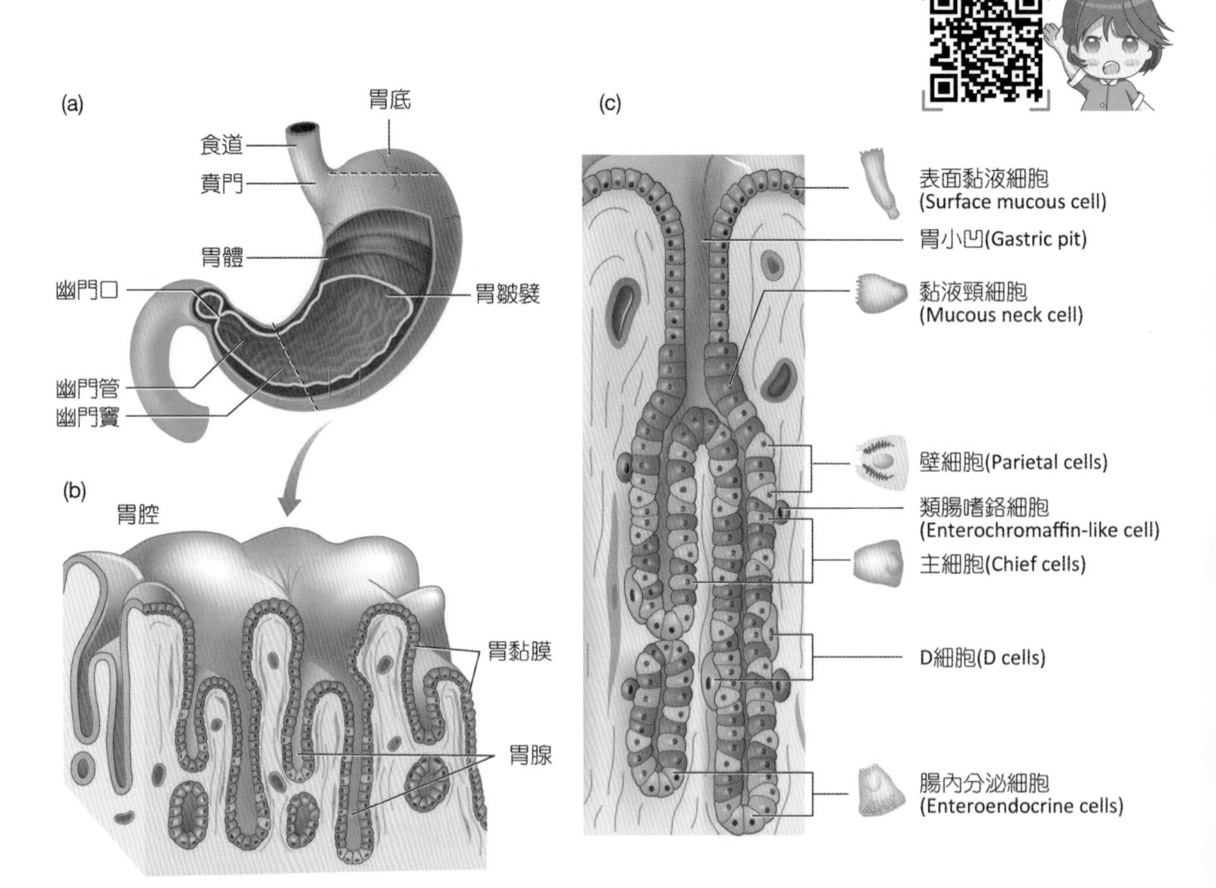

■ 圖 14-10 胃腺細胞

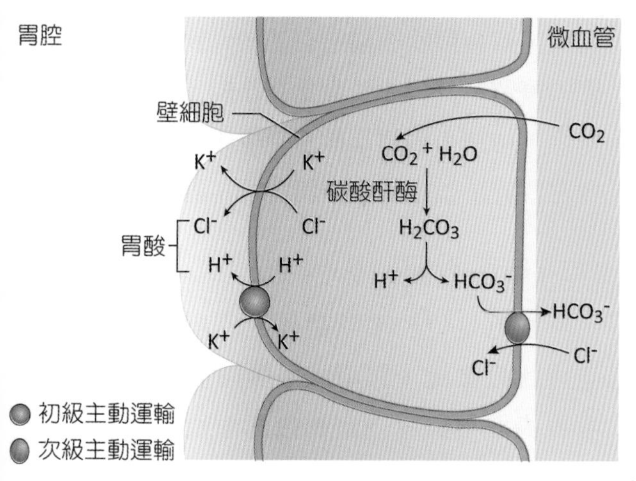

■ 圖 14-11 胃酸的分泌

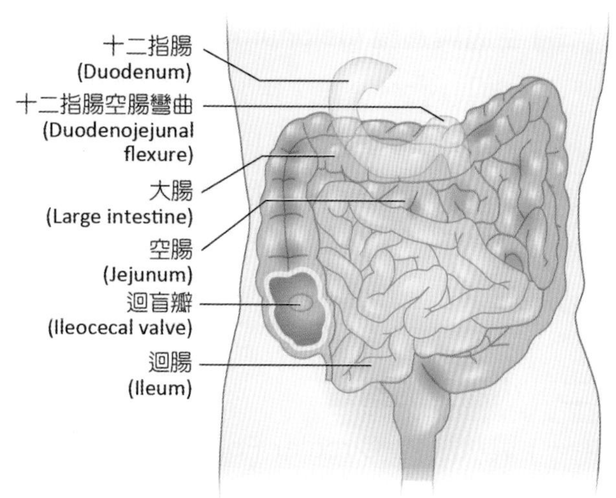

■ 圖 14-12 小腸

3. **主細胞** (chief cell)：或稱胃蛋白酶細胞 (peptic cell)，能分泌大量的胃蛋白酶原 (pepsinogen)，然而胃蛋白酶原必須先經由鹽酸作用，才能轉變成具有活性的胃蛋白酶，分解蛋白質。
4. **壁細胞** (parietal cell)：可**分泌鹽酸** (HCl) **和內在因子** (intrinsic factor)（圖 14-11）。鹽酸可使胃液呈強酸性，**有殺菌的作用**，並可**活化胃蛋白酶原為胃蛋白酶**。內在因子可協助維生素 B_{12} 在小腸被吸收，維生素 B_{12} 是製造紅血球所需的維生素，若內在因子缺乏會造成惡性貧血。
5. **腸內分泌細胞** (enteroendocrine cell)：又稱為 G 細胞或腸嗜鉻細胞，能分泌多種激素至固有層，如**胃泌素** (gastrin)、血清素 (serotonin)、腦內啡 (endorphin)、升糖素 (glucagon)、組織胺 (histamine) 等。胃泌素作用於壁細胞旁的類腸嗜鉻細胞 (enterochromaffin-like cell, ECL cell)，促使胃酸分泌。

◎ 肌肉層

由三層平滑肌所構成，**外層是縱肌層，中層是環肌層，內層是斜肌層**（胃的特有層），此特殊結構有助於推進與攪拌食物。

小腸 (Small Intestine)

小腸平均直徑約為 3.5 公分，長約 6.3 公尺，是消化道最長的部分。自胃的幽門括約肌開始，纏繞經過腹腔的中央及底部，最後開口於盲腸。小腸包括十二指腸、空腸及迴腸三部分，迴腸終止於迴盲括約肌 (ileocecal sphincter) 或稱迴盲瓣 (ileocecal valve)（圖 14-12）。

一、小腸的解剖學

(一) 十二指腸 (Duodenum)

為小腸最短的部分，起源於胃的幽門括約肌，長約 25 公分，形狀像字母“C”，大部分的十二指腸位於腹膜後。黏膜下層兼具內、外分泌的腺體。肝胰壺腹開口於此，胰液與膽汁共同由此進入十二指腸。

(二) 空腸與迴腸 (Jejunum and Ileum)

空腸長約 2.5 公尺，往上接十二指腸，往下延伸到迴腸。空腸管壁比迴腸厚，管徑也比迴腸大，正常情形下，在空腸吸收的水分最多。迴腸長約 3.6 公尺，占全部小腸總長度的一半以上，與盲腸結合於迴盲瓣。

二、小腸壁的構造

(一) 環狀皺襞 (Circular Folds)

環狀皺襞是小腸管腔上不規則的環狀突起，高度約 3~5 公分，由黏膜及黏膜下層皺褶而成，螺旋環狀的構造有助於食物在小腸長時間的停留，其大小及數量在小腸不同區域也有差別，越往小腸遠端數量越少，因此食物的吸收主要於十二指腸及空腸進行（圖 14-13）。

(二) 絨毛 (Villi)

絨毛是位於環狀皺襞上的指狀突起，在空腸比較發達，與環狀皺襞同樣都有具增加吸收表面積與腸內容物接觸面積的功能，可以幫助小腸消化、吸收。絨毛固有層內含有微血管網及乳糜管，外圍由單層柱狀黏膜上

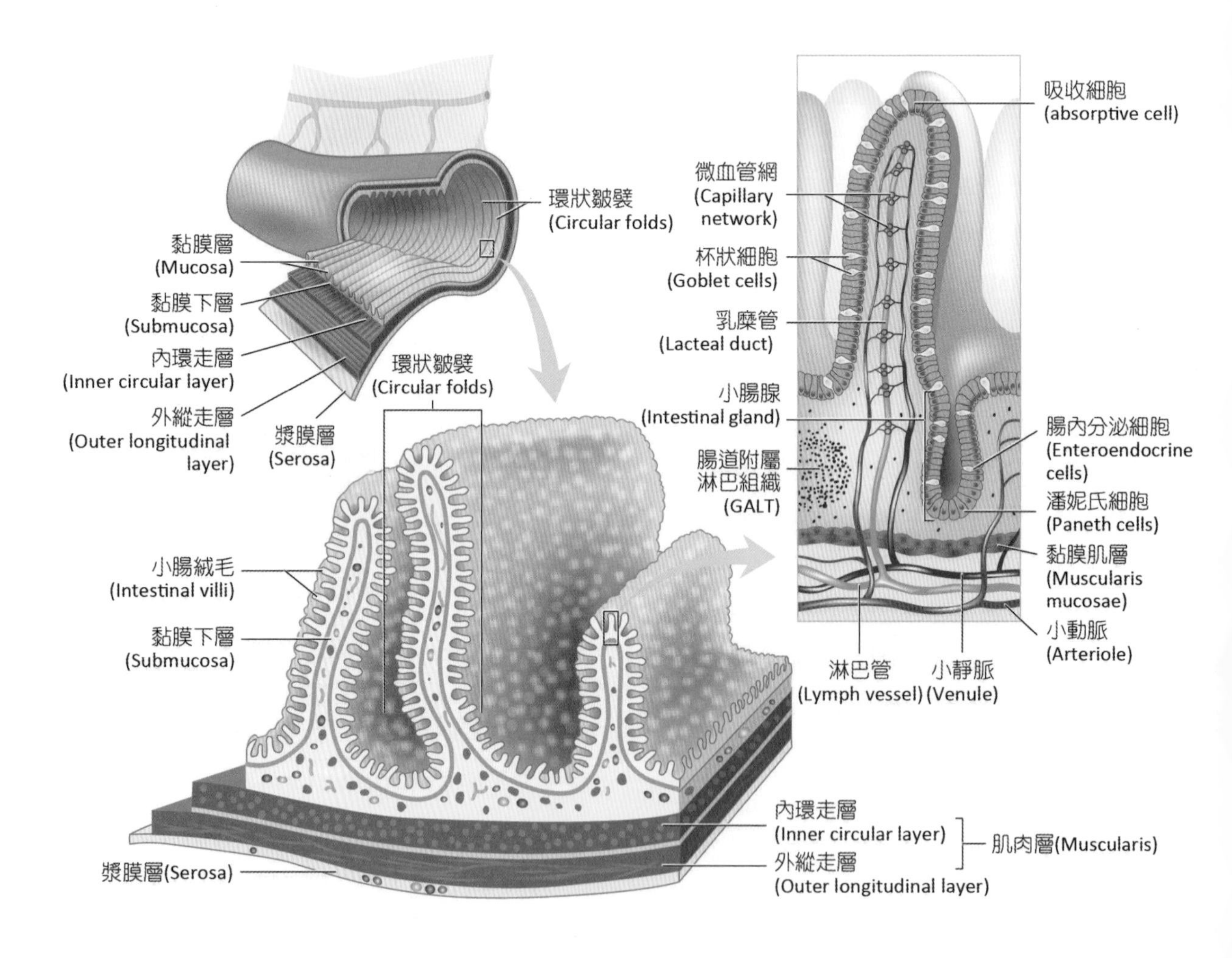

■ 圖 14-13　小腸的組織構造

皮細胞包覆，上皮細胞的細胞膜為了增加吸收的表面積，與管腔接觸的那一面均有微絨毛 (microvilli) 的特化，在顯微鏡觀察下，一整排的微絨毛呈現朦朧的細紋狀，因此又稱為紋狀緣 (striated border) 或刷狀緣 (brush border)。

(三) 腺體 (Glands)

絨毛之間的凹溝內分布有具分泌功能的小腸腺 (intestinal gland)，包含可分泌腸泌素及膽囊收縮素的腸內分泌細胞，絨毛表皮層則散布有能分泌黏液的杯狀細胞。十二指腸的黏膜下層也有腺體存在，即**十二指腸腺** (duodenal gland) 或稱**布魯納氏腺** (Brunner's glands)，可**分泌富含碳酸氫根的鹼性黏液**，協助中和從胃來的酸性食糜，以保護小腸黏膜。

三、小腸液 (Intestinal Juice)

為一透明的黃色液體，呈微鹼性 (pH 7~8)，成人每天分泌約 2~3 公升。小腸的消化酶為襯於絨毛的上皮細胞所製造（表 14-1）：

1. 消化碳水化合物的酶：麥芽糖酶、蔗糖酶及乳糖酶。
2. 消化蛋白質的酶：胜肽酶。
3. 消化核酸的酶：核糖核酸酶及去氧核糖核酸酶。

表 14-1 常見的消化酶

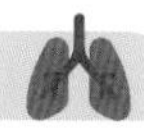

消化酶		來源	產物
唾液澱粉酶		唾液	麥芽糖
舌脂酶		舌下腺	脂肪酸、甘油酯
胃蛋白酶		胃腺	多胜肽
胃脂肪酶		胃腺	**脂肪酸、甘油酯**
胰澱粉酶		胰液	麥芽糖
胰蛋白酶、胰凝乳蛋白酶		胰液	多胜肽
胰脂肪酶		胰液	脂肪酸、甘油酯
雙糖酶	麥芽糖酶	小腸	葡糖糖
	蔗糖酶	小腸	葡萄糖、果糖
	乳糖酶	小腸	葡萄糖、半乳糖
胜肽酶	胺基胜肽酶	小腸	胺基酸
	多胜肽酶	小腸	胺基酸
	雙胜肽酶	小腸	胺基酸
核酸酶	核糖核酸酶	胰液	核苷酸
	去氧核糖核酸酶	小腸	核苷酸
核苷酸酶		小腸	核苷、磷酸
核苷酶		小腸	嘌呤或嘧啶、五碳糖

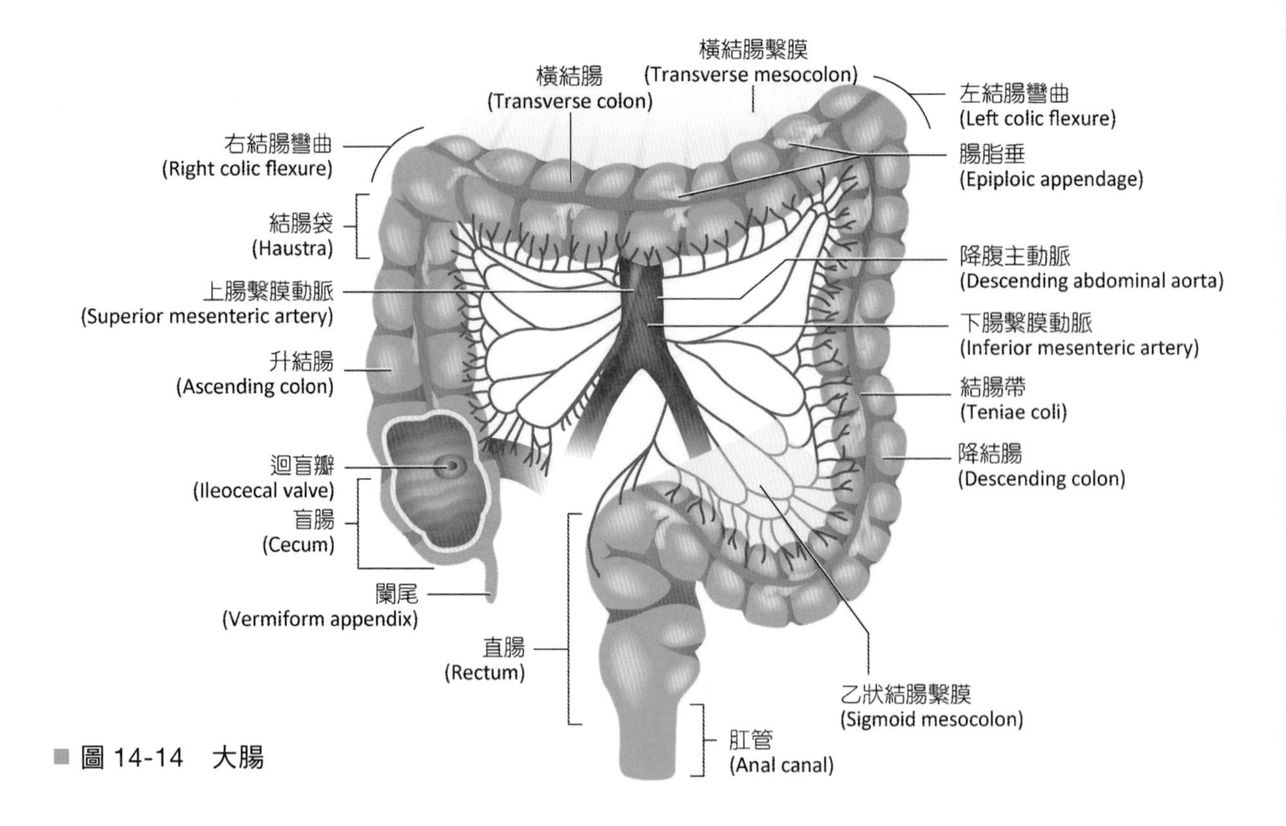

■ 圖 14-14　大腸

大腸 (Large Intestine)

一、大腸的解剖學

大腸 (large intestine) 長約 1.5 公尺，寬約 6.5 公分，由盲腸延伸至肛門，以結腸繫膜連結後腹壁上。大腸可分為四個主要區域（圖 14-14）：

(一) 盲腸 (Cecum)

位於迴盲瓣底下，長約 6 公分的盲端腸管，是大腸的第一段及最粗部位。闌尾 (vermiform appendix) 是附著於迴盲瓣附近的一扭曲管子，長約 8 公分，開口於盲腸，壁層中含有豐富的淋巴組織，以闌尾繫膜連結到迴腸下部及後腹壁。

臨床應用

ANATOMY & PHYSIOLOGY

消化性潰瘍 (Peptic Ulcers)

消化性潰瘍是成人常見的疾病之一，指消化道受到胃酸或胃蛋白酶的侵襲，而造成胃黏膜組織受損。除了上腹疼痛之外，病人還可能有噁心、嘔吐、腹脹、頭暈、解黑便等症狀，嚴重者甚至會有出血、穿孔或幽門阻塞等併發症。消化性潰瘍常見原因包括生活緊張、壓力大、攝取刺激性食物（如辣椒、菸酒等）、藥物刺激等，導致胃酸分泌過多、黏膜抵抗力不足。另外，胃幽門桿菌感染也會造成胃黏膜的破壞，致消化性潰瘍發生。

(二) 結腸 (Colon)

盲腸往上的部位即為結腸，可再細分為以下部分：

1. **升結腸** (ascending colon)：在腹部右邊往上升，到達肝臟下表面時以 90° 轉向左邊，形成右結腸彎曲 (right colic flexure) 或稱肝曲 (hepatic flexure)。
2. **橫結腸** (transverse colon)：位於肝與胃之下方、小腸的上方，水平橫過腹部，在左邊脾臟底下以 90° 彎曲往下，形成左結腸彎曲 (left colic flexure) 或稱脾曲 (splenic flexure)。
3. **降結腸** (descending colon)：位於腹部左邊，胃的下方，無腸繫膜。由橫結腸左端急轉彎，下行到左髂骨之高度。
4. **乙狀結腸** (sigmoid colon)：由左髂骨嵴開始，往內走向中線，並終止在第三薦骨高度的直腸。

(三) 直腸 (Rectum)

胃腸道的最後 20 公分的部分，位於薦骨與尾骨之前。直腸末端的 2~3 公分的部分為肛管 (anal canal)，肛管上半部縱走的突起稱為肛門柱，內含動、靜脈血管網（圖 14-15）。

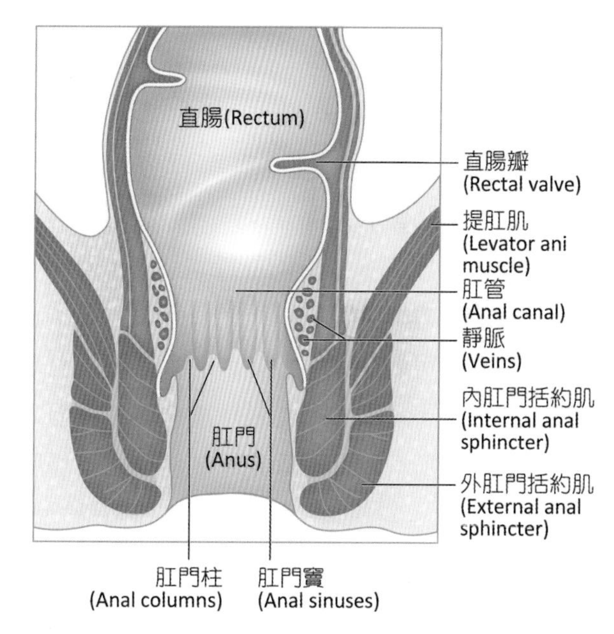

■ 圖 14-15 直腸

(四) 肛門 (Anus)

肛管的對外開口稱為肛門，受內括約肌及外括約肌管制，內括約肌是平滑肌，無法隨意收縮；外括約肌是骨骼肌，可以經由意志隨意控制肛門排便。直腸與肛管間的角度由恥骨直腸肌形成。

二、大腸壁的組織學

大腸黏膜層不含絨毛及環狀皺襞，由單層柱狀上皮細胞及杯狀細胞組成，杯狀細胞分泌的黏液可潤滑大腸內容物，使其易於通過結腸。大腸是消化道中分泌量最少且不分泌消化酶之器官。黏膜下層與其他消化道相似，肌肉層以內環、外縱的排列。

結腸有三個特別的構造，**結腸帶** (teniae coli) 是三束縱走肌所構成，大腸的縱走肌並非連續的環繞著大腸壁，部分縱走肌聚集成增厚的三束結腸帶。結腸帶的張力收縮，會使得結腸聚集成一系列的囊袋構造，稱為**結腸袋** (haustra)。掛在結腸帶上的指狀構造稱為**腸脂垂** (epiploic appendage)，為臟層腹膜包覆突起的脂肪小袋。

闌尾炎 (Appendicitis)

闌尾炎為異物填塞、腸道扭曲、感染等因素引起的腹部急性發炎疾病。典型症狀有右下腹疼痛、食慾不振、噁心、嘔吐、發燒等，闌尾炎的治療以手術切除闌尾為主，因闌尾為身體的一個退化器官，因此切除闌尾並不會對身體造成不良影響，然而若是拖延不治療，可能造成闌尾穿孔，最後演變為急性腹膜炎，不得不注意。

肝臟 (Liver)

一、肝臟的解剖學

肝臟位於橫膈底下、緊鄰胃旁、膽囊上方，在右季肋區的大部分及部分腹上區，**為人體內最大的腺體**，成人的肝總重約 1.4 公斤。肝臟可分為左、右葉兩葉，左葉只占 1/6；在肝臟內表面可觀察到，左葉與右葉之間尚有尾葉及方形葉。**左葉與右葉被壁層腹膜延伸而來的鐮狀韌帶所分隔**，並固定在前腹壁上；靜脈韌帶位於左葉與尾葉之間（肝的後上方），而**下腔靜脈則位於肝右葉的尾葉之間；肝圓韌帶**為鐮狀韌帶的游離緣，由肝臟延伸至臍部，**是胎兒臍靜脈所演化而來**的一個纖維索（圖 14-16）。

二、肝臟的組織學

肝臟是由很多肝小葉 (hepatic lobule) 所構成，肝小葉為肝臟的功能單位，呈現六角形或五角形的圓柱狀，高約 2 mm，直徑約 1 mm。

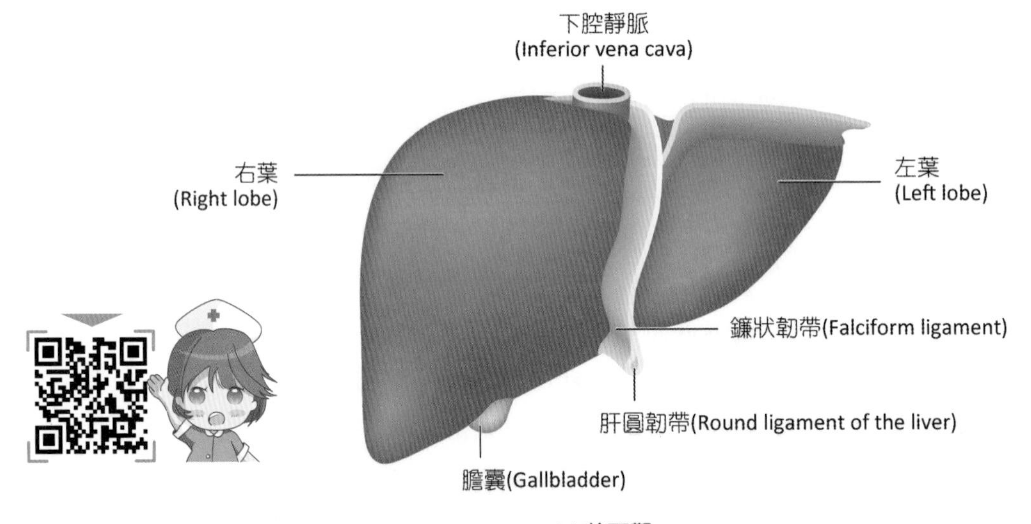

(a) 前面觀

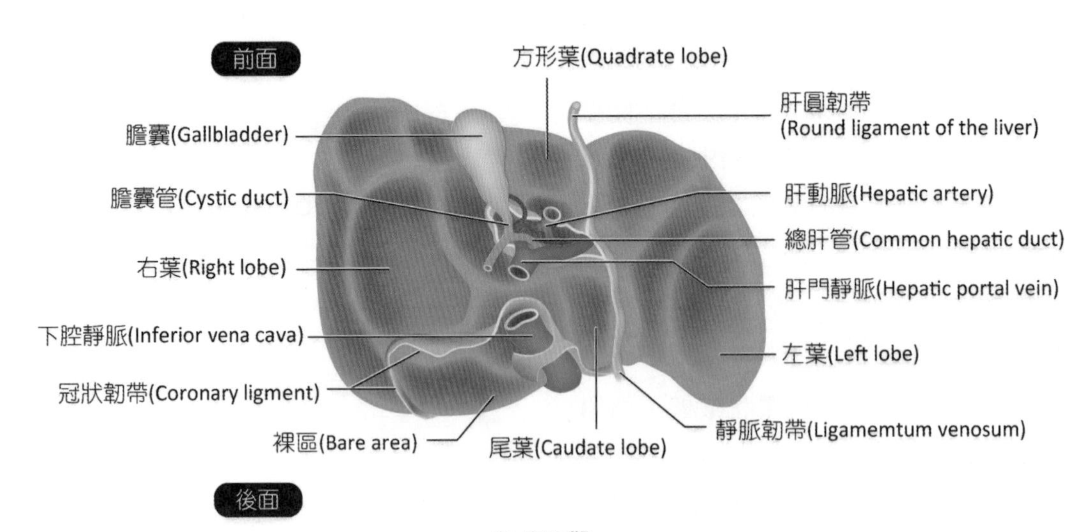

(b) 下面觀

■ 圖 14-16　肝臟

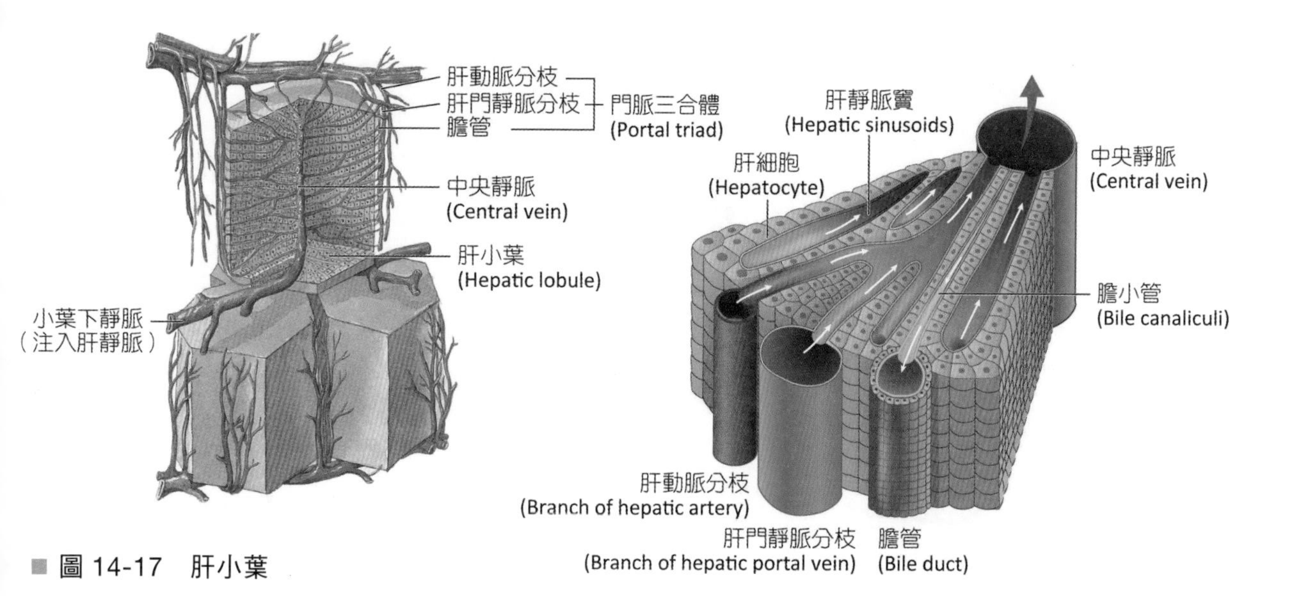

■ 圖 14-17　肝小葉

中央為中央靜脈 (central vein)，為肝靜脈的小分枝，周圍肝細胞呈放射狀排列，稱肝細胞索 (hepatic cord)。每一肝小葉周圍轉角處都有肝動脈、肝門靜脈的分枝（稱小葉間靜脈）和膽管，合稱門脈三合體 (triad)。肝動脈帶充氧血，而肝門靜脈則含有腸胃道所吸收之養分，肝動脈及肝門靜脈分枝的血液注入介於肝細胞索間的竇狀隙 (sinusoids)，再導入中央靜脈進入肝靜脈，最後匯流至下腔靜脈（圖 14-17）。

膽小管亦排列於相鄰肝細胞索之間。肝細胞製造膽汁並進入每一個膽小管，膽小管再將膽汁注入肝小葉周圍的膽管，接著注入肝管，將膽汁帶離肝臟。肝臟的吞噬細胞又稱**庫佛氏細胞** (Kupffer's cell)，位於竇狀隙內，**可摧毀破壞後的白血球、紅血球及外來的細菌**。

三、肝臟的血液供應

肝臟同時接受來自腹腔動脈幹的肝動脈及來自腸道血液的肝門靜脈雙重血液注入，肝動脈和肝門靜脈的血液會導入肝臟的竇狀隙 (sinusoid)。肝動脈攜帶充氧血，供給肝細胞氧氣，而肝門靜脈攜帶來自腸道的缺氧血，並且含有消化道吸收的營養物質。肝動脈和肝門靜脈通過肝門注入肝臟。

四、肝臟的功能

1. **製造膽汁**：膽汁中的膽鹽可將脂肪乳化以利脂肪酶的消化作用。大約 80% 膽鹽可藉腸肝循環在迴腸被再吸收回到肝臟再利用。所謂的腸肝循環是指許多伴隨膽汁進入腸子的化合物並未進入糞便中，它們在小腸被吸收而進入肝門靜脈，由此回到肝臟，再由肝臟分泌出來，此種化合物會在腸與肝之間重複循環（圖 14-18）。
2. **製造抗凝血劑及血漿蛋白**：
   (1) 肝素 (heparin) 由肝臟與肥大細胞共同製造，是一種抗凝血劑。
   (2) 肝細胞製造血漿蛋白，例如血管收縮素原 (angiotensinogen)、凝血酶原、纖維蛋白原 (fibrinogen)、白蛋白、類胰島素生長因子 I (IGF1) 等。血漿中的蛋白質，除了抗體之外幾乎都在肝臟製造。

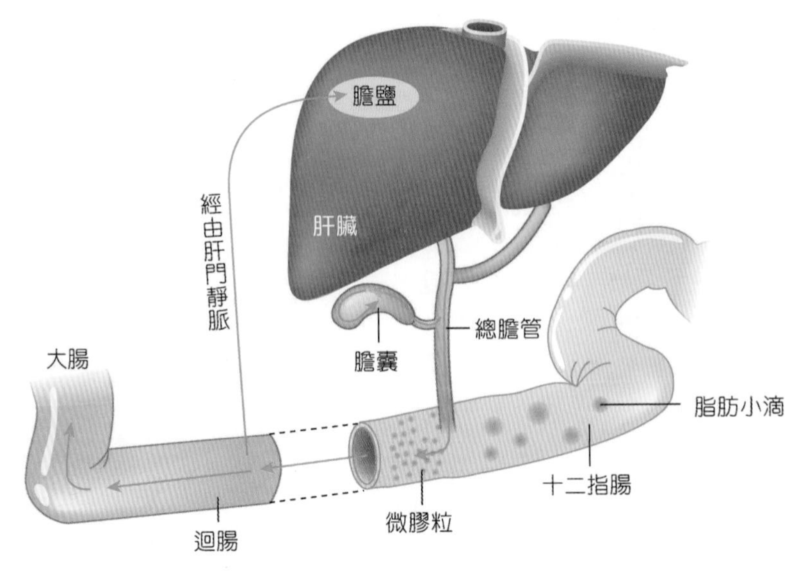

■ 圖 14-18 腸肝循環

3. **吞噬作用**：肝臟的竇狀隙含有庫佛氏細胞，具吞噬的功能，吞噬遭破壞的血球及細菌。
4. **解毒作用**：肝細胞含有很多酶，可以將毒素破壞或轉變為較無害的化合物。例如胺基酸經代謝後產生的氨，被肝臟轉變為尿素 (urea)，再由腎臟及汗腺排除；或把血中較毒的紫質轉變成膽紅素；及將嘌呤轉變成尿酸。
5. **儲存**：肝臟儲存肝醣、銅、鐵及維生素 A、D、E、K。肝臟亦會累積不能被破壞及排除的毒素，例如：DDT。
6. **進行營養物的代謝反應**：肝可將過剩的單醣轉變成肝醣或脂肪。反之，亦可將肝醣、脂肪及蛋白質轉變成葡萄糖。
7. **維生素 D 的活化作用**：皮膚、肝臟及腎臟參與了維生素 D 的活化作用。具活性的維生素 D，可促進十二指腸吸收鈣離子。
8. **儲存膽固醇**：肝細胞表面具脂蛋白的接受器，可捕捉血漿中的膽固醇（脂蛋白的成分），因而可減少血中膽固醇的含量。

五、膽汁 (Bile)

肝細胞每天分泌約 500~1,000 ml 的膽汁。膽汁為黃褐色或橄欖綠的鹼性液體，pH 值 7.6~8.6。主要成分包括水 (97%)、膽鹽 (0.7%)、卵磷脂、膽色素 (0.2%)、膽固醇 (0.06%) 及一些離子 (0.7%)，但不含酵素。膽鹽 (bile salt) 可將脂肪球水解成脂肪小滴懸浮液，稱為乳化作用 (emulsification)，降低脂肪分子的表面張力，並增加與脂肪酶作用的表面積。膽汁與胰脂肪酶共同作用之下形成微膠粒，可幫助脂肪及脂溶性維生素的吸收，故膽管閉塞時會影響脂肪吸收。缺乏膽汁易引起脂肪性腹瀉現象。

膽汁主要的膽色素為膽紅素 (bilirubin)，膽紅素來自血紅素的分解與代謝，紅血球被破壞時，鐵、球蛋白與膽紅素被釋出，當肝功能受損，膽紅素的代謝遭阻礙，大量的膽紅素進入血液循環中，並聚集到其他組織裡，會造成皮膚與眼睛呈現黃色，稱為黃疸 (jaundice)。

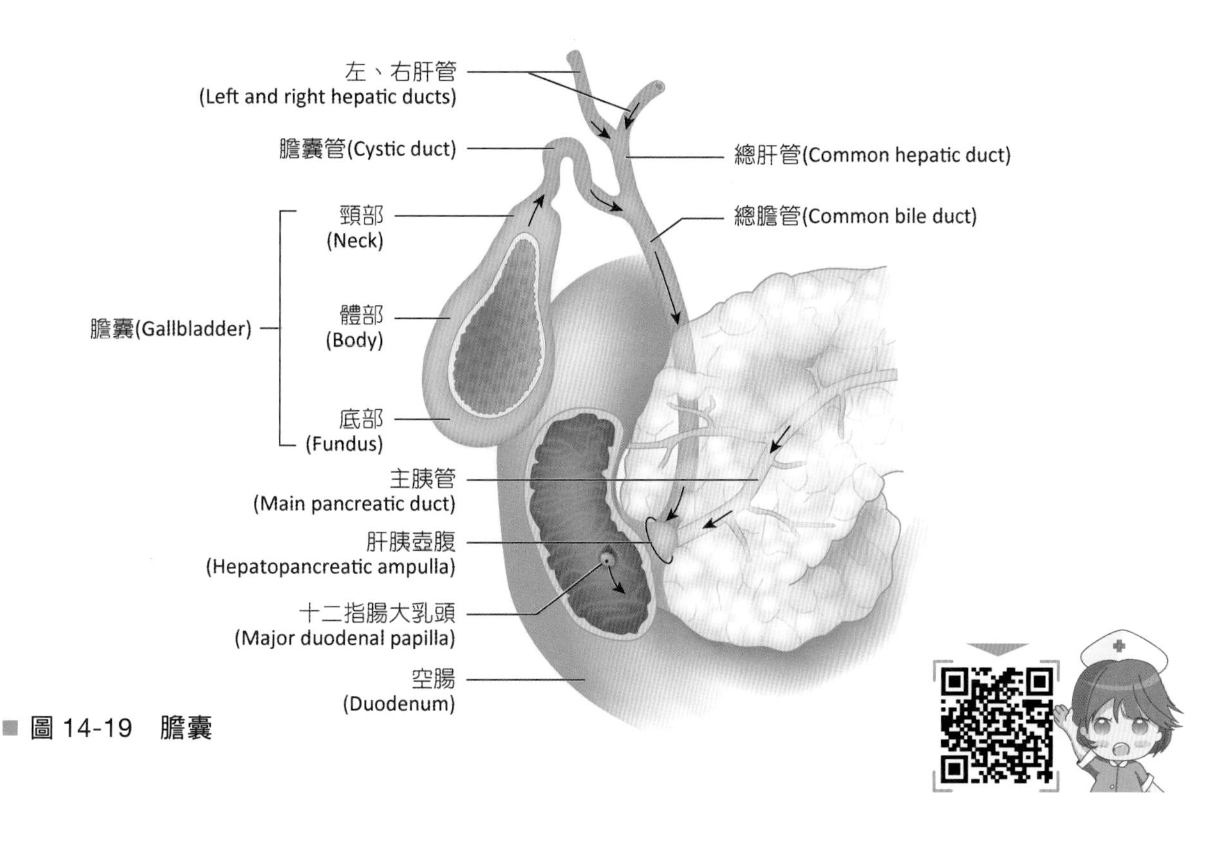

■ 圖 14-19　膽囊

膽汁由肝細胞分泌後，進入微膽小管，之後導進膽管，膽管合併形成較大的左肝管與右肝管，再匯合形成總肝管離開肝臟，總肝管與來自膽囊的膽囊管匯合形成總膽管。總膽管則與來自胰臟的胰管匯合形成**肝胰壺腹**(hepatopancreatic ampulla) **進入十二指腸**。

膽汁的分泌速率受到神經刺激影響，迷走神經的刺激可增加膽汁的製造速率。胰泌素是肝臟膽汁的主要刺激者，而膽囊收縮素則增強其作用。流經肝臟的血流增加，膽汁的分泌亦增加，血液內有大量的膽鹽亦可增加膽汁的製造。

膽囊 (Gallbladder)

一、膽囊的構造

膽囊為一梨形的囊，長約 7~10 公分，最寬處有 2 公分。膽囊後上方狹窄部為膽囊頸。膽囊管由膽囊頸分出，與肝管匯合成總膽管。位於肝臟下面**右葉與方形葉之間**（圖 14-19）。

二、膽囊的功能

膽囊主要功能為**儲存膽汁**（約 30~50 ml）以及濃縮膽汁（5~10 倍的濃度）。進到十二指腸的食糜含有高濃度脂肪性食物或被部分消化的蛋白質時，會刺激**小腸黏膜層**分泌膽囊收縮素，**刺激膽囊收縮**，排出膽汁。膽囊收縮素引起膽囊的肌肉層收縮，同時使肝胰壺腹括約肌鬆弛，因而造成膽囊的排空。

胰臟 (Pancreas)

胰臟位於**胃大彎後面**，即在腹盆腔之左季肋區。胰臟可分為被十二指腸 C 形彎曲套住的頭部、胃大彎下面的體部、靠近脾臟的尾部（圖 14-19）。胰臟的血液引流至肝門靜脈。胰臟同時具有外分泌腺及內分泌腺功能。

一、外分泌腺

胰臟 99% 由腺泡細胞所組成，屬於長圓管形腺泡腺體，分泌胰液，參與消化作用，為胰臟的外分泌腺。由肝膽而來的**總膽管與主胰管匯合**，形成一膨大部分稱為肝胰壺腹 (hepatopancreatic ampulla) **開口於十二指腸大乳頭** (major duodenal papilla) 或稱歐迪氏括約肌 (Oddi's sphincter)，約在胃幽門下方 10 公分處。小部分的胰液則經由管徑較小的副胰管 (accessory pancreatic duct) 匯入**十二指腸**，開口在十二指腸小乳頭 (minor duodenal papilla)。

二、胰液 (Pancreatic Juice)

胰液一天的分泌量為 1,200~1,500 ml，為澄清、無色的液體。組成為下列物質：

1. 消化酶：
   (1) 胰澱粉酶：消化碳水化合物，分解多醣類，形成麥芽糖。
   (2) 胰蛋白酶、胰凝乳蛋白酶及羧多胜肽酶：消化蛋白質，形成胜肽。

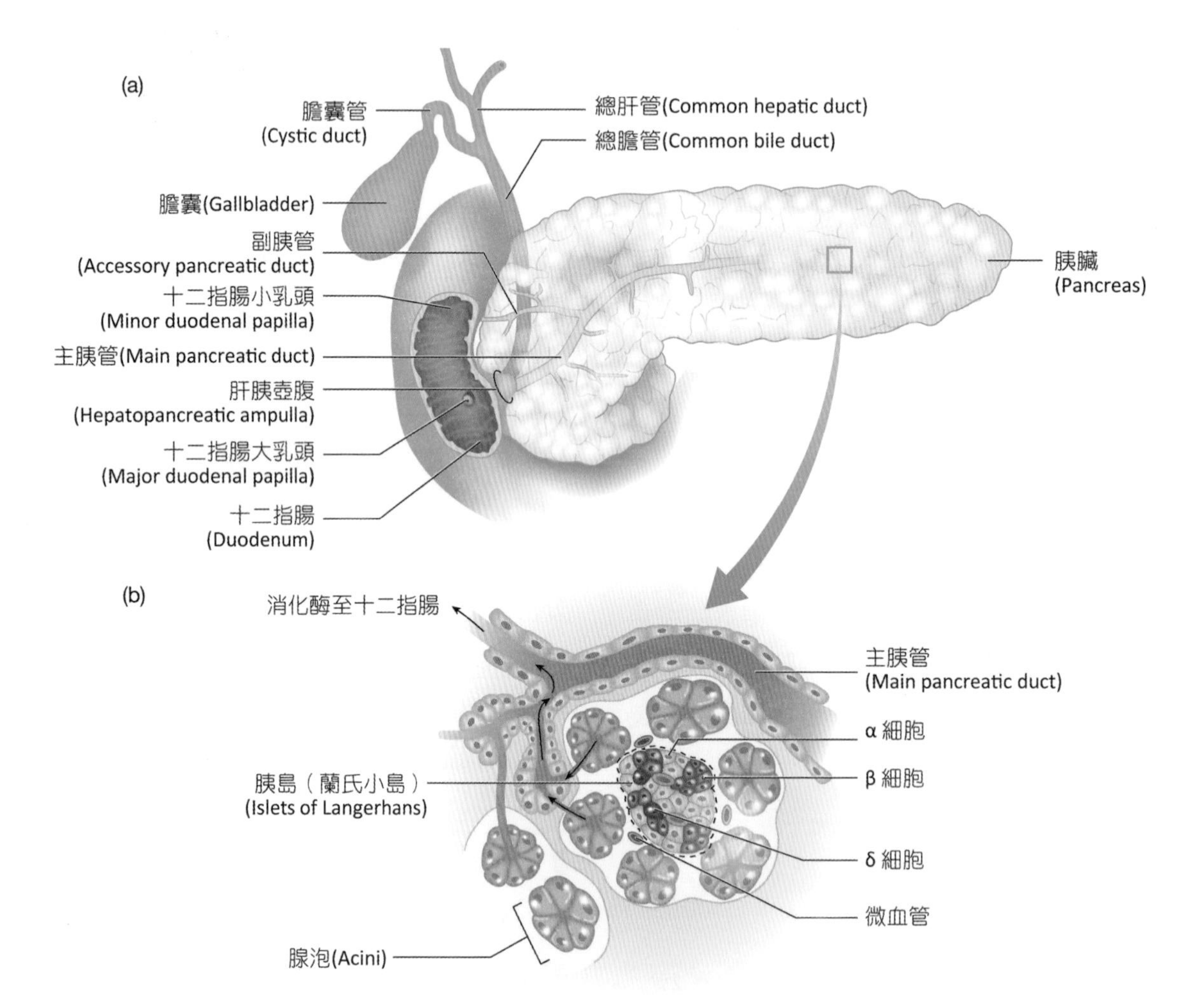

■ 圖 14-20 胰臟

(3) 胰脂肪酶：消化脂肪，形成甘油及脂肪酸。

(4) 核糖核酸酶：消化核酸。

2. HCO_3^-：使胰液呈**微鹼性** (pH 7.1~8.2)，可中和胃酸且終止胃蛋白酶之作用，並製造適合於小腸酶作用的鹼性環境。
3. 水及其他鹽類。

三、內分泌腺

胰臟約 1% 為蘭氏小島 (islets of Langerhans) 或稱胰島 (pancreatic islets)，為胰臟內分泌腺，由下列細胞組成：(1) α 細胞：分泌升糖素 (glucagon)，主要作用為升血糖，對醣類代謝與胰島素作用拮抗；(2) β 細胞：數量最多，分泌胰島素 (insulin) 降低血糖，過量的胰島素會促使脂肪細胞吸收鉀離子，而降低血鉀；(3) δ 細胞：分泌**體抑素** (somatostatin)。

14-3 消化道的作用

消化作用

消化是指食物在消化道內被水解成小分子的過程，包括兩種方式：

1. **機械性消化** (mechanical digestion)：即透過消化道的運動，將食物磨碎，與消化液充分混合，並向消化道的遠端推送。
2. **化學性消化** (chemical digestion)：即透過消化液中的各種消化酵素的作用，將食物中的大分子物質（主要是蛋白質、脂肪和多醣）分解為可吸收的小分子物質。

一、口腔內的消化作用

口腔中的食物經由咀嚼，受到舌頭翻動、牙齒磨碎，與唾液混合，使食物縮小成一個小食團，以便吞嚥。唾液澱粉酶 (salivary amylase) 引起部分澱粉的分解，這是口腔中唯一的化學性消化作用。

二、吞嚥 (Swallowing)

吞嚥是指食物從口腔經咽與食道移入胃的過程，其中樞位於延腦。吞嚥動作可分為三個時期（圖 14-21）：

1. **口腔期**（口→口咽）：吞嚥動作的開始，屬於可由意識控制的隨意運動。食物被舌頭被移到舌背部分，舌背緊貼硬腭，食團被推向口腔後方進入咽部。
2. **咽期**（口咽→食道）：屬於非隨意控制方式，食團進入口咽後，即引起吞嚥反射，上腭上提關閉鼻咽通道，會厭軟骨向後**封閉氣管，呼吸暫停**，以避免食物掉入氣管；**上食道括約肌鬆弛**，使食團進入食道。
3. **食道期**（食道→胃）：食道黏膜受到食團的刺激而引發。食物進入食道後，上食道括約肌收縮，將食團往下擠，食道肌肉產生蠕動 (peristalsis)，此時環肌收縮減小管徑，接著由縱肌收縮縮短管長，藉每秒 2~4 公分的速度將食團往下送到胃的賁門，最後食道下括約肌舒張，食物順利進入胃中。

三、胃的消化作用

(一) 機械性消化

咀嚼與吞嚥時，胃會感受到食物對咽、食道的刺激，引起胃壁平滑肌容受性舒張

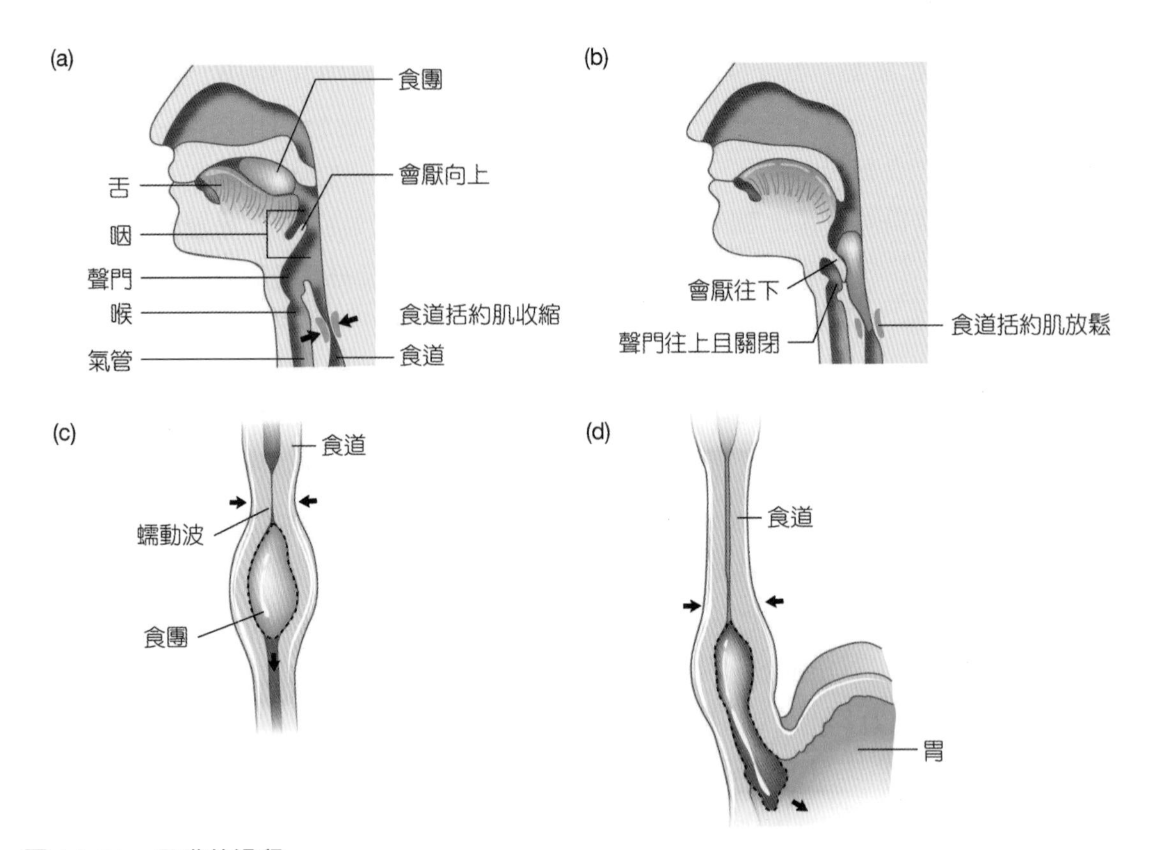

■ 圖 14-21 吞嚥的過程

(receptive relaxation)，使胃容量由 50 ml 增加至 1.5 L。在食物進入後，胃每 15~20 秒出現一次溫和的波動性收縮，稱為混合波，將食物與胃液混合變成食糜，並迫使其進入十二指腸內。由胃體至幽門的收縮過程中，除了混合波外，尚有每 20 秒出現一次的強烈蠕動波。

(二) 化學性消化

胃蛋白酶 (pepsin) 因胃內極酸環境 (pH 2) 而具有活性，使蛋白質分解成胜肽類 (peptides)。胃脂肪酶 (gastric lipase) 可水解脂肪分子，但其在 pH 5~6 時最有效，故在胃中作用有限。嬰兒的胃內多了凝乳酶 (rennin) 與鈣作用，可使牛奶中的可溶性酪蛋白原變成不溶性酪蛋白 (casein) 的凝乳，以增加乳汁在胃的滯留時間。

(三) 胃排空的調節

胃的內容物通往十二指腸的速率，即胃排空的速率，一般在 2~6 小時後可排空所有的內容物。胃內容物的體積大者排空速率較快，液體食物的排空速率較固體快，固體食物排空速率為醣類＞蛋白質＞脂肪，胃泌素分泌增加、幽門括約肌放鬆、迷走神經興奮皆可促進胃排空。小腸內的脂肪及酸會抑制胃的排空。

四、小腸的消化作用

(一) 機械性消化

食物造成小腸的擴張，如此刺激腸壁上的張力接受器而引起反射動作，促進食物的推送。小腸的運動有三種：

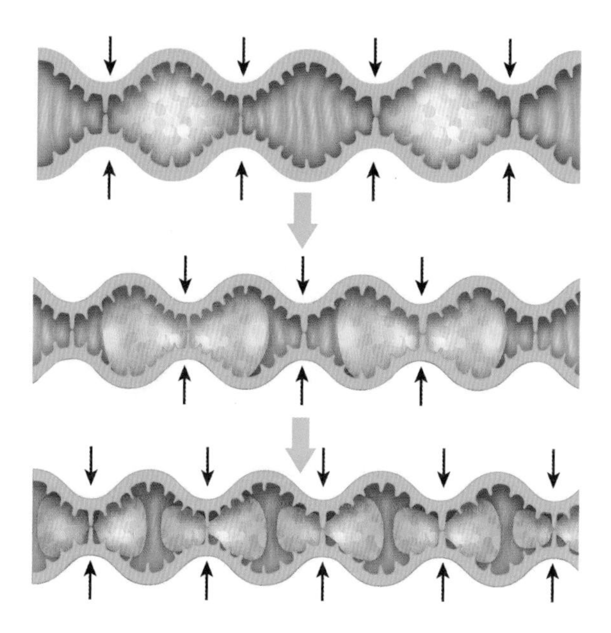

■ 圖 14-22　分節運動

1. **分節運動** (segmentation)：**小腸受食糜膨脹刺激而引發**，為小腸主要的運動，目的是將食糜與消化液混合，並使食物顆粒與黏膜接觸以便消化與吸收。小腸一定間隔的環肌同時收縮，將小腸分成許多小節，隨後原收縮部位舒張，舒張部位則發生收縮，如此反覆進行，使小腸內的食糜不斷地被分割，又不斷地混合，並增加食物與小腸黏膜接觸的機會（圖 14-22）。
2. **蠕動** (peristalsis)：可發生於小腸的任何部位，將食糜在消化道內向前推進。小腸的蠕動速度較食道及胃的蠕動慢，食糜在小腸每分鐘移動 10 公分，停留約 3~5 小時，此有助於食物的消化與吸收之進行。
3. **掃蕩排空運動** (migrating myoelectric complex, MMC)：一種源自胃底部傳向大腸的複合性電波，可使小腸產生強烈的收縮作用。通常發生於兩餐之間的飢餓時段，約 70~90 分鐘發生一次，可將尚未消化、殘留的食物、難以消化的食物加以排除。目前推測小腸分泌的腸動素 (motilin) 與掃蕩排空運動的產生有關。

(二) 化學性消化

在小腸消化作用中，碳水化合物、蛋白質及脂肪的完全消化必須藉助胰液、膽汁及小腸液集體作用。

五、大腸的消化作用

(一) 機械性消化

大腸平常保持輕微的收縮，但在用餐之後立刻產生**胃迴腸反射** (gastroileal reflex)，使迴腸的蠕動被加強，食糜被推進盲腸。胃泌素亦可使迴盲瓣鬆弛，有利食糜推進。當盲腸擴張時，迴盲瓣 (ileocecal valve) 收縮程度被加強，限制食糜再進到盲腸。大腸的消化運動有兩種：

1. **結腸袋性攪拌運動** (haustral churning)：當食糜進入結腸，結腸壁收縮將內容物擠進另一結腸袋，縱使大腸蠕動較其他部分慢，此運動仍可發生。
2. **團塊蠕動** (mass peristalsis)：又稱胃結腸反射 (gastrocolic reflex)，為起源於橫結腸中間的一個**強烈蠕動波，將結腸內容物擠進直腸**。胃內食物可引發此反射的動作，因此總蠕動經常在一天內發生 3~4 次，且在**飯後**或胃充滿食物時發生。

(二) 化學性消化

食糜在大腸內受到微生物的作用，其中殘存的碳水化合物被發酵而釋放氫、二氧化碳及甲烷氣體，造成結腸內的脹氣。腸道微生物亦

臨床應用 ANATOMY & PHYSIOLOGY

腹瀉 (Diarrhea)

腹瀉是指排便的次數過多且含水量高，導致糞便鬆軟、不成形如液狀，常伴隨著腹痛、腹脹、噁心、嘔吐、發燒等症狀發生，嚴重者可能有脫水、排尿減少、電解質流失、營養不良等情況。腹瀉常見原因為腸胃道病毒、細菌或寄生蟲感染引起的腸胃炎，另外，乳糖不耐症、腸躁症、藥物刺激等也會造成腹瀉。依症狀持續的時間長短，又可分為急性腹瀉（不超過二週）與慢性腹瀉（大於四週）。

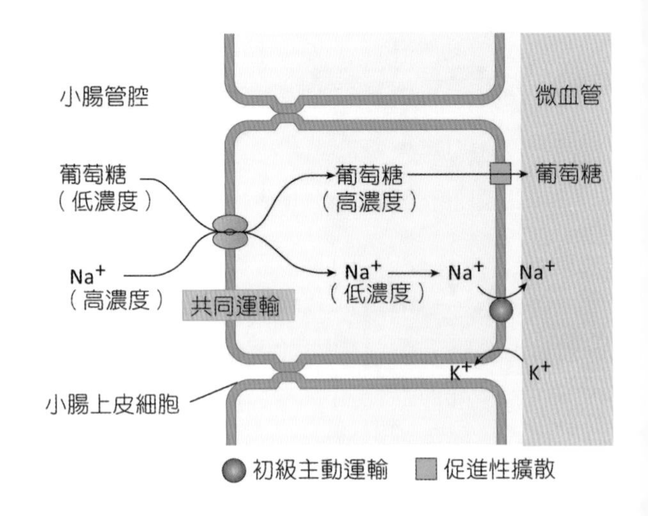

■ 圖 14-23　葡萄糖的吸收

將殘餘的蛋白質轉變為胺基酸，分解成較簡單的物質。大腸內微生物將膽紅素分解成較簡單的尿膽色素原，造成糞便的棕色。

腸道微生物群可合成一些正常代謝所需的維生素，包括某些維生素 B、維生素 K 及葉酸，同時被大腸吸收。腸道微生物還可使食糜中未消化的物質與分泌的黏液發酵，所產生的短鏈脂肪酸可供作結腸上皮細胞的能量來源，如此可促進大腸吸收鈉、鈣、鎂、鐵等離子與重碳酸根離子。食糜停留在大腸內約 3~10 小時，經吸收水作用變成固體或半固體的糞便。進入大腸的水（約 0.5~1 公升）幾乎全部被吸收，僅剩約 100~200 ml 隨糞便排出體外，水的吸收作用在盲腸及升結腸最大。

六、排便反射

大腸的總蠕動將糞便擠進直腸，造成直腸壁的擴張，因而刺激壓力接受器引發排便反射，將直腸排空。直腸縱走肌的收縮使直腸縮短，橫膈及腹肌的隨意收縮，使腸內壓力增加，迫使括約肌打開，將糞便由肛門排出。嬰兒常在餐後排便是因胃結腸反射使直腸自動排空，並不包含肛門外括約肌的隨意控制。

營養素的吸收

消化後的營養物由消化道進入血管或淋巴管的過程稱為吸收作用。90% 的吸收作用發生在小腸，尤以空腸最多，絨毛以簡單擴散、促進性擴散、共同運輸或滲透等方式進行吸收，其餘 10% 則發生在胃及大腸。

一、碳水化合物的吸收

澱粉屬多醣類，經澱粉酶水解為麥芽糖及少數葡萄糖。澱粉酶可來自唾液與胰液，消化澱粉所產生的麥芽糖必須再經刷狀緣酵素之麥芽糖酶水解才能產生可吸收之葡萄糖。所有碳水化合物都以單醣形式在空腸近端被吸收（圖 14-23）：

1. **葡萄糖及半乳糖以主動運輸**進入小腸絨毛的上皮細胞，運輸過程需要鈉離子的協助，屬於次級主動運輸之共同運輸。
2. 果糖以促進性擴散方式被輸送入小腸上皮細胞。

進入小腸細胞後的單醣以擴散方式進入絨毛的微血管，經門脈系統匯至**肝臟**，由肝臟回流至心臟的血液最後經心臟推向全身循環。

二、蛋白質的吸收

蛋白酶可消化蛋白質，胃液與胰液含蛋白酶，消化蛋白質而產生胜肽，胜肽必須再經刷狀緣酵素之胜肽酶水解才能產生可吸收之胺基酸。蛋白質多以胺基酸形式被吸收，此過程發生在十二指腸及空腸。胺基酸以次級主動運輸的方式進入絨毛的上皮細胞，然後以擴散的方式進入血流，循環途徑與單醣相同（圖 14-24）。

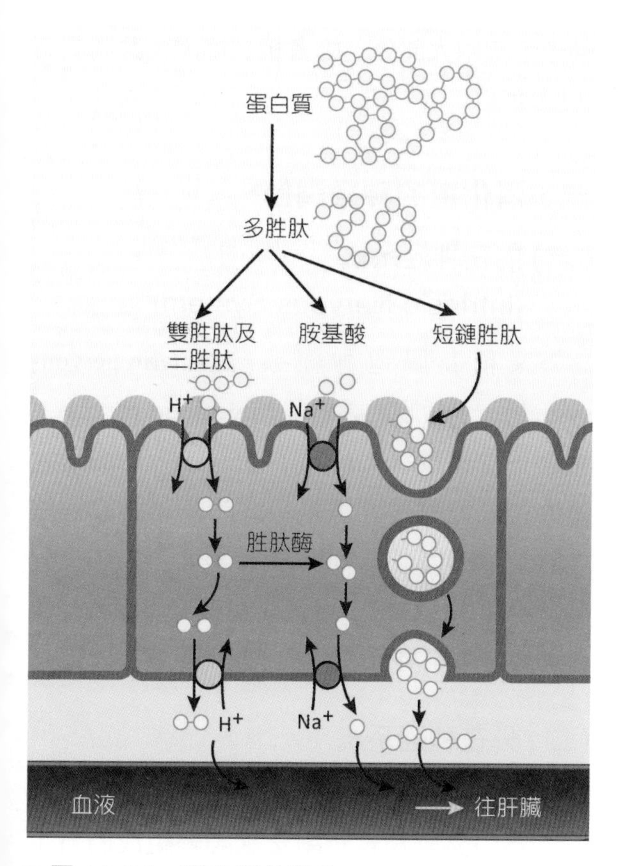

■ 圖 14-24　蛋白質的吸收

三、脂肪的吸收

脂肪必先**經膽鹽乳化形成較小的脂肪顆粒以提供較大的表面積**，以利胰液的**脂肪酶**在此顆粒表面進行消化。**中性脂肪**（三酸甘油酯）**被分解成單酸甘油酯及脂肪酸**，短鏈脂肪酸以擴散方式進入上皮細胞，隨單醣及胺基酸的途徑被吸收，而中鏈脂肪酸不需膽鹽可被吸收。大部分脂肪酸為長鏈脂肪酸，它與單酸甘油酯及膽鹽形成微膠粒，藉微膠粒進入絨毛的上皮細胞，長鏈脂肪酸透過乳糜管吸收，而微膠粒則留在食糜中繼續重複此種擺渡作用。單酸甘油酯被消化酶分解成甘油及脂肪酸，被吸收的脂肪酸與甘油會在上皮細胞的平滑內質網內再度形成三酸甘油酯，**並與磷脂質及膽固醇凝集成小球**，外層覆蓋蛋白質，稱為**乳糜小滴**(chylomicrons)（圖 14-25）。乳糜小滴藉胞吐作用離開上皮細胞後，進入乳糜管（是一種淋巴管）再送至胸管，胸管會在鎖骨下靜脈導入循環系統。

四、水的吸收

每日進入小腸的液體量約有 9 公升，其中 8~8.5 公升的液體會被小腸利用滲透的方式，以每小時約 200~400 ml 的速率吸收，維持血液滲透壓的平衡。剩餘 0.5~1 公升的液體則進入大腸，被大腸則吸收剩下 100~200 ml。

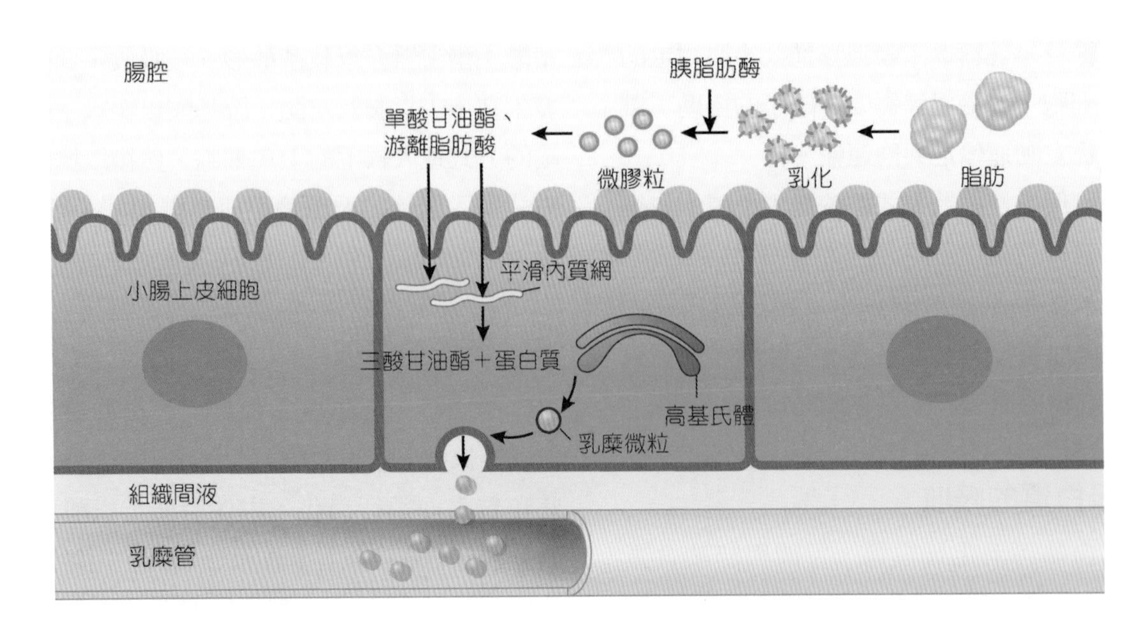

■ 圖 14-25　脂肪的消化與吸收

五、電解質的吸收

鈉離子能以擴散作用進出上皮細胞，也能以主動運輸的方式進入黏膜細胞。氯化物、碘化物與硝酸鹽離子能隨著鈉離子以被動運輸或主動運輸進入細胞。鈣離子受副甲狀腺素與維生素 D 作用，而影響其主動運輸。鐵、鉀、鎂與磷酸鹽也以主動運輸移動。

六、維生素的吸收

脂溶性維生素 A、D、E 及 K，可與食物中的脂肪形成微膠粒而一起被吸收。大多數水溶性維生素（如 B 群與 C）則以擴散的方式被吸收。維生素 B_{12} 必須與胃所分泌的內在因子結合，才能於迴腸被吸收。

14-4 消化道的分泌調控

消化道功能受神經及內分泌調節影響，支配消化道的神經包括內在神經系統和外在神經系統兩大部分。兩者相互協調，共同調節胃腸功能。

一、消化道的神經調節

(一) 內在神經系統 (Intrinsic Nervous System)

又稱為腸道神經系統 (enteric nervous system)，包括**腸肌神經叢** (myenteric plexus)、黏膜下神經叢 (submucosal plexus)，由腸壁大量的神經元和神經纖維組成的複雜神經網路（圖 14-26）。其中的感覺神經元可以**感受胃腸道內化學、機械、滲透壓和溫度等刺激**；運動神經元支配消化道的平滑肌、腺體和血管。

(二) 外在神經系統 (Extrinsic Nervous System)

為由交感神經及副交感神經組成的自主神經系統。一般情況下，交感神經藉由分泌正腎上腺激素而抑制消化道平滑肌收縮及腺體分

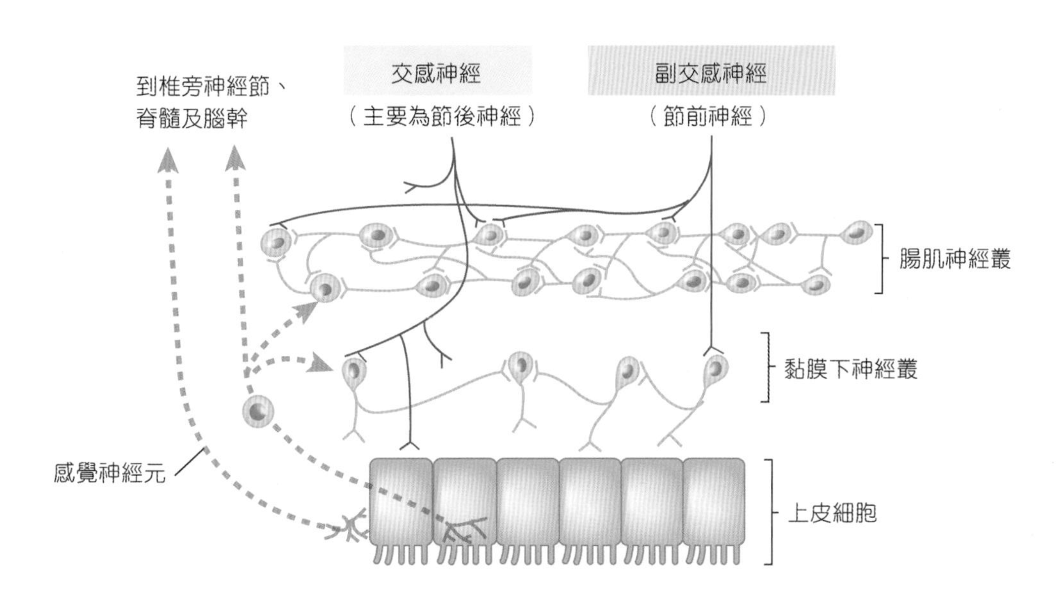

■ 圖 14-26　消化道的神經調節

泌，但會引起消化道括約肌收縮；副交感神經興奮則使消化液分泌增加、消化道運動加強。

二、消化道的內分泌調節

消化器官的功能受激素的調節，激素主要是由存在於胃腸黏膜層和胰腺的內分泌細胞所分泌，以及由胃腸壁的神經末梢釋放的，統稱為胃腸激素，介紹如下（表 14-2）：

1. **胃泌素** (gastrin)：由胃幽門部的嗜鉻細胞分泌，會**刺激胃酸、胃蛋白酶原分泌**，同時使賁門及幽門括約肌鬆弛，加速胃排空作用。胃酸增多時，會負迴饋抑制胃泌素的分泌。
2. **胰泌素** (secretin)：小腸上部黏膜細胞分泌，可刺激胰液、膽汁、小腸液分泌，酸性食糜會促進胰泌素分泌，並減少胃酸分泌。同時使幽門括約肌收縮，抑制胃排空作用。當

表 14-2　胃腸激素 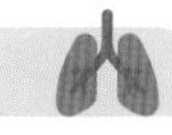

激素	分泌部位	刺激因素	作用
胃泌素	胃幽門部	消化後的蛋白質、咖啡因、胃擴張	刺激胃酸、胃蛋白酶原的分泌，加速胃排空
胰泌素	小腸上部黏膜細胞	酸性食糜增加	刺激胰液、膽汁、小腸液分泌，抑制胃酸、胃排空
膽囊收縮素	小腸上部黏膜細胞	胜肽、胺基酸、脂肪酸	刺激膽囊收縮及排出膽汁、增加胰液與小腸液分泌、抑制胃排空、降低胃酸
胃抑素	十二指腸、空腸	葡萄糖、脂肪	刺激胰島素、十二指腸腺分泌，抑制胃酸及胃蠕動
血管活性腸胜肽	腸胃黏膜、神經元	－	促進小腸分泌電解質、水，抑制胃酸、胃排空

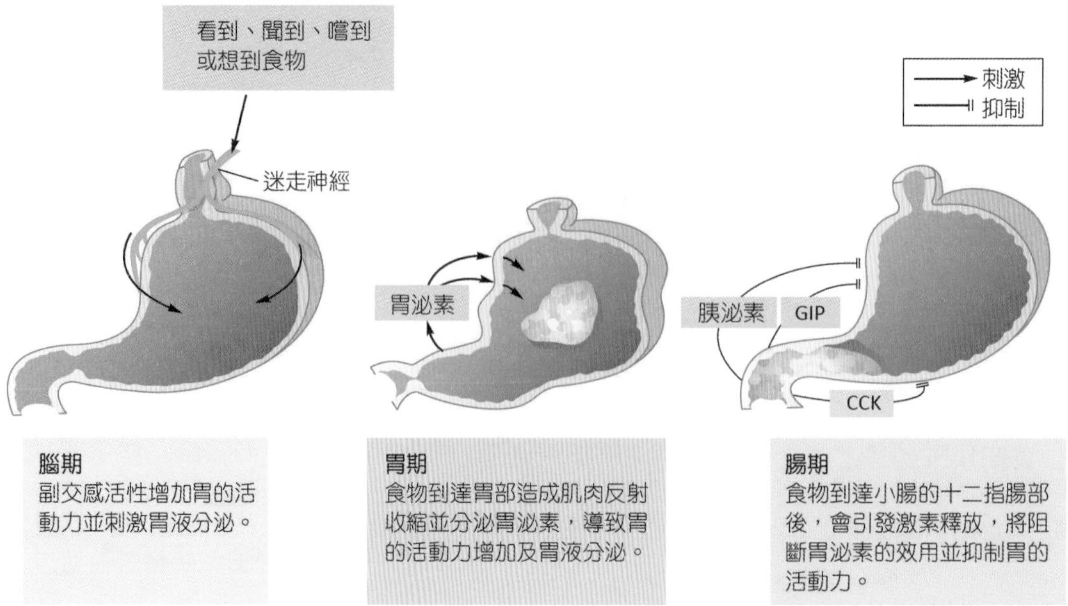
看到、聞到、嚐到
或想到食物
迷走神經
刺激
抑制
胃泌素
胰泌素
GIP
CCK
腦期
副交感活性增加胃的活動力並刺激胃液分泌。
胃期
食物到達胃部造成肌肉反射收縮並分泌胃泌素，導致胃的活動力增加及胃液分泌。
腸期
食物到達小腸的十二指腸部後，會引發激素釋放，將阻斷胃泌素的效用並抑制胃的活動力。

■ 圖 14-27 胃液分泌的調節

十二指腸的酸被中和後，胰泌素便停止分泌。

3. **膽囊收縮素** (cholecystokinin, CCK)：由小腸上部黏膜細胞產生，受十二指腸食糜中的蛋白質及脂肪刺激而分泌。可刺激胰臟腺泡細胞分泌大量富含胰消化酶的胰液，造成**膽囊收縮、膽汁由膽囊排出**，並鬆弛肝胰壺腹的括約肌，以及刺激小腸液的分泌、降低胃酸分泌、抑制胃排空。胰液中的蛋白酶造成食糜中蛋白質的分解，部分消化的蛋白質又可刺激膽囊收縮素分泌，如此會持續分泌直到食糜通過十二指腸及空腸前段為止。
4. **胃抑素** (gastric inhibitory peptide, GIP)：由十二指腸、空腸分泌，小腸中的葡萄糖、脂肪會促使胃泌素分泌，胃抑素可抑制胃酸及胃蠕動、刺激胰島素、十二指腸腺分泌。

三、胃液分泌的調節

胃液的分泌及胃蠕動是由神經及內分泌系統共同來調節，神經調節是為迷走神經的副交感神經纖維和局部腸道神經系統之反射作用。而激素調節為藉由胃泌素而來。胃液分泌每天約 2,000 ml，其分泌可分為三期：腦期、胃期、腸期（圖 14-27）。

(一) 腦期 (Cephalic Phase)

為反射作用所造成。發生在食物進入到胃之前。因看到、聞到、嚐到或想到食物而引起的反射作用，此神經衝動傳至大腦皮質、延腦、下視丘的進食中樞，由迷走神經之副交感神經纖維傳出，刺激胃泌素分泌及胃腺的壁細胞分泌胃酸。迷走神經亦會刺激腸壁上的類腸嗜鉻細胞 (ECL cell) 分泌組織胺，組織胺會刺激壁細胞分泌胃液。情緒會影響胃酸的分泌，血糖降低時，會刺激迷走神經增加胃液分泌（圖 14-28）。

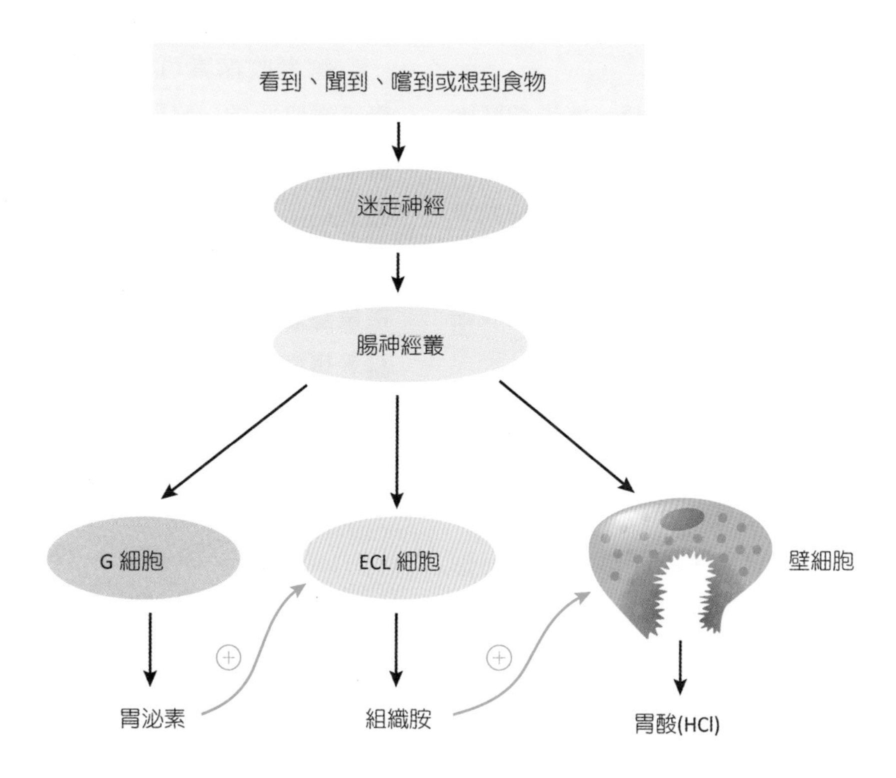

■ 圖 14-28 腦期胃酸分泌的調節

(二) 胃期 (Gastric Phase)

因食物進到胃內，對胃壁造成物理性擴張或化學性食物分子的刺激，引發胃液分泌及胃蠕動。蛋白質、**咖啡因及酒精會引起迷走神經興奮，刺激胃壁 G 細胞分泌胃泌素**，此激素經由血液循環再回到胃部刺激胃腺壁細胞，使其分泌大量的胃酸。但若是胃內無食物，或當胃酸度增加 (pH ＜ 2) 時，便會抑制胃泌素的分泌。

(三) 腸期 (Intestinal Phase)

當食糜由胃進入十二指腸，導致十二指腸擴張，酸性食糜進入、滲透壓上升、蛋白質食物等刺激十二指腸黏膜會引發腸胃反射 (enterogastric reflex)，因此稱為腸期。由小腸分泌的激素可抑制胃液的分泌，這些激素包括：胰泌素、膽囊收縮素、胃抑素等。腸期的激素經由血液循環後，刺激胃壁，而使胃腺的分泌及胃之運動性減低，有抑制排空的功能。

四、小腸分泌的調節

最主要是利用食糜的存在所產生的局部反射。胰泌素及膽囊收縮素能刺激小腸液的製造。小腸黏膜受酸及食糜刺激時，會分泌胰泌素於血中，刺激腸道刷狀緣酵素的製造。交感神經會減少十二指腸黏液的分泌，但對胃沒有影響。在腸期時，食物進入小腸會引起腸胃反射。十二指腸內的脂肪、酸、部分消化之蛋白質或十二指腸肌肉被擴張，皆會引發腸抑胃反射，而抑制胃的活動與排空。

五、胰液分泌的調節

當胃的分泌在頭期及胃期時，迷走神經衝動同時被傳送至胰臟，造成少量胰臟消化酶的分泌，而腸期才是胰液大量分泌的主要時期。當食糜進入十二指腸，食糜中的酸、脂肪、高張的液體，會刺激小腸分泌胰泌素及膽囊收縮素，促進胰液的釋放。

胰泌素主要作用在刺激胰臟腺管，使分泌大量富含 HCO_3^- 及水的胰液，而酶的含量不高。受食糜的低 pH 值刺激而分泌的胰泌素，因 HCO_3^- 中和酸性食糜，如此形成一種負迴饋迴路，間接抑制了自己的分泌。

膽囊收縮素可促進胰腺分泌消化酶及膽囊平滑肌收縮，且刺激小腸黏膜刷狀緣分泌腸激酶 (enterokinase)，將不具活性的胰蛋白酶原 (trypsinogen) 活化成胰蛋白酶，胰蛋白酶本身亦可促進越多胰蛋白酶原轉變為胰蛋白酶，這是身體正迴饋控制的例子。胰臟所製造的胰凝乳蛋白酶原及羧多胜酶原，在小腸內受胰蛋白酶的活化作用之後才轉變為具有活性的胰凝乳蛋白酶及羧多胜酶。

臨床應用 ANATOMY & PHYSIOLOGY

乳糖不耐症 (Lactose Intolerance)

乳糖不耐症是指人體缺乏分解乳糖所需的乳糖酶，大腸內的細菌會將腸道內未消化的乳糖分解成二氧化碳、氫氣等氣體刺激腸道，使腸道蠕動加快，導致腹脹、腹痛、腹瀉的症狀。乳糖不耐症在成人較容易發生，這是因為乳糖酶會隨著年紀的增加而逐漸減少。另外，種族的不同也會使乳糖不耐症的發生機率有所差異，亞洲與非洲人超過 90% 有乳糖不耐症，北歐僅 5%。乳糖不耐症可分為三種類型：

1. 原發性乳糖不耐症：最常見的類型，遺傳因素所造成，僅發生於成人。
2. 繼發性乳糖不耐症：環境或特定腸胃疾病所致，如腸胃炎、腸道寄生蟲。腸胃炎（尤其輪狀病毒感染）會導致暫時性乳糖不耐，腸道寄生蟲則會造成小腸損傷，破壞乳糖酶的製造功能。
3. 先天性乳糖酶不足：染色體的缺陷使人體在出生時便無法製造乳糖酶，無法消化乳糖。

學習評量 REVIEW AND CONPREHENSION

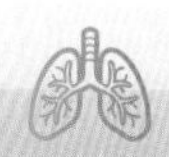

1. 下列哪個胃腺細胞，主要產生鹽酸與內在因子？(A) 黏液頸細胞 (mucous neck cell) (B) 壁細胞 (parietal cell) (C) 主細胞 (chief cell) (D) 腸內分泌細胞 (enteroendocrine cell)
2. 總膽管與胰管匯聚形成肝胰壺腹 (hepatopancreatic ampulla)，開口於下列何處？(A) 胃的幽門部 (B) 胃的賁門部 (C) 十二指腸 (D) 空腸
3. 依照大腸 (large intestine) 前後排列之順序，下列何者在最前端？(A) 升結腸 (B) 降結腸 (C) 盲腸 (D) 迴腸
4. 下列何者不是由腹膜 (peritoneum) 衍生形成的構造？(A) 大網膜 (B) 小網膜 (C) 肝圓韌帶 (D) 腸繫膜
5. 下列何者在小腸液中的含量最低？(A) 蔗糖酶 (sucrase) (B) 肝醣酶 (glycogenase) (C) 乳糖酶 (lactase) (D) 麥芽糖酶 (maltase)
6. 有關脂溶性維生素的敘述，下列何者錯誤？(A) 吸收不受膽汁分泌的影響 (B) 包含維生素 A、D、E 與 K (C) 溶解在微膠粒 (micelle) 中 (D) 在小腸中被吸收進入人體
7. 有關消化道肌肉層的敘述，下列何者正確？(A) 除口腔、咽部外，所有消化道的肌肉層皆由平滑肌構成 (B) 除口腔、咽部外，所有消化道的肌肉層皆分為內層環向、外層縱向 (C) 咽部主要由骨骼肌所構成 (D) 口腔的硬腭是骨骼肌構成，而軟腭是平滑肌所構成
8. 消化道的歐氏神經叢 (Auerbach's plexus)，主要位於下列何處？(A) 黏膜層 (B) 黏膜下層 (C) 肌肉層 (D) 漿膜層
9. 橫結腸不具下列何種構造？(A) 腸脂垂 (B) 縱走之肌肉帶 (C) 結腸袋 (D) 小網膜
10. 有關腸道中脂解酶 (lipase) 的敘述，下列何者正確？(A) 主要由肝臟製造分泌 (B) 協助乳化脂肪 (C) 使乳糜微粒 (chylomicron) 分解成單酸甘油酯 (monoglyceride) 和游離脂肪酸 (free fatty acid) (D) 將三酸甘油酯 (triglyceride) 分解為單酸甘油酯和游離脂肪酸
11. 下列哪個物質不會出現在乳糜微粒 (chylomicron) 中？(A) 特低密度脂蛋白 (very-low-density lipoprotein) (B) 維生素 D (vitamin D) (C) 磷脂質 (phospholipid) (D) 膽固醇 (cholesterol)
12. 下列何者不屬於小腸的一部分？(A) 十二指腸 (B) 迴腸 (C) 盲腸 (D) 空腸
13. 下列何者位於肝臟尾葉 (caudate lobe) 的右側？(A) 膽囊 (B) 肝門 (porta hepatis) (C) 小網膜 (D) 下腔靜脈
14. 下列何者是位於迴腸最外層之結構？(A) 漿膜層 (B) 黏膜層 (C) 黏膜下層 (D) 肌肉層
15. 下列何者不屬於胰臟的外分泌蛋白質？(A) 胰島素 (insulin) (B) 胰蛋白酶 (trypsin) (C) 胰乳糜蛋白酶 (chymotrypsin) (D) 胰澱粉酶 (pancreatic alpha-amylase)

16. 下列有關胃腸道神經反射的受體 (receptor) 角色，何者錯誤？(A) 包括化學感受器、滲透壓感受器和機械感受器 (B) 位於胃腸道管壁上 (C) 將信息傳遞給中樞神經系統或腸道神經叢 (D) 激活前饋路徑 (feedforward pathway)

17. 膽汁之製造及注入消化道的位置，下列何者正確？(A) 肝臟製造，注入十二指腸 (B) 肝臟製造，注入空腸 (C) 膽囊製造，注入十二指腸 (D) 膽囊製造，注入空腸

18. 下列有關腮腺的敘述，何者錯誤？(A) 主要位於嚼肌之內側 (B) 為最大的唾液腺 (C) 其導管穿過頰肌開口於口腔 (D) 分泌液內含唾液澱粉酶

19. 下列何者為刺激胃泌素 (gastrin) 分泌之直接且重要的因子？(A) 膨脹的胃 (B) 胃腔內 $[H^+]$ 增加 (C) 胰泌素 (secretin) 分泌 (D) 食道的蠕動 (peristalsis)

20. 下列何者為胰臟內分泌細胞與胃壁的細胞皆可分泌的物質？(A) 胰蛋白酶原 (trypsinogen) (B) 澱粉酶 (amylase) (C) 胃蛋白酶原 (pepsinogen) (D) 體抑素 (somatostatin)

解答

1.B 2.C 3.C 4.C 5.B 6.A 7.C 8.C 9.D 10.D 11.A 12.C 13.D 14.A 15.A 16.D 17.A 18.A 19.A 20.D

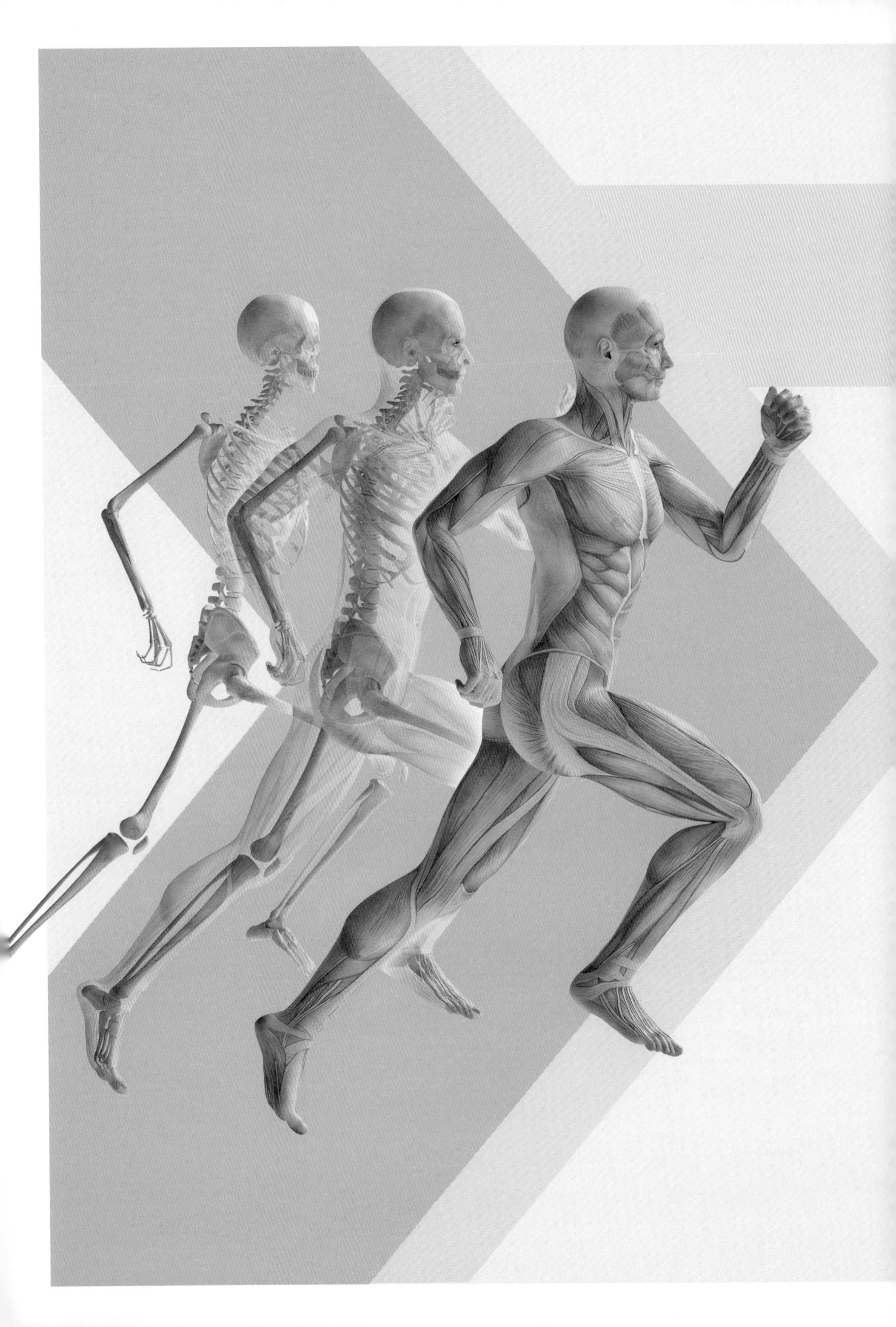

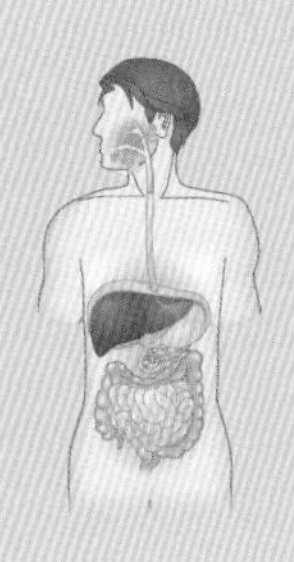

營養與代謝
Nutrition and Metabolism

CHAPTER 15

作者 / 王子綾

本章大綱 Chapter Outline

ANATOMY & PHYSLOLOGY

前言 INTRODUCTION

為了維持身體能量的產生開始於身體的消化作用。醣類、蛋白質、脂肪為食物中的三大營養素，身體所需的熱量主要是由這三大營養素所供應，醣類約占總熱量的 50~60%、脂肪約占總熱量的 20~30%、蛋白質約占總熱量的 10~20%。食物在體內經消化後成為營養素，三大營養素再透過消化分解成為簡單分子如單醣、胺基酸、脂肪酸等，簡單分子再經身體代謝產生能量——腺嘌呤核苷三磷酸 (adenosine triphosphate, ATP)。

15-1 能量的轉換與利用

細胞呼吸及代謝

ATP 是一個由核苷酸腺嘌呤與核糖構成的有機化合物，並結合三個磷酸根，為人體能量利用及細胞儲存能量的主要形式。ATP 磷酸根之間的鍵結屬高能磷酸鍵，當 ATP 分解

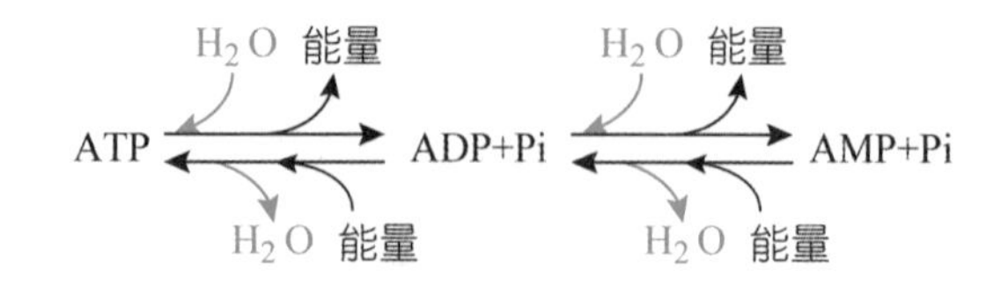

■ 圖 15-1 ATP-ADP 循環

成腺嘌呤核苷二磷酸 (adenosine diphosphate, ADP) 時會釋出能量。倘若 ATP 缺乏，則 ADP 水解成腺嘌呤核苷單磷酸 (adenosine monophosphate, AMP)，釋出的能量則讓體內細胞再生成 ATP（圖 15-1）。

體內的生理機能之運作，如合成物質、神經傳導、肌肉收縮等，都需要 ATP 參與。ATP 可作為細胞及組織的能量使用，當身體在氧氣足夠的情況時，體內細胞行有氧呼吸 (aerobic respiration) 或稱細胞呼吸 (cellular respiration)，若氧氣不夠，則行無氧呼吸 (anaerobic respiration)。

細胞呼吸是將食物分子氧化並產生能量、二氧化碳及水的過程，氧可算是整體反應中最後的電子接受者。在產生 ATP 的效能上，ATP 主要是透過細胞呼吸而產生，因此有氧呼吸的 ATP 產生效能比無氧呼吸還更好。

異化作用與同化作用

食物進入口腔後一直到被體內完全利用的過程或是人體維持生命的活動總稱為代謝作用，其中又可細分成分解代謝及和合成代謝，分解代謝又稱異化作用，合成代謝又稱同化作用。

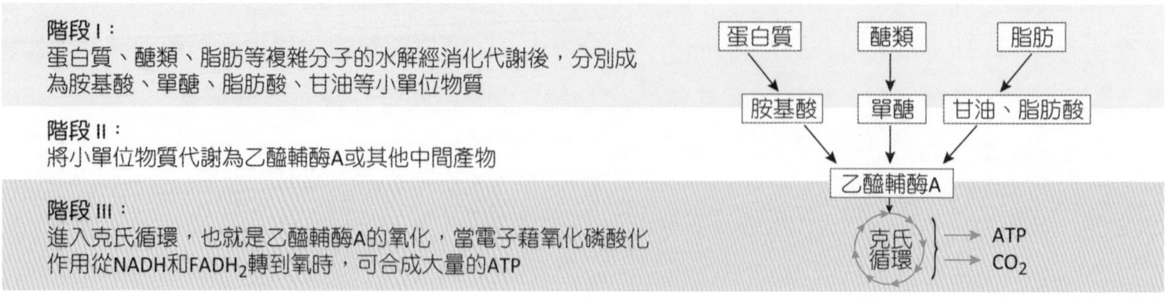

階段 I：
蛋白質、醣類、脂肪等複雜分子的水解經消化代謝後，分別成為胺基酸、單醣、脂肪酸、甘油等小單位物質

階段 II：
將小單位物質代謝為乙醯輔酶A或其他中間產物

階段 III：
進入克氏循環，也就是乙醯輔酶A的氧化，當電子藉氧化磷酸化作用從NADH和$FADH_2$轉到氧時，可合成大量的ATP

蛋白質 → 胺基酸
醣類 → 單醣
脂肪 → 甘油、脂肪酸
胺基酸、單醣、甘油、脂肪酸 → 乙醯輔酶A
乙醯輔酶A → 克氏循環 → ATP、CO_2

■ 圖 15-2 異化作用三階段

1. **同化作用** (anabolism)：指將簡單的化合物合成為複雜的物質。例如：胺基酸合成為蛋白質；單醣合成為醣類；脂肪酸、甘油合成為脂肪。同化作用的發生需消耗能量，通常是分解 ATP 為 ADP 時，所釋出的高能磷酸鍵所提供。
2. **異化作用** (catabolism)：指將複雜的化合物分解成小單位物質。整個過程可經由富含高能燃料分子的降解 (degradation)，以 ATP 的形式獲得能量，例如：經醣類會分解成葡萄糖，葡萄糖再經代謝成二氧化碳、水，並產生 ATP。將食物中的分子（或儲存於細胞中的營養）轉變成複雜分子所需的材料，也可算是異化作用的一種（圖 15-2）。

身體的自動調控會在同化作用及異化作用兩個作用中維持一個平衡狀態，例如在發育時，體內組織同化作用大於異化作用；反之，當減重或疾病纏身（如癌症）時，體內組織的異化作用大過於同化作用。

一、醣類代謝

(一) 醣類異化作用

醣類有氧代謝共有四階段，分別詳細介紹如下：

1. **糖解作用** (glycolysis)：葡萄糖分解成丙酮酸 (pyruvate) 的過程即為糖解作用，此反應在細胞質中進行。首先投入能量將葡萄糖磷酸化，再使 1 分子葡萄糖分解成 2 分子丙酮酸及 2 分子 NADH、2 分子 ATP。然而，糖解作用會因細胞處於有氧或無氧環境，使丙酮酸行不同代謝反應，最終產生不同數量的能量（圖 15-3）。

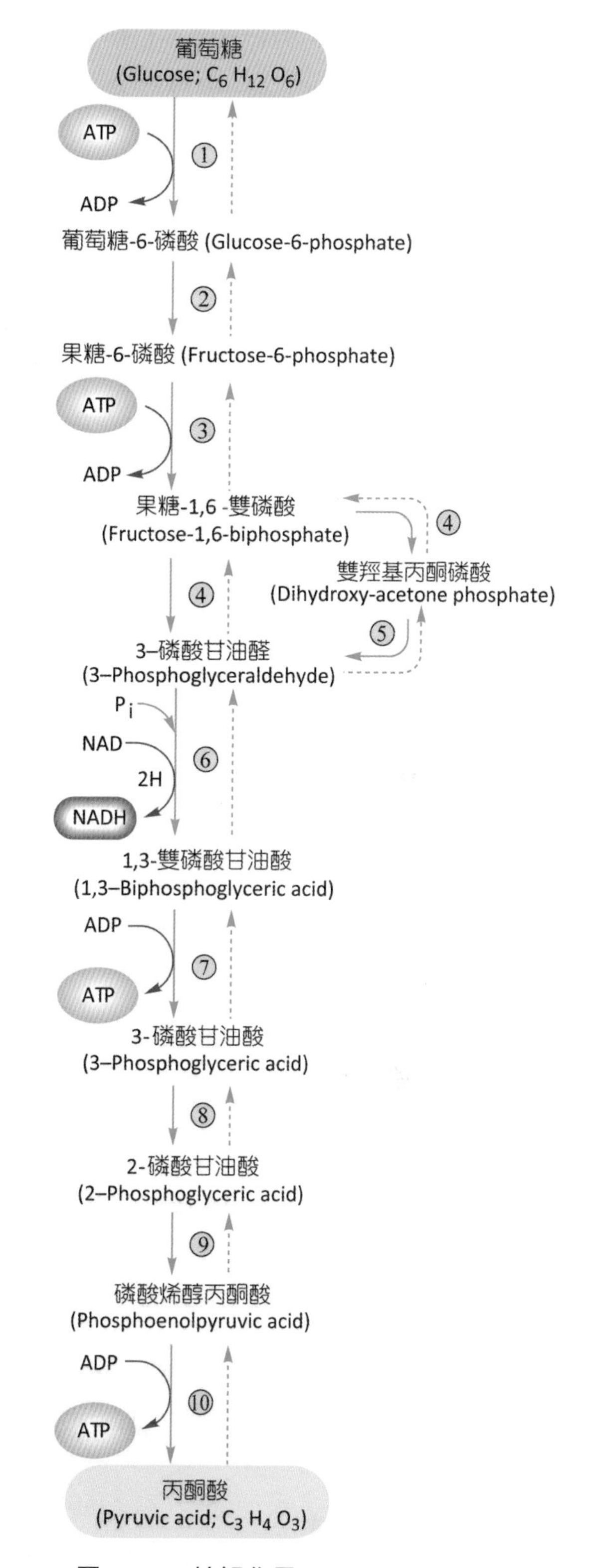

■ 圖 15-3　糖解作用

2. **過渡反應**：丙酮酸從細胞質進入粒線體，經丙酮酸去氫酶作用產生乙醯輔酶 A (acetyl coenzyme A, acetyl CoA)，1 分子丙酮酸轉變成 1 分子乙醯輔酶 A 及 1 分子 NADH。
3. **克氏循環** (Krebs cycle)：又可稱三羧酸循環 (tricarboxylic acid cycle, TCA cycle) 或檸檬酸循環 (citric cycle)。在粒線體基質中進行，1 分子乙醯輔酶 A 形成 3 分子 NADH、1 分子 $FADH_2$ 及 1 分子 GTP，並釋放出二氧化碳（圖 15-4）。在無氧環境下，丙酮酸經乳酸去氫酶作用無氧代謝成乳酸，最終僅產生 2 分子 ATP。
4. **電子傳遞鏈**：在粒線體內膜上進行，電子經一系列的電子載體釋放出能量。在糖解作用、過度反應、克氏循環所製造的 NADH ＋ H^+ 和 $FADH_2$ 提供 H^+ 與電子，經電子傳遞鏈，最終 H^+ 與氧結合成為水（圖 15-5）。過程中 ATP 形成的主要方式是藉由氧化磷酸化，即在電子傳遞鏈中 ADP 磷酸化成為 ATP，最終 1 個 NADH 產生 3 個

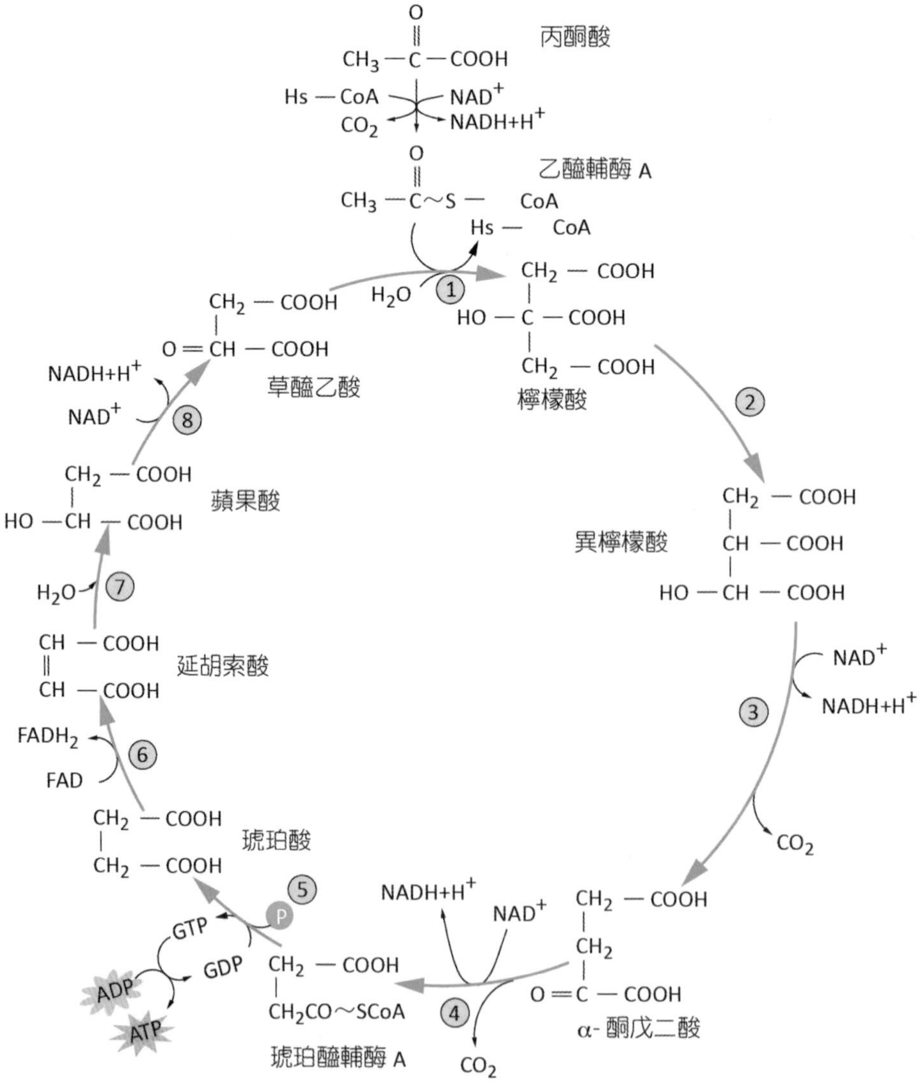

■ 圖 15-4　克氏循環

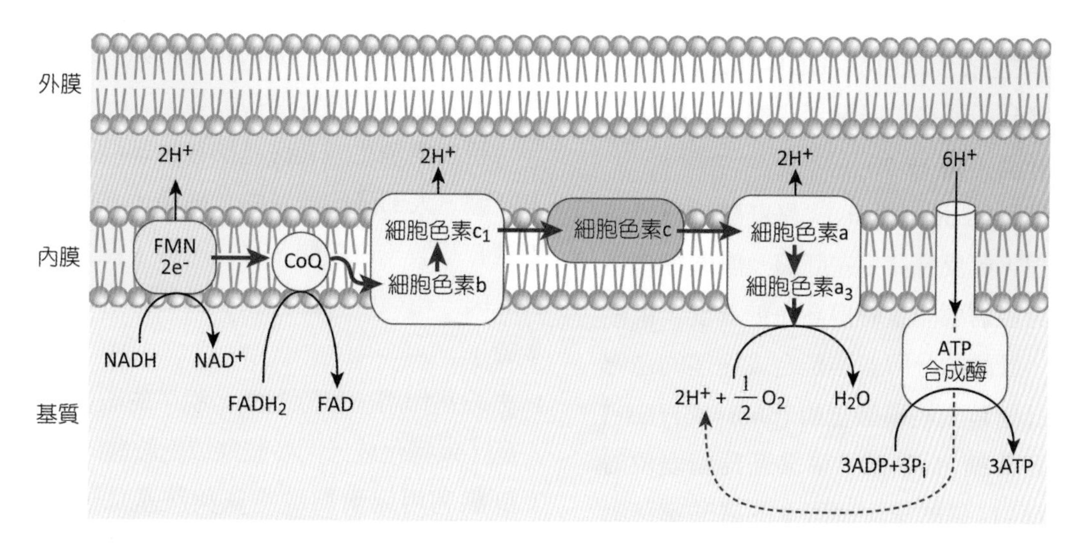

■ 圖 15-5　電子傳遞鏈

ATP、1 個 $FADH_2$ 產生 2 個 ATP，1 個 GTP 產生 1 個 ATP，故一分子葡萄糖行醣類有氧代謝可以製造 38 個 ATP。

(二) 醣類同化作用

1. **糖質新生** (gluconeogenesis)：指以非醣類物質（如丙酮酸、乳酸、丙酸、甘油、胺基酸等）作為前驅物合成葡萄糖的作用，目的是維持體內血糖的恆定（圖 15-6）。例如：肝臟製造的草醯乙酸 (oxaloacetic acid, OAA) 返回細胞質後，轉變成磷酸烯醇丙酮酸 (phosphoenolpyruvate, PEP)，反轉糖解作用的方向；胺基酸代謝成乙醯輔酶 A、丙酮酸或糖解作用之中間產物，進入克氏循環。
2. **肝醣合成** (glycogenesis)：當葡萄糖不需立即作為能量使用時，會以肝醣的形式儲存。葡萄糖在葡萄糖激酶 (glucokinase) 的作用下形成葡萄糖 -6- 磷酸，磷酸葡萄糖變位酶將葡萄糖 -6- 磷酸第六個碳上的磷酸鍵移動到第一個碳上，形成葡萄糖 -1- 磷酸，再轉

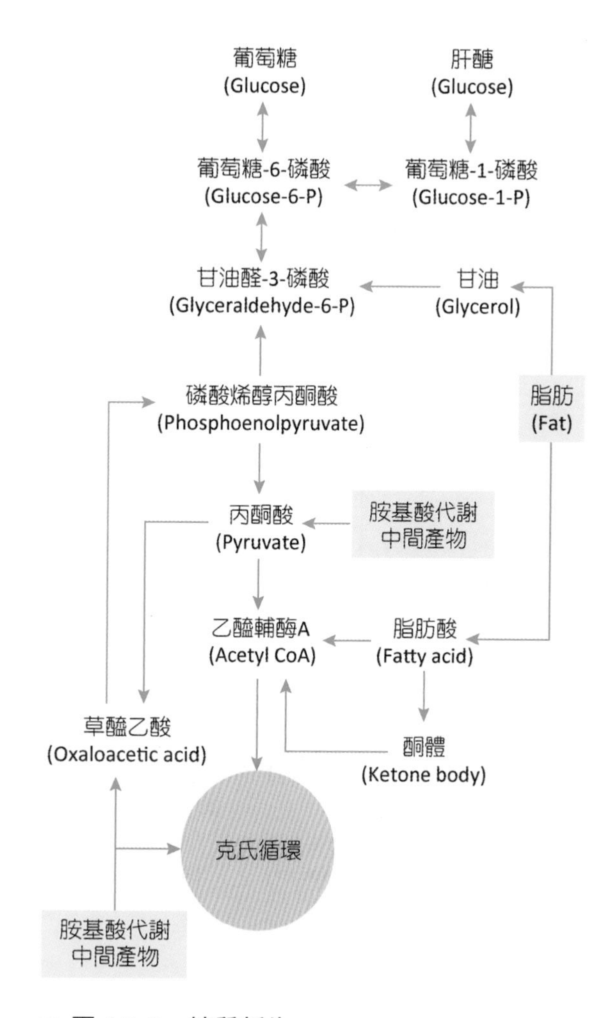

■ 圖 15-6　糖質新生

化為雙磷酸尿苷葡萄糖 (UDP-glucose)，這些葡萄糖分子最後被肝醣合成酶、支鏈酶組裝形成肝醣（圖 15-7）。

3. **肝醣分解** (glycogenolysis)：是肝醣分解成葡萄的過程，此反應發生在肝臟及肌肉細胞，可以在身體需要能量時提高血糖濃度，供細胞使用。肝醣的分解並非是合成途徑的逆轉反應，肝醣首先經磷酸化酶 (phosphorylase) 轉變為葡萄糖 -1- 磷酸，磷酸葡萄糖變位酶將葡萄糖 -1- 磷酸第一個碳上的磷酸鍵移動到第六個碳上，形成葡萄糖 -6- 磷酸，最後經磷酸酶 (phosphatase) 催化，去除磷酸釋出葡萄糖。

二、蛋白質代謝

蛋白質的基本單位為胺基酸，是調節生理機能的主要物質，大多來自於食物中。蛋白質於體內最主要的功能包括構成身體的重要結構、維持酸鹼平衡、提供能量來源，及製造荷爾蒙、酵素、神經傳遞物質等。

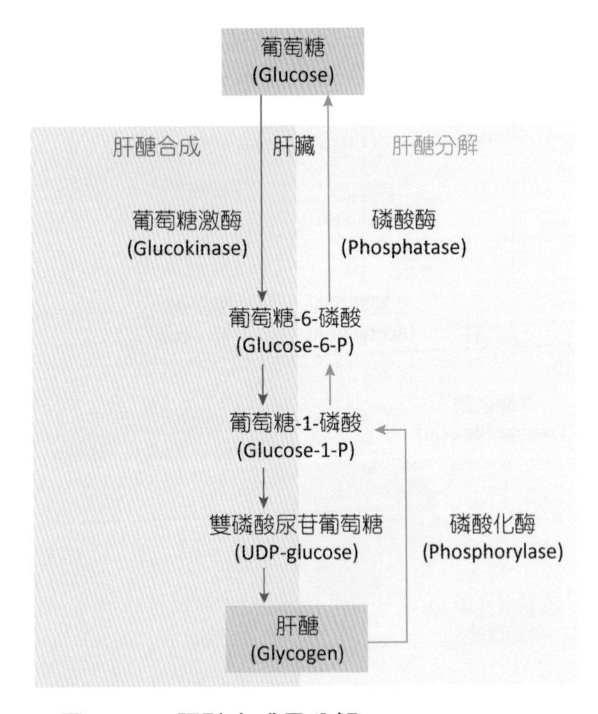

■ 圖 15-7　肝醣合成及分解

蛋白質消化成為胺基酸後，經門脈循環進入肝臟，大部分的胺基酸代謝發生在肝臟，惟支鏈胺基酸（白胺酸、異白胺酸、纈胺酸）會在肌肉等組織中代謝。胺基酸的分解分為三個步驟：

1. 去胺基作用，移除 NH_2，脫下的胺基代謝成氨，或轉化成天門冬胺酸或麩胺酸的胺基。
2. 肝臟利用**尿素循環**將氨與胺基加上二氧化碳，經一連串步驟**形成尿素及水**，再由尿液排出（圖 15-8）。
3. 沒有胺基的胺基酸只剩由數個碳原子組成的碳骨架。α- 酮酸是胺基酸的碳骨架，可轉化為醣類中間產物，即生糖胺基酸及生酮胺基酸兩種（圖 15-9、表 15-1）。生糖胺基酸製造葡萄糖的過程稱為糖質新生作用。

當飲食攝取足夠的醣類及脂質，使身體有足夠能量，蛋白質才可以發揮其功能，若是被分解作為能量來源，胺基酸就無法有效製造身體所需之蛋白質。

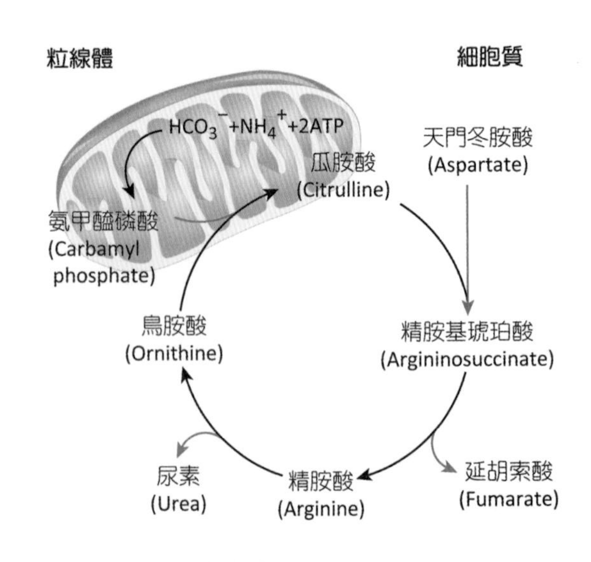

■ 圖 15-8　尿素循環

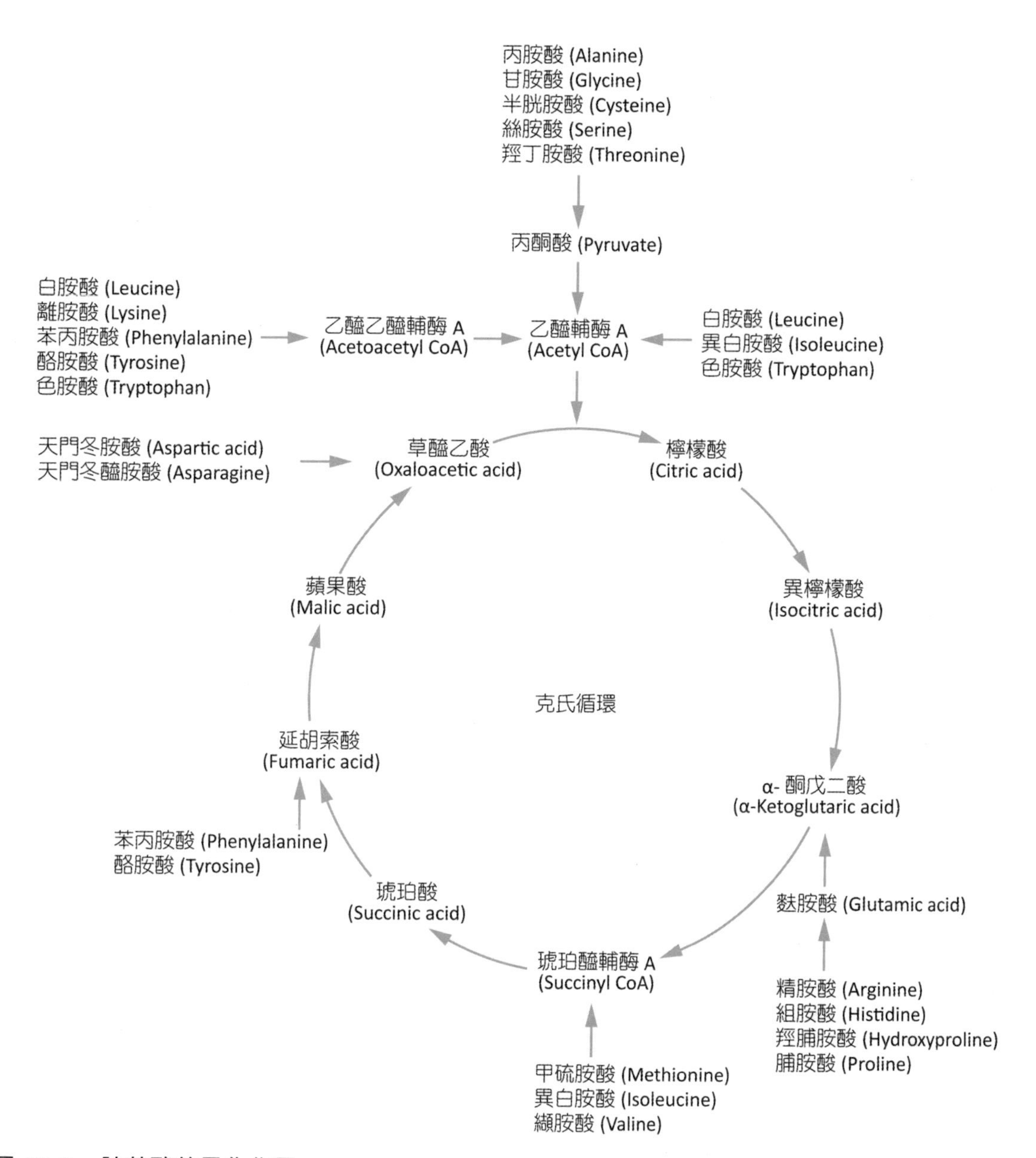

■ 圖 15-9 胺基酸的異化作用

表 15-1 生糖胺基酸及生酮胺基酸 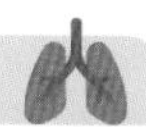

分類	生糖胺基酸		生酮胺基酸
作用方式	形成丙酮酸	進入克氏循環	形成乙醯輔酶 A
胺基酸種類	丙胺酸、甘胺酸、半胱胺酸、絲胺酸、羥丁胺酸	甲硫胺酸、異白胺酸、纈胺酸、脯胺酸、苯丙胺酸、精胺酸、組胺酸、天門冬胺酸、天門冬醯胺酸、麩胺酸、麩醯胺酸	白胺酸、離胺酸、部分的異白胺酸、苯丙胺酸、色胺酸、酪胺酸

三、脂質代謝

脂質是脂肪及脂肪衍生物的總稱。飲食中的脂質約有 90% 為三酸甘油酯，其餘為膽固醇、膽固醇酯、磷脂質及未酯化游離的脂肪酸。人體中的脂肪酸通常以三酸甘油酯的複合性分子形式存在。

脂質代謝發生在肝臟及脂肪組織，部分的肌肉組織也會參與。整體氧化反應受體內酵素調控，三酸甘油酯經脂解作用 (lipolysis) 產生**游離脂肪酸** (free fatty acid) 及**甘油** (glycerol)，血液中的游離脂肪酸經載體協助，從細胞質運送至粒線體進行脂肪氧化作用。

脂肪酸的代謝又稱β-氧化作用 (β-oxidation)，反應一開始脂肪酸羧端的第二個碳分子被切斷，隨後脂肪酸的碳鏈以兩兩為一組分割，最後形成乙醯輔酶 A 進入克氏循環，過程中產生 NADH ＋ H^+和 $FADH_2$。人體大多數的脂肪酸含 14~22 個碳，一個 18 碳脂肪酸可經過 β- 氧化作用可產生 146 個 ATP（圖 15-10）。

脂肪酸的碳氫鍵比葡萄糖多，因此有較多的乙醯輔酶 A 可進入克氏循環產生更多 ATP，這也就是為何 1 公克的脂肪可產生 9 大卡的熱量，而 1 公克的醣類卻只有 4 大卡的原因。

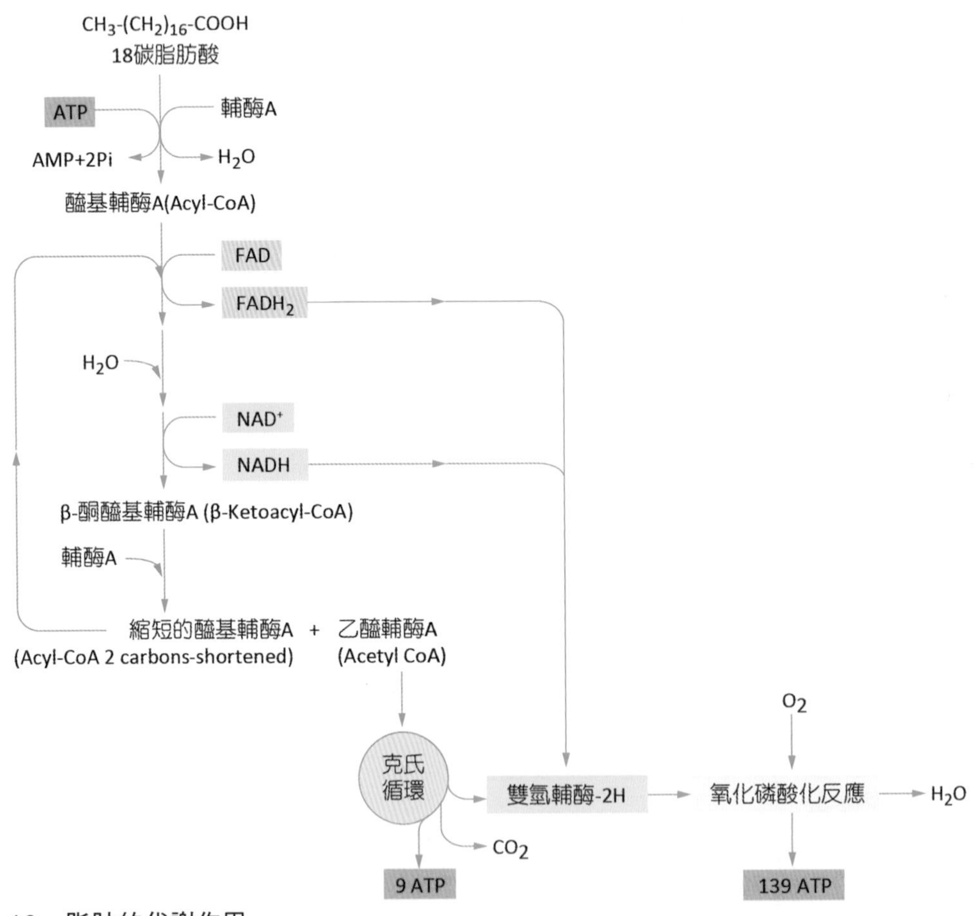

■ 圖 15-10 脂肪的代謝作用

吸收期及吸收後期

了解體內營養素的代謝作用後，是有助於更明白每一種營養素對能量的功用。

一、吸收期 (Absorptive State)

通指餐後0~3小時，此時血液中的葡萄糖、胺基酸、三酸甘油酯短暫增加，以供應身體所需，若有多餘則可作為能量儲存。由醣類代謝而得的葡萄糖於吸收期是身體內器官或組織的燃料來源，若攝取過多的醣類，則葡萄糖會合成肝醣，並先以肝醣的形式儲存在肝臟及肌肉細胞，當肝醣儲存到一定量時，再以脂肪的形式儲存。於吸收期，葡萄糖也可以協助脂肪的代謝作用或體蛋白合成。

二、吸收後期 (Postabsorptive State)

通指飯後約3小時至下次吃飯前，此時能量取自於儲存身體內營養素代謝後所獲得。例如：肝臟會將肝醣分解或是行糖質新生作用產生葡萄糖；脂肪酸可算是吸收後期的主要能量來源，兩餐之間體內大部分的組織運轉能量主要取自於脂肪酸代謝；而蛋白質雖可作為能量來源，但當脂肪或醣類作為主要能量來源時，蛋白質的利用將受到限制。

代謝速率與能量需求

基礎代謝率 (basal metabolic rate, BMR) 是指體內進行不自主活動所需要的消耗能量，也是維持生命所需要的最低熱量，包括維持體內各器官的活動腺體、分泌神經及細胞的運作等。基礎代謝率約占全部活動所需熱量50~70%左右，個體間差異並不顯著，但仍然會受性別、年齡、體型、環境、溫度等多種因素影響。

1. **性別**：一般女性的基礎代謝率較男性低6~10%，這是因為女性體內的脂肪組織較男性多，而男性肌肉量較多的緣故，這也和性荷爾蒙的作用有關。
2. **年齡**：隨著年齡的不同，基礎代謝率差異很大。當年齡超過30歲，生長停止使體內細胞活動力下降，相對新陳代謝速度趨緩。因此隨著年齡增加2~3歲，基礎代謝率下降約1%。

臨床應用 ANATOMY & PHYSIOLOGY

肥胖 (Obesity)

肥胖是一種體脂肪過多與體重調節異常的疾病。評估肥胖的指標是身體質量指數，BMI小於18為過輕，介於18.5~24.5為健康範圍，24~27為過重，大於27為肥胖，35以上則為重度肥胖。

當攝食過度，過量的醣類、蛋白質、脂肪最終都會轉變成脂肪或是肝醣儲存在體內，最後導致肥胖。過量醣類會代謝轉成肝醣，儲存於肝臟及肌肉中的細胞，當肝醣儲存達到飽和後，便轉成脂肪儲存於脂肪細胞中。過量蛋白質會先被轉成丙酮酸及乙醯輔酶A，然後再合成三酸甘油酯，以脂肪的形式存於體內。

3. **體型與體表面積**：體型不同，體表面積也不相同，體表面積是影響基礎代謝率的重要因素。體內 15% 的熱量是由皮膚散發，體表面積越大，散失熱量就越多，相對基礎代謝率越高。
4. **懷孕**：懷孕後期因胎兒快速成長、體重急速上升，基礎代謝率約升高 15~25%。
5. **體溫**：當體溫超過 37℃時，每升高 1℃基礎代謝率就增加 12~13%。
6. **環境溫度**：於熱帶地區的人基礎代謝率較低，反之，寒冷地區的人基礎代謝率較高。一般健康成年人冬天的基礎代謝率比夏天高約 5%。

能量代謝的調節

為達到身體的需求，代謝途徑需要經整合調節，才能產生能量或是合成最適合的終產物。能量代謝的整合主要受胰島素及升糖素兩大激素調控，腎上腺素或正腎上腺素則扮演支持性角色。

當人體屬於飽食狀態時，營養素會被代謝成為葡萄糖、三酸甘油酯、胺基酸，其中腦部可以完全利用葡萄糖作為能量來源。若處於飢餓或禁食狀態，葡萄糖代謝受限制，將使胰島素分泌降低、升糖素及腎上腺素分泌增加，儲存於肝臟的肝醣會先被分解產生能量，當肝醣用盡，低血糖會加速脂肪分解，脂肪酸大量湧入血液中，於肝臟被代謝成為酮體，這時腦部會以葡萄糖或是酮體作為能量來源，當腦細胞無法利用酮體時，會分解蛋白質作為能量來源。

酮體 (ketone bodies) 由乙醯乙酸及其相關化合物 β- 羥基丁酸、丙酮等所組成，為脂肪氧化不完全的產物，當體內胰島素不足使葡萄糖代謝供應受限制時，會促使脂肪細胞釋放大量脂肪酸，進入肝臟中成為乙醯輔酶 A，最後成為酮體進入血液中。當肝外組織需從酮體獲得能量時，酮體會被轉化為乙醯輔酶 A 進入克氏循環而釋放 ATP（圖 15-6）。

大量酮體增加稱為酮症 (ketosis)，丙酮經由肺離開人體，使酮症病人呼吸中有特殊的水果味。以第一型糖尿病病人為例，缺乏胰島素導致身體無法產生葡萄糖，而利用脂肪代謝成酮體產生能量，高濃度的葡萄糖、酮體進入尿液後，引起腎臟滲透性利尿，使體內鈉、鉀離子失衡、血液過酸，最終導致酮酸中毒 (diabetic ketoacidosis)。

15-2 維生素與礦物質

維生素 (Vitamins)

維生素是飲食中少量但重要的有機物質，本身並非能量來源，不過可以協助能量代謝、促進生長發育及維持人體功能。維生素主要由食物中獲得，惟少量維生素 K 可從迴腸和大腸的細菌製造取得。

維生素可分成脂溶性維生素 (fat-soluble vitamins) 與水溶性維生素 (water-soluble vitamins) 兩種。除維生素 K 外，脂溶性維生素不易排出體外，但可儲存在肝臟和脂肪組織，例如乳糜小滴；而水溶性維生素大多數可隨尿液排出體外（表 15-2）。

一、脂溶性維生素

脂溶性維生素具有不溶於水的分子結構，包含四種維生素，分別為維生素 A、D、E、K。

(一) 維生素 A

維生素 A 是最早被發現的脂溶性維生素，共有有 A_1 及 A_2 兩種形式，並以視黃醛 (retinal)、視黃醇 (retinol)、視黃酸 (retinoic acid) 三種形式存在。維生素 A 是構成視黃醛的重要物質，此為視桿細胞的感光物質，與維持正常視覺有關，此外維生素 A 還有維持正常上皮組織機能、正常牙齒及骨骼發育等功能。維生素 A 缺乏會造成夜盲症、眼球乾澀及口角炎等症狀。

(二) 維生素 D

維生素 D 最主要有 D_2 及 D_3 兩種形式。維生素 D_2 是由植物中麥角固醇經紫外線照射後所形成，維生素 D_3 是存在動物細胞的膽固醇衍生物，經陽光紫外線照射轉化而成。因此，維生素 D 有陽光維生素之稱。

維生素 D 能調節血液中鈣、磷的正常濃度、協助牙齒及骨骼的正常發育，對調節細胞生長、神經肌肉、心臟跳動及血液凝固有實質生理功能上的幫助。缺乏維生素 D 會導致佝僂症 (rickets)、骨頭軟化 (osteomalacia) 及骨質疏鬆症 (osteoporosis)。

(三) 維生素 E

維生素 E 又稱生育醇，其中最具活性的是 α- 生育醇。維生素 E 為抗氧化劑的一種，可以保護細胞不受自由基傷害，當細胞受到自

表 15-2 人體重要維生素

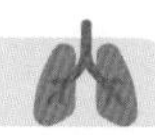

維生素		生理功能	缺乏症	食物來源
脂溶性維生素	維生素 A	構成視黃醛的要素，與維持正常視覺有關	夜盲症、眼球乾澀及口角炎	奶油、雞蛋、魚肝油、黃綠色蔬果
	維生素 D	調節鈣、磷濃度、維持骨骼正常發育	佝僂症、骨頭軟化、骨質疏鬆症	牛奶、雞蛋、內臟、魚肝油
	維生素 E	抗氧化，避免細胞受自由基攻擊	不孕、肌肉神經的退化	植物油、堅果種子類
	維生素 K	凝血因子重要的組成	凝血困難	綠色蔬菜
水溶性維生素	維生素 B_1	維持神經機能正常	腳氣病	穀類、豆類、糙米、胚芽米
	維生素 B_2	氧化還原反應的輔酶	舌炎、口角炎、眼角潰爛	牛奶和奶製品
	菸鹼酸	氧化還原反應的輔酶	癩皮病	肝臟、全麥製品、糙米、香菇、紫菜
	維生素 B_6	與胺基酸代謝有關	少見	肉、魚、蔬菜、穀類
	泛酸	輔酶 A 的主要成分	血液及皮膚異常、疲倦、失眠、食慾不振	穀類、動物內臟、綠色蔬果
	生物素	體內重要輔酶	少見	腸內菌會產生身體所需的生物素，不需額外補充
	葉酸	紅血球的形成	巨球性貧血	深綠色葉菜類
	維生素 B_{12}	紅血球的成熟	惡性貧血	動物性食物，如肝臟類食物、肉類、奶類
	維生素 C	參與氧化還原反應，促進膠原蛋白羥化酶	壞血病	深綠色蔬菜

由基攻擊時，維生素能有效避免脂質被氧化，維持細胞內氧化還原的平衡。於正常飲食下，維生素 E 不易缺乏，若缺發則會導致不孕、肌肉神經的退化。

(四) 維生素 K

維生素 K 共有 3 種，K_1 存在綠色食物中，K_2 存在腸內菌製造，K_3 是合成物質。維生素 K 是凝血因子重要的組成成分，能促進凝血因子 II、VII、IX、X 的合成，並使凝血酶原轉化為凝血酶，故缺乏維生素 K 會造成凝血困難。

二、水溶性維生素

水溶性維生素包含維生素 B 群及 C。其中維生素 B 群又包括維生素 B_1、維生素 B_2、菸鹼酸、維生素 B_6、泛酸、生物素、葉酸、維生素 B_{12}。

(一) 維生素 B_1

維生素 B_1 又稱硫胺，硫胺素焦磷酸 (thiamine pyrophosphate, TPP) 是維生素 B_1 在體內活性形式，其與磷酸作用可促進醣類代謝，是身體熱量代謝時不可或缺的營養素。可維持神經機能正常，是神經傳遞物質的重要功能，故又稱為精神性維生素。維生素 B_1 攝取不足會導致腳氣病；**長期酗酒會導致維生素 B_1 缺乏**。

(二) 維生素 B_2

維生素 B_2 又稱核黃素 (riboflavin)，在體內活形式為黃素腺嘌呤二核苷酸 (flavin adenine dinucleotide, FDA) 和黃素單核苷酸 (flavin mononucleotide, FMN)，廣泛分布在身體中，是體內氧化還原反應的輔酶，為醣類、蛋白質及脂質代謝時所不可或缺物質。

維生素 B_2 缺乏的原因除攝取不足外，長期使用抗生素、患有糖尿病、肝炎等，也會引起舌炎、口角炎及眼角潰爛等維生素 B_2 缺乏症狀。維生素 B_2 亦有促進生長的作用，若攝取不足會引起生長障礙。

(三) 菸鹼酸 (Niacin)

菸鹼酸在身體內常見菸草酸及菸草醯胺兩種活性形式，其主要活化成為 NAD^+ 及 $NADP^+$，為體內氧化還原反應的輔酶。菸鹼酸可經人工合成或自食物攝取，色胺酸能自行合成菸鹼酸，所以只要飲食中攝取足夠的蛋白質，即可有效合成菸鹼酸；倘若體內缺乏維生素 B_1、B_2、B_6，將無法製造菸鹼酸。

缺乏菸鹼酸會引起癩皮病 (pellagra)，其症狀最初類似曬傷狀態，後逐漸變成暗褐色，且皮膚脫皮，造成全身性暗褐色的色素沉澱。

(四) 維生素 B_6

維生素 B_6 包含吡哆醇、吡哆醛、吡哆胺三種化合物，在體內可以互相轉換。吡哆醇 (pyridoxine) 最為安定，因此是食物中最主要的維生素 B_6 形式。因維生素 B_6 廣泛存在於食物中，飲食適量、均衡攝取較不易有缺乏之症狀。

(五) 泛酸 (Pantothenic Acid)

泛酸因性質偏酸，並廣泛存於多種食物中，因而得名。泛酸是輔酶 A (coenzyme A) 的主要成分，是參與醣類、蛋白質及脂質代謝的重要維生素。泛酸可由腸內菌於體內合成，也可以攝取自天然食物中，穀類、動物內臟、綠色蔬果中都有泛酸存在。

(六) 生物素 (Biotin)

生物素又稱維生素 H，在體內擔任重要輔酶角色，是代謝醣類、蛋白質及脂質的重要維生素。人體腸內菌會產生身體需要的生物素，並不需要額外補充。雞蛋中的蛋白含有抗生物素，因此吃蛋時最好將蛋煮熟，使抗生物素變性，避免干擾生物素的活性及吸收。

(七) 葉酸 (Folic Acid)

葉酸是一群具同等活性化合物的總稱，主要的組成有翅黃素 (pteridine)、對胺基苯甲酸 (PABA)、麩胺酸 (glutamic acid)。葉酸在體內的活化型為四氫葉酸 (tetrahydrofolic acid)，參與甲硫胺酸、膽鹼、嘧啶及嘌呤等分子的合成途徑，以及紅血球的生成和苯丙胺酸氧化成酥胺酸等作用。

近年來研究發現葉酸對胎兒的腦神經系統發展有顯著影響，如果懷孕初期攝取足夠葉酸，對腦部畸形胎兒的發生率降低。葉酸與紅血球的形成有關，若缺乏會造成巨球性貧血。

(八) 維生素 B_{12}

維生素 B_{12} 又稱鈷胺 (cobalamins)，食物中的維生素 B_{12} 會與蛋白質結合，當食物消化時，維生素 B_{12} 會游離出來與胃部的內在因子結合，經迴腸黏膜細胞吸收後於肝臟儲存。若胃功能受損，無法產生足夠的內在因子，便會影響維生素 B_{12} 的吸收量，若**維生素 B_{12} 缺乏會引起惡性貧血**。紅血球的生成需要維生素 B_{12} 與葉酸參與。

(九) 維生素 C

維生素 C 又稱為抗壞血酸 (ascorbic acid)，具有強烈還原劑特性，參與體內氧化還原反應，促進膠原蛋白羥化，使其免於氧化破壞。蔬果中含有豐富的維生素 C，缺乏時會引起壞血病 (scurvy)，出現牙齒鬆脫、皮膚、牙齦及黏膜出血等症狀。

礦物質

礦物質是人體所需的少量無機元素，無法由人體自行合成，須由飲食供應以維持正常功能及生長。依據每日需求量，礦物質可以分為巨量礦物質及微量礦物質。一般來說，每日需求量在 100 毫克以上，就屬於巨量礦物質，否則為微量礦物質。

礦物質功能如下（表 15-3）：

1. 構成身體組織的成分：鈣、磷、鎂構成骨骼及牙齒。
2. 協助蛋白質和酵素發揮正常功能：鈣是凝血因子之一，鋅是多種酵素的組成。
3. 參與體內的生化反應：鈉、鉀、鈣、鎂是維持神經肌肉興奮性和通透性的重要物質。
4. 訊息的傳遞：鈣離子可作為第二傳訊者。
5. 維持酸鹼平衡、滲透壓以及水分平衡：鈉、鉀、鎂、氯、硫、磷等無機鹽維持著體內的酸鹼平衡。無機鹽與蛋白質可以維持組織細胞間的滲透壓。鈉離子可以調節細胞內外水分的平衡。

表 15-3 人體重要礦物質

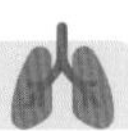

礦物質		生理功能	缺乏症	食物來源
巨量礦物質	鈣	形成骨骼、牙齒，調節鈣活動狀態，以維持血鈣濃度的恆定；參與血液凝固、肌肉收縮	佝僂病、抽筋、骨質疏鬆等	牛奶、乳酪、大骨湯等
	磷	形成骨骼、牙齒，為人體內含量第二高的礦物質；維持酸鹼平衡；構成細胞膜磷脂質	不易缺乏，反而過多的磷攝取會影響鈣的吸收	高蛋白質食物如牛奶、雞蛋、肉品
	鈉	參與肌肉收縮、水分及酸鹼平衡	不易缺乏，缺乏時會有噁心、頭暈等症狀	大多數的天然食材中
	鉀	參與肌肉收縮、水分及酸鹼平衡	肌肉無力、神智不清等	蔬菜、水果、肉品
	鎂	有助於 DNA 合成及維護	抽筋、衰弱、迷糊	綠色蔬菜
	氯	細胞外液與血液中濃度最高的陰離子	酸鹼不平衡而導致鹼中毒	調味添加的食鹽 (NaCl)
	硫	維生素 B_1 的一部分，可做為細胞代謝的輔酶；構成蛋白質的雙硫鍵	少有	甲硫胺酸及半胱胺酸等含硫的胺基酸
微量礦物質	鐵	構成紅血球中血紅蛋白及肌肉中肌紅蛋白的	缺鐵性貧血，易有皮膚蒼白、食慾不佳等症狀	肉類、穀類、蔬菜、水果
	碘	甲狀腺素合成需要有碘的參與	懷孕期缺碘會造成胎兒呆小症	碘化食鹽
	鋅	參與酵素與白血球的組成、胰島素儲存與釋放，組織快速成長必需的營養素	影響傷口的復原	肉品、海鮮
	硒	具抗氧化能力，可保護細胞抵抗氧化破壞	肌肉或心臟病變	海鮮、肉類
	銅	參與免疫代謝、脂蛋白代謝	貧血、生長遲緩	肝臟
	錳	參與胺基酸、脂質、醣類等營養素的代謝	骨骼形成不良、睪丸功能衰退	全穀類、蔬果
	氟	穩定骨頭及牙齒	蛀牙	魚類
	鉻	協助胰島素提升葡萄糖耐受度	糖尿病	肝臟、啤酒、胡椒
	鉬	參與酵素的組成	尿量減少，間接造成尿道結石	豆類、穀類、堅果類
	鈷	維生素 B_{12} 成分之一，參與紅血球形成	巨球性貧血	肝臟、腎臟、牛奶、肉類、貝類

表 15-4 散熱、產熱的調節

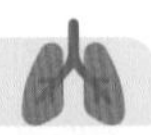

散熱作用		產熱作用	
增加散熱	降低產熱	增加產熱	降低散熱
· 皮膚血管擴張 · 流汗 · 換涼快衣物、開電風扇等 · 呼吸加快，增加水氣蒸發量	· 降低肌肉張力 · 腎上腺素分泌降低 · 降低食慾	· 增加肌肉張力 · 顫抖 · 腎上腺素分泌增加 · 食慾增加	· 皮膚血管收縮 · 身體蜷曲，降低散熱表面積 · 穿上暖和衣物

15-3 體溫的恆定及調節

人體體溫通常維持在 37℃左右，溫度存在可以讓體內化學反應順利進行，相對的，化學反應也造就了體溫的產生。當體溫過高，過多的能量會導致細胞鍵結被破壞，造成細胞瓦解；若體度過低，則會使分子活動力降低，造成體內化學作用停滯，因此體溫的恆定相當重要。

一、體溫的調節

體溫調節中樞位下視丘，體溫恆定是發熱與散熱的動態平衡，熱量的產生與散失間的平衡受到代謝速率、外在環境變化的影響，而人體的熱量會藉由輻射、傳導、對流以及水分蒸散的方式，散失於外在環境，因此下視丘在體溫的調節上，除針對熱量散失方式產生對策，亦可透過內分泌的調控維持體溫的恆定（圖 15-11）。

1. **散熱作用**：當體溫過高時，下視丘將藉由皮膚血管擴張、流汗、減少肌肉活動、呼吸加快提高散熱量等方式，增加身體散熱速率。
2. **產熱作用**：體溫過低時，透過皮膚血管收縮、毛孔緊縮、發抖等方式產熱。生熱作用是人體和其他生物製造熱能的過程，主要以運動生熱、寒冷生熱和飲食生熱三種為主。另外，動物體內有一種儲存中、小型脂肪的脂肪細胞，稱為棕色脂肪組織，亦能參與生熱作用，其產熱效果佳，可以用來維持嬰兒體溫（表 15-4）。

二、發燒

發燒是下視丘的溫度感受器因某因素而改變體溫恆定點，例如細菌感染引發人體釋放前列腺素 E (prostaglandin E)，使下視丘將體溫恆定點調高，因此在發熱之前會先出現

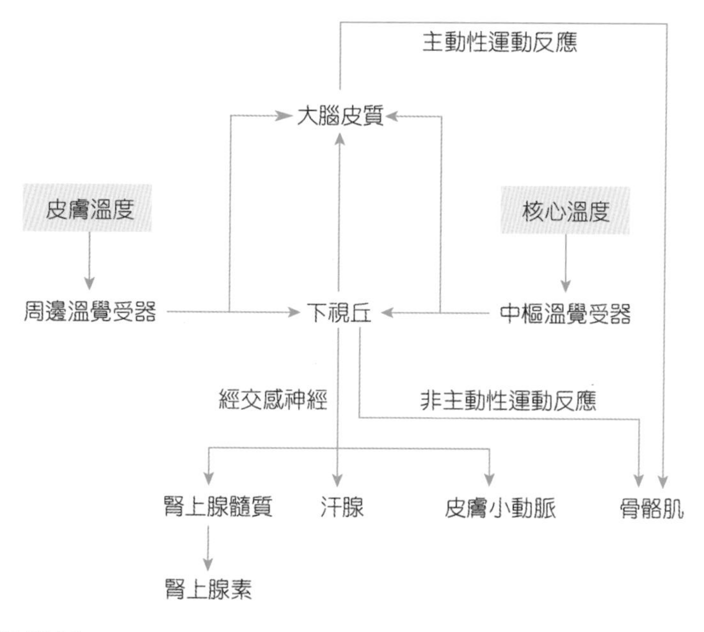

■ 圖 15-11 體溫調控機制

寒顫反應，直到體溫升高到恆定點才會出現散熱反應，阿斯匹靈 (aspirin) 就是透過抑制前列腺素 E 的合成來退燒。高溫的環境不適合細菌生存，體溫調高除了有助於殺死細菌，亦可啟動免疫系統抵禦外來物質。

三、熱衰竭及熱休克

熱衰竭 (heat exhaustion) 是指在高溫或強烈熱幅射的環境下，引起身體過熱而大量出汗、周邊血管擴張，導致體內水分、電解質流失大量，使得周邊循環血液量不足，病人體溫一般正常或僅些許升高，並出現暈眩、噁心、臉色蒼白、脈搏急促而弱，甚至昏倒等症狀。

熱休克 (heat stroke) 俗稱中暑，是指長時間在濕熱的環境下，人體調節溫度機制失衡，使得散熱不適當，出現少汗或是無法流汗，熱能無法發揮而引起體溫升高超過 40℃，最終導致中樞神經系統和器官受損，伴隨頭痛、暈眩、噁心，甚至昏迷等症狀。

熱衰竭與熱休克發生時，收先要將傷者移到陰涼處並以鬆解衣服、用濕毛巾抹身體達盡快降溫，傷者適當清醒可以補充水及電解質，並應立即送醫治療，以免危及生命。

學習評量 REVIEW AND CONPREHENSION

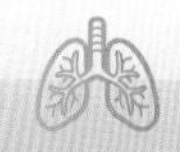

1. 下列何者不是製造紅血球所需之營養素？(A) 鐵離子 (B) 葉酸 (C) 維生素 B_{12} (D) 鎳離子
2. 惡性貧血是因缺乏何種維生素？(A) 維生素 B_{12} (B) 維生素 B_1 (C) 維生素 B_6 (D) 維生素 C
3. 脂肪在消化道之消化產物為：(A) 脂肪酸與甘油 (B) 胜肽與胺基酸 (C) 脂肪酸與胜肽 (D) 甘油與胺基酸
4. 尿液中所含的尿素主要來自何物質的代謝產物？(A) 核酸 (B) 蛋白質 (C) 葡萄糖 (D) 脂肪
5. 下列何種物質可被成人之消化道直接吸收？(A) 膠原蛋白 (B) 免疫球蛋白 (C) 纖維質 (D) 脂肪酸
6. 碳水化合物經消化後，主要以何種形式被吸收？(A) 多醣 (B) 寡醣 (C) 雙醣 (D) 單醣
7. 長期酗酒最易導致何種維生素的缺乏？(A) 維生素 A (B) 維生素 B_1 (C) 維生素 C (D) 維生素 B_2
8. 體內有過多醣類時，會造成以下何種反應？(A) 肝醣分解作用 (B) 糖質新生作用 (C) 蛋白質異化作用 (D) 脂質合成作用
9. 脂溶性維生素不包括下列何者：(A) 生物素 (B) 維生素 K (C) 維生素 A (D) 維生素 D
10. 控制人體產熱的中樞位於何處？(A) 下視丘 (B) 大腦 (C) 延腦 (D) 室旁核
11. 人體缺乏哪一種維生素時會引起壞血症？(A) 維生素 A (B) 維生素 K (C) 維生素 C (D) 維生素 B_6
12. 維生素 A 是何種構造的重要成分？(A) 吡哆醇 (B) 鈷胺 (C) 輔酶 A (D) 視黃醛
13. 下列何者會提高基礎代謝率及體溫？(A) 胰島素 (B) 甲狀腺素 (C) 胃泌素 (D) 腎素
14. 血糖的主要去路為何？(A) 氧化分解提供能量 (B) 合成肝醣 (C) 轉變為其他醣類及其衍生物 (D) 轉變為非糖物質
15. 有關克氏循環的敘述何者正確？(A) 所需酵素位於粒線體內膜 (B) 此循環的進行不需要氧的存在 (C) 可直接形成 ATP (D) 起始物質為乙醯輔酶 A
16. 一個六碳葡萄糖在糖解作用中，會淨產生幾個 ATP、CO_2、H_2O？(A) 0、6、2 (B) 2、0、2 (C) 6、2、0 (D) 36、6、6
17. 菸鹼酸可由下列何種胺基酸轉換而來？(A) 色胺酸 (B) 白胺酸 (C) 酥胺酸 (D) 酪胺酸
18. 尿素循環中何種中間產物可代謝轉換成尿素及鳥胺酸？(A) 白胺酸 (B) 丙胺酸 (C) 甲硫胺酸 (D) 精胺酸
19. 當葡萄糖來源不足或飢餓時，體內會產生大量酮體，關於酮體的敘述，下列何者錯誤？(A) 酮體是由乙醯輔酶 A 所生成 (B) 酮體中產量最多的是丙酮 (C) 肝臟是生成酮體最主要的器官 (D) 大腦可利用酮體作為能量來源

20. 下列何者是阿斯匹靈可以退燒的原因？(A) 抑制紅血球分泌內生性致熱劑 (B) 抑制延腦調高體溫的設定點 (C) 抑制食物代謝的產熱作用 (D) 抑制前列腺素對體溫產生的作用

解答

1.D 2.A 3.A 4.B 5.D 6.D 7.B 8.D 9.A 10.A 11.C 12.D 13.B 14.A 15.D 16.B 17.A 18.D 19.B 20.D

參考文獻

王素華(2019)・*美容營養學*（2版）・新文京。

王進崑、陳曉鈴、陳億乘、張菡馨、劉承慈、葉姝蘭、徐慶琳、林以勤、楊乃成、翁玉青(2012)・*營養生化學*・華杏。

紅十字會(2008)・*受熱衰竭與中暑*・紅十字通訊・https://goo.gl/kDQnrU

馮琮涵、黃雍協、柯翠玲、廖智凱、胡明一、林自勇、鍾敦輝、周綉珠、陳瀅(2021)・於馮琮涵總校閱，*人體解剖學*・新文京。

葉松鈴、沈佳錚、江淑華、潘怡君、詹婉卿、蔡一賢、楊斯涵、雲文姿、楊玉如、徐于淑、黃哲慧、張智傑、潘子明(2022)・*營養學*（4版）・新文京。

賴明德、王耀賢、鄧志娟、吳惠敏、李建興、許淑芬、陳晴彤、李宜倖(2022)・*解剖學*（2版）・新文京。

蔡秀玲、張振崗、戴瑄、葉寶華、鐘淑英、蕭清娟、鄭兆君、蕭千祐(2021)・*營養學概論*（8版）・華格納。

謝明哲、胡淼琳、楊素卿、陳俊榮、徐成金、陳明汝(2010)・*實用營養學*・華杏。

Byrd-Bredbenner, C., Moe, G., Beshgetoor, D., Berning, J., & Kelley, D. (2017)・*機能營養學前瞻*（蕭馨寧譯）・藝軒。（原著出版於2013）

Harvey, R. A., & Ferrier, D. R. (2011)・*最新圖解生化學*（李宣萱譯）・合記。（原著出版於2011）

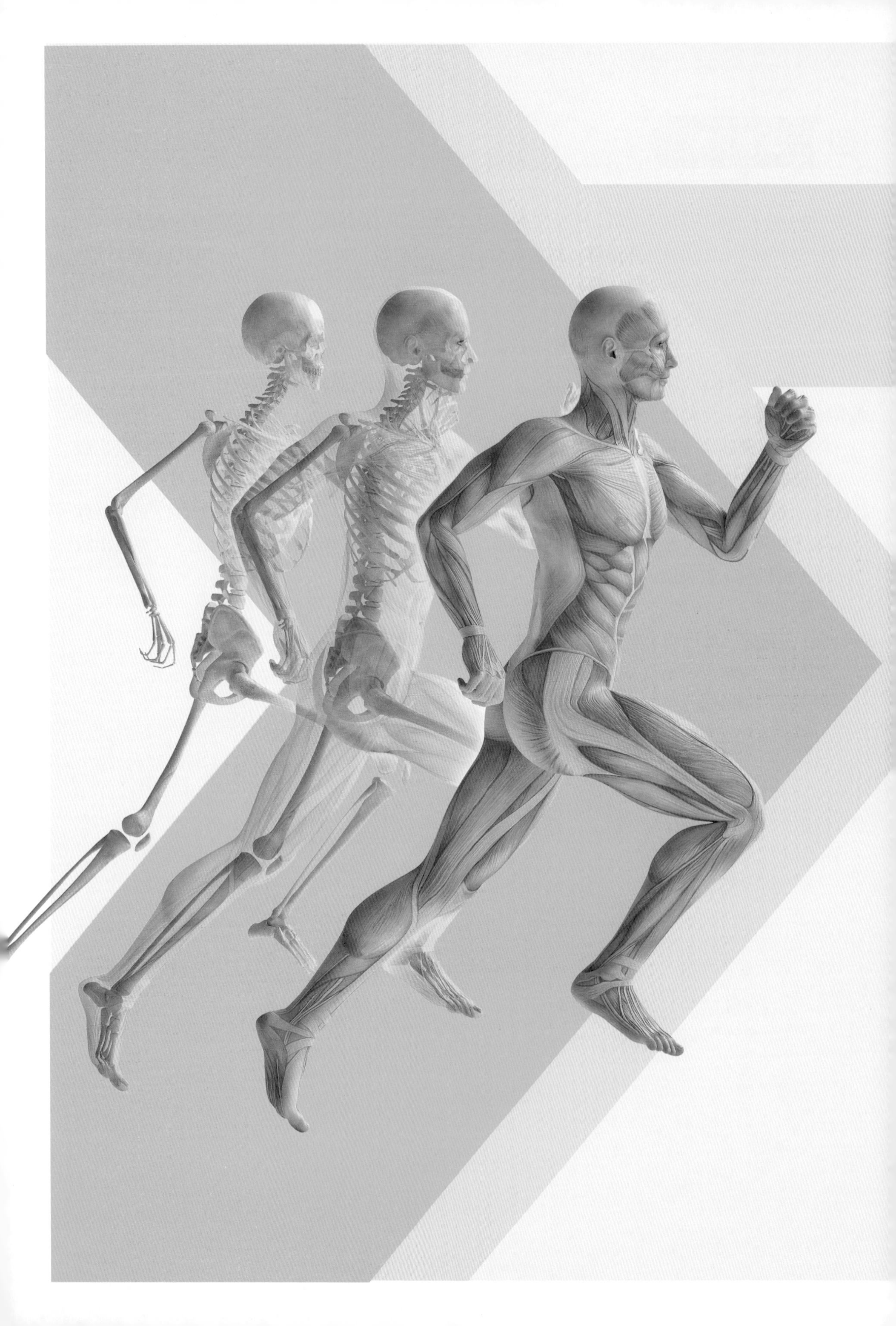

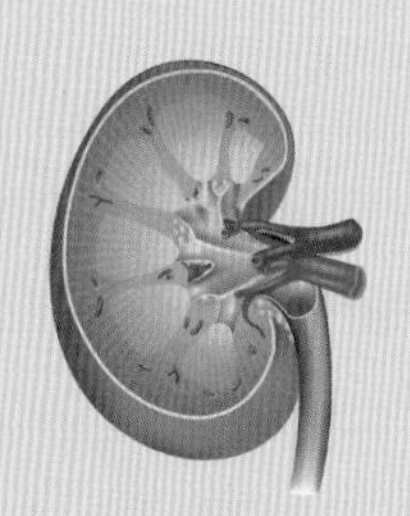

泌尿系統 Urinary System

CHAPTER 16

作者／劉棋銘

本章大綱 Chapter Outline

ANATOMY & PHYSLOLOGY

前言 INTRODUCTION

泌尿系統由腎臟、輸尿管、膀胱及尿道所組合而成。依身體所需，腎臟利用過濾及排除體內廢物，吸收需要的物質回血液中，維持身體生理機能的恆定，亦參與短期或長期血壓控制、調節體內酸鹼度、參與內分泌調節機制。由以上的敘述可知，腎臟於調節身體機能扮演著重要的角色，當病變發生時會影響尿液形成與身體機能，當功能不足時會導致鹽類與水分滯留會形成高血壓、尿毒症或水腫。

16-1 腎臟 

腎臟的解剖構造

成人腎臟約一塊肥皂大小，一顆腎臟重約 150 公克，長約 12 公分、寬 6 公分、厚度約 3 公分。腎臟構造似一對蠶豆紅棕色的器官，位於腹膜與腹膜後壁間的脊髓兩側，在第 12 胸椎 (T_{12}) 與第三腰椎 (L_3) 之間。因為肝臟在身體右側占有一部分面積，因此右腎比左腎位置低（圖 16-1）。腎臟外側面為凸起狀，內側面微凹陷狀，內側面有腎門 (renal hilus)，為腎動脈、腎靜脈、淋巴管、神經束進出的大門，輸尿管由此將腎臟產生的尿液運送至膀胱儲存。腎臟最上方有一內分泌腺體，稱為腎上腺，其功能與腎臟功能無關。

一、外部構造

腎臟周圍的外部組織可分為三種，由內而外分別為腎被膜、周邊脂肪囊及腎筋膜。

1. **腎被膜** (fibrous capsule)：位於最內層，平滑且透明的纖維膜，直接貼附腎臟表面，具有維持腎臟外觀的功能，形成障壁防止周邊的細菌感染。
2. **周邊脂肪囊** (adipose capsule; perirenal fat capsule)：為最厚的一層，腎上腺位於其中，周邊脂肪可使腎臟具有緩衝作用，防止外力造成變形或傷害並固定於後腹腔壁上。腎周圍炎指此層受到細菌感染所造成的炎症。若腎臟周圍的脂肪或結締組織對腎臟的支撐不足時，將導致固定效果不佳，產生游離腎。
3. **腎筋膜** (renal fascia)：腎筋膜位於最外層，為緻密結締組織組成。作用有如避震器提供結構性支撐，將腎臟固定後腹腔壁上，並引導血管與神經通過。

二、內部構造

腎臟的內部構造可區分為外側的腎臟皮質與內側的髓質（圖 16-2）。

1. **皮質** (cortex)：於外側呈現淡紅色，含有大量腎絲球。腎皮質延伸為腎柱 (renal columns)，分布於腎錐體間的空腔。
2. **髓質** (medulla)：呈現深紅棕色，內部具有大量的腎錐體 (renal pyramids)，呈條紋放射狀，並作為皮質與髓質分隔的標界。髓質的乳頭狀尖端稱為腎乳頭 (papilla)，此區段具有集尿管存在。

腎盂 (renal plevis) 是腎臟內形成的尿液匯流入大型漏斗狀空腔，邊緣有杯狀的構造，包含 2~3 個大腎盞 (major calyces) 及數個小腎盞 (minor calyces)。尿液形成後經導管流入小腎盞內，再進入大腎盞，匯入腎盂，最後連接到輸尿管。

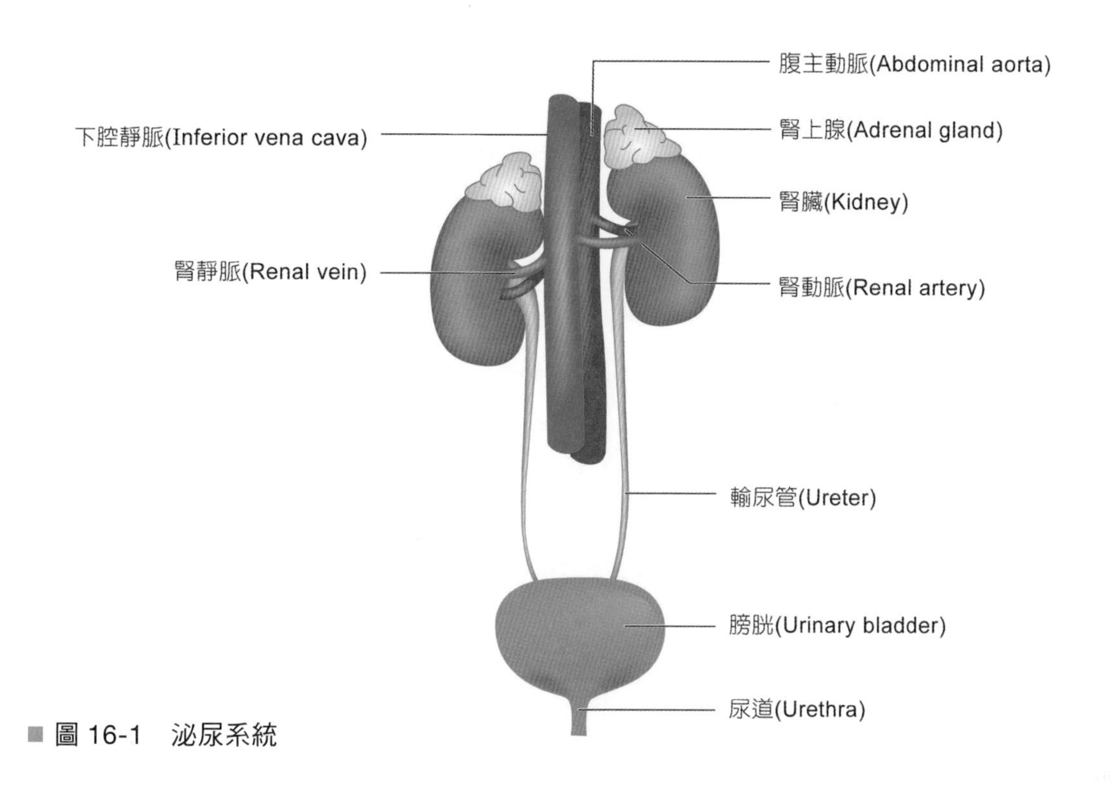

■ 圖 16-1 泌尿系統

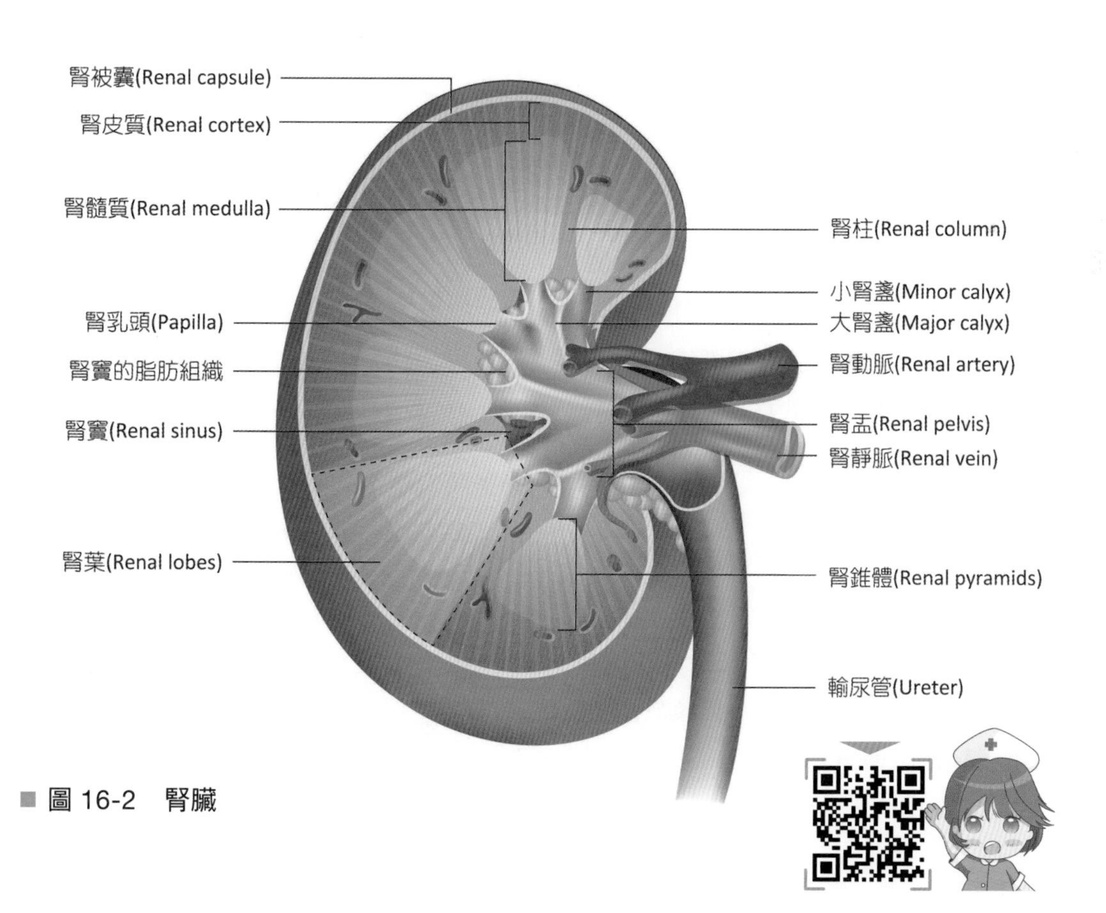

■ 圖 16-2 腎臟

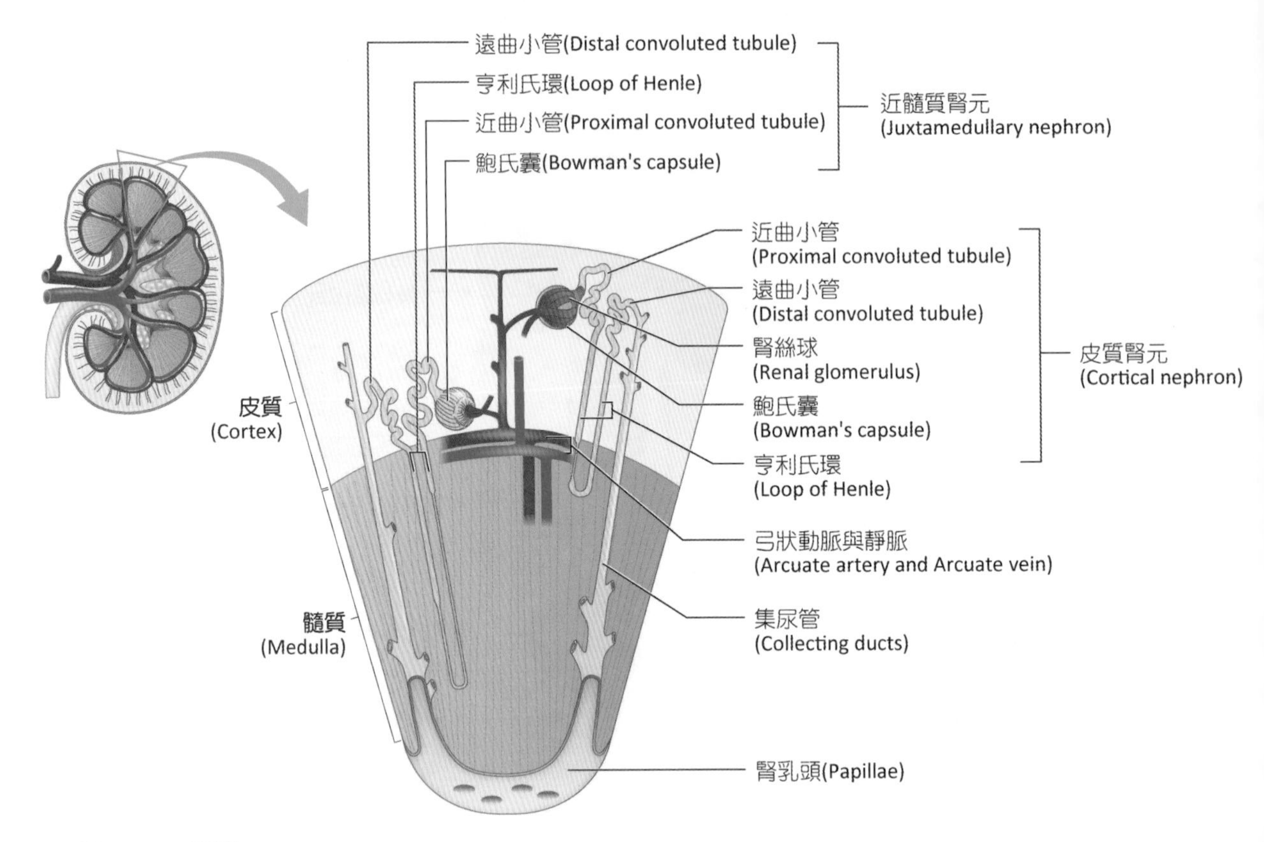

圖 16-3 腎元

腎臟的顯微構造

腎元 (nephron) 為腎臟的功能單位，每個腎臟由 40~80 萬個腎元所組合而成。**腎元由腎小體、腎小管構成**，但隨位於腎臟深淺部位之不同，結構也有些許不同（圖 16-3）。腎元主要的功能為將血液經由腎絲球過濾，並轉換成尿液，每一個腎元皆能製造尿液，隨著年紀增長、腎臟損傷或疾病，腎元數目會逐漸減少。

腎小體靠近腎皮質外側之區域稱為**皮質腎元** (cortical nephron)，其中亨利氏環 (loop of Henle) 僅一小段進入髓質；腎小體位於皮質靠近髓質處，稱為**近髓質腎元** (juxtamedullary nephron)，亨利氏環深入腎髓質深處。

一、腎小體 (Renal Corpuscle)

腎小體直徑約為 200 μm，由腎絲球及鮑氏囊所構成（圖 16-4）。

(一) 腎絲球 (Glomerulus)

血液經由入球小動脈進入腎絲球，出球小動脈將過濾後的濾液帶離腎絲球。出球小動脈管徑較入球小動脈小，這會造成微血管壓力上升，促進水、小分子物質經由腎絲球過濾進入鮑氏囊。

腎絲球過濾膜由微血管內皮細胞、基底膜、足細胞構成，血液必須通過此三層結構才能進入鮑氏囊（圖 16-5）。腎絲球之微血管通透性極佳，為腎臟良好的過濾構造，具有窗孔，

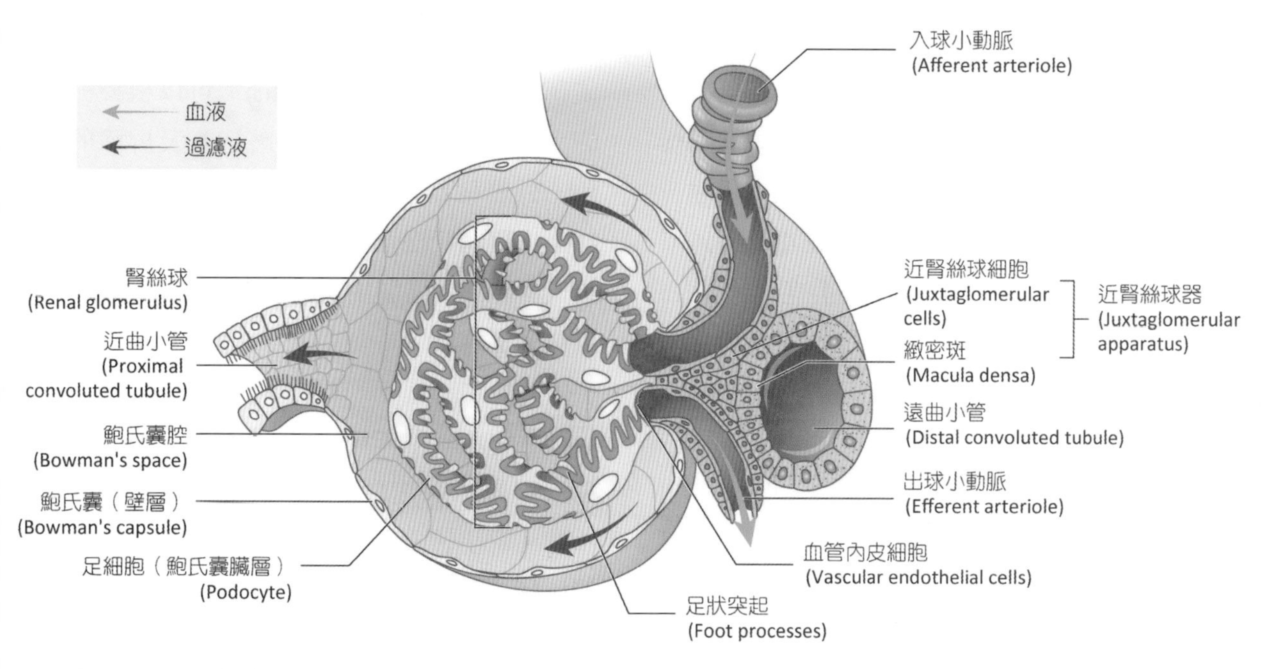

■ 圖 16-4 腎小體

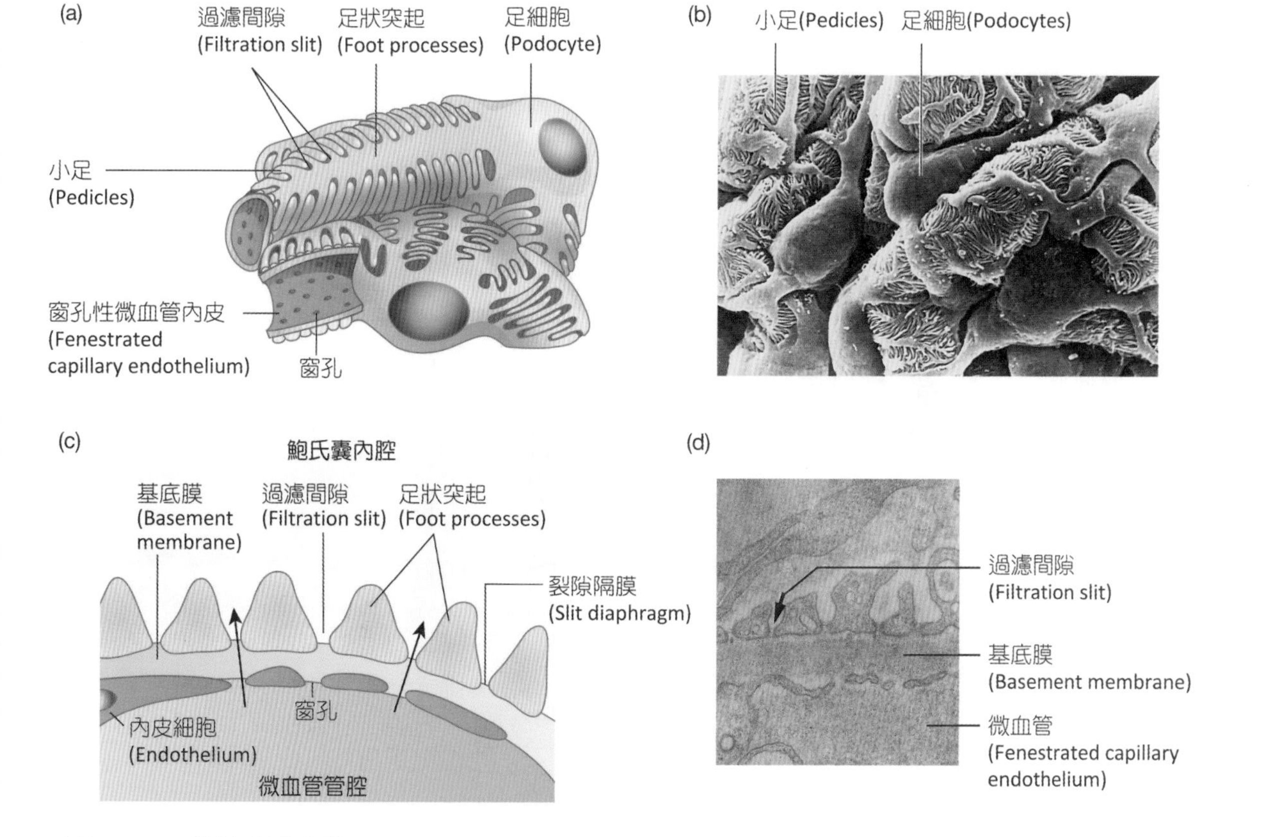

■ 圖 16-5 腎絲球過濾膜

直徑大於 70 kDa 的大分子物質皆不易通過腎絲球，例如白蛋白、免疫球蛋白。基底膜具有膠原蛋白與醣蛋白，醣蛋白帶負電，會排斥同樣帶負電的分子，使之無法通過，例如白蛋白。腎絲球可以依據大小和電荷（帶正電易通過）來區別不同類型的蛋白質，阻止直徑大於 10 nm 的粒子或帶負電的蛋白質，因此濾液的化學成分與血漿極為類似。

(二) 鮑氏囊 (Bowman's Capsule)

鮑氏囊為一中空的囊狀結構，內層（亦稱臟層）包覆著腎絲球微血管，其上皮細胞稱為足細胞 (podocyte)，伸出的足狀突起互相連結，中間具有讓濾液可以通過的裂孔 (slit pore)，或稱過濾間隙 (filtration slit)，可以根據分子的大小進行篩選，亦扮演著過濾及屏障的角色。外層稱為壁層 (parietal layer)，由單層鱗狀上皮與網狀纖維層所構成。位於兩層之間為鮑氏囊腔，此區為中空結構，接受微血管壁及臟層的過濾液。

二、腎小管 (Renal Tubule)

腎絲球濾液經過鮑氏囊後緊接著進入腎小管，腎小管由近曲小管、亨利氏環、遠曲小管所組合而成（圖 16-6）。

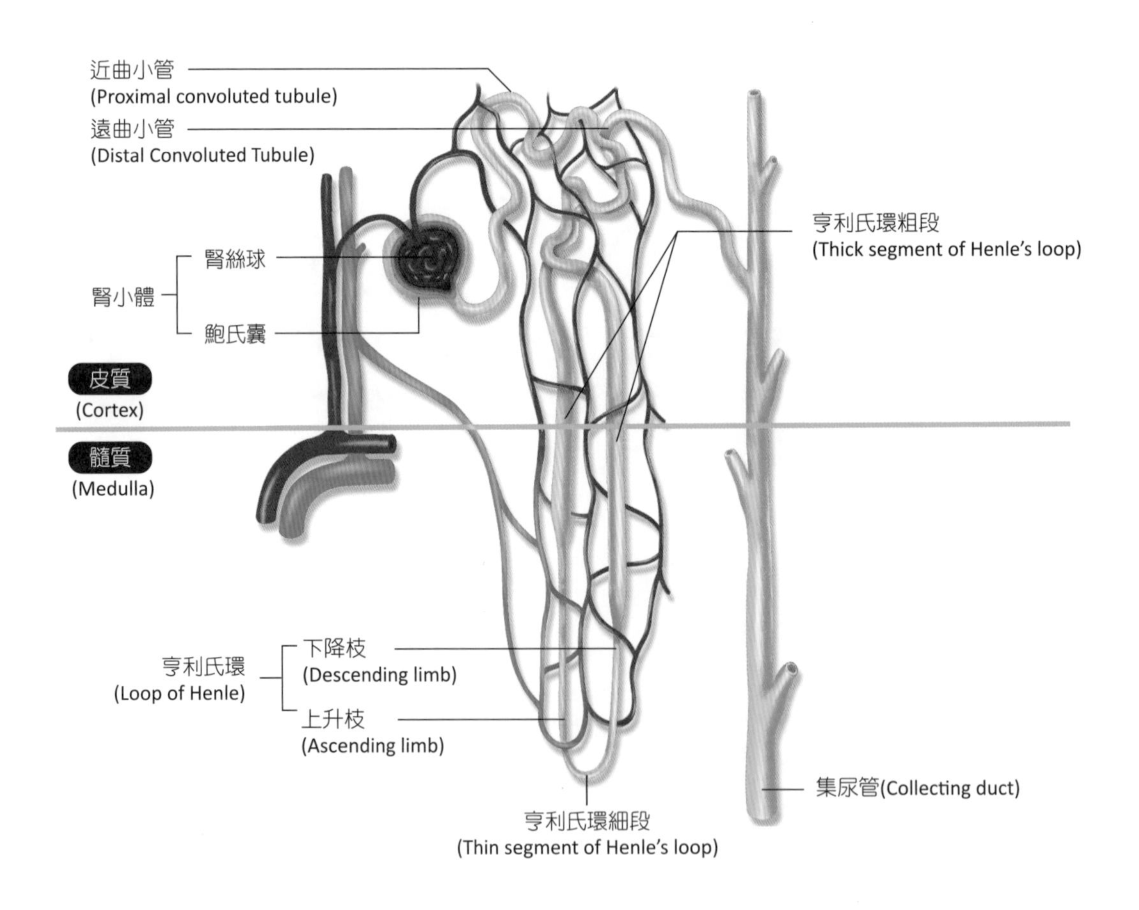

■ 圖 16-6　腎小管

1. **近曲小管** (proximal convoluted tubule)：**位於皮質區**，鮑氏囊壁層之鱗狀上皮與近曲小管的**立方或柱狀上皮**相連接，立方上皮含有大量的粒線體，細胞頂端**有微絨毛存在**，形成刷狀緣 (brush border)，**能增加再吸收與分泌的表面積**。近曲小管藉由主動吸收葡萄醣、胺基酸、鈉、水分、鉀與鈣，亦可分泌肌酸酐或藥物，這些物質的分泌作用與主動運輸有關，肌酸酐分泌速率可用以評估腎臟功能。近曲小管藉由等滲透性回收，溶質與水分會一起吸收，因此不會造成尿液濃縮的作用。
2. **亨利氏環** (loop of Henle)：為一 U 形結構，可分為下降枝 (descending limb) 與上升枝 (ascending limb)。濾液經過近曲小管後進入亨利氏環的粗下降枝，其上皮細胞變的**扁平**，微絨毛也變少。粗下降枝緊接著細下降枝，細下降枝經過一個 U 形轉折再接細上升枝，然後流入粗上升枝，最後接近腎絲球，終止於緻密斑。下降枝由**鱗狀上皮**組成，上升枝由立方或柱狀上皮組成。細下降枝對水有通透性，但對溶質通透性小，當下降至髓質，水分經滲透作用由腎小管移出。近髓質腎元有很長的亨利氏環並在髓質間質中建立高張濃度。**細上升枝**對於水分**不具通透性**，但對鈉與氯離子具備通透性。當濾液離開亨利氏環時為低張濾液。
3. **遠曲小管** (distal convoluted tubule)：亨利氏環貫穿皮質後延伸一小段即為遠曲小管，為單層立方上皮，不同於近曲小管，其細胞頂端沒有微絨毛與刷狀緣構造，可回收小於 10% 的鈉離子與水，分泌鉀離子與氫離子。遠曲小管靠近入球小動脈處特化成緻密斑 (macula densa)。

集尿小管 (collecting tubule) **與集尿管** (collecting duct) **不是腎元構造**，尿液由遠曲小管匯合到集尿小管，多條的集尿小管匯合成集尿管，最後將尿液匯流至小腎盞，進入大腎盞後再進入腎盂，最後連接到輸尿管。集尿管依據在腎臟的位置可區分為三個部分：皮質集尿管、外層髓質集尿管與內層髓質集尿管。

三、近腎絲球器 (Juxtaglomerular Apparatus)

近腎絲球器位於入球小動脈與遠曲小管接觸處，主要由三類的細胞構成（圖 16-7）：

1. **近腎絲球細胞** (juxtaglomerular cells)：位於入球小動脈特化之血管平滑肌，因有許多分泌顆粒，因此又稱為顆粒細胞。
2. **緻密斑** (macula densa)：靠近近腎絲球細胞的遠曲腎小管特化形成細高、緊密排列的緻密斑，可偵測腎小管氯化鈉濃度。
3. **腎臟環間膜細胞** (mesangial cell)：位於腎絲球微血管上，具血管收縮素 II (angiotensin II) 接受器，可偵測體內血液與水分的變化，適時釋放物質調控生理機能。

近腎絲球器對於血壓調節亦扮演很重要的角色，當血壓太低或交感神經興奮時，**近腎絲球細胞**會受到刺激分泌**腎素** (renin)，促使血管收縮素原 (angiotensiongen) 活化形成血管收縮素 I。

腎臟血液供應及神經分布

健康的個體每分鐘約有 1,200 ml 的血液流入腎臟。腎臟接受來自腎動脈 (renal artery) 的血液，腎動脈為主動脈的旁枝，到了腎門，腎動脈分成前後兩個分支，繼續分為五

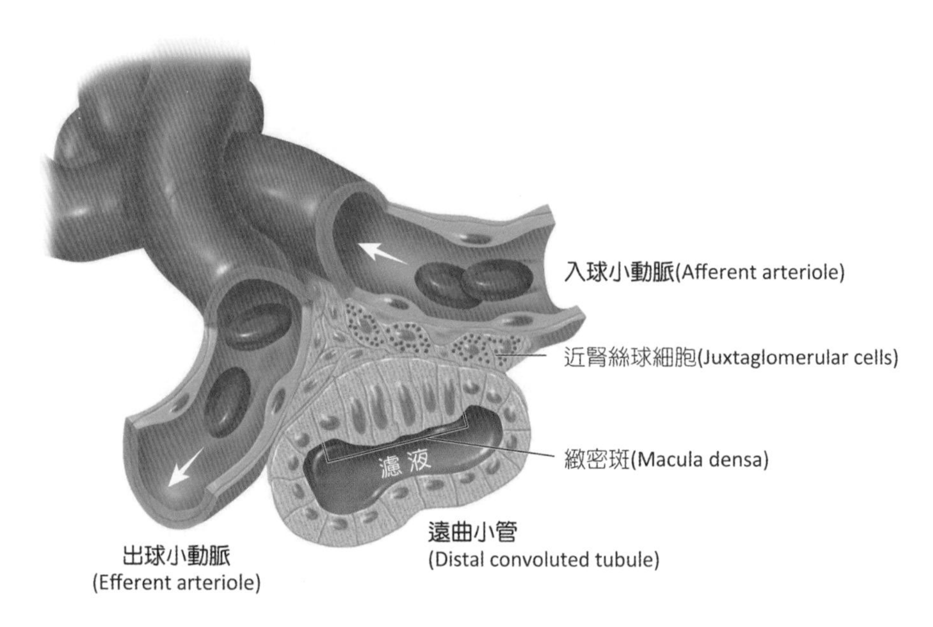

■ 圖 16-7 近腎絲球器

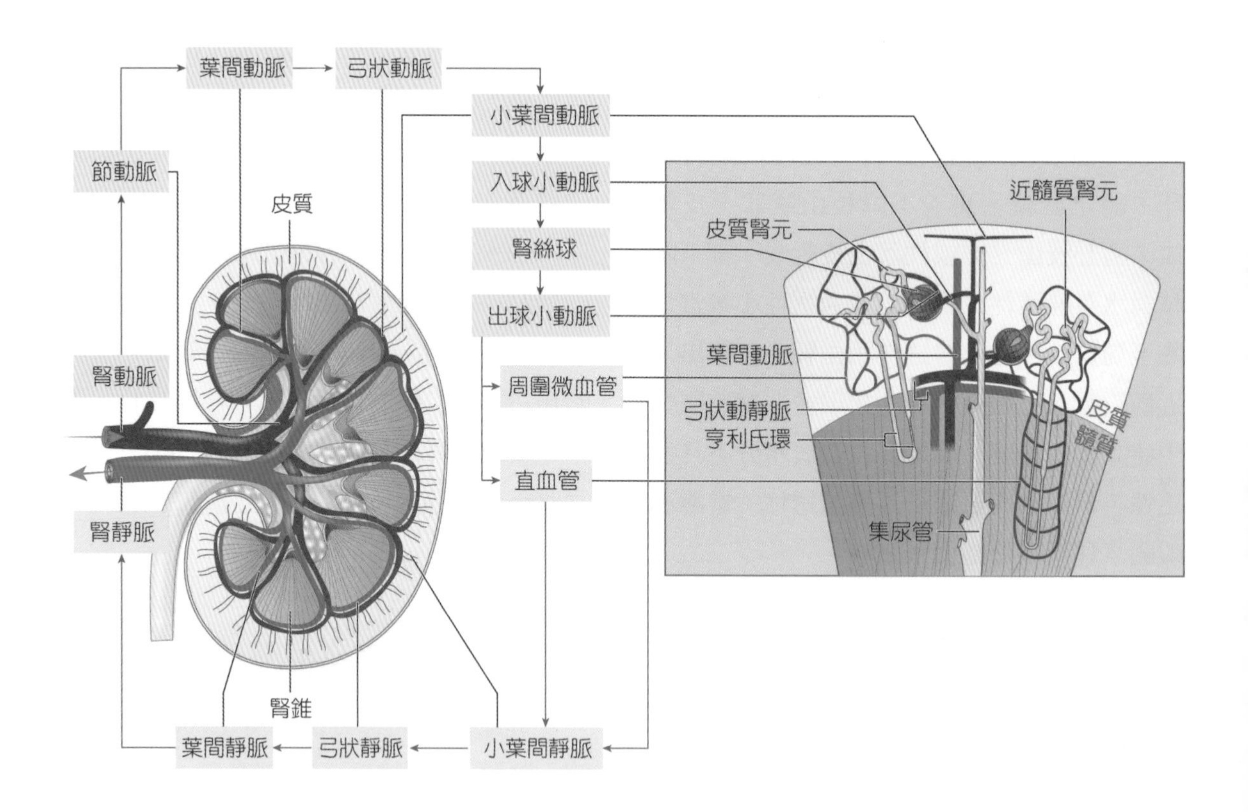

■ 圖 16-8 腎臟血液供應

條節動脈 (segmental arteries)。節動脈分支成葉動脈 (lobar arteries) 進入腎錐體，葉動脈繼續分支成葉間動脈 (interlobar arteries)。在皮質與髓質交界處，葉間動脈形成弓狀動脈 (arcuate arteries)，再分出小葉間動脈 (interlobular artery)，接著成為入球小動脈 (afferent arterioles) 進入鮑氏囊內之微血管網，微血管網再匯合成一條出球小動脈 (efferent arterioles) 離開微血管網。

近髓質腎元之出球小動脈延伸至髓質，形成兩分支：流入腎小管周圍微血管 (peritubular capillary) 及直血管 (vasa recta)。**直血管為尿液濃縮的重要角色**，微血管最後則匯合成小葉間靜脈 (interlobular venin)，靜脈與動脈走向一樣，小葉間靜脈血液流向弓狀靜脈，再到葉間靜脈、葉靜脈，最後腎靜脈由下腔靜脈離開腎臟（圖 16-8）。

腎臟的神經分布來源為自主神經系統的腎叢 (renal plexus)，由 T_{12}~L_2 之交感神經支配。交感神經興奮會造成入球小動脈收縮，腎血流降低，腎絲球過濾降低，腎臟可藉由神經適時調控腎絲球過濾壓的高低。

腎臟的功能

一、尿液的形成與濃縮

各種物質要排出腎臟必須經過三個步驟：腎絲球過濾、腎小管再吸收與分泌作用，才能形成尿液。血液的壓力強迫水分與血漿中大部分的物質通過腎絲球過濾膜，進入鮑氏囊腔，進而形成濾液，此為形成尿液的第一個步驟。腎絲球濾液經過腎小管與集尿管時，將 99% 的水分與可溶性有用物質回收至微血管內的血液中，亦將廢物或多餘的離子分泌腎小管中。

某些代謝物（如肌酸）經過腎絲球過濾時幾乎被排泄，不被再吸收；電解質如鈉離子、氯離子、重碳酸根離子則能被大量的再吸收，因此少量出現於尿液；營養物質如葡萄糖與胺基酸會被腎小管完全再吸收，因此尿液中也不會出現這些營養物質。身體內所需的物質藉由腎臟之腎絲球過濾、腎小管再吸收與分泌作用做精確與完整的調控。

(一) 腎絲球過濾作用

◎ 有效過濾壓 (Effective Filtration Pressure)

腎絲球的過濾動力取決於有效過濾壓，由四種力量形成（圖 16-9）：

1. **腎絲球靜水壓** (glomerular blood hydrostatic pressure)：指血壓對腎絲球微血管所造成的液體壓力，平均約為 45 mmHg。腎絲球靜水壓受到心搏輸出量與出球小動脈管徑影響，因入球小動脈的管徑比出球小動脈的管徑大，使血液容易停留在腎絲球而有較高的壓力。
2. **血漿膠體滲透壓** (blood colloid osmotic pressure)：為溶質通過腎絲球過濾膜產生濃度差異所致，此處的滲透壓平均 25 mmHg。
3. **鮑氏囊靜水壓** (capsular hydrostatic pressure)：腎小管最初段內的液體壓力，大約為 10 mmHg。血漿滲透壓及鮑氏囊靜水壓會抵抗濾過作用，因為血漿蛋白不能過濾停留在微血管。
4. **鮑氏囊膠體滲透壓** (capsular colloid osmotic pressure)：在一般正常情況下，鮑氏囊不會影響過濾壓力，因為腎絲球過濾液幾乎無蛋白，因此實際壓力為 0。

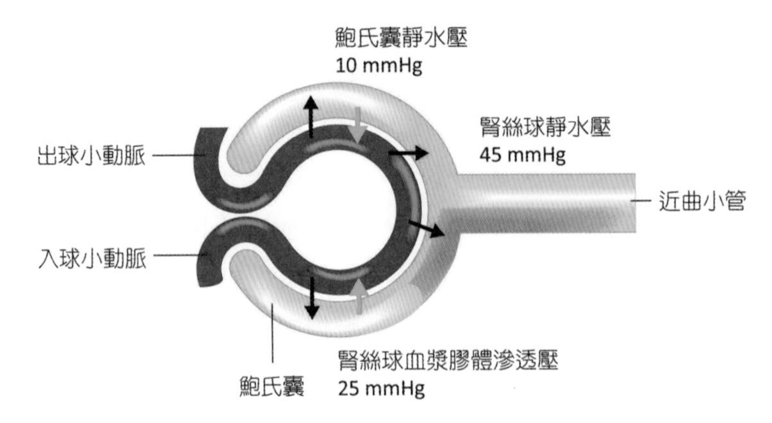

■ 圖 16-9 有效過濾壓

有效過濾壓 = 腎絲球靜水壓－（血漿膠體滲透壓＋鮑氏囊靜水壓）
= 45－(25＋10)＝10 mmHg

◎ 腎絲球過濾速率 (Glomerular Filtration Rate, GFR)

決定於微血管兩側淨水壓與膠體滲透壓平衡，亦與腎絲球表面積及通透性有關。正常情況下，**GFR 的正常值為 125 ml/min**，即每分鐘約有 125 ml 的血液過濾至鮑氏囊。GFR 改變會引起液體、電解質、代謝物不平衡。尿道阻塞會引起鮑氏囊靜水壓上升，此時 GFR 降低，GFR 太低時將無法有效排出廢物及過多的電解質。腎絲球靜水壓受到動脈壓、入球小動脈阻力、出球小動脈阻力三個因素影響，當入球小動脈壓力增加就會降低腎絲球靜水壓，進而降低 GFR；交感神經興奮時，出球小動脈、入球小動脈、血管皆會產生收縮，使 GFR 亦會下降；燙傷時蛋白質液體從傷口溢出，會使 GFR 上升（表 16-1）。

一般而言，我們很難直接得知 GFR，通常是藉由腎臟血漿清除率 (renal plasma clearance, Cx) 來測量。血漿清除率是指腎臟在每分鐘內能將多少毫升血漿中某種物質完全清除出去，首先要測定每分鐘尿量 (V)、尿中物質濃度 (U)，求得每分鐘腎臟排出該物質量，再除以血漿中物質濃度 (P)，所得數值即該物質的血漿清除率。

$$Cx(\text{ml/min}) = \frac{V\ (\text{ml/min}) \times U\ (\text{mg/ml})}{P\ (\text{mg/ml})}$$

目前最常使用菊糖 (inulin) 的血漿清除率來測量腎絲球過濾速率。菊糖為一種無毒無害的碳水化合物，它可以自由的經由腎絲球過

表 16-1 影響 GFR 的因素 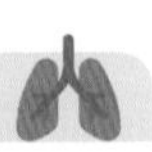

GFR 變化	因素
上升	腎絲球靜水壓上升（血壓上升） 血漿白蛋白濃度變化（脫水、低蛋白症） 腎絲球血管通透性增加
下降	鮑氏囊靜水壓上升（尿道阻塞） 腎絲球靜水壓降低（交感神經興奮使入球小動脈收縮）

表 16-2 腎小管的再吸收與分泌作用

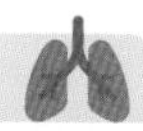

部位		再吸收	分泌
近曲小管		葡萄糖(100%)、胺基酸(100%)、Na^+(75%)、K^+、Ca^{2+}、HCO_3^-(100%)、水(75%)、Cl^-、尿素	H^+、NH_3、肌酸酐、尿酸、盤尼西林、對胺基馬尿酸(PAH)
亨利氏環	下降枝	水(5%)、Cl^-、尿素	無
	上升枝	Na^+、K^+、Cl^-、尿素	無
遠曲小管		Na^+、HCO_3^-、水(15%)、Cl^-、尿素	H^+、K^+、NH_3、肌酸酐
集尿管		Na^+、水(5%)、Cl^-、尿素	H^+、K^+、NH_3

濾，沒有再吸收與分泌的作用，因此血液與血漿有多少被過濾至腎小管，就有多少菊糖出現在尿液中。但菊糖有個缺點，必須經由靜脈注射維持一定的濃度，才能測得正確的數值，因此**臨床上常用肌酸酐清除率** (creatinine clearance, Ccr) **作為 GFR 的測量**。肌酸酐 (creatinine) 為肌肉代謝產物，可以穩定自鮑氏囊過濾，不被再吸收，少量會被分泌，整體而言肌酸酐能粗略的反應 GFR 值。

血漿中各種物質的清除率是不同的，正常葡萄糖和胺基酸的清除率為 0，尿素清除率為 70 ml/min，對胺基馬尿酸 (para-aminohippuric acid, PAH) 清除率可達 660 ml/min，幾乎完全被腎臟清除，因此 PAH 的血漿清除率實際上就代表了腎血漿流量 (renal plasma flow)。

(二) 腎小管再吸收作用

血液經由腎絲球過濾後的物質，腎小管會在某些區段進行再吸收 (reabsorption)，回收到血管，另外有某些物質則經分泌 (secretion) 從腎小管排出。再吸收具有高度選擇性，腎絲球濾液**除了蛋白質**外，其他物質幾乎與血漿相同。再吸收作用主要透過主動運輸或被動運輸進行，尤其以主動運輸占多數，如葡萄糖、胺基酸、鈉離子等（表 16-2）。

◎ 主動運輸

1. **葡萄糖**：在近曲小管內 100% 再吸收至體內。**利用近曲小管管腔上的鈉－鉀幫浦運送鈉離子至胞外時**，以搭順風車的方式，**啟動共同運輸載體** (co-transport carriers) **將葡萄糖再吸收**，屬於**次級主動運輸**。腎小管的載體具有專一性，吸收量具有上限，此最大值稱之為腎小管再吸收最大值 (tubular maximum, Tm)，例如葡萄糖的 Tm 是 375 mg/min（圖 16-10）。
2. **胺基酸**：在近曲小管內 100% 再吸收至體內。和葡萄糖一樣，藉由次級主動運輸的方式，伴隨鈉離子再吸收。
3. **鈉離子**：腎小管基底側面細胞膜上的鈉鉀幫浦，將腎小管細胞質內的鈉離子運送至腎小管周邊微血管，過程中會吸引氯離子被動運送至周邊組織液及血漿。鈉離子 67% 在近曲小管被再吸收、25% 在亨利氏環、8% 在遠曲小管與集尿管。亨利氏環的下降枝無法對鈉離子進行再吸收，**遠曲小管與集尿管對鈉離子的再吸收主要受到醛固酮** (aldosterone) **調控**，可促使其對鈉離子再吸收增加。
4. **鈣離子、磷酸根離子** (HPO_4^{2-})：其載體主要集中在近曲小管，因此集中在近曲小管進

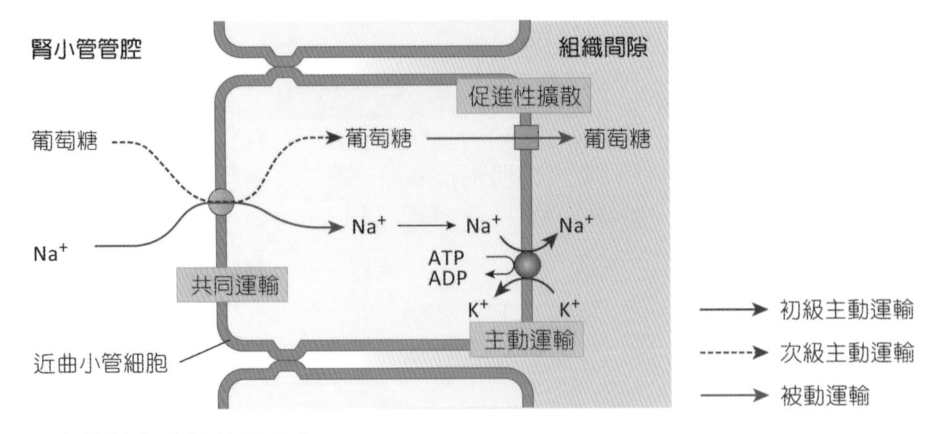

■ 圖 16-10 腎小管對葡萄糖的再吸收

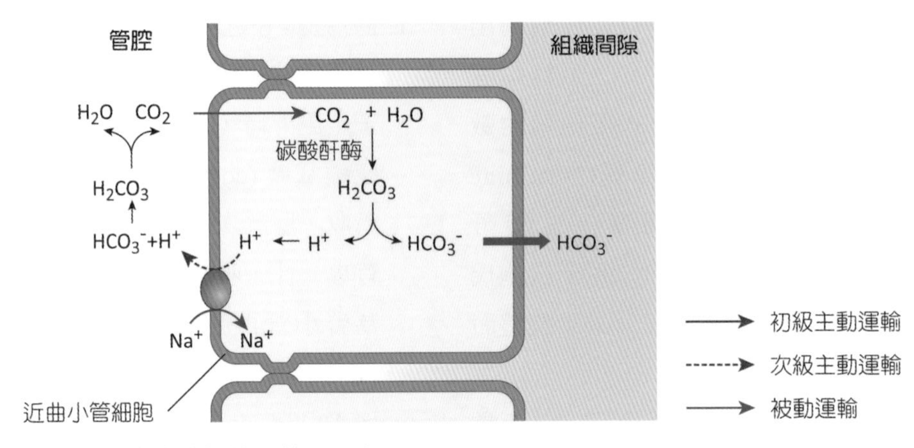

■ 圖 16-11 腎小管對重碳酸根離子的再吸收

行再吸收，鈣離子及磷酸根離子受副甲狀腺素調控，副甲狀腺升高時，促進鈣離子在近曲小管再吸收、磷酸根離子排除。

5. **重碳酸根離子** (HCO_3^-)：在近曲小管、遠曲小管 100% 再吸收。HCO_3^-的吸收是間接的，HCO_3^-與 H^+結合形成碳酸 (H_2CO_3)，經碳酸酐酶作用分解為水、二氧化碳，進入細胞的二氧化碳再與水作用形成碳酸，並分解為 HCO_3^-再吸收入微血管（圖 16-11）。

◎ 被動運輸

1. **水**：濾液中 99% 的水分會被再吸收。水的再吸收作用主要經由鈉離子移動的滲透壓所造成，65% 在近曲小管，15% 在亨利氏環，20% 在遠曲小管與集尿管。水分進行再吸收時會通過腎小管的膜蛋白，稱為水通道 (aquaporin)。近曲小管的水通道保持開啟，因此對水通透性極高，遠曲小管與集尿管之水通道受抗利尿激素 (antidiuretic hormone, ADH) 調控。
2. **氯離子**：99% 會被再吸收。氯離子在近曲小管的再吸收是受鈉離子的電性吸引，經由被動運輸的方式進入腎小管上皮細胞，再隨鈉離子進入組織間隙。在亨利氏環粗上升枝則利用上皮細胞上的同向運輸體 (symporter)，使氯離子隨鈉離子濃度梯度以次級主動運輸的方式進入細胞（圖 16-12）。

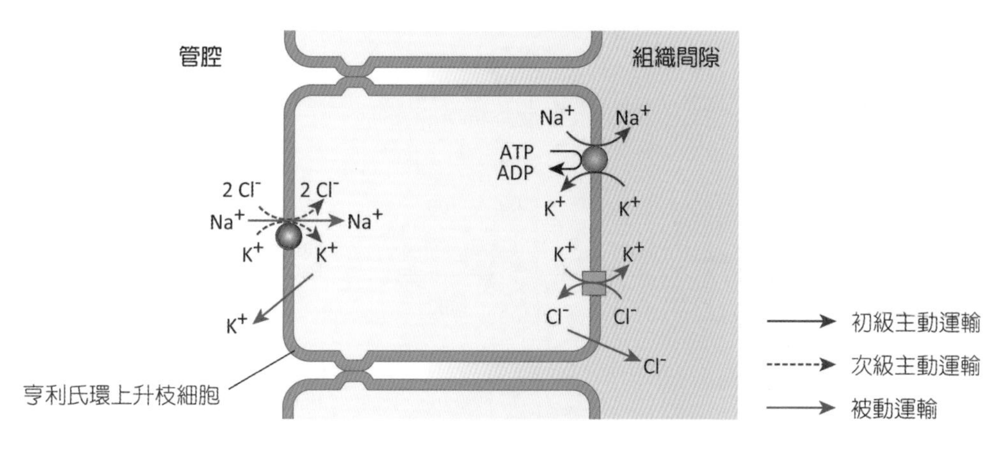

■ 圖 16-12 腎小管對氯離子的再吸收

3. **尿素**：為蛋白質代謝之廢物，腎小管各段都可再吸收尿素，在近曲小管由於水分再吸收作用，使得尿素在近曲小管尾端濃度上升。濃度梯度會促使尿素從管腔擴散到鄰近腎小管微血管裡，大約 50% 的尿素會在此進行再吸收，其餘會被排泄。

(三) 腎小管分泌作用

腎小管分泌作用經上皮細胞運輸，但步驟與再吸收相反。腎小管的分泌物質包含**氫離子、鉀離子、氨、氯離子、肌酸酐、盤尼西林、對胺基馬尿酸**。

1. **氫離子**：腎臟對氫離子分泌於身體酸鹼平衡扮演很重要的角色，近曲小管、遠曲小管與集尿管皆會分泌氫離子，這些部位的腎小管上皮細胞中含有豐富的碳酸酐酶，可催化 CO_2 與 H_2O 生成 H_2CO_3，進一步解離出 H^+和 HCO_3^-，H^+被分泌出去，並與鈉離子進行交換，使一個鈉離子被再吸收，與 HCO_3^-回到血液中形成 $NaHCO_3$（圖 16-11）。
2. **鉀離子**：絕大部分的鉀離子在近曲小管被再吸收，**遠曲小管**與**集尿管**則進行分泌作用。

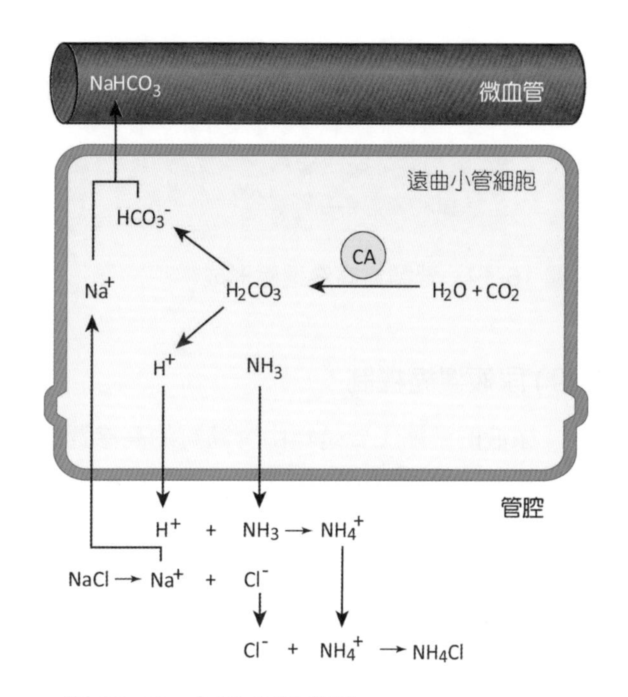

■ 圖 16-13 氨的分泌機制

當體內鉀離子過高時，會促進腎上腺皮質分泌醛固酮，使鈉離子吸收、鉀離子排出。

3. **氨** (NH_3)：胺基酸代謝所形成，主要由遠曲小管和集尿管分泌，可與腎小管分泌的氫離子結合形成 NH_4^+，再與氯離子結合形成 NH_4C1 隨尿液排出。在酸中毒時，近曲小管也可以分泌 NH_3（圖 16-13）。

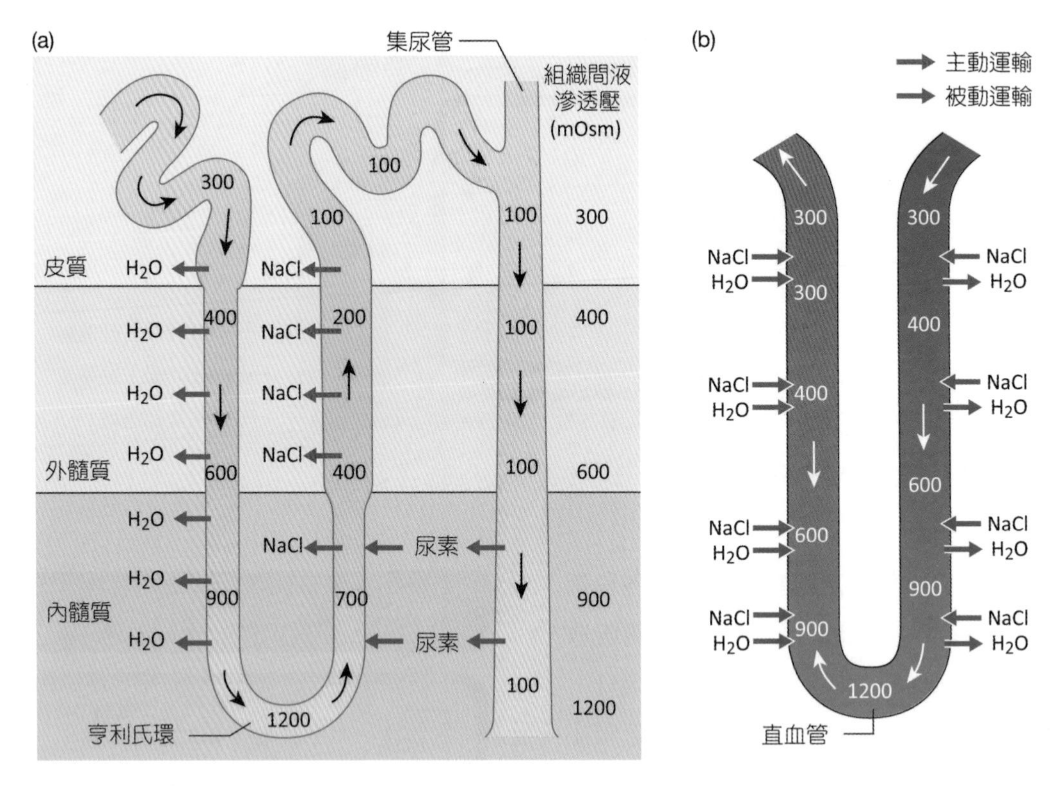

■ 圖 16-14 腎髓質高滲透壓形成

(四) 尿液濃縮機制

尿液的濃縮主要是經由腎髓質的高滲透壓環境及腎小管的再吸收作用而達成，腎臟的逆流系統在其中扮演了重要角色。身體水量減少時，需保留住水分及排除廢物，因此腎臟會吸收水分並產生高滲透壓的濃縮尿液。

腎絲球濾液形成後，65% 會在近曲小管進行再吸收作用，35% 的水分留在管腔內，剛進入亨利氏環時滲透壓仍與體液相同，約為 300 mOsm/L，當液體由皮質往髓質移動時，滲透壓增加，從 300 mOsm/L 到亨利氏環底部時可高達 1,200 mOsm/L。會產生高滲透壓的原因有以下幾個原因（圖 16-14）：

1. 亨利氏環下降枝對水通透性高，但對 Na^+、Cl^- 不進行再吸收作用，Na^+、Cl^- 濃度便越來越高，到達深部的髓質滲透壓可達 1,200 mOsm/L。
2. 亨利氏環上升枝對水不具通透性，可藉由主動運輸的方式將 Na^+、Cl^- 運送到組織間液，造就了組織間液的高滲透壓，促使下降枝再吸收更多的水分，如此循環。上升枝回到腎皮質區、形成遠曲小管後，濾液又變回低滲透壓。

直血管在亨利氏環旁邊，直血管的血液流向與亨利氏環濾液相反，此機制稱之為**逆流系統** (countercurrent system)。下行進入髓質時血液為等滲透壓，進入髓質後，高滲透壓環境使 Na^+、Cl^- 和尿素順濃度差進入直血管；當直血管反折上行，組織間液濃度降低，血液中的 Na^+、Cl^- 和尿素又由直血管擴散入髓質組織間液，而組織間液中的水分返回直血管血液，使腎小管保持高滲透壓。

尿液的濃縮機制主要是由抗利尿激素調控，抗利尿激素可增加水分於集尿管的吸收，水分因髓質的高滲透壓因而能藉由滲透作用迅速吸收入組織間液，增加了尿素濃度，因而產生濃尿。

(五) 尿液的組成

物質經新陳代謝後由腎臟排泄，製造出來的尿液會由輸尿管至膀胱儲存，再從尿道排出。一般而言，成人一天的尿量約 600~2,000 ml，其中 95% 為水分、5% 為溶質，pH 值為 4.6~8.0。溶質成分包括尿素、尿酸、肌酸酐、對胺基馬尿酸、尿靛素、酮體、電解質（如 NaCl、K^{+}、Mg^{2+}、Ca^{2+}、PO_4^{3-}、SO_4^{2-}、NH_4^{+}），正常尿液中不含有葡萄糖與胺基酸。腎絲球發炎時微血管通透性增加，會使尿液中出現蛋白質，此稱為蛋白尿；尿液中出現葡萄糖則稱為糖尿。尿液中亦不含紅血球與白血球，出現時表示腎臟可能有腎腫瘤、腎結石或泌尿道感染（表 16-3）。

二、水分與電解質的平衡

腎臟可以調節我們身體內很多離子的平衡，包括鈣離子、鈉離子、磷酸及重碳酸根離子，這些離子於體內濃度過高時，可經由腎絲球過濾與分泌到腎小管，最後被排泄至尿液中。

表 16-3 尿液的物理特性

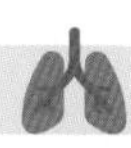

項目	特性
容積	一天約 600~2,000 ml，受液體攝入量、排汗量影響而改變
顏色	黃色或琥珀色，隨攝入食物及濃度而不同
混濁度	剛排出時透明，靜置後混濁
氣味	剛排出時有芳香味，靜置後產生氨味
比重	1.010~1.030
pH 值	4.8~7.5（平均 6.0），隨攝入食物而不同

臨床應用 ANATOMY & PHYSIOLOGY

蛋白尿 (Proteinuria)

蛋白尿代表腎臟功能異常，為腎臟早期病變的參考指標。正常而言，蛋白質等大分子的物質並不會通過腎絲球，當尿液中能偵測到這些蛋白質時，表示腎絲球的過濾屏障受損，稱為腎絲球蛋白尿；若是因腎小管的再吸收作用無法回收小分子胺基酸或蛋白質，而引起蛋白尿，稱為腎小管蛋白尿；運動後出現的蛋白尿為運動後偽腎炎，這是因為劇烈運動後會影響腎小管的再吸收作用，並非腎臟受損。

蛋白尿可利用尿液試紙或放射免疫分析法檢驗，尿蛋白電泳分析可以鑑別不同種類的蛋白。當蛋白尿嚴重到血中白蛋白濃度降低時，會引起鈉離子與水滯留造成水腫，尿液則因蛋白質含量高變得充滿泡沫，這些症狀統稱為腎病症候群。腎病症候群的病人亦常伴隨罹患高血壓、高血脂、糖尿病等慢性病。

臨床
應用

ANATOMY &
PHYSIOLOGY

利尿劑的使用

利尿劑能增加尿液量，促使細胞外液的鈉離子、氯離子或重碳酸根離子排出體外，臨床上用於水腫或高血壓輔助療法。使用利尿劑時，除了要注意病人是否有脫水症狀外，還必須注意體內離子的平衡。利尿劑可分以下幾種，其藥理作用也不盡相同：

1. 環利尿劑 (loop diuretics)：作用於亨利氏環上升枝的共同運輸蛋白，抑制鈉離子、氯離子的再吸收作用，並影響腎髓質之滲透壓濃度梯度，造成尿量增加。
2. Thiazide 利尿劑：作用較環利尿劑弱，thiazide 利尿劑作用於遠曲小管前端，抑制共同運輸蛋白作用，減少鈉離子、氯離子再吸收作用，但會增加鈣離子再吸收作用。
3. 保鉀型利尿劑：在遠曲小管競爭拮抗醛固酮，抑制鈉離子再吸收與鉀離子的分泌。
4. 碳酸酐酶利尿劑：作用於近曲小管，抑制碳酸酐酶作用，使 CO_2 與 H_2O 形成 H_2CO_3 再轉變成 H^+與 HCO_3^-的過程受抑制，阻止鈉離子與氫離子進行交換作用，當 HCO_3^-濃度上升時會減少水分吸收，達到利尿的作用。
5. 滲透型利尿劑 (osmotic diuretics)：如甘露醇，可通過腎絲球過濾，不會被腎小管再吸收，存在濾液中提供足夠的滲透壓阻止水分離開管腔。甘露醇藉由其高滲透壓的特性可將水分從細胞拉出來，因此臨床上用來降低腦內壓。

(一) 水的調控

腎臟對水分的調節可利用腎小管內外的滲透壓梯度，加上腎小管對水有通透性，使得腎絲球過濾液中大部分的水在近曲小管再吸收。另外，雖然遠曲小管與集尿管對水較沒有通透性，但抗利尿激素會調控開啟水通道，使遠曲小管與集尿管增加對水的再吸收。當水分缺乏時，抗利尿激素分泌增加，促使遠曲小管與集尿管對水通透性升高，因此身體可排出量少濃度高的尿液；相對的，當攝取大量水分時則無抗利尿激素分泌，遠曲小管與集尿管對水不產生通透性，身體會排出量多且稀釋的尿液。

(二) 鈉離子的調控

腎臟對鈉離子的調節是藉由腎小管對鈉的再吸收作用，主要是在近曲小管進行。鈉離子、水在遠曲小管、集尿管的調節與血量、血壓的控制有關，由醛固酮來完成，醛固酮可促進遠曲小管、集尿管對鈉離子主動再吸收、鉀離子排出。

(三) 醛固酮的分泌控制

醛固酮由腎上腺皮質分泌，受到**腎素－血管收縮素－醛固酮系統** (renin-angiotensin-aldosterone system, RAA systems) 所控制，當血壓下降時，交感神經興奮使血管收縮，周邊血管壓力增加，入球小動脈收縮降低血流進入腎絲球，啟動入球小動脈上的感壓受器，使腎素釋放量增加；另外，血流量降低造成腎絲球過濾量減少，會使緻密斑感應到鈉離子濃度降低，促使近腎絲球細胞釋放腎素，讓血管收縮素原活化成血管收縮素 I，血流流經肺臟時，再進一步受血管收縮素轉化酶 (angiotensin-

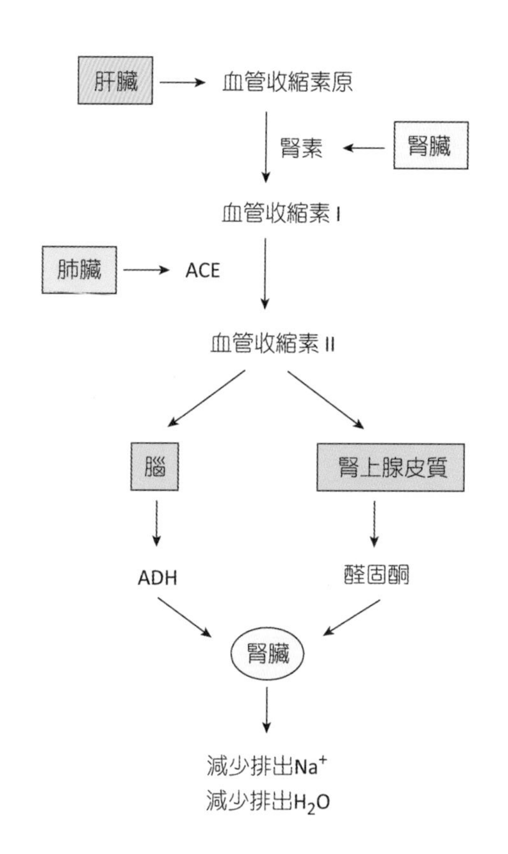

■ 圖 16-15 醛固酮的作用與分泌調控

converting enzyme, ACE) 催化分解成**血管收縮素 II** (angiotensin II)，血管收縮素 II 有很強的血管收縮作用，能刺激醛固酮、抗利尿激素分泌，進而調節腎臟對水、鈉離子的再吸收，及鉀離子與**氯離子的排出**（圖 16-15）。

三、酸鹼平衡

腎臟可藉由以下機轉調控血液的酸鹼值：

1. 分泌 H^+ 至腎小管，同時再吸收一個 Na^+，HCO_3^- 則進入血漿，作為體內 pH 值的緩衝物質。
2. 分泌 NH_3，與濾液中的 H^+ 結合產生 NH_4^+，再與 Cl^- 形成 NH_4Cl，同時再吸收一個 Na^+，與 HCO_3^- 形成 $NaHCO_3$ 進入微血管。
3. 分泌 H^+ 與濾液中的 Na^+ 交換，使鹼性的 Na_2HPO_4 轉變為酸性的 NaH_2PO_4 排出體外。

16-2 輸尿管

一、輸尿管的解剖學

輸尿管 (ureters) 為左右各一、長約 25 公分微細長的管道，源於第 2 腰椎上之腎盂末端、止於膀胱，可將尿液由腎臟運送至膀胱。輸尿管上半段屬於腹膜後器官，下半段跨越髂總動脈和靜脈，進入骨盆腔，沿盆腔壁跨越過髂關節前上方，最終斜行進入膀胱壁，開口於膀胱。膀胱內的壓力於儲存尿液期間會增加，加上**輸尿管斜行進入膀胱壁形成生理性瓣膜**構造，因而能防止尿液的逆流。輸尿管與腎盂起始處、輸尿管進入骨盆入口處、輸尿管斜穿膀胱處，此三處為輸尿管的三個狹窄處（圖 16-16）。

二、輸尿管的組織學

輸尿管壁由三層所構成：

1. **黏膜層** (mucosa)：由**移形上皮**組成，杯狀細胞分泌的黏液可防止細胞與尿液接觸。
2. **肌肉層** (muscularis)：分為兩部分，輸尿管的上半段由內縱走肌與外環走肌所構成。靠近膀胱頸的部分由內縱走肌、中環走肌與外縱走肌構成。肌肉層平滑肌的蠕動收縮可將尿液由腎盂運送到膀胱。
3. **外膜層** (adventitia)：由血管、淋巴管與神經的**疏鬆結締組織所構成**。

三、輸尿管的功能

主要將腎臟內所製造的尿液運送至膀胱，尿液在輸尿管內靠平滑肌層蠕動收縮而流動。

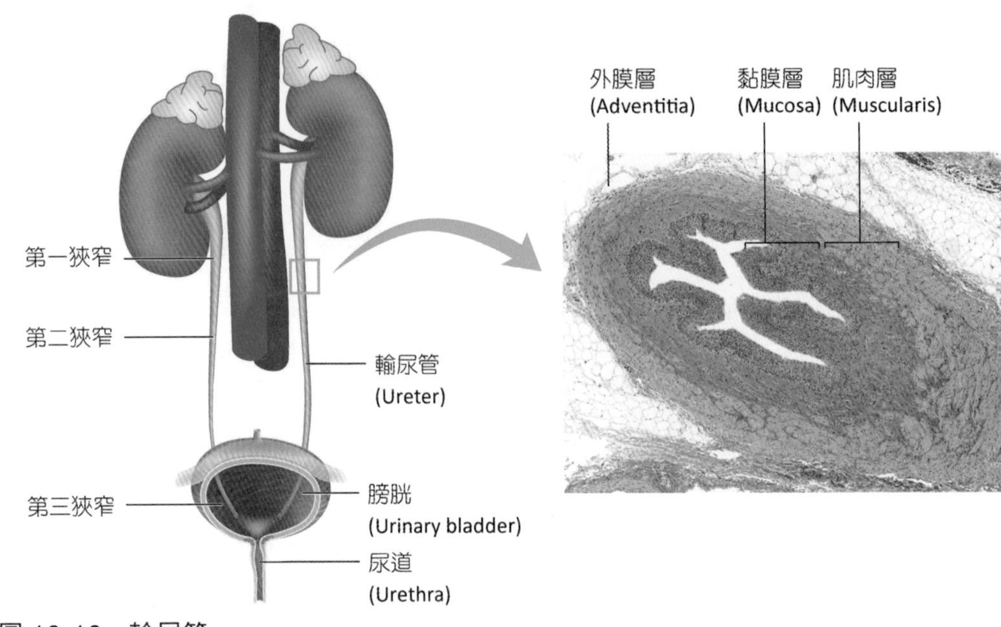

■ 圖 16-16 輸尿管

16-3 膀胱

一、膀胱的解剖學

膀胱 (urinary bladder) 位於恥骨聯合後面之骨盆腔中，是具有肌肉性及可折疊性的中空器官，可儲存尿液。男性的膀胱位於直腸前方，女性的膀胱位於陰道前方與輸尿管下方，膀胱的形狀取決於其內有多少尿液，當無尿液時有如洩氣的皮球，呈現上下顛倒的金字塔形狀，含有些許尿液時呈現卵圓形，尿液增多時呈現梨形，並上升腹腔中。

膀胱的頂端 (apex) 有胎兒時期臍尿管 (urachus) 退化形成的正中臍韌帶 (median umbilical ligament)，頸部 (neck) 連接尿道，底部 (base) 輸尿管的兩個開口形成一個三角形的區域，稱為膀胱三角 (trigone)。膀胱三角在臨床上具有特別的意義，因為很多感染容易產生於此（圖 16-17）。

二、膀胱的組織學

膀胱壁主要由三層組織所組合而成，分別為（圖 16-18）：

1. **黏膜層** (mucosa)：位於最內層，表面為**移形上皮**與固有層所組合而成。
2. **肌肉層** (muscularis)：亦稱為逼尿肌 (detrusor muscle)，由內縱走肌、外縱走肌與中環走肌所組成，逼尿肌作用時可促進尿液自膀胱排出。
3. **漿膜層** (serosa)：位於最外層上面，其餘部分為外膜層，漿膜層覆蓋膀胱的表面，亦為腹膜的一部分。

三、膀胱的功能

膀胱為體內儲存尿液的器官，排尿需要結合隨意肌與不隨肌收縮，並經由交感神經及副交感神經配合而達成排尿 (micturition)。成人膀胱約可容納 500 ml 的尿液，一天可排空將近 15 次，當膀胱內的尿液達到 300 ml 時，

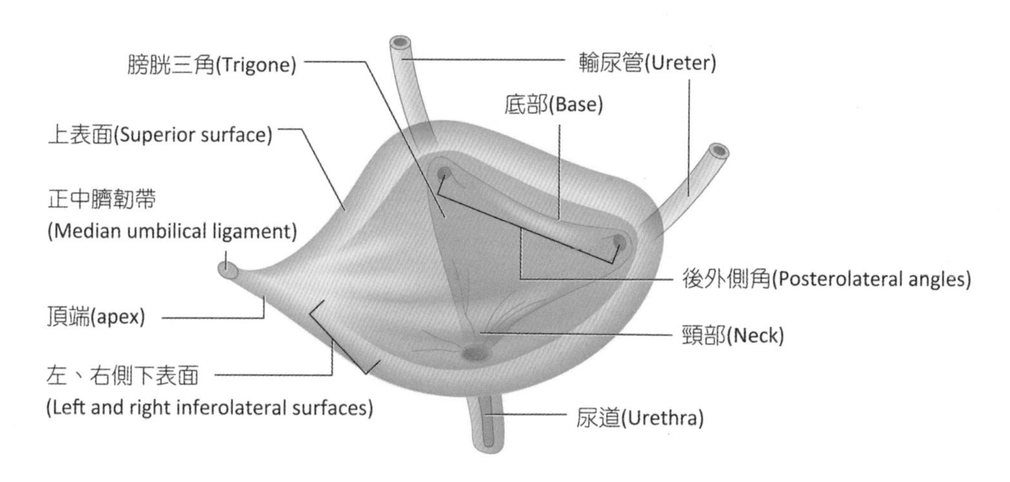

■ 圖 16-17　膀胱的倒三角錐體

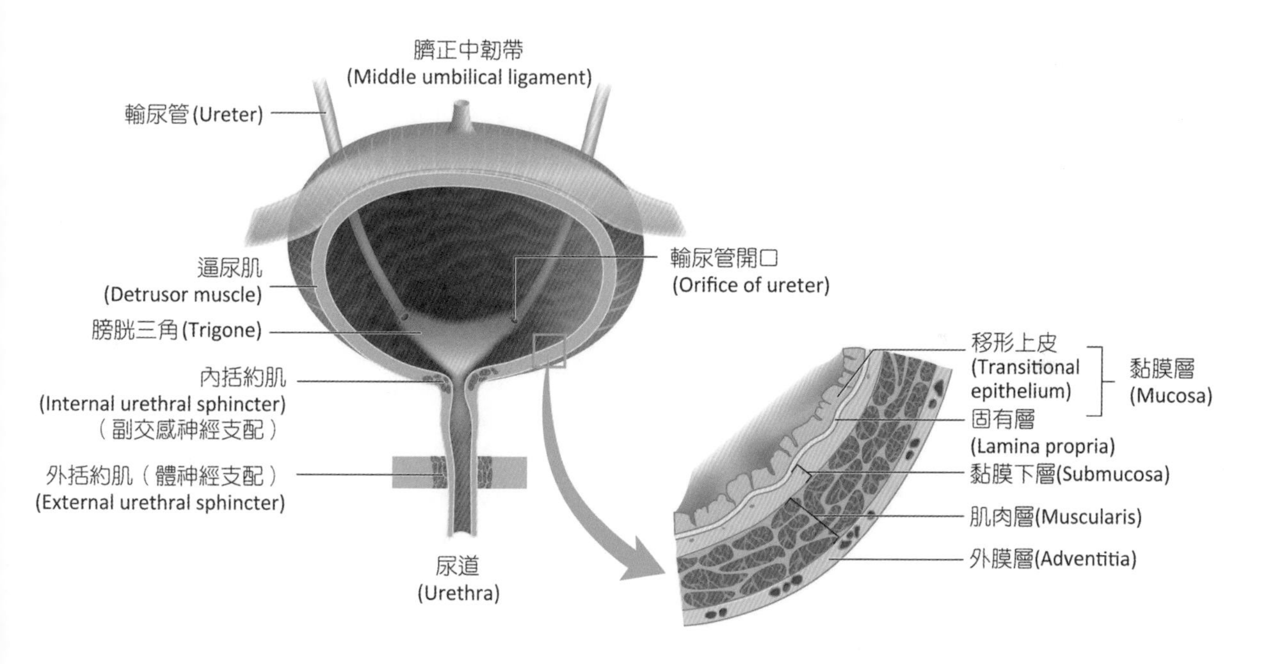

■ 圖 16-18　膀胱的組織學

膀胱內的壓力增加刺激膀胱的壓力感受器，並將壓力經由受器傳達至大腦皮質及脊髓內，接著引起**排尿反射** (micturition reflex)，來自脊髓副交感神經的反射衝動經由**排尿反射中樞** (S_2~S_4)引起**逼尿肌收縮及尿道內括約肌舒張**，誘發排尿。透過脊髓抑制運動神經元抑制作用可引起尿道外括約肌舒張。

排尿為一種反射作用，我們在孩提時期已學會利用大腦意識自主控制排尿，神經衝動經陰部神經傳至尿道外括約肌及骨盆的肌肉，引發尿道外括約肌鬆弛，造成排尿或抑制排尿作用（圖 16-19）。嬰兒因發育尚未完全，當膀胱漲大時會引發反射作用而排尿。若大人無法控制此排尿反射作用，則稱為尿失禁 (incontience)。

16-4 尿道

尿道 (urethra) 為泌尿系統的最終端為一管狀結構、尿液排出體外的出口。尿道由平滑肌與黏膜層所組合而成，上皮細胞隨著膀胱至尿道口亦有不同的變化，接近膀胱的地方為移形上皮，尿道的中半段為偽複層與複層柱狀上皮，尿道終端的地方為複層鱗狀上皮。

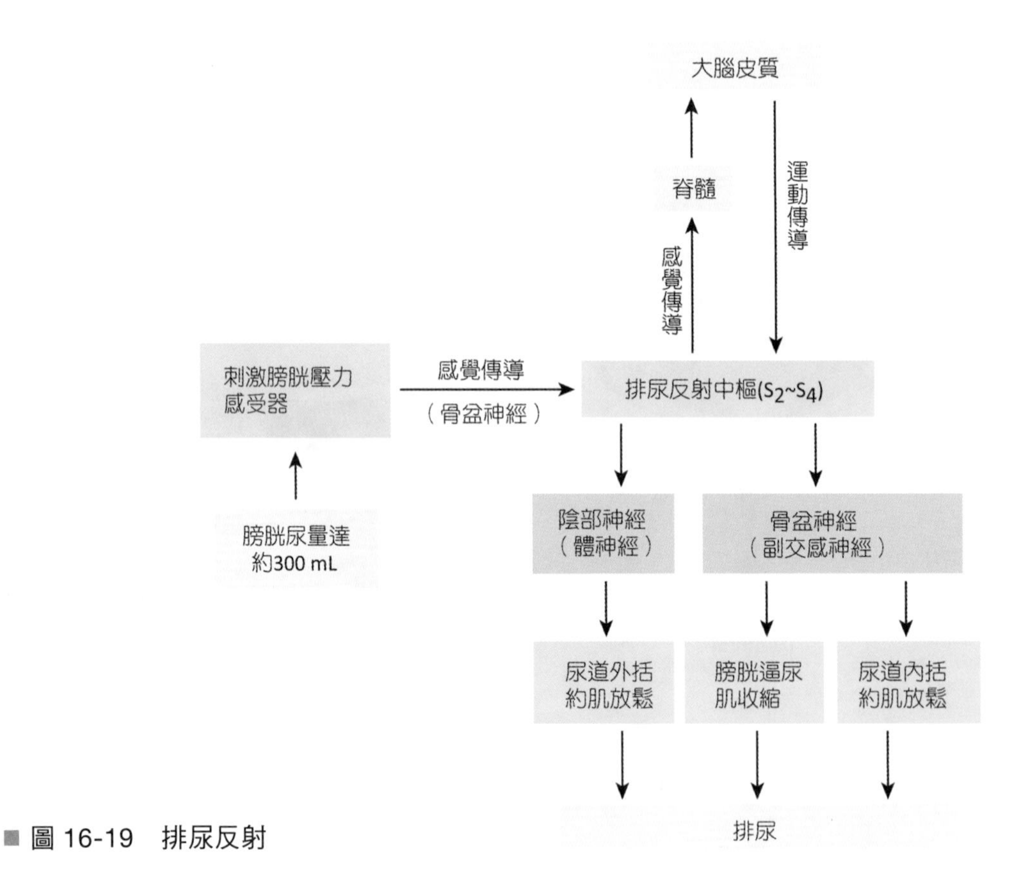

■ 圖 16-19 排尿反射

尿道的開口周圍具有一層平滑肌所組合而成的尿道內括約肌 (internal urethral sphincter)，此為不隨意肌，內括約肌下方為骨骼肌構成尿道外括約肌 (external urethral sphincter)。男性與女性尿道具有相同功能，將尿液排出體外，惟男性尿道亦為精液排出的管道，結構上也有些不同。

一、女性尿道

女性尿道比男性短，長度約 3~5 公分，因此相較於男性容易罹患尿道炎與膀胱炎。女性尿道開口於陰蒂與陰道之間，由黏膜層、海綿組織與肌肉層組合而成。女性尿道靠近膀胱之內襯上皮組織為移形上皮，其餘部分為複層鱗狀上皮，肌肉層主要環狀平滑肌組成（圖 16-20）。

二、男性尿道

男性尿道為尿液與精液排出的通道，長約 20 公分。男性尿道由三個部分組合而成：前列腺尿道、膜部尿道、陰莖尿道。其尿道壁由內到外有兩層構造組合而成，分別為黏膜層與黏膜下層（圖 16-20）。

1. **前列腺尿道** (prostatic urethra)：長約 2.5 公分，通過前列腺，精液經此進入近端尿道，前列腺尿道為移形上皮。
2. **膜部尿道** (membranous urethra)：長約 1~2 公分，為尿道最短一段，其內襯為偽複層與複層柱狀上皮組成，並具有尿道外括約肌，此段為最容易受傷的一段。
3. **陰莖尿道** (penial urethra)：又稱海綿體尿道，長約 15 公分，為最長的一段，穿越過陰莖海綿體與尿道海綿體。陰莖海綿體由球部 (bulbous) 及下垂部 (pendulous) 所構成，尿道球腺體開口於此。陰莖尿道上皮主要為複層柱狀亦有複層鱗狀上皮。

臨床應用 ANATOMY & PHYSIOLOGY

尿失禁 (Incontinence)

尿失禁是指無法用意志去控制排尿動作，造成的原因很多，當年紀大時，不分男女罹病的機率皆會增加。尿失禁可藉由手術或藥物治療，亦可配合運動訓練肌肉，改變排尿習慣。尿失禁可分成以下幾種病症：

1. 應力性尿失禁 (stress incontinence)：乃腹部壓力過大時，譬如打噴嚏、咳嗽，無法控制膀胱，尿液不自主流出的情形，主要與神經、肌肉和結締組織受傷有關。
2. 過度活躍膀胱 (overactive bladder)：正常狀況下雖有尿意，但還能控制一段時間不解尿，不過此類型的病人會有強烈的尿意，因此產生急尿 (urgency)、頻尿 (frequency)、小便困難 (dysuria) 和夜尿 (nocturia) 等症狀。
3. 溢流型尿失禁 (overflow incontinence)：膀胱過度膨脹時，尿液不自主的一滴一滴流出，此狀況常見於尿道阻塞的病人，例如男性前列腺肥大。

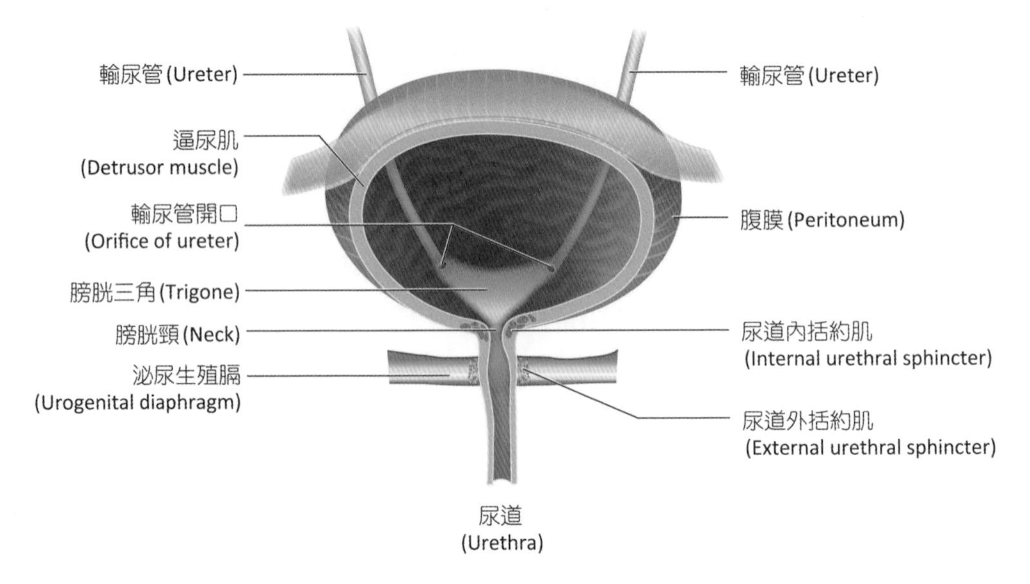

(a) 女性尿道

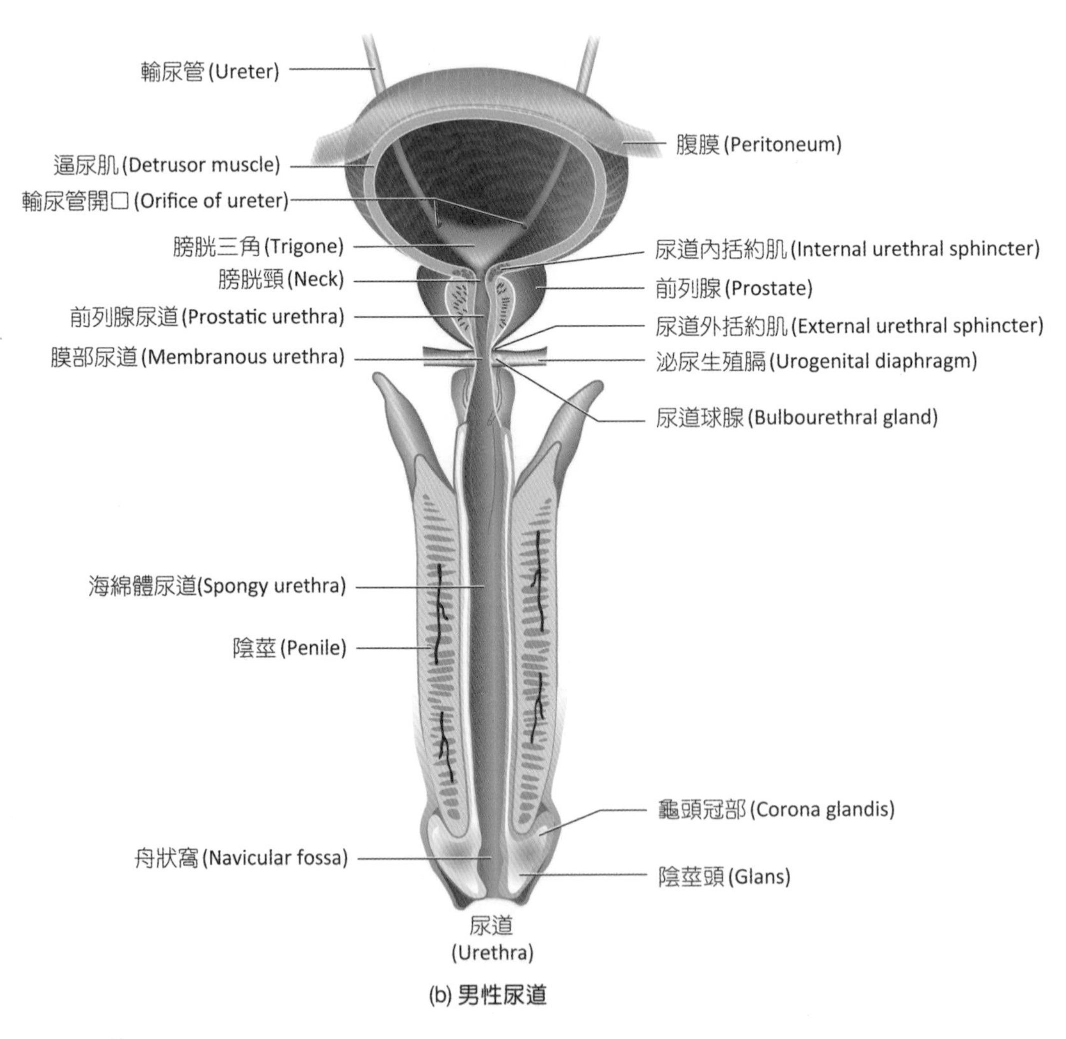

(b) 男性尿道

■ 圖 16-20 尿道

學習評量 REVIEW AND CONPREHENSION

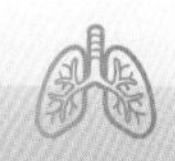

1. 下列哪一種器官主要負責尿液 (urine) 的形成？(A) 腎臟 (kidney) (B) 輸尿管 (ureter) (C) 膀胱 (urinary bladder) (D) 尿道 (urethra)
2. 在腎臟的近曲小管中，鈉離子主要與下列何種物質共同運輸進入上皮細胞？(A) 氫離子 (B) 鈣離子 (C) 葡萄糖 (D) 碳酸氫根離子
3. 腎臟對水的再吸收與下列何種離子最為相關？(A) 鈉離子 (B) 鉀離子 (C) 磷離子 (D) 氫離子
4. 腎小體 (renal corpuscle) 的過濾膜 (filtration membrane)，不含下列哪一構造？(A) 腎絲球血管的內皮 (glomerular endothelium) (B) 腎絲球的基底膜 (basal membrance of glomerulus) (C) 鮑氏囊的壁層 (parietal layer of Bowman's capsule) (D) 鮑氏囊的臟層 (visceral layer of Bowman's capsule)
5. 有關體內維持酸鹼平衡的敘述，下列何者錯誤？(A) 腎臟近曲小管可藉由次級主動運輸分泌氫離子 (B) 重碳酸根離子與氫離子結合後分解成二氧化碳和水 (C) 醛固酮過量分泌會造成腎小管性酸中毒 (D) 降低血管收縮素 II 分泌會降低氫離子分泌
6. 健康檢查中檢測腎功能的常用指標，下列何者正確？(A) 肌酸酐 (B) 菊糖 (C) 葡萄糖 (D) 脂肪酸
7. 正常成年男子之腎絲球過濾率 (glomerular filtration rate) 約為多少 mL/min ？(A) 1,250 (B) 125 (C) 12.5 (D) 1.25
8. 下列有關人體缺血性休克後造成排尿量下降的主要原因，何者最不可能？(A) 動脈壓下降 (B) 腎素分泌下降 (C) 出球小動脈收縮 (D) 入球小動脈不收縮
9. 高鉀食物會造成下列哪一段腎小管增加鉀的分泌？(A) 近曲小管 (B) 亨利氏環上行枝 (C) 亨利氏環下行枝 (D) 集尿管
10. 當每分鐘腎臟之葡萄糖過濾量大於葡萄糖之最大運輸速率 (transport maximum) 時，下列何者最可能發生？(A) 糖尿 (B) 寡尿 (C) 血尿 (D) 無尿
11. 下列哪一段腎小管 (renal tubule) 的管壁細胞最為扁平？(A) 近曲小管 (proximal convoluted tubule) (B) 亨利氏環 (loop of Henle) (C) 遠曲小管 (distal convoluted tubule) (D) 集尿管 (collecting duct)
12. 腎小球濾液與血漿的組成，主要差異為下列何者？(A) 白血球 (B) 紅血球 (C) 蛋白質 (D) 核甘酸
13. 下列何者是維持亨利氏環下行支水分再吸收的因素？(A) 氫離子 (B) 氯離子 (C) 尿素 (D) 鉀離子
14. 下列何者是由入球小動脈 (afferent arteriole) 的管壁平滑肌細胞特化形成，能分泌腎活素 (renin) 調節血壓？(A) 緻密斑細胞 (macula densa cells) (B) 近腎絲球細胞 (juxtaglomerular cells) (C) 腎小球繫膜細胞 (mesangial cells) (D) 足細胞 (podocytes)
15. 哪一段腎小管對水的滲透性最低？(A) 近曲小管 (B) 亨利氏環上行枝 (C) 遠曲小管 (D) 集尿管

16. 有關排尿，副交感神經興奮會造成下列何種現象？(A) 膀胱逼尿肌與尿道內括約肌皆收縮 (B) 膀胱逼尿肌收縮，尿道內括約肌放鬆 (C) 膀胱逼尿肌與尿道內括約肌皆放鬆 (D) 膀胱逼尿肌放鬆，尿道內括約肌收縮

17. 正常生理狀態下，下列何種物質之尿液與血漿濃度比值 (U/P ratio) 最小？(A) 葡萄糖 (B) 鈉離子 (C) 肌酸酐 (D) 尿素

18. 有關腎素－血管張力素系統 (renin-angiotensin system) 之敘述，下列何者正確？(A) 腎素可作用於血管平滑肌細胞，使血壓升高 (B) 血管張力素原 (angiotensinogen) 分泌自肝臟 (C) 失血可造成醛固酮 (aldosterone) 分泌減少 (D) 缺水可造成血管張力素 II (angiotensin II) 生成減少

19. 下列構造何者可以進行腎臟之逆流交換 (counter-current exchange)？(A) 入球小動脈 (afferent arteriole) (B) 腎絲球 (glomerulus) (C) 出球小動脈 (efferent arteriole) (D) 直血管 (vesa recta)

20. 腎臟 (kidney) 的何部位具有腎絲球 (glomerulus) 的構造？(A) 腎皮質 (renal cortex) (B) 小腎盞 (minor calyx) (C) 腎錐體 (renal pyramid) (D) 腎乳頭 (renal papilla)

解答

1.A 2.C 3.A 4.C 5.D 6.A 7.B 8.B 9.D 10.A 11.B 12.C 13.C 14.B 15.B 16.B 17.A 18.B 19.D 20.A

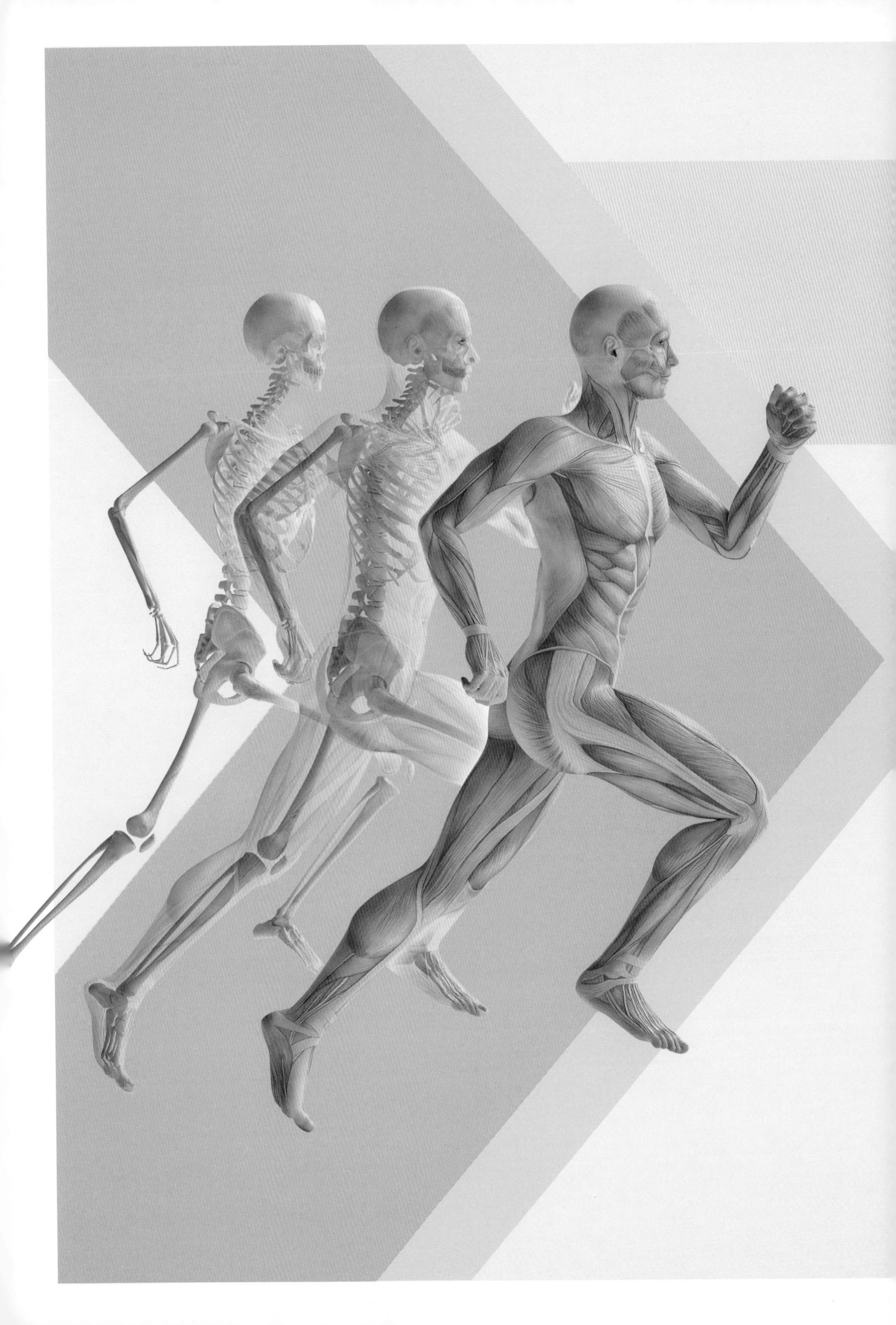

體液、電解質與酸鹼平衡

Fluid, Electrolyte, and Acid-base Balance

CHAPTER 17

作者 / 李維真

本章大綱 Chapter Outline

前言 INTRODUCTION

人體的體液含有許多營養物、電解質、代謝廢物，維持體液、電解質的平衡可以將人體的生理機制維持在一個穩定的狀態，而體內酸鹼值的恆定主要是靠緩衝系統、呼吸系統、腎臟的排泄系統來調節，恆定系統的其中一環若是失調，都會導致體液容積、電解質的失調，引起水腫、酸鹼不平衡等問題。

17-1 體液 

體液 (body fluid) 是身體內所有液體的總稱，在一般成人身上約占體重的 55~60%。細胞經由體液攝取氧氣與營養物，並排出代謝廢物。體液會依所在部位的不同而有不同的比例組成。

一、體液的分布

體液可區分成兩大部分，或稱為「區間」，此兩區間是由細胞膜所隔開，故稱為細胞內液與細胞外液（圖 17-1）。

1. **細胞內液** (intracellular fluid, ICF)：又稱胞液 (cytosol)，是存在於所有細胞內的液體，其成分與組成相似，約占體液的 2/3、**體重的 40%**。
2. **細胞外液** (extracellular fluid, ECF)：所有細胞外的體液統稱為細胞外液，約占體液的 1/3、**體重的 20%**。血管壁可將細胞外液分隔成血漿 (blood plasma)、組織液 (tissue fluid) 兩個部分。血漿占細胞外液的 25%（占體重 5%），組織液占 75%（占體重 15%）。組織液又稱為組織間液 (interstitial fluid) 包括淋巴管內的淋巴液、耳朵的內淋巴與外淋巴、神經系統的腦脊髓液 (cerebrospinal fluid, CSF)。

以上體液的區分是由兩種「屏障」所隔開，分別為隔開細胞內液與細胞外液的細胞膜，以及將細胞外液的血漿與組織液隔開的血管壁。

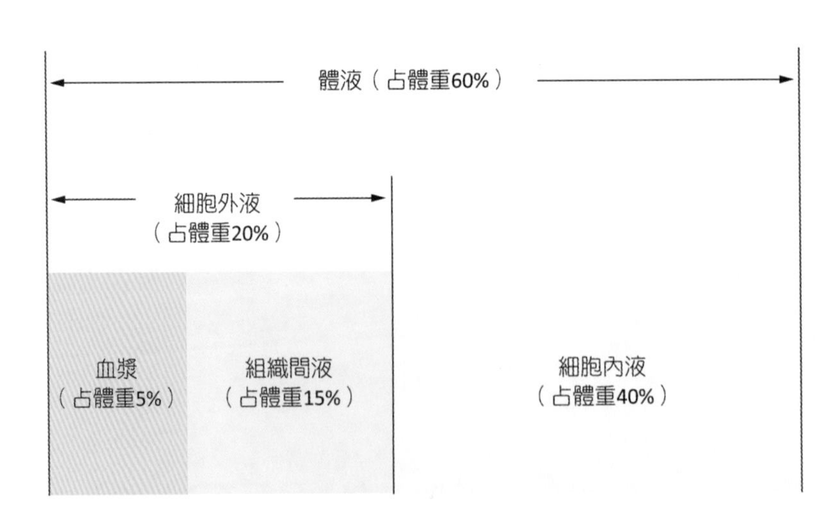

■ 圖 17-1　體液的分布

二、水的平衡

水是體內最多的單一組成，不同個體間所含水量比例的差異是隨著年齡、性別與胖瘦差別而不同。含水量比例會隨著年齡增長而遞減，嬰兒具有高比例的水分，幾乎達體重的75%，青春期時，體重中約略60%是水分，而老年人約僅占47%。成年男性體內水分約占體重的60%，而女性則因為比男性具有更多的皮下脂肪，所以總體水分的比例較低，只占約體重的55%。脂肪不含水分，故肥胖者水分占體重比例比瘦的人低。

正常情況下，維持細胞內液與細胞外液總容積的恆定，是由獲得水分與失去水分之間的平衡來維持。

(一) 水分的攝取與排出

成人每日水分攝取 (intake) 的來源有兩個：(1) 飲用的液體與食物本身所含的水分，約 2,250 ml／天；(2) 體內代謝作用產生的水（代謝水）約 250 ml／天。故每人每日水分的平均總攝取量約為 2,500 ml。

水分的排出 (output) 共有四個主要途徑：(1) **腎臟**大約排放 1,000~1,500 ml／天的尿液；(2) **肺臟**以水蒸氣的方式呼出大約 300 ml／天；(3) **皮膚**無知覺的蒸散與有知覺的流汗大約 500 ml／天；(4) **腸胃道**排出大約 200 ml／天的水分。另外，在生育期的婦女，有更多的水分會自經血中流失。每人每天平均的水分排出量約為 2,500 ml，正常人的水分攝取量與排出量應相等，以保持體內固定的體積（表 17-1）。

(二) 攝取的調節

水分的攝取是受到口渴的感覺來調節。當激烈運動引發大量流汗或是脫水發生時，會引起唾液分泌減少、口腔與喉嚨黏膜十分乾燥、

臨床應用 ANATOMY & PHYSIOLOGY

水腫 (Edema)

水腫是組織間隙中出現過多的液體，可能原因包括代謝功能變差、組織缺乏養分，或是淋巴系統阻塞，無法將組織液送回循環系統，微血管通透率增加，血漿液體不正常流入組織間隙等。心臟衰竭、肝腎疾病、癌症、低白蛋白血症等患者的水腫通常為全身性，較先出現於皮下組織較少的部位、足部；若是因長期站立或坐著、靜脈或淋巴阻滯造成的水腫，則通常是局部性，多發生於單側、下肢。水腫發生時，用手指按壓水腫部位可見明顯的凹陷，凹陷程度越大、皮膚回復時間越短代表水腫程度越嚴重。

表 17-1 水分的攝取與排出

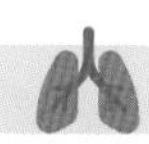

攝取量	排出量
喝水 1,550 ml 食物中的水分 700 ml 代謝水分 250 ml	腎臟（尿液）1,500 ml 肺臟（呼吸中的水蒸汽）300 ml 皮膚（蒸散與流汗）500 ml 腸胃道 200 ml
總量 2,500 ml	總量 2,500 ml

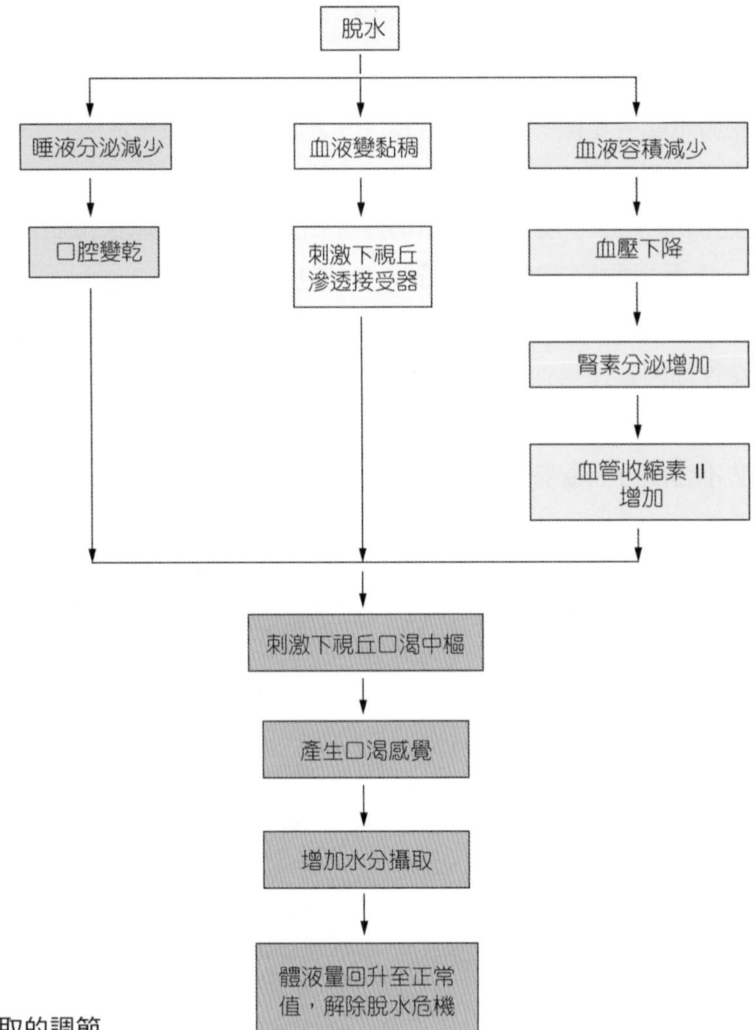

■ 圖 17-2　水分攝取的調節

全身性的血液滲透壓升高，血液變黏稠、血液容積減少，引發下視丘口渴中樞 (thirst center) 的神經興奮，產生口渴的感覺，進而增加喝水的慾望，使水分的攝取增加以回復正常的體液量（圖 17-2）。

(三) 排出的調節

水分的排出途徑中最主要是經由腎臟，因此水分排出的調節也就是調節尿液量的排出，其主要受到抗利尿激素 (antidiuretic hormone, ADH) 與醛固酮 (aldosterone) 的控制。當身體脫水時，ADH 會增加腎小管對水的再吸收能力，使得尿液量減少，再經由下視丘的口渴中樞，引發口渴的感覺，喝水或增加液體的攝取，以回復正常的體液量。相反的，當體液量過多時，會抑制 ADH，減少腎臟對水的再吸收，使體液排出增加（詳見第 16 章）。

三、維持體液分布恆定的機制

(一) 細胞內液與組織間液的恆定

身體內有許多溶質，細胞內液與細胞外液所含種類相似，但濃度卻天差地別。**細胞內液主要陽離子是鉀離子** (K^+)，**細胞外液則是鈉離子** (Na^+)，通常兩者的滲透壓是相似，但當 K^+ 或 Na^+ 濃度改變時，就會使得體液不平衡的狀況發生。

體內 Na^+ **的平衡調節是受到醛固酮與抗利尿激素所控制**，這兩種激素會交替影響體液中水分的再吸收。流汗時皮膚同時排出水分與 Na^+，嘔吐與腹瀉也會流失 Na^+，以上狀況若持續或大量發生，又沒有及時攝取 Na^+ 時，會導致組織間液 Na^+ 濃度降低，進而造成滲透壓降低，使細胞外液與細胞內液之間產生有效的過濾壓。為了讓 Na^+ 濃度回升，水分由組織間液移動流向細胞內液，將產生下列兩種嚴重的後果：

1. **過度水合作用** (overhydration)：當水分由組織間液移動流向細胞內液，使得細胞內水分濃度增加，會抑制神經細胞傳導的功能。嚴重甚至會造水中毒 (water intoxication)，導致失去行為判斷能力、痙攣、昏迷、甚至死亡。
2. **循環性休克** (circulating shock)：當組織間液水分減少，容積下降，使得組織間液的靜水壓降低，導致水分由血漿中移動進入組織間液，這樣會造成血液容積減少，嚴重時會導致循環性休克。

(二) 血漿與組織間液的恆定

體液在組織間液間與血漿之間的移動通常是在微血管管壁處進行的。體液在此間的移動方式主要是受到下列四種壓力來決定：

1. **血液靜水壓** (blood hydrostatic pressure, BHP)：指微血管內的血壓，即微血管內體液流向組織間液的壓力。在微血管動脈端的 BHP 約為 30 mmHg，靜脈端的 BHP 約為 15 mmHg。
2. **組織間液靜水壓** (interstitial fluid hydrostatic pressure, IFHP)：指組織間液的液壓，即組織間液的體液流向微血管壁的壓力，BHP 與 IFHP 互相對抗。在微血管動脈端與靜脈端的 IFHP 皆趨近於 0 mmHg。
3. **血液滲透壓** (blood osmotic pressure, BOP)：由血液中非滲透性蛋白質所產生的滲透壓，可促使組織間液的體液流向微血管。在微血管兩端 BOP 均**為 26 mmHg**。
4. **組織間液膠體滲透壓** (interstitial fluid osmotic pressure, IFOP)：由組織間液內蛋白質所產生的滲透壓，可促使微血管的體液流向組織間液，BOP 與 IFOP 互相對抗。在微血管兩端 IFOP 均**為 6 mmHg**。

兩個使體液移出血漿的作用力（BHP 與 IFOP）與兩個使體液進入血漿的作用力（IFHP 與 BOP）的差值是為**有效過濾壓** (effective filtration pressure, Peff)。

$$Peff = (BHP + IFOP) - (IFHP + BOP)$$

微血管動脈端的有效過濾壓為 $(30 + 6) - (0 + 28) = 8$ mmHg，會使微血管動脈端的體液由血漿過濾到組織間液內；靜脈端的有效過濾壓則為 $(15 + 6) - (0 + 28) = -7$ mmHg，會使組織間液的體液再吸收回到微血管靜脈端血漿中（圖 17-3）。然而，由微血管動脈端過濾出來的體液並沒有完全由微血管靜脈端再吸收回到血漿中，部分會與由微血管滲出的蛋白質一起進入微淋巴管中。

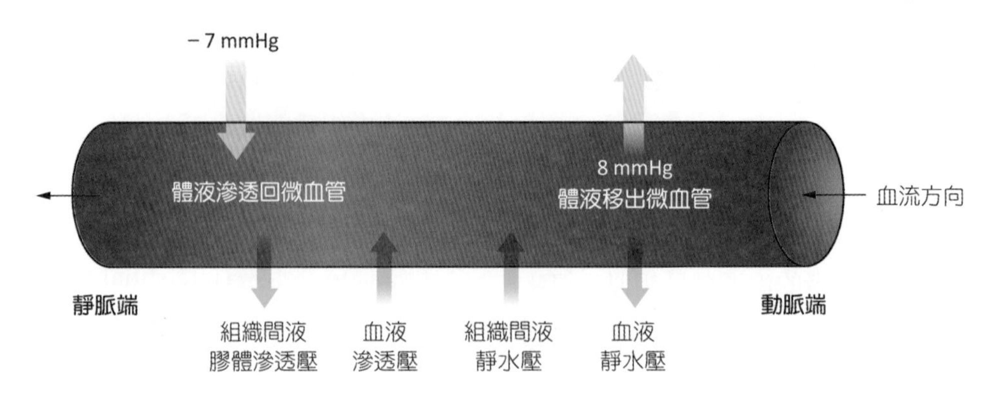

■ 圖 17-3　有效過濾壓

在正常情況下，由微血管動脈端過濾出來的體液量等於由微血管靜脈端再吸收及淋巴系統回收的體液總量，達到近乎平衡的狀態，這個平衡的狀態稱為微血管史達林定律(Starling's law of the capillary)。

17-2 電解質 

一、電解質的組成與分布

體液中含有各種溶解的化學物質，依鍵結方式可分為兩種。以共價鍵結合之化合物，稱為**非電解質** (nonelectrolytes)，包括體內大部分有機化合物，如**葡萄糖**、**尿素**、**肌酸等物質**；以離子鍵結合之化合物，稱為**電解質** (electrolytes)，它們至少含有一個離子鍵，如酸、鹼及無機鹽類。當電解質溶於液體時，會解離成陽離子與陰離子，大部分的電解質為無機化合物，僅少數為有機化合物，如蛋白質（在溶液中解離為蛋白質陰離子、H^+）。電解質分解所形成的離子在體內有四個主要功能：

1. 為體內必要之礦物質，能維持正常新陳代謝。
2. 在身體的各區間控制水分子的滲透作用。
3. 可維持酸鹼平衡，以利細胞正常活動所需。
4. 離子帶電，其可產生動作電位及控制某些激素和神經傳遞物質的分泌。

在細胞內液與細胞外液中，電解質的組成大致相似，兩者均含有 Na^+、K^+、Ca^{2+}、Mg^{2+}、碳酸 (H_2CO_3)、重碳酸根 (HCO_3^-)、磷酸根 (HPO_4^{2-})、硫酸根 (SO_4^{2-}) 與蛋白質陰離子等物質。而細胞外液中，血漿與組織間液間最大的差別在於蛋白質陰離子含量的多寡，主要是因為微血管管壁細胞膜對蛋白質幾乎無法通透，僅有少數血漿蛋白會由血管漏出到組織間液內。這種蛋白質濃度的差異即是血液膠體滲透壓（血漿和組織間液間的滲透壓差異）的大部分成因。

但是，細胞內液與細胞外液中電解質的含量則有很大的差異，**細胞外液中含量最多的陽離子是 Na^+，含量最多的陰離子是 Cl^-**；相較之下**細胞內液中含量最多的陽離子是 K^+，含量最多的陰離子是 HPO_4^{2-}**；另外，細胞內液比細胞外液含有較多的蛋白質陰離子（圖 17-4）。

二、人體主要電解質的功能與調節

(一) 鈉 (Sodium, Na^+)

鈉離子約占細胞外液陽離子的 90%，為細胞外液含量最多的陽離子，正常血液中的濃度是 135~145 mEq/L。體內鈉離子濃度受到醛固酮的調節，當心輸出量或血量減少，細胞外 Na^+濃度降低或細胞外 K^+的增多均會刺激醛固酮分泌。心臟分泌的心房利鈉肽 (atrial natriuretic peptide, ANP) 可促進 Na^+及水分的排除。鈉離子的功能包括：

1. 維持血液滲透壓：在液體和電解質平衡上扮演一個關鍵角色，因為其構成細胞外液將近一半的滲透壓，是維持血液滲透壓主要的無機鹽（表 17-2）。
2. 調節體液容積與電解質的平衡。
3. 參與神經衝動傳導和肌肉收縮：是動作電位的產生和傳導所需的離子。

當人體因流汗過多、嘔吐、腹瀉、燒傷等，使 Na^+大量流失時，就會造成低鈉血症 (hyponatremia)，臨床上會有肌肉無力、低血壓、頭痛、暈眩、心搏過快、循環性休克，甚至精神錯亂、身體僵硬及昏迷等情形。

(二) 鉀 (Potassium, K^+)

鉀離子是細胞內液中含量最多的陽離子，正常血液中 K^+的濃度是 3.5~5.3 mEq/L。血液中 K^+的濃度主要受到醛固酮的調節，當血中 K^+的濃度增高時，會刺激醛固酮的分泌，使遠曲小管及集尿管排泄更多的 K^+，此機制正好與 Na^+的調節機制相反。鉀離子的功能包括：

1. 維持細胞內液滲透壓：幫助細胞內液容積的維持，是細胞內滲透壓的主要維持者。
2. 調節酸鹼值：當 K^+由細胞內移出時，馬上可被 Na^+及 H^+所取代，以幫助酸鹼值的調節。
3. 參與神經衝動傳導和肌肉收縮：在神經元和肌纖維建立靜止膜電位及動作電位之再

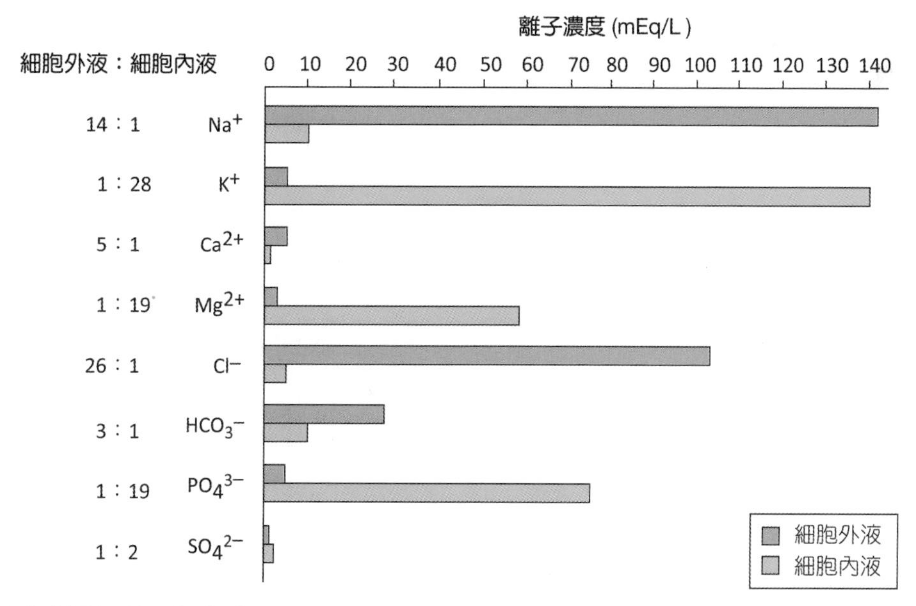

■ 圖 17-4 體液電解質種類與濃度

表 17-2 人體體液主要電解質滲透壓 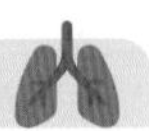

電解質	血漿 (mOsm/L)	組織間液 (mOsm/L)	細胞內液 (mOsm/L)
Na^{+}	142	139	14
K^{+}	4.2	4.0	140
Ca^{2+}	1.3	1.2	1.2
Mg^{2+}	0.8	0.7	20
Cl^{-}	108	108	4
HCO_3^{-}	24	28.3	10
HPO_4^{2-}	2	2	11
SO_4^{2-}	0.5	0.5	1
蛋白質	1.2	0.2	4

資料來源：Guyton. A. C, & Hall, J. E. (1997). *Human physiology and mechanisms of disease* (6th ed.). Saunders.

極化時期扮演關鍵性的角色，負責神經衝動的傳導，及骨骼肌、平滑肌與心肌的收縮。心肌是對 K^{+}最敏感的組織。

4. 促進活化細胞代謝過程中所需要的酶。
5. 促進肝臟儲存肝醣。

當嘔吐、下痢、攝取高量的鈉、罹患腎臟疾病時，均會引起血中 K^{+}的含量低於正常值，造成低鉀血症 (hypokalemia)，會有痙攣、精神錯亂、排尿量增加、心收縮力微弱、心律不整，甚至死亡。

(三) 氯 (Chloride, Cl^{-})

氯離子是細胞外液中含量最多的陰離子，正常血液中 Cl^{-}濃度是 95~103 mEq/L。大部分的細胞膜含有許多 Cl^{-}通道，所以 Cl^{-}容易在細胞內、外區間擴散，而使得 Cl^{-}在調節不同區間滲透壓差的作用上占很重要的地位。Na^{+}受到醛固酮調節而再吸收的同時，Cl^{-}亦可被動的再吸收，其濃度也間接受到醛固酮的調節。氯離子的功能包括：

1. 在胃液中形成胃酸 (HCl)。
2. 在血液中，於紅血球和血漿間形成氯轉移，即血漿中的 Cl^{-}與紅血球的 HCO_3^{-}互換，使 HCO_3^{-}成為血漿中主要的緩衝劑。

當過度嘔吐、脫水、腹瀉造成血中含量過低時，稱為低氯血症 (hypochloremia)，會有痙攣、鹼中毒、呼吸衰弱及昏迷等情形發生。

(四) 鈣 (Calcium, Ca^{2+})

體內 99% 的鈣離子與磷酸根 (HPO_4^{2-}) 在體內結合成礦物鹽，儲存於骨骼與牙齒中，當身體需要時，可以被釋放入血液中。其餘的鈣存在於細胞外液及各種組織中，正常血液中鈣離子的濃度是 4.5~5.5 mEq/L。

血漿中 Ca^{2+}濃度的兩個主要調節者為副甲狀腺素 (parathyroid hormone, PTH) 和降鈣素 (calcitonin)，另外還需要維生素 D 的幫忙。維生素 D 可促進腸道吸收鈣，磷酸根則會抑制吸收。鈣離子的功能包括：

1. 為建造骨骼、牙齒的主要成分。
2. 與血液凝固有關，是為第四凝血因子。
3. 神經末稍化學傳遞物質的釋放，神經衝動傳遞的觸酶。
4. 維持肌肉張力、正常心跳、肌肉收縮所必需的物質。

當急性腎臟病、胰臟炎、腹瀉、副甲狀腺機能不足、維生素 D 攝取不足，或因懷孕與哺乳使鈣的需求增多等因素，會讓血中 Ca^{2+} 濃度低於正常值，稱為低鈣血症 (hypocalcemia)，造成支配肌肉的神經興奮性增加，導致手足抽搐、強直性痙攣的狀況發生。

若因副甲狀腺機能亢進、腎衰竭、攝入過多的鈣與維生素 D，或病變而導致骨骼中 Ca^{2+} 的釋出增加，則稱為高鈣血症 (hypercalcemia)，此將抑制神經傳導與肌肉收縮、引起骨質疏鬆、軟骨症等現象的發生。

(五) 磷酸根 (Phosphate, HPO_4^{2-})

磷酸根是細胞內液中主要的陰離子。在正常血液中磷酸根離子的濃度是 1.7~2.6 mEq/L。血液中磷酸根的含量也是受到副甲狀腺素和降鈣素的調控。磷酸根的功能包括：

1. 構成骨骼、牙齒。
2. 組成核酸（DNA 與 RNA）、磷酸肌酸、ATP、漿膜、細胞膜的成分。
3. 酸鹼平衡中緩衝溶液的一部分。

(六) 鎂 (Magnesium, Mg^{2+})

鎂離子為細胞內液中第二多的陽離子，僅次於鉀離子。成人約有 50% 的鎂儲存於骨骼中，49% 在細胞內液中，1% 在細胞外液。血液中的鎂有 1/3 與蛋白質結合，2/3 以離子形態存在。正常血液中鎂離子的濃度是 1.5~2.5 mEq/L。

體內鎂離子的濃度是受到醛固酮的調節，當血液中鎂濃度降低時醛固酮分泌會增加，使腎臟增加對鎂的再吸收，反之則減少。鎂離子的功能包括：

1. 使 ATP 分解成 ADP 與能量，提供鈉鉀幫浦能量之所需。
2. 活化醣類與蛋白質代謝過程所需酶的活性。
3. 直接作用在神經肌肉接合處，抑制乙醯膽鹼的釋放，影響神經肌肉的興奮與收縮。
4. 與核糖體的製造有關。
5. 促使周邊動脈與小動脈擴張，降低周遭血管阻力。
6. 抑制副甲狀腺素作用，減少鈣由骨骼釋出。

若因利尿劑的作用，使血中鎂離子濃度低於正常值時，稱為低鎂血症 (hypomagnesemia)，造成肌肉與中樞神經系統的興奮性增加，導致顫抖、強直、痙攣，甚至心律不整的現象。若是出現高鎂血症 (hypermagnesemia)，則會導致中樞神經系統的機能降低，而引起昏迷與低血壓的現象。

17-3 酸鹼平衡

由於體內細胞在行有氧呼吸與代謝時會產生二氧化碳（約 2 萬 mmol ／天）、乳酸和其他有機酸（約 40~80 mmol ／天）釋入血液中，使血液酸化，且化學反應對於其環境中 H^+ 的濃度非常敏感，即使是 pH 值微小的變化都會使參與化學反應的蛋白質酵素 3D 結構改變，

造成功能上的變化。因此人體具有嚴謹的調控機制，以維持 H^+濃度的恆定。

健康的人體中，動脈血的 pH 值維持在 7.35~7.45 之間。體液中 H^+的恆定主要是透過緩衝系統、呼吸系統（二氧化碳的呼出）、腎臟的排泄系統（尿液中 H^+的排出）來維持。

一、緩衝系統 (Buffer System)

緩衝溶液指由「弱酸 (H_2CO_3 or NaH_2PO_4) 及其共軛鹼 ($NaHCO_3$ or Na_2HPO_4) 之鹽類」或「弱鹼及其共軛酸之鹽類」所組成的緩衝對配製的，能夠在加入少量酸或鹼時不會大幅改變溶液的 pH 值，因此可以維持溶液 pH 值的穩定。

體內大部分的緩衝系統是由弱酸與其共軛鹼所組成，緩衝溶液可以將強酸和強鹼轉變成弱酸和弱鹼，進而避免體液 pH 值的快速及劇烈變化。體液主要緩衝系統包括四種，其中，紅血球內最主要的緩衝系統是血紅素－氧合血紅素緩衝系統，碳酸－碳酸氫鹽緩衝系統是細胞外液重要的緩衝劑，磷酸鹽緩衝系統是細胞內液重要的緩衝劑，蛋白質緩衝系統則是體細胞與血漿中含量最多的緩衝劑。

緩衝溶液作用非常迅速，可以在小於 1 秒鐘的時間內完成，透過這樣的作用機制，緩衝系統可以穩定 H^+濃度並對抗往任何一方的改變，以維持體內 pH 值的穩定。緩衝溶液並非將過多的 H^+排出體外，或是增加 H^+的含量，而是將 H^+鎖起來，太多時儲存起來，不足時釋放出來，以此來維持 pH 值的平衡。

(一) 血紅素－氧合血紅素緩衝系統

血紅素－氧合血紅素緩衝系統 (hemoglobin-oxyhemoglobin buffer system) 是**紅血球內最主要的緩衝系統**，也是緩衝血液中碳酸最有效的方法。當血液由微血管的動脈端流向靜脈端時，體細胞行有氧呼吸而代謝產生的 CO_2 有 70% 會進到紅血球內並與水結合，再透過碳酸酐酶的催化作用快速形成 H_2CO_3；此時由於 CO_2 分壓高且 pH 值下降，氧合血紅素對 O_2 的親合力下降，使得氧合血紅素釋放出氧氣形成去氧血紅素，藉由 H^+與去氧血紅素的結合來緩衝碳酸 H_2CO_3 釋出的 H^+，剩下的 HCO_3^-，再透過氯轉移釋出到血漿中當成緩衝劑（圖 17-5）。

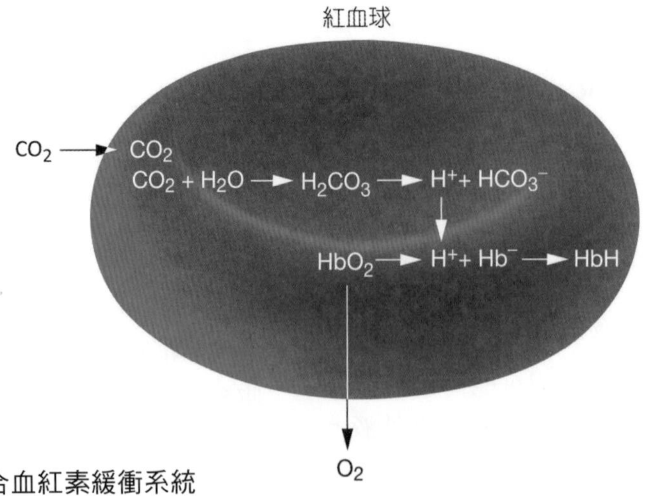

■ 圖 17-5　血紅素－氧合血紅素緩衝系統

(二) 碳酸－碳酸氫鹽緩衝系統

碳酸－碳酸氫鹽緩衝系統 (carbonic acid-bicarbonate buffer system) 乃基於可以作為弱鹼的碳酸氫鈉 ($NaHCO_3$)，以及可作為弱酸的碳酸 (H_2CO_3) 為基礎的緩衝溶液。

若 H^+ 過多時，HCO_3^- 便可當作弱鹼，且以下列方式移除過多的 H^+：

HCl	+	$NaHCO_3$	→	NaCl	+	H_2CO_3
鹽酸		碳酸氫鈉		氯化鈉		碳酸
(強酸)		(弱鹼)		(中性鹽)		(弱酸)

反之，若 H^+ 短缺，則 H_2CO_3 便可作為弱酸且以下列方式提供 H^+：

NaOH	+	H_2CO_3	→	H_2O	+	$NaHCO_3$
氫氧化鈉		碳酸		水		碳酸氫鈉
(強鹼)		(弱酸)				(弱鹼)

碳酸－碳酸氫鹽緩衝系統是血液 pH 值的重要調節者。組織細胞行有氧呼吸期間不斷釋出的 CO_2 會進入紅血球，與水經過碳酸酐酶的催化反應生成 H_2CO_3，再解離出的 H^+ 與血紅素結合，而 HCO_3^- 透過氯轉移釋出到血漿中，腎臟會再吸收被過濾至腎小管的 HCO_3^-，故這種重要的緩衝劑不會流失在尿液中。

體內氫離子的來源除了二氧化碳外，也可能是其他非揮發性酸 (nonvolatile acid)，包括磷酸、硫酸等由蛋白質分解產生的無機酸，以及乳酸等有機酸。這些非揮發性酸在細胞外液中解離出的 H^+ 與 HCO_3^- 緩衝劑結合，形成 H_2CO_3，這就是碳酸－碳酸氫鹽緩衝系統穩定血液 pH 值的方法。

(三) 磷酸鹽緩衝系統

磷酸鹽緩衝系統 (phosphate buffer system) 透過一種和碳酸－碳酸氫鹽緩衝系統類似的機制作用，以酸性磷酸鹽 (NaH_2PO_4) 當成弱酸緩衝強鹼：

NaOH	+	NaH_2PO_4	→	H_2O	+	Na_2HPO_4
氫氧化鈉		酸性磷酸鹽		水		鹼性磷酸鹽
(強鹼)		(弱酸)				(弱鹼)

以鹼性磷酸鹽 (Na_2HPO_4) 當成弱鹼緩衝強酸：

HCl	+	Na_2HPO_4	→	NaCl	+	NaH_2PO_4
氯化氫		鹼性磷酸鹽		氯化鈉		酸性磷酸鹽
(強酸)		(弱鹼)		(中性鹽)		(弱酸)

由於磷酸根 (HPO_4^{2-}) 是細胞內液中濃度最高的陰離子，且正常狀況下，腎臟在近曲小管幾乎完全再吸收碳酸氫根 (HCO_3^-)，所以**磷酸鹽緩衝系統是細胞內液與腎小管液體中重要的 pH 值調節劑**。當腎小管中 H^+ 濃度增加時，過多的 H^+ 會取代 Na^+ 與 Na_2HPO_4 結合形成 NaH_2PO_4，進入尿液中。由此可知腎臟藉由使尿液酸化來維持血液正常的酸鹼值。

(四) 蛋白質緩衝系統

許多蛋白質皆可作為緩衝物，體液內的蛋白質構成的蛋白質緩衝系統 (protein buffer system) 是細胞內液和血漿中最多的緩衝物，白蛋白則是血漿中的主要蛋白質緩衝物。蛋白質是由胺基酸所組成，胺基酸含有至少一個羧基 (-COOH) 和至少一個胺基 ($-NH_2$) 的有機分子，羧基和胺基正是作為蛋白質緩衝系統的部分（圖 17-6）。羧基 (-COOH) 的

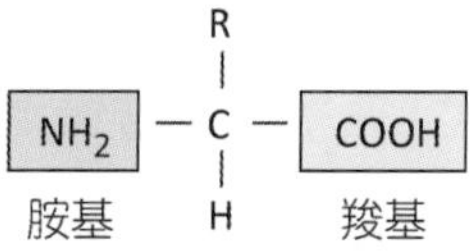

R
NH_2 — C — COOH
H
胺基　羧基

■ 圖 17-6　胺基酸的構造

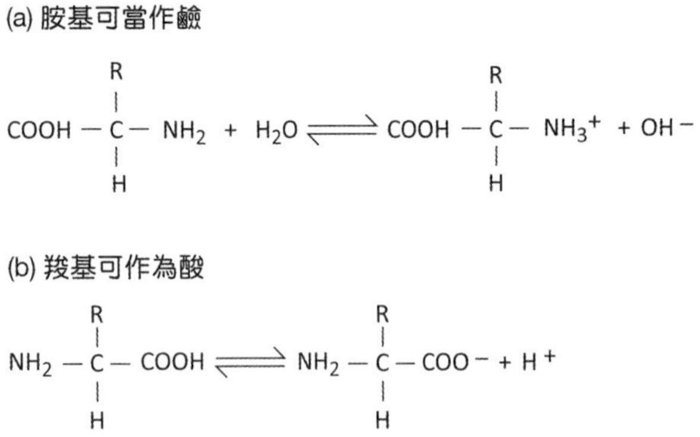

(a) 胺基可當作鹼

$$COOH-\underset{H}{\overset{R}{C}}-NH_2 + H_2O \rightleftharpoons COOH-\underset{H}{\overset{R}{C}}-NH_3^+ + OH^-$$

(b) 羧基可作為酸

$$NH_2-\underset{H}{\overset{R}{C}}-COOH \rightleftharpoons NH_2-\underset{H}{\overset{R}{C}}-COO^- + H^+$$

■ 圖 17-7　蛋白質的緩衝作用

作用如同一種酸，在 pH 值上升時釋出 H^+，H^+ 可和溶液中過多的 OH^- 結合形成水；而胺基 ($-NH_2$) 的作用如同一種鹼，在 pH 值下降時會釋出 OH^-，OH^- 可和溶液中過多的 H^+ 結合形成水（圖 17-7）。

二、呼吸作用

呼吸作用在維持體液 pH 值上扮演一個重要的角色。組織細胞行有氧呼吸期間，不斷釋出 CO_2，使體液中 CO_2 的濃度上升，而增加 H^+ 的濃度，因此降低體液 pH 值。反之，體液中的 CO_2 濃度下降會提高 pH 值。這些化學互相作用如下列的可逆式反應所示：

$$CO_2 + H_2O \rightleftharpoons H_2CO_3 \rightleftharpoons H^+ + HCO_3^-$$

呼吸速率和深度的變化可在數分鐘內改變體液的 pH 值，而體液的 pH 值高低也會影響呼吸的速率和深度。當換氣次數的增加兩倍時，更多的 CO_2 會被呼出，故上述的反應會由右往左，進而使 H^+ 的濃度下降、血液 pH 值上升。若換氣速率比正常慢至 1/4，則所呼出的二氧化碳較少，故血液的 pH 值下降。

以上作用會經由負迴饋機制調節。當血液 pH 值降低，延腦和主動脈體及頸動脈體上的化學接受器皆會刺激延腦的呼吸中樞，使橫膈和其他呼吸肌用力及多次收縮，呼出 CO_2，驅使反應往左邊進行。血液的 pH 值會隨著 H_2CO_3 形成的減少及 H^+ 降低而增加，將血液 pH 值帶回正常值，回復酸鹼恆定的狀態。

反之，若血液的 pH 值上升，則呼吸中樞會被抑制，呼吸的深度和速率降低，CO_2 堆積在血液中，H^+ 濃度升高，使 pH 值下降。這種呼吸機制相當強力，比起緩衝系統的作用能排出更多的酸。

三、腎臟的排泄作用

腎臟可藉由控制 H^+ 的排出獲得與 HCO_3^- 的再吸收，進而維持血漿 H^+ 濃度在一個穩定的範圍之內（詳見第 14 章）。

在酸鹼平衡的維持中，單是緩衝系統並不能持續維持 pH 值的恆定，因為緩衝系統只會將 H^+ 鎖起來，並不會將 H^+ 排出體外，體內的 H^+ 卻不斷的在增加，若不排出體外，血液一定會成酸性，所以緩衝系統必須與呼吸、泌尿系統共同作用，才能移除體內不斷增加的酸，以維持酸鹼平衡。

17-4 酸鹼不平衡

正常的血液 pH 值介於 7.35~7.45 之間，若低於 7.35 或高於 7.45 就會造成酸中毒或鹼中毒。體內的酸鹼不平衡是由呼吸與泌尿系統所引起的，而這兩個系統都會互相代償，來使 pH 值維持恆定。**呼吸性代償**對於血漿中氫離子的濃度變化有快速的反應，可在數分鐘內被引發，而在數小時之內就會發揮最大的效用，避免氫離子濃度的劇烈變化；而**代謝性代償**也可在數分鐘內被引發，但是腎臟作用較緩慢，需要數天才可發揮最大的效用，消除氫離子不平衡的狀況。

一、酸中毒 (Acidosis)

當血液 pH 值低於 7.35，比正常的 pH 值範圍偏向酸性時，稱為酸中毒。特別要注意的是，酸中毒並不是血液呈酸性（pH 值小於 7），只要是低於 7.35 就是酸中毒，例如血液 pH 值為 7.2 時，雖然血液呈現弱鹼性，但是卻代表著嚴重的酸中毒。

(一) 呼吸性酸中毒

起因於肺泡換氣不足（通氣不足）、呼吸系統衰竭，使肺部氣體交換降低，造成排出二氧化碳的速率低於二氧化碳的製造速率，引起血液中二氧化碳分壓上升 ($PCO_2 >$ 40 mmHg)、碳酸堆積、pH 值 < 7.35（圖 17-8）。引起呼吸性酸中毒的原因包括：肺氣腫、肺水腫、胸部創傷、呼吸肌失調無力、急性呼吸道阻塞、敗血症及延腦呼吸中樞受損等所造成。

當引起呼吸性酸中毒後，代謝性代償就會開始運作，腎臟將比平時再吸收更多的 HCO_3^- 回到血漿中，使血漿 HCO_3^- 濃度增加，且排出更多的氫離子使尿液酸化。

(二) 代謝性酸中毒

起因於產生過量的非揮發性酸（乳酸、脂肪酸、酮體），或是過量的 HCO_3^- 流失，而無法緩衝非揮發性酸所致。導致血漿中 HCO_3^- 濃度降低 (< 22 mEq/L)、pH 值 < 7.35。引起代謝性酸中毒的原因包括：激烈運動後與缺氧狀態下產生大量乳酸堆積；未受控制的糖尿病患者或處於飢餓狀態時產生過量的酮體 (ketone bodies)；腎功能障礙而增加代謝酸性產物，引起酮症 (ketosis)；嚴重的下痢引發過量的 HCO_3^- 流失。

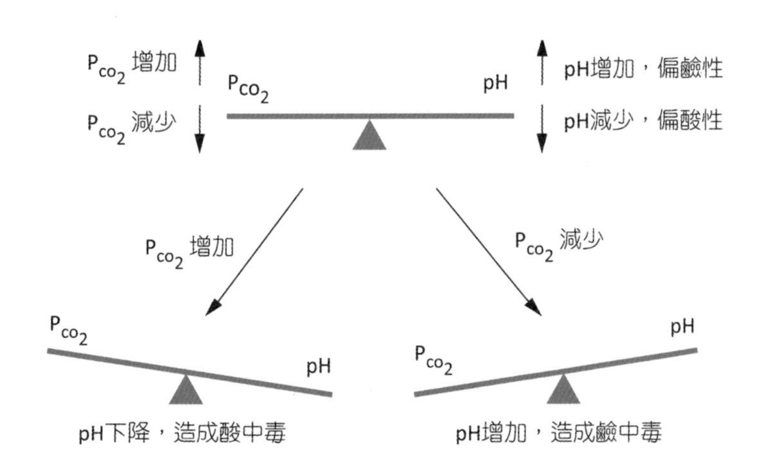

■ 圖 17-8 $PaCO_2$ 與 pH 值的變化

當引起代謝性酸中毒後，呼吸性代償就會開始運作，主動脈體與頸動脈體受到血中氫離子濃度上升（pH 值下降）所刺激，引發**過度換氣**來代償。

二、鹼中毒 (Alkalosis)

當血液 pH 值高於 7.45，比正常的 pH 值範圍偏向更鹼性時，稱為鹼中毒。

(一) 呼吸性鹼中毒

起因於換氣過度，呼吸系統排出二氧化碳的速率快過於二氧化碳的製造速率，引起血液中二氧化碳分壓下降 (PCO_2 ＜ 40 mmHg)、H_2CO_3 流失、pH 值＞ 7.45。引起呼吸性鹼中毒的原因包括：登高山造成缺氧、嚴重焦慮、疼痛、發燒、甲狀腺功能亢進、服用阿斯匹靈過量、腦血管病變等。

當引起呼吸性鹼中毒後，代謝性代償就會開始運作，腎臟減緩 HCO_3^- 再吸收回到血漿中，血漿中 HCO_3^- 濃度減少，且排出的 H^+ 減少，使尿液趨弱鹼性。

(二) 代謝性鹼中毒

起因於非揮發性酸不足或是 HCO_3^- 過度累積，引起血漿中 HCO_3^- 濃度大增 (＞ 26 mEq/L)、pH 值＞ 7.45。引起代謝性鹼中毒的原因包括：攝取過量鹼液藥物、低血鉀症和過度持續的嘔吐，造成持續性的胃酸流失。

當引起代謝性鹼中毒後，呼吸性代償就會開始運作，經由減少換氣來保留碳酸而作部分的代償。

三、酸鹼不平衡的判讀

酸鹼不平衡產生的代償作用，由血液 pH 值、HCO_3^- 濃度與二氧化碳分壓三個數值與正常狀態下的數值比較高低，來判斷是呼吸性酸或鹼中毒，還是代謝性酸或鹼中毒（圖 17-9）。正常狀態下，pH 值 7.35~7.45，HCO_3^- 濃度 22~26 mEq/L，二氧化碳分壓 35~45 mmHg（表 17-3）。

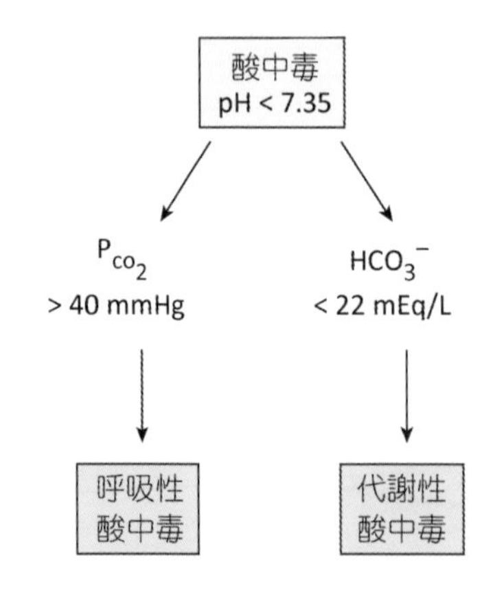

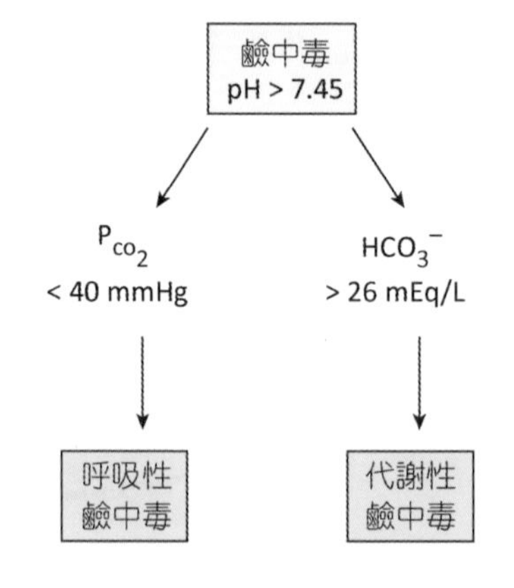

■ 圖 17-9 酸鹼不平衡的判讀

表 17-3 酸鹼不平衡的代償作用

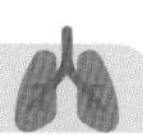

狀態		pH	PCO_2 (mmHg)	HCO_3^- (mEq/L)
正常狀態		7.35~7.45	22~26	35~45
呼吸性酸中毒	未代償	< 7.35	> 45	正常
	部分代償	< 7.35	> 45	> 26
	完全代償	正常	> 45	> 26
代謝性酸中毒	未代償	< 7.35	正常	< 22
	部分代償	< 7.35	< 35	< 22
	完全代償	正常	< 35	< 22
呼吸性鹼中毒	未代償	> 7.45	< 35	正常
	部分代償	> 7.45	< 35	< 22
	完全代償	正常	< 35	< 22
代謝性鹼中毒	未代償	> 7.45	正常	> 26
	部分代償	> 7.45	> 45	> 26
	完全代償	正常	> 45	> 26

學習評量 REVIEW AND CONPREHENSION

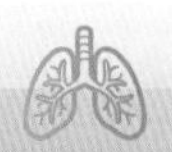

1. 當動脈血中之 pH = 7.55、$[HCO_3^-]$ = 44 mEq/L、PCO_2 = 55 mmHg 時，最可能之情況為何？(A) 呼吸性酸中毒 (B) 呼吸性鹼中毒 (C) 代謝性酸中毒 (D) 代謝性鹼中毒

2. 人體組織間液 (interstitial fluid) 最主要的緩衝劑為何？(A) 蛋白質 (B) 磷酸根 (HPO_4^{2-}) (C) 碳酸氫根 (HCO_3^-) (D) 血紅素

3. 下列陰離子中，何者在細胞外液中之含量最高？(A) SO_4^{2-} (B) PO_4^{3-} (C) HCO_3^- (D) Cl^-

4. 一個62公斤重的人，細胞內液有多少公升？(A) 10.2 (B) 12.4 (C) 20.8 (D) 24.8

5. 有關血液酸鹼平衡之敘述，下列何者錯誤？(A) 正常動脈血漿 pH 值 7.4 (B) 動脈血漿 pH 值低於 7.4 會造成酸中毒 (C) 動脈血漿 pH 值高於 7.4 會造成鹼中毒 (D) 靜脈血漿 pH 值高於 7.4

6. 在一般情況下，下列哪種離子，在細胞外液中的濃度遠低於在細胞內液中的濃度？(A) 鈉離子 (B) 鉀離子 (C) 氯離子 (D) 鈣離子

7. 一般細胞內含量最多的單價陽離子為：(A) Na^+ (B) Rb^+ (C) K^+ (D) Choline

8. 一位 70 公斤重的人，其細胞外液有多少公斤？(A) 14 (B) 28 (C) 35 (D) 42

9. 有關電解質的敘述，下列何者錯誤？(A) 部分電解質為體內必要之礦物質，為細胞新陳代謝所需要 (B) 在身體各區間控制水的滲透度 (C) 電解質包括葡萄糖、尿素、肌酸等物質 (D) 維持正常細胞活動之酸鹼平衡

10. 血漿中鈉離子濃度的調節主要受哪兩種荷爾蒙的影響？(A) 雌性激素與雄性激素 (B) 甲狀腺素與副甲狀腺素 (C) 醛固酮與抗利尿激素 (D) 生長激素與催產素

11. 由於腎臟無法排除氫離子所引發的酸鹼失衡屬於：(A) 代謝性酸中毒 (B) 代謝性鹼中毒 (C) 呼吸性酸中毒 (D) 呼吸性鹼中毒

12. 呼吸性酸中毒者，血液變化為何？(A) CO_2 分壓增加 (B) pH 值增加 (C) $[HCO_3^-]$ 減少 (D) HCO_3^-/H_2CO_3 值增加

13. 下列何者是細胞外液最適切的 pH 值？(A) 6.5 (B) 7.0 (C) 7.4 (D) 7.5

14. 下列何者是組織間液內重要的緩衝劑 (buffer)？(A) 血紅素 (B) H_2CO_4 (C) 碳酸 (D) 其他蛋白質

15. 下列何者為造成呼吸性鹼中毒的原因？(A) 長期嘔吐 (B) 肺換氣過度 (C) 氣喘 (D) 長期飢餓

解答

1.D 2.C 3.D 4.D 5.D 6.B 7.C 8.A 9.C 10.C 11.A 12.A 13.C 14.C 15.B

參考文獻

馬青、王欽文、楊淑娟、徐淑君、鐘久昌、龔朝暉、胡蔭、郭俊明、李菊芬、林育興、邱亦涵、施承典、高婷育、張琪、溫小娟、廖美華、滿庭芳、蔡昀萍、顧雅真(2022)・於王錫崗總校閱，*人體生理學*（6版）・新文京。

麥麗敏、陳智傑、廖美華、鍾麗琴、陳建瑋、祁業榮、黃玉琪、戴瑄、呂國昀(2015)・於王錫崗總校閱，*解剖生理學*（2版）・華杏。

馮琮涵、黃雍協、柯翠玲、廖智凱、胡明一、林自勇、鍾敦輝、周綉珠、陳瀅(2021)・於馮琮涵總校閱，*人體解剖學*・新文京。

賴明德、王耀賢、鄧志娟、吳惠敏、李建興、許淑芬、陳晴彤、李宜倖(2022)・*解剖學*（2版）・新文京。

Guyton. A. C, & Hall, J. E. (1997). *Human physiology and mechanisms of disease* (6th ed.). Saunders.

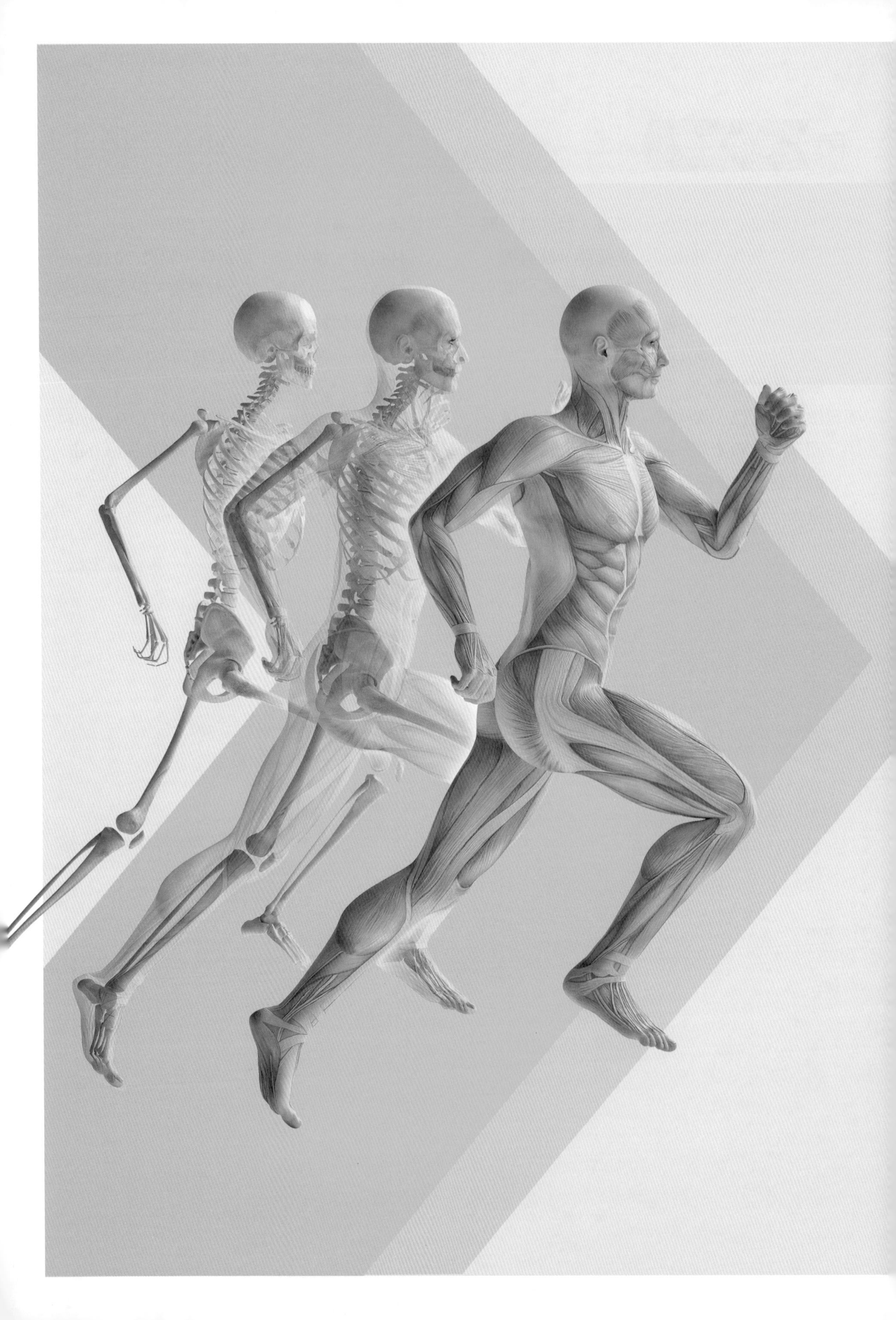

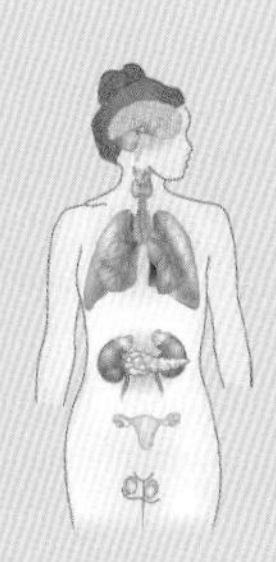

內分泌系統
Endocrine System

CHAPTER
18

作者／鄧志娟

本章大綱 Chapter Outline

ANATOMY & PHYSLOLOGY

前言 INTRODUCTION

為了維持身體的恆定現象，細胞必須和周圍的細胞或組織保持適當的聯繫互動，體內大部分利用接受或釋放特殊的化學物質來進行，長距離聯繫時，細胞或組織間則利用神經系統或內分泌系統進行。神經系統就像是電話一樣，將訊息利用電性衝動傳達到另一個細胞或組織，作用較為快速但短暫；內分泌系統則利用荷爾蒙在兩者之間進行調控，猶如書信往返，速度較慢但影響深遠（圖 18-1）。內分泌系統與神經系統的相同之處如下：

1. 都必須藉由化學物質的釋放與標的細胞產生反應。
2. 釋放的化學物質種類繁多，內分泌釋放荷爾蒙，而神經系統釋放神經傳遞物質。
3. 多利用負迴饋機制來對身體進行調控。
4. 利用調節細胞、組織器官或系統功能來維持恆定。

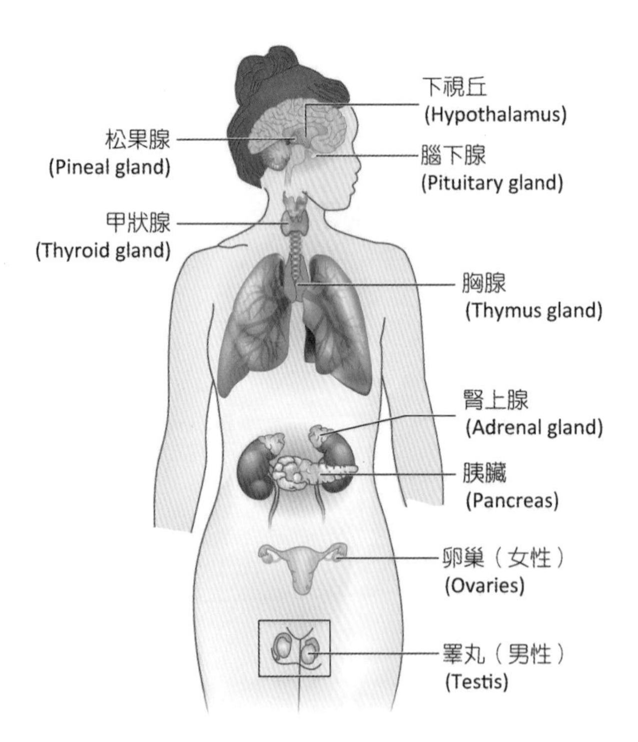

■ 圖 18-1　內分泌系統

18-1 內分泌系統概論

一、內分泌腺

人體的腺體有兩種型式，外分泌腺 (exocrine) 藉由腺體表面的導管將分泌物排至目的地，因此又稱為有管線 (duct glands)，包括汗腺、皮脂腺、乳腺和消化腺體。內分泌腺 (endocrine) 屬於顆粒性分泌細胞，利用血液循環將荷爾蒙送至標的細胞 (target cells) 作用，因此又稱為無管腺 (ductless glands)。單一荷爾蒙可能同時影響許多組織或器官的代謝；當標的細胞正接受一個荷爾蒙作用時，同時還可以接受其他荷爾蒙的刺激，因此荷爾蒙可以對標的細胞產生階梯性的影響。

若根據標的細胞的距離不同又可分為旁分泌和自分泌兩種。旁分泌 (paracrine) 主要利用擴散作用將分泌物送出，因此僅作用於臨近的標的細胞，控制標的細胞的生長和功能，例如腫瘤細胞產生某種激素或調節因子（血管內皮生長因子），通過細胞間隙對鄰近細胞產生促進作用，此是透過局部體液因素進行，為局部性體液調節。自分泌 (autocrine) 最大的特色是分泌物主要作用於分泌細胞本身，調節本身

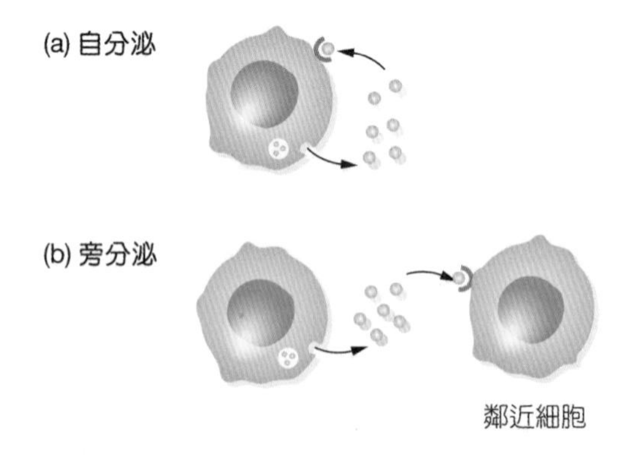

■ 圖 18-2　自分泌與旁分泌

細胞和鄰近同類細胞的活性，多數在局部發揮效應（圖 18-2）。

二、激素

體內每個荷爾蒙的合成都是獨特的，且化學結構和功能也是不同的。

(一) 激素的分類

依據化學分類，體內荷爾蒙大致分為蛋白質 (proteins) 或蛋白質衍生物 (protein derivatives) 和類固醇類 (steroids)。除了性荷爾蒙和腎上腺皮質分泌物為類固醇類外，其他都是蛋白質或蛋白質衍生類。

1. **胺類** (amines)：分子較小，結構近似於胺基酸，包含腎上腺素、腎上腺素、甲狀腺素和黑色素。
2. **蛋白質與胜肽類** (protein or peptide hormones)：由胺基酸鏈構成，包含短胺基酸鏈（如抗利尿激素和催產素）及小蛋白質分子（如生長激素和催乳素）。體內大多數荷爾蒙屬於此類，包含所有來自下視丘、腦下腺、心臟、腎臟、甲狀腺、消化腺體和胰臟所分泌的荷爾蒙。
3. **類固醇類** (steroids)：為膽固醇衍生物，多經由生殖管道和腎上腺器官所分泌。由於類固醇類激素無法溶於水，在血管內運送時，必須與特殊蛋白質形成複合體才能運送。

(二) 激素的生理作用機轉

體內所有細胞的功能和結構都受蛋白質的調控，結構蛋白可以決定細胞形狀和細胞內部構造，酵素蛋白則可直接影響細胞的代謝作用。激素藉由改變標的細胞內酵素的種類、活性、位置和量來影響細胞，至於標的細胞與激素之間的敏感性強弱，決定於標的細胞內激素的專一性接受器存在與否，而激素的作用機轉決定於具有專一性接受器的位置是位於細胞膜上或細胞內部。

因為體內廣布的微血管，激素容易藉由擴散進入血流而分布到全身。激素可直接在血液中自由移動或透過特殊的運輸蛋白攜帶運輸，血液中自由存在的激素功能不會超過一個小時，有的甚至只有2分鐘左右，主要因為：(1) 激素擴散離開血液後與標的細胞接受器結合；(2) 被肝臟或腎臟吸收或分解；(3) 被血液或細胞間液中的酵素分解。至於類固醇類激素則因為與特殊運輸蛋白形成複合體而能在血流中停留較長的時間。

◎ 類固醇類激素作用機轉

固醇類激素和甲狀腺素屬於脂溶性激素，可以快速的通過細胞膜進入細胞，**與細胞質或細胞核上的接受器結合**，形成激素接受器複合體 (hormone-receptor complex)，再與 DNA 上的激素反應單元 (hormone response element, HRE) 結合，活化特殊基因或改變訊息 RNA (mRNA) 的轉錄速度，藉由此改變細胞的結構或功能，引起細胞質內某些酵素的活性改變，影響細胞代謝活性；或與粒線體上接受器結合，影響粒線體內 ATP 的合成速度（圖 18-3）。

◎ 非類固醇激素作用機轉

胺類、蛋白質和胜肽類激素為非脂類結構，無法直接通過細胞膜，因此主要作用在標的細胞膜上的接受器。激素本身為第一傳訊者 (first messengers)，對細胞無直接作用，與細胞膜上的接受器結合後能夠活化細胞質內的第

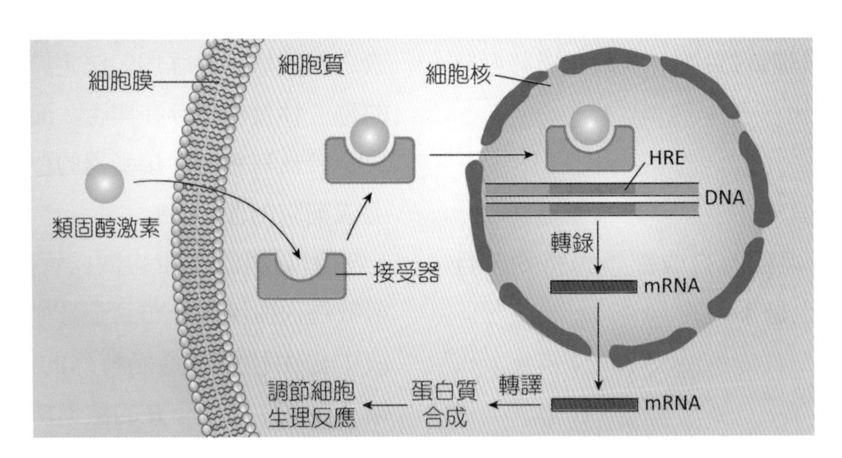

■ 圖 18-3 類固醇類激素的作用機轉

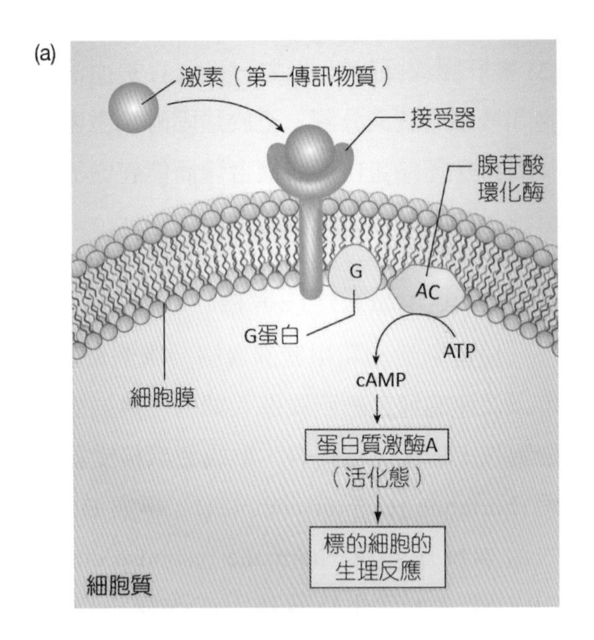

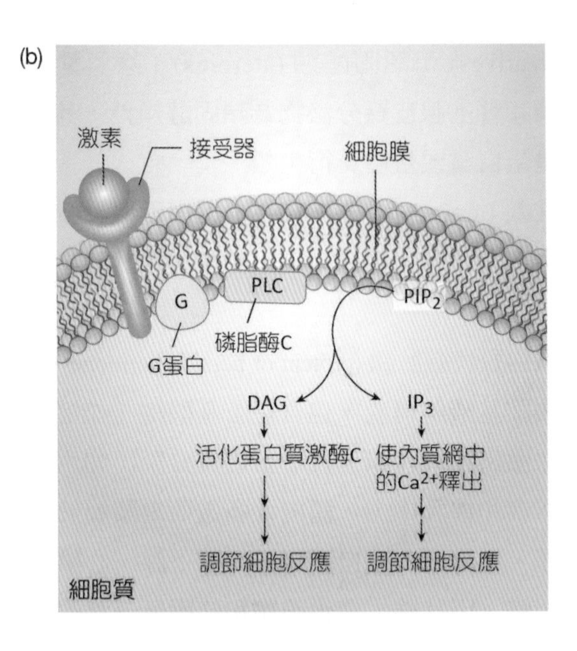

■ 圖 18-4 非類固醇激素的作用機轉

二傳訊者 (second messengers)，而促進或抑制細胞活動，引起細胞內代謝活動改變。常見 G 蛋白 (G-protein) 負責聯繫第一和第二傳訊者，在細胞膜上形成複合體，當激素與細胞膜上接受器接合後活化 G 蛋白，G 蛋白會接著第二傳訊者。

細胞重要的第二傳訊者有 cAMP、鈣離子、cGMP 和 GTP、IP_3、DAG (diacylglycerol) 等。G 蛋白活化腺苷酸環化酶，將 ATP 轉化為 cAMP 活化蛋白質激酶，高能磷酸根 (PO_4^{2-}) 則送往其他分子與之結合，稱為磷酸化反應 (phosphorylation)。細胞內許多蛋白質僅能夠利用磷酸化產生活性，而磷酸二脂酶 (phosphodiesterase, PDE) 的存在會使得 cAMP 的活性很快消失，因此細胞內被影響的蛋白質也會失去活性（圖 18-4）。

另外，激素活化接受器後，G 蛋白經偶聯作用引發磷脂酶 C (phospholipase C, PLC) 活化，使二磷酸脂醯肌醇 (PIP_2) 分解產生 IP_3、DAG 兩種第二傳訊者，影響生理反應。

(三) 激素分泌的調節

激素的分泌調節主要依賴負迴饋機制，藉由直接或間接的影響來降低外界刺激的強度。舉例來說，調節體內鈣離子濃度主要透過副甲狀腺素和降鈣素，當血液中鈣離子濃度下降時，會釋放副甲狀腺素提高血中鈣離子濃度；反之，當血鈣升高時，則釋放降鈣素降低血鈣濃度。除此之外，激素也可以受激素的調控，此調控可能牽涉幾個中間步驟或數個激素的作用。激素分泌也受神經系統調控，最重要的例子如下視丘（圖 18-5）。

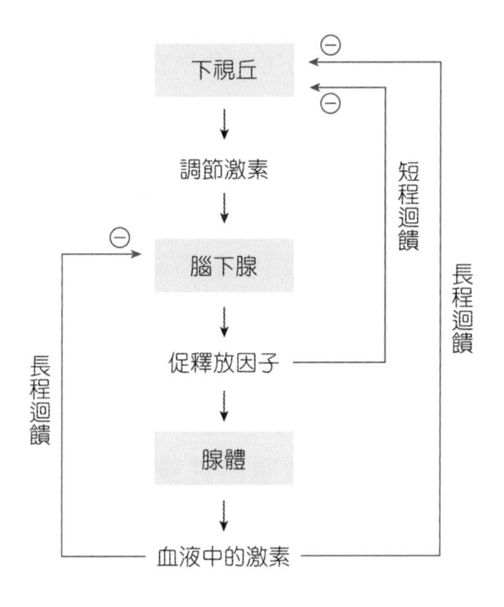

■ 圖 18-5　激素的分泌調節

18-2 下視丘與腦下腺

下視丘 (Hypothalamus)

下視丘為間腦 (diencephalon) 的一部分，位於間腦的下方、邊緣系統 (limbic system) 的中間，含有許多的神經核，能調控人體的神經及內分泌，其調控方式如下：

1. **釋放調節激素** (regulatory hormones)：調控腦下腺前葉活性，經由負迴饋機制調節激素的釋放（表 18-1）。調節激素分為兩類：
   (1) 釋放激素 (releasing hormones, RH)：刺激腦下腺前葉分泌激素。
   (2) 抑制激素 (inhibiting hormones, IH)：抑制腦下腺分泌激素。

表 18-1　下視丘的調節激素

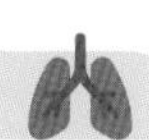

	調節激素	腦下腺激素	標的器官	標的器官激素
釋放激素	促甲狀腺素釋放激素（甲釋素）(thyrotropin-releasing hormone, TRH)	促甲狀腺激素 (TSH)	甲狀腺	甲狀腺素
	促腎上腺皮質釋放激素（皮釋素）(corticotropin-releasing hormone, CRH)	促腎上腺皮質素 (ACTH)	腎上腺	糖皮質素
	促性腺釋放激素（性釋素）(gonadotropin-releasing hormone, GnRH)	濾泡刺激素 (FSH)	睪丸、卵巢	抑制素、動情素
		黃體生成素 (LH)	睪丸、卵巢	雄性激素、黃體素和動情素
	催乳素釋放因子 (prolactin-releasing factor, PRF)	催乳素 (PRL)	乳腺	–
抑制激素	生長激素抑制激素 (growth hormone-inhibiting hormone, GHIH)	生長激素 (GH)	體促素細胞	生長激素
	催乳素抑制因子 (prolactin-inhibiting factor, PIF)	催乳素 (PRL)	催乳素細胞	–

2. **分泌激素**：下視丘本身兼具內分泌器官功能，合成抗利尿激素和催產素，藉由循環系統釋放入腦下腺後葉儲存。
3. **調控自主神經系統**：下視丘包含自主神經系統中樞，藉由交感神經系統調控腎上腺髓質釋放激素進入血液循環中。

腦下腺 (Pituitary Gland)

一、腦下腺構造

腦下腺又稱腦下垂體，為體型小、橢圓形的構造，**坐於視神經交叉後方的蝶鞍內**、垂掛在下視丘下，與下視丘之間以苗條的**漏斗** (infundibulum) 相連接。腦下腺內有複雜的構造，包含前葉和後葉兩部分（圖 18-6）。

腦下腺周圍圍繞緻密的微血管，提供激素擴散進入循環系統中，屬於垂體門脈系統。分泌調節激素之下視丘神經元靠近漏斗處，很快的就能進入微血管網中，接著匯合成較大管徑的血管，進入腦下腺前葉後，再度形成第二個微血管網。一般而言，由血流由心臟經動脈打出，進入微血管後，透過靜脈回到心臟，但下視丘和腦下腺前葉間利用兩個微血管網連接，連接管狀構造為靜脈構造，稱為門脈管 (portal vessels)，此複雜的結構稱為門脈系統 (portal system)（圖 18-7）。門脈系統能確定所有進入循環系統的激素再回到體循環系統前，都能先到達標的細胞，此門脈系統依目的地命名，因此被稱為**垂體門脈系統** (hypophyseal portal system)。由下視丘所釋放的調節激素就是利用此套系統送至腦下腺前葉。

二、腦下腺前葉 (Anterior Lobe)

腦下腺前葉由內分泌細胞組成，依據 HE 染色特性可分為：(1) **無顆粒難染細胞** (chromophobes)：染不上色，可分泌促腎上腺皮質素 (ACTH)；(2) 含顆粒嗜染細胞 (chromophils)：包括**嗜酸性細胞** (acidophils) **可分泌生長激素** (GH)、**催乳素** (PRL)，及**嗜鹼性細胞** (basophils) 可分泌促甲狀腺激素 (TSH)、促腎上腺皮質素 (ACTH)、濾泡刺激素 (FSH)、黃體生成素 (LH)。共分泌 7 種激素，如下（圖 18-8）：

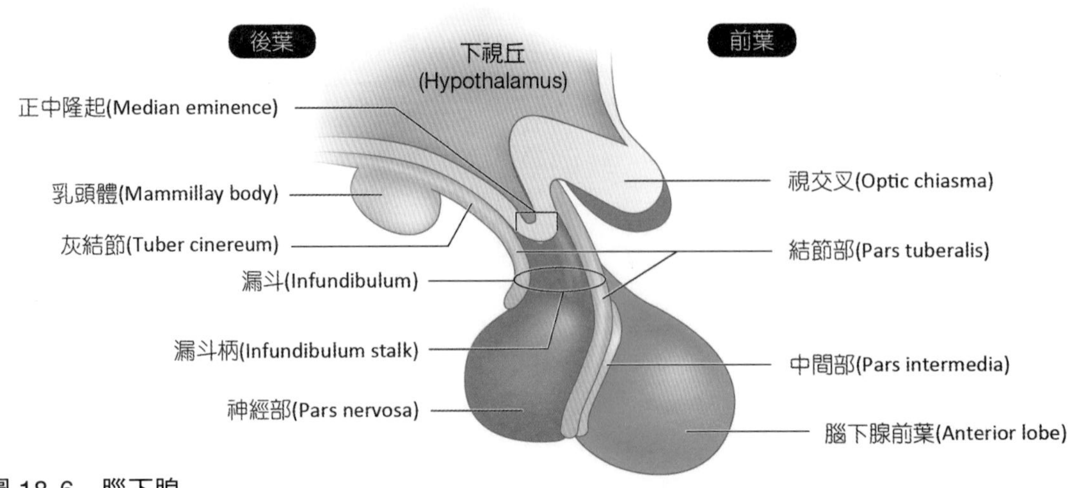

■ 圖 18-6 腦下腺

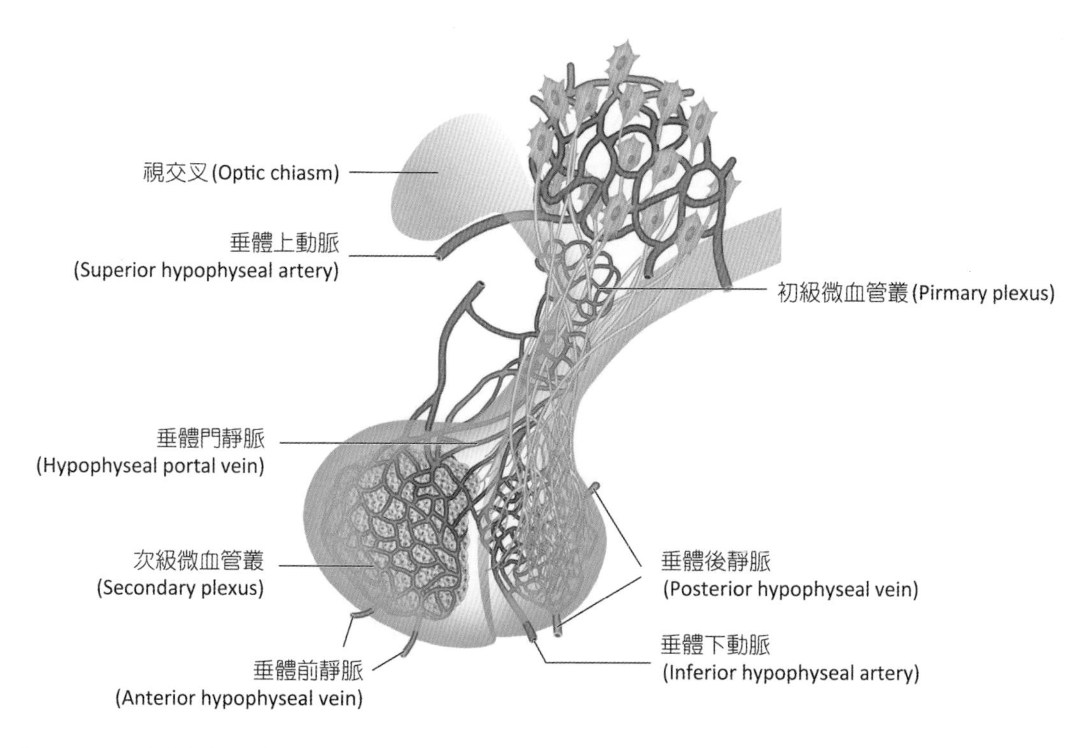

■ 圖 18-7 垂體門脈系統

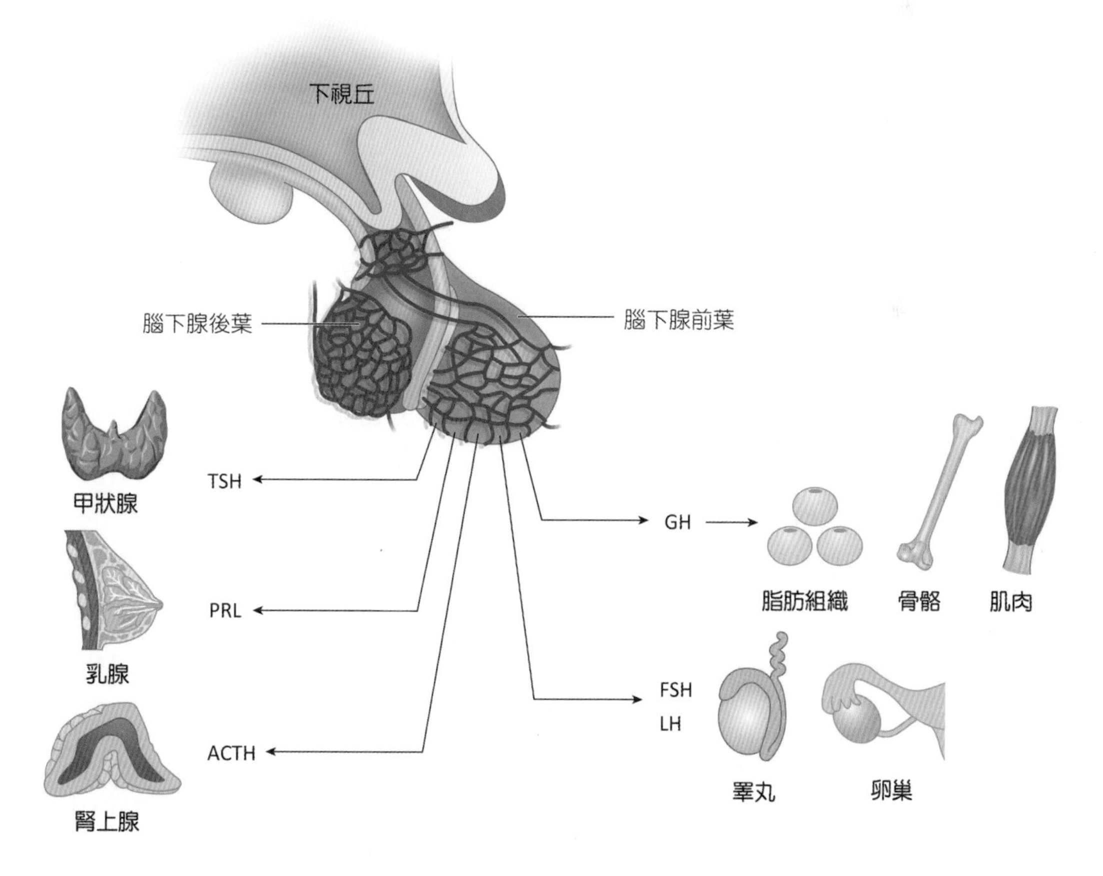

■ 圖 18-8 腦下腺前葉分泌的激素

1. **促甲狀腺激素** (thyroid-stimulating hormone, TSH; thyrotropin)：主要刺激甲狀腺分泌甲狀腺素。TSH 受下視丘分泌 TRH 刺激而釋放，當循環系統內甲狀腺素濃度升高，會藉由負迴饋機制降低 TSH 和 TRH 的釋放。
2. **促腎上腺皮質素** (adrenocorticotropic hormone, ACTH)：刺激腎上腺皮質分泌固醇類激素的糖皮質素 (glucocorticoids)，調節體內糖類的代謝。ACTH 分泌受下視丘分泌的 CRH 調控，當循環系統內糖皮質素升高時，會經由負迴饋機制降低 ACTH 和 CRH 的分泌。
3. **促性腺激素** (gonadotropins)：調控男性和女性的性器官表現和性腺分泌，主要受下視丘所分泌的 GnRH 調控。此類激素分泌減少會引起性腺機能減退 (hypogonadism)，造成孩童無法性成熟、成人精子或卵子功能異常。腦下腺前葉共分泌兩種促性腺激素，分別為：
   (1) **濾泡刺激素** (follicle-stimulating hormone, FSH)：主要刺激女性卵巢內**濾泡發育**和分泌動情素 (estrogens)，在男性則刺激睪丸生成精子。睪丸和卵巢分泌抑制素 (inhibin)，藉由負迴饋機制抑制 FSH 和 LH 的分泌。
   (2) **黃體生成素** (luteinizing hormone, LH)：刺激女性排卵和卵巢分泌動情素、黃體素 (progesterone)。在男性，LH 有時被稱為間質細胞刺激素 (interstitial cell-stimulating hormone)，可以刺激睪丸間質細胞分泌雄性激素 (androgen)，其中最重要的為睪固酮 (testosterone)。GnRH 經由負迴饋機制受動情素、黃體素和雄性激素調控。
4. **催乳素** (prolactin, PRL)：與其他激素合作刺激乳腺的發育，在懷孕期或哺乳期過程中，催乳素也可以刺激乳汁的製造。目前催乳素對男性的影響未明，但被發現或許與調節雄性激素的分泌有關。催乳素的分泌受下視丘所釋放的 PRH 和 PIH 調節。
5. **生長激素** (growth hormone, GH)：又稱為體促素 (somatotropin)，可刺激細胞生長和加速蛋白質的合成，其中骨骼肌細胞和軟骨細胞對生長激素最為敏感。生長激素對生長的影響機制主要有兩種：
   (1) 刺激肝臟細胞分泌胜肽類生長調節素 (somatomedins)，附著到細胞膜上，刺激細胞攝入胺基酸合成新的蛋白質，此為飯後常發生重要作用。
   (2) 幫助維持血糖和胺基酸濃度的恆定，針對上皮組織和結締組織刺激幹細胞分裂和分化，同時影響肝臟內脂肪組織的代謝，許多組織停止醣類的代謝轉利用脂肪酸來產生 ATP；針對肝臟則會協助肝醣分解成將葡萄糖，釋放入血液中。生長激素的分泌主要受到下視丘分泌的 GHRH 和 GHIH 調節。
6. **黑色素細胞刺激素** (melanocyte-stimulating hormone, MSH)：刺激皮膚內黑色素細胞分泌黑色素。MSH 對皮膚和毛髮顏色有重要影響，腦下腺會在以下狀況分泌 MSH：(1) 胚胎發育時；(2) 幼兒；(3) 懷孕的婦女；(4) 某些疾病，但這些情況 MSH 分泌的真正功能並不清楚。

三、腦下腺後葉 (Posterior Lobe)

腦下腺後葉由神經細胞所組成，含下視丘兩個不同神經元的軸突，將**下視丘視上核**

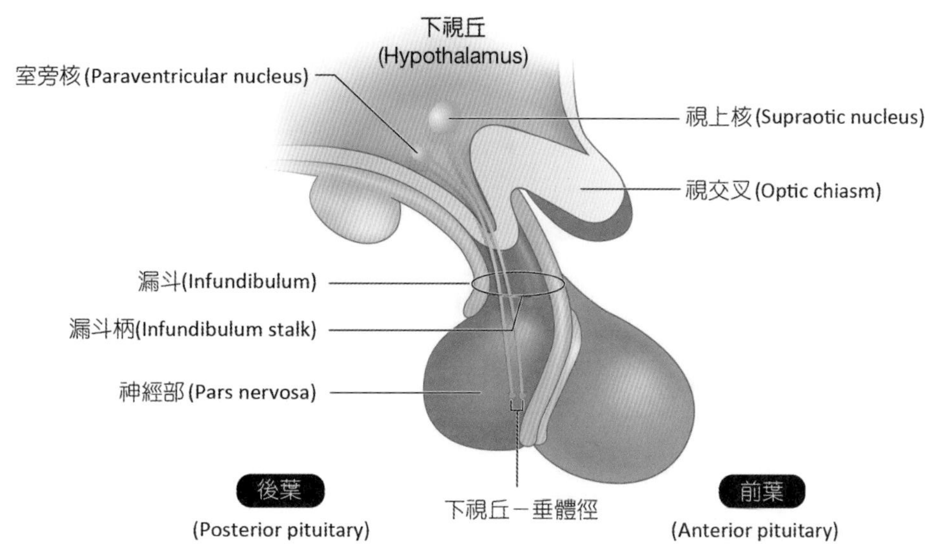

圖 18-9　下視丘－垂體徑

(supraoptic nuclei)、**室旁核** (paraventricular nuclei) **製造的抗利尿激素和催產素**經由**下視丘－垂體徑** (hypothalamic-hypophyseal tract) 送至腦下腺後葉儲存（圖 18-9）。

1. **抗利尿激素** (antidiuretic hormone, ADH)：當體內水分減少，血液內離子濃度相對增加或血量減少、血壓下降，會引起抗利尿激素分泌。主要的作用是**增加遠曲小管、集尿管對水分的再吸收**，使尿液濃縮，保留消化道中水分或降低離子濃度。除此之外，抗利尿激素還具有**血管收縮作用** (vasoconstriction)，進而**升高血壓**，因此又稱為**血管加壓素** (vesopressin)。抗利尿激素的分泌會受到酒精抑制，這就是為何飲用酒精類飲料後會導致尿量增加的原因。
2. **催產素** (oxytocin, OXT)：刺激子宮平滑肌收縮幫助生產，同時也刺激乳腺管收縮。在懷孕末期，子宮肌肉對催產素會變得敏感，特別是在生產的過程，可幫助完成生產。生產後，催產素會刺激乳腺管的收縮，根據排乳反射 (milk let-down reflex)，催產素隨著嬰兒吸吮刺激而分泌，引起乳汁的排放。在男性，催產素會刺激輸精管和前列腺收縮。射精前催產素所引起的前列腺收縮、精子管收縮和男性生殖管道中其他腺體的分泌是非常重要的，同時女性也在催產素刺激下，引起子宮平滑肌和陰道收縮，以幫助將精子送入女性陰道內。

18-3 甲狀腺

一、甲狀腺的構造和功能

甲狀腺 (thyroid) 位於氣管前方，甲狀軟骨下方，構成喉的最前方。甲狀腺由兩葉 (lobes) 構造組成，中間利用狹窄的峽部 (isthmus) 相連接，因為豐富的血流供應，甲狀腺外觀上呈現深紅色（圖 18-10）。

甲狀腺內由許多的**濾泡細胞** (follicular cell) 組成，球體外型細胞排列成單層立方柱狀上皮，濾泡內含黏液膠體 (colloid)，膠體內有

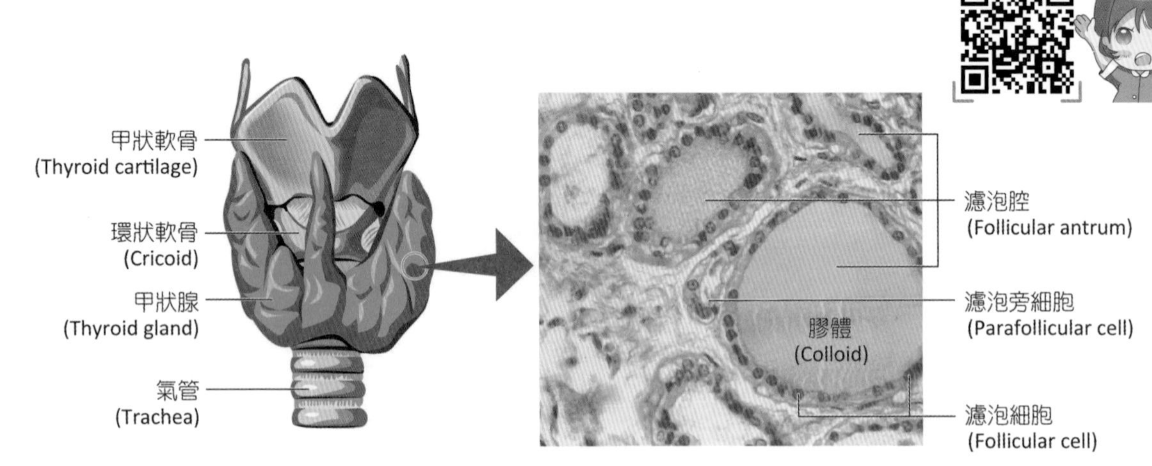

■ 圖 18-10 甲狀腺

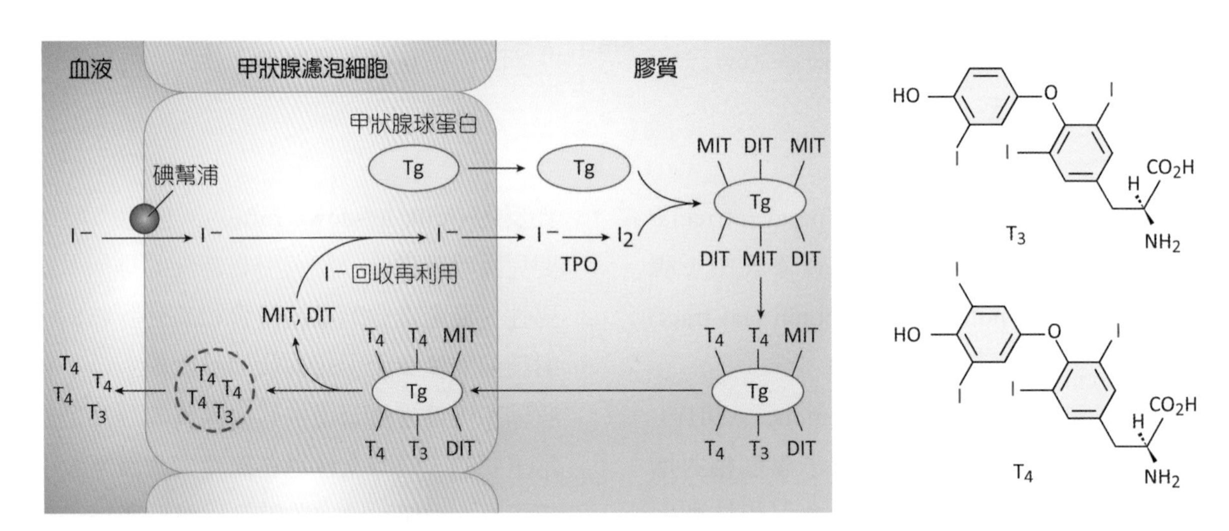

■ 圖 18-11 甲狀腺素的合成與構造

懸浮蛋白和甲狀腺素。每個濾泡外包覆豐富的微血管網，提供充分的營養和調節具有分泌能力之腺體細胞，並帶走激素和代謝廢物。C 細胞或稱為**濾泡旁細胞** (parafollicular cells) 亦屬於內分泌細胞，包夾在甲狀腺濾泡細胞內和基底膜上。

二、甲狀腺素

(一) 甲狀腺素的製造與調節

甲狀腺素 (thyroid hormones) **由濾泡細胞合成**，並儲存在濾泡腔內。當受到腦下腺前葉分泌 TSH 刺激時，甲狀腺上皮細胞將激素從濾泡腔內釋放出來，送入血液循環中。但最初釋放出的甲狀腺素因為在血液中附著於漿蛋白上，因此暫時沒有功能，僅有少部分沒有與漿蛋白結合者具有功能，能擴散入標的細胞產生作用，當沒有與蛋白結合之激素減少後，漿蛋白會將結合的激素釋放入血液中，血液中存在有超過一個星期以上所需要的激素含量。

甲狀腺素為酪胺酸與碘原子的結合。**碘離子**經由碘幫浦進入甲狀腺濾泡細胞，在甲狀腺過氧化物酶 (thyroid peroxidase, TPO) 的催化下**氧化成碘分子** (I_2)，並與甲狀腺球蛋白中的酪胺酸殘基結合，形成單碘酪胺酸

臨床應用 ANATOMY & PHYSIOLOGY 

甲狀腺功能失調

甲狀腺素與身體的細胞代謝有密切關係，因此甲狀腺素主要作用在活動的細胞或器官，包括骨骼肌、肝臟、心臟和腎臟。甲狀腺素過多或不夠都會引起代謝上面的問題。

1. 甲狀腺機能亢進 (hyperthyroidism)：常見病因包括**格雷氏症** (Graves' disease)、甲狀腺毒症 (thyrotoxicosis)、甲狀腺癌等。格雷氏症以 20~30 歲女性好發，因為自體免疫的關係，使病人**產生 TSH 受體抗體**，刺激甲狀腺腫大，造成呼吸和吞嚥的困難。腫大的甲狀腺會促使分泌過多的甲狀腺素，導致體內代謝速率加快、活動過多、失眠、緊張、易怒和疲累感，而外觀上也因為眼後組織腫脹呈現眼球突出。
2. 甲狀腺機能不足 (hypothyroidism)：個體正常的生長亦需要甲狀腺素的調控，胎兒期或嬰幼兒期甲狀腺素分泌不足，會引起骨骼和神經系統發展異常，導致心智遲緩，稱為呆小症 (cretinism)。成人甲狀腺機能不足會引發黏液性水腫 (myxedema)，使基礎代謝率下降，引發怕冷、嗜睡、心跳速率下降、注意力不集中等症狀。當體內攝取的碘不夠而無法合成足夠的甲狀腺素，在 TSH 的持續刺激下，會造成濾泡變大，引起甲狀腺腫大，稱缺碘性甲狀腺腫 (iodine deficiency goiter)。

(monoiodotyrosine, MIT)，再碘化成雙碘酪胺酸 (diiodotyrosine, DIT)。兩分子的 DIT 會化合成為四碘甲狀腺素 (tetraiodothyronine, T_4)，含有四個碘原子，占甲狀腺素的 90%；一個 MIT 與一個 DIT 則化合成三碘甲狀腺素 (triiodothyronine, T_3)，內含有三個碘原子，具有較強活動力（圖 18-11）。

甲狀腺素對身體幾乎所有的細胞都具有活性，並且很快的通過細胞膜，作用在粒線體或細胞核上。作用在粒線體上的甲狀腺素能增加粒線體合成 ATP 的速度；作用在細胞核上的甲狀腺素則與基因形成複合體，刺激合成與醣類代謝和能量生成有關酵素，最後引起代謝速率和細胞耗氧量增加。

(二) 甲狀腺素的生理作用

甲狀腺激素對幾乎所有細胞都有作用，是調節人體生長發育和物質代謝的重要激素。

1. **生長發育**：為對人體生長必須的激素，尤其是對骨骼及神經系統的發育。嬰幼兒若缺乏甲狀腺素，會造成智力遲鈍和身材矮小的**呆小症** (cretinism)。
2. **產熱效應** (calorigenic effect)：**提高組織耗氧量**，使產熱量增加，**基礎代謝率提高**，體溫上升，在骨骼肌、心肌、肝和腎等組織的效果十分顯著。
3. **物質代謝**：促進蛋白質、醣類、脂肪，以及礦物質、維生素、水與電解質的代謝，例如糖解作用、脂肪的分解、**蛋白質合成**、胡蘿蔔素轉化為維生素 A 等。
4. **增加心肌收縮力**：心臟是甲狀腺素作用的最重要標的器官，可藉由**增加 β_1 受體的數量增加心肌收縮能力**，使心跳速率加快、**心輸出量增加**。
5. **循環**：降低體循環和肺循環血管阻力，直接作用於心臟血管平滑肌，擴張冠狀動脈。

(二) 甲狀腺素的分泌調節

甲狀腺素的分泌受腦下腺前葉 TSH 的調節，TSH 的分泌又受下視丘 TRH 的調節，三者構成一個完整的控制系統，稱為下視丘－腦下腺前葉－甲狀腺軸線，共同調節甲狀腺功能和甲狀腺激素的分泌。甲狀腺素對於 TRH 和 TSH 具有負迴饋調節作用（圖 18-12）。

三、降鈣素

濾泡旁細胞能分泌降鈣素 (calcitonin, CT)，幫助調節體內鈣離子的濃度。不同於甲狀腺素，降鈣素的分泌調節並不受下視丘或腦下腺的調控，主要依賴血液中鈣離子的濃度變化。當血液中鈣離子濃度升高，會刺激濾泡旁細胞分泌降鈣素，主要標的細胞為骨骼和腎臟。降鈣素會抑制蝕骨細胞的活性，減少鈣離子自骨骼流失，同時刺激腎臟對鈣離子的排泄，最後引起血液中鈣離子的濃度下降。

兒童時期降鈣素的功能極其重要，降鈣素會刺激骨骼主動生長和骨中鈣的沉積，長期飢餓或在懷孕末期也能減少骨質的流失。當鈣離子的濃度過分降低，會發生抽搐或肌肉痙攣，還好體內有副甲狀腺能幫助調整鈣離子的濃度變化。

18-4 副甲狀腺

一、副甲狀腺的構造和功能

四顆極小、成對的副甲狀腺 (parathyroid glands) 包埋在甲狀腺的後表面，兩個組織間利用結締組織分隔開。副甲狀腺內已知至少有兩種細胞存在，主細胞 (chief cells) 合成分泌副甲狀腺素，其他細胞的功能未知（圖 18-13）。

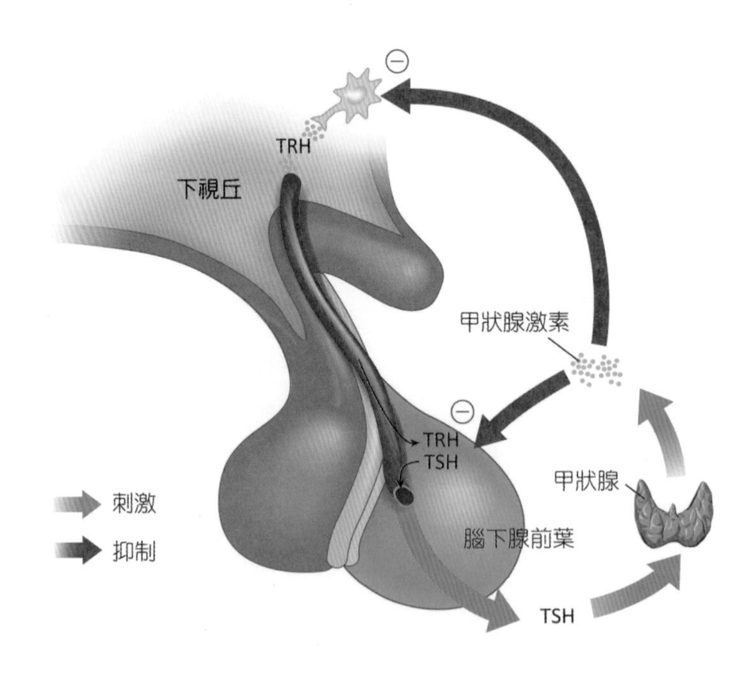

■ 圖 18-12　甲狀腺素的分泌調節

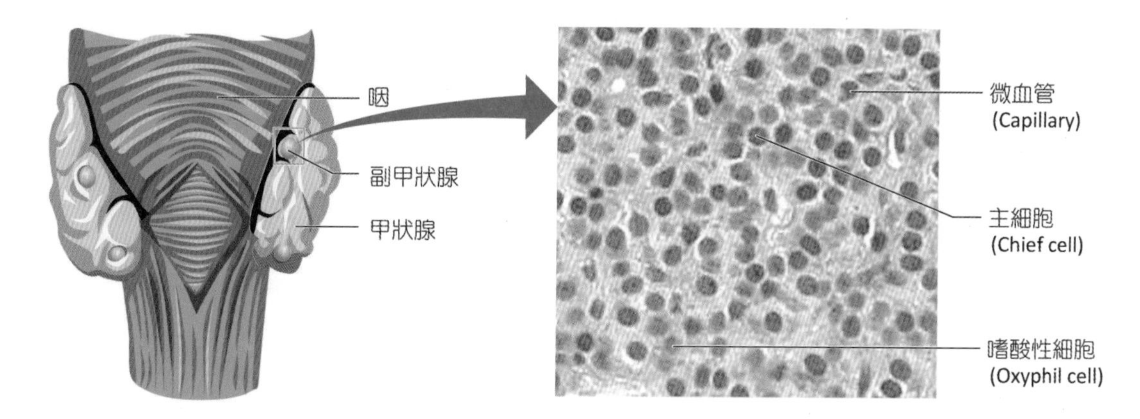

■ 圖 18-13 副甲狀腺（後側觀）

二、副甲狀腺素的生理作用

如同甲狀腺內濾泡旁細胞偵測血液中鈣離子濃度變化，副甲狀腺中主細胞亦是如此（表 18-2）。**當血液中鈣離子濃度低於正常值，主細胞分泌副甲狀腺素** (parathyroid hormone, PTH)，副甲狀腺素作用的標的細胞與降鈣素相同，但作用相反（圖 18-14）。副甲狀腺素生理作用如下：

1. **刺激蝕骨細胞活化，使鈣離子進入血液中**，並抑制成骨細胞對骨骼的重塑作用。
2. 促使腎小管對鈣離子再吸收，抑制磷酸根離子的再吸收。
3. **腎臟合成分泌骨化三醇** (calcitriol)，**即維生素 D_3 的活化態**，間接促進消化道對鈣離子、磷酸根離子、鎂離子的再吸收，降低泌尿系統對鈣離子的排泄。

表 18-2 甲狀腺素及副甲狀腺素的比較

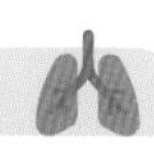

腺體		分泌激素	標的細胞	功效
甲狀腺	濾泡細胞	甲狀腺素 (T_4)、三碘甲狀腺素 (T_3)	身體大部分細胞	增加能量代謝、氧氣消耗、生長和發育
	濾泡旁細胞	降鈣素	骨骼、腎臟	減少體液鈣離子濃度
副甲狀腺	主細胞	副甲狀腺素	骨骼、腎臟	增加體液鈣離子濃度

臨床應用 ANATOMY & PHYSIOLOGY

副甲狀腺功能失調

副甲狀腺能促進鈣離子的再吸收，協助骨骼的重塑作用，副甲狀腺素分泌不足所造成的低血鈣會引起神經過度活化，產生自發性和持續性的神經衝動，導致肌肉持續性收縮。反之，因副甲狀腺腫瘤導致的副甲狀腺分泌過多，會增加蝕骨細胞活性，引起骨骼內礦物質流失，使骨骼鬆軟和骨骼易彎曲，舉例來說，佝僂病 (rickets) 就是成長期兒童副甲狀腺素分泌不足，而導致軀幹骨骼太過脆弱，無法承擔體重。血鈣增加也會使得鈣離子不正常的沉澱，引起腎結石發生。

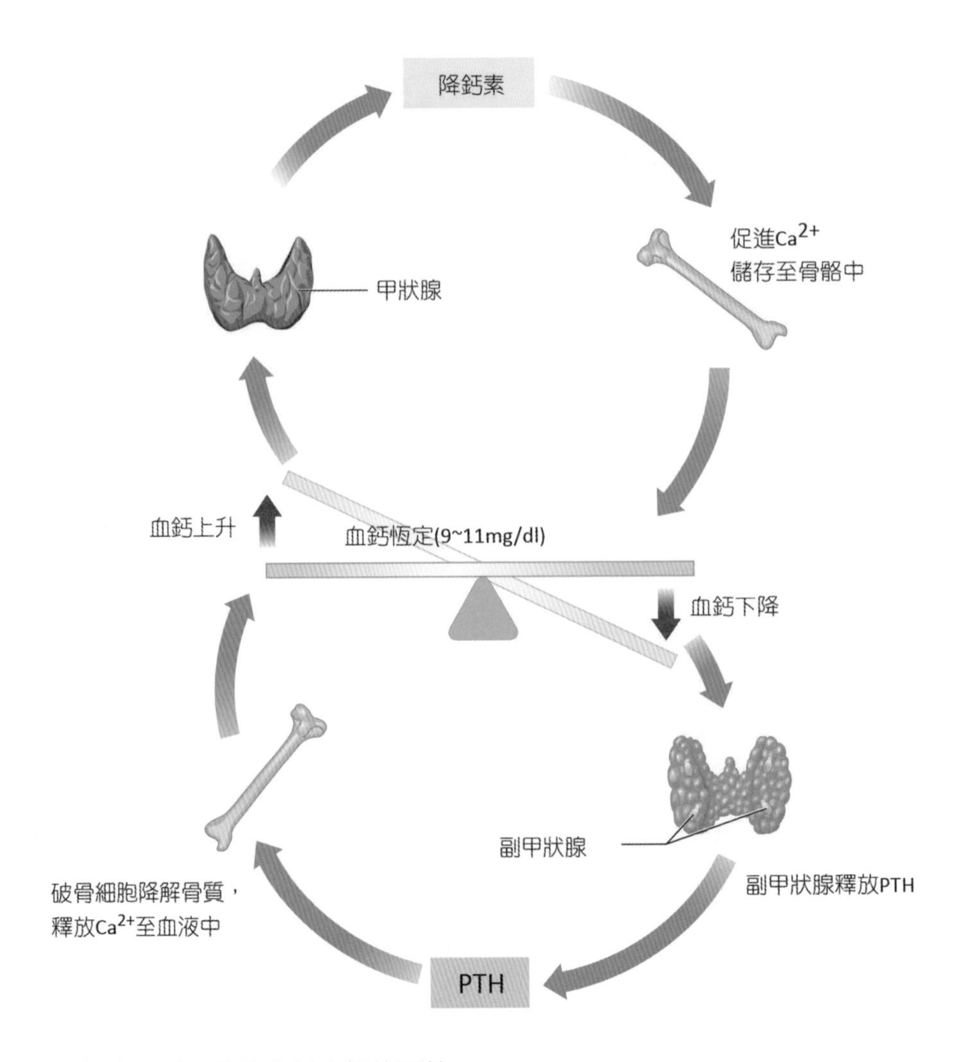

■ 圖 18-14 降鈣素及副甲狀腺素對血鈣的調節

18-5 腎上腺

黃色錐形外型的腎上腺 (suprarenal gland or adrenal gland) 位於腎臟上方，每個腎上腺分為兩個部分：位於外圍的腎上腺皮質 (cortex) 和內側的腎上腺髓質 (medulla)，兩者所分泌激素如表 18-3。

一、腎上腺皮質

微黃色的腎上腺皮質主要合成分泌類固醇類激素，在循環系統類中固醇類激素會與結合蛋白構成複合體後攜帶。這些激素的功能非常重要，一旦腎上腺遭受破壞或移除，生命會受到威脅。腎上腺激素可以影響許多不同組織的代謝，因此無論分泌過多或不足都會產生很大的影響。腎上腺皮質由外至內可三層（圖 18-15）：

1. **絲球帶** (zona glomerulosa)：位於最外層的被膜下，約占 15%，細胞呈立方小球排列，主要分泌礦物性皮質素，**如醛固酮**。
2. **束狀帶** (zona fasciculata)：皮質中最厚的部分，約占 70~80%，多邊形細胞呈束狀排列，主要分泌糖皮質素，**如皮質醇**。

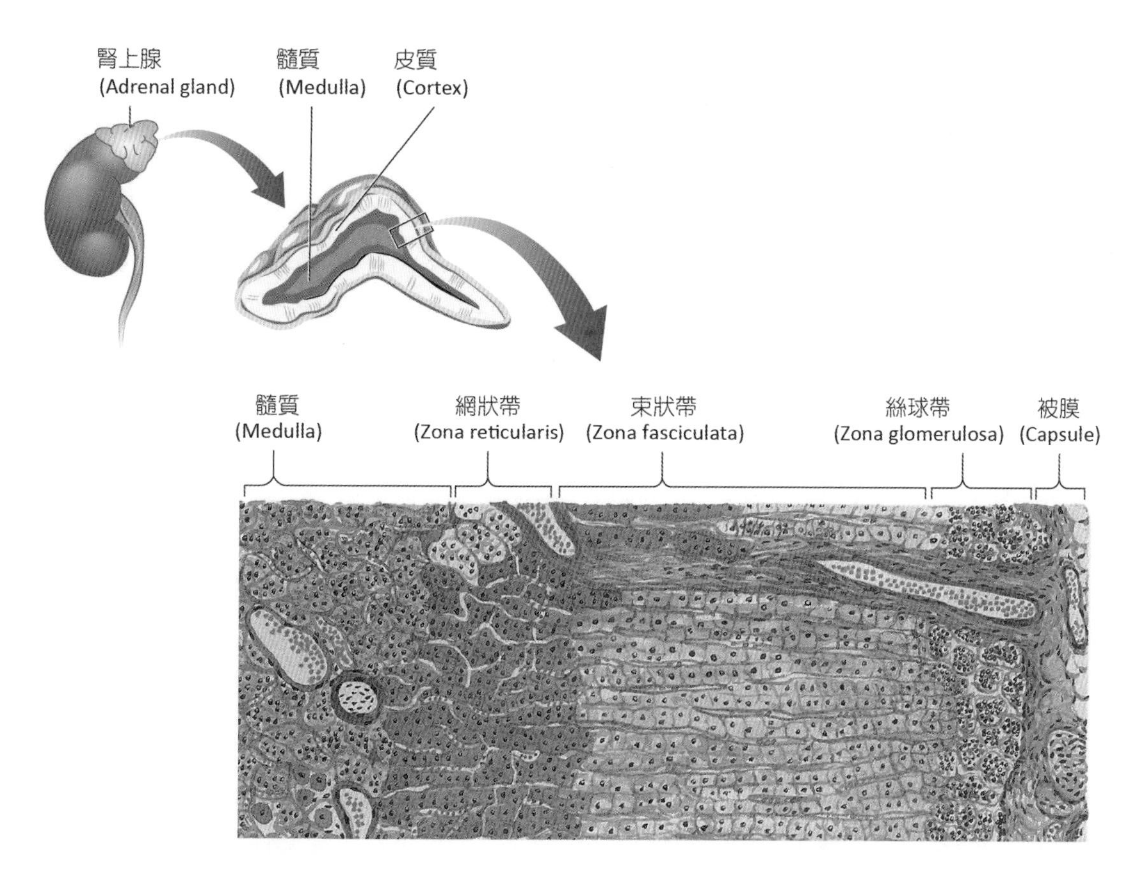

■ 圖 18-15 腎上腺的構造

表 18-3 腎上腺激素 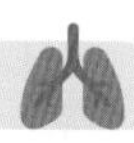

位置	激素	標的細胞	功能
腎上腺皮質	礦物性皮質素（主要為醛固酮）	腎臟	刺激腎臟對鈉離子和水分的再吸收增加
	糖皮質素（主要為皮質醇）	大部分細胞	刺激骨骼肌中釋放胺基酸，脂肪組織釋放脂肪，促進肝臟合成肝糖和葡萄糖、肝外組織分解蛋白質，促進周邊細胞利用脂肪，抗發炎作用
	雄性激素	－	正常狀態的真實作用未明
腎上腺髓質	腎上腺素、正腎上腺素	大部分細胞	強化心臟活動，增加血壓、肝醣分解，和提高血糖含量，刺激從脂肪組織中釋放脂肪

3. **網狀帶** (zona reticularis)：位於最內層，緊靠著髓質，約占 7%，細胞呈不規則條索狀排列，主要分泌性激素 (sex steroid)，以**雄性激素**為主，亦有少量動情素。

(一) 礦物性皮質素 (Mineralocorticoids)

醛固酮 (aldosterone) 主要的礦物性皮質素，能刺激標的細胞，藉由減少尿液、流汗、唾液、和消化道對鈉離子的排泄來留住鈉離子，同時為了代償鈉離子的保留所引起電位變化，伴隨著發生鉀離子的排泄增加。其次，因為鈉離子的保留所引起的滲透壓變化，同時引起腎臟、汗腺、唾液腺和胰臟對水分的再吸收增加。醛固酮的分泌受到血液中鈉離子含量、血量、血壓和血液中鉀離子濃度的調控，除此之外，血管收縮素 II (angiotensin II) 也可以刺激醛固酮的分泌。

(二) 糖皮質素 (Glucocorticoids)

人體中的糖皮質素主要為皮質醇 (cortisol)，其次是皮質固酮 (corticosterone)，主要影響醣類的代謝。糖皮質素分泌主要受到 ACTH 的刺激，利用負迴饋機制來調節（圖 18-16），主要的作用是刺激葡萄糖的生成和肝醣的合成，特別是針對肝臟。同時會刺激脂肪組織解離脂肪酸釋放入血液中，引起其他組織改利用脂肪酸代謝產生能量，取代原本葡萄糖的分解，最後引起血糖濃度的升高。另外可刺激肝外組織**分解蛋白質**為胺基酸，以進行糖質新生作用，長期糖皮質素分泌過多會造成負氮平衡。

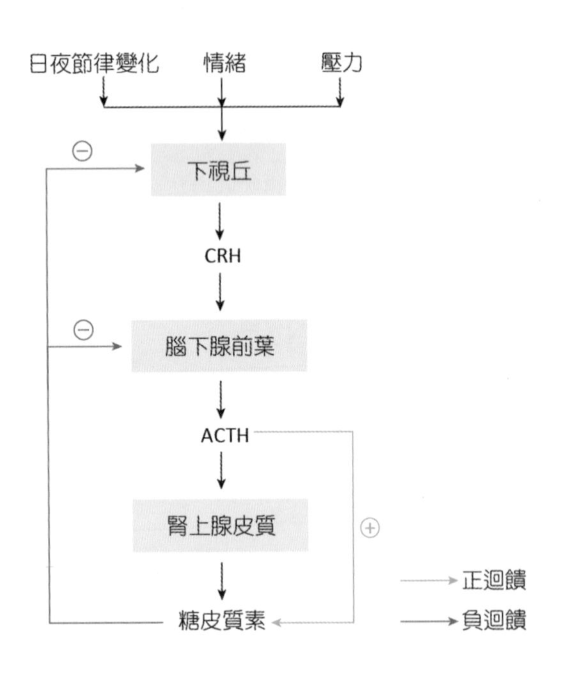

■ 圖 18-16 腎上腺皮質的負迴饋調控

除此之外，**糖皮質素還具有抗發炎的功效**，能抑制白血球或其他免疫系統成分的活化。臨床上類固醇類激素藥品常被用來控制發炎反應，但因同時會造成傷口癒合變慢，所以類固醇類藥膏僅用來治療表淺紅腫現象，並不適合處理開放性傷口。

(三) 雄性激素 (Androgens)

男女性腎上腺都可合成分泌少量的雄性激素，但男性睪丸可以合成大量的雄性激素。一旦進入血液循環中，部分的雄性激素會轉換成動情素。不論性別，雄性激素或動情素只要在正常濃度下都可影響性徵的表現，因此腎上腺分泌的少量性腺激素目前作用未明。

二、腎上腺髓質

腎上腺髓質源於外胚層，細胞質內含有可被鉻鹽染成黃褐色的嗜鉻顆粒，故稱為**嗜鉻細胞** (chromaffin cell)。腎上腺髓質內含豐富的血管，外型呈現淺灰或粉紅色，由許多大型、圓形的細胞組成，與交感神經節內的細胞相似，這些細胞主要受到交感神經節前纖維控制，因此腎上腺髓質的活動受到中樞神經系統中交感神經部分控制。

腎上腺髓質的分泌細胞會分泌兩種物質，75~80% 為腎上腺素 (epinephrine, Epi)，20~25% 為正腎上腺素 (norepinephrine, NE)，這兩種激素以持續緩慢的速度分泌，但交感神經的刺激可以加速分泌的速度。

兩種激素作用的主要標的細胞為骨骼肌纖維、脂肪細胞、肝細胞和心肌細胞。對骨骼肌細胞而言，主要刺激肝醣的代謝和加速葡萄糖的解離使產生能量，以增加肌力和肌耐力；對脂肪組織，刺激脂肪分解產生脂肪酸；對肝臟而言，刺激肝醣分解成葡萄糖，接著脂肪酸和葡萄糖釋放進入血液中提供周邊組織使用；對心臟而言，腎上腺髓質激素能加速心跳和心肌收縮力（表 18-4）。

腎上腺髓質在受到刺激後約 30 秒引起腎上腺素和正腎上腺素釋放，效用能持續數分鐘之久，因此刺激腎上腺髓質的作用會較直接興奮交感神經活性持久。

表 18-4 腎上腺素及正腎上腺素的作用

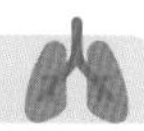

作用	腎上腺素	正腎上腺素
循環系統	・增加心肌收縮力，加快心跳速率 ・增加心輸出量及冠狀動脈血流量 ・降低周邊阻力 ・使血壓上升（尤其收縮壓）	・增加心肌收縮力 ・增加冠狀動脈血流量 ・增加周邊阻力 ・使血壓上升（尤其舒張壓）
消化代謝	促進脂肪分解，血糖明顯升高	促進脂肪分解，血糖升高
呼吸系統	支氣管平滑肌舒張	支氣管平滑肌稍舒張

臨床應用 ANATOMY & PHYSIOLOGY

腎上腺皮質功能失調

1. 愛迪生氏症 (Addison's disease)：糖皮質素分泌過少引起，並負迴饋作用使 **ACTH 分泌增加**，ACTH 功效如 MSH 一樣，會刺激黑色素細胞活性，造成色素改變。患者可能有虛弱、貧血、低血壓、低血糖、脫水、體重下降等問題。
2. 庫欣氏症候群 (Cusing's syndrome)：皮質醇分泌過多引起，造成脂肪的儲存移位，導致脂肪細胞改堆積在兩頰、脖子基底和肩胛下方，引起月亮臉 (moon face)、水牛肩 (buffalo hump)，同時引起高血壓、骨質疏鬆、肌肉病變等（圖 18-17）。

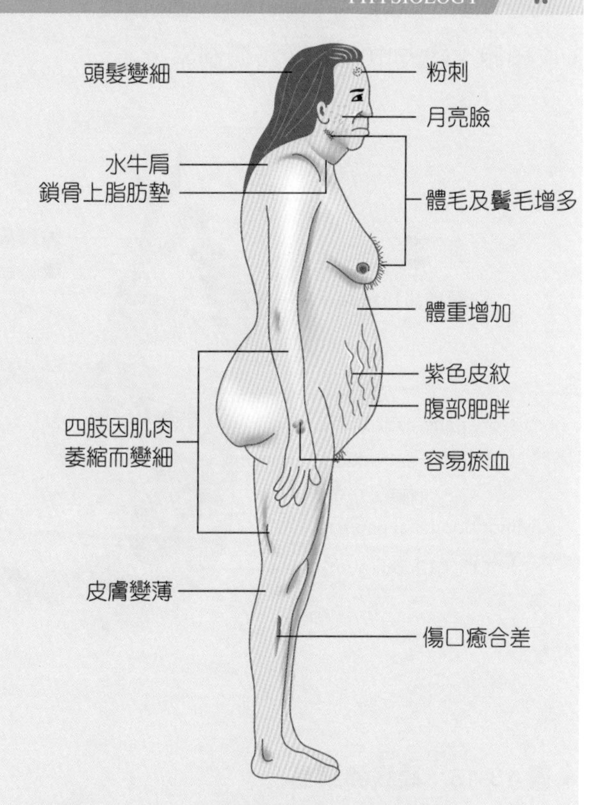

■ 圖 18-17 庫欣氏症候群主要症狀

18-6 胰臟

胰臟位於胃大彎的 J 形彎口內，介於胃和近端小腸間，外型呈細長條、灰白色、緻密的節結狀構造，由外分泌細胞和內分泌細胞組成。胰臟是重要的消化器官，其外分泌腺分泌物就是主要的消化酵素。

一、胰島結構

胰臟內分泌細胞聚集成一群落稱蘭氏小島 (islets of Langerhans) 或 胰 島 (pancreatic islet)，占胰臟細胞 1%。胰島內有數種細胞，其中最重要的如下（圖 18-18）：

1. **α 細胞**：約占 20%，分泌升糖素。
2. **β 細胞**：約占 60~70%，分泌胰島素，胰島素和升糖素負責調節體內血糖濃度，就如同降鈣素和副甲狀腺共同調節體內血鈣濃度。
3. **δ 細胞**：約占 10%，分泌體制素。

二、胰島的激素及其作用

(一) 升糖素 (Glucagon)

當血糖濃度低於正常值，胰島素分泌受到抑制，細胞開始改以其他物質為能量來源，如脂肪酸，同時，α 細胞分泌升糖素，刺激骨骼肌和肝臟細胞肝醣分解成葡萄糖進入血液，提升血糖值。亦促進脂肪分解為脂肪酸，提供其他細胞使用，以及蛋白質異化成胺基酸、糖質新生作用。

(二) 胰島素 (Insulin)

葡萄糖是體內細胞最常見的能量來源，也是正常情況下神經細胞的主要能量來源。體內大部分細胞的細胞膜上都有胰島素接受器，僅神經元細胞、紅血球、腎小管上皮細胞和小腸的上皮細胞例外。

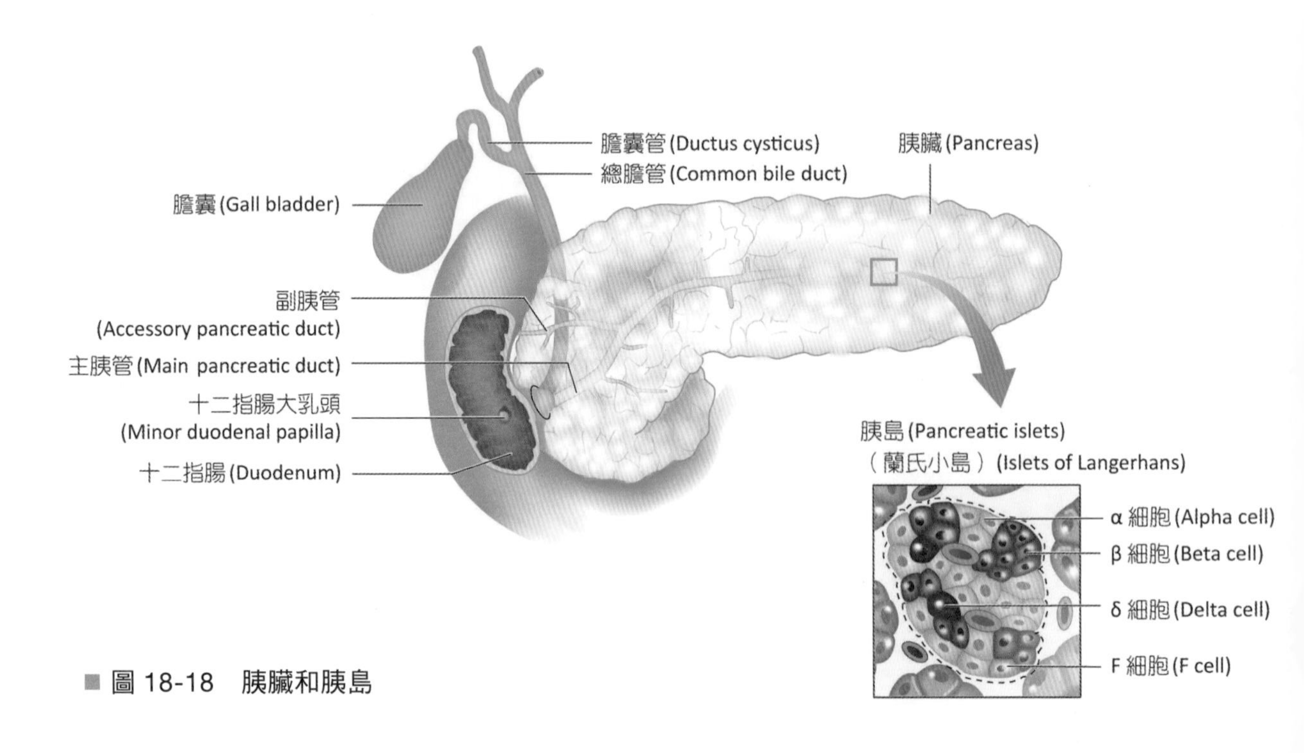

■ 圖 18-18　胰臟和胰島

當體內血糖濃度高於正常值，β 細胞分泌胰島素，結合至細胞膜上的胰島素受體（為一種酵素連結受體），**增加細胞膜上葡萄糖運輸體** (GLUT)，提高體內對葡萄糖的利用率，增加肝糖合成與儲存，抑制糖質新生，促進葡萄糖轉化為脂肪儲存，因而降低血糖。同時，體內細胞分解葡萄糖產生的 ATP 還能協助提升蛋白質的生成速率，增加胺基酸通過細胞膜速度、促進脂肪的生成。因此，胰島素和升糖素兩者主要在調節體內血糖的穩定（圖 18-19）。

胰臟內 α 細胞和 β 細胞對血糖濃度極其敏感，因此升糖素和胰島素的分泌不受到內分泌系統或神經系統的調控。也因為胰島對血糖的超級敏感，任何能影響血糖濃度的激素都能間接影響胰島素或升糖素的分泌。舉例來說，副交感神經系統的興奮可刺激胰島素的分泌；反之，交感神經系統則會抑制胰島素分泌，刺激升糖素分泌。

(三) 體制素 (Somatostatin)

體制素又稱為生長激素抑制激素 (growth hormone-inhibiting hormone, GHIH)，屬於胜肽類激素，藉由與 G 蛋白構成複合體來影響神經傳遞和細胞增生。**除了 δ 細胞能分泌體制素外，消化系統和腦部亦具有分泌的能力**，主要的作用為**抑制**腦下腺釋放**生長激素**、促甲狀腺激素 (TSH) 和催乳素，亦抑制許多胃腸道的激素分泌，如胃泌素或膽囊收縮素等。

臨床應用 ANATOMY & PHYSIOLOGY

糖尿病 (Diabetes Mellitus, DM)

正常來說，醣類消化後最後被肝臟儲存，僅有少部分葡萄糖會留在血液循環中，經過泌尿系統時，在近曲小管完全被再吸收，因此尿液最終不會有糖分的存在。糖尿病主要原因是因為血糖濃度過高，超過腎小管的再吸收能力，導致尿液出現糖分，同時為了平衡尿液中滲透壓，引起過多尿液的製造。

糖尿病的病因可能是基因異常造成，導致胰島素的合成不足，或所合成胰島素分子異常，或生成有缺陷的胰島素受器。除此之外，糖尿病也可能是其他病理現象、傷害、免疫疾病或激素不協調所導致。目前臨床上已知有兩種類型的糖尿病：

1. 第一型糖尿病：又稱為胰島素依賴型糖尿病 (insulin-dependent)，主要是因為胰島素合成不足，多發生在 40 歲以下，因為常在兒童身上出現，又被稱為幼年型糖尿病 (juvenile-onset diabetes)，治療上主要依賴長期的飲食控制和胰島素治療。
2. 第二型糖尿病：又稱為非胰島素依賴型糖尿病 (non-insulin-dependent)，主要發生在 40 歲以上的肥胖個案，因此被稱為成年型糖尿病 (maturity-onset diabetes)。此類病人體內胰島素濃度多正常，甚至較多，但胰島素受器反應不良，引起胰島素阻抗，致使周邊細胞無法攝入葡萄糖。治療上以減重、飲食限制和藥物處理為主，增加胰島素濃度和加強細胞對胰島素的敏感度。

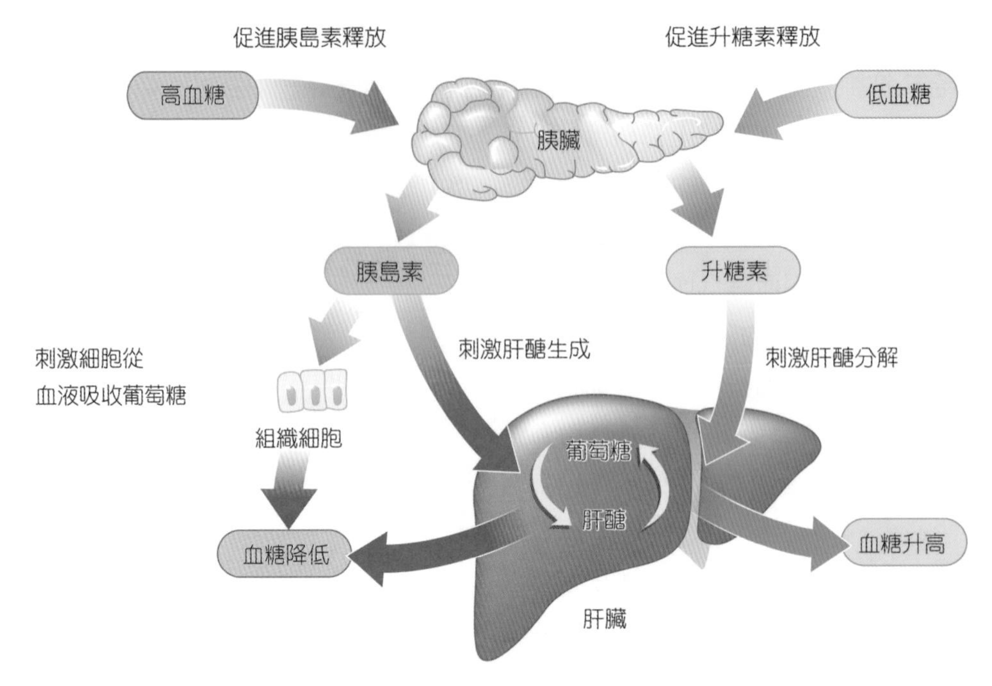

■ 圖 18-19　血糖的負迴饋調控

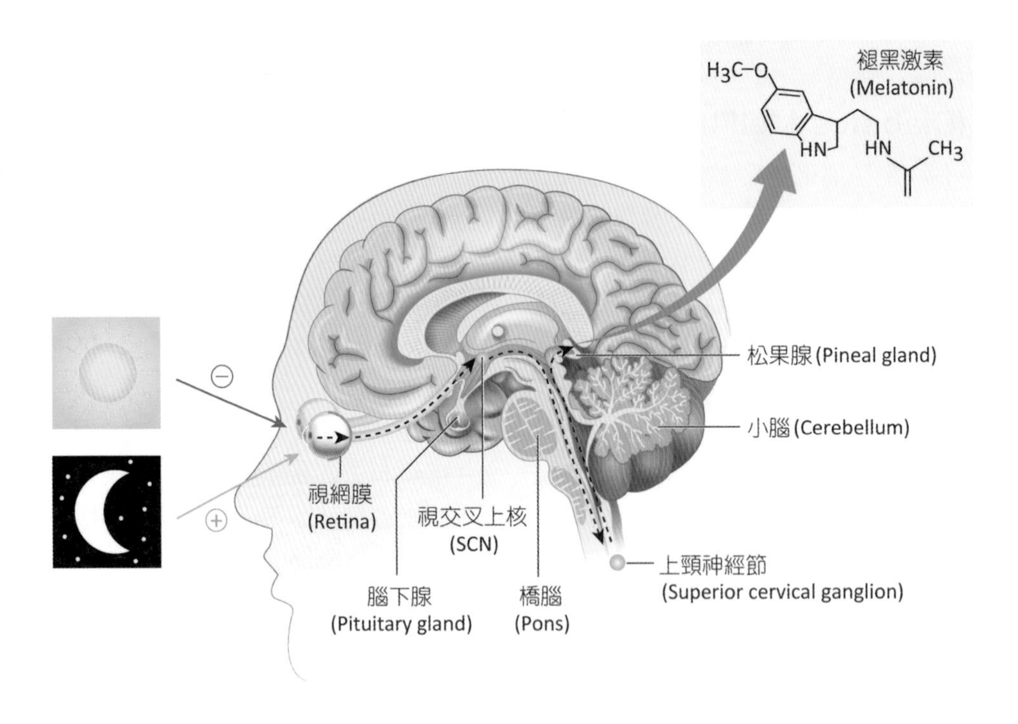

■ 圖 18-20　褪黑激素分泌的日夜調控

18-7 其他內分泌組織 

松果腺 (Pineal gland)

松果腺位於**第三腦室的視丘頭頂後側部**，由神經元、神經膠細胞和松果腺細胞 (pinealocytes) 構成。松果腺在青春期後開始鈣化，成人松果腺細胞間常見一些鈣化顆粒，稱為腦沙 (brain sand)，可供 X 光診斷之參考位置。

松果腺以**血清素** (serotonin) 為原料製造褪黑激素 (melatonin)，其合成受日夜光照影響，白天分泌較低、夜晚較高，可幫助調節晝夜節律，或用於適應時差。光線的刺激經由視覺路徑通往松果腺，抑制下視丘視交叉上核 (suprachiasmatic nucleus, SCN) 的活性，降低褪黑激素的分泌；夜晚時，SCN 缺少光線抑制得到活化，開始分泌褪黑激素（圖 18-20）。褪黑激素的生理功能如下：

1. **抑制生殖功能**：在某些哺乳類動物中，褪黑激素會減慢精子、卵子和部分生殖器官的成熟，雖然目的並不清楚，但目前懷疑可能與性成熟有關。血液中褪黑激素的濃度在青春期時降低，反之，臨床上發現當松果腺發生腫瘤時，褪黑激素的大量合成分泌會引起年輕兒童性早熟問題。
2. **抗氧化反應**：褪黑激素是有力的抗氧化劑，能保護中樞神經系統免於自由基的攻擊，如一氧化氮或過氧化氫。
3. **建立晝夜週期** (circadian rhythms)：褪黑激素週期性的分泌與晝夜週期有關。黑暗中褪黑激素的分泌增加，如在高緯度地區冬季日短夜長的變化，導致日照較少，與**季節性情緒失調** (seasonal affective disorder, SAD) 的發生有關，此時會出現情緒、飲食習慣和睡眠狀態的改變。

胸腺 (Thymus)

胸線為粉紅色腺體，位於縱膈腔 (mediastinum) 內，胸骨後方。每個小結內由緻密結構皮質和較淡顏色髓質構成，皮質由群落狀淋巴球組成，分泌胸腺素 (thymosins)。剛出生的嬰幼兒胸腺非常巨大，從頸部基底處延伸至心臟上方，隨著成長，胸腺變大的速度相對較慢，直到青春期，胸腺達到最成熟階段，大約 40 公克左右大小。青春期過後，胸腺持續萎縮直至 50 歲，最後只剩下約 12 公克。

胸腺素已知能刺激淋巴幹細胞分化和 T 細胞成熟，與體內免疫系統的發育和維持有關，因此目前推測，年紀增長造成的胸腺萎縮可能是導致老年人容易生病的原因之一。

消化系統

消化系統中小腸主要負責消化食物和吸收營養，為達到此目的十二指腸必須分泌一些激素促進消化功能；而胃為了強化消化功能也必須分泌胃泌素 (gastrin) 等激素刺激胃液的分泌（詳見第 14 章消化系統）。

腎臟

腎臟釋放骨化三醇、紅血球生成素和腎素。骨化三醇主要維持體內鈣離子恆定；紅血球生成素和腎素分別用來調整血壓和血量。

1. **骨化三醇** (calcitriol)：與副甲狀腺素共同合作調節鈣離子濃度，骨化三醇刺激消化道對鈣離子和磷酸根離子的再吸收增加。骨化三醇的合成與皮膚或食物中吸收的維生素 D_3 活性有關，肝臟將吸收的維生素 D_3 轉換成中間產物釋入血液後被腎臟所吸收。
2. **紅血球生成素** (erythropoietin)：細胞處於**低氧濃度時刺激腎臟分泌。紅血球生素會刺激骨髓製造紅血球**，間接增加血量、周邊組織的供氧量。
3. **腎素** (renin)：血量、血壓或兩者均下降，會刺激近腎絲球器分泌腎素。在血液中，腎素是一種酵素，啟動腎素－血管收縮素－醛固酮系統 (renin-angiotensin-aldosterone system, RAA system)，最後引起血管收縮素 II (angiotensin II) 合成。血管收縮素 II 能刺激醛固酮和抗利尿激素分泌，共同抑制腎臟對鹽類和水分的流失，同時引起口渴的衝動，最後升高血壓（詳見第 16 章泌尿系統）。

心臟

心臟的右心房肌肉壁具有分泌細胞。當周邊血量增加，引起回心血量增加時，右心房肌肉壁會因過多血量填充被牽扯，刺激心房利鈉肽 (atrial natriuretic peptide, ANP) 分泌。心房利鈉肽作用與血管收縮素 II 相反，主要刺激腎臟中鈉離子和水分排泄和抑制腎素、抗利尿激素和醛固酮的分泌，最終減少血量和降低血壓。

脂肪組織 (Adipose Tissue)

脂肪組織分泌瘦素 (leptin)，藉由負迴饋機制調整食慾。當進食時，脂肪組織開始吸收葡萄糖和脂肪，合成三酸甘油酯 (triglycerides) 儲存，同時釋放瘦素進入血液中。瘦素作用在下視丘中調節情緒與食慾的神經元，引起飽腹感和抑制食慾，同時促進 GnRH 和促性腺激素的合成，如此會造成：(1) 較瘦的女性較慢進入青春期；(2) 體內含有較多脂肪含量，促進生育率；(3) 女性體內脂肪含量變極少後出現經期停止現象。

性腺與胎盤

男性睪丸間質細胞合成的雄性激素以睪固酮 (testosterone) 為主，能幫助製造有功能性的精子和第二性徵表現，除此之外，睪固酮也影響全身大部分細胞的代謝，刺激蛋白質合成和肌肉細胞的生長。**睪固酮可經 5α- 還原酶 (5α-reductase) 轉化為活性代謝物二氫睪固酮** (dihydrotestosterone, DHT)，其活性為睪固酮的 30 倍。在胚胎發育過程中，睪固酮的分泌可幫助男性生殖管道和生殖器官、中樞神經系統的發育（與性行為有關的下視丘神經核）。在 FSH 的作用下，支持細胞分泌抑制素 (inhibin)，利用負迴饋機制抑制腦下腺分泌 FSH。男性終其一生在此兩種激素作用下，維持正常比例的精子生成。

女性卵巢在 FSH 作用下，卵子在濾泡內發育，同時濾泡周圍細胞分泌動情素 (estrogens) 幫助卵子的成熟和子宮內襯細胞的生長。與男性相同，濾泡也可以分泌抑制素，利用負迴饋機制抑制腦下腺持續分泌 FSH。一旦排卵發生，濾泡退化成黃體，便開始釋放動情素和黃體素。黃體素能加速受精卵在輸卵管內移動、為受精卵著床於子宮做準備，並與催乳素合作刺激乳腺的發育。

胎盤除了供應胎兒營養外，也是分泌器官，可分泌人類絨毛膜促性腺激素 (human chorionic gonadotropin, hCG)、黃體素、動情素、人類胎盤催乳素 (human placental lactogen)、胎盤泌乳素 (placental prolactin) 和鬆弛素 (relaxin)，與卵巢和腦下腺共同促進正常胚胎的發育和幫助生產（表 18-5）。

表 18-5 **性腺與胎盤的內分泌作用**

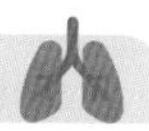

分泌細胞		激素	標的細胞	作用
睪丸	間質細胞	雄性激素	體內大部分細胞	支持精子成熟、骨骼肌細胞蛋白質合成、男性第二性徵表現
	支持細胞	抑制素	腦下腺前葉	抑制 FSH 分泌
卵巢	濾泡	動情素	體內大部分細胞	支持濾泡成熟、女性第二性徵表現
		抑制素	腦下腺前葉	抑制 FSH 分泌
	黃體	黃體素	子宮、乳腺	為著床做準備、哺乳時乳腺發育
胎盤		人類絨毛膜促性腺激素 (hCG)	黃體、腦下腺前葉	維持黃體、刺激黃體持續分泌黃體素、維持子宮內膜壁功能、抑制經期發生
		人類胎盤催乳素、胎盤泌乳素	乳腺	乳腺成熟和乳汁分泌
		鬆弛素	恥骨聯合軟骨、子宮頸、下視丘	增加恥骨聯合軟骨彈性和子宮頸擴張，方便生產、抑制催產素分泌

學習評量 REVIEW AND CONPREHENSION

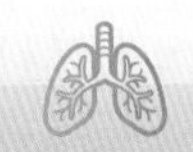

1. 下列關於內分泌細胞的敘述，何者錯誤？(A) 松果腺細胞分泌褪黑素 (B) 胰臟 alpha 細胞分泌升糖素 (C) 副甲狀腺主細胞(chief cells) 分泌副甲狀腺素 (D) 腎上腺皮質絲球帶細胞分泌糖皮質激素

2. 有關紅血球生成素 (erythropoietin) 的分泌與作用，下列哪些敘述正確？(1) 缺氧時會分泌減少 (2) 主要在腎臟合成分泌 (3) 可促進紅血球之生成 (4) 主要標的器官為紅骨髓。(A) (1)(2)(3) (B) (1)(3)(4) (C) (2)(3)(4) (D) (1)(2)(4)

3. 體抑素 (somatostatin) 最主要抑制下列何種激素的分泌？(A) 甲狀腺素 (T4) (B) 生長激素 (GH) (C) 催產素 (oxytocin) (D) 泌乳素 (prolactin)

4. 腦下垂體細胞 HE 染色的特性與其功能的敘述，下列何者錯誤？(A) 嗜酸性細胞分泌促腎上腺皮質素 (adrenocorticortropic hormone) (B) 無顆粒難染細胞 (chromophobes) 分泌促腎上腺皮質素 (adrenocorticortropic hormone) (C) 嗜鹼性細胞分泌促甲狀腺素 (thyroid-stimulating hormone) (D) 嗜鹼性細胞分泌濾泡刺激素 (follicle-stimulating hormone)

5. 褪黑激素 (melatonin) 主要由腦部哪一區域的腺體所分泌？(A) 下視丘 (B) 上視丘 (C) 視丘 (D) 前額葉皮質

6. 下列何種激素最可能造成血管平滑肌的收縮？(A) 醛固酮 (aldosterone) (B) 副甲狀腺素 (PTH) (C) 抗利尿激素 (ADH) (D) 多巴胺 (dopamine)

7. 甲狀腺激素 (thyroid hormone) 合成的第一個步驟，下列過程何者正確？(A) 酪胺酸 (tyrosine) 的碘化 (B) 甲狀腺素 (T4) 轉變為三碘甲狀腺素 (T_3) (C) 雙碘酪胺酸 (DIT) 與單碘酪胺酸 (MIT) 結合 (D) 碘離子 (I^-) 轉換為碘分子 (I_2)

8. 低血鈣主要會刺激哪一個內分泌腺體的激素分泌，以增加血鈣濃度？(A) 下視丘 (B) 副甲狀腺 (C) 腦下垂體前葉 (D) 腦下垂體後葉

9. 下列何者可協助維生素 D (vitamin D) 轉換為骨化三醇 (calcitriol) ？(A) 副甲狀腺素 (B) 降鈣素 (C) 抗利尿激素 (D) 胰島素

10. 葛瑞夫氏症 (Graves' disease) 的患者，血漿中何種物質濃度會下降？(A) 甲狀腺素 (T_4) (B) 甲狀腺刺激素 (TSH) (C) 雙碘酪胺酸 (DIT) (D) 三碘甲狀腺素 (T_3)

11. 嗜鉻性細胞 (chromaffin cells) 主要位於下列何構造中？(A) 腎上腺皮質 (cortex of adrenal gland) (B) 腎上腺髓質 (medulla of adrenal gland) (C) 甲狀腺 (thyroid gland) (D) 松果腺 (pineal gland)

12. 下列何種類型的病人，會有促腎上腺皮質素 (ACTH) 大量分泌的情況？(A) 愛迪生氏症 (Addison's disease) (B) 接受糖皮質固酮 (glucocorticoid) 治療 (C) 原發性腎上腺皮質增生症 (D) 血管張力素 II(angiotensin II) 分泌過多

13. 下列何種激素的作用，最可能抑制個體生長？(A) 皮質醇 (cortisol) (B) 體介素 (somatomedins) (C) 甲狀腺素 (thyroid hormone) (D) 胰島素 (insulin)

14. 松果腺 (pineal gland) 位於何處？(A) 第三腦室底部 (B) 第三腦室頂部 (C) 第四腦室底部 (D) 第四腦室頂部

15. 下列何種激素由腺體分泌後，可被轉變為更具活性的形式？(A) 三碘甲狀腺素 (triiodothyronine, T_3) (B) 逆三碘甲狀腺素 (reverse triiodothyronine, rT_3) (C) 血管張力素 II (angiotensin II) (D) 睪固酮 (testosterone)

16. 下列何者是膽固醇的衍生物？(A) 腎上腺素 (B) 甲狀腺素 (C) 胰島素 (D) 醣皮質素

17. 一位 50 歲女性有低血鈣、高血磷與低尿磷等症狀，注射副甲狀腺素 (PTH) 治療會增加尿液中 cAMP 的濃度，此女士可能罹患下列何種疾病？(A) 原發性副甲狀腺機能亢進 (B) 次發性副甲狀腺機能亢進 (C) 原發性副甲狀腺機能低下 (D) 次發性副甲狀腺機能低下

18. 下列何種器官不釋放內分泌激素？(A) 心臟 (B) 腎臟 (C) 脾臟 (D) 胃

19. 人體甲狀腺激素 (thyroid hormone) 分泌不足時，最可能出現下列何種症狀？(A) 對熱耐受性不足 (B) 醣類的異化作用提升 (C) 蛋白質同化作用提升 (D) 心輸出量降低

20. 下列何者分泌不足可能導致呆小症 (cretinism)？(A) 甲狀腺素 (thyroxine) (B) 生長激素 (growth hormone) (C) 胰島素 (insulin) (D) 濾泡刺激素 (follicle-stimulating hormone)

解答

1.D 2.C 3.B 4.A 5.B 6.C 7.D 8.B 9.A 10.B 11.B 12.A 13.A 14.B 15.D 16.D 17.C 18.C 19.D 20.A

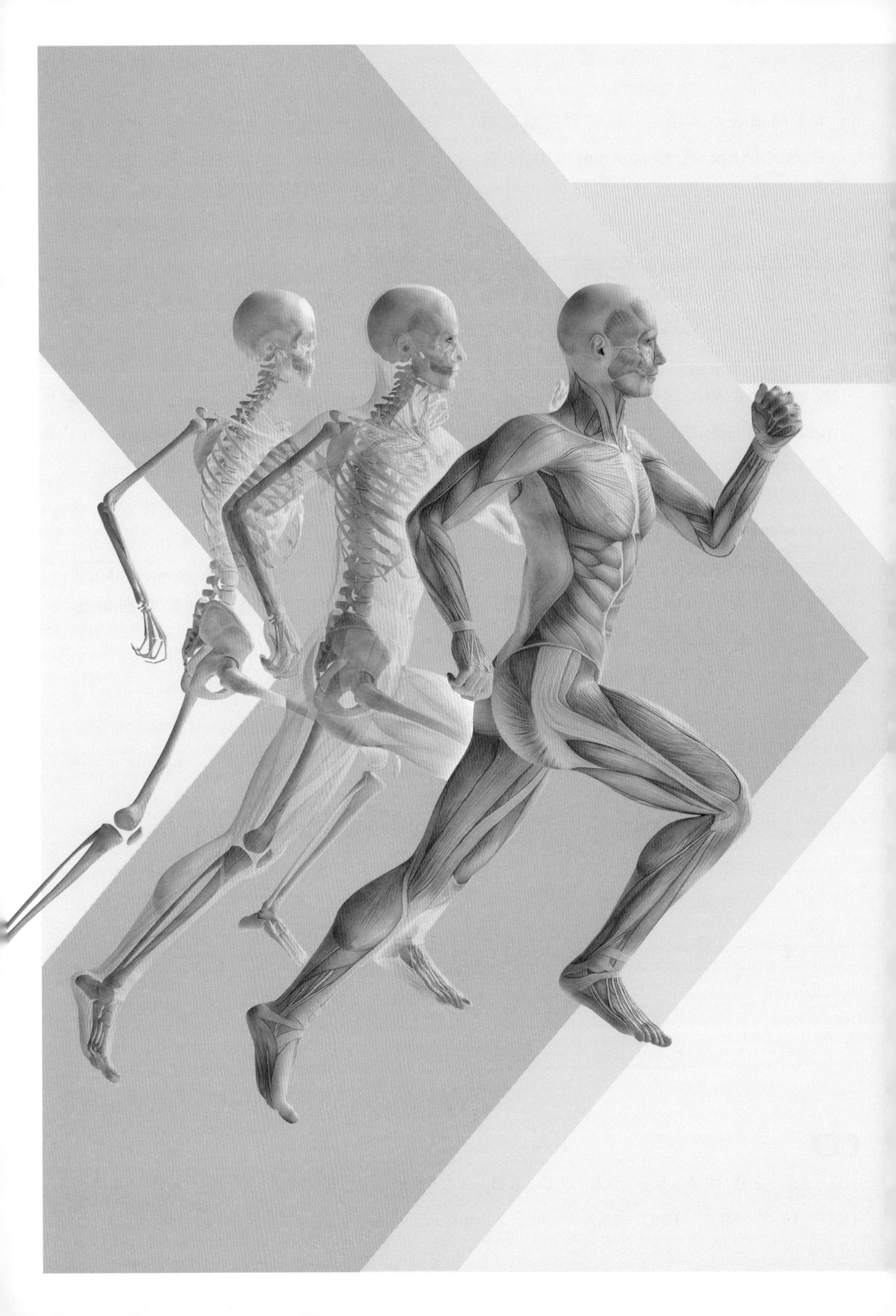

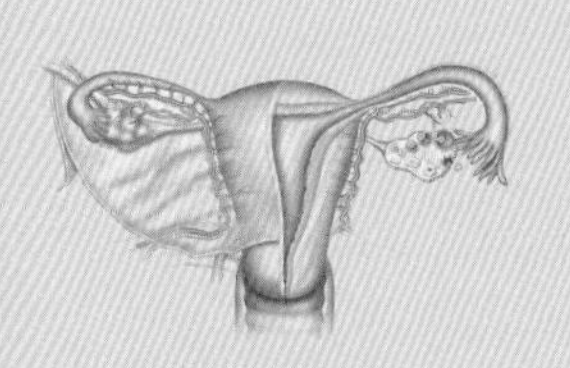

生殖系統 Reproductive System

CHAPTER 19

作者 / 莊禮聰

本章大綱 Chapter Outline

ANATOMY & PHYSLOLOGY

前言 INTRODUCTION

生殖系統是生命延續生存所必須之存在。本章節將說明男性和女性生殖系統之構造和功能，並且比較兩個生殖系統的相似之處。男性配子（精子）和女性配子（卵子）的結合將形成帶有全新獨特基因組合的受精卵。受精卵於子宮中發育成胚胎，進而形成胎兒，並透過分娩產生出全新的個體。配子來自於性腺，分別是男性的睪丸和女性的卵巢。性腺所分泌的激素，造成性別的分化和成年後生殖功能之成熟與延續。因此，當年齡增長而使性腺功能下降時，兩性之生殖功能也就隨之低落。

19-1 男性生殖系統

男性生殖系統由外生殖器官、附屬管道和內生殖腺等構造所組成（圖 19-1）。男性主要的內生殖腺為睪丸，附屬性器官包括從睪丸到陰莖的附屬管道、提供精液液體成分的附屬腺體和外生殖器、陰莖與陰囊等構造。

一、陰囊 (Scrotum)

陰囊為覆蓋睪丸之囊狀構造，位於大腿間，由腹部下方皮膚延伸所形成。陰囊壁由皮膚和下方平滑肌形成的**肉膜** (datos) 所組成（圖 19-1）。由腹內斜肌延伸的提睪肌 (cremaster muscle) 連接著睪丸，可以改變睪丸之高度。睪丸中的精子生成和儲存最理想的溫度需要低於核心體溫 2~3℃。當外界高溫時，肉膜放鬆，陰囊皮膚將變得鬆弛，增加了散熱的表面積；同時提睪肌放鬆，睪丸向下移動遠離身體，協助降溫。反之低溫時，肉膜和提睪肌收縮，使陰囊和睪丸皆靠近身體，以避免溫度散失。

二、精索 (Spermatic Cord)

精索介於陰囊和腹腔之間，**內含輸精管、動靜脈血管和自主神經**（圖 19-1）。外側的精索壁由提睪肌、提睪筋膜 (cremasteric fascia) 和精索筋膜 (spermatic fascia) 所組成。自陰囊上行，精索經由腹股溝管 (inguinal canal) 進入腹腔。腹股溝管為穿過前腹壁之斜的通道，長約 4~5 公分，起於腹橫肌裂口之深腹股溝管環（上方），終止於腹外斜肌三角形開口之淺腹股溝管環（下方）。精索內之睪丸動脈 (testicular artery) 被蔓狀靜脈叢 (pampiniform plexus) 所包圍，因此動脈血液進入睪丸前會被此靜脈叢吸收熱量，進而達到調節溫度之功能（圖 19-1）。

三、睪丸 (Testes)

(一) 睪丸的構造

睪丸是成對、位於陰囊內的卵圓形器官（圖 19-2）。胚胎發育時，睪丸在腹腔中形成，約於懷孕七個月左右下降至陰囊。成年男性之睪丸約 10~14 公克，平均長約 4~5 公分、寬和前後徑約 2.5 公分。由於左側精索較長，因此在正常情況下，左睪丸位置較右睪丸為低。睪丸為男性重要的性腺和生殖器官，負責產生精子和分泌雄性激素。

睪丸由外而內有三層膜包覆，分別是外層之來自腹膜延伸的鞘膜 (tunica vaginalis)、中層由纖維組織形成之白膜 (tunica albuginea) 和內層的血管膜。白膜深入睪丸內部，將睪丸內部分隔成約 250 個睪丸小葉 (lobules)，每個小葉中則包含有 1~4 條彎曲而細長的**曲細精管** (seminiferous tubules)。曲細精管的總長度約 250 公尺，管腔中充滿液體，是精子生成的場所。

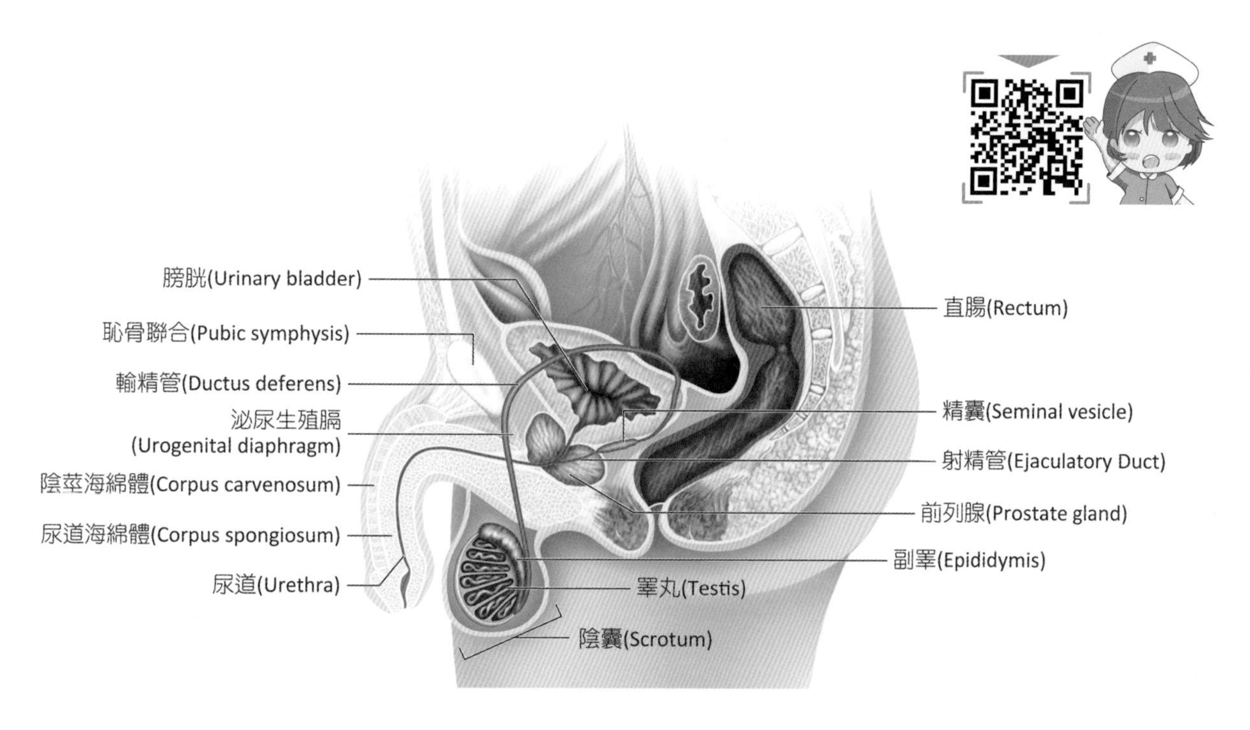

(a) 側面觀

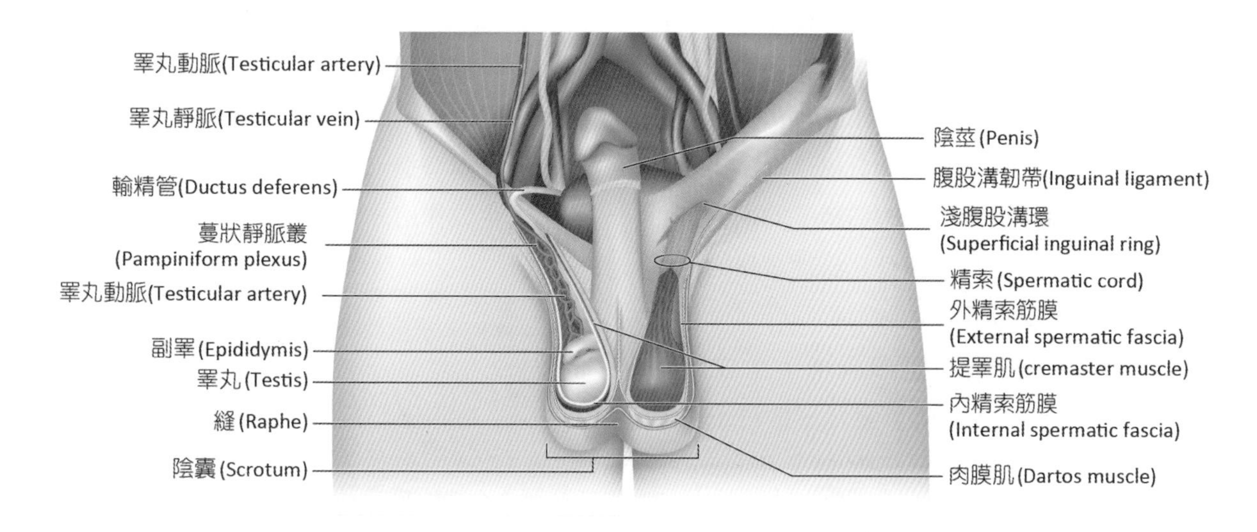

(b) 前面觀

■ 圖 19-1　男性生殖系統

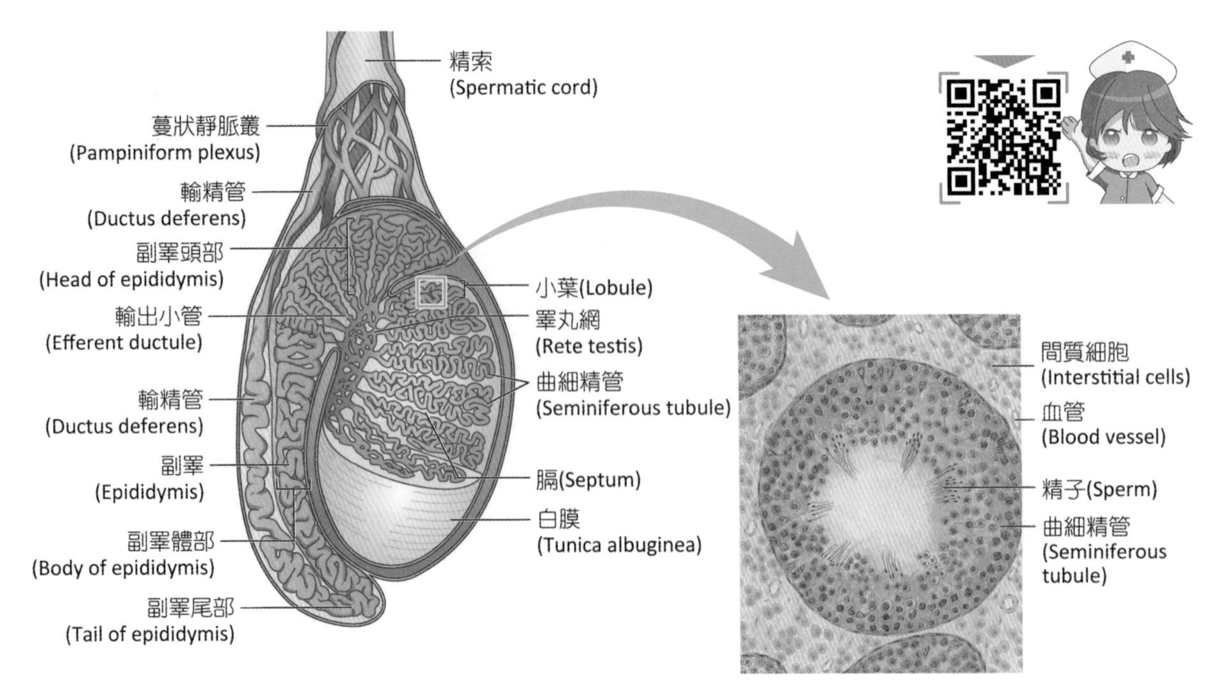

■ 圖 19-2　睪丸與曲細精管

曲細精管中有兩種類型細胞，分別是沒有生殖功能的**支持細胞** (sustentacular cells)，或稱**賽托利細胞** (Sertoli cells)，和各種發育中的生殖細胞。曲細精管周圍的空間為間質腔，其中有**間質細胞** (interstitial cells)，或稱**萊氏細胞** (Leydig cells)，**可合成和分泌雄性激素**。也就是說，睪丸中負責協助製造精子的細胞為曲細精管內的支持細胞，而分泌雄性激素的細胞為曲細精管外的間質細胞。

支持細胞的功能是形成精子生成的適合環境，保護並協助精子發育。當精子數量過多時，支持細胞會分泌抑制素 (inhibin)，抑制腦下腺前葉分泌濾泡刺激素 (follicle-stimulating hormone, FSH)，進而調節精子數量。支持細胞和基底膜彼此之間會以緊密接合 (tight junction) 形成**血液睪丸障壁** (blood-testis barrier)，防止血液中大分子物質及藥物進入曲細精管中，影響精子的生成作用。同時，血液睪丸障壁也可以防止免疫細胞辨識精子為外來物質，而啟動自體免疫攻擊發育中的精子。

曲細精管外的間質細胞受到來自腦下腺前葉分泌的**黃體生成素** (luteinizing hormone, LH) **的刺激**，可製造雄性激素，其中最重要的是**睪固酮** (testosterone)。睪固酮可輕易地穿透血液睪丸障壁進入曲細精管內，進而影響並參與精子生成作用。

臨床應用　ANATOMY & PHYSIOLOGY

隱睪症 (Cryptorchidism)

正常的睪丸在腹腔形成，於出生前下降至陰囊，若出生後睪丸未進入陰囊而停留在腹腔內，則稱為隱睪症，可能原因包括移動管道發育不良或受到激素影響。隱睪症常發生在鼠膝部，一歲前發生率約 1%。隱睪症有兩個可能的合併症：當睪丸無法在陰囊內，睪丸可能萎縮，使精子無法在低於核心體溫的環境下發育正常，而造成不孕；其次，睪丸有較高的機率形成惡性腫瘤，癌化機率為一般人的 5~10 倍。

(二) 精子的生成 (Spermatogenesis)

精子生成指的是原始精細胞發育為成熟精子的過程，**發生在曲細精管的支持細胞間隙中**（圖 19-3）。青春期後，由於 FSH 和 LH 濃度的明顯增加，便開始刺激睪丸進行精子生成作用。曲細精管中含有大量的原始精細胞，稱為**精原細胞** (spermatogonia)，其帶有 46 條雙套染色體。在 FSH 和睪固酮的作用下，一個精原細胞透過有絲分裂產生兩個細胞，一個是帶有 46 條雙套染色體的**初級精母細胞** (primary spermatocytes)，另一個是新的精原細胞。精原細胞可持續透過有絲分裂維持原始生殖細胞的數量。

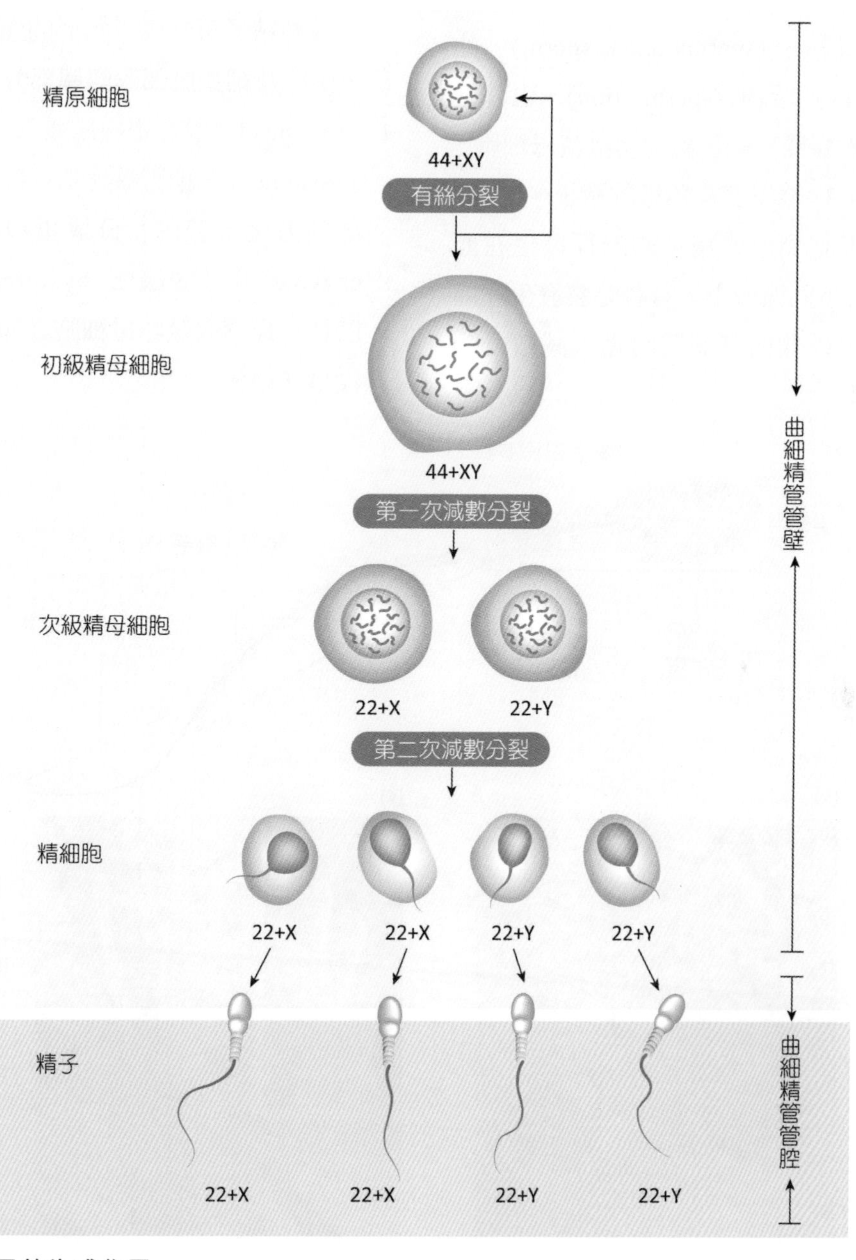

■ 圖 19-3　精子的生成作用

初級精母細胞其染色體複製一次，然後才進行第一次減數分裂，形成二個**次級精母細胞** (secondary spermatocytes)。每個次級精母細胞中帶有 23 條單套染色體，但是該染色體是由兩個染色質絲所組成。這兩個次級精母細胞接著進行第二次減數分裂，染色質絲彼此分離，形成四個帶 23 條單套染色體的**精細胞** (spermatids)。在 FSH 的作用下，精細胞進一步成熟變成**精子** (spermatozoa; sperm)，此一成熟過程稱為精蟲化 (spermiation)。也就是說，每個有 46 條雙套染色體的初級精母細胞，可產生四個有 23 條單套染色體的精子。

從精原細胞到形成精子的過程發生在血液睪丸障壁的不同區域中。有絲分裂發生在曲細精管管腔最外側的基底膜附近，減數分裂（初級、次級精母細胞和精細胞）則是發生在血液睪丸障壁之中央區。精蟲化後的精子會釋放入曲細精管內，儲存於副睪中。精子生成從第一次減數分裂後便連續進行，直到精子成熟，**所需時間約 8~10 週**（約 64 天左右）。正常男性一天約可產生 3 千萬個精子。

(三) 精子的構造

成熟精子可分成三角形的頭部、短短的頸部、中節及細長尾部等四個部分（圖 19-4）。

1. **頭部** (head)：**包括細胞核和尖體**（或稱頂體，acrosome），細胞核**含遺傳物質染色體**。頭部前方之尖體內含分解蛋白酶 (proteolytic enzyme) 及玻尿酸酶 (hyaluronidase)，可協助精子穿透次級卵母細胞之卵鞘，進而完成受精作用。

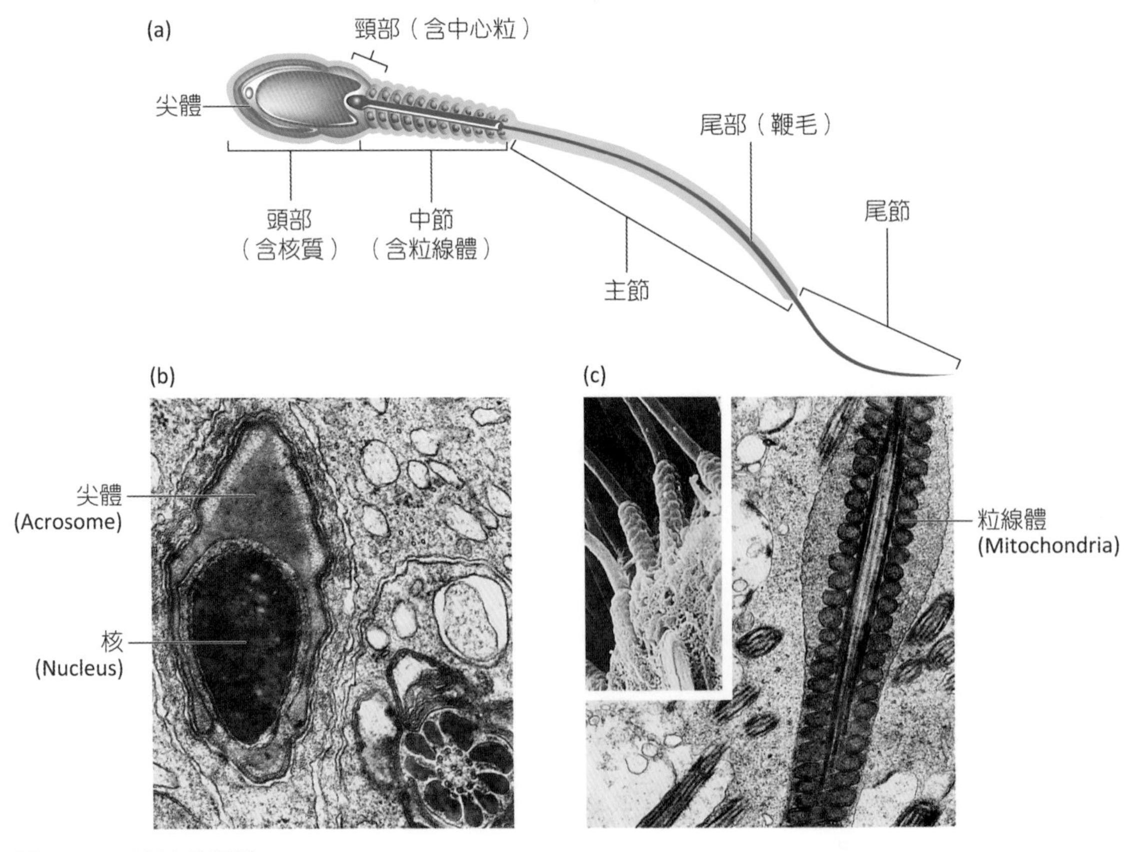

■ 圖 19-4　精子的構造

2. **頸部** (neck)：**含中心粒**，沿著精子的長軸而延伸形成鞭毛。
3. **中節** (midpiece)：富含**粒線體**，可提供精子運動的能量。
4. **尾部** (tail)：為一條典型的鞭毛，可推動精子的移動。

形成後的精子主要儲存在輸精管及副睪中，而精囊為參與分泌精液的附屬腺體，其分泌物富含果糖，可供給精子養分。

四、附屬管道

男性左右側睪丸各有一套附屬管道，用於儲存和運送成熟的精子（圖 19-5）。曲細精管內的精子匯入位於睪丸縱膈之睪丸網 (rete testis)。睪丸網形成輸出小管，管腔內的纖毛柱狀上皮細胞逐漸地將精子推入副睪，再進入輸精管而進入腹腔。精囊導管 (seminal vesicle) 與輸精管共同會合形成射精管，開口於前列腺尿道部，最後經由陰莖尿道 (penile urethra) 延伸至尿道口。

(一) 副睪 (Epididymis)

副睪外型似逗號，位於睪丸的上後表面。由 4~6 公尺長且彎曲的副睪導管 (dust of the epididymis) 所組成，管腔內為偽複層柱狀上皮細胞，**具有靜纖毛** (stereocilia)，管壁上有平滑肌。**副睪是精子成熟、儲存之處**。剛進入副睪的精子尚不具有運動能力，儲存約四週後精子成熟。射精時，**透過平滑肌收縮將精子排入尿道**。副睪導管之內襯細胞會將精子及液體分解、吸收，因此進入到輸精管時濃度會明顯增加。

(二) 輸精管 (Ductus Deferens)

精子離開副睪後進入輸精管。輸精管位於精索內，長度約 45 公分，經由腹股溝管進入骨盆腔內，之後繞向膀胱外上緣而後下行至膀

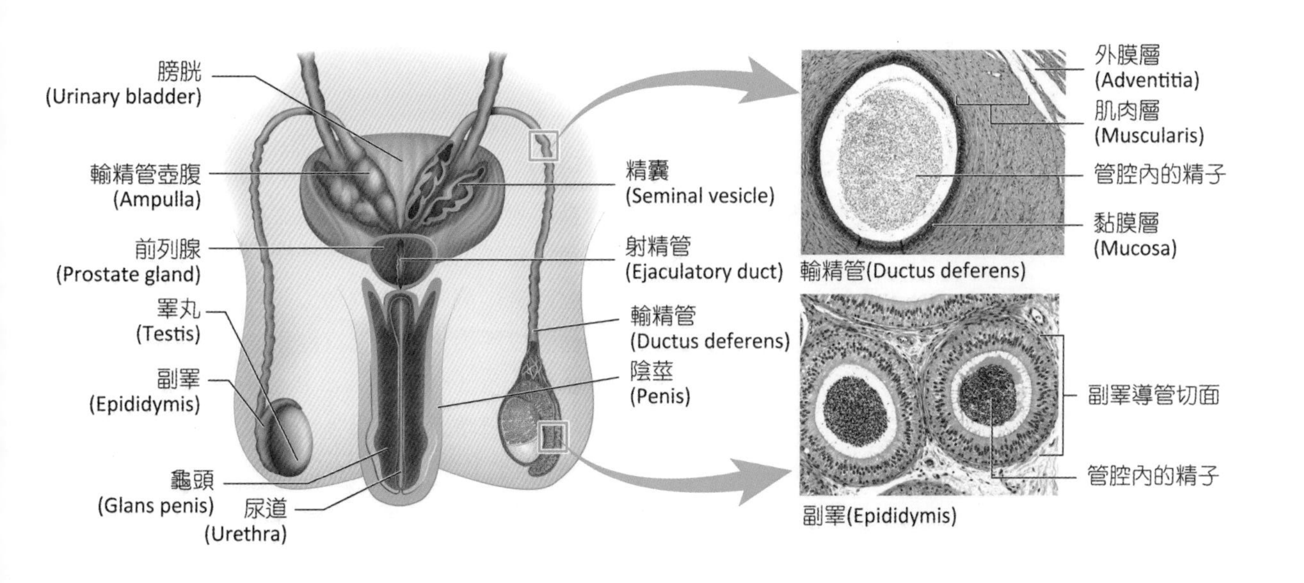

■ 圖 19-5　男性生殖系統之附屬管道

胱後表面。於膀胱和前列腺交界處膨大形成輸精管壺腹 (ampulla)，與精囊 (seminal vesicles) 會合形成射精管 (ejaculatory duct)。輸精管管壁有三層平滑肌，於射精時可蠕動收縮將精子送入前列腺尿道。輸精管除了為運送精子的管道，同時也有儲存精子的功能（可儲存數個月以上）。

輸精管結紮 (vasectomy) 是男性避孕的方式之一，以局部麻醉的方式，在兩側陰囊表面動刀，切除一小段輸精管並結紮（圖 19-6）。由於精子在離開副睪進入輸精管前已被高度濃縮，因此結紮點後方並不會累積過多液體。結紮後睪丸依舊可正常產生精子和雄性激素，只是精子無法排出體外，因此並不會影響男性第二性徵表現和性慾。

(三) 射精管 (Ejaculatory Duct)

射精管長度約 1~2 公分，管腔內為偽複層柱狀上皮細胞。兩側的射精管會穿入前列腺注入前列腺尿道。

(四) 尿道 (Urethra)

尿道為男性生殖導管的最後一段，可將兩條射精管之精液輸送至體外。射精時，膀胱內的尿道括約肌收縮，阻止尿液排出。

五、附屬腺體 (Accessory Glands)

精液中精子以外的成分多數由附屬腺體所分泌，能提供精子移動過程中的營養，以及抵抗女性陰道中酸性成分之鹼性物質（圖 19-7）。

(一) 精囊 (Seminal Vesicles)

成對的精囊位於膀胱的後下方，直腸的前方。長約 5~8 公分，為細長的囊狀構造。精囊近端和輸精管形成射精管。精囊分泌**黏稠、淡黃色、弱鹼性之液體**，可提供約 60% 的精液。其內容包括**果糖和前列腺素**，果糖可提供精子移動時之運動能量，而前列腺素可使子宮頸輕微開啟，協助精子進入子宮。

臨床應用 ANATOMY & PHYSIOLOGY

前列腺肥大 (Benign Prostatic Hyperplasia)

前列腺肥大是一種良性增生，常見於老年男性。年紀越大發生率越高，超過 80 歲的男性 90% 以上皆有此現象，可能原因包括老化和體內激素的改變。由於出現大而分立之結節，使前列腺肥大而壓迫前列腺尿道，因此在排尿的開始與結束會感到困難，常有夜尿 (nocturia)、頻尿 (polyuria) 和排尿困難 (dysuria) 之症狀。合併症包括因長期蓄尿，使膀胱肥厚或形成憩室，少數嚴重患者會出現水腎、氮血症和尿毒症。治療方式包括藥物治療和手術兩大類。藥物治療主要是抑制造成前列腺肥大之激素，若無法有效改善，則建議以手術治療，進行經尿道之前列腺切除術 (transurethral resection of the prostate, TURP)，切除鏡沿著陰莖尿道進入前列腺，切除前列腺增大部分。

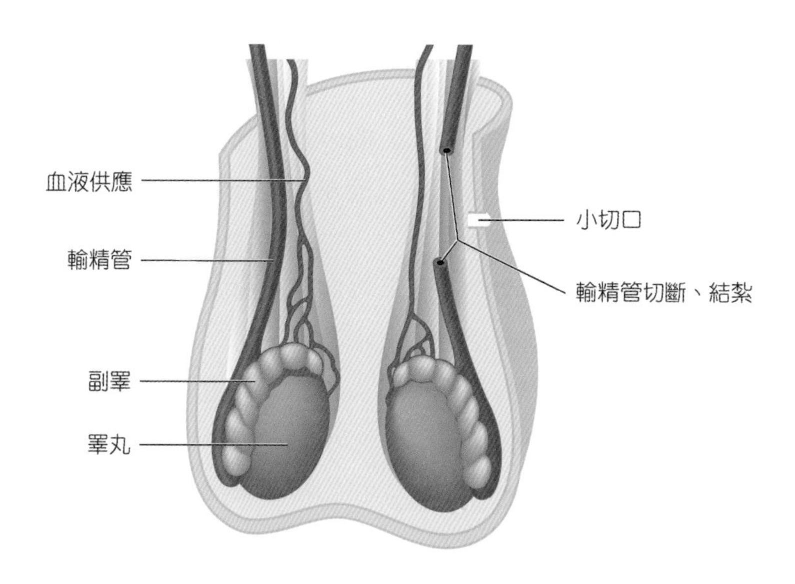

■ 圖 19-6　輸精管結紮

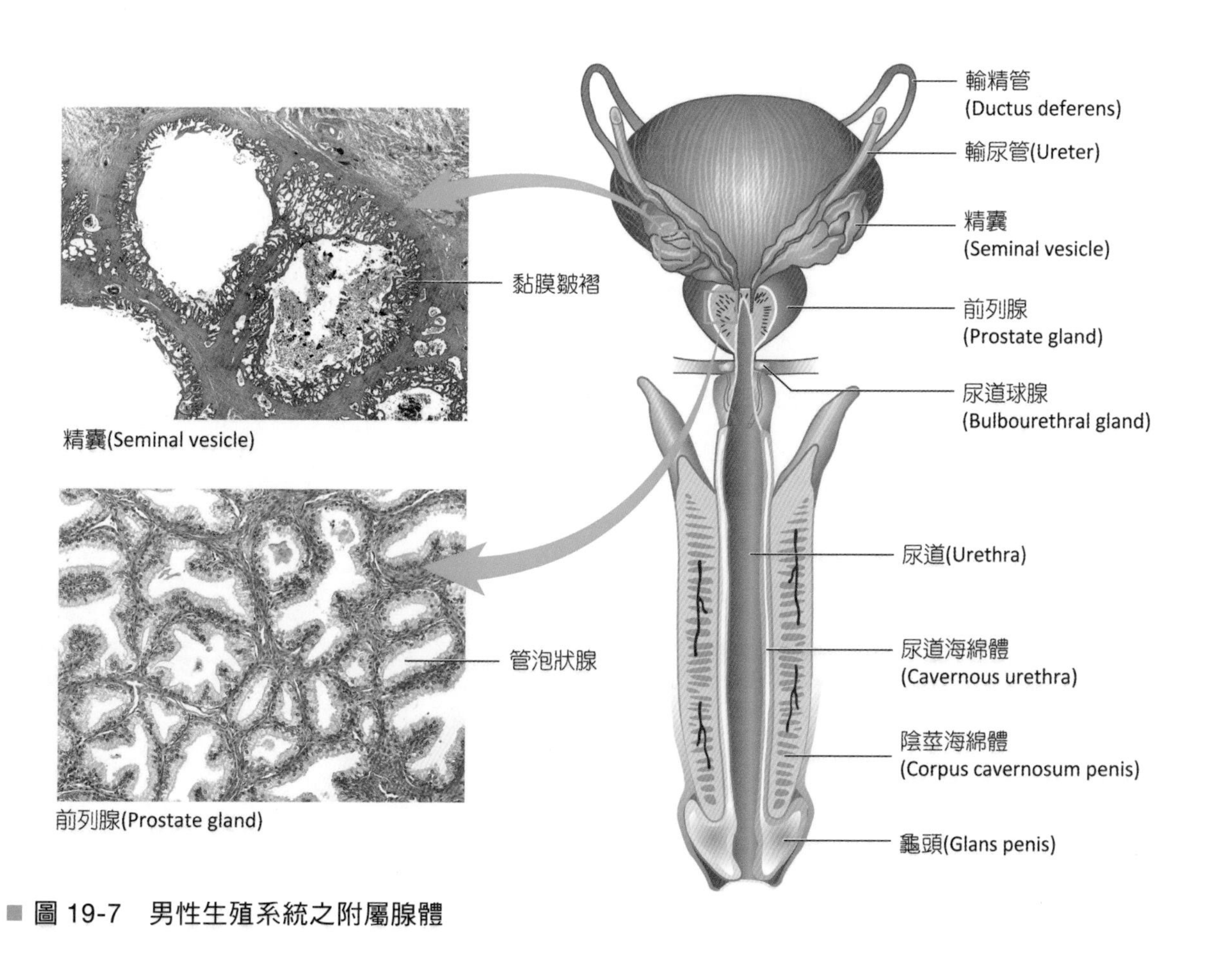

■ 圖 19-7　男性生殖系統之附屬腺體

(二) 前列腺 (Prostate Gland)

前列腺位於膀胱下方、直腸正前方，包圍住尿道上部。其形狀像是核桃或是栗子，橫徑約 4 公分，前後徑約 3 公分，垂直徑約 2 公分，重量約 20 公克。前列腺可分成前中後左右等五葉，內含管泡狀腺體（除前葉外），由導管將分泌物排入前列腺尿道。前列腺分泌**弱酸性、乳白色液體**，可提供約 33% 的精液。其成分包含有檸檬酸、精漿素 (seminal plasmin) 和前列腺特定抗原 (prostate-specific antigen)。檸檬酸可維持精子之健康，精漿素為抗菌物質，可以防止泌尿道感染，而前列腺特定抗原協助射精後精液在 5~20 分鐘內液體化。

(三) 尿道球腺 (Bulbourethral Glands)

又名考伯氏腺 (Cowper's gland)。成對的尿道球腺約豌豆般大小，位於泌尿生殖膈內、膜性尿道的兩側。尿道球腺為管泡狀腺體，其導管伸入陰莖球，**開口於海綿體尿道，又名陰莖尿道**。尿道球腺分泌**清澈、鹼性黏液**，可中和酸性尿道環境，保護尿道，並於性交時作為潤滑劑。

六、精液 (Semen)

精液為弱鹼性，pH 值約介於 7.2~7.6 之間，混合了來自附屬腺體之分泌物、副睪和輸精管之精子和一些緩衝物質（HCO_3^-和 HPO_4^{2-}等離子）。精液透過射精被排出體外，每次射精由尿道排出來的精液中，以精囊分泌液為主，約占 60%（表 19-1）。

精子可在副睪和輸精管中生存約四週，若超過六週以上則會被體內分解吸收。每次射精的精液量約 3~5 毫升，每毫升精液約含 5 千萬 ~1 億 5 千萬個精子，隨著身體的情況而有所差異。射精後隨精液進入女性生殖道之精子，約可存活 48 小時。雖然受精時只需一個精子，但仍需大量精子共同參與卵膜的分解，以確保至少有一個精子使可卵進入卵細胞。因此，當**每毫升精液內精子數量少於 2 千萬時則不易受孕**。

七、陰莖

(一) 陰莖結構

陰莖為生殖和泌尿系統的最後通道，具有性交和排尿之功能（圖 19-8）。陰莖為一圓

表 19-1 正常的精液

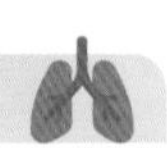

指標	正常值
射精量	3~5ml
黏稠度	1 小時內液化
pH 值	7.20~7.60
精蟲數	5 千萬 ~1 億 5 千萬個／ ml
活動力	≧ 50%
型態	> 60% 正常

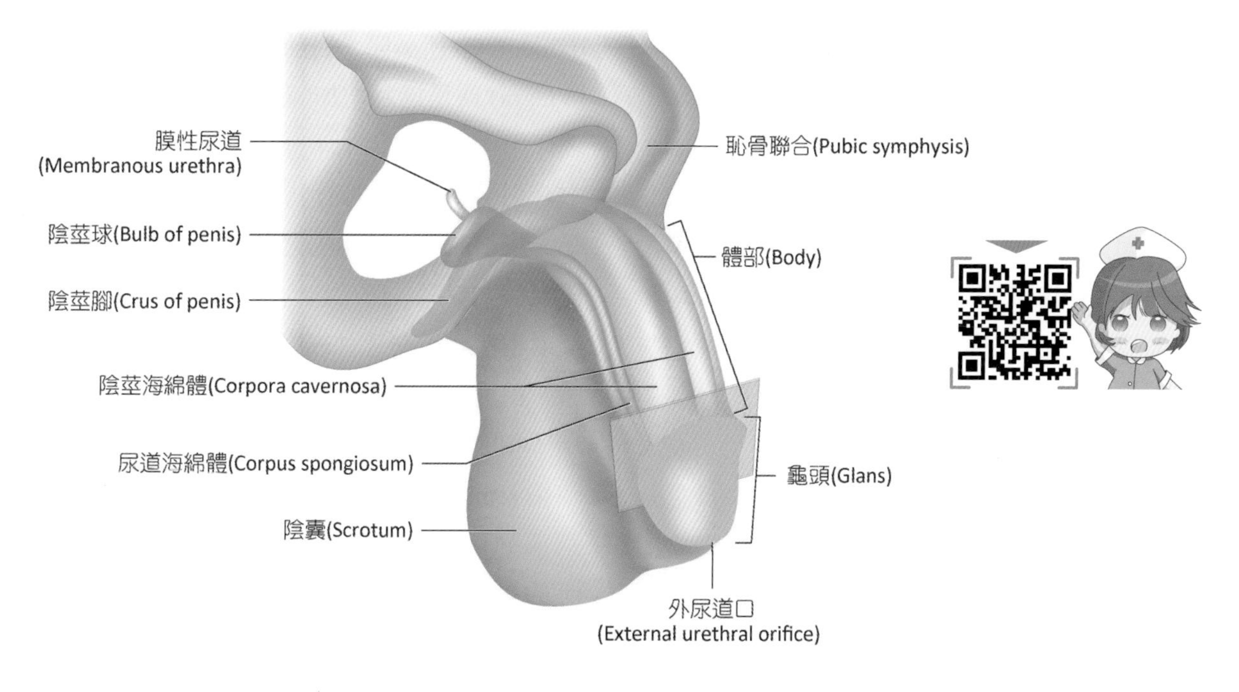

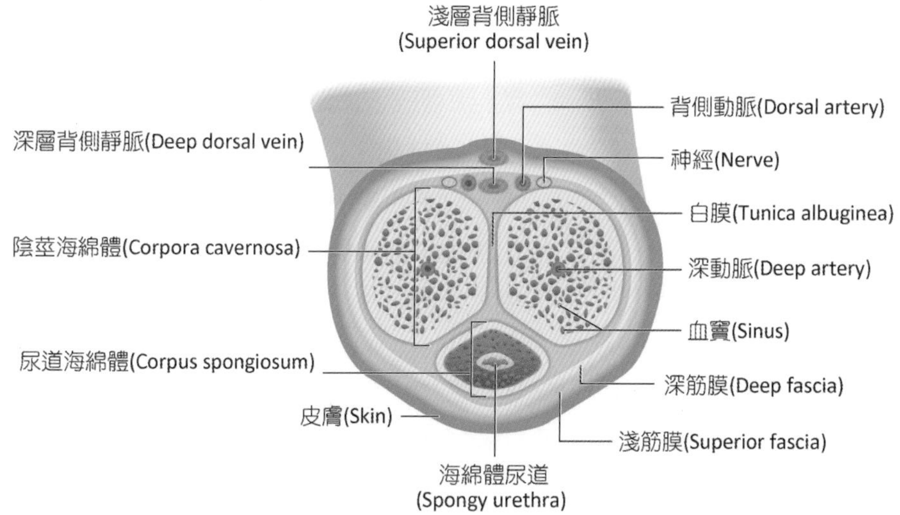

■ 圖 19-8 陰莖的構造

柱狀構造，可分為體部 (body)、根部 (root) 和龜頭 (glans) 等三個部分。陰莖體部由三個圓柱狀海綿體所構成，外側包有深淺層筋膜和寬鬆的皮膚。**海綿體內含有血竇** (blood sinus)，**為勃起組織** (erectile tissue)。三個海綿體分別是兩個位於背外側的**陰莖海綿體** (corpora cavernosa) 與一個位於腹側中央的**尿道海綿體** (corpus spongiosum)，海綿體間以纖維組織之白膜 (tunica albuginea) 所分隔。陰莖海綿體內含有**陰莖深動脈** (deep artery of penis)（源自**髂內動脈**），為提供陰莖海綿體血液之重要動脈。尿道海綿體中包含海綿體尿道。

陰莖根部由陰莖腳 (crus of penis) 和陰莖球 (bulb of penis) 所構成。陰莖腳為兩個陰莖海綿體近端彼此分離之部分，將陰莖固定於恥骨弓。陰莖球為尿道海綿體近端基部膨大部分，因此又稱尿道球 (bulb of urethra)，將陰莖固定在球海綿體肌上。**陰莖龜頭為尿道海綿體末端膨大部分**，內含有神經和勃起組織。龜頭邊緣為龜頭冠 (corona)，龜頭外有寬鬆皮膚包覆，稱為包皮 (prepuce)。

(二) 勃起、洩精與射精

男性於性興奮期間，小動脈擴張，使動脈血流入陰莖海綿體，充滿血竇，使陰莖變硬，這過程稱為**勃起** (erection)，**為副交感神經作用的結果**，是透過脊髓薦部傳至陰莖引起的反射作用。血竇之充血同時也壓迫靜脈，造成靜脈回流受阻，使陰莖更加腫脹充實，因此勃起期間將持續充血直到興奮結束。勃起的程度與刺激的強弱成正比。已知勃起反應可被具強力血管擴張作用的神經傳遞物質一氧化氮 (nitric oxide, NO) 所調節。目前所使用的藥物威而鋼 (Viagra) 便是透過增加一氧化氮作用而達到藥理作用。

射精 (ejaculation) 為尿道壁平滑肌節律收縮，將精液由陰莖排出之過程，是**交感神經脊髓反射之反應**。射精包含兩個部分：當脊髓的反射中樞發出交感神經衝動，促使副睪、輸精管、精囊、射精管與前列腺之平滑肌收縮，將精子和附屬腺體分泌物注入尿道，此過程稱為**洩精** (emission)。之後再由脊髓薦部引起陰莖基部的球海綿體肌 (bulbocavernosus) 及坐骨旁的坐骨海綿體肌 (ischiocavernosus) 收縮，使陰莖勃起組織基部緊縮，共同將精液由尿道射出體外，完成射精。

尿道海綿體的充血會壓迫膀胱底部之膀胱括約肌，括約肌因此而收縮，故射精時不會有尿液排出。射精後，交感神經造成動脈收縮，勃起組織內血液灌注減少並減少對於靜脈之壓迫，海綿體內血液由靜脈排出，陰莖回復弛軟狀態。

臨床應用 ANATOMY & PHYSIOLOGY

威而鋼 (Viagra)

男性性興奮時，陰莖無法勃起或是維持足夠硬度，稱為勃起障礙 (erectile dysfunction) 或陽萎 (impotence)。原因為多種因素之交互作用，包括脊髓神經受損、內分泌失調、糖尿病等慢性病之影響或是心理因素所引起。透過自主神經分泌一氧化氮，造成陰莖動脈舒張，而使血液填充勃起組織，是勃起最重要的形成因素。一氧化氮可刺激鳥苷環化酶 (guanylyl cyclase) 而增加環化鳥苷單磷酸 (cGMP) 之形成，cGMP 可進一步使動脈平滑肌舒張而造成勃起。

目前口服第五型環化鳥苷單磷酸脂解酶 (PDE5) 抑制劑 (cGMP-phosphodiesterase type 5 inhibitor) 藥物可以使勃起發生和維持，如威而鋼（Viagra，學名 sildenafil）和犀利士（Cialis，學名 tadalafil）等。PDE5 抑制劑可使由一氧化氮刺激之鳥苷環化酶不被分解，進而造成 cGMP 維持高濃度，而持續地勃起，達到治療勃起障礙之效果。

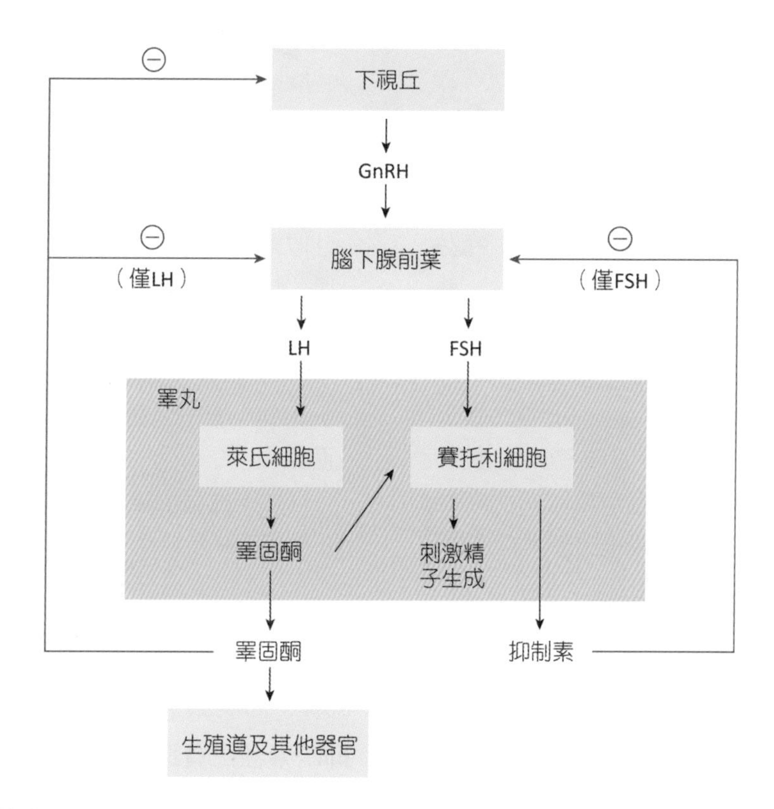

■ 圖 19-9　男性性激素的分泌調控

八、男性激素的功能與調控

睪丸除了可產生精子外，另一重要功能則是分泌雄性激素 (androgen)。青春期後，睪丸便受到下視丘和腦下腺之激素控制。圖 19-9 摘要了男性生殖內分泌系統之調節。下視丘分泌之 GnRH 會穩定地週期性釋放，經由下視丘－門脈系統到達腦下腺前葉，促使腦下腺前葉釋放 FSH 和 LH。於睪丸，**FSH 作用於支持細胞（賽托利細胞）**，刺激精子生成所需之物質生成。**LH 作用於間質細胞（萊氏細胞）**，刺激睪固酮 (testosterone) 分泌，睪固酮可進一步進入曲細精管，協助精子生成。

雄性激素屬於類固醇激素 (steroid hormone)，包括睪固酮和二氫睪固酮 (dihydrotestosterone, DHT) 等。睪丸主要分泌睪固酮，再活化為 **DHT** 與 **17β-雌二醇**。當睪固酮經血液循環至標的細胞，進入細胞質後在 5α-還原酶 (5α-reductase) 作用下會轉變為 DHT。DHT 作用強度大於睪固酮，為主要作用之雄性激素。另外，睪丸尚可分泌抑制素 (inhibin)。

(一) 睪固酮 (Testosterone)

睪固酮是在第 17 個碳上有羥基 (-OH) 的 19 個碳類固醇。正常成年男性每日分泌量為 4~9 毫克，女性也會自卵巢及腎上腺皮質分泌少量的睪固酮。血漿中睪固酮的濃度在男性約為 0.65 μg/dl，於血漿運送時有 97% 睪固酮會與蛋白質結合。睪固酮有兩次分泌高峰，一為胎兒時期（3~6 個月），與生殖器官分化及發育有關；另一為青春期後，與精子生成及第二性徵維持有關。

睪固酮的分泌受到 LH 的刺激作用。負迴饋作用下，高濃度睪固酮可抑制下視丘 GnRH

臨床應用 ANATOMY & PHYSIOLOGY 

男性的性反應 (Sexual Response)

無論男性或是女性，其性生理反應有週期性，然而，不同個體仍有自己獨特的情緒、認知和心智變化歷程。可分為下述四個過程：

1. 興奮期 (excitement)：為接受刺激時期，主要為充血反應，造成陰莖勃起、精索收縮而使睪丸位置提升。
2. 高原期 (plateau)：刺激維持期，隨興奮強度而強化。構造上維持原來興奮期變化，尿道球腺分泌的黏液增加，同時可能排出少許精液並可能含有具有活動力之精子。
3. 高潮期 (orgasm)：不隨意的生殖道肌肉節律性收縮而產生射精。收縮之肌肉包括肛門括約肌、陰莖根部肌肉群和陰莖尿道等。
4. 消褪期 (resolution)：約在高潮期後幾分鐘回復原來狀態，會有一段不反應期 (refractory period)，對任何刺激都無反應，時間長短因人而異。

男性的性反應變化個別差異性很小，主要差異在反應時間而非反應強度。

及腦下腺前葉 LH 的分泌（圖 19-9）。睪固酮和其他雄性激素除了參與青春期的發育外，也刺激第二性徵的表現，其功能簡述如下：

1. 協助支持細胞啟動並維持精子生成作用。
2. **負迴饋抑制下視丘 GnRH 及腦下腺前葉 LH 的分泌**。
3. 促使男性生殖器官的發育和生長。
4. 在胚胎時，促使生殖器官的發育及睪丸下降至陰囊。
5. 引發並維持第二性徵的表現：如肌肉及骨骼的發育，寬胸窄臀的體型、體毛的形成、喉甲狀軟骨變大及聲音變低沉等。
6. 調節代謝作用：刺激蛋白質的同化作用及骨骼的生長。
7. 產生性慾，並可能加強侵略性 (aggressive) 的性格。
8. 刺激腎臟分泌紅血球生成素。

(二) 抑制素 (Inhibin)

抑制素由曲細精管中支持細胞所分泌。其為 α 及 β 兩種次單位組成的多胜肽，可分成 αβA（抑制素 A）及 αβB（抑制素 B）兩種。抑制素經由負迴饋作用可抑制腦下腺前葉 FSH 的分泌。當精子生成速率太慢，則抑制素分泌減少，FSH 不被抑制狀況下，FSH 則能刺激精子形成。

19-2 女性生殖系統

一、卵巢 (Ovary)

(一) 卵巢的構造

卵巢為成對、卵圓形的生殖腺體，位於骨盆腔子宮的兩側，約比杏仁大些，大小會隨著月經週期和懷孕而有所差異（圖 19-10）。

卵巢透過三對結締組織支持固定在骨盆腔內，分別是**卵巢繫膜、卵巢韌帶和懸韌帶**。卵巢繫膜 (mesovarium) 將卵巢固定在子宮闊韌帶 (broad ligament) 上，卵巢韌帶 (ovarian ligament) 將卵巢固定在子宮兩側。懸韌帶 (suspensory ligament) 內有卵巢的血管和神經，

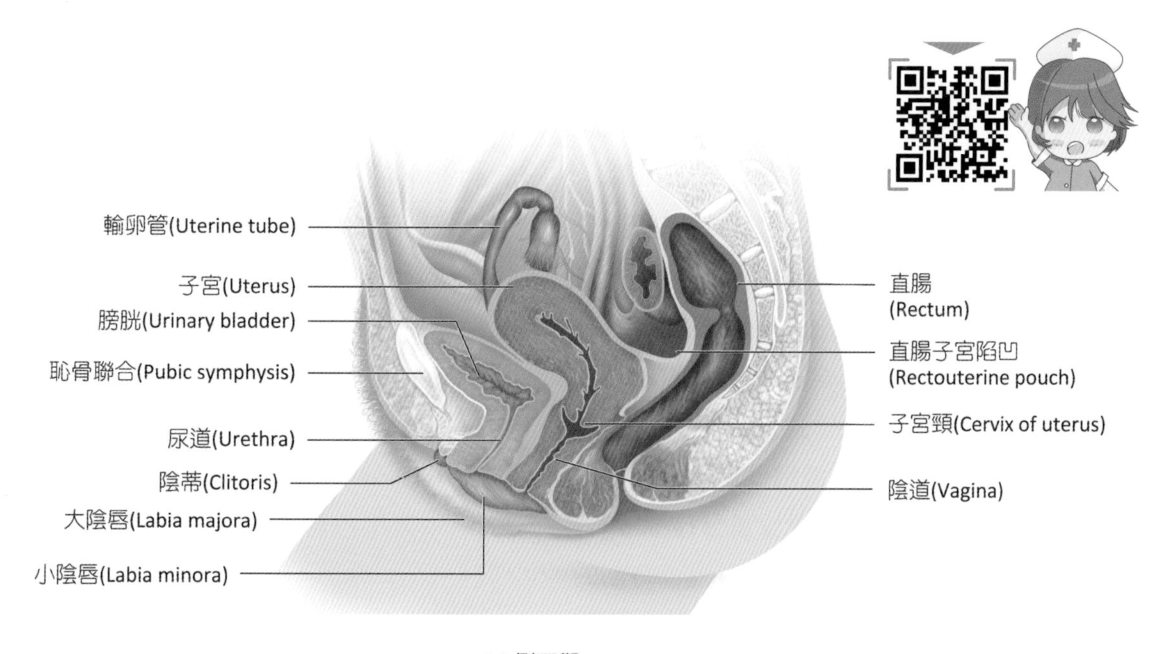

(a) 側面觀

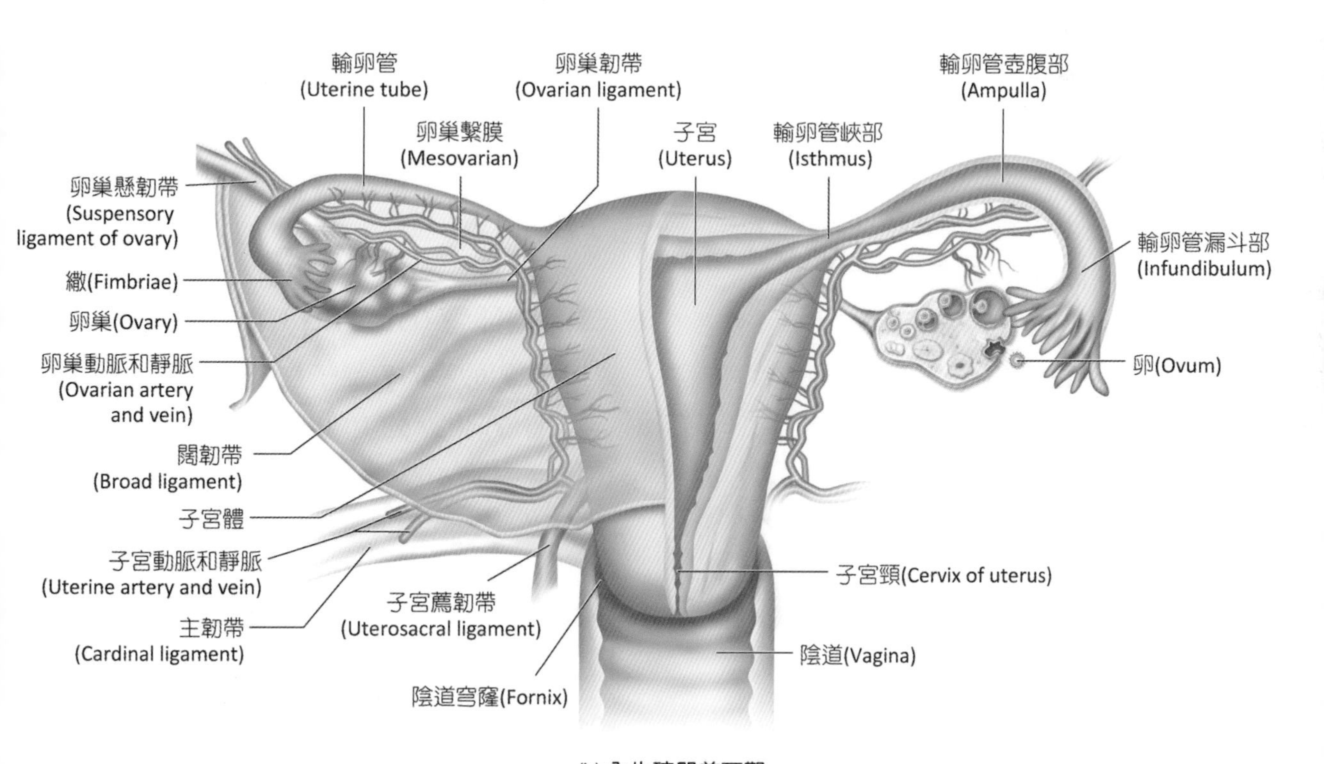

(b) 內生殖器前面觀

■ 圖 19-10　女性生殖系統

將卵巢外側連結到骨盆壁外上側。提供卵巢血液的**卵巢動脈** (ovarian artery) **為腹主動脈的直接分枝**，位在腎動脈的下方。卵巢靜脈(ovarian vein) 一條流入下腔靜脈，另一條進入腎靜脈。

卵巢的結構由外而內可分成四層，分別是最外層由立方上皮所組成之**生殖上皮** (germinal epithelium)、膠原結締組織所形成之白膜 (tunica albuginea)、**含有濾泡** (follicle) **之皮質和髓質**。濾泡是卵巢的功能單位，越成熟濾泡則越靠近皮質表面。**濾泡壁由靠外層的壁細胞** (theca cells) **及內層的顆粒細胞** (granulosa cells) **所組成**。卵巢內包含有不同發育時期的濾泡，包括**原始濾泡** (primordial follicle)、**初級濾泡** (primary follicle)、**次級濾泡** (secondary follicle)、**三級濾泡** (tertiary follicle)、**成熟濾泡** (mature follicle)、**黃體** (corpus luteum)、**白體** (corpus albicans) 及發育失敗的**閉鎖體** (atresia)（圖 19-11）。

每一個濾泡內皆有一顆卵母細胞 (oocyte)，出生前，兩側卵巢共含有 2~4 百萬個卵，出生後便不會有新的卵子生成。青春期之後，每次生殖週期中，會有一個卵發育成熟排入腹腔，經輸卵管到達子宮。排出之卵子若與精子結合而受精則會著床於子宮，若沒有與精子受精，則原先增厚的子宮壁會剝落，形成月經來潮。終其一生女性排出的卵子約莫 400 顆左右，其餘的都退化而形成閉鎖體。

(二) 卵子的生成 (Oogenesis)

卵子的生成始於胚胎時期，然而真正完全成熟須於受精作用發生時（圖 19-12）。卵細胞的發育約在胚胎 4~5 個月，此時為**卵原細胞** (oogonium)，帶有 46 條雙套染色體，之後卵原細胞進行減數分裂，並停留在第一次減數分裂前期，此時稱為**初級卵母細胞** (primary oocyte)，帶有 46 條雙套染色體。胎兒出生一直到青春期排卵前，卵巢內所有的卵子都是初級卵母細胞，並停留在第一次減數分裂前期。

青春期受到 FSH 和 LH 作用，刺激卵巢週期發生。卵巢成熟濾泡內之初級卵母細胞在排卵前才完成第一次減數分裂，變成一個**次級卵母細胞** (secondary oocyte) 和沒有功能的第一極體 (first polar body)。次級卵母細胞帶有 23 條單套染色體，每條染色體具有成對染色質絲。

排卵後，次級卵母細胞開始進行第二次減數分裂，並停止於第二次減數分裂的中期。等到**次級卵母細胞與精子接觸，才會繼續完成第二次減數分裂**，形成一個成熟的卵細胞 (ovum)，並立即與精細胞核產生核融合，形成受精卵。沒有受精的次級卵母細胞將隨剝落的子宮內膜排出體外。

二、輸卵管 (Uterine Tubes)

成對的輸卵管從子宮兩側向卵巢方向延伸，青春期後，約 10~12 公分長。可分成三個部位（圖 19-10）：

1. **漏斗部** (infundibulum)：為輸卵管外側朝向卵巢開放的部位，不與卵巢直接相連，其邊緣指狀皺褶稱為繖 (fimbriae)，排卵時，漏斗狀的繖會覆蓋在卵巢表面。
2. **壺腹部** (ampulla)：為輸卵管最長的部分，為漏斗部和峽部之間的膨大區域，其外側三分之一處**為受精作用最常發生之處**。
3. **峽部** (isthmus)：由壺腹向子宮延伸，向內開口於子宮內壁之上部。

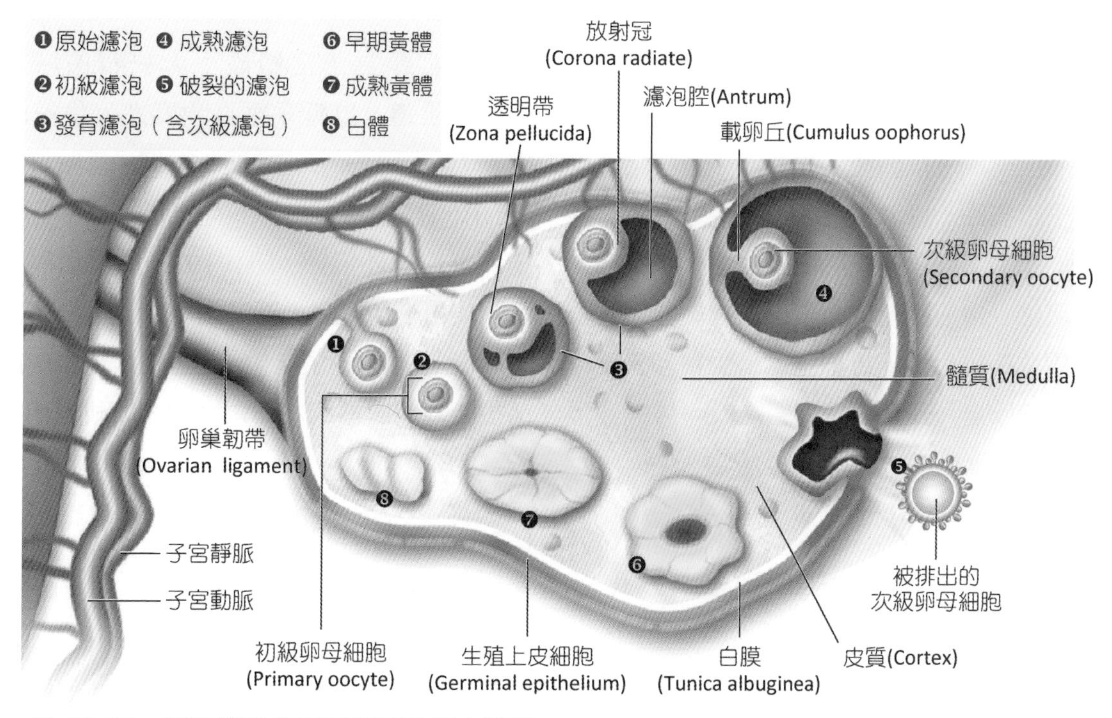

■ 圖 19-11 卵巢構造與不同發育時期之濾泡

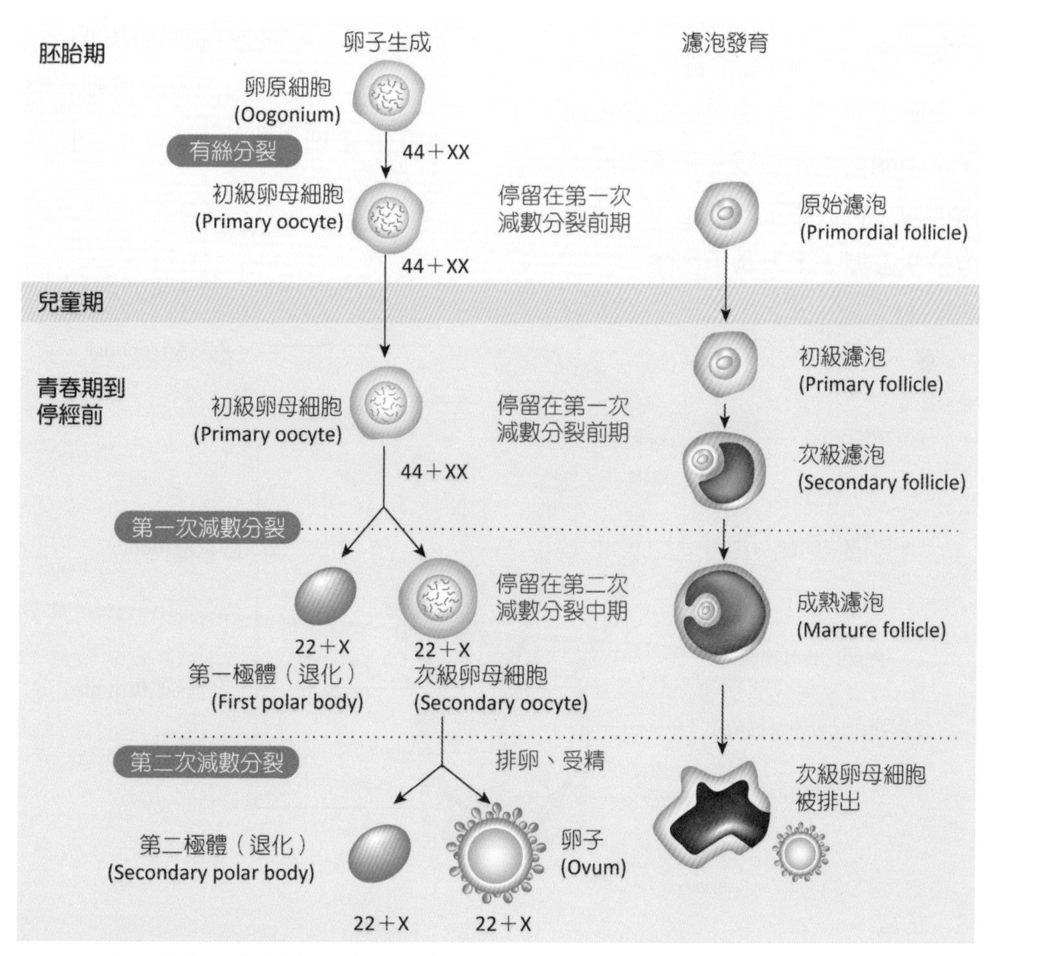

■ 圖 19-12 卵子的生成與對應之濾泡發育

輸卵管管壁由內而外分別為黏膜層、肌肉層和漿膜層。黏膜層由纖毛柱狀上皮組織和結締組織所構成。排卵後，漏斗部和壺腹之纖毛會向子宮擺動，協助次級卵母細胞進入輸卵管，並向子宮方向移動。肌肉層由內環走肌和外縱走肌之平滑肌所組成，峽部肌肉層較厚，其肌肉層收縮可協助卵母細胞或是受精卵移動進子宮。漿膜層為覆蓋於輸卵管之漿膜。

三、子宮 (Uterus)

(一) 子宮的構造

子宮外觀呈梨形，位於直腸和膀胱之間，未懷孕過的成人子宮大小約長 8 公分、寬 5 公分、厚 2.5 公分（圖 19-13）。子宮由上而下可分為幾個部分，分別是子宮底 (fundus)、子宮體 (body)、峽部 (isthmus) 和子宮頸 (cervix)。子宮底為上方圓頂構造，兩側與輸卵管相連。子宮體為子宮中間之主要區域。正常情況下，子宮體略微前傾，位於膀胱的正上方。峽部為子宮體下方稍窄區域，下方為子宮頸。

子宮頸為子宮體最下方狹窄區域，下端深入陰道，以近乎垂直角度進入陰道的上方。子宮頸內狹窄通道稱為子宮頸管 (cervical canal)，上方為內開口 (internal os)，下方為外開口 (external os)。外開口由非角質化複層鱗狀上皮組織所覆蓋，同時由黏液腺所分泌之濃厚黏液所塞住，可防止病原菌侵入子宮。排卵前後，外開口黏液塞子會變薄，以利精子進入子宮。

(二) 子宮壁的組織分層

子宮壁由外而內可分為三層，分別是子宮外膜、子宮肌層和子宮內膜。

1. **子宮外膜** (perimetrium)：為子宮闊韌帶之延伸，為漿液性外膜。子宮外膜向前轉折到膀胱上方，形成膀胱子宮陷凹 (vesicouterine pouch)。子宮外膜向後轉折到直腸，形成**直腸子宮陷凹** (rectouterine pouch)，**為骨盆腔最低點**。

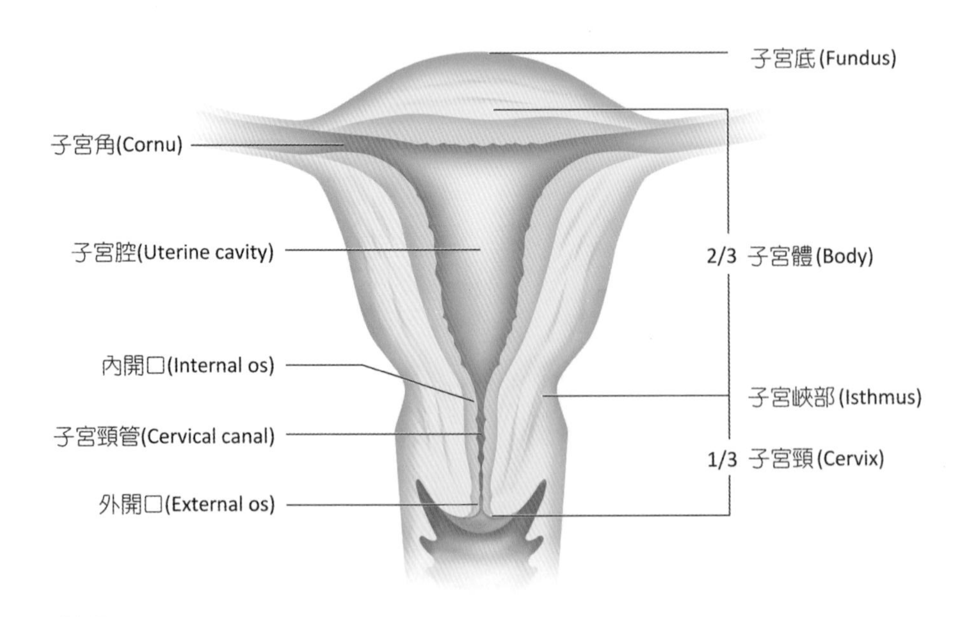

■ 圖 19-13 子宮

2. **子宮肌層** (myometrium)：包含有三層平滑肌，包含環肌、斜肌和縱肌。子宮肌層在子宮底最厚，子宮頸最薄。懷孕時，肌層會肥大和增生，懷孕末期可能會超過 5 毫米。
3. **子宮內膜** (endometrium)：位於最內層，由單層柱狀上皮和固有層黏膜所組成。固有層內充滿複雜管狀之子宮腺 (uterine glands)，於月經週期時會增生。子宮內膜可分成基底層和功能層。
   (1) **基底層** (basal layer)：靠近肌層，於每次子宮週期只有少許變化。
   (2) **功能層** (functional layer)：位於表層，青春期後受到卵巢濾泡激素刺激，造成功能層週期性生長。**若無受精與著床，功能層會隨著月經時剝落排出**。

子宮的血液由髂內動脈分支之子宮動脈 (uterine artery) 所提供，穿過子宮肌層後形成弓狀動脈 (arcuate artery)，再分支成放射動脈 (radial artery) 至子宮內膜，最後形成螺旋動脈 (spiral arteriole) 遍及子宮內膜功能層，供應功能層營養，直而短的基底動脈則供應基底層營養（圖 19-14）。

(三) 子宮周邊的韌帶

子宮受到骨盆膈和泌尿生殖膈肌肉的作用，可以支持子宮和陰道並維持其位置，同時抵抗腹腔內壓力壓迫，以避免子宮被向下壓出。同時，子宮也受到一些韌帶的支持，包括有（圖 19-10）：

1. **子宮圓韌帶** (round ligament)：連接子宮外側，經過腹股溝管而附著在大陰唇，**可保持子宮前傾**，防止子宮後傾。
2. **子宮薦韌帶** (uterosacral ligament)：連結子宮頸兩側到後方薦骨中段，**可防止子宮過度前傾**。
3. **子宮闊韌帶** (broad ligament)：為覆蓋在子宮表面、後腹壁的**壁層腹膜**，連結子宮側邊至骨盆側壁和骨盆底，將子宮和輸卵管維持在骨盆腔中央。

臨床應用　ANATOMY & PHYSIOLOGY

子宮頸癌 (Cervical Cancer)

子宮頸癌是女性生殖系統中常見的惡性腫瘤之一，常見於 40~60 歲之婦女，為台灣女性癌症發生及死亡的第七位。子宮頸癌的危險因子包括初次性行為年齡早和多重性伴侶等，而最為重要的是感染高危險型人類乳突瘤病毒 (human papillomavirus, HPV)，如 HPV16、18、31 和 33 等型別。多數感染 HPV 者會自行痊癒，但有少部分持續感染者會進一步發生子宮頸癌前病變，甚至是子宮頸癌。

子宮頸抹片檢查（帕氏抹片，Papanicolaou (Pap) smear）是篩檢和預防子宮頸癌最佳方式。首先將擴陰器置入陰道，再以採檢刷子宮頸輕輕刮取少量剝落的上皮細胞，細胞經過染色後，可檢查是否有癌細胞存在。子宮頸抹片檢查之目的是找出癌前病變，給予適當治療後，從而阻斷癌症的發生，早期發現子宮頸癌，就可以早期治療，減少疾病惡化的機會。目前已有子宮頸癌疫苗，可防制高危險型 HPV 感染，減少子宮頸病變發生機率。

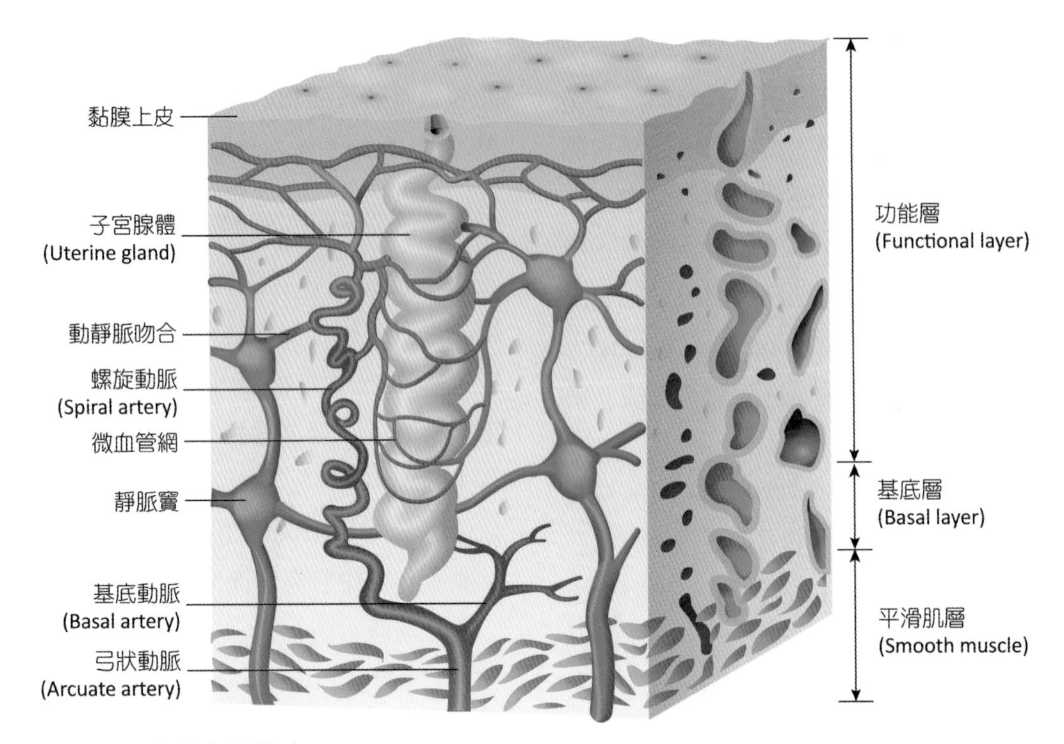

■ 圖 19-14　子宮的血液供應

4. **主韌帶** (cardinal ligament)：又名子宮頸側韌帶 (lateral cervical ligament)，由子宮頸兩側和陰道上部連結至骨盆壁，可限制子宮過度向下運動，**避免子宮掉落入陰道中**。

四、陰道 (Vagina)

陰道為女性生殖道的最下方，位於膀胱尿道之後，直腸之前，成年女性約 10 公分。功能上為分娩之產道、月經期經血流出之通道，並於性交時可容納陰莖。

陰道由內而外分別為黏膜層、肌肉層和外膜。黏膜層由非角質化複層鱗狀上皮和固有層所組成。陰道上皮組織含有大量肝醣，經分解後可產生酸性分泌物，造成陰道之酸性環境，有助於防止細菌和其他病原之感染。陰道下端開口為陰道口 (vaginal orifice)，其周圍有一層黏膜皺褶往管腔中央突出，形成內含有血管之屏障，稱為處女膜 (hymen)。

陰道肌肉層由兩層平滑肌所組成，外縱走肌與子宮肌層相連續，內環走肌和外縱走肌交織在一起。陰道肌肉層具有相當伸展性，可於生產時讓胎兒通過。

五、會陰與女陰 (Perineum and Vulva)

會陰介於前方恥骨聯合、後方尾骨和兩側坐骨粗隆之間的菱形區域（圖 19-15）。兩側坐骨粗隆之水平假想線將會陰分成前方的泌尿生殖三角 (urogenital triangle) 和肛門三角 (anal triangle)。女性的外部生殖構造統稱女陰，位於泌尿生殖三角內，包括陰阜、大陰唇、小陰唇、前庭和陰蒂等構造。

1. **陰阜** (mons pubis)：為恥骨聯合之前方部位，包含外側覆蓋之皮膚和脂肪組織，青春期後其上皮膚開始長出陰毛。

2. **大陰唇** (labia majora)：陰阜往下後方延伸之成對皮膚皺褶，**為男性陰囊之同源器官**，成人大陰唇表面含有大量皮脂腺與汗腺，皮膚表面覆蓋有粗糙陰毛。
3. **小陰唇** (labia minora)：為大陰唇內側成對之皮膚皺褶，缺乏毛髮，含有大量的皮脂腺，但缺乏汗腺。
4. **前庭** (vestibule)：為小陰唇內之裂縫，包含有陰蒂、處女膜、陰道口、尿道口和一些導管之開口等構造。**前庭大腺** (greater vestibular gland) 為位於陰道口兩側之成對腺體，可分泌黏液，成為性交時陰道之潤滑液，**為男性尿道球腺之同源器官**。**前庭小腺** (lesser vestibular gland) 導管開口在尿道口附近，**為男性前列腺之同源器官**。
5. **陰蒂** (clitoris)：為女性勃起組織，含有許多感覺神經之受體，位於小陰唇前方，**有小陰唇覆蓋於上形成陰蒂包皮** (prepuce)。**陰蒂為男性陰莖之同源器官**，受到刺激時會膨大勃起，為女性接受性刺激之器官。

臨床應用 ANATOMY & PHYSIOLOGY

女性的性反應 (Female Sexual Response)

女性的性反應透過於許多部位的血流增加和肌肉收縮而呈現。前者包括乳房、陰蒂、陰道等構造血流增加、心跳及血壓上升；後者像是平滑肌收縮所造成之乳頭勃起、身體骨骼肌活性增強和陰道和子宮之收縮等。女性性高潮 (orgasm) 和男性一樣伴隨著強烈的欣悅感和身體變化，但是似乎不會影響受精作用。女性的性慾與來自腎上腺皮質和卵巢所分泌之雄性激素有關，因此，即使更年期停經後動情素含量低落，女性仍會有性慾。

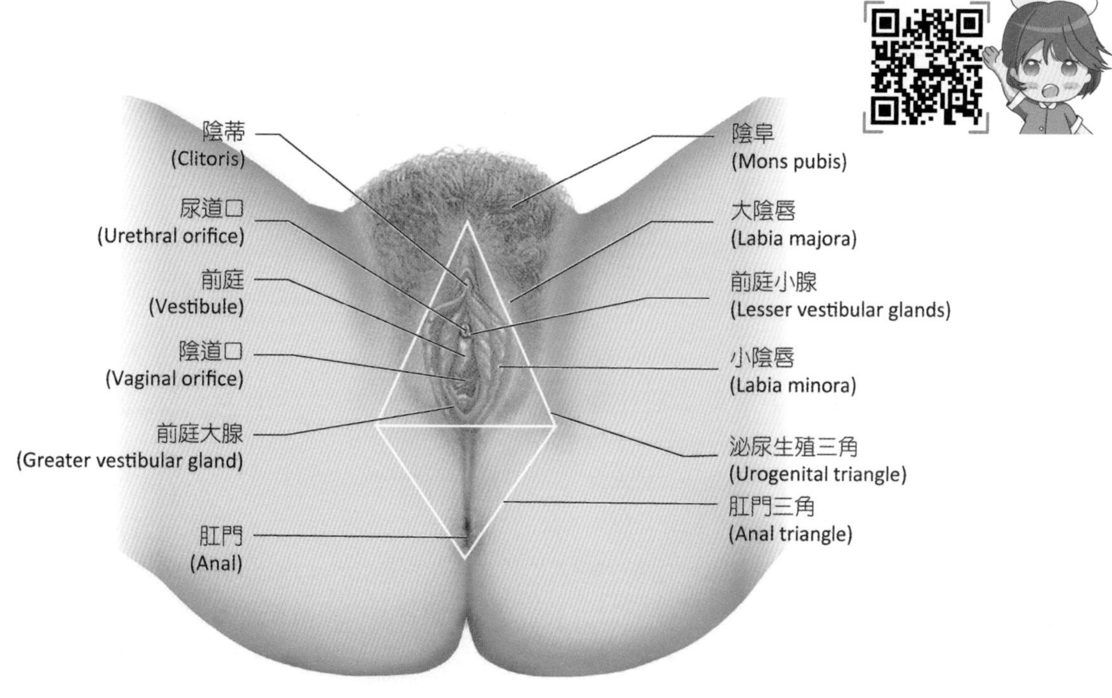

■ 圖 19-15 女性會陰

六、乳房 (Breasts)

(一) 乳房的解剖構造

乳房由乳腺 (mammary glands)、結締和脂肪組織所組成(圖 19-16)。乳房的大小與乳腺附近脂肪組織含量所影響。從皮膚延伸的結締組織至包覆胸大肌的深筋膜形成懸韌帶 (suspensory ligaments),乳房內受到這些懸韌帶的支持因而附著在胸大肌上。乳頭是乳房中央突出構造,乳暈 (areola) 是圍繞乳頭附近的皮膚,含有許多稱為乳暈腺 (areolar glands) 又名蒙哥馬利氏腺 (glands of Montgomery) 的皮脂腺,使其表面呈顆粒狀。

乳腺為複雜管泡狀之外分泌腺體,可分泌含有蛋白質、脂肪和糖類之乳汁以提供嬰兒營養。乳腺由許多葉 (lobes) 所組成,每一葉可再分成小葉 (lobules),每一小葉內含有腺泡 (alveoli)。腺泡分泌之乳汁進入次級小管 (secondary tubule) 中,10~20 條次級小管匯集成輸乳管 (lactiferous ducts),可收集每一葉之乳汁。每一個輸乳管在靠近乳頭處膨大形成輸乳竇 (lactiferous sinus),開口於乳頭 (nipple),為乳頭分泌前儲存乳汁之處。

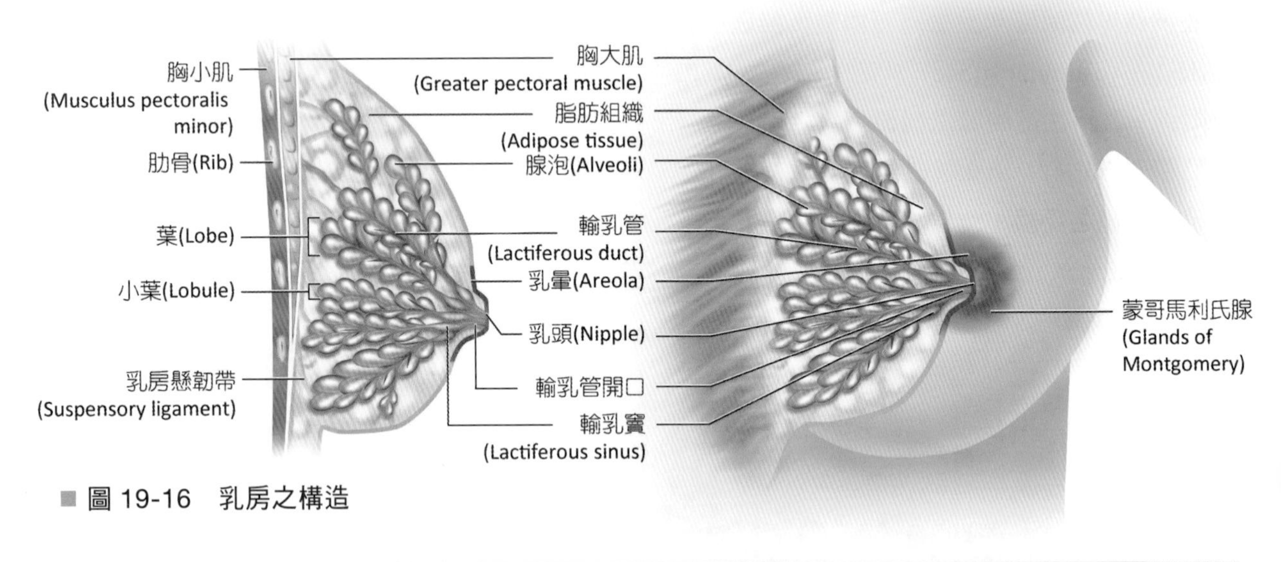

■ 圖 19-16 乳房之構造

臨床應用

ANATOMY & PHYSIOLOGY

乳癌 (Breast Cancer)

乳癌是女性生殖系統中常見的惡性腫瘤之一,為台灣婦科癌症發生率第一名,常見於 45~69 歲女性,發生率為每十萬名有 190 名左右,台灣每年有超過萬名婦女罹患乳癌,造成逾 2,000 名婦女死亡,相當於每天約 31 位婦女被診斷罹患乳癌、6 位因乳癌死亡。

乳癌的危險因子包括家族乳癌病史、初經早、停經晚、沒有生育史、30 歲後才懷第一胎或肥胖等。除了遺傳因素外,長期暴露在動情素下也是重要的致癌因素。乳癌常見乳腺導管上皮細胞增生,而非產生乳汁的細胞。目前最能有效發現的乳癌篩檢方法為 X 光攝影,50 歲以上婦女每 1~3 年接受 1 次乳房 X 光攝影檢查,可降低乳癌死亡率 20~30%。乳癌分期是依照腫瘤大小、有無腋下淋巴腺轉移及遠處轉移來區分,若能越早發現,存活率也比較高。早期發現,5 年存活率可高達 90% 以上。

(二) 乳房的發育

乳房於青春期開始發育。在月經週期中，受到動情素和黃體素的刺激，使乳房管腺發育，再加上脂肪的堆積而使乳房組織增生。乳房隨月經週期有週期性變化，動情素會使乳腺管增生，黃體素會使乳腺小葉和腺泡增生。月經前 10 天，可能因乳腺管腫脹和間質組織的充血及水腫，導致乳房腫脹與壓痛。

19-3 女性生殖週期

女性生殖週期自青春期有月經開始至中年月經停止，有許多生理上的變化，包括卵巢週期、月經週期、子宮週期、子宮頸週期及乳房週期變化等，以下分別討論：

一、女性激素的調控

卵巢可分泌包括動情素、黃體素、抑制素、活化素及鬆弛素等多種女性激素。

(一) 動情素 (Estrogen)

動情素或稱雌激素，由循環血液中膽固醇轉化而成，為類固醇類激素，共包括三種：17β- 動情二醇 (17β-estradiol, E_2)、動情酮 (estrone, E_1) 和動情三醇 (estriol, E_3)。其中 **E_2 的作用性最強，E_3 的作用力最弱**。動情素可自卵巢濾泡的顆粒細胞、黃體、胎盤、腎上腺皮質網狀層及睪丸中合成，需先形成睪固酮或是血液循環中男性烯二酮 (androstenedione) 後，再由芳香基化酶 (aromatase) 轉成動情素。LH 和 FSH 可刺激動情素的分泌，動情素也可以負迴饋作用調節下視丘 GnRH 及腦下腺 LH、FSH 的分泌（圖 19-17）。

在月經週期中，女性動情素幾乎全部來自卵巢，其分泌有二個高峰，一個在**排卵前**。另一個在**黃體期中期**。97% 動情素在血液循環中會與蛋白質結合而運送。動情素的生理功能簡述如下：

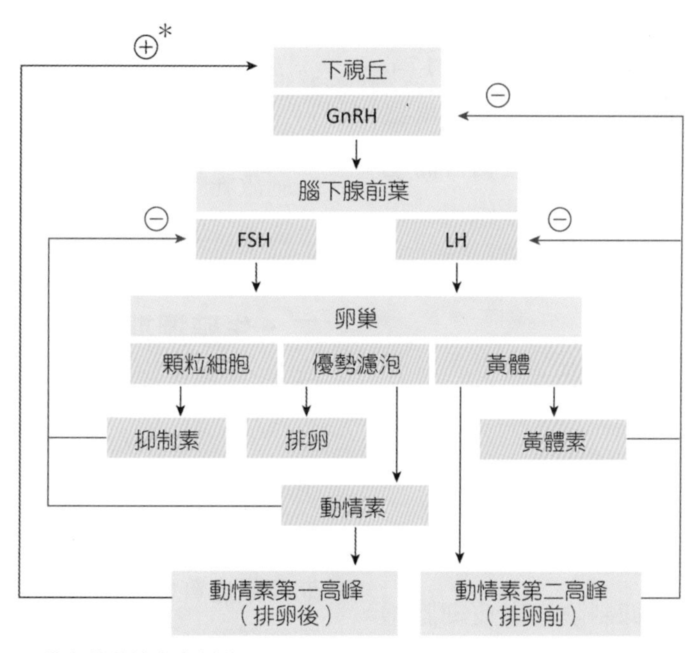

■ 圖 19-17　女性激素的調控

1. 刺激卵巢濾泡的生長。
2. 刺激子宮內膜功能層的增生，並增加子宮內膜黃體素之接受器數目。
3. 增加輸卵管的蠕動性。
4. **促進第二性徵的發育**：乳房、子宮及陰道的增生、窄肩寬臀、大腿內聚而上臂外散、脂肪堆積在乳房和臀部、體毛少而頭髮較多等特徵。
5. 青春期刺激乳房管腺增生及脂肪堆積。
6. 刺激皮脂腺分泌較具水分之液體，具有抗粉刺之作用。
7. 月經來潮前造成水分和鹽分滯留。
8. 增加蛋白質合成。
9. 促使排卵時子宮頸黏液更具延展性和彈性。
10. 增加血液中維生素 D 的濃度，**防止骨質疏鬆**。

(二) 黃體素 (Progesterone)

黃體素又稱助孕激素或是助孕酮，為含 21 個碳的類固醇激素，主要由黃體和胎盤分泌。可分成黃體素和 17-α 羥基黃體素 (17-α hydroxyprogesterone) 兩類，但仍以黃體素為主，血液中有 98% 以上會與蛋白質結合而運送。黃體素的分泌受到 LH 的直接作用，也可以負迴饋調節 GnRH 及 LH 的分泌（圖 19-17）。

黃體素主要的目標器官為子宮、乳房及腦部，其生理功能如下：

1. **有助孕功能，刺激子宮內膜增生及維持、子宮腺黏液分泌**。
2. **刺激子宮頸分泌濃稠黏液**。
3. 抑制子宮肌層收縮，抑制陰道表皮細胞增生。
4. 刺激乳房腺體組織的發育。
5. 具有**產熱的作用（約 0.5℃）**，在排卵後，可促使體溫略為升高。
6. 具有利尿排鈉的功能，使月經前滯留體內的水分和鹽分排除。

(三) 抑制素 (Inhibin)

相似於男性激素的分泌，女性卵巢濾泡中亦會分泌抑制素。由 α、β 兩次單位組成，可抑制 FSH 分泌。

(四) 活化素 (Activin)

結構上與抑制素相似，但作用上與抑制素相反，可刺激 FSH 分泌。

(五) 鬆弛素 (Relaxin)

鬆弛素為由 A 和 B 兩多胜肽鏈接合而成的多胜肽激素。可由黃體、分泌期子宮內膜細胞、胎盤絨毛膜的細胞滋養母細胞 (cytotrophoblast) 所分泌。其生理功能如下：

1. 促使恥骨聯合鬆弛。
2. 促使骨盆關節放鬆。
3. 促使子宮頸柔軟、擴張。
4. 抑制子宮的收縮。
5. 刺激乳腺的發育。
6. 促進排卵。

二、生殖週期

(一) 卵巢的週期變化

女性出生前已經製造了這一生所有的卵子，因此出生後便不再有新的卵子形成。卵子位在濾泡構造中，進入青春期後，每次月經週期卵巢皮質會有一個濾泡完全成熟，可分成下列幾個階段（圖 19-18）：

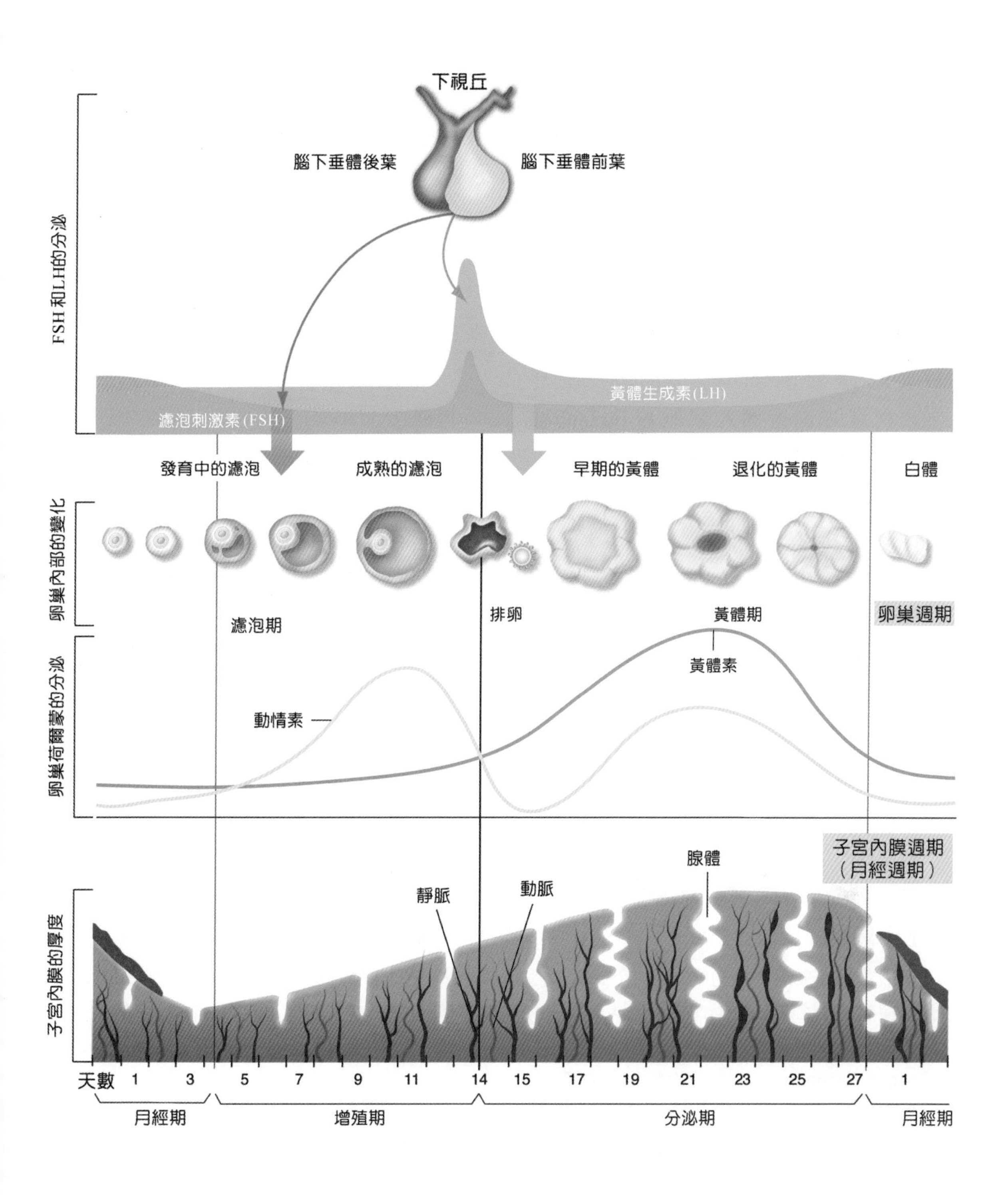

■ 圖 19-18 卵巢週期、子宮內膜週期的變化

1. **濾泡期** (follicular phase)：動情素和 FSH 的作用造成濾泡發育（圖 19-11）。
   (1) **原始濾泡** (primordial follicle)：最早由單層扁平顆粒細胞 (granulosa cell) 圍繞一個初級卵母細胞而形成。
   (2) **初級濾泡** (primary follicle)：原始濾泡進一步發育，初級卵母細胞外開始由單層立方顆粒細胞圍繞而成。
   (3) **次級濾泡** (secondary follicle)：當形成內層濾泡壁**顆粒細胞層** (granulosa cells layer) 及外層**鞘細胞層** (theca cells layer)，且有明顯血管時，則為次級濾泡。
   (4) **三級濾泡** (tertiary follicle)：濾泡繼續增加壁層細胞外，並於**濾泡中央明顯出現空腔** (antrum)，顆粒細胞分泌液體進入空腔，此時為三級濾泡。同時，顆粒細胞形成卵膜外圍的透明帶 (zona pellucida)。
   (5) **成熟濾泡** (mature follicle)：當顆粒細胞圍繞卵母細胞**形成載卵丘** (cumulus oophorus) **及放射冠** (corona radiate)，整個濾泡更見增大，濾泡腔和濾泡液也增多，則為成熟濾泡，又稱**葛氏濾泡** (Graafian follicle)。每次月經週期約有 10~15 個初級濾泡會發育到三級濾泡，但是其中只有一個優勢濾泡會發育為成熟濾泡。
2. **排卵** (ovulation)：排卵前初級卵母細胞完成第一次減數分裂，形成次級卵母細胞。**動情素正迴饋刺激 LH 大幅增加** (LH surge)，**使顆粒細胞分泌酵素促進成熟濾泡膜分解**，包圍卵細胞的透明帶及載卵丘隨卵子排至腹腔，形成排卵。
3. **黃體期** (luteal phase)：排卵後之濾泡其空腔向內塌陷，LH 刺激顆粒細胞增大形成類似腺體的構造，即為黃體 (corpus luteum)。黃體可分泌黃體素、動情素和抑制素等激素。**若排出的卵並未受精，黃體可維持 10~14 天**，在下次月經期前 4 天開始退化，形成白體 (corpus albicans)，導致月經期發生。若卵與精子結合而成受精卵，則黃體可維持 90 天，以分泌足量的黃體素，維持子宮內膜增生及受精卵著床 (implantation)。

若上述濾泡發育週期中，顆粒細胞增生不成或卵細胞形成上產生缺陷，均會導致濾泡發育不全而退化，形成閉鎖體 (atresia)。胎兒時，卵巢內的濾泡便開始部分形成閉鎖體，雖然卵巢內有 2~4 百萬個濾泡和卵子，但即使在青春期後的活躍生殖期，女性卵巢內也只有約 20~40 萬個濾泡，其餘濾泡皆在生殖年限中形成閉鎖體。也就是說，出生前所有存在於卵巢中的濾泡，有 99.9% 的濾泡都形成了閉鎖體。

臨床應用 ANATOMY & PHYSIOLOGY

初經及停經

第一次月經來潮稱為初經 (menarche)。女性青春期起始於 GnRH 分泌增加所致。最後一次月經為停經 (menopause)，停經前通常會有一段更年期 (perimenopause)，約於 40~50 歲，此時期女性性激素分泌減少，月經週期變得不規則。由於卵巢對於 FSH 和 LH 無法產生相對地反應，因此更年期婦女常伴隨有皮膚熱潮紅 (hot flash)、冒汗、頭痛、肌肉痠痛及血壓上升等症狀。由於動情素具有強力骨質保護作用，因此停經後的骨質疏鬆症 (osteoporosis) 便大幅增加。

(二) 子宮內膜的週期變化

◎ 月經週期 (Menstrual Cycle)

女性自青春期後，受到動情素與 FSH 的作用，卵巢濾泡、子宮內膜和子宮頸皆會有週期性的變化，稱為月經週期。如圖 19-18 所示，一般將月經週期分成三期：月經期、排卵前期及排卵後期，排卵前期和後期合稱為恢復期。由月經期到下一次週期開始平均約 28 天，但每位女性的週期長短有所差異。

1. **月經期** (menstrual phase)：月經週期的第 1~4 天，因黃體退化，**使動情素及黃體素的分泌顯著地下降**。這些維持子宮高度發育的激素降低後，刺激子宮內膜分泌的**前列腺素，使子宮和血管強烈收縮，導致養分供應減少，造成子宮內膜功能層退化而剝落**，而子宮肌層收縮使剝落內膜自陰道排出，稱為**月經來潮** (menstruation)，平均約 4 天。同時，卵巢也開始發育，因受到 GnRH 及 FSH 作用，使得濾泡持續發育，並開始分泌下一次月經週期之動情素。
2. **排卵前期** (preovulatory phase)：為月經週期第 5~13 天，**由 FSH 和 LH 共同刺激濾泡發育，此期時間長短個別差異最大**。LH 作用於濾泡之壁層細胞，分泌雄性激素（為製造動情素的前驅物）。FSH 作用於濾泡之顆粒細胞，使其分泌更多的動情素。約在月經週期第二週，卵巢內只有一個濾泡會發育成為成熟濾泡。此時，成熟濾泡開始大量釋放動情素，使得血漿中動情素達高峰，稱為動情素突釋 (estrogen surge)。**動情素進一步透過正迴饋造成腦下腺大量釋放 LH**，稱為 **LH 突釋** (LH surge)，**誘發成熟濾泡排卵**（圖 19-18），**大約在週期的第 14 天**。高濃度的 LH 是造成排卵的重要事件，約在排卵前 16~18 小時。
3. **排卵後期** (postovulatory phase)：排卵後至下一次月經來潮為排卵後期，在月經週期之第 15~28 天。此期時間長短相當固定，約兩週，因此一般推算排卵日為下次月經前 14 天。排卵後，LH 刺激濾泡顆粒細胞形成黃體，分泌**黃體素**及**動情素**。**高濃度黃體素**會抑制 GnRH、FSH 和 LH 分泌（圖 19-17）。因此，若未受精，血液中低量的 LH 只能讓黃體維持約 10~14 天。黃體退化後，黃體素及動情素的分泌下降，便會造成下一次月經週期的開始。

◎ 子宮週期 (Uterine Cycle)

生殖週期也可以用子宮事件來命名各個時期：

1. **月經期** (menstrual phase)：月經週期末，受前列腺素作用，血管產生痙攣、內膜潰爛、出血而形成月經血。子宮內膜功能層會剝落，基底層與肌肉層連結而不剝落。
2. **增殖期** (proliferative phase)：子宮內膜剝落期約 3~5 天，接著內膜再度增生，稱為增殖期，或是排卵前期和濾泡期。此時動情素刺激子宮內膜修補的速率，子宮腺體及間質快速增生，逐漸恢復子宮內膜功能層的構造及血液供應。同時，動情素也於此時增加子宮內膜上黃體素之接受器數量。
3. **分泌期** (secretory phase)：黃體分泌黃體素及動情素使子宮內膜更加增厚、子宮腺體因增生而形成彎曲的管腺、增加肝醣的儲存並增加組織液，血液供應更豐富，並分泌清澈的液體，做好受精卵著床的準備。黃體素同時抑制前列腺素分泌，確保受精卵著床前不會因為子宮收縮而被排出。

子宮週期中的增殖期，是使子宮內膜上皮復原，而分泌期則使子宮準備讓受精卵著床，分泌期約持續 14 天，若分泌期中無受精，則內膜再度剝落，新的週期又重新開始。

(三) 子宮頸的週期變化

子宮頸上皮所分泌的黏液 (mucus) 會隨著月經週期而有規律性的變化。排卵前，受到動情素的作用，子宮頸分泌的黏液量多、清澈、像水一般且鹼性液體，有助於精子的存活及運動。**排卵時所分泌的黏液最稀，但最具黏滯性和彈性，使射精於陰道之精子可以輕易通過子宮頸黏液，進入子宮與輸卵管**。此時所分泌的黏液可拉成約 10 公分的細絲，若將其均勻塗抹在玻片上，乾燥後會出現如羊齒植物般的形式。排卵後，在黃體素作用下，子宮頸黏液會變得濃且黏稠，形成如同塞子一般的屏障，可以防止細菌進入子宮。若懷孕，此一防菌的黏液屏障則可保護子宮和胚胎。

19-4 受精、懷孕與生產

一、受精 (Fertilization)

受精指精子和卵子結合的過程，於次級卵母細胞排出後 24~48 小時內完成（圖 19-19）。於輸卵管壺腹部，眾多精子穿越卵外由顆粒細胞形成之卵丘後，會與透明帶結合，引發尖體反應 (acrosome reaction)。精子頭部之尖體釋放玻尿酸酶 (hyaluronidase) 及水解酵素 (hydrolytic enzyme) 溶解卵膜外圍透明帶，使精子穿過透明層。當第一個精子與卵膜接受器結合後，卵會產生大量皮質小泡，以胞吐方式將酵素釋入卵膜和透明帶之間，造成透明層硬化，使其他精子無法進入，以防止多重受精 (polyspermy) 發生。

未成熟的次級卵母細胞在精子與卵膜接觸後，啟動第二次減數分裂，形成一個成熟的卵細胞。精子與卵子結合後，精子細胞核與成熟的卵細胞核在數小時內融合為一個核，形成合子 (zygote)，即受精卵，完成受精作用（詳見第 20 章）。

◎ 著床 (Implantation)

受精卵形成後會先在輸卵管中進行卵裂 (cleavage)，此時細胞數目增加但體積不變，72 小時後形成 16 個細胞之桑椹胚 (morula)。受到黃體素作用，輸卵管平滑肌放鬆，受精卵開始往子宮移動，並發育為囊胚 (blastocyst)。囊胚內之滋養層細胞 (trophoblastic cell) 提供胎兒發育養分和分泌相關激素，內細胞群 (inner cell mass) 則發育成胚胎和胎兒（圖 19-20）。

約在受精後第 7 天，囊胚開始著床，滋養層細胞分泌蛋白水解酶，分解子宮內膜功能層細胞，使囊胚得以埋入子宮，而子宮內膜分泌的營養物也開始運輸到囊胚中，提供營養。約於第二週完成著床後，囊胚內之滋養層細胞和內細胞群便會快速增殖，並與子宮內膜細胞共同形成胎盤等構造（詳見第 20 章）。

二、性別分化與發育

遺傳性別 (genetic sex) 取決於 X 和 Y 二個染色體，於受精時就已決定。有兩條 X 染色體其遺傳性別為女性，有一條 X 和一條 Y

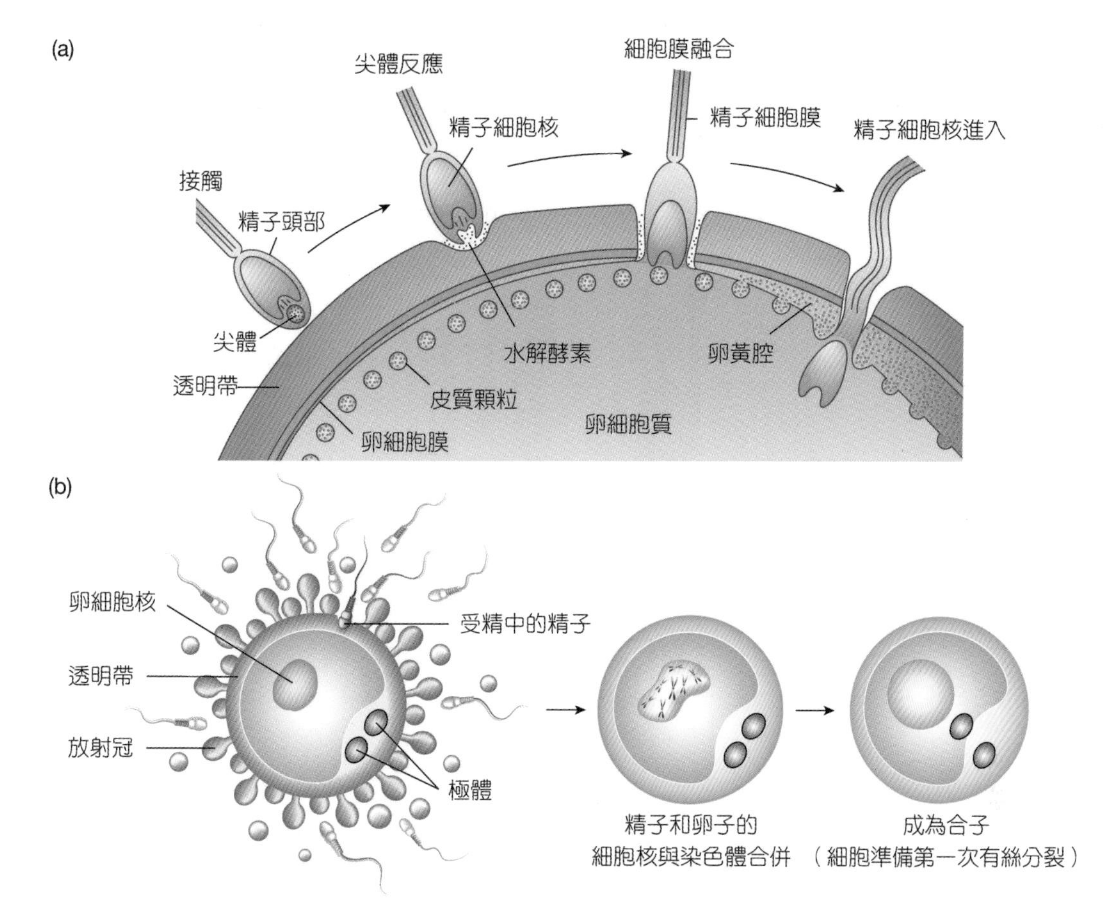

■ 圖 19-19　受精過程

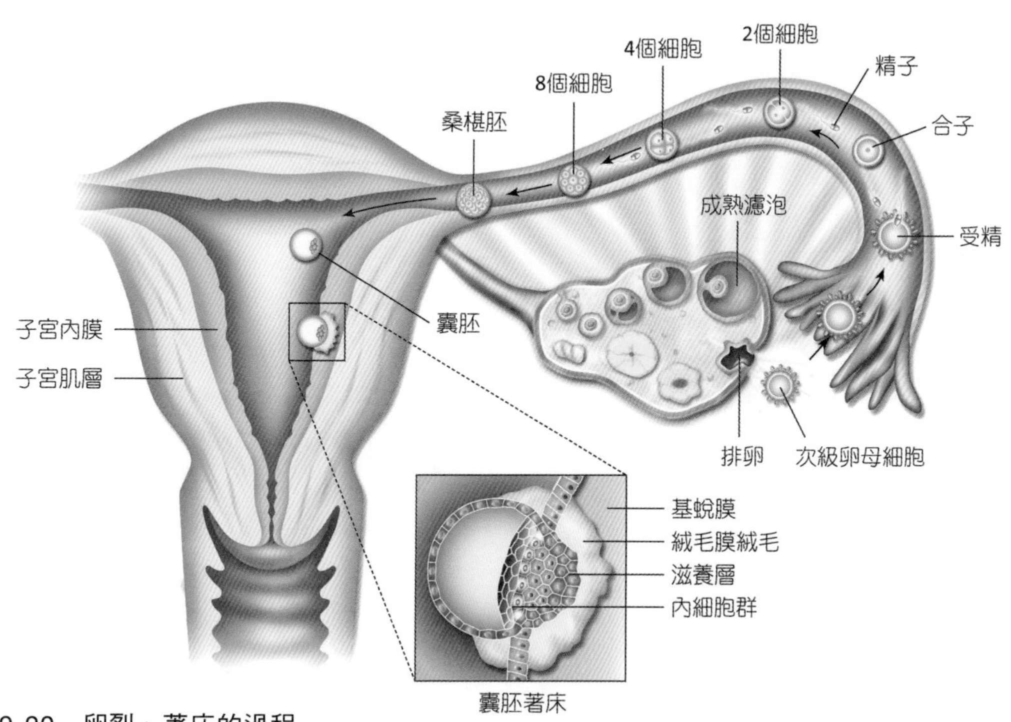

■ 圖 19-20　卵裂、著床的過程

的為男性。而表現性別 (phenotypic sex) 指的是內外生殖器的外觀，於胚胎發育第七週開始顯現。有卵巢和女性外生殖器者，其表現性別為女性，有睪丸和男性外生殖器者，其表現性別為男性。

男性和女性的生殖構造源自於相同的原始性腺構造，其起源自胚胎兩側的生殖嵴 (genital ridges)。未分化前性腺有兩套生殖管 (genital duct)（圖 19-21）：

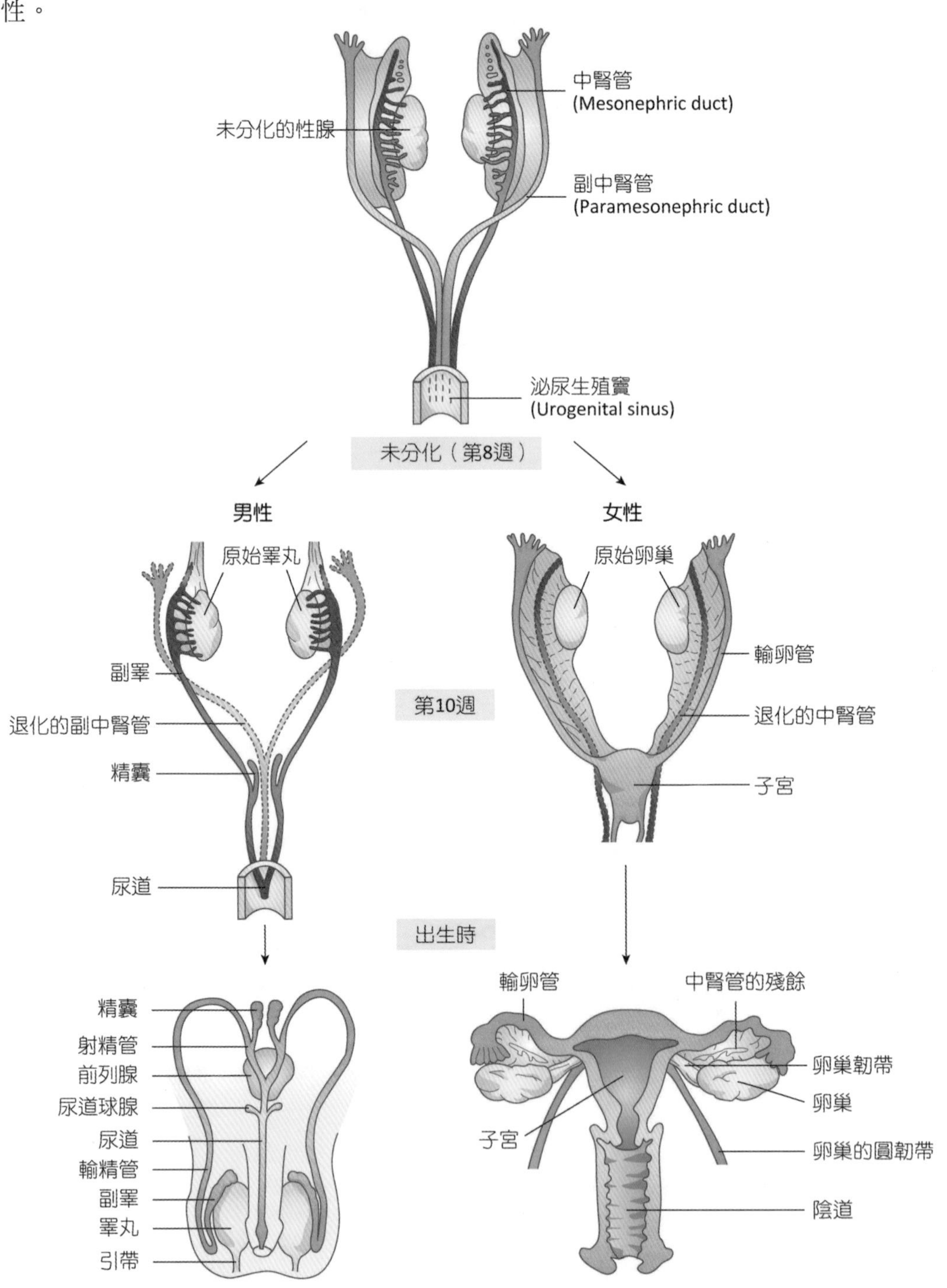

■ 圖 19-21　人類胚胎之性別分化

1. **中腎管** (mesonephric duct)：又稱伍氏管 (Wolffian duct)，形成男性大部分生殖管道，中腎管同時也連接腎臟和發育中的膀胱。
2. **副中腎管** (paramesonephric duct)：穆勒氏管 (Müllerian duct)，形成女性大部分生殖管道，包括卵巢、子宮和陰道上部等。

遺傳性別為男性者，Y 染色體上帶有睪丸決定因子 (teste determining factor, TDF) 的基因，自胚胎發育第七週開始，TDF 使睪丸發育。中腎管受到睪丸分泌之睪固酮影響，分化而產生副睪、輸精管、精囊及射精管等構造，形成男性表現性別；副中腎管則因睪丸分泌之穆勒氏管抑制因子 (Müllerian inhibition factor, MIF) 而抑制而退化。遺傳性別為女性者，因為沒有 TDF 基因的作用，中腎管退化成痕跡器官，同時在沒有睪固酮及 MIF 的影響下，副中腎管發育分化而產生輸卵管、子宮及部分的陰道等構造，形成女性表現性別。

胚胎發育第 20 週開始，外生殖器的發育開始有明顯差異（圖 19-22）。在睪固酮作用下，男性的生殖突起 (genital swellings) 發育成陰囊；而女性在缺乏睪固酮之情況下，則發育成大陰唇，類似的同源器官發育仍有：男性的陰莖相當於女性的陰蒂；男性的龜頭即相當於女性陰蒂頭的部分。

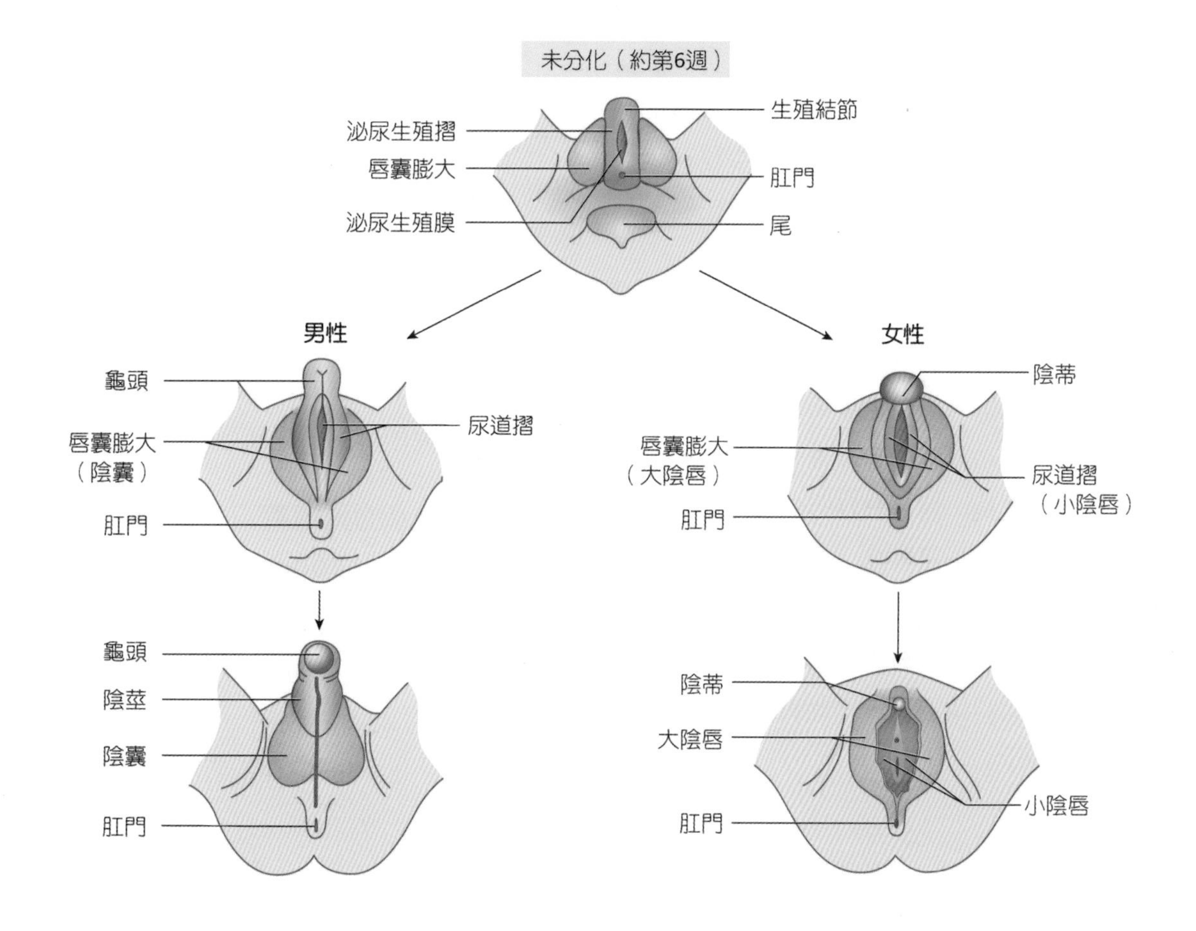

■ 圖 19-22　外生殖器的早期發育

三、胚胎發育

胚胎 (embryo) 指開始發育的前八週。胚胎會開始形成原始的三胚層 (primary germ layers)，分別是外胚層 (ectoderm)、中胚層 (mesoderm) 和內胚層 (endoderm)。第三週起，胚胎大小約1.5毫米，其開始形成原始三胚層，並且開始出現神經胚 (neurulation)。第四週，胚胎大小約4.0毫米，基礎人體構造開始成形，原始三胚層開始出現衍生構造，未來發育成四肢的肢芽 (limb buds) 開始出現。第八週結束時，胚胎大小約 30 毫米，頭部構造變大，眼、耳和鼻等構造出現，主要系統器官開始之雛形開始出現（詳見第 20 章）。

胚胎發育時期對於可能導致發育畸形之化學物質特別敏感，像是酒精、香菸、毒品等物質，都可能造成部分或是全部的器官系統的發育缺陷。若母親在此一時期服用沙利竇邁 (thalidomide) 之藥物，將導致肢體發育缺陷。

四、胎盤的內分泌功能

受精後，受到由胎盤分泌之激素刺激，卵巢內黃體便不退化，反而更擴大，可持續分泌動情素、黃體素和鬆弛素等激素。動情素可以刺激子宮肌肉成長，提供分娩時的收縮力量，而黃體素可以抑制子宮收縮，避免胎兒過早被子宮排出。在懷孕第六週後，胎盤便可製造動情素及黃體素，以取代黃體的功能。懷孕第八週後，黃體功能開始退化，因此黃體最長約可存在 90 天。

(一) 人類絨毛膜促性腺激素 (Human Chorionic Gonadotropin, hCG)

hCG 為醣蛋白激素，由滋養層細胞所分泌，其功能和結構**與 LH 相似**，可刺激黃體不退化，持續分泌激素，防止月經的產生。懷孕早期滋養層細胞即可分泌 hCG，**一般在受精後 14 天，可在血液和尿液中測得，當作是否懷孕之指標**。hCG 在最後一次月經後 60~80 天達到高峰，之後則快速下降。hCG 濃度增加同時也為造成懷孕早期妊娠嘔吐的主因。hCG 尚可刺激男性胎兒產生睪固酮，促進男性生殖器官的發育及睪丸下降至陰囊。

(二) 胚胎分泌的動情素 (Placental Estrogen)

懷孕末期胎盤所分泌動情素的量會明顯地增加約原來的 30 倍。此時所分泌的動情素以動情三醇 (estriol, E_3) 為主，因此**臨床上可檢測母體尿中動情三醇濃度以反應胎兒和胎盤功能**。懷孕時的動情素的功能包括促使子宮膨大，使胚胎得以長大、乳房腺體組織增生、薦髂關節 (sacroiliac joint) 柔軟，恥骨聯合變得有彈性，胎兒能輕易通過產道。

(三) 胎盤分泌的黃體素 (Placental Progesterone)

懷孕時黃體素參與懷孕之作用包括有刺激子宮內膜發育，以供應胚胎的早期營養、避免子宮肌肉的收縮，防止自發性流產 (spontaneous abortion)、促進胚胎的早期發育、促進乳房組織的增生。

臨床應用 ANATOMY & PHYSIOLOGY

家庭計畫：避孕方法

在受精卵著床前所進行之生殖控制法稱為避孕 (contraception)；著床後，以造成胚胎或是胎兒死亡的作法為墮胎 (abortifacient)。除了不發生任何性行為（即禁慾，abstinence）之外，目前沒有 100% 不會懷孕的方式。避孕法可分為節律法、屏蔽法、化學法和手術法等。

1. 節律法：為透過測量基礎體溫，了解女性的排卵日，進而在受孕的危險期間避免性行為。由於每位女性月經週期每次皆可能有所差異，因此節律法避孕的失敗率很高。
2. 屏蔽法 (barrier methods)：透過各種阻斷精子進入到輸卵管的方式，避免和卵子結合或是受精卵著床。
   (1) 保險套 (condoms)：男性保險套是勃起時再將保險套套入陰莖，而女性保險套則是在性交前將其置入陰道內。保險套同時還具有預防性傳染疾病的效果。
   (2) 殺精泡沫與凝膠 (spermicidal foams and gels)：在性交前將殺精泡沫或凝膠置入陰道內，達到化學性屏障的效果。
   (3) 子宮內避孕器 (intrauterine drives, IUDs)：必須由醫療人員將一種 T 形、可彎曲的物質置入子宮內正確位置來達到避孕的效果。子宮內避孕器含有銅或是合成之黃體素，其釋放的銅離子或是微量黃體素可以抑制受精卵著床。銅製子宮內避孕器可以使用多年，然而可能會因為過度刺激子宮內膜而導致子宮內膜、卵巢或是輸卵管發炎。
3. 化學法 (chemical methods)：原理在於改變女性體內性激素的濃度，干擾正常月經週期之節律而達到避孕之效果。
   (1) 口服避孕藥 (oral contraceptive pill) 和避孕貼布 (patches)：內含較低劑量之動情素和黃體素，透過口服或者是貼布吸收這些女性激素，可抑制 LH 之大量釋放，進而抑制排卵作用。
   (2) 事後避孕丸 (morning-after pill)：為較高劑量之動情素和黃體素，可抑制排卵和受精卵著床，需在性行為後 72 小時內給予。

   口服避孕藥和事後避孕丸皆是以動情素和黃體素抑制排卵，然而口服避孕藥激素濃度較低，需在月經開始後 1~5 天每天服用。事後避孕藥激素濃度較高，經常性服用除容易有出油、冒痘等雄性化作用外，還可能影響卵巢正常運作，使月經週期紊亂。
4. 手術法 (surgical methods)：將男性輸精管或是女性輸卵管截斷後再將兩端紮起來，此為終止生育能力之方法。輸卵管結紮 (tubal ligation) 可以阻止精子進入輸卵管，也可以阻止卵母細胞進入子宮（圖 19-23）。輸精管結紮 (vasectomy) 可使精子無法離開睪丸，而在睪丸內被吸收分解。

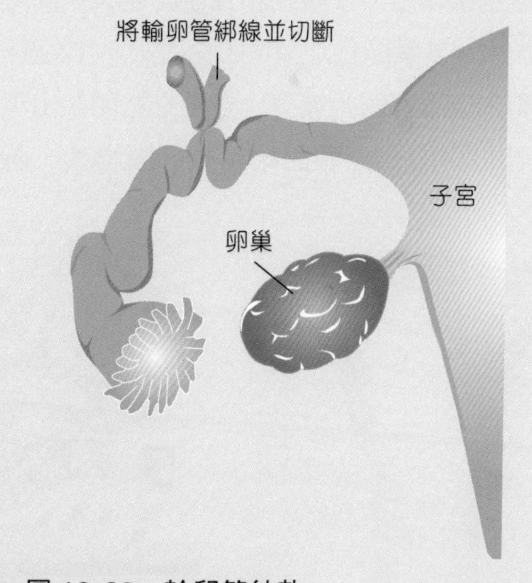

■ 圖 19-23 輸卵管結紮

(四) 人類絨毛膜促體乳激素 (Human Chorionic Somatomammotropin, hCS)

又稱為人類胎盤催乳素 (human placental lactogen, hPL)。hCS 為一種蛋白質激素，同時具有生長激素及催乳素之功能，由滋養層細胞分泌，**約在懷孕第四週起開始分泌，且持續至懷孕結束**。功能包括促進乳房的發育、刺激蛋白質合成，以促進胎兒生長、具有抗胰島素作用造成血糖升高、增加脂肪酸的分解、增加氮、鉀、鈣等離子的滯留。

五、胎兒發育

胎兒指組織發展第九週（第三個月）延續到出生的過程，其間將經歷組織和器官之快速發展與成熟。在懷孕第三個月，子宮占據了多數的骨盆腔，之後隨著胚胎發育，子宮逐漸往上伸入腹腔。到了懷孕末期，子宮則占滿腹腔，使母體腹腔器官往上移，往下則是壓迫膀胱。鬆弛素作用下，腹腔和骨盆腔變大，同時乳房加大，乳暈顏色加深。胎兒在第 9~12 週，腎臟和生殖器官開始發育、多數骨骼開始出現初級骨化中心、身體開始延長、腦增大、神經與肌肉之協調促使肢體能夠移動。第 13~16 週，身體快速生長、骨骼持續骨化、腦與頭顱骨逐漸變大。第 17~20 週，肌肉運動頻率逐漸增加，強度增強、胎毛和胎脂覆蓋皮膚、肢體接近最後正常比例、腦與頭顱骨繼續變大。第 21~38 週，血球於骨髓中形成、體重開始大量增加、皮下脂肪堆積、男性睪丸開始下降至陰囊。足月胎兒平均體重介於 2.5~4.5 公斤，體重的增加以懷孕最後兩個月最為明顯。

六、分娩及生產

生產是指嬰兒出生的過程，又稱為分娩 (labor)（圖 19-24）。人類的懷孕期若由懷孕前最後一次月經來潮算起，約 280 天（40 週），如果從受精作用開始計算，則是 38 週。懷孕期間在黃體素作用下，子宮肌層之平滑肌彼此並不相連，同時子宮開口被子宮頸具有豐富膠原蛋白之黏液所黏住。懷孕最後幾週動情素分泌增加，子宮平滑肌進行協調性收縮，子宮頸與子宮體變得柔軟而擴張。最重要的是，動情素增加催產素接受體數目達到懷孕早期之百倍以上。

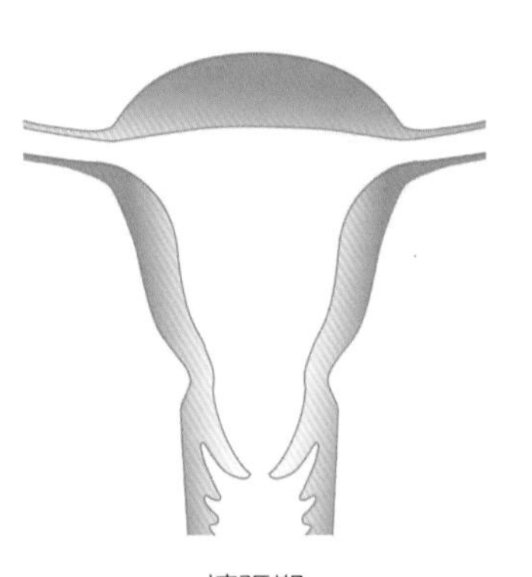

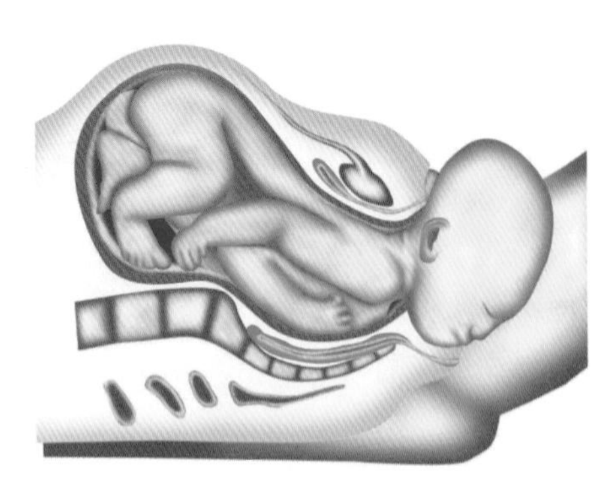

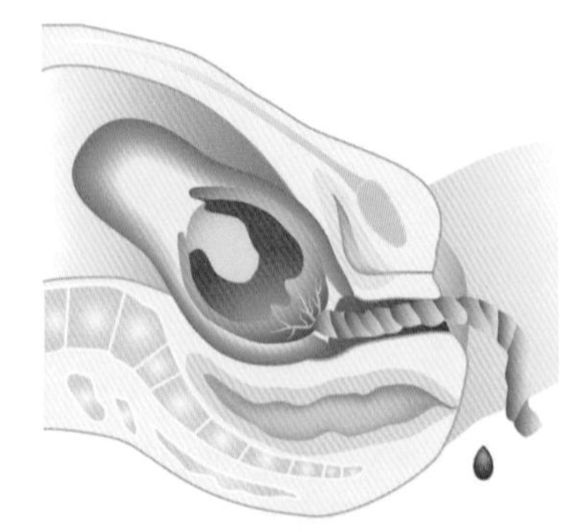

■ 圖 19-24　分娩

懷孕約 30 週起，子宮會間歇性、微弱地有節律地收縮。在懷孕最後一個月，子宮內所有內含物開始向下移動，對子宮肌層產生牽張作用，使收縮變得更強。分娩前數小時內將變成非常強烈地而規則，並開始牽張子宮頸，逐漸迫使子宮頸張開。此時，**催產素受正迴饋而大量分泌**（圖 19-25），**使子宮平滑肌收縮**，將胎兒推出產道。此一造成胎兒出生之強力收縮稱為分娩收縮 (labor contraction)。催產素同時也刺激前列腺素，加強催產素引起的收縮，以利分娩收縮之發生。鬆弛素可促使骨盆關節的鬆弛、動情素造成子宮膨大和骨盆帶舒張。上述多個因素的共同參與，再加上脊髓的反射以及腹部骨骼肌受到意識性作用用力收縮，造成分娩的進行，直至胎兒出生為止。

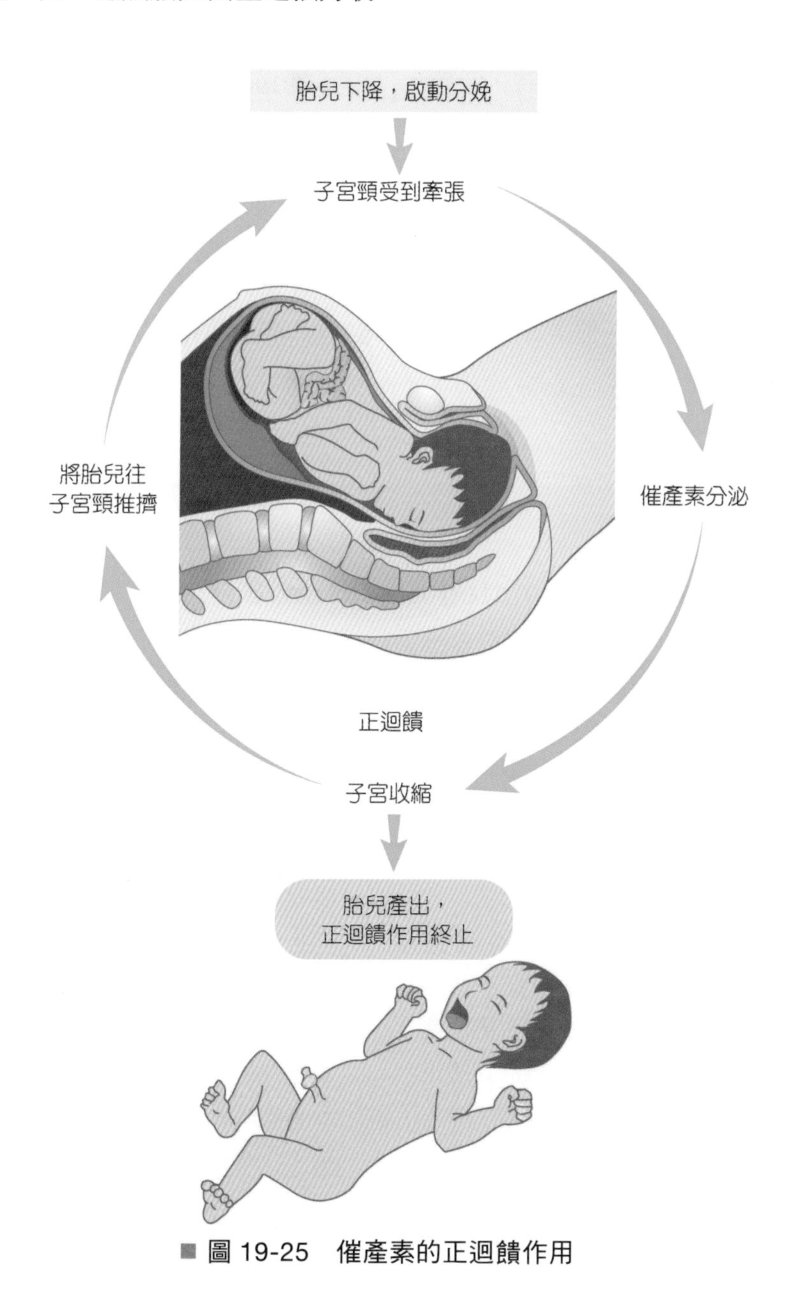

■ 圖 19-25　催產素的正迴饋作用

七、泌乳 (Lactation)

乳汁的生成稱為泌乳。懷孕時，乳房受到胎盤鬆弛素、動情素、黃體素、人類絨毛膜促性腺激素及人類絨毛膜促體乳激素的作用，使乳房組織再成長，管腺組織才完全發育，並在**催乳素** (prolactin) **作用下而可以製造乳汁**。懷孕的第 5 週起，催乳素便穩定地分泌，生產前可達未懷孕時的 10 倍左右。然而懷孕期間，高濃度**黃體素**和**動情素**會抑制催乳素作用，因此懷孕期間是抑制乳汁生成的。分娩時，胎盤剝離，體內動情素和黃體素濃度急遽地下降，使得腦下腺大量分泌催乳素，刺激乳房腺泡細胞製造乳汁。

下視丘之催乳素釋放因子 (PRF) 和促甲狀腺素釋放激素 (TRH) 可促進催乳素分泌，而催乳素抑制因子 (PIF) 可以催乳素分泌，目前認為**多巴胺** (dopamine) **物質是一種重要的 PIF**。產後嬰兒吸吮乳頭時，感覺神經元將刺激傳至下視丘弓狀核 (arcuate nucleus) 抑制多巴胺分泌，進而刺激媽媽**催產素**分泌，促使乳腺泡外肌皮細胞 (myoepithelium) 收縮，將乳汁排入導管內，**造成乳汁射出** (milk ejection)。嬰兒對於同側乳房的吸吮不僅引起同側乳汁流出，同時也會引起對側乳房乳汁流出。此外，嬰兒的哭聲常常也足以引起乳汁射出（圖 19-26）。

哺乳之產婦，其體內的催乳素會抑制下視丘 GnRH 的分泌，進而降低 FSH 及 LH，抑制月經週期之發生。因此，哺乳母親在孩子斷奶後才會逐步恢復排卵的功能，在哺乳期間可達到自然避孕的效果。

臨床應用 ANATOMY & PHYSIOLOGY 

性傳染疾病 (Sexually transmitted diseases, STDs)

性傳染疾病又稱性病，泛指透過性行為而傳播的疾病。擁有多重性伴侶是最主要造成性傳染疾病之危險因子。性傳染疾病初期症狀常不明顯，因此感染者常在不自覺狀態下傳染給其他人。若感染者為孕婦，也可能直接藉由胎盤或是分娩時將疾病傳染給新生兒。常見的性傳染疾病包括有：

1. 淋病 (gonorrhea)：病原體為淋病雙球菌 *(Neisseria gonorrhoeae)*，其症狀包括小便疼痛和生殖道黃色分泌物等。若無治療，男性會造成副睪炎和不孕，女性可能會有骨盆腔發炎疾病。受母親產道感染之新生兒可能會導致失明和血液感染，影響生命安全。
2. 梅毒 (syphilis)：病原體為梅毒螺旋體 *(Treponema pallidum)*，主要是性交時接觸梅毒瘡 (syphilitic) 或稱為硬性下疳 (chancre) 而傳染。新生兒能經由母親之胎盤或是子宮被傳染，若出生後仍存活，則可能有骨骼畸形和神經系統等問題。
3. 生殖器疱疹 (genital herpes)：可能由第一型、第二型單純疱疹病毒感染引起，但大多為第二型。多數的病人感染初期並無明顯症狀，常見症狀為生殖器和肛門區域水泡，水泡內含大量病毒之液體，破裂後變成疼痛的表淺潰瘍，約維持 2~4 週痊癒，然而症狀可能再復發，嚴重度與頻率可能會隨著時間減輕。疱疹病毒感染者終生無法根治，可由抗病毒藥物來減緩病情，感染者即使沒有發作，仍然具有傳染力。

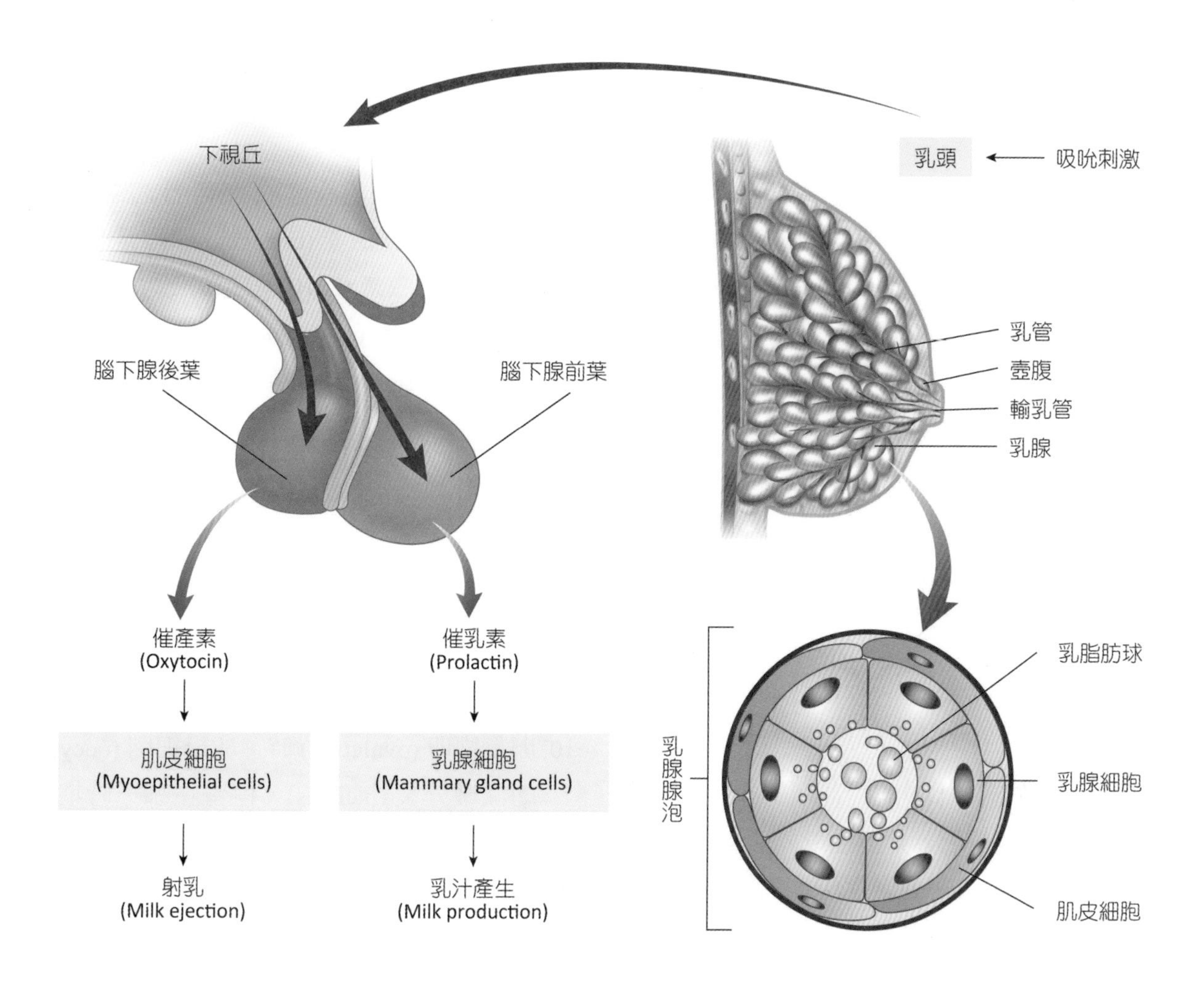
下視丘
腦下腺後葉
腦下腺前葉
催產素
(Oxytocin)
催乳素
(Prolactin)
肌皮細胞
(Myoepithelial cells)
乳腺細胞
(Mammary gland cells)
射乳
(Milk ejection)
乳汁產生
(Milk production)
乳頭
吸吮刺激
乳管
壺腹
輸乳管
乳腺
乳脂肪球
乳腺腺泡
乳腺細胞
肌皮細胞

■ 圖 19-26　泌乳機制

學習評量 REVIEW AND CONPREHENSION

1. 下列男性生殖系統，何者具有靜纖毛 (stereocilia) 構造，以及儲存精子的功能？(A) 睪丸 (testis) (B) 副睪 (epididymis) (C) 精囊 (seminal vesicle) (D) 前列腺 (prostate gland)

2. 下列何者包覆陰蒂 (clitoris)，形成陰蒂的包皮 (prepuce of clitoris)？(A) 陰阜 (mons pubis) (B) 大陰唇 (labia majora) (C) 小陰唇 (labia minora) (D) 陰道前庭 (vaginal vestibule)

3. 何時次級卵母細胞 (secondary oocyte) 會完成第二次減數分裂？(A) 胚胎時期 (B) 出生時 (C) 排卵時 (D) 受精時

4. 12 歲的王同學因為外傷造成兩側睪丸嚴重受損被迫切除，下列何者為手術後的生理變化？(A) 聲音變得低沉且毛髮增生 (B) 血液中黃體生成素 (LH) 濃度上升 (C) 血液中睪固酮 (testosterone) 濃度上升 (D) 尿液中雄性素 (androgen) 濃度上升

5. 睪丸主要負責產生精子，是下列哪一構造？(A) 睪丸網 (rete testis) (B) 直管 (straight tubule) (C) 輸出小管 (efferent ductule) (D) 曲細精管 (seminiferous tubule)

6. 有關促進睪固酮分泌之敘述，下列何者正確？(A) 濾泡刺激素 (FSH) 直接作用於萊氏細胞 (Leydig cell) (B) 黃體刺激素 (LH) 直接作用於賽氏細胞 (Sertoli cell) (C) 促性腺素釋放激素 (GnRH) 間接作用於萊氏細胞 (Leydig cell) (D) 抑制素 (inhibin) 間接作用於賽氏細胞 (Sertoli cell)

7. 有關排卵過程的敘述，下 何者正確？(A) 單一高劑量雌激素 (estrogen) 即可促進排卵 (B) 濾泡刺激素 (FSH) 使顆粒細胞黃體化 (C) 前列腺素 (prostaglandin) 減少濾泡液 (D) 顆粒細胞分泌酵素促進濾泡膜分解

8. 有關前列腺的敘述，下列何者錯誤？(A) 位於膀胱下方 (B) 位於泌尿生殖橫膈上方 (C) 位於直腸後方 (D) 位於精囊下方

9. 下列器官的主要養分來源，何者不是來自髂內動脈？(A) 卵巢 (B) 子宮 (C) 陰道 (D) 膀胱

10. 卵巢排卵 (ovulation) 時，卵母細胞 (oocyte) 的減數分裂 (meiosis)，停留在哪一時期？(A) 第一次減數分裂的中期 (metaphase of meiosis I) (B) 第一次減數分裂的末期 (telophase of meiosis I) (C) 第二次減數分裂的中期 (metaphase of meiosis II) (D) 第二次減數分裂的末期 (telophase of meiosis II)

11. 下列何種激素在懷孕過程中不會大量增加？(A) 人類胎盤泌乳素 (hPL) (B) 催產素 (oxytocin) (C) 雌激素 (estrogen) (D) 泌乳素 (prolactin)

12. 在排卵後一天，與排卵日相比，下列何種激素在血中的濃度不會下降？(A) 濾泡刺激素 (FSH) (B) 黃體生成素 (LH) (C) 動情激素 (estrogen) (D) 黃體激素 (progesterone)

13. 18 歲女性外表，沒有月經，性染色體為 XY，其細胞對雄性素不敏感，在此病人所表現的病徵中，下列何者是因為缺乏雄性

素接受器所造成？(A) 基因型 (genotype) 為 46, XY (B) 沒有子宮頸和子宮 (C) 睪固酮 (testosterone) 濃度上升 (D) 沒有月經週期

14. 女性會陰部的三個構造，由前往後的排序為何？(1) 陰蒂 (2) 外尿道口 (3) 陰道口。(A)(1)(2)(3) (B)(1)(3)(2) (C)(2)(1)(3) (D)(2)(3)(1)

15. 精子產生後在下列何處成熟，而獲得運動能力？(A) 睪丸 (B) 副睪 (C) 儲精囊 (D) 輸精管

16. 男性生殖構造中何者具有肉膜肌 (dartos muscle)？(A) 陰莖 (penis) (B) 陰囊 (scrotum) (C) 副睪 (epididymis) (D) 精索 (spermatic cord)

17. 進入青春期，由下列何種激素刺激卵巢濾泡發育，使初級卵母細胞完成第一次減數分裂？(A) 濾泡刺激素 (FSH) (B) 黃體生成素 (LH) (C) 雌激素 (estrogen) (D) 黃體素 (progesterone)

18. 下列何種原因抑制懷孕時乳汁的製造？(A) 泌乳素 (prolactin) 濃度過低，不足以刺激乳腺 (B) 人類胎盤泌乳素 (human placental lactogen) 過低 (C) 多巴胺 (dopamin) 抑制腦下腺合成泌乳素 (D) 雌激素 (estrogen) 與黃體素 (progesterone) 濃度高

19. 下列哪一條動脈的分枝會造成男性陰莖海綿體充血勃起？(A) 生殖腺動脈 (gonadal artery) (B) 閉孔動脈 (obturator artery) (C) 髂內動脈 (internal iliac artery) (D) 髂外動脈 (external iliac artery)

20. 下列何者是由數層濾泡細胞及有液體之濾泡腔組成，其內並包含一個初級卵母細胞？(A) 原始濾泡 (primordial follicle) (B) 葛氏濾泡 (Graafian follicle) (C) 初級濾泡 (primary follicle) (D) 次級濾泡 (secondary follicle)

解答

1.B 2.C 3.D 4.B 5.D 6.C 7.D 8.C 9.A 10.C 11.B 12.D 13.C 14.A 15.B 16.B 17.A 18.D 19.C 20.D

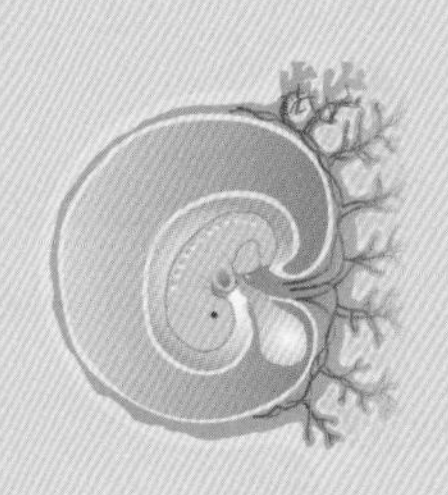

發育解剖學 Developmental Anatomy

CHAPTER 20

作者／馮琮涵

本章大綱 Chapter Outline

前言 INTRODUCTION

了解人體各系統的器官構造後，應該會對於人體構造的精細巧妙讚嘆不已。同時應該也會好奇這構造精巧的器官是如何形成的，每一個個體是如何從一顆的受精卵細胞，經過細胞分裂、分化、成長最後變成獨特的個體。研究人體如何從受精卵發育為成熟個體到出生的過程，稱為胚胎學 (embryology)。如果將胚胎學擴展到胎兒出生後，隨著年齡演變到老化等過程的變化，則稱為發育解剖學 (developmental anatomy)，由於各系統器官的老化過程在各章節已經多有提及，因此本章主要介紹胚胎學。

臨床上許多先天缺陷都和胚胎形成過程有關，學習胚胎學能增進對解剖生理學的了解，雖然受精、懷孕、生產等內容在上一章已有簡單說明，但鑒於胚胎學的博大精深，本章節將以簡單生動的方式，更深入的介紹胚胎發育過程，提供有興趣的讀者參考。

20-1 胚胎前期 

胚胎前期是指從精子與卵子受精，受精之後的卵裂，發育成桑椹胚、囊胚，以及著床於子宮的過程，大約一週的發育過程。

一、受精 (Fertilization)

精子與卵子的受精過程可以說是「精子的奇幻旅程」。當男性在女性的陰道內射精，會有幾億的精子射出，多數精子停留在女性陰道的穹隆內，在酸性的陰道內被殺死。只有剛好射在子宮頸口的精子，有機會可以快速經由子宮頸管進入子宮腔內。女性子宮頸口平時有許多黏稠的分泌物質保護，能避免有害物質的入侵，但是排卵前幾天，黏稠的分泌物質會變得較為稀疏，讓精子有機會進入。精子進入子宮腔後，又面臨兩難的問題，有兩條輸卵管，正常情形只有一條輸卵管內有一顆卵子。所以只有選對輸卵管的精子才會有與卵子相遇的機會，選錯邊的就遙遙無期了。

選對邊的幸運精子進入輸卵管後，面對的卻是極為複雜的迷宮，因為輸卵管內有許多的褶皺與縫隙，卵子就躲在縫隙中。此外輸卵管內還有纖毛，會朝向子宮的方向擺動，所以精子還必須逆流而上，勇往直前在迷宮中尋找唯一的卵子。輸卵管內纖毛的擺動，也具有防止異物入侵的作用，此時可以淘汰活動力較弱的精子。另外，精子逆流而上，可以使精子頭端的蛋白質經過沖刷而暴露出來，以利與卵子結合。

當通過逆流考驗的精子，幸運地在複雜的迷宮中找到唯一的卵子時，精子便會爭先恐後地圍繞著卵子，這顆剛排出不久的卵子，還被透明帶保護，且外圍還有許多濾泡細胞。精子必須穿過外圍的濾泡細胞到達透明帶，再利用頭端的蛋白質與卵子的透明帶相結合，一

臨床應用 ANATOMY & PHYSIOLOGY 

不孕症 (Infertility)

所謂的「不孕」是指「不易受孕」。在沒有避孕的情況下，經過 12 個月以上的性生活，而沒有成功受孕，即稱為不孕症。不孕症一般分為兩種，一種為「原發性不孕症」，指從來不曾懷孕過。另一種為「次發性不孕症」，指曾經懷孕過，但是後來因為某些原因無法再懷孕。不孕症的原因很多，可能是男性的精子數量過少，或是精子活動力不佳導致受孕能力降低；女性高齡，排卵異常或內分泌失調，卵巢、輸卵管或是子宮異常等，都會造成不孕症。由於原因很多，因此必須請醫師詳細檢查找出不易受孕的原因。

結合便會引發精子頭端的尖體破裂，釋放水解酵素分解透明層，產生尖體反應 (acrosome reaction)。如果精子與卵子來自不同物種，精子與卵子不會結合，尖體反應就不會發生。一般而言，大約只有一百多個幸運的精子能順利到達輸卵管中的卵子表面。

這一百多個精子開始這段奇幻旅程的最後衝刺，最先到達卵子表面的精子未必就是成功受精的，有時鑽偏了都是無法成功的。最幸運的那一顆精子，以最短距離或是剛好從已經挖好的洞進入，穿過透明帶。當精子的細胞膜與卵子細胞膜碰觸的那一瞬間，卵子細胞膜會產生電位變化，同時引發皮質反應 (cortical reaction)，釋放位於卵子細胞膜下方的皮質顆粒，促使透明層變硬。此時其他慢一步的精子，就再也無法與卵子受精。受精的那一瞬間刺激，也會促使卵子完成第二次減數分裂，為了精子的到來做好準備。精子頭端的細胞核進入卵子內，原本聚集的染色質慢慢解開，與卵子的染色質進行配對結合，完成受精作用。

卵子的最佳黃金受精時間是從卵巢排出的 24 小時內，所以一般而言，受精作用通常會在輸卵管的壺腹部發生。雖然卵子的最佳受精時間短，但是精子在女性體內可以存活的時間，可以長達 3~5 天（由精子的數量與活性而定），因此如果想懷孕必須算好排卵的時間。

此外，由於受精過程中精子必須通過重重考驗，因此精子的數量與活動力決定是否能使卵子受孕。精子數量太少，能順利到達卵子的精子就更少，成功受精的機率就更低。活動力太低，則可能無法通過輸卵管的纖毛擺動，無法到達卵子。

了解精子與卵子的結合過程後，你是否發現生命得來不易呢？每一位順利誕生的個體，在最初受精的過程，就已經通過重重考驗，數以億計的兄弟姊妹跟著你一同勇往直前，努力逆流而上，而你就是那幾億中選一，唯一而且是最幸運的那一位。

臨床應用 ANATOMY & PHYSIOLOGY 

子宮外孕 (Ectopic Pregnancy)

胚胎著床於子宮以外的區域稱為子宮外孕，又稱為異位妊娠。子宮外孕大多發生在輸卵管中，可能由於輸卵管管道狹窄或纖毛擺動較慢，使得受精卵仍位於輸卵管中就進行著床，有時也可能著床於腹膜、腹腔或骨盆腔內臟器。由於子宮內膜具有豐厚的血管與腺體，可以提供胎盤形成，其他部位則無法，胚胎著床於子宮以外的區域會導致這些部位不正常的出血，危及孕婦的生命，胚胎也會因為無法正常形成胎盤而發育不全，因此子宮外孕大多採取手術予以切除。若是早期發現，可以藉由藥物摧毀胚胎組織。

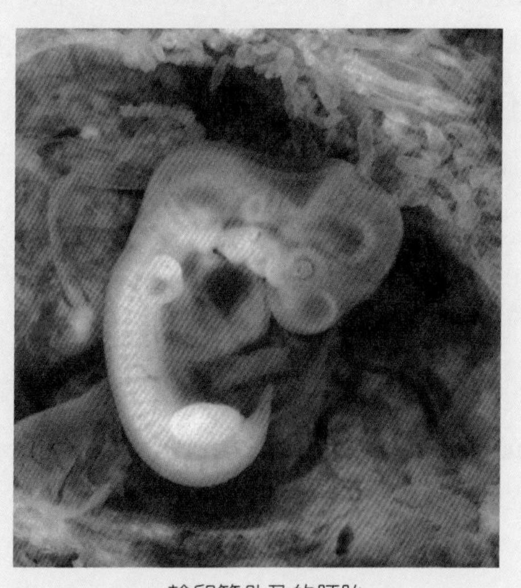

輸卵管外孕的胚胎

二、囊胚的發育

精子與卵子在輸卵管壺腹部相結合後，輸卵管內的纖毛仍會繼續擺動，將受精卵繼續向子宮方向推送。精子與卵子的細胞核經過解開與重組後，形成合子 (zygote)，並且開始準備進行卵裂 (cleavage)。

大約受精後一天，受精卵便會開始分裂為兩顆細胞 (two cells stage)。受精兩天後分裂為 4 顆細胞 (four cells stage)，而後再分裂為 8 顆細胞 (eight cells stage)。當胚胎發育到 8 顆細胞時，特殊的擠壓現象 (compaction) 使細胞間產生緊密結合，細胞界限變得不明顯，似乎形成了生命的共同體。接著細胞分裂繼續進行，當形成一團大約 16 個緊密連結的細胞時，整個胚胎外觀如同桑椹，因此此時期的胚胎稱為桑椹胚 (morula)。

桑椹胚繼續進行細胞分裂，由於細胞總數越來越多，分裂的速度不會完全一致，漸漸地在細胞之間出現縫隙與空腔，此空腔逐漸變大，形成外圍有一圈的細胞，稱為滋養層 (trophoblast)；內部有一團的細胞，稱為內細胞群 (inner cell mass)。胚胎的內部具有囊狀的空腔，因此稱為囊胚 (blastocyst)，空腔則稱為囊胚腔 (blastocystic cavity)。由於受精卵的卵裂作用仍然受限於外面堅固的透明帶，因此當細胞持續不斷地分裂時，細胞的體積會越分越小。胚胎發育成囊胚時，大約是受精後 5 天左右的時間，囊胚也運送到子宮腔內。接著囊胚細胞會分泌水解酵素，分解仍包在囊胚外面的透明帶，囊胚從透明帶中破殼而出，稱為孵化 (hatching)。孵化後的囊胚才能夠侵入子宮內膜，順利進行著床；沒有孵化的囊胚因為外面仍隔著透明帶，是無法著床的。

三、著床 (Implantation)

從透明帶破開孵化出來的囊胚，接觸到柔軟且有許多分泌物質的子宮內膜時，囊胚外層的滋養層細胞因為得到了養分，開始增生並且往子宮內膜侵入，將整個囊胚帶入子宮內膜內，這樣的過程稱為著床。使用「侵入」來形容，是因為滋養層細胞會分解子宮內膜組織，使囊胚有足夠空間發育。

此外，滋養層細胞也會分泌人類絨毛膜促性腺激素 (human chorionic gonadotropin, hCG)，隨著血液送至卵巢，刺激黃體繼續分泌黃體素，維持子宮內膜的厚度並刺激子宮腺體持續分泌，使胚胎的發育能順利進行。當母體的體液出現 hCG 就表示有受精卵著床，因此 hCG 常作為驗孕的指標。滋養層細胞之後會發展成為胎盤 (placenta)，當胎盤形成並開始分泌動情素與黃體素，刺激子宮內膜維持分泌之後，卵巢內的黃體才會萎縮退化。胚胎從受精、卵裂、桑椹胚、囊胚到子宮內膜著床，總共大約需要 5~7 天的時間。

20-2 胚胎期

著床時，囊胚外層的滋養層細胞積極向外發展，吸取養分擴大囊胚的尺寸；囊胚內層的內細胞群也積極地進行細胞的分裂與分化，朝向人體的構造，努力進行發育。胚胎著床後便進入第二週的發育。

器官系統的起源

一、第二週：雙層胚盤時期

第二週的發育由於分裂速度不同，造成內細胞群中再出現兩個空腔，靠近滋養層細胞的稱為羊膜腔 (amniotic cavity)；遠離滋養層細胞的稱為卵黃囊 (yolk sac)。在兩個空腔相接觸的部分，是由兩層細胞組成的盤狀構造，稱為**雙層胚盤** (bilaminar germ disc)。雙層胚盤位於羊膜腔面的細胞，稱為上胚層 (epiblast)；雙層胚盤位於卵黃囊面的細胞，稱為下胚層 (hypoblast)。

囊胚外層的滋養層細胞在第二週也分化成兩層，外層直接與子宮內膜細胞接觸，細胞與細胞之間的界限消失，因此稱為融合滋養層 (syncytiotrophoblast)；內層仍清楚保留細胞膜完整界限，稱為細胞滋養層 (cytotrophoblast)，將來這兩層會共同形成胎盤（圖 20-1）。

第二週的發育，就是內細胞群形成具有上、下胚層的雙層胚盤構造，而外層滋養層形成融合滋養層與細胞滋養層兩層構造。

二、第三週：三層胚盤時期

胚胎發育進入受精後第三週時，原本雙層的胚盤在上胚層的中央出現原結 (primitive node) 與原條 (primitive streak) 的構造。這兩種構造的出現是因為上胚層細胞快速分裂並往中央擠壓，細胞陷入上胚層與下胚層中間所導致。隨著上胚層細胞不斷擠入，並且迅速擴展到兩胚層中間，導致原本的雙層胚盤轉變形成三層胚盤 (trilaminar germ disc) 的構造。原本與羊膜腔相接觸的上胚層改稱為外胚層 (ectoderm)，位於中間新形成的胚層稱為中胚層 (mesoderm)，原本與卵黃囊相接觸的下胚層則改稱為內胚層 (endoderm)。

三層胚盤只有兩個部位沒有中胚層細胞，分別是位於頭端的頰咽膜 (buccopharyngeal membrane)，以及位於尾端的泄殖腔膜 (cloacal membrane)，僅有外胚層與內胚層構成的膜狀構造，將來分別會破裂開，頰咽膜破開後會形成嘴巴的開口；泄殖腔膜破開後則會形成泌尿生殖管道開口與肛門的開口（圖 20-2）。

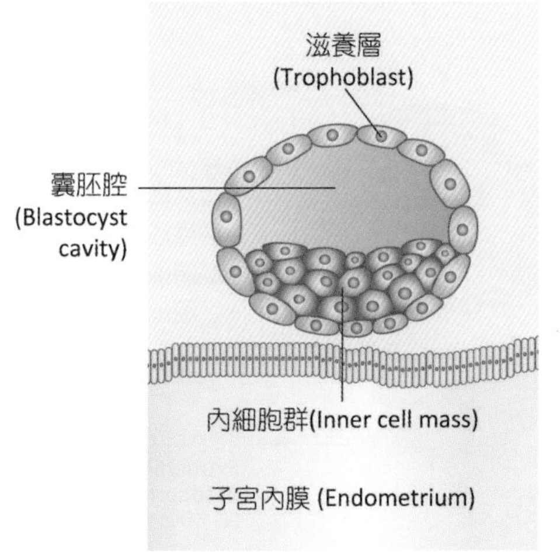

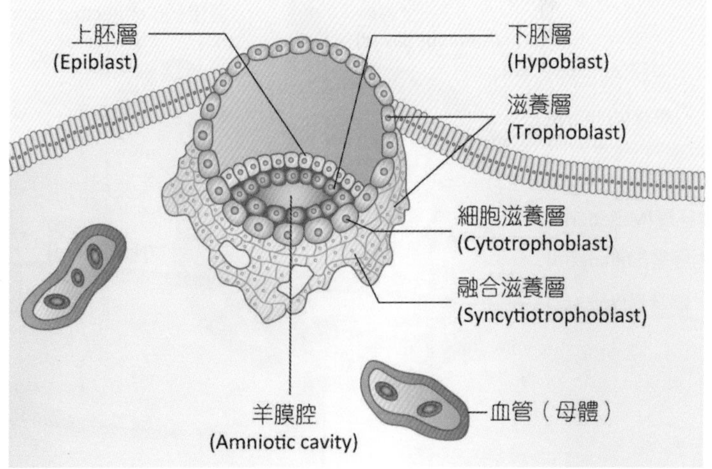

■ 圖 20-1　雙層胚盤

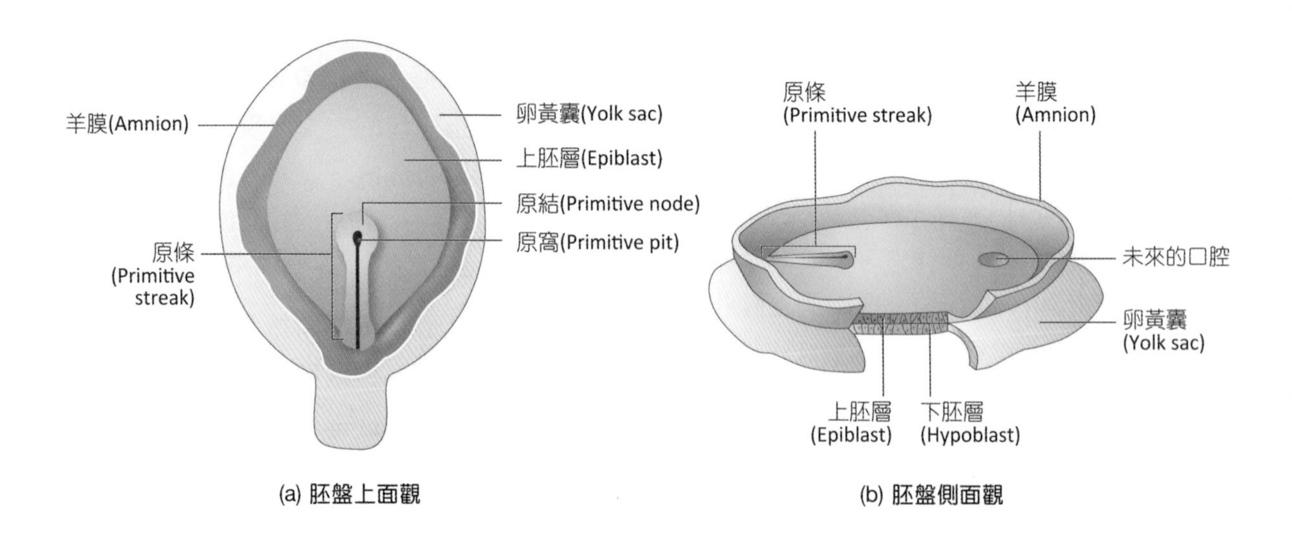

(a) 胚盤上面觀

(b) 胚盤側面觀

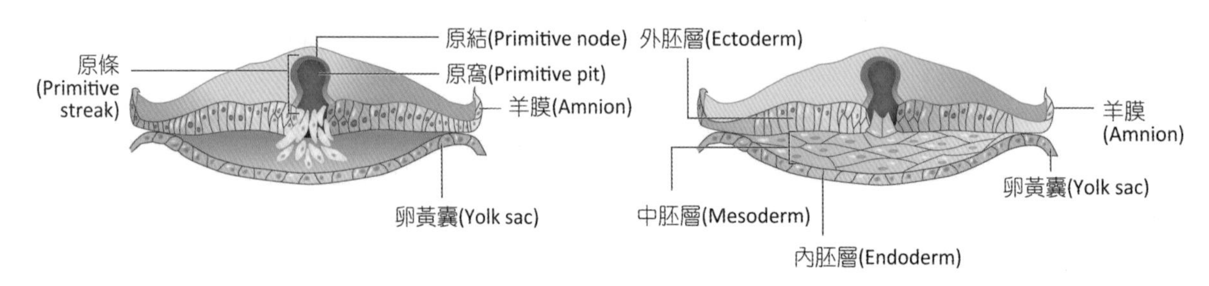

(c) 中胚層形成

■ 圖 20-2　三層胚盤的形成

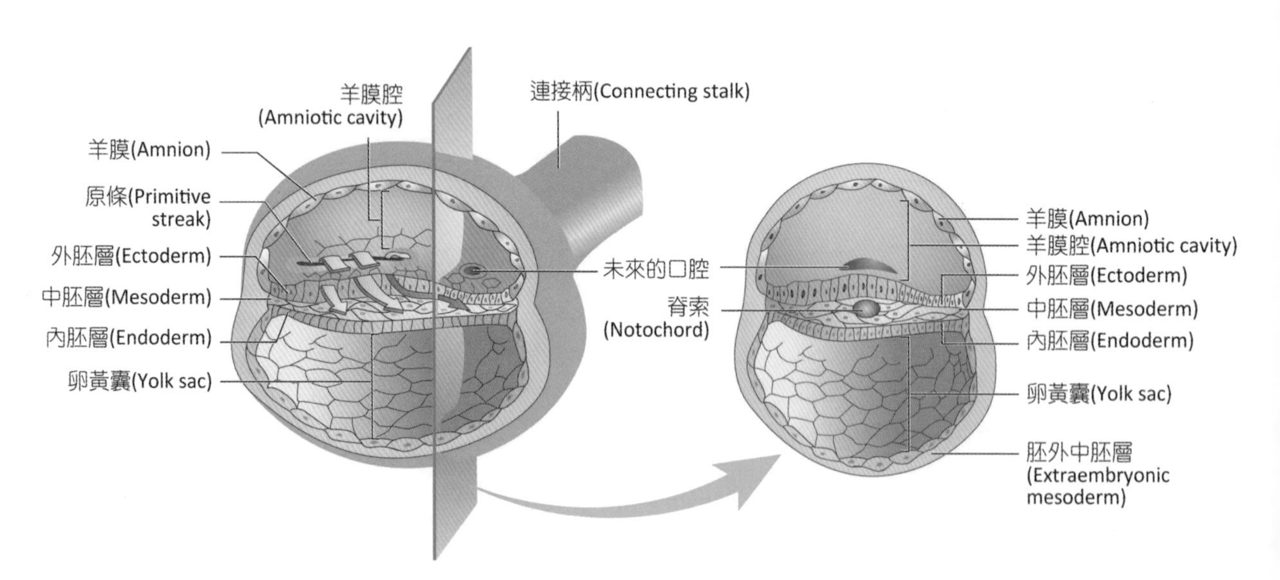

■ 圖 20-3　脊索形成

三胚層可以說是人體器官系統最基本的起源架構，詳細三胚層衍生的構造，在本節後面會詳細說明。

(一) 脊索形成 (Notochord Formation)

發育的第三週還有另外一個重要的構造出現，就是脊索 (notochord)。脊索的形成大約在第 16 天左右，由原結的外胚層細胞繼續分裂，向下捲入中胚層的中央，形成一條中空管狀構造，延著中央軸往前延伸，在第 18 天左右靠近頭端的頰咽膜部位。而後中空管狀的脊索會與內胚層細胞癒合再分離，而形成一條實心柱狀構造的脊索（圖 20-3）。

隨著脊索的往前延伸，胚胎頭尾端的長軸也逐漸拉長。脊索的形成標定了胚胎身體的中央軸位置，位於中央軸的脊索也會刺激上方的外胚層發育，轉變成腦與脊髓的構造，此過程稱為神經形成。此外，脊索形成後會刺激位於脊索旁邊的中胚層細胞，分化成體節 (somites)，脊索最後形成脊椎骨與脊椎骨之間椎間盤的彈性核心，稱為髓核 (nucleus pulposus) 的構造。

(二) 神經形成 (Neurulation)

脊索發育的同時會刺激位於其上方的外胚層發育形成神經組織，進一步發育形成腦與脊髓的構造，此過程稱為神經形成 (neurulation)。發育的第三週開始，脊索兩旁上方的外胚層受到脊索的刺激增厚隆起，形成板狀構造，稱為神經板 (neural plate)，兩片隆起的神經板中央，是凹陷的神經溝 (neural groove)，神經板的頂端則為神經嵴 (neural crest)。位於中央的神經溝逐漸變深，陷入體內，而兩側的神經嵴逐漸升高，並且在頂端中央癒合，如此就形成中空的管狀構造，稱為神經管 (neural tube)（圖 20-4）。

神經管是從頸部區域開始癒合形成，然後分別往頭部與尾端像拉鍊一樣逐漸關閉。頭端大約在發育第 26 天左右完全關閉，尾端大約在發育第 28 天左右完全關閉。如果頭端的神經管關閉不完全，則腦部發育不完全，會造成無腦症 (anencephaly)。如果尾端的神經管關閉不完全，則脊髓發育不完全，會造成脊柱裂 (spina bifida)。

頭端的神經管將來會形成腦泡 (brain vesicles)，進一步發育成腦部，神經管的管腔將來會形成腦室系統 (ventricular system)。頸部以下的神經管將來會發育形成脊髓，神經管的管腔則形成脊髓的中央管 (central canal)。神經嵴在癒合形成神經管之後，會移動到神經管的兩旁，將來發育形成神經節 (ganglion) 的構造。

(四) 三胚層的衍生物

三胚層是人體基本的構造，其發育主要衍生構造如下（表 20-1）：

1. **外胚層衍生物** (derivatives of ectoderm)：形成表皮以及表皮的衍生物（如毛髮、指甲、汗腺、皮脂腺等）。此外，神經管也是從外胚層衍生形成，因此**神經組織**（腦與脊髓）也是從外胚層發育。神經嵴的細胞雖然是從外胚層發育，但是最後會脫離外胚層，進入中胚層內，衍生出許多構造，例如神經節、表皮的色素細胞或部分顏面骨等。

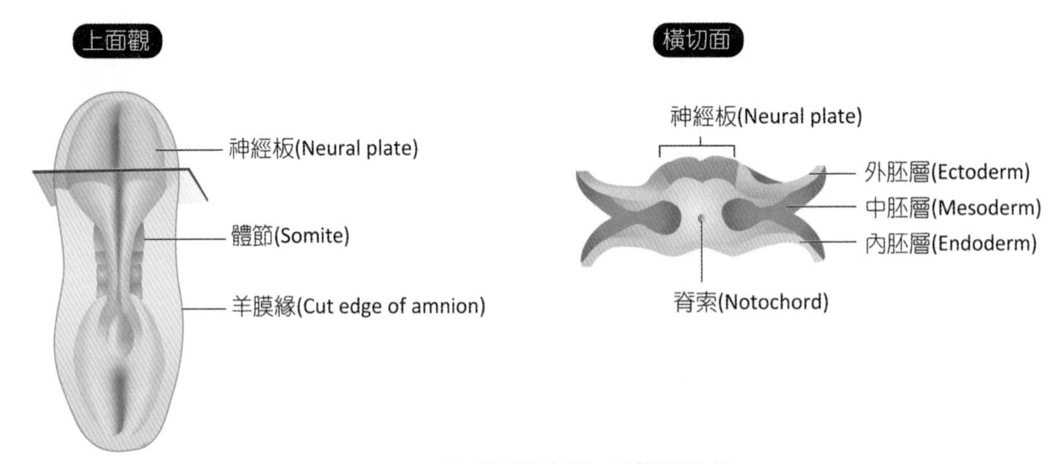

(a) 第三週中期：神經板形成

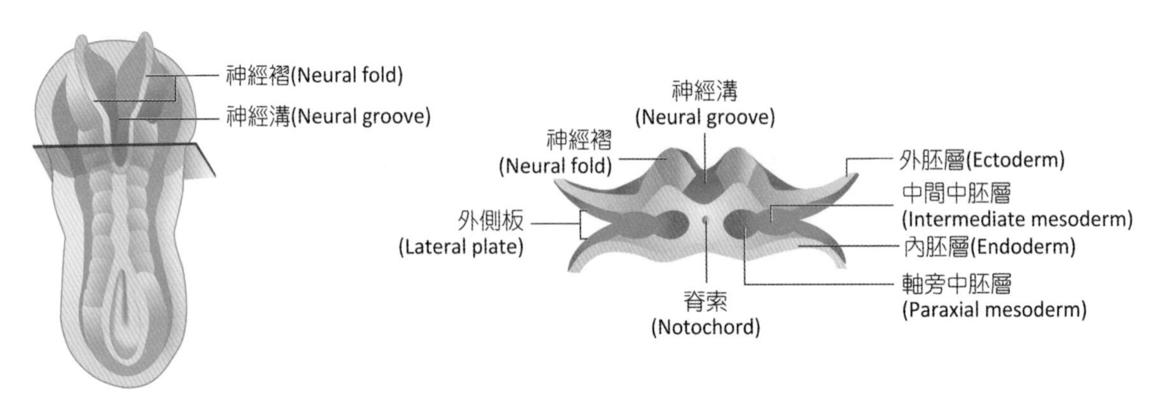

(b) 第三週晚期：神經褶、神經溝形成

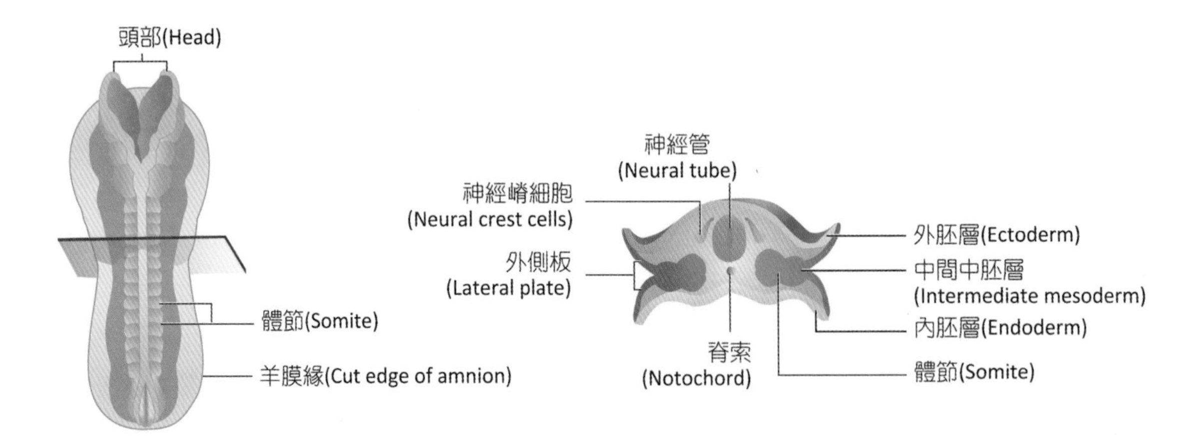

(c) 第四週：神經管形成

■ 圖 20-4　神經形成

表 20-1 三胚層的發育

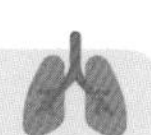

外胚層	內胚層	中胚層
· 神經系統 · 表皮、毛髮、指甲，皮脂腺、汗腺、乳腺之上皮 · 眼球水晶體、虹膜肌、感覺器官之接受器細胞 · 牙齒琺瑯質 · 腎上腺髓質 · 唾液腺、口腔、唇、硬腭、鼻腔、副鼻竇上皮 · 肛管下段、男性尿道末端	· 食道、消化道、肝臟、胰臟、膽囊上皮 · 咽喉、氣管、肺臟、扁桃腺上皮 · 甲狀腺、胸腺、副甲狀腺上皮 · 膀胱、尿道、陰道上皮 · 內耳、耳咽管上皮	· 骨骼肌、心肌、大部分平滑肌 · 軟骨、硬骨及其他結締組織 · 心血管、淋巴組織、紅血球、脾臟 · 皮膚真皮層 · 性腺、生殖管道及附屬腺體、腎臟、輸尿管、腎上腺皮質 · 牙齒（琺瑯質除外） · 胸膜、腹膜、心包膜之上皮

2. **內胚層衍生物** (derivatives of endoderm)：主要形成人體內呼吸管道、消化管道與泌尿生殖管道的上皮組織。此外，內胚層也衍生成上述管道的外分泌腺體與分泌器官（如**肝臟與胰臟的分泌腺體**等）。
3. **中胚層衍生物** (derivatives of mesoderm)：中胚層衍生的構造非常多樣，因為中胚層原本就有許多不同構造，如軸旁中胚層、中間中胚層、側板中胚層等，會分別衍生成不同構造。原則上除外胚層與內胚層衍生的構造外，其他都是由中胚層細胞所衍生形成，例如骨骼、肌肉、結締組織等。

(三) 中胚層的分化

位於身體中央軸的脊索形成後，會刺激位於脊索旁的中胚層細胞進行分化。第三週結束時，中胚層已經分化形成三種重要構造（圖 20-4）：

1. **軸旁中胚層** (paraxial mesoderm)：位於身體中央軸（脊索）兩側旁邊的中胚層，逐漸成對形成一球一球的團塊構造，稱為**體節** (somites)。體節是身體最初的分節，隨著發育過程，體節會逐漸出現，在發育第四週末期約有 40 對的體節形成。每一個體節會再分裂成三個部分：
   (1) 骨節 (sclerotome)：包圍脊索與神經管，最終形成脊椎骨與肋骨。
   (2) 皮節 (dermatome)：往外胚層移動，最終形成表皮下方的真皮層與皮下脂肪組織。
   (3) 肌節 (myotome)：分裂成背側肌節與腹側肌節。背側肌節最終形成背部肌肉，腹側肌節則會往腹側面延伸，最終形成分節的軀幹肌肉群。此外，腹側肌節還會發育出肢芽 (limb buds)，將來形成上肢與下肢的肌肉。
2. **中間中胚層** (intermediate mesoderm)：位於體節的外側，也是形成團塊的構造，將來部分團塊會退化，部分團塊則會發育形成腎臟與生殖腺（睪丸或卵巢）構造。
3. **側板中胚層** (lateral plate mesoderm)：位於身體外側的板狀中胚層，剛開始是單層中胚層，而後裂開形成兩層，與外胚層相接觸位於外胚層內側的稱為體壁中胚層。與內胚層相接觸、位於內胚層外側的稱為臟壁中胚層。體壁中胚層與臟壁中胚層之間則會形成身體的體腔（心包腔、胸膜腔、腹腔）。

(1) 體壁中胚層 (somatic mesoderm)：將來發育形成體壁壁層漿膜、腹側皮膚的真皮層，以及四肢的骨骼等。

(2) 臟壁中胚層 (visceral mesoderm)：將來發育形成管道的結締組織、肌肉層與外膜構造。由於包圍內胚層形成的管道，因此主要形成消化管道的管壁平滑肌和外膜的構造。心臟與血管也是由臟壁中胚層衍生形成。心臟是由血管衍生形成，大約第 **19~21 天左右原始心臟就會開始跳動**。血管也會陸續在身體各處的中胚層生成，然後以心臟為中心串接起來。血液也是由中胚層細胞衍生形成，在血管內流動。

三、第四週：身體的捲褶 (Folding)

發育的第四週開始，由於脊索的發育、神經管的延伸以及體節的成形，原本呈盤狀的三胚層胚胎，開始捲褶形成立體的人形構造（圖 20-5）。頭部的捲褶主要是因為神經管前端膨大形成腦泡，使得原本位於前端的頰咽膜（口腔）捲到胸腔的上方，位於頰咽膜前方的原始心臟，也因此捲入胸腔內。尾端的泄殖膜，也因為神經管尾端延長而捲褶，使得泄殖膜（肛門與生殖管道）捲到尾端的腹側面。身體的側邊則是由於左右兩側的體節與側板中胚層的擴展，逐漸從身體左右兩側往腹側面延伸，最後在腹面的正中線癒合，形成真正的體腔。腹側面在正中線癒合後，僅剩下肚臍部位沒有癒合，讓臍靜脈與臍動脈通過。

由於身體的捲褶，原本由內胚層構成的卵黃囊，也因此被拉長與擠壓，形成前腸 (foregut)、中腸 (midgut) 與後腸 (hindgut) 的構造，將來分別發育成消化管道內襯的上皮組織。原本圓形的卵黃囊，也被擠壓到肚臍部位，形成細長的卵黃管 (vitelline duct)。

四、第五週至第八週的發育

第 5~8 週人體的發育可以說是從具有尾巴的捲曲蝌蚪狀變成人形的重要階段。在第四週，約第 26 天左右，上肢芽會先出現。約第 28 天左右，下肢芽跟著出現。之後肢芽開始延長，並且形成掌板與手指和腳趾逐漸成形。頭部也快速發育變大，耳朵、眼睛與鼻子也逐步發育。尾巴逐漸變短消失。到第八週結束時，已經可以從外觀確認是人類的胚胎，這時候胚胎的大小約 3 公分。除了外觀的變化，胚胎體內的各種器官也發育出雛形構造。

胚胎外膜 (Extraembryonic Membranes)

胚胎發育過程中，覆蓋在胚胎外面的膜狀構造，也會跟著發育，用以形成保護構造，保護胚胎。

一、卵黃囊 (Yolk Sac)

囊胚在子宮內膜著床後，內細胞群靠近囊胚腔的細胞進一步發育成下胚層，下胚層的細胞開始增生，並且貼著細胞滋養層內側，將原來的囊胚腔圍成原始卵黃囊 (primitive yolk sac)。由於著床後，滋養層細胞獲得許多子宮內膜的養分，快速向外擴展，使得原始卵黃囊與細胞滋養層分開，兩者之間出現胚外網狀構造 (extraembryonic reticulum)。上胚層細胞快速向下增生，形成胚外中胚層（圖 20-

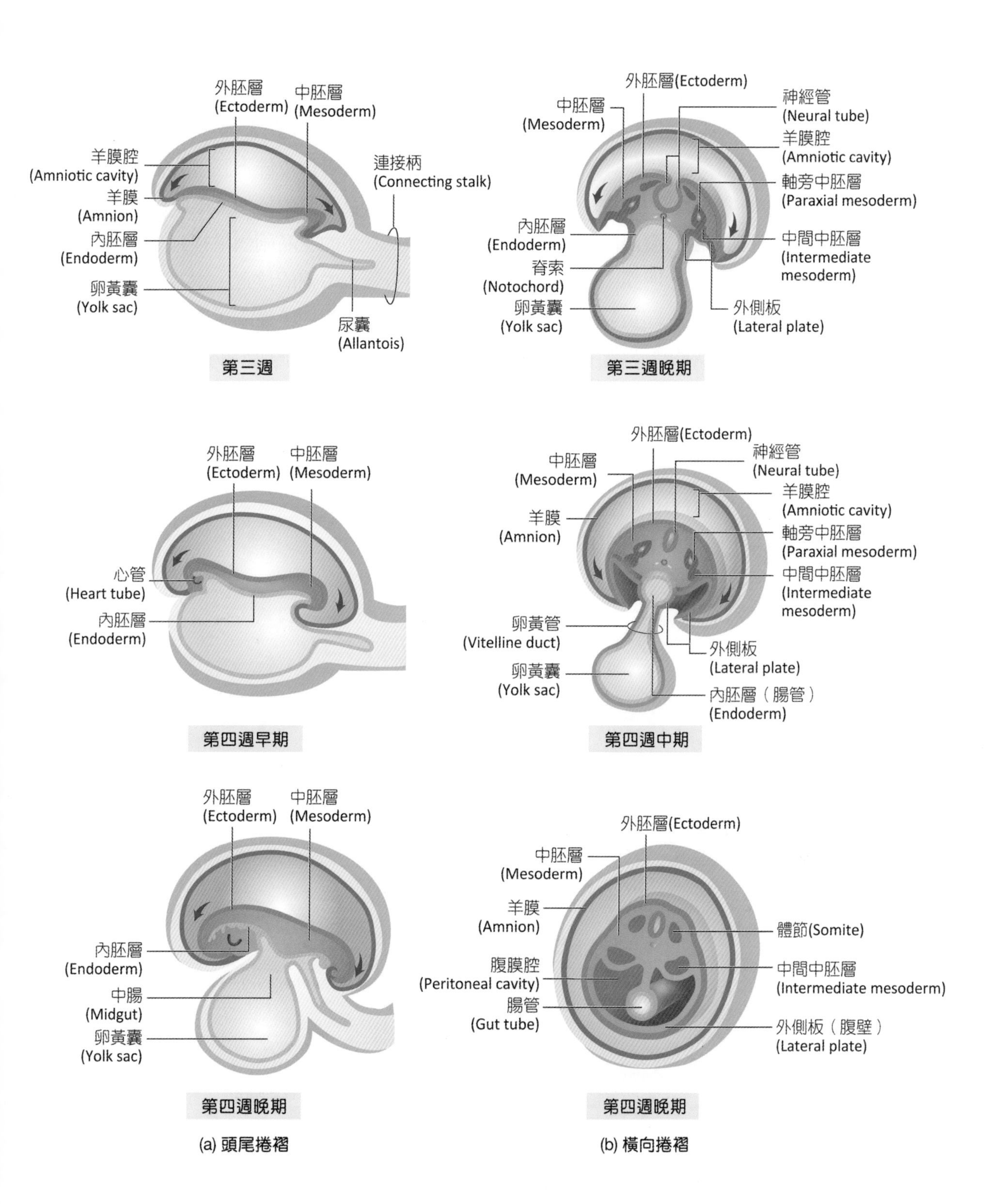
外胚層
(Ectoderm)
中胚層
(Mesoderm)
羊膜腔
(Amniotic cavity)
羊膜
(Amnion)
內胚層
(Endoderm)
卵黃囊
(Yolk sac)
連接柄
(Connecting stalk)
尿囊
(Allantois)
第三週
外胚層(Ectoderm)
中胚層
(Mesoderm)
神經管
(Neural tube)
羊膜腔
(Amniotic cavity)
軸旁中胚層
(Paraxial mesoderm)
內胚層
(Endoderm)
脊索
(Notochord)
中間中胚層
(Intermediate mesoderm)
卵黃囊
(Yolk sac)
外側板
(Lateral plate)
第三週晚期
外胚層
(Ectoderm)
中胚層
(Mesoderm)
心管
(Heart tube)
內胚層
(Endoderm)
第四週早期
外胚層(Ectoderm)
中胚層
(Mesoderm)
神經管
(Neural tube)
羊膜
(Amnion)
羊膜腔
(Amniotic cavity)
軸旁中胚層
(Paraxial mesoderm)
中間中胚層
(Intermediate mesoderm)
卵黃管
(Vitelline duct)
外側板
(Lateral plate)
卵黃囊
(Yolk sac)
內胚層（腸管）
(Endoderm)
第四週中期
外胚層
(Ectoderm)
中胚層
(Mesoderm)
內胚層
(Endoderm)
中腸
(Midgut)
卵黃囊
(Yolk sac)
第四週晚期
外胚層(Ectoderm)
中胚層
(Mesoderm)
羊膜
(Amnion)
體節(Somite)
腹膜腔
(Peritoneal cavity)
中間中胚層
(Intermediate mesoderm)
腸管
(Gut tube)
外側板（腹壁）
(Lateral plate)
第四週晚期
(a) 頭尾捲褶
(b) 橫向捲褶

■ 圖 20-5　身體的捲褶

3），向下延伸覆蓋在原始卵黃囊的外層，以及細胞滋養層的內層。此胚外中胚層會開始擠壓，將原始卵黃囊擠壓成較小的真正卵黃囊 (definitive yolk sac)。

卵生動物胚胎的卵黃囊會提供許多發育時所需的養分；胎生動物由於發展出胎盤，因此卵黃囊提供養分的功用不大明顯，主要協助血液以及內胚層的構造形成。卵黃囊在胚胎捲褶時，會被擠壓形成管狀的卵黃管 (vitelline duct)，併入臍帶的構造中。

二、羊膜 (Amnion)

囊胚著床後，內細胞群中央由於細胞分裂速度不同，開始在上胚層的上方出現空腔，而後隨著胚外中胚層發育將此空腔包覆，就會形成羊膜腔 (amniotic cavity)。第二週結束時，胚胎形成兩胚層，而羊膜腔位於上胚層的上方，且卵黃囊則位於下胚層的下方。隨著三胚層發育以及胚胎的捲褶，羊膜腔跟著從頭尾兩端以及身體的左右兩側捲褶到身體的前方，在胚胎腹側正中線的位置，左右癒合，將胚胎整個包入羊膜腔內，僅剩下臍帶與胎盤相連通（圖 20-6）。此時羊膜腔的內部是立體的胚胎，羊膜腔的外部則是絨毛膜腔。胚胎逐漸長大，羊膜腔也逐漸擴大，最後會與絨毛膜相癒合。當分娩時，此癒合的膜狀構造破裂，羊水就會釋出。

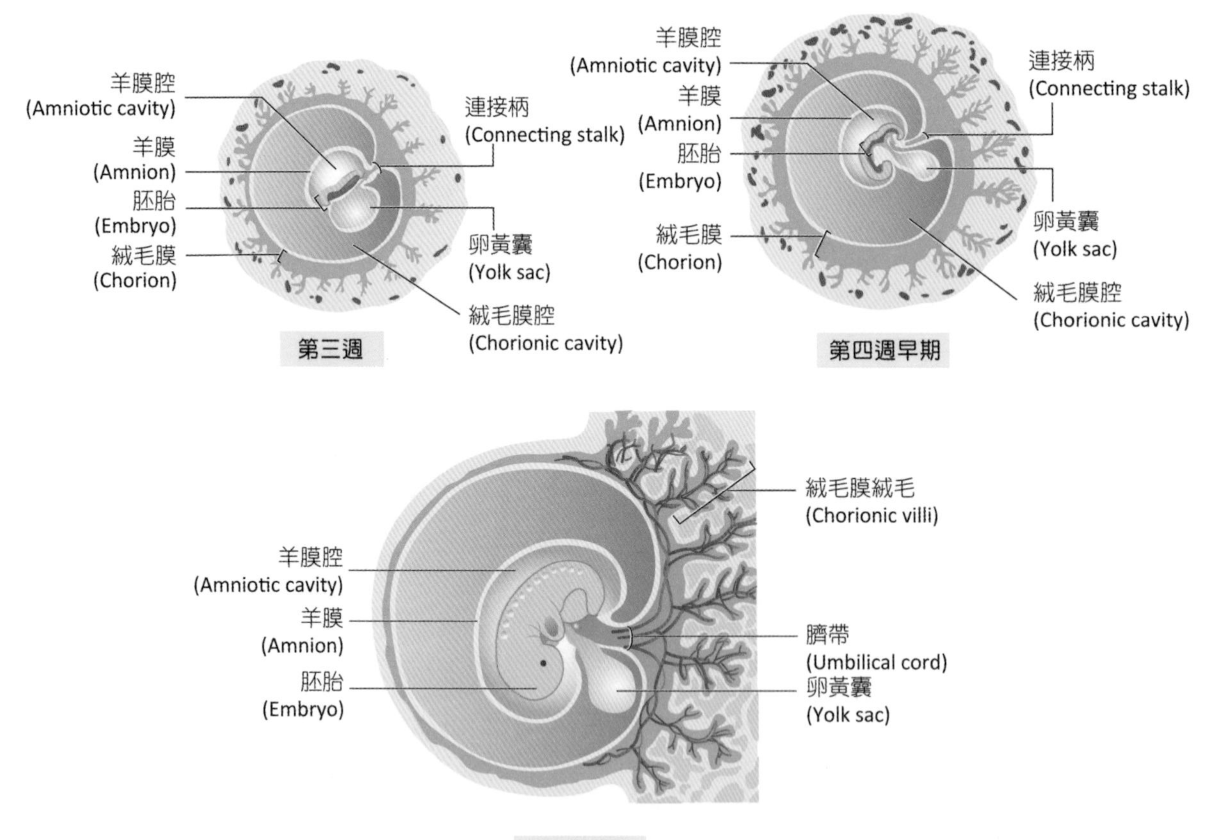

■ 圖 20-6 胚胎外膜的形成

三、尿囊 (Allantois)

尿囊原本是卵黃囊往胚胎尾端的一個小的管狀突出構造。隨著胚胎尾端的捲褶，將卵黃囊的尾端拉成後腸的構造，尿囊會被捲到腹側面的臍帶內，並且與後腸相通。人類的尿囊功能不明顯，逐漸退化後，形成膀胱的正中韌帶，連結膀胱與肚臍。

四、絨毛膜 (Chorion)

原本位於原始卵黃囊與細胞滋養層之間的胚外網狀結構，當細胞滋養層繼續向外擴展之後，胚外網狀結構便會破開出現空腔，此空腔被胚外中胚層覆蓋之後，便會形成絨毛膜腔。貼覆在細胞滋養層與內面的胚外中胚層共同組合形成胎盤最內面的絨毛膜構造。

胎盤與臍帶

胎盤 (placenta) 是由胚胎的外膜與母親的子宮內膜共同組成，並且藉由臍帶 (umbilical cord) 連通胎盤與胎兒（圖 20-7）。胚胎發育出的絨毛膜會延伸出許多絨毛構造，深入母親的子宮內膜，並會改變子宮內膜的構造，使子宮內膜轉變成蛻膜 (decidua)。主要形成胎盤並與臍帶相連結的蛻膜稱為**基蛻膜** (decidua basalis)。隨著胚胎長大，仍覆蓋在胚胎外層的蛻膜，稱為**囊蛻膜** (decidua capsularis)。

臨床應用 ANATOMY & PHYSIOLOGY 

前置胎盤 (Placenta Previa)

一般正常懷孕時，胎盤多是附著在子宮腔的前壁、後壁或頂部位置；如果胎盤形成的位置太低而擋住子宮頸內口，就稱為前置胎盤。前置胎盤如果完全覆蓋子宮頸內口，對於自然生產是很危險的，因為胎兒出生時子宮頸會被撐開，蓋在子宮頸口的胎盤破裂，會引起大量出血，因而有較高的併發症及死亡率。當產婦有前置胎盤的情形，一般會建議剖腹產，並且懷孕期間密切注意是否有異常出血的情形。

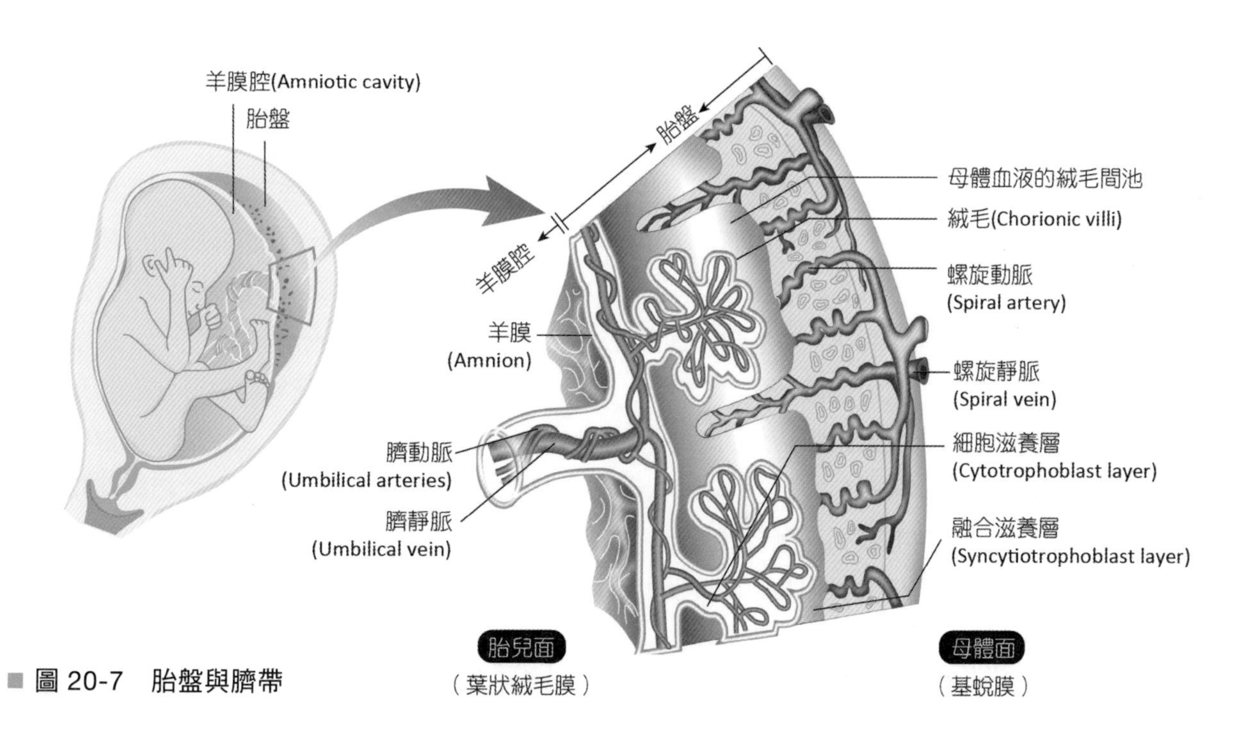

■ 圖 20-7　胎盤與臍帶

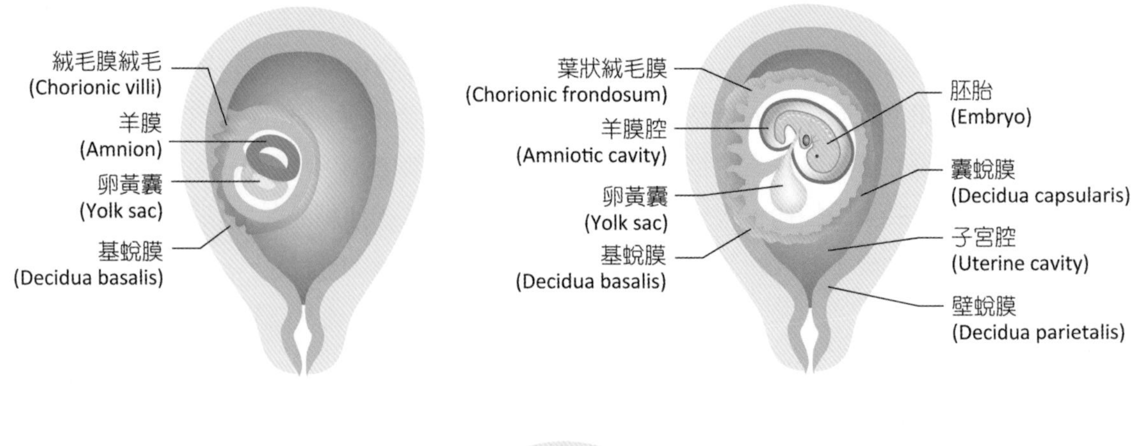

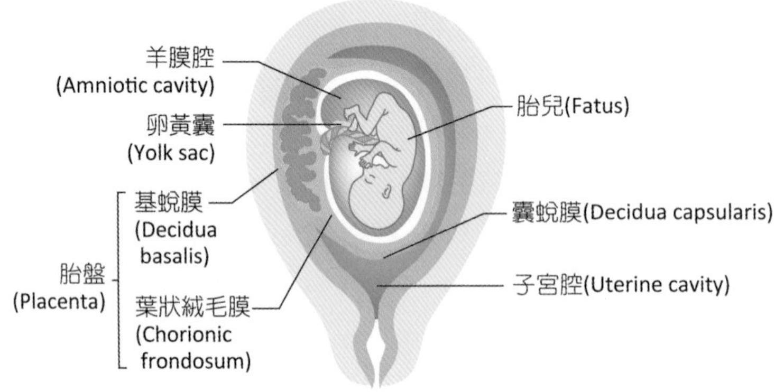

■ 圖 20-8 子宮蛻膜

子宮內膜的其餘區域，稱為**壁蛻膜** (decidua parietalis)（圖 20-8）。

胎盤的內面是由羊膜所構成，羊膜外面則是絨毛膜，絨毛膜會延伸出許多絨毛，這些絨毛內有許多胎兒的血管。基蛻膜內有許多空穴 (lacuna) 的構造，母體的血液注入這些空穴中，胎兒的絨毛也會延伸到空穴中，物質與氣體的交換就在絨毛與空穴中進行。

當胚胎逐漸長大，覆蓋在胚胎外面的羊膜與羊膜腔也逐漸擴大，羊膜外的絨毛膜腔逐漸被壓縮，最後羊膜與絨毛膜相互融合在一起，絨毛膜腔閉合。絨毛膜外的子宮腔也因胚胎的長大而逐漸變小，最後羊膜、絨毛膜與壁蛻膜全部癒合在一起，子宮腔也閉合，僅剩下子宮頸部位仍有羊膜與絨毛膜癒合的膜狀構造，合稱為羊絨毛膜 (amnio-chorionic membrane)。

胎盤上布滿著絨毛及血管，絨毛內有來自胎兒兩條臍動脈與一條臍靜脈的分枝，透過連接柄 (connecting cord) 連接胎兒與胎盤。胎兒血液與母體血液並沒有接觸，兩者靠得很近，**利用簡單擴散**將氧氣與養分運送胎兒、二氧化碳與廢物送回母體。連接柄將來會發育成臍帶，臍帶內有一些尿囊的黏性組織保護著臍帶，稱為華通氏膠質 (Warton’s jelly)。

20-3 胎兒期

胎兒期是指從第 9~38 週分娩的這段時期（表 20-2）。

20-4 懷孕時期母體的變化

發育第二週胚胎著床時，囊胚的滋養層細胞會分泌的 hCG 進入母體的血液與尿液中，此激素進入卵巢，會刺激黃體繼續分泌黃體素，維持子宮內膜完整。到第八週左右胎盤形成，開始製造動情素與黃體素。子宮原本位於骨盆腔內，隨著胎兒逐漸長大，子宮也被撐大逐漸從小腹到肚臍，再大到上腹區，子宮壁也變薄。膀胱與胃腸都受到擠壓，因此容易頻尿與喘氣。下腔靜脈受壓迫，使得下肢血液不容易回流，容易形成下肢水腫或是靜脈曲張。乳腺受到激素的刺激開始由導管發育出乳腺泡，使胸部變大。分娩後數天，腦下腺前葉的催乳素 (prolactin) 分泌增加，刺激乳腺泡開始製造乳汁，稱為脹奶。

胎兒的位置會隨著胎兒身體的長大，逐漸蜷曲以適應子宮內有限的空間。又由於胎兒的頭部較重較大，所以隨著胎動過程，胎兒頭部會逐漸轉向下方靠近子宮頸口的位置。

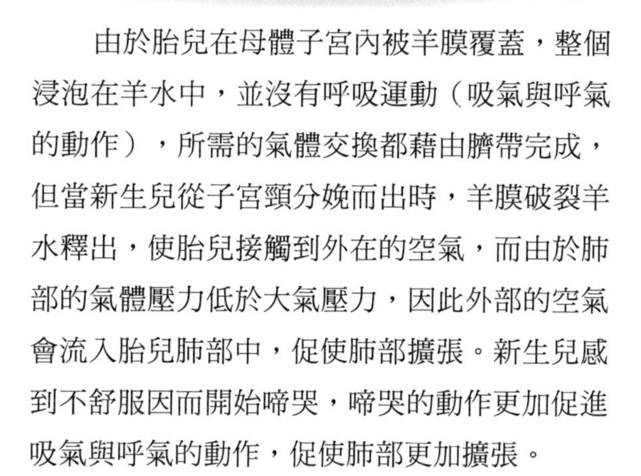

20-5 新生兒出生時的調適

由於胎兒在母體子宮內被羊膜覆蓋，整個浸泡在羊水中，並沒有呼吸運動（吸氣與呼氣的動作），所需的氣體交換都藉由臍帶完成，但當新生兒從子宮頸分娩而出時，羊膜破裂羊水釋出，使胎兒接觸到外在的空氣，而由於肺部的氣體壓力低於大氣壓力，因此外部的空氣會流入胎兒肺部中，促使肺部擴張。新生兒感到不舒服因而開始啼哭，啼哭的動作更加促進吸氣與呼氣的動作，促使肺部更加擴張。

臨床應用 ANATOMY & PHYSIOLOGY

人工生殖技術 (Artificial Reproductive Technology)

為利用生殖醫學之技術，把精子、卵子或胚胎在體外處理，達到受孕及生育目的。常用的幾種技術包括：

1. 人工受精：女性藉由控制排卵的藥物或測出排卵時期，男性自行取出精液，經過實驗室洗滌，篩選出活動力好的精子，由醫師將精子放入女性的子宮，藉由人工方式將精子送入輸卵管讓卵子受精。
2. 體外受孕：和人工受精不同，體外受孕是把卵和精子取出，在體外的培養皿受精後，培養 1~3 天，分裂成胚胎後再植入子宮。因為生命的起源在體外，所以稱作「體外受孕」，俗稱「試管嬰兒」。女性常要施打排卵針，刺激許多卵子成熟，經陰道取出卵子。取卵時，會給予少量止痛藥或麻醉藥。
3. 顯微受精：嚴重的男性不孕者，精子的活動力與受孕力有問題，無法穿過透明帶，這些病例必須使用顯微受精，利用顯微鏡將精子直接注入卵子內，達到受精的作用。

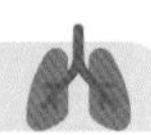

表 20-2 胎兒期的發育

時間	主要發育
第 8 週	· 外觀以及體內的各種重要器官都已經具備人的雛型 · 上、下肢芽形成 · 胎兒大小約 3 公分
第 9~12 週 6cm	· 個體快速的長大，重要器官開始逐漸發育成熟 · 原本在第 6 週突出到臍帶內的中腸形成肚臍疝氣，直到第 10 週左右經過旋轉後縮回至腹腔內，肚臍疝氣 (umbilical herniation) 現象消失 · 胎兒的外生殖器發育成熟，第 12 週之後可以從外生殖器辨別男女 · 胎兒大小約 6 公分
第 13~16 週 11cm	· 胎兒出現吸吮嘴唇的動作 · 胎兒肢體比例越來越接近正常 · 大部分的骨骼己可辨識 · 腎臟有了大略的結構 · 胎兒大小約 11 公分
第 17~20 週 16cm	· 母體可以感受到胎兒肢體的運動，就是所謂的胎動 · 出現胎毛 · 胎兒身體因子宮空間限制開始向前彎，成為胎兒姿勢 · 四肢到達最後的比例 · 胎兒大小約 16 公分
第 21~30 週 38cm	· 肺部的血氣障壁 (blood-air barrier) 形成，且表面張力劑可以撐開肺泡，具備換氣能力 · 第 22 週的早產兒，則由於肺部尚未發育成熟，常死於呼吸窘迫症，26 週後的早產兒有較高的存活率 · 胎兒大小約 38 公分
第 30~38 週 47cm	· 第 30 週左右就誕生的早產兒，由於肺部發育接近成熟，所以仍可順利存活 · 第 38 週男性睪丸從腹腔降到陰囊 · 第 38 週出生，如果早於 38 週就稱為早產 · 胎兒大小約 47 公分

新生兒肺部的擴張，導致右心室與肺動脈幹的血液經由肺動脈流入肺部，開始進行氣體交換；而原本連通肺動脈幹與主動脈的動脈導管，因為血流量驟減而閉鎖逐漸形成動脈韌帶。從肺部回流的血液大量流入左心房，再將位於左心房與右心房之間的卵圓窗瓣膜關閉，形成卵圓窩的構造。此時心臟的左右邊完全隔開，右半邊皆為缺氧血，而左半邊皆為充氧血。

臍帶綁緊剪掉之後，原本的一條臍靜脈因為沒有血液流動，閉鎖形成連通肚臍與肝臟的肝圓韌帶。原本的兩條臍動脈也因為沒有血液流動，閉鎖形成連通肚臍與髂內動脈的內側臍韌帶，完全脫離母體，開始自行換氣與循環，養分的供給也要靠自己吸吮乳汁獲取。

學習評量 REVIEW AND CONPREHENSION

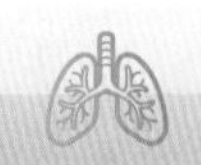

1. 受精作用通常會發生在輸卵管的哪一部位？(A) 繖部 (B) 壺腹部 (C) 峽部 (D) 子宮部

2. 胚胎的哪一時期會突破卵的透明層孵化而出，並具備著床的能力？(A) four-cell (B) eight-cell (C) 桑椹胚 (D) 囊胚

3. 下列哪一種激素可以作為驗孕的指標？(A) 濾泡刺激素 (B) 黃體刺激素 (C) 黃體素 (D) 人類絨毛膜促性腺激素

4. 胚胎發育過程中，哪一個空腔最早出現？(A) 囊胚腔 (B) 羊膜腔 (C) 卵黃囊 (D) 絨毛膜腔

5. 中樞神經系統的腦部與脊髓是衍生自哪一胚層？(A) 外胚層 (B) 中胚層 (C) 內胚層

6. 肝臟與胰臟的分泌腺體主要衍生自哪一胚層？(A) 外胚層 (B) 中胚層 (C) 內胚層

7. 胚胎受精後大約第幾天，發育出的心臟會開始跳動？(A) 7 (B) 14 (C) 21 (D) 28

8. 下列關於人類胚胎第 5~8 週發育的敘述，何者正確？(A) 神經管尾端關閉時間比頭端關閉時間早 (B) 上肢芽出現的時間比下肢芽出現的時間早 (C) 鼻子出現的時間比耳朵出現時間早 (D) 第八週結束仍有尾巴的構造

9. 胚胎發育至第幾週時，便可以從生殖器的外觀分辨胎兒的性別？(A) 8 (B) 10 (C) 12 (D) 14

10. 一般情形，母親開始能感受到胎動的現象，大約在懷孕第幾週左右？(A) 9~12 週 (B) 13~16 週 (C) 17~20 週 (D) 21~24 週

11. 下列何者不是由胚胎的組織細胞所衍生形成？(A) 羊膜 (B) 臍帶 (C) 絨毛膜 (D) 蛻膜

12. 第 22 週就出生的早產兒，可能會因為哪一個系統尚未完全成熟而無法存活？(A) 肌肉系統 (B) 消化系統 (C) 神經系統 (D) 呼吸系統

13. 輸尿管、輸精管等上皮是由胚胎的何處分化而來？(A) 內胚層 (B) 中胚層 (C) 外胚層 (D) 滋養層

14. 下列何者會逐漸形成胎盤的母體部分？(A) 囊蛻膜 (B) 基蛻膜 (C) 壁蛻膜 (D) 羊膜

15. 孕婦超音波檢查結果：胎兒的頭臀徑 (crown-rump length) 約為 6.5 公分，外生殖器明顯分化，有吞嚥羊水的動作，預估懷孕週數為：(A) 9 週 (B) 10 週 (C) 12 週 (D) 14 週

16. 下列哪個構造不是由中胚層發育出來？(A) 腎臟 (B) 皮膚的真皮組織 (C) 血液、淋巴組織 (D) 腎上腺髓質

17. 胚胎期是指什麼期間？(A) 受精後 6 週內 (B) 著床後 6 週內 (C) 受精後第 3~8 週 (D) 懷孕期的第 11~12 週

18. 有關胎兒的發育，下列敘述何者正確？(A) 外生殖器官至懷孕第 4 個月才會明顯分化，也才可以分辨性別　(B) 胎毛、胎便在懷孕第6個月會出現　(C) 孕婦第一次感到胎動，大部分是懷孕第 5 個月　(D) 男性胎兒睪丸大部分在懷孕第 7 個月以前就已經下降至陰囊

19. 胎兒體內的二氧化碳是利用何種機轉通過胎盤代謝出去？(A) 簡單擴散　(B) 促進擴散　(C) 主動運輸　(D) 胞飲

20. 子宮內的胎兒最早於何時可以將尿液排於羊水中？(A) 4 個月　(B) 6 個月　(C)7 個月　(D) 8 個月

解答

1.B　2.D　3.D　4.A　5.A　6.C　7.C　8.B　9.C　10.C　11.D　12.D　13.B　14.B　15.C
16.D　17.C　18.C　19.A　20.A

索引 INDEX

A

B

C

D

E

F

G

H

I

J

K

L

M

N

O

P

Q

R

S

T

U

V

W

X

Y

Z

國家圖書館出版品預行編目資料

解剖生理學／鄧志娟、馮琮涵、劉棋銘、吳惠敏、唐善美、許淑芬、江若華、黃嘉惠、汪蕙蘭、李建興、王子綾、李維真、莊禮聰作；吳泰賢修訂.－三版.－新北市：新文京開發出版股份有限公司，2022.07
面；　公分

ISBN　978-986-430-834-7（精裝）

1. CST:人體解剖學　2. CST:人體生理學

397　　111007041

解剖生理學（三版）　（書號：B429e3）

總校閱	馮琮涵
作者	鄧志娟　馮琮涵　劉棋銘　吳惠敏　唐善美　許淑芬　江若華　黃嘉惠　汪蕙蘭　李建興　王子綾　李維真　莊禮聰
修訂者	吳泰賢
出版者	新文京開發出版股份有限公司
地址	新北市中和區中山路二段 362 號 9 樓
電話	(02) 2244-8188（代表號）
FAX	(02) 2244-8189
郵撥	1958730-2
一版	西元 2018 年 12 月 7 日
二版	西元 2020 年 9 月 4 日
三版二刷	西元 2024 年 7 月 20 日

建議售價：850 元

法律顧問：蕭雄淋律師

ISBN　978-986-430-834-7

New Wun Ching Developmental Publishing Co., Ltd.
New Age · New Choice · The Best Selected Educational Publications — NEW WCDP

NEW WCDP
新文京開發出版股份有限公司
新世紀・新視野・新文京－精選教科書・考試用書・專業參考書